AF752817

AFRIKA

Handbuch der praktischen Kolonialwissenschaften

AFRIKA

Handbuch der praktischen Kolonialwissenschaften

Auf Veranlassung von

GENERAL RITTER VON EPP

LEITER DES KOLONIALPOLITISCHEN AMTES DER NSDAP.

herausgegeben von

DR. ERICH OBST

O. PROFESSOR AN DER UNIVERSITÄT BRESLAU

unter Mitwirkung von

H. TH. BECKER, W. BEETZ, F. BEHREND, U. BERGER-LANDEFELDT, W. BÖCKLER, K. DAU, L. DIELS, E. R. DIETZE, GRAF CH. DÖNHOFF, E. DOVIFAT, E. FREIHERR v. EICKSTEDT, L. FEINERMANN, URSULA FEYER, R. FINSTERWALDER, E. FISCHER, J. F. GELLERT, A. GOLF †, H. GOLF, J. GROBER, J. H. HELLMERS, H. HERTLING †, F. HESKE, E. HÖLLER, E. HUEBER, E. HUNDERTMARK, G. JANTZEN, K. JOHANNSSEN, W. IWAN, O. KARSTEDT, K. KAYSER, E. KELLER, H. KLAUS, F.-E. KLINGNER, G. KNETSCH, W. KOOPS, TH. KRUMBACH, K. KRÜGER, G. KULENKAMPFF, A. LUDIN, K. G. LUEKEN, A. MARCUS, O. MARTENS †, J. MILDBRAED, H. MORSTATT, P. MÜHLENS, A. MÜHLIG-HOFMANN, J. NAGEL, E. G. NAUCK, W. NIEMEYER, E. OBST, R. v. OSTERTAG †, P. PEGLOW †, H. RACKOW, K. REMY, F. ROCH, GEO A. SCHMIDT, O. C. SCHMIDT, G. K. SCHULZE-MENZ, W. SEMMELHACK, H. SÖLKEN, C. SONNENSCHEIN, A. STAFFE, E. THOMA, W. UNTEUTSCH, K. WAGENFÜHR, H. WATTENBERG, K. WEIGELT, W. WEISE, P. v. WERDER, H. WERNER, D. WESTERMANN

Mit Unterstützung
des Reichsforschungsrates, der Deutschen Forschungsgemeinschaft,
des Reichsamtes für Landesaufnahme
und
der Gruppe Deutscher Kolonialwirtschaftlicher Unternehmungen

BERLIN 1942

WALTER DE GRUYTER & CO.

VORMALS G. J. GÖSCHEN'SCHE VERLAGSHANDLUNG — J. GUTTENTAG, VERLAGSBUCHHANDLUNG — GEORG REIMER — KARL J. TRÜBNER — VEIT & COMP

BAND VIII

DIE LANDWIRTSCHAFTLICHEN NUTZPFLANZEN AFRIKAS

VON

GEHEIMEM REGIERUNGSRAT GEO A. SCHMIDT,
DR. AUGUST MARCUS, DR. WALDEMAR BÖCKLER,
DR. ULRICH BERGER-LANDEFELDT UND
DR. WALTER UNTEUTSCH

KRANKHEITEN UND TIERISCHE SCHÄDLINGE DER NUTZPFLANZEN AFRIKAS

VON

PROFESSOR DR. HERMANN MORSTATT
UNTER MITARBEIT VON
DR. HORST KLAUS

BERLIN 1942

WALTER DE GRUYTER & CO.

VORMALS G. J. GÖSCHEN'SCHE VERLAGSHANDLUNG — J. GUTTENTAG, VERLAGSBUCH
HANDLUNG — GEORG REIMER — KARL J. TRÜBNER — VEIT & COMP.

Alle Rechte, einschließlich das der Übersetzung in fremde Sprachen, vorbehalten
Copyright 1942 by Walter de Gruyter & Co.
vormals G. J. Göschen'sche Verlagshandlung — J. Guttentag, Verlagsbuchhandlung
Georg Reimer — Karl J. Trübner — Veit & Comp., Berlin W 35
Archiv-Nr. 541242 Printed in Germany
Druck von Walter de Gruyter & Co., Berlin

INHALTSVERZEICHNIS

DIE LANDWIRTSCHAFTLICHEN NUTZPFLANZEN AFRIKAS

KRANKHEITEN UND TIERISCHE SCHÄDLINGE DER NUTZPFLANZEN AFRIKAS

DIE LANDWIRTSCHAFTLICHEN NUTZPFLANZEN AFRIKAS

KARTENBEILAGEN

EINLEITUNG

Die Zahl der landwirtschaftlich genutzten Pflanzen Afrikas ist außerordentlich groß. Es mußte daher eine möglichst weitgehende Beschränkung in der Besprechung der einzelnen Pflanzen eingehalten werden. Ausführlicher sind nur die bedeutenderen Kulturpflanzen behandelt. Nach einer kurzen botanischen Beschreibung sind die Ansprüche der Pflanze an Klima und Boden, ihre Erträge und die Aufbereitung erläutert. In einem zweiten, nach Gebieten eingeteilten Abschnitt werden die Bedeutung der Kultur für das betreffende Gebiet, die zu ihrer Hebung getroffenen Maßnahmen, die Ausfuhrzahlen usw. besprochen.

Die Gliederung des Gesamtstoffes ist nach der Art der Nutzung der Erzeugnisse erfolgt, und zwar sind zuerst die Nutzpflanzen, die industrielle Rohstoffe liefern, besprochen, wie Faserpflanzen, Kautschuk, Balata, Guttapercha, Gummi, Harze, Gerbstoffe und Kork. Es folgen die Öl und Fett liefernden Pflanzen und sodann die große Gruppe der Nahrungs- und Genußmittel, wobei zunächst die Nahrungsmittel selbst, wie Getreide, Hülsenfrüchte, Knollenfrüchte und Zuckerrohr, weiter die Genußmittel, wie Kaffee, Kakao, Tee usw., und schließlich die Früchte und das Gemüse behandelt worden sind. Weiterhin werden sodann die Gewürze, Drogen- und Heilpflanzen, Farbpflanzen, ätherische Öle liefernde Pflanzen, die Futterpflanzen und schließlich die Gründüngungs- und Bodenschutzpflanzen zur Darstellung gebracht.

Die Ackerbaumaßnahmen an sich sind dem Thema entsprechend nicht berücksichtigt worden, abgesehen von einigen allgemeinen Angaben bei den wichtigsten Kulturen. Eine eingehende Darstellung des Ackerbaus selbst hätte den Umfang der Arbeit wiederum wesentlich vergrößert.

Die wissenschaftlichen Erkenntnisse der Landwirtschaft Afrikas sind noch gering, und ihre Erforschung befindet sich noch im Anfangsstadium. Nach dem Weltkriege sind in Afrika eine große Anzahl wissenschaftlicher Versuchsstationen in den verschiedensten Gebieten Afrikas errichtet worden, und weitere sind in Einrichtung begriffen, doch vergehen bis zur Ermittlung der Erkenntnisse und Auswertung derselben viele Jahre und erfahrungsgemäß ebenfalls eine lange Zeit, ehe sie sich in die Praxis umsetzen.

Vor dem Kriege hatte Deutschland zweifellos in seinen afrikanischen Kolonien den besteingerichtetsten Landwirtschaftsdienst und hervorragend ausgerüstete Versuchs- und Forschungsstationen.

In Deutsch-Ostafrika war das Biologisch-Landwirtschaftliche Institut Amani als Forschungsinstitut voll ausgebaut. An praktisch wissenschaftlichen Instituten arbeiteten daselbst die Versuchsstation für Ackerbau und Tierzucht Kibongoto am Kilimandjaro, die Baumwollstationen Mpanganya, Myombo, Mabama und Mahiwa — eine 5. Baumwollstation in Mwansa war in Gründung — sowie die Fruchtkulturstation in Morogoro. In Kamerun bestanden die Versuchsanstalt für Landeskultur in Victoria und die Versuchsstationen Kuti, Pittoa, Nomajos; in Buea eine Rein- und Kreuzungszucht des Allgäuer Rindes und weitere Tierzuchtstationen in Dschang, Djuttitsa, Bamenda und Jaunde sowie das Landesgestüt Golombe im Bezirk Garua. In Togo arbeiteten die Landeskulturanstalt Nuatjä sowie die Baumwollstationen Tschatschamanade und Tove. In Südwestafrika gab es die Versuchsstation für Ackerbau in Neudamm, eine Versuchsstation für Tabakbau, eine Versuchsstation für Wein- und Obstbau, das Landesgestüt Nauchas, die Karakul-Stammschäferei Fürstenwalde und die Versuchsfarm für Straußenzucht Otjituezu.

Von diesen Forschungsstätten und Versuchsstationen waren die Grundlagen für alle heute in unseren unter Mandat stehenden Kolonien wirtschaftlich bedeutenden Kulturen bereits geschaffen worden. Die Erforschung der landwirtschaftlichen Grundlagen der einzelnen Nutzpflanzen hätte aber aller Voraussicht nach weit größere Fortschritte gemacht, wenn die Mandatare diese wissenschaftlichen Versuchsstationen nicht zunächst gänzlich vernachlässigt und später nur zu einem Teil wieder in Betrieb genommen hätten.

Die nachstehenden Darstellungen der landwirtschaftlichen Nutzpflanzen Afrikas geben einen Überblick über den Stand der Entwicklung der afrikanischen Landwirtschaft.

Die Literaturbearbeitung haben ausgeführt: Dr. Waldemar Böckler über Faserpflanzen, Früchte und Gewürze; Dr. Ulrich Berger-Landefeldt über Öl und Fett liefernde Pflanzen, Drogen- und Heilpflanzen, Farbpflanzen, ätherische Öle liefernde Pflanzen; Dr. Walter Unteutsch über Kautschuk, Balata, Guttapercha, Gummi, Gerbstoffe liefernde Planzen und Kork, Nahrungsmittel, Genußmittel, Gemüse, Futterpflanzen, Gründüngungs- und Bodenschutzpflanzen. Die Überarbeitung und Gesamtredaktion lag in den Händen von Geheimem Regierungsrat Geo A. Schmidt, Kolonial-Wirtschaftliches Komitee, Berlin, und Dr. August Marcus, Kolonial-Wirtschaftliches Komitee, Berlin.

I. FASERPFLANZEN

A. SAMENFASERN UND ÄHNLICHES

1. Baumwolle, Gossypium sp.

Das Handelsprodukt Baumwolle ist das Samenhaar der zu den Malvengewächsen *(Malvaceae)* gehörigen Gattung *Gossypium*. Sie ist in den verschiedensten Ländern zwischen den Wendekreisen beheimatet, in Amerika so gut wie in Afrika, Südasien und Polynesien. Der Mensch hat sie als Kulturpflanze auch in zahlreiche Gebiete der Subtropen und sogar der gemäßigten Zone verpflanzt. Es sind jeweils ganz bestimmte Formen, die in den einzelnen Anbaugebieten kultiviert werden.

Botanik. Die Baumwolle (vgl. Abb. 1 und 2) ist im Naturzustand eine mehrjährige Staude oder ein Strauch und erreicht je nach Art, Sorte und Wachstumsbedingungen 0,25—6 m Höhe. Die Pfahlwurzel wird bis zu 2,20 m und 2,40 m lang und stellt das Längenwachstum ein, sobald sie eine immerfeuchte Bodenschicht erreicht hat. Die Nebenwurzeln gehen nicht unter 30 cm Tiefe hinab und entnehmen ihre Nahrung der oberen Ackerkrume. Die Pflanze ist stark verzweigt, die untersten Verästelungen beginnen bald über dem Erdboden. Die wechselständigen, in Spiralen angeordneten Blätter sind handförmig in 3, 5 oder 7 Lappen zerteilt, in Form, Farbe und Behaarung je nach der Sorte verschieden. Die kurzgestielten, seltener sitzenden Blüten stehen einzeln oder zu mehreren in den Blattachseln. Der groß ausgebildete Hüllkelch bedeckt den schwach entwickelten Kelch und übernimmt den Schutz der Blütenknospe. Die malvenähnliche Blüte besteht aus 5 im Grunde mit den Staubfäden verwachsenen Blumenkronblättern von gelber, rosa bis roter Farbe, die oft ein Saftmal schmückt. Die Staubfäden, bis 50 an der Zahl, sind zu einer Röhre verwachsen und werden vom Griffel überragt. Die einzelnen Sorten zeigen eine sehr unterschiedliche Neigung zur Fremdbestäubung, was für die Sortenzüchtung wichtig ist. Die Frucht ist eine 3—5, selten mehrfächerige Kapsel von kugeliger, eiförmiger oder länglicher Gestalt. Bei der Fruchtreife springt sie auf, und die Samenwolle quillt heraus. Eine Ausnahme macht *G. herbaceum*. Die ovalen bis birnenförmigen Samenkörner sind hart und glänzend, schwarz oder braun gefärbt. Sie tragen die Samenhaare,

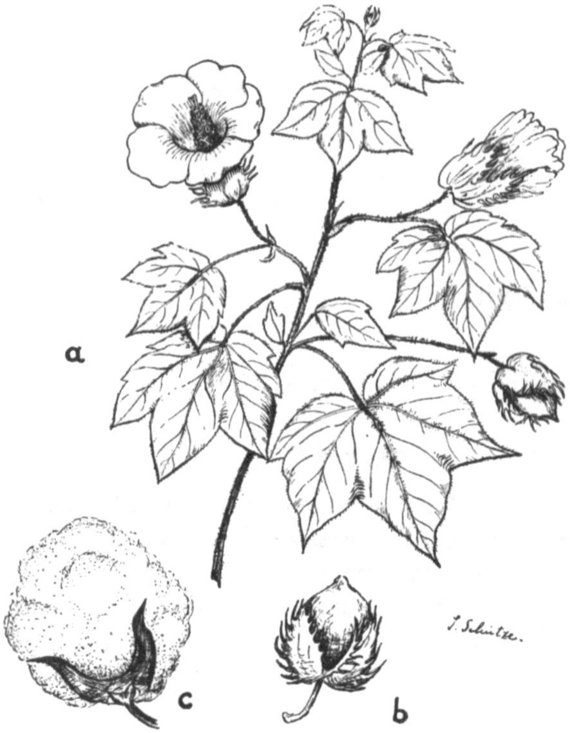

Abb. 1. Upland-Baumwolle
a = Zweig mit Blüten; b = geschlossene Kapsel; c = offene Kapsel

die durch Ausstülpung einzelner Oberhautzellen gebildet werden (13, S. 9)*). Die Samenschale trägt entweder nur lange Haare, den sogenannten Lint, oder daneben noch ganz kurze Haare, den Filz. In letzterem Falle löst sich der Lint schwerer vom Samen ab (13, S. 8). Das Haar stirbt erst beim Aufspringen der Kapsel ab. Unreife Fasern, auch tote Baumwolle genannt, besitzen nur geringere Festigkeit und sind industriell ohne Wert (13, S. 12f.). Die Länge der Haare, der sogenannte Stapel, schwankt je nach der Sorte außerordentlich: zwischen 12 mm (indische Baumwolle) und 50 mm und mehr (Sea Island) (vgl. Abb. 2). Im allgemeinen sind sie rein weiß bis cremefarben, bei gewissen ägyptischen, asiatischen und peruvianischen Sorten kommen noch bräunliche Farbtöne vor. Auch grünlich oder bläulich gefärbter Lint wird beobachtet. Der chemischen Zusammensetzung nach besteht nach *Johnson* die Baumwollfaser aus 90 v. H. Zellulose, 7—8 v. H. Wasser, 0,4 v. H. Wachs und Öl, 0,6 v. H. Protoplasmaresten und 1 v. H. Aschenbestandteilen (13, S. 14). Die Festigkeit der Haare ist je nach der Sorte, der Entwicklung, Vollendung der Reife usw. sehr verschieden. Die Reißlänge hat man für verschiedene Sorten übereinstimmend zu 25 km gefunden (13, S. 13).

Wie die meisten Kulturpflanzen ist die Baumwolle außerordentlich formenreich. Man hat auch eine große Anzahl Arten beschrieben, über deren wirklichen Artcharakter vielfach Zweifel angebracht sind. Sie zerfallen insgesamt in zwei Gruppen:

Arten der alten Welt mit 13 Chromosomen und

Arten der neuen Welt mit 26 Chromosomen (10, 1. Bd., S. 6 und S. 155f.; 15, S. 546).

---

*) Verweis auf das Schrifttumsverzeichnis.

Diese beiden Gruppen lassen sich nicht erfolgreich miteinander kreuzen. Es wird nur selten Fruchtansatz erzielt (10, 1. Bd., S. 154 ff.). Bei Versuchen von *Zaitzew* und *Kearney* blieb der erzielte Bastard unfruchtbar (17; 20). *Skovstedt* erhielt dagegen fruchtbare Bastarde (20, S. 61).

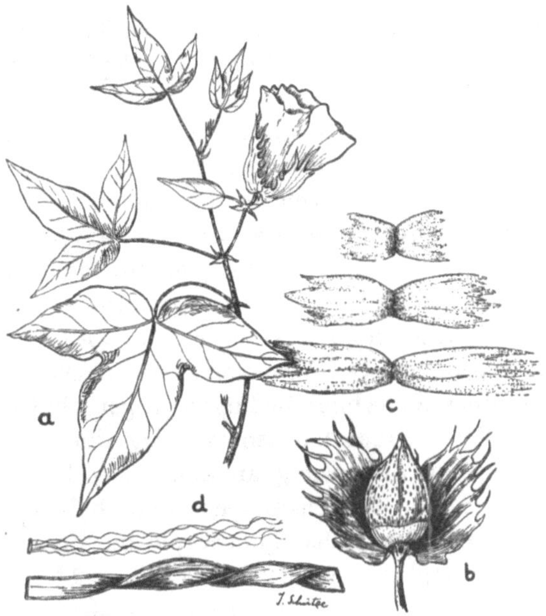

Abb. 2. Ägyptische Baumwolle
a = Zweigende mit Blütenknospe; b = geschlossene Fruchtkapsel; c = Stapel verschiedener Baumwollsorten; d = Samenhaar

Die Arten der alten Welt sind:

G. herbaceum L., krautige Baumwolle, 25—200 cm hoch, Blüten mit purpurnem Saftmal. Die Kapseln springen bei der Reife nicht vollständig auf und halten die Saatbaumwolle fest eingeschlossen; die Samen sind von dichtem, meist grauem Filz bedeckt. Die Stapellänge beträgt 15—26 mm. Die Pflanze ist ziemlich hart und dringt daher weit nach den Polen hin vor, bleibt aber außerhalb der Tropen einjährig. Kultiviert wird sie in Indien, Vorderasien, Kleinasien und Südeuropa, früher auch in Algerien (10, 1. Bd., S. 76 ff.; 13, S. 18). Über einzelne Formen vergleiche bei *Chevalier* (15).

Ähnlich sind *G. obtusifolium Roxb.* und *G. Nanking Meyen*, die chinesische Baumwolle, wohl nur eine Form von *G. obtusifolium* (vgl. 10, 1. Bd., S. 83 ff.), sie werden aber auch oft zu *G. arboreum* gerechnet.

G. arboreum L., baumförmige Baumwolle, kommt in Afrika vielfach vor, so im Sudan in der Parksteppe, wird auch hier und da angebaut. In der Hauptsache wird sie in Indien in Tempelbezirken kultiviert, als Gespinstpflanze ist sie bedeutungslos (10, 1. Bd., S. 69 ff.; 15). Ihr Wuchs ist baumförmig, Faser und Samen sind schwer voneinander zu trennen (10, 1. Bd., S. 91).

Die Arten der neuen Welt liefern nach *Kearney* in der ersten Generation untereinander fruchtbare Bastarde, später kann aber mehr oder weniger starke Unfruchtbarkeit auftreten (17).

G. hirsutum L., rauhhaarige Baumwolle, Upland (vgl. Abb. 1), bildet einen stark verzweigten Busch von 25—200 cm Höhe. Die Fruchtkapseln sind vielgestaltig, die Samen mit einem selten fehlenden weißen, grünlichen, bräunlichen oder grauweißen Filz bedeckt. Der Lint besitzt eine Länge von 18—46 mm (13, S. 19 f.). Nach der Stapellänge teilt man die Uplandsorten in kurz-

(bis 28 mm) und langstapelige (über 30 mm) ein (13, S. 20). Erstere bilden über $^9/_{10}$ der gesamten Erzeugung. Die Upland, die nach *Boone* (10, 1. Bd., S. 71) aus Mexiko stammt, wird hauptsächlich in den Vereinigten Staaten gezogen und liefert die Hauptmenge des von den europäischen Spinnereien gesuchten Rohstoffes. Sie ist ferner in Mexiko, Südamerika, in Indien im Pandschab und Sindh, in Turan sowie in den meisten afrikanischen Baumwollgebieten, mit Ausnahme Ägyptens, des Englisch-ägyptischen Sudans und Italienisch-Ostafrikas, die vorherrschend angebaute Art. In Ostafrika zieht man hauptsächlich Herkünfte, die sich von „Sunflower" und „Allen Longstaple" ableiten, in Belgisch-Kongo „Triumph Big Boll". Das häufige Mißlingen der Akklimatisation von Uplandsorten in Afrika erklärt sich nach *Harland* (16) dadurch, daß ihnen die erblich bedingten Eigenschaften fehlen, die speziell für afrikanische Verhältnisse lebensnotwendig sind. Die hochgezüchteten Sorten haben die für die Anpassung an andere Verhältnisse notwendige Variationsbreite verloren. In manchen Gegenden haben sich bestimmte Standardsorten herausgebildet: Allen Longstaple in Nigeria, Nyasaland Upland in Nyassa, Uganda Upland in Uganda, U. 4 in Südafrika (16).

G. barbadense L., Sea Island, erreicht angepflanzt in Buschform 1—2 ½ m Höhe. Die Kapsel ist lang und zugespitzt und springt weit auf. Die Samen sind oft frei vom Filz. Der Lint ist 40—55 mm lang. Sie stammt wohl aus dem nördlichen Südamerika und wird in Westindien kultiviert (13, S. 26). Anbauversuche in anderen Ländern, die nicht das erforderliche Seeklima besitzen, sind gescheitert.

In Togo findet sich seit langer Zeit eine vor dem Weltkrieg mit gutem Erfolg als „Togo-Sea Island" angebaute Sorte. Sie geht wahrscheinlich auf *G. vitifolium Lam.*, die weinblättrige oder Mocobaumwolle, zurück, in der man auch die Urform von *G. barbadense* vermutet (10, 1. Bd., S. 55f.).

Von *G. vitifolium* stammen vielleicht auch die ägyptischen Sorten (s. Abb. 2) ab (vgl. unter Ägypten), die sonst von *G. barbadense*, von einigen auch von *G. peruvianum* abgeleitet werden.

G. peruvianum Cav., Perubaumwolle, ist ein bis 6 m hoher Busch. Die Kapsel ist länglich eirund und läuft in eine Spitze aus. Die Samen sind vielfach nur unvollständig vom Filz bedeckt. Der Lint ist lang, rauh, wollig, fest und oft braun gefärbt. Die Art findet sich im nördlichen Süd- und in Mittelamerika (13, S. 24). Vielleicht sind auch „Ishan" in Nigeria und „Gambia peruvian" hierher zu zählen (16, S. 290).

G. brasiliense Macf., Nierenbaumwolle, ein bis 3 m hoher Busch (13, S. 28), besitzt große Samen, die zu einem Zopf oder nierenförmigen Gebilde zusammenwachsen (Name!) und fast frei von Filz sind. Der Lint ist 35—40 mm lang und schwächer gedreht als bei allen übrigen Arten. Angebaut wird sie fast ausschließlich in Brasilien, besonders im Staate Ceará (13, S. 29).

Außer den genannten Arten gibt es zahlreiche wilde Formen, die vielleicht für die Sortenzüchtung noch einmal wertvolles Material darstellen (16).

Die Wachstumsdauer der Baumwolle beläuft sich auf 120—210 Tage, je nach dem Klima; in Breiten, in denen die Herbstsonne einen niedrigeren Bogen beschreibt, tritt die Reife später ein (13, S. 31). Ebenso richtet sich der Saattermin nach dem Klima; man muß mit der Aussaat warten, bis aller Voraussicht nach kein Frost mehr eintritt. Die Keimungstemperatur liegt um 15—16° C, das Optimum bei etwa 32° C (13, S. 32).

Der Verbreitungsgürtel der Baumwolle reicht vom 47.° n. Br. (europäisches Rußland) bis zum 28.° s. Br. (Südamerika). Der geschlossene Anbau dagegen liegt in den Vereinigten Staaten südlich des 37.° n. Breite (13, S. 29f.).

Die Baumwollpflanze liebt hohe Wärme, zu hoch können die Temperaturen nicht werden, sofern nur das nötige Wasser vorhanden ist. Während ihrer Wachstumszeit darf sie keinen Frost bekommen. Daher ist im gemäßigten Klima nur einjährige Kultur möglich (10, 2. Bd., S. 119; 13, S. 31). Die Wärme muß während der Wachstumszeit ansteigen (19, S. 19). Nimmt man die Wachstumsdauer mit 6 Monaten an, so darf im ersten und letzten Monat das Temperaturmittel nicht unter 15—18° C sinken, im zweiten und fünften nicht unter 20°, im dritten und vierten nicht unter 25° C (13, S. 32). Große Meereshöhen meidet sie im allgemeinen wegen der niedrigen Nachttemperaturen, man findet sie aber in Brasilien bis 800 m und in Afrika bis 1000 m angebaut (10, S. 118).

Die Baumwolle stellt je nach Anbaugegend verschiedene Ansprüche an die Niederschlagsmengen, wichtiger als die absolute Regenhöhe ist für das Gedeihen der Pflanzen wohl die Verteilung der Niederschläge. Ein plötzliches Übermaß an Regen verträgt die Baumwolle nicht; ebenso wie Dürre kann allzu hohe Feuchtigkeit schädliche Folgen haben (13, S. 35; 19, S. 90). In einem kühleren Klima darf die Regenmenge geringer sein als in einem heißen, auch die wasserspeichernde Kraft des Bodens ist auf die Möglichkeit der Ausnutzung der Niederschläge von Einfluß. Sehr wesentlich für das Ernteergebnis ist die Regenverteilung auf die verschiedenen Wachstumsabschnitte der Baumwolle. Nach der Aussaat soll der Regenfall in leichten und häufigen Schauern erfolgen (14, S. 7; 19, S. 90). Während der Blütezeit soll sonniges Wetter mit gelegentlichen stärkeren Regen herrschen. Nach dem Fruchtansatz darf es noch einige Male regnen; reichlicher Regen über die normale Wachstumszeit hinaus begünstigt das vegetative Wachstum zu stark und verzögert den Fruchtansatz (10, 2. Bd., S. 124; 14, S. 7). Kurz vor dem Aufspringen der Kapseln bis zur Beendigung der Ernte soll möglichst völlige Trockenzeit herrschen, da der Regen die Flocke verdirbt (4, S. 36; 11, S. 91).

Die Baumwolle stellt — mit Ausnahme der Sea Island — keine Ansprüche an die Luftfeuchtigkeit, die ägyptische Baumwolle zeigt sich sogar gegen Nebel sehr empfindlich (13, S. 37). Daher läßt sich fehlender Regen durch künstliche Bewässerung ersetzen (vgl. u.). Man hat dabei den Vorteil, die der Temperatur nach günstigste Zeit zur Aussaat wählen und das Wasser gleichmäßig und unter Kontrolle auf die Felder verteilen zu können.

Die Baumwolle beansprucht sehr viel Sonne. Ein Zuviel gibt es in dieser Hinsicht für sie nicht. Dagegen bilden 50 v. H. Bewölkung für sie das Höchstmaß des Erträglichen (13, S. 36).

Heftige Winde können in den Baumwollanpflanzungen Schaden anrichten, namentlich zur Reifezeit, wenn aus den aufgesprungenen Kapseln die Flocke herausgerissen oder mit Staub oder dergl. verschmutzt wird (13, S. 37).

Die Ansprüche der Baumwolle an den Boden sind nicht so hoch wie die an das Klima. Sie wird auf den verschiedensten Böden gepflanzt. Lehm- und Alluvialböden bringen mehr als trockene Sandböden. Am besten haben sich mittlere Lehmböden bewährt (10, 2. Bd., S. 127ff.; 12, S. 378; 13, S. 38). Sandige Böden müssen einen ausreichenden Humusgehalt und nicht zu durchlässigen Untergrund aufweisen. Auf tonigen Böden wächst die Baumwolle in feuchten Jahren leicht zu üppig, der Ertrag bleibt gering, die Faser ist weniger fest (19, S. 378). Untersuchungen über die Zusammensetzung von Baumwollböden haben folgende Ergebnisse gebracht (13, S. 39f.):

Prozentgehalt an:

	Phosphorsäure	Kali	Stickstoff	Kalk
Ver. Staaten. . . .	0,1—0,563	0,1—0,8	0,1	0,05—2,25
Ägypt. i. Mittel . .	0,200	0,250	0,100	3—4
Turkestan (4 Pr.). .	0,11—0,214	0,30—1,93	0,07—0,14	10,5—15,9
Türkei (Adana) . .	0,280	0,517	0,131	12,0.

Ein ausreichender Kalkgehalt ist wünschenswert, besonders auch, weil er in schweren Böden lockernd, in leichten bindend wirkt; der Wert des hohen Kalkgehaltes des ägyptischen Bodens beruht offenbar auf seiner lockernden Eigenschaft (13, S. 40). Kochsalz verträgt die Baumwolle bis zu einer Konzentration von einem halben Prozent im Erdreich. In vielen Gebieten, wo Baumwolle mit Bewässerung gebaut wird, reichern sich allmählich Salze im Boden an. Der Boden muß dann entsalzt werden (13, S. 40), wie man das in Ägypten durchführt. Andere Bodensalze, wie Natriumkarbonat und Alkali, wirken sich schon in geringer Konzentration auf das Gedeihen der Baumwolle schädlich aus.

Die physikalische Struktur des Bodens ist noch wichtiger als seine chemische Zusammensetzung (13, S. 41). Gute Durchlüftung ist erforderlich und stauende Nässe auf jeden Fall schädlich, da dann die feinen Wurzeln abfaulen. Böden unterschiedlichster Art können im optimalen Feuchtigkeitszustand dieselben Erträge bringen. Die niedrigeren Erträge auf Sandboden sind meist durch die größere Trockenheit verursacht. Daher bewährt sich ein sandiglehmiger oder sandig-toniger Boden am besten (13, S. 42).

Im einzelnen stellen die verschiedenen Sorten auch verschiedene Ansprüche an den Standort. Die ägyptischen Sorten verlangen ein trockenes, besonders lufttrockenes Klima. Daher sind die Anbauversuche in anderen Ländern oft wieder eingestellt worden, so u. a. auch in Ost- und Südafrika (13, S. 73). Dagegen sind sie in den Sudan, nach Erythrea und Somaliland vorgedrungen. Die Uplandsorten haben in Afrika weite Verbreitung gefunden, erwähnt sei namentlich das Haupterzeugungsgebiet Uganda mit seinem lockeren, mittelschweren, dunklen Boden (13, S. 75).

Die Baumwolle ist für eine gute, zeitig ausgeführte Bodenbearbeitung, die die Erzielung der Bodengare zum Zwecke hat, dankbar (12, S. 395; 13, S. 80f.). Auf schweren, tonigen Böden läßt sich durch eine Brache der Zustand des Ackers günstig beeinflussen (13, S. 81). Auf Neuland soll man Baumwolle nicht als erste Frucht kultivieren (12, S. 395).

Das Saatgut soll aus guten, kräftigen, sortenreinen Beständen entnommen werden. Eine Desinfektion und Beize ist empfehlenswert (13, S. 78ff.).

Der Zeitpunkt der Aussaat richtet sich nach den Niederschlagsverhältnissen und Bodentemperaturen. Es muß so gesät werden, daß die Ernte in die Trockenzeit fällt. Im gemäßigten Klima kann man erst säen, wenn der Boden hinreichend erwärmt ist (10, 2. Bd., S. 177ff.). In den Tropen ist der Termin praktisch allein von den Niederschlagsverhältnissen abhängig. Am geeignetsten erweist sich die zweite Hälfte der Niederschlagszeit, weil dann die übermäßig heftigen Regen seltener auftreten und die Ernte im allgemeinen in die Trockenzeit fällt (13, S. 85). Je früher die Aussaat, desto höher ist in den Subtropen — nach den Erfahrungen von *Marcus* in Kilikien — der Ertrag der ersten Pflücke, wahrscheinlich wird auch die Kapselgröße günstig beeinflußt (25, S. 461).

Gesät wird ins ebene Feld oder bei Bewässerung auf Kämme. Am häufigsten wird die Reihensaat angewandt, seltener Breitsaat oder Dibbelsaat (13, S. 85). Dibbelsaat bringt schwerere Kapseln als Reihensaat hervor, diese schwerere als Breitsaat (25, S. 461). Die Saattiefe, 2—5 cm, richtet sich nach dem Zustand des Bodens, in leichtem und trockenem Boden ist größere Tiefe angebracht (13, S. 86). Beim Drillen wählt man den Reihenstand umso weiter, je fruchtbarer der Boden ist. Er schwankt zwischen 60 und 150 cm, am häufigsten wählt man 90—110 cm, in Ägypten beträgt er etwa 78—88 cm (10, S. 160). Der Abstand der Sträucher innerhalb der Reihe schwankt je nach Wuchs und Bodengüte zwischen 0,10—1 m (10, 2. Bd., S. 159; 4, S. 88).

Die jungen Pflanzen werden ausgedünnt, wenn sie 10—15 cm hoch sind (12, S. 401; 13, S. 90f.). Geköpft oder entgipfelt werden die Pflanzen heute fast nirgends mehr, früher war es in Ägypten stellenweise üblich (13, S. 91). Im übrigen verlangt die Baumwolle einen sauberen, lockeren Boden (12, S. 402; 13, S. 91). Die Anzahl der Hacken richtet sich nach der Bodenstruktur (10, 2. Bd., S. 194). Die außerordentlich günstige Wirkung zweckentsprechender Hacken zeigen die Angaben von *Cates* (13, S. 92). Für die Hackarbeiten sind eine Reihe von Geräten konstruiert worden (13, S. 92f.).

Düngung. Der Nährstoffentzug einer Baumwollernte hält sich in mäßigen Grenzen (12, S. 380). Weizen entzieht nach *Mallet* dem Boden 4,5 mal soviel, Mais 6,25 mal soviel Nährstoffe wie Baumwolle (14, S. 5).

Meist gibt man Stengel, Wurzel, Blätter und Kapseln dem Acker zurück. Stickstoffgaben fördern die vegetative Entwicklung und wirken hemmend auf die Fruchtreife ein. Die Phosphorsäure begünstigt Blüten- und Fruchtansatz und schnelles Reifen der Kapsel. Kali fördert nach *Koenig* die Festigkeit der Faser. Durch Kalimangel leidet, wie Versuche zeigen, die Entwicklung der Samen, die Erträge an Lint werden allerdings in geringerem Ausmaße vermindert (27, S. 34). Düngungsversuche in Marokko ergaben, daß bei ungedüngter Baumwolle die Zellwände der Faserzellen weniger entwickelt sind als bei gedüngter und die Fasern weniger fest sind. Gedüngte Baumwolle besitzt daher eine größere Fasergüte und größeren Wert für die Spinnerei (23, S. 113f.).

Zur Düngung dienen Stallmist, der am besten zur Vorfrucht der Baumwolle gegeben wird (12, S. 381; 13, S. 52), Gründüngungspflanzen (12, S. 381f.; 13, S. 53f.), Baumwollsamen, -saatmehl, Samenschalen und Handelsdünger, und zwar besonders Chile- und Kalksalpeter, Superphosphate, Chlorkalium, Kalisulfat, Kalidüngesalze und Kainit (13, S. 56). Die Verteilung des Düngers muß möglichst gleichmäßig erfolgen. Die Pflanzen entwickeln sich dann gleichmäßig, blühen und reifen früh, und die Erträge sind höher (28).

Sehr verbreitet, und zwar gerade auch in Afrika (vgl. besonders Ägypten und Sudan), ist der Baumwollanbau mit künstlicher Bewässerung (Ausführliches darüber in 10, 2. Bd., S. 209ff.). Aus physiologisch-ökologischen Gründen läßt sich mit ihm eine sehr gute Flocke erzielen. Bei der Baumwolle kommt nur die wiederholte Bewässerung in Betracht, nicht die sogenannte Beckenbewässerung (13, S. 94f.).

Baumwollkultur mit Bewässerung läßt sich auf allen für Baumwolle brauchbaren Böden durchführen. Den geeignetsten Boden stellt dafür ein tiefgründiger, nährstoffreicher, sandiger Lehm dar. Die Aussaat erfolgt vor oder nach der ersten Bewässerung, möglichst frühzeitig, damit die Bewässerung vor der Blütezeit noch vor der größten Hitze geschehen kann (13, S. 95ff.). Zwischen den einzelnen Bewässerungsgaben muß das Feld gut bearbeitet werden (12, S. 408f.). Das Hacken ist besonders wichtig, da auf bewässertem Land sich leicht Krusten bilden. Sobald die ersten Blüten erscheinen, sind besonders starke Wassergaben erforderlich. Vor der Blüte darf die Baumwolle nicht zuviel Wasser erhalten, beim Erscheinen der Blüten wieder sehr reichlich, zu Beginn der Reife wieder weniger (13, S. 100ff.). Versuche in Marokko zeigten die Überlegenheit der Bewässerungskultur (24).

Meistenteils wird die Baumwolle, eine an sich mehrjährige Pflanze, einjährig kultiviert. Gelegentlich läßt man die einjährig gezogene Baumwolle auf dem Feld stehen und erntet sie mehrmals hintereinander ab, in Abessinien z. B. ohne weitere Maßnahmen, in Südafrika, Mexiko, Columbien, Australien schneidet man sie nach dem ersten Jahre zurück. Wirklich mehrjährig kultiviert werden nur Sorten, die mehr baumartig wachsen und erst nach dem ersten Jahr voll tragen (13, S. 104). In Afrika ist diese Methode nicht üblich. Die Gründe, die gegen die mehrjährige Kultur sprechen, führt *Boone* (10, 2. Bd., S. 92ff.) an. Versuche über die Faserqualität der Baumwolle nach Zurückschneiden hatten folgende Ergebnisse: in Marokko höhere Feinheit und Reißfestigkeit (10, 2. Bd., S. 109), in Südafrika wuchsen die Erträge durch Zurückschneiden nicht, in Deutsch-Ostafrika waren die Versuchsergebnisse alles andere als ermutigend (10, 2. Bd., S. 114f.). Der große Nachteil aller mehrjährigen Kulturen ist die größere Gefährdung durch Schädlinge, die sich die ganze Zeit hindurch vermehren können. Aus diesem Grunde ist in vielen Ländern alsbald nach der Ernte die völlige Vernichtung der Baumwollstengel vorgeschrieben (13, S. 104).

Obwohl die Baumwolle mehrere Jahre hintereinander auf demselben Felde stehen kann, tritt schließlich, abgesehen von der ununterbrochenen Schädlingsvermehrung, doch eine Ermüdung des Bodens ein (13, S. 57). Man wendet daher heutzutage teilweise einen Fruchtwechsel an (vgl. darüber 10, 2. Bd., S. 226ff.). Als Vorfrucht eignen sich Futterpflanzen, namentlich Hülsenfrüchte, sehr empfehlenswert ist auch eine vorausgehende Brache (13, S. 57). Über Einzelheiten siehe Ägypten und Belgisch-Kongo (13, S. 59).

Oft pflanzt man Baumwolle als Zwischenfrucht zwischen mehrjährigen Kulturen, damit die Pflanzung eher Erträge abwirft, so in Ostafrika zwischen Sisal und Kokospalmen (13, S. 59).

Die Erntezeit der Baumwolle beginnt, wenn eine ausreichende Anzahl von Kapseln reif ist (13, S. 111). Versuche in Texas zeigten, daß die Ernte, wenn man ein Erzeugnis von guter Qualität, Festigkeit und Farbe erhalten will, nicht später als 4—5 Wochen nach dem Aufspringen, am besten während der ersten und zweiten Woche nach dem Aufspringen der Kapseln, zu erfolgen hat (22).

Die Ernte erfordert viel Arbeitskräfte und Sorgfalt (Genaueres darüber vgl. 10, 2. Bd., S. 330ff.). Sie erfolgt durch Herausnehmen der Flocke aus der reifen Kapsel mit der Hand oder (nur sehr selten) maschinell. Die Handarbeit kann auch von Frauen und Kindern bewältigt werden (12, S. 410; 13, S. 109). In den Vereinigten Staaten bringt ein geübter Pflücker täglich 68—90 kg zusammen, in anderen Ländern sind 30—40 kg guter Durchschnitt. Man hat in den Vereinigten Staaten auch ganze Kapseln geerntet: dadurch wird die Ernte beschleunigt und verbilligt, aber eine spätere Reinigung notwendig gemacht (12, S. 410; 13, S. 110). Zur Erntezeit drängt sich die Arbeit außerordentlich zusammen, und es ist für den Pflanzer oft schwierig, die nötigen Arbeitskräfte aufzutreiben. Großanbau ist daher wenig verbreitet, meist wächst die Baumwolle auf Farmen, wo der Besitzer oder Pächter mit seinen Angehörigen die Arbeit bewältigen kann (13, S. 109). Mit Rücksicht auf das Arbeitsproblem bemüht man sich, Erntemaschinen zu konstruieren, vornehmlich in den Vereinigten Staaten. Es haben sich zwei Grundtypen herausgebildet: der Baumwollpflücker, der die Baumwolle aus den Kapseln herauszieht, und der Baumwollschlitten, der die ganzen Kapseln vom Strauch abreißt (Ausführliches darüber vgl. 10, 2. Bd., S. 332ff.; 13, S. 111ff.; 26, S. 281ff.). Alle Erntemaschinen für Baumwolle befinden sich noch im Versuchsstadium und können die Handpflücker nicht ersetzen. Sorgfältig ist darauf zu achten, daß verschiedene Baumwollsorten nicht miteinander vermischt werden (13, S. 116). Die auf dem Felde verbleibenden Pflanzenreste werden vernichtet, um etwaige Schädlinge zu vertilgen, und zwar untergepflügt oder verbrannt (13, S. 116f.).

Der Ernteertrag schwankt stark nach Land, Sorte, Standortsbedingungen und Pflege. Die Reinfasererträge in kg je ha werden für einige wichtige Baumwolländer wie folgt angegeben (13, S. 118):

	USA	Indien	Ägypten
1926/27	205	91	530
1927/28	173,5	107,5	440
1928/29	172	96,5	505

Aufbereitung. Um die Baumwolle handelsfähig zu machen, müssen Faser und Samen voneinander getrennt werden (Genaues über Aufbereitung vgl. 10, 3. Bd., S. 13ff.). Dies geschieht heute durch den von *Whitney* 1793 zuerst konstruierten Baumwoll-Entkerner, englisch Gin (Abkürzung von „Engine“ = Maschine). Vor der eigentlichen Entkörnung geht die Baumwolle vielfach durch eine Reinigungs- oder Öffnungsmaschine, die die Fasern auseinanderzupft und sie von verunreinigenden Beimengungen befreit. Vor allem ist das wichtig, wenn die ganzen Kapseln abgestreift worden sind (13, S. 119).

Die Entkörnungsmaschinen zerfallen in zwei Typen: 1. Säge-Gin: an einer Welle befestigte, schnell rotierende Kreissägeblätter, die durch die Zwischenräume eines gebogenen Rostes greifen, sie reißen die Faser vom Samen los; 2. Walzen-Gin: die Faser der Saatbaumwolle wird durch eine rauhe Lederwalze, die sich gegen ein feststehendes Messer dreht, zwischen der Walze und dem feststehenden Messer hindurchgezogen, während ein bewegliches Messer die Samen abschlägt. Letztere werden für langstapelige, erstere für die gewöhnliche Upland-Baumwolle benutzt (10, 3. Bd., S. 18ff.; 12, S. 412ff.; 13, S. 119ff.).

Die vom Samen getrennte Rohbaumwolle heißt auch „Lint“. Bei den Sorten mit Samenfilz bleibt nach der eigentlichen Entkörnung noch ein Teil der Faser im Samen, welcher durch den Lintergin, eine Art Säge-Gin mit verkleinerten Zwischenräumen, gewonnen wird (13, S. 122). Der kurze und einfache Aufbereitungsprozeß erklärt bis zu einem gewissen Grad den niedrigen Preis der Baumwolle im Vergleich zu dem der Bastfasern, besonders z. B. von Flachs und Ramie, und ihre daraus folgende Bedeutung für die Welttextilwirtschaft.

Der Lint wird zum Versand in Ballen gepreßt, die je nach dem Land und dem Typ der Presse 180—350 kg umfassen. Wenn in der Statistik die Bezeichnung „Ballen" (= bales) gebraucht wird, so sind meist solche von etwa 500 lbs (= 226,80 kg) gemeint (13, S. 124).

Die Baumwollfaser (vgl. u. Botanik) ist ein einzelliges Haar. Sie ist gedreht oder gekräuselt, eine für die Spinnfähigkeit wichtige Eigenschaft. Für die Verwendung wichtig sind Länge, Seidigkeit, Feinheit und Stärke (Festigkeit der Faser). Man unterscheidet langstapelige Sorten (Sea Island, Ägyptische usw.) und kurzstapelige (indische und viele Uplandtypen). Die Seidigkeit, die bei der Sea Island den höchsten Grad erreicht, ist umso größer, je unerkennbarer die Struktur der Kutikula ist. Die Feinheit nimmt mit der Kleinheit der das Haar bildenden Zelle zu. Auch sie ist bei der Sea Island am höchsten. Hinsichtlich der Stärke gibt *Wiesner* (6) an, daß das Zerreißgewicht zwischen 2500 g bei indischer Dhollerah-Baumwolle und 4763 g bei westindischer Martinique-Baumwolle schwankt.

Auf die ausgedehnte Verwendung der Baumwolle, des weitaus wichtigsten Textilrohstoffes, erübrigt es sich, an dieser Stelle einzugehen.

Neben der eigentlichen Spinnfaser liefert die Baumwollpflanze eine Reihe von Nebenprodukten. Zunächst ist hier die Linterwolle zu nennen, die mit Hilfe des Lintergins (vgl. o.) gewonnen wird. Sie ist erklärlicherweise sehr kurzstapelig und ungleichmäßig und dient zur Herstellung billiger Garne, von Watte, Schießbaumwolle, Filmen, Zelluloid, Kunstseide und Papier (13, S. 124f.).

Aus den Baumwollsamen gewinnt man das Baumwollsaatöl (Cotton-Öl). Es wird nach dem Pressen in der Ölmühle noch in besonderen Raffinerien geklärt. Rohes Öl ist dunkelbraun bis schwarz gefärbt, raffiniertes hellgelb oder farblos. Seine Kennzahlen sind: spez. Gewicht bei 15°: 0,922—0,930, Brechungsexponent bei 20°: 1,474—1,476, Verseifungszahl 191—198, meist um 195, Jodzahl 100—120, meist 105—110, Erstarrungspunkt der Fettsäuren 32—38° (6, S. 718). Das Öl, auch fälschlich unter dem Namen Olivenöl in den Handel gebracht, dient zur Herstellung billiger Speiseöle, zur Margarine- und Seifenherstellung.

Die Rückstände bei der Ölbereitung, 33—34 v. H. des Samengewichtes, dienen in Form von Ölkuchen oder von Saatmehl ebenso wie die Samenschalen als Viehfutter und Dünger (13, S. 52 u. 125).

Die im Baumwollstengel enthaltene Bastfaser, bei *Gossypium herbaceum* 3,5 v. H., bei *G. hirsutum* 3,24 v. H. des Stengelgewichtes, kann durch Röste aufgeschlossen werden. Bisher kennt man jedoch keine wirtschaftlich lohnende Aufbereitungsmethode (13, S. 126). Zur Papier-Herstellung sind die Baumwollstengel vorläufig noch nicht zu gebrauchen (40, 41).

Die nicht absetzbare Baumwollsaat läßt sich zusammen mit Stallmist, wie Versuche in Deutsch-Ostafrika ergaben, zur Kompostgewinnung verwerten (39; 41).

EINZELNE ANBAUGEBIETE

Die Baumwolle gehört zu den wichtigsten kolonialen Rohstoffen und spielt in wirtschaftspolitischen Erwägungen eine große Rolle.

Früher beherrschten die Vereinigten Staaten den Baumwoll-Weltmarkt, seit einigen Jahren erzeugen sie jedoch weniger als die Hälfte der Welternte. Es betrug der Anteil der Vereinigten Staaten an der Baumwollwelterzeugung:

Anteil der Vereinigten Staaten an der Baumwollwelterzeugung:	1930—31	54,2 v. H.
,, ,, ,, ,, ,, ,, ,,	1931—32	62,4 ,,
,, ,, ,, ,, ,, ,, ,,	1932—33	54,8 ,,
,, ,, ,, ,, ,, ,, ,,	1933—34	49,5 ,,
,, ,, ,, ,, ,, ,, ,,	1934—35	41,6 ,,
,, ,, ,, ,, ,, ,, ,,	1935—36	41,1 ,,
,, ,, ,, ,, ,, ,, ,,	1936—37	40,8 ,,

(37; 38). Die europäischen Kolonialmächte suchen erklärlicherweise ihre Baumwollindustrie von der nordamerikanischen Einfuhr unabhängig zu machen.

In den deutschen Kolonien Togo und Deutsch-Ostafrika waren — im wesentlichen dank dem Bemühen des Kolonial-Wirtschaftlichen Komitees — gute Anfangserfolge zu verzeichnen.

Die Engländer haben nach dem Vorbild des Kolonial-Wirtschaftlichen Komitees sich bemüht, auch in ihren Kolonien größere Baumwollmengen zu erzeugen und sich von den Vereinigten Staaten möglichst unabhängig zu machen. Zur Durchführung des Baumwollprogramms wurde 1902 die Cotton Growing Association gegründet, der 1916 die von der britischen Regierung unterstützte Empire Cotton Growing Corporation zur Seite trat (31, S. 36). Ihr Hauptaugenmerk richtete die englische Baumwollwirtschaftspolitik zunächst auf Ägypten, dann auf den Sudan, später auf Uganda, Nigeria u. a. Ein wesentlicher Erfolg in der Ausdehnung der Baumwollkultur wurde erst mit der Vergrößerung des landwirtschaftlichen Beamtenstabes erzielt (42).

In Frankreich wurde, ebenfalls nach dem Vorbild des Kolonial-Wirtschaftlichen Komitees, 1903 von der Industrie zwecks Verbreitung des Baumwollbaus in den französischen Kolonien die Association Cotonnière Coloniale gegründet. 1919 wurde die Association Cotonnière du Niger gegründet (43). 1920 nahm sie die ersten Arbeiten im französischen Sudan auf. Die Erfolge sind aber bisher gering geblieben.

Die Belgier waren im Kongo erfolgreicher (vgl. Belgisch-Kongo). In den portugiesischen Kolonien wurde bis 1926 wenig erreicht, weil man den Anbau auf Europäerpflanzungen begünstigte und dann erst die Baumwolle als Eingeborenenkultur pflegte und das belgische „Baumwollregime" einführte (46, S. 97ff.). 1931 wurde zum Ausgleich für die niedrigen Baumwollpreise eine Ausfuhrprämie gewährt (46, S. 103).

Über die Entwicklung der Baumwollkultur in den italienischen Kolonien vgl. daselbst.

Die Baumwolle ist in Afrika hauptsächlich Eingeborenenkultur. Mit Rücksicht auf die Schädlingsgefahr muß man sie einjährig im Wechsel mit Mais, Bohnen, Erdnüssen u. ä. anbauen, also mit Kulturen, die für Europäer wenig in Frage kommen, da bei den niedrigen Preisen kaum eine Wettbewerbsmöglichkeit besteht (46, S. 98).

In Afrika hat sich der Baumwollanbau in den letzten Jahrzehnten sehr verbreitet (vgl. Karte 1). Er fehlt nur im Regenwaldgürtel, in höheren Gebirgslagen, in allen höher gelegenen Gegenden des außertropischen Afrikas und im weitaus größten Teil Südafrikas. In Teilen der Wüsten wird er unter Zuhilfenahme künstlicher Bewässerung möglich.

Nordafrika

Ägypten. Der tiefgründige Boden, das sonnige, regelmäßige, regenarme Klima und das reichlich verfügbare, fruchtbaren Schlamm führende Wasser des Nils machen Ägypten vorzüglich für den Baumwollbau geeignet. Die Baumwollböden sind reich an Phosphorsäure und Kali, aber stickstoffarm. Der Acker wird eingeebnet, im nördlichen Nildelta im Notfall auch entsalzt (54, S. 94) und längs und quer gepflügt, wozu die großen Güter Traktoren, europäische Pflüge usw. verwenden. In dem sorgsam bearbeiteten Erdreich werden Kanäle und Dämme gezogen. Die Aussaat geschieht in der zweiten Märzhälfte, in Unterägypten teilweise schon im Februar, mit Rücksicht auf die späte Reife der ägyptischen Baumwollsorten. Das in Großbetrieben verwendete Saatgut ist besser ausgesucht als das der Fellachen (54, S. 65f.). Infolge des Mangels an Stallmist müssen die Felder oft ungedüngt bleiben, vielfach wird heute dagegen Kunstdünger verwendet (54, S. 67). Düngungsversuche zeigten, daß je Feddan (= 4200 qm) in Unterägypten 50—100 kg, in Oberägypten 100 bis 200 kg Stickstoffdünger notwendig sind, nach Bersim (alexandrinischer Klee) als Vorfrucht weniger (56, S. 72).

Der Baumwollbau Ägyptens beruht auf künstlicher Bewässerung. Zu deren Durchführung hat man die bekannten Nil-Staudämme erbaut: die Barrage du Nil bei Kairo (vollendet 1890), die Staudämme von Esneh (vollendet 1909), Assiut (vollendet 1902) und Assuan (vollendet 1902); letzterer, der bedeutendste von allen, wurde 1934 zum zweiten Mal erhöht.

Die Blüte beginnt etwa 3 Monate nach der Aussaat, die Ernte ungefähr 1½ Monate später: im Delta Ende September oder Anfang Oktober, in Oberägypten schon Ende August oder Anfang September. Im allgemeinen finden 3 Pflücken statt, hier und da auch eine 4. und 5. (54, S. 68f.). Der Fellache pflückt seine Baumwolle allein mit Hilfe seiner Familienangehörigen (54, S. 69); die Ernteerträge sind in Ägypten sehr hoch, doppelt so hoch als z. B. in den Vereinigten Staaten. Seit 1860 haben sie sich infolge der Verbesserung des Saatgutes und der Bestellungsweise im Durchschnitt verdreifacht (54, S. 64). Die mittlere Erntemenge in Kantar*) je Feddan**) betrug:

1914—15	3,7	1932—33	4,53
1920—21	3,3	1933—34	4,75
1921—22	3,76	1934—35	4,36
1925—26	4,14	1935—36	5,11
1926—27	4,84	1936—37	5,31

(38, [1932], S. 353; 33c, S. 538; 33d, S. 399; 37, S. 540).

Die ägyptische Baumwolle (vgl. Abb. 2), die nur der Sea Island nachsteht, zeichnet sich durch langen Stapel, Feinheit und Weichheit aus. Im Handel geht sie als Macco, ein Handels-, kein Sortenname! Ihre Güte verdankt sie dem günstigen Wüstenklima und den hervorragenden Eigenschaften der ägyptischen Sorten. Diese lassen sich schwer innerhalb der Gattung *Gossypium* einordnen: an ihrer Herkunft sind *G. vitifolium*, vielleicht auch *G. barbadense* und *G. brasiliense* beteiligt (vgl. darüber 12, S. 167ff.; 57, S. 768ff.). Über Sorten vgl. auch *Norris* (55, S. 30ff.). Lange Jahre lieferte die beste Faser die Sakellaridis (botanische Beschreibung s. 53, S. 202ff.), die am besten auf den etwas salzhaltigen Böden des nördlichen Deltas gedeiht. Ashmuni und Zagora, zusammen als „Uppers" bezeichnet, weisen mengenmäßig die höchsten Erträge auf, haben aber den kürzesten Stapel und werden besonders in Oberägypten gepflanzt. Seit einigen Jahren haben Maarad und Giza (3, 7, 12 und 26) immer größere Verbreitung gefunden (69, S. 531; vgl. a. 54, S. 69ff.).

Durchschnittserträge in Kantar je Feddan:

Sakellaridis 3,07, Maarad 3,41, Ashmuni 5,81.

Der wissenschaftlichen Baumwollforschung, -züchtung und -Schädlingsbekämpfung dient die Versuchsfarm in Giseh am Fuße der Pyramiden, hier werden immer neue Sorten gezüchtet bzw. die alten verbessert.

Auf die einzelnen Gebiete Ägyptens verteilt sich die Baumwollanbaufläche wie folgt (nach Intern. Cotton Bull. Jhg. 16 [1938], S. 499):

*) 1 Kantar entkernte Baumwolle = 44,928 kg
1 Kantar unentkernte Baumwolle = 141,40 kg

**) 1 Feddan . . . . = 4200 qm.

	1938	1937
Unterägypten . . .	1209396 Feddan	1266440 Feddan
Mittelägypten . . .	356448 ,,	408447 ,,
Oberägypten . . .	218067 ,,	303264 ,,

Die Anbaufläche ist im Delta in den letzten Jahren ungefähr gleich geblieben, in Oberägypten hingegen immer größer geworden (54, S. 64). In den beiden letzten Jahren 1937 und 1938 ging der Anbau in Gesamtägypten etwas zurück, die Erntemenge nahm 1937 jedoch dank der höheren Erträge zu. Sehr viel läßt sich die ägyptische Baumwollkultur über den heutigen Stand kaum ausdehnen, da das kulturfähige Land beschränkt ist.

Da Ägypten keine eigene Baumwollindustrie besitzt, führt es seine gesamte Ernte aus. Rohbaumwolle, Baumwollsaatöl usw. bestreiten den allergrößten Teil seiner Ausfuhr. Unter den Hauptbaumwollerzeugern der Welt steht Ägypten zwar mengenmäßig an letzter Stelle, liefert dafür aber die hochwertigste und bestbezahlte Faser. Innerhalb Afrikas erzeugt es mehr Baumwolle als alle anderen Länder Afrikas zusammengenommen.

Über den Englisch-ägyptischen Sudan vgl. Ostafrika.

Im übrigen Nordafrika, außerhalb Ägyptens, ist der Baumwollbau in jüngster Zeit stets unbedeutend gewesen. Klimatisch ist er von Marokko bis Tunesien möglich, aber es fehlt an den nötigen Organisationen für Anbau und Aufbereitung (65, S. 15).

In Tripolitanien haben die Italiener nach der Besitzergreifung Anbauversuche unternommen, die aber zunächst noch mißlangen. Die Winterregen sind unzureichend (66, S. 57). In einigen Oasen auf dem 29. Breitengrad wächst in bescheidener Menge *Gossypium arboreum*, dessen Faser die Einheimischen verspinnen und verweben (67, S. 370f.). In der Cyrenaika kann die Baumwolle, wie Versuche zeigen, auf bewässertem und unbewässertem Land gezogen werden. Wasser und Arbeitskräfte stehen allerdings nur in geringem Umfang zur Verfügung (45, S. 66). Neue Anbauversuche in den Jahren 1930—35 in der Gegend von Bengasi führten zu keinem endgültigen Ergebnis, können aber zur Grundlage späterer Arbeit dienen (67, S. 370ff.).

Anbauversuche, die in der Vorkriegszeit in Tunesien begonnen waren, fanden 1924 ihre Wiederholung. 1931 gab es noch 100 ha Baumwolland bei Kairuan, Biserta, Tunis und Tabacca. Die Kolonie besitzt zu wenig Land mit hinreichendem Regenfall, es fehlt an Bewässerungsmöglichkeiten, an Arbeitskräften zur Erntezeit und an einer den Verhältnissen angepaßten Sorte. Die kleinen Erntemengen kurzstapeliger Baumwolle finden schlecht Absatz. Aus diesen Gründen sind die französischen Bemühungen gescheitert (66, S. 59f.). Anbauflächen: 1924: 50; 1925 und 1926: 250; 1931: 100 ha. Erzeugung stets nur ein paar t (66, S. 60). Ende 1931 war die Baumwolle völlig verschwunden. Klimatisch ist der Anbau nach den bisherigen Erfahrungen möglich (65, S. 6).

In Algerien hat die Baumwolle nie den Wettbewerb mit anderen Nutzpflanzen aufnehmen können; auf reichen Böden zog man lieber Wein, dem Baumwollanbau stellte man nur arme Böden zur Verfügung (69, S. 517). In der Nachkriegszeit erlebte er einen Aufschwung, der bis 1926 andauerte und seine Ursachen in der Rohstoffnot, der Frankenabwertung und der Übererzeugung an Wein hatte. Nach 1926 ging der Baumwollanbau infolge des Sinkens des Weltmarktpreises, mehrjähriger ungünstiger Witterung, Mangel an einer geeigneten Sorte und des Auftretens von Schädlingen zurück und wurde durch Tabak, Tomaten u. a. verdrängt (66, S. 66). Es hatte nur die Ebene südlich von Oran einen nennenswerten Anbau (66, S. 67). Algerien ist wie Marokko eines der wenigen Länder, wo man die Baumwolle mehrjährig kultiviert und nach der Ernte zurückschneidet, doch rät *Vilmorin* (68, S. 228) von diesem Kulturverfahren ab. Bei Orléansville baute man die ägyptische Sorte Mitafifi, neuerdings wird die Pima empfohlen (68, S. 142). Der Anbau ist immer geringfügig gewesen. Die französische Verwaltung hat auch keine Maßnahmen zu einer Förderung ergriffen wie in Westafrika oder Syrien (63, S. 105), 1932 waren die genannten Sorten fast verschwunden (65, S. 6). Die Felder, die mit der Upland-Sorte Alcala bepflanzt werden, liegen bei Orléansville, Inkermann, Perregaux, Relizane und St. Dénis-du-Sieg (Assoc. Cotonn. Colon. Jhg. 36 [1938], S. 24).

Anbauflächen und Erzeugung Algeriens:

1913	390 ha	381 t
1923	600 ha	132 t
1926	7888 ha	1316 t
1930	4136 ha	1161 t
1932	500 ha	190 t
1936	457 ha	80 t
1937	123 ha	20 t

(7 b; 7 d, S. 231; 39; 66, S. 60 u. 68).

In Marokko erwiesen sich in den ersten Nachkriegsjahren das Küstengebiet am Mittelmeer und die Ebene von Triffas und Berkane nördlich von Udjda infolge ihrer geschützten Lage gegen austrocknende Winde als geeignet, wo der Alluvialboden mit Wasser aus dem Muluja und dem Uad Zegzel leicht bewässert werden kann. Den Rückgang nach 1926 verursachte die ungünstige Weltmarktlage. Nur in der Berkane-Triffas-Ebene wurde in den folgenden Jahren unvermindert Baumwolle gezogen. Auf unbewässerten Feldern pflanzte man die einheimische Sar-Sar, auf bewässerten ägyptische Sorten (66, S. 69ff.). Zur Zeit kultiviert man allein die aus Nordamerika eingeführte, ursprünglich ägyptische Sorte Pima 67, die sich besonders hinsichtlich der Ertragsmenge und der Spinnfähigkeit auszeichnet, allerdings etwas spät reift (64, S. 33). Die Regierung ist bemüht, den Baumwollanbau auszudehnen und zahlt zu diesem Zweck der Association Cotonnière Marocaine einen Zuschuß von 50000 fr (der als unzulänglich betrachtet wird). Man glaubt, daß Marokko, auch wenn der Anbau auf die Küste und die warmen und frostgeschützten Gebiete beschränkt bliebe, eine gewisse Menge Fasern liefern könne (*Heim de Balsac* u. *Miège* in: Assoc. Cotonn. Colon. Jhg. 33 [1935], S. 13). Anbauflächen und Erzeugung Marokkos:

1914	36 ha	
1923	100 ha	40 t
1926	1200 ha	160 t
1930	355 ha	1161 t
1933		20 t
1934		10 t
1935		50 t
1936		20 t
1937	198 ha	200 t

(7 b, d; 39; 66, S. 71).

Ostafrika

Englisch-ägyptischer Sudan. Der systematische Baumwollanbau ist im Englisch-ägyptischen Sudan erst neueren Datums.

Das Klima zeigt zwar Unterschiede gegenüber dem ägyptischen, doch ist es während der Wachstumszeit der Baumwolle ähnlich, da diese im Sudan Winterfrucht, in Ägypten Sommerfrucht ist. Der Regenfall ist in beiden Ländern zur Erntezeit äußerst gering (74; 75, S. 146f.). Die Jahresregenmenge nimmt nach Süden immer mehr zu. Nur ein geringer Teil der sudanischen Baumwolle wird auf Regen gebaut, ein Teil auf dem Überschwemmungsland des oberen Blauen Nils, die Hauptmenge auf künstlich bewässertem Land. Im Jahre 1936 entfielen auf den

Anbau auf Regenfall	123036 Feddan	=	51685 ha
„ „ Überflutungsland . .	50310 „	=	21134 ha
„ „ Bewässerungsland . .	204689 „	=	85985 ha
	378035 Feddan	=	158804 ha

(2, S. 496).

Der künstlichen Bewässerung dienen Staudämme, in erster Linie der Sennar- oder Makwar-Staudamm bei Makwar (eröffnet Januar 1926), dessen Fertigstellung einen Aufschwung des Anbaus auf der „Insel Meroë" (Gesire) zur Folge hatte. Mit dem Wasser seines Staubeckens wurden bewässert:

1926	33000 ha	1929	71000 ha
1927	47000 „	1930	79000 „
1928	58000 „	(31, S. 36)	

Das Wasser soll für rund eine viertel Million ha ausreichen (31, S. 36).

Die Regierung, das Sudan Plantations Syndicate und die eingeborenen Unterpächter, über 100000 an der Zahl, arbeiten in einem bestimmten Schema zusammen (kombinierte Plantagen- und Eingeborenenwirtschaft): Die Regierung gibt das Land und das Wasser, das Syndikat legt die Kanäle an, bereitet das Land zur Aussaat vor, liefert das Saatgut und führt Aufbereitung und Verkauf durch. Der Pächter erhält 40 v. H., das Syndikat 25 v. H., die Regierung 35 v. H. des Erlöses. Die angewandte Fruchtfolge ist: Baumwolle — Hülsen- bzw. Körnerfrüchte — Brache (31, S. 36; 70, S. 5; 71, S. 172f.). Seit 1931 läßt man den Acker nach Baumwolle zwei Jahre brach liegen, sie erscheint also erst nach 4 Jahren wieder auf demselben Felde (71, S. 179).

Neben dem Makwar-Staudamm gibt es in der Gesire noch zwei Pumpstationen bei Hosch und Wad el Nau, beide südlich von Wad Medani zwischen Khartum und Sennaar (71, S. 173).

Anders als in der Gesire sind die Wachstumsbedingungen der Baumwolle im Gebiet von Kassala auf dem Delta des Gasch (oder Mareb) an der Grenze Erythreas. In der Wachstumszeit der Baumwolle fällt kein Regen. Das Wasser des sich in zahlreiche Arme teilenden Gasch dient der Bewässerung der Felder. An die Stelle der früher hier tätigen Kassala Cotton Company ist der Gash Board getreten. Der Erlös der verkauften Baumwolle wird zwischen Pächtern, Gash Board und Regierung verteilt wie 40 : 30 : 30 (71, S. 189).

Nach Klima und Boden für Baumwolle außerordentlich geeignet ist das Gebiet von Tokar am Baraka in der Nähe des Roten Meeres (71, S. 183). Hier wird der Winterregen ausgenutzt. Wegen der günstigen Verkehrslage wurde der Baumwollanbau gefördert. Das Land gehört der Regierung und wird an die Eingeborenen verpachtet. Außer den wirklich Einheimischen sind viele Eingewanderte als Baumwollbauern tätig. Die Kultur kann noch weiter ausgedehnt werden (71, S. 184f.).

Am Nil nördlich Khartum wird in einigen kleineren Gebieten bei Berber, Dongola, Seidab, Dueim u. a. Baumwollbau auf bewässertem Land betrieben, z. T. mit Hilfe von Pumpwerken (Berber und Dongola). Die Erträge sind schwankend. Die Organisation ist ähnlich wie in der Gesire. Das meiste Land gehört der Regierung, ein Teil befindet sich in Privatbesitz (71, S. 183).

Im Süden der Sudankolonie, wo mehr und regelmäßiger Regen fällt, baut man die Baumwolle auf Regenfall. In der südlichen Kassalaprovinz, bei Gedaref und Gallabat, in den Provinzen Blauer Nil und Weißer Nil und in Südkordofan war bis 1931 der Baumwollanbau der Wirtschaftskrise zum Opfer gefallen, erst 1935 wurden wieder Anbauversuche unternommen (71, S. 189 f.). Im Süden des Regengebietes sind Klima und Boden gut geeignet, besonders in den Nubabergen, aber die Bevölkerung steht Neuerungen ablehnend gegenüber. Die Regierung hat den Anbau unter den Nuba eifrig propagiert. In der Krisenzeit ging der Anbau zurück, seit 1933 setzte ein neuer Aufschwung ein, 1935 wurden Musterfarmen gegründet.

Im äußersten Süden, in der Provinz Mongalla, hat der Baumwollbau ebenfalls Fuß gefaßt, und östlich des Bahr el Djebel, besonders im Bezirk Latuka, breitet er sich seit 1933 von neuem aus (71, S. 191).

Die seit altersher im Sudan angebaute Baumwolle gehört zu *Gossypium punctatum.* Wie Versuche auf der Station Saria zeigen, lassen sich durch Auslese und Verbesserung der Anbaumethoden auch mit dieser Sorte bessere Ergebnisse erzielen, als bisher erreicht wurden (76).

Die im Sudan kultivierten Sorten sind vornehmlich Sakellaridis und Uplandsorten, erstere in der Gesire, im Kassala- und Tokargebiet, letztere in Mongalla, am oberen Nil, in Kordofan und in Nubien am Nil nördlich Khartum, bei Seidab, Dueim, Dongola, Berber usw. (73, S. 200; 54, S. 77f.). Mit der Züchtung befaßt sich die Station Shambat bei Khartum (vgl. darüber Näheres bei *Throught*, 73). Seit einigen Jahren hat man eine neue Sorte X 1530 gezüchtet, die sich im Sudan der Sakellaridis überlegen gezeigt hat (72, S. 326). Sie nahm 1935/36 bereits $^1/_3$ der Gesire-Baumwollfläche ein (71, S. 180).

Auf die einzelnen Baumwollgebiete und -sorten entfallen folgende Anbauflächen und Ertragsmengen:

	Anbauflächen in ha:		Erträge in t:	
	1937/38	1936/37	1937/38	1936/37
Gesire	86794	83633	42954	40410
Kassala	13377	12741	1275	5408
Tokar	8400	18060	2858	3101
Sonstige Sakellaridis . .	5995	5031	2512	2035
Sakellaridis	114566	119465	49599	50954
Berber	1017	1043	559	513
Dongola	924	941	388	411
Seidab	2167	2213	951	965
Andere	880	683	294	180
Upland, bewässert . . .	4988	4880	2192	2069
Kordofan	48720	52500	5256	4455
Obernilprovinz.	3150	3570	131	227
Mongallaprovinz	7853	11680	571	952
Upland auf Regenfall .	59723	67750	5958	5634
Gesamter Sudan	179277	192095	57749	58657

(Internat. Cotton. Bull. Jhg. 26 [1938], S. 451).

Im Jahr 1938/39 nahm der Baumwollbau 185000 ha, im Jahr 1939/40 173000 ha ein, der Ertrag betrug 1938/39 57100 t (7 d, S. 378f.).

Die Sudanbaumwolle wird im Handel größtenteils ähnlich der ägyptischen Baumwolle bewertet. Die Kassalabaumwolle ist noch besser als die aus der Gesire, am besten ist die Tokarbaumwolle (71, S. 188).

Im Jahre 1937 ist der Anbau zurückgegangen. Vielfach erschweren noch ungünstige Verkehrsverhältnisse den Versand. Andererseits hat gerade die Einführung der Baumwollkultur die Errichtung neuer Verkehrswege notwendig gemacht. In Thamian zweigt von der Bahn Port Sudan-Atbara eine Linie ab, die über Kassala nach Sennaar am Blauen Nil führt (31, S. 148). Der 1937 vollendete Staudamm bei Djebel Aulia am Weißen Nil soll namentlich der Baumwollkultur Ägyptens zugute kommen. Ausfuhrhafen der sudanischen Baumwolle ist Port Sudan am Roten Meer.

In ganz Abessinien kommt die Baumwolle bis zu Höhen von 1700—1800 Meter ü. M. vor. Man findet sie seit langer Zeit in zahlreichen Formen *(Gossypium herbaceum, arboreum, brasiliense, hirsutum, barbadense)*, sie dient in der abessinischen Heimindustrie zur Anfertigung von Geweben. An eine Ausfuhr war bisher nicht zu denken, da die kleinen, infolge der vielen Arten und Sorten ganz ungleichmäßigen Mengen nicht einmal den einheimischen Bedarf decken konnten (78).

Bis 1926 arbeiteten in Abessinien zwei europäische Baumwollgesellschaften: Die Deutsch-Abessinische-Baumwoll-Gesellschaft (DABA) am Hauasch in der Nähe der Bahnstation Metahara und die Société Cotonnière Belge, die in den Provinzen Harrar und Arussi das Monopol besaß. Letztere suchte in ähnlicher Weise wie in Belgisch-Kongo die Eingeborenen für den Anbau zu gewinnen, hatte aber mit ihren Bemühungen keinen Erfolg (78).

Seit der italienischen Besitznahme gibt es zwei italienische Gesellschaften, die Baumwollbau betreiben, die Compagnia per il Cotone d'Etiopia in Addis Abeba und der Ente del Cotone Africa Orientale. Erstere bemüht sich, die Baumwollkultur bei den Eingeborenen einzuführen, und zwar besonders in der Landschaft Harrar. Sie hat sich das Einkaufmonopol gesichert. Letztere (Ente del Cotone Africa Orientale) hat im ganzen Kaiserreich fünf Baumwollanbaugebiete in Aussicht genommen: 1. Das von Tessenei am Gasch (vgl. u. Erythrea), 2. das am Hauasch, 3. das bei Metemma am Atbara, gegenüber Gallabat im Sudan, 4. das von Kobbo am Blauen Nil und 5. das am Djuba (vgl. u. Somaliland) (78).

In den alten italienischen Besitzungen Erythrea und Somaliland bestand bereits Baumwollanbau.

In Erythrea hatte er seinen Standort am Gasch oder Mareb bei Tessenei gegenüber Kassala auf den Ländereien der früheren Azienda Agricola di Tessenei, der heutigen Società Imprese Africana a Tessenei. Die klimatischen Verhältnisse gleichen denen des Kassalagebietes (vgl. o.). Die Gesellschaft hat nach dem Vorbild des Sudans am Gasch einen Staudamm errichtet (Vollendung 1926), wobei sie dem englisch-italienischen Wasservertrag von 1924 Rechnung tragen mußte, und bewässert 15000 ha fast ebenen Landes, von denen sie etwa 1926 erstmalig 9000 dz Baumwolle gewann (78, S. 148). Gepflanzt wird Sakellaridis; mit Uplandsorten aus dem Sudan werden Versuche gemacht (45, S. 67). Die Baumwolle leidet wenig unter Schädlingen (45, S. 68) und liefert eine ausgezeichnete Faser. Die Anbaufläche Tesseneis betrug:

1926 . .	700 ha	1929 . .	1200 ha	1934/35 .	5000 ha
1927 . .	1500 ha	1930 . .	1600 ha	1935/36 .	5000 ha
1928 . .	1000 ha	1931 . .	2400 ha	1936/37 .	3000 ha
				1937/38 .	2000 ha

(45, S. 68).

Die Baumwollerzeugung der heutigen Provinz Erythrea gibt *Guidotti* (77) mit 13039 Zentner an, das Annuaire Internat. de Statistique Agricole (7 d, S. 378f.) für 1934/35 mit 2000 dz, für 1935/36 mit 3000 dz, für 1936/37 mit 2000 dz und für 1937/38 mit 1000 dz an. Die Ausfuhr betrug 1937 nur 372 dz (78, S. 149).

In Italienisch-Somaliland liegen die Baumwollpflanzungen am Djuba und Webi Schebeli. Im Jahre 1922 begann die Società Agricola Italo-Somala (SAJH) den Baumwollanbau im Tale des Webi Schebeli (80). Die Baumwollfelder liegen bei Djenale auf wenig durchlässigen, humusarmen Alluvialböden. Kultiviert wird nur Sakellaridis (45, S. 48ff.). Für die Baumwollkultur ist bei Djenale ein Staudamm und ein Kanalnetz von 55 km Länge angelegt worden, sie wird meist als Genossenschaftskultur betrieben. Die Bewässerungskulturen nehmen 1934/35 und 1935/36 5000 ha ein, die Erzeugung belief sich in diesen Jahren auf 7000 bzw. 6000 dz, 1936/37 nur auf 3000 dz (7 d, S. 378 f.).

Der Baumwollkultur bieten sich im Kaiserreich Äthiopien zweifellos viele Möglichkeiten. *Neitzel* (78) hält besonders die fruchtbaren Schwemmländer der vom Hochgebirge herabströmenden Flüsse für äußerst vielversprechend und Ägypten vergleichbar. Das nötige Wasser ließe sich leicht durch Aufstauen dieser Flüsse erhalten. Die Baumwolle ist der erste Rohstoff, den Abessinien in großen Mengen zur Versorgung Italiens liefern soll. Die Baumwolle bestreitet wertmäßig über ein Zehntel der gesamten italienischen Einfuhr. Die Baumwollkultur untersteht der Aufsicht des Baumwollamtes. Die Inangriffnahme der Anlage der Felder bleibt dem privaten Unternehmungsgeist und Kapital überlassen.

Ausfuhrzahlen Italienisch-Somalilands und Erythreas in t:

Jahr	Italienisch-Somaliland	Erythrea	Jahr	Italienisch-Somaliland	Erythrea
1925	417,6	444,3	1935	610	
1930	850,6	396,6	1936	300	300
1933	730	180	1937		372
1934	740	200			

(4; 7, S. 149; 39).

Die Erzeugung Abessiniens belief sich 1932 und 1933 auf je 5000 Zentner, 1934 auf 6500 Zentner, 1935 auf 10000 Zentner und 1936 auf 13093 Zentner (78, S. 150).

In **Uganda** wurde wildwachsende Baumwolle schon bei der Entdeckung vorgefunden (84, S. 282f.). Wie im Sudan haben auch in Uganda die Engländer die systematische Baumwollkultur eingeführt, die man nach dem Bau der Ugandabahn als die lohnendste neu einzuführende Kultur ansah (82, S. 72).

Geeignet für Baumwollanbau sind klimatisch die Gegenden mit einer ausgesprochenen Trockenheit, also besonders die Ostprovinz, und zwar die Bezirke Lango, Teso, Bugwere, Bugischu und Budama, weniger die Umgebung der großen Seen, wo die Ernte oft verregnet (82, S. 72f.). In der Ostprovinz gedeiht die Baumwolle gut auf dem dunklen Boden („black cotton soil“), weniger gut auf dem schweren roten Lehm Bugandas (82, S. 73), doch hat sich der Anbau in dieser Provinz in den letzten Jahren beträchtlich ausgedehnt und den der Ostprovinz erheblich überflügelt (vgl. u.).

Die Baumwolle wurde von vornherein als Eingeborenenkultur propagiert. Die Eingeborenen dürfen nur das ihnen zur Verfügung gestellte hochwertige Saatgut verwenden. Es bestehen im Protektorat eine Reihe Saatzuchtfarmen und Baumwollstationen, so in Kadunguru, Simsa bei Soroti, Bukalasa (Provinz Bukalasa) und Serere (Ostprovinz). Die beiden letztgenannten sind Mittelpunkt des Anbaus (44, S. 11f.; 82, S. 73). Gepflanzt wird hauptsächlich Uganda Upland (11, S. 198). Die meisten Baumwollfelder sind klein und gartenähnlich und befinden sich im Besitz von Kleinbauern; einzelne Häuptlinge haben Pflanzungen von 100 und mehr ha (82, S. 79).

Die Provinzen Ugandas hatten in den letzten Jahren folgende Anbauflächen in acres (51c; Annual Rep. of the Dep. of Agric. Uganda f. 1937, S. 40):

Provinz	1933/34	1934/35	1935/36	1936/37	Schätzung 1937/38
Buganda . .	350878	425231	605477	695348	878674
Ostprovinz .	575162	593296	567980	600026	648938
Nordprovinz.	152302	156484	177815	174181	194379
Westprovinz.	12160	10588	14257	15142	14909
Ganz Uganda	1090502	1185599	1365529	1484697	1736900

1938/39 betrug die Anbaufläche Ugandas 619000 ha und 1939/40 637000 ha (7d, S. 378). 1936 bestanden im ganzen Protektorat 180 Entkörnungsanstalten (86). In der Ostprovinz und in Buganda sind dauernde Märkte für Baumwolle eingerichtet worden (83, S. 175). Die Uganda-Baumwolle geht vornehmlich nach Indien (z. T. nur Durchgangsstation nach England und Japan (82, S. 81) (Brit. Cotton Growing Assoc., 33. Bericht [1938], S. 41). Sie steht der Güte nach zwischen ägyptischer und nordamerikanischer Baumwolle.

Die Baumwolle ist heute zum wichtigsten Faktor im Wirtschaftsleben Ugandas geworden (82, S. 82). Die Ausfuhr an Baumwolle und Baumwollsaat betrug im Jahre 1937 dem Werte nach 81,74 v. H. der Gesamtausfuhr Ugandas. Die Baumwollsteuer bestreitet einen erheblichen Anteil der Einnahmen Ugandas (Brit. Cotton Growing Assoc., 33. Bericht [1938], S. 41).

In Kenya besitzt der Baumwollanbau eine weit geringere Ausdehnung als in Uganda und findet sich hauptsächlich in der Landschaft Kavirondo am Viktoriasee an der Grenze Ugandas und im unteren Tal des Tanaflusses als Eingeborenenkultur. Die ersten Ginnereien wurden 1923 angelegt, heute gibt es deren 20 (11, S. 209ff.). Die Entwicklung der Baumwollerzeugung in Kavirondo veranschaulichen folgende Ziffern:

1930/31	918 967	lbs
1932/33	3 940 764	„
1934/35	9 401 231	„
1935/36	15 701 756	„

(Kenya Colony, Dep. of Agric., Report [1935], 2. Bd., S. 94ff.).

In der Küstenprovinz liegt der Anbau in erster Linie im Bezirk Kilifi, und zwar hauptsächlich im Unterbezirk Malindi. Die Erzeugung der gesamten Kolonie betrug im Jahre 1937 4010 t, die Ausfuhr 3229 t (51 c, S. 39).

In Deutsch-Ostafrika wurde die Baumwolle vor dem Weltkriege hauptsächlich als Eingeborenenkultur planmäßig gefördert. Vier besondere Baumwollsaatzuchtstationen hatten bereits gute Erfolge aufzuweisen. Die Belehrung durch deutsche Bezirkslandwirte und farbige Wanderlehrer hatte sich bewährt. Bis 1928/29 zeigte der Baumwollanbau eine Aufwärtsentwicklung, dann trat infolge der Krise ein Rückgang ein. Zur Förderung der Kultur traf dann die Mandatsverwaltung wieder die bereits von der deutschen Verwaltung eingeführten Maßnahmen, wie Schaffung von Einflußzonen für die Entkörnungsanstalten, Festsetzung von Mindestpreisen, Einrichtung von Baumwollmärkten und Aufkaufposten, und führte auch die Klassifizierung wieder ein. Seit 1931/32 nimmt die Erzeugung zu. Auf manchen Sisalpflanzungen ist die Baumwolle als Nebenkultur zu finden. 1934 gab es 41 Entkörnungsanstalten und 4 Baumwollstationen mit 2 Außenstationen. Gepflanzt wird vor allem die Sorte „U 4“. Um die Einführung der als beste Auslese geltenden Linie „998“ ist man bemüht (92). Der Anteil europäischer Pflanzungen an der Erzeugung ist gering. 1934 lieferten sie 12 v. H. der Gesamternten, 1935: 10,7 v. H., 1936 rund 10 v. H. (88, S. 23). Die meiste Baumwolle wird in der Nähe des Viktoriasees und in der Ostprovinz, und zwar in den dichter bevölkerten Gegenden, angebaut. Die Anbaufläche zeigt in den letzten Jahren folgende Entwicklung: 1933: 128 160 acres; 1934: 197 600 acres; 1936: 303 250 acres; 1937: 313 520 acres, davon lagen 1937 allein in der Seeprovinz 208 600 acres. Den lebhaftesten Baumwollbau betrieben folgende Bezirke (in acres):

Seeprovinz: Mwansa . . .	88000	Ostprovinz: Kilossa	25000
Maswa . . .	45000	Morogoro	18000
Kwimba . . .	40000	Bagamojo	13500
Schinyanga .	26000	Tanga-Provinz: Handeni	10000

(88, S. 22 f.). Ausfuhrzahlen siehe Statistik.

In Ruanda-Urundi besitzt die Baumwolle geringe Bedeutung. In den Jahren 1934/35 und 1935/36 waren 3000 ha, 1936/37 und 1937/38 4000 ha und 1938/39 5000 ha mit ihr bepflanzt. Die Faserertäge haben immer wieder Rückschläge erlitten, seit 1935 nimmt die Erzeugung jedoch stetig zu (88, S. 61), wie die Ausfuhrmengen zeigen (in t):

1929	45	1934	446
1930	97	1935	520
1931	38	1936	527
1932	312	1937	850
1933	319	1938	1010

(4, S. 463; 7 d, S. 724f.; 88, S. 69) (Vgl. Tropenpflanzer versch. Jahrgänge).

In Portugiesisch-Ostafrika sind die klimatischen und landwirtschaftlichen Bedingungen für die Baumwolle (11, S. 366), die bisher allerdings nur in geringen Mengen erzeugt wird, vielfach günstig (vgl. Statistik). Das Schwemmland am Sambesi ist gut für die Kultur geeignet, höher gelegenes Land bei gleicher durchschnittlicher Regenmenge ebenfalls (12, S. 360). Auf dem Hochland von Kilimane hatte man Mißerfolge (11, S. 365).

Angebaut werden die Sorten „Nyassa Upland", „Zululand Hybride", „Improved Bancroft" und „U 4"; letztere hat sich am besten bewährt. Die Hektarerträge schwanken allerdings auch sehr je nach den Kulturbedingungen (11, S. 367f.).

Große Pflanzungen bestanden im Jahre 1932 in den Bezirken Lourenço Marques, Moçambique, Kilimane und Cabo Delgado (11, S. 366). Als Eingeborenenkultur wird die Baumwolle vornehmlich im Gebiet der Companhia da Zambezia gefördert unter Anwendung ähnlicher Maßnahmen wie in Belgisch-Kongo und Uganda. Es werden Sorten mittleren Stapels gebaut (46; 47). Das Gebiet der Companhia de Moçambique liefert etwa die Hälfte der Gesamterzeugung der Kolonie. Nachteilig ist hier die Ungleichmäßigkeit der Niederschläge; in den letzten Jahren hinderten ferner die niedrigen Preise die Anbauausdehnung (2, S. 355).

In Nyassaland findet in den meisten Bezirken Baumwollanbau statt, namentlich in Unter-Schire und Chikwawa (44, S. 68). Auf den Hochflächen ist nur Sommerkultur möglich, im Angoniland erreicht sie auf der Zentralhochfläche ihre Verbreitungsgrenze. Es bestehen drei Versuchsstationen, die bemüht sind, die geeignetsten Anbaugegenden und Sorten ausfindig zu machen (44, S. 9f. T; 95b). Die alte Nyassaland Upland wird mehr und mehr durch die frühreife „U 4" verdrängt (95 c, S. 202; 96). Die Baumwolle ist heute fast ausschließlich Eingeborenenkultur, die Europäer haben sie größtenteils wieder aufgegeben. 1934/35 nahmen die Europäerpflanzungen 607 ha, die Eingeborenenpflanzungen 16248 ha ein (Nyassaland Protect., Dep. of Agriculture, Annual Rep.), letztere stiegen bis 1937/38 auf 40000 ha an, sanken aber 1938/39 auf 37000 und 1939/40 auf 14000 ha, erstere betrugen 1939/40 nur noch wenige hunderte ha (7 d, S. 378).

In Nordrhodesien befindet sich die Baumwollkultur vorläufig noch im Versuchsstadium (51 c, S. 49). Die im Besitz von Weißen befindlichen Pflanzungen liegen entlang der Bahn Livingstone—Brokenhill und im Bezirk Jameson an der Grenze Nyassalands. Die Stapellänge beträgt 26,5—29,7 mm (11, S. 181). Die Ausfuhr belief sich 1929 auf 2 t, 1932 auf 5 t (3, S. 37), 1935 wurden fast 92 t erzeugt (98, S. 1282). 1937 fand keine Ausfuhr statt (51 f, S. 49).

Südafrika

In Südrhodesien war die Baumwolle lange Zeit nur Europäerkultur. 1933 wurde sie auch als Eingeborenenkultur eingeführt (102b, S. 98 E). Zahlreiche Versuche ergaben zwar ihre Eignung für weite Teile des Landes, doch erwiesen sich andere Früchte als lohnender (2, S. 320, S. 324). Am geeignetsten ist der Bezirk Gatooma. 1936 nahm die Baumwolle in Südrhodesien 2004 acres ein, 1937: 1784 acres (54c). Die Ausfuhr entwickelte sich folgendermaßen (in t):

1929 . .	54	1934 . .	112	1937 . .	70
1931 . .	475	1935 . .	80	1938 . .	50
1932 . .	28	1936 . .	50	1939 . .	0
1933 . .	72				

(3 b, S. 32f.; 7 d, S. 724f.).

In der Südafrikanischen Union wächst die Baumwolle im Middle und Low Veld von Transvaal und Natal und neuerdings im Sululand. Im Kapland besteht nur am Oranje ein kleines Gebiet unter künstlicher Bewässerung. Im größten Teil des Middle Veld von Transvaal und entlang des Oranje gedeiht „Improved Bancroft", eine großkapselige, langstapelige Upland, am besten. Im Low Veld Transvaals, im Natal und Sululand ist „U 4" verbreitet (101, S. 751). Sie ist auf der Station Barberton (Osttransvaal) aus „Uganda" gezüchtet, ist frühreif und immun gegen Stiche der Zikaden (Jassidae). Die Hoffnungen, die man in der Union in die Baumwolle gesetzt hat, hat diese nicht erfüllt (3, S. 14). In der Zeit der niedrigen Preise ist sie meist wieder verschwunden, mit Ausnahme des Landstrichs unmittelbar östlich der Drakensberge (97, S. 190). Seinen Höhepunkt erreichte der südafrikanische Baumwollanbau im Jahre 1925 mit 58900 ha Farmland (9), 1936/37 waren es nur 3325 ha (7 d, S. 250). Die Einfuhr übertrifft bei weitem die Ausfuhr (ebenda, S. 724f.).

Im Swasiland ist Baumwollanbau im Low Veld und im Middle Veld möglich, in letzterem hat die Aussaat sehr früh zu erfolgen. Kultiviert wird „U·4". Den Höhepunkt erreichte die Baumwollkultur Swasilands 1929/30. Ausgeführt wurden:

1925/26	188 t
1929/30	487 t
1933/34	45 t (103).

Eine Ginnerei besteht in Bremersdorp.

In Madagaskar kommen die Arten *Gossypium obtusifolium* und *purpurascens* vor, die nur eine schlechte Faser liefern (12, S. 358). Die Baumwolle, die im Südwesten der Insel in geringem Umfange kultiviert wird (1936: 71 ha [7 d, S. 243]), dient nur dem Eigenverbrauch der Eingeborenen. Mit Vanille, Reis, Zuckerrohr und Maniok vermag sie den Wettbewerb nicht aufzunehmen (104). 1926 wurden 14 t ausgeführt, 1927: 3 t, 1931: 100 t, seitdem hat die Ausfuhr gänzlich aufgehört (7 b).

Westafrika

In Angola werden an der Küste verschiedene Baumwollsorten kultiviert. Auf dem Hochland in den Bezirken Lunda und Malanga sät man ausschließlich „Triumph Big Boll", die ein sehr gleichmäßiges, gut verkäufliches Erzeugnis liefert (46; 47). In manchen Landschaften sind die Eingeborenen zum Baumwollanbau verpflichtet. Zur Durchführung der zur Förderung dieser Kultur notwendigen Maßnahmen hat die Regierung die Junta de Exportaça de Algodao gegründet. Die von der Baumwolle eingenommenen Flächen beliefen sich auf Europäerpflanzungen auf

1930/31	5200 ha	1936/37	21000 ha
1932/33	3800 ha	1937/38	30000 ha
1934/35	6000 ha	1938/39	39000 ha
1935/36	10000 ha		

(3 a, S. 43; 7 d, S. 378; 39).

Ausgeführt wurden 1932: 586 t (3 a, S. 46), weitere Zahlen vgl. Statistik.

In Belgisch-Kongo wurde die Baumwollkultur während des Weltkrieges durch *Leplae* eingeführt (105, S. 53; 112, S. 37) und zeigte 1925 die ersten bemerkenswerten Erfolge. Heute zählt sie zu den wichtigeren Ausfuhrkulturen. Ihr Anbau hat sich schnell entwickelt, wie die Ausfuhrzahlen zeigen (vgl. die Statistik). Der Anbau wird von der Kolonialverwaltung planmäßig gelenkt: durch Anbauzwang, Errichtung von Märkten, feste Preise, Kontrolle des Ankaufes und der Aufbereitung usw. Das belgische „Baumwollregime" wird sehr gelobt. Ein Versuch der Marktfreiheit hat sich nicht bewährt.

Die Baumwollkultur wird in drei klimatisch verschiedenen Anbaugebieten betrieben: 1. In der Savanne nördlich des Äquators im Stromgebiet des Ubangi-Uëlle, 2. in der Savanne südlich des Äquators im Stromgebiet des Kassai, Sankuru und Lomami und 3. westlich des Kivusees und in der Landschaft Manyema. Die höheren Erntemengen erzielt man auf fruchtbaren Böden in den Waldgebieten. Die Stationen des I. N. E. A. C. in Bambesa (Uëlle-Bezirk) und in Gandajika (Lomami-Gebiet) dienen der Ausdehnung und Verbesserung der Baumwollkultur. Am meisten verbreitet ist zur Zeit die Sorte „Triumph Big Boll". Ihre Faserlänge erreicht 25 mm, die der „Allen long staple" im Kivu-Bezirk 30 mm (107, S. 164ff.). Ferner stellt man Versuche mit „U 4" an, man glaubt, sie durch Züchtung ertragreicher als „Triumph Big Boll" machen zu können (111, S. 203).

Entkörnungsanstalten sind in großer Zahl über die Kolonie verteilt und ebenso wie die Baumwollaufkäufer in Genossenschaften zusammengeschlossen. Die Gesellschaften, denen sie gehören, besitzen selbst Baumwollpflanzungen (107, S. 166). Es gab 1937 9 Gesellschaften mit insgesamt 119 Ginnereien (106, S. 39; 112, S. 38).

Auf die verschiedenen Anbaugebiete verteilen sich die Anbauflächen folgendermaßen:

1936	Anbaufläche in ha	Ertrag in t*)
Nördliche Savanne . .	172662	51417
Südliche Savanne . . .	112505	30695
Zentralzone	17141	7506
Belgisch-Kongo	302308	89618

Weit über die Hälfte der Baumwolle gedeiht in der nördlichen Savanne in dem Gebiet des Ubangi-Uëlle-Kibali und am oberen Aruwimi (Ituri). Allein die Bezirke Uëlle und Kibali-Ituri besitzen fast die Hälfte der Gesamtfläche. Dies Gebiet grenzt an das Baumwollgebiet der Mongallaprovinz des Englisch-ägyptischen Sudans (vgl. o.) an. Ein Bild von der Kleinheit der Felder läßt sich aus der Tatsache gewinnen, daß man im Ubangi-Bezirk 1936: 333120 (1935: 345570) Pflanzer zählte, die 140000 (1935: 136000) Hektar mit Baumwolle bestellten. In der südlichen Savanne liegt der Hauptanbau im Sankurubezirk. In der Provinz Léopoldville wächst nur im Süden des Bezirkes des Léopold II.-Sees ein wenig Baumwolle. Die Erträge sind hier auffallend niedrig (178 kg vom ha) (107, S. 167f.).

Die Erntemenge an Saatbaumwolle betrug im Jahre 1938 im nördlichen Anbaugebiet 70000 t (1937: 64000 t), im südlichen Anbaugebiet 50000 t. Im Jahr 1936/37 wurden 110000 bzw. 92000 t Saatbaumwolle geerntet (Assoc. Cotonn. Colon. Jhg. 36 [1938], S. 26 und S. 113). Die Ausfuhr an Baumwollsaatöl betrug im Jahre 1937: 280 t (Bull. de l'Off. Colon. Jhg. 27, Nr. 6).

*) Saatbaumwolle.

Die Erzeugung an Lint gestaltete sich in den letzten Jahren wie folgt (in t):

1934/35	22700	1937/38	38100
1935/36	26900	1938/39	35200
1936/37	31900	1939/40	40500

(7 d, S. 378 f.).

Das Baumwollgebiet Französisch-Äquatorialafrikas — das sich zwischen dem 4. und 13.° n. Br. und dem 14. und 25. Längengrad erstreckt (11, S. 292 f.) — grenzt an das des Ubangi-Gebietes und des südlichen Englisch-ägyptischen Sudans an und zeigt im allgemeinen ähnliche Klima- und Bodenverhältnisse. Der Baumwollbau zur Ausfuhr ist jünger als im Kongo-Gebiet und von den Franzosen als Eingeborenenkultur eingeführt und verbreitet. Die Propagandamethoden usw. gleichen denen in der Kongokolonie (116), auch ist das belgische „Baumwollregime" dort eingeführt worden.

Die Anbaufläche hat sich von Jahr zu Jahr ausgedehnt. Sie betrug (in ha):

Durchschnitt	1926/30 .	9640	1934 . .	117200
	1931 . .	26213	1935 . .	125000
	1932 . .	62621	1936 . .	141000
	1933 . .	85000	1937 . .	185000

(3 a, S. 109; 7 d, S. 378).

Die Einzelgebiete erzeugten folgende Baumwollmengen (in t):

	1931	1932	1933	1934	1935	1936
Tschad	40	150	400	1650	656,6	2461,7
Ubangi-Schari . . .	890	1420	1970	3040	5539,2	4193,9
Mittelkongo	—	—	—	380	25,2	50,4

(1931—34: 7 b; 1935—36: 118).

Die Verteilung der Ausfuhrmengen (s. Statistik) in den letzten Jahren zeigen die nachstehenden Zahlen (in t):

	1934	1935	1936	1937	1938	1939
Tschad	1650	660	2460	2960	3540	—
Ubangi-Schari . . .	3040	5540	4190	5440	6210	6530
Mittelkongo	380	30	50	100	120	—

(7 d, S. 723).

In Kamerun, französisches Mandatsgebiet, wird die Baumwolle in den Savannen des Nordens der Kolonie von den Eingeborenen seit altersher für ihre häusliche Spinnerei und Weberei kultiviert. Soweit der Regenwald reicht, fehlt sie. An die im Lande vorkommenden Sorten knüpften die deutschen

Züchtungsarbeiten auf den Stationen Kuti bei Fumban in der Landschaft Bamum und Pittoa bei Garua in Adamaua an. Die Franzosen sind bisher noch nicht über diese Anfangsarbeiten hinausgelangt, obwohl nach dem Urteil französischer Fachleute das Klima im nördlichen Grasland sich gut für Baumwolle eignet (119). Erst 1928 begann die Association Cotonnière Coloniale den Anbau zu fördern (48), der 1936 843 ha und 1937 850 ha einnahm (7 d, S. 236). Die Baumwollausfuhr ist bisher nie höher als ein paar Tonnen gewesen (48), 1936: 69 t, 1937: 60 t (88, S. 112).

In Nigeria pflanzen die Eingeborenen die Baumwolle seit altersher für ihr eigenes Hausgewerbe. Seit 1856 führen sie auch Baumwolle aus (11, S. 165). Da die einheimische Baumwolle für die Spinnereien Lancashires wenig geeignet ist, hat die British Cotton Growing Association sich um die Verbesserung der kultivierten Sorten bemüht. Im Norden hat sie während des Weltkrieges die nordamerikanische „Allen long staple" eingeführt (112, S. 123). Im Süden, in den Provinzen Ojo, Abeokuta und Ondo, hat man aus der einheimischen „Ishan", die zu *G. vitifolium* gehört (11, S. 165), die „Improved Ishan" gezüchtet, die härter als die ursprüngliche Sorte ist und diese in einigen Jahren fast verdrängt hat (121). Für die mittleren Provinzen ist die Sortenfrage noch nicht gelöst (122, S. 123).

Die Kultur wird freiwillig von den Eingeborenen betrieben, häufig als Zwischenkultur. Ihnen stehen eingeborene Berater zur Seite, die wieder europäischen Fachleuten unterstellt sind (11, S. 167). Das Landwirtschaftsamt überwacht die Saatgutverteilung und sorgt für Erneuerung des Saatgutes (122, S. 123). Die British Cotton Growing Association zahlt Prämien für Anbau verbesserter Baumwolle und sorgt für gleichen Preisstand (11, S. 173). Die Ausfuhr schwankt erheblich nach der Höhe der Weltmarktpreise, die Erzeugung ist dagegen gleichmäßiger, da stets ein Inlandsbedarf vorhanden ist (122, S. 122). Die Baumwollsaat wird ausgeführt, wenn der in Europa erzielte Preis sich lohnt (120, S. 8).

Die Baumwolle gedeiht in den nicht allzu regenreichen Teilen der Kolonie zwischen 6½—10° östl. L. und 6½—12½° n. Br. (11, S. 166), und zwar besonders im Norden, namentlich in den Landschaften Saria und Sokoto. Im Süden hat sie ihren Hauptstandort in der Provinz Ojo. Nordnigeria erzeugte in den letzten Jahren folgende Baumwollmengen für den Markt in Ballen von 400 lbs: 1933/34: 23013, 1934/35: 50322, 1935/36: 49793, 1936/37: 39272 (51 c, S. 34). Die geringere Anlieferung von Baumwolle 1936/37 ist nicht allein auf widrige Witterungsverhältnisse zurückzuführen, sondern zum Teil auch auf die niedrigen Preise der Handelsfirmen. Die Baumwolle wurde infolgedessen mehr dem örtlichen Verbrauch zugeführt. Der Verbrauch der einheimischen Industrie wird auf über 10000 Ballen zu 400 lbs (= über 18140 t) geschätzt (Ann. Rep. of the Agric. Dep. f. 1936 und f. 1937, Lagos 1937 und

1939). In Südnigeria wurden für die Ausfuhr erzeugt: 1936/37 Improved Ishan, und zwar 1935/36 8132 und 1936/37 5428 Ballen zu 400 lbs. Ginnereien liegen in Ibadan und Oschogbo; letztere entkörnte 1937 doppelt soviel Saatbaumwolle als erstere (51 c, S. 37f.).

Die Erzeugung ganz Nigerias erreichte in den letzten Jahren folgende Werte (in t):

1934/35	10100	1936/37	8200
1935/36	10600	1937/38	5400

(7 d, S. 378f.).

Die gesamte Baumwollausfuhr Nigerias ist nach dem durch die Weltwirtschaftskrise verursachten Tiefstand des Jahres 1932 dauernd angestiegen (vgl. die Statistik), nur 1937 wirkten die schlechten Preise abträglich. Eine stärkere Ausdehnung ist nach einem Ausbau der Verkehrswege sehr gut möglich, namentlich im Norden und Nordwesten der Kolonie, in den Provinzen Kano und Sokoto (2, S. 109).

Französisch-Westafrika. Die Franzosen sind bemüht, in ihrem westafrikanischen Kolonialreich die Baumwollkultur zu verbreiten. 1924 übernahm die Association Cotonnière Coloniale (vgl. o.) die industrielle und technische Führung und 1926 der Landwirtschaftsdienst in Segu die wissenschaftliche (43).

In der französischen Nigerkolonie ist die Baumwollkultur ganz unbedeutend: 1936 3000 ha, 1937 8000 ha (7, S. 227). Die Ausfuhr setzte 1933 mit 40 t ein, betrug 1934: 36 t, 1935: 30 t (7b, S. 155), 1936 50 t, 1937 40 t (7 d, S. 723).

In Dahome wird hauptsächlich Togo-Sea Island im Norden der Kolonie angebaut (2, S. 42). Im Jahr 1936 nahm die Baumwolle 60000 ha, 1937 65000 ha ein (7 d, S. 224). Die Ausfuhr betrug:

1918 . .	266 t	1934 . .	888 t	1937 . .	1070 t
1927 . .	726 t	1935 . .	1140 t	1938 . .	1200 t
1933 . .	470 t	1936 . .	900 t		

(12, S. 358; 7 b; 7 d; 4; 125; 49; Wirtschaftsdienst Jhg. 23 [1938], S. 921).

In Togo war die Baumwolle dank der Bemühungen der Behörden und des Kolonial-Wirtschaftlichen Komitees zur Zeit des deutschen Besitzes eines der wichtigsten Ausfuhrerzeugnisse, 1912 wurden 550 t ausgeführt (2, S. 90 und S. 93). Die Franzosen haben die Kultur nicht den natürlichen Möglichkeiten entsprechend entwickelt. Angebaut wird meist die sogenannte Togo-Sea Island (vgl. u. Botanik). Die Ausfuhr betrug:

1928 . .	1536 t	1934 . .	1136 t	1937 . .	1710 t
1932 . .	2055 t	1935 . .	1613 t	1938 . .	1840 t
1933 . .	1073 t	1936 . .	1584 t	1939 . .	1600 t*)

(2, S. 95; 4; 7 d).

Die Anbaufläche im französischen Mandat war 1933/34: 20000 ha, 1934/35, 1935/36 und 1936/37 je 23000 ha (7 d, S. 378; 39).

An der Goldküste wird die Baumwolle meist für den Eigenbedarf der Bevölkerung gepflanzt (3, S. 126). Die Ausfuhr war stets ganz gering; 1913: 0,1 t, 1925: 7,2 t, 1933: 38 t, 1934: 78 t (3, S. 124; 11, S. 178; 12, S. 303), 1935: 70 t, 1936: 60 t, 1937: 80 t, 1938: 0 t (7 d, S. 723).

Kakao und Nahrungspflanzen haben sich als lohnendere Früchte erwiesen, so daß den nach dem Weltkriege einsetzenden Bemühungen der Regierung zur Hebung der Baumwollerzeugung der Erfolg versagt blieb (12, S. 302; 44, S. 2ff.). Bisher bauen die Eingeborenen die Baumwolle meist als Zwischenkultur (132, S. 101).

An der Elfenbeinküste ist das Klima in der Mitte und im Norden für Baumwolle geeignet, die in diesen Teilen der Kolonie nur von den Eingeborenen kultiviert wird (2, S. 334). Das Gebiet, wo Baumwolle gedeiht, läßt sich in drei Klimazonen gliedern. In der südlichen Zone vom Nordrande des Regenwaldes bis 9° n. Br. wächst „Ishan" aus Nigeria, in der 2. Zone zwischen 9 und 13° n. Br., dem südlichen Teil der früheren Kolonie Obervolta, „Budi", in der 3. Zone „Allen Long staple" (127; 128). Im Jahre 1936/37 gelangten aus den verschiedenen Bezirken der Ishan-Zone an Rohbaumwolle zur Ausfuhr:

aus dem Bezirk	Buake . . .	2141 t	aus d. Bez. Dimbokro	201 t
„ „ „	Segela . . .	647 t	„ „ „ Indenie . .	135 t
„ „ „	Buafle . .	541 t	„ „ „ Dalka . . .	20 t
„ „ „	Dab Akala	271 t		

In der Budi-Zone hatte der Bezirk Kong 677 t angeliefert, alle übrigen Bezirke erheblich weniger (128). Dank der Arbeit des Service des textiles und der Saatzuchtfarmen in Buake und Ferkessedugu hat sich der Ertrag von durchschnittlich 70 kg je ha auf 100—120 kg gehoben. Ein großer Teil der Faser wird im Lande selbst verbraucht (11, S. 336f.), in der Budi-Zone 1936 gegen 4000 t (128). Der Anbau umfaßte 1935 103130, 1936 116283 ha (7 d, S. 223). Die Ausfuhr gestaltete sich in den letzten Jahren wie folgt (in t):

1934	1320	1937	2220
1935	1560	1938	2890
1936	2020		

(7 d, S. 723).

Die Erzeugung Obervoltas betrug 1927/28: 780 t, 1930/31: 963 t, die Ausfuhr 1924: 300 t, 1927: 1200 t (11, S. 327).

*) Nur französisches Mandat.

Im Französischen Sudan wird die Baumwolle seit altersher für den Eigenbedarf angebaut. Die einheimische *G. punctatum* ist kurzstapelig. Ägyptische Sorten sind für bewässerte Felder eingeführt worden (12, S. 357), sie können im Sahelgebiet, wo höchstens 350 mm Regen fallen, angepflanzt werden (129, S. 11). Bei 600—900 mm Niederschlägen ist Anbau auf Regenfall möglich, sonst ist künstliche Bewässerung erforderlich (11, S. 328). Die Franzosen setzen große Hoffnungen auf die Bewässerungsanlagen am Niger zwischen Bamako und Timbuktu, namentlich am Staudamm bei Sansanding, der 1941 vollendet sein sollte. Die einheimische Baumwolle wird mehrjährig kultiviert, nach *Chevalier* (130) mit gutem Erfolg. 1936 waren 64700 ha mit Baumwolle bestellt, davon 9000 ha mit Allen und Cleveland und 700 ha mit Sakellaridis, 1937 insgesamt 70014 ha, davon 9700 ha mit Allen und Cleveland und 814 ha mit Sakellaridis (7 d, S. 229). Es gibt im Französischen Sudan Europäer- und Eingeborenenpflanzungen mit und ohne künstliche Bewässerung. Den Züchtungsarbeiten dienen mehrere Baumwollversuchsstationen, die wichtigste ist die in Nienebale. In der Kolonie gab es 1932 13 Ginnereien (11, S. 331 f.). Die erzeugte Faser wird zum Teil im Lande selbst verbraucht. Ausfuhrzahlen s. u. bei Senegal.

In Liberia wird Baumwolle im geringen Maße für den Eigenbedarf gepflanzt (2, S. 68).

In Sierra Leone ist die Baumwollkultur alt, dient aber fast ausschließlich der Selbstversorgung der Eingeborenen. Versuche, die einheimische Sorte zu verbessern oder neue einzuführen, sind fehlgeschlagen (11, S. 213; 12, S. 304 f.; 131).

In Französisch-Guinea wurden nach Angaben aus den Jahren vor 1932 jährlich gegen 200 t Baumwollfaser erzeugt (11, S. 325). Die Baumwollpflanzungen bedeckten 1936 14000 und 1937 12285 ha (7 d, S. 225). Die Ausfuhr ist praktisch gleich null (7 d, S. 723).

In Portugiesisch-Guinea pflanzt eine belgisch-französische Gesellschaft seit 1928 Baumwolle (2, S. 54).

In Britisch-Gambia werden 2 einheimische Sorten bei Mandingo und Jola angebaut, die sich für die Ausfuhr aber nicht eignen (2, S. 51; 11, S. 176; 12, S. 305). Vorläufig ist die Baumwolle auch nicht imstande, einen erfolgreichen Wettbewerb mit der Erdnuß aufzunehmen (12, S. 306).

In der Senegal-Kolonie gedeiht Baumwolle in geringem Umfange im Nordwesten des Landes längs des Senegals von Matam bis Bakel (11, S. 325). Da der Regenfall unzureichend ist, wird mit Hilfe von einfachen Dämmen Flußwasser zur Bewässerung benutzt (12, S. 357). Die Anbaufläche erreichte 1936 nur 4520 ha und 1937 sogar nur 2800 ha (7 d, S. 228). Die Ausfuhr betrug (einschließlich Französisch-Sudan):

1923	303 t	1933	120 t
1929	1413 t	1934	186 t

1935	220 t	1937	590 t
1936	440 t	1938	710 t

(4; 7 b; 7 d; 12, S. 358; 125; Wirtschaftsdienst Jhg. 23 [1938], S. 921).

In Mauretanien wurden 1929/30 und 1930/31 je 200 dz Baumwolle erzeugt (30, S. 136), 1936 auf 1200 ha und 1937 auf 500 ha je rund 100 t Saatbaumwolle (7 d, S. 226). Die Faser wird von den Eingeborenen selbst versponnen und verwebt (11, S. 316).

Baumwollanbauflächen Afrikas in ha:*)

Jahr	Ägypten	Englisch-ägyptischer Sudan	Uganda
1913	724000	21000	44700
1920	768000	34000	96300
1921	542000	35000	69200
1922	756000	26000	135100
1923	721000	47000	165700
1924	751000	70000	225400
1925	808000	77000	247000
1926	750000	91000	230700
1927	637000	108000	215700
1928	730000	115000	282900
1929	774000	150000	268400
1930	875000	157000	299000
1931	706969	136000	350200
1932	459442	133000	433600
1933	757912	135000	441400
1934	727561	148000	479717
1935	675093	159000	553105
1936	721000	192000	600738
1937	830982	179000	712000
1938	749386	185000	619000
1939	682553	173000	637000

Jahr	Südafrikanische Union, Farmland	Nyassaland	Belgisch-Kongo	Französisch-Äquatorialafrika
1920 . . .	4600			
1923 . . .	9200			
1930 . . .	12700			
1931 . . .	5800	12564		26213
1933 . . .		12238		85000

*) Anbauflächenziffern unwichtiger Länder vgl. im Text.

Jahr	Südafrikanische Union, Farmland	Nyassaland	Belgisch-Kongo	Französisch-Äquatorial-afrika
1934 . . .		16855	268000	117000
1935 . . .		33000	302000	125000
1936 . . .	3325	40000	347000	141000
1937 . . .		40000	360000	185000
1938 . . .		37000	370000	
1939 . . .		14000	390000	

(3, S. 65; 3a, S. 92; 3d, S. 109; 5c, S. 40; 7d, S. 238, 270, 278; 9; 14; 39, S. 499; 83, S. 173; Ann. Rep. of the Dep. of Agric., Uganda f. 1937).

Baumwollerzeugung und -ausfuhr in Tonnen*)

(E = Erzeugung, A = Ausfuhr)

Jahr	Ägypten[1])	Englisch-ägyptischer Sudan[2])	Uganda[3])
1913 . . .	A 313000	A 2400	
1923 . . .	336000	5200	
1930 . . .	266331	27900	
1933 . . .	352870	24390	A 53498
1934 . . .	418740	32980	53308
1935 . . .	351360	37707	50132
1936 . . .	361530	48454	58346
1937 . . .	383270	70410	61396
1938 . . .	356580	62300	
1939 . . .	408970	61700	

Jahr	Uganda u. Kenya	Kenya[4])	Deutsch-Ostafrika[5]) Tanganyika,	Ruanda	Nyassaland[6])
1913 . . .			E 2192		
1923 . . .	A 17400		A 1492		E 1082
1930 . . .	22651		3729	A 97	A 1723
1933 . . .	53976		5156	320	1099
1934 . . .	52358		5736	450	1881
1935 . . .	47236		10140	510	3717
1936 . . .	60942		11454	527	2395
1937 . . .		A 3229	11705	850	2099
1938 . . .	75000		9010	1010	3110
1939 . . .	62080		11820		1160

*) Erzeugungs- und Ausfuhrziffern unwichtiger Länder vgl. im Text.

Jahr	Portugiesisch-[7]) Ostafrika	Südafrikanische[8]) Union	Belgisch-Kongo[9])
1913	A 142	E 389	
1923	328	1500	E 1665 A 1000
1930	1733	A 2847	9977
1933	1867	416	12813
1934	1943	470	19987
1935	2866	536	23516
1936	4821	340	26486
1937	8412	490	32282
1938	8920	180	42037
1939	6550	30	

Jahr	Französisch-[10]) Äquatorial-afrika	Nigeria[11])	Französisch-[12]) Westafrika	Angola[13])
1913 . . .		A 2900		
1923 . . .	E 257	3200	E 316	
1930 . . .	A 810	8137	A 4234	
1933 . . .	2453	4474	1576	A 919
1934 . . .	4000	5946	2433	899
1935 . . .	6221	11021	2945	1400
1936 . . .	E 7100 A 6706	11287	3453	2227
1937 . . .	A 8500	9740	3920	3330
1938 . . .	9870	5820	4800	2770
1939 . . .				5260

[1]) 3, S. 88ff.; 7 b, c, d; 9; 14. — [2]) 2, S. 497; 3, S. 83; 7 b, d; 9. — [3]) 2, S. 462; 7 d; 14, S. 59; 51. — [4]) 14, S. 59; 7 d, S. 725 (vgl. a. Text). — [5]) 4; 7 d; 8; 9; 14, S. 60; 36; 39; Tropenpflanzer Jhg. 41 (1938), S. 41, 508. — [6]) 3, S. 66ff.; 7 d, S. 725; 14, S. 59; 51c, S. 45; 96. — [7]) 2, S. 355; 3, S. 49; 4; 7d; 9; 46; 47; Afrika-Rundschau Jhg. 4 (1938), S. 195. — [8]) 3, S. 12ff.; 7d, S. 724f.; 14, S. 59; 51. — [9]) 4; 7d; 9; 14, S. 60; 36; 105, S. 56; 107; Tropenpflanzer Jhg. 41 (1938), S. 511; Statistique du commerce extérieur du Congo Belge pendant l'année 1938. — [10]) 3, S. 106ff.; 4; 7d, S. 722 f.; 14, S. 60; 43; Tropenpflanzer Jhg. 41 (1938), Nr. 11.—[11]) 3, S. 115; 4; 7d; 8; 9. —[12]) 2, S. 24; 3, S. 142ff.; 4; 7d, S. 722f.; 14, S. 60. — [13]) 2, S. 186; 7 d, S. 722f.

Baumwollsaatausfuhr in Tonnen*)

Jahr	Ägypten[1])	Engl.-ägypt.[2]) Sudan	Uganda[3]) u. Kenya	Nyassa-land[4])
1929	329579	59733	68619	877
1933	247586	48585	82708	626
1934	391823	54065	36105	3

*) Ausfuhrziffern unwichtiger Länder vgl. im Text.

Jahr	Ägypten[1]	Engl.-ägypt.[2] Sudan	Uganda[3] u. Kenya	Nyassaland[4]
1935	373149	90196	51477	1202
1936	336700	78478	88220	1710
1937	327500	105660	106000	910
1938	335600	99140	124940	690
1939	267530	92170	86910	

Jahr	Nigeria[5]	Franz.-[6] Westafrika	Angola[7]	Deutsch-[8] Ostafrika
1929	8461	4334		
1933	6195	—		
1934	3898	190	190	2790
1935	17235	780	100	4990
1936	16570	3000	970	11570
1937	13260	3290	1130	12200
1938	6970	5120	2170	8960
1939			3030	7280

[1]) 3a, S. 88f.; 7d, S. 635. — [2]) 3a, S. 81f.; 7d, S. 634f. — [3]) 3a, S. 67; 7d, S. 634f.; Brit. Cott. Grow. Assoc. Annual Report 1929 bis 1935. — [4]) 3, S. 66f.; 7d, S. 634f. — [5]) 3, S. 114f.; 7d, S. 634f. — [6]) 3, S. 142f.; 7d, S. 634f. — [7]) 7d, S. 634f. — [8]) 7d, S. 634f.

Ausfuhr Ägyptens an Baumwollsaatöl und Ölkuchen in Tonnen

	1929	1930	1933	1934	1935
Baumwollsaatöl . .	11875	11194	1985	3331	14589
Ölkuchen	177398	228376	110122	164930	191910

	1936	1937	1938	1939
Baumwollsaatöl .	12074	10915	7234	13350
Ölkuchen	200100	233440	256160	200390

(3, S. 88 f.; 7 d, S. 674f. u. 702f.)

Weltbaumwollernte und Baumwollernte Afrikas in 1000 Ballen von 500 lbs.

	Welternte 1000 Ballen	Ernte Afrikas 1000 Ballen	in v. H. der Welternte
1932/33 . . .	25345	1513	5,97
1933/34 . . .	28374	2290	8,07
1934/35 . . .	25611	2241	8,75
1935/36 . . .	28546	2514	8,81
1936/37 . . .	33639	2744	8,16
1937/38 . . .	40645	3091	7,60

(The Empire Cotton Growing Review Jhg. 15 [1938], S. 234)

Baumwolle

Die Baumwollerzeugung Afrikas zeigt zwar mengenmäßig in den letzten Jahren eine anhaltende Steigerung, der Anteil an der Welterzeugung hat jedoch den Höchststand des Jahres 1935/36 nicht wieder erreicht.

Berücksichtigt man die ausgedehnten Möglichkeiten Afrikas für den Baumwollanbau, so erkennt man, welch große Mengen Faser bei Intensivierung der Kultur sich erzielen lassen würden. Große Landstriche Afrikas könnten mit Hilfe künstlicher Bewässerung bei Lösung der Arbeiterfrage in wertvolle Rohstoffkammern verwandelt werden.

Schrifttum

Baumwolle

a) Allgemeines.

1. Engler, A., Die Vegetation der Erde. 9. Teil. Die Pflanzenwelt Afrikas. 3. Bd. 2. Heft. Leipzig 1925.
2. Martens, O. und Karstedt, O., Afrika. Ein Handbuch für Wirtschaft und Reise. 1. Bd. Wirtschaft. Berlin 1938.
3. Schoen, L., Rohstoffkammern der Weltwirtschaft. a) Berlin 1937, b) 2. erg. Aufl. Berlin 1939.
4. Troll, C., Lange, F. und Gerth, E., Afrika als Rohstofflieferant der Weltwirtschaft. Kolon. Rundsch. Jhg. 23 (1932), S. 448—89.
5. Waibel, L., Die Rohstoffgebiete des tropischen Afrikas. Leipzig 1937.
6. Wiesner, J. v., Die Rohstoffe des Pflanzenreiches. 1. Bd. Leipzig 1928.
7. ..., Annuaire International de Statistique Agricole a) 1935/36, b) 1936/37, c) 1937/38, d) 1939/40, Rom 1936, 1937, 1938, 1940.
8. ..., Statistical Abstract for the British Empire (1927 to 1936). London 1937.
9. ..., Statistisches Handbuch der Weltwirtschaft. Berlin 1936.

b) Allgemeine Werke zur Baumwolle.

10. Boone, R. C. P., Le Cotonier. 1.—3. Bd. Paris 1929—32.
11. Janssens, P. E. A. und Lugard, W. J., Le Coton en Afrique Tropicale. Brüssel 1932.
12. Johnson, W. H., Cotton and its production. London 1926.
13. Kränzlin, G. und Marcus, A., Baumwolle. Wohltmann-Bücher, 9. Bd. Berlin-Charlottenburg und Leipzig 1931.
14. Schroeder, W., Die Baumwolle (Eine wirtschaftsgeographische Monographie). Diss. Greifswald 1932.

c) Botanik, Ökologie, Sortenzüchtung.

15. Chevalier, A., La systématique des cotonniers de l'ancier monde. Rev. de Bot. Appl. et d'Agric. Trop. Jhg. 16 (1936), S. 179, S. 546—49.
16. Harland, S. C., The acclimatizat.on of Cottons in New Areas. The Empire Cotton Growing Rev. Jhg. 9 (1932), S. 285—90.
17. Kearney, T. H., La génétique du Cotonnier. Rev. de Bot. Appl. et d'Agric. Trop. Jhg. 13 (1933), S. 51—58.
18. Mason, T. G., A note on the Technique of Cotton Breeding. The Empire Cotton Grow. Rev. Jhg. 15 (1938), S. 113—17.
19. Musset, R., Sur le climat du coton cultivé. Rev. de Bot. Appl. et d'Agr. Trop. Jhg. 15 (1935), S. 88-94.
20. Szimanek, J. F., Croisement interspécifique des cotonniers. Note complémentaire. Coton et Culture Cotonnière Jhg. 11 (1936), S. 59—77.
21. Wittmack, L., Botanik und Kultur der Baumwolle. Technologie der Textilfasern. 4. Bd., I. Teil. Berlin 1928.

d) Kultur.

22. Grimes, M. A., L'effet de l'exposition sur le terrain au point de vue de la qualité, de la force de résistance et la couleur de Coton brut. Agric. et Elev. au Congo Belge Jhg. 11 (1937), S. 119—20.
23. Heim de Balsac, F. und Miège, E., Action de la fumure sur les rendements du Cotonnier et la qualité de ses fibres. Coton et Cult. Cotonn. Jhg. 4 (1929), S. 97—114.
24. Heim de Balsac, F. und Miège, E., Influence de divers facteurs, recépage, époque de la récolte, irrigation, sur la qualité des fibres du cotonnier. Coton et Cult. Cotonn. Jhg. 5 (1930), S. 93.
25. Marcus, A., Über den Einfluß von Witterung, Boden und Kulturverhältnissen auf die ertragsbestimmenden Eigenschaften der Baumwolle. Tropenpflanzer Jhg. 32 (1929), S. 453.
26. Marcus, A., Die Mechanisierung des Anbaus und der Ernte der einjährigen Tropenkulturen unter besonderer Berücksichtigung der Baumwolle. Tropenpflanzer Jhg. 33 (1930), S. 273.

27. **Wood, R. C.**, Potash Starvation and the Cotton Plant. II. The Empire Cotton Grow. Rev. Jhg. 15 (1938), S. 30—34.
28. ..., Über den Einfluß der Düngerverteilung auf den Ertrag der Baumwolle. Tropenpflanzer Jhg. 35 (1932), S. 478.

e) **Ernte, Aufbereitung.**

29. ..., Baumwollerntemaschinen. Tropenpflanzer Jhg. 33 (1930), S. 118.

f) **Wirtschaft und Statistik.**

30. **König, P.** und **Zelle, A.**, Die Baumwollwirtschaft. In: Technologie der Textilfasern. 5. Bd., IV. Teil. Berlin 1933.
31. **Neitzel, L. H.**, Baumwollbedarf und Kolonialwirtschaft. Kolon. Rundschau Jhg. 29 (1938), S. 31—44.
32. **Neschkes, R.**, Das Problem der deutschen Baumwollversorgung. Diss. Berlin 1937.
33. ..., Baumwollernten und Baumwollweltverbrauch. Tropenpflanzer a) Jhg. 28 (1925), S. 89. b) Jhg. 32 (1929), S. 268. c) Jhg. 37 (1934), S. 537—39. d) Jhg. 38 (1935), S. 398.
34. ..., Le coton africain. Assoc. Coton. Colon., Jhg. 36 (1938), S. 106—108.
35. ..., La production et le commerce international du Coton. Monogr. sur les princip. produits agric. du marché mondial. Nr. 1, Rom 1936.
36. ..., La production mondiale du coton. Bull. de l'Office Colon. du Minist. Colon. Jhg. 27 (1938), S. 21.
37. ..., Die Welternte an Baumwolle 1936/37. Tropenpflanzer Jhg. 40 (1937), S. 539.
38. ..., Die Welterzeugung an Baumwolle 1930/31 und 1931/32. Tropenpflanzer Jhg. 35 (1932), S. 352. Jhg. 37 (1934), S. 85.
39. ..., Worlds cotton acreage and production. Intern. Cotton Bull. Jhg. 16 (1938), S. 468ff.

g) **Industrie, Nebennutzungen.**

40. **Hoyer, F.**, Die Auswertungsmöglichkeit tropischer und subtropischer Kultur- und Wildpflanzen für papiertechnische Zwecke. Baumwollstaude. Tropenpflanzer Jhg. 36 (1933), S. 5.
41. ..., Die Gewinnung von Kompost aus Baumwollsaat. Tropenpflanzer Jhg. 39 (1936), S. 389.

h) **Baumwolle in Afrika.**

1) Afrikanische Kolonialreiche

42. **Currie, J.**, Empire Cotton Production: a review of progress. The Empire Cotton Growing Review Jhg. 13 (1936), S. 171—77.
43. **Lavit, F.**, L'Association Cotonnière Coloniale et la production de coton dans les colonies françaises. Coton et Culture Cotonn. Jhg. 9 (1934), S. 139—68.
44. **Legros, J.**, La culture du cotonnier dans les Colonies et territoires sous mandat britannique de l'Afrique tropicale. Rev. Intern. d'Agric. Jhg. 24 (1933), S. 1—23 T.
45. ..., La culture cotonnière dans les colonies italiennes. Rev. Intern. d'Agric. Jhg. 24 (1933), S. 65 T—72 T.
46. **Mello Geraldes, C. de**, Remarques sur le dévelopement de la culture du cotonnier aux colonies portugaises et les méthodes de production du coton. L'Agron. Colon. Jhg. 25 (1936), S. 97—104. Agric. et Elev. au Congo Belge Jhg. 11 (1937), S. 21—23.
47. **Mello Geraldes, C. de**, Les progrès de la production du coton dans les colonies portugaises. Coton et Culture Cotonn. Jhg. 11 (1937), S. 103—12.
48. **Reichelt, E.**, Stand und Aussichten der Baumwollkultur in den Mandatsgebieten. Wirtschaftsdienst Jhg. 27 (1937), S. 925—27.
49. **Schanz, M.**, Baumwollbau in französischen Kolonien. Tropenpflanzer Jhg. 24 (1921), S. 72.
50. ..., Bemerkungen über die Entwicklung des Baumwollanbaus und die Methoden der Baumwollerzeugung in den portugiesischen Kolonien. Tropenpflanzer Jhg. 40 (1937), S. 355.
51. ..., Report on work in the colonies. Brit. Cotton Grow. Assoc. a) Jhg. 31 (1936), S. 23—56; b) Jhg. 32 (1937), S. 23—57; c) Jhg. 33 (1938), S. 24—56.
52. ..., Le coton africain. Assoc. Cotonn. Colon. Jhg. 35 (1937), S. 106—08.

2) Einzelne Länder

Nordafrika.

Ägypten.

53. **Leal Vallejo, A.**, Les cotons égyptiens. Rev. Intern. des Produits Colon. Jhg. 5 (1930), S. 201.
54. **Nagy, J. E.**, Die Landwirtschaft im heutigen Ägypten und ihre Entwicklungsmöglichkeiten. Wien 1936.
55. **Norris, P. K.**, Cotton production in Egypt. Technic. Bull. of the United States Dept. of Agric., Washington, Nr. 481.
56. **Shabetai, Cl. R.**, La fumure du Cotonnier en Egypte. Coton et Culture Cotonn. Jhg. 8 (1933), S. 65—73.
57. **Showky Bahir, M.**, Agricult. efforts in the cultivation of the cotton plant in Egypt. Bull. Agr. du Congo Belge Jhg. 21 (1930), S. 765—72.

58. ..., Die Ausdehnung der Baumwollkultur in Ägypten 1930 bis 1932. Tropenpflanzer Jhg. 36 (1933), S. 531.
59. ..., Die Baumwollanbaufläche in Ägypten 1935. Tropenpflanzer Jhg. 39 (1936), S. 132.
60. ..., Two new Giza varieties. Intern. Cotton Bull. Jhg. 15 (1937), S. 541—42.
61. ..., Verschiffung ägyptischer Baumwolle. Tropenpflanzer Jhg. 34 (1931), S. 486. Jhg. 36 (1933), S. 34. Jhg. 38 (1935), S. 126. Jhg. 39 (1936), S. 34.
62. ..., Zweijährige Baumwolle in Ägypten. Tropenpflanzer Jhg. 29 (1926), S. 240.

Übriges Nordafrika.

63. Hanhart, P., La reprise de la culture du Coton en Algérie sur les données nouvelles. Assoc. Cotonn. Colon. Jhg. 33 (1935), S. 102—05.
64. Heim de Balsac, F. H. und Miège, E., Le cotonnier Pima au Maroc. Coton et Culture Cotonn. Jhg. 11 (1937), S. 21—36.
65. Munck, Ch., La question cotonnière en Afrique du Nord. Coton et Culture Cotonn. Jhg. 12 (1938), S. 1—16.
66. Petonke, M., Die Entwicklung der Baumwollkultur im Mittelmeergebiet außerhalb Ägyptens. Diss. Berlin 1934.
67. Piani, G. und Michelk, A., Primi resultati da alcuni esperimenti di coltivazione del Cotone, in coltura seccagna, nell'Agro Bengasino. L'Agricoltura Colon. Jhg. 31 (1937), S. 366—73.
68. Vilmorin, P. de, La culture du cotonnier dans les départements d'Oran et d'Alger. Rev. de Bot. Appl. et d'Agric. Trop. Jhg. 10 (1930), S. 137—43.
69. Widiez, M., La culture du cotonnier en Afrique du Nord. L'Agric. Pratique des Pays Chauds 1931, S. 277—96, 365—78, 444—54, 503—519.

Englisch-ägyptischer Sudan.

70. Bluen, L., Cotton growing under irrigation in the Sudan. The Empire Cotton Grow. Rev. Jhg. 8 (1931), S. 1—9; Assoc. Cot. Col. Jhg. 8 (1931), S. 78—82.
71. Krämer, W., Die koloniale Entwicklung des Anglo-ägyptischen Sudans. Berlin 1938.
72. Portsmouth, G. B., The interrelation of factors controlling the production of cotton under irrigation in the Sudan with special reference to variety. The Empire Journ. of Experimental Agricult. Jhg. 5 (1937), S. 318 bis 325.
73. Trought, T., Cotton growing and breeding in the Anglo-Egyptian Sudan. The Empire Cotton Grow. Rev. Jhg. 14 (1937), S. 197—205.
74. Williams, C. B., Cotton growing in relation to climate in Egypt and the Sudan. Ministry of Agric. Egypt, Techn. and Scientific Serv., Bull. Nr. 47. Kairo 1924.
75. ..., Klimatische Bedingungen für das Gedeihen der Baumwolle in Ägypten und dem Sudan. Tropenpflanzer Jhg. 28 (1925), S. 146f.
76. ..., Verbesserungsmöglichkeit der im Sudan einheimischen Baumwolle. Tropenpflanzer Jhg. 33 (1930), S. 67.

Italienisch-Ostafrika.

77. Guidotti, R., L'Agricoltura in Eritrea nel 1936. L'Agricolt. Colon., Jhg. 31 (1937), S. 179—91.
78. Neitzel, L. H., Impero und Baumwolle. Koloniale Rundschau, Jhg. 29 (1938), S. 137—158.
79. ..., Der Aufbau der Baumwollwirtschaft in Äthiopien (Abessinien). Textil-Zeitung Jhg. 71 (1940), Nr. 170.
80. ..., Baumwollunternehmung in Italienisch-Somaliland. Tropenpflanzer Jhg. 25 (1922), S. 195.
81. ..., Colonies italiennes. Coton et Culture Cotonnière Jhg. 12 (1938), S. 49.

Uganda.

82. Brendel, H., Die Kolonisation Ugandas. Diss. Leipzig 1934.
83. Clay, G. F., Cotton growing in Uganda. The Empire Cotton Grow. Rev. Jhg. 11 (1934), S. 173—79.
84. Nye, G. W., A short account of the history and development of Cotton in Uganda. The Empire Cott. Growing Rev. Jhg. 8 (1931), S. 282—90.
85. Nye, G. W., Notes on cotton breeding in Uganda. The East African Agricultural Journal of Kenya, Tanganyika, Uganda and Zanzibar Jhg. 1 (1935), S. 44—49.
86. Ravet, A., La culture du coton dans l'Uganda. Bull. trimestr. du Comité Cotonn. Congolais Jhg. 1 (1936), S. 13—15.

Deutsch-Ostafrika.

87. Harrison, E., Cotton in Tanganyika Territory. The Empire Cotton Growing Rev. Jhg. 13 (1936), S. 1—11.
88. Schoen, L., Das koloniale Deutschland. Berlin 1939.
89. Wakefield, A. J., Cotton experiments in Tanganyika Territory under riverine conditions. The Empire Cotton Grow. Rev. Jhg. 8 (1931), S. 16—22.
90. Wakefield, A. J., Mixed farming and peasant holdings in Tanganyika Territory. The Emp. Cotton Grow. Rev. Jhg. 11 (1934), S. 87—98.
91. Wunder, Baumwollbau und Züchtung in Deutsch-Ostafrika. Tropenpflanzer Jhg. 26 (1923), S. 111.
92. ..., Über die Baumwollkultur in Deutsch-Ostafrika (Tanganyika Territory). Tropenpflanzer Jhg. 39 (1936), S. 265—68.
93. ..., Versuche mit Baumwollvarietäten in Tanganjika-Territorium (Deutsch-Ostafrika). Tropenpflanzer Jhg. 32 (1929), S. 299.

Portugiesisch-Ostafrika.

94. ..., Ausdehnung der Baumwollkultur in Portugiesisch-Ostafrika. Tropenpflanzer Jhg. 28 (1925), S. 201.

Nyassaland.

95. Ducker, H. C., Cotton in Nyassaland. Empire Cotton Grow. Rev. a) Jhg. 6 (1929), S. 326—32, b) Jhg. 9 (1932), S. 192—198, c) Jhg. 15 (1938), S. 201—08.
96. ..., Die Landwirtschaft in Nyassaland 1932. Tropenpflanzer Jhg. 37 (1934), S. 351.

Südafrika.

97. Milligan, S., Some cotton problems of South Africa. The Empire Cotton Grow. Rev. Jhg. 14 (1937), S. 189 bis 96.

Südafrikanische Union.

98. Carruthers, A. W., Official yearbook for the Union of South Africa etc. Nr. 18. Pretoria 1937.
99. Parnell, F. R., The origin and development of U. 4 Cotton. The Empire Cotton Grow. Rev. Jhg. 12 (1935), S. 177—82.
100. Parnell, F. R., The Cotton Breeding Station Barberton. The Empire Cotton Grow. Rev. Jhg. 5 (1928), S. 315—22.
101. ..., Handbook for Farmers in South Africa. Pretoria 1937.

Südrhodesien, Swasiland.

102. Cameron, G. S., Cotton in Southern Rhodesia. The Empire Cotton Grow. Rev. a) Jhg. 9 (1931), S. 83—94; b) Jhg. 12 (1934), S. 98A—98F; c) Jhg. 15 (1937), S. 24—30.
103. Lochrie, J. V., Cotton in Swaziland. The Empire Cotton Grow. Rev. Jhg. 12 (1935), S. 183—92.

Madagaskar.

104. Cayla, V., Le Coton à Madagascar. L'Agronomie Coloniale Jhg. 16 (1927), S. 57—60.

Belgisch-Kongo.

105. Abeele, van den, Les progrès de la culture du coton au Congo Belge. Coton et Culture Cotonnière Jhg. 12 (1937), S. 53—58.
106. Bauw, A. C. de, Cotton Growing in the Belgian Congo. Empire Cotton Grow. Rev. Jhg. 14 (1937), S. 277—85.
107. Böckler, W., Der heutige Stand der Landwirtschaft in Belgisch-Kongo. Kolon. Rundschau Jhg. 29 (1938), S. 158—177.
108. Leontovitch, C., La culture du coton dans le District du Congo-Ubangi. (Campagnes de 1933—34 et 1934—35.) Bull. Agric. du Congo Belge Jhg. 23 (1937), S. 35—68.
109. Ravet, L'organisation de la culture cotonnière au Congo Belge Agric. et Elevage au Congo Belge Jhg. 10 (1936), S. 162—66.
110. Ryckmans, P., La réglementation Cotonnière du Congo. Agric. et Elev. au Congo Belge Jhg. 10 (1936), S. 37.
111. Soyer, L., Extraits du rapport technique annuel de la Station de sélection de Gandajika (Inéac) pour la Campagne 1935. Section cotonnière. Bull. Agric. du Congo Belge Jhg. 27 (1936), S. 193.
112. ..., Der Baumwollanbau in Belgisch-Kongo. Tropenpflanzer Jhg. 41 (1938), S. 37—39.
113. ..., Die Baumwollkultur im Kongo-Ubangi-Gebiet. Tropenpflanzer Jhg. 41 (1938), S. 39—40.
114. ..., La production du Congo Belge est en hausse. Assoc. Cotonn. colon. Jhg. 36 (1938), S. 106.

Französisch-Äquatorialafrika.

115. Heim de Balsac, F. und Roerich, O., Etude technologique de cotons de L'Oubangui-Chari. Bull. de l'Agence Gén. des Col. Jhg. 24 (1931), S. 173—77; Jhg. 26 (1933), S. 83—89.
116. Lugard, W. J., La culture cotonnière en Oubangui-Chari (A.E.F.) et au Congo-Ubangi (Congo-Belge). Assoc. Cotonnière Coloniale Jhg. 35 (1937), S. 100—02.
117. Lugard, W. J., Le développement de la culture cotonnière en Afrique Équatoriale Française. Assoc. Cotonn. Colon. Jhg. 36 (1938), S. 5—10.
118. ..., Aus der Wirtschaft Französisch-Äquatorial-Afrikas. Tropenpflanzer Jhg. 41 (1938), S. 79—81.

Kamerun.

119. ..., Stand und Aussichten des Baumwollbaues im französischen Mandatsgebiet Kamerun. Tropenpflanzer Jhg. 34 (1931), S. 342.

Nigeria.

120. Gurney, H. F., Report on Economic and Commercial Conditions in the British Dependencies in West-Africa. London 1937.
121. Poynter, H. G. und Brown, D. H., Grading of improved Ishan Cotton in the Southern provinces of Nigeria. The Empire Cotton Grow. Rev. Jhg. 13 (1936), S. 193—99.
122. ..., Nigeria Handbook. 10. Ausgabe. Lagos 1933.

Togo.

123. Code, Le Coton dans les cercles d'Atakpamé et de Sokodé (campagne 1928—29). Togo-Cameroun. Agence Économique des Territoires Africains sous Mandat 1929, S. 355—56.
124. ..., Le coton au Togo. Ann. de l'Inst. Col. de Bordaux. 1931, S. 47.

Französisch-Westafrika.

125. ..., Statistiques d'Afrique Occidentale Française. Assoc. Coton. Colon. Jhg. 33 (1935), S. 98.
126. Forbes, R. H., Directives de la culture cotonnière en A.O.F., Coton et Culture Cotonnière Jhg. 6 (1932), S. 173 bis 86.

Elfenbeinküste, Obervolta.

127. ..., La Culture du cotonnier en Côte d'Ivoire. Inst. Col. du Havre Jhg. 9 (1937), S. 14—25.
128. ..., Rapport sur la marche de la campagne cotonnière en Côte d'Ivoire. Assoc. Cotonn. Colon. Jhg. 35 (1937), S. 80.

Französischer Sudan, Senegal.

129. Belime, E., Le coton dans le Soudan Nigérien. L'Inst. Col. du Havre Jhg. 8 (1936), S. 10—14.
130. Chevalier, A., Les Cotonniers indigènes du Sénégal et du Soudan. Rev. de Bot. Appl. et d'Agric. Trop. Jhg. 10 (1930), S. 874—80 und Assoc. Cotonn. Col. Jhg. 29 (1931), S. 24—28. Ref.: Tropenpflanzer Jhg. 34 (1931), S. 112.

Goldküste, Sierra Leone.

131. Edwards, D. C., Cotton in Sierra Leone: an attempt to improve the native type. The Empire Cotton Grow. Rev. Jhg. 7 (1930), S. 91—97.
132. Williams, T., Lloyd, Symond, Cotton trials in Northern Territories, Gold Coast. The Empire Cotton Grow. Rev. Jhg. 8 (1931), S. 95—102.

2. *Kapok,*
Ceiba pentandra Gaertn. und andere Bombacaceen

„Kapok" nennt man die Fruchthaare mehrerer Mitglieder der Pflanzenfamilie der Wollbäume *(Bombacaceae)*. Kultiviert wird von ihnen allein die Art *Ceiba pentandra Gaertn. (= Eriodendron anfractuosum D.C.)*, der echte Kapokbaum, der auf englisch „Silk Cotton Tree", französisch „Capokier" oder „Fromager" heißt. Er ist wahrscheinlich im tropischen Amerika beheimatet, kommt aber jetzt auch in Westafrika und in Südasien in wildem Zustand vor.

Botanik. Der echte Kapokbaum (s. Abb. 3 und 4) ist ein riesiger, einzeln auftretender Baum der Urwälder. Er erreicht eine Höhe bis 60 m und einen Stammdurchmesser von 1½ bis 2 m. Die Wuchsformen sind je nach dem Standort etwas verschieden; im Regenwald entwickelt er Brettwurzeln und eine halbkugelige Krone unter Abwerfen der unteren Äste, in der Steppe und im Gebirge bildet er keine Brettwurzeln und eine mehr eiförmige Krone, wobei die Äste dicht über dem Erdboden beginnen. Die Krone bildet sich erst in späteren Jahren aus. Junge Bäume besitzen nur quirlig waagerecht abstehende Seitenäste, die stockwerkartig übereinanderstehen (s. Abb. 3). Stamm, Äste und Zweige sind bei den wilden Bäumen meist bestachelt. Die Blätter (s. Abb.) sind handförmig geteilt, mit 9—15 Fingern, und fallen zur Trockenzeit ab. Dann erscheinen in dichten Büscheln die Blüten, die bis zu 2,5 cm lange, weiße oder cremefarbige Blütenblätter besitzen. Die gurkenförmige, fünffächerige Fruchtkapsel (s. Abb. 4) enthält zahlreiche erbsengroße, dunkelbraune Samen, die an der Mittelsäule angeordnet sind (4, S. 9;

21, S. 1 f.). Die Wolle, in die sie gebettet sind, haftet an der Kapselwandung, nicht an den Samenkörnern. Sie ist also kein Samenhaar, wie die Baumwolle, sondern ein Gewebe der Frucht (4, S. 10; 20, S. 512). Sie läßt sich daher leichter von den Samen trennen als die Baumwolle (4, S. 10; 21, S. 2). Bei *Ceiba*

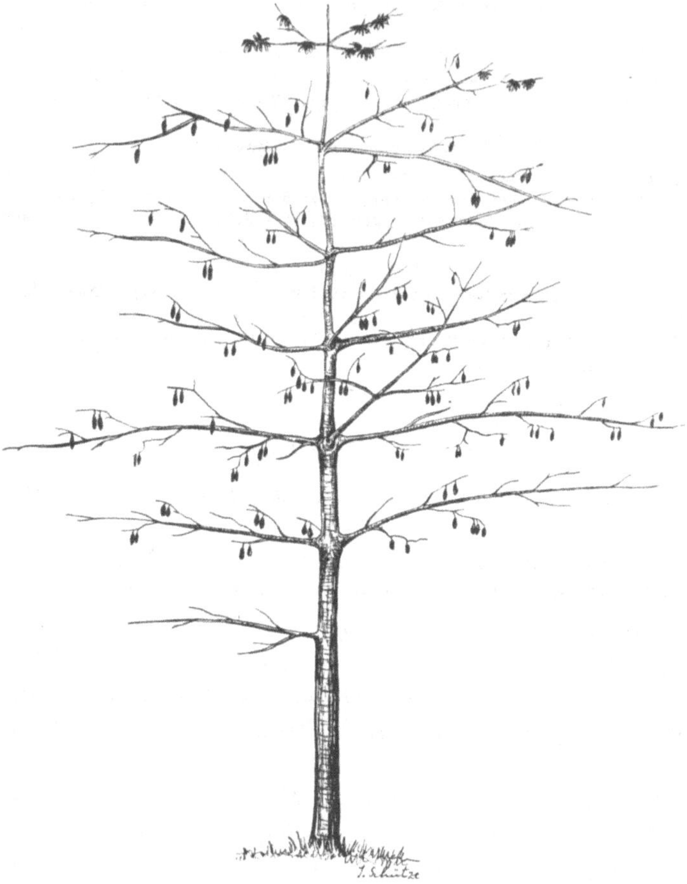

Abb. 3. Kapokbaum *(Ceiba pentandra)* in der Trockenzeit

ist sie weiß bis grau gefärbt, bei anderen *Bombacaceen* besitzt sie oft einen Stich ins Gelbliche oder Bräunliche oder ist graubraun bis selbst tiefbraun gefärbt (20, S. 513). Bei der Reife löst sich die Wolle von der Kapselwand los. Sie ist seidenglänzend, feiner und leichter zerreißbar als jede Baumwolle (20, S. 513). Die Haare der *Bombacaceen* bestehen nach *Wiesner* (20, S. 514) fast immer aus Einzelzellen. Ihre Länge schwankt zwischen 10 bis 30 mm, bei *Ceiba pentandra* beträgt sie 15—35 mm (20, S. 514). Die Samen enthalten ein Öl (vgl. unten).

Varietäten. Der Kapokbaum läßt sich in eine Reihe Formen aufteilen, je nachdem, ob sich die Früchte am Baum öffnen *(var. dehiscens Ulbrich* =

Ceiba Thonningii Chevalier) oder geschlossen vom Baume abfallen *(var. clausa Ulbrich)*, ob Stamm und Äste stachelig oder stachellos sind, ob die Wolle weiß *(var. albolana Ulbrich)* oder grau *(var. grisea Ulbrich)* ist (4, S. 10, Anm. 6).

Außer dem *Ceiba*-Baum liefern in Afrika noch folgende nicht angepflanzte Wollbäume Kapok:

Bombax buonopozense P. de B., der Sudankapokbaum. Er ist im Sudan die häufigste Art, besitzt karminrote Blüten und einen ceibaähnlichen Habitus (14, S. 18; 24, S. 274). Seine rein- bis gelblichweiße Wolle geht im Handel als „Sudan"-Kapok (4, S. 11). Er hat härteres Holz und ist gegen Feuer widerstandsfähiger als *Ceiba* (28, S. 256).

B. rhodognaphalon K. Schum., der Kapokbaum der ostafrikanischen Steppen (20, S. 513).

B. angulicarpum Ulbrich, in Togo und Ostkamerun,

B. brevicuspe Sprague, in Kamerun und Goldküste,

B. flammeum Ulbrich, von Südkamerun bis Togo,

B. reflexum Sprague, von Angola bis West-Uganda.

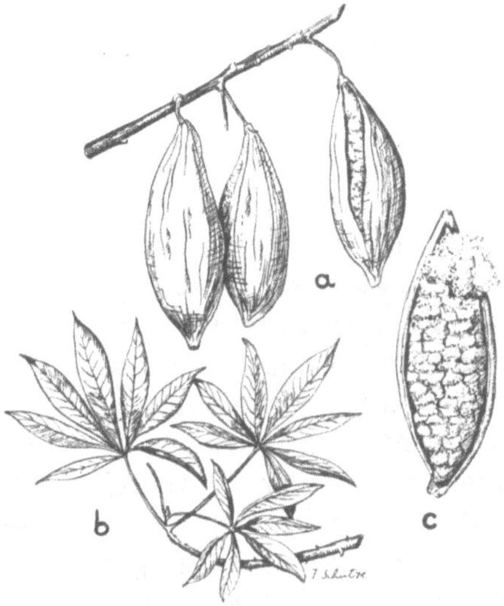

Abb. 4. Kapokbaum *(Ceiba pentandra)*
a = Zweigstück mit geschlossenen und einer sich öffnenden Fruchtkapsel; b = Zweigende mit Blättern; c = Fruchtkapsel, geöffnet

Die aufgeführten Arten kommen nach *Ulbrich* als Kapoklieferanten in Betracht (14, S. 18; 20, S. 471).

Standortsbedingungen. Systematischer Kultur erfreut sich allein der echte Kapokbaum. Er verlangt ziemlich viel Wärme, möglichst gleichmäßig 24 bis 26° C, gedeiht daher nach *Zimmermann* am besten (21) unterhalb 300 m Meereshöhe. In größerer Höhe wächst er langsamer und bleibt im Ertrage zurück (4, S. 26; 21, S. 2). Die Niederschlagsmenge, die die javanischen Kapokbäume beanspruchen, beläuft sich auf 1500 bis 3000 mm jährlich. Wichtig ist auch die Niederschlagsverteilung: Regen- und Trockenzeit müssen miteinander abwechseln. Blüte und Fruchtansatz fallen in die Trockenzeit. Zur Zeit der Fruchtreife sind besonders stärkere Regenfälle sehr schädlich, sie hemmen die Fruchtbildung und verursachen das Abfallen vieler Früchte. Bei andauernder Trockenheit wachsen die Früchte schlecht und bleiben klein (4, S. 26; 21, S. 2 u. 5). Stark austrocknende Winde können das Wachstum schädigen (21, S. 2).

Der Kapokbaum gedeiht auf sehr verschiedenartigen Böden. Voraussetzung für hohe Erträge ist jedoch ein gewisser Nährstoffgehalt. Gut verwitterte, vulkanische, durchlässige Böden sowie durchlässiger Alluvialboden eignen sich am besten zur Kultur. Schädlich ist stauende Nässe, eine vorübergehende Überschwemmung wird vertragen (4, S. 27; 21, S. 2).

Als Pflanzmaterial dienen Stecklinge oder Sämlinge. Die Aussaat ist bei Europäern die häufigere Vermehrungsweise, da die Sämlinge sich zu kräftigeren Bäumen mit stärkerer Pfahlwurzel auswachsen (21, S. 3). Stecklinge verwendet man, wenn man bestimmte Eigenschaften eines Baumes zu erhalten wünscht, z. B. die Stachellosigkeit. Da die Anzucht aus Stecklingen wie aus Saat ihre Nachteile hat, sind vor wenigen Jahren auf den Philippinen Veredlungsversuche durchgeführt worden, Pfropf- und Okulationsversuche. Die veredelten Bäume wachsen nicht übermäßig in die Höhe und bilden ein dichteres Stockwerk von Seitenästen aus (29). Für einen Hektar benötigt man ungefähr 7 kg Saat. Diese wird im Saatbeet unter leichter Beschattung und ziemlich dicht angesät. Bei einer Höhe von 5 bis 10 cm werden die Sämlinge auf weitere Abstände pikiert, und sobald sie fest angewachsen sind, wird die Beschattung aufgehoben. Als Stecklinge verwendet man Stücke des Hauptstammes oder der Wasserschößlinge, die zu Beginn der Regenzeit gesetzt werden (21, S. 3). Als Pflanzweite empfiehlt sich in reinen Kulturen 6 × 6 m. Bei Mischkulturen ist sie größer und richtet sich nach den anderen Kulturpflanzen. An Wegen, Grenzen u. dergl. kann man die Bäume auch enger pflanzen (4, S. 29; 21, S. 3).

Das Pflanzungsgelände muß sorgfältig von allem Unkraut gereinigt sein. Für die Kapokbäumchen werden Pflanzlöcher ausgehoben (4, S. 30; 21, S. 3). Vielfach köpft man die Bäume, da sich die hohen Bäume schlecht abernten lassen. (21, S. 4.)

In jungen Kapokpflanzungen werden nicht selten Zwischenkulturen gebaut: Mais, Bohnen usw. Ist der Boden nährstoffreich oder wird er regelmäßig gedüngt, so sind diese Zwischenkulturen jahrelang möglich. Auch Futterpflanzen lassen sich in dieser Weise in Kapokkulturen anbauen (21, S. 4). Als Schattenbaum ist der Kapokbaum wenig zu empfehlen. Er dient auch als Stützbaum für Pfeffer, Vanille und ähnliche Kulturen. Geeigneter als junge sind hierzu ältere Bäume mit rissiger Rinde (21, S. 4). Hin und wieder pflanzt man die Kapokbäume auch zur Einfassung von Wegen, zur Grenzbezeichnung und als Telegraphenstangen (20, S. 516).

Die Früchte sind etwa 3 bis 4 Monate nach der Blüte ausgereift; sie werden dann braun und runzelig. Die Erntezeit währt entsprechend den Blüteperioden 2 bis 3 Monate. Es dürfen nur vollreife Kapseln geerntet werden, da nachgereifte Kapseln minderwertigen Kapok liefern, der eine nicht so schöne Farbe und schwächeren Glanz aufweist und gegen das Zusammenpressen in Ballen empfindlicher ist (20, S. 516). Nur müssen bei Varietäten mit sich öffnenden Früchten die Kapseln vom Baum abgenommen werden, ehe sie aufspringen und die Wolle fortfliegt (4, S. 33; 21, S. 5). Geerntet werden die Früchte mit Stoßmessern oder mit an langen Stangen befestigten Haken. Kleinere Bäume werden oft mit Leitern erstiegen. Das Klettern der Pflücker im Geäst erfordert große Vorsicht, da die Zweige sehr leicht brechen (4, S. 33). Bei sehr hohen Bäumen kann man nur die herabgefallenen Früchte aufsammeln (21, S. 6).

Aufbereitung. Die geernteten Kapseln läßt man in der Sonne trocknen und nachreifen. Soweit sie nicht aufgesprungen sind, werden sie aufgeschlagen. Samen und Faser werden herausgenommen und gleichzeitig die Wolle sortiert. Diese wird unter wiederholtem Umwenden getrocknet (14, S. 38f.; 21, S. 6). Die Trennung von Samen und Wolle ist einfacher als bei der Baumwolle, da die Fasern dem Samen nicht anhaften. Sie erfolgt mit der Hand durch Quirlen oder Umrühren oder maschinell mit Spezialmaschinen, nicht mit Baumwoll-Entkörnungsmaschinen (4, S. 36ff.; 21, S. 6). Bei der maschinellen Aufbereitung erzielt man eine etwas weniger elastische Faser (20, S. 516). Zum Versand preßt man den Kapok in Ballen, aber unter geringerem Druck als die Baumwolle, da die Kapokfaser bei zu starkem Zusammenpressen leidet (20, S. 516, 21, S. 7).

Die Erträge einer Kapokpflanzung sind je nach den natürlichen Bedingungen (Boden, Klima) und dem Alter der Bäume sehr verschieden. Auf Java erhält man im dritten Jahr vom ha 65 kg, im vierten 174 kg, im fünften und sechsten 260 kg, später 260 bis 435 kg (21, S. 8). Auf den Philippinen geben dreijährige Bäume 450 kg je ha und achtjährige 650 kg. Im Nordteil der Kolonie Elfenbeinküste sind die Erträge folgende:

im 4. Jahr . .	0,5 kg	im 8. Jahr . . .	4 kg
im 5. Jahr . .	0,75 kg	im 9. Jahr . . .	5 kg
im 6. Jahr . .	2 kg	im 10. Jahr . . .	6 kg
im 7. Jahr . .	3 kg	im 15. Jahr . . .	10 kg Faser je Baum.

(16, S. 247f.)

Um 1 kg Kapok zu gewinnen, sind etwa 250 Fruchtkapseln erforderlich. Diese liefern gleichzeitig 2 kg Samen (21, S. 8).

Die Kapokfaser ist eine spröde Hohlfaser, gerade und ohne natürliche Kräuselung, was einem Verspinnen in natürlichem Zustande entgegensteht. Ein weiteres Hindernis für das Verspinnen ist die geringe Zugfestigkeit, die nur 3 bis 5 km gegenüber 25 km bei der Baumwolle erreicht (4, S. 13).

Die Glätte, Geradheit und sonstige Beschaffenheit der Faser verleihen ihr Elastizität und Füllkraft. Bedeutungsvoll ist die große Leichtigkeit und Tragfähigkeit, die geringe Hygroskopizität und das schlechte Wärmeleitungsvermögen. Das spezifische Gewicht des Kapoks ist geringer als das des Korkes, des Renntierhaares und des Sonnenblumenmarkes (4, S. 14; 14, S. 4; 20, S. 517).

Der Kapok dient als Stopf- und Polstermaterial für Kissen, Matratzen, Rettungsgürtel, Schwimmwesten und Schwimmkörper, zur Watteherstellung, für Spezialkleidung für Seeleute, Flieger, Luftschiffer, Autofahrer usw. (6, S. 185; 20, S. 517). Als Spinnfaser wird er selten gebraucht (14, S. 2; 18; 20, S. 517).

Die Kapoksamen kommen zur Ölgewinnung nach Europa. Sie enthalten zu 24 v. H. ein ziemlich dickflüssiges Öl, Baumwollsamen dagegen nur zu 16 v. H. (12, S. 216). Das Kapoksaatöl ist hellgelb, zuweilen grünlich gefärbt und besitzt einen schwachen, angenehmen Geruch und Geschmack (5, S. 7; 20, S. 720). Das Öl enthält einen starken Prozentsatz an Fettsäuren. Kennzahlen sind: Dichte (bei 15°) 0,920 bis 0,930, Brechungsindex (bei 40°) 1,4685—1,471, Verseifungszahl 181—200,5, Jodzahl 116—79 (5, S. 8). Das Kapoksaatöl ist dem Baumwollsaatöl sehr ähnlich und dient denselben Zwecken wie Baumwollsaatöl (5, S. 7 f.). In Westafrika z. B. benutzen es die Neger als Einreibemittel gegen Rheumatismus (12, S. 216).

Das Holz ist leicht und nicht sehr brauchbar. Die Stämme dienen wegen ihrer Leichtigkeit zum Bootsbau (Einbäume).

EINZELNE ANBAUGEBIETE

Die Hauptmenge des in den Welthandel gelangenden Kapoks kommt aus Niederländisch-Indien, speziell aus Java (vgl. die Statistik). Der Java-Kapok erzielt höhere Preise als die anderen Herkünfte (4, S. 122). In der Osthälfte Afrikas liefert ausschließlich *Ceiba*, in der Westhälfte liefern auch (wildwachsende) *Bombax*-Arten Kapok (vgl. Karte 2).

Ostafrika

In Deutsch-Ostafrika ist der echte Kapokbaum bei den Dörfern der Neger vielfach anzutreffen (13). Vor dem Weltkriege wurden *Ceiba pentandra* und *C. aesculifolia* angepflanzt, das Saatgut stammte aus Togo (s. d.).

Die Mandatsverwaltung von Tanganyika hat zunächst dem Kapok keine fördernde Aufmerksamkeit entgegengebracht. Die Anbaugebiete liegen heute in der Tangaprovinz (gegen 2025 ha) und in der Ostprovinz (1010 ha). Kultiviert werden zwei Varietäten: der Edelkapok mit größeren Kapseln gibt jährlich bis zu 5 kg Faser, die zweite Varietät nur 3 kg. Sorgsame Pflege erfahren nur die jüngeren Bäume. Das Erzeugnis ist dem javanischen gleichwertig (3). Als Kapokgebiete werden in der Literatur die Gegenden von Handeni Bezirk Luschoto, Rufidji und Tonga im Bezirk Mohoro und der Bezirk Morogoro angegeben (15, S. 277; 23, S. 173; 8, S. 231). Die Ausfuhr hat in den letzten Jahren eine stetige Steigerung erfahren (3, S. 444; 4, S. 78; 6, S. 186):

1912	45 t	1934	111,049 t
1922	30 t	1935	126,514 t
1924	52 t	1936	150,277 t
		1937	157,480 t

In Ruanda ist Pflanzgut aus Amani verwendet worden (17, S. 228f.).

In Moçambique nahm die Kapokkultur im Jahre 1930 1581 ha ein, es wurden 5745 kg Kapok erzeugt (15, S. 277).

Schon in den letzten Vorkriegsjahren wurde in Italienisch-Somaliland die Kapokkultur mit Saatgut aus Deutsch-Ostafrika eingeführt (9, S. 232).

Der Englisch-ägyptische Sudan führte 1927 50 t, 1928 6 t, 1929 9 t und 1930 2 t Kapok aus (15, S. 278). Weitere Zahlen sind nicht zu ermitteln.

In Madagaskar ist der Kapokbaum seit Jahrhunderten zu finden. Wie Versuchspflanzungen zeigen, gedeiht er überall im Tropengürtel bis 400 m Höhe ü. M., besonders an der Westküste, die zwei gut getrennte Jahreszeiten aufweist (2, S. 253). Hauptsächlich findet man ihn in den Provinzen Mananjary, Ananalava, Nossi Bé und Diego Suarez. Klima und Boden sind gut geeignet, die Qualität ist besser als in Westafrika (4, S. 76). Die Kultur leidet jedoch an Schwierigkeiten bei der Ernte der hohen Bäume sowie bei der Entkernung und dem mangelnden Interesse des Lokalhandels (2, S. 254). Die Ausfuhrziffern der letzten Jahre sind durchaus unbefriedigend:

1922	1714 kg	1934	3820 kg
1927	8555 kg	1935	5300 kg
1928	10105 kg	1936	1720 kg
1930	3716 kg		(2; 6, S. 186; 11).

Westafrika

Die erste westafrikanische Kolonie, die systematisch Kapok *(Ceiba)* anpflanzte, war unsere Kolonie Togo. Der Baum ist auch in der Nähe der Eingeborenensiedlungen weitverbreitet (4, S. 78). Das Kapokgebiet liegt heute namentlich im englischen Mandatsgebiet. Die Engländer halten Kapokplantagen nicht für entwicklungsfähig, solange keine Bahnverbindung zur Küste besteht (4, S. 79). Im französischen Mandatsgebiet liegen die Hauptkapokgegenden im Norden in den Bezirken Sokode und Mango nördlich von Sokode. In Kassena zwischen Atakpame und Sokode wurde 1927 eine Musterpflanzung der Regierung angelegt (15, S. 276; 7). Diesen Bemühungen ist eine Steigerung der Ausfuhr zu danken, die sich wie folgt entwickelte:

1912 . .	7,1 t	1933 . . .	163 t	1936 . . .	230 t
1926 . .	23,4 t	1934 . . .	222 t	1937 . . .	232 t
1929 . .	174,7 t	1935 . . .	154 t		

(7, S. 219; *Schoen L.*, Das koloniale Deutschland. Berlin 1939, S. 134f.)

In Französisch-Westafrika werden *Ceiba* und *Bombax* — besonders *B. buonopozense*, der im Sudan verbreitet ist — genutzt. Da mancherlei Eigenschaften der wilden Kapokbäume dem Einsammeln erschwerend im Wege stehen (15, S. 278), bemüht sich die Regierung, *Ceiba* mit nicht am

Baum aufspringenden Früchten anzupflanzen; das Saatgut bezieht sie aus Togo. Diese Art ist jetzt in Senegal, Französisch-Guinea, Elfenbeinküste, Dahome, Obervolta und Französisch-Niger eingeführt (12; 15, S. 274).

Ausfuhr Französisch-Westafrikas in Tonnen:

1913 . .	33	1933 . . .	958
1923 . .	58	1934 . . .	1041
1928 . .	1714	1935 . . .	1105
1930 . .	2401	1936 . . .	902
1932 . .	703	1937 . . .	1042

(4, S. 76; 19; 30; *Schoen, L.*, Rohstoffkammern der Weltwirtschaft. 1. Bd. Afrika. 2. erg. Aufl. Berlin 1939, S. 153).

Die Kapokbäume der Elfenbeinküste finden sich im nördlichen Hinterland: sie wachsen hier und im benachbarten Obervolta zwischen 9—12° n. Br. und 4—500 m ü. M. auf meist lateritischen oder kieselig-tonigen Böden (16, S. 244). Der Kapok findet sich bei den Dörfern als Fetischbaum und angepflanzt an Straßen. Seit 1927 hat man Anbauversuche unternommen. Angepflanzt werden die Sorten „Randoe Koenig" und „Kreuger Randoe" (16, S. 243ff.). Im Jahre 1930 waren 1400 ha mit Kapok bepflanzt (15, S. 274), 1933 allein im Kreise Kong 2000 ha mit 300000 Bäumen im Besitz europäischer Gesellschaften (16, S. 245). In Wangolodogu an der Bahn von Abidjan errichtete die Regierung eine Entkernungsanstalt (15, S. 274). Seit 1932 gelangt Pflanzungskapok zur Ausfuhr, grauer Kapok wird nicht mehr ausgeführt (16, S. 243).

Ausfuhr der Elfenbeinküste einschließlich Obervoltas in Tonnen:

1913 . .	2,7	1928 . . .	377	1932 . . .	11
1923 . .	5,3	1930 . . .	57	1933 . . .	42
1926 . .	70	1931 . . .	20,5		

(4, S. 76; 6, S. 186; 16, S. 243).

In Dahome kommt der Kapok aus den nördlichen Landschaften der Kolonie. Ernte und Handel wurden durch eine Verordnung vom 31. März 1934 geregelt (24):

1919	35	1928	121
1926	78	1930	197
1927	166	1931	59

(6, S. 186; 15, S. 276). 1936 und 1937 wurden je 200 t Kapok erzeugt (Annuaire Internat. de Statistique Agricole f. 1939/40, Rom 1940).

In Französisch-Guinea hat eine Gesellschaft in der Nähe von Kankan Kapok angepflanzt (15, S. 278). 1936 nahmen die Kapokbäume 80 ha, 1937 100 ha ein (Annuaire Internat. de Statistique Agricole f. 1939/40, Rom 1940). Ausfuhr 1926: 37 t; 1928: 6 t; 1931: 20 t (15, S. 276).

In der Senegal-Kolonie sind die Bäume selten und werden nicht ausgebeutet (15, S. 276).

Im westlichen Sudan, dem wichtigsten Kapokland Afrikas, sind vor allem *Bombax*-Arten die Kapoklieferanten, namentlich *B. buonopozense*. Diese Art findet sich überall, am zahlreichsten in abgelegenen Gegenden. Nur die Vorkommen in der Nähe der Verkehrswege sind bisher genutzt worden. Der Bahnbau Thies—Kayes hat die Ausfuhr sehr belebt (13). In Segu, Bamako und Kayes gibt es Aufbereitungsanstalten (4, S. 76; 13). Einige Pflanzer haben sich auch mit der Kultur befaßt (13). 1929 bedeckte sie auf Europäerpflanzungen 575 ha = 8 v. H. des europäischen Plantagenlandes (21, S. 17).

Die Ausfuhr, die über Senegal geht, betrug in Tonnen:

1918	80	1933	964
1925	78	1934	834
1928	1134	1936	500
1930	1935	1937	600
1931	1268	1938	1000
1932	703		

(6, S. 186; 19; 23; Annuaire Internat. de Statistique Agricole f. 1939/40, Rom 1940, S. 229).

In Französisch-Niger begnügt sich *Bombax* mit dem magersten Boden und gibt einen besseren Kapok als *Ceiba*. Man will bei den geplanten Aufforstungen dem *Bombax buonopozense* einen weiten Raum bereitstellen (28, S. 256).

Ausfuhr: 1913 . . . . 28 t, 1929 . . . . 37 t (6, S. 186; 11).

Erzeugung 1936: 60 t (Annuaire Internat. de Statistique Agricole 1939/40, Rom 1940, S. 227). Vor dem Weltkriege wurde bereits ein Anbauversuch unternommen (6, S. 186).

Der unter französischem Mandat stehende Anteil Kameruns erzeugte 1936 und 1937 je 10 t Kapok (Annuaire Internat. de Statistique Agricole 1939/40. Rom 1940, S. 236).

In Französisch-Äquatorialafrika hat die Ausbeute der weitverbreiteten Kapokbäume bisher noch nicht begonnen (4, S. 74).

In Belgisch-Kongo wächst der Kapok auf den verschiedensten Böden, auf trockenem Boden, im Regenwald, in der Savanne (17, S. 225). Nur in wenigen Gegenden pflanzen ihn die Neger an (17, S. 227). Die Erzeugung war bisher ganz unbedeutend, die Kultur wurde wegen Ausdehnung der Baumwolle vernachlässigt. Sie ist durchaus möglich. Besonders geeignet zeigten sich die Bezirke Ubangi und Kassai. Der Landwirtschaftsdienst hat die javanischen Sorten „Randoe Koenig", „Randoe Lanang" und „Randoe Boetoh" eingeführt (23). Im Jahre 1937 wurden erstmalig 50 kg Kapok ausgeführt (27, S. 409).

Vergleich

Weltkapokausfuhr und Kapokausfuhr Niederländisch-Indiens in Tonnen:

Jahr	Welt	Niederländisch-Indien	
1913	10378	10145	
1925	18825	17946	
1931	25736	20602	
1933	26929	22432	
1934	26000	20755	(23; 30).

Schrifttum

Kapok, Ceiba pentandra und andere Bombacaceen

1. Chevalier, A., Arbres à kapok et fromagers. Rev. de Botan. Appl. et d'Agric. Trop. Jhg. 17 (1937), S. 245 bis 268.
2. Dumont, Le Kapok à Madagascar. Rev. Int. des Prod. Colon. Jhg. 13 (1938), S. 253—54.
3. Greenway, P. J. und Marshall, T. H., Kapok (I. The botany and agronomy of kapok. II. Kapok in Tanganyika.) East Afr. Journ. of Agric. Jhg. 3 (1938), S. 440—45.
4. Grunow, W., Der Kapok in der Weltwirtschaft. Berlin 1928.
5. Holtz, H., Über Kapoksamen und Kapoköl. Diss. Jena. 1913.
6. Koenig, P., Die Weltwirtschaft und Landwirtschaft der Hartfasern und anderen Fasern. In: Technologie der Textilfasern, 5. Bd. II. Teil. Berlin 1927.
7. Martinet, H., Le Kapok au Togo. Rev. Intern. des Prod. Colon. Jhg. 7 (1932), S. 218—20.
8. Maugini, A., Le Kapok au Tanganyika. Rev. Intern. des Prod. Colon. Jhg. 7 (1932), S. 230—31.
9. Maugini, A., La culture du Kapok dans la Somalie Italienne. Rev. Intern. des Prod. Colon. Jhg. 7 (1932), S. 231—32.
10. Pynaert, M. L., Le Kapokier au Congo Belge. Rev. Intern. des Prod. Colon. Jhg. 13 (1938), S. 261—66.
11. Raffin, J., Le Kapokier à Madagascar. Rev. Intern. des Prod. Colon. Jhg. 7 (1932), S. 208.
12. Raffin, J., Le rendement d'une exploitation soudanaise. Rev. Intern. des Prod. Colon. Jhg. 7 (1932), S. 214 bis 16.
13. Ross, J. H. H., Die wirtschaftliche Lage der Kapokfaser. Faserforschung Jhg. 9 (1933), S. 108—18.
14. Schäfer, H., Die Produktion von Kapok und dessen Stellung in der Weltwirtschaft. Tropenpflanzer Jhg. 22 (1925), Beiheft 1.
15. Scheltema, A. M. A., Wird Afrika ein ernster Mitbewerber für den Javakapok? Faserforschung Jhg. 10 (1933), S. 274—82.
16. Serville und Charbrand, La culture du Kapokier en A. O. F. Rev. Intern. des Prod. Colon. Jhg. 13 (1938), S. 241—53.
17. Staner, P., Le Kapokier au Congo Belge. Rev. Intern. des Prod. Colon. Jhg. 7 (1932), S. 225—29.
18. Tobler, F., Verspinnung von Kapok. Tropenpflanzer Jhg. 24 (1921), S. 186—87.
19. Troll, C., Lange, F., Gerth, E., Afrika als Rohstofflieferant der Weltwirtschaft. Kolon. Rundschau Jhg. 23 (1932), Sonderheft, S. 448—89.
20. Weese, J. und Zeisel, S., Fasern und Baste. Kapok. In: J. v. Wiesner, Rohstoffe des Pflanzenreiches. 1. Bd. Leipzig 1927, S. 512—18.
21. Zimmermann, A., Kapok. Flugblatt Nr. 1 des Kolonial-Wirtschaftlichen Komitees. Berlin 1927.
22. ..., Afrique Occidentale Française. Le premier recensement agricole mondial. Bull. Nr. 17. Rom 1937.
23. ..., Die Anpflanzung von Kapokbäumen und die Kapokerzeugung in Belgisch-Kongo. Tropenpflanzer Jhg. 41 (1938), S. 416.
24. ..., Le commerce du kapok au Dahomey. Congo Jhg. 15 II. Bd. (1934), S. 287f.
25. ..., Conditionnement du kapok. Rev. Intern. des Prod. Colon. Jhg. 13 (1938), S. 259—60.
26. ..., La culture du kapok en Somalie Italienne. Rev. Intern. des Prod. Colon. Jhg. 13 (1938), S. 258.
27. ..., Exportations. Statistique des marchandises exportées du Congo Belge pendant l'année 1937. Bull. de l'Office Colon. du Ministère des Colon. Jhg. 27 (1938), S. 401—21.
28. ..., Le Kapok dans la France d'Outre-Mer. Rev. Intern. des Prod. Colon. Jhg. 13 (1938), S. 255—57.
29. ..., Die Vermehrung des Kapoks durch Okulieren und Pfropfen. Tropenpflanzer Jhg. 38 (1935), S. 28.
30. ..., Die Weltausfuhr an Kapok in den Jahren 1931—33. Tropenpflanzer Jhg. 38 (1935), S. 398.

B. BASTFASERN

1. *Gambohanf und Rosella, Hibiscus sp. s. l.*

Unter den Juteersatzpflanzen verdient zunächst die Malvaceengattung Eibisch *(Hibiscus)* Beachtung. Sie umfaßt einige Meter hohe Kräuter, Sträucher und Bäume mit mehr oder weniger stark verzweigtem Stengel, zerlappten, oft gezähnten und behaarten Blättern, großen, einzeln und achselständig oder büschelig stehenden gelben oder roten Malvenblüten und fünffächerigen Kapseln. Folgende Arten verdienen im einzelnen erwähnt zu werden, von denen den beiden erstgenannten als Gespinstpflanzen Bedeutung zukommt: *H. cannabinus L. (= H. vitifolius Mill.)*, Hanfeibisch, Gambo-, Bombay-, Dekan- oder Madrashanf, Madrasjute, Bimlipatamjute („Bimli"), Javajute, in Persien und Transkaukasien Kenaf, am Senegal Dâ. Seine Heimat ist Südasien, wo er seit langem kultiviert wird (Sanskrit „nalita"), im tropischen Afrika ist er nach Ansicht *Toblers* (23) ursprünglich nicht einheimisch. Er erreicht auch unter den besten Wachstumsbedingungen nicht über 3 m Höhe.

H. sabdariffa L., Rosella, Rosellajute, Javajute (vgl. Abb. 5), vornehmlich die *var. altissima.* Sie wird in Ost- und Westindien, Südamerika (Paraguay), Mesopotamien und im tropischen Afrika wie der Gambohanf als einjähriges Gewächs angebaut und erreicht regelmäßig eine Höhe von 4½ m (21). Sie ist auch gegen Krankheiten widerstandsfähiger als der Dekanhanf (13; 19; 20).

H. sterculiifolius Steudel (= H. quinquelobus G. Don.), westafrikanische Jute, in Sierra Leone „Kowe", bei den Malinke „Guama". Es ist eine große, 4—5 m hohe Staude, sehr widerstandsfähig, pflanzt sich auch durch Schößlinge fort und wächst in Sierra Leone und in Französisch-Guinea: im Flußgebiet des Niger, Niandan, Sankarani und Milo bis in die Gegend von Kankan und fast bis Sigiri am Niger unterhalb der Milomündung (22).

Abb. 5. Rosella *(Hibiscus sabdariffa)*
Zweigende mit Blüte, daneben Kelch, durchschnitten

H. esculentus L. (= Abelmoschus esculentus W. et A.), Okra, Fingereibisch, im östlichen Sudan heimisch, hat sich von hier aus über fast den ganzen Erdteil verbreitet.

Weitere Arten (*H. Abelmoschus L.*, *lunariifolius Willd.* u. a. m.) besitzen in Afrika keine große Bedeutung.

Als Faserpflanzen angebaut werden nur *H. cannabinus* und *H. sabdariffa.* Sie verlangen ein warmes, feuchtes und sonniges Klima, stellen aber an Bodenfeuchtigkeit und Luftfeuchtigkeit geringere Ansprüche als die Jute. Die Rosella gedeiht in einer Meereshöhe von weniger als 650 m ü. M. (19; 20). Für die Aussaat ist der Beginn der Regenzeit am günstigsten (13; 15). Aussaat in der Trockenzeit nach Reis, Erdnuß usw., wie die Eingeborenen Indiens es beim Gambohanf meist handhaben, hat ungenügendes Wachstum zur Folge (19; 20). Für die Fasergewinnung ist ein schnelles Wachstum wesentlich, da Faserlänge und -güte hiervon beeinflußt werden (15).

Der geeignetste Boden ist ein fruchtbarer, tiefgründiger Lehm mit durchlässigem Untergrund, auch schwere Alluvialböden sowie vulkanische Verwitterungsböden und selbst Sandböden haben sich als geeignet erwiesen (60). Stauende Nässe im Untergrund wirkt sich schädlich aus. Der Boden muß kali- und stickstoffreich sein. Um Rosella auch auf ärmeren Böden anzubauen, müssen diese erst verbessert werden, wobei sich neben Stall- und Kunstdünger vor allem Leguminosen als Gründüngungspflanzen bewährt haben (13).

Vor der Aussaat muß der Boden gut bearbeitet sein. Das Saatgut wird eine Nacht vor dem Aussäen in Wasser gelegt, um die Keimung zu erleichtern. Die Saat darf nur oberflächlich vom Erdreich bedeckt sein (19; 20). Bei Verwendung einer Drillmaschine empfiehlt sich ein Reihenabstand von 15—20 cm, in der Reihe wird später auch auf 12,5—22,5 cm Abstand vorgezogen (19; 20). Die Abstände dürfen nicht zu weit sein, da sich sonst die Stengel verzweigen und zu dick werden und gleichzeitig das Bastfasernetz zu dicht wird (6), Jäten ist bei guter Vorbereitung des Feldes kaum vonnöten (13).

Die Ernte erfolgt in Java nach 3—4 (13), in Paraguay nach 4½—5 Monaten (13). Läßt man die Stengel älter als 100 Tage werden, so wird die Faserausbeute größer, die Faser aber gröber. Die Stengel werden meist geschnitten, über den Nutzen des Raufens gehen die Ansichten auseinander (13; 15).

Die geernteten Pflanzen werden am zweckmäßigsten sofort auf dem Felde, nachdem sie abgewelkt sind, entblättert (13; 15). Zur Entfaserung werden die Stengel einer Röste unterworfen; sie dauert 9—26 Tage, je nachdem sie in stehendem oder fließendem Wasser vorgenommen wird; in fließendem Wasser dauert sie länger, liefert aber ein reineres und seidigeres Erzeugnis (26, S. 465f.). Stengel vom Rande der Pflanzung und solche, die über 100 Tage alt sind, rösten langsamer (19; 20). In Abessinien wird die Röste des *H. moschutos* durch Vergraben vorgenommen. Auch Tauröste ist bekannt, z. B. am

Senegal (16, S. 83). Ein Röstverfahren zur Aufarbeitung großer Mengen hat vor einigen Jahren *van der Meulen* in Niederländisch-Indien erfunden (20). Nach Vollendung der Röste wird die Faser mit der Hand abgestreift, gewaschen und getrocknet. Soll nun, wie im Großanbau notwendig, die weitere Aufbereitung nach der Röste maschinell betrieben werden, so werden die Stengel zunächst getrocknet, sodann gebrochen und geschwungen. Die Faser von *H. cannabinus* läßt sich mit dem „Faure raspador" gewinnen. Die schlechte Qualität der „afrikanischen Jute" (*H. cannabinus*) wird von *Tobler* (23) auf die primitive Aufbereitungsweise der Eingeborenen zurückgeführt; Röste ist in Afrika wenig in Gebrauch, mehr Abziehen mit der Hand, Schaben u. ä., wohl infolge Wassermangels (23).

Als Faserertrag nennen *Ettling* (13) und *de Prat* (18; 19) 1200—2000 kg je ha, *Lange* (15) und *Roß* (21) 2000 kg je ha. Die Höhe des Ernteertrages ist hauptsächlich vom Boden abhängig, ferner von den Kulturmethoden und vom Wetter (13).

Die Fasereigenschaften des Gambohanfes werden oft verschieden beurteilt. Nach *Wiesner* (8) liegt das daran, daß die Faserproben nach Sorte, Herkunft, Alter und Aufbereitungsweise verschieden sind. Der Gambohanf ist im allgemeinen 1,8 m lang, in Einzelfällen erreicht er bis 4,5 m (14; 23). Die Reißlänge ist etwas größer als bei der Jute (8; 14). Die Rosellafaser ist nach *Ettling* (13) doppelt so stark als Jute, seidig glänzend, widerstandsfähig gegen Seewasser und leicht verspinnbar. Aus den besten Sorten stellt man in Indien seit altersher feinere Gewebe her, aus den übrigen Sackleinen, Packtücher und Seile wie aus der echten Jute (8).

Legt man das Hauptgewicht bei der *Rosella*kultur auf die Früchtegewinnung, so erfolgt die Saat breitwürfig, damit die Pflanze viele Seitenzweige mit vielen Blüten und Früchten hervorbringt. Die Ernte wird mehrmals vorgenommen, da nicht alle Früchte gleichzeitig reifen (15). Beim Gambohanf erntet man nach *Michotte* (16, S. 15) 500 kg Samen je ha, nach *Dounin* (27) 560 kg. Sie enthalten zu etwa 20 v. H. ein gelbes, klares, schwachtrocknendes Öl, das chemisch dem Baumwollsaat-, Sesam- und Erdnußöl ähnelt und als Speise- und Brennöl dient. Die Gambohanfsamen werden außerdem als Viehfutter benutzt (26). Sie haben den Vorteil, stark nachreifen zu können, daher läßt sich der Bombayhanf gleichzeitig als Faser- und Ölpflanze anbauen. *H. Abelmoschus L.* wird auch zur Gewinnung eines ätherischen Öles angebaut (vgl. u. Belgisch-Kongo). Der fleischige Kelch der Rosella dient zur Herstellung von Marmeladen, Gelées und Fruchtsäften (15; 16, S. 27). Der Saft liefert im Sudan „Rosella-Tee" und wird als Würze und Farbstoff gebraucht (26). Die Früchte von *Hibiscus esculentus* liefern in jungem Zustand wohlschmeckendes Gemüse. Die reifen Samen geben geröstet den „Gambokaffee". Auch die Rosellasamen werden als Kaffee-Ersatz benutzt (*Hammerstein* in: Tropenpflanzer Jhg. 22 (1919), Beiheft 2/3, S. 97f.). Die jungen Blätter der verschiedensten *Hibiscus*-Arten werden als Salat gegessen (60).

EINZELNE ANBAUGEBIETE

Der Gambohanf wird in der Hauptsache in Vorderindien angebaut, neuerdings auch in Insulinde, die *Rosella* in Niederländisch-Indien, Westindien, Paraguay, Australien usw. In Afrika findet ein Großanbau nicht statt. Mehr oder weniger erfolgreiche Anbauversuche sind in verschiedenen Ländern unternommen worden, so in Ägypten, Nyassaland, Rhodesien, Transvaal (6; 22). Die Eingeborenen bauen überall die wichtigsten *Hibiscus*-Arten an.

Nordafrika

In Algerien hat der Gambohanf im Versuchsgarten gute Ergebnisse gezeitigt; die Stengel erreichten in 6 Monaten 2,5—3 m Höhe. Er verlangt regelmäßige Bewässerung (16, S. 55).

In Ägypten wird Gambohanf zur Fasergewinnung gezogen und wie Hanffaser in der Seilerei gebraucht. Er wird am Rand der Baumwollfelder gepflanzt und dient gleichzeitig als Windschutz (14 g; S. 63). *H. esculentus* dient als Gemüse (16, S. 63).

Ostafrika

Im Englisch-ägyptischen Sudan wird der Gambohanf z. B. am Bahr el Ghasal kultiviert. Seine Faser ist der Jute an Reißfestigkeit überlegen (16, S. 65). 1919 wurde eine gewisse Menge Hanf nach England ausgeführt (4, S. 160).

Die Samen von *H. esculentus* liefern in Nubien und dem Sudan den „Gambokaffee" (*Hammerstein*, vgl. o., S. 97).

Diese Art wird auch in Abessinien kultiviert. Die getrockneten Blütenstände und Samenkörner von *H. sabdariffa* geben eine Art Käse (16, S. 64).

In Erythrea pflanzen die Takouri am rechten Ufer des Gasch *Rosella* und stellen aus den Früchten Saft, Marmelade und Sirup her (17). Am Setitfluß bei Om Agger haben Italiener Pflanzungen von „Karkadé" (*H. sabdariffa*) angelegt, deren Kelchfruchtfleisch sie zu Tee, Pralinen und Marmelade verarbeiten (*Troll* in: Kolon. Rundschau Jhg. 26 (1935), S. 273ff. a. a. O.).

In Deutsch-Ostafrika ist die *Rosella* an der Küste und im Seengebiet als Eingeborenenkultur anzutreffen. Für die Weißen hat sie als Obstlieferant Bedeutung. Während des Weltkrieges wurden in Usambara größere Felder mit Rosella bestellt, um die Truppen mit Marmelade zu versorgen. Die Samen dienen als Kaffee-Ersatz, zur Öl- und zur Mehlbereitung (*Hammerstein*, vgl. o. S. 97f.).

In Portugiesisch-Ostafrika werden die Fasern von *H. sabdariffa, tiliaceus* und *panduriformis* in Hoch-Golongo im Sambesigebiet genutzt, die von *H. sabdariffa* auch im unteren Schiretal. *H. tiliaceus* liefert Fangstricke für die Flußpferdjagd (16, S. 64).

Rhodesien liefert etwas *Hibiscus*hanf zur Ausfuhr. Er findet sich auch wild unter dem Namen „Makukku". Aus *H. vitifolius* stellen die Neger eine „Sipossiwanena" genannte Faser her (4, S. 160).

In Natal wird *H. cannabinus* gezogen, ebenso auf der Insel Réunion (16, S. 17).

Westafrika

In Französisch-Westafrika wurden schon in den 70er Jahren umfangreiche Anbauversuche unternommen, die sich als wirtschaftlich unlohnend erwiesen (22).

Im Französischen Sudan gedeiht *H. cannabinus* am Senegal, „Dâ" genannt (vgl. Karte 2), besonders zwischen dem 13. und 15.° n. Br., im Tal des Niger und seines rechten Nebenflusses Bani, ferner in den Gegenden von Segu, Bamako, Mopti, Djenna und Kutiala. Man unterscheidet drei Formen des „Dâ": 1. die angebaute Form des Überschwemmungsgebietes des Niger und Bani, 2. die wilde Form des Überschwemmungsgebietes und 3. die Form des trockenen Landes mit kräftigerem Stengel als die vorigen, in Zwischenkultur mit Mais und Hirse angebaut (16, S. 52f.). Europäische Gesellschaften haben durch Versuche festgestellt, der Dâ könne im Großanbau hohe Erträge abwerfen und sei für industrielle Ausbeute gut geeignet, Saat, Schnitt und Entfaserung könnten maschinell vorgenommen werden. Röstversuche waren sehr zufriedenstellend (25). Die Kolonialverwaltung und die Handelskammer in Kayes am Senegal interessieren sich für die Kultur (16, S. 53). Französisch-Sudan führte 1923 48 t *Hibiscus*faser aus (4, S. 160).

In Senegambien ist *H. cannabinus* häufig längs des Senegal, des Ualo und auf der Insel Gandiob. *H. esculentus*, *abelmoschus*, *sabdariffa* und *sterculiifolius* liefern Obst und Gemüse, *H. sabdariffa* dient auch zur Bereitung von Getränken (16, S. 51).

In Britisch-Gambia wächst die Rosella am Rande der Erdnußfelder und dient, wie *H. esculentus*, als Obst- und Gemüsepflanze (16, S. 52).

In Französisch-Guinea wächst der „Guama" der Malinke *(H. sterculiifolius)* wild an den Sümpfen im Stromgebiet des oberen Niger, Milo, Niandan und Sankarani, an den Flußufern ist er selten. Seine eigentliche Heimat ist der Sankaran und das Gebiet von Faranah, am häufigsten ist er zwischen Dabola und Sigiri am Niger unterhalb der Milomündung. Er kommt nur wild vor. Die Schößlinge werden geschnitten, entblättert, 10—12 Tage im Wasser geröstet und mit der Hand entfasert. Die Faser wird gewaschen. Die Faser kommt nur in sehr kleinen Mengen in den örtlichen Handel und dient zur Herstellung von Seilen, Matten und Bändern. Wo der „Guama" häufig auftritt, wird der „Dâ" nicht genutzt (6; 12). Nach Europa sind beide Fasern aus Französisch-Guinea noch nicht gelangt; die Entfernung der Ursprungsgegenden von der Küste ist wohl zu groß (12). Nach *Saunion* (22) hat die Guama-Faser große Zukunftsaussichten.

Sierra Leone führte 1904—1905 etwas Faser von *H. quinquelobus* aus; die Spinner zogen aber die echte Jute vor (2). Die Pflanze ist hier sehr häufig. *H. esculentus* liefert in Sierra Leone Blattgemüse und die „Jute caponil" (16, S. 66).

An der Elfenbeinküste waren mit Gombos *(Hibiscus esculentus)* 1935 26941 und 1936 25462 ha bepflanzt (10 c, S. 223).

In Togo wird der Dâ von den Eingeborenen viel gepflanzt (25). Eine deutsche Gesellschaft unternahm vor dem Weltkrieg Anbauversuche, die 1928 von den Franzosen fortgesetzt wurden (16, S. 54).

In Nigeria ist vornehmlich *H. lunariifolius*, bei den Haussa „Rama", bei den Joruba „Ramo" genannt, weitverbreitet, bei Kano, Saria, Kontagora und auf dem Bautschi-Hochland. Teils wird er mit Hilfe künstlicher Bewässerung in der Trockenzeit, teils auf Regenfall angebaut. Daneben kommt im Norden der Kolonie *H. sterculiifolius* vor. Die Faser von *H. lunariifolius* ist gut, härter als Jute aber dem Gambohanf überlegen. 1908 und 1909 wurde sie in kleinen Mengen ausgeführt (16, S. 66).

In Belgisch-Kongo ist *H. manihot* im Botanischen Garten zu Eala und im Versuchsgarten der Jesuiten in Kisantu angepflanzt, wo er gut gedeiht. Er gibt ein wertvolles Öl, ähnlich dem Baumwollsaatöl. Die Stengel könnten als Rohstoff zur Papierherstellung und für die Textilindustrie verwertet werden (18). Einige weiße Farmer bei Faradje am oberen Kibali bauen *H. Abelmoschus* als Parfümpflanze an; im Jahre 1935 führten sie 3250 kg, 1936 2740 kg Samen aus (Bull. Agr. du Congo Belge Jhg. 28 [1937], S. 424). Die Eingeborenen haben keine Neigung, den Gambohanf anzubauen, da ihnen andere Nutzpflanzen mehr einbringen (6). Die Rosella wird von den Eingeborenen als Gemüsepflanze genutzt. Im Niederkongodistrikt wurden mehrere Jahre hindurch Anbauversuche durchgeführt, die aber wieder aufgegeben werden mußten, da die Regenmenge dem hohen Feuchtigkeitsbedürfnis der Pflanzen nicht entsprach und die Pflanzen unter Schädlingen litten (dem Pilz *Phoma sabdariffae*, dem Fadenwurm *Heterodera radicicola* und Insekten, wie *Dysdercus*, *Aphis* usw.) (3).

In Angola ist *H. esculentus* häufig. Die Neger nutzen die Faser, die Früchte und die Samenkörner (als Parfüm) (16, S. 64).

Den *Hibiscus*-Arten sagen Klima und Boden in weiten Teilen Afrikas zu, sie könnten daher bis zu einem gewissen Grade die Jute ersetzen. Die mannigfachen Nebennutzungen geben einen weiteren Anreiz für die Kultur. Die Autoren, die sich mit den Zukunftsmöglichkeiten der Hibiscuskultur befaßt haben, stimmen darin überein, daß für den Gambohanf- und Rosellaanbau nur Großbetriebe unter weitgehender Anwendung von Maschinen in Betracht kommen (13; 14; 23). Ein dankbares Feld für das Versuchswesen bieten vielleicht auch noch *Hibiscus sterculiifolius* und *H. lunariifolius*. Die Absatzmöglichkeiten für *Hibiscus*fasern werden voraussichtlich stets günstig sein (13).

2. Paka oder Makole, *Urena lobata L.*

Botanik. Die Gattung *Urena* aus der Familie der *Malvaceen* stellt zwei Faserpflanzen, *U. lobata L.* und *U. sinuata L.*, die eng miteinander verwandt sind, letztere wird daher neuerdings als *U. lobata var. sinuata Miq.* bezeichnet (1). Es lassen sich eine Reihe von Varietäten aufstellen, die sich hauptsächlich durch die Farbe der malvenähnlichen Blüten, karminrot bis gelb und fast weiß, voneinander unterscheiden (31; 37). *Urena* (vgl. Abb. 6) ist ein aufrechtes, ziemlich verzweigtes, ein- oder mehrjähriges Kraut von strauchähnlichem Aussehen, 0,60—1,50 m hoch, bei sorgfältiger Kultur aber beträchtlich höher (vgl. u.) (36). Die Blätter sind wechselständig, mehr oder weniger stark gezähnt und gelappt und außerordentlich vielgestaltig (36); die von *U. lobata* sind 3—7 lappig, die von *U. sinuata* 3—5 lappig, bei *U. sinuata* sind die Buchten zwischen den Lappen abgerundet. Stengel und Blätter tragen eine weißliche, rauhe Behaarung aus steifen Sternhaaren, die bei *U. sinuata* schwächer ausgebildet ist. Die unteren Blätter fallen im Verlaufe des Wachstums ab. Die Blüten stehen in den Blattachseln zusammengedrängt und bilden eine Trugdolde. Die kugeligen Früchte haften leicht am Fell vorüberstreifender Tiere oder dergl. Die reifen Samen lösen sich ab und fallen zur Erde, wo sie beim nächsten Regen keimen (34).

Urena ist als Unkraut durch die Tropen weitverbreitet; sie findet sich außerhalb Afrikas in Indien, Brasilien (Espirito Santo und Minas Geraes) u. a. Ländern. In Afrika ist von *U. lobata* namentlich die *var. reticulata (Cav.) Gürke* weitverbreitet, im Westen von Senegambien bis Angola, im Osten vom nördlichen Deutsch-Ostafrika bis zum Sambesi. *U. sinuata* kommt in Afrika nur auf Sansibar vor. *Dalziel* gibt an, sie sei in Nord-Nigeria die gewöhnlich kultivierte Art und auch im Westsudan genutzt (1). An der Ostküste Madagaskars heißt die *Urena* „Paka“, in Belgisch-Kongo „Makole“ und „Mulembe“, bei Stanleyville auch „Konge-Konge“ (vgl. u.). Die Faser wird im Handel auch mit dem irreführenden und daher abzulehnenden Namen „Madagaskar-“ oder „Kongojute“ bezeichnet.

Urena wächst auf verlassenen Dorfplätzen, am Rand der Dörfer, auf Feldrainen, Brachfeldern, am Rand der Wege und Eisenbahndämme und ververbreitet sich durch die verschleppbaren Samen sehr leicht (3, S. 549).

Als Tropenpflanze liebt *Urena* ein warmes und feuchtes Klima mit Wechsel von Regen und Sonnenschein. Unter äquatorialem Klima wächst, blüht und fruchtet sie das ganze Jahr hindurch, unter einem Klima mit einer Trockenzeit wächst sie während der Regenzeit und fruchtet in der Übergangszeit (3, S. 550f.).

Die wildwachsende Makolepflanze stellt geringe Ansprüche an den Boden und wächst auf bewässertem wie auf unbewässertem Land (29; 32; 39). Anbauversuche mit *U. lobata var. reticulata* in Belgisch-Kongo haben jedoch gezeigt, daß gute Böden weit höhere Erträge bringen und daher allein für

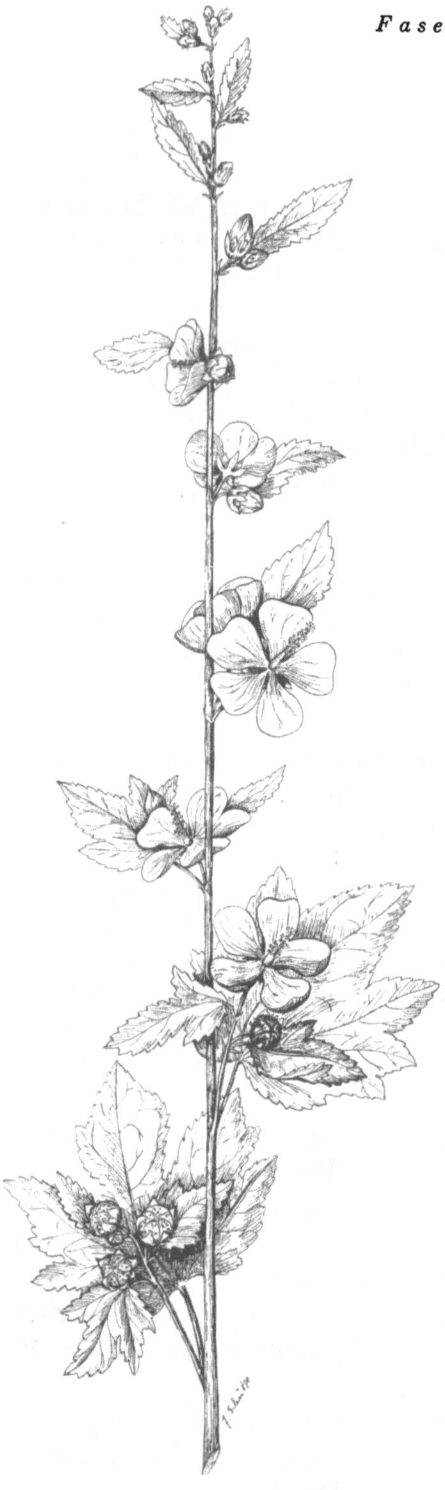

Abb. 6. Makole *(Urena lobata)*
Stengelende mit Blüten

eine erfolgreiche Kultur in Frage kommen; die Pflanze erreicht dann 2, ja 3 und mehr m Höhe; der Stengel bleibt unverzweigt, was die Röste erleichtert; die Rinde bleibt zart und unverkorkt, die Faser wird bei der Röste ganz gleichmäßig herausgelöst (29; 32). Infolge der Kürze der Pfahlwurzel nutzt *Urena* nur die obere Bodenschicht aus, entzieht aber durch schnelles Wachstum und Erzeugung großer Massen pflanzlicher Substanz dem Erdreich viel Nährstoffe. Für ihr Gedeihen ist in erster Linie der Kalireichtum wichtig, ein Übermaß an Stickstoff ist schädlich; sie wächst dann zwar üppig, aber die Faser ist schlecht. Einen lockeren Boden zieht *Urena* einem festen Boden vor, am meisten sagt ihr sandig-lehmiger, nährstoffreicher Boden zu (3, S. 551f.).

Kultur. *Urena* wird einjährig kultiviert. Die Aussaat muß möglichst dicht erfolgen, damit die Stengel sich nicht verzweigen und eine lange, dünne Gerte bilden (31; 36). Versuche in Belgisch-Kongo haben gezeigt, daß die Reihensaat der Breitsaat vorzuziehen ist; die Reihensaat ging sehr regelmäßig am 10. Tage auf (29; 32). Schattenspendende Bäume oder Sträucher dürfen nicht auf dem Feld stehen bleiben, da *Urena* eine ausgesprochene Sonnenpflanze ist (3, S. 552). Der Boden muß gut vorbereitet und tief gelockert sein (3, S. 555ff.). Pflege verlangt die Makole nur, solange die Pflänzchen noch jung sind (39). Im allgemeinen genügt einmaliges Jäten. Bei sehr dichtem Feldbestand erübrigt sich diese Arbeit bald, da die Makole wie Hanf und Jute alles Unkraut unterdrückt (28).

Das Wachstum der *Urena* bis zur Schnittreife dauert 4—5 Monate. Der

Schnitt wird in Belgisch-Kongo zu verschiedenen Zeiten vorgenommen: wünscht man eine schmiegsame, weiße seidig glänzende Faser zu erzielen, so schneidet man sofort beim Erscheinen der ersten Blüten, wünscht man eine stärkere, wenn auch nicht so glänzende Faser, so wartet man mit dem Schnitt bis zum Beginn der Samenreife (3, S. 562; 31; 37). Im zweiten Fall ist auch die Fasermenge größer (3, S. 562). Oft beginnt die Ernte zu Beginn der Blütezeit und dauert diese ganze Zeit hindurch (29; 32; 39). Die geschnittenen Stengel läßt man einen Tag auf dem Felde liegen, bis die Blätter abfallen. Man darf sie aber nicht zu stark ausdörren lassen, da sonst der Bast leidet (30; 34).

Aufbereitung. Nach dem Schnitt bindet man die Stengel in kleine Bunde und röstet sie. Die Wasserröste dauert 15—18 Tage, wenn die Stengel früh, 24—25 Tage, wenn die Stengel spät geschnitten werden. Im ersteren Fall erzielt man in Belgisch-Kongo vom ha 1500—1600 kg Fasern, im zweiten Fall 2800—3000 kg Fasern je ha. Diese Zahlen gelten für auf gutem Boden kultivierte Pflanzen (4; 31; 37). Ein anderer Versuch ergab nach 10tägiger Röste 450 kg, nach 15tägiger Röste 400 kg Faser vom ha. Im Durchschnitt wird der Ertrag auf 800 kg Faser geschätzt (34). Bei zu langer Röste leidet die Faser (29; 32). In stehendem Wasser ist der Röstprozeß schneller vollendet (4; 35). In schwach fließendem Wasser sind im Durchschnitt 15 Tage erforderlich (29; 32).

Nach Vollendung der Röste werden die Stengel auf Gestellen 2—3 Tage in der Sonne getrocknet. Danach läßt sich der Bast leicht vom Holzteil abtrennen. In Belgisch-Kongo schafft ein Arbeiter täglich 8—10 kg Bast (31; 37). In Madagaskar konnte ein eingeborener Arbeiter im günstigsten Falle täglich 200 kg Stengel schneiden und 5 kg Faser ausarbeiten (30; 34) (3; 14). *Wirion* (33) berichtet, daß in Eala bei Coquilhatville (Belgisch-Kongo) ein Arbeiter täglich 3 kg ausarbeiten kann, ein Spezialarbeiter bis 7 kg an 2 Tagen.

Die Fasern beider *Urena*-Arten unterscheiden sich in ihren Eigenschaften nicht voneinander. Sie sind weißlich gefärbt, glänzend, fein und geschmeidig, bis 1,2 m lang und ähneln der Abelmoschusfaser, also auch der Jutefaser. Die *Urena*-Faser ist gegen äußere Einflüsse weniger widerstandsfähig als die Jutefaser und durch eine außerordentliche Hygroskopizität gekennzeichnet (8).

Die Festigkeit der Pakafaser ist nicht sehr groß (34). Versuche der „Société des Corderies de la Seine“ in Le Havre ergaben: die Pakafaser ist härter und spröder als die Jute mittlerer Qualität. Trotz ihres Glanzes usw. kann sie nur für Seile, grobe Bindfäden und grobe Packleinwand gebraucht werden. Die Bruchfestigkeit eines 1 m langen Fadens beträgt 11,470 kg (36).

In ihren Erzeugungsländern dient die *Urena*-Faser hauptsächlich zur Herstellung von Seilen und Säcken und ist sehr gut imstande, in Wettbewerb mit der Jute zu treten (8).

EINZELNE ANBAUGEBIETE

Die *Urena*-Faser wird heute teils von Pflanzungs-, teils aus Wildbeständen gewonnen; ob letzteres sich lohnt, hängt von den jeweiligen Verhältnissen ab. Die Makole hat in Afrika wahrscheinlich eine Zukunft; sie läßt sich in vielen Gegenden mit Erfolg anpflanzen, wo hinreichend billige Arbeitskräfte zur Verfügung stehen und die natürlichen Voraussetzungen gegeben sind (29; 32). Meist wird sie als Eingeborenenkultur betrieben; sie eignet sich gut dazu, weil sie wenig Arbeit und Sorgfalt erfordert, und die Familienangehörigen bei der Entfaserung mitarbeiten können. Zur Zeit spielt ihre Ausbeutung nur in zwei afrikanischen Kolonien eine Rolle, in Belgisch-Kongo und Madagaskar.

Die Makole ist im Kongogebiet (s. Karte 2) als wildwachsende Pflanze weitverbreitet und wird von den Negern vielfach ausgebeutet (3, S. 549). Die Neger kennen die Röste nicht, sondern ziehen die Rinde von den geschnittenen Stengeln ab und schaben sie weiter mit einem Messer. Die Faser wird sorgsam gereinigt, getrocknet und aufbewahrt und dient zur Herstellung von Jagd- und Fischnetzen (31; 37).

Angebaut wird *Urena* hauptsächlich im Niederkongodistrikt der Provinz Léopoldville, und zwar ist sie hier ausschließlich eine Eingeborenenkultur. Zuerst wurde sie in der Landschaft Manyanga kultiviert, wo 1930/31 3,5 t Faser erzeugt wurden. 1931/32 wurde sie fast im ganzen Territorium Manyanga als Zwangskultur eingeführt. 1934/35 drang der Anbau auch in andere Teile des Niederkongodistriktes vor (3, S. 548); er nahm 1935 im Niederkongodistrikt 15990 ha ein, 1936 allerdings nur 4485 ha (Bull. Agric. du Congo Belge, Jhg. 28 [1937], S. 234). In Manyanga haben die Eingeborenen die Kultur besonders intensiviert (ebenda, S. 238). Jetzt wird sie auch im Kwangodistrikt propagiert, wo die Möglichkeiten infolge der dichten Bevölkerung gut sind (3, S. 548). 1936 gelangten erstmalig von hier 30 t zur Ausfuhr (Bull. Agric. du Congo Belge, Jhg. 28 [1937], S. 238). Die Ertragsmenge schwankt in der Provinz Léopoldville zwischen 800 und 1000 kg Faser vom ha (3, S. 571). Die Anbauausdehnung zeigen die Ziffern für Ausfuhr und Interregionalhandel (in t) des Niederkongodistriktes (Bull. Agric. du Congo Belge, Jhg. 28 [1937], S. 238):

1931	3,5	1934 . . .	401
1932	40	1935 . . .	551
1933	195	1936 . . .	1314

Von diesen 1314 t kamen allein 669 t aus Manyanga (ebenda). Die gesamte Provinz Léopoldville führte 1936 1314 t aus (ebenda, S. 234).

In der Äquatorialgegend ist *U. lobata var. reticulata* auf verlassenen Eingeborenenfeldern gemein (33).

Die Ausfuhrzahlen der letzten Jahre, in denen auch andere juteähnliche Fasern eingeschlossen sind, die 1936 erstmalig diejenigen Madagaskars überflügelten, zeigen die ständig wachsende Erzeugung der *Urena*-Faser:

Ausfuhr von Belgisch-Kongo in kg:				davon Urena:
1933	179705	1936 . . .	1223567	
1934	277664	1937 . . .	2059320	1207300
1935	451205	1938 . . .	2875055	911916

(35; Statistique du Commerce extérieur du Congo Belge pendant l'année 1936/1937 et 1938. Brüssel 1937, 1938 und 1939).

In Rhodesien wird die Faser von *U. lobata* unter den Namen „Mukuku" und „Musito" gewonnen (4).

In Madagaskar, dessen Ausfuhr die des Kongogebietes mengenmäßig meist übersteigt, wird die *Urena*-Kultur bereits seit längerer Zeit betrieben (vgl. die Ausfuhrtabelle). Die Paka ist weitverbreitet (s. Karte 2). Der Anbau beschränkt sich jedoch auf tiefe Alluvialböden, der Stengel erreicht hier eine Höhe von 4—6 m und einen Durchmesser von 3 cm (28). Nach der stärkeren oder geringeren Zerlappung der Blätter lassen sich 3 Formen unterscheiden.

Die Röste wird unter ganz bestimmten Bedingungen durchgeführt (38). Der Faserertrag je ha schwankt zwischen 490 und 1200 kg (30; 38). Auf der Station Ivoloina stellte man fest, daß sich ein Faserertrag von 7,5 v. H. und somit eine Menge von 1200 kg Trockenfaser vom ha erzielen läßt. Die Errichtung von Entfaserungsanstalten zur Entfaserung an Ort und Stelle hat der Gouverneur durch Verordnung zugelassen (36).

Die Paka wird in den verschiedensten Gegenden der Insel angebaut. Die Haupterzeugungsgebiete sind Majunga, Nossi Bé, Analalava, Mananyary, Diego Suarez, Farafangana, Tamatave und Tulear (30). Hauptausfuhrhafen ist Majunga an der Nordwestküste. Die Faser geht meist nach Frankreich: 1922 wurden nach Frankreich 33430 kg, nach Deutschland 5500 kg verschifft. Im Handel unterscheidet man drei Qualitätsgrade. Von der Bedeutung der Paka-Wirtschaft geben folgende Zahlen ein Bild: in den Fabriken sind 800 Arbeiter beschäftigt, mit der Ernte befassen sich zeitweise etwa 40000 Eingeborene (38). Erzeugung und Ausfuhr haben sich im Laufe der Jahre erheblich gesteigert, sind jedoch starken Schwankungen unterworfen, worüber die folgenden Zahlen Aufschluß geben:

Ausfuhr in kg (30; 39):

1919	16545	1925 . . .	857560
1921	61866	1926 . . .	2361248
1923	133192	1927 . . .	1374715
1924	636205	1928 . . .	1400000

Erzeugung in t (38):

1936 . . . . 2300 1937 knapp 1200.

3. *Sunn-Hanf und Verwandte, Crotalaria sp.*

Einige Arten der Gattung *Crotalaria* aus der Familie der Schmetterlingsblütler *(Papilionaceae)*, die in Ostindien, zum Teil auch in Afrika weitverbreitet sind, liefern Bastfasern. *Roß* (42) führt folgende namentlich an:

C. juncea L. in Vorderindien, auf Java und Borneo kultiviert, eine alte Kulturpflanze (Sanskrit: çana), deren Faser als Sunn-Hanf, Sunnhemp, Madras-, Bombay-, Travancore-Hanf usw. bekannt ist.

C. tenuifolia Roxb. an der Koromandelküste, nach *Wiesner* (8) nur eine Abart von der *C. juncea*, liefert den „Jubbulpore-hemp".

C. usaramoensis in Usaramo (Ostafrika), auch in Niederländisch-Indien als Gründüngungs- und Faserpflanze eingeführt.

C. intermedia Kotschy im Sudan, in Uganda und im Kongogebiet.

C. striata D.C. in Ostindien, Arabien, im Sudan, in Uganda und im Kongogebiet.

C. retusa L. in Ostindien, Arabien und auch bei Kisantu in Belgisch-Kongo.

Bastfasern, teils für die Seilerei, teils zur Papierherstellung, liefern außerdem folgende nicht afrikanische Arten (42):

C. burhia Buch.-Hamilt. (Vorderindien), *C. laburnifolia L.* (Vorderindien), *C. Leschenaultii D.C.* (Ostindien), *C. sericea Retz* (Ostindien), *C. guatemalensis* (Salvador).

C. anagyroides aus Innerafrika ist lediglich eine Gründüngungspflanze.

Botanik. *Crotalaria* ist ein einjähriges, hochwüchsiges Kraut, dem Aussehen nach eine aufrechte Staude mit länglichen, schmallanzettlichen Blättern und auffälligen, leuchtend gelben Blüten an aufrechten Zweigen. Die Früchte sind hartschalige Hülsen (44, S. 4f.).

C. juncea wird im Durchschnitt 1,50—2 m, *C. usaramoensis* im Höchstfall 2 m, wenn sie unverzweigt ist nur 1,50—1,60 m hoch. Sie ist außerordentlich raschwüchsig und daher gut als Deckpflanze zum Überwuchern tropischer Unkräuter geeignet (44, S. 5).

Die Anbaubedingungen des Sunn-Hanfes ähneln in manchem denen der Jute, jedoch stellt er wesentlich geringere Ansprüche an Regen und Luftfeuchtigkeit. Er liebt leichten, frischen, lehmig-sandigen Boden, besonders ältere alluviale Böden, die durchlässig, gut bearbeitet und drainiert sind; auf überschwemmtem Land gedeiht er nicht (42; 44; 62). Auf schwerem Lehm wächst er gut, aber die Faser wird grob (44, S. 7). Die Feldpflege ist einfach, da er das Unkraut selbst unterdrückt (62).

Aussaat. Man sät den Sunn-Hanf in Indien meist zu Beginn der Regenzeit, im April bis Juni; nach 4—5 Monaten, im Spätsommer, hat er dann seine Reife erlangt. Es ist auch möglich, ihn im September bis Oktober zu säen

(44, S. 8). Die Saatmenge ist beim Anbau als Gespinstpflanze recht reichlich zu bemessen, damit ein enger Stand erzielt wird und die Stengel ohne viel Seitenzweige lang aufschießen. Bei Breitsaat braucht man ungefähr 45 kg bis 85 kg Samen je ha (44, S. 7).

Da *Crotalaria*, wie alle Leguminosen, den Boden mit Stickstoff anreichert, ist sie in Indien als Vorfrucht für Zuckerrohr, Tabak, Jute, Süßkartoffel usw. geschätzt (62; 44, S. 5). Viele *Crotalaria*-Arten, besonders *C. juncea* und *usaramoensis*, sind in den Tropen auch als Gründüngungspflanzen weitverbreitet. In Indien können sie, dank ihres schnellen Wachstums, im Juni gesät, bereits Anfang September untergepflügt werden, wobei sie je ha 10—12 t Grünmasse liefern. Der Acker kann Anfang November anderweitig bestellt werden (44, S. 5). Auf Versuchsfeldern in Französisch-Westafrika ergab *C. juncea* nach 90tägigem Wachstum mit Bewässerung 20 t, ohne Bewässerung auf Sandboden 12—16 t, auf lehmigem Sand 15—22 t Grünmasse je ha (40). Hier waren die Stengel zu verzweigt, um rentabel entfasert werden zu können (40). *C. usaramoensis* muß als Gründüngungspflanze zur Blütezeit untergepflügt werden, da später zur Zeit der Faserreife die Stengel zu saftarm und verholzt sind. Im allgemeinen wird der Sunn-Hanf entweder als Gründüngungs- oder als Gespinstpflanze gezogen, es ist jedoch möglich, beide Ziele bis zu einem gewissen Grade miteinander zu vereinigen, nämlich die Stengel zur Fasergewinnung und die Spitzen zur Düngung zu verwerten (44, S. 5).

Die Erntezeit kann verschieden gewählt werden. Wünscht man eine feine, geschmeidige Faser, so schneidet man zur Blütezeit, wünscht man eine gröbere Faser, so schneidet man, wenn die Samen reif sind (42). Die Faser ist dann, wie Versuche beim Indian Imperial Department of Agriculture in Pusa zeigten, kaum schlechter als vor der Samenreife. Will man die blatttragenden Spitzen und die Stoppeln als Gründünger unterpflügen, so empfiehlt es sich, den Sunn-Hanf drei Wochen eher zu ernten (44, S. 9). Der Anbau zur Samengewinnung geschieht dünn und breitwürfig. Die Pflanzen verzweigen sich sodann stark, eine Entfaserung lohnt sich nicht (40). Bei der Ernte wird der Sunn-Hanf geschnitten oder gerauft. Die Stengel bleiben 2—3 Tage auf dem Felde liegen, um die grüne Farbe und die Blätter zu verlieren. Werden die Pflanzen mit Samen geerntet, so werden die Hülsen abgestreift und die Samen ausgedroschen (44, S. 9).

Die Aufschließung der Faser erfolgt wie bei der Jute durch Rösten im Schlamm, in stehendem oder fließendem Wasser von gewöhnlicher Temperatur oder, wo Wasser fehlt, durch die Tauröste. Die Wasserröste dauert 4—7 Tage (44, S. 10), bei Versuchen in Uganda zeigte sich, daß die besten Ergebnisse nach 5 Tagen erzielt wurden (46). Nach der Röste werden die Faserbündel gewaschen und zum Trocknen aufgehängt. Meist wird die Faser nun in den Handel gebracht, z. T. wird sie gehechelt und gekämmt, um sie vom Schmutz zu reinigen und das Werg abzutrennen. Besonders bei Anwendung der Schlammröste, bei der die Faser oft sehr verschmutzt, ist das notwendig (44, S. 11). Beanstandungen des Sunn-Hanfes im Handel hinsichtlich der Qualität sind auf Fehler bei der Aufbereitung zurückzuführen (44, S. 4). Über die Aufschließung der Faser auf chemischem Wege s. bei Uganda!

Der Faserertrag beträgt bei Sunn-Hanf im guten Durchschnitt 500—800 lbs je acre (= 560—897 kg je ha), die Menge der geernteten trockenen Stengel 3—5 t je acre (7,4—12,3 t je ha), sie enthalten etwa 8 v. H. ihres Gewichtes an Faser (44, S. 12). Der Ertrag ist geringer als bei der Jute (62).

Der Sunn-Hanf hat ein wergähnliches Aussehen. Die einzelnen Fasern besitzen verschiedene Feinheit und Länge, bis zu einem Meter hat man gemessen (8). Ein Vorzug ist ihre geringe Hygroskopizität (8). Gegen den Einfluß des Meerwassers zeigte sich der Sunn-Hanf bei den Versuchen des Imperial Institutes widerstandsfähiger als russischer Hanf, aber längst nicht so widerstandsfähig wie die Hartfasern (47). Mängel des Sunn-Hanfes sind: 1. Ungleichmäßigkeit der Güte infolge von Verschiedenheiten des Wachstums und der Feldpflege, Verschiedenheiten, die durch die Röste verursacht werden; 2. Beimengungen von Schmutz; 3. Mischung verschiedener Qualitätsgrade, falsche Verpackung (44, S. 18).

Der Sunn-Hanf wird wie gewöhnlicher Hanf genutzt (2). Er wird besonders zur Herstellung von Seilerwaren und Fischnetzen, die schlechteren Sorten und Abfälle zur Papierherstellung verwandt (8; 62). Für feinere Gewebe ist er nach *Wiesner* (8) nicht geeignet. In Bengalen freilich verfertigt man aus ihm ein Kanevasgewebe (4).

Von den weiteren Nutzungsmöglichkeiten der *Crotalaria juncea* wurde der Anbau als Gründüngungspflanze bereits erwähnt. Ferner wird sie nach Berichten aus Indien und Rhodesien als Viehfutter verwendet, vgl. auch bei Französisch-Westafrika (44, S. 6; 62).

EINZELNE ANBAUGEBIETE

Seit man den Wert der *Crotalaria juncea* für die Tropenlandwirtschaft erkannte, hat man sie in den verschiedensten Teilen Afrikas eingeführt, meist als Gründüngungs-, z. T. auch als Gespinstpflanze. Die erstgenannte Form ihrer Kultur ist in den Tropen weitverbreitet, die zweitgenannte befindet sich in Afrika erst im Versuchsstadium.

Ostafrika

Erfolgreich war der Anbau als Faserpflanze im Englisch-ägyptischen Sudan. Im Juni 1937 erhielt das Imperial Institute in London Sunn-Hanf aus der Äquatorialprovinz. Die Faser war gut und spinnfähig und entsprach in ihrer Qualität Bengal sunn hemp Nr. 1. Es wurden Garne und Schnüre daraus hergestellt (45, S. 421 und 423). Nach dem Untersuchungsergebnis ist die Faser mit anderen wettbewerbsfähig, wenn Güte und Farbe gleich denen des Musters bleiben. Der Anbau in der Äquatorialprovinz soll daher propagiert werden (45, S. 424).

In **Uganda** stellte das Department of Agriculture auf der Station Serere Kulturversuche an. Die Überprüfung des ersten aus Uganda an das Imperial Institute in London eingeschickten Sunn-Hanfes zeigte gewisse Zukunftsmöglichkeiten, obgleich Verbesserungen noch notwendig waren, da er nur den geringwertigsten indischen Handelssorten entsprach (46). Nach Versuchen und Prüfungen des Imperial Institute im Jahre 1934 war chemisch aufgeschlossener Uganda-Sunn-Hanf weit besser als durch Röste gewonnener, er ähnelte den besten bzw. mittleren indischen Sorten (45, S. 422).

In Nyassaland kultivierte die Makwapala Experiment Station der Empire Cotton Growing Association Sunn-Hanf einige Jahre in Fruchtwechselversuchen mit Baumwolle. Der Faserertrag wurde auf 1000 lbs. je acre (= 1121 kg je ha) geschätzt, die Faser war ausgezeichnet (45).

Südafrika

Der Sunn-Hanf ist in den verschiedensten Teilen des Landes eingeführt worden, meist aber nur als Gründüngungspflanze. In Südrhodesien nahm *Crotalaria* im Jahre 1935 von 19465 ha Gründüngungskulturen allein 13185 ha ein. Die Pflanze wächst gut, hat sich aber als Gespinstpflanze nicht bewährt; die 1936 gewonnene Faser war schlecht (45).

Westafrika

Anbauversuche in Sierra Leone im Jahre 1932 verliefen negativ, da die Faser minderwertig war (45).

In Französisch-Westafrika sind *C. calycina* und *C. cephalotes*, die niedrig bleiben, sowie eine dritte, 1,20 m hohe unbenannte Art häufig. *C. juncea* wurde 1923 eingeführt und in Soninkura, Banankoro, Diafarabe und Segu im oberen Nigergebiet zunächst als Gründüngungspflanze kultiviert. Die ersten Versuche zur Fasergewinnung wurden 1926 in Banankoro unternommen. Die Faser war gut, z. B. besser als indischer Sunn-Hanf. 1927 wurden Arbeiten mit einer Entfaserungsmaschine sowie über rationellen Anbau und Röste in Angriff genommen (40). Die Neger haben es schnell gelernt, aus der Faser Fischnetze und dergl. herzustellen, wozu sie sich dank ihrer geringen Hygroskopizität ausgezeichnet eignet (42). Versuche im Jahre 1928 zeigten, daß *Crotalaria juncea* ensiliert ein gutes Grünfutter liefert und damit geeignet ist, die Futterfrage in der Trockenzeit im Nigergebiet zu lösen (41). *Marchand* glaubt, daß die Ausdehnung der Kultur des Sunn-Hanfes bei seinen geringen Ansprüchen an Boden und Pflegemaßnahmen durchaus im Bereich der Möglichkeit liegt (40; 42; 43).

4. Ramie, Boehmeria sp.

Botanik. Die Ramie *(Boehmeria)* gehört zur Familie der Brennesselgewächse *(Urticaceae)* und ist eine mehrjährige, brennesselähnliche Staude.

Der ausdauernde Wurzelstock sendet krautige Stengel empor, die 1—2 m und mehr Höhe messen. Sie tragen länglich-eiförmige oder länglich-lanzettliche Blätter, oben dunkelgrün, unten heller und ohne Brennhaare. An der Stengelspitze erscheinen verzweigte Trauben sehr kleiner, grünlichgelber männlicher Blüten und später Trauben weiblicher Blüten.

Von den *Boehmeria*-Arten liefern über ein Dutzend Fasern, Bedeutung als Gespinstpflanzen haben aber nur zwei: *Boehmeria nivea (Bl.) Gaud.*, die „weiße Ramie", und *B. tenacissima Gaud. (= B. utilis Bl. = candicans Hassk.)*, die „grüne Ramie" (54, S. 5). Vielfach wird auch erstere als *B. nivea f. chinensis* und letztere als *B. nivea f. indica* bezeichnet (8; 50). Eine Anzahl Herkünfte gibt es bei der Ramie wie bei den meisten Kulturpflanzen, eine Sortenzüchtung kennt man bisher so gut wie nicht (55, S. 101).

Die Verbreitungsgrenze der Ramie reicht bis zum 40.° n. Br., die äußerste Grenze bildet die 10°-Isotherme (52; 54). Die „weiße Ramie" hat ihre Heimat in China, die „grüne Ramie" in Indien und im Sunda-Archipel. „Ramie" ist ein malaiisches Wort, in Indien heißt sie „Rhea", im Handel geht die Rohfaser unter dem Namen „Chinagras", englisch „China-grass" oder „Stripes".

Die „grüne Ramie" stellt höhere Ansprüche an Klima und Boden und wächst nur in den Tropen und Subtropen, sie liefert mehr, allerdings nicht so feine Fasern wie die „weiße Ramie".

Auf dem Felde bildet die grüne Ramie einen dichteren Bestand als die weiße und beschattet den Boden stärker. Das Blatt der grünen Ramie ist herzförmig mit lang auslaufender Spitze, das der weißen mehr eiförmig (vgl. die Abb. bei *Michotte*, 56, 1. Bd., S. 30ff.); bei der ersten ist es hellgrün gefärbt und auf der Unterseite schwach behaart, bei der letzten dunkelgrün und unterseits von einem dichten Filz feiner Härchen bedeckt. Die grüne Ramie hat einen dickeren und längeren Stengel; er wird bis 2—2½ cm dick und 2½—3 m lang, der der weißen Ramie wird nur bis 1—1½ cm dick und 1½—2½ m lang.

Die Fasern liegen im Stengel einzeln oder zu wenigen verbunden, nicht in Bündeln wie bei den übrigen Bastfaserpflanzen (52, S. 320). Der Bast enthält zahlreiche leim- und gummiartige Stoffe (Pektose, Kutose, Vaskulose u. a. m.), die die Fasern miteinander verkleben (vgl. u. bei der Aufbereitung).

Über den Fasergehalt werden in der Literatur die widersprechendsten Angaben gemacht, die *Kempski* (54, S. 10) folgendermaßen klärt und zusammenstellt: es enthalten nach ihm an trockener, roher Faser grüne Stengel mit Blättern 2—2,5 v. H., grüne Stengel ohne Blätter 3—5 v. H., trockene Stengel mit Blättern 10—15 v. H., trockene Stengel ohne Blätter 20—25 v. H. Es ist allerdings fraglich, ob sich in allen Ländern diese oder andere Werte erreichen lassen.

50 v. H. der trockenen, rohen Faser verbleiben nach der Entleimung als „spinnfähige" Fasern; trockene Stengel ohne Blätter enthalten also 10—12½ v. H. Spinnfaser.

Klima. Die Ramie verlangt reichlich Sonne und Wärme bei 1500 mm Mindest-Jahresniederschlägen oder entsprechender Bewässerung. *B. tenacissima* gedeiht ausschließlich in den Tropen und Subtropen, *B. nivea* kann möglicherweise auch in gemäßigtem Klima, gegen Fröste geschützt, kultiviert werden. Gegen Frost ist Ramie außerordentlich empfindlich. Liegt die Temperatur nur eine einzige Stunde unter Null, so ist das ganze Feld erfroren (54; 55).

An den Boden stellt die Ramie hohe Ansprüche. Ein durchlässiger, tiefgründiger, humusreicher, kalkhaltiger Lehm ist erwünscht (54; 55; 56).

Kultur. Der besondere Wert der Ramie liegt darin, daß sie eine Dauerkultur mit jährlich mehreren Schnitten darstellt. Die Anlage der Pflanzung kann auf vier verschiedene Weisen erfolgen: 1. durch Rhizome (die beste Methode), 2. durch Pflänzchen aus Saatbeeten, 3. durch Stecklinge und 4. durch Ableger (54; 55). Die günstigste Pflanzweite ist bei *B. tenacissima* in den Tropen nach *Grunwald* (52, S. 317) 90—100 cm Abstand der Reihen und 20—25 cm Zwischenraum in den Reihen, bei *B. nivea* in den Subtropen etwas weniger.

In Gegenden mit ausgesprochener, langdauernder Trockenheit muß man künstliche Bewässerung zu Hilfe nehmen (52, S. 316; 54; 55). Im subtropischen Teil Afrikas ist das meist notwendig. Dabei darf das Berieselungswasser nicht zu salzhaltig sein (57, vgl. auch u. a. bei Algerien und Marokko).

Die Ramie beansprucht auf nicht nährstoffreichem Boden starke Düngergaben, besonders Stickstoff, Kali und Kalk (50, S. 167), aber auch Phosphorsäure.

Die Ramie verjüngt sich nach jedem Schnitt selbst, da der Wurzelstock neue Stengel treibt. Umstritten ist bisher die Frage, wie lange man eine Ramiepflanzung bestehen lassen soll; man glaubt, daß sie 15—25 Jahre Lebensdauer habe. Die Lebensdauer bzw. Ertragsfähigkeit der Felder wird von den jeweiligen Verhältnissen abhängen.

Die Ernte der Ramie beginnt, wenn die Spitzen der größeren Stengel eine bräunliche Färbung annehmen. Bei späterem Schnitt ist der Bast geringwertiger, außerdem lassen sich dann weniger Schnitte von demselben Felde machen.

Über die tatsächliche Erntemenge herrscht unter den Autoren keine Einigkeit. *Koenig* (4) nennt 1600—2000 kg Stengel vom ha. Auf dem Ramiekongreß in Paris im Jahre 1900 wurde angegeben, bei 4 Schnitten jährlich ließen sich 3200 kg degummierter Faser erzeugen. *Kempski* (54, S. 74; 55, S. 106) nennt folgende Zahlen:

	Zahl der Schnitte:	Rohfasermenge je ha u. Jahr insges. in kg:	Spinnfasermenge je ha und Jahr insges. etwa in kg:
im 1. Jahr. .	1—2	600—1200	300—600
im 2. Jahr. .	2	2400	1200
im 3. Jahr. .	3	6000	3000

Mit den Ziffern der letzten Reihe darf man nach *Kempski* (54; 55) dann mindestens 10 Jahre lang rechnen.

Die Frage der maschinellen Aufschließung der Ramiefaser ist bisher trotz der großen Zahl der erfundenen Entfaserungsmaschinen noch nicht als gelöst zu betrachten (vgl. dazu die Ausführungen *Toblers*, 58). Neuerdings ist in Deutschland ein Verfahren erfunden, das die biologische Röste durch eine trockene Behandlung in geschlossenen Kammern ersetzt. Die Faser wird dadurch soweit aufgeschlossen, daß die Stengel nur noch gebrochen, geschwungen und gehechelt zu werden brauchen. Die Versuche in gemäßigtem Klima sind abgeschlossen. Weitere Versuche in den Tropen sind in Vorbereitung.

Die Ramiefaser zeichnet sich vor allen anderen Fasern durch Länge, Festigkeit, Zähigkeit und Glanz aus. Die Länge der Bastzellen beträgt nach *Wiesner* (8, S. 572) bis 260 mm.

Über die Eigenschaften der Ramiefaser im Vergleich zu Hanf, Flachs, Seide und Baumwolle gibt *Dewey* (51, S. 11) folgende Zahlen:

	Ramie	Hanf	Flachs	Seide	Baumwolle
Dehnungsfestigkeit	100	36	25	13	12
Elastizität	100	75	66	400	100
Torsionsfähigkeit. .	100	95	80	600	400

Die Widerstandsfähigkeit gegen Feuchtigkeit ist groß. Die Feuchtigkeit wird schnell absorbiert und schnell abgegeben, daher trocknen Ramiegewebe sehr rasch (51, S. 11). Unter chemischer Behandlung leidet die Ramie weniger als andere Fasern und wird daher auch bei der Wäsche wenig angegriffen (54, S. 27). Die besten Sorten der Ramie haben die weißeste Farbe und den höchsten Glanz (54, S. 66; 55, S. 102; 8, S. 571). Die weiße Ramie ist etwas besser als die grüne, im Handel wird aber kein Unterschied zwischen den beiden Formen gemacht. (8, S. 566).

Dank dieser hervorragenden Eigenschaften lassen sich die gleichzeitig festesten und feinsten Gewebe aus Ramie anfertigen.

Eine mögliche Nebennutzung der Ramieblätter stellt ihre Verfütterung an Seidenraupen dar.

EINZELNE ANBAUGEBIETE

Die Ramie wird hauptsächlich in China angebaut, das fast ausschließlich den Weltmarkt mit dieser Faser beliefert. Daneben besteht noch Anbau in Japan, Britisch- und Niederländisch-Indien, Indochina, Queensland, Westindien usw. In Afrika haben die Kulturversuche ihren Hauptstandort in Nordafrika, namentlich in Algerien (vgl. 48; 49; 50; 56; 57), ferner in Tunesien (50; 56), Marokko (56; 57) und Ägypten (56). Die Anbauversuche scheiterten bisher an dem Fehlen einer brauchbaren Aufbereitungsmethode.

In Westafrika kommt eine Verwandte der Ramie (wahrscheinlich *Boehmeria platyphylla D. Don.*) nach den Angaben der Literatur von Äquatorialafrika bis Angola in großen Wildbeständen vor (54, S. 20; 4, S. 189). In Sierra Leone findet sich außerdem *Boehmeria rigida* wild, auf Madagaskar und Réunion *B. stipularis Wedd.*, auf Réunion noch dazu *B. platyphylla* und *B. puga* (56, 1. Bd., S. 28f.). Anbauversuche wurden in den verschiedensten Kolonien unternommen (54, S. 21), aber dann wieder aufgegeben, weil ein leistungsfähiges, maschinelles Aufschließungsverfahren noch nicht bestand (54, S. 21).

In Kamerun gehen sie bereits in die Vorkriegszeit zurück. Am Senegal wurde die Kultur vor langer Zeit versucht; sie ist hier auf künstliche Bewässerung angewiesen (56, 1. Bd., S. 68). In Britisch-Gambia steht die lange Trockenzeit der Kultur entgegen. In Sierra Leone ist sie wieder eingegangen (56, 1. Bd., S. 74).

An der Guineaküste (gemeint ist wohl Französisch-Guinea) das warmfeuchte Klima gut geeignet. Versuche *Michottes* ergaben ohne Pflege Stengel von 0,75 m Länge (56, 1. Bd., S. 69f.). In Französisch-Zentralafrika, das ein günstiges Klima aufweist, fielen Versuche befriedigend aus, es fehlte nur eine Entfaserungsmaschine.

In Belgisch-Kongo wurde die Ramie im Jahre 1895 eingeführt und seitdem wiederholt versuchsweise kultiviert (56, 1. Bd., S. 74). Der Botanische Garten zu Eala hatte mit ihr auf reichem Boden gute Erfolge, wenn auch die Faser etwas zu kurz war (50, S. 166). Es fehlte nur eine Entfaserungsmaschine (56, 1. Bd., S. 74).

In Ostafrika wurde die Ramie vor einer Reihe von Jahren in Deutsch-Ostafrika und Kenya eingeführt. Noch heute bestehen eine Anzahl kleiner Versuchsanlagen, deren Ausdehnung davon abhängig sein wird, ob sich eine wirklich wirtschaftlich arbeitende Aufbereitungsmethode finden läßt.

Auf Madagaskar sind schon 1880 Versuche an der Westküste geglückt, aber die Ansiedler lehnten den Anbau ab, da eine Entfaserungsmaschine fehlte (56, 1 Bd., S. 70). Auf den Inseln St. Marie an der Ostküste und Nossi Bé an der Westküste gedeiht Ramie gut (56, 1. Bd., S. 70). Auf Réunion hat die Ramie nach *Michotte* 4—6 Schnitte ergeben. *Boehmeria nivea* ist hier verwildert, außerdem kommen die Arten *B. stipularis*, *platyphylla* und *macrophylla* in wildem Zustand vor (56, 1. Bd., S. 70).

5. Sonstige Bastfaserpflanzen

Jute, *Corchorus sp.*

Die Bastfaser der Lindengewächse *(Tiliaceae) Corchorus capsularis L.* und *C. olitorius L.* wird als Jute bezeichnet.

Die Heimat der Jute ist vermutlich Bengalen (61, S. 4), die von *C. olitorius* vielleicht auch Afrika (65), wo die Blätter vielfach als Gemüse verzehrt werden. In Bengalen wird die Jute seit altersher als Gespinstpflanze genutzt (8).

Botanik. Die Jute ist ein Kraut von 2—3 m Höhe mit glattem, fingerdickem Stengel, langen, schmalen Blättern und gelblichen Blüten (61, S. 2). *C. capsularis*, die häufiger kultiviert wird, erreicht eine Höhe bis zu 5 m, *C. olitorius* bis zu 3 m (8). Gut unterscheiden lassen sich beide Arten erst im fruchtenden Zustande; die Früchte von *C. capsularis* haben eine runde, kapselförmige, die von *C. olitorius* eine längliche, schotenähnliche Form (61, S. 3).

Die Jute verlangt ein heißes Klima von mindestens 24° C mit reichlichen Niederschlägen und sehr hoher Luftfeuchtigkeit (61, S. 3). Am besten gedeiht sie auf Alluvialböden. Gänzlich ungeeignet sind Sand-, Fels- und Lateritböden (61, S. 3).

Anbauversuche wurden in den letzten Jahrzehnten in fast allen warmen Ländern der Erde gemacht und fast überall ohne Erfolg, weil die Ansprüche der Jute an Klima und Boden ganz besonderer Art sind.

In Afrika fanden Anbauversuche in Algerien (63, S. 48), Ägypten (60, S. 30; 61, S. 44f.; 63, S. 43), im Englisch-ägyptischen Sudan (63, S. 44), in der Senegalkolonie (63, S. 48), in Britisch-Gambia (2, S. 96; 63, S. 46), Sierra Leone (63, S. 46), Nigeria (2, S. 26f.; 63, S. 46), Goldküste (60, S. 30; 63, S. 46), Togo (61, S. 46), Kamerun (61, S. 46; 63, S. 42; 64, S. 48), Belgisch-Kongo (63, S. 44f.), Deutsch-Ostafrika (61, S. 45f.; 63, S. 41f.), Transvaal (63, S. 48) und Mauritius (61, S. 46) statt, die aber sämtlich mißlangen.

In Westafrika werden mehrere *Corchorus*-Arten als Gemüse genutzt (1, S. 96f.).

Triumfetta

Die zu den Lindengewächsen *(Tiliaceae)* gehörige Gattung *Triumfetta* umfaßt Kräuter, seltener Halbsträucher, mit einem Filz von Sternhaaren, oft gelappten Blättern und gelben, in Dichasien angeordneten Blüten. Die kugelige oder längliche Frucht ist mit Höckern oder Stacheln besetzt. In Afrika kommen etwa 50—60 Arten vor. Eine Anzahl davon wird örtlich als Faserpflanzen genutzt:

T. rhomboidea Jacqu., ein weitverbreitetes tropisches Unkraut mit kleinen gelben Blüten und kugeligen, hakigen Früchten, findet sich in Mittelafrika und südwärts bis zum Chirindawald im Gasaland, in Südrhodesien und bis zum Waterberg im Hereroland. *T. semitriloba (L.) Jacqu.* ist als tropisches Schuttunkraut ebensoweit verbreitet wie *T. rhomboidea* (8; 9). In Usambara heißt sie „fifiokole" (9, S. 262). Sie ist ein 1—4 m hoher Strauch. Die an einem 15—20 cm langen Blattstiel wechselständig sitzenden Blätter sind herzförmig, spitz, leicht gelappt und gezähnt, auf beiden Seiten mit Flaumhaaren besetzt. Die Blüten sind klein, mit röhriger Blumenkrone und stehen in Ähren. Die Früchte sind kugelige, stachelige Kapseln mit scharfer Spitze (74, S. 119).

T. cordifolia Guill. et Perr., ein Strauch mit eiförmigen, am Grunde herzförmigen, unregelmäßig gesägten Blättern, findet sich im Waldgürtel von Angola bis Senegambien. *T. occidentalis* in Südafrika liefert die Bastfaser „Kaffir hemp" (8, S. 466). *T. mollis Juss.* im Sudan liefert ebenfalls Bastfaser (8, S. 467). *T. pentandra A. Rich.*, eine etwa 1 m hohe, etwas Feuchtigkeit und Schatten liebende Staude, findet sich vom Grünen Vorgebirge bis Abessinien und nach Süden bis zum Ngami-See und zum Ovambo-Land. In Rhodesien liefert sie eine „Likaru" oder „Lukawa" genannte Faser (4, S. 159).

Aus Fasern der *T. abyssinica K. Schum.* fertigen die Wadschagga am Kilimandjaro dauerhafte Säcke an. *T. flavescens Hochst.*, von Arabien bis Nubien und bis zum Kilimandjaro, ist eine gute Bienenpflanze (9, S. 262).

Beachtung verdienen *T. cordifolia*, *rhomboidea* und *semitriloba.*

T. semitriloba wächst auf sumpfigem Gelände und auf alten, verlassenen Eingeborenenpflanzungen und ist eine der ersten Gewächse bei der Wiederbestockung geschlagener Waldstücke (74, S. 119). In der kongolesischen Provinz Léopoldville kommt sie als Ruderalpflanze zusammen mit *Urena lobata* vor (3). Die Faser ist grob, hellgelb gefärbt und weniger widerstandsfähig als die von *Manniophyton* (s. d.). Wegen ihrer geringen Widerstandsfähigkeit gegen Wasser eignet sie sich nicht zur Herstellung von Fischnetzen (74, S. 119). *De Groof* ist der Ansicht, sie könne für Belgisch-Kongo Handelswert erlangen (3). Sie ist hier häufig und unter dem Namen „Akonge" bekannt (6).

T. rhomboidea ist in den Tropen als Unkraut weitverbreitet. Wegen der weichen, juteähnlichen Bastfaser wird sie hier und da auch kultiviert (6). Die Faser wird hauptsächlich in Bengalen, im Dekan bei Madras und auf den Sundainseln gewonnen. In Westafrika wird sie zuweilen als Bindematerial benutzt (1, S. 100). Im Nyassaland, wo sie „Nzonowge" heißt, hat man vor dem Weltkrieg Kulturen angelegt und aus dem nach England gesandten Rohstoff ein für Säckeherstellung brauchbares Garn gesponnen (62, S. 194).

T. cordifolia. Die Faser der *T. cordifolia* besitzt eine gute Länge, ist der Jute vergleichbar, kann aber nicht so fein gesponnen werden, sie ist mehr für Seilerwaren geeignet (1, S. 99f.). In verschiedenen Ländern Westafrikas dient sie zur Herstellung fester Stricke für häusliche Zwecke, von Bogensträngen, Angelschnüren usw. (1, S. 99f.). In Belgisch-Kongo wurden Versuche mit ihr angestellt; die gesamte Aufschließung der Faser dauerte 70 Tage (6). Über den Vergleich mit *Abroma augusta* s. unter *Abroma*. *T. cordifolia var. tomentosa Sprague* kommt in Waldgürteln auf gerodeten Stellen in der Nähe der Dörfer, und zwar unter Bevorzugung feuchter Stellen, vor. Im Gebiete von Ebolowa in Südkamerun wird ihre Faser von den Negern unter dem Namen „Okon" oder „Konyi" zur Herstellung von Säcken, Bindfäden u. ä. benutzt (85). *T. cordifolia var. Hollandi* wird in Einzelfällen bei der Kultur der Vorzug vor *Hibiscus* gegeben (1, S. 99f.).

Clappertonia ficifolia Decne

Clappertonia ficifolia Decne (= Honckenya ficifolia Willd.) gehört ebenfalls zu den *Tiliaceen*. Sie ist ein bis 2 m hoher Halbstrauch mit gelappten Blättern und großen, vier- bis fünfgliedrigen, rot-purpurnen, seltener weißen Blüten in endständigen Trugdolden. Sie findet sich von Senegambien bis südwärts Angola, ostwärts bis zum Viktoriasee, bis zum Bangweolo-See und bis zur „25 miles station" im Gasaland oberhalb Beira. Sie fehlt in den Steppen- und Savannengebieten. Sie ist auf den Waldgürtel beschränkt, wo sie feuchte und sumpfige Stellen bevorzugt (3, S. 573); in reinen Beständen wächst sie auf gerodeten Stellen, im Kongogebiet z. B. dort, wo *Raphia gracilis* vernichtet ist (84). Die Vermehrung erfolgt leicht durch Samen oder Wurzelausläufer (1, S. 96).

Die Faser wird durch Röste aufgeschlossen. Diese darf nicht zu lange währen, da die Faser sonst Einbuße in ihrer Widerstandsfähigkeit erleidet. Nach 20tägiger Röste fand *Lejeune* (77) einen Fasergehalt von 5,75 v. H. Die feine, juteähnliche Faser ist haltbar und wertvoll. Die Einzelfaser ist 14—30 mm lang und 20—36 μ breit. Die Eingeborenen verarbeiten sie zu Schnüren (84). In Westafrika dient sie auch zur Herstellung von Matten, auch ist sie für Papierbereitung brauchbar (1, S. 96). In Europa kennt man sie so gut wie gar nicht (84).

In Ober-Ubangi wächst Clappertonia in Sümpfen. Die Faser wird hier von den Eingeborenen viel genutzt (8, S. 13). In Belgisch-Kongo hat *Lejeune* (77) ihre Anbauwürdigkeit im Vergleich mit der von *Abroma augusta* untersucht (vgl. unter *Abroma*).

Cephalonema polyandrum K. Schum

Cephalonema polyandrum K. Schum. (= Honckenya polyandra [K. Schum.] Engler), ebenfalls eine *Tiliacee*, wurde 1893 im Kongogebiet entdeckt und kommt auch in Spanisch-Guinea und Südkamerun vor. Sie wächst in allen Waldgebieten des Kongolandes, und zwar stets auf Lichtungen (3, S. 572). Bei den Eingeborenen heißt sie „Punga", „Ndolo", „Nkongue", „Mokongi", „Bakongo" oder „Bekonge" (6, S. 191). Sie ist ein ausdauernder Strauch, bis 4 m hoch, mit gelben Blüten (74, S. 118).

Sie wird nur als Sammelprodukt genutzt und nicht kultiviert, da sie wild in genügender Menge vorkommt. Oft wächst sie als Unkraut in *Urena*-feldern und überwuchert diese zuweilen gänzlich. Dann ernten die Neger die „Punga"-Faser (3).

Die Ausbeutung ist einfach: man schneidet die Sprosse dicht am Stamme ab, entholzt sie und arbeitet durch Röste den grünen Trieb des Jahres aus. Die Röste und die übrige Aufbereitung gleicht dem Verfahren bei *Urena lobata*. Die Faser ist lang, fest, genügend geschmeidig und schön silbrigweiß.

De Groof (3, S. 572) meint, die „Punga“ verdiene Beachtung, da sie in dichten Beständen in geschlagenen Wäldern und Galeriewäldern auftritt und nach dem Schnitt neue Schosse treibt.

Bei versuchsweiser Ausbeutung im Botanischen Garten zu Eala im Jahre 1921 wurden aus 1580 kg Stengel nach 20tägiger Röste 75 kg Faser gewonnen (74, S. 118). Im 1. Vierteljahr 1938 führte der Niederkongobezirk 23 t Punga-faser aus (40, S. 432) (Bull. de l'Office Colon. du Min. des Colonies, Jhg. 27 [1938], S. 421—23).

Zimmerlinde, Sparmannia africana L. fil.

Auch die bekannte Zimmerlinde *(Sparmannia africana L. fil.)* aus der Familie der *Tiliaceae*, ein Baumstrauch von 3—6 m Höhe mit weich-behaarten, lindenblattähnlichen Blättern und weißen Blüten aus dem südlichen Kapland, liefert eine Faser. Diese ist silbergrau glänzend, fein und sehr stark und soll hochwertiger als die Ramiefaser sein (8, S. 466; 9; S. 243).

Die Zimmerlinde wächst auf jedem Boden, ausgenommen, wenn er brackig ist, verlangt 6 frostfreie Monate im Jahr und gibt bis 4 Schnitte jährlich. Obgleich ihr Anbau bereits wiederholt empfohlen worden ist, sind eigentliche Kulturversuche bisher nicht bekannt geworden (vgl. a. 9, S. 243).

Sida rhombifolia L. und Verwandte

Die *Malvaceen*gattung *Sida* umfaßt Kräuter oder Halbsträucher, die im Aussehen *Hibiscus* ähneln und oft filzig behaart sind, und stellt eine Reihe Bastfaserpflanzen, die jedoch fast ausschließlich in ihren Heimatländern genutzt werden.

Die wichtigste Art ist *S. rhombifolia L.*, die in mehreren Varietäten weit über die Tropen verbreitet ist: von Queensland und den Sunda-Inseln bis Westafrika und Süd- und Mittelamerika (62, S. 193). In Afrika findet sie sich von Erythrea bis zum östlichen Kapland und von den Kapverdischen Inseln bis Angola, und zwar bis 2300 m ü. M., an Wegen, auf Waldlichtungen und im Gebüsch.

Botanik. *Sida rhombifolia* ist ein Halbstrauch, der bis 4 m Höhe erreicht, mit eiförmigen oder lanzettlichen, an der Basis kegelförmigen und kurz gestielten, unterseits flaumig behaarten Blättern. Die Blüten sind anfänglich weiß, später dunkelgelb oder orange (70).

Der Anbau wird hier und da von den Eingeborenen betrieben (vgl. u. Westafrika und Ubangi-Schari). Die Faser wird durch Röste aufgeschlossen (1, S. 132). In Eala (Belgisch-Kongo) ergaben 18 kg Stengel nach 11-tägiger Röste 1,420 kg Faser (= 7,88 v. H.); *Urena* bzw. *Hibiscus* lieferten beim gleichen Versuch nur 6,6 v. H. bzw. 1,35—6,24 v. H. Der mittlere Zellulosegehalt beläuft sich in Belgisch-Kongo auf 68,75 v. H. und ließe sich durch rationelle Kultur und Ausarbeitung auf 83 v. H. steigern (70)

Die *Sida*-Faser ist weich, glänzend silbrig und gleichmäßig (1, S. 132; 3, S. 573). Die Aufbereitung spielt dabei eine sehr wesentliche Rolle, ob die Faser hell bis bräunlich, fein bis grob, glänzend bis glanzlos ist (6, S. 191). Sie ähnelt der *Hibiscus*-Faser (29, S. 239). Der Jute-Faser ist sie in Länge und Farbe ähnlich, *Duchesne* (8) und *de Groof* (3, S. 573) räumen ihr eine höhere Qualität als der Jute ein.

Die Eingeborenen stellen aus der *Sida*-Faser in vielen Gegenden Stricke, Angelschnüre u. ä. Seilerwaren her (vgl. u. Einzelgebiete). Vielfach gebraucht man sie auch zur Herstellung von Säcken und Packleinwand, wofür sie sehr brauchbar ist (62, S. 193; 70).

Außer als Gespinstpflanze bringt *Sida* noch anderen Nutzen: die Blätter dienen als Tee, daher heißt sie auch „Teaplant", auf Mauritius „Faux thé" (9, S. 239). In Amerika wird sie als Futterpflanze gebaut. Im Kongogebiet benutzen die Neger alle Teile der Pflanze als Heilmittel gegen Brandwunden und die verschiedensten Krankheiten (70).

Sida rhombifolia wird bisher in Afrika nur in einigen Gegenden von den Eingeborenen kultiviert; Anpflanzungen in europäischer Hand gibt es nicht, es sind nur hier und da Anbauversuche in die Wege geleitet worden.

In Belgisch-Kongo findet man die Pflanze fast überall: bei Kisantu heißt sie „Lumvumvu", im Gebiet von Kassongo „Kafuta", am Tanganyikasee „Kovenru" (8). Kultiviert gibt sie höhere Fasererträge (77, S. 473). Nach Ansicht verschiedener Fachleute verdient ihre systematische Kultur eine Prüfung (70).

In Nyassaland wird *Sida* auch feldmäßig angebaut (2, S. 29).

In Westafrika ist sie in den britischen Besitzungen den Eingeborenen bekannt. Im Überschwemmungsgebiet des oberen Niger im französischen Sudan wird sie nach dem Ablauf des Wassers gepflanzt. Sie erreicht eine Höhe von 128—160 cm, und die Faser dient zur Anfertigung von Angelschnüren und Fischnetzen (1, S. 132).

In Ubangi-Schari wird sie als „guéla" am Rande der Hirsefelder in mehreren Formen angebaut. Die Aussaat erfolgt zu Beginn der Regenzeit, die Ernte 4½—5 Monate später. Die Röste dauert 20 Tage. Die Faser besitzt eine seidige Beschaffenheit und wird zur Herstellung großer Jagdnetze benutzt (1, S. 132; 66).

Neben *S. rhombifolia* sind noch einige andere Arten als Gespinstpflanzen zu nennen:

S. carpinifolia L. ist in den britischen Besitzungen in Westafrika den Negern wohl bekannt. Sie gibt eine brauchbare Faser, die wie die von *S. rhombifolia* genutzt wird. Die Stengel werden zur Herstellung von Besen verwandt, die Blätter gelten als Heilmittel (1, S. 132).

S. cordifolia L. ist im westlichen Sudan zu Beginn dieses Jahrhunderts als Unkraut eingeschleppt worden. In Nord-Nigeria werden aus der Faser

Pferdegurte hergestellt. Die Stengel dienen als Besen, die Blätter als Pferdefutter, aus den Wurzeln wird Pfeilgift gewonnen (1, S. 132).

S. humilis Cav., die niedrig bleibt und nur dünne Stengel besitzt, ist versuchsweise auf Réunion angepflanzt worden (9, S. 239).

Schmuckmalve, Abutilon sp.

Von der ebenfalls zu den *Malvaceen* zählenden Gattung Schmuckmalve *(Abutilon)* ist in erster Linie *A. Theophrasti Medic. (= A. Avicennae Gaertn.)* als Textilpflanze von Wert, die die „China"- oder „Tientsinjute" liefert. In Afrika wird sie nicht angepflanzt, kommt jedoch in Algerien und Ägypten in Baumwollfeldern vor. In Afrika kennt man einige andere Arten als Nutzpflanzen.

A. glaucum (L.) G. Don. (= A. asiaticum Guill. et Perr.) in Nigeria und von Somaliland bis Sofala an Waldrändern und in Buschgehölzen heißt bei den Arabern „umbur"; die Samen dienen als Kaffee-Ersatz (9, S. 2).

A. graveolens W. et A., im tropischen Afrika bis zur Karru. Beide Arten sind niedrige, buschige Kräuter und liefern im Sudan Bastfasern zu Geweben (8, S. 469; 9, S. 2).

A. indicum (L.) Sweet wird in Afrika und Mauritius kultiviert (9, S. 2). In Usambara ist sie als „fjefje" und „mveve" bekannt. Im Rufidjigebiet findet sie sich in großer Menge.

A. intermedium Hochst. (= A. angulatum Mast.), ein 4 m hoher, sperriger Strauch mit dichter, grauer Behaarung, breiten eiherzförmigen, langgestielten Blättern und hell-lila Blüten, wächst von Senegambien und Abessinien bis zum nördlichen Damaraland und bis zu den Sambesifällen. In Rhodesien liefert sie eine „Mukagandape" genannte Faser (4, S. 159).

Kosteletzkya Grantii Garcke

Die der Gattung *Hibiscus* (s. d.) sehr nahestehende *Malvacee Kosteletzkya Grantii Garcke (= K. Chevalieri Hochr.)*, „Saké" der Banda, ein 1,5 m hohes, dicht mit Reizhaaren bedecktes Kraut mit schwach gelappten, eiförmigen Blättern und rosa Blüten, kommt in der Savanne in Abessinien, bei Gondar und Gaffat, in Togo, am oberen Ubangi und im Kongobecken vor.

Im französischen Ubangigebiet, wo sie eine der am meisten ausgebeuteten Faserpflanzen ist, schneidet man die Gerten der Länge nach in Stücke von etwa 60 cm, schabt die Epidermis ab und röstet sie 2—3 Tage. Die Faser ist lang und von schöner Qualität, wird in Ubangi-Schari überall viel gebraucht und gibt gute Stricke (1, S. 131; 81, S. 13).

Kakaomalve, Abroma augusta L. fil.

Die *Sterculiacee Abroma augusta L. fil.*, auch „Kakaomalve" genannt, hat ihre Heimat im tropischen Südasien. Angepflanzt wird sie in Süd- und

Ostasien, ferner auf Mauritius. Neuerdings ist sie in Belgisch-Kongo eingeführt worden.

Botanik. *Abroma* ist ein mehrere Meter hoher Strauch mit großen, wechselständigen, langgestielten, in der Jugend abgerundeten dreieckigen, im Alter gelappten Blättern und hängenden, rotpurpurnen bis braunen Blüten (9, S. 1; 76, S. 65). Stengel, Zweige, Blattstiele und namentlich die Unterseite der Blätter tragen zahlreiche Sternhaare (76, S. 66). Die Frucht ist eine aufrechtstehende, flaumig behaarte, fünfkantige Kapsel, die viele kleine schwarze Samenkörner enthält (74).

Die Bastfaserbündel sind in das Rindenparemchym eingebettet und pyramidenförmig gruppiert (76, S. 66). Die Einzelfaser hat eine mittlere Länge von 2,1 mm und eine mittlere Breite von 16 μ (84, S. 300), sie ist fein, weiß, glänzend und von seidenartigem Aussehen. Die Faserbündel sind lang, geschmeidig und sehr widerstandsfähig (76, S. 67).

Die Kultur der Kakaomalve ist nicht schwierig. Sie verlangt einen frischen, durchlässigen Boden, bei tiefem Grundwasserstand auch künstliche Bewässerung (84, S. 300).

Die Blüte beginnt 100—120 Tage nach der Aussaat. Damit ist die richtige Zeit zum Schnitt gekommen. Im allgemeinen lassen sich jährlich 2 Schnitte vornehmen (76, S. 68). Die geschnittenen Stengel werden entblättert, im Kleinanbau mit der Hand, im Großanbau mit Maschinen (77, S. 480).

Aufbereitung. Die *Abroma*-Faser wird durch Röste aufgeschlossen. Im Kongogebiet hat sich die Flußröste am besten bewährt. Sie währte in einem Versuch 12 Tage (77, S. 480). Nach der Röste läßt sich die Faser leicht mit der Hand abziehen (76, S. 68). Die Faser wird gewaschen und zum Trocknen in die Sonne gehängt. Um eine recht weiße Faser zu erzielen, empfiehlt sich die mehrmalige Wiederholung des Waschens (77, S. 480).

Die Versuche in Belgisch-Kongo im Jahre 1933 hatten folgendes Ergebnis (nach 77, S. 477f.):

Name	Dauer der Röste in Tagen	Fasermenge in v. H. des Stengelertrags	Faserertrag je ha in kg
Abroma augusta . .	14	8,79 v. H.	1814
Triumfetta cordifolia	16	3,68 „	700
Sida rhombifolia . .	14	6,66 „	1120
Hibiscus sp.	14	3,86 „	308
Urena lobata	14	7,89 „	1567

(Faserertrag errechnet von kleinen Flächen, kann also nicht maßgeblich sein)

Von diesen Versuchskulturen konnte nur *Abroma* vollständig und das ganze Jahr hindurch geschnitten werden (20, S. 477). Die Erträge ließen sich durch verbesserte Kulturmethoden noch steigern (77, S. 478).

Die *Abroma*-Faser wird im Handel als „Devils Cotton", „Alta Kamal", „Ulatkamball" usw. bezeichnet (76, S. 67). Sie soll stärker als Sunn-Hanf sein und hat alle Eigenschaften der Jute: Feinheit, Stärke, Geschmeidigkeit (76, S. 70). Von anderer Seite wird sie gröber als Jute und *Urena*-Faser genannt (74). Sie dient zur Herstellung von Seilerwaren, Säcken, Packtüchern (76, S. 70) und zur Papierbereitung (9, S. 1).

Bisher gibt es in Afrika noch keinen Anbau der Kakaomalve. In Eala in Belgisch-Kongo wurde sie 1914 durch Saatgut aus Java eingeführt, sie hat sich dort akklimatisiert und liefert bemerkenswerte Ergebnisse (76, S. 65).

Melochia corchorifolia L. und Verwandte

Melochia corchorifolia L., ebenfalls eine *Sterculiacee*, ist in den altweltlichen Tropen weitverbreitet. In Afrika findet sie sich in der Parksteppe des Sudans, an der Ostküste von Sansibar bis Moçambique und in Nyassaland. Ihr bevorzugter Standpunkt sind die Fluß- und Seeufer. Im Waldgürtel Guineas bis zum Stromgebiet des Bahr-el-Ghasal wird sie durch *M. melissifolia Benth.* vertreten. Auf Mauritius heißt die erste, die als Nutzpflanze den gleichen Zwecken dient, „Besenkraut" („herbe à balai") (1, S. 108). *Melochia* ist ein mehrjähriges Kraut, das bis 1 m Höhe und mehr erreicht und im ersten Jahr seine Blüten entfaltet.

Die Rinde gibt eine bis 60 cm lange, feste, seidenglänzende Faser (8, S. 473), die der von *Urena* und *Triumfetta* ähnelt (1, S. 108).

In Westafrika ist *Melochia* in Reisfeldern gemein und den Eingeborenen in Sierra Leone, Französisch-Sudan, Senegal und Nigeria wohl bekannt. Sie dient ihnen als Bindematerial für Reisgarben, zur Herstellung von Angelschnüren und sonst wie *Hibiscus*-Faser. Die Stengel werden außerdem zur Hausbedachung verwandt (1, S. 108). Auch in Belgisch-Kongo kennt man die Pflanze und hält die Faser für brauchbar (3, S. 573).

Flachs, Linum usitatissimum L.

Flachs oder Lein *(Linum usitatissimum L.)*, ein Vertreter der Leingewächse *(Linaceae)*, ist in Afrika mehr als Ölpflanze denn als Gespinstpflanze verbreitet. Das afrikanische Klima ist im allgemeinen zu trocken für den ein ozeanisches, feucht-gemäßigtes Klima liebenden Faserflachs, mit Ausnahme einiger klimatisch gemäßigter Gebiete. Über die einzelnen Anbaugebiete ist folgendes zu berichten:

Die Flachsfaser wurde schon von den alten Ägyptern für Kleidungsstoffe, Segeltuch, Mumienbinden u. ä. verwandt, während der Lein heute in Nordafrika meist nur als Ölpflanze gezogen wird.

In Ägypten spielt im Gegensatz zu der blühenden Flachskultur des Altertums der Flachs in der Neuzeit neben der Baumwolle eine völlig unbedeutende Rolle. Die Anbauflächen betrugen in den Jahren 1934 bis 1936 2000 ha, 1937 3000 ha, 1938 und 1939 4000 ha (10 c, S. 374; 11). Die ägyptischen Flachsfelder liegen bei Giseh und im benachbarten südlichen Delta sowie im

Fajum. Der Lein wird gleichzeitig zur Faser- und Samengewinnung als Winterfrucht gebaut (73, S. 410).

Die Erntemengen an Faser werden wie folgt angegeben:

1912	32955 dz	1934	1400 t
1922	18400 dz	1937	2000 t
1926	12100 dz	1938	3200 t
1927	5200 dz	1939	3700 t

(73, S. 410; 10 c, S. 374f.)

Bei der Aufbereitung wird die Wasserröste angewandt. Eine Röstanstalt gab es 1927 in Benha („Benha Flax Works"), außerdem in Kairo eine kleine Schwinganstalt (73, S. 411). Die Faser ist nur geringwertig (5). Die kleine Ausfuhr betrug (in t):

1929 . . .	695	1935 . . .	1320	1938 . . .	1250
1933 . . .	346	1936 . . .	410	1939 . . .	1710
1934 . . .	174	1937 . . .	1110		

(abzüglich der gleichzeitigen Einfuhr; bis 1936 einschl. Hanf und Jute, 1937 bis 1939 einschl. Hanf) (7 b, S. 98f.; 10 c, S. 716f.)

Klimatisch am geeignetsten sind für den Faserflachs in Französisch-Marokko die westlichen Gebiete (Chauia, Dukkala, Gharb), die dem Ozean zunächst liegen, wo Hektarerträge von 3800—5000 kg Stroh = 500—650 kg Faser erzielt wurden (78). Im Jahre 1918 begann das Syndikat der französischen Leinenfabrikanten den Faserflachsanbau südlich von Casablanca. Die Versuche waren ermutigend. Die Faser des Ölflachses benutzen die Einheimischen zur Herstellung von Seilen und Bindfäden (73, S. 412). Nach Ansicht von *Miège* (78, S. 453) könnte der Anbau ausgedehnt werden. Zur Zeit ist er recht geringfügig.

Die Ausfuhr ging von 370 t im Jahr 1929 auf 116 t im Jahr 1932 zurück und ruhte von 1933 bis 1936 ganz, 1937 betrug sie wieder 880 t und sank 1938 auf 30 t (10 c, S. 716f.; 7b, S. 161ff.). Die Erzeugung dient besonders dem Landesbedarf (7b, S. 161).

In Algerien wird der Anbau von Faser- und Ölflachs nicht streng auseinandergehalten. Die Einheimischen stellen aus der Faser Garne, grobe Gewebe und Seile her (73, S. 413).

Anbauversuche mit Faserlein setzten in Tunesien mit dem Jahre 1918 ein. Er bedeckte damals 600 ha. 1920 wurde auch eine Röstanstalt errichtet. Der Anbau ist 1924 wieder eingegangen (73, S. 413).

In Kenya wurden die ersten Anbauversuche 1908 unternommen. Zur Förderung des Flachsbaus wurden von Seiten der Regierung verschiedene Maßnahmen getroffen, die den Niedergang des britisch-ostafrikanischen Flachsanbaus aber nicht zu verhindern mochten, obwohl nach *Goulding* (10, S. 17f.) in Kenya Flachs von hoher Qualität geerntet werden kann.

Ausfuhr Kenyas in Tonnen:

1919 . . .	407	1930 . . .	14,2	1934/36 . .	0
1922 . . .	1955,8	1931 . . .	—	1937 . . .	10
1924 . . .	740,5	1932 . . .	—	1938 . . .	0
1926 . . .	128	1933 . . .	11,2	1939 . . .	20
	(10 a, S. 489; 4, S. 412; 89)			(10 c, S. 716f.)	

Im Jahre 1937 hören wir wieder vom Leinbau in Kenya; es wurde eine beträchtliche Fläche mit „Liral crown pedigree flax" bestellt (88).

In Deutsch-Ostafrika wurden vor dem Kriege verschiedene erfolgreiche Anbauversuche gemacht, neuerdings wird bei Dabaga (Iringa) von deutschen Pflanzern Faserflachs kultiviert, ebenso in Angola. In Ruanda-Urundi wurde in der Nachkriegszeit Flachs gebaut und eine Faser zweiter Güte erzielt (6, S. 190).

Das gleiche Ergebnis wie in Ruanda-Urundi hatte der Leinanbau im Ober-Ituri-Bezirk in Belgisch-Kongo (6, S. 190; 83). Im Süden dieser Kolonie wurde im Jahre 1929 auch bei Kapanga (Bezirk Luluaburg) der Anbau versucht, der an sich durchaus möglich sein soll (71).

In der Südafrikanischen Union wurde im Jahre 1925 der Flachsanbau von einem nach Europa zum Studium der Flachskultur entsandten Beauftragten angeregt. Die Versuchsarbeiten zeigten, daß es möglich ist, in Südafrika einen Flachs zu ziehen, der gute Erträge an Leinsaat und Stroh, wenn auch nicht erster Qualität, liefert. Für die Aufbereitung hat sich die Warmwasserröste als am zweckmäßigsten erwiesen (89, S. 220f.). Proben von südafrikanischem Flachsstroh wurden in Europa nur wenig geringer bewertet als belgischer Flachs (Handbook for Farmers in South Africa. Pretoria 1937). Eine Ausdehnung der Kultur hat bisher nicht stattgefunden.

Nach dem Weltkrieg wurden auch auf St. Helena Flachsanbauversuche in Angriff genommen, die zeitweilig eine kleine Ausfuhr zur Folge hatten, so 1918: 528 t Langfaser und 214 t Werg, 1919 516 t Langfaser (4, S. 412).

Die Franzosen versuchten 1918 und 1921 Faserflachsbau auch in Madagaskar, gaben jedoch die Versuche bald wieder auf (4, S. 412).

Über den Anbau von Flachs zur Leinsaatgewinnung s. u. Öl und Fett liefernde Pflanzen.

Pachypodium Rutenbergianum Vatke

Die *Apocynaceae Pachypodium Rutenbergianum Vatke*, von den Eingeborenen „Bontaka" oder „Vontaka" genannt, ist im Norden Madagaskars, namentlich in den trockenen Gegenden um Diego Suarez, sehr gemein. Die Sakalaven stellen aus der Faser Stricke her, doch scheint die Nutzung bisher recht gering geblieben zu sein.

Im „Laboratoire des Productions coloniales" wurde eine nach Frankreich gesandte Faserprobe auf ihre Eigenschaften und Nutzungsmöglichkeiten untersucht. Die Faser ist weiß, steif und wie mit Gummi eingelegt. Die Stengel sind stark verzweigt, die gewonnenen Fasern bilden ein sehr zusammengeleimtes Geflecht, das so verwickelt ist, daß beim Kämmen nur kurze Fasern gewonnen werden. Die Entleimung ist ähnlich schwierig wie bei der Ramie. Für die Textilindustrie ist die Faser nach den bisherigen Untersuchungen ohne Bedeutung (72).

Nesselgewächse, Urticaceae

Eine Reihe Nesselgewächse *(Urticaceae)* dienen in Afrika hier und da als Gespinstpflanzen, und zwar gehören sie zu den Gattungen *Urtica*, *Urera*, *Fleurya*, *Pouzolzia* und *Parietaria*.

Abessinische Brennessel, Urtica simensis Hochst

Die abessinische Brennessel, wahrscheinlich *Urtica simensis Hochst.* oder eine nahe Verwandte, die mit der großen Brennessel *(U. dioica L.)* eng verwandt ist, wächst in einigen Gegenden des nördlichen Abessiniens wild und findet sich neben der kleinen Brennessel in den höchstgelegenen Dörfern (über 3500 m ü. M.). Sie erreicht 2 m Höhe und bleibt ohne seitliche Verzweigungen. Ihre Blätter sind herzförmig, doppelt gesägt, manchmal von der Größe eines großen Feigenblattes, in trockenem Zustande fallen sie von dem behaarten, 3—4 cm dicken Stengel ab. Die Pflanze besitzt zwei Arten Haare, die kleineren sind Brennhaare.

U. simensis wächst in Gegenden mit mildem Klima und bevorzugt feuchten Boden. Ihr Anbau wäre in Italien und allen italienischen Kolonien möglich, wo diese Bedingungen erfüllt sind und der Winter nicht allzu kalt ist (90; 91).

Urera obovata

Der Bast von *U. obovata var. Quintasii Benth.*, die in Kamerun und auf der Insel Principe gefunden wird, dient zur Herstellung von Fischschlingen (1, S. 287).

Fleurya

Fleurya aestuans Gaud. var. Linnaeana Wedd. ist auf São Thomé von 50 bis 1000 m ü. M. häufig und wird von den Portugiesen „ortiga“ genannt. Sie liefert eine ramieähnliche Faser, die wie die Flachsfaser aufgeschlossen und zur Herstellung von Angelschnüren und Netzen benutzt wird (8, S. 457; 9, S. 124; 79).

In Kamerun wird die von den Bamenda „kuisisi“ genannte *Fleurya funigera Mildbr.* in der Seilerei genutzt (1, S. 287).

Pouzolzia hypoleuca Wedd.

Pouzolzia hypoleuca Wedd. liefert nach *Wiesner* (8, S. 458) im tropischen Afrika eine Bastfaser für Stricke.

Parietaria debilis G. Forst.

Die Bastfaser von *Parietaria debilis G. Forst.* soll in Portugal, Ostindien, Angola und Australien als Spinnfaser genutzt werden (8, S. 458).

Manniophyton africanum Müll. Agr.

Manniophyton africanum Müll. Agr. gehört zu den *Euphorbiaceen* und findet sich von Südnigeria bis zum Kongobecken und ostwärts bis ins Land der Nyamnyam im Uëllegebiet. Sie ist ein kletternder, rankender Strauch, mit rost- bis fuchsroten Sternhaaren besetzt, mit 20—25 m langen Zweigen und ebenso langen Seitenzweigen, breiten, eiförmigen oder drei- bis fünflappigen, wechselständigen Blättern und kleinen, gelblichweißen, in Rispen stehenden Blüten (74, S. 119). Es lassen sich vier Varietäten unterscheiden.

Die 22 mm dicke Rinde enthält die verwertbare Faser. Zu ihrer Gewinnung benutzt man die einjährigen Triebe, die man in Stücke von 1 m Länge schneidet (74, S. 119). Zur Aufschließung wird in Belgisch-Kongo die Röste angewandt (3, S. 573). Die Entfaserung mit der Hand, wie sie die Eingeborenen ausüben, ist primitiv und zeitraubend (6, S. 192). Maschinell ist die *Manniophyton*-Faser bisher noch nicht aufbereitet worden; die Europäer haben sich nicht dafür interessiert (6, S. 192). Untersuchungen im Imperial Institute in London haben ihren Wert für Europa nicht bewiesen (1, S. 154). Die Faser ist grau, fest wie Hanf, geschmeidig und seidig, lang und ziemlich fein (3, S. 573; 74, S. 119; 81, S. 14). Sie läßt sich leicht bleichen und färben (74, S. 119).

In Belgisch-Kongo wächst *Manniophyton africanum*, die hier „lacossa“ „nkossa“ und „losa“ heißt, an den Ufern der Flußläufe in großen Mengen (6, S. 195). Die Faser dient zur Herstellung von Tauen und Stricken sowie von Leinen und Netzen für Jagd und Fischfang (1, S. 154; 3, S. 573; 6, S. 192). *Roß* (6, S. 192) nennt sie eine der interessantesten Fasern der Kongokolonie.

In Ober-Ubangi wird die Faser der von den Banda Danambi, Dama-Embi, Akya und Heu genannten Liane ähnlich wie im Kongo für viele Zwecke gebraucht (81, S. 14).

In Sierra Leone werden die entrindeten Stengel gespalten und große Marktkörbe, die auch als Durchschlagsiebe für Palmöl brauchbar sind, daraus angefertigt (1, S. 154).

Auch im südlichen Nigeria und in Liberia ist die Pflanze den Eingeborenen bekannt (1, S. 154).

Ebenso wie *M. africanum* wird die gleichfalls westafrikanische *M. fulvum Müll. Agr.* von den Eingeborenen genutzt (8, S. 464).

Securidaca longepedunculata Fres.

Die *Polygalacee Securidaca longepedunculata Fres.* ist ein Bäumchen oder Baum von 0,40 bis 6 m, ja sogar 10 m Höhe, mit lichter Krone, schmalen, länglichen, halbfingerlangen, lederartigen Blättern und Trauben kleiner, wohlriechender, rosa Blüten und runzeligen, einseitig beflügelten Früchten. Alljährlich treibt sie dünne Zweige mit glatter, bleichgrüner Rinde (67; 38, S. 539).

Sie wächst in Trockenwäldern, Baum- und Parksteppen, auch gern an Fluß- und Seeufern von Abessinien bis zur Delagoa-Bai und bis zum nördlichen Hereroland, westwärts bis Senegambien, besonders häufig vom Ubangi und Schari bis zum Senegal (67). In Südafrika heißt sie wegen ihres prächtigen Aussehens zur Blütezeit „Violet Tree", „Rhodes violet", „Wild Wistaria" (1, S. 28).

In Ober-Ubangi schneidet man die jungen Triebe in Gerten von 40 cm Länge. Die Epidermis wird abgeschabt, die sehr feinen Fasern mit dem Messer abgezogen und zu feinen Fäden gedreht (25, S. 13), aus denen besonders Fischnetze hergestellt werden. Die Faser soll sehr widerstandsfähig sein und sich im Wasser daher nur sehr langsam zersetzen (68). Im Schari-Gebiet schneidet man die jungen Zweige, sobald sie Gänsekieldicke erreicht haben.

Die Faser, die *Dantzer* und *Roehrich* aus Ubangi-Schari erhielten, beschreiben diese beiden Autoren als straff und grob, gelblich und meist kurz, nur 35—50 cm lang. Beim Kämmen zeigte sie sich sehr biegsam. Die Reißlänge beträgt 40 km, die Reißfestigkeit je qmm 72 kg, letztere entspricht damit der eines guten Flachses (68). Die Untersuchungen zeigten — nach dem Urteil *Dantzers* und *Roehrichs* —, daß die Faser eine größere Zukunftsbedeutung hat, als man zunächst glaubte. Die *Securidaca*-Faser könnte als Ersatz für Flachs in der Industrie Verwendung finden, und zwar bis Garnnummer 25 in der Trocken- und Nr. 40 in der Naß-Spinnerei (68).

Bisher werden nur Wildbestände ausgebeutet. Im allgemeinen wird die Faser mehr östlich als westlich der französischen Ubangi-Schari-Kolonie genutzt (1, S. 28). Gelegentlich kommt die Faser als „Buaza"-Faser (ein ostafrikanischer Name) in den Handel. *Chevalier* (67) glaubt, bei günstigen Verkehrsverhältnissen sei eine Ausbeutung der Wildbestände oder eine Kultur möglich; die jungen Zweige müßten dann alljährlich — wie bei der Korbweide — geschnitten werden (67).

Über die Nutzung als Ölpflanze vgl. unter Öl und Fett liefernde Pflanzen.

Polygala butyracea Heck.

Polygala butyracea Heck. aus der Familie der *Polygalaceen* ist ein bis 1 m hohes Kraut mit schmallanzettlichen Blättern und endständiger, lockerer, rahmweißer Blütentraube. Sie ist im tropischen Westafrika weitverbreitet, wildwachsend aber bisher noch nicht gefunden worden (1, S. 26). *Chevalier* hält sie daher für ein Relikt einer alten Eingeborenenkultur. Sie kommt von Senegambien, Französisch-Guinea und Sierra Leone bis Tibati in Nordkamerun vor. Angebaut findet sie sich z. B. bei Kabba in Nordnigeria, bei einigen Stämmen am Benuë und bei den Chamba in Nordnigeria an der Grenze Kameruns. In Kabba wird die Faser durch Röste aufgeschlossen und zur Anfertigung von Kleidungsstücken, Netzen usw. verwandt (1, S. 26). Aus dem Gebiet von Munschi wird die Faser zu den Jukun am Benuë ausgeführt, die aus ihr Angelschnüre, Netze, Gewehrhüllen usw. herstellen. An Güte und Wert gleicht die *Polygala*-Faser ungefähr dem Sunn-Hanf (1, S. 27). In Dahome und Togo ist *Polygala butyracea* wohlbekannt, in Sierra Leone sowie im angrenzenden Französisch-Guinea und Portugiesisch-Guinea wird sie angebaut (1, S. 26). In Togo, wo sie „toso" heißt, fertigt man aus der Faser Schnüre und Netze an (8, S. 463).

Schwalbenwurzgewächse, Asclepiadaceae

Leptadenia Spartium Wight, in Mauretanien „Titarick" genannt, findet sich in Indien, Arabien und Nordafrika, von Ägypten bis Mauretanien und Senegambien, auch in Nordnigeria und dem westlichen Sudan (1, S. 388; 75). In Mauretanien ist sie ziemlich gemein und besonders in der Gegend von Trarza häufig.

Sie ist ein stark verzweigter Strauch mit langen und dünnen, fast blattlosen, aufrecht stehenden oder windenden Ästen. Die Rinde enthält eine ziemlich lange und geschmeidige Faser. Die Samenkörner tragen lange, weiße, schimmernde Haare, die aber nur geringe Festigkeit besitzen.

Die Bastfaser scheint eine Widerstandsfähigkeit zu besitzen, die um ein Drittel geringer als die der Flachsfaser ist. Geschmeidigkeit, Widerstandsfähigkeit, Faserlänge und -durchmesser sind hinreichend, die Faser in der Textilindustrie verwendbar zu machen, besonders in Mischung mit Flachs oder Baumwolle. Jedoch sind vor einer endgültigen Entscheidung dieser Frage noch Versuche in größerem Maßstabe notwendig. Nach Ansicht *Larivières* kann die Pflanze nur eine Zukunft als Gespinstpflanze haben, wenn die Frage der Entfaserung und Entleimung gelöst ist (75).

Sie gilt übrigens auch als eine gute Futterpflanze, namentlich für Kamele (1, S. 388; 9, S. 164).

Die Gattung Calotropis umfaßt hohe Stauden, Sträucher oder kleine Bäume von Nordostafrika bis zu den Molukken.

C. gigantea R. Br., Oscherstrauch, Somapflanze (Ägypten bis Molukken) liefert in ihren Samenhaaren Polstermaterial, das als „Akon" oder „Widoeri" aus Ostindien in den Handel gelangt und zum Kissenpolstern und zur Herstellung von Watte und künstlichen Blumen dient (8, S. 520). Gewebe aus Akonfasern sind nicht fest und widerstandsfähig genug (8, S. 520) (Bastfaser vgl. u.).

C. procera R. Br., Sodomsapfel, findet sich von Senegambien bis Hinterindien. Nach den Untersuchungen von *Heim de Balsac* und *Roehrich* besitzt das Samenhaar nur geringen Wert für die Industrie; als Stopfmaterial steht es Kapok nach, der Spinnerei bietet es keinen Ersatz für Baumwolle (92). Es ist hygroskopischer als Kapok und nicht so schwimmfähig (1, S. 385).

Auch *Ferrara* kommt auf Grund einer Untersuchung italienisch-afrikanischen Materials zu ähnlichen ungünstigen Ergebnissen, so daß sich die Kultur der Pflanze nicht empfiehlt (82). In Deutsch-Ostafrika wurden im Jahre 1911 mit dieser Art Anbauversuche gemacht (8, S. 520). Von den Kapverdischen Inseln werden — oder wurden jedenfalls im Jahre 1900 — kleine Mengen Seide von *C. procera* unter dem Namen „Cã de Bombardeira" in den Handel gebracht (80, S. 145).

Calotropis gigantea R. Br. und *C. procera R. Br.* liefern in Indien eine feine Bastfaser „Yerkum", deren Aufschließung jedoch Schwierigkeiten macht (8, S. 477f.; 9, S. 51). Im Sudan heißt der Bast „Uschar" - Faser. In Nordnigeria wird er durch dreitägiges Einweichen und Abtrennen mit der Hand aufgeschlossen. Er gibt eine feste Faser für Pferdestricke und Fischereigeräte (1, S. 385). Aus Uganda erhielt das Imperial Institute in den letzten Vorweltkriegsjahren wiederholt Faserproben zugesandt, die recht günstig beurteilt werden (86, S. 451f.). In Deutsch-Ostafrika wurden mit *C. gigantea* vor dem Weltkriege Anbauversuche gemacht.

Die Gattung *Asclepias*, Seidenpflanze, umfaßt meist in Amerika beheimatete, ausdauernde, am Grunde verholzende Stauden.

A. syriaca L. stammt aus Nordamerika und wird vielfach in Gärten kultiviert. Die Samenhaare der Balgkapseln sind zum Verspinnen ungeeignet, da sie zu spröde sind (86, S. 518; 87, S. 456). Das gleiche gilt von denen von *A. volubilis L.* und *curassavica L.* (9, S. 34). Bei einer Versuchskultur mit *A. syriaca* gab $^1/_{20}$ acre (= 202 qm) 280 lbs (= 127 kg) Seide (86, S. 456).

A. semilunata N. E. Br. liefert in Uganda Bastfaser und Pflanzenseide (1, S. 383). Das Imperial Institute in London erhielt im Jahre 1908 Material zugesandt, das der Seide von *Gomphocarpus fruticosus R. Br.* (s. d.) überlegen war.

Samenhaar und Bast erhielt das oben genannte Institut auch von *A. glaucophylla Schlechter* aus Salisbury in Südrhodesien. Die Seide war cremefarbig, gerade, sehr glänzend, $^3/_4$—1 engl. Zoll lang und als Kapok-Ersatz brauchbar (86, S. 442f.). Die Bastfaser ist der von *Calotropis* ziemlich ähnlich (86, S. 447).

Gomphocarpus fruticosus R. Br. (= *Asclepias fruticosa*) ist im mittleren und südlichen Afrika, aber auch in anderen wärmeren Ländern des Erdballes weitverbreitet, z. B. ist sie in der Umgebung von Pretoria und Johannesburg gemein, wo sie auf burisch „Melkbosch" (86, S. 442; 8, S. 479) heißt. Aus den Stengeln läßt sich eine Bastfaser gewinnen, die nach dem Urteil des Imperial Institute feiner als die von *Asclepias semilunata* ist und sich zu einem flachs- oder ramieähnlichen Garn verspinnen läßt (86, S. 444ff.).

Gomphocarpus physocarpus E. Meyer, „Buluba", in Natal „quomotanetu", in Abessinien, Deutsch-Ostafrika, Natal, Angola und Belgisch-Kongo gibt eine feste Bastfaser für Fischleinen (8, S. 479; 9, S. 126). In Abessinien, Deutsch-

Ostafrika und Angola werden die Samenhaare als Stopfmaterial gesammelt (8, S. 479).

Cryptostegia madagascariensis Boj. auf Madagaskar liefert Fasern für feine Schnüre, Stricke und Netze (8, S. 478; 9, S. 93).

Periploca aphylla Decne liefert in Indien, Arabien und Nubien eine Bastfaser zur Herstellung von Brunnenseilen und Stricken (8, S. 479).

Gymnema silvestre R. Br. liefert in Westafrika, Indonesien und Australien nach *Wiesner* (8, S. 478) eine Bastfaser.

Daemia cordifolia (Retz) K. Schum. (= D. extensa R. Br.) findet sich in Indien, Afghanistan und von Senegambien bis Südwestafrika (8, S. 478).

Cryptolepis oblongifolia Schlchtr. ist in Rhodesien und *Chlorocodon Whitei Hook. f.* ist in Ostafrika heimisch (8, S. 479).

Apocynaceen

Strophantus (s. u. Drogen- und Heilpflanzen) gibt am Senegal vegetabilische Seide, die kräftiger als die von *Asclepias* und *Calotropis* ist und eine rötlichgelbe Färbung besitzt. Die Samenhaare sind durch einen fadenförmigen Träger am Samen befestigt. Die Abtrennung der Haare vom Samen ist schwieriger als bei *Asclepias* (8, S. 520). Das von *Schilling* untersuchte Samenhaar der afrikanischen *S. Emini Aschers et Pax, S. gratus Wall. et Hook.* und *S. hispidus D.C.* war infolge seiner Brüchigkeit nicht brauchbar (8, S. 521).

Das Samenhaar des Lagos- oder Irehkautschukbaumes *Funtumia elastica Stapf. (= Kickxia elastica)* (vgl. u. Kautschuk) soll zum Verspinnen besser geeignet sein als Kapok. Doch glaubt *Wiesner* (8, S. 477), es sei nur als Polstermaterial zu gebrauchen. Örtlich wird es zum Ausstopfen von Kissen benutzt (1, S. 372).

Ipomoea

Die *Convolvulacee Ipomoea albivenia Sweet* in Südafrika liefert in ihren Samenfasern „Kafir cotton“ oder „Natal cotton“, die für Polsterzwecke brauchbar ist (8, S. 479). Eine Faserprobe von *I. prismatosiphon Welw.* erhielt das Kolonial-Wirtschaftliche Komitee Berlin aus Angola zugesandt. Die Pflanze wächst aufrecht, nicht windend und ähnelt im Habitus unserer Gartenmalve. Die Faser ist nach dem Gutachten der Kolonial-Kapok-Werke für die Industrie wertlos (87).

Schrifttum

Bastfasern

a) Allgemeines.

1. Dalziel, J. M., The useful plants of west tropical Africa. London 1937.
2. Goulding, E., The development of bast and leaf fibre cultivation in the British Empire. Bull. of the Imp. Inst. Jhg. 25 (1927), S. 14—31 u. S. 131—144.
3. Groof, G. de, La culture et l'exploitation des plantes à filasse dans la province de Léopoldville. Bull. Agric. du Congo Belge Jhg. 27 (1936), S. 548—77.

4. Koenig, P., Die Weltwirtschaft und Landwirtschaft der Hartfasern und anderer Fasern. Technologie der Textilfasern, 5. Bd., II. Teil. Berlin 1927.
5. Nagy, I. E., Die Landwirtschaft im heutigen Ägypten und ihre Entwicklungsmöglichkeiten. Wien 1936.
6. Ross, J. H. H., Faserpflanzen in Belgisch-Kongo. Faserforschung Jhg. 7 (1929), S. 189.
7. Schoen, L., Rohstoffkammern der Weltwirtschaft. 1. Bd. Afrika. a) Berlin 1937. b) 2. erg. Aufl. Berlin 1939.
8. Weese, J. und Zeisel, S., Fasern und Baste. In: J. v. Wiesner, Rohstoffe des Pflanzenreiches, 1. Band. Leipzig 1927.
9. Winkler, H., Botanisches Hilfsbuch für Pflanzer, Tropenkaufleute und Forschungsreisende. Wismar 1912.
10. ..., Annuaire internat. de Statistique agricole a) 1933/34. Rom 1934, b) 1935/36 und 1936/37. Rom 1937, c) 1939/40. Rom 1940.
11. ..., Statistique agricole et commerciale. Rev. Intern. d'Agric. Jhg. 29 (1938), S. 825—912.

b) Gambohanf und Rosella.

12. Chevalier, A., Une plante à fibres peu connue: „l'Hibiscus sterculiifolius". Rev. de Bot. Appl. et d'Agric. Trop. Jhg. 11 (1931), S. 36—37.
13. Ettling, C., Die Rosella-Pflanze (Hibiscus sabdariffa), ihr Anbau und ihre Verwertung. Tropenpflanzer Jhg. 29 (1926), S. 2—23.
14. Horst, W. A., Studien über den Gambohanf. Faserforschung Jhg. 4 (1924), S. 61—124.
15. Langer, A., Rosella, Hibiscus sabdariffa Perrott. Tropenpflanzer Jhg. 30 (1927), S. 183—91.
16. Michotte, F., Les Hibiscus (Ketmie). Culture et exploitation. Société de propaganda coloniale. Bull. Nr. 3—6. Paris 1928.
17. Monelli, W., La coltivazione del Karkade in Eritrea. L'Agric. Colon. Jhg. 30 (1936), S. 257—58.
18. Pieraerts, J., L'Hibiscus Manihot L. Agric. et Elevage au Congo Belge. Jhg. 2 (1928), S. 100—01.
19. Prat, M. de, Une nouvelle plante textile coloniale: Le Chanvre de Rosella. Rev. Intern. des Prod. Col. Jhg. 10 (1935), S. 153—56.
20. Prat, M. de, Une nouvelle plante textile coloniale: Le Chanvre de Rosella. Rev. Intern. des Prod. Col. Jhg. 12 (1937), S. 107—10.
21. Ross, J. H. H., Zur Frage des Jute-Ersatzes. Faserforschung Jhg. 10 (1932), S. 262—67.
22. Saunion, E. E., Sur une fibre nouvelle de la Guinée Française (Hibiscus quinquelobus). L'Agron. Colon. Jhg. 17 (1928), S. 103—06.
23. Tobler, F., Afrikanische Jute. Faserforschung Jhg. 3 (1923), S. 65—68.
24. ..., Le „Da" ou „chanvre de Guinée" (Hibiscus cannabinus). Bull. de l'Agence Gén. des Col. Jhg. 20 (1927), S. 95.
25. ..., Hibiscus sterculiifolius Steudel, Abroma augusta L. fil., Honckenya ficifolia Willd., drei Faserpflanzen in Westafrika. Tropenpflanzer Jhg. 38 (1935), S. 300.
26. ..., Roselle fibre. Bull. of the Imp. Inst. Jhg. 35 (1937), S. 465—66.
27. ..., Das Samenöl von Hibiscus cannabinus. Tropenpflanzer Jhg. 33 (1930), S. 24.

c) Paka oder Makole.

28. A. C., La culture de l'Urena lobata à Madagascar. Rev. de Bot. Appl. et d'Agric. Trop. Jhg. 7 (1927), S. 277 bis 278.
29. Bonnet, J., Essais de culture d'Urena lobata à l'Equateur. Annales de Gembloux Jhg. 42 (1936), S. 158—62; Agric. et Elevage au Congo Belge Jhg. 10 (1936), S. 115—16.
30. Delpon, Le Paka. Agric. et Elevage au Congo Belge Jhg. 3 (1929), S. 237—38, S. 141—43.
31. Marcus, A., Über Makole, eine wenig bekannte Faserpflanze im Kongo. Tropenpflanzer Jhg. 36 (1933), S. 348, S. 498.
32. Marcus, A., Urena lobata. Tropenpflanzer Jhg. 40 (1937), S. 35.
33. Wirion, E., Préparation des fibres d'Urena lobata var. reticulata. Bull. Agric. du Congo Belge Jhg. 19 (1928), S. 605—06.
34. ..., Fasern und Fasergewinnung von Urena lobata (Paka). Tropenpflanzer Jhg. 33 (1930), S. 296—99.
35. ..., Le jute du Congo. Bull. de l'Off. Col. du Min. Col. Jhg. 26 (1937), S. 227—28.
36. ..., Note sur le „Paka" de Madagascar (Urena Lobata). Le planteur de l'Ile de la Réunion. Rev. Agr. 1932, S. 33—39.
37. ..., Une plante textile peu connue au Congo Makole. Agric. et Elevage au Congo Belge Jhg. 6 (1932), S. 198—99.
38. ..., La production du paca à Madagascar. Production Coloniale des Matières Coloniaux Heft 168 (1938), S. 59—60.
39. ..., Röstversuche mit Urena lobata. Tropenpflanzer Jhg. 33 (1930), S. 382.

d) Sunn-Hanf und Verwandte.

40. Marchand, M., La culture du Crotalaria juncea en Afrique occidentale française. Bull. Mens. d'Agric. Econom. de l'Afrique Occ. Française Jhg. 9 (1928), S. 317.
41. Marchand, M., Une nouvelle utilisation du Crotalaria juncea en Afrique occidentale française. Bull. Mens. de l'Agence Econom. de l'Afrique Occid. Française Jhg. 10 (1929), S. 177—79.
42. Ross, J. H. H., Die Faserpflanzen aus der Gattung Crotalaria. Faserforschung Jhg. 9 (1929), S. 36.
43. ..., Anbauversuche und Verarbeitung von Sunnhanf (Crotalaria juncea) in Französisch-Westafrika. Tropenpflanzer Jhg. 31 (1928), S. 488.

44. ..., Indian (Sunn or sann) hemp. Its production and utilisation. Memorandum prepared by the Imperial Institute. London 1930.
45. ..., Sun hemp from Africa. Bull. of the Imp. Inst. Jhg. 35 (1937), S. 419—24.
46. ..., Sun hemp from Uganda. Bull. of the Imp. Inst. Jhg. 31 (1933), S. 139—49.
47. ..., Vergleichende Untersuchungen und Versuche mit afrikanischem Sisal, Neuseelandhanf und indischem (Sunn) Hanf im Imperial Institute London. Tropenpflanzer Jhg. 34 (1931), S. 214.

e) Ramie.

48. Ancey, Les plantes textiles en Algérie. La Prod. Colon. et les Matières Colon. Nr. 100 (1932), S. 137.
49. Calcat, A., La Ramie en Afrique du Nord. Rev. Intern. des Prod. Colon. Jhg. 5 (1930), S. 70.
50. Chevalier, A. und Dagron, M., Le problème de la culture de la Ramie dans les Colonies françaises. Rev. de Bot. Appl. et d'Agric. Tropic. Jhg. 7 (1927), S. 161—70, S. 255—62.
51. Dewey, L. H., Ramie a fibre yielding plant. United States Dept. of Agric. Miscell. Circ. No. 110. Washington 1929.
52. Grunwald, H., Ramie, Kultur und Verarbeitung. Tropenpflanzer Jhg. 30 (1927), S. 315—27.
53. Hautefeulle, Z., A propos de la ramie. Production Colon. et Matér. Coloniaux 103 (1932), S. 177.
54. Kempski, K. E., Die Ramiekultur. Die Tropenreihe, Nr. 35, S. 110. Hamburg 1931.
55. Kempski, K. E., Aus der Praxis der Ramiekultur. Faserforschung Jhg. 9 (1931), S. 77.
56. Michotte, F., Traité scientifique et industriel des plantes textiles. La Ramie. Paris 1925.
57. Miège, E., La culture de la Ramie en Afrique du Nord. Rev. de Bot. Appl. et d'Agric. Trop. Jhg. 17 (1937), S. 325—42.
58. Tobler, F., Das Ramieproblem. Faserforschung Jhg. 9 (1931), S. 156—60.
59. ..., Ramie, Rhea fibre or China grass (Boehmeria nivea). East Afr. Agric. Journal Jhg. 2 (1936), S. 74—76.

f) Jute.

60. Blessmann, K., Die Jute in der Weltwirtschaft unter besonderer Berücksichtigung der deutschen Verhältnisse. Diss. Köln 1936.
61. Bonsack, Fr., Der Anbau der Jute. Faserforschung Jhg. 7 (1929), S. 133.
62. Bonsack, Fr., Die Versorgung der Welt mit Jute. Bücherei der Faserforschung, 4. Bd., Leipzig 1929.
63. Gutsche, E., Die Anbauversuche der Jute. Diss. Berlin 1934.
64. Nonnenmacher, E., Die Jute. In: Technologie der Textilfasern, 5. Bd., III. Teil. Berlin 1930.
65. Tobler, F., Die Sackstofferzeugung, ein kolonialwirtschaftliches Problem. Koloniale Rundschau Jhg. 27 (1936), S. 37—42.

g) Sonstige Bastfaserpflanzen.

66. Baudon, A., Les fibres de Guéla (Sida rhombifolia L.). Rev. de Bot. Appl. et d'Agric. Tropic. Jhg. 2 (1922), S. 167.
67. Chevalier, A., Une plante à fibres textiles du Soudan: le Securidaca longepedunculata. Rev. de Bot. Appl. et d'Agric. Trop. Jhg. 13 (1933), S. 427—28. Ref.: Tropenpflanzer Jhg. 36 (1933), S. 538—39.
68. Dantzer, J. und Roehrich, O., Etude de la filasse de Pallé de l'Oubangi-Chari (Securidaca longepedunculata Fres.). L'Agronomie Colon. Jhg. 23 (1934), S. 110—13.
69. Drogue, Le fibre de pounga. Les Produits Colon. et le Matérial Colonial, 1936, S. 85—88.
70. Duchesne, Fl., Une fibre intéressante au Congo Belge (Le Sida rhombifolia L.). Agric. et Elevage au Congo Belge Jhg. 4 (1929), S. 184.
71. Foulon, G., Expérience de culture du lin. Bull. Agric. du Congo Belge Jhg. 20 (1930), S. 605.
72. Heim de Balsac, F., La fibre de Bontaka de Madagascar (Pachypodium Rutenbergianum Vatke). Bull. de l'Agence Génér. des Col. 1930, S. 600—16.
73. Koenig, P., Die Weltwirtschaft der Flachsfaser. In: Technologie der Textilfasern, 5. Band, I. Teil. Berlin 1928.
74. L. R., Culture des succédanés du Jute au Congo Belge. L'Agronomie Colon. Jhg. 25 (1936), S. 118—19.
75. Larivière, L., Etude de la fibre du titarick de Mauritanie. Inst. Col. du Havre, Bull. Mens. Jhg. 10 (1938), S. 8—10.
76. Lejeune, J., Contribution à l'étude des plantes à fibres des Pays Chauds, L'Abroma Augusta L. L'Agron. Colon. Jhg. 20 (1931), S. 65—70.
77. Lejeune, J., Contribution à l'étude des plantes textiles cultivées au Congo Belge. Bull. Agric. du Congo Belge Jhg. 24 (1933), S. 478—80.
78. Miège, E., Culture du lin au Maroc. Rev. de Bot. Appl. et d'Agric. Trop. Jhg. 17 (1937), S. 450—53.
79. Moller-Coimbra, Ad. F., Fleurya aestuans als Faserpflanze. Tropenpflanzer Jhg. 3 (1899), S. 128.
80. Moller-Coimbra, Ad. F., Der Kapokbaum in Portugiesisch-Westafrika. Tropenpflanzer Jhg. 4 (1900), S. 144 bis 145.
81. Tisserant, R. P. Ch., Plantes à filasse employés par les Bandas du Haut-Oubangi. Rev. de Bot. Appl. et d'Agric. Tróp. Jhg. 10 (1930), S. 10—15.
82. Tobler, Fr., Calotropis (Akon) als Textilpflanze. Faserforschung Jhg. 6 (1927), S. 40.
83. Tobler, Fr., Faserpflanzen aus Belgisch-Kongo. Faserforschung Jhg. 9 (1931), S. 135.
84. ..., Abroma augusta L. fil., Honckenya ficifolia Willd. und Hibiscus sterculiifolius Steudel, drei Faserpflanzen in Westafrika. Tropenpflanzer Jhg. 38 (1935), S. 300.

85. ..., Ein Ersatz für Jute aus Kamerun. Tropenpflanzer Jhg. 38 (1935), S. 75.
86. ..., Fibres of Asclepias spp. Bull. of the Imp. Inst. Jhg. 29 (1931), S. 441—58.
87. ..., Gutachten über zwei Pflanzenseiden. Tropenpflanzer Jhg. 31 (1928), S. 370—71.
88. ..., Pedigree flax in Kenya. East Africain Agric. Journ. Jhg. 3 (1937), S. 91.
89. ..., Recent progress in agriculture and the development of natural resources. Bull. of the Imp. Inst. Jhg. 23 (1925), S. 219—22.
90. ..., Richerche su di un'urticacea Etiopica spontanea da fibra. L'Agric. Colon. Jhg. 37 (1937), S. 296—97.
91. ..., Untersuchungen über ein wildwachsendes Nesselgewächs in Äthiopien. Faserforschung Jhg. 13 (1938), S. 55f.
92. ..., Verwendung der Samenhaare von Calotropis. Tropenpflanzer Jhg. 31 (1928), S. 370.

C. BLATT- UND SCHEINSTAMMFASERN

1. *Sisal, Agave sp.*

Unter den Bezeichnungen Sisal, Henequen, Maguey, Ixtle, Zapupe usw. versteht man im Handel die Fasern mehrerer Agaven-Arten, von denen folgende Bedeutung haben:

Agave sisalana Perr. (= A. rigida sisalana), „grüner Sisal", (in Yucatan: Yaxci), deren Faser den eigentlichen Sisalhanf des Handels liefert (s. Abb. 7 und 8).

A. fourcroydes Lem. (= A. rigida elongata), Henequen oder „weißer Sisal" (in Yucatan: Sacci).

A. cantala Roxb., die Kantala-Agave oder Manila Maguey (über die botanischen Benennungen vgl. *Tobler*, 50).

A. amansiensis Trelease et Nowell, der „blaue Sisal". Unter diesem Namen beschreibt *Nowell* (42) eine beim Biologisch-Landwirtschaftlichen Institut Amani vorgefundene neue Form. Sie fand sich unter den als *A. Lespinassei* kultivierten Pflanzen, die Prof. *K. Braun* schon seit 1909 in Amani aus Pflanzenmaterial züchtete, das der Botanische Garten in Berlin-Dahlem geliefert hatte. Sie zeichnet sich durch schnelleres Wachstum vor *A. sisalana* aus (48). Die Zahl der Blätter ist zwar geringer als bei *A. sisalana*, die Blätter sind aber größer und schwerer; mit 100—140 cm Blattlänge und 120—170 cm Faserlänge übertreffen sie die von *A. sisalana*. Der blaue Sisal scheint also ertragreicher zu sein. Die Zahl der Fasern je Blatt ist größer, sie sind feiner als die von *A. sisalana*, und die Verhältniszahl der feineren Fasern ist höher. Da auch die Zahl der peripheren mechanischen Fasern größer ist, ist die Dehnungsfestigkeit höher: Die Faser ist fester als Java-Sisal, variiert aber stärker in der Länge. Über Wert und Bedeutung des blauen Sisals urteilt *Lock* (33) abschließend: „Blauer Sisal ist eine der besten Hartfasern. Dem Wert nach übertrifft sie afrikanischen Sisal Nr. 1 und Java/A." Kritik wird noch an der Ungleichmäßigkeit der Faser geübt. Die Ansicht der Spinner geht dahin, daß blauer Sisal bei sorgsamer Behandlung in der Aufbereitungsanstalt und, wenn Gleichmäßigkeit der Qualität erreicht wird, dem besten javanischen Erzeugnis gleich oder überlegen ist (33).

Im folgenden seien einige vergleichende Angaben über Fasereigenschaften der verschiedenen Agaven-Arten gemacht (nach *Lock*, 33):

	Feuchtigkeitsgehalt	Grad der Feinheit	in v. H. bezogen auf Cantala
Blauer Sisal	10,1 v. H.	3,70	74,7
Afrik. Sisal Nr. 1	10,9 „	2,94	59,4
Java/Cantala/T	10,5 „	4,95	100,0
Java/A	8,3 „	3,01	60,8

	Reißlänge km	Reißlänge bezogen auf gleichen Faserquerschnitt	in v. H. bezogen auf Cantala
Blauer Sisal	34,9 v. H.	26,0	80,5
Afrik. Sisal Nr. 1	31,5 „	18,7	57,9
Java/Cantala/T	32,2 „	32,3	100,0
Java/A	31,8 „	19,3	60,0

Botanik. Die Gattung *Agave* gehört zur Familie der *Amaryllidaceen* und zur Unterfamilie der *Agavoideen.* Die Pflanze (s. Abb. 7) bildet eine Rosette derber, fleischiger, steif und gerade abstehender Blätter von 1—2 m Länge. Nach Bau und Habitus kennzeichnet sie sich als Trockenpflanze. Der Stamm erreicht bei *A. sisalana* bis 2 m Höhe, bei *A. fourcroydes* bis 1,30 m, bei *A. cantala* wird er kaum entwickelt. *A. sisalana* treibt in Ostafrika nach 5—12, *A. fourcroydes* in Yucatan nach 15—20 Jahren ihren Blütenschaft (s. Abb. 8), nach der Blüte stirbt sie ab. In Ostafrika werden fast ausschließlich Bulbillen gebildet. Daneben vermehren sich die Agaven reichlich durch Wurzelschößlinge.

Die genannten Arten stammen sämtlich aus Mittelamerika. *A. sisalana* wurde 1836 von ihrem Entdecker *Perrine* aus Sisal in Yucatan nach Florida gebracht, von dort gelangte sie nach Ostafrika (vgl. u.). Außerhalb Afrikas wird ihre Kultur in größerem Umfang auf Java und Sumatra, auf den Philippinen, in Florida, auf den Bahamas und in Yucatan betrieben. *A. fourcroydes* wird in Afrika nur an ganz wenigen Stellen gebaut, sie ist hier praktisch bedeutungslos. *A. cantala* ist auf den Philippinen, auf Java und in Britisch-Indien mit gutem

Abb. 7. Sisalagave *(Agave sisalana)* noch nicht geschnittene Pflanze

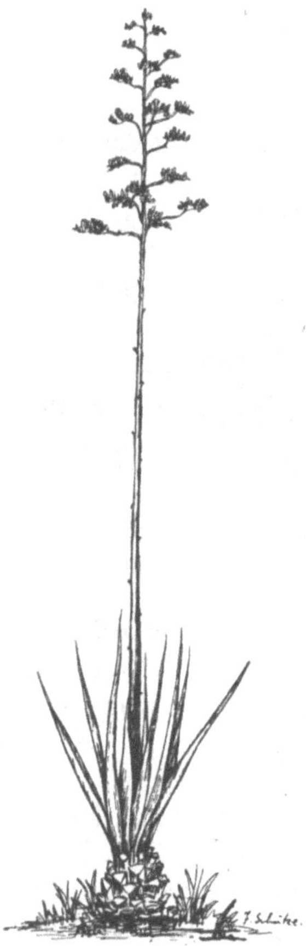

Abb. 8. Sisalagave
(Agave sisalana)
alte Pflanze, blühend

Erfolg als Kulturpflanze eingebürgert worden. In Deutsch-Ostafrika sind nur geringe Bestände vorhanden.

Die folgenden Ausführungen über Standortsbedingungen und Kulturmethoden beziehen sich in erster Linie auf die für Afrika wichtige *A. sisalana*, die von allen Agaven dort allein von wirtschaftlichem Interesse ist. Sie verlangt ein warmes, frostfreies Klima ohne langdauernde, niedrige Temperaturen. Bei Erfüllung dieser Voraussetzungen geht sie auch ins Gebirge hinauf, von 800—1100 m an wächst sie jedoch erheblich langsamer (24). Für einen Teil des Jahres sind hohe Temperaturen notwendig, und eine starke Sonnenbestrahlung wirkt sich günstig aus. Ansprüche an die Luftfeuchtigkeit stellt die Sisal-Agave nicht, wenn der Boden nur feucht genug ist (50). Die Niederschlagsmenge muß zwischen 600 und 1500 mm betragen, *Hindorf* (24) berichtet sogar von nur 572 mm. Der Sisal vermag sich aber auch einem feuchteren Klima anzupassen. Bei reichlicher Wasserversorgung wächst er üppiger und schneller (24).

Die Ansprüche der Sisalagave an den Boden sind mäßig. Sie gedeiht auf Roterden und Steppenböden, auf Sand- und Felsböden, auf Korallenkalk und vulkanischem Verwitterungsboden, nur muß der Untergrund gut durchlässig sein. Sumpf- und schwere Tonböden sind ungeeignet, ebensosehr saure Böden (24). Die neueren Autoren stimmen darin überein, daß ein besserer Boden auch besseres Wachstum der Agaven und bessere Fasererträge zur Folge hat (50). Flachgründiger, nährstoffarmer Boden hat in Portugiesisch-Ostafrika ein krankheitsartiges Zurückbleiben des Wachstums verursacht. (Über Düngung v. u.)

Kultur. Zur Anlage einer neuen Sisalpflanzung verwendet man Wurzelschößlinge oder Brutknospen. Sie werden zunächst in Saatbeete gepflanzt, in denen sie ein Jahr verbleiben. Als Pflänzlinge dürfen nur kräftige, aufrecht stehende Schößlinge von ebensolchen Mutterpflanzen entnommen werden, damit man gesunde, gut gewachsene Agaven erhält. Gute Bodenbearbeitung vor dem Pflanzen ist sehr empfehlenswert, sie begünstigt das Wachstum der Sisalagave und vernichtet Wurzelunkräuter (24). Auf feuchtem und saurem Boden empfiehlt *Hindorf* (24) die Kammkultur: das Hacken des Bodens und Aufschütten niedriger Dämme, auf denen die Agaven ausgepflanzt werden.

Das Auspflanzen geschieht am besten zu Anfang der Regenzeit. Die Pflanzweite der jungen Agaven wird je nach den besonderen Verhältnissen verschieden gewählt: *Hindorf* zählt 19 Methoden auf. Am häufigsten werden folgende angewandt: 1. 300 × 125 cm; 2. 300 × 100 cm; 3. 250 × 125 cm. Auf einem Hektar stehen dann 2666 bzw. 2777 bzw. 3200 Agaven. Die Sisalkultur erfordert verhältnismäßig wenig Arbeit. Junge Bestände müssen durch öfteres Hacken sauber gehalten werden. Schnittreife Felder werden nur nach dem Schnitt gehackt, da so das Feld gut zugänglich ist. Auf gutem Boden mit reichlichen Niederschlägen kann eine mehrmalige Hacke im Jahr erforderlich sein. Zur Unkrautunterdrückung wird der Anbau von Bodenbedeckern und Zwischenkulturen wie: Mais, Bohnen, Baumwolle usw. empfohlen (24).

Düngungsversuche sind vielfach unternommen worden, hauptsächlich mit Pflanzenasche und Kali. Einige Krankheitserscheinungen haben nach *Lock* (31) ihre Ursache in Nährstoffmangel. Über die Düngungsfrage schreibt *A. Jacob* (27): „Es hat sich die Anwendung von 4 bis 6 cwt je acre eines Mischdüngers 6 v. H. Stickstoff, 9 v. H. Phosphor und 12 v. H. Kali bewährt bzw. von 1 bis 2 cwt schwefelsaurem Ammoniak, 2—3 cwt Superphosphat und 1 bis 1½ cwt schwefelsaurem Kali je acre". Kalidüngung beeinflußt die Faserentwicklung günstig (50). Auf sauren Böden empfiehlt sich eine Kalkung. Stickstoffdüngung wirkt sich im größeren Wuchs der Blätter aus, im Übermaß macht sie den Sisal krankheitsempfänglicher (31). Der Sisalanbau läßt sich nur eine bestimmte Zeit auf demselben Feld fortsetzen, da der Boden allmählich sisalmüde wird, doch sind die Bestände wesentlich länger nutzbar, als man bisher angenommen hatte.

Die Ernte, d. h. der Schnitt der Blätter, erfolgt beim Sisal in Deutsch-Ostafrika zum ersten Male im 3. Jahr, beim Henequen in Yucatan nach 5 bis 7 Jahren. Bestimmte Angaben über den Zeitpunkt der Schnittreife lassen sich nicht machen (24). Der Pflanzer behält einen weiten Spielraum, so daß er die Ernte seinen jeweiligen Arbeiterverhältnissen anpassen kann. Für das Gedeihen der Pflanze ist es das zweckmäßigste, oft im Jahr und stets nur wenige Blätter zu schneiden. Betriebstechnisch ist das jedoch sehr umständlich, da einmal das Feldbahngeleise des öfteren verlegt werden muß und zum anderen die Pflegemaßnahmen sich leichter durchführen lassen, wenn nur wenige, ziemlich steil stehende Blätter am Stamme bleiben. Man schneidet in Deutsch-Ostafrika im allgemeinen einmal jährlich. In ihrer ganzen Wachstumszeit treibt die ostafrikanische Sisalagave 170—190, im Höchstfall 220 oder wenig mehr Blätter. Der erste Schnitt ergibt etwa 40, die späteren Schnitte 15—25 Blätter (24). Ob der Schnitt das Schießen des Blütenschaftes, also den Abschluß der Lebensdauer der Agave beeinflußt, oder wie sich dies für die Kultur wichtige Ereignis vorherbestimmen läßt, darüber steht bisher nichts Genaues fest. Der Schnitt der Blätter erfolgt mit einem scharfen Messer. Die geschnittenen Blätter werden gebündelt und auf der Feldbahn zur Fabrik gefahren. Die Transportmethode ist von großem betriebswirtschaftlichem Einfluß, da die

Feldbahn wieder verlegt werden muß. Die Blätter sind sehr schwer; bei großen, gut entwickelten Agaven haben sie ein Durchschnittsgewicht von je über 1 kg, das allgemeine Durchschnittsgewicht in Deutsch-Ostafrika beträgt etwa 600 g. Der Jahresernteertrag an reiner Faser beläuft sich in Deutsch-Ostafrika nach *Hindorfs* Angabe (24, S. 110) auf 4—5 t beim ersten Schnitt, er sinkt dann bei späteren Schnitten auf rund 1½ t vom Hektar schnittreifer Pflanzungen.

Die Aufbereitung des Sisals erfolgt auf mechanischem Wege. Auf den Pflanzungen sind allgemein Maschinen im Gebrauch, die die Blätter zerquetschen und die Fasern, die unversehrt bleiben, aus der Gewebsmasse herauslösen. Die einfachsten unter ihnen sind die Raspadoren. Sie werden mit der Hand bedient und bestehen aus einer mit Schlagmessern besetzten Trommel, die sich schnell dreht. Zuerst wird die eine Hälfte des Blattes in die Trommel eingeführt und die Faser durch die Schlagmesser vom Fleisch befreit. Dann wird das Blatt herausgezogen, am freigelegten Faserbündel festgehalten und die andere Hälfte in gleicher Weise bearbeitet. Man benützt auch Raspadoren mit zwei Trommeln (Doppelraspadoren). Die Raspadoren sind heute noch vielfach in kleineren Betrieben im Gebrauch. Die Faserverluste sind bei ihnen gering. Ihre Anwendungsmöglichkeit ist durch die Zahl der zur Bedienung benötigten Arbeitskräfte beschränkt (24). Auf Großunternehmungen findet die Entfaserung fast ausschließlich mit der „Corona" statt, wenn man von einigen weniger bewährten Systemen absieht. Zuführung und Festhalten der Blätter erfolgt automatisch. Die Fleischmasse wird durch schabendes Quetschen entfernt. Die Leistungsfähigkeit der „Corona"-Maschine ist gut, bei sorgfältiger Einstellung werden 95 v. H. der im Blatt vorhandenen Fasern gewonnen (24).

Nach dem Entfaserungsprozeß wird die Faser gewaschen, und zwar entweder sofort in der Maschine selbst oder bei Benutzung von Raspadoren mit der Hand. Das Waschen in der Maschine erfordert größere Mengen Wasser, reinigt die Faser dafür aber gründlicher. Die Maschine selbst wird geschont, da das Waschwasser den ätzenden Saft der Agavenblätter verdünnt. Gründliches Waschen ist unbedingt notwendig, da etwa noch den Fasern anhaftende Blattbestandteile Verfärbungen der Fasern hervorrufen, eine Herabsetzung der Festigkeit verursachen und beim Lagern der Fasern einen Nährboden für Bakterien darstellen. Die größere Sauberkeit der ostafrikanischen und javanischen Faser gegenüber der mexikanischen führt *Tobler* (50) auf das gründlichere Waschen zurück. Den Wasserbedarf zur Gewinnung einer Tonne Sisalhanf schätzt *Braun* (13) auf 10 cbm. Eine lohnende Sisalkultur ist also in hohem Grade davon abhängig, daß für die Aufbereitung der Faser genügend Wasser zur Verfügung steht. Seewasser ist nicht verwendbar, da es den Wert der Faser verringert. Nach dem Waschen wird der Sisalhanf auf Stangen, Stricken oder Drähten zum Trocknen aufgehängt und gleichzeitig dabei gebleicht. Im Klima Ostafrikas ist er in der Trockenzeit nach 24 Stunden getrocknet. Der gewaschene und gebleichte Sisalhanf wird vielfach sofort versandt. Man erzielt aber höhere Preise und hat einen sichereren Absatz, wenn man ihn vorher bürstet. Die Bürstmaschinen ähneln den Raspadoren, nur enthält die Trommel Bürsten oder leichte Schlagleisten. Beim Bürsten erhält man etwa 7 bis 17 v. H. Abfallhanf, 1—3 v. H. gehen als Staub verloren. Der gebürstete Sisalhanf wird in Ballen gepreßt, die in Ostafrika ein Gewicht von 250 kg haben, sie werden meist in Canevas verpackt und versandt (24).

Ein Problem stellt für den Pflanzer die Beseitigung des Sisalabfalles dar, der über 95 v. H. des Blattgewichtes ausmacht. Angesichts des großen Anfalls pflanzlicher Massen ist die Frage ihrer nutzbringenden Verwertung aufgetaucht. In Frage kommen die Kompostierung und die Verwendung als Feuerungsmaterial und Kraftstoff. Eine eingehende Darstellung der Arbeiten auf dem Gebiet der Sisalabfall-Verwertung und über den heutigen Stand dieser Frage geben *Th. Marx* und *R. Hindorf* (38). Die Lösung der Frage wird in Deutsch-Ostafrika dringlich, weil die Mandatsverwaltung die Absicht hat, das Leiten der Sisalabfälle in die Flußläufe zu verbieten. Eine lohnende Verwendung durch Alkoholgewinnung ist in Ostafrika nicht möglich, da der Zuckergehalt in der Masse zu gering ist (19). Auch die Arbeiten *Bremonds* in Diakandape in Französisch-Sudan zeigen keine besondere Wirtschaftlichkeit der Spirituserzeugung. Unbrauchbar sind die Sisalabfälle ferner als Viehfutter (38).

Die Vergasung der Abfälle in Sauggasgeneratoren ist nach *Marx* und *Hindorf* (38) theoretisch die wirtschaftlichste Ausnutzung. Der Sisalabfall kann andere, zum Teil für den Pflanzer kostspielige Brennstoffe, wie Holz und Rohöl, ersetzen; der Abfall einer Pflanzung reicht für ihre sämtlichen Maschinen und Pumpen vollkommen aus. Die Asche bildet ein wertvolles Düngemittel für die Sisalpflanzung und gibt dem Boden einen Teil der entzogenen Nährstoffe zurück (38). Gute Erfolge bei der Kompostierung der Sisalabfälle verspricht das Indore-Verfahren, das auf der Pflanzung Taweta (Kenya) seit 1935 angewandt wird (26; 28).

Neuerdings werden in einer Fabrik in Ruiru in Kenya aus dem Sisalabfall die Fasern gewonnen und zu Säcken verarbeitet; die Sisalsäcke erwiesen sich fester als die Jutesäcke (The Coffee Board of Kenya, 5, 1939, 49, S. 10 bis 11).

EINZELNE ANBAUGEBIETE

Ostafrika

Die Sisalerzeugung Afrikas (s. Karte 3) wird fast ausschließlich von Ostafrika bestritten (vgl. die Ausfuhrtabelle). In Westafrika und auf Madagaskar ist sie sehr gering, in Nord- und Südafrika fast gleich Null.

Die Sisalkultur ist eine rein europäische Plantagenkultur. Die mehrjährige Wartezeit bis zur Schnittreife, die sofortige Aufbereitung bis zur fertigen Faser unter Zuhilfenahme technisch hochentwickelter Maschinen erfordern die Initiative, den Überblick und die Organisationsgabe des Europäers. Die Unkosten der Anlage der Pflanzung und der Anschaffung der zum Teil sehr teuren Maschinen, die sich erst nach Jahren zu rentieren beginnen, setzen ein großes Anlagekapital voraus. Ihre Einführung in Afrika verdankt die Sisalagave deutscher Forschungsarbeit. Heute ist ihr Anbau so entwickelt, daß Ostafrika das bedeutendste Anbaugebiet ist.

Die Einführung der Sisalagave verdankt Deutsch-Ostafrika einer Anregung *Hindorfs* aus dem Jahre 1892. 1893 wurden die ersten Pflänzchen auf der Pflanzung Kikogwe gesetzt. Die Entwicklung der Kultur zeigen die folgenden Ausfuhrziffern (24):

Ausfuhrmengen Deutsch-Ostafrikas in t:

1898 . .	0,6	1904 . . .	765	1910 . . .	7228
1899 . .	0,6	1905 . . .	1140	1911 . . .	11211
1900 . .	7,5	1906 . . .	2820	1912 . . .	17080
1901 . .	45	1907 . . .	2803	1913 . . .	20835
1902 . .	178	1908 . . .	3897		
1903 . .	422	1909 . . .	5284		

Im Jahre 1913 bestritt der Sisalhanf fast 30 v. H. des Wertes der Ausfuhr Deutsch-Ostafrikas (24). Den Anbau betrieben 54 Pflanzungen mit insgesamt 24751 ha, wovon 14359 ertragsfähig waren (43). Anfang 1914 nahm der Sisal über 25000 ha ein (24). Im Weltkrieg verfiel die Sisalkultur, gewann aber nach Kriegsende bald einen neuen Aufschwung und behauptete ihren alten Vorrang innerhalb der Sisalerzeugung Gesamtafrikas (vgl. die Statistik). Dem Werte nach betrug die Sisalausfuhr 1936 über 46 v. H. der gesamten Ausfuhr Deutsch-Ostafrikas (Tanganyika Territory): 1873000 brit. £ von insgesamt 4026000 £ (nach Statistical Abstract for the British Empire 1927—36, London 1937).

Der Sisalbau Tanganyikas hat seinen Standort in erster Linie im Norden der Kolonie in der Nähe der Usambarabahn, an der seinerzeit die ersten Pflanzungen angelegt wurden. In den letzten Jahren ist er auch in höhere Lagen vorgedrungen. Die Verteilung des Anbaus auf die einzelnen Teile der Provinzen zeigen folgende Erzeugungszahlen in t:

	1934	1935	1936
Nordprovinz und Tangaprovinz	45501	49374	49092
Ostprovinz	18650	22613	22702
Südprovinz	8359	10689	8765

Anbauflächen im Jahre 1937 in acres:

Tangaprovinz:		Ostprovinz:	
Bez. Tanga	95000	Bez. Daressalam.	35000
„ Pangani	36000	„ Rufidji	1250
„ Luschoto.	28000	„ Bagamojo	18000
„ Pare.	8000	„ Morogoro	42000
		„ Kilossa	15500

Nordprovinz:		Südprovinz:	
Bez. Aruscha	8000	Bez. Lindi	25000
„ Moschi.	16000	„ Mikindani	7000

(Tanganyika Territory Blue Book for 1937. Daressalam 1938, S. 263ff.).

Hauptausfuhrhafen für Sisal ist Tanga, das seinen Aufschwung zum großen Teil dem Sisalhandel verdankt. 1930 führte es 3/4 des deutsch-ostafrikanischen Sisals aus: 37728 t von 49803 t insgesamt (43). Die Sisalwirtschaft litt in den letzten Jahren sehr unter der ungünstigen Preisgestaltung. Ostafrikanischer Sisal erster Güte erreichte im April 1937 einen Preishöchststand von 30 £ je t, im Juni 1938 dagegen nur 16,5 £ je t (60).

Angesichts der Dringlichkeit, die Sisalkultur so lohnend wie möglich zu gestalten, gewinnen die Sortenzüchtung und das landwirtschaftliche Versuchswesen erhöhte Bedeutung. Die Sisalversuche in Amani reichen in ihren Anfängen bis in die deutsche Zeit zurück und wurden nach dem Kriege von den Engländern fortgesetzt. Im Jahre 1934 wurde eine eigene Sisal-Versuchsstation in Mlingano eröffnet. Ihre Arbeiten befinden sich naturgemäß noch in den Anfängen (36). Der Züchter interessiert sich besonders für Formen, die in einem oder mehreren Erbcharakteren der *Agave sisalana* überlegen sind. Am vielversprechendsten scheinen Kreuzungen der verschiedenen diploiden Arten zu sein: namentlich werden Kreuzungen von *A. amaniensis* und *A. angustifolia Haw.* genannt (15). Die Kultur von *A. amaniensis* befindet sich zwar noch im Versuchsstadium, doch werden bereits schon Bulbillen und Schößlinge in großer Zahl an Pflanzer abgegeben. In wenigen Jahren wird der erste „blaue Sisal" auf dem Markt erscheinen (33). In Pflanzerkreisen Deutsch-Ostafrikas wird gelegentlich die Befürchtung einer Degeneration des ostafrikanischen Sisals geäußert. Nach *Morstatt* (41) ist es sicher, daß es eine Altersdegeneration durch eine andauernde ungeschlechtliche Vermehrung nicht gibt.

Die Zukunftsaussichten des deutsch-ostafrikanischen Sisalbaues darf man im allgemeinen als günstig betrachten, wenn man von den in den letzten Jahren niedrigen Preisen absieht, die andere Länder ebensogut treffen. Klima und Boden erlauben auch in Zukunft eine weitere Ausbreitung. Das Ausmaß ist von der Entwicklung der Verkehrsverhältnisse, der Wasserversorgung und dem Vorhandensein von Arbeitskräften abhängig. Der Ausbau des Bahn- und Straßennetzes und die technische Ausgestaltung der Betriebe zwecks Einsparung von Arbeitskräften sind als wesentliche Maßnahmen zur Förderung der Kultur anzusehen. Die Verwendungsmöglichkeiten des Sisalhanfes sind sehr groß. So lassen sich aus ostafrikanischem Sisal selbst dünne Bindfäden herstellen. Bei Untersuchungen des „Imperial Institute" in London zeigte sich Tauwerk aus ostafrikanischem Sisal auf die Dauer widerstandsfähiger gegenüber den Einflüssen des Meerwassers als Manilahanf (10; 51). Die deutsche Flotte gebrauchte bereits vor dem Weltkrieg Tauwerk aus deutsch-ostafrikanischem Sisal. Schon 1937 war die Erzeugung (92082 t) fast doppelt so groß als die Einfuhr Großdeutschlands ohne das Sudetenland (57554 t).

In Ruanda-Urundi bedeckte die Sisalkultur 1932 und 1933 je 1021 ha, das sind 1933 6 v. H. des Nichteingeborenenlandes. Die Ausfuhr betrug 1936: 35,8 t,: 1937: 147,57 t, 1938: 121 t (Tropenpflanzer Jhg. 39 (1936), S. 397f.; Jhg. 41 (1938), S. 41; Bull. de l'Off. Colon. du Minist. des Colon. Jhg. 27 (1938), S. 421; *Schoen, L.*, Das koloniale Deutschland. Berlin-Grunewald 1940, S. 73).

In Kenya ist die Sisalkultur jünger als in Deutsch-Ostafrika: 1903 wurde bei Punda Milia 1350 m ü. M., zwischen Nairobi und dem Kenya, die ersten 405 ha mit Agaven bepflanzt, unter Verwendung von Bulbillen aus Deutsch-Ostafrika (56). Seitdem hat sich der Anbau stetig ausgedehnt, ohne indessen dem Deutsch-Ostafrikas in der Ausdehnung nahe zu kommen.

Die Kultur hat in Kenya ihren Standort in erster Linie auf dem Hochland. Im Jahre 1929 lagen in Kenya auf dem Hochland 41458 ha, im Tiefland 2292 ha Sisalpflanzungen, in Deutsch-Ostafrika auf dem Hochland 24457 ha, im Tiefland 47668 ha Sisalpflanzungen, in beiden ostafrikanischen Kolonien auf dem Hochland 65915 ha, im Tiefland 49960 ha Sisalpflanzungen (43). Die größere Höhenlage der Sisalpflanzungen Kenyas gegenüber denen Deutsch-Ostafrikas bringt eine Reihe Unterschiede in den natürlichen Wachstumsbedingungen und damit in Anbau und Pflege mit sich. Der Regenfall ist geringer, das kühlere Klima verzögert das Wachstum; die Schnittreife setzt erst mit dem 4. Jahr nach der Anpflanzung ein. Die geringere Feuchtigkeit läßt weniger Unkräuter wachsen, dafür muß man die Bodenfeuchtigkeit sorgsamer erhalten, die mechanische Bodenbearbeitung ist in Kenya weiter fortgeschritten. Die Pflanzweite wird größer gewählt, so daß auf der Flächeneinheit nur halb soviel Agaven stehen wie in Deutsch-Ostafrika. Die Faserausbeute ist aber gut, da die Pflanzen sehr schwer und langblätterig werden (32). Die Verteilung der mit Sisal bestandenen Flächen auf die einzelnen Provinzen im Jahre 1932 zeigt folgende Aufstellung (59):

	Anbaufläche in acres	Erzeugung in t
Küstenprovinz	21502	2393
Ukambaprovinz	14841	1384
Kikujuprovinz	70598	7050
Naiwaschaprovinz	8242	147
Rifttalprovinz	13044	2226
Ngoiaprovinz	11580	1370
Seeprovinz	5853	104
Kenya gesamt	145660	14674

Die Erzeugungskosten konnten in den letzten Jahren durch betriebswirtschaftliche Maßnahmen, Verbesserungen in der Erzeugungsweise und

Regelung der Arbeiterverhältnisse gesenkt werden (3). Der Ausfuhrhafen für Sisal ist Mombassa. Die Zukunftsaussichten mögen im großen und ganzen denen in Deutsch-Ostafrika ähneln. Die Möglichkeit der Ausdehnung der Sisalkultur in Kenya ist noch erheblich.

Uganda. Eine Sisalpflanzung in Bunyoro von 5000 acres erzeugte 1935: 583 t; 1936: 1480 t; 1937: 891 t (*Lord Hailey*, An African Survey. London 1938, S. 926).

Kenya und Uganda führen auch Sisalerzeugnisse aus, und zwar in folgenden Mengen (in t):

1929 . . .	1062	1931 . . .	554	1934 . . .	862
1930 . . .	1039	1933 . . .	721	1935 . . .	1061

(7 b, S. 76f.)

Nyassaland. Der Anbau ist bisher wenig ausgedehnt. Geeigneter, lockerer, sandiger Boden steht fast überall zur Verfügung, nach den gemachten Erfahrungen ist der Anbau nur bis zu einer Meereshöhe von 700 m möglich. Mit Sisal waren 1935 1785 acres bestanden, davon waren im Jahre 1935 1245 acres im Choli-Distrikt schnittreif. Eine Ausfuhr von Sisalhanf fand in den letzten Jahren nicht statt (35; 57).

Portugiesisch-Ostafrika. Die Anbaubedingungen sind in der ganzen Kolonie günstig. Es gibt daher in vielen Gegenden Sisalpflanzungen. Die meisten von ihnen liegen in den Distrikten Moçambique und Kilimane. Im Distrikt Inhambane, wo die natürlichen Voraussetzungen bestehen, ist die Kultur unbedeutend, im Distrikt Lourenço Marques fehlt sie ganz; in beiden Distrikten sind die Arbeitskräfte knapp, weil viele eingeborene Arbeiter nach Transvaal in die Bergwerke gehen (58). Die Zahl der Schnitte ist von der Zahl der Arbeitskräfte abhängig. Wo diese reichlich zur Verfügung stehen, schneidet man 4 mal jährlich (40). Die Ausdehnung des Anbaues ist zum großen Teil deutschem Unternehmungsgeist und zum Teil auch deutschem Kapital zu verdanken; ein großer Teil der Plantagenleiter sind Deutsche (58). Außerdem ist englisches Kapital interessiert (3). Die Aufbereitung und Sortierung ist meist nicht so sorgfältig wie in Deutsch-Ostafrika, der erzielte Preis bleibt daher niedriger (58). Die Sisalkultur breitete sich in den letzten Jahren stetig aus (vgl. die Statistik) und ist heute eine der wichtigsten der Kolonie (17).

Erythrea. Die Sisalagave wurde 1903 vom Ufficio Agrario eingeführt, meist aber nur als Hecken- oder Zierpflanze kultiviert. Nach einem Bericht aus dem Jahre 1930 gab es damals 1250 ha Sisalpflanzungen, davon allein 1000 ha auf der Pflanzung Ela Beret. Geeignete Anbaugebiete sind vielfach vorhanden (44). Die Pflanzung bestand auch noch 1933 als einzige der Kolonie (*Troll* in Kolon. Rundschau Jhg. 26 [1935], S. 304).

Die ersten Anbauversuche wurden auf den Komoren, auf Anjouan und Mayotte unternommen, danach in den Gebieten von Tulear, Diego Suarez und Fort Dauphin. Das Pflanzenmaterial stammte aus Ostafrika. Schwierigkeiten verursachen hier die geringe Volksdichte und die Abneigung der Hirtenstämme gegen den Ackerbau (45; 46). Große Anpflanzungen trifft man heute in der Umgegend von Mahajamba im Nordwesten der Insel und bei Fort Dauphin an der Südküste (*M. Etesse* in Revue Intern. des Prod. Colon. Jhg. 15 [1930], S. 15f.). Man sucht die Erzeugungskosten durch Einführen von Maschinen und die Verwendung von Zugvieh herabzusetzen. Diese Maßnahmen sind besonders für die Pflanzungen im Innern der Insel wichtig, deren Erzeugnis höhere Frachtsätze nach Europa zu tragen hat. Es sind auch bereits Erfolge erzielt worden. Die Ausfuhr ist zwar gering, nimmt aber ständig zu (vgl. die Statistik). Der Sisal hat den Mauritiushanf von den Pflanzungen verdrängt, da er höhere Fasererträge ergibt: Sisalhanf 3—3,5 v. H., Mauritiushanf nur 2,5—2,75 v. H. Faser im Blatt (45; 46). Bis zum Jahre 1927 zogen nur die Eingeborenen Sisalagaven; sie fertigen aus der Faser Hüte an, die sie in großer Anzahl ausführen, 1927: 158000 Stück. Der Sisal nahm 1935 5100 ha 1936 und 1937 je 5300 ha ein (9 c, S. 234; 9 d, S. 243) (*Etesse* vgl. o.).

Südafrika

Neuerdings wendet man der bisher in Südafrika nicht betriebenen Sisalkultur im Sululand und in Natal Aufmerksamkeit zu. In beiden Ländern soll Sisal in Verbindung mit Zuckerrohr kultiviert werden können. Nach „South African Sugar Journal" (31. Oktober 1933) könnte der Sisal hier eine Zukunft geben (115). In Barberton (Transvaal) wuchs Sisal gut auf Granitverwitterungsboden (Handbook for Farmers in South Africa. 3. Aufl. Pretoria 1937, S. 778).

Westafrika

Angola. Die ersten Anbauversuche liegen noch nicht weit zurück, der eigentliche Anbau setzte aber bald tatkräftig ein, da Klima und Boden auf weite Strecken zum Sisalanbau geeignet sind. Als der Weltmarktpreis 1931 stark fiel, gerieten die Pflanzer in eine große Bedrängnis. Zu ihrer Stützung erließ der Gouverneur am 31. Oktober 1931 für Sisalausfuhr Abgabenfreiheit, solange Qualitätssisal unter 18 brit. £ notiert, Ermäßigung der Gebühr um die Hälfte, wenn der Preis zwischen 18 und 20 £ notiert wird. Außerdem wurden die Einfuhrabgaben auf Rohöl für die Maschinen den einzelnen Pflanzern nach Maßgabe ihrer Sisalerzeugung ermäßigt (62). Die Pflanzer sind zum großen Teil Deutsche. Die Pflanzungen liegen an der Bahn Loanda—Malandje und auf dem Benguela-Hochland (8).

Belgisch-Kongo. Die ersten Versuche wurden bereits 1897 und 1900 unternommen und zeigten die Anbaumöglichkeit in den verschiedensten Teilen des Landes. Eine größere Pflanzung wurde erst 1928 im Niederkongo-Distrikt an der Bahn Matadi—Léopoldville angelegt: sie erzeugte 1935 auf 1010 ha 133 t und 1936 auf 1030 ha 187 t Fasern (23; 52). Die bisherigen

Versuche ergaben, daß die Agave auf gut drainierten Böden bis zu 600 m ü. M. und in einer Küstenferne von 18—20 km gedeiht (23). *Hacquart* (21) spricht sich über die Propagierung des Sisals in den Teilen der Kolonie aus, die für lohnende Eingeborenenkulturen ungeeignet sind. Es hat den Anschein, als wäre die Ausdehnung des Sisalbaues nur davon abhängig, daß sich das europäische Kapital zu Investierungen bereit findet (21). Im Jahre 1936 beschloß das Kolonialministerium, den Anbau auszudehnen und stellte dem „Institut National pour l'Etude Agronomique du Congo Belge („INEAC") Mittel zur Verfügung. 1937 wurde eine Sisal-Station in einem günstigen Savannengelände im Norden des Bezirkes Muschie am Kwa-Kassai gegründet. Sie wird Anbauversuche unternehmen und eine Sisal-Musterpflanzung anlegen. *Hacquart* glaubt nach seinen neuesten Untersuchungen, der Sisal sei für die Savanne mit einer Regen- und Trockenzeit und wenigstens mittleren Böden bei günstiger Verkehrslage geeignet (22).

Ausfuhrmengen: 1934 98 t; 1935 109 t; 1936 307 t; 1937 213 t (22), 1938 197 t (Statistique du Commerce extérieur du Congo Belge pendant l'année 1938. Brüssel 1939, S. 42).

T o g o. Die Sisalkultur Togos stand vor dem Weltkrieg in den allerersten Anfängen. Von den drei Pflanzungen, die es damals gab, kamen zwei unter britisches Mandat und gaben die Anregung zum Sisalanbau an der Goldküste. Im französischen Mandatsgebiet bestanden 1927 drei Pflanzungen (3).

G o l d k ü s t e. Die britische Regierung legte 1921 eine Pflanzung von 1000 acres westlich der Accra-Lagune an; sie verfolgte damit die Absicht, in einer Gegend, wo Kakao und Ölpalmen nicht gedeihen, die Sisalkultur unter den Eingeborenen zu verbreiten (61). Ausfuhr: 1924 87 t; 1925 247 t; 1926 459 t; 1927 279 t (3; 11; 56).

Die Franzosen machen seit einer Reihe von Jahren in ihren westafrikanischen Besitzungen lebhafte Anstrengungen, die Sisalerzeugung zu steigern, die bis jetzt im Verhältnis zum Verbrauch des Mutterlandes gering ist. Die ersten Versuche unternahmen sie 1902 in Kulikoro am oberen Niger.

Im F r a n z ö s i s c h e n S u d a n bestehen heute bereits umfangreiche Anpflanzungen bei Segu und Bamako am oberen Niger. Man glaubt, auf den sandig-tonigen Böden des Sudans außerhalb der Überschwemmungsgebiete der Flüsse könne der Sisal in großem Umfange angepflanzt werden und werde für eine künftige Transsahara-Bahn einmal große Bedeutung als Frachtgut erlangen (30; 37). Das zweite heutige Sisalgebiet Französisch-Westafrikas liegt auf dem Plateau von Kayes am Senegal, an der Grenze Senegambiens, wo seit 1919 eine Gesellschaft in Diakandape sich mit der Kultur befaßt. Der Boden ist gut geeignet und seine ebene Oberfläche erleichtert die Pflanzungsarbeit sehr. Die Anbaufläche stieg in den Jahren 1919—30 von 900 ha auf 3000 ha. Die Erzeugung stieg von 1920 80 t auf 1929 850 t. Die Faser übertrifft den mexikanischen Sisal an Güte. Der Boden wird mit Traktoren bearbeitet. Die Verkehrsverbindung ist günstig, da die Eisenbahn vom Niger nach Dakar das Sisalgebiet durchschneidet (30; 37; 55). Die Ausfuhr von Sudan und Senegal betrug 1936 2600 t, davon lieferte der Sudan 2300 t (1935 2500 t [9 c, S. 220]; 1937 2000 t [9 d, S. 229]).

In allen übrigen Teilen Französisch-Westafrikas wächst wenig Sisal. In Senegambien ist das Land weithin für den Sisal geeignet, das Wasser zur Aufbereitung aber nur in der Nähe der Flüsse vorhanden. Der Anbau ist vorläufig unbedeutend; das Haupthindernis bildet der Mangel an Arbeitskräften (14; 37). Die Anbaufläche betrug 1935 570, 1936 500 und 1937 1000 ha (9 c, S. 219; 9 d, S. 228), die Erzeugung 1936 340 t und 1937 1000 t (9 d, S. 228). Das gleiche gilt für Französisch-Guinea, dessen Anpflanzungen ganz gering sind. Die Agave wächst am besten in der trockenen Zone des Innern mit Regenmengen unter 1500 mm. Die Faser ist, ebenso wie die von Senegal, ausgezeichnet (11; 37; 47). Die Erzeugung betrug 1936 und 1937 je 400 t (9d, S. 225). An der Elfenbeinküste wird sehr wenig Sisal gepflanzt, obwohl die Arbeiterknappheit nicht so groß ist (11). Ausfuhr 1936 1000 t (9a). In Obervolta trifft man kleine Pflanzungen im Besitze von Eingeborenen, die durch die Ortsverwaltungen für die Kultur gewonnen sind. Die Erträge sind gering. Am geeignetsten zeigt sich nach Klima, Boden und Ertrag der Bezirk Bobo-Djulasso. Die Verkehrsverbindungen sind nur hier und im Bezirk Gaua ausreichend. Größere europäische Pflanzungen sind wegen des Mangels an Arbeitskräften nicht denkbar (11; 37).

In weiten Gebieten Französisch-Westafrikas sind die natürlichen Vorbedingungen für die Sisalkultur gegeben; das beweist schon die Güte der gewonnenen Faser. Die großen Hindernisse, die der Ausdehnung der Kultur entgegenstehen, sind: 1. die mangelhaften Verkehrsverbindungen und 2. die Arbeiterknappheit. Ehe sie nicht beseitigt sind, wird die Sisalerzeugung Westafrikas unbedeutend bleiben. Um mit den vorhandenen Arbeitskräften auszukommen, empfiehlt *Fouqué* (18), den Sisal während der Trockenzeit zu schneiden, wenn es wenig Feldarbeit gibt. Ob der Vorschlag sich bewähren wird, steht noch dahin; in Obervolta ergibt der Sisal nur geringe Erträge. Wie bereits ausgeführt, erfordert die Anlage einer Pflanzung mit den dazu gehörigen Aufbereitungsanlagen ein größeres Kapital. Zahlreiche Kleinpflanzungen in der Nachbarschaft einer zentralen Anlage (im Staatsbesitz oder dgl.) würden einen mühseligen Transport der schweren Blättermassen notwendig machen. Eine weitere Anregung zum Sisalbau sollen die französischen Zollvergünstigungen geben (37; 49).

Nordafrika

In Marokko und Algerien sind seit einigen Jahren Anbauversuche gemacht worden: auf Versuchsfarmen bei Fes und Marrakesch und in einem Versuchsgarten in Rabat. Im allgemeinen hat sich das nordafrikanische Klima als zu trocken herausgestellt. Der Sisal gedeiht hier nur in der Küstenzone, da er die Gebirgsfröste nicht verträgt (16; 29; 49). In den Küstenebenen aber wird er den Wettbewerb mit den bereits vorhandenen Kulturen nicht aufnehmen können (37). In **Marokko** besteht in der Nähe von Mogador eine Pflanzung von 700 ha; die Blätter erreichen hier nur eine Länge von 0,5—1,2 m (29).

Nach den bisherigen Ergebnissen darf man schließen, daß die Sisalkultur in Nordafrika aus Gründen des Klimas keine nennenswerten Zukunftsaussichten hat.

Sisalerzeugung in Tonnen *)

Jahr	Mexiko 1)	Insulinde 1)	Westindien 1)	Ostafrika 1)	Westafrika 1)
1928 . .	140200	64478			
1929 . .	115733	74925			
1930 . .	104000	55000		76000	
1931 . .	70000	66000		83000	
1932 . .	88000	70000	6000	85000	6000
1933 . .	93000	85000	6000	102000	6000
1934 . .	92000	72000	5000	117000	8000
1935 . .	90000	74000	5000	138000	10000
1936 . .	94000	69000	5000	139000	9000
1937 . .	92000	74000	5000	147000	10000

Jahr	Deutsch-Ostafrika 2)	Kenya 3)	Portug.-Ostafrika 4)	Madagaskar 5)	Nyassa 6)
1913 . .	20835	1073	1915: 918		
1920 . .	·	5069	1922: 2757		
1923 . .	12845	8820	2206		747
1924 . .	18428	11416	2850	72	
1927 . .	30546	15839	—	246	801
1929 . .	45772	14898	6435	349	1230
1930 . .	48995	15948	10370	300	1305
1932 . .	60554	15305	12291	—	25
1933 . .	69598	19947	15382	1012	—
1934 . .	72135	24015	17562	1914	—
1935 . .	83999	32697	19646	2236	
1936 . .	81848	36049	19074	4000	
1937 . .	92082	33654	20813		
1938 . .	103027				

Jahr	Angola 7)	Französisch-Westafrika 8)
1920 . . .		80
1924 . . .	24	
1927 . . .	62	
1929 . . .	569	767

*) Unwichtige Länder und Einzelgebiete vgl. im Text.

Jahr	Angola[7])	Französisch-Westafrika[8])
1930 . . .	423	943
1932 . . .	1419	2039
1933 . . .	1982	2767
1934 . . .	3861	4174
1935 . . .	4296	4675
1936 . . .	4907	4013
1937 . . .		4390

[1]) 11. — [2]) 11; 56; Tanganyika Blue Book f. 1937, S. 252; Tropenpflanzer Jhg. 43. (1940), S. 344. — [3]) 3; 11; 56; 43. — [4]) 11; 17; 39; 40; 58; Afrika-Rundschau Jhg. 4 (1938), S. 195. — [5]) 37; 45; 46; 9c, S. 234. — [6]) 3; 56; 57. — [7]) 5; 11; 54. — [8]) 7 a, b; Tropenpflanzer Jhg. 39 (1936), S. 33; Wirtschaftsdienst Jhg. 23 (1938); 27, S. 921.

Die Hauptabnehmer des ostafrikanischen Sisals in t (22):

	1935:	1936:
England	36629	34657
Belgien	34680	37895
Vereinigte Staaten . .	9177	12980
Deutsches Reich . . .	14496	10080
Niederlande	5240	6875

2. *Mauritiushanf, Fourcroya gigantea Vent.*

Botanik. Der Mauritiushanf stammt von *Fourcroya gigantea Vent.*, die systematisch den Agaven sehr nahe steht und ihre Heimat in Mexiko hat. Die „Mauritius-Agave" gleicht im Aussehen den Agaven. Die Blätter erreichen 1,5—2,5 m Länge, der Blütenschaft 10 m Länge. Der Fasergehalt ist geringer als beim Sisal; er beträgt auf Madagaskar 2,6—2,8 v. H., auf Réunion 1,43 bis 2,66 v. H., in Algerien 2,3 v. H. (64). In Kolumbien heißt die Faser „Fique", im Handel geht sie auch als „Natal-Hanf" oder „Aloe-Hanf", obwohl *Fourcroya* mit der Liliacee *Aloe* nicht das geringste zu tun hat.

Standortsbedingungen. *Fourcroya* ist eine Trockenpflanze wie *Agave* und stellt in vieler Hinsicht ähnliche Bedingungen an den Standort. Sie geht bis in die Subtropen, verträgt aber keinen Frost, gedeiht sowohl auf sandigem oder steinigem Boden in trockenen Gebieten als auch, und zwar besser, auf fruchtbarerem Boden bei etwas höherer Feuchtigkeit. Feuchter Boden sagt ihr nicht zu (64).

Die Art des Anbaues und der Aufbereitung sind fast der des Sisals gleich (8).

Die Faser ist geringwertiger als Sisal und wird für Seilerwaren, zur Säckeherstellung u. ä. verwandt, für Bindegarn nur mit besseren Fasern vermischt (8).

EINZELNE ANBAUGEBIETE

Die Faser der *Fourcroya* findet in manchen Ländern Südamerikas Verwendung. Die Pflanze selbst ist in einigen Gebieten Afrikas eingeführt worden, da man sich sehr viel von ihr versprach; man findet sie heute auf den Kapverden, am Senegal, in Sierra Leone, Kamerun, Belgisch-Kongo, Natal, Rhodesien, Nyassaland, Madagaskar, auf den Maskarenen u. a. m. Als Kultur hat sie aber enttäuscht, und über die Anbauversuche in afrikanischen Gebieten ist folgendes festzustellen:

In Deutsch-Ostafrika führte sie *Stuhlmann* in den Jahren 1895—96 aus Mauritius ein, sie wurde aber nach wenigen Jahren durch den überlegenen Sisal verdrängt. Man trifft sie heute dort nur noch als Hecken- und Zierpflanze (24).

In Natal wurde sie vor rund 50 Jahren eingeführt. Sie gedeiht dort nicht über 700 m ü. M., auf sandigem, bewässertem Boden, an windgeschützten Stellen, und zwar scheint ihr das südliche Küstenland am besten zuzusagen. In der Zeit von 1922—1927 bedeckte sie ungefähr 1000 acres (3; 24; 64).

In Nyassaland wächst die Mauritius-Agave unterhalb 2900 Fuß gut. Im Blantyre-Bezirk wurden einige Pflanzungen angelegt, die auch etwas Faser ausführten (3).

Auf Madagaskar gab es in früheren Zeiten Pflanzungen; die Ausfuhr betrug 1924 105,5 t (4). Jetzt hat auch hier der lohnendere Sisal den Mauritiushanf verdrängt (vgl. o. bei Sisal unter Madagaskar).

Das Hauptanbaugebiet für Mauritiushanf waren stets die Maskarenen, namentlich Mauritius (Name!) (s. Karte 3). Réunion erzeugte 1914 163 t, 1922 190 t; 1923 185 t; 1928 117 t Hanf (4; 64).

Auf Mauritius wird *Fourcroya* seit 1875 industriell ausgebeutet. Sie kommt in verwildertem Zustand in den trockenen, gebirgigen Teilen der Insel häufig vor (64), um 1927 schätzte man ihre Fläche auf rund 20000 acres (3). Geschnitten wird sie nur, wenn die Preise hoch genug sind, daher schwanken die Ausfuhrziffern im allgemeinen (3). Die Ausfuhr aus Mauritius betrug in t:

1889—1920 (Durchschnitt)	2134	1930	1469
1918	385	1931	455
1919	2144	1933	422
1920	861	1934	669
1921	283	1935	445
1925	1866	1936	1290
1928	2456	1937	1617

(6; 7 a; 7 b; 64)

Vor dem Weltkrieg wurde auf Mauritius nur *Fourcroya* angepflanzt, während des Krieges und besonders nach Kriegsende nahm der Sisal mehr und mehr deren Stelle ein (4). Für die Welterzeugung an Mauritiushanf werden in der Statistik folgende von den obenstehenden abweichende Ziffern für die letzten Jahre gegeben (11):

1930	1300 t	1935	600 t
1933	500 t	1936	600 t
1934	500 t	1937	500 t

Diese Zahlen sind aber nur mit Vorsicht aufzunehmen, da nicht zu ermitteln ist, von welcher Pflanze die als „Mauritiushanf" bezeichnete Faser wirklich stammt. Ein Überblick über die Kultur der *Fourcroya* ist heute nur noch ein geschichtlicher Rückblick; denn Pflanzungen von Mauritius-Agaven gibt es nicht mehr, auch nicht auf Mauritius.

Réunion führte 1928 117 t „Aloe"-Faser aus (Rev. Intern. des Prod. Colon. Jhg. 10 [1931], S. 11), womit vielleicht Mauritiushanf gemeint ist.

3. Sanseviera

Die Arten der zur Familie der *Liliaceen* und zur Unterfamilie der *Dracaenoiden* gehörigen Gattung *Sanseviera* liefern sämtlich in ihren Blättern eine Faser. Namentlich verdienen folgende Arten genannt zu werden: *S. guineensis Willd.* (tropisches Afrika), *S. Kirkii Baker* (Ostafrika, Dahome), *S. cylindrica Bojer* (Sansibar, Katanga, Angola), *S. Ehrenbergii Schweinf.* (Ostafrika), *S. longiflora Sims.* (Ostafrika, nördl. Kongogebiet, Kamerun, Elfenbeinküste, Florida, Haiti, Trinidad), *S. ceylanica Willd.* (Ceylon, Ostindien, Philippinen), *S. Roxburghiana Schult. fil.* (Brit. Indien), *S. Stuckyi God. Leb.* (Süd- und Ostafrika) (48; 69; 72). Die Gattung *Sanseviera* ist durch das ganze tropische Afrika verbreitet, sie findet sich am Senegal wie im Somaliland, bei Suakin am Roten Meer wie in Betschuanaland, an der Delagoa Bai und auf den Maskarenen (69).

Botanik. Die Pflanze besitzt ein kurzes, dickes, fleischiges Rhizom, ist stammlos und entwickelt flache oder zylindrisch-runde, oft längsgeriefte, knüppelähnliche, bis über 1½ m lange Blätter von lederiger oder fleischiger Beschaffenheit. Sie erreicht ein Alter bis zu 20 Jahren und blüht alljährlich; der Blütenstand ist eine Traube. Die Vermehrung erfolgt sehr reichlich, sowohl durch Samen als auch durch Wurzelschößlinge, Rhizomstücke, Blätter und Blatteile (69, S. 25). *Sanseviera* ist schnellwüchsig und tritt oft in ausgedehnten Beständen auf. Der Fasergehalt der Blätter ist bei den einzelnen Arten sehr verschieden. Die Untersuchungen von *Michotte* in Paris und *de Wildeman* in Brüssel zeigten folgende Ergebnisse (69, S. 20f.):

Faserertrag der Blätter:

S. Cornui Caw.	1 v. H.
S. Stuckyi God.	1,53 v. H.
S. guineensis Willd.	1,6—2,11 v. H.

S. cylindrica Boj.	2—2,52 v. H.
S. ceylanica Willd.	2,77 v. H.
S. longiflora Sims.	2,35 v. H.
S. fasciata Cornu	3 v. H.
S. Ehrenbergii Schweinf. . . .	4,4 v. H.
S. subspicata Baker	2,15—4,61 v. H.

Die Pflanze liebt tropisches Klima mit Temperaturen zwischen 15—38° C und ist empfindlich gegen niedrige Temperaturen (69). Sie kommt zwar in trockenen Landstrichen vor, scheint aber doch eine gewisse Bodenfeuchtigkeit zu beanspruchen (69, S. 24). Sie wächst auf magerem Boden langsam (70, S. 2), ergibt auf besserem Boden höhere Fasererträge (2). Alle Arten stellen übrigens nicht die gleichen Ansprüche; manche ziehen feuchten Boden vor, andere gedeihen sogar auf dem Dünensand der Meeresküste (67).

Die Ausbeutung der Wildbestände erfordert kaum Pflegearbeiten. Die abgeernteten Bestände ergänzen sich von selbst wieder.

Über die Zeit der Schnittreife gehen die Angaben in der Literatur sehr auseinander (70, S. 30f.). *Michotte* glaubt, daß Klima und Boden hier einen wesentlichen Einfluß ausüben. In den Tropen und auf gutem Boden erreicht die Pflanze schnell die Schnittreife, im günstigen Fall im ersten Jahr, außerhalb der Wendekreise und auf schlechterem Boden erst nach 1—3 Jahren (69, S. 32f.). Der Schnitt der Blätter braucht nicht zu einer bestimmten Zeit zu erfolgen.

Bei der Aufbereitung lassen sich, abgesehen von primitiven Methoden der Eingeborenen, zwei Verfahren unterscheiden: Röste und mechanische Ausarbeitung. Die Röste geht leichter vonstatten, die maschinelle Entfaserung soll jedoch eine bessere Faser ergeben (8). Die Faser ist lang und fest, aber nur in der Seilerei zu verwenden, wie geringwertiger Sisalhanf. Die Eingeborenen verstehen es, Fangstricke und Bogensehnen daraus zu verfertigen, daher die Bezeichnung „Bogenstranghanf" (Bowstring hemp). Andere Handelsnamen sind „Afrikanischer Hanf", „Ceylonhanf", für die Faser von *S. guineensis* auch „Konje hemp", für die Faser von *S. Kirkii* „Pangani hemp" (8).

LÄNDERBERICHTE

Sanseviera-Arten kommen im ganzen tropischen Afrika vor, werden aber meist nur von den Negern verwendet.

In Deutsch-Ostafrika ist *Sanseviera* eine in der Parklandschaft, Baum- und Buschsavanne häufige Pflanze. An der Mittellandbahn, am Ostufer des Viktoriasees und an anderen Stellen werden die Bestände mit Maschinenanlage aufbereitet.

In Kenya wurde die Nutzung vor dem Weltkrieg in Angriff genommen, aber als unrentabel fallen gelassen, und man wandte sich dann lieber dem Sisal zu (2, S. 51).

In Uganda ist die hier „bugogwa" genannte Pflanze häufig. Die Neger gewinnen die Faser durch Röste oder Schaben mit dem Buschmesser (69, S. 38f.).

In Abessinien wurde *S. Ehrenbergii* vor dem Weltkrieg in Diredaua maschinell aufgearbeitet (69, S. 37). Der Betrieb wurde später jedoch wieder stillgelegt. Die Pflanzen wachsen hier nicht in genügend großen Mengen.

In Erythrea hat die italienische Verwaltung 1902 Sansevieren eingeführt, deren Kultur sich auch entwickelte. In Italienisch-Somaliland bringt man neuerdings der *S. Stuckyi Godefroy* Interesse entgegen (66).

In Nordrhodesien ist die Pflanze sehr häufig, die Faser wird von vielen Eingeborenenstämmen verwandt (4, S. 182).

In Angola ist *S. cylindrica*, von den Negern „hiff" genannt, sehr häufig (4, S. 182). Es wird berichtet, daß aus der Faser Säcke angefertigt werden (71, S. 264).

In Belgisch-Kongo wurden 1911 Sansevieren angepflanzt, die eine gute Faser ergaben (69, S. 38). In Französisch-Kongo wird die Faser von den Eingeborenen mit der Hand oder durch Röste gewonnen, ähnlich in Französisch-Guinea (69, S. 36).

Die *Sanseviera* ist in Algerien und der Cyrenaika eingeführt, in letzterer Kolonie hat die Station Fuehiat Anbauversuche unternommen.

Die *Sanseviera* wird heute in Afrika nirgends kultiviert. Es werden lediglich Wildbestände ausgebeutet, meist nur gelegentlich von den Eingeborenen, in seltenen Fällen von europäischen Unternehmungen.

4. Neuseeländischer Flachs, Phormium tenax Forst.

Der Neuseeländische Flachs oder Maori-Flachs (*Phormium tenax L. Forst.*) gehört zur Familie der *Liliaceen* und der Unterfamilie der *Asphodeloideen* und ist in Neuseeland beheimatet. Die Maori, die ihn seit langem nutzen, unterscheiden drei Sorten: Sumpfflachs, Bergflachs und Feldflachs, die sich durch die Faserbeschaffenheit unterscheiden. Die Pflanze ist stammlos und trägt fächerförmige Bündel lederartiger, schwertförmiger Blätter von 1—2 m Länge und einigen cm Breite und treibt einen langen Blütenschaft mit einer Trugdolde (8; 73). Das Gefäßbündelsystem ist stark entwickelt: 8 Tonnen Blätter liefern eine Tonne Flachs und 2—3 Doppelzentner Werg, ein Teil der Faser geht außerdem noch verloren (8). Die Blätter haben einen Fasergehalt von etwa 20 v. H.

Der Neuseeländische Flachs liebt ein feuchtes und mehr gemäßigtes Klima ohne Temperaturextreme. Der Boden darf nie völlig austrocknen. Auf sumpfigem Boden wird die Faser länger, fester und feiner als auf trockenem, steinigem Boden (8; 73). Vor der Anlage einer Pflanzung muß der Boden gut durchgearbeitet sein. Man verwendet Sämlinge, die in Saatbeeten angezogen werden oder Rhizomstücke (3; 73).

Als günstige Zeit für den Schnitt der Blätter gilt in Neuseeland bei den Eingeborenen das Erscheinen des Blütenschaftes (73). Die Blätter lassen sich leicht abschneiden. Zur Aufbereitung wird in Australien eine Warmwasserröste angewandt, in Neuseeland von den Maoris ein einfacher Schabeprozeß, von den Kolonisten eine maschinelle Entfaserung, die noch zu vervollkommnen ist. In einem mit einer Schlagtrommel versehenen Quetschwerk werden die frischen Blätter entfasert, die Fasern von anhaftenden Blattresten befreit. Danach wird die Faser gewaschen und getrocknet. Je sorgfältiger die Ausarbeitung ist, desto feiner wird die Faser (8).

Die Faser ist der Jute und dem Manilahanf überlegen. Sie hat den Nachteil, daß sie gegen langdauernde Einwirkungen des Meerwassers eine geringe Widerstandsfähigkeit zeigt (8). Sie dient zur Herstellung von Seilerwaren, Säcken, Teppichen und auch von Bindegarn. Systematische Versuche, die das Imperial Institute in London anstellte, ergaben, daß Neuseelandhanf nach neunmonatigem Einfluß des Meerwassers hinsichtlich der Festigkeit etwa in der Mitte zwischen ostafrikanischem Sisal und Manilahanf steht. Die Verlustprozente waren nach 9 Monaten im Vergleich zu den anderen Fasern gering und nur bei gebürstetem ostafrikanischem Sisal günstiger (10). Neuseelandhanf darf in der englischen Marine nur für bestimmte Zwecke, aber nicht für Tauwerk verwandt werden (2; 8). In Neuseeland sind Züchtungsversuche zur Verbesserung des Neuseelandhanfes eingeleitet (10).

EINZELNE ANBAUGEBIETE

Dem Neuseeländischen Flachs hat in letzter Zeit der Sisal erheblich den Markt strittig gemacht und besonders in den Vereinigten Staaten den Verbrauch eingeschränkt (8). Die Weltausfuhr betrug in den letzten Jahren (in t) (10):

1928	12590	1934	4900
1930	11650	1935	4500
1932	4000	1936	6500
1933	6400	1937	7500

Der Hauptanteil der Welterzeugung kam stets aus Neuseeland. Doch sind in einer Reihe anderer Länder Anbauversuche unternommen worden, innerhalb Afrikas in Natal, auf Mauritius und St. Helena.

In Natal wird Neuseeländischer Flachs im Norden der Kolonie an den Grenzen von Newcastle Town Lands gezogen. Das Pflanzgut stammt aus St. Helena (3).

Auf St. Helena bestreitet diese Kultur bereits einen wesentlichen Anteil der Ausfuhr. In den Jahren nach dem Weltkrieg nahm sie 280 bis 360 ha ein, die ungefähr 600 t Faser und 250 t Werg erbrachten (4). Die Höchstmenge wurde 1925 mit 943 t Faser und 420 t Werg erreicht. In den Aufbereitungsanlagen, die damals in Betrieb waren, arbeiteten 300 Personen, $^1/_{10}$ der Inselbevölkerung (3). Die Anbaufläche betrug 1937 850 ha (5, S. 514). Von den neun

Aufbereitungsanstalten war 1938 nur eine in Betrieb (Nachtausgabe vom 23. September 1938).

In den letzten Jahren zeigt die Insel folgende Ausfuhrziffern an Faser und Werg in t (12; 9 d, S. 712f.):

Jahr	Faser	Werg	Jahr	Faser	Werg
1927 . .	738	365	1933 . .	668	285
1928 . .	770	380	1934 . .	568	447
1929 . .	889	505	1935 . .	857	319
1930 . .	541	342	1936 . .	804	426
1931 . .	645	296	1937 . .	1110	420
1932 . .	234	144	1938 . .	290	200

5. *Ananasgewächse, Bromeliaceae*

Die feinsten Monokotylenfasern liefert eine Reihe von Ananasgewächsen *(Bromeliaceae)* aus den Gattungen *Ananas (sativus Schult., bracteatus Schult., macrodontes Morr.), Karatas (Plumieri E. Morren), Bromelia (silvestris Willd., Pinguin L., Pigna Perrotte)* und *Neoglaziovia (variegata Mez).* Die Haarananas *(Tillandsia usneoides)* liefert vegetabilisches Roßhaar. Bei den Einheimischen und im Handel werden die Fasern als „silk grass", „pineapple fibre", „Pita", „Penguin", „Caroá" usw. bezeichnet (4; 8). „Caroá" ist ein Sammelbegriff: die besten Fasern dieser Art stammen von *Neoglaziovia variegata,* die von Piauhy bis Pará, und zwar besonders in Ceará wild vorkommt und werden noch höher eingeschätzt als die Fasern der wilden Ananas (74; 77).

Sämtliche Arten sind in Südamerika zu Hause, zum Teil aber heute in vielen anderen warmen Ländern anzutreffen, in erster Linie die Ananas *(Ananas sativus)* (vgl. Obst und Früchte). Sie verlangt feuchten, humusreichen Boden, wenn sie eine feine Faser liefern soll; auf trockenem, steinigem Boden wird die Faser grob und hart (8).

Die Anbaumethoden, auf die ausführlicher bei der Behandlung der Ananas als Obstpflanze eingegangen wird, müssen zur Fasergewinnung etwas abgeändert werden, die Fruchtanlagen sind wegzuschneiden. Zieht man sie gleichzeitig zur Frucht- und Fasergewinnung, so bleiben die Blätter kurz, und die Faser wird hart und steif (8).

Aufbereitung. Die Faser wird durch Schaben mit der Hand gewonnen, die gewonnene Faser wird gewaschen, getrocknet, gebleicht und ausgekämmt. Tausend Blätter liefern rund 10 kg Fasern (8). Neuerdings ist eine Entfaserungsmaschine konstruiert worden: in Frästrommeln werden die Blätter auf niedrige Leisten gelegt und mit niedrigen Messern intensiv bearbeitet. Die Zufuhr der Blätter erfolgt wie bei den Sisal-Entfaserungsmaschinen (76).

Die Faser wird zu Seilen, Schnüren und bei feiner Beschaffenheit zu einem feinen seidenartigen, eigenartig durchsichtigen, gewebeartigen Geflecht, dem sog. Ananasbatist, verarbeitet (8). Bisher wird sie hauptsächlich in Südamerika, China und auf den Philippinen genutzt. Die Wirtschaftlichkeit der sich in Afrika mehr und mehr ausbreitenden Ananaskultur ließe sich durch die Verwertung der Blätter, die bei der Früchtegewinnung nur einen Abfall bilden, wesentlich heben, wenn es gelingt, auch von der Obst liefernden Pflanze eine brauchbare Faser zu ernten. Während des Weltkrieges wurden 1915 versuchsweise Garne und Stoffe aus im Bezirk Daressalam gewonnener Ananasfaser hergestellt, doch war das Gewebe zu hart für Uniformstoffe. 1916 wurden in Morogoro aus Ananasfaser Gurte als Gewehrriemenersatz verfertigt (75).

6. *Manilahanf und andere Bananenfasern, Musa sp.*

Die Faserbanane (*Musa textilis Née*), die den Manilahanf liefert, ist auf den Philippinen beheimatet. Die Philippinos nennen sie „Abacá", danach werden auch in der europäischen Literatur Pflanze und Faser oft mit diesem Namen bezeichnet. Genaueres über Botanik, Standortsbedingungen und Kultur vgl. unter Banane im Abschnitt Obst und Früchte. Hier soll nur auf Besonderheiten der Faserbanane eingegangen werden.

Die Faser entstammt — wie die Faser anderer Bananenarten — den Blattscheiden, die den Scheinstamm der Bananenstaude bilden. Die inneren Blattscheiden enthalten eine feinere, die äußeren eine gröbere Faser (4).

Klimaansprüche. Die Abacá verlangt hohe Wärme, große Feuchtigkeit ohne längere Trockenperioden und Windschutz, sie zieht daher das tropische Tiefland höheren Lagen vor, geht jedoch auf den Philippinen bis 1200 m hinauf (4). Auch in ihrer Heimat wächst sie nur in ganz bestimmten Landstrichen (4; 8).

Der Boden muß fruchtbar sein, am besten ist alluvialer oder vulkanischer Verwitterungsboden; auf den Philippinen wählt man für Abacá einen roten, tonreichen Boden aus, der durch Zersetzung vulkanischer Auswurfmassen entstanden ist.

Kultur. Die Faserbanane wird auf sorgfältig gerodeten, vom Unterholz und Kräutern befreiten Urwaldboden gepflanzt, die großen Bäume bleiben als Windschutz stehen. Die Asche der verbrannten Pflanzenteile dient als Dünger. Vor allem verlangt die Faserbanane große Mengen Kali. *Koenig* (4) fand die Asche ihrer Früchte so kalihaltig wie die keiner anderen Pflanze. Kali begünstigt das Wachstum der Pflanzen, beschleunigt die Schnittreife und erhöht die Reißfestigkeit der Faser (78). Neuanpflanzungen werden meist mit Schößlingen angelegt. Gepflegt wird die Abacá kaum. Ein Fruchtwechsel ist unbekannt, man nutzt die Bestände 12—25 Jahre hintereinander.

Der günstigste Zeitpunkt des Schnittes ist die Blütezeit, sie wird, je nach der Gegend, in 12 Monaten bis nach 3 Jahren erreicht. Je Wurzelstock können jedes Mal ein bis drei Scheinstämme geschnitten werden, nach 6—8 Monaten sind die nächsten schnittreif (4). Die Scheinstämme werden etwa

48 Stunden nach der Ernte entfasert. Das geschieht mit der Hand in zwei Arbeitsgängen. Die äußeren, faserhaltigen Teile werden zunächst von den fleischigen Teilen getrennt und sortiert, dann erfolgt die eigentliche Entfaserung mit Hilfe eines sehr einfachen Abstreifapparates, des „paguyan“ oder „jagutan“ (8). Je nach der Benutzung eines gezähnten oder eines stumpfen, glatten Messers erhält man viel und grobe oder wenig und feine Fasern. Die Faser muß so schnell wie möglich trocknen, damit sie sich nicht verfärbt, dann wird sie gebündelt und verkauft. Die Faserabfälle dienen zur Düngung der Bananenpflanzungen oder zur Papierbereitung (Manilapapier) (4; 8). Für die maschinelle Aufbereitung sind in letzter Zeit Maschinen konstruiert worden, die ein brauchbares Erzeugnis liefern.

Der Manilahanf zeichnet sich durch große Stärke und Leichtigkeit aus. Die groben Sorten werden vor allem zu Stricken, Tauen und Kabeln, in erster Linie zu Schiffstauen verarbeitet. Es kommt diesem Verwendungszweck zugute, daß die Manilataue auf dem Wasser schwimmen; die Faser enthält nur 12,9 v. H. Wasser und kann bis zu 45—56,1 v. H. Wasser aufnehmen. Eingeschränkt wird die Gebrauchsmöglichkeit dadurch, daß der Manilahanf sich nicht teeren läßt. Die mittleren Sorten werden zu Bindegarn verwandt. Die feineren Sorten werden auf den Philippinen zu den verschiedenartigsten Geweben verarbeitet, ferner zu Hängematten, Hüten usw., oft mit Baumwolle und Seide vermischt (4; 8).

EINZELNE ANBAUGEBIETE

Das Hauptanbaugebiet des Manilahanfs sind stets die Philippinen gewesen, deren wichtigstes Ausfuhrgut er darstellt. Die Ausfuhrziffern der Philippinen in Tonnen waren in den letzten Jahren folgende:

1928 . . .	131047	1935	187375
1933 . . .	152625	1936	161875
1934 . . .	175000	1937	164500 (11).

Der Manilahanf, der in den Handel gelangt, stammt von angebauten Pflanzen her. Auf den Philippinen selbst wird daneben auch Faser wildwachsender Stauden benutzt (8), die aber nur ein geringwertiges Erzeugnis in kleinen Mengen liefert (6).

Man hat die Faserbanane in zahlreichen anderen Ländern eingeführt, in Niederländisch-Indien, Nordborneo, auf den Andamanen, in Neu-Guinea, Westindien, Neu-Kaledonien und anderen Ländern, aber meist mit geringem Erfolg.

In Deutsch-Ostafrika wurde *Musa textilis* mit Erfolg angepflanzt und gab ein gutes Erzeugnis, (4) desgl. in Kamerun.

Eine Anbaumöglichkeit der Faserbanane besteht sicherlich in vielen Gebieten, in denen andere Bananen gedeihen, wenn auch das afrikanische Klima nur in wenigen Landstrichen dem tropischen Inselklima der Philippinen entspricht, das für ein gutes Gedeihen der *Musa textilis* Voraussetzung ist. Die Entfaserung im Handverfahren kommt bei der dünnen Bevölkerung Afrikas nicht in Frage. Sie müßte maschinell durchgeführt werden.

Die übrigen Bananenarten enthalten ebenfalls eine Faser, die zum Teil seit langem verwertet wird, so die Faser von *Musa basjoo Sieb. et Zucc.* auf den Riukiu-Inseln, *M. silvestris Colla* in Tongking, *M. ensete* in Neusüdwales (8). Deutsch-Ostafrika hat hin und wieder kleine Mengen Faser von *M. sapientum Holstii O. Warb.* und *ulugurensis K. Schum.* ausgeführt (6). Die Faser von *M. Holstii* ist besser als die von *M. ulugurensis*; nach *Wiesner* (8) erreichen die Fasern sämtlicher genannter Arten aber nicht den Manilahanf an Güte.

Wichtiger ist die Frage der Verwertung der Essbananen-Scheinstämme zur Fasergewinnung. Das Rohmaterial steht jedem Bananenpflanzer in großen Mengen zur Verfügung. Die Ausbeutung würde daher eine sehr willkommene Nebennutzung gewähren. Fasergehalt und Fasergüte stehen nach den neuesten Anschauungen denen von *Musa textilis* nicht oder kaum nach. Die Entfaserung müßte sofort — spätestens 48 Stunden — nach der Ernte der Fruchtbündel geschehen. Die Möglichkeit, dann eine brauchbare Faser zu erzielen, ist längst erwiesen (79). Die inneren Teile von *Musa sapientum L.*, der Obstbanane, geben bei richtiger Aufbereitung eine gute Faser. Die Faser von *Musa Cavendishii*, der Zwergbanane (chinesische oder kanarische Banane), zeigt dieselbe Reißfestigkeit wie die von *M. textilis* und eine höhere Dehnbarkeit (79). Die Faser von *M. paradisiaca* (Mehlbanane) soll noch besser als die von *M. sapientum* (Obstbanane) (79) sein.

Auf Fernando Po wurde *Musa paradisiaca* ausgebeutet (81). In Belgisch-Kongo hat man im Botanischen Garten zu Eala bei Coquilhatville Versuche mit *M. sapientum* und *M. sinensis (= Cavendishii)* unternommen (81, S. 17). Im Gabungebiet fertigen die Negerfrauen aus Mehlbananenfasern *(Musa paradisiaca)* Fischnetze u. a. m. an (84). Auf den Pflanzungen am Kamerunberg (vgl. u. Obst und Früchte) stellt man aus der Obstbananenfaser Wundbinden u. ä. her. Ob die Fasergewinnung wirtschaftlich ist, müssen erst weitere Versuche lehren (*Domke, W.*, Botanische Untersuchungen in Kamerun 1938. In: Mitteil. d. Gruppe Dt. Kolonialwirtsch. Unternehmungen, 1. Bd. Berlin 1939, S. 38). Auf Java hat eine Pflanzung mit Eßbananenfasern höhere Preise erzielt als mit Jute. Daß die Arbeiten nicht fortgesetzt wurden, lag daran, daß die benutzten Maschinen ungeeignet waren (81, S. 89).

Die Hauptschwierigkeiten, die der doppelten Nutzung der Eßbananen entgegenstehen, sind betriebstechnischer Art: 1. die Entfaserung muß sofort bei der Ernte der Früchte vorgenommen werden, die bereits alle Arbeitskräfte in Anspruch nimmt; 2. die Transporteinrichtungen sind für die Fruchtbündel berechnet, nicht für die Scheinstämme, die zur Entfaserungsanstalt geschafft werden müssen.

In Abessinien wird aus den Blattmittelrippen der *M. ensete*, die in der Woina Dega viel gepflanzt wird und ein wichtiges Nahrungsmittel liefert, durch Schaben mit einer Art Messer die Faser freigelegt und zu Stricken, Gewändern, Säcken und dergl. verarbeitet (*Kostlan*, Die Landwirtschaft in Abessinien, 1. Teil, Tropenpflanzer Jhg. 14 [1913], Beiheft Nr. 3, S. 239f.).

Anhangsweise sei erwähnt, daß neuerdings die Verwertung der Scheinstämme des zur Bananenfamilie (*Musaceen*) gehörigen „Baumes der Reisenden" (*Ravenala madagascariensis*) auf Madagaskar zur Papierbereitung in Angriff genommen worden ist, nachdem Versuche befriedigende Ergebnisse gezeitigt haben (80; 83).

Schrifttum

Blatt- und Scheinstammfasern

a) Allgemeines.

1. Andring, E., La culture du sisal dans le monde et la chanvre de Manille. Bull. économ. de l'Indochine, Renseignements Jhg. 2 (1927), S. 375—79.
2. Goulding, Textile fibres of vegetable origin: forty years of investigation at the Imperial Institute. Bull. of the Imp. Inst. Jhg. 35 (1937), S. 27—56.
3. Grunwald, H., Anbaugebiete und Weltproduktion von Sisal, Mauritiushanf, Neuseeländerflachs und Manilahanf. Tropenpflanzer Jhg. 30 (1927), S. 333—40.
4. Koenig, P., Die Weltwirtschaft und Landwirtschaft der Hartfasern. In: Technologie der Textilfasern, 5. Bd., II. Teil. Berlin 1927.
5. Martens, O. und Karstedt, O., Afrika. Ein Handbuch für Wirtschaft und Reise. 1. Bd. Wirtschaft. Berlin 1938.
6. Oakley, F. J., Long vegetable fibres. London 1928.
7. Schoen, L., Rohstoffkammern der Weltwirtschaft. 1. Bd. Afrika. a) Berlin 1937. b) 2. erg. Aufl. 1939.
8. Weese, J. und Zeisel, S., Fasern und Baste. In: J. v. Wiesner, Rohstoffe des Pflanzenreiches. 1. Bd. Leipzig 1927.
9. ..., Annuaire International de Statistique Agricole. a) 1935/36, b) 1936/37, Rom 1937, c) 1937/38. Rom 1938, d) 1939—40. Rom 1940.
10. ..., Empire fibres for marine cordage. Bull. of the Imp. Inst. Jhg. 31 (1933), S. 30—39, Ref.: Vergleichende Versuche mit Marinetauwerk von afrikanischem Sisal, Manilahanf und Neuseelandhanf vom Imperial Institute London. Tropenpflanzer Jhg. 35 (1932), S. 446—47.
11. ..., Der Hartfaserweltmarkt in den Jahren 1931, 1933, 1934, 1937. Tropenpflanzer Jhg. 35 (1932), S. 390—92; Jhg. 37 (1934), S. 498—99; Jhg. 38 (1935), S. 496—98; Jhg. 41 (1938), S. 12.
12. ..., Statistical Abstract for the British Empire (1927 to 1936). London 1937.

b) Sisal.

13. Braun, K., Die Sisalagave. Der Pflanzer Jhg. 10 (1914), S. 95 und Sonderdruck S. 188—97.
14. Carde, J., Possibilités de développement et de production du Sisal au Soudan Français et au Côte d'Ivoire. Rev. Intern. des Prod. Colon. Jhg. 5 (1930), S. 81.
15. Doughty, L. B., Experimental Creeding of fibre agaves in East Africa. East Afric. Agric. Journal Jhg. 3 (1937), S. 222—28, S. 268—78.
16. Falck, F., La culture de l'Agave-Sisal en Algérie. Rev. Intern. des Prod. Colon. Jhg. 15 (1930), S. 17—18.
17. Figueiredo Gomes e Sousa, A., Recolonizaçao do distrito de Inhambane. Bol. da Soc. de Estudos da Col. de Moçambique Jhg. 5 (1936), S. 237—83.
18. Fouque, R., Quelques remarques sur la culture du sisal en Afrique. Rev. Intern. des Prod. Colon. Jhg. 15 (1930), S. 4—8.
19. Freise, F. W., Zur Frage der Verwertung von Sisalabfall. Tropenpflanzer Jhg. 37 (1934), S. 419—22.
20. Grunwald, H., Anbaugebiete und Weltproduktion von Sisal, Manilahanf, Neuseeländischem Flachs und Mauritiushanf, Tropenpflanzer Jhg. 30 (1927), S. 333—40.
21. Hacquart, A., La culture du sisal au Congo Belge. Agric. et Elevage du Congo Belge Jhg. 10 (1936), S. 130—32.
22. Hacquart, A., La culture du sisal au Congo Belge. Bull. de L'Office Colonial Jhg. 27 (1938), S. 279—91.
23. L'Heureux, L., L'Agave sisal. Agric. et Elevage au Congo Belge Jhg. 6 (1932), S. 147—49.
24. Hindorf, R., Der Sisalbau in Deutsch-Ostafrika. Berlin 1925.
25. Hindorf, R., Warum kommen wir mit der Verwertung des Sisalblattabfalles nicht weiter? Tropenpflanzer Jhg. 36 (1933), S. 459—65.
26. Howard, A., Die Erzeugung von Humus nach der Indore-Methode. Tropenpflanzer Jhg. 39 (1936), S. 46—83.
27. Jakob, A., Zur Frage der Düngung tropischer Kulturen. Tropenpflanzer Jhg. 39 (1936), S. 193, S. 201.

28. Layzell, S C, The composting of sisal waste. East African Agric. Jhg. 3 (1937), S. 26—29.
29. Lecourt, B., La culture de l'agave-sisal au Maroc. La Terre Marocaine 1937, S. 13—17.
30. Letzgus, E. V., Possibilités offertes par le Soudan Français à la culture du sisal. Rev. Intern. des Prod. Col. Jhg. 15 (1930), S. 9—12.
31. Lock, W. G, The cultivation of Sisal. The East African Agric. Journ. of Kenya, Uganda, Tanganyika and Zanzibar 1935, S. 73—75.
32. Lock, G. W., A study of methods of cultivating sisal in Kenya in comparision with those used in Tanganyika. East African Agric. Journal (1937), S. 392—96. Ref.: Verschiedenheiten in den Kulturmethoden des Sisals in Kenya und Deutsch-Ostafrika. Tropenpflanzer Jhg. 41 (1938), S. 34—37.
33. Lock, G. W., Notes of the economic possibilities of blue sisal. East African Agric. Journ. Jhg. 3 (1938), S. 345 bis 349.
34. Lorenz, R., Die Verwertung von Sisalabfällen, Sisalstrünken und Sisalschäften zur Herstellung von Papierstoff. Tropenpflanzer Jhg. 31 (1928), S. 428—32.
35. Marcus, A., Die Landwirtschaft im Nyassaland. Tropenpflanzer Jhg. 40 (1937), S. 260—62.
36. Marcus, A, Die Sisalversuchsstation Mlingano, Deutschostafrika. Tropenpflanzer Jhg. 41 (1938), S. 169—70.
37. Marcus, A., Die Kultur des Sisals im Französischen Sudan und auf Madagaskar. Tropenpflanzer Jhg. 41 (1938), S. 222—23.
38. Marx, Th. und Hindorf, R., Vorschläge zur praktischen Verwertung des Sisalblattabfalles im Pflanzungsbetrieb, Diskussion des Blattabfall-Problems. Tropenpflanzer Jhg. 40 (1937), S. 457—79.
39. Mello-Geraldes, O. de, Le Sisal (Agave sisalana Perrine) au Mozambique. Rev. de Bot. Appl. et d'Agric. Trop. Jhg. 5 (1925), S. 500; Cah. Col. Suppl. Techn. Jhg. 22 (1926), S. 145.
40. Mello-Geraldes, O. de, Les principaux produits végétaux des Colonies Portugaises. Lissabon 1933.
41 Morstatt, H, Degeneration bei Kulturpflanzen und die Frage des Vorkommens bei Sisal. Tropenpflanzer Jhg. 34 (1931), S. 95—99.
42. Nowell; W., Agave amaniensis, a new form of fibre producing agave from Amani. London, Bull. of miscell. inform., Kews Gardens 1933, S. 465—70.
43. Poirier, M., Le sisal dans l'Afrique Orientale Britannique (Kenya, Uganda, Tanganyika). Agric. et Elevage au Congo Belge 1932, S. 55—57.
44. Ponti, G de, La coltivazione dell'Agave nella Colonia Eritrea. Rassegna Econom. delle Colon. 1930, S. 1005—09.
45. Rollot, Ch., Le Sisal. La Revue de Madagascar 1936, S. 7—21.
46. Rollot, Ch., Le sisal à Madagascar. L'Inst. Colon. du Havre Jhg. 8 (1936), S. 3—7.
47. Saunion, E. L., Contribution à l'étude du sisal et de la culture en Guinée française. Ann. de l'Inst. Colon. de Bordeaux 1929, S. 1—8.
48. Schmidt, G A., Agave Lespinassei. Tropenpflanzer Jhg. 36 (1933), S. 497—98.
49. Simon, M., Le Sisal. Bull. Mens. de l'Inst. Colon. du Havre Jhg. 9 (1937), S. 13—15.
50. Tobler, F., Sisal und andere Agavenfasern. Wohltmannbücher, 10. Bd., Berlin-Charlottenburg u. Leipzig 1931.
51. ..., Absorption of water by Sisal and Manila ropes on immersion: increase of weight and girth. Bull. of the Imp. Inst. 1932, S. 407—12.
52. ..., L'agriculture du Congo Belge en 1936. Bull. agric du Congo Belge Jhg. 28 (1937), Nr. 2 und 3.
53. ..., Amani third and fifth Annual Report 1930/31 and 1932/33, Sisal. East African Agric. Res. Stat. Amani. 1931 und 1933.
54. ..., Cultura e exportaçao do sisal angolano. Bol. geraldas colonias Jhg. 12 (1936), S. 102—05.
55. ..., Les cultures de sisal de Diakandapé. Rev. Intern. des Prod. Colon. Jhg. 15 (1930), S. 13—14.
56. ..., Les cultures de Sisal de l'Empire Britannique et leur importance pour l'industrie de la corderie. Rev. Intern. des Prod. Colon. Jhg. 15 (1930), S. 25—35.
57. ..., Annual Report of the Departm. of Agric. Nyassaland Protectorate 1931—35. Zomba.
58. ..., Sisalanbau und -produktion in Portugiesisch-Ostafrika. Tropenpflanzer Jhg. 30 (1927), S. 446—448.
59. ..., Die Sisalerzeugung in Kenya. Tropenpflanzer Jhg. 36 (1933), S. 37—38.
60. ..., The Sisal Experimental Station (Dep. of Agric., Tanganyika Territ.). Report of the year 1936. Daressalam 1937.
61. ..., Sisal hemp plantations in the Gold Coast. Bull. of the Imp. Inst. Jhg. 21 (1923), S. 497.
62. ..., Sisalindustry in Angola: Government assistance. Bull. of the Imp. Inst. Jhg. 30 (1932), S. 483—85.
63. ..., Sisal in South-Africa. Tropical Life Jhg. 30 (1934), S. 28—29.

c) Mauritiushanf.

64. Michotte, F., Agaves et Fourcroyas. Paris 1931.

d) Sanseviera.

65. Ammann, P., La Sansevière en A.O F. Bull. Mens. Agric. économ. A.O.F. Jhg. 6 (1925), S. 101.
66. Calvino, M., Una sanseviera gigantesca da fibre tessile. L'Italia agricola Jhg. 74 (1937), S. 249—54.
67. Corbin, F., La Sansevière. Ann. de l'Inst. Colon. Bordeaux 1929, S. 74.
68. Heim de Balsac und Roehrich, O, Valeur textile de Sansevières de l'Oubangi-Chari. Bull. Agric. Génér. des Col. Jhg. 19 (1926), S. 380.
69. Michotte, F., Les Sansevières. Culture et exploitation. Paris 1915.

70. Piani, G., Le piante tessili della Cirenaica. Rassegna Economica delle Colonie 1932, S. 61—102.
71. Ross, J. H. H., Zur Frage des Jute-Ersatzes. Faserforschung Jhg. 10 (1933), S. 262—67.
72. ..., Les Sansevières au Jardin Botanique d'Eala. Bull. Agric. du Congo Belge Jhg. 14 (1923), S. 388.

e) Neuseeländischer Flachs.

73. ..., Phormium tenax Forst. Rev. Agric. de l'Ile de la Réunion 1930, S. 246—50.

f) Ananasgewächse (Bromeliaceen).

74. Gehlsen, C. A., Die Faserpflanze Caroá. Tropenpflanzer Jhg. 40 (1937), S. 444—47.
75. Halama, M., Ananasfasergurt — ein Kriegserzeugnis aus Deutsch-Ostafrika. Faserforschung Jhg. 1 (1921), S. 145.
76. Marcus, A., Neue Entfaserungsmaschine für Blätter von Bromeliaceen, Juccaceen u. a. Tropenpflanzer Jhg. 34 (1931), S. 257.
77. Tobler, F., Caroá-Faser. Faserforschung Jhg. 3 (1923), S. 228.

g) Manilahanf und andere Bananenfasern.

78. C. E., Influence de la potasse sur le développement de l'Abaca (Musa textilis) et la résistance de sa fibre. L'Agronomie Coloniale Jhg. 21 (1932), S. 93—94.
79. Halama, M., Faserverwertung von Eßbananenstämmen. Faserforschung Jhg. 2 (1932), S. 272—76.
80. Luc, M., De Rave ala van Madagaskar. De. Ind. Culturen Jhg. 13 (1928), S. 835.
81. Michotte, F., Les Bananiers Textiles. Traité Scientifique et Industriel des Plantes Textiles. Soc. de Propagande Coloniale. Bull. Nr. 3—6. Paris 1931.
82. Tobler, F., Die Manilahanfindustrie, ihre Schwierigkeiten und Aussichten. Faserforschung Jhg. 6 (1927), S. 38.
83. Vidal, L., Brot, M. und Aribert, M., Essais industriels effectués à l'Ecole française de papeterie. L'Agronomic Coloniale Jhg. 19 (1930), S. 33.
84. Walker, A., Le bananier plantain au Gabon. Rev. de Bot. Appl. et d'Agric. Trop. Jhg. 11 (1931), S. 18—27.
85. ..., Die Fasern von Obstbananen. Tropenpflanzer Jhg. 31 (1928), S. 372.

D. PALMENFASERN

1. Raphia und Piassava, Raphia Pal. Beauv.

Als Lieferanten von Raphiabast und Piassavafaser kommen in Afrika eine Anzahl Arten der Gattung *Raphia Pal. Beauv.* in Betracht (s. Abb. 9). Es sind schnellwüchsige Fiederpalmen mit langen Wedeln. Die Größe der Wedel, die innerhalb der Gattung außerordentlich schwankt, übertrifft oft die des Stammes (3). Die Raphiapalme erreicht ein Alter von 20—30 Jahren, mit der Reife des endständigen, großen, hängenden Fruchtstandes stirbt sie ab (3; 22).

Von den afrikanischen Arten verdienen folgende genannt zu werden:

R. ruffia (Jacqu.) Mart. (= R. pedunculata Pal. Beauv.), Bambupalme, 15—20 m hoch mit bis 12 m langen Blättern, in Madagaskar, Sansibar, Pemba und einigen Landschaften Ostafrikas (3).

R. tamatavensis Sadebeck in Madagaskar (12, S. 444), nach *Pierre de la Bathie* nur eine Abart der vorigen (20).

R. vinifera Pal. Beauv., Weinpalme, 3 m hoch mit 6 m langen Blättern in Oberguinea.

R. textilis Welw. (= R. Welwitschiana Wendl.) in Angola (3).

Im Kongogebiet trifft man folgende Arten an:

R. Gentili De Wild., R. Laurentii De Wild., R. Sese De Wild. und *R. Mombuttorum Drude* (20). Die letztere ist in Zentralafrika beheimatet und besonders am Viktoriasee häufig, ihr Stamm wird bis 5 m hoch, die Blätter bis 8 m und die Fiedern bis 1,3 m lang.

Die Raphiapalmen lieben ein feuchtwarmes Klima, wachsen daher vorzugsweise im tropischen Tiefland und steigen nur ausnahmsweise in größere

Abb. 9. Raphiapalme

Höhen hinauf (vgl. die einzelnen Länder, z. B. Madagaskar). Am meisten trifft man sie an der Meeresküste, an Flußufern und am Rande von Seen und Sümpfen (3; 20, S. 17). Häufigkeit und Standdichte sind in den einzelnen Ländern ganz verschieden (vgl. u. a. bei Madagaskar u. Belgisch-Kongo).

Genutzt werden nur Wildvorkommen der Raphiapalmen. In Madagaskar und im tropischen Afrika, z. B. in einigen Teilen des Kongo-Gebietes (21), pflanzen die Eingeborenen Palmen an, ohne sie jedoch weiter zu pflegen. Es ist also erst der Anfang einer Kultur, *Chevalier* (18) spricht von „Protokultur“. Bei *Raphia ruffia* in Madagaskar kann man sogar von einem Beginn der Auslese sprechen; es lassen sich Varietäten oder Lokalrassen bestimmter

Gegenden unterscheiden. In Westafrika werden oft die Vorkommen der *Raphia*, besonders der *R. Hookeri*, rationell bewirtschaftet. In Nieder-Dahome gibt es regelrechte gut gepflegte Bestände wie bei der Ölpalme (18, S. 96). Die Raphiapalmen werden durch den Menschen auf seinen Wanderungen verbreitet, sie sind „synanthrop" oder „anthropochor" (18, S. 98). Andererseits werden die Wildbestände durch die Nutzung oft geschädigt (18, S. 97).

Der Raphiabast liegt unter der nicht abziehbaren Epidermis der oberen Seite der Blätter (19). Über die Aufbereitungsweise siehe Madagaskar. Den besten Bast, im Handel „heller Raphiabast" genannt, liefert *Raphia ruffia*, deren Bastbündel reicher an Bastzellen sind. Der schlechtere Bast, im Handel „dunkler Raphiabast" genannt, stammt von *R. tamatavensis* (12, S. 636). Die westafrikanische *R. vinifera* liefert gröberen, geringwertigeren Bast. Der madagaskische Bast besitzt eine hohe Zugfestigkeit, der westafrikanische ist weniger fest (12, S. 638). Der Raphiabast findet hauptsächlich in der Gärtnerei und Winzerei Verwendung und wird dem Lindenbast vorgezogen, den er an Geschmeidigkeit übertrifft. Zu Flechtarbeiten dienen nur die besseren Sorten. Man fertigt aus dem Bast Matten, Wandschirme und Wandbekleidungen, Vorhänge, Hüte, Hängematten u. ä. an (1). Manche Eingeborenen stellen aus ihm Bekleidungsstoffe her (12, S. 637).

Die Blattscheidenfaser der Raphiapalmen liefert die sog. afrikanische Piassava, die an Güte den brasilianischen Piassavasorten Para- und Bahia-Piassava allerdings nachsteht. Die Piassava wird aber auch von anderen Palmenarten gewonnen. Gewinnung und Sortierung der afrikanischen Piassava sind noch verbesserungsbedürftig (14). Die Faser ist höchstens 60 cm lang, 1—3 mm breit und strohgelb bis zimtbraun gefärbt (12, S. 645). Sie ist brüchiger und hygroskopischer als die brasilianische Piassava. Für die Liberia-Piassava wird nur die Hälfte bis ein Drittel des Preises der brasilianischen Piassava gezahlt (12, S. 646). Über die Aufbereitung der Palmblätter zum Zweck der Piassavagewinnung vgl. Westafrika, Sierra Leone und Liberia. Über weitere Nutzungen der Raphiapalmen s. b. den Einzelländern.

LÄNDERBERICHTE

Das einzige afrikanische Gebiet, das für die Belieferung des Weltmarktes mit Raphiabast Bedeutung hat, ist Madagaskar (s. Karte 2). Die Palme *Raphia ruffia* kommt hier in zahlreichen Varietäten vor, die der Ostküste nennt *Sadebeck R. tamatavensis*. Ursprünglich war *R. ruffia* in der Nordhälfte der Insel heimisch, in der Südhälfte ist sie durch den Menschen eingeführt worden (18, S. 98). Sie findet sich im Küstengürtel und geht im allgemeinen nicht über 600 m ü. M. hinauf, im Südwesten bis zu 1000 m. Besonders reichlich wächst sie in den niedrigen Regionen (bis 300 m), an Flußläufen, in Sümpfen, an feuchten Stellen u. ä. in dichten Beständen (20).

Die Eingeborenen hatten den Nutzen der Raphiapalmen schon vor der Besitznahme der Insel durch die Europäer erkannt. Man gewinnt den Bast aus jungen Blattfiedern. Ältere Blätter geben nur grünen, wertlosen Bast. Die Eingeborenen vermögen den richtigen Zeitpunkt für den Schnitt gut zu erkennen. Das Blatt wird am Blattgrund abgeschnitten, die Fieder mit Hilfe eines scharfen Messers von der Mittelrippe getrennt. In einer Entfernung von 4—6 cm von der Ansatzstelle der Fieder schneidet man die Fieder quer ein und zieht die Oberseite der Fieder bis zur Spitze ab. Am Basalabschnitt der Fieder bleiben nur die Epidermis der Oberseite und die subepidermalen Bastrippen in Form eines 2—3 cm breiten und 1—2 m langen Bandes hängen: der Raphiabast. Das Abziehen kann auch von der Fiederspitze her vorgenommen werden. Die Baststreifen werden gebündelt und zum Trocknen in die Sonne gehängt (1). Nach dem Trocknen werden sie in Zöpfe von 1—2 kg gedreht und in Ballen verpackt versandt (24).

Dichte Bestände, die 500—800 Palmen je ha umfassen, von denen 400 bis 650 jährlich genutzt werden können, sollen im Jahr je ha 1000—1400 kg Bast ergeben, eine einzelne Palme jährlich 2—2,5 kg (24; 27). Die Westküste Madagaskars liefert den höher geschätzten hellen Bast, die Ostküste den weniger wertvollen dunklen Bast (vgl. o.). Die Hauptausfuhrhäfen sind Majunga und Nossi Bé an der Westküste und Tamatave an der Ostküste (20).

Die Raphiabastausfuhr Madagaskars zeigt folgende Entwicklung:

1912 . . .	6991 t	1933	6013 t
1920 . . .	8164 t	1934	6541 t
1924 . . .	6453 t	1935	6567 t
1928 . . .	9907 t	1936	7368 t
1932 . . .	5085 t	1937	8474 t

(9 a, S. 59; 9 b, S. 68f.; 22; 23; 24; 27).

Die Einheimischen stellen aus dem Bast Gewebe („rabanes") her, die auch ausgeführt werden: 1920 230 t (19), 1926 82,952 t (22; 23). Aus dem Fruchtfleisch bereiten sie ein Fett (6), die Stämme zapfen sie zur Palmweingewinnung an. Die Blätter liefern ferner pflanzliches Wachs (20; 27, S. 46), das Herz wird als Palmkohl gegessen (20).

Piassava erzeugt Madagaskar wenig; 1924 waren es 78,6 t (6, S. 195), 1937 979 t. Doch ist nicht sicher, daß sie von *Raphia* stammt, denn auf Madagaskar liefert auch *Vonitra fibrosa Becc.* (= *Dictyosperma fibrosum Wright*) Piassava (1, S. 585).

Die natürlichen Bestände der Bambupalme sind auf Madagaskar durch Rodungen für Kulturen, durch die Ausbeutung der Palmen selbst für Bast-, Palmwein- und Palmkohlgewinnung stark gelichtet worden, was zu Besorgnissen Anlaß gegeben hat. Um die wertvolle Pflanze vor dem Verschwinden zu bewahren, wurde 1931 eine Schonzeit von 5 Monaten eingeführt (19). Es ist auch angeregt worden, sie in dünnbesiedelten Landstrichen, wo sie nicht vorkommt, einzuführen und anzupflanzen (20, S. 17).

Westafrika (s. Karte 2) ist als Lieferant von Raphiabast bedeutungslos, liefert jedoch fast die gesamte afrikanische Piassava. Von letzterer lassen sich zwei Sorten unterscheiden: die „natürliche“ und die „künstliche“ (1). Die erste entsteht dadurch, daß die Blattscheiden am Stamm durch Wind und Wetter in Fasern aufgelöst werden, die letzte wird z. B. durch Rösten gewonnen (vgl. u.), sie bestreitet fast ausschließlich die Piassava des Handels (1). Ihre Haupterzeugungsgebiete sind Sierra Leone und Liberia.

In **Sierra Leone** wachsen die Raphiapalmen in den Süßwasser- und Salzwasser-Sumpfwäldern (7, S. 59f.). Bei Versuchen erwies sich die Ausbeutung von *R. vinifera* weniger vorteilhaft als die von *R. Gaertneri* (26). Die Faser wird durch Röste aufgeschlossen, die auch im Brackwasser vorgenommen werden kann. Sie dauert 3—8 Wochen, häufig ist die Faser erst nach 2 Monaten sauber. Da sie selbst bei einer 105tägigen Röste noch nicht leidet, ist eine lange Röstdauer empfehlenswert (14; 26). Die Ausfuhr ist gegenüber der Vorkriegszeit erheblich gestiegen und erfuhr nur im Jahre 1929 eine Einschränkung, da sich infolge der amtlichen Prüfung der Faser Unstimmigkeiten zwischen Erzeugern und Regierung ergaben (7, S. 60).

Die Ausfuhr betrug in Tonnen:

1913 . . .	852	1934	3718
1925 . . .	2201	1935	3493
1930 . . .	2456	1936	3615
1933 . . .	3556	1937	3446

(5, S. 6; 9a, S. 132f.; 9b, S. 142f.; 11; 12).

R. gracilis, die in Sierra Leone, Französisch-Guinea und Senegal vorkommt, liefert neben Piassava einen brauchbaren Bast (1).

In **Liberia** steht Piassava als Ausfuhrerzeugnis an 3. Stelle. Weite Landstriche der sumpfigen Küstengegenden sind mit Raphiapalmen bestanden (7, S. 68). Die Röste wird in schnellfließendem Wasser vorgenommen. Danach werden die Bündel durch eiserne Kämme gezogen, um sie von anhaftendem Gewebe und den dünnen Abfallfasern zu befreien; letztere dienen als Polstermaterial (1). Die Piassava-Ausfuhr Liberias betrug in t:

1925 . . .	6550	1929	5795
1928 . . .	6537	1936 . . etwa	3880

(7, S. 68; 11).

In **Französisch-Guinea** findet sich in den Küstensümpfen *R. gracilis*, deren Faser in der Flechterei und Korbmacherei Verwendung findet. Die natürlichen Bestände sind durch Rodungen für Reisfelder und Bananenpflanzungen stark zurückgegangen (18, S. 103).

An der **Elfenbeinküste** liefert *R. gigantea*, die auch an der Goldküste vorkommt, einen brauchbaren Bast und Piassava (2, S. 510). Besonders zahlreich trifft man die Palmen an der Eisenbahn Abidjan-Dabu an (18, S. 104).

Die Piassavaausfuhr betrug 1914 nach England 7,6 t, nach Deutschland 5,6 t, 1924 insgesamt 17,2 t (6, S. 195).

In Nigeria sind *R. vinifera* und *R. Hookeri* Charakterpflanzen der Süßwassersümpfe, die sich landeinwärts der Salzwassersümpfe der Küste erstrecken (7, S. 110; 15, S. 106). Sie werden äußerst mannigfaltig genutzt: Die riesigen Blattstiele dienen als sog. Bambuspfähle, die Blätter zum Dachdecken, die zerkleinerten Nüsse als Fischgift (15, S. 106). Die Eingeborenen Alt-Calabars stellen aus dem Bast von *R. Hookeri* Kleiderstoffe her (1). Die Qualität der gewonnenen Piassava ist gut. Die Ausfuhr betrug in t:

1912 . . .	232	1934	590
1927 . . .	444	1935	493
1931 . . .	535	1936	462
		1937	650

(5, S. 8; 9a, S. 114; 9b, S. 124f.; 15, S. 39; 26).

Die Gabunkolonie führte 1924: 119 t Piassava aus (6, S. 195).

In Französisch-Kongo ist die Raphia-Weberei zu Bekleidungszwecken in den Bezirken Ober-Ogowe, Alima, Likualo, Mittel-Sanga und Mittel-Ubangi unter den Negern verbreitet. Teetischtücher und Servietten mit farbigen Mustern werden auch zum Verkauf angefertigt (17, S. 72/73). In der Gegend von Brazzaville werden hübsche Stoffe aus dem Bast hergestellt, der auch in der Seilerei verwandt wird, da er sehr widerstandsfähig, wenn auch wenig fein ist (10, S. 15).

Über die in Belgisch-Kongo vorkommenden Raphia-Arten vgl. o. Die Dichte wird im Bezirk Janonghe mit 20 je ha angegeben. Einige Saatpalmen sorgen für den notwendigen Nachwuchs. Der Bast, von dem ein Neger 3 kg täglich gewinnen kann, dient zur Herstellung von Kleidungsstücken (21, S. 48). In der Umgebung von Coquilhatville, Port-Francqui und Banningville sucht man die Eingeborenen für die Raphia-Erzeugung zu gewinnen (16). Die Ausfuhr bezifferte sich auf: 1934 48 t, 1935 62t, 1936 24,5 t (16), 1937 245 t, 1938 172 t (Statistique du Commerce extérieur du Congo Belge pendant l'année 1937 et 1938. Brüssel 1938 und 1939), womit wohl Bast gemeint ist. Aus diesem werden auch Säcke hergestellt, davon lieferte die Kolonie 1917 100000 Stück, hauptsächlich aus dem Sankurubezirk (6, S. 194; 1). Außerdem wird auch Piassava gewonnen (21; 24). Die Neger fertigen aus der Raphiafaser Bindfäden, dünne, widerstandsfähige Taue, Stoffe, Flechtwerk und Packtuch an (8).

In Angola treten die Raphiapalmen, nach *Goßweiler* 10 Arten, sehr zahlreich auf. Die Eingeborenen nutzen sie als Faser- und Ölpflanzen (4, S. 896).

In Deutsch-Ostafrika versucht man, von *R. Mombuttorum* Bast und Piassava zu gewinnen, doch sind beide Erzeugnisse geringwertig (12, S. 636).

2. *Kokosfaser, Cocos nucifera L.*

Eine für die Weltwirtschaft wichtige Palmenfaser ist die Kokosfaser. (Über Botanik, Standortsbedingungen und Kultur der Kokospalme [*Cocos nucifera L.*] vgl. u. Öl und Fett liefernde Pflanzen).

Die Kokosfaser, im Handel auch mit dem wahrscheinlich malaiischen Ausdruck „Coir" bezeichnet, entstammt der ein dickes Faserpolster bildenden äußeren Fruchthülle der Kokosnuß. Die Steinschale der Nuß ist von einer bräunlichen parenchymatischen Grundmasse umgeben, die von einem derben Epidermoidalgewebe bedeckt ist, in ersterer liegen zahlreiche Gefäßbündel, die Kokosfaser, eingebettet (12, S. 654f.). Die Kokosfaser ist braun-rötlich, 15—33 cm lang und nach *Wiesner* 0,05 bis 0,3 mm, nach *Preuß* 0,3 bis 1,0 mm dick und an den Enden viel dünner als in der Mitte. Sie ist elastisch und widerstandsfähig und, da sie hohl ist, leichter als alle anderen zur Anfertigung von Schiffstauen dienenden Fasern; sie schwimmt auf dem Wasser (12, S. 656; 30). *Preuß* hebt ihre hohe Elastizität hervor; die Elastizitätsgrenze beträgt 25—28 v. H. und ist 7—8mal so hoch wie die der Jute (29, S. 217). Er empfiehlt sie vor allem zur Herstellung von Säcken für künstlichen Dünger. Im Handel und in der Industrie unterscheidet man 3 Sorten von Kokosfasern:

1. Die Spinn- oder Mattenfaser, die feinste Qualität, wird zu Garnen versponnen und zu Schnüren, Stricken, Matten, Läufern, Teppichen usw. verarbeitet (28, S. 85; 30).

Zur Gewinnung der Spinn- oder Mattenfaser werden die Faserhüllen der unreifen Nüsse einer Röste unterworfen, besonders in den Flußmündungen, da strömendes Brackwasser sich am besten dazu eignet, oft auch in Brackwasserlagunen. Die Röste währt auf Ceylon 2½—4 Monate (28, S. 84), doch findet man auch mindestens 8 Monate im Salzwasser und 7 Monate im Frischwasser als Röstdauer angegeben (30). Die gerösteten Faserhüllen werden mit Holzkeulen breitgeschlagen, die harte äußere Haut abgezogen, ausgewrungen und die Fasern in der Querrichtung geklopft. Die nunmehr ganz lose liegenden Fasern werden in der Sonne getrocknet. Diese Aufbereitung ist auf Ceylon und an der Malabarküste eine Hausindustrie (28, S. 84). 1000 Nüsse geben 45—60 kg lange, feine und 7,5—12,5 kg Bürstenfasern (12, S. 655). Neuerdings wendet man zur Aufschließung der Kokosfaser chemisch-mechanische Methoden an: den „Nanji-Prozeß", den „Van-der-Jagt-Prozeß" und den „H. G.-Prozeß" (30). Die mit den neuen Aufbereitungsmethoden gewonnene Faser ist schmiegsamer, heller und in ausgedehnterem Maße verwendungsfähig (30). *Preuß* (29, S. 218) glaubt, sie würde die billigste aller Fasern werden. Coir wird heute hauptsächlich auf Ceylon, in Vorder- und Hinterindien und in Südamerika gewonnen (12, S. 654).

2. Die borstenartige Bürstenfaser, rauher und stärker als die vorige, dient zur Herstellung von Bürsten und Besen (30).

3. Die gekräuselte oder Matratzenfaser ist nur kurz und findet als Roßhaar-Ersatz Verwendung (30).

Je nach der Art der Faser, die man gewinnen will, ist die Aufbereitung verschieden. Die höchstwertigen Bürstenfasern stammen von voll ausgereiften, noch eine Zeitlang aufbewahrten Nüssen, die Spinnfaser von weniger reif gepflückten und sofort nach der Ernte verarbeiteten Nüssen (28, S. 80). Zur Gewinnung der Bürsten- und Matratzenfaser wird die Faserhülle der Nüsse in großen Wasserbecken eingeweicht, oft vorher noch gewalzt, nach 3—5-tägigem Einweichen noch einmal gewalzt. Die Faserhülle wird nach dem Einweichen zunächst in der Längsrichtung in mehrere Stücke geteilt. Die eigentliche Entfaserung ist ein Kämmen, meist in einer sog. Kokosfaserhechelmaschine. Dabei werden die kleinen und gebrochenen Fasern sowie das parenchymatische Gewebe entfernt. In einer zweiten Maschine mit feineren Kämmen befreit man die Langfaser von allen Verunreinigungen. Danach werden die Fasern gewaschen, in der Sonne getrocknet und sortiert (28, S. 81 ff.). Auch der Abfall wird genutzt; er wird getrocknet, danach werden die längeren Abfallfasern in einem sich drehenden Zylinder aus Eisengaze von den kürzesten Fasern getrennt. Dies erste Nebenprodukt ist die Matratzenfaser (28, S. 83). Das abfallende braune Pulver bildet den sog. Kofferdam. Er findet im Gartenbau, für sanitäre Einrichtungen, als Material für Wärmeisolationen und auch zur Herstellung von Sprengstoffen Verwendung (28, S. 84).

Die afrikanische Kokosfasergewinnung ist bisher recht unerheblich geblieben. Madagaskar führte 1914 16,7 t und 1924 6,7 t Coir aus (6; S. 193). Auf Sansibar wird nach *Wiesner* neben Kopra und Kokosnußöl in erheblicher Menge auch Faser gewonnen. In Daressalam hatte sich seinerzeit die deutsch-ostafrikanische Kokosgesellschaft mit der Coirherstellung befaßt (12, S. 654). Jedenfalls ließe sich durch die Gewinnung der Kokosfaser auch in den Anbaugebieten Afrikas noch ein wertvolles Nebenprodukt gewinnen.

3. Pflanzliches Rosshaar, Chamaerops humilis L.

Das „pflanzliche Roßhaar“ oder „Crin végétal“, auch als „Seegras“, „African fiber“, „Crin d'Afrique“, „Indiafaser oder „Afrik“ bezeichnet (12, S. 442; 13, S. 65), stammt von der Zwergpalme *(Chamaerops humilis L.)*. Sie ist eine buschartig verzweigte Fächerpalme mit kurzem Stamm oder oft auch ganz stammlos. Die steifen Blätter sitzen an schlanken, stacheligen Blattstielen. Die gelben ein- oder zweihäusigen Blüten sitzen an achselständigen Blütenrispen. Die Frucht ist eine olivenförmige Beere.

Die Zwergpalme wird nirgends angepflanzt. Als wildwachsendes Gestrüpp findet sie sich in den westlichen Mittelmeerländern, namentlich im westlichen Nordafrika von Mogador (West-Marokko) bis in die Gegend von Tripolis (31) und ist dort recht gemein.

Die Blätter werden von den Eingeborenen abgeschnitten und zur Fabrik gebracht. Die Entfaserung ist recht einfach. Sie erfolgt durch Maschinen, die mit der Hand bedient werden oder automatisch arbeiten. Die Palmblätter werden gebündelt und zwischen schnell rotierende Walzen hindurchgeschickt. Diese sind mit Pfriemen versehen, die die Blätter zerteilen und die Fasern herauslösen (37). Die Blätter müssen noch grün und frisch sein, damit sie ihre Geschmeidigkeit noch besitzen (37). Die gewonnene Faser wird in der Sonne getrocknet, nach einigen Stunden gesammelt und zur Seilerei gebracht. Dort wird sie zu groben Stricken oder Zöpfen von 8—12 m Länge gedreht und zum Versand in Ballen gepreßt. Oft färbt man sie noch schwarz, um sie roßhaarähnlicher zu machen (36; 37).

Die Faser der Zwergpalme dient in erster Linie als Polstermaterial und Ersatz für echtes Roßhaar und Seegras. Auch zur Papierherstellung ist sie brauchbar. Aus den Blättern fertigt man Hüte, Besen und Stuhlsitze und deckt mit ihnen die Hütten (6; 12, S. 442; 13, S. 65).

Die Nachfrage nach pflanzlichem Roßhaar, die während des Weltkrieges sehr rege war, ist in der Nachkriegszeit sehr abgeflaut, war aber 1930 wieder stärker (36). Die Zahl der pflanzliches Roßhaar einführenden Länder ist in Zunahme begriffen: 1913 waren es 22, 1929 38 (34b). Gegenwärtig leidet dieser Wirtschaftszweig unter den Handelsbeschränkungen in der ganzen Welt (32).

Die Erzeugungsländer des pflanzlichen Roßhaares sind ausschließlich Algerien und Marokko (s. Karte 2), von denen ersteres, vor dem Weltkriege der einzige Lieferant, jetzt mehr und mehr zurücktritt.

Algerien. Die Zwergpalme wächst in Algerien in den nicht bebauten Landstrichen des Tell im Norden des Landes, und zwar vor allem in der Ebene am Schelif sowie in der Provinz Oran (34a). Die Rodungen für die Anlage von Kulturen haben ihr Verbreitungsgebiet jedoch sehr eingeschränkt. Heute findet man sie hauptsächlich in den Reserven in der Provinz Oran, deren Bestände sich aber auch schon vermindern. Die reichsten Vorkommen liegen bei Nemours im Westen von Oran und im Gebiet von Nedromah und bei Ain-Temuchent (38).

In ganz Algerien gibt es ungefähr 80 Fabriken, die Zwergpalmblätter entfasern, mit mindestens 3000 Arbeitern. 30 Fabriken liegen an der marokkanischen Grenze. Die Aufbereitungsindustrie ist hauptsächlich in den Provinzen Oran und Algier anzutreffen, in der Provinz Constantine ist sie weniger entwickelt (35; 38). Algerien besaß vor Beginn der marokkanischen Ausfuhr ein Monopol für pflanzliches Roßhaar. Nach dem Weltkriege hat es dies verloren, und seit 1930 steht die algerische Ausfuhr hinter der marokkanischen zurück (vgl. die Statistik). Teilweise erklärt sich diese Erscheinung durch die Erschöpfung der früher ausgebeuteten Bestände, die die Aufbereitungsindustrie zwang, nach Westen abzuwandern, zunächst nach der Provinz Oran, dann nach Marokko (38). Außerdem sprechen folgende Gründe mit:

1. Die algerischen Reserven liegen in den Gebirgen, der Transport ist daher kostspieliger, 2. Marokko verfügt über reichlichere Arbeitskräfte. Etwas erleichtert wird die Lage für Algerien durch die billigeren Frachten und die höhere Qualität der Faser aus den Gebirgspalmenbeständen. Algerien wird daher nach *Perrets* Ansicht (33) stets einen gewissen Platz behaupten, wenn es auf Qualität seines Erzeugnisses Wert legt.

Marokko. Die ersten Lieferungen Marokkos kamen 1920 auf den Markt. Sie litten unter einer niedrigen Qualität, daher war es Marokko bis 1925 nicht möglich, erfolgreich mit Algerien in Wettbewerb zu treten (32). Die zunächst ausgebeuteten marokkanischen Vorkommen zeichnen sich durch Küstennähe und somit günstige Verkehrslage aus (33). Im Jahre 1925 weist die marokkanische Ausfuhr erstmalig eine nennenswerte Ziffer auf, 1930 hat sie die algerische Ausfuhr überflügelt, und seitdem nimmt sie verhältnismäßig immer mehr an Bedeutung zu. Die Ausfuhr von 1937 besaß einen Wert von 40 Mill. Frs. (1936: 20 Mill. Frs.) (9).

Ausfuhr an pflanzlichem Roßhaar in Tonnen:

	Algerien[1])	Marokko[1])
1912 . . .	55575	
1928 . . .	60540	32335
1929 . . .	61897	55029
1930 . . .	39155	54374
1931 . . .	30076	55148
1932 . . .	21098	46328
1933 . . .	21560	50514
1934 . . .	24263	60451
1935 . . .	15329	68279
1936 . . .	13878	58538
1937 . . .	23400	65915

4. *Sonstige Palmenfasern*

Außer den ausführlicher behandelten Arten liefern noch eine Reihe anderer Palmen Fasern, von denen folgende erwähnt sein mögen:

Die Ölpalme (*Elaeis guineensis*, vgl. u. Öl und Fett liefernde Pflanzen) gibt in Belgisch-Kongo Bastfasern für die Flechtereien (8).

Die Dattelpalme *(Phoenix dactylifera L.)* liefert in Algerien in ihren Blattstielbahnen eine Faser, die wie die der Zwergpalme (vgl. o. u. pflanzliches Roßhaar) als Polstermaterial und zur Herstellung von Stricken, Seilen und

[1]) 7; 9a, b; 11.

groben Geweben Verwendung findet (6, S. 196). Aus den Fasern der Fieder blätter werden Körbe, Matten und Sandalen geflochten (1).

Die wilde Dattelpalme *(Ph. reclinata Jaqu.)* ist in vielen Gebieten des tropischen Afrikas anzutreffen. Ihre Früchte sind geringwertig und ungenießbar. Die Fasern aus den Fiederblättern dienen zur Anfertigung von Matten, Hüten und Körben (1). In Französisch-Äquatorialafrika, besonders im Scharigebiet, hat sich auf der Verwendung der Blattstielfasern eine kleine Matten-Heimindustrie entwickelt, die anscheinend von den Haussa eingeführt ist und deren Erzeugnisse auch von Europäern gern gekauft werden (39, S. 73 bis 74). Die Stämme der wilden Dattelpalme zapft man zur Palmweingewinnung an (1).

Die Delebpalme *(Borassus flabellifer L. var. aethiopum Mart.)*, eine gewaltige Fächerpalme, kommt von Senegambien durch Zentralafrika bis nach Deutsch-Ostafrika und zum Sambesi vor, stellenweise in großen Mengen, und wird auf die verschiedenartigste Weise genutzt: Die Blattscheiden geben eine geringwertige Piassava, dünner als Raphiapiassava. Aus den Fasern der Blätter werden Matten geflochten. Das aromatische, sehr faserige Fruchtfleisch wird ausgesaugt, und das gallertartige Nährgewebe des unreifen Samens sowie das erweichte des keimenden Samens wird gegessen. Der Samen dient als vegetabilisches Elfenbein. Das Holz ist als termitensicheres Bauholz geschätzt (1).

Die Dumpalme *(Hyphaene thebaica Mart.)* ist eine Fächerpalme mit einem ein- bis mehrfach gegabelten Stamm; sie ist in weiten Teilen des tropischen und subtropischen Afrikas anzutreffen. Aus den Blattfasern werden Körbe, Matten, Taschen und Hüte, in Westafrika auch mattenartige Säcke angefertigt. Das süße Fruchtfleisch wird gegessen, Samen und Keimlinge werden wie bei der Dattelpalme verwendet (1).

Über *Vonitra* und Vonitra-Piassava vgl. u. Raphia bei Madagaskar.

Auch einige Kletterpalmen besitzen Nutzwerte. *Eremospatha macrocarpa* im Waldgebiet Kameruns liefert nach *Mildbraed* (41) Material für die Herstellung von Stühlen und Gartenmöbeln, in gleicher Weise wie *Calamus deserratus* in der Eingeborenenwirtschaft Bindematerial für den Hausbau und für Seilbrücken sowie zur Herstellung von Hausrat, von Körben und anderen Flechtarbeiten (2; 4). Der Rindenbast von *E. Cabrae De Wild.*, der in Belgisch-Kongo und Portugiesisch-Majumbe in Wäldern vorkommt, könnte nach *Goßweiler* in der Stuhlflechterei Verwendung finden (4).

Die biegsamen Stengel von *Ancistrophyllum secundiflorum Wendl.* werden in Angola wie Rohr genutzt und könnten einen Ersatz für Rotang bieten. In Nigeria findet nach *Dalziel* (2) *A. opacum Mann et Wendl.* Verwendung für diesen Zweck (4, S. 897).

Die biegsamen, elastischen Stengel von *Podococcus Barteri Mann et Wendl.* in den feuchten Wäldern Majumbes werden in der verschiedensten Weise verwendet (4).

Im Anschluß an die Fasern liefernden Palmen sei der Schraubenbaum *(Pandanus)* erwähnt, ein palmenähnlicher Baum mit Stelzwurzeln, der jedoch eine eigene Pflanzenfamilie *(Pandanaceae)* bildet. Die länglichen, häufig stacheligen Blätter liefern eine Flecht- und Spinnfaser. Aus den Fasern von *P. odoratissimus L.* und *utilis Bory* werden auf den Maskarenen und Madagaskar Matten, Körbe, Hüte, Stricke und Säcke hergestellt, die Fasern von *P. thomensis* auf São Thomé dienen zum Mattenflechten (13, S. 196).

E. SONSTIGE FASERPFLANZEN

1. Halfa und Esparto, Stipa tenacissima L. und Lygeum spartum L.

Das Pfriemengras *(Stipa tenacissima L.)* (s. Abb. 10), das in ausgedehnten Beständen in Nordafrika, auf der Pyrenäenhalbinsel, Sizilien und Morea vorkommt, ist seit altersher als Faserpflanze bekannt. Das Gras selbst heißt in Spanien „Atocha", die Faser „Esparto", in Algerien „Halfa" oder „Alfa". Geringere Bedeutung besitzt das Spartogras *(Lygeum spartum L.)*, ein minderwertiger Ersatz für *Stipa tenacissima*, das unter dem Namen „Albardine" und „Esparto basto" in den Handel gelangt (12, S. 638). Im folgenden ist vor allem Stipa gemeint, wenn von Halfa oder Esparto gesprochen wird.

Botanik. Das Halfagras *(Stipa)* (s. Abb. 10) ist ein ausdauerndes Rispengras mit 60—150 cm hohen Halmen (45, S. 1f.). Es besitzt 30—80 cm lange, 1,5 mm dicke, spitze, zylindrische, binsenförmige Blätter von zäher, lederiger Beschaffenheit, einen stark verzweigten Wurzelstock und sehr tief gehende Wurzeln (44, S. 1509). Im Jugendzustand wächst es in Horsten, später breitet es sich ringförmig aus (12, S. 639; 45, S. 1; 46). Es blüht im Mai mit einer 25—35 cm langen Rispe, die Samen erlangen nach 5—6 Wochen ihre Reife (46). Sie keimen sehr schwer und besitzen nur eine kurz dauernde Keimfähigkeit, das Gras vermehrt sich hauptsächlich vegetativ (45, S. 9). Das Pfriemengras tritt in dichten Beständen auf, in Marokko zuweilen vergesellschaftet mit dem Spartogras und einer Beifußart *(Artemisia herba alba)* sowie mit zahlreichen Weidekräutern (46).

Lygeum spartum besitzt einen binsenförmigen Habitus. Der Wurzelstock ist mit glänzenden Schuppen besetzt. Es ist in Nordafrika, Süditalien, Sardinien und Kreta anzutreffen (4, S. 13).

Klima. Das Halfagras verträgt große Hitze und andererseits bis 10—15° Kälte. Gegen Lufttrockenheit ist es unempfindlich. Es wächst hauptsächlich in Landstrichen mit 200—400 mm Niederschlag, kann aber noch bei wenig über 150 mm gedeihen. In Gegenden, wo über 500 mm Regen fällt, wird es durch *Ampelodesma tenax Link* ersetzt (45, S. 10).

An den Boden stellt das Halfagras *(Stipa)* keine großen Ansprüche. Es gedeiht auf kalkhaltigem, sandigem, trockenem Boden von oft wüstenhaftem Charakter; auf keinen Fall verträgt es stauende Nässe, wächst daher mit Vorliebe an Abhängen, selbst solchen von großer Steilheit. Auf Tonboden wird es durch *Lygeum* vertreten (45, S. 10; 46).

Abb. 10. Halfagras *(Stipa tenacissima)*

Das Halfagras wird nirgends kultiviert. Es werden nur die Wildbestände ausgebeutet. Neuerdings wendet man aber künstliche Bewässerung an (12, S. 638). Die Nutzung der Bestände steht in Marokko und Algerien unter Aufsicht der Forstverwaltung (vgl. die einzelnen Länder).

Damit die natürlichen Vorkommen nicht zerstört werden, sind die Ernte von März bis Ende Juni (Zeit der Blüte und Samenreife), das Feueranzünden auf den Halfafeldern, Beschädigung der Wurzelstöcke, teilweise auch das Abschneiden der Blätter verboten (45, S. 34; 46).

Die Ernte erfolgt am besten zur Zeit der Samenreife; vor- und nachher ist die Faser minderwertig (12, S. 639). In Marokko vermag ein Mann täglich 200 kg, eine Frau 100 kg, ein Kind 50 kg Halfa zu ernten (46). Der Ertrag vom Hektar schwankt sehr je nach Dichte des Bestandes und Länge der Halme (6). Es werden nur zweijährige Blätter geerntet (6, S. 190). Die Blätter werden gepflückt, ausgerauft oder abgeschlagen (12, S. 639; 46). Die geernteten Blätter werden gebündelt und in Haufen zusammengeworfen. Die Bündel werden nach 2 Tagen geöffnet, die Blätter in der Sonne getrocknet, gereinigt, abermals gebündelt, in Ballen gepreßt und versandt (12, S. 639; 46). Eine Aufbereitung im Lande selbst wird selten vorgenommen (4, S. 115).

Das beste Halfagras ist das spanische; seine Blätter enthalten nach *Koenig* (6, S. 190) 42—50 v. H., nach *Wiesner* (12, S. 638) 55 v. H. Zellulose, die algerischen nur 40—45 v. H. (6, S. 190), die tripolitanischen nur 42—43 v. H. (12, S. 638). In Marokko weist die Halfa aus regelmäßig ausgebeuteten Beständen einen Zellulosegehalt von 30—45 v. H. auf, die aus alten Beständen nur 30 v. H. (46). Die feineren Fasern sind kürzer als die groben (12, S. 639).

Die Espartofaser findet seit langem zum Flechten von Körben, Sandalen und Matten und in der österreichischen und italienischen Zigarrenindustrie als Durchzugsstroh für Virginiazigarren Verwendung. Die gebleichte Faser dient zur Herstellung bester Papiersorten, die grobe zur Herstellung von Seilerwaren und Packtüchern (12, S. 638; 6, S. 190; 45, S. 112ff. u. S. 136ff.). Nur ein sehr kleiner Teil der Fasermenge wird in den Erzeugungsländern selbst verbraucht. Die Hauptausfuhrmenge geht nach England, und zwar vor allem zur Papierbereitung.

Halfafaser wird ausschließlich im westlichen Nordafrika und Spanien gewonnen. Das wichtigste Erzeugungsland ist Algerien; Spanien, das zweitwichtigste Land, folgt ihm erst in einem beträchtlichen Abstand.

LÄNDERBERICHTE
(s. Karte 2)

In Französisch-Marokko wächst das Halfagras auf allen Hochebenen im Osten des Landes und auf der Abdachung im Norden des Atlas (46), und zwar lassen sich zwei Hauptgebiete unterscheiden: Das erste auf den Hochflächen des Ostens zwischen der Ostgrenze, dem Mulujafluß und den Breitenkreisen von Udja und Bu Arfa, 1700000 ha groß, das zweite am oberen Muluja, im Gebiet von Midelt und Missur, 500000 ha groß, zusammen also 2200000 ha. Das tatsächlich der Ausbeutung zugängliche Gebiet ist viel kleiner; es erstreckt sich soweit, wie das Land durch die Verkehrslinien — drei Eisenbahnen — erschlossen ist, und die verschiedenen Schätzungen gehen dahin, daß nach günstigster Schätzung jährlich 300000 ha, nach ungünstigster Schätzung jährlich 125000 ha abgeerntet werden können (45, S. 31f.).

Die marokkanische Halfawirtschaft leidet gegenwärtig an dem Mangel an Arbeitskräften und an Transportmitteln (45, S. 34). Ausfuhrzahlen vgl. u.

In Algerien liegen die wichtigsten Halfagebiete bei Sidi bel Abbès, Tlemcen und Sig (Prov. Oran) und bei Batna (Prov. Constantine) (6, S. 190).

Das Halfagras wächst auf den Hochländern, im Küstenland und in der Provinz Oran, wo auch die Küste trocken genug ist. Im Süden dringt es bis zur Wasserscheide zwischen dem Tell und der Sahara vor. Es gedeiht in lichten Aleppokiefernwäldern wie auf kahlem Boden, aber nur auf letzterem entwickeln sich ausgedehnte, gleichmäßige Bestände. In der Provinz Oran findet sich Halfa von der Küste bis zu den Ksur-Bergen, in der Provinz Constantine südlich des Setif ebenso wie im Auresgebirge, in der Provinz Algier bis zur Linie Tiaret—Aumale—Beni Abbès. Die Bestände werden geschätzt

in der Prov. Constantine .	auf	590116 ha
in der Prov. Algier . . .	„	714510 ha
in der Prov. Oran	„	2671681 ha
insgesamt:		3976307 ha

Tatsächlich ausgebeutet werden jährlich im Durchschnitt 500—800000 ha. Auf der Sahara-Seite des Atlas ist das Abernten der Bestände verboten. Die Nutzung der Bestände leidet an der geringen Zahl der Arbeitskräfte und der Unzulänglichkeit der Verkehrswege (45, S. 33f.). Ausfuhrziffern vgl. u.

In Tunesien schätzt man die mit Halfa bestandenen Flächen auf 1200000 ha. Die wertvollsten, zugänglichsten und am leichtesten ausnutzbaren Gebiete liegen im Bereich der Eisenbahnlinien Sfax—Gafsa und Sus—Enchir Suatir und umfassen ungefähr 950000 ha, wovon jedes Jahr 250000 bis 350000 ha abgeerntet werden. Arbeitskräfte und Verkehrsmittel stehen in hinreichender Menge zur Verfügung. Bedauerlicherweise wird mit den Halfabeständen ein arger Raubbau getrieben; sie werden ohne Schonzeit rücksichtslos ausgebeutet (45, S. 35). Es ist daher angeregt worden, für die tunesischen Vorkommen ebenso wie die algerischen und marokkanischen Schutzmaßnahmen zu ergreifen und eine geregelte, schonende Bewirtschaftung einzuführen (45, S. 35f.). Die Erzeugung betrug im ersten Halbjahr 1938 63522 t, in der gleichen Zeit im Vorjahr 59671 t (Wirtschaftsdienst Jhg. 23 [1938], S. 1668).

In Libyen finden sich die Halfavorkommen im Nordwesten Tripolitaniens in Fortsetzung der tunesischen Vorkommen: bei Tarhuna und Garian, im Djebel Garian, auf dem Hochland Orfella, im Djebel Jeffren, Djebel Nefusa und Djebel Nalut und reichen bis zum 31.° n. Br., sie werden auf etwa 500000 ha geschätzt (43, S. 1314). Bei Tarhuna und in Orfella sind die Espartohalme kurz, fein und geschmeidig, in den Gebirgen sind sie lang, hart und spröde. Im Djebel Nefusa wächst Halfa nur auf den höheren Rändern, nicht im niedrigeren, feuchteren Innern. Auch in der Umgebung der Salzseen fehlt *Stipa* und wird durch *Lygeum spartum* vertreten, das auch in der Randzone der Sahara vorkommt. *Lygeum* wird in der gleichen Weise genutzt wie *Stipa* (43 S. 1510).

Die Halfabestände können nur zum Teil abgeerntet werden, da sie vielfach schwer zugänglich sind. Günstige Verkehrsverbindungen bestehen nicht; die geerntete Halfa muß oft auf weite Entfernungen auf Kamelen befördert werden. Da sie auch nicht sehr hochwertig ist, ist der Wettbewerb Tripolitaniens mit den anderen Espartoländern nicht einfach (45, S. 61). Doch nimmt die Erzeugung allmählich zu (vgl. die Statistik). *Manetti* (44, S. 1512) empfiehlt die künstliche Verbreitung der Halfa und rät, das Abernten zu überwachen, und zwar durch Einteilen der Vorkommen in 8—9 Gebiete, die abwechselnd ausgebeutet werden und in der Zwischenzeit sich wieder erholen können. Seit dem 14. November 1936 besitzt die Zellulose- und Papiergenossenschaft (Ente per la Cellulosa e per la Carte) das ausschließliche Recht der Nutzung und Verbreitung der Halfa (43 S. 1312).

Halfa-Ausfuhr Afrikas in Tonnen

Jahr	Franz.-Marokko	Algerien	Tunesien	Tripolitanien
1913		113650	49000	12217
1923	6000	109231	44870	
1925	16000	139257,9	81998,9	4467,9
1929	23318	201643,9	63769,4	7463,0

Jahr	Franz.-Marokko	Algerien	Tunesien	Tripolitanien
1930	21982	165058,6	76798,6	8708,9
1933	17293	183918	61263	
1934	17995	189079,5	84196	
1935	18083	161113,6	109413	
1936	22299	185000	83764	
1937	42142	227875	99196	

(9a, b; 11; 14, S. 198, S. 212, S. 216; 46; Bull. Mens. de Stat. Col., März 1938).

2. *Rindenstoffe*

Eine ganze Anzahl afrikanischer Pflanzen liefert in ihrer Rinde Fasern und Baste. Die wichtigsten sind folgende:

Caesalpiniaceen: Bauhinia ist ein weitverbreiteter Baum der Savannen und Trockenwälder. Aus dem zu feinen Streifen verarbeiteten Rindenbast junger Triebe stellen die Eingeborenen des französischen Ober-Ubangi-Gebietes Seile her (10, S. 14). *B. rufescens Lam.* liefert in Westafrika Rohbast als Bindematerial, im Ostsudan Faser für die Seilerei (2, S. 174). Der Bast von *B. Thonningii*, Senegambien bis Nigeria, dient als Bindematerial, zum Bau von Hütten, Zäunen und Buschbrücken (2, S. 174). Auch *B. tomentosa L.*, *purpurea L.*, *reticulata D. C.* liefern Bastfasern für die Seilerei (12, S. 460).

Brachystegia, ein Schirmbaum der gleichen Formation wie *Bauhinia*, hat in Portugiesisch-Ostafrika, und zwar besonders am Nyassasee, Bedeutung. Die Aufbereitung beschreibt *Lauche* (48, S. 189f.). Aus der gefärbten Bastfaser fertigt man Kleider- und Verpackungsstoffe (Tücher, Schachteln) an, im Weltkrieg ließen sich Umhänge, Gamaschen, Verbandzeug u. ä. daraus herstellen (48, S. 190).

Berlinia ähnelt im Habitus, Vorkommen, Aufbereitung und Verwendung der vorhergehenden. Zwischen Karagwe und Tschaia in Ostafrika werden aus dem Bast Schachteln und Körbe angefertigt (13, S. 39).

Afzelia africana Pers. ist ein von Senegambien bis zum Bahr el Ghasal verbreiteter Schirmbaum (13, S. 10). Ihre Faser könnte nach dem Gutachten des Institut National d'Agronomie Coloniale in Le Havre wie Jute Verwendung finden (50). Die Blätter bilden ein gutes Viehfutter (2, S. 173).

Mimosaceen: Eine ganze Anzahl Akazien *(Acacia Willd.)* geben Bast bzw. Bastfasern: *A. mellifera Benth.* östlich des Tschadsees für Säcke und Packtücher, *A. pennata Willd.* und *A. arabica Willd.* für Fischereigeräte und Seilerwaren, *A. senegal Willd.* im Sudan für Brunnenseile, Fischnetze, Pferdegurte usw. (2, S. 208), ferner noch *A. Sieberiana D.C.* am Senegal für Taue, *A. nubica Willd.* in Nordostafrika und *A. spirocarpa Hochst.* und *A. seyal Delile*, beide im Sudan (12, S. 460).

Entada gigas Fawc. et Rendl. (= E. scandens Benth.), eine Liane in Ost- und Westafrika, liefert am oberen Ubangi eine grobe Bastfaser. In Nigeria stellt man daraus Taue, in Französisch-Äquatorialafrika außerdem auch Netze her (10, S. 13). *E. sudanica Schweinf.* enthält in der Wurzel und Stammesrinde eine lange Faser, aus der sich Seile, Matten und Material zum Dachdecken gewinnen lassen (2, S. 216).

Die innere Rindenschicht von *Millettia*, einer *Papilionacee*, wird im Ober-Ubangi-Gebiet zur Herstellung fester Stricke gebraucht (10, S. 14).

Moraceen: Der Rindenbast wilder Feigenbäume *(Ficus)* wird in Ostafrika in ähnlicher Weise gewonnen wie der von *Brachystegia* (s. d.). *Ficus* vertritt diese im Zwischenseengebiet; bei Tabora berühren sich ihre Verbreitungsgebiete. Die Verwendung ist dieselbe wie die des *Brachystegia*-Bastes (48, S. 188ff.).

Aus dem Bast von *F. chlamydodora Warb.* stellen die Eingeborenen des Zwischenseengebietes hübsche Rindenstoffe her, heute fast nur noch zum Verkauf an Fremde. In Kultur bekannt ist nur *F. rokko Schweinfurth et Warb.* in Togo (13, S. 120). Der Mwule-Baum *(Chlorophora excelsa Benth. et Hook.)* liefert in seinem Wurzelbast Quasten, die im Ober-Ubangi-Gebiet von den Frauen am Gürtel als Bekleidung getragen werden. Zuweilen stellt man aus der inneren Rindenschicht eine grobe Faser für die Seilerei her (10, S. 14).

In vielen Gegenden Afrikas wird auch der Affenbrotbaum *(Adansonia digitata L.)*, eine *Bombacacee*, als Gespinstpflanze genutzt. Die Gewinnung des Bastes ist schwierig, doch gibt die innere Rinde eine besonders feste und dauerhafte Faser für Pferdegurte, Spannseile, Stränge für Musikinstrumente usw. (2, S. 115). Im Senegal und in Nordnigeria fertigt man daraus Mützen, Trinkgefäße bzw. Türvorhänge (2, S. 115). In Deutsch-Ostafrika finden die einzelnen Teile des Baumes die verschiedenartigste Verwendung: der Rindenbast zur Herstellung von Stricken, Säcken, Kindertragsäcken, Netzen, Lendenschürzen, zur Bespannung von Bettstellen usw.; die Blätter dienen als Gemüse und Heilmittel, die Fruchtschalen als Wassergefäße, das Fruchtfleisch zur Herstellung erfrischender Getränke, die Samen werden geröstet und gepulvert als Zusatz zu Kräutersoßen und als Leckerbissen gegessen (47). (Über das Öl vgl. Öl und Fett liefernde Pflanzen.)

Aus der Gattung *Cordia*, Familie der *Borragiaceen*, liefern folgende afrikanische Arten Bast: *C. gharaf Forsk.* im Sudan und östlichen Afrika, *C. Holstii Gürke* in Ostafrika und *C. gerascanthus Jacq.* in Ostafrika. Der Bast steht der Reißlänge nach zwischen Linden- und Raphia-Bast (vgl. 49). Seine Erzeugungskosten sind ziemlich gering, er könnte für feineres Bindematerial verwendet werden.

Die *Anonacee Stenanthera (Oliv.) Engl. et Diels* kommt von Kamerun bis zum Kongobecken vor. Im Ober-Ubangi-Gebiet wird die Faser einer „yéranbwa“ genannten Art ziemlich viel verwandt (10, S. 13).

Schrifttum

Palmenfasern, Grasfasern und Rindenstoffe

a) Allgemeines.

1. Burret, Die nutzbaren Palmen Afrikas. Tropenpflanzer Jhg. 42 (1939), S. 185—211.
2. Dalziel, J. M., The useful plants of West Tropical Africa. London 1937.
3. Engler, A., Die Vegetation der Erde. IX. Teil. Die Pflanzenwelt Afrikas. 2. Bd., 1. Heft. Leipzig 1925.
4. Gossweiler, J., Sur quelques Palmiers de l'Angola donnant des produits utilisables. Rev. de Bot. Appl. et d'Agric. Trop. Jhg. 17 (1937), S. 895—98.
5. Gurney, Report on economic and commercial conditions in the British dependences in Westafrica. London 1937.
6. Koenig, P., Die Weltwirtschaft und Landwirtschaft der Hartfasern und anderer Fasern. In: Technologie der Textilfasern, 5. Bd., II. Teil. Berlin 1927.
7. Martens, O. und Karstedt, O., Afrika. Ein Handbuch für Wirtschaft und Reise. 1. Bd. Wirtschaft. Berlin 1938.
8. Ross, J. H. H., Faserpflanzen in Belgisch-Kongo. Faserforschung Jhg. 7 (1929), S. 189—94.
9. Schoen, L., Rohstoffkammern der Weltwirtschaft. 1. Bd. Afrika. a) Berlin 1937. b) 2. erg. Aufl. Berlin 1939.
10. Tisserand, R. P. Ch., Plantes à filasse employées par les Bardas du Haut-Oubangi. Rev. de Bot. Appl. et d'Agric. Trop. Jhg. 10 (1930), S. 10—15.
11. Troll, C., Lange, F. und Gerth, E., Afrika als Rohstofflieferant der Weltwirtschaft. Kolon. Rundschau Jhg. 23 (1932), 9./12 Sonderheft, S. 448—89.
12. v. Wiesner, J., Die Rohstoffe des Pflanzenreiches. 1. Bd. Leipzig 1928.
13. Winkler, H., Botanisches Hilfsbuch für Pflanzer, Kolonialbeamte, Tropenkaufleute und Forschungsreisende. Wismar 1912.
14. ..., Annuaire International de Statistique Agricole a) 1935/36, b) 1936/37, c) 1937/38. Rom 1937, 1938, 1939.
15. ..., Nigeria Handbook, 10th Edition. Lagos 1933.
16. ..., Statistique du commerce extérieur du Congo Belge 1936 und 1937. Brüssel 1937, 1938.

b) Raphia und Piassava.

17. Baudon, A., Matières premières des industries textiles et de vannerie en Afrique Equatoriale Française. Rev. de Bot. Appl. et d'Agric. Trop. Jhg. 11 (1931), S. 71—76.
18. Chevalier, A., Nouvelles recherches sur les palmiers du genre raphia. Rev. de Bot. Appl. et d'Agric. Trop. Jhg. 12 (1932), S. 93. Agric. et Elevage au Congo Belge 1932, S. 89—90, S. 93—104.
19. François, E., Le Raphia à Madagascar. Agric. et Elevage au Congo Belge 1934, S. 113—15.
20. Perrier de la Bathie, H., Le raphia de Madagascar. Rev. de Bot. Appl. et d'Agric. Trop. Jhg. 11 (1931), S. 4—17.
21. Pynaert, L., Le palmier de Raphia au Congo Belge. Rev. Intern. des Prod. Colon. Jhg. 19 (1934), S. 47—50.
22. Rollot, Ch., Le Raphia. Rev. Intern. des Prod. Colon. Jhg. 14 (1929), S. 107—11.
23. ..., Ausfuhr von Raphiabast aus Madagaskar. Tropenpflanzer Jhg. 32 (1929), S. 262.
24. ..., Die Erzeugung von Raphiabast in Madagaskar und dem belgischen Kongo. Tropenpflanzer Jhg. 37 (1934), S. 352—53.
25. ..., Piassave industry of British-Westafrika. Bull. of the Imp. Inst. Jhg. 13 (1915), S. 555—556.
26. ..., Piassava from Sierra Leone. Bull. of the Imp. Inst. Jhg. 33 (1935), S. 123—33. Ref.: Piassava in Sierra Leone. Faserforschung Jhg. 12 (1936), S. 107—108.
27. ..., Le Raphia. Rev. Intern. des Prod. Colon. Jhg. 19 (1934), S. 41—46.

c) Kokosfaser.

28. Hunger, F. W. T., Kokospalme. Wohltmann-Bücher, 6. Band. Hamburg und Leipzig 1929.
29. Preuss, P., Über die Zukunft der Kokoskultur und Kokosfaserbereitung. Tropenpflanzer Jhg. 29 (1926), S. 211.
30. ..., Über die Gewinnung der Kokosfaser (Coir). Tropenpflanzer Jhg. 36 (1933), S. 404—06.

d) Pflanzliches Rosshaar (Zwergpalme).

31. Beguinot, A., Die Verbreitung der Chamaerops humilis L. Die Pflanzenareale, 4. Reihe, 6. Heft, Karte 51. Jena 1938.
32. Decamps, P., Le crin végétal. Industrie en Maroc. Rev. Intern. des Prod. Colon. Jhg. 8 (1933), S. 256—59.
33. Perret, Ch., Le crin végétal en Afrique du Nord. Rev de Bot. Appl. et d'Agric. Trop. Jhg. 8 (1933), S. 253—54.
34. ..., Ausfuhr von „Crin végétal" aus Algier. Tropenpflanzer a) Jhg. 32 (1929) und b) 33 (1930), S. 300 und S. 327.
35. ..., Le crin végétal, Industrie en Algérie. Rev. Intern. des Prod. Colon. Jhg. 8 (1933), S. 255.
36. ..., Le Crin végétal au Maroc. Rev. Intern. d'Agric. Jhg. 22 (1931), S. 285 T.
37. ..., L'Industrie du crin végétal. Prod. Colon. et Mater. Col. Nr. 81, S. 30.
38. ..., Les plantes textiles en Algérie. Prod. Colon. et Mater. Col. Nr. 100, S. 137.

e) Sonstige Palmenfasern.

39. Baudon, A., Matières premières des industries textiles et de vannerie en Afrique Equatoriale Française. Rev. de Bot. Appl. et d'Agric. Trop. Jhg. 11 (1931), S. 7—76.

40. **Hédin**, Les rotins au Cameroun. Rev. de Bot. Appl. et d'Agric. Trop. Jhg. 9 (1929), S. 502—07.
41. **Mildbraed, J.**, Von den Bulus genutzte wildwachsende Palmen des Südkameruner Waldlandes. Notizblatt des Botan. Gartens und Museums Berlin-Dahlem, Appendix 27 (1913), Jhg. 16.

f) **Halfa oder Esparto.**

42. **Böttcher, G.**, Die Halfa. Eine wirtschaftsgeographische Studie über eine Grasart. Diss. Greifswald 1933.
43. **Buzi, V. C.**, Le piante da cellulosa nella Libia. Rass. Econom. dell'Africa Ital. Jhg. 25 (1937), S. 1312—23.
44. **Manetti, C.**, Il problema della sparto in Tripolitania. Rass. Econom. dell'Africa Ital. Jhg. 25 (1937), S. 1509—10.
45. **Roberty, G.**, Notes au sujet de l'alfa et de quelques plantes affines. Rev. de Bot. Appl. et d'Agric. Trop. Jhg. 13 (1933), S. 1—13, 31—37, 80—87, 112—16, 136—40. Actes et Comptes Rendues Jhg. 9 (1933), S. 1—13, 31—37, 61—68, 112—16, 136—40.
46. . . ., Über die Ausbeutung von Halfa im östlichen Marokko. Tropenpflanzer Jhg. 39 (1936), S. 27—28.

g) **Rindenstoffe.**

47. **Braun, K.**, Der Affenbrotbaum und seine Verwendung als Faserpflanze in Deutsch-Ostafrika. Faserforschung Jhg. 8 (1928), S. 90—115.
48. **Lauche, A.**, Rindenstoff aus Portugiesisch-Ostafrika. Faserforschung Jhg. 11 (1934), S. 187—91.
49. **Tobler, G.**, Cordia-Bast. Faserforschung Jhg. 3 (1923), S. 161—66.
50. . . ., Le „lingué". Annales de l'Inst. Colon. de Bordeaux Jhg. 1928, S. 78—79.

II. KAUTSCHUK, BALATA, GUTTAPERCHA, GUMMI, HARZE, GERBSTOFFE UND KORK

1. *Kautschuk*

Aus der natürlichen Verbreitung der zahlreichen Kautschuk liefernden Pflanzen ergaben sich ursprünglich vier Produktionsgebiete: 1. das Amazonasbecken, 2. Mittelamerika, 3. Zentralafrika von Liberia über Kamerun, Kongo, Uganda bis nach Deutsch-Ostafrika (Karte 4), 4. der Norden Vorderindiens. Alle diese Länder lieferten — zuerst das Amazonasbecken — beträchtliche Mengen von Wildkautschuk. Bis 1910 hatte sich Afrika einen erheblichen Anteil an der Versorgung des Weltmarktes verschafft, von welchem Jahre an die Produktion infolge des überstarken Wettbewerbs der Plantagen-Kautschuk-Kultur Südasiens ebenso stetig abnahm, wie sie vorher zugenommen hatte. In den letzten Jahren allerdings hat die Kautschukausfuhr Afrikas eine kleine Steigerung zu verzeichnen (Tabelle 1).

Das Ausgangsprodukt für den Kautschuk ist der Milchsaft verschiedener Pflanzen, Latex genannt. Er findet sich bei allen Kautschuk liefernden Pflanzen in Milchgefäßen, die durch Zellfusion entstanden sind. Von diesen Milchgefäßen sind in einer Pflanze mehrere voneinander unabhängige Systeme vorhanden. Für die Hauptkautschukpflanze, *Hevea brasiliensis Müll. Arg.*, konnte nachgewiesen werden, daß bei dem Dickenwachstum der Rinde fortgesetzt neue, selbständige Milchsaftsysteme entstehen (15). Die größten Latex-Mengen werden daher aus den jüngsten, dem Kambium am nächsten liegenden Gefäßsystemen erhalten (s. u.).

Während die Kautschukpflanzen Amerikas und Asiens mit Ausnahme von Guayule Bäume sind, sind die Kautschuklieferanten Afrikas Bäume, Lianen und Sträucher. Weitaus der größte Anteil des Wildkautschuks in Afrika stammt von Lianen.

Den Lianenkautschuk liefern vor allem Vertreter der Gattungen *Landolphia* und *Clitandra*, den Baumkautschuk *Funtumia elastica Stapf* (früher *Kickxia*), ferner *Mascarenhasia*-Arten, *Ficus*-Arten und endlich *Euphorbiaceen* (wozu auch die aus Amerika eingeführte *Hevea brasiliensis Müll. Arg.* gehört). Der Kautschuk der einheimischen *Mascarenhasia*, *Ficus* und *Euphorbien* wurde namentlich zur Verfälschung des Lianenkautschuks verwandt.

In Kultur genommen waren als Plantagen-Kautschuk von den einheimischen Arten nur *Funtumia elastica Stapf*, die sich jedoch ebensowenig wie die anderen Arten als Plantagenpflanze bewährte (s. u.). Dazu wurde eingeführt *Ficus elastica Roxb.* aus Südostasien, *Manihot Glaziovii Müll. Arg.* und *Hevea brasiliensis Müll. Arg.* aus Brasilien, von denen sich, wie überall in der Welt so auch in Afrika, vor allem die letztgenannte durchgesetzt hat (98—99 v. H. der Welternte). In geringem Umfang wurde auch *Castilloa (spec.)* aus Süd- und Mittelamerika angebaut (Goldküste, Kamerun).

Von den genannten Gattungen seien die wichtigsten Arten aufgeführt:

1. aus der Familie der *Apocynaceen*: *Landolphia owariensis Beauv.*, *L. Stolzii Busse*, *L. dondeensis Busse*, *L. Klainei Pierre*, *L. florida Benth.*, *L. Heudelotii A. D. C.*, *L. Dawei Stapf*, *L. Kirkii The*, *L. ugandensis Stapf*, *L. Droogmansiana de Wild.*, *L. parvifolia K. Schum.*, *L. Thollonii Dewèvre*, *L. Thompsonii A. Cheval.*, *L. Perieri Jum.*, *L. sphaerocarpa Jum.*, *L. corticata Jum. et Perrier*, *L. Gentilii de Wild.*, *L. humilis K. Sch.*, *L. Petersiana Dyer*, *Clitandra elastica Chev.*, *Cl. Mannii Stapf*, *Cl. orientalis K. Schum.*, *Cl. Arnoldiana de Wild.*, *Cl. nitida*, *Carpodinus hirsuta Hua.*, *C. fulva Pierre*, *C. chylorrhiza K. Schum.*, *Funtumia elastica Stapf*, *Mascarenhasia elastica K. Schum.*, *M. arborescens A. D. C.*

2. aus der Familie der *Moraceen*: *Ficus elastica Roxb.*, *F. Vogelii Miq.*, *F. platyphylla Delile*, *Castilloa spec.*

3. aus der Familie der *Euphorbiaceen*: *Euphorbia intisy Drake*, *E. pirahazo Jum.*, *Hevea brasiliensis Müll. Arg.*, *Manihot Glaziovii Müll.* Arg., *M. dichotoma Ule.*

Über die allgemeine Verbreitung der Kautschukpflanzen gibt Karte 4 Auskunft. Danach finden sie sich im Westen von etwa 17° n. Br. bis 14° s. Br., d. h. von Senegambien bis Angola einschließlich, und im Osten vom Äquator bis zum 25.° s. Br., d. h. von Kenya bis Moçambique einschließlich (über die genaue Verteilung der Arten auf die einzelnen Länder s. Tabelle 1).

Gegen Ende des 19. Jahrhunderts begann der planmäßige Anbau von Kautschukpflanzen (zuerst *Ficus* und bald darauf *Hevea* in Südostasien). 1900 betrug die Welterzeugung an Wildkautschuk noch 53886 t, an Plantagenkautschuk erst 4 t, aber bereits 1914 übertraf die Produktion an Plantagenkautschuk mit 71380 t die Wildkautschukgewinnung von 49000 t (13).

Fast alle Methoden der Wildkautschukgewinnung in Afrika hatten zum Prinzip, möglichst schnell viel Latex zu erhalten, was zur Vernichtung der Pflanzen führen mußte. Abgesehen davon waren die verschiedenen Sorten derartig roh aufbereitet und häufig miteinander vermengt, daß sie kein einheitliches, dem Verbrauch genügend geeignetes Produkt lieferten.

So konnte nicht ausbleiben, daß der plantagenmäßige Anbau immer mehr an Bedeutung gewinnen mußte. Bevor man in Afrika zum Plantagenanbau überging, stand allerdings Südasien schon an führender Stelle auf dem Kautschuk-Weltmarkt.

Da die Wildkautschukgewinnung heute kaum noch eine Rolle spielt, sei an erster Stelle die bedeutendste Plantagen-Kautschukpflanze *Hevea brasiliensis* beschrieben.

Abb. 11. Kautschukbaum *(Hevea brasiliensis)*
a = Stamm mit Schnitt; b = Zweig mit Blättern und Blüten; c = Frucht

Hevea brasiliensis Müll. Arg. Das Gebiet, welches für die Kultur von *Hevea* (Abb. 11) in Afrika am geeignetsten ist, zeigt Karte 4. Das Verbreitungsgebiet entspricht etwa dem des tropischen Urwaldes, d. h. also einem isothermen Regenklima, das keinen Monat unter 18° C hat und eine Jahresamplitude von weniger als 5° C. Alle Monate sind feucht mit geringem Nachlassen der Niederschläge im Winter. Der Durchschnitt der jährlichen Niederschläge liegt bei etwa 2000 mm. Überall, wo *Hevea* außerhalb dieses Klimas angebaut wird, ist der wirtschaftliche Erfolg der Kultur in Frage gestellt. Dementsprechend findet sie sich in Belgisch-Kongo, Kamerun, Nigeria, Goldküste, Liberia und versuchsweise im Westen Ugandas, in Moçambique und Nyassaland.

Das Anzapfen der Bäume kann beginnen, wenn der Stamm in 1 m Höhe einen Umfang von 45—50 cm erreicht hat, d. h. nach etwa 4—5 Jahren. Über die Dauer der Ertragsfähigkeit lassen sich z. Zt. sichere Angaben nicht machen. Der Hektarertrag ist in 4—5jährigen Beständen 70 kg, in 5—10jährigen 300 kg, in 10—30jährigen Beständen 400—500 kg je Jahr (13). Im Latex ist neben Wasser, Eiweiß und Harzen etwa 35 v. H. Kautschuk ($C_{10}H_{15}N_3O_7$) enthalten (17).

Beim Anzapfen wird in der Weise verfahren, daß man in die Rinde rinnenartige, schiefe Einschnitte macht, die in eine von oben nach unten laufende Rinne münden (Abb. 11). Aus der Schnittwunde des Einschnittes tritt der

Milchsaft aus und läuft die Rinde hinab, um sich in einem am unteren Ende angebrachten Becher zu sammeln. Bei den folgenden Zapfungen wird in gleicher Weise mit entsprechenden Zwischenräumen durch das Abschaben dünner Rindenstreifen immer wieder der Austritt von Latex bewirkt, bis nach dem Wurzelhals zu die Rinde verbraucht ist. Nach 3—5 Jahren hat sich die Rinde ersetzt und ist wieder zapffähig (15).

Zur Koagulation, d. h. zur Gerinnung des Latex, wird meist Essigsäure verwandt. Diese wird zugesetzt, nachdem der Milchsaft durch Filtrieren von etwaigen Verunreinigungen befreit ist. Wichtig zur Erzielung eines gleichmäßigen Rohkautschuks ist, daß die Koagulationsmasse immer dieselbe Konzentration hat. Es wird empfohlen, den Milchsaft soweit mit Wasser zu verdünnen, daß er nur 15 v. H. Trockensubstanz enthält und darauf 0,5—1 v. H. Essigsäure hinzuzusetzen, die durch Umrühren gleichmäßig verteilt werden muß.

Die Koagulation geschieht in Schalen oder Zementbecken mit eingesetzten senkrechten Metallschiebern. Bald nach Zusatz der Essigsäure beginnt eine Kontraktion der koagulierten Masse, wobei sich eine klare Flüssigkeit (Serum) ausscheidet. Nach einigen Stunden können die Kautschukfelle herausgenommen werden, die zur Entfernung des Serums, der Essigsäure und Verunreinigungen gewaschen, alsdann gewalzt, vorsortiert und in Trockenhäusern getrocknet und nach Qualität verpackt werden.

Manihot Glaziovii Müll. Arg., wie *Hevea* aus der Familie der *Euphorbiaceen*, stammt aus den Trockengebieten der Nordstaaten Brasiliens (Ceará-Kautschuk). Die Bäume können 15 m hoch werden und einen Stammumfang von 1½ m erreichen. Das Wurzelsystem weist zahlreiche knollige Verdickungen auf, die bei einer verwandten Art, *Manihot utilissima Pohl* (= Maniok), ein wichtiges Nahrungsmittel darstellen. Die Blätter sind 5—7zählig, handförmig geteilt und über den Blattstiel hinaus schildförmig vorgezogen. Die eingeschlechtlichen Blüten sind in einer Rispe angeordnet, an der Basis die vorblühenden weiblichen. Die Frucht ist eine fast kugelige, dreifächerige Kapsel von etwa 2 cm Durchmesser, die bei der Reife spontan aufspringt und die Samen weit fortschleudert.

Dem natürlichen Standort entsprechend wurde *Manihot* in Afrika auch überall im Osten mit seinen ausgesprochenen Trockenzeiten kultiviert, ganz im Gegensatz zu *Hevea*, die ein immerfeuchtes Klima verlangt und daher für den Westen in Frage kommt (vgl. Tabelle). Auch in bezug auf den Boden ist *Manihot* nicht anspruchsvoll.

Der durch Anstechen der Rinde zum Ausfließen gebrachte Latex gerinnt auf dem mit einem Koagulationsmittel bestrichenen Stamm (18).

Funtumia elastica Stapf, ein Vertreter der Familie der *Apocynaceen*, ist in Afrika heimisch, und zwar im Westen, südlich bis in das Kongobecken und östlich bis nach Uganda. Sie liefert den Lagoskautschuk oder Silkrubber. Die bis 30 m hohen Bäume gedeihen am besten im feucht-heißen Urwaldklima und stellen an Boden und Klima dieselben Ansprüche wie *Hevea*. In Lagos geschieht das Anzapfen durch lange Rinnen, die in einer Hauptrinne, vom Gipfel bis zum Grunde, münden. Den dünnflüssigen Latex läßt man entweder 12—14 Tage unter Palmblättern stehen, bis das Wasser verdunstet ist, oder man setzt Koagulationsmittel zu. Die Koagulation ist schwieriger als bei anderen Kautschukarten und geschieht nach verschiedenen Methoden: durch Kochen oder durch Zusatz von Tannin oder Sublimat, Formol, Fluorwasserstoff, Gerbsäure oder dergleichen (15).

Anfangs wurde die Rentabilität der *Funtumia*-Kulturen weit überschätzt und — namentlich in Kamerun — großangelegte Anbauversuche gemacht (s. u.), doch hat sich in der Praxis erwiesen, daß die Kultur unrentabel ist (8), ferner sind Verwechslungen mit *Funtumia africana Stapf* vorgekommen, die keinen Kautschuk liefert. Zur Zeit hat *Funtumia* als Kautschuklieferant keine Bedeutung.

Ficus elastica Roxb. aus der Familie der *Moraceen* ist aus Südostasien (von den unteren Tälern des Himalaya bis Malakka) eingeführt. Die Art stellt bis 30 m hohe Bäume dar mit zahlreichen in den Boden eindringenden Luftwurzeln. Die Pflanze ist bei uns unter dem Namen „Gummibaum" bekannt, und zwar als Topfpflanze, und fällt durch ihre lederartigen Blätter auf. Die Früchte ähneln denen unserer Fruchtfeige *(Ficus carica)*.

Wenngleich *Ficus* die erste in Kultur genommene Kautschukpflanze ist, ist sie heute ohne jede Bedeutung.

Mit den *Castilloa*-Arten, aus derselben Familie wie *Ficus*, die aus Zentral- und Südamerika stammen, wurden ebenfalls Mißerfolge erzielt.

Der Lianenkautschuk, der im Raubbau von den *Landolphia*- und *Carpodinus*-Arten gewonnen wird, koaguliert in trockenen Gebieten unmittelbar auf der Wunde, in feuchteren Gegenden fließt der Milchsaft derart, daß er in Bechern gesammelt werden kann. Manchmal wird der Saft einiger örtlicher Früchte hinzugesetzt, um die Gerinnung zu beschleunigen (14).

Für den Plantagenbau kommt heute nur *Hevea brasiliensis* in Betracht, deren Ertragsfähigkeit durch Selektion bereits stark erhöht ist und noch weiter gesteigert werden kann.

Im folgenden soll eine tabellarische Übersicht die Verteilung der angeführten Kautschukarten in ihrer Bedeutung für die einzelnen Kolonien und die Entwicklung der Kautschukausfuhr veranschaulichen (zusammengestellt nach 14 und 15 und Annuaire international de Statistique agricole, Rom 1938 und 1940) (Tabelle 1).

Nach dieser Zusammenstellung ist die afrikanische Kautschuk-Produktion seit 1910 von 20187 t (Maximum 1906 = 20539 t) auf etwa die Hälfte zurückgegangen. Die Gewinnung von Wildkautschuk hat infolge des Absinkens der Preise fast ganz aufgehört. Eine ganze Reihe der Länder, die 1910 eine beachtliche Ausfuhr aufzuweisen hatten, sind völlig ausgefallen.

Tabelle 1 *Regionale Übersicht über die*

Länder	Plantagen-Kautschuk und Versuchspflanzungen	Wild-Kautschuk
Dtsch.-Ostafrika	Manihot Glaziovii Hevea brasiliensis Ficus elastica	Landolphia Stolzii ,, dondeensis
Kamerun	Funtumia elastica Hevea brasiliensis Ficus elastica	Landolphia Klainei Funtumia elastica
Togo	Ficus, Funtumia Manihot, Mascarenhasia elast.	Landolphia owariensis Ficus Vogelii
Goldküste	Hevea, Funtumia (Manihot, Ficus)	Landolphia Stolzii Funtumia elastica
Nigeria	Hevea, Funtumia Manihot, Ficus	Funtumia elastica Ficus Vogelii Ficus platyphylla Landolphia owariensis, Landolphia florida Clitandra elastica Carpodinus hirsuta
Gambia		Landolphia Heudelotii ,, florida Ficus Vogelii ,, trachyphylla
Sierra Leone	Manihot, Funtumia Landolphia owariensis ,, Heudelottii	Funtumia elastica Landolphia owariensis Clitandra Mannii
Uganda	Hevea, Manihot	Funtumia elastica ,, latifolia Landolphia Dawei Clitandra orientalis
Kenya	Manihot (Hevea)	Funtumia elastica Mascarenhasia elastica Landolphia Kirkii ,, ugandensis
Nyassa	Manihot (Hevea)	Landolphia Droogmansiana L. Kirkii, L. parvifolia L. Thollonii
Rhodesien		Funtumia elastica Landolphia owariensis L. Thompsonii, L. florida Carpodinus hirsuta ,, fulva Clitandra elastica
Senegambien		Landolphia Heudelotii
Obersenegal, Niger		Landolphia Heudelotii
Frz.-Guinea	Hevea, Manihot (Eing. Kult.)	Landolphia spec.
Elfenbeinküste	Funtumia ,, ,,	Landolphia Heudelotii ,, owariensis Clitandra elastica Funtumia elastica
Dahome		Landolphia owariensis
Frz.-Äquatorialafrika		
Madagaskar		Landolphia Perieri ,, sphaerocarpa ,, corticata Cryptostegia madagasc. ,, grandiflora Mascarenhasia arborescens

Kautschukarten und Kautschukausfuhr in Afrika

Kautschukausfuhr in Tonnen										
1900	1910	1914	1920	1930	1933	1935	1936	1937	1938	1939
194	658	812	107	1	0	10*	20*	20*	20*	10*
538	1927	700	563	1599	270	1360*	1790*	2060*	2190*	—
97	133	18	17	3	0	0	0	10*	10*	0
1541	1439	292	134	245	20	300	440*	490*	540*	690
1271	1176	167	492	1132	860	1480*	1620*	1910*	2430*	—
56	3	2	0	0	0	0	0	0	0	0
123	21	3	—	6	0	0	0	0	0	0
—	45	10	129							
45	86	64		12	0	380	580*	580*	670*	740*
39	27	16	57	43	30*	60	90*	90*	70*	60*
—	3	20	12	0	0	0	0	0	0 Einfuhrüberschuß	0
433	1533	8	39	8	0	0	0	0	0	—
1441	1680	909	679	260	120	350	480	1400*	630*	—
1035	1350	134	40	20	0	30	90*	200*	30*	—
20	1	1	0	0	0	0	—	—	—	—
645	1632	592	2090	842	820*	630	770*	1100*	1030*	—
420	1108	70	14	290	0	0	20	40	0	—

Tabelle 1 (Fortsetzung) *Regionale Übersicht über die*

Länder	Plantagen-Kautschuk und Versuchspflanzungen	Wild-Kautschuk
		Euphorbia intisy ,, pirahazo
Belg.-Kongo	Landolphia owariensis ,, Gentilii ,, Klainei Clitandra Arnoldiana Funtumia, Hevea. Manihot Ficus elastica ,. Vogelii	Landolphia owariensis ,, Gentilii ,, Klainei ,, humilis ,, Thollonii
Angola	Hevea, Manihot Ficus elastica Funtumia	Landolphia Kirkii ,, owariensis ,, Gentilii ,, Thollonii Clitandra Arnoldiana Carpodinus chylorrhiza Rhaphionacme utilis
Moçambique	Manihot, Hevea, (Castilloa)	Landolphia Kirkii ,, owariensis ,, Gentilii ,, Thollonii ,, florida ,, Petersiana Mascarenhasia elastic. Ficus Vogelii
Port.-Guinea		Landolphia Heudelottii
Liberia	Hevea	Funtumia Landolphia owariensis Clitandra nitida
Afrika		

*) Zahlen abgerundet.

Lediglich Liberia, Nigeria, Kamerun und vielleicht noch Belgisch-Kongo — das vor dem Kriege das bedeutendste Kautschukland Afrikas war — haben noch als Kautschukausfuhr-Länder einige Bedeutung.

In Liberia hat die amerikanische Firestone Plantation Co. 1925 bedeutende Konzessionen für die Anlage von Kautschukpflanzungen erworben. Zu den Konzessionsländereien gehört auch eine 500 ha große Heveaplantage der Regierung mit 135000 zapfreifen Bäumen, die die Pflänzlinge für neue Anpflanzungen lieferten (25). Ende 1929 waren über 14000 ha (35000 acres) mit *Hevea* bepflanzt. In den Krisenjahren mußte der Betrieb stark eingeschränkt werden, wurde aber im Jahre 1933 in größerem Umfange wieder aufgenommen, so daß seitdem größere Mengen ausgeführt werden (*Martens*, *O.* und *Karstedt*, *O.*, Afrika. Ein Handbuch für Wirtschaft und Reise. 1. Bd. Wirtschaft, Berlin 1938, S. 68) (Tabelle 1).

Nigeria führte 1938 fast 2500 t Rohkautschuk aus. Die schnelle Entwicklung des Kautschukhandels verdankt Nigeria der Auffindung von *Funtumia elastica* als Stammpflanze für den sogenannten Lagos-Kautschuk. 1894 war der Export erst 3 t, aber schon im nächsten Jahre sprang er auf 2263 t.

Kautschukarten und Kautschukausfuhr in Afrika

Kautschukausfuhr in Tonnen										
1900	1910	1914	1920	1930	1933	1935	1936	1937	1938	1939
5511	3363	2213	1104	511	140	817	829	1010*	1150*	—
2117	3231	1589	721	6	0	0	120*	310*	50*	50*
—	378	30	49	0	0	0	0	0	0	0
242	347	66	86	0	0	90	30*	160*	—	—
—	46	4	57	0	—	500* (geschätzt)	2170	—	—	—
15768	20187	7716	6390	4970	2260	6007	9049	9380	8820	—

Dieser Aufschwung wurde durch rücksichtsloses Zapfen der Wildpflanzen verursacht. Die Hauptquellen für Wildkautschuk waren neben *Funtumia* Lianen der Gattungen *Landolphia*, *Clitandra* und *Carpodinus*. Infolge des Raubbaus mußte die Produktion dauernd sinken, bis sie 1921 mit 85 t ihr Minimum erreichte (14); die niedrigen Preise kamen als Ursache hinzu. Doch dann stieg die Erzeugung durch den größeren Fortschritt des Plantagenbaues wieder an.

Die Regierung begann mit dem Anbau von *Funtumia* und veranlaßte ebenfalls die Eingeborenen zum Anbau von Kautschukpflanzen. Auch *Hevea*, *Manihot*, *Ficus* und *Castilloa* wurden angebaut, wovon *Hevea* den Vorrang erhielt. Schon 1895 wurde *Hevea* in Nigeria eingeführt. 1905 wurden im Westen bei Agege und Manu und im Zentrum bei Sapele Versuchspflanzungen mit Saat von Malakka angelegt. Nach einigen Rückschlägen gediehen die *Hevea*bäume gut. Später unternahmen mehrere europäische Gesellschaften größere Anpflanzungen, wovon die größte im Sapeledistrikt liegt. Die Ausfuhr geht größtenteils über Lagos, vornehmlich nach England und Deutschland.

Nachdem auch in Kamerun die Rohkautschukausfuhr zunächst allein von Wildkautschuk bestritten wurde, begann man, angeregt durch die damaligen hohen Kautschukpreise, 1907 mit der Kultur von *Funtumia elastica*, doch bald folgte eine Ernüchterung einerseits durch den Preissturz 1910, andererseits durch die Enttäuschungen, die man an *Funtumia* erlebte, so daß sie zu Gunsten der *Hevea* überall aufgegeben wurde (3).

Während dieser Umstellung von *Funtumia* auf *Hevea* brach der Weltkrieg aus. Als 1925 die Arbeit wieder aufgenommen werden konnte, fanden die Pflanzer einen zwar vernachlässigten aber gesunden *Hevea*bestand vor, der später, infolge des Niederganges der Preise, zu einem großen Teil herausgeschlagen wurde. Im englischen Mandatsgebiet ist Nutzung und Ausdehnung der Bestände seit einigen Jahren wieder aufgenommen, im französischen Mandatsgebiet der Export durch Ausfuhrprämien von 1,50 frs. für Wildkautschuk und 2,10 frs. für Plantagenkautschuk (1932) zu steigern versucht worden (3).

Die Eingeborenen befassen sich noch kaum mit der Kultur von *Hevea*, doch ist in letzter Zeit Propaganda dafür gemacht worden (Tropenpflanzer Jhg. 42 [1938], S. 464). Durch Verteilung von Saat will man die Neger veranlassen, in der Nähe ihrer Dörfer kleine *Hevea*-Pflanzungen anzulegen.

Lange Zeit hat Belgisch-Kongo nach Brasilien die größte Ausfuhr an Wildkautschuk gehabt und erreichte 1901 mit 6023 t seinen Höchstertrag (15). Heute ist die Produktion, namentlich die Erzeugung an Wildkautschuk, mit 37 t im Jahr 1936 (1) zur völligen Bedeutungslosigkeit für den Weltmarkt herabgesunken. Wenn auch die Erträge an Plantagenkautschuk ständig zunehmen, beträgt die Gesamtausfuhr z. Zt. doch nur wenig mehr als 800 t (Tabelle 1). Auch hier hat sich nach Versuchen mit *Funtumia*, *Manihot* und *Landolphia* nur *Hevea* durchgesetzt. Die Kulturen finden sich in der Zone des äquatorialen Regenwaldes und im Waldgebiet von Majumbe. In der Provinz Léopoldville hat man alte Pflanzungen wieder in Stand gesetzt, in der Provinz Stanleyville sind sogar einige Kaffeepflanzer zur Kautschukkultur übergegangen (1). Im Bezirk Mweka und in der Provinz Coquilhatville befassen sich Europäer und Eingeborene mit der Kultur. 1936 sind im Tschuapabecken zwischen Kongo und Tschuapa Anbauversuche mit Material aus dem Botanischen Garten in Eala gemacht worden. Auch die alten Pflanzungen werden durch neues Pflanzmaterial aus der Station Jangambi besetzt, so daß in den nächsten Jahren größere Erträge zu erwarten sind.

Die Erzeugung der übrigen Länder ist gering, wie die Tabelle zeigt.

Die Entwicklung der Stellung Afrikas auf dem Welt-Kautschukmarkt veranschaulicht folgende Übersicht:

(Tropenpflanzer Jhg. 42 [1938], S. 464 u. Text)

Jahr	Afrika	Gesamtausfuhr	v. H. Anteil
1900	15768	53890	29
1906	20539	66210	31
1920	6390	343586	1,9
1930	4970	817731	0,6
1936	9049*)	856591	1,05
1937	9380*)	1133456	0,8

2. *Balata und Guttapercha*
Mimusops spec. und andere Sapotaceen

Dem Kautschuk ähnliche Rohprodukte, sowohl in physikalischer wie chemischer Hinsicht, sind Balata und Guttapercha, die ebenfalls aus den Milchgefäßen einiger Pflanzen gewonnen werden. Während der Kautschuk durch große Elastizität ausgezeichnet ist, bildet Guttapercha eine lederartige, harte Masse, die beim Erwärmen in einen knetbaren, plastischen Zustand übergeht. Balata nimmt eine Zwischenstellung zwischen Kautschuk und Guttapercha ein.

Die eigentliche Stammpflanze für Balata ist *Mimusops balata Gärtn.* aus Mittelamerika und dem Norden Südamerikas. *Mimusops balata* ist ein großer Baum von einer Höhe bis zu 35 m und 75 cm Durchmesser, der sich zumeist am Fuße von Hügeln auf fruchtbarem, feuchtem Boden findet. Wie *Mimusops balata* sind die meisten Balata und Guttapercha liefernden Bäume in Amerika (*Mimusops bidentata A. D. C.*, *Ecclinusa balata Ducke*, *Sideroxylon cyrtobotyrum Miq.*, *S. resiniferum Ducke*) (2) bzw. Südostasien heimisch, doch hat auch Afrika einige Mimusopsarten aufzuweisen: *M. Schimperi Höchst.* und *M. Kümmel Bruce*, beide aus dem tropischen Afrika, liefern Balata. *M. Henriquesii Engl. et Warburg* in Angola und *M. Schweinfurthii Engl.* aus dem Sudan liefern Guttapercha, doch stammt fast alle in den Welthandel kommende Guttapercha von Borneo, Sumatra und Malakka.

Verwandt wird Balata zur Herstellung von Treibriemen (vornehmlich für Dynamos), Gummischuhsohlen, Matrizen und in der Zahntechnik. Guttapercha findet seine wichtigste Verwendung als Isolierungsmittel bei elektrischen Leitungen, vor allem bei unterseeischen und unterirdischen Kabelleitungen, ferner zur Abformung in der Medizin.

Anbauversuche mit *Mimusops balata* und anderen Arten sind kurz vor dem Weltkriege in Victoria (Kamerun) gemacht worden, über die Ergebnisse ist nichts bekannt geworden. Nach *Markwald* soll eine Varietät von *Butyrospermum Parkii Kotschy* in Westafrika eine brauchbare Guttapercha liefern (vgl. Schibaum unter Öl und Fett liefernde Pflanzen).

*) Zahlen berichtigt.

Schrifttum

Kautschuk, Balata, Guttapercha

1. Böckler, W., Der heutige Stand der Landwirtschaft in Belgisch-Kongo. Koloniale Rundschau Jhg. 29 (1938), S. 158.
2. Ducke, A., Les arbres producteurs de „Balata". Rev. de Bot. Appl. et d'Agric. Trop. Jhg. 10 (1930), S. 849 bis 851.
3. Full, Kamerun. Sondernummer der Kolonialen Rundschau Jhg. 23 (1932).
4. Gruner, Zapfversuche an Kautschukbäumen in Misahöhe (Togo) und Vergleich mit dem Ergebnis anderer Versuche. Tropenpflanzer Jhg. 14 (1910), S. 587 und S. 649.
5. Jacob, A., Zur Frage der Düngung tropischer Kulturen. Tropenpflanzer Jhg. 39 (1936), S. 192, 200.
6. Memmler, K., Handbuch der Kautschukwissenschaft. Leipzig 1930.
7. Moeller, F., Der westafrikanische Kautschukbaum Funtumia (Kickxia) elastica in Uganda. Tropenpflanzer Jhg. 8 (1905), S. 509.
8. Picht, H., Kautschuk-Kickxia elastica. Die Rentabilität einiger Kameruner Kulturen. Tropenpflanzer Jhg. 3 (1899), S. 65.
9. Planter, A., Prospects of rubber plantation in West Africa. Sept. 1927, Rubber Age, London, S. 278—79.
10. Preuss, Über das Auffinden der echten, Kautschuk liefernden Kickxia africana Benth. in Kamerun und deren Einführung in den Versuchsgarten von Viktoria. Tropenpflanzer Jhg. 31 (1927), S. 65.
11. Reinhardt, H., Der Rohgummi als Weltwirtschaftsproblem (unter besonderer Berücksichtigung des Plantagen-Kautschuks). Würzburg 1927.
12. Ringoet, A., L'avenir des plantations d'Hévéas, les possibilités au Congo Belge. St. Denis (Ile de la Réunion), Le Planteur de l'Ile de la Réunion. Rev. Agr. Jhg. 1933, S. 94—126.
13. Schmidt, G. A., Antwort auf „Sicherung der Rohstoffversorgung für die Gummiherstellung". „Kautschuk" Jhg. 11 (1935), S. 52.
14. Whitford, H. N. und Anthony, A., Rubber production in Africa. Washington 1926.
15. Wiesner, J. v., Die Rohstoffe des Pflanzenreiches. 2. Bd. Leipzig 1928.
16. Wohltmann, Südamerikanische und ostafrikanische Kautschuk-Böden. Tropenpflanzer Jhg. 16 (1912), S. 571.
17. Zaepernick, H., Kautschukkulturen I, Hevea brasiliensis. Berlin 1914.
18. Zimmermann, A., Der Manihot-Kautschuk. (Seine Kultur, Gewinnung und Präparation). Jena 1913.
19. . . ., Düngungsversuche zu Kautschuk. Tropenpflanzer Jhg. 40 (1937), S. 168.
20. . . ., Euphorbien-Kautschuk. Tropenpflanzer Jhg. 30 (1927), S. 86.
21. . . ., Harz- und Kautschukgewinnung von Euphorbien in Südafrika. Tropenpflanzer Jhg. 30 (1927), S. 247.
22. . . ., Kautschukausfuhr aus Französisch-Westafrika. Tropenpflanzer Jhg. 30 (1927), S. 246.
23. . . ., Afrikanische Kautschukproduktion. Tropenpflanzer Jhg. 30 (1927), S. 246.
24. . . ., Zur Kautschukrestriktion. Tropenpflanzer Jhg. 38 (1935), S. 311.
25. . . ., Amerikanisches Kautschuksyndikat in Liberia. Tropenpflanzer Jhg. 28 (1925), S. 264.
26. . . ., Ein neues Kautschukzapfschema. Tropenpflanzer Jhg. 33 (1930), S. 123.
27. . . ., Die Kultur und Kautschukgewinnung von Manihot Glaziovii in Portugiesisch-Ostafrika. Tropenpflanzer Jhg. 12 (1908), S. 520.
28. . . ., Le traitement du Caoutchouc à Yangambi. Agric. et Elev. au Congo Belge 1937, S. 88.
29. . . ., Die Welterzeugung an Kautschuk. Tropenpflanzer Jhg. 40 (1937), S. 448.
30. . . ., Welt-Kautschukerzeugung und -verbrauch im Jahre 1933. Tropenpflanzer Jhg. 37 (1934), S. 400—405.

3. Gummi und Kopal

Die Gummiakazien, Acacia sp.

Gummi nennt man die von Pflanzen ausgeschiedenen amorphen Kohlehydrate, die in Wasser löslich sind und deren Lösung sich mit gesättigter, wässeriger Bleiacetatlösung klar mischen läßt. Das Gummi dürfte aus Cellulose oder Stärke hervorgehen oder direkt aus dem Zellinhalt (6). Über den Anlaß zur Gummosis (Gummibildung) ist man sich noch nicht im klaren, ob sie auf Einwirkung eines Pilzes zurückzuführen ist (*Beijerinck*) oder eines Fermentes (*Wiesner*), jedenfalls tritt bei den Gummi liefernden Pflanzen aus jeder Verletzung das Exkret aus, das als Gummi gesammelt werden kann.

Die Gummibildung tritt bei einer großen Zahl von Pflanzen auf, in Afrika sind es aber fast ausschließlich Akazien, die das bekannte Gummi arabicum und einige andere Sorten liefern.

Der Herkunft nach können wir 4 Gummisorten in Afrika unterscheiden: Arabisches (aus Nordostafrika), Senegal-, Kap- und westafrikanisches Gummi, die sich aber weitgehend ähneln, so daß sie unter dem Namen Akaziengummi zusammengefaßt werden. Als Stammpflanzen hierfür sind etwa 40 Akazienarten bekannt (vgl. 15, 1. Bd., S. 988), von denen die wichtigsten sind: *Acacia senegal Willd.*, die das beste arabische Gummi und das beste Senegalgummi liefert. *A. abyssinica Hochst.*, *A. giraffae Willd.* und *A. reficiens W. et P.* aus den Nilländern sowie *A. horrida Willd.* und *A. Kirkii Oliv.* sind andere Stammpflanzen des arabischen Gummis. *A. stenocarpa Hochst.*, *A. fistula Schw.*, *A. nilotica Del.*, *A. Ehrenbergiana Hayne* und *A. seyal Delile* liefern minderwertigere Qualitäten des arabischen Gummis. Die schlechtesten Qualitäten des Senegalgummis stammen von *A. neboued Guill.*, *A. vera Willd.* und *A. albida Del.* In Deutsch-Ostafrika sind *A. spirocarpa Hochst.*, *A. stenocarpa Hochst.*, *A. seyal Del.* und *A. Kirkii Oliv.* Gummi liefernde Akazien (15). Die 4 hauptsächlichsten Gerberakazien (s. u. Gerbstoffpflanzen) liefern das sog. australische Gummi. Von allen aber ist *Acacia senegal* der wichtigste Gummilieferant.

Acacia senegal, in den Senegalländern „Verek" und in den Nilländern „Haschab" genannt, unterscheidet sich von allen anderen Akazien, die schöne, gelbe, kugelige Blütenköpfchen tragen (Mimosen unserer Blumenhändler), durch seine blaßgelben, fast weißen Blüten in langen Ähren, die das Laub überragen. Verbreitet ist diese Akazie im tropischen nördlichen Afrika von Senegambien bis in die Nilländer, vornehmlich auf den sandigen und trockenen Böden.

Gummigewinnung. Der Gummifluß ist am lebhaftesten zur Blütezeit und unmittelbar darauf. Während in den Senegalländern nur das natürliche, aus Wunden ausgetretene Gummi gesammelt wird, werden in den Nilländern die Bäume zum reicheren Ertrag angeschnitten. Mancherorts werden nach Beendigung der Regenperiode breite Rindenstreifen herausgeschnitten. Das austretende Gummi ist bei sonnigem Wetter schon nach einem Monat „reif", bei feuchter Witterung etwa nach 50—60 Tagen (15). Der Ertrag je Baum und Jahr schwankt bei guten Bedingungen etwa zwischen 500—700 g, kann aber auch 3 kg erreichen. Es wird angezweifelt, daß die kultivierten Akazien ebenso ertragreich sind wie die wilden (4). Das ohne weiteres erreichbare Gummi wird mit der Hand abgebrochen, von höheren Stellen gewinnt man es mittels Scheren oder Löffeln an langen Stangen.

Das Akaziengummi bildet vorwiegend länglich-runde oder kugelige, bis nußgroße Stücke (bisweilen auch von wurmförmiger Gestalt), die, von zahlreichen Rissen durchsetzt, leicht glasartig brechen. Gute Sorten sind klar und farblos, schlechtere braunrötlich bis gelblich.

Während das Senegalgummi ausschließlich von wildwachsenden Akazien gesammelt wird, wird das arabische Gummi (Nilgummi) z. T. von Wild-, z. T. von kultivierten Pflanzen gewonnen.

Im Englisch-ägyptischen Sudan ist das arabische Gummi der älteste Ausfuhrartikel des Landes und das Hauptprodukt der Sammelwirtschaft. Durch die aufkommende Baumwollkultur ist die Ausfuhr zunächst zurückgegangen, sie wurde sodann durch die steigenden Preise wieder belebt, so daß das Gummi noch immer unter den Exportartikeln an zweiter Stelle steht. Der bisher größte Ertrag wurde im Jahre 1935 mit 22454 t erreicht (1913: 15129 t; 1929: 16787 t), doch wird die volle Ertragsfähigkeit des Sudans wesentlich höher geschätzt, namentlich wenn alle Gebiete erschlossen sind (11). Man unterscheidet zwischen Gartengummi (haschab geneina) und Wildgummi (haschab wadi). Das Gartengummi stammt aus den Gärten in der Umgebung der Wohnungen, die nach 4—5 jähriger gartenbaulicher Nutzung mit Gummiakazien bepflanzt werden, da sie den Boden wieder mit Stickstoff anreichern (vgl. Gründüngungspflanzen). Die Wildbestände werden nur ausnahmsweise ausgebeutet, da sie in den trockensten Gebieten liegen und nur unter Schwierigkeiten aufgesucht werden können. Zur Erschließung dieser Bestände hat die Regierung schon z. T. Brunnen gebohrt. Zunächst wurden nur die Wälder um El Obeid im Kordofan und zwischen El Obeid und dem Nil ausgebeutet; heute werden mehr und mehr die Gebiete von Dar Hamar im Westen erschlossen. Kordofan liefert etwa $^2/_3$ der gesamten Ernte, demgegenüber treten die Gebiete in den Provinzen Darfur, Weißer Nil, Kassala und Fung an Bedeutung zurück. Das Gummi von Sennaar zeichnet sich wie das Kordofans durch die beste Qualität aus. Auf den Märkten wird das Gummi von Regierungsangestellten unter Beisein der Sammler an die Händler versteigert, wird dann gereinigt und in Säcke verpackt, in welcher Form es nach Europa verschifft wird (11).

Die Ausfuhr entwickelte sich folgendermaßen (in t):

1913 . .	15129	1934 . .	21081	1936 . . .	22638
1929 . .	16787	1935 . .	22454	1937 . . .	22000
1933 . .	16836				

(11 und *Schoen, L.*, Die Rohstoffkammern der Weltwirtschaft. 1. Bd. Afrika. 2. erg. Aufl. Berlin 1939, S. 90f.).

In Französisch-Westafrika liegt das Hauptverbreitungsgebiet zu beiden Seiten des unteren Senegals, dann weiter westlich bei Nioro und Tischit, ferner am Niger bei Timbuktu und Niamey (vgl. Karte in Actes et Comptes Rendus 1933, S. 179). Die Senegalgebiete sollen jährlich etwa 3000 t Gummi ausführen, davon annähernd die Hälfte aus Mauretanien und die Hälfte aus Senegambien (4).

In Deutsch-Ostafrika liefert vor allem *Acacia Kirkii* Gummi. Die Ausfuhr betrug 1936 419 t und 1937 876 t (Blue Book 1937, S. 237).

Kamerun hatte vor dem Weltkriege im Jahre rund 280 t Gummi ausgeführt, namentlich aus Adamaua, das vornehmlich von *A. senegal* stammte (7).

Außerdem kommen noch geringe Mengen Gummi aus Nord- und Südafrika: aus Marokko von *Acacia gummifera*, die im südlichen und westlichen Marokko große Bestände bildet (15), und aus Tunesien, wo der Akazienwald auf der Ebene von Thala von *A. tortilis Hayne* (?) gebildet, als tropisches Relikt bekannt ist (12). Das Kapgummi, von *A. giraffae* und *A. karoo (= A. horrida ?)* gewonnen, hat wegen seiner geringen Qualität keine Bedeutung (15).

Abgesehen davon, daß das Akaziengummi in seinen Heimatländern den Eingeborenen hier und da zur Nahrung dient, findet es eine vielseitige Verwendung in der Wirtschaft der zivilisierten Länder. Die klarsten Sorten werden in der Likörfabrikation, zu feinen Appreturen für Seidenwaren und Spitzen, zur Gewinnung feinster Aquarellfarben und in der Medizin verwendet, schlechtere Sorten in der Zündholzfabrikation, im Zeugdruck (Dampffarben) und zur Bereitung von Wasserfarben. Die schlechtesten Sorten werden in der Tintenherstellung verwendet. Die größte Bedeutung aber hat das Akaziengummi wohl in seiner Verwendung als Klebmittel.

Kopal

Kopal ist ein Sammelname indianischer Herkunft („Copalli"-Harz) für Harze sehr verschiedener Art und Abstammung. Die Kopalsorten werden entweder nach ihrer geographischen (15) oder nach ihrer botanischen (14) Herkunft eingeteilt.

Demnach werden unterschieden (15):

1. Ostafrikanische Kopale
2. Westafrikanische Kopale
3. Kaurikopale (Neuseeland und Neukaledonien)
4. Manilakopale
5. Südamerikanische Kopale.

(Diese Handelsbezeichnungen sind nicht immer identisch mit der tatsächlichen Herkunft), oder (14):

a) Trachylobium-Kopale (Ostafrika)
b) Kopaifera-Kopale (Westafrika)
c) Koniferen-Kopale (Manila-Kaurikopale)
d) Hymenäa-Kopale (Südamerika).

Die ostafrikanischen Kopale werden gewonnen auf Sansibar, Madagaskar, in Deutsch-Ostafrika (Lindi-Kopal), in Moçambique und in Nyassaland und stammen vornehmlich von *Trachylobium mossambicense Kl.*, z. T. aber auch von *Copaifera Gorskiana Benth.* (und von *C. mopane Kirk.* [nach *Winkler*]), die den sog. Inhambanekopal aus einigen Distrikten Moçambiques und aus Nyassaland liefert. Auf Madagaskar soll *Trachylobium verrucosum Gärtn.* der Kopallieferant sein (16). *Trachylobium* ist eine *Leguminose* und stellt hohe, prachtvolle Bäume dar, im Wuchs einer Esche ähnlich. Die schiefeiförmigen, nicht selten fast halbmondförmigen Blätter besitzen nur ein Fiederpaar. Die großen, roten Blüten mit 10 langen Staubfäden stehen in Rispen an den Zweigenden. Die Frucht ist länglich mit dicken Warzen und Runzeln.

Ebenfalls zu den *Leguminosen* zählt *Copaifera*, ein Baum von durchschnittlich 20 m Höhe, der im östlichen Südafrika in den trockenen Ebenen waldbildend ist.

Die Harze dieser Bäume, die sich in schizogenen Harzbehältern des Stammes befinden, werden nicht unmittelbar vom Baume gewonnen oder nur sehr selten (= Baumkopal), vielmehr wird das in früheren Zeiten zu Boden gefallene Harz gesammelt. Wenn das Harz zu Boden fällt, erfährt es schnell eine Umwandlung, so daß es bald ein rezent-fossiles Harz wird, auf Sansibar „Chakazzi" genannt. Der echte Sansibarkopal ist fossil und findet sich meist tief unter der Oberfläche in Gebieten, wo die zugehörige Vegetation längst zugrunde gegangen ist, so daß man sich lange im Unklaren über den Ursprung des Sansibarkopals war. Je nach dem Alter wird also Baumkopal (= rezent), Chakazzi (= rezent-fossil), der sich noch zu Lebzeiten des Mutterbaumes dicht unter der Erdoberfläche bilden kann, und echter Sansibarkopal (= fossil) unterschieden.

Der Sansibarkopal bildet Körner bis länglich flache Stücke von 20 cm Länge. Er ist klar und durchsichtig, von blaßgelber bis rötlich brauner Farbe, außen dicht mit Warzen besetzt („Gänsehautkopal"). Er wird durch Graben gewonnen, und nur der fossile Kopal kommt auf den europäischen und amerikanischen Markt und dient zur Herstellung von Öllacken. Der Inhambanekopal wird von den Eingeborenen auch als Kauharz benutzt (Sulus) (15). Der Sansibarkopal ist der härteste aller Kopale, doch weicher als Bernstein.

Das britische Mandatsgebiet Deutsch-Ostafrika hat ausgeführt: 1936 64 t; 1937 24,4 t (Blue Book 1937, S. 237); der Kopal wird vornehmlich auf dem Mueraplateau gegraben (16).

Die westafrikanische Küste ist von Benguela bis Sierra Leone ein reiches Fundgebiet für Kopale, die höchstwahrscheinlich aus dem Inneren stammen und von den Flüssen bis zur Küste getragen sind, was sich aus ihrer rollsteinartigen Form schließen läßt (16). Die verschiedenartigen westafrikanischen Kopale werden eingeteilt in Sierra Leone-Kopale und in Kongo-Kopale.

Als Stammpflanze der Sierra Leone-Kopale wird *Guibourtia copallifera Benn.* angesehen. Er wird z. T. von der lebenden Pflanze gewonnen, aber wertvoller ist auch hier der rezent-fossile, der vom Boden gesammelt werden muß.

Die Kongo-Kopale, die aus Kamerun, Gabun, Belgisch-Kongo und Angola kommen, stammen in der Hauptsache von *Copaifera Demeusii Harms.*, einer *Leguminose*, verwandt der Stammpflanze des Inhambanekopals *(C. Gorskiana)*. Daneben sind noch eine ganze Reihe anderer Arten als Stammpflanzen des Kongo-Kopals bekannt, die man nach ihrem Standort einteilt in Pflanzen humiden Klimas einerseits und ariden Klimas andererseits (17). Zu der ersten Gruppe gehörten *Copaifera Demeusii*, „Waka" genannt, ferner *C. Laurentii De Wild.*, *C. Arnoldiana De Wild. et Th. Dur.*, die kaum Kopal liefern und noch zwei andere Arten, von denen nur die Eingeborenennamen bekannt sind („Loambo" und „Ilo na mai").

Zu den Trockenpflanzen gehören einige *Cynometra*-Arten und einige *Tessmannia*-Arten (*T. parvifolia Harms.* und *T. Moesiekei De Wild.*), ebenfalls *Leguminosen*.

Belgisch-Kongo liefert den meisten Kopal für den Weltmarkt: 1915 4266 t; 1920 13250 t; 1925 16830 t (17). Seit 1930 ist die Erzeugung jedoch durch die Konkurrenz der chemischen Industrie (synthetische Lackherstellung) bis auf 60 v. H. zurückgegangen (18).

Schrifttum

Gummi und Kopal

1. Aubreville, A., Les Copaliers de l'Afrique Occidentale Française. Bull. de l'Agence Génér. des Col. 1933, S. 981—86.
2. Aubreville, A., Les Acacias de l'Afrique Occidentale Française. Actes et Comptes rendus de l'Assoc. Colonies-Sciences Jhg. 5 (1933), S. 167.
3. Chevalier, A., Nouvelles observations sur quelques Acacias de l'Afrique Occidentale. Rev. de Bot. Appl. et d'Agric. Trop. Jhg. 14 (1934), S. 875—84.
4. Chevalier, A., Nouveaux documents sur les Acacias à gomme de l'Afrique occidentale française. Rev. de Bot. Appl. et d'Agric. Trop. Jhg. 12 (1932), S. 438.
5. Chevalier, A., Révision des Acacias du nord, de l'ouest et du centre africain. Rev. de Bot. Appl. et d'Agric. Trop. Jhg. 5 (1928), S. 46 und S. 707.
6. Engler, A., Die Pflanzenwelt Ostafrikas. Berlin 1895.
7. Fickendey, E., Die pflanzlichen Exportprodukte von Deutsch-Adamaua. Tropenpflanzer Jhg. 15 (1911), S. 157.
8. Gessert, Gummipflanzen im Namaland. Tropenpflanzer Jhg. 2 (1898), S. 14 (vgl. S. 220).
9. Gillet, A., Delaude, W. u. Joret, Th., Etude thermique de diverses variétés de Copals Congo. L'industrie Chimique Belge. 1937, S. 41—45.
10. Guy, Notes sur la gomme arabique du cercle de Kaya (Côte d'Ivoire). Bull. Mens. de l'Agence Econ. de l'Afrique Occid. Française Jhg. 8 (1934), S. 267—68.
11. Krämer, W., Die koloniale Entwicklung des Anglo-Ägyptischen Sudans. Berlin 1938.
12. Lavauden, L., La forêt de gommiers du bled Thala (Sud tunesien). Direct. Génér. de l'Agric., du Commerce et de la Colon. Tunis. Nr. 137 (1929), S. 205—18.
13. Marchal, Les principales cultures de la Mauritanie Gommiers. Bull. de l'Agence Econ. de l'Afrique Occid. Franç. Jhg. 8 (1931), S. 145—50.
14. Tschirch, A. und Stock, E., Die Harze. 2. Bd., 2. Hälfte, 2. Teil. Berlin 1936.
15. Wiesner, J. v., Die Rohstoffe des Pflanzenreiches. 1 Bd. Leipzig 1928.
16. Wolff, H., Die natürlichen Harze. Berlin-Stuttgart 1926.
17. ..., L'origine botanique des Copals du Congo belge. Rev. de Bot. Appl. et d'Agric. Trop. Jhg. 5 (1928), S. 237—39.
18. ..., Impénétration Economique Belgique-Congo. Agric. et Elevage au Congo Belge 1935, S. 97—99; S. 115 bis 116; S. 132—33.

4. Gerbstoffe liefernde Pflanzen

Zahlreiche Pflanzenarten aus den verschiedensten Familien liefern Gerbmittel, d. h. sie enthalten in der Rinde, in den Blättern, Wurzeln, Früchten oder Samen Gerbstoffe, die tierische Häute in Leder zu verwandeln vermögen. Die Gerbung der Häute hat zum Zweck, diese so zu verändern, daß sie nicht mehr hornig auftrocknen, bei Einwirkung von heißem Wasser nicht mehr verleimen und vor allem der Fäulnis widerstehen.

Je nach der Herkunft der Gerbstoffe aus den verschiedenen Pflanzenteilen unterscheiden wir: Gerbrinden, Gerbfrüchte, Gerbblätter, Gerbhölzer und Gerbwurzeln. Gerbrinden liefern in Afrika vor allem Akazien (Wattle- oder Mimosarinden) und die Mangroven, Gerbfrüchte ebenfalls Akazien und *Caesalpinia coriaria* (Dividivi), Gerbblätter der Sumach und andere *Anacardiaceen*, während für Gerbhölzer und Gerbwurzeln Afrika kaum Vertreter stellt (s. u.).

Gerbrinden

Den größten Bedarf an Gerbstoffen decken zweifellos die Gerbrinden, d. h. die Akazien und Mangroven (und die australischen Eukalypten).

Akazien

Von der Gattung *Acacia* der Familie *Mimosaceae* aus der Ordnung der *Leguminosae* sind nahezu 500 Arten beschrieben, von denen eine ganze Reihe in Afrika vorkommen, die mancherorts das Landschaftsbild beherrschen. Ein Teil dieser Akazien hat eine gerbstoffreiche Rinde, so daß die Wildbestände zur Gerbstoffgewinnung ausgenützt werden können. Für einen großzügigen Anbau lohnen sich aber nur 4 Arten, die in Pflanzungen kultiviert werden:

Acacia decurrens Willd.	*(Acacia decurrens Willd. var. normalis Benth.)* = „Black Wattle".
Acacia mollissima Willd.	*(A. decurrens Willd. var. mollis Lindl.)* = „Green Wattle".
Acacia dealbata Link.	*(A. dec. Willd. var. dealbata F. v. M.)* = „Silver Wattle".
Acacia pycnantha Benth.	= „Golden Wattle".

Die Bezeichnungen in den Klammern drücken aus, daß *Acacia mollissima* und *A. dealbata* von mancher Seite nur als Varietäten von *A. decurrens* aufgefaßt werden. Der Name Wattle stammt aus Australien, dem Ursprungsland dieser Akazien. Im Handel werden die Rinden auch als Mimosarinden bezeichnet.

Botanik. Die genannten Akazien sind alle ziemlich hohe Bäume und im Gegensatz zu vielen anderen Akazienarten nicht mit Dornen und Stacheln bewehrt. Die doppelgefiederten Blätter tragen vielfach an den Spindeln erster und zweiter Ordnung Drüsen oder Nektarien. Die gelben oder goldgelben Blüten sind zu kugeligen Köpfchen vereinigt, die sich meistens durch einen starken Duft auszeichnen. Die einzelnen Blüten sind aus einem 5zähligen Kelch, 5 Kronenblättern und zahlreichen Staubgefäßen zusammengesetzt. Der Fruchtknoten trägt einen fadenförmigen Griffel. Die Früchte sind mehrsamige, flache Hülsen. Die weitverzweigten Wurzeln sind, wie bei vielen Leguminosen, durch Bakterienknöllchen ausgezeichnet.

Die vier Hauptarten lassen sich gut an den Blättern unterscheiden:

A. decurrens besitzt 6—8 mm lange Blättchen, die sich untereinander nicht berühren (Abb. 12).

A. mollissima hat 4—6 mm lange Blättchen, die dicht zusammenstehen, fast kahl oder fein behaart sind; die Triebspitzen sind goldgelb.

A. dealbata besitzt 4—6 mm lange Blättchen, die dicht zusammenstehen, dicht silbergrau behaart sind, ebenso der Blattstiel, die Triebspitzen sind silbergrau.

A. pycnantha hat an Stelle von Blättern Phyllodien (= blattartig verbreiterte Blattstiele) (33).

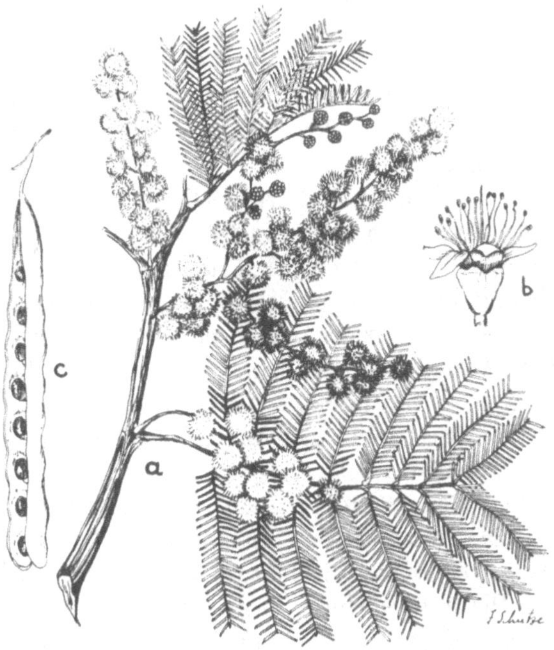

Abb. 12. Gerberakazie *(Acacia decurrens)*
a = blühender Zweig; b = Blüte; c = Hülse

Klima. In den Temperaturansprüchen differieren die Arten nur wenig. *A. mollissima* gedeiht am besten bei einer Jahrestemperatur von 10—15° und kann bei —6° C erfrieren (33). *A. decurrens* soll bei annähernd gleichen Ansprüchen etwas widerstandsfähiger gegen Frost sein. *A. dealbata* kann noch größere Kälte gut überstehen. *A. pycnantha* dagegen braucht viel Wärme. Für die Niederschläge scheint bei *A. mollissima* nach oben hin keine Grenze vorhanden zu sein. In kälteren Gegenden und bei guten Bodenverhältnissen genügt im allgemeinen eine jährliche Niederschlagsmenge von 500 mm. Als optimale Verhältnisse gelten in Natal große Luftfeuchtigkeit bei nicht zu hoher Temperatur, etwa die der Lagen um 400 m Meereshöhe, bei Niederschlägen von 750—1000 mm.

Für *A. pycnantha* sind 400—500 mm am günstigsten, mehr Niederschläge können nachteilig sein (33).

An den Nährstoffgehalt des Bodens stellen die Gerberakazien keine hohen Ansprüche. In Natal gedeihen sie gut auf tiefgründigen, roten oder schokoladenbraunen Böden, die durch Verwitterung vulkanischen Gesteins entstanden sind. Wichtig ist die physikalische Beschaffenheit des Bodens, er muß tiefgründig und locker sein, darf nie ganz austrocknen, aber auch nie mit Wasser gesättigt sein. Kalkreicher, alkalischer Boden ist dem Gedeihen wie der Entwicklung von Gerbstoffen hinderlich (33).

Verbreitung. Die genannten Arten kommen in der Südafrikanischen Union alle nebeneinander vor. In Südrhodesien sind auf einigen Pflanzungen kleine Flächen mit *A. mollissima* bestanden. In Deutsch-Ostafrika haben sich die Gerberakazien, und zwar *A. decurrens* und *A. dealbata* namentlich in West- und Ostusambara gut entwickelt. Sowohl die Forstverwaltung als auch das Biolog. Landw. Institut Amani und einige private Unternehmungen haben sich schon in der Zeit vor dem Weltkrieg mit ihrem Anbau beschäftigt. Zu einem nennenswerten Export ist es bisher nicht gekommen. In Kenya hat sich die Kultur von *A. mollissima* stark entwickelt, der Anbau von *A. dealbata* ist dort verboten.

In Marokko sind seit 1924 mehr als 2000 ha mit *A. mollissima* bepflanzt (33). Besonders gut gedeiht sie zwischen Kenitra und Sidi Slimane (22). Algerien hat schon 1897 *A. decurrens* und *A. pycnantha* in Kultur genommen, die dort beide gut gedeihen. Ebenso beginnt sich in Tripolitanien die Kultur von Gerberakazien auszubreiten (22). Auch Madagaskar begann 1904 mit dem Anbau von Akazien. 1911 wurden die Kulturen von *A. dealbata* und *A. decurrens* auf 4000 ha ausgedehnt. Später wurden Gesellschaften zur Aufnahme des Akazienanbaues im großen gegründet (s. u.) (4).

Von den genannten Ländern haben nur die Südafrikanische Union und Kenya Bedeutung als Exportländer für Akazienrinden.

Die Akazienpflanzungen der Südafrikanischen Union finden sich fast ausschließlich in Natal, 100 km von der Küste entfernt in der Umgebung von Pietermaritzburg. Dort sind große Akazienwälder in forstwirtschaftlicher Pflege. 1200 qkm sind insgesamt mit Gerberakazien bepflanzt. $^1/_3$ davon ist in Händen der zwei größten südafrikanischen „Mimosa“-Verschiffer und Extrakthersteller, der Rest verteilt sich auf kleinere Pflanzungen, davon die Hälfte, also etwa 400 qkm, auf deutschstämmige Pflanzer (17).

Während früher alle 4 Arten angebaut wurden, hat man sich heute fast ausschließlich auf *A. decurrens* beschränkt, deren Holzertrag am höchsten ist. Für die Rentabilität einer Pflanzung ist das Holz nämlich ebenso wichtig wie die Gerbrinde. Die Stämme finden als Grubenholz und die Abfälle als Brennmaterial Verwendung. Ursprünglich sind die Akazien vielfach nur zur Holzgewinnung angepflanzt worden (Kenya, Madagaskar).

Kultur. Alle 8—10 Jahre werden die Bestände abgeholzt und sogleich wieder aufgeforstet. Nach langjährigen Versuchen ist man zu dem Ergebnis gekommen, daß 900 bis 1000 Bäume auf einen Hektar die besten Erträge bringen, sowohl hinsichtlich Holz wie Gerbrinden. Bei dieser Pflanzweite ergibt ein ha in normalen Jahren etwa 17 t grüne Rinde (= knapp 10 t trockene Rinde). In jungen Pflanzungen stehen die Bäumchen enger, um sie zu astlosem geradem Aufschießen zu zwingen. Von Jahr zu Jahr werden dann die Bestände ausgedünnt, bis die erwähnte Pflanzdichte erreicht ist.

Die Rindenernte geschieht in der Weise, daß am Fuß des Baumes die Rinde bis auf das Holz eingekerbt und darauf mit der Axt solange beklopft wird, bis sie sich löst. Alsdann wird sie in langen Streifen abgezogen bis zum Ansatz der Krone, und der Baum wird gefällt.

Aufbereitung. Vor dem Versand wird die Rinde in der Nähe der Schälwälder in Schuppen getrocknet und dann zu den Rindenmühlen verfrachtet, die sich vornehmlich in der Umgebung des Verschiffungshafens Durban befinden. Hier werden die Rinden geschnitten, in Ballen gepreßt und in Sackleinwand genäht. Die Gesamtproduktion aller südafrikanischen Rindenmühlen belief sich in der letzten Zeit auf rund 80000 t (17) jährlich.

Um die Existenz der Plantagenbesitzer zu sichern, besteht seit dem 1. Januar 1937 eine Verkaufsorganisation mit staatlicher Kontrolle. Alle für die Ausfuhr bestimmte Mimosarinde wird amtlich geprüft und muß entsprechend der Qualitätsklasse markiert sein.

Nicht alle Rinden werden roh versandt, sondern es bestehen in den Produktionsgebieten drei Fabriken (eine bei Neu-Hannover, eine bei Pietermaritzburg und eine bei Durban) (17), die die Gerbstoffe an Ort und Stelle aus den grünen Rinden extrahieren und etwa die Hälfte der Gesamterzeugung im Lande selbst verarbeiten (10). Der Extrakt wird in fester Form hergestellt und versandt.

Die Wattle liefert eines der besten Gerbmittel der Welt. Bei einem durchschnittlichen Gerbstoffgehalt von 33 v. H. (22 v. H. bis 48 v. H.) (25) läßt es sich, namentlich in Verbindung mit der einheimischen Eichenrinde, mit gutem Erfolge verwenden, wodurch die Gerbkosten verringert, die Gerbedauer abgekürzt und vor allem ein Leder von guter Qualität gewonnen werden soll. Der Hauptwert der Mimosarinde liegt in ihrem schnellen Durchdringungsvermögen, in der guten Löslichkeit der Gerbstoffe und in dem guten Mischvermögen mit anderen Gerbstoffen (23).

Die Ausfuhr aus der Südafrikanischen Union entwickelte sich folgendermaßen (in t):

Jahr	Rinde	Extrakt	
1916	51682	446	(37)
1926	81728	18498	(37)
1930	74193	15965	(37)
1935	94833	39125	(18)
1936	75360	34792	(26b)
1937	69547	41518	(26b)

In Kenya wurde 1903 mit dem Anbau von *A. mollissima* begonnen, ursprünglich lediglich zu dem Zwecke, Brennholz für die Bahn zu gewinnen. Später wurde auch die Verwertung der Rinden in Angriff genommen. Die klimatischen Bedingungen sind für die Kultur günstig. 1923 wurde eine Extraktfabrik gegründet, die 1926 erweitert wurde, so daß sie monatlich 100 t

Extrakt liefern kann (33). Die Natal Tanning Extrakt Compagnie Ltd. hat sich auch in Kenya um die Hebung der Qualität und Errichtung einer Extraktfabrik bemüht (38). Kenya führte aus:

Jahr	Rinde	Extrakt	
1918/19 . . .	6 t	0 t	(33)
1925	3191 t	467 t	
1930	6663 t	849 t	(38)
1931	9772 t	308 t	
1932	12291 t	5610 t	(34).
1933*) . . .	11000 t	1480 t	
1934*) . . .	13200 t	2540 t	
1935*) . . .	11300 t	5180 t	
1936*) . . .	12250 t	5600 t	

Der größte Teil der Rinde geht nach den Vereinigten Staaten von Amerika, ferner nach dem Deutschen Reich, den Niederlanden und England. Der Extrakt geht nach England und Japan (34).

Seit längerem bestehen auch auf Madagaskar Gesellschaften, die sich mit der Kultur von Gerberakazien befassen. Ihre Pflanzungen befinden sich südlich und östlich von Tananarive, in dem Gebiet von Antsirabé, Ambositra, Fianarantsoa, Ambohimachou, Ambamala, Ambohimanga, Mangora, Mandraga, Moramanga (Agric. et Elevage au Congo Belge 1. Jahrg. [1927], S. 224). Hier wird hauptsächlich *A. dealbata* angebaut. Die Ausfuhrzahlen an Gerbrinden, wovon sich allerdings ein großer Teil auf Mangroven bezieht (s. u.), sind in den letzten Jahren erheblich gesunken: 1911 betrug der Export 53357 t, 1930 6969 t und 1936 nur noch 474 t, hob sich aber 1937 wieder ein wenig. Gerbrindenausfuhr Madagaskars in t (26a, S. 56; 26b, S. 69):

1911 . . .	53357	1935	618
1930 . . .	6969	1936	474
1933 . . .	2530	1937	680
1934 . . .	1132		

Wie hoch daran die Mimosarinden beteiligt sind, läßt sich aus den Statistiken nicht ersehen. Die hohe Tonnenzahl von 1911 scheint sich fast ausschließlich auf Mangrovenrinde zu beziehen, die Ausfuhr von 1935 auf Mimosarinden.

Mangroven

Mangroven sind nicht die Vertreter einer Pflanzenart, sondern einer Pflanzenformation, Angehörige verschiedener Familien, die sich der Eigenart der Umwelt angepaßt haben. Die Mangroven stellen einen Flutwald dar, einen Wald- oder Buschgürtel im Bereich der Flutbewegung, d. h., der Boden wird mehr oder weniger hoch abwechselnd vom Meere bedeckt und trocken-

*) Umgerechnet in t, abgerundet.

gelegt. Die Anpassung besteht in der Ausbildung hoher, bogenförmiger Stelzenwurzeln *(Rhizophora)* oder von Luftwurzeln *(Sonneratia)*, die den Boden festhalten und somit zur Verlandung sumpfiger Küstenstreifen beitragen.

Boden und Klima. Zur Ausbildung einer Mangrovenformation kann es nur kommen an Flachküsten, in stillen Buchten und Flußmündungen, wo die Brandung nicht zu stark ist. Die Mangrove liebt salzdurchtränkten, schlammig-sumpfigen Untergrund, aufgebaut aus dem Kalkstein der Koralleninseln (1). Mangrovevegetation ist bezeichnend für tropisch-warme Gebiete überall dort, wo die genannten Bedingungen erfüllt sind, sie findet sich sowohl an den Küsten arider (Nordostküste) wie vollhumider Hinterländer (Westafrika), kommt aber nur in den feuchtwarmen Tropen zur vollen Entwicklung.

Vorkommen. An der ostafrikanischen Küste finden sich Mangroven von der Sinaihalbinsel bis nach Natal, erreichen aber an den Küstenteilen von Ostafrika, etwa zwischen Tanga und Moçambique, die üppigste Entfaltung. Sowohl nördlich wie südlich davon bleibt eine Art nach der anderen zurück (29). Abgesehen von den vereinzelten Vorkommen von eigentlich nur einer Art *(Avicennia)* im Norden, finden sich ausgedehnte Mangrovenbestände bei Mombassa, Tanga und Kilwa-Kiwindji sowie an der Küste von Sansibar. Weiter südlich stehen Mangroven in Moçambique am Kap Delgado, bei Kilimane, an der Sambesimündung und am Save, südlich der Massansani-Bucht sowie südlich der Delagoa-Bucht, nördlich und südlich der Grenze mit der Union. Nicht unbedeutend sind die Bestände auf Madagaskar an der Westküste in der Mahajamba-Bucht, in der Bombetoke-Bucht, an der Tsiribihina- und Mangokamündung. Gehen an der Ostküste die Mangroven bis über die Grenzen der Tropen hinaus, so findet sich das südlichste Vorkommen an der Westküste an der Katumbalamündung, weiter nach Norden an der Kongomündung südlich von Kap Lopez, dann bei Libreville, an der Kamerunküste, an der Nigermündung, bei Lagos und mit Unterbrechungen an der ganzen Küste von der Insel Scherbro bis Bathurst.

Nach der Artzusammensetzung kann man eine östliche Mangrovenformation (Ostafrika, Madagaskar, Asien, Australien, Mikronesien) und eine westliche (Westafrika, Amerika) unterscheiden; die letztgenannte ist artenärmer als die östliche. Für die Gerbstoffgewinnung kommen aus der östlichen vor allem in Frage: *Rhizophora mucronata Lam.*, *Ceriops Candolleana Lam.*, *Bruguiera gymnorrhiza Lam.*, alles *Rhizophoraceen* und zwei *Meliaceen: Xylocarpus granatum Koen.* und vereinzelt *X. obovatus A. Juss.* Außerdem sind noch bezeichnend *Sonneratia alba Smith*, eine *Sonneratiacee*, die *Verbenacee Avicennia marina (Forsk.) Vierh.* und der Strauch *Lumnitzera racemosa Willd.* (29), die aber für die Gerbstoffgewinnung keine Bedeutung haben. An der Westküste kommt namentlich *Rh. Mangle L.* = *Rh. racemosa* vor, die wohl dort allein zur Gerbstoffgewinnung ausgenutzt wird (1).

Im Gegensatz zu der Mangrove der Flußmündungen zeigt die Küstenmangrove eine deutliche Gliederung (Abb. 13). Von außen nach innen folgen sich: 1. die *Sonneratia*-Zone, 2. die *Rhizophora*-Zone, 3. die *Ceriops*-Zone, 4. die *Avicennia*-Zone (Abb. 13). *Bruguiera* kommt meist vereinzelt in der 2. und 3. Zone vor. An der Westküste, wo *Sonneratia* fehlt, schließt die Mangrove seewärts mit *Rhizophora* ab, deren bogenförmige Stelzwurzeln deutlich von weitem zu sehen und charakteristisch für die westafrikanische Mangrove sind. Am häufigsten und wichtigsten für die Gerbmittelgewinnung ist *Rhizophora mucronata*, die im Durchschnitt 7—10 m Höhe erreicht, aber auch 20 m hoch werden kann. Die gegenständigen, lanzettlichen Blätter sind immergrün. Bezeichnend ist die Anpassung an den schlammigen Untergrund in Gestalt von langen Stelzwurzeln, die aus dem Stamm und bei älteren

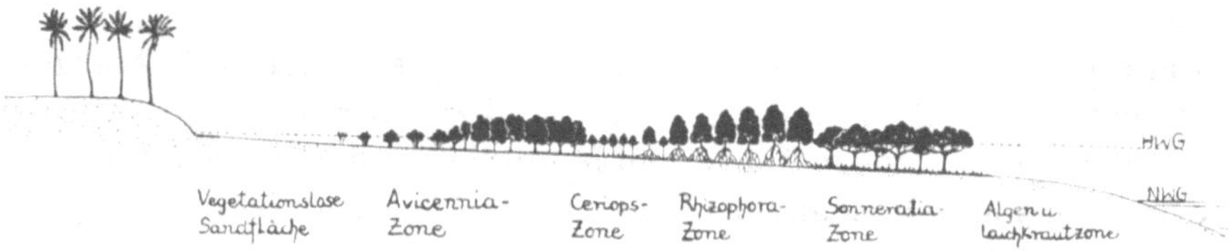

Abb. 13. Halbschematische Gliederung der Mangroven bei Tanga bei Niedrigwasser (nach *Walk*)

Exemplaren auch von den Ästen abzweigen. Die Blüten stehen zu 2—5 in den Blattachseln und bringen beerenartige, verkehrt birnenförmige Früchte hervor. Der Sämling entwickelt sich an der Mutterpflanze und bohrt sich beim Abfallen in den weichen Boden ein. Nach einigen Stunden werden die Seitenwurzeln entwickelt, womit das individuelle Leben des Sämlings beginnt.

Ceriops Candolleana ist ein bis 4 m hoher Strauch. Die Hauptstengel verkümmern, die Seitenwurzeln kommen zu starker Entwicklung. Auch hier werden 40 cm lange Sämlinge bereits an der Mutterpflanze entwickelt.

Der stattlichste Baum der Mangrovenwälder ist *Bruguiera gymnorrhiza*, der mit seinem schlanken Stamm und pyramidenförmiger bis schirmförmiger Krone alle anderen überragt. Er entwickelt weniger Stelzwurzeln, dafür aber Seitenwurzeln, die in einiger Entfernung vom Stamm zum besseren Gasaustausch zu Tage treten, um dann knieförmig wieder in den Boden abzubiegen.

Während die genannten Arten die Stelzwurzeln gemeinsam haben, zeichnen sich *Xylocarpus*, *Sonneratia* und *Avicennia* durch Luftwurzeln aus, die an den Seitenwurzeln senkrecht aus dem Schlamm wachsen und von spindelförmiger Gestalt, oft mehr als 1 m lang und 4 cm dick sind.

N u t z u n g. Schon sehr früh hat sich die Gerbstoffindustrie für die Mangroverinde interessiert. Bei dem zonenweisen Auftreten und dem hohen Prozentgehalt an Gerbstoffen war eine Ausbeute lohnend, und die Mangroverinde stellt eines der billigsten Gerbmittel dar. Allerdings besitzt es nur ein geringes

Gerbvermögen und durchdringt die Hautfasern ungenügend. Ein anderer Nachteil ist die Rotfärbung (30). Trotzdem hat man die Mangrovewälder weitgehend ausgenutzt und sogar Anbauversuche gemacht (in Kamerun vgl. 1, S. 475).

Zur Ernte werden die Bäume gefällt, zersägt und dann entrindet. Bei größerem Betrieb sind eigens Schienen für Feldbahnen zum Abtransport des Nutzholzes und der Rinde in die Mangrovewälder gelegt. Die handbreiten, etwa meterlangen Rindenstücke werden getrocknet und dann in fingerlange Stücke zerhackt. In dieser Form kommt die Mangroverinde in Säcken verpackt in den Handel (1).

Da die ostafrikanische Mangrove im Durchschnitt einen größeren Gerbstoffgehalt hat als die westafrikanische, ist vornehmlich nur die Ostküste ausgebeutet worden, namentlich die Küsten von Deutsch-Ostafrika, Kenya, Moçambique und Madagaskar.

Die Rinden aus Deutsch-Ostafrika haben nach den bisherigen Ermittlungen den höchsten Gerbstoffgehalt der verschiedenen Mangrovebestände. *Rhizophora mucronata* bis 48 v. H., *Bruguiera gymnorrhiza* 28 v. H. bis 53 v. H., *Ceriops Candolleana* 24 v. H. bis 42 v. H. und *Xylocarpus granatum* 27 v. H. bis 40 v. H. (42). Um 1914 betrug die Ausfuhr an Mangroverinden etwa 2500 t jährlich (1). In den letzten Jahren gestaltete sie sich wie folgt (in t):

Jahr	Ausfuhr	
1914	2500	(1)
1923	7,61	(42)
1925	2992,12	(42)
1927	8463,28	(Blue Book)
1936	3020,57	(Blue Book)
1937	4892,06	(Blue Book)

Die Ausfuhr geht in erster Linie nach den Vereinigten Staaten, dann nach dem Deutschen Reich, England, Frankreich, Ägypten und in geringerem Maße nach einigen anderen Staaten.

Eine kleine Mangroveausfuhr haben auch Pemba und Sansibar.

Kenya führte vor dem Weltkriege weit größere Mengen als Deutsch-Ostafrika aus, hat diese Stellung aber nach dem Weltkriege nicht wieder erreicht.

Ausfuhr an Mangroverinde:

Jahr	Tonnen	
1913/14 . . .	8191	(42)
1918/19 . . .	152	(42)
1927	161	(42)

In Moçambique werden die Bestände am Sambesi, Luabo, Inhamissengo, in der Bucht von Moma und Moçambo genutzt (6).

Die Ausfuhr hat sich wie folgt entwickelt (in t):

1910	8168	1935	3620
1915	15348	1936	1850
1930	3658	1937	1038
1932	2616	(5, S. 19; 26a; 26b, S. 59).	

Vorübergehend hat Moçambique auch einige Tonnen Extrakt ausgeführt.

In Angola sind die Mangroven in den Mündungsgebieten fast aller Flüsse mehr oder weniger verbreitet. Die hauptsächlichsten sind der Chiloango (in Cabinda), der Loge, die Umgebung von Loanda, der Kuanza, (bis zum See Cassaco) und der Katumbala, der die südlichste Grenze bildet. Hier sind die verbreitetsten Arten *Avicennia africana*, *Rhizophora Mangle* und *Laguncularia racemosa*. Die Ausfuhr ist gering und beschränkt sich namentlich auf einige Tonnen Extrakt.

Eucalyptus

Von den zahlreichen *Eucalyptus*arten, die alle aus Australien stammen, liefert *Eucalyptus occidentalis Endl.* die hochwertige Malletrinde. In Deutsch-Ostafrika sind mit dieser Art vor 1914 in Amani Anbauversuche gemacht worden (1). *Eucalyptus marginata Sm.* und *Eucalyptus calophylla R. Br.* sind auf Sansibar versuchsweise angebaut worden. Bei Anbauversuchen in der Südafrikanischen Union mit 13 Eucalyptusarten hat sich besonders *E. astringens Maiden* durch hohen Gerbstoffgehalt ausgezeichnet (40). Neben den Akazien haben sie keinerlei Bedeutung erlangt.

Gerbfrüchte

Unter den Gerbfrüchten spielen die Hülsen von *Caesalpinia coriaria Willd.* wohl die größte Rolle. *C. coriaria*, ein kleiner Baum aus der Ordnung der *Leguminosen*, der aus dem tropischen Amerika stammt, liefert in Gestalt seiner getrockneten Früchte das unter dem Namen Dividivi bekannte Gerbmittel. Dividivi zeichnet sich durch einen hohen Prozentgehalt an Gerbstoffen (40 v. H. bis 45 v. H.) aus, die in der Zellschicht unter der Epidermis gelagert sind (42). Die Samen sind gerbstoffrei.

In bezug auf den Boden ist de' Dividivi-Baum verhältnismäßig anspruchslos, er verlangt aber eine mäßige Luft- und Bodenfeuchtigkeit (20). Er gedeiht in Deutsch-Ostafrika, wo vor dem Kriege Anbauversuche ausgeführt worden sind (Morogoro), bis zu einer Höhe von 600 m gut. Die Vermehrung geschieht durch Samen, die in Abständen von 4 : 4 oder 4 : 5 m ausgelegt werden. Nach dem 5. Jahre beginnt die Ertragfähigkeit. Je nach Alter der Bäume, Klima und Boden werden im Durchschnitt 10 bis 50 kg trockene Dividivi-Hülsen je Baum geerntet (20); im Vollertrag stehende Bäume können bis 140 kg im Jahre geben (42). Die Hauptausfuhren, von denen das Deutsche Reich den größten Teil aufnimmt, stammen aus Indien, Jamaika und vor allem Curaçao. Die Ausfuhr Afrikas ist ohne Bedeutung.

Die Hülsen der *Acacia arabica Willd.*, im Sudan als Sant und in Westafrika unter dem Namen Gambia pods bekannt, enthalten nach Entfernung der Samen 40 v. H. Gerbstoff (39), sie stellen in den Herkunftsländern ein wichtiges Gerbmittel dar.

Im Sudan ist *A. arabica* in den Wäldern des Blauen und Weißen Nils bis zum 12°. n. Br. zu finden. Zwischen 500 und 1400 t werden jährlich nach Ägypten ausgeführt, dazu mehr oder weniger große Mengen nach Italien (42).

In Westafrika kommt *A. arabica* überall in den trockeneren Gebieten vor. In Nigeria sind die Hülsen als „Gabarru" bekannt und dienen dort zum Gerben des Kano-Leders (im Norden der Kolonie). Dann und wann gelangen von hier geringe Mengen als „Gambia pods" auf den englischen Markt, ebenso wie aus Senegambien unter dem Namen „Gonakié" (1922 z. B. über 500 t) (42). Im Senegalgebiet finden sich zwei Varietäten von *A. arabica*, die eine, „Gonakié", bildet in den Überschwemmungsgebieten ausgedehnte Bestände, die andere, *A. arabica var. Adansoniana* = „Neb-Neb", wächst vor allem auf trockeneren Standorten (41).

Neben *A. arabica* werden im Sudan von den Eingeborenen noch die Früchte von *A. nilotica Del.* zum Gerben verwandt (39).

Gerbblätter

Unter dem Namen Sumach sind eine Reihe von Pflanzen aus der Familie der *Anarcadiaceen* (oder das Gemisch aus mehreren) bekannt. Fast alle sind Vertreter des Mittelmeerklimas, in Afrika wachsen sie daher vornehmlich im Norden und einige Arten auch im Süden. Der eigentliche Gerbersumach *(Rhus coriaria L.)* findet sich in Algerien, Marokko und der Südafrikanischen Union und ist ein Baum mit einfachen und unpaarig gefiederten Blättern. *Coriaria myrtifolia L.*, ein Strauch mit kreuzweise gegenständigen, lanzettförmigen Blättern, ist in Nordafrika heimisch (30). Der „Algerische Sumach" des Handels stammt zumeist von *Rhus pentaphylla Desf.* (10), der auch Gerbstoff in der Rinde führt (30). Aus Südafrika sind einige Rhus-Arten als „Kap-Sumach" bekannt *(Rh. lucida L.* und *Rh. viminalis Vahl)*; daneben sind noch andere südafrikanische Rhus-Arten untersucht: *Rh. Thunbergii* (35 v. H. Gerbstoff), *Rh. incana* (19,2 v. H. Gerbstoff), *Rh. natalensis* (15,2 v. H. Gerbstoff), *Rh. laevigata L.*, *Rh. lancea*, *Rh. tomentosa L.* und *Rh. villosa L.* (31). Die Blätter von *Rhus abyssinica Hochst.* kommen als „Erythrea-Sumach" in den Handel (18,5 v. H.) (10). Die Blätter von *Pistacia lentiscus L.* aus Marokko und den Kanarischen Inseln, eine andere *Anacardiaceae*, dienen zur Verfälschung des Sumach (30). Ebenfalls unter dem Namen Kap-Sumach sind die Blätter und Zweige von *Osyris compressa A. DC.* (= *Calpoon compressum Berg)* bekannt, einer *Santalaceae* aus Südafrika. Die Eigenschaften des Kap-Sumachs sind aber ganz andere als die des echten Sumachs *(Rhus coriaria)*; er liefert ein schwammiges und poröses Leder und wird daher nur für den örtlichen Gebrauch verwandt (42).

Der Sumach kommt in Form von ganzen Blättern oder als Pulver in den Handel, letzterer ungereinigt (campagna) oder gereinigt (ventilato). Gemahlener Sumach wird in Säcken von 75 kg versandt, Blättersumach in Ballen von 250 kg. Der Handelssumach hat je nach der Herkunft einen Gerbstoffgehalt von durchschnittlich 14—26 v. H. (10).

Gerbhölzer

Von den Gerbhölzern (Quebrachoholz und Katechu) ist in Afrika nur die Katechu-Akazie heimisch. Für den Weltmarkt haben für Quebrachoholz vor allem die Bestände in Paraguay und Argentinien Bedeutung und für Katechu Indien und Ceylon. In Südafrika sind die beiden Quebracho-Arten *Schinopsis Lorentzii Engl.* und *Schinopsis colorado* versuchsweise angepflanzt, *Anacardiaceen*, von denen *S. Lorentzii* auf seinen Gerbstoffgehalt geprüft ist (40).

Die Katechu-Akazie *(Acacia catechu Willd.)* ist in Ostafrika von Abessinien bis zum Sambesi und von der Küste bis in das Seengebiet verbreitet (1). Sie findet alle ihre Wachstumsbedingungen in Deutsch-Ostafrika erfüllt und kommt hier auch zahlreich vor (1). Sie ist ein 4—8 m hoher Baum mit schirmförmiger Krone, hat eine braune, rissige Rinde und Stacheln an den Zweigen. Das Blatt besteht aus 40—100 Fiedern, wovon jede wieder aus 60—80 sehr kleinen Blättchen zusammengesetzt ist. In der Trockenzeit wird das Laub abgeworfen. Das Holz enthält reiche Mengen von Gerbstoff, der als braunes Katechu in den Handel kommt und in der Färberei wie in der Gerberei zur Gewinnung von weichem, geschmeidigem Leder Verwendung findet.

Zur Gewinnung des Katechus wird der Baum gefällt, das Holz in Späne zerkleinert und darauf 12 Stunden lang gekocht. Die so erhaltene braune Brühe wird durch mehrmaliges Kochen eingedickt, bis sie fest ist. In Formen läßt man den Extrakt bis zur vollständigen Erhärtung abkühlen. In dieser Gestalt kommt das Katechu in den Handel. Vor dem Gebrauch wird es durch kochendes Wasser und Weingeist oder dergleichen wieder aufgelöst.

Sonstige Gerbmittel liefernde Pflanzen

Anschließend seien noch weniger wichtige Gerbstoffpflanzen aufgeführt — die nur eine örtliche Bedeutung haben — mit der Angabe des Landes, in dem sie vereinzelt als Gerbmittel benutzt werden (30):

Aus der Familie der *Polypodiaceen Polypodium vulgare L.* in Nordafrika, die *Zingiberaceen Cerathanthera Beaumetzi C. Huck* im tropischen Westafrika und das Rhizom und die Blätter von *Amomum latifolium Afz.* in Sierra Leone, von den *Fagaceen* eine Eiche *Quercus Mirbeckii Durr* in Algerien und *Quercus suber L.* in Marokko (21), die Rinde der *Ulmacee Celtis obliqua Moench* auf Réunion, die *Polygonacee Polygonum serratum L.* und die *Casuarinacee*

Casuarina equisetifolia L. mit 18,3 v. H. Tannin. Außer den Akazien dienen noch eine ganze Reihe von anderen *Leguminosen* hier und da als Gerbmittel: die Rinde von *Albizzia lebbek Benth.*, die Wurzeln der *Mimosa sensitiva L.* und *Mimosa pudica L.* im tropischen Afrika, die Rinde von *Baikiaea plurijuga* (20 v. H. Gerbstoff) in Rhodesien (39), die Rinde von *Burkea africana* (16,6 v. H. Gerbstoff), die sich vom Bahr el Ghasal und Togo bis Natal und im zentralen Südafrika von den Viktoria-Fällen über Bulawajo und Mafeking bis zu den Magaliesbergen findet (19), die Wurzeln von *Elephantorrhiza Burchellii Benth.* in Südafrika (42).

Mit *Coulteria tinctoria Kunth.* sind in Marokko Anbauversuche gemacht worden (21). Neben Dividivi liefern noch andere afrikanische *Caesalpiniaceen* Gerbmittel, wie die Wurzelrinde von *Cassia fistula L.* Aus Französisch-Äquatorialafrika sind zwei neue Cassia-Arten bekannt geworden: *C. Rogenii Ghesq.* und *C. sabak Delil.*, die ebenfalls als Gerbstofflieferanten empfohlen werden (9). In Nubien und Erythrea findet sich *Pterilobium lacerans R. Br.* Auf den Maskarenen werden zwei *Euphorbiaceen* zum Gerben und Färben genutzt, und zwar *Aleurites triloba Forst.* und *Phyllanthus emblica Willd.*, ebenso die *Myrtaceae Jambosa vulgaris DC.* und die *Combretaceae Terminalia catappa L.*, deren Fruchtschalen und Rinde Gerbstoffe enthalten, und *Terminalia mauritania L.*, deren Rinde bis 30 v. H. Gerbstoff enthält. In Nordafrika dient die *Thymelacaceae Daphne cnidium L.* zum Gerben, Schwarz- und Braunfärben. Verhältnismäßig wertvoll ist die Fruchtschale des Granatapfels *(Punica granatum L.) (Punicaceae)*, die 26,6 v. H. Gerbstoff enthält und in Westafrika vielfach zum Gerben verwandt wird. In Marokko dienen die Gallen von *Tamarix articulata Vahl. (Tamaricaceae)* als Gerbmittel und die Palme *Areca catechu L.*, die in Ostindien der „Betelnüsse" wegen angebaut wird.

In der Südafrikanischen Union sind nahezu 100 Pflanzen (40) auf ihren Gerbstoffgehalt geprüft und ihre Verwendung als Gerbmittel in Erwägung gezogen. Neben den Akazien können aber alle nur eine untergeordnete Rolle spielen. Näheres siehe „Union of South Africa, Departm. of Agric., Div. of Chemistry", Series Nr. 93, Science Bull. Nr. 74, 1930 von *C. O. Williams* (Ref.: Tropenpflanzer Jhg. 34 [1931], S. 68).

Schrifttum

Gerbstoffe liefernde Pflanzen

1. Bodenstab, H., Die wichtigsten Gerbstoffpflanzen der Deutsch-Afrikanischen Schutzgebiete. Tropenpflanzer Jhg. 17 (1913), S. 463, 557, 619, 676.
2. Bravo, G. A., Sur quelques matières tannantes végétales de la Somalie italienne et d'Outre-Giuba. Le Cuir Technique 1932, S. 318—19.
3. Bravo, G. A., Contribution à l'étude de quelques végétaux tannifères de la Libye. Le Cuir Technique 1930, S. 400 bis 401.
4. Carle, G., Communication sur les plantes à tannin de Madagascar. Actes et Comptes Rendus de l'Assoc. Col. Sciences 1928, S. 122—27.
5. Cunha da Silveira, Contribution analytique à l'étude chimique des écorces de Palétuviers des Colonies Portugaises. Lissabon 1932.

6. Cunha da Silveira, La production et la teneur en tanin des écorces de Palétuvier du Moçambique. Bull. Agric. du Congo Belge 1930, S. 1324—29.
7. Deloye, M., Les plantes tannifères en Algérie. Rev. Agric. de l'Afrique du Nord 1930, S. 484—89.
8. Engler, Die Pflanzenwelt Ost-Afrikas. Berlin 1895.
9. Ghesquière, J., Deux Cassia nouveaux pour la Flore de l'Afrique Centrale Française. Rev. de Bot. Appl. et d'Agric. Trop. 1934, S. 237—44.
10. Gnamm, H., Die Gerbstoffe und Gerbmittel. Stuttgart 1933.
11. Gottschalk, M., Les plantes à tanin au Congo Belge. Bull. Agric. du Congo Belge 1930, S. 1346—49.
12. Guilaumin, A., Le Mangrove Malgache et ses produits. Le Cuir Technique 1928, S. 431—32.
13. Holtz, W., Über Dividivi. Flugblatt Nr. 11 (Deusch-Ostafrik. Rundschau) 1910.
14. Larue, P., La feuille de Sumac. Rev. Agric. de l'Afrique du Nord 1932, S. 52.
15. Leckie, W. G., Growing of wattle and production of Wattle Bark in Kenya. Bull. Nr. 5, 1933, S. 19.
16. Liberi, G., Contributo allo studio di alcuni vegetali tanniferi dell'Eritrea. Bull. Agric. du Congo Belge 1930, S. 1330—45.
17. Loewe, C. W., Gewinnung und Herstellung von Mimosarinde und Mimosarinden-Extrakt in Südafrika. Köln 1936.
18. Martens, O. und Karstedt, O., Afrika. Ein Handbuch für Wirtschaft und Reise. 1. Bd. Wirtschaft Berlin 1938.
19. Marx, Th., Über den Gerbstoffgehalt der Rinden und Früchte von Burkea africana Hook. Tropenpflanzer Jhg. 33 (1930), S. 227.
20. Marx, Th., Kultur und Gerbstoffgehalt von Caesalpinia coriaria (Dividivi) in Deutsch-Ostafrika. Tropenpflanzer Jhg. 33 (1930), S. 100.
21. Miège, E., Les plantes tannifères du Maroc. Ann. de l'Inst. Col. de Bordeaux 1928, S. 129—41.
22. Miège, E., Caractères distinctifs des Acacias molissima et normalis. Ann. de l'Inst. Col. de Bordeaux 1928, S. 9—15.
23. Neumann, Der Anbau der Gerberakazie in Kenya. Tropenpflanzer Jhg. 36 (1933), S. 26—29.
24. Paessler, J., Die Untersuchungsergebnisse von deutsch-ostafrikanischen Mangrovenrinden. Berlin 1911.
25. Paessler, J., Die Mimosenrinde und die Bedeutung für die Lederindustrie. Berlin 1910.
26. Schoen, L., Rohstoffkammern der Weltwirtschaft: a) Berlin 1937, b) 2. erg. Aufl. Berlin 1939.
27. Troll, C., Lange, F. und Gerth, E., Afrika als Rohstofflieferant der Weltwirtschaft. Kolon. Rundsch. Jhg. 23 (1932), Heft 9/12, S. 448—89.
28. Walter, H., Der Wasser- und Salzgehalt der ostafrikanischen Mangrove. Berichte der Deutsch.-Bot. Gesellschaft Bd. 54, 1936, S. 39.
29. Walter, H. und Steiner, M., Die Ökologie der Ostafrikanischen Mangroven. Zeitschrift für Botanik Bd. 30, 1936.
30. v. Wiesner, J., Die Rohstoffe des Pflanzenreiches. 1. Bd. Leipzig 1928.
31. Williams, C. O., South African Tanning Materials. Part III. Pretoria 1932.
32. Winkler, H., Botanisches Hilfsbuch für Pflanzer, Kolonialbeamte, Tropenkaufleute und Forschungsreisende. Wismar 1912.
33. Zimmermann, A., Die Gerbrinden liefernden Akazien. Jena 1930.
34. ..., Statistical Abstract for the British Empire (1927 to 1936). London 1937.
35. ..., Annuaire International de Statistique Agricole a) 1935/36, b) 1936/37, c) 1937/38. Rom 1937 und 1938.
36. ..., Über den Gerbstoffgehalt von Syzygium guineense (Willd.) D. C. Tropenpflanzer Jhg. 41 (1938), S. 85.
37. ..., Über die Kultur der Gerbrinden liefernden Akazien (Wattle-Bäume) in Südafrika. Tropenpflanzer Jhg. 36 (1933), S. 255.
38. ..., Die Bearbeitung der Gerbrinde in Kenya. Tropenpflanzer Jhg. 36 (1933), S. 38.
39. ..., Die Gerbmittel des Britischen Weltreiches. Tropenpflanzer Jhg. 35 (1932), S. 443.
40. ..., Gerbstoffpflanzen Südafrikas. Tropenpflanzer Jhg. 34 (1931), S. 68.
41. ..., Akazienfrüchte vom Senegal als Gerbstoffmittel. Tropenpflanzer Jhg. 31 (1928), S. 499.
42. ..., Tanning materials of the British Empire. Bull. of the Imp. Inst. 1928, S. 311—22.

5. *Kork, Quercus sp.*

Botanik. Das äußere, sekundäre Abschlußgewebe an Pflanzen, das die Epidermis ersetzt, heißt Kork. Die Epidermis, die mit dem Dickenwachstum der Pflanze keinen Schritt hält, wird gesprengt, als Ersatz bildet sich dann aus dem Korkkambium (Phellogen) sekundär das Korkgewebe (Periderm). Dieses Korkgewebe ist in stetigem Wachsen begriffen, die äußeren Zellen verlieren ihren Inhalt und füllen sich mit Luft, während ihre Wände verkorken. Diese toten Zellen heißen Korkzellen. Der Kork ist also das Vernarbungsgewebe der Pflanzen.

Der hochwertigste Kork wird von *Quercus suber L.* und *Quercus occidentalis Day*, zwei Korkeichen, gewonnen, die in Spanien, Südfrankreich, Marokko, Algerien und Tunesien verbreitet sind, in Nordafrika fast ausschließlich *Qu. suber* (s. u.). Außerdem kommen noch einige Arten *(Quercus pseudosuber*, *Quercus ilex* und einige Kreuzungen) (4) in Frage, die aber neben den genannten ohne Bedeutung sind.

Quercus suber wird 150 bis 200 Jahre alt, 20 m hoch und kann eine Dicke von 1,3 m Durchmesser erreichen (3). Der Stamm ist von kurz gedrungener Form und trägt knorrige Äste. Die Blätter sind klein, länglich, oben dunkelgrün, unten heller und behaart, in der Form ähnlich den Blättern unserer Eichen.

Standortsbedingungen. Die Korkeichen sind alle Vertreter des typischen Mittelmeerklimas, also eines warmgemäßigten Klimas mit trockenen, warmen Sommern und feuchten, milden Wintern, ohne große Jahresniederschläge. Die Höhengrenze liegt bei 1000—1400 m (8); der Kork aus größeren Höhenlagen soll eine festere Struktur aufweisen. *Quercus suber* gedeiht gut auf Granitböden, auf silurischem Schiefer, auf Quarz- und Sandsteinböden, während Kalk- und Moorböden gemieden werden.

Verbreitung. Als Heimat der Korkeiche wird Spanien, Marokko, Algerien und Tunesien angesehen. Kultiviert wird sie heute in Portugal, auf den Balearen, Sardinien, Korsika, Sizilien, Italien, Istrien und Dalmatien, während das Vorkommen in Nordafrika zumeist auf Wildbestände zurückzuführen ist. *Quercus occidentalis* findet sich vornehmlich in Portugal und in Frankreich, während in Nordafrika nur in Casablanca, in Marokko und bei Djidjelli in Algerien kleine Bestände zu finden sind.

Die Bestände verteilen sich auf die verschiedenen Herkunftsländer wie folgt (1938) (1):

Portugal	600000 ha
Spanien	340000 „
Frankreich (m. Korsika)	150000 „
Italien	75000 „
Algerien	440000 „
Marokko (franz.)	300000 „
Tunesien	140000 „

Ernte. Bereits im 2. Jahre beginnt sich der Kork zu bilden, aber erst vom 15. Jahre an wird geschält. Die erste Schälung gibt nur minderwertige Qualitäten „le mâle", auch männlicher Kork oder Jungfernkork genannt, der hauptsächlich zu Schwimmgürteln verarbeitet wird. Nach der ersten Schälung entsteht ein gutes Korkgewebe, das den sog. weiblichen Kork besserer Qualität liefert. Die besten Sorten sollen vom 50. bis zum 100. Jahre geerntet werden. Die Erträge sind vom 35.—40. Jahre etwa 3 ½ kg und steigen dann rasch an, bis sie vom 100.—120. Jahre etwa 55 kg je Baum betragen (4). Im allgemeinen löst sich die Rinde alle 8—10 Jahre am Ende der Vegetationsperiode von selbst, bis zum 150. Lebensjahre. Das Entkorken geschieht zu Beginn der nächsten Vegetationsperiode, also etwa alle 9 Jahre. Bei trockener Witterung werden oben in Reichweite und unten rings um den Stamm Einschnitte gemacht und entsprechende Längsschnitte, worauf die Korkschicht nach vorherigem Beklopfen behutsam abgehoben wird, ohne die grüne Rinde zu verletzen. Auf diese Weise wird die ganze Rinde eines Baumes, soweit lohnend, abgehoben.

Aufbereitung. Nach dem Schälen werden die gewonnenen Platten getrocknet und von Moosen durch Abschaben gereinigt. Alsdann werden sie durch Eintauchen in kochendes Wasser geschmeidig gemacht und zum Trocknen übereinandergeschichtet. Zur Erzielung flacher Platten werden sie mit Steinen belastet. Die etwa 5 cm dicken Platten werden zum Transport in Ballen verpackt und mit Halfagras oder Eisenbändern gebunden.

Verwendung. Der Kork, der zu 70—80 v. H. aus Suberin, einem Gemenge von talg- und wachsartigen Stoffen, besteht, zeichnet sich dadurch aus, daß er mehr oder weniger undurchlässig für Flüssigkeiten und Gase ist, was ihn in Form von Stöpseln zu einem unentbehrlichen Abschlußmaterial für unsere Flaschen gemacht hat, namentlich, da er sich geschmeidig den vorgeschriebenen Formen anpaßt. Die Abfälle beim Schneiden der Stöpsel, die beim Handbetrieb 58 v. H. betragen, beim Maschinenbetrieb bis 70 v. H., finden eine vielseitige Verwendung: zum Ausfüllen der Sicherheitszellen auf Panzerschiffen, zum Füllen der Matratzen von Schiffsbetten, zur Herstellung von Suberit, einem Produkt, das durch Pressen der Abfälle unter Zusatz eines Bindemittels hergestellt wird, das zu mancherlei Gebrauchsgegenständen verarbeitet wird: Einlegesohlen, Angelschwimmer, Spunde usw.; der weitaus größte Teil der Abfälle findet aber in der Linoleumherstellung seinen Verbrauch (3).

In Algerien sind die Hauptgebiete der Nutzung das Département Constantine, die Umgebung von Bougie, Djidjelli, El-Milia, Collo, Philippeville, Jemmapes, Bône und La Calle. Im Département Algier begegnet man der Korkeiche in der großen Kabylei in den Wäldern von Yakouren und Azaraga sowie in der Umgebung von Cherchell, Teniet-el-Haâd und Miliana. Selten ist die Korkeiche in der Provinz Oran, wo man sie vor allem in der Gegend von Tlemcen, Mascara und Oran trifft (1).

Die algerische Ernte beläuft sich etwa auf $^1/_5$ der Welternte und betrug 1936 42528,3 t und 1937, einem Ausnahmejahr, 55391,6 t (1).

In Marokko finden sich Bestände der Korkeiche über das ganze Land zerstreut. 300000 ha sind mit Korkeichen bestanden, die allmähliche Neuaufforstung ist erfolgreich. So konnten 1937 203000 Eichen neu zur Korkgewinnung herangezogen werden (9). 1935 betrug die Erzeugung 13200 t Kork und 1936 19000 t (10), wovon $^1/_6$ bis $^1/_5$ im Lande verarbeitet und der Rest ausgeführt wird (9).

Nach Tunesien setzen sich die Bestände Algeriens bis zu der Ostküste fort, wo sie südlich bis in das Hinterland des Golfes von Hammamed verbreitet sind. Die Ernte belief sich 1935 auf 4600 t und 1936 auf 6700 t Kork (10).

Korkrindenausfuhr Nordafrikas in t

(Nach *Schoen, L.*, Rohstoffkammern der Weltwirtschaft. 1. Bd. Afrika. 2. erg. Aufl. Berlin 1939):

Jahr	Französisch-Marokko	Algerien	Tunesien
1929	10889	47280	528
1933	9695	28929	650
1934	11560	34907	317
1935	10742	33766	377
1936	14920	40972	5562
1937	23270	42839	634

Schrifttum

Kork

1. Dorne, Le Liège algérien. Revue Internationale des Produits Coloniaux Jhg. 13 (1938), S. 333.
2. Kern, Grovha i prob kowä dub (Der Kork und die Korkeiche). Leningrad 1928.
3. Stange, Der Kork, seine Verwendung und Produktion. Tropenpflanzer Jhg. 11 (1907), S. 314.
4. Wiesner, J. v., Die Rohstoffe des Pflanzenreichs. 2. Bd. Leipzig 1928.
5. ..., Notstand der algerischen Korkindustrie. Tropenpflanzer Jhg. 37 (1934), S. 133.
6. ..., L'industrie du liège. Revue Internationale des Produits Coloniaux Jhg. 9 (1934), S. 223.
7. ..., Korkerzeugung der Welt. Tropenpflanzer Jhg. 24 (1921), S. 157.
8. ..., Le chêne-liège d'algérie. Revue Internationale des Produits Coloniaux Jhg. 9 (1934), S. 161.
9. ..., Le Liège Marocain. Revue Internationale des Produits Coloniaux Jhg. 13 (1938), S. 339.
10. ..., Annuaire international de statistique agricole a) 1935—36, b) 1936—37, c) 1939—40. Rom 1936, 1937, 1940.

III. ÖL UND FETT LIEFERNDE PFLANZEN

1. *Ölpalme, Elaeis guineensis Jacq.*

Die Ölpalme, *Elaeis guineensis Jacq.*, die wichtigste Ölpflanze Westafrikas, gehört der Familie der Palmen und der Unterfamilie der *Ceroxyloideae* an. Ihre Urheimat ist nicht sicher bekannt, sie scheint aber in Afrika zu Hause zu sein. Außerhalb des Kontinents findet sie sich auf der Insel Madagaskar in der *var. madagascariensis Jum. et Perr.*, die *Beccari* (6, S. 72—73) allerdings als Art *(E. madagascariensis Becc.)* abgetrennt hat, und, wahrscheinlich erst in geschichtlicher Zeit mit dem Sklavenhandel eingeschleppt, in Amerika. Ihr amerikanisches Areal fällt denn auch mit dem Gebiet zusammen, nach dem zuerst Sklaven aus Westafrika gebracht wurden. Auch erwähnen die ersten Botaniker die Ölpalme für Brasilien nicht. Heute wird sie freilich auch in anderen Erdteilen kultiviert. Die zweite Art der Gattung *Elaeis*, *E. melanococca Gaertn.*, die für den Welthandel nur von geringer Bedeutung ist, hat ein rein amerikanisches Areal und ist in Bahia, an der Mündung des Amazonas, in Guyana, Venezuela und auf der Landenge von Panama heimisch (16, S. 11f.; 17, S. 185ff.; 23, S. 187ff.; 28, S. 15f.; 36, S. 340ff.; 90, S. 264f.).

Das ursprüngliche Verbreitungsgebiet der Ölpalme beschränkte sich auf den Rand der Uferwälder der Flüsse und des immergrünen Regenwaldes des afrikanischen Tropengürtels. Der Urwald sagte der Ölpalme ursprünglich nicht zu. Ihr Eindringen in diesen und ihre weitere Ausdehnung nach Osten verdankt sie dem mittelbaren und unmittelbaren Einfluß des Menschen.

Außer den bereits genannten außerafrikanischen Gebieten ist die Ölpalme auf dem afrikanischen Festlande etwa vom 15.° n. Br. bis zum 13.° s. Br., ferner auf São Thomé, Fernando Po, den Bissagos-Inseln, den Französisch-Guinea vorgelagerten Los-Inseln und der Scherbro-Insel vor Sierra Leone sowie in der *var. madagascariensis* an der mittleren Westküste Madagaskars verbreitet (siehe Karte 5). Dieses Areal ist freilich nicht ununterbrochen. Vielmehr finden sich in ihm weite Gebiete, in denen die Ölpalme fehlt.

Botanische Beschreibung. Die Ölpalme (Abb. 14) entwickelt aus der Keimknospe zunächst eine knollenartig verdickte Hauptachse, die sich durch Anlage immer neuer Blätter und dadurch, daß die alten Blätter nach außen gedrängt werden, glockenförmig verbreitert. Erst wenn das Dickenwachstum nach 4—6 Jahren fast zum Stillstand gekommen ist, wächst die Pflanze in die Höhe. Anfangs ist der säulenförmige aufrechte Stamm von den Stümpfen der Blattstiele umkleidet, späterhin von Blattnarben rauh. Da den Ölpalmen sekundäres Dickenwachstum fehlt, entspricht die Dicke des

Abb. 14. Ölpalme *(Elaeis guineensis)*

Stammes (etwa 25 cm, selten bis 60 cm) den Assimilationsbedingungen. Beschattung, ungenügende Wurzelentwicklung durch zu flach in den Boden gesetzte Palmen wirken sich ungünstig auf die Dicke des Stammes aus. Deswegen sollte auch die Züchtung von Palmen mit langen Fruchtbündelstielen angestrebt und auf die schwachen Erstlingsernten im Hinblick auf den Schaden, der beim Abhauen der grünen Wedel dem Stammwachstum zugefügt wird, verzichtet werden. In der Kultur erreicht die Ölpalme, weil die Konkurrenz und das Licht ausgeschaltet bleiben, 10—15 m Höhe, im Busch 20 bis 30 m. Das natürliche Alter wird mit 80—100 Jahren angegeben (16, S. 5f.; 28, S. 7ff.; 90, S. 265).

Die primäre Wurzel ist hinfällig. Dafür bilden sich aus dem Wurzelhals zahlreiche Adventivwurzeln. Die Hauptwurzeln entwickeln sich aus der bis 50 cm tief in den Boden dringenden Stammbasis zu einem starken und zähen Faserbündel und laufen strahlenförmig wie Schnüre nach allen Seiten, je nach den Wasserverhältnissen mehr an der Oberfläche oder auch in den Untergrund dringend. Sie können dabei 9 m Bodentiefe oder in flachen Lagen 30 m Länge erreichen. Die Hauptwurzeln sind mit Pneumathoden (Atemwurzeln) versehen, verzweigt oder unverzweigt. Bald hinter der Wurzelspitze liegt eine Zone verzweigter feiner Seitenwürzelchen, die der Nahrungsaufnahme dienen. Das Wurzelsystem der Ölpalme ist ungemein fest im Boden verankert und gestattet die volle Ausnutzung des Wurzelraumes. Außer den Bodenwurzeln entsprießen dem Stamm dicht über dem Boden beim Älterwerden der Palme Adventivwurzeln, zuerst einzeln, später in Büscheln, die die Verankerung des Stammes erhöhen. Je älter die Palmen werden, desto höher am Stamm hinauf bilden sich solche Wurzeln (bis 1 m). Werden Wurzeln bei der Bearbeitung des Bodens durchschnitten, so geht zwar, wie neuere Forschungen ergaben, ein Teil von ihnen ein, ein anderer jedoch bildet neue Wurzelspitzen und ein dritter legt wenigstens sich verästelnde Seitenwurzeln an (16, S. 1ff.; 28, S. 1ff.; 56, S. 582f.; 90, S. 265ff.).

Die Blätter stehen zu 10—40, in der Regel 20—25, schopfig am Ende des Stammes, ursprünglich in $^1/_3$-Stellung, durch Drehung der Sproßachse wird aber $^3/_8$-Stellung erreicht. In Sumatra sind Palmen aus dem Kongogebiet eingeführt, die $^5/_{13}$-Stellung aufweisen, 10—15 Blätter mehr besitzen, die auch feiner gefiedert sind.

Erwachsene Blätter sind 3—5, ja bis 7 m lang, mit 0,5—1,20 m langem und mit gegen 50 Paar Dornen bewehrtem Blattstiel und einer gefiederten Spreite. Die Fiedern sind 2—5 cm breit, am längsten in der Mitte des Blattes. Sie entstehen dadurch, daß die Blattspreiten an den Faltungsstellen in der Knospenanlage aufreißen.

Die Jugendblätter sind gänzlich anders gestaltet. Die ersten fünf bis sieben sind ungefiedert mit lanzettlicher Spreite, bei den folgenden ist die Spitze schwalbenschwanzförmig gespalten. Dann treten bei dem allmählichen Heranwachsen der Pflanze die ersten Fiederungen auf, wobei die Spitzen der Fiedern zuerst noch verbunden bleiben. Ihre volle Größe erreichen die Wedel erst an hinlänglich alten Pflanzen. Die jährliche Neubildung beträgt etwa 10—20 Blätter (16, S. 1, 4f.; 28, S. 4ff.; 90, S. 267f.).

Nach 3—6 Jahren beginnt bei der Ölpalme die Blütenbildung. Die Ölpalme ist einhäusig, in der Regel sind männliche und weibliche Blütenstände in wechselndem Verhältnis vorhanden, wobei allerdings die weiblichen nicht rein sind, da hinter der Deckschuppe jeder weiblichen Blüte seitlich zwei Staubbeutel an langen Staubfäden hängen, die freilich zur Zeit der Befruchtung bereits eingetrocknet und abgefallen sind. Besonders bei jungen Palmen finden sich auch gemischte Blütenstände. Bei Beginn der Blühfähigkeit erscheinen gewöhnlich zuerst männliche Blütenstände. Nicht selten treten auch an einer Palme längere Perioden von Blüten gleichen Geschlechts auf. Die Blütenstände wachsen aus den Achseln der Blätter hervor. Sie sind zuerst von zwei Hüllscheiden umgeben, die durchbrochen werden, schnell vertrocknen und beim männlichen Blütenstand bald abfallen, beim weiblichen aber in Resten noch lange seinen unteren Teil einhüllen. Männliche und weibliche Blüten stehen an spiralförmig um eine Mittelachse angeordneten Ährchen, die in eine dornige Spitze endigen (Abb. 15a und b).

Die männlichen Blüten sind 3,6 mm lang und stehen einzeln in Grübchen an den Seitenästen des Blütenstandes. Das Perianth ist schuppenförmig. Die Staubblätter stehen zu je sechs in zwei Wirteln, ihre Staubfäden sind becherförmig verwachsen. Über Chlorkalzium aufbewahrt, sind die Pollenkörner von langer Lebensdauer, was für die künstliche Bestäubung von Bedeutung ist.

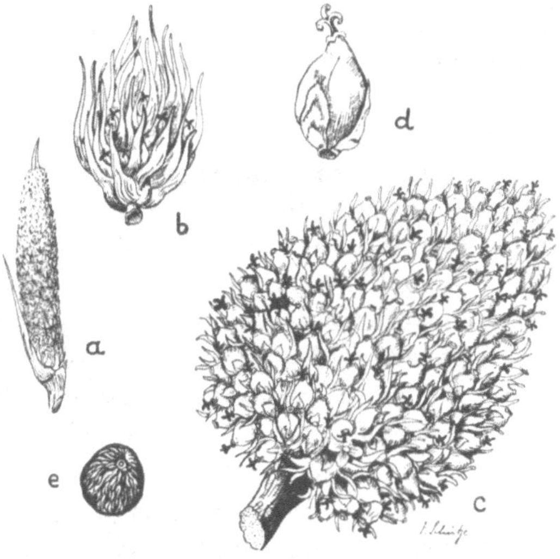

Abb. 15. Ölpalme *(Elaeis guineensis)*
a = Ährchen des männlichen Blütenstandes; b = Ährchen des weiblichen Blütenstandes; c = Fruchtstand; d = Frucht; e = Same

Die weiblichen Blüten sind größer als die männlichen, von 14 mm Länge und 8 mm Breite, und stehen in kleinen Grübchen der Ähre, geschützt durch ein dorniges Deckblatt. Das Perianth besteht aus neun schindelförmig geordneten Blumenblättern, den Fruchtknoten bilden 3—4 Fruchtblätter, der Griffel ist 3—4narbig. Von den Samenanlagen kommt jedoch nur eine zur Entwicklung. Die Narben tragen einen Streifen weißer Fanghaare. Mit ihrem Eintrocknen drei Tage nach dem Aufblühen erlischt die Befruchtungsfähigkeit. Das Aufblühen erfolgt in der Nacht, das Abblühen am Tage.

Die Blühfolge ist akropetal, d. h. vom unteren Teil des Blütenstandes her. Männliche und weibliche Blüten blühen nicht gleichzeitig. Damit ist Selbstbestäubung so gut wie ausgeschlossen. Der Pollen wird durch Wind oder Insekten übertragen. Die Tiere werden durch den starken Anisgeruch der Blüten angelockt (16, S. 6ff.; 28, S. 10ff.; 90, S. 268ff.; 97, S. 1091ff.).

Schon vom vierten Jahre an trägt die Ölpalme **Früchte** (Abb. 15c). Vollen Ertrag liefert sie aber erst vom 15. Jahre ab. Sie trägt 6—15 Fruchtstände jährlich. Nach 6—9 Monaten gelangen die Früchte zur Reife. Sie bleiben dabei entweder grün oder werden nach oben schwarzviolett oder orange, sind von ovaler Form, 3—6 cm lang und 2—4 cm breit und wiegen in feuchten Gebieten 10—20, in trockneren nur 4—7 g (Abb. 15d). Innerhalb des Fruchtstandes werden die Früchte infolge von Pressungen unregelmäßig. Größe, Form, Farbe und Zusammensetzung wechseln sehr. Die Färbung rührt von Carotin und Anthozyan her. Zu äußerst liegt das 1—6 mm dicke, faserige, ölhaltige Fruchtfleisch (Mesokarp), das das Palmöl liefert, darauf folgt der Stein, fälschlich Nuß genannt, der aus dem harten 0,5—6 mm dicken Endokarp, das in einen Faserbesen ausläuft, gewöhnlich drei (selten vier) Keimlöcher hat und den Samen (Palmkerne des Handels) besteht (Abb. 15e). Gewöhnlich ist nur ein Same ausgebildet, hin und wieder aber bis zu vier. Er ist außen rötlichbraun bis schwärzlich, innen blauweiß (16, S. 9f.; 28, S. 14f.; 44, S. 548ff.; 90, S. 272f.).

Auch aus den unbefruchteten Blüten können sich, allerdings taube, Früchte entwickeln, die kleiner, schmal und länglich sind. Ihr Fruchtfleisch hat einen geringeren Gehalt an Öl, der Kern fehlt natürlich. Derartige taube Früchte finden sich zu 3—8 v. H. in jedem Bündel. Die tauben Früchte vertrocknen frühzeitig, da nur den befruchteten Blüten die organischen Baustoffe in ausreichendem Maße zugeführt werden (28, S. 58f.). In Pflanzungen werden verschiedentlich sogenannte abortive Palmen beobachtet, die im Jugendstadium reichlich sterile Fruchtstände entwickeln. Mit zunehmendem Alter soll diese Erscheinung verschwinden.

Der Formenkreis der Ölpalme ist sehr groß. Die ersten, die sich damit beschäftigten, waren *Adam* (1) und *Chevalier* (21). Nach diesen sind eine ganze Reihe von Arbeiten erschienen, die sich immer wieder mit der Einteilung des Formenschwarmes beschäftigt haben. Von den wichtigsten seien nur *Beccari* (6), *Jumelle* (55), *Annet* (2), *Rutgers* (81) und *Maas* (65) genannt.

Das hauptsächlichste Unterscheidungsmerkmal liefern die Früchte, insbesondere die Dicke der Steinschale. Es ist daraufhin auch die Einteilung versucht worden. Freilich ist in der Natur die Schalendicke nicht konstant, die Übergänge sind gleitend, und es ist gänzlich willkürlich, wieviele Abstufungen vorgenommen werden.

In den verschiedenen Anbaugebieten wird je nach den gestellten Anforderungen die Selektion betrieben. So ist eine größere Zahl von Arbeiten erschienen, die sich mit dem Formenkreise und den Züchtungsarbeiten in den einzelnen Kolonien oder Stationen beschäftigen. Da berichtet *Beillaud* (3) über Französisch-Westafrika, *Houard* (48) über das gleiche Thema mit besonderer Berücksichtigung von Dahome und der Elfenbeinküste, *Garros* und *Rancoule* (31) im einzelnen über die Ergebnisse der Arbeit in den Forschungsstationen La Mé und Pobe, *Lavergne* (58) über die Elfenbeinküste, *Smith* (87) über Nigeria, *Beirnaert* (7) über Belgisch-Kongo, *Janssens* (53) über diesen und Angola, *Mello Geraldes* (72) über Angola, *Gossweiler* und *Monteiro do Amaral* (38) über das Cazengo-Gebiet. Infolge Raummangels ist ein besonderes Eingehen auf diese Arbeiten unmöglich (16, S. 11ff.; 28, S. 17ff.; 39, S. 15ff.; 90, S. 273ff.).

Für die Kultur der Ölpalme ist es notwendig, kurz die ökologischen Bedingungen, unter denen die Pflanze zu gedeihen vermag, zu umreißen.

Die Jahresniederschläge sollen möglichst nicht unter 1500 mm liegen, um eine gleichmäßige Ernte erzielen zu können (16, S. 50ff.; 28, S. 23ff.; 39, S. 4ff.; 90, S. 286f.).

Der Wärmefaktor begrenzt das Ölpalmenareal in horizontaler und vertikaler Richtung. In Fernando Po und am Kamerun-Gebirge geht die Pflanze bis 900—1000 m, am Hochland von Kamerun bis 1300—1400 m. Sie gedeiht noch bei 20° C, fruchtet aber erst bei 23° C mittlerer Jahrestemperatur (16, S. 51; 28, S. 25f.; 39, S. 5f.; 90, S. 268).

Die Ölpalme gedeiht nur bei vollem Lichtgenuß (16, S. 51; 28, S. 26; 39, S. 7; 90, S. 287).

Den Stürmen trotzt die Ölpalme wohl, doch leidet sie unter dem Seewind etwas, besonders aber unter den trockenen Wüstenwinden (16, S. 52; 28, S. 27; 39, S. 7; 90, S. 287).

Die Ölpalme gedeiht sowohl auf sauren wie auf alkalischen Böden, die günstigste Reaktion liegt aber um den Neutralpunkt. Ihr bestes Wachstum findet sie auf frischen, tiefgründigen, humusreichen, nicht zu schweren Lehmböden, besonders Schwemmlandböden. Auf Ton- und Sandböden entwickelt sie sich schlecht, ebenso meidet sie Sümpfe und stagnierende Nässe, wenn sie auch hohe Bodenfeuchtigkeit in Tälern und am Rande von Flüssen sehr wohl verträgt. Gegen Kochsalzgehalt des Bodens ist sie empfindlicher als die Kokospalme. Erheblicher Steingehalt des Bodens schadet der Ölpalme nicht (5, S. 283; 16, S. 52f.; 39, S. 8f.; 90, S. 287).

Der Anbau der Ölpalme ist noch verhältnismäßig jung. Erst seit 1910 hat er sich mächtig entwickelt. Aber auch heute noch wird die allergrößte Menge an Palmöl und an Palmkernen in Afrika nicht von angebauten Ölpalmen gewonnen, sondern von den zumeist in Halbkultur stehenden Wildbeständen, die durch entsprechende oberflächliche Pflege nutzbar gemacht werden (90, S. 285f.).

Bei der Anlage von Pflanzungen ist auf die Wahl des Saatgutes streng zu achten. Die Elternpalmen sollen reiche Fruchtergiebigkeit, gesunden, kräftigen Wuchs, gedrungenen Stamm haben und den sonstigen Ansprüchen weitmöglichst entsprechen (16, S. 53; 28, S. 37ff.; 39, S. 19ff.; 46, S. 64ff.; 90, S. 288). An der Selektion haben in allen Kolonien eingesetzte Forschungsstationen zu arbeiten begonnen. In den Mandatsgebieten ist allerdings nur von einzelnen Pflanzungen bescheidene Vorarbeit geleistet worden.

Zur Saat werden die Früchte vorbehandelt, um sichere und schnelle Keimung zu erzielen. Dazu sind eine Reihe von Verfahren beschrieben worden. Allein schon *Milsum* (75, S. 82ff.) wies daraufhin, daß derartige Vorbehandlungen keine günstigen Ergebnisse brachten. Neuerdings sind auch von *Hinrichs* (45, S. 513ff.) diese gebräuchlichen Methoden der Vorbehandlung auf Grund von Keimversuchen als nicht zweckmäßig bezeichnet worden. Er empfiehlt sofortiges Schälen der Früchte nach der Ernte und Auslegen in Keimbeete mit Kulturboden, weil so die meisten Keimpflanzen gewonnen werden. Infolge Abnahme der Keimkraft ist übrigens darauf zu achten, daß in allen Fällen die Steine alsbald nach der Ernte in die Saatbeete gebracht werden. Die Frage der Vorbehandlung scheint heute noch nicht sicher gelöst zu sein (16, S. 54; 19, S. 164ff.; 20, S. 13ff.; 28, S. 40; 39, S. 22f.; 90, S. 288f.).

Die Steine legt man am geeignetsten in Sand oder auf gut durchgearbeitete lockere Erde. Die Saatbeete sind 1 m breit. Die Steine werden in drei Reihen mit Abständen von 3—10 cm in der Reihe ausgelegt und mit einer Schicht Erde oder Sand von Steindicke bedeckt. Die Saatbeete müssen regelmäßig gegossen werden. Die Pflänzlinge werden, sobald sie sich zeigen, in ein Pflanzbeet mit einem Abstande von 30 × 30 bis 100 × 100 cm versetzt, je nachdem das Verpflanzen an den endgültigen Standort bereits nach wenigen Monaten oder erst nach einem Jahr geschehen soll (16, S. 54; 28, S. 40; 39, S. 23ff.; 90, S. 289).

Die Pflanzweite richtet sich nach dem Klima. Da die Ölpalmen dem vollen Sonnenlicht ausgesetzt sein müssen, sollen sich die Wedel nicht berühren. Im Kameruner Küstengebiet wählt man eine Pflanzweite von 9 × 9 im Dreiecksverband (= 143 Palmen je ha) (16, S. 55f.; 28, S. 45f.; 39, S. 28f.).

Die als Pflanzstellen bestimmten Punkte werden 50—80 cm tief ausgehoben. Man überläßt sie am besten längere Zeit der Lufteinwirkung und füllt sie beim Einsetzen der Pflanze mit Erde aus der Oberkrume (16, S. 56; 28, S. 46f.; 39, S. 29; 90, S. 291).

In die Pflanzlöcher werden die Palmen sogleich aus den Saatbeeten oder besser erst aus den Pflanzbeeten versetzt, wenn sie die ersten Blätter mit Fiedern entwickeln, am besten zu Anfang der regenreichsten Zeit. Die Palmen können ohne Erdballen verpflanzt werden, doch empfiehlt es sich, die Wurzeln in Lehmbrei zu tauchen und vor Beschädigung und Sonne zu schützen. Zieht man die Pflanzen — was besonders bei sandigem Boden empfehlenswert ist — in Körbchen aus Bambusgeflecht oder Palmen- und anderen Blättern, so spart man viel Arbeit, die die Kosten aufzuwiegen vermag. Im Regenwaldgebiet Afrikas müssen die jungen Palmen zu vorläufigem Schutz mit einem Schattendach versehen werden, den weiteren Schutz als Schattenspender gewähren Gründüngungspflanzen, wie *Leucaena glauca*, *Cajanus indicus*, *Crotalaria usaramoensis*, *Cassia Leschenaultiana*, die bei fortschreitender Entwicklung der Palmen beseitigt werden (16, S. 56; 28, S. 47; 39, S. 29ff.; 90, S. 291).

Überhaupt ist die Gründüngung, zu der man besonders Leguminosen verwendet, von wesentlicher Bedeutung infolge der Stickstoffzufuhr, der Humusvermehrung, der Aufschließung anderer Nährstoffe, des Sonnenschutzes des Bodens, wenn auch damit eine Reihe unangenehmer Nebenerscheinungen verbunden sind, die im Verlorengehen loser Früchte aus fallenden Bündeln sowie im Wettbewerb der Leguminosenwurzeln um Nährstoffe und Bodenwasser bestehen. Das völlige Reinhalten des Bodens hat sich als ungeeignet erwiesen, wenn auch angezeigt ist, um den Stamm herum eine Scheibe von 2—4 m, je nach der Größe der Palme, von Pflanzenwuchs freizuhalten. Es bedeutet einen Mangel, wenn heute aus Ersparnisgründen in der Praxis häufig auf die Gründüngungspflanzen verzichtet wird (13, S. 96ff.; 16, S. 60; 28, S. 48ff.; 39, S. 33ff.; 90, S. 291f.).

Da die Ölpalme die Nährstoffe des Bodens stark verbraucht, ist künstliche Düngung öfters notwendig, da natürliche Düngemittel, leere Fruchtstände, Blütenblätter, Stallmist und Asche der Fabrik nur in beschränktem Maße vorhanden sind. Bei der Verschiedenartigkeit der Böden gibt es keine allgemeine Vorschrift für die Ölpalmendüngung (16, S. 56ff.; 28, S. 53ff.; 39, S. 37ff.; 90, S. 293f.).

Wenn auch die Ölpalme am günstigsten ohne Zwischenkulturen gedeiht, ist es oft wirtschaftlich notwendig, die Mehlbanane, weil diese Hauptnahrungsmittel der Arbeiter ist, als Zwischenpflanzung zu verwenden (16, S. 62f.; 28, S. 52f.; 39, S. 37; 90, S. 292f.).

Eingehender P f l e g e bedarf die in der Pflanzung angebaute Ölpalme nicht. Bei jungen Palmen genügt es, verdorrte Wedel und Epiphyten zu entfernen. Verwerflich ist es, ältere Wedel, wenn sie sich verfärben, abzuhauen, da dadurch die Stammbildung geschädigt wird. Wilde Ölpalmenhaine freilich bringen — überläßt man sie sich selbst — nur ganz geringe Erträge. Erst bei Lichtung und Reinigung beginnen nach 1—2 Jahren die Ernten größer zu werden, die aber niemals die Ernten angelegter Pflanzungen erreichen. Die ursprünglich wilden, später in Kultur genommenen Ölpalmen kranken an dem Mangel ausreichenden Standraumes, der den kultivierten Palmen ganz selbstverständlich zukommenden Pflege, an den Mißhandlungen in der Jugend und fehlender Auslese (16, S. 60; 28, S. 58; 39, S. 41f.; 90, S. 291).

Besondere Aufmerksamkeit muß der B e s t ä u b u n g gewidmet werden. Die Ölpalme ist, wie erwähnt, in der Hauptsache Windblüher, wird aber auch zusätzlich von Insekten bestäubt. In Sumatra ging man zuerst bei den dortigen Kulturen zu künstlicher Bestäubung über, um Mehrerträge zu erzielen (68, S. 20ff.; 69, S. 16ff.; 76, S. 123ff.; 92, S. 60f.). Sie hat den Vorzug, daß auch die im Blütenstande verdeckten Blüten befruchtet werden, was bei reiner Windbestäubung oft ausbleibt (28, S. 58; 39, S. 43; 58, S. 129ff.; 120, S. 60f.).

Bei der Beurteilung der künstlichen Bestäubung ist darauf Bedacht zu nehmen, daß der Grad der Befruchtung nicht allein von der Bestäubung abhängt. Äußere Faktoren, wie Belichtung und Ernährung, und innere, die trotz künstlicher Bestäubung und reichem Ansatz weiblicher Blüten bei kräftigster Vitalität der Pflanze doch nicht zur Befruchtung und Fruchtbildung führen, spielen eine wesentliche Rolle. Auch darf nicht übersehen werden, daß sich, obwohl die Fruchtzahl je Bündel bei künstlicher Bestäubung zunimmt, die Größe der Früchte und der Ölgehalt sich aber um 2—4 v. H. vermindert, weil das Fleisch weniger Öl enthält oder weil der Fleischanteil sinkt. Der Kernanteil steigt dagegen um etwa 3 v. H. Diese Erfahrungen sind freilich in der Hauptsache in Sumatra gemacht. Ob sie auf Afrika in allen Punkten übertragbar sind, bleibt ungewiß (28, S. 59).

Gegen die künstliche Bestäubung spricht aber vor allem die oft gemachte schlechte Erfahrung, daß bei zwar anfänglichem Steigen der Fruchternten bald ein Rückgang eintritt, der sich aus einer Erschöpfung der Reservenährstoffe der Palme erklärt. Bei alten Palmen bietet also künstliche Bestäubung nur geringen allgemeinen Erfolg, bei jungen Palmen, die im zweiten und dritten Ertragsjahre in der Regel nur einen geringen Fruchtansatz zeigen, könnte sie diesen vielleicht fördern (28, S. 59f.; 39, S. 44f.; 51, S. 598ff.). Dabei bleibt jedoch immerhin noch zu berücksichtigen, ob sich die Mehrarbeit künstlicher Bestäubung wirklich lohnt. *Stoffels* jedenfalls, der über in Sumatra angestellte Bestäubungsversuche mit der Hand berichtet — die mit Hilfe eines Zerstäubers durchgeführten brachten keinen Mehrertrag —, kommt zu der Ansicht, daß bei den wenigen Mehrerträgen und den geringen Ölpreisen die künstliche Bestäubung nicht wirtschaftlich ist (91, S. 347ff.).

Die Zeiten des Blühens und Fruchtens sind von den Witterungsverhältnissen abhängig. In den äquatorialen Gebieten des mittleren Kongos mit nahezu gleichmäßiger Verteilung der Niederschläge reifen die Früchte das ganze Jahr über entsprechend den Schwankungen der Niederschläge. In den Gebieten, die jährlich eine Regen- und eine Trockenzeit aufweisen, entwickeln sich die Früchte in der Regenzeit und sind in der Trockenzeit reif. Dort, wo zwei Trockenzeiten auftreten, gibt es im allgemeinen auch zwei Reifezeiten, von denen die Hauptreifezeit zu Ende der großen Regen- oder in der folgenden Trockenzeit liegt. Vereinzelt sind reife Bündel das ganze Jahr hindurch zu finden (16, S. 63f.; 28, S. 60ff.; 39, S. 45ff.).

Das günstigste Stadium der Ernte kennzeichnet sich dadurch, daß aus den Bündeln Früchte zu Boden fallen. Die Bündel werden dann mit einem Haumesser abgeschlagen, und zwar bei niedrigen Palmen vom Boden, bei höheren von leichten Leitern aus, bei hohen nach Erklettern der Stämme. Die Wahl des Zeitpunktes der Ernte ist wichtig, um den höchsten Ölertrag zu erzielen und Fettsäurebildung bei Überreife zu vermeiden sowie die Ernte möglichst wirtschaftlich zu gestalten (16, S. 64f.; 28, S. 64ff.; 39, S. 50; 90, S. 299f.). Die Beförderung der Fruchtbündel zur Fabrik geschieht mittels Feldbahn oder Kraftfahrzeug (28, S. 67f.).

Die Erträge schwanken nach Alter, Wachstumsbedingungen, Pflege, individuellen Eigenschaften und Varietäten. Während junge Palmen jährlich viele kleine Fruchtbündel hervorbringen, nimmt mit dem Alter die Zahl der Bündel ab, die Größe aber zu (10—15 kg bis 50 kg und mehr). Die volle Tragfähigkeit erreicht die Ölpalme nicht vor dem zehnten Jahre. Welche Rolle die Wachstumsbedingungen spielen, ist noch nicht genügend geklärt. Die Pflege, die den Kulturen zuteil wird, ist, wenn sie auch nur gering zu sein braucht, ebenfalls von größter Bedeutung. Es ist bereits darauf hingewiesen worden, wie ungünstig sich die mangelnde Pflege in der Jugend bei in Kultur genommenen wilden Beständen gegenüber den in der Pflanzung angebauten Palmen im Hinblick auf die Erträge auswirkt.

Weiterhin können auch individuelle Eigenschaften so stark sein, daß eine Palme fast unfruchtbar ist, während eine andere unter gleichen Bedingungen reichlich fruchtet (50, S. 14ff.). Über die Erträge der Varietäten liegen sichere Angaben nicht vor (16, S. 65f.; 28, S. 68ff.; 39, S. 52ff.).

Erfolgt bei den meisten anderen Ölfrüchten Afrikas die Aufbereitung außer Landes, so gilt dies nicht für die Ölpalme. Mögen die Fruchtbündel nun in regelrechter Pflanzung oder im Wildbestand gesammelt sein, die Aufbereitung muß an Ort und Stelle erfolgen, weil die Früchte leicht verderben. Die Methoden gliedern sich in die von den Eingeborenen angewandte primitive Methode und die moderne maschinelle. Auf die primitiven Methoden der Ölgewinnung der Eingeborenen einzugehen, erübrigt sich, weil alle europäischen Verwaltungen bestrebt sind, für die Aufbereitung kleine maschinelle Einrichtungen einzuführen. Besonders muß hier auf die Nachteile der primitiven Aufbereitung hingewiesen werden, vor allem auf den hohen Gehalt des Öles an Fettsäuren und die geringe Ausbeute (16, S. 76; 90, S. 302).

Immer mehr erhob sich daher der Wunsch nach einer geeigneten maschinellen Aufbereitungsmethode der wertvollen Früchte, um die Ausbeute nach Menge und Güte zu steigern und die Nutzung der noch brachliegenden Bestände zu erreichen. Die Arbeit wurde auf Grund eines Preisausschreibens des Kolonial-Wirtschaftlichen Komitees von einer deutschen Firma begonnen, französische und englische Firmen griffen in den Wettstreit ein mit dem Ergebnis, daß heute in Afrika zahlreiche Fabriken an der Aufbereitung der Ölpalmenfrüchte arbeiten (16, S. 77).

Infolge des Eindringens von niederen Organismen (Bakterien, Pilzen) und der einsetzenden enzymatischen Fettspaltung kann dem Werte des Öles großer Schaden zugefügt werden. Um die Fettsäurebildung möglichst zu verhindern, ist es notwendig, die Enzyme mittels Dämpfen oder Kochen sobald als möglich abzutöten. Das Dämpfen hat den Vorzug der Billigkeit und der geringeren Umständlichkeit. Das Fruchtfleisch gekochter Früchte läßt sich leichter entfernen und ergibt ein Öl mit geringerem Fettsäuregehalt. Eine weitere Verbesserung bedeutet das Dämpfen unter Druck sowie das Sterilisieren mit darauffolgendem Vakuum (16, S. 77f., 80; 26, S. 69ff.; 28, S. 110ff.).

Die in dieser Weise vorbereiteten Früchte werden entweder geschält (depulpiert) und das Fruchtfleisch von den Steinen getrennt, wofür verschiedene Maschinen geschaffen sind, die nach einem nassen oder trockenen Verfahren arbeiten, oder das Fruchtfleisch wird nur in einem Rührwerk zerkleinert und mit samt den Kernen (26, S. 72f.; 28, S. 117ff., 146ff.), zentrifugiert (32, S. 446ff.), extrahiert oder das Öl in althergebrachter Weise durch Pressen gewonnen. In letztgenanntem Falle scheidet man nach der ersten Pressung das

Fruchtfleisch von den Steinen und preßt die Rückstände zum zweiten Male oder extrahiert sie (26, S. 73, 75f.; 28, S. 117ff.). Vergleichende Untersuchungen des Pressens und Zentrifugierens ergaben, daß beide Methoden etwa gleiche Ergebnisse liefern. Beim Pressen gewinnt man zwar etwas mehr Öl, das jedoch bei der nötigen stärkeren Reinigung, die beim Zentrifugieren wegfällt, da es das reinere Rohöl liefert, wieder verlorengeht (34, S. 103ff.).

Ist das Fruchtfleisch vor dem eigentlichen Gewinnungsverfahren des Öles schon von den Steinen getrennt, wird es ebenfalls auf gewöhnliche Weise gepreßt, extrahiert oder zentrifugiert (16, S. 86f.; 26, S. 73; 28, S. 146ff.).

Das erhaltene Öl wird sodann gereinigt, um alle Fremdbestandteile zu entfernen, die die Fettsäurebildung begünstigen. Gut gereinigte Öle zeigen über längere Zeiträume kaum merkliche Fettsäurebildung (16, S. 88; 26, S. 76; 28, S. 157ff.; 100).

Das Öl ist von höherem Werte, wenn es gebleicht wird. Dieser Vorgang ist selbst den Eingeborenen bekannt, die das Öl an der Luft erhitzen und das so gebleichte Öl zur Körperpflege verwenden. Fabrikmäßig werden drei Methoden der Bleichung angewandt, nämlich durch Bleicherde, durch Oxydation bzw. Reduktion oder schließlich durch Luft mit oder ohne Zusatz eines Katalysators (etwa Kobaltborat) (16, S. 88; 26, S. 77; 28, S. 100f.; 33, S. 23ff.; 35, S. 505f.; 96, S. 577ff.; 101, S. 786).

Die bei der Pressung und Extraktion anfallenden Rückstände werden gewöhnlich verfeuert (16, S. 89).

Die Steine werden zuerst einem Trocknungsverfahren unterzogen, um sie für das Knacken vorzubereiten, und zwar bis zu einem Feuchtigkeitsgehalt der Schale von 10—15 v. H., wobei sich die Kerne von dieser lösen. Die Stärke des Trocknens richtet sich auch nach der angewandten Methode des darauffolgenden Knackens. Das Trocknen erfolgt an der Sonne oder heute auf maschinellem Wege (16, S. 89ff.; 26, S. 73f.; 28, S. 167ff.; über Maschinen 77). Die anfallenden Kerne und Schalen trennt man sodann auf Grund ihres unterschiedlichen spezifischen Gewichtes in 10—15 v. H. Kochsalzlösung (16, S. 91f.; 26, S. 74f.; 28, S. 172ff.; über Maschinen 77).

Die Palmkerne werden zumeist verschifft und die weitere Aufbereitung in den Verbrauchsländern durchgeführt, da die Palmkernpreßkuchen in den Tropenländern nur in geringem Umfange zu verwerten sind und der Transport des Palmkernöles und der Preßkuchen schwieriger ist als der der haltbaren Palmkerne (16, S. 92).

Über die Zusammensetzung der Früchte schwanken die Angaben sehr. Das liegt einerseits an der verschiedenen Erntezeit, andererseits an der Sorte und zum dritten an der Gegend. Die im folgenden gegebenen Zahlen sind also nur allgemeine Durchschnittswerte der gewöhnlichen Form (Deli):

Die frischen Ölpalmenfrüchte enthalten etwa 60—65 v. H. Fruchtfleisch und 30—40 v. H. Steine, das Fruchtfleisch setzt sich aus 43—47 v. H. Öl, 37—41 v. H. Wasser und 15—17 v. H. trockenem Stoff zusammen, die

Steine bestehen aus 80 v. H. Schale und 20 v. H. Kernen, wobei die Kerne 45—50 v. H. Fett, 25—30 v. H. Wasser und 25 v. H. trockene Stoffe liefern. Die ganze Frucht enthält also an Fett 28—29 v. H., Wasser 24 v. H., trockenen Stoffen 10 v. H., Schale 30 v. H. und Kernen 7—8 v. H. des Frischgewichtes (16, S. 93; 90, S. 278f.; andere Gehaltszahlen auch von Sorten s. 98 I, S. 132; III, S. 72).

Ein anderes Bild über den Ölreichtum der Palme gewinnt man, wenn man den Ölertrag auf Hektar bezieht. So liefert z. B. durchschnittlich die Sojabohne 255 kg/ha, die Kokospalme 600 kg/ha, die Erdnuß 675 kg/ha, die sorgfältig selektierte und kultivierte Ölpalme dagegen 3000 kg/ha (5, S. 282) und mehr.

Das Palmöl ist frisch von dunkelgelber bis gelbroter Farbe, von veilchenartigem Geruch, der durch das Oxydationsprodukt des Karotins verursacht wird, und süßlichem Geschmack. Bei Zutritt von Luft wird es heller und leicht ranzig. Bei mittlerer Temperatur hat es gewöhnlich Butterkonsistenz. Allein nach dem Gehalt an freier Fettsäure, dessen Höhe durch Alter und Herkunft bestimmt wird, schwankt der Schmelzpunkt des Fettes zwischen 27 und 42,5° (44, S. 559; 96, S. 577; 101, S. 768). Die Hauptmenge der Fettsäuren besteht aus Palmitin- und Ölsäure, daneben soll auch Linolsäure in geringer Menge und etwa je 1 v. H. Stearin- und Heptadecylsäure vorhanden sein. Bei älteren Fetten tritt starke Hydrolyse der Glyceride ein. Wir hatten bereits das starke, fettlösliche Ferment, offenbar Lipase, im Fruchtfleisch als Ursache genannt (28, S. 177f.; 44, S. 559f.; 90, S. 306; 96, S. 579; 101, S. 768). Infolge der verschieden langen Einwirkung des Fermentes schwankt die Säurezahl sehr. Die Dichte beträgt bei 15° 0,912—0,948, der Brechungsindex bei 60° etwa 1,451, Verseifungszahl 195—210, Jodzahl 40—60 (28, S. 178; 98, I, S. 132; III, S. 78; 101, S. 768).

Die Eingeborenen Afrikas gebrauchen Palmöl zu Nahrungszwecken, zur Zubereitung von Fleisch und Fisch und zu Suppen, zum Einreiben der Haut und der Haare, zu Beleuchtungszwecken und zur Seifenherstellung. Daneben stellt es einen wertvollen Austauschartikel dar und gelangt zur Ausfuhr. Die Europäer verwenden Palmöl hauptsächlich in der Seifen- und Kerzenindustrie, nach Entfernung des Geruches und der freien Fettsäuren auch in der Speisefettindustrie. In der Feuerverzinnerei taucht man die Eisenbleche in Palmöl, um sie rostfrei und blank für das Verzinnen zu erhalten. In den Gebieten, wo Palmöl billig und die gewöhnlich gebrauchten Mineralöle zu hohe Transportkosten verursachen, wird es auch als Motorbrennstoff gebraucht (16, S. 31; 28, S. 100ff.; 44, S. 56ff.; 90, S. 307; 96, S. 582; 101, S. 768).

Ganz wesentlich von dem Öl aus dem Fruchtfleisch, dem Palmöl, unterscheidet sich das Palmkernöl. Das durch Pressung erhaltene Öl ist schwach gelblich oder grau, von angenehmem Geruch, extrahiertes weiß mit unangenehmem Beigeschmack. Es ist von körnigem Aussehen und ähnelt außerordentlich — übrigens auch in seiner chemischen Zusammensetzung — dem

Kokosfett (44, S. 577; 96, S. 585; 101, S. 772). Das Palmkernfett enthält 52 v. H. Laurinsäure, 16 v. H. Ölsäure, 15 v. H. Myristinsäure, 7,5 v. H. Palmitinsäure, 3 v. H. Kaprinsäure, 3 v. H. Kaprylsäure, 2,5 v. H. Stearinsäure (?) und Spuren von Kapronsäure. Aus der Jodzahl ergibt sich die Menge der Ölsäure zu 12—20 v. H. (44, S. 577f.; 90, S. 308; 96, S. 586; 98, I, S. 132; 101, S. 772). Die Kennzahlen sind: Spez. Gew. bei 15° 0,941—0,952, Brechungsexponent bei 40° 1,449—1,450, bei 60° etwa 1,443, Verseifungszahl 240—250, Jodzahl 10—20, Schmelzpunkt 23—28°, Erstarrungspunkt der Fettsäuren 20—26° (28, S. 179; 96, S. 585; 101, S. 772).

Verwendet wird das Palmkernfett wie Kokosfett zur Seifenherstellung und nach Entfernung von Geruch und Geschmack, was übrigens schwerer als bei Kokosfett gelingt, auch in steigendem Maße bei der Speisefettbereitung (16, S. 31; 44, S. 578f.; 101, S. 772).

Die Welterzeugung an Palmöl und Palmkernen ist nicht sicher feststellbar; denn die Menge, die die Eingeborenen Afrikas an Palmöl verbrauchen, ist nicht zu ermitteln. Bezogen auf die Welterzeugung an Ölen und Fetten überhaupt, ist die erzeugte Menge an Palmöl und -kernen allerdings trotz ihrer Größe zur Zeit noch verschwindend gering, sie beträgt weniger als 3 v. H. (28, S. 104f.). Ein gewisses, wenn auch in manchen Punkten schiefes Bild geben die Ausfuhrzahlen an Palmöl und Palmkernen der einzelnen Länder.

Die Ölpalme liefert verschiedene Nebenerzeugnisse: die Mittelrippe und der Blattstiel dienen behelfsmäßig zu Bauzwecken, die ganzen Wedel als Tragen, in die Gegenstände eingebunden werden, oder in Europäerpflanzungen zur Beschattung der Saatbeete (16, S. 32), die Sproßspitze zur Bereitung des Palmkohles, der teils roh, teils als Salat oder Kohl genossen wird (16, S. 33).

Die wesentlichste Nebennutzung der Ölpalme stellt die Gewinnung von Palmwein dar. In manchen Gegenden ist sie sogar die vornehmlichste, ja einzige Ausbeutung der wilden Palmen (16, S. 43ff.; 90, S. 308f., S. 313). Der Saft ist farblos, opalisierend, süß, schwach alkalisch. Er macht dann eine alkoholische Gärung durch, die nach wenigen Tagen beendet ist. Darauf setzt Essigsäurebildung ein. Der erhaltene Palmwein ist milchig, ziemlich berauschend. Die Palmweinhefe dient zum Brotbacken (16, S. 45ff.; 90, S. 309).

LÄNDERBERICHTE

In Senegal, dem nordwestlichsten Grenzgebiet, ziehen sich Ölpalmen in schmalem Verbreitungsstreifen längs der Küste hin. Ausgedehntere Haine, abwechselnd mit Reisfeldern, finden sich nur im Casamance-Gebiet, dem südlichen Zipfel der Kolonie, zwischen Britisch-Gambia und Portugiesisch-Guinea, besonders in der Gegend von Karabane, die erst von Ziguinchor nach dem Innern zu abnehmen. Hier werden auch einige Teile genutzt, doch ist die Ölausfuhr unbedeutend. Nur die Palmkernausfuhr ist seit dem Weltkrieg gewachsen. Im allgemeinen hemmt die Trockenheit des Gebietes die weitere Ausbreitung der Ölpalme (16, S. 36; 57, S. 98f.; 82, S. 372f.; 90, S. 281).

In Gambia finden sich Ölpalmen in großen Hainen häufig und werden zur Palmwein-, aber auch zur Palmöl- und in geringem Maße zur Palmkernölgewinnung ausgebeutet. Die Ausfuhrmengen von Palmkernen sind gering, die Früchte sind klein und ölarm. Palmöl wird nicht aus-, sondern im Gegenteil zu über 100 Tonnen jährlich eingeführt. Der eigentliche Öllieferant Gambias ist die Erdnuß (s. d.) (16, S. 37; 82, S. 372f.; 90, S. 281; 124, S. 15f.).

Portugiesisch-Guinea weist schon reichere Bestände an Ölpalmen auf als das benachbarte Casamance-Gebiet Senegals. Auch hier liegen die hauptsächlichsten Vorkommen in Küstennähe und auf den Inseln, wo die Ölpalmen ausgezeichnet gedeihen. Die Ausfuhr von Palmkernen und Palmöl ist im Steigen begriffen. Zwei moderne Ölmühlen sind in Bubaque und auf der Insel Soga errichtet (16, S. 37; 28, S. 375; 71, S. 54; 90, S. 281).

An der Küste Französisch-Guineas zeichnet sich allein das Niederungsland, das eine Breite von 40—100 km besitzt, durch große Ölpalmenbestände aus. Das sich daran anschließende Gelände mit Hochplateaus und Bergen trägt nur in günstigen Lagen Ölpalmen, die allerdings sogar die 700 m-Grenze hier und da überschreiten. Die reichen Haine Unterguineas jedoch können nur teilweise ausgenützt werden, einerseits wegen der geringen Bevölkerungszahl, andererseits wegen der schlechten Verkehrsverhältnisse. (Über Einzelheiten vergleiche unter 122; 16, S. 37; 28, S. 372; 57, S. 99f.; 90, S. 282; 122, S. 232ff.)

In Sierra Leone wächst die Ölpalme in den trockenen Nordgebieten nur in den Galeriewäldern, im übrigen Lande aber bildet sie Bestände von kleinstem bis zu größtem Umfange. Palmöl und vor allem Palmkerne stellen einen Hauptbestandteil der Ausfuhr des Landes dar. Sie war schon vor dem Weltkrieg bedeutend und ist trotz gelegentlicher, mit Wirtschaftskrisen zusammenhängender Schwankungen dauernd gestiegen. Gutes Gedeihen findet die Ölpalme auch auf der der Küste vorgelagerten Insel Scherbro (16, S. 37; 57, S. 100; 83, S. 130f.; 90, S. 282; 122, S. 14f., S. 73).

Die großen Ölpalmenhaine an dem breiten Küstensaume und die Bestände im Innern Liberias sind nur wenig ausgebeutet, wenn die Erzeugnisse der Ölpalme auch etwa ein gutes Drittel der Ausfuhr des Landes betragen. Diese erfolgt freilich nur aus den küstennahen Gebieten, da die Transportschwierigkeiten heute noch sehr bedeutend sind (16, S. 37; 71, S. 68; 82, S. 375f.; 90, S. 282; 122, S. 34f., S. 50).

An der Elfenbeinküste finden sich Ölpalmen in der regenreichen Zone an der Küste und im Waldgebiet, das eine durchschnittliche Breite von 300 km besitzt, vor allem an den Lagunen und den unteren Flußläufen. Nördlich des Waldgebietes wachsen Ölpalmen noch ziemlich zahlreich in Tälern und Senken mit tiefgründigem, humusreichem, feuchtem Boden am oberen Bandama, Nsi, Komoë und Sasandra. Genutzt werden die Palmen nur zu einem kleinen Teil, und zwar an der Küste und dort, wo sich geeignete Verkehrsmöglichkeiten finden. In den fünf Küstenkreisen (Sasandra, Groß-Lahu, Ebrié, Groß-Bassam und Assinie) sind ungefähr 60000 ha mit Palmenhainen und 10500 ha mit Pflanzungen, die sich in der Mehrzahl im Besitze europäischer Gesellschaften befinden, bedeckt. (Über die Lage des Ölpalmenbaues im einzelnen innerhalb der Kolonie berichtet: 16, S. 37f.; 22, S. 213ff.; 57, S. 101; 71, S. 38; 82, S. 371f.; 90, S. 282; 107, S. 11ff.; 115, S. 244ff.).

In dem Waldgebiet, das bis auf einen Savannenstreifen im Südosten die Goldküste und den Südteil von Aschanti bedeckt, ist die Ölpalme besonders in der Küstenregion verbreitet. Systematische Anpflanzungen sind z. B. von dem Stamm der Krobos am unteren Volta in Mischkultur mit Kakao begonnen worden. Der Anbau der Ölpalme, der früher die Grundlage der Wirtschaft der Kolonie bildete, ist aber zugunsten des Kakaos stark zurückgegangen. Das Haupterzeugungsgebiet ist die Ostprovinz (etwa 50 v. H.), die Zentralprovinz liefert etwa 40 v. H., die Westprovinz und Aschanti nur etwa 10 v. H. Wissenschaftliche Stationen arbeiten an der Sortenzüchtung (16, S. 38; 64, S. 239ff.; 82, S. 373f.; 83, S. 126; 90, S. 283; 122, S. 15, S. 73).

Das in der Südostecke der Goldküstenkolonie beginnende und sich in 10—15 km breitem Streifen an der Küste von Togo weiter fortziehende Trockengebiet bedingt, daß die Ölpalme erst hinter diesem Gürtel landeinwärts in breiter Zone Bestände bildet. In den durch die geographische Lage besonders geeigneten Punkten — feuchte Talsohlen, Fußhänge der Gebirge — Mitteltogos finden sich weite Ölpalmenhaine. Die bevorzugten Ölpalmengebiete sind die Bezirke Anecho, Lome-Land, Misahöhe (22; 41) und Atakpame. Auch in Togo hängt die Größe der Ernte des Jahres von der Menge der Niederschläge ab. Danach schwanken auch die Ausfuhrzahlen stark. Es ist aber eine allgemein ansteigende Entwicklungsrichtung durch die zunehmende Verkehrsverbesserung des Landes zu beobachten (16, S. 38f.; 49, S. 429ff.; 57, S. 102; 82, S. 376f.; 90, S. 283; 122, S. 16, 27, 74, 84f.).

In Dahome beherrscht die Ölpalme das gesamte Wirtschaftsleben. Ihre Erzeugnisse machen etwa $^9/_{10}$ der Gesamtausfuhr aus. Die größte Häufigkeit erlangen die Palmen auf $\pm$ humusreichem tiefem Lehmboden in einem etwa 100 km breiten Küstenstreifen, dessen Nordgrenze etwa in Höhe Abome—Zagnando verläuft. Hier und da haben die Eingeborenen regelmäßige Pflanzungen angelegt, vor allem in der Gegend von Porto Novo und Abome, sie können aber die Gesamtmenge der Ölpalmen bei weitem nicht voll ausnutzen (16, S. 39; 57, S. 102; 71, S. 42; 82, S. 370f.; 90, S. 283; 107, S. 6ff.).

In Nigeria ist die Ölpalme über das ganze Land verteilt, spärlicher allerdings in den Nordprovinzen in den offenen und halboffenen Graslandschaften, reicher schon an den südlichen Provinzgrenzen in den Waldgebieten und in der Nähe der Flüsse, verbreiteter noch in den Südprovinzen und ganz besonders zahlreich in den küstennahen Waldgebieten, am häufigsten am Nigerdelta und in den Bezirken Badagri, Lagos, Ikorodu, Epe, Sapele, Kwale, Akoada,

Owerri, Aba, Ikot-Ekpene, Abak, Opobo, Eket, Ojo und Calabar. Diese Bestände sind zum allergrößten Teile halbwild. Der Anbau der Ölpalme in Pflanzungen ist erst in neuerer Zeit in Aufnahme gekommen. Die Palmölerzeugung ruht bis heute noch fast ausschließlich in den Händen der Eingeborenen. Trotzdem ist Nigeria heute das Hauptausfuhrland Afrikas an Palmkernen. Das gleiche gilt für Palmöl trotz des großen Verbrauches im Inlande, der schätzungsweise die Hälfte der Erzeugung ausmacht (16, S. 39; 57, S. 103; 66, S. 171ff.; 71, S. 108; 82, S. 374f.; 83, S. 115f.; 89, S. 313; 90, S. 283; 122, S. 13f., 71ff.).

Die Ölpalme ist in Kamerun fast über das ganze Waldgebiet sowie durch die Parklandschaft, soweit es die Höhenlage zuläßt, verbreitet. Dabei ist jedoch die Verbreitung unregelmäßig insofern, als der nördliche und mittlere Teil des Urwaldes und seine Grenzgebiete, d. s. die Bezirke Victoria, Ossidinge, Bare, Johann-Albrechtshöhe, Duala, Jabassi, Edea und Rio del Rey, reich an Hainen sind, im Eton- und Jepekogebiet im Bezirk Jaunde und um Gele-Menduka im Bezirk Dume größere zusammenhängende Bestände wachsen, während die Landschaften des Kongobeckens und im Süden des Munigebietes arm sind. Am Kamerunberge fruchtet die Ölpalme bis 700 m und gedeiht bis 1000 m. Die Nutzung dieser gewaltigen Bestände Kameruns setzte schon früh ein. Die Ölpalmenerzeugnisse spielen heute in der Wirtschaft des Landes eine große Rolle, die noch bedeutender sein würde, wenn die Verkehrsverhältnisse nicht so mangelhaft wären. Die Ausfuhrzahlen von Palmkernen bewegen sich um 40000 t jährlich (16, S. 39f.; 17, S. 188; 30, S. 375ff.; 42, S. 115ff.; 49, S. 431; 57, S. 103; 71, S. 133f.; 82, S. 377ff.; 90, S. 282ff.; 122, S. 16, 26f., 74, 84).

In Spanisch-Guinea gedeiht die Ölpalme hauptsächlich im Küstenstreifen, spärlicher dagegen im Hinterlande. Die Ausbeutung ist gering (16, S. 40; 82, S. 380).

Die Insel Fernando Po trägt in niedrigen Lagen Ölpalmen, die aber nur den Eigenbedarf der Inselbewohner decken (16, S. 40).

Auf São Thomé und Principe sind Ölpalmen häufig. Sie liefern ein ausgezeichnetes Öl (71, S. 149).

Der Küstensaum Französisch-Äquatorialafrikas ist reich an Ölpalmen. Am Rande der Flüsse, besonders in den Flußtälern des Kongo und seiner Nebenflüsse, des Ubangi, Sanga mit seinen beiden Zuflüssen Likuala-Essubi und Likuala-Mossaka, die den Sangazipfel Kameruns begrenzen, des Alima, Ogowe und Kuilu-Niari, dringen sie nach Mittelkongo, ja in vereinzelten Hainen in den Galeriewäldern noch bis in das Schari-Becken vor. Im einzelnen ist in Gabun das Gebiet, wo die Ölpalme in großen Mengen wächst, beschränkt. Die Bestände folgen dem Lauf des Ogowe, erweitern sich aber nach dem Innern zu nicht, sondern dringen nur nach Osten bis zur Mündung des Ngunie in den Ogowe vor. In Ubangi-Schari findet sich die Ölpalme in den Landschaften, die sich über das Flußgebiet des Ubangi und seiner Zuflüsse erstrecken. Je nachdem man sich den Klimaeinflüssen des Sudans nähert, wird sie seltener und beschränkt sich auf kleine Inseln. Sie findet sich am Fort Sibut, östlich der Boloberge. Häufig ist sie im Süden der Kolonie am Mbomu, einem Nebenfluß des Ubangi, der die Grenze zwischen Ubangi-Schari und Belgisch-Kongo bildet, in einigen Landstrichen des Gebietes Semio und Rafai. Endlich wächst sie in kleinen Beständen an den Ufern des Logone, eines Nebenflusses des Schari an der Grenze Kameruns. Zumeist entstammt die Ausfuhr von Palmöl und Palmkernen den halbwilden Beständen. Sie ist nach dem Niedergange des Kautschukhandels trotz der Transportschwierigkeiten infolge der Bemühungen der Verwaltung im Steigen begriffen. Seit einigen Jahren wird dort auch das Palmöl fabrikmäßig aufbereitet (16, S. 40; 32, S. 3ff.; 33, S. 3ff.; 57, S. 104; 71, S. 153; 82, S. 380; 83, S. 109f.; 90, S. 284; 107, S. 3ff.; 113, S. 102ff.; 118; 127, S. 14).

Die Ölpalme gedeiht in fast ganz Belgisch-Kongo. Nur im Distrikt Hochkatanga, einigen Randlandschaften des zentralafrikanischen Grabens und in den dürrsten Teilen des Distriktes Niederkongo sagen ihr die Vegetationsverhältnisse nicht zu, obwohl sie auch auf den armen Sandböden des inneren Kongobeckens fortkommt und am Kwilu und Kassai weit in die Savanne hineinreicht. Sie findet sich in fast allen Distrikten in Gruppen oder kleinen Hainen, besonders freilich in den Niederungen der Flußläufe dort, wo die Ölpalmen oberflächliche Pflege finden, d. s. die Hauptstätten des Farmbaues der Eingeborenen. Dichtere Haine finden sich in dem kleinen Waldgebiet der Landschaft Majumbe zwischen den Kristallbergen und der Küste, nördlich des unteren Kongo, im Kassai-Gebiet und der Provinz Coquilhatville. Den Hauptanteil an der Erzeugung liefern noch immer die Wildbestände, die von Jahr zu Jahr in größeren Räumen nutzbar gemacht werden, wenn auch durch Europäer wie durch Eingeborene der pflanzungsmäßige Anbau in steigendem Umfange gepflegt wird. Über die Einrichtung einer solchen Pflanzung berichtet sehr ausführlich *Conrotte* (12, S. 46f.).

Im einzelnen wurden in der Provinz Léopoldville in der Landschaft Majumbe in den Jahren 1934—36 über 977 ha mit 137860 Ölpalmen (davon allein 1936 74430) bepflanzt, in der übrigen Provinz bis Ende 1936 647 ha und weitere 1146 ha gerodet und zur Bepflanzung bereitgestellt. In der Provinz Lusambo wird ein systematisches Programm zwecks Anlage geschlossener Pflanzungen durchgeführt, dessen erster Abschnitt 1938 erreicht sein soll. Bis 1936 sind 992 ha bepflanzt gewesen. Die Pflanzungen der Europäer liegen hauptsächlich in den Bezirken Basongo und Lusambo, die der Neger in den Bezirken Basongo und Mweka. In der Provinz Coquilhatville, wo die Ölpalme Hauptkulturpflanze ist, wird ihr Anbau besonders im Distrikt Tschuapa propagiert. In der Provinz Stanleyville sind trotz günstigen Klimas die Ölpalmenpflanzungen klein, die der Eingeborenen bedeckten 1936 1600 ha (1935 546 ha), der Europäer 6776 ha (Ende 1935 5621 ha). Als Zuchtstation für hochwertige Sorten dient Jangambi, die bereits eine sehr rege Tätigkeit innerhalb der Kolonie entfaltet hat. Was die Ausfuhrerzeugnisse selbst anbelangt, so ist seit dem Weltkriege eine bedeutende Umlagerung zu verzeichnen gewesen. Wurden vordem in der Hauptsache Palmkerne ausgeführt, so ist mit der Zeit die Palmölausfuhr immer mehr gewachsen. Sie hat zwar mengenmäßig die Palmkernausfuhr noch nicht erreicht, betrachtet man aber den Ölgehalt der Kerne, so ist die Ausfuhr an Palmöl weit größer. Diese Wandlung beruht darauf, daß in immer weiterem Umfange die durch den ständig gesteigerten pflanzungsmäßigen Anbau und die Erschließung immer weiterer Wildbestände wachsende Menge der Palmfrüchte des Landes in diesem selbst durch eine Anzahl bedeutender Ölfabriken, die eine besondere Förderung durch die Regierung genießen, aufbereitet wird. Die ersten Fabriken dieser Art entstanden in der Landschaft Majumbe, die für den Verkehr besonders günstig gelegen ist. Ihre Zahl ist in der Provinz in dauerndem Steigen begriffen. Sie betrug im Oktober 1937 65 mit 30000 Arbeitern. Zur Verkürzung der Anfuhr wird bei Neuanlagen darauf gesehen, die Kapazität der einzelnen Fabriken zu vermindern. Neben den gut organisierten Großfirmen arbeiten auch kleinere Unternehmungen mit den von den Eingeborenen gelieferten Früchten. Eine Verbesserung wird durch Verteilung selektionierten Pflanzmaterials an die Eingeborenen und Aufbereitung der Ernte durch europäische Unternehmungen angestrebt (4, S. 162ff.; 7, S. 359ff., 418 ff.; 11, S. 471ff.; 14, S. 163f.; 16, S. 40f.; 29, S. 1273ff.; 37, S. 1263ff.; 39, S. 131ff.; 54, S. 1239ff.; 57, S. 105; 60, S. 559ff.; 61, S. 106ff.; 62, S. 70; 63, S. 174ff.; 71, S. 164; 78, S. 1115ff.; 82, S. 380f.; 83, S. 96f.; 90, S. 284; 93, S. 151ff.; 111, S. 1221ff.; 113, S. 97ff.; 121, S. 305ff.; 122, S. 27ff., 85ff.; 126, S. 1234ff.).

Das Areal der Ölpalme reicht nach Süden bis Cabinda und den nördlichen Teil von Angola, in dessen Hinterland sie gut gedeiht und in Beständen bis etwa 200 km südlich der Loanda-Bahn vorkommt. Im Küstengebiet findet sie sich nur längs der Flußläufe im Verein mit anderen Bäumen in manchmal ausgedehnten und dichten Uferwäldern wild bis zum Kubal-Fluß, angebaut bis Dombe-Grande. Die bedeutendsten Palmenhaine sind in den Tälern der Flüsse Inhuka, Luali, Chiloango und Lukola in Cabinda; am linken Ufer des Kongo, hauptsächlich im Deltagebiet, dann in den Flußtälern des Dande, Bengo, Kuansa, seines rechten Nebenflusses Lukala und seines linken Mukonga, des Longa und seines Nebenflusses Nhia. Weniger dicht sind die Palmenbestände der gebirgigen Zone. Allein die günstigen Klima- und Bodenverhältnisse gestatten es, daß die Ölpalme außerhalb der Flußtäler auch in die höher gelegenen Wälder dringt. Die reichsten Bestände finden sich in den Gebieten: Majumbe, Dembos, Golungo Alto, Kasengo, Libolo, Amboim und Seles. Selten wird die Ölpalme in der Zone der Hochflächen. Hier gedeiht sie, wenn auch langsam, infolge des Wärmemangels nur im Gebiete nördlich des Kuansa nicht über 1200 m, ausgenommen auf der Hochfläche des Kongo-Distriktes, wo die Ölpalme häufig ist, besonders in dem nördlichen Gebiete einschließlich Kuango. Trotz der reichen Fülle ist jedoch die Nutzung der

Bestände Angolas wegen der schlechten Verkehrsverhältnisse gering. Daneben macht die Schlafkrankheit die Arbeit in vielen Gebieten unmöglich. Trotzdem sind in letzter Zeit eine ganze Anzahl von Ölpalmenpflanzungen durch Europäer angelegt worden. Wurden in den ersten Jahren kräftige zweijährige Pflanzen aus den natürlichen Formationen, um Zeit zu gewinnen, ausgepflanzt, so befindet sich heute in den Saatbeeten ± gut selektioniertes Pflanzmaterial für viele Tausend Hektar bereit, um ausgepflanzt zu werden.

Palmölausfuhr

Länder	1925	1926	1927	1928	1929	1930
Portugiesisch-Guinea 71, 95, 104	97	279	357	298	535	536
Französisch-Guinea 104, 122	874	762	750	899	501	456
Sierra Leone 95, 102	3036	2911	3667	2565	2891	3700
Liberia..................	—	—	—	—	—	—
in Gallonen........ 70, 71, 95	672000*	608000*	599000*	451000*	605000*	525302
Elfenbeinküste 71, 95, 104	8262	6765	6720	6775	7084	6439
Goldküste 102, 122	1198	1626	1095	460	581	408
Togo (Englisches Mandat) 102, 122, 128	248	154	12	50	24	88
Togo (Französisches Mandat) 95, 104, 112	2665	2622	2080	1329	1590	2235
Dahome 71, 95, 104	16852	17508	18226	9759	15328	21587
Nigeria................. 34, 71, 95, 104	129968	114618	114407	128131	132915	136751
Kamerun (Englisches Mandat) 15, 95	195	461	645	1014	1040	1222
Kamerun (Französisches Mandat) 15, 95	6276	5812	4517	5420	8364	6868
São Thomé und Principe .. 86, 95, 104, 122	311	305	257	227	343	259
Französisch-Äquatorialafrika 34, 71, 95, 104, 118	535	725	673	863	1185	963
Belgisch-Kongo 95, 123	18696	18447	18373	26506	30296	36989
Angola 73, 84, 95	4631	3317	3390	3699	3190	3608

* = Zahlen abgerundet.

Über Vorarbeiten zu derartigen Pflanzungen außer im Gebiete von Cabinda in der Provinz Kongo von Angola berichten ausführlich *Janssens* (52, S. 235ff.), über allgemeine Kulturbedingungen *Fenaroli* (25, S. 112ff., 187ff.). Im Jahre 1936 ist ein erheblicher Rückgang der Ausfuhr von Ölpalmenerzeugnissen zu verzeichnen gewesen (16, S. 41; 47, S. 660f.; 71, S. 182f.; 73, S. 105f.; 82, S. 380f.; 122, S. 31f., 89).

Das Verbreitungsgebiet der Ölpalme berührt gerade noch den Englisch-

aus Afrika in t:

1931	1932	1933	1934	1935	1936	1937	1938	1939
548	531	654	653	569	741	913	897	—
783	166	366	23	315	189	415	264	—
1381	2243	1643	2261	2938	1243	2362	1083	1187
—	—	—	1128	1397	1617	1450	810	—
275099	446171	461586	—	333392	346082	—	—	—
4166	3378	3292	1635	2284	4083	4637	4446	—
324	663	17	23	390	503	538	675	396
1	50	64	43	38	18			
1480	955	648	1001	2054	3282	1760	523	730
15934	11070	8564	13697	23905	24956	15068	8960	—
115517	116176	128894	113081	143157	163714	163714	146230	110401
1252	1742	1864	1501	1759	1674	1824	1612	—
5869	6378	8331	5586	7354	10263	9964	8899	—
483	643	585	660	2130	1029	1433	1280	1543
1023	2011	3030	3784	4307	5359	6396	7711	—
36583	38765	52454	45041	56788	59960	69133	70256	—
4481	4082	4108	3939	1756	904	3022	3588	5492

ägyptischen Sudan. Der nördlichste Standort ist Makraka in Bahr el Ghasal, der südlichsten Provinz. In Lado ist die Ölpalme nur eingeführt (16, S. 41; 90, S. 284).

Im Südwesten Ugandas wachsen wilde Ölpalmenbestände nur noch im Semlikital im Südwestzipfel des Gebietes. Bei Balanga finden sich Ölpalmen häufig in einem großen Waldgebiet, bei Moruba und an einigen anderen Orten. Sie sind die letzten Ausstrahlungen des Areals von Belgisch-Kongo her. Die künstliche Erweiterung des Ölpalmenareals wurde 1918 durch Verteilung von Saat begonnen. Von diesen Pflanzen leben z. B. in Kampala noch fünf, sind

Palmkernausfuhr

Länder	1925	1926	1927	1928	1929	1930
Portugiesisch-Guinea 71, 95, 104	8657	11487	9998	9681	11074	11248
Französisch-Guinea 71, 95, 104	10583	11298	12449	12534	12130	12857
Sierra Leone 95, 102	64243	66040	66483	68179	61168	57547
Liberia 70, 71, 95, 122	9114	8269	9075	7706	8727	6413
Elfenbeinküste 71, 95, 104	14582	15503	10578	12280	11319	10964
Goldküste 102, 122	6258	7375	6212	5734	6082	5079
Togo (Englisches Mandat) 102, 122, 128	417	402	438	579	592	482
Togo (Französisches Mandat) 95, 104, 112	8816	9952	9350	6164	6215	10301
Dahome 71, 95, 104	45238	42066	48250	31606	36046	51701
Nigeria 34, 71, 95, 104	276920	252285	260138	249072	254046	262836
Kamerun (Englisches Mandat) 15, 95	372	801	1183	1512	1455	1346
Kamerun (Französisches Mandat) 85, 95	36423	35424	33895	32392	34241	36386
São Thomé und Principe 71, 95, 104, 122	3337	2772	3393	2990	3393	2775
Französisch-Äquatorialafrika 34, 70, 71, 95, 104	9108	9344	8517	8662	7932	7010
Belgisch-Kongo 95, 104, 108, 123	74097	70425	74008	72545	75388	66356
Angola 71, 73, 95, 104	7423	5473	6900	7410	6636	5968

*) = Zahlen abgerundet.

gesund, aber fruchten nicht gut. Die Anbauversuche wurden oft mit fremden und einheimischen Saaten an verschiedenen Punkten der Kolonie wiederholt, befinden sich aber heute noch in den Anfängen, haben auch zum Teil unter der Ungunst des Klimas oder unter Schädlingen zu leiden. Als Ausfuhrprodukte kommen Ölpalmenerzeugnisse nicht in Betracht, allein schon wegen des langen Transportes, können aber vielleicht für die Binnenwirtschaft bedeutungsvoll werden (16, S. 41; 94, S. 5ff.).

Die in Kenya bei Kibarani nördlich von Mombassa im Küstendistrikt vor einer Reihe von Jahren mit 1931 aus Sierra Leone und Ceylon eingeführten

aus Afrika in t:

1931	1932	1933	1934	1935	1936	1937	1938	1939
11128	11928	12814	10284	13410*	12602	11530*	13380*	—
9707	11452	9675	11848	11234	10744	19260*	18940*	—
55333	78397	65108	79270*	85940*	78010*	78010*	64720*	70870*
4480	7715	8045	3020*	5090*	11190*	12390*	11750*	—
5912	8066	4381	5019	5825	10699	12690*	10420*	—
3779	6752	2954	3280*	6370*	11180*	8570*	5050*	4150*
321	359	107	140*	230*	340*	110*	230*	—
7953	10018	6359	11730*	13134	21505	12450*	8650*	6730*
46953	49915	38124	57989	61123	74744	47200*	38400*	—
257408	312447	262473	292788	316324	390794	341550*	315610*	—
1118	1574	1640	1302	1440	1529	1620*	1450*	—
33231	41346	38412	37952	37022	44303	38460*	33030*	—
3134	3319	3080	3179	3766	3780*	4460*	4060*	4150*
4416	7167	9184	7933	10767	6700*	14840*	14990*	—
47172	57936	62096	49296	64996	92373	95580*	88670*	—
5563	5995	6185	7251	4790*	4091	6800*	6780*	6560*

Saaten unternommenen Anbauversuche mit Ölpalmen haben sich als günstig erwiesen. Es hat sich ergeben, daß der Fruchtfleischgehalt geringer, aber der Kerngehalt größer ist als bei den Früchten von Nigeria, der Ölgehalt des Fleisches dagegen ein wenig größer als bei den Früchten von Nigeria und etwa ebenso groß wie bei Früchten von Malaya. Weitere Anbauversuche sind im Gebiete der Digo und in anderen Teilen Kenyas unternommen (116, S. 19ff.; 117, S. 817).

Im Nordwesten Deutsch-Ostafrikas (Tanganyika) gibt es größere Wildbestände von Ölpalmen. Sie finden sich im Flußtale des Kaseke bei Kasanga am Tanganyikasee. Ein großer fast reiner Bestand wilder Ölpalmen wächst an der Mündung des Mlagarassi. Oft findet man einige Ölpalmen vor den Häusern. Aber der pflanzungsmäßige Betrieb ist, wenigstens was den Kigoma-Bezirk anbelangt, unbekannt (18, S. 452), kleine Bestände werden jedoch von Indern oder Arabern bewirtschaftet. Noch vor einigen Jahren war die Zahl der angebauten Ölpalmen weit größer, 1909—10 hat das kaiserliche Gouvernement Saatmaterial aus Togo eingeführt und zur Verteilung gebracht. Außerhalb des natürlichen Verbreitungsgebietes haben Deutsche schon vor dem Weltkriege Pflanzungen angelegt, so in Wanga (Usindja), an der Küste bei Tanga, Daressalam, am Rufidji bei Mpanganya, bei Derema, Bagamojo und Masinde in Usambara. Die im Ausfuhrhandel erscheinende Menge Palmöl ist gering, die Palmkerne stammen zum größten Teil aus den Nachbarländern (16, S. 41; 18, S. 451ff.; 57, S. 108; 82, S. 455f.; 90, S. 285; 122, S. 22, 78).

Ebenso wie im Nordwesten von Tanganyika findet sich auch im belgischen Mandatsteil Deutsch-Ostafrikas, in Ruanda-Urundi, die Ölpalme in großen Wäldern in der Umgegend von Usumbura am Nordende des Tanganyikasees. Das Gebiet würde ein reiches Ausfuhrland werden, wenn nicht die mangelnden Verkehrsverhältnisse und die Schlafkrankheit die volle Ausbeutung der Bestände hemmten. Dagegen sind bis Ende 1936 in den Gebieten von Nyansa und Kigwena 58000, in den Bezirken Rumonge und Nyansa seit 1932—37 im ganzen 152100 Ölpalmen gepflanzt worden (16, S. 41; 90, S. 285; 119, S. 109; 128, S. 61).

Auf Sansibar und Pemba und an der Küste von Moçambique sind Anbauversuche mit Ölpalmen gemacht worden, doch scheinen sie nur geringe Erfolge gebracht zu haben (16, S. 41; 82, S. 456).

In Nyassaland findet sich die Ölpalme ebenfalls. Über Ausbeutung ist aber nichts bekannt geworden.

Das gleiche gilt für Nordrhodesien.

Außerafrikanische Gebiete. Neben diesen Ölpalmengebieten Afrikas liefern auch Brasilien sowie namentlich die Pflanzungen Sumatras, Borneos und der malaiischen Staaten Palmöl und Palmkerne, deren Ausfuhr in dauerndem Steigen begriffen ist, zumal es sich um auf wissenschaftlicher Grundlage aufgebaute Kulturen handelt (81; 90, S. 315; 105, S. 179). So betrug die

Ausfuhr Niederländisch-Indiens an Palmkernen noch 1925 0,3 v. H., 1929 1,3 v. H., 1934 4,2 v. H. und 1938 7,2 v. H., an Palmöl 1925 3,5 v. H., 1929 15,2 v. H., 1934 36,0 v. H. und 1938 45,0 v. H. der Weltausfuhr (5, S. 279; 104). Schreitet die Ölpalmenkultur Niederländisch-Indiens in dieser Weise fort, so bedeutet sie für den afrikanischen Handel mit Ölpalmenerzeugnissen eine ernste Sorge (110, S. 527).

Als Absatzgebiete kamen vor dem Weltkriege für Palmöl besonders England, für Palmkerne dagegen das Deutsche Reich in Betracht. Das änderte sich während des Weltkrieges durch den Aufstieg der amerikanischen Fettindustrie auf Kosten der europäischen. England riß den Palmkernmarkt an sich. Allein es hat ihn nicht lange halten können. Schon im Jahre 1926 hatte das Deutsche Reich England wieder eingeholt und überflügelte die englische Palmkerneinfuhr (90, S. 315ff.). Im Mittel der Jahre 1928—32 ging über die Hälfte der auf dem Weltmarkt angelieferten Palmkerne nach dem Deutschen Reich. Bei der Drosselung der deutschen Einfuhr ist die Palmöl- und Palmkerneinfuhr am wenigsten gehemmt worden. 1938 stand das Deutsche Reich hinsichtlich der Palmkerneinfuhr an erster Stelle aller Einfuhrländer.

Schrifttum

Ölpalme

1. Adam, J, Le palmier à huile. In: Les plantes oléifères de l'Afrique Occidentale Française. 2. Teil. Paris 1910.
2. Annet, E., Le palmier à huile au Cameroun et en Afrique tropicale. Paris 1921.
3. Baillaud, E., La sélection du palmier à huile en Afrique Occidentale Française. Bull. des mat. grass. de l'Inst. Col. Marseille Jhg. 21 (1937), S. 29—38.
4. Baillaud, E., Note sur l'exploitation du palmier à huile au Congo Belge. Bull. des mat. grass. de l'Inst. Col. Marseille Jhg. 21 (1937), S. 162—71. Ref.: Die Nutzung der Ölpalme in Belgisch-Kongo. Tropenpflanzer Jhg. 41 (1938), S. 174—75.
5. Bauer, A., Die Ölpalme, eine Wirtschafts- und Agrarstudie. Die Ernährung der Pflanze Jhg. 32 (1936), S. 278 bis 286.
6. Beccari, O., Contributo alla conoscenza della palma a olio (Elaeis guineensis). L'Agric. Colon. Jhg. 8 (1914), S. 62—138.
7. Beirnaert, A., La sélection du palmier à huile. Bull. Agric. du Congo Belge Jhg. 24 (1933), S. 359—80; Jhg. 24 (1933), S. 418—58.
8. Beirnaert, A., Introduction à la biologie florale du palmier Elaeis. Organisation de l'inflorescence chez le palmier à huile. Rev. de Bot. Appl. et d'Agric. Tropic. Jhg. 15 (1935), S. 1091—1108.
9. Beirnaert, A., Introduction à la biologie florale du palmier à huile. Publ. de l'Inst. Nat. pour l'étude agron. du Congo Belge. Série Scientific. Jhg. 5 (1935).
10. Beirnaert, A., Germination des graines d'Elaeis. Publ. de l'Inst. Nat. pour l'étude agron. du Congo Belge. Série Techn. Jhg. 4 (1936).
11. Beirnaert, A., Que pouvons-nous attendre des palmeraies améliorées au Congo Belge? Bull. Agric. du Congo Belge Jhg. 28 (1937), S. 471—90.
12. Bell, H., L'Industrie de l'huile de palme en Nigerie. Agric. et Elevage au Congo Belge Jhg. 1 (1937), S. 196—97. Ref.: L'exploitation du palmier à huile en Nigéria. Bull. des mat. grass. de l'Inst. Col. Marseille Jhg. 12 (1928), S. 51—53.
13. Blondeleau et Rochette, Les plantes de couverture dans la culture du palmier à huile. Bull. des mat. grass. de l'Inst. Col. Marseille Jhg. 13 (1929), S. 96—112.
14. Böckler, W., Der heutige Stand der Landwirtschaft in Belgisch-Kongo. Kolon. Rundsch. Jhg. 29 (1938), S. 158 bis 177.
15. Braun, G., Kamerun — Stand und Zukunft einer Kolonie. Wirtschaftsdienst Jhg. 23 (1934), S. 1151—54.
16. Bücher, H. und Fickendey, E., Die Ölpalme. Auslandswirtschaft in Einzeldarstellungen. 2. Bd. 1919.
17. Burret, M., Afrikanische Palmen als Nutzpflanzen. Tropenpflanzer Jhg. 42 (1939), S. 185—211.
18. Cairns, T. C., The oil palm (Elaeis guineensis Jacq.) in the Kigoma District. East African Agric. Journ. Jhg. 2 (1937), S. 451—54.

19 Castelli, L., Résultats d'essais de germination des graines d'Elaeis. Bull. des mat. grass. de l'Inst. Col. Marseille Jhg. 11 (1927), S. 164—67.

20. Castelli, L., Résultats des essais de germination des graines d'Elaeis effectués en 1922 et au début de 1923. L'Agron. Colon. Jhg. 16 (1927), S. 13—18.

21. Chevalier, A., Documents sur le palmier à huile. Les végétaux utiles de l'Afrique tropicale française VII, 1, Paris 1910.

22. Chevalier, A., Le palmier à huile à la Côte d'Ivoire. Rev. de Bot. Appl. et d'Agric. Trop. Jhg. 11 (1931), S. 213—29.

23. Chevalier, A., La partie des divers Elaeis, les espèces et les variétés. Où en est la sélection? Rev. de Bot. Appl. et d'Agric. Trop. Jhg. 14 (1934), S. 187—96.

24. Conrotte, L., Technique générale d'une plantation de Palmiers Elaeis au Congo Belge. Principes généraux. appliqués par la Société Huilever. Bull. Agric. du Congo Belge Jhg. 36 (1935), S. 46—87.

25. Fenaroli, L., Notizie sulla palma da olio (Elaeis guineensis) e la sua coltivazione nell'Africa Occidentale Portoghese (Angola). L'Agric. Colon. Jhg. 26 (1923), S. 112—25; Jhg. 26 (1923), S. 187—200.

26. Fickendey, E., Zur maschinellen Aufbereitung der Ölpalmenfrüchte. Tropenpflanzer Jhg. 20 (1917), S. 69 bis 77.

27 Fickendey, E., Die Kultur der Ölpalme. Berlin 1924.

28. Fickendey, E. und Blommendaal, H. N., Ölpalme (Monographien zur Landwirtschaft warmer Länder Bd. 7). Hamburg-Leipzig 1929.

29. Flamigni, A., Le palmier à huile à Mayumbe (Congo Belge). Bull. Agric. du Congo Belge Jhg. 21 (1930), S. 1273 bis 1279.

30. Full, A., Kamerun. Kolon. Rundsch. Jhg. 24 (1932), S. 279—447.

31. Garros et Rancoule, Projet de sélection du palmier à huile commun aux Stations de la Mé et Pobé. Bull. des mat. grass. de l'Inst. Col. Marseille Jhg. 21 (1937), S. 41—46.

32. Georgi, C. D. V., The centrifugal extraction of palmoil at Serdang. The Malayan Agricult. Journ. Jhg. 20 (1932), S. 446—459. Ref.: Palmölextraktion durch Schleudern. Tropenpflanzer Jhg. 36 (1933), S. 175 bis 176.

33. Georgi, C. D. V., Bleaching of palm oil. The Malayan Agr. Journ. Jhg. 21 (1933), S. 23—32. Ref.: Über das Bleichen von Palmöl. Tropenpflanzer Jhg. 36 (1933), S. 358—60.

34. Georgi, C. D. V, A comparison of the press and centrifugal methods for treatment of oil palm fruit. The Malayan Agric. Journ. Jhg. 21 (1933), S. 103—18. Ref.: Palmölextraktion durch Schleudern und Pressen. Tropenpflanzer Jhg. 36 (1933), S. 360—61.

35. Georgi, C. D. V., Bleaching of palm oil at Serdang. The Malayan Agric. Journ. Jhg. 21 (1933), S. 505—06. Ref.: Über das Bleichen von Palmöl. Tropenpflanzer Jhg. 37 (1934), S. 221.

36. Ghesquière, J., L'Elaeis guineensis Jacq. est-il africain ou américain? Rev. de Bot. Appl. et d'Agric. Trop. Jhg. 14 (1934), S. 340—43.

37. Godding, R., Observation de la production de palmiers sélectionnées à Mongana (Equateur). Bull. Agric. du Congo Belge Jhg. 21 (1930), S. 1263—66.

38. Gossweiler, J. e Monteiro do Amaral, A. A., Subsidios para o estudo das palmeiras do azeite da região de Cazengo. Bot. da Agéncia Geral das Colón. Jhg. 12 (1923).

39. Groof, G. de, Le question du palmier à huile au Mayumbe. Bull. Agric. du Congo Belge Jhg. 24 (1933), S. 131 bis 149.

40. Gruner, Ölpalme im Bezirk Misahöhe, Togo. Tropenpflanzer Jhg. 8 (1904), S. 283—91

41. Gruner, Weitere Beiträge über die Ölpalme im Bezirk Misahöhe, Togo. Tropenpflanzer Jhg. 17 (1913), S. 285 bis 297; Jhg. 17 (1913), S. 353—66.

42. Hassert, K., Beiträge zur Landeskunde der Grashochländer Nordwest-Kameruns. 1. Teil: Physische Geographie. Mitt. aus d. Deutsch. Schutzgebieten. Ergänz.-H. 13. 1917.

43. Hefter, G., Palmkernöl. In: Hefter, G., Technologie der Fette und Öle 2. Teil. Berlin 1906—08, S. 567—86.

44. Hefter, G., Palmöl. In: Hefter, G, Technologie der Fette und Öle 2. Teil. Berlin 1906—08, S. 545—66.

45. Hinrichs, C. T., Keimversuche mit Ölpalmensaaten (Elaeis guineensis). Tropenpflanzer Jhg. 36 (1933), S. 513 bis 521.

46. Hinrichs, C. T., Die Saatölpalme. Tropenpflanzer Jhg. 37 (1934), S. 64—71.

47. Hirschfeldt, F., Eenige mededeelingen over Angola, vooral in betrekking tot den oliepalm. De Ind. Mercuur Jhg. 53 (1930), S. 659—61.

48. Houard, A., La sélection du palmier à huile. L'Agron. Colon. Jhg. 12 (1925), S. 1—5, 89—95, 165—76, 243—54; Jhg. 13 (1925), S. 11—19.

49. Hupfeld, F., Palmöl in den deutschen Kolonien. Tropenpflanzer Jhg. 18 (1914), S. 429—46.

50. Jack, H. W und Jagoe, R. B., Variation in fruiting ability of oil palms. The Malayan Agric. Journ. Jhg. 20 (1932), S. 14—19. Ref.: Ertragsfähigkeit einzelner Ölpalmen. Tropenpflanzer Jhg. 35 (1932), S. 256.

51. Jagoe, R. B., Observations and experiments in connection with pollination of oil palms. The Malayan Agric. Journ. Jhg. 22 (1934), S. 598—606

52. Janssens, P., Le palmier à huile au Congo Portugaise et dans l'enclave de Cabinda. Bull. des mat. grass. de l'Inst. Col. Marseille Jhg. 11 (1927), S. 235—52 und Bull. Agric. du Congo Belge Jhg. 18 (1927), S. 29—96. Ref. Jüngst, Neues Schrifttum über die Ölpalme. Tropenpflanzer Jhg. 31 (1928), S. 103—09.

53. Janssens, P , Variétés de palmiers Elaeis au Congo Belge et dans l'Angola. Bull. des mat. grass. de l'Inst. Col. Marseille Jhg. 4 (1930), S. 272—76 und Bull. Agric. du Congo Belge Jhg. 21 (1931), S. 1249—62.
54. Jaspar, M., Projet de décret réalisant des mesures de protection pour les huileries mécaniques. Bull. Agric. du Congo Belge Jhg. 21 (1930), S 1239—44.
55. Jumelle, Les variétés de palmier à huile. Annales du Musée Colon. Marseille Jhg. 25 (1917), 3. sér., V., fasc. 2, S. 39—73.
56. Lambourne, J., Note on the root habit of oil palms. The Malayan Agric. Journ. Jhg. 23 (1935), S. 582—83. Ref.· Untersuchungen über das Wurzelsystem der Ölpalme. Tropenpflanzer Jhg. 39 (1936), S. 213—14.
57. Lange, F J , Öle und Fette in der Wirtschaft der Eingeborenen Tropisch-Afrikas. Tropenpflanzer Jhg. 37 (1934), S. 93—125, 149—68.
58. Lavergne, J., La fécondation artificielle du palmier à huile. L'Agron. Colon. Jhg. 15 (1926), S. 129—40.
59. Lavergne, J., Sur les premières recherches de sélection du palmier à huile à la Côte d'Ivoire (1922, début 1923). L'Agron. Colon. Jhg. 15 (1926), S. 1—7, 50—59, 102—115.
60. Leplae, E., Notes sur le relèvement de l'agriculture du Congo Belge. 1. Le projet de décret sur les zones et les usines palmistes. Bull. Agric. du Congo Belge Jhg. 22 (1931), S. 559—65.
61. Leplae, E., Développements agricoles récents au Congo Belge: Coton, Café, Palmier. L'Agron. Colon. Jhg. 23 (1934), S. 97—105. Ref.: Landwirtschaftliche Fragen aus dem Belgischen Kongo (Baumwolle, Kaffee, Ölpalme). Tropenpflanzer Jhg. 38 (1935), S 214—16.
62. Leplae, E., Les débuts de la sélection du palmier Elaeis par la régie des plantations de l'Etat et par l'Ineac au Congo Belge. Agric. et Elev. au Congo Belge Jhg. 11 (1937), S. 70.
63. Leplae, E., Recent improvement of african oil palms and palm oil production in the Belgian Congo. Bull. of the Imp. Inst. Jhg. 35 (1937), S. 174—80.
64. Lloyd, W , A summary of the yields at the Aneji and Odumase oil-palm experiment stations. Department of Agric. Gold Coast, Yearbook 1929 (1930), S. 239—48.
65. Maas, J. G. J. A , Voorloopige mededeelingen betreffende de selectie van den oliepalm. Mededeel. van het Algem. Proefst. der AVROS., Algem. Ser. 15, 1923.
66. Manlove, D., Palm oil in Nigeria. Trop. Agric. Jhg. 8 (1931), S. 171—75.
67. Manlove, D. und Watson, W. A., Press extraction of palm oil in Nigeria. Ann. Bull. of the Agric. Dep. Nigeria Jhg. 10 (1931), S. 19—35.
68. Marsh, T. D., Observations on the pollination of the oil palm. The Malayan Agric. Journ. Jhg. 10 (1928), S. 20—28.
69. Marsh, T. D., Observations on oil palms. The Malayan Agric. Journ. Jhg. 17 (1929), S. 16—26. Ref.: Künstliche Bestäubung von Ölpalmen. Tropenpflanzer Jhg. 32 (1929), S. 346.
70. Martens, O. und Karstedt, O., Afrika. Ein Handbuch für Wirtschaft und Reise. 1. Bd., Wirtschaft. 3. Aufl. Berlin 1936.
71. Martens, O. und Karstedt, O., Afrika. Ein Handbuch für Wirtschaft und Reise. 1. Bd. Wirtschaft. 4. Aufl. Berlin 1938.
72. Mello Geraldes, C. de, Contribution à l'étude des fruits des variétés de palmiers à huile et de leurs huiles. Bull. des mat. grass. de l'Inst. Col. Marseille Jhg. 14 (1930), und Anais de Inst. Sup. de Agron. Lisboa Jhg. 3 (1927).
73. Mello Geraldes, C. de, Renseignements sur le palmier à huile en Angola. Anais de Inst. Sup. de Agron. Lisboa Jhg. 3 (1927) und Bull. des mat. grass. de l'Inst. Col. Marseille Jhg. 14 (1930), S. 105—12. Ref.: Ölpalme in Angola. Tropenpflanzer Jhg. 33 (1930), S. 328. Ref.: Notes on oil palms in Angola. The Malayan Agric. Journ. Jhg. 18 (1930), S. 556—57.
74. Mello Geraldes, C. de, Les principaux produits végétaux des Colonies Portugaises. Les Colonies Portugaises. Public. du Commiss. Génér. du Portugal. Paris 1931, Lissabon 1933.
75. Milsum, J. N., Hastening the germination of oil palm seeds. The Malayan Agric. Journ. Jhg. 15 (1937), S. 82 bis 84. Ref.: Beschleunigung der Keimung von Ölpalmsamen. Tropenpflanzer Jhg. 30 (1927), S. 411—12.
76. Milsum, J. N. und Greig, Z. L., Pollination of oil palms under field conditions. The Malayan Agric. Journ. Jhg. 19 (1931), S. 123—27. Ref.: Künstliche Bestäubung von Ölpalmen. Tropenpflanzer Jhg. 34 (1931), S. 346—47.
77. Passelègue, G., Les Concasseurs à noix de palme. L'Agron. Colon. Jhg. 12 (1925), S. 193—202; Jhg. 13 (1925), S. 223—234, S. 267—290; Jhg. 14 (1926), S. 7—17, S. 64—73, S. 112—130, S. 198—210, S. 229—237; Jhg. 15 (1926), S. 8—19, S. 60—68, S. 81—95.
78. Pierret, G., Exploitation de palmeraies au Congo Belge. Bull. Agric. du Congo Belge Jhg. 21 (1930), S. 1115 bis 1134. Ref.: Zur Ausbeutung der Ölpalmenbestände in Belgisch-Kongo. Tropenpflanzer Jhg. 34 (1931), S. 474—75.
79. Piette, L., Speise und Trank der Eingeborenen im tropischen Afrika. Diss. Köln 1927.
80. Roux, E. de, Les stations expérimentales de l'arachide et du palmier à huile en A.O.F. Bull. des mat. grass. de l'Inst. Col. Marseille Jhg. 11 (1927), S. 149—63.
81. Rutgers, A. A. L., Investigations on oilpalms. Batavia 1922.
82. Schad, H., Die geographische Verbreitung der Ölpalme (Elaeis guineensis). Tropenpflanzer Jhg. 18 (1914), S. 359—81, 447—62.
83. Schoen, L., Rohstoffkammern der Weltwirtschaft. 1. Bd. Afrika. a) Berlin 1937. b) 2. erg. Aufl. Berlin 1939.
84. Schulz (Wilmersdorf), Die Wirtschaft Angolas. Tropenpflanzer Jhg. 41 (1938), S. 509—11.

85. Schulz-Wilmersdorf, Die Wirtschaft Portugiesisch-Guineas. Tropenpflanzer Jhg. 42 (1939), S. 76.
86. Schulz-Wilmersdorf, Aufschwung der Wirtschaft in S. Tomé und Principe. Tropenpflanzer Jhg. 42 (1939), S. 38—39.
87. Smith, E. H. G., The oil palm (Elaeis guineensis) at Calabar. Ann. Bull. of the Agric. Dep. Nigeria Jhg. 8 (1929), S. 6—42. Ref.: Über neuere Typeneinteilung und Selektionsergebnisse der Ölpalme in Nigeria. Tropenpflanzer 41 (1938), S. 253—57.
88. Smith, E. H. G., Further yields from the Calabar plantation oil palms. Ann. Bull. of the Agric. Dep. Nigeria Jhg. 10 (1931), S. 1—18.
89. Smith, E. H. G., Voelcker, O. J., West, J, Plant breeding in Southern Nigeria. Trop. Agric. Jhg. 10 (1933), S. 312—17.
90. Sprecher von Bernegg, A., Ölpalme. In: Sprecher von Bernegg, A., Tropische und subtropische Weltwirtschaftspflanzen. 2. Teil. Ölpflanzen. Stuttgart 1929.
91. Stoffels, E., Influence de la fécondation artificielle des fleurs d'Elaeis guineensis sur la production des fruits. Bull. Agric. du Congo Belge Jhg. 25 (1934), S. 347—57. Ref.: Die künstliche Bestäubung bei der Ölpalme. Tropenpflanzer Jhg. 38 (1935), S. 159.
92. Stoffels, E., La pollinisation des palmiers à huile. Rev. de Bot. Appl. et d'Agric. Trop. Jhg. 12 (1936), S. 60 bis 61
93. Stubbe, L'Industrie de l'huile de palme. Rev. Intern. des Prod. Colon. Jhg. 6 (1931), S. 151—61.
94. Thomas, A. S., The oil palm in Uganda. The East African Agricult. Journ. Jhg. 2 (1936), S. 5—11.
95. Troll, C., Lange, F., Gerth, E., Afrika als Rohstofflieferant der Weltwirtschaft. Kolon. Rundsch. Jhg. 33 (1932), S. 448—89.
96. Ubbelohde, L. und Eger, E., Palmkernöl. In: Ubbelohde, L. und Goldschmidt, F., Handbuch der Chemie und Technologie der Öle und Fette. 2. Bd. Leipzig 1920, S. 583—87.
97. Ubbelohde, L. und Eger, E., Palmöl. In: Ubbelohde, L. und Goldschmidt, F., Handbuch der Chemie und Technologie der Öle und Fette. 2. Bd. Leipzig 1920, S. 563—82.
98. Wehmer, C., Die Pflanzenstoffe. 2. Aufl. Jena 1929—35. 3 Bde.
99. Wilbaux, R., Les causes de l'acidification de l'huile de palme. Bull. Agric. du Congo Belge Jhg. 27 (1936), S. 236—54.
100. Wilbaux, R., Quelques données sur l'épuration de l'huile de palme. Publ. de l'Inst. Nat. pour l'étude agronom. du Congo Belge. Série Techn. 11, 1937.
101. Wolff, H. und Müller, A., Fette und Öle. Palmenfette und Öle. In: Wiesner, J. v., Die Rohstoffe des Pflanzenreiches. 1. Bd. 4. Aufl., Leipzig 1927—28, S. 765—69.
102. ..., Statistical abstract for the British Empire for each of the ten years 1927 to 1936. London 1937.
103. ..., Statistical abstract for the several British Oversea Dominions and Protectorates for each of the years 1913 and 1922 to 1927. London 1929.
104. ..., Annuaire international de statistique agricole 1933—34. Rom 1934. 1934—35. Rom 1936. 1939—40. Rom 1940.
105. ..., Die Bedrohung der nigerischen Palmöl-Produktion. Tropenpflanzer Jhg. 27 (1924), S. 179.
106. ..., Commerce du Ruanda-Urundi en 1927. Bull. de l'Off. Col. du Min. de Col. Jhg. 27 (1938), S. 401.
107. ..., Conférence du palmier à huile. Compte-rendu. Bull. des mat. grass. de l'Inst. Col. Marseille Jhg. 21 (1937), S. 253—77 und Jhg. 22 (1938), S. 3—17. Ref.: Der Stand der Ölpalmenkultur in Französisch-Westafrika. Tropenpflanzer Jhg. 41 (1938), S. 257—59.
108. ..., Exportations. Statistique des marchandises exportées du Congo Belge pendant l'année 1937. Bull. de l'Off. Col. du Min. de Col. Jhg. 27 (1938), S. 401—20.
109. ..., Gambia, Ausfuhr von Erdnüssen und Palmkernen in den Jahren 1915—24. Tropenpflanzer Jhg. 29 (1926), S. 161.
110. ..., Handel mit landwirtschaftlichen Erzeugnissen. Die Lage des westafrikanischen Handels in Ölpalmenprodukten. Intern. Landw. Rundsch. Jhg. 19 (1928), S. 526—30.
111. ..., L'industrie de l'huile de palme au Congo Belge. Note des huileries du Congo Belge. Bull. Agric. du Congo Belge Jhg. 21 (1930), S. 1221—33.
112. ..., Die wirtschaftliche Lage der unter Mandatsverwaltung stehenden deutschen Kolonien. Afrika-Rundschau Jhg. 4 (1938), S. 52—59.
113. ..., La législation sur la création et le fonctionnement des usines de traitement des fruits de palmier à huile. Bull. des mat. grass. de l'Inst. Col. Marseille Jhg. 15 (1931), S. 97—108.
114. ..., Un matérial d'huilerie à grand rendement pour le travail manuel des indigènes. Rev. Intern. des Prod. Colon. Jhg. 10 (1935), S. 214—22.
115. ..., Notes sur l'exploitation du palmier à huile en Côte d'Ivoire. Bull. des mat. grass. de l'Inst. Col. Marseille Jhg. 21 (1937), S. 244—49. Ref.: Der Stand der Ölpalmenkultur in Französisch-Westafrika. Elfenbeinküste. Tropenpflanzer Jhg. 41 (1938), S. 258.
116. ..., Oil-palm fruits from Kenya. Bull. of the Imp. Inst. Jhg. 35 (1937), S. 19—22. Ref.: Über den Anbau und die Verwertung von Ölpalmen- und Passionsfrüchten in Kenya. Tropenpflanzer Jhg. 40 (1937), S. 532.
117. ..., Palmoliecultuur in Kenya. De Bergcultures Jhg. 11 (1937), S. 817.
118. ..., Le palmier à huile. Bull. écon. de l'Afrique Equatoriale Française Jhg. 9 (1933), S. 3—9.
119. ..., Le palmier à huile au Ruanda. Agric. et Elev. au Congo Belge Jhg. 10 (1936), S. 109. Ref.: Die Ölpalme in Ruanda. Tropenpflanzer Jhg. 39 (1936), S. 441.

120. . . ., La pollinisation du palmier à huile. Bull. des mat. grass. de l'Inst. Col. Marseille Jhg. 12 (1928), S. 60—61.
121. . . ., La protection des huileries mécaniques au Congo Belge. Bull. des mat. grass. de l'Inst. Colon. Marseille Jhg. 20 (1936), S. 305—08.
122. . . ., Situation du palmier à huile et programme d'action en vue de son amélioration et du développement de sa production en Guinée Française. Bull. des mat. grass de l'Inst. Col. Marseille Jhg. 21 (1937), S. 232—43. Ref.: Der Stand der Ölpalmenkultur in Französisch-Westafrika. Französisch-Guinea. Tropenpflanzer Jhg. 41 (1938), S. 257—58.
123. . . ., Statistique du commerce extérieur du Congo Belge pendant 1927—1936. Brüssel 1928—37.
124. . . ., Survey of vegetable oilseeds and oil. Volume I. Oilpalm products. London 1932.
125. . . ., Trade statistics. The Nigeria Handbook. 10. Ausgabe. Lagos 1933, S. 248—61.
126. . . ., Le transport en vrac de l'huile de palme. Notes des huileries du Congo Belge. Bull. Agric. du Congo Belge Jhg. 21 (1930), S. 1234—38.
127. . . ., Une usine de traitement des fruits du palmier à huile au Gabon. Les Produits et le Matériel Colon. Jhg. 80 (1931), S. 14.
128. Schoen, L., Das koloniale Deutschland. Deutsche Schutzgebiete unter Mandatsherrschaft. Berlin 1939.

2. *Kokospalme, Cocos nucifera L.*

Die Heimat der Kokospalme, *Cocos nucifera L.*, ist seit langer Zeit umstritten gewesen (10, S. 1ff.; 16; 17; 22, S. 171ff.). *Burret*, der sich eingehend mit der Frage nach der ursprünglichen Heimat der Kokospalme beschäftigt hat (3, S. 478ff.), sagt dazu (4, S. 190): „Man kann nach dem heutigen Stande des Wissens nicht mehr im Zweifel sein, daß die eigentliche Heimat von *Cocos nucifera* nicht in Amerika liegt, wie bisher vielfach angenommen wurde, sondern im Indomalaiischen Gebiet *(Beccari, Chiovenda)* und daß sie erst nach der Entdeckung Amerikas dort eingeführt wurde. Jedenfalls gilt dies für die Ostküste des tropischen Amerika. Ob sie vielleicht schon vorher über die Südsee nach der Westküste Zentralamerikas gelangte, steht dahin, ist aber auch nicht sehr wahrscheinlich. Die Portugiesen waren es, die die Palme bei ihrem regen überseeischen Handelsverkehr mit Ostindien nach Ost- und Westafrika brachten, von wo sie dann auch in Amerika eingeführt wurde.“

Außer einigen Gebieten in Amerika und Asien umfaßt das Verbreitungsgebiet der Kokospalme in Afrika (s. Karte 6) das Gebiet der Ostküste von Djibuti ($11\frac{1}{2}^{0}$ n. Br.) bis zur Sambesimündung (19^{0} s. Br.) und, in vereinzelten Vorkommen, bis zum Süden der Kolonie Moçambique, ferner die Inseln Sansibar und Pemba, die Komoren, die Küste Madagaskars südlich bis Fort Dauphin, die Seychellen und Maskarenen. An der Westküste Afrikas reicht die Kokospalme vom Kap Verde (15^{0} n. Br.) bis Mossamedes in Angola (15^{0} s. Br.). Die Kokospalme ist nur auf einen schmalen Küstenstreifen beschränkt. Im Innern Afrikas findet sie sich nur an wenigen Punkten, so z. B. bei Kilossa, Tabora und um Udjidji am Tanganyikasee sowie am Schirefluß in der Nähe des Nyassasees (10; 11, S. 2ff.; 13, S. 109).

Botanische Beschreibung. *Cocos nucifera L.*, zur Familie der Palmen gehörig, stellt eine der formenschönsten Pflanzen dar (Abb. 16). Die Palme erreicht eine Höhe von 20—25 m und mehr. An der Spitze des säulenförmigen schlanken Stammes trägt sie eine Blätterkrone von gewöhnlich 20—30 Blättern. Verlust und Neubildung der Blätter betragen jährlich etwa 10—12 Stück. Am Grunde ist der Stamm zumeist knollenförmig verdickt, während

Abb. 16. Kokospalme
(Cocos nucifera)

der Umfang in 1½ m Höhe nur noch 65 bis 110 cm beträgt (10; 11, S. 13; 20, S. 177f.).

Die Jugendblätter der Kokospalme — 4—6 an der Zahl — haben eine ungeteilte Blattspreite. Bei den Folgeblättern jedoch treten die ersten Segmentierungen auf, zuerst zwei, dann folgen vom Grunde zur Spitze weitere Zipfel, bis das ganze Blatt aus losen, voneinander unabhängigen Fiederblättchen besteht (10; 11, S. 11ff.; 20, S. 180f.).

Die Kokospalme besitzt keine Hauptwurzel. Die Stammbasis ist dafür dicht besetzt mit Nebenwurzeln, die nach allen Seiten hin ausstrahlen, verzweigt oder unverzweigt sind und Seitenwurzeln bilden. Das Wurzelsystem der Kokospalme verankert die Pflanze ungemein fest im Boden. Außerdem besitzt es Pneumatophoren (Atemwurzeln) (10; 11, S. 13f.; 20, S. 178f.).

In den Achseln der Blattscheiden erscheint der Blütenstand (Abb. 17a), der bis zu seiner Entfaltung von einer Scheide umschlossen ist. Er ist ein Kolben, bestehend aus einer dicken Hauptachse, von der unverzweigte, nach allen Seiten abstehende Seitenachsen ausgehen. Der Kolben trägt männliche und weibliche Blüten. In jeder Seitenachse befinden sich gegen 250—300 ungestielte männliche Blüten mit drei schuppenartigen Kelch- und drei gelblichen lanzettlichen, 15 mm langen Kron- und sechs Staubblättern in zwei Kreisen. Der Fruchtknoten ist stark rückgebildet. Am Fuße der Seitenachse sitzt die weibliche Blüte, gewöhnlich in Einzahl, an jedem Kolben etwa 8—30, mit drei schuppenförmigen Kelch-, drei nierenförmigen Kronblättern und einem schwach dreikantigen Fruchtknoten von $\pm$ 20 mm Durchmesser mit drei Samenanlagen. Die Staubblätter sind bis auf einen häutigen Kranz rückgebildet (10; 11, S. 14ff.; 20, S. 181ff.).

Die Aufblühfolge geschieht von der Spitze der Seitenachse her, so daß immer nur ein Teil der männlichen Blüten stäubt. Die Kokospalme ist proterandisch, d. h. die weiblichen Blüten öffnen sich erst nach den männlichen. Von den weiblichen Blüten werden nur 2—3 täglich geschlechtsreif und bleiben nur bis 24 Stunden empfängnisfähig. Die Blütezeit selbst ist von klimatischen Bedingungen abhängig. Bei älteren Palmen können im Laufe des Jahres bis zu 14 Blütenständen erscheinen (10; 11, S. 18ff., S. 183).

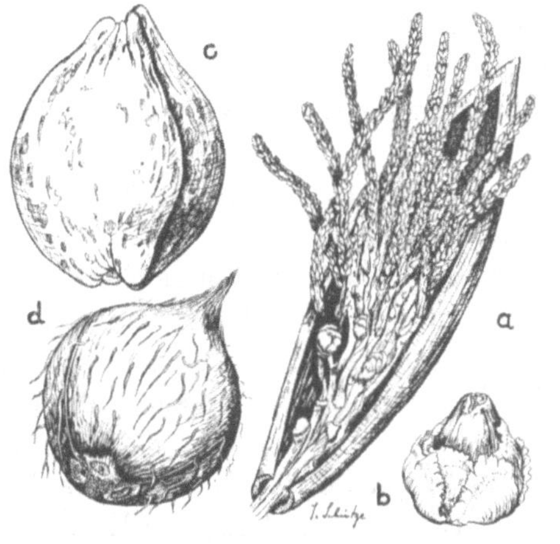

Abb. 17. Kokospalme *(Cocos nucifera)* a = Blütenstand; b = Fruchtbildung; c = Frucht; d = Frucht ohne Epikarp

Die Bestäubung geschieht einerseits durch Insekten, die durch den Geruch der Blüten und die Nektarabscheidung angelockt werden, andererseits durch den Wind. Selbstbestäubung ist ausgeschlossen. Bestäubung mit Blütenstaub aus anderen Blütenständen desselben Baumes ist nur dann möglich, wenn die einzelnen Blühphasen sich berühren. Apogamie scheint nicht vorzukommen (10; 11, S. 20ff.).

Bei der Fruchtbildung (Abb. 17b) bleiben die Seitenachsen erhalten und ragen als Anhängsel zwischen den Früchten hervor. Die Frucht (Abb. 17c, d) hat nach 250 Tagen ihre volle Größe erreicht und ist 450 Tage nach der Blüte reif. Sie ist eine Steinfrucht. Die äußere Umhüllung — das Epikarp — ist lederartig, mit einer Wachsschicht bedeckt. Darauf folgt das mächtige, faserige Mesokarp und das steinharte Endokarp, das den Kokossamen einhüllt. Dieser ist gewöhnlich in der Einzahl vorhanden und wird von einer braunen Samenhaut umgeben. Das Nährgewebe ist zuerst wässerig, verdickt sich sodann, wird käseartig, dann fest und spröde und enthält im Innern eine Höhlung, die mit der sogenannten Kokosmilch gefüllt ist. In einer Vertiefung des Nährgewebes liegt der Keimling (10; 11, S. 23ff.; 20, S. 184ff.).

Die bei der Kokospalme bestehenden Varietäten sind bisher weder kritisch betrachtet, noch ist eine genügende Einteilungsgrundlage geschaffen worden (5, S. 117ff.; 10; 11, S. 6f.; 20, 187f.).

Ökologie. Die im allgemeinen anspruchslose Kokospalme stellt als Kulturpflanze, von der hohe Erträge verlangt werden, bedeutende Ansprüche an Klima und Boden (10; 11, S. 28f.).

Die Kokospalme ist eine ausgesprochene Lichtpflanze. Deswegen dürfen junge Palmen keineswegs zwischen andere, schon bestehende Pflanzungen gesetzt werden (5, S. 23; 10; 11, S. 29; 20, S. 192).

Die Kokospalme verlangt eine mittlere Jahrestemperatur von mindestens 22° C, um Früchte zu bringen. Das Optimum liegt jedoch bei 30° C. Auch soll die Temperatur möglichst ausgeglichen sein und die Schwankungen 6—7° C, höchstens 10° C, nicht überschreiten (5, S. 23f.; 10; 11, S. 29; 20, S. 191).

Das Optimum der Niederschlagsmenge liegt bei 1700 mm, obwohl sie auch bei 4000—5000 mm sowie auch bei nur 1200 mm, wenn genügend Bodenwasser vorhanden ist, gedeiht (5, S. 25f.; 10; 11, S. 29f.; 20, S. 191).

Geringe Luftfeuchtigkeit bei hohen Temperaturen ist schädlich, weil bei übergroßer Transpiration die Wasserleitung mit dieser nicht Schritt halten kann (5, S. 27; 20, S. 191). Ganz besonders gilt dies bei trockenem Wind. Sonst verträgt die Kokospalme Wind außerordentlich gut, mechanische Schädigungen treten selbst bei Stürmen nur selten auf (5, S. 27f.; 10; 11, S. 30; 20, S. 191).

Für das Gedeihen der Kokospalme ist ein tiefer Boden von besonders lockerer, durchlässiger Struktur notwendig. Vor allem muß die Wasserführung gut und für ausreichende Nährstoffe durch eine humusreiche Oberkrume gesorgt sein. Am besten eignen sich leichte, tiefe und vor allem durchlässige sandige Böden. Kochsalzhaltige Böden am Meeresstrande schaden der Kokospalme nicht, wenn sie auch nicht darauf angewiesen ist. Die Kokospalme ist keineswegs ein Halophyt, obwohl sie am tropischen Meeresstrande überall vorzüglich gedeiht und im Binnenlande nur vereinzelt anzutreffen ist (5, S. 28ff.; 10; 11, S. 30ff.; 16; 17; 20, S. 192ff.).

Kokospalmenkulturen haben eine lange Lebensdauer. Es ist deswegen notwendig, die Auswahl des Saatgutes sehr sorgfältig zu treffen, die Mutterpalme nach Habitus, guter Wachstumskraft und Fruchterträgen auszusuchen und die als Saatgut dienenden Früchte vorsichtig zu ernten und zu behandeln (10; 11, S. 33ff.; 20, S. 194ff.).

Für die Saatbeete muß der Boden gut vorbereitet, gelockert und von Unkraut und Wurzeln befreit werden. Beabsichtigt man, die gekeimten Früchte nach 6 Monaten auszupflanzen, dann werden die Saatnüsse flach nahe aneinander gesetzt. Bleiben die jungen Pflanzen länger auf den Saatbeeten, so setzt man die Früchte etwas tiefer in Reihen mit einem gegenseitigen Abstande von 30—40 cm und füllt die Zwischenräume zwischen den Früchten mit Erde an, so daß diese größtenteils damit bedeckt sind. Die Früchte werden waagerecht oder, um Platz zu sparen, auch senkrecht gelegt. Zum Schutz vor den Klimaeinflüssen werden die jungen Kulturen mit einem 2 m hohen Schattendach versehen, das man nach 4 Monaten auszulichten beginnt und nach 6 Monaten ganz entfernt. Die Saatbeete müssen gut durchfeuchtet und frei von Unkraut sein. Die Früchte keimen nach 4—6 Wochen. Die Ausfälle sind zahlreich. Nüsse, die nach 3 Monaten noch nicht gekeimt haben, sind zu entfernen (10; 11, S. 36ff.).

Der Boden für eine Kokospalmenpflanzung muß gut vorbereitet werden. Der geringste Pflanzabstand beträgt 9× 9 m. Das ergibt im Viereckstverband 123, im Dreiecksverband 143 Palmen auf den Hektar. Die mehrere Monate vor dem Anpflanzen auszuhebenden Pflanzlöcher sollen 1 m Tiefe und 1 m Durchmesser haben. Sie werden einige Wochen vor dem Aussetzen der Pflanzen zu 3/4 mit Erde gefüllt (5, S. 137ff.; 10; 11, S. 39ff.; 20, S. 196ff.).

Das Auspflanzen beginnt bei Eintritt der Regenzeit. Man entnimmt die jungen Pflanzen möglichst mit einem Erdballen dem Saatbeet und bringt sie vorsichtig an den neuen Standort. Sie werden hier so tief gesetzt, daß die Oberfläche der Frucht nicht über den Boden herausragt. Die Pflanzlöcher werden zunächst nicht ganz zugeschüttet, sondern erst einige Monate später gänzlich mit Erde ausgefüllt. Zuweilen werden die Nüsse auch in ungekeimtem Zustande ausgelegt, eine Methode, die erfahrungsgemäß nicht zu empfehlen ist (5, S. 144ff.; 10; 11, S. 41f.; 20, S. 201ff.).

Von Zwischenkulturen zwischen Kokospalmenpflanzungen ist mit Ausnahme von Hülsenfrüchten abzuraten, da sie den Palmen Nährstoffe entziehen (10; 11, S. 42ff.; 20, S. 206ff.).

Die Kokospalmen verlangen gute Pflege. Kranke Pflänzlinge müssen rechtzeitig durch gesunde ersetzt werden. Es empfiehlt sich, den Boden zwischen den Palmenreihen mit niedrigen Bodenbedeckern, Gründüngungspflanzen oder zur Aberntung bestimmten Hülsenfrüchten zu bepflanzen. Wenn sich Mangelerscheinungen des Bodens durch sinkende Erträge und durch ein helleres Grün der Blätter bemerkbar machen, muß für Ersatz der fehlenden Nährstoffe gesorgt werden (10; 11, S. 44ff.; 20, S. 204ff., 208ff.).

Ernte. Um die größte Menge hochwertigster Kopra zu erzielen, müssen die Früchte in vollreifem Zustande geerntet werden. Den Reifegrad erkennt man außer an der Farbe und Konsistenz der äußeren Fruchtwand am Klang der anschlagenden Flüssigkeit an der Endospermhöhlenwand. Bei unreifen Früchten ist er infolge der großen Flüssigkeitsmenge dumpf, bei den reifen hell. Die Zeit, die von dem Öffnen der Blüte bis zu der für Koprabereitung geeigneten Reife verstreicht, wird oft viel zu gering angegeben. Geerntet wird meist alle zwei Monate, da das Reifen der Früchte ununterbrochen erfolgt (5; 10; 11, S. 68ff.). Wird besonderer Wert auf die Gewinnung guter Kokosfaser gelegt, so müssen die Nüsse in mehr unreifem Zustande geerntet werden. Menge und Güte der von diesen Nüssen erzielten Kopra ist geringer. Die Gewinnung bester Kopra und bester Faser lassen sich nicht vereinigen.

Die Ernte selbst erfolgt bei jüngeren Kulturen mit Leitern, sind die Bäume älter und höher geworden, müssen sie erstiegen werden. Die Früchte werden vom Fruchtstiel abgedreht oder abgeschnitten und auf die Erde geworfen (5; 10; 11, S. 70ff., 74; 20, S. 227ff.).

Die ersten kleinen Früchte, die junge Kokospalmen tragen, fallen zumeist unreif ab; die Erstlinge, die danach zur Reife kommen, sind aber ebenfalls noch klein und nicht viel wert. In Afrika ist im allgemeinen bei einer zehnjährigen Pflanzung das Erzeugnis voll marktwürdig. Die Erträge schwanken nach der Varietät, nach Boden und Klima. Im vollen Ertrage (nach 15—18 Jahren) gibt *Hunger* als durchschnittliche jährliche Ernte für eine Palme 50 reife Früchte an. 400—600 Nüsse liefern 100 kg Kopra. Im Durchschnitt erhält man etwa 1000 kg getrockneter Kopra je ha (10; 11, S. 67, 73f.; 20, S. 229f.).

Aufbereitung. Die Kokospalme liefert, wie kaum eine andere Kulturpflanze, eine große Zahl von für den Menschen nützlichen Erzeugnissen, von denen das Kokosfett das wertvollste darstellt.

Aus dem dicken, faserigen Mesokarp und Epikarp lassen sich verschiedene Fasern gewinnen, einerseits Bürstenfasern von reifen und gelagerten, andererseits Spinnfasern von mehr unreifen, frisch verwendeten Früchten. Der Abfall, der bei der Bürstenfaserbereitung übrigbleibt, liefert noch Matratzenfasern und Kofferdam (s. u. Faserpflanzen) (5, S. 199ff.; 10; 11, S. 77ff.; 20, S. 244ff.; 23, I, S. 128).

Die Kokosmilch der reifen Früchte, der Zellsaft des Embryosacks, geht meist verloren. Die Milch von jungen Nüssen bildet ein angenehmes, süßes Getränk. Sie stellt eine wasserklare Lösung verschiedener Zuckerarten dar (bei unreifen Nüssen bis zu 4,58 v. H. Glukose, bei reifen 4,42 v. H. Saccharose, bis 0,2 v. H. Eiweiß, bis 0,14 v. H. Fett, etwa 0,6 v. H. Salze). Im Weltkriege diente in saure Gärung übergegangene Kokosmilch als Ersatz für Essigsäure zur Kautschukkoagulation (10; 11, S. 86f.; 20, S. 233ff.; 23, I, S. 127).

Nach der Entfaserung müssen die Kokosnüsse aufgeschlagen werden. Die Schalen, das Endokarp, haben nur geringen Handelswert, dienen zum Heizen oder zum Herstellen von Hausgeräten (20, S. 250).

Das Endosperm stellt den wertvollsten Bestandteil der Kokosnuß dar (11, S. 87). Dieses sogenannte Kokosfleisch wird frisch fein geschnitten oder geraspelt, schnell getrocknet und als sogenannte Raspelkopra vor allem in der Zuckerbäckerei verwendet (10; 11, S. 87f.; 20, S. 239f.).

Außerdem dient das frische Kokosfleisch zur Bereitung von Kokosöl. Zu diesem Zwecke wird es ebenfalls geschält, zerkleinert oder geraspelt und mit Wasser ausgekocht oder vorgetrocknet und ausgepreßt. Das erhaltene Öl ist hell und fast frei von Fettsäure (0,1—0,2 v. H.). Die Bereitung wird bisher nicht fabrikmäßig betrieben (10; 11, S. 89; 20, S. 240f.).

Der Rückstand bei der Kokosölbereitung, die Kokospülpe, kann als Futtermittel verwandt werden (11, S. 90; 16).

Gewöhnlich wird aber das Kokosfleisch nicht frisch, sondern, um es für den Transport geeignet zu machen, zu Kopra verarbeitet. Dazu wird das frische Kokosfleisch entweder sogleich oder erst nach Trocknung an der Sonne oder bei künstlicher Wärme von den Schalen getrennt. Die Trocknung geschieht entweder natürlich durch Sonne und Wind oder künstlich auf sogenannten Kopradarren. Der Feuchtigkeitsgehalt der fertigen Kopra soll höchstens 5 v. H. betragen. Der Sonnentrocknung muß fast immer eine künstliche Nachtrocknung folgen. Der Ölgehalt der Kopra beträgt 64—68 v. H. bei 4—6 v. H. Wasser, 9—10 v. H. N-Substanz, 14—26 v. H. N-freie Extraktstoffe, 1,5—2,7 v. H. Asche (2, S. 181ff.; 5, S. 208ff.; 10; 11, S. 90ff.; 20, S. 236ff.; 23, I, S. 127).

Die Aufbereitung der Kopra geschieht in den Verbrauchsländern. Dazu wird sie fein gemahlen und das Fett durch Pressen oder Extraktion gewonnen. Für die Verwendung als Speisefett ist eine Raffination notwendig, um das Öl von dem unangenehmen scharfen Geruch und Geschmack zu befreien. Das Kopraöl ist also im Gegensatz zum Kokosöl nicht ohne weiteres als Speisefett verwendbar (5; 10; 11, S. 103ff.; 20, S. 242f.; 24, S. 770).

Das Rohfett ist gelb bis fast farblos, in zweiter Pressung wesentlich dunkler, gereinigt rein weiß bis schwach gelblich und bei Zimmertemperatur von Butterkonsistenz (Schmelzpunkt 20—28° C) (24, S. 770). Die Kennzahlen des Koprafettes sind: Spez. Gewicht bei 15,5° etwa 0,926, Brechungsexponent D_{40} etwa 1,4475—1,4495, Verseifungszahl etwa 253—268, Jodzahl 8—10, Erstarrungspunkt der Fettsäuren 22—25° (24, S. 770f.). Die Fettsäuren, deren Mengen übrigens sehr verschieden angegeben werden, bestehen etwa aus 48—49 v. H. Laurinsäure, 17,5 v. H. Myristinsäure, 9,5—10,7 v. H. Kaprinsäure, 7,2—7,4 v. H. Kaprylsäure, 4,3—5,4 v. H. Palmitinsäure, 9—10,3 v. H. Ölsäure, 0,8—1,2 v. H. Stearinsäure und 0,2 v. H. Kapronsäure (23, I, S. 128; 24, S. 771).

Das Koprafett dient in der Hauptsache nach Neutralisation als wichtiges Speisefett und findet außerdem in der Seifen- und Stearinfabrikation vielfach Verwendung (20, S. 243f.; 24, S. 771).

Die Rückstände der Pressung, die Kokoskuchen, dienen als hervorragendes Viehfuttermittel (10; 11, S. 113; 20, S. 244).

Außer den Früchten liefert die Kokospalme aber noch eine große Anzahl anderer für den Menschen nützlicher Produkte.

Die Gewinnung des Palmsaftes und die aus ihm gewonnenen Erzeugnisse geschieht ohne Nachteil für die Palme, aber auf Kosten des Fruchtansatzes. Er wird aus den ungeöffneten Blütenkolben gezapft, sobald sie einen Monat alt und etwa 3/4 m lang sind. Die Zapfung geschieht entweder an der Spitze des Kolbens oder nach Entfernung des Blütenstandes am Kolbenstiel. Der Saft rinnt in ein darunter gebundenes Gefäß, das morgens und abends gewechselt wird. Der Saftfluß dauert etwa einen Monat an. Die Menge richtet sich nach dem Alter der Palme, der Bodenbeschaffenheit und dem Wetter. Junge Palmen liefern jährlich etwa 300 l, erwachsene Bäume etwa 400 l. Der Saft enthält 15—17 v. H. Zucker und stellt ein angenehmes Getränk dar. Das Produkt, das nach 24stündiger Gärung erhalten wird, der Palmwein, ist berauschend. Der sich dabei bildende Bodensatz kann als Hefe Verwendung finden. Die der alkoholischen Gärung folgende essigsaure Gärung liefert Essig. Durch zwei- bis dreimalige Destillation gewinnt man aus 100 l Palmwein 20 l Arrak. Über Feuer eingedampfter Palmsaft dient zur Bereitung von Sirup und Kokoszucker (5, S. 188ff.; 10; 11, S. 75ff.; 20, S. 249f.).

Junge Keimpflanzen, junge Blattknospen und der Vegetationskegel des Stammes liefern den Palmkohl (20, S. 250).

Trockene Blätter dienen zum Decken von Dächern, zur Herstellung von Matten und Fackeln, die Stiele zum Hüttenbau. Auch die Blattfasern werden verwendet (20, S. 250f.).

Wurzeln und Blüten dienen zu medizinischen Zwecken (20, S. 251).

Das Holz wird hin und wieder als Nutzholz gebraucht (20, S. 251).

LÄNDERBERICHTE

Bei der Betrachtung der Einzelländer wird mit der Ostküste Afrikas begonnen, weil die Nutzung der Kokospalme dort weit reger ist als an der Westküste.

In Italienisch-Somaliland befindet sich die Kokospalmenkultur noch in den Anfängen (1, S. 1034ff.; 8, S. 456ff.).

Die Kokospalmen Kenyas dienen nur im geringen Maße zur Erzeugung von Ausfuhrprodukten. Die Kopraeinfuhr übersteigt die ziemlich unbedeutende Ausfuhr um ein Vielfaches (29, S. 642f.).

In Deutsch-Ostafrika befinden sich die Hauptanbaugebiete der Kokospalme auf Mafia, um Tanga, Bagamojo und Daressalam. Die meisten Bestände sind in der Hand der Eingeborenen. Um 1927 waren 100000 tragende Bäume im Besitze deutscher Pflanzer und etwa 200000 in der Umgebung von Bagamojo und auf Mafia neu angepflanzt. Längs der Zentralbahn liegt eine Anzahl von Pflanzungen, die zumeist Arabern und Indern gehören (14, S. 392; 27, S. 202). Die Ausfuhrzahlen für Kopra betrugen (in t):

1925 . .	7745	1930 . .	7513	1935 . .	4115
1926 . .	7466	1931 . .	7350	1936 . .	7577
1927 . .	7383	1932 . .	7381	1937 . .	7742
1928 . .	9467	1933 . .	8288	1938 . .	4070*)
1929 . .	8047	1934 . .	5822	1939 . .	6480*)

(21; 25; 29; 35).

Daneben wurden ganz geringe Mengen Öl ausgeführt (in t):

1932	123	1936	471
1933	38	1937	401
1934	110	1938	828*)
1935	301	1939	990*)

(28; 29).

Kopra stellt nach der Gewürznelke das zweitwichtigste Erzeugnis Sansibars und Pembas dar. Die wichtigsten Bestände liegen in dem Rotlehmgebiet auf der Westseite beider Inseln, jedoch treten sie auch an der Ostküste und im steinigen Korallenkalklande auf. Auf Sansibar und Pemba wachsen auf etwa 22000 ha gegen 3800000 Palmen, die durchschnittlich je Palme 30, im Höchstfalle 40—50 Nüsse jährlich liefern. Hafen und Stadt Sansibar gelten als wichtiger Umschlagplatz nicht nur für die eigenen Kokospalmenerzeugnisse, sondern auch für die des gegenüberliegenden afrikanischen Festlandes. Hauptverfrachtungsplätze für die ausgeführte Kopra sind Marseille und Genua (14, S. 416; 18, S. 70; 22, S. 144f.). Ausgeführt wurden an Kopra (in t):

*) Zahlen abgerundet.

1925 .	12681	1930 . .	13003	1935 . .	11885
1926 .	13045	1931 . .	11958	1936 . .	13226
1927 .	10213	1932 . .	11993	1937 . .	14642
1928 .	9509	1933 . .	12440	1938 . .	11890*
1929 .	11698	1934 . .	12809	1939 . .	10710*

(18; 21; 25; 27b; 29; 34).

An Kokosnüssen (in t):

1930	684	1935	750*
1931	830	1936	1020*
1932	871	1937	950*
1933	925	1938	1120*
1934	933	1939	1290*

(26; 27a, b; 28; 29).

In Moçambique ind die Kokospalmen vom äußersten Norden bis zum Sambesi in einem 50 km breiten Küstenstreifen verbreitet. Südlich des Sambesi finden sich nur noch größere Bestände um Inhambane. Im Jahre 1929/30 waren von Nichteingeborenen 67152 ha mit 6970000, von Eingeborenen etwa 20500 ha mit 3670000 Palmen bepflanzt, von denen damals die Hälfte ertragsfähig war. Heute dürften auch die Neuanpflanzungen zum größten Teile ihre ersten Ernten liefern. Von den Palmenbeständen liegen etwa 70 v. H. nördlich des Sambesi. Das Hauptanbaugebiet ist die Provinz Kilimane; hier finden sich 70 v. H. aller Palmen der Eingeborenen und 57 v. H. der der Nichteingeborenen, von denen 20 v. H. auf den Bezirk Anguaze e Andone um den Hafen Kilimane, 13 v. H. auf Maganya da Costa, 10 v. H. aul Boror und 8 v. H. auf Pebane entfallen. Die restlichen 43 v. H. der Kokospalmenfläche der Nichteingeborenen verteilen sich zu 21,5 v. H. auf die Provinz Moçambique, zu 6,7 v. H. auf die Provinz Cabo Delgado, zu 13,3 v. H. auf Inhambane und zu 1,5 v. H. auf die Restgebiete. Von der Erzeugung an Kopra ruht etwa ⅓ in Händen großer Unternehmen, den überwiegenden Anteil der Ausfuhr, die zumeist nach Frankreich geht, liefert die Provinz Kilimane (95 v. H.). Zum größten Teile werden die Erzeugnisse der Kokospalme als Kopra ausgeführt, zu kleineren Teilen als Öl oder Kokosnüsse (14, S. 355; 22, S. 202f.; 31, S. 244 T—245 T; 32, S. 481ff.; 34, S. 21, 32). Die Ausfuhr (in t) betrug einschließlich des Gebietes der Moçambique-Gesellschaft (Zahlen in eckigen Klammern) an Kopra:

1925:	17373	1931:	21914 [+ 10]
1926:	18065	1932:	24606 [+ 45]
1927:	17424	1933:	30302 [+ 0]
1928:	18508	1934:	32501 [+ 98]
1929:	20015	1935:	33997 [+ 0*]
1930:	21530 [+ 90]	1936:	34118 [+ 80*]

*) Zahlen abgerundet

1937:	35700*[+ 80*]	1939:	33310*[+ 0*]
1938:	38550*[+ 30*]	(21; 25; 29 [26; 27; 28; 29]).	

An Kokosnußöl:

1931:	675 [+ 0]	1936:	217 [+ 0]
1932:	812 [+ 13]	1937:	152 [+ 0]
1933:	892 [+ 0]	1938:	56 [+ 0]
1934:	742 [+ 0]	1939:	1030 [+ 0]
1935:	447 [+ 3]	(27; 28; 29; [28, 29]).	

An Kokosnüssen (Gesamtausfuhr):

1930 . .	246	1935 . .	150*
1931 . .	187	1936 . .	60*
1932 . .	89	1937 . .	50*
1933 . .	113	1938 . .	50*
1934 . .	111	1939 . .	30*
		(26; 27; 28; 29).	

Von Madagaskar wurden an Kopra ausgeführt (in t):

1930 . .	1515	1935 . .	1400*
1931 . .	1074	1936 . .	1590*
1932 . .	1256	1937 . .	1180*
1933 . .	1264	1938 . .	2030*
1934 . .	1203	(26; 27; 28; 29).	

Die größte Menge davon liefert die Nordwestküste Madagaskars, wo in der Provinz Nossi Bé seit altersher die Kokospalme genutzt wird. Die Ausfuhrmengen für Kokosnüsse sind verschwindend gering (in t):

1931 20; 1932 23; 1933 160; 1934 37 (27); 1935 40*; 1936 10*; 1937 10* (28); 1938 10 (29), (9, S. 554ff., 635ff.).

Von Mauritius wurden folgende, hauptsächlich von den Nebeninseln (18, S. 63) stammende Mengen Kopra ausgeführt (in t):

1925 . .	868	1933 . .	1203
1926 . .	1000	1934 . .	1560*
1927 . .	1396	1935 . .	1746
1928 . .	1415	1936 . .	1330*
1929 . .	1391	1937 . .	1510*
1930 . .	1734	1938 . .	1480*
1931 . .	2559	1939 . .	1650*
1932 . .	1747	(18; 21; 26; 27; 28; 29).	

Die ausgeführten Ölmengen sind nicht nennenswert.

Auf den Seychellen nimmt heute die Kokospalme die Stelle der Vanille ein und ist die wichtigste Nutzpflanze der Inseln geworden, auf denen sie nicht

*) Zahlen abgerundet.

allein in den Niederungen der Küste, sondern auch an den Berghängen gleich gut gedeiht. Im Jahre 1931 umfaßte ihr Gebiet 11300 ha, d. s. 42 v. H. des gesamten Inselgebietes (22, S. 137). Ausgeführt wurden an Kopra (in t):

1925 . .	4874	1932 . .	4680
1926 . .	5445	1933 . .	3217
1927 . .	4613	1934 . .	5565
1928 . .	4975	1935 . .	4311
1929 . .	4560	1936 . .	5135
1930 . .	5910	1937 . .	5610*
1931 . .	4875	1938 . .	4680*

(18; 21; 25; 29).

An Öl:

1930 . .	8	1933 . .	8	1936 . .	1
1931 . .	4	1934 . .	12	1937 . .	0
1932 . .	10	1935 . .	0	1938 . .	6

(26; 27; 28; 29).

An Kokosnüssen:

1930 . .	0	1933 . .	47	1936 . .	10*
1931 . .	46	1934 . .	20	1937 . .	30*
1932 . .	89	1935 . .	50*	1938 . .	20*

(26; 27; 28; 29).

An der Westküste Afrikas spielt die Kultur der Kokospalme nur eine untergeordnete Rolle.

An der Goldküste werden die Produkte der Kokospalme zumeist im Binnenverkehr verhandelt (18, S. 126). Ausgeführt wurden einschließlich des britischen Mandats Togo an Kopra (in t):

1927 . .	1477	1932 . .	1805	1936 . .	2582
1928 . .	1477	1933 . .	1156	1937 . .	1490*
1929 . .	1256	1934 . .	1121	1938 . .	1010*
1930 . .	932	1935 . .	1471	1939 . .	850*
1931 . .	1082				

(18; 25; 29).

An Kokosnüssen:

1930 . .	58	1935 . .	60*
1931 . .	339	1936 . .	440*
1932 . .	77	1937 . .	460*
1933 . .	15	1938 . .	390*
1934 . .	5	1939 . .	280*

(26; 27; 28; 29).

In Togo wächst die Kokospalme in bedeutenden Beständen an der Küste, und ihre Erzeugnisse werden in steigendem Maße ausgeführt (14, S. 94). Die Kopraausfuhr aus dem französischen Mandatsteil betrug (in t):

---

*) Zahlen abgerundet.

1925 . .	1009	1930 . .	1246	1935 . .	4366
1926 . .	880	1931 . .	2039	1936 . .	5657
1927 . .	1514	1932 . .	1897	1937 . .	3050*
1928 . .	909	1933 . .	1672	1938 . .	2700*
1929 . .	1298	1934 . .	2648	1939 . .	2730*

(14; 28; 29).

Die Kokospalme wächst an der ganzen Küstenzone Französisch-Westafrikas, ganz besonders aber in Dahome in den Kreisen Porto Novo, Kotonu, Widah und Groß-Popo. Um die Anbaufläche der Kokospalme auszudehnen und das Interesse der Eingeborenen an ihrer Kultur zu heben, verteilt die Verwaltung Saatnüsse und Pflanzen. Trotz der umfassenden Bemühungen in den Kreisen Groß-Popo, Widah, Kotonu, Porto Novo und Allada ist es aber bisher zu keiner nennenswerten Steigerung der Kopraausfuhr Französisch-Westafrikas gekommen (18, S. 106f.; 33, S. 19f.). Sie betrug (in t):

1925 . .	145	1930 . .	89	1935 . .	332
1926 . .	82	1931 . .	104	1936 . .	350*
1927 . .	84	1932 . .	178	1937 . .	330*
1928 . .	184	1933 . .	134	1938 . .	390*
1929 . .	97	1934 . .	281		

(18; 28; 29; 30).

Die Kokospalmenerzeugnisse Nigerias sind bedeutungslos. Die Ausfuhr an Kopra betrug (in t):

1933 . .	127	1936 . .	210*
1934 . .	199	1937 . .	190*
1935 . .	147	1938 . .	180*

(18; 28; 29).

In Kamerun dienen die Kokospalmen nur dem inländischen Lebensmittelmarkt (7, S. 390).

In São Thomé und Principe ist der Kokospalmenanbau in dauerndem Steigen begriffen, was sich in einem Anwachsen der Ausfuhrzahlen für Kopra ausdrückt (in t):

1933 . .	1048	1937 . .	1500*
1934 . .	1108	1938 . .	2000*
1935 . .	1462	1939 . .	2600*
1936 . .	1630*		

(25; 29).

Die Ausfuhr der Kokospalmenerzeugnisse Gabuns ist gänzlich bedeutungslos. Sie betrug in den letzten Jahren etwa 20 t.

In Angola gedeiht die Kokospalme bis in den Süden der Kolonie in einem schmalen Verbreitungsstreifen an der Küste.

---

*) Zahlen abgerundet.

Schrifttum

Kokospalme

1. Baldassari, L., La coltura del cocco nella Somalia italiana. Rass. econom. delle col. Jhg. 20 (1932), S. 1034—39.
2. Belsunce, G. de, Le séchage du Coprah. Bull. des mat. grass. de l'Inst. Col. Marseille Jhg. 21 (1937), S. 181—94.
3. Burret, M.. Brasilianische Palmen als Nutzpflanzen. Tropenpflanzer Jhg. 41 (1938), S. 477—502.
4. Burret, M., Afrikanische Palmen als Nutzpflanzen. Tropenpflanzer Jhg. 42 (1939), S. 185—211.
5. Copeland, E. B., The coconut. 3. Aufl. London 1931.
6. Ford, H. A., Economic conditions in Portugese East Africa. Departm. of overseas trade Nr. 537. London 1933.
7. Full, A., Kamerun. Kolon. Rundsch. Jhg. 24 (1932), S. 279—447.
8. Guldotti, R., Il cocco nella Somalia Italiana. L'Agric. Colon. Jhg. 24 (1930), S. 456—66.
9. Havard-Duclos, B., Le cocotier dans la province de Nossi-Bé. Rev. de Bot. Appl. et d'Agric. Trop. Jhg.9 (1927), S. 554—60, 635—42.
10. Hunger, F. W T., Cocos nucifera. Amsterdam 1916.
11. Hunger, F. W. T., Kokospalme. Wohltmannbücher Bd. 6. Hamburg und Leipzig 1929.
12. Jaeger, F., Afrika. 3. Aufl. Leipzig 1928.
13. Lange, F. J., Öle und Fette in der Wirtschaft der Eingeborenen Tropisch-Afrikas. Tropenpflanzer Jhg. 37 (1934), S. 93—125, 149—68.
14. Martens, O. und Karstedt, O., Afrika. Ein Handbuch für Wirtschaft und Reise. 1. Bd. Wirtschaft. Berlin 1938.
15. Mello Geraldes, C. de, Les principaux produits végétaux des Colonies Portugaises. Les Colonies Portugaises, Publ. du Comm. Génér. du Portugal à l'exposition colon. de Paris 1931. Lissabon 1933.
16. Preuss, P., Ansichten über Ursprung und Wesen der Kokospalme. Kolon. Rundsch. Jhg. 14 (1923), S. 42 bis 51, S. 105—12.
17. Preuss, P., Zu dem Charakterbilde der Kokospalme. Tropenpflanzer Jhg. 28 (1925), S. 111—28, 160—69.
18. Schoen, L., Rohstoffkammern der Weltwirtschaft. 1. Bd. Afrika. a) Berlin 1937. b) 2. erg. Aufl. Berlin 1939.
19. Schulz, Aufschwung der Wirtschaft in S. Tomé und Principe. Tropenpflanzer Jhg. 42 (1939), S. 38—39.
20. Sprecher von Bernegg, A., Die Kokospalme. In: Sprecher von Bernegg, A., Tropische und subtropische Weltwirtschaftspflanzen. 2. Teil. Ölpflanzen. Stuttgart 1929, S. 170—263.
21. Troll, C., Lange, F. und Gerth, E., Afrika als Rohstofflieferant der Weltwirtschaft. Kolon. Rundsch. Jhg. 33 (1932), S. 448—89.
22. Waibel, L., Die Rohstoffgebiete des tropischen Afrika. Leipzig 1937.
23. Wehmer, C., Die Pflanzenstoffe. 3 Bde. 2. Aufl. Jena 1929—35.
24. Wolff, H. und Müller, A., Fette und Öle. Palmfette und -öle. In: Wiesner, J. v., Die Rohstoffe des Pflanzenreiches. 4. Aufl. 1. Bd., Leipzig 1927—28, S. 765—75.
25. ..., Statistical abstract for the British Empire for each of the ten years 1927 to 1936. London 1937.
26. ..., Annuaire international de statistique agricole 1933/34. Rom 1934.
27. ..., Annuaire international de statistique agricole 1934/35. Rom 1936.
28. ..., Annuaire international de statistique agricole 1937/38. Rom 1938.
29. ..., Annuaire international de statistique agricole 1939/40. Rom 1940.
30. ..., Le cocotier au Dahomey. Rev. Intern. des Produits Colon. Jhg. 9 (1934), S. 106—07.
31. ..., La culture du cocotier dans la colonie de Mozambique. Rev. Intern. d'Agric. 24 (1933), S.244T—45 T. Ref.: Die Kokospalme in Mozambique. Tropenpflanzer Jhg. 36 (1933), S. 521—22.
32. ..., Kokospalmenpflanzungen und Kopragewinnung in Portugiesisch-Ostafrika. Tropenpflanzer Jhg. 30 (1927), S. 481—86.
33. ..., La production des oléagineux au Dahomey. Bull. des mat. grass. de l'Inst. Col. Marseille Jhg. 22 (1938), S. 18—24.
34. ..., Annual Report on the Department of Agriculture. Zanzibar Protectorate. For the year 1937. Zanzibar 1938.
35. ..., Tanganyika Territory. Blue Book for the year ended 31st Dezember 1937. Daressalam 1938.

3. Erdnuß, Arachis hypogaea L.

Die Heimat der Erdnuß, *Arachis hypogaea L.* (Familie: *Leguminosae)*, ist wahrscheinlich Brasilien *(A. De Candolle)*. Man nimmt dies an, weil sich dort verschiedene Arten der Gattung wild finden. *Arachis hypogaea L.* ist in wildem Zustande allerdings unbekannt. Sie stellt wahrscheinlich eine Kulturform der *Arachis prostrata Benth.* dar. Von Südamerika gelangte sie vielleicht durch Sklavenhändler schon früh nach Westafrika und durch Portugiesen nach dem Indischen Archipel (2; 3; 19, S. 82ff.). In Afrika selbst hat die Erdnuß eine überaus weite Verbreitung gefunden und ist in einigen Gebieten eine der Hauptkulturpflanzen der Eingeborenen geworden.

Botanische Beschreibung. Die Erdnuß (Abb. 18) ist ein einjähriges Kraut mit gewöhnlich 30 cm, zuweilen aber auch über 50 cm langem, kantigem Stengel, kräftiger Pfahlwurzel und zahlreichen Nebenwurzeln, welche die Bakterienknöllchen tragen. Die Pflanze ist am Grunde verzweigt, die wie die Blattstiele abstehenden behaarten Äste sind entweder niederliegend oder bogig aufsteigend und tragen an ± 5 cm langen Stielen zweipaarig gefiederte Blätter. Die langzugespitzten Nebenblätter sind mit den Blattstielen verwachsen. In den Achseln der unteren Blätter stehen die Blütenstände zu 2—4 gelben oder gelbroten Blüten mit kreisrunder Fahne von 10—12 mm Durchmesser, länglichen etwas quergefalteten Flügeln und aufwärtsgekrümmtem und geschnäbeltem Schiffchen. Die Blüten erscheinen 1½ Monate nach der Aussaat und blühen nur von Morgen bis Mittag. Als Bestäuber wurden Wespen beobachtet. Es ist aber auch Autogamie festgestellt worden. Neben chasmogamen kommen auch kleistogame Blüten vor. Bei der Erdnuß ist vollständige Geokarpie ausgebildet, d. h. die Früchte reifen in der Erde. Nach der Blüte verlängert sich die Basis des Fruchtknotens zu einem 1—2 mm dicken und 5—20 cm langen Stiel, dem Gynophor. Er wächst sehr schnell in die Länge, zuerst 2—4 mm, dann sogar 5—10 mm täglich. Die Wachstumszone liegt dicht hinter den Samenanlagen. Der Stiel krümmt sich zur Erde und vergräbt in diese die jungen Früchte bis zu Tiefen von 9 cm. In der Wuchszone des Gynophors bilden sich in der Erde Ausstülpungen der Epidermiszellen, die die Funktion von Wurzelhaaren haben. Im Boden lagern sich die Hülsen horizontal. Gynophore, die den Boden nicht erreichen, gehen ein. Die Früchte können bis zu 6 Samen haben, sind außen derb geadert mit 12—13 Längsrippen und nahtlos, springen also nicht auf. Die Samen sind sehr verschieden groß

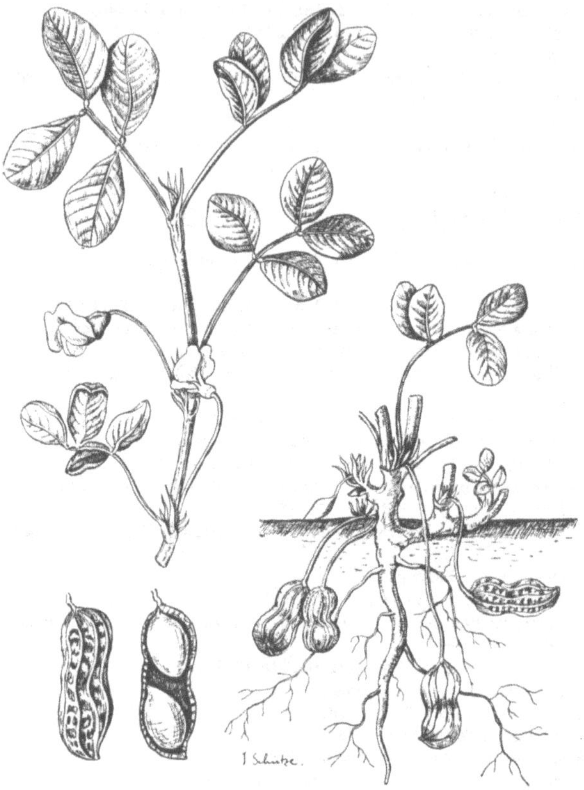

Abb. 18. Erdnuß *(Arachis hypogaea)*

(1—2,7 cm lang) und je nach Lage in der Hülse oben, unten oder beiderseits abgeplattet, bis auf den weißlichen Nabel hell- bis dunkelbraun, manchmal violett oder kupferrot überlaufen (3; 9, S. 17; 19, S. 85ff.).

Bei der Erdnuß sind zahlreiche Varietäten bekannt, die nach dem Habitus oder der Zahl der Samen unterschieden werden (2; 3; 9, S. 17ff.; 19, S. 93f.).

Ökologie. Die Erdnuß hat ein großes Wärmebedürfnis. Sie verlangt 4—6 heiße Sommermonate und nicht allein hohe Tages-, sondern auch Nachttemperaturen. Fröste sind tötlich (19, S. 101).

Das Niederschlagsminimum beträgt im allgemeinen 250—300 mm, optimal sind gewöhnlich 500 mm. Die einzelnen Varietäten sind verschieden trockenresistent. Für die Zeit der Fruchtentwicklung ist Trockenheit günstig (19, S. 101).

Die Erdnuß ist eine Sonnenpflanze. Die Ölerträge steigen mit Erhöhung des Lichtgenusses (19, S. 101).

Die Erdnuß verlangt nährstoffreichen, trockenen, sandig-lehmigen, kalkhaltigen und vor allem lockeren Boden. Aus hellen Böden, die meistens sandig-lehmig sind, lassen sich die Früchte sauberer ernten als aus humushaltigen (9, S. 21; 19, S. 101).

Kultur. Bei der Bearbeitung des Feldes darf der Boden nicht zu tief gelockert werden, da die Gynophore in das Erdreich eindringen, bis sie festen Grund finden. Durch die tiefe Lagerung der Früchte wird auch die Ernte erschwert. Sehr ratsam ist Fruchtwechsel. Die Erdnuß ist in bezug auf die Nährstoffe anspruchsvoll, daher muß besonders bei häufig wiederkehrendem Erdnußanbau gedüngt werden (9, S. 22; 19, S. 102ff.).

Die Auswahl der Samen richtet sich nach dem Verwendungszweck. Zur Ölbereitung muß man helle ölreiche Sorten nehmen (9, S. 22ff.; 19, S. 105f.).

Die Saat erfolgt entweder in Samen oder in Früchten. Die Saat der Samen hat den Vorteil sicherer Qualitätswahl, schnellerer und regelmäßigerer Keimung, geringeren Feuchtigkeitsbedarfes und der Möglichkeit, moderne Sämaschinen benutzen zu können. Die Saat der Früchte dagegen gewährt einen sicheren Schutz vor Schädlingen und ungünstigen Klimaeinflüssen. Die Pflanzweiten sind sehr unterschiedlich, sie richten sich nach dem Wuchs der Sorte (9, S. 25f.; 19, S. 106f.).

Bei hohen Temperaturen beträgt die Keimzeit 4—5 Tage. Zur Pflege des Bodens gehört vornehmlich die vollständige Reinhaltung und Lockerung der Erde, um die Feuchtigkeit bis zur Blütezeit im Boden zu erhalten (19, S. 108).

Die Wachstumsdauer ist je nach den verwendeten Sorten und den klimatischen Bedingungen verschieden. Die Ernte erfolgt bei Vergilben des Laubes, wenn die Samen in den Hülsen klappern. Sie kann mittels Ausziehens der Pflanzen mit der Hand oder auch maschinell geschehen. Die Früchte werden dann abgelesen und getrocknet (9, S. 43ff.; 19, S. 109ff.).

Die Erträge bei der Erdnuß schwanken sehr stark. Sie sind abhängig von Sorte, Klima, Boden und Kultur. So werden für Senegambien 800 kg/ha, Gambia 1200 kg/ha, Ägypten 1800 kg/ha angegeben (19, S. 111f.).

Aufbereitung. Die Erdnüsse werden zumeist als Früchte verschickt. In den Ölmühlen erfolgt sodann die Enthülsung und Enthäutung (24, S. 731). Zur Ölgewinnung werden gewöhnlich drei Pressungen durchgeführt und das erhaltene Öl raffiniert und gebleicht (3; 10, S. 44ff.; 21, S. 86ff.; 24, S. 731f.). Geschälte Samen enthalten 5—8 v. H. Wasser, 20—30 v. H. N-Substanzen, 40—50 v. H. Fett, 8—21 v. H. Stärke, 2—5 v. H. Zellulose und 2,2—4,2 v. H. Asche. Der Gehalt an Fett schwankt stark nach der Herkunft (23, I, S. 549).

Die Öle erster und zweiter Pressung sind sehr hell, von angenehmem Geschmack und Geruch, das Öl dritter Pressung ist dunkler und von bohnenartigem Geruch und Geschmack (3; 24, S. 732). Die Kennzahlen sind: Dichte (15°) = 0,916 — 0,921; Brechungsindex bei 25° = 1,467 — 1,471, Verseifungszahl 189—197, Jodzahl 85—100, Erstarrungspunkt der Fettsäuren 22—32° (21, S 93ff.; 24, S. 732).

Erdnußöl enthält an ungesättigten Fettsäuren hauptsächlich Öl- und Linolsäure, von festen Arachin- und Lignozerinsäure. Die Anwesenheit von Stearin-, Palmitin- und Hypogaeasäure ist fraglich (10, S. 48ff.; 21, S. 93; 23, I, S. 549f.; 24, S. 732).

Verwendung findet Erdnußöl zu Speisezwecken, als Brennöl und zur Seifenfabrikation (24, S. 732).

Außer zur Ölgewinnung dienen die Erdnüsse roh oder geröstet als Nahrungsmittel und werden auch zu Erdnußbutter, Erdnußmehl und Kaffeesurrogat verarbeitet (19, S. 116f.).

EINZELNE ANBAUGEBIETE

Die Erdnuß gedeiht fast in allen Ländern Afrikas.

Sie stellt die landwirtschaftlich wichtigste Kulturpflanze der Eingeborenen Französisch-Westafrikas dar. Ihr bestes Gedeihen findet sie aus klimatischen und edaphischen Gründen in Senegal, und zwar besonders im Gebiet zwischen St. Louis und Thies, in der Gegend von Kaolack und im Casamancegebiet sowie im Sudan, Französisch-Guinea und der Kolonie Ober-Niger. Unbedeutend dagegen ist der Anbau in Dahome und an der Elfenbeinküste (s. Karte 7).

Die Erdnußkultur Französisch-Westafrikas ist alt und begann sich von den Ausfuhrhäfen her nach Maßgabe des Ausbaues der Verkehrsbedingungen zu entwickeln. Die Hauptzonen der Kultur, die einst ringförmig um die Ausfuhrhäfen lagen, konnten daher mehr ins Innere und nach Süden verlagert werden, zumal da die Böden der Küstenniederung für die Erdnuß nicht günstig waren. Besonders die moderne Erschließung des Landes mit Lastkraftwagen hat zu einer wesentlichen Umgestaltung und Erweiterung des Gebietes geführt. Ein anderer Grund der Verlagerung ist auf die infolge mangelnder Düngung rasche Erschöpfung und Aufgabe der Felder zurückzuführen, was die Aufnahme der Kultur in immer neuen Gebieten bedingt. Früher wurden die Erdnüsse als Früchte ausgeführt. Erst mit der Verknappung des Schiffsraumes im Weltkriege ging man an die Enthülsung in dazu errichteten Fabriken in den Häfen, die aber im Jahre 1925 ihren Betrieb wieder einstellten, weil das aus geschälten Erdnüssen gewonnene Öl an Güte geringwertiger war. Heute ist aber durch die technischen Verbesserungen auch die Ausfuhr enthülster Erdnüsse möglich, sie erfährt infolge der Schiffsraumersparnis eine ständige Steigerung (16, S. 140f.; 22, S. 280ff.). An der Verbesserung der Kultur arbeitet die Versuchsstation M'Bambey (3; 6, S. 45ff.; 11, S. 30; 14, S. 149ff.; 15, S. 49ff.; 25, S. 91ff.; 27, S. 212ff.; 33, S. 85ff.).

In Portugiesisch-Guinea hat sich die Erdnuß wie in Senegal und Gambia zum wichtigsten Erzeugnis des Landes entwickelt. Die Versuchsstation Bór auf der Insel Bissau beschäftigt sich besonders mit dieser Kultur (12; 25, S. 106).

So wie in Senegal schon seit langer Zeit ist auch in Gambia die Erdnuß Monokultur. Da die Eingeborenen nicht ausreichen, wandern saisonmäßig Tausende von Arbeitern aus dem französischen Hinterlande ein, um in den günstigen Gebieten Gambias Erdnüsse zu kultivieren, so daß die geeignete Anbaufläche vollständig in Anspruch genommen ist und eine Erweiterung der Kultur dort kaum noch möglich erscheint. Die Ausfuhrmengen haben sich daher seit dem Weltkriege nicht mehr wesentlich verändert (11, S. 50; 16, S. 137; 22, S. 286; 25, S. 100ff.).

In Sierra Leone ist das Klima für den Großanbau der Erdnuß bereits zu feucht. Eine nennenswerte Ausfuhr hat in den letzten Jahren nicht stattgefunden, da die kleinen Mengen im Lande selbst verbraucht werden (25, S. 102).

Über Liberia liegen keine neuen Angaben vor, doch scheinen die Verhältnisse denen von Sierra Leone zu ähneln. Das gleiche gilt für die Goldküste (25, S. 103).

In Nigeria liegt die Erdnußzone zwischen dem 12. und 14. Grad nördl. Breite, also mehr als 1000 km vom Meere entfernt. Erst der Bau der Eisenbahn (1911) ermöglichte die Ausfuhr aus diesem Gebiet. Um die Kosten des Bahntransportes möglichst herabzusetzen, werden nur enthülste Erdnüsse ausgeführt, da auf die Hülsen etwa ein Drittel des Gewichtes entfällt. Die Hauptanbauzonen liegen um Kano und Bida, wo der Anbau im Verein mit Hirse und Baumwolle betrieben wird. In Zeiten mit schlechten Preisen wird die Ernte zumeist im Innern verbraucht, bei guten jedoch besteht eine erhebliche Ausfuhr (9, S. 49f.; 22, S. 287f.; 25, S. 103ff.).

Die Haupterdnußgebiete Togos liegen im Norden des Landes. Ausgeführt werden aber nur geringe Mengen (8, S. 238; 25, S. 106ff.).

Ausfuhrzahlen für Erdnüsse aus den

Länder	Erdnüsse		1930	1931	1932
Französisch-Westafrika (gesamt)	unenthülst:	(16a b, 20, 30, 31)	515033	455232	194101
	enthülst:	(16 a b, 30, 31) ...	—	—	6587
	Öl:	(30)	—	—	165
Senegal	unenthülst:	(20, 28, 30, 31)	508195	453841	191469
	enthülst:	(28, 29, 30, 31)	14	1606	2778
	Öl:	(20, 30, 31)	2820	2078	7
Französisch-Sudan	unenthülst:	(20, 28, 30, 31)	93	—	0*
	enthülst:	(28, 30)	—	—	90*
Französisch-Guinea	unenthülst:	(20, 28, 30, 31)	2188	1391	2038
	enthülst:	(30)	—	—	30*
Ober-Niger	unenthülst:	(28, 29, 30, 31)	4530	—	3966
	enthülst:	(28, 29, 30, 31)		—	
Gambia	unenthülst:	(16 a, 28, 30, 31) ...	75961	67883	37914
	enthülst:	(31)	—	—	—
Portugiesisch-Guinea	unenthülst: enthülst:	(20, 28, 30, 31)	22144	24989	17731
Togo, Französisches Mandat	unenthülst:	(28, 29, 30, 31)	128	134	132
	enthülst:	(17, 31)	—	—	—
Nigeria	enthülst:	(28, 29, 30, 31)	148720	162302	191142
Kamerun, Französisches Mandat	enthülst:	(17, 31)	998	241	3030
Belgisch-Kongo	enthülst:	(16 b, 31, 34)	87	238	365
Moçambique	enthülst:	(16 a, 18, 29, 31)	24893	26434	33382
	Öl	(29, 30, 31)	911	746	785
Deutsch-Ostafrika ..	enthülst:	(17, 28, 29)	17611	3119	16128
	Öl	(31)	—	—	—
Kenya und Uganda ..	—	(28, 29, 30, 31)	2835	893	1604
	Öl	(31)	—	—	—
Italienisch-Somaliland	—	(30, 31)			
Englisch-ägyptischer Sudan	unenthülst:	(26, 28, 29, 31)	4913	2826	1309
Ägypten	—	(28, 29, 30, 31)	748	520	545

* = Zahlen abgerundet. F = mit Französisch-Sudan. A = Ausführüberschuß.

In Kamerun bauen die Eingeborenen Erdnüsse nur oberhalb des Regenwaldgebietes, früher hauptsächlich für den eigenen Bedarf. Seit 1932 ist aber ein ziemlich anhaltender Anstieg der Ausfuhrzahlen zu verzeichnen gewesen. Von 1933 bis 1936 hat sich die Anbaufläche von 62000 auf 110000 ha vermehrt (7, S. 389f.; 17, S. 107f.; 25, S. 108ff.).

In Französisch-Äquatorialafrika hat die Erdnuß nur Bedeutung für den binnenländischen Verbrauch (24, S. 110f.).

Erdnuß

wichtigeren Ausfuhrländern Afrikas (in t)

1933	1934	1935	1936	1937	1938	1939
388670	494286	354033	404260*	528654	368790*	—
9213	49781	57546	130430*	174027	169400*	—
34	13	357	2073	5305	—	—
388011	494261	351430F	399800F*	525620*	368120*	—
2450	20020	28620F*	61420F*	118900*	115670*	—
34	13F	357F	2073F	5671	—	—
287	1995	—	—	—	—	—
1845	7240	—	—	—	—	—
66	14	2470*	4280*	3020*	620*	—
0*	0*	50*	550*	440*	60*	—
7319	0	50	0	0	0	—
	27150	17540	45020	21660*	26190*	—
68451	73073	45834	50450*	67640*	46950*	48350*
—	—	—	—	520*	790*	1550*
27391	28029	16120*	25240*	21290*	31530*	—
64	112	60*	—	—	—	2580*
—	—	—	1394	1700*	1980*	
207889	248816	186950*	221890*	331160*	183030*	—
3836	4748	7725	12924	12140*	7950*	—
335	406	2118	6368	6604	7640*	—
13469	24697	30539	37604	26310*	12760*	—
816	1053	133	10	7	4	—
19485	8165	16693	23151	22610*	3640*	4570*
—	13	15	20	29	69	57
734	304	1670*	4030*	3030*	320*	1140*
—	53A	22A	8A	24	—	15
320	350*	850*	130*	570*	—	—
3153	7177	4372	4196	6750*	5810*	4190*
442	267	500*	250*	1270	350	270

Ähnlich liegen die Verhältnisse für Belgisch-Kongo. Die Verwaltung bemüht sich um den Anbau, wie aus den Ausfuhrzahlen hervorgeht. Die Zunahme der Kulturfläche (2650 ha) in der Provinz Léopoldville betrug 1936 770 ha, in der Provinz Coquilhatville erhöhte sich die Anbaufläche von 1935 bis 1936 von 410 auf 4815 ha. Ähnlich ist der Aufstieg in den Provinzen Stanleyville, Lusambo und Elisabethville, am geringsten in Katanga. Im Kivudistrikt ist die Erdnuß in den Bezirken Shabunda, Beni und Lubero am verbreitetsten (1, S. 171; 25, S. 11ff.).

Die Erdnußausfuhr Angolas ist unbedeutend. Sie lag abgesehen von den bei der Erdnuß üblichen großen Schwankungen im letzten Jahrzehnt um 230 t, obwohl das Land für den Großanbau der Erdnuß klimatisch günstig ist (9, S. 30; 25, S. 114f.).

In der Südafrikanischen Union hat der Erdnußanbau keine wesentliche Bedeutung. Das Hauptkulturgebiet ist Transvaal, wo die Bezirke Potgietersrust und Waterberg an erster Stelle stehen. Von geringer Bedeutung sind Pietersburg, Lataba, Zoutpansberg, Pretoria, Potchefstroom, Klersdorp und Zeerust. In Natal und im Oranje-Freistaat ist der Erdnußanbau unwesentlich (13, S. 369ff.; 35, S. 772).

In Rhodesien ist die Erdnuß keineswegs unbekannt, doch wird fast die gesamte Ernte im Lande selbst verbraucht (16, S. 26, 36; 25, S. 121ff.; 32, S. 3).

Auch in Nyassaland gehört die Erdnuß zu den weniger bedeutungsvollen Kulturen. Ihr Anbau deckt nur den eigenen Bedarf. Abgesehen davon ist die Ausfuhr infolge hoher Frachten kaum lohnend (9, S. 50; 25, S. 123).

Aus Moçambique werden aus der Umgebung von Moçambique, Angoche und Lourenço Marques Erdnüsse sowie auch etwas Öl ausgeführt. Für den eignen Bedarf wird sie überall im Lande angebaut (25, S. 124ff.).

In Madagaskar hat die Erdnuß bisher keine Bedeutung erlangt. Selektionsversuche wurden in Nanisana gemacht (5, S. 177ff.; 25, S. 140).

In Deutsch-Ostafrika gelangte die Erdnuß erst durch den Bau der Bahnlinie in deutscher Zeit zu der Bedeutung, die sie heute hat. Von den üblichen Schwankungen der Erntejahre abgesehen, ist im allgemeinen die Ausfuhr in stetigem Ansteigen geblieben. Im Jahre 1936 scheint eine weitgehende Steigerung der Anbaufläche besonders in der Südprovinz und der Landschaft Uha am Tanganyikasee stattgefunden zu haben. Die Ausfuhrmenge für 1937 (22607 t) gleicht der von 1936 (9, S. 50; 17, S. 30; 25, S. 127ff.).

In Kenya wird die Erdnuß hauptsächlich im Küstengebiet von den Eingeborenen gebaut (9, S. 50; 25, S. 129ff.).

In Uganda liegt das Hauptanbaugebiet der Erdnuß im Teso- und Lango-Bezirk, in der östlichen Provinz und im Westnil-Bezirk in der Nordprovinz (9, S. 50; 25, S. 129ff.).

Aus Italienisch-Somaliland wird jährlich eine kleine Menge Erdnüsse ausgeführt.

Das Hauptkulturgebiet der Erdnuß im Englisch-ägyptischen Sudan liegt am oberen Nil und in den Kordofan-Provinzen, am Weißen Nil sowie in der Fung- und Kassala-Provinz. Die Ausfuhr geht zumeist nach Ägypten (9, S. 50f.; 25, S. 132ff.).

Die in den Ausfuhrzahlen Ägyptens angegebene Menge an Erdnüssen dürfte dem Englisch-ägyptischen Sudan entstammen, weil die dem Anbau der Erdnuß zur Verfügung stehende Bodenfläche Ägyptens bei weitem nicht ausreicht, um den Bedarf des Landes selbst zu decken (9, S. 90; 25, S. 132ff.).

Aus Algerien wird eine gewisse Menge Erdnußöl ausgeführt, doch scheint dieses Öl aus in das Land eingeführten Erdnüssen gepreßt zu werden.

Schrifttum

Erdnuß

1. Böckler, W., Der heutige Stand der Landwirtschaft in Belgisch-Kongo. Kolon. Rundsch. Jhg. 29 (1938), S. 158 bis 177.
2. Chevalier, A., L'origine botanique et l'amélioration des arachides cultivées. Rev. de Bot. Appl. et d'Agric. Trop. Jhg. 9 (1923), S. 97—102, 190—97.
3. Chevalier, A., Monographie de l'arachide I. et II. Rev. de Bot. Appl. et d'Agric. Trop. Jhg. 13 (1933), S. 689 bis 789; Jhg. 14 (1934), S. 565—632, 709—55; Jhg. 16 (1936), S. 673—872.
4. Corbin de Mangoux, A., L'arachide et la préservation de la forêt au Sénégal. Agric. et Elevage au Congo Belge Jhg. 9 (1935), S. 87—88.
5. Delpon, J., Contribution à la sélection des arachides à Madagascar. Bull. des mat. grass. de l'Inst. Colon. Marseille Jhg. 11 (1927), S. 177—89.
6. Etesse, M., Engrais sur arachides à la Station Expérimentale de Bambey (Sénégal). L'Agron. Colon. Jhg. 19 (1930), S. 45—48.
7. Full, A., Kamerun. Kolon. Rundsch. Jhg. 24 (1932), S. 279—447.
8. Full, A., Fünfzig Jahre Togo. Berlin 1935.
9. Grunwald, H., Die Erdnuß. Tropenpflanzer Jhg. 31 (1928), S. 16—30, 43—58.
10. Hefter, G., Erdnußöl. In: Hefter, G., Technologie der Fette und Öle. Bd. 2. Berlin 1908, S. 435—63.
11. Martens, O. und Karstedt, O., Afrika. Ein Handbuch für Wirtschaft und Reise. 1. Bd. Wirtschaft. 4. Aufl. Berlin 1938.
12. Mello Geraldes, C. de, Contribution à l'étude des caractéristiques des arachides de la Guinée Portugaise. Anais do Ist. Super. do Agronom. Jhg. 6 (1934). Ref.: Die Erdnußkultur in Portugiesisch-Guinea. Tropenpflanzer Jhg. 38 (1935), S. 86.
13. Moses, D. und Sellschop, J. P. F., The peanut in South Africa. Journ. of the Dep. of Agric. Jhg. 12 (1926), S. 369—85, Ref.: Die Erdnußkultur in Südafrika. Tropenpflanzer Jhg. 30 (1927), S. 77—79.
14. Roux, F. de, Les stations expérimentales de l'arachide et de palmier à huile en A. O. F. Bull. des mat. grass. de l'Inst. Col. Marseille Jhg. 11 (1927), S. 149—62.
15. Sagot, Z., Exposé de l'action de la Station Expérimentale de M'Bambey, vis-à-vis de la culture de l'arachide. Bull. de mat. grass. de l'Inst. Col. Marseille Jhg. 22 (1938), S. 49—52.
16. Schoen, L., Rohstoffkammern der Weltwirtschaft. 1. Bd. Afrika, a) Berlin 1937; b) 2. erg. Aufl. Berlin 1939.
17. Schoen, L., Das koloniale Deutschland. Deutsche Schutzgebiete unter Mandatsherrschaft. Berlin 1939.
18. Schulz-Wilmersdorf, Die Wirtschaft Moçambiques. Tropenpflanzer Jhg. 42 (1939), S. 121—23.
19. Sprecher von Bernegg, A., Die Erdnuß. Arachis hypogaea L. In: Sprecher von Bernegg, A., Tropische und subtropische Weltwirtschaftspflanzen. 2. Teil, Ölpflanzen. Stuttgart 1929, S. 82—128.
20. Troll, C., Lange, F. und Gerth, E., Afrika als Rohstofflieferant der Weltwirtschaft. Kol. Rundsch. Jhg. 33 (1932), S. 448—89.
21. Ubbelohde, L., Erdnußöl. In: Ubbelohde, L. und Goldschmidt, F., Handbuch der Chemie und Technologie der Fette und Öle. 2. Bd. Leipzig 1920, S. 82—100.
22. Waibel, L., Die Rohstoffgebiete des tropischen Afrikas. Leipzig 1937.
23. Wehmer, C., Die Pflanzenstoffe. 3 Bde. 2. Aufl. Jena 1929—1935.
24. Wolff, H. und Müller, A., Erdnußöl. In: Wiesner, J. v., Die Rohstoffe des Pflanzenreiches. 1. Bd. Leipzig 1927/28, S. 731—32.
25. Würtenberger, O., Die Erdnuß (Arachis hypogaea). Ihre Geschichte, geographische Verbreitung und wirtschaftliche Bedeutung. Tropenpflanzer Jhg. 20 (1917), Beih. Nr. 2/3.
26. ..., Statistical abstract for the British Empire for each of the ten years 1927 to 1936. London 1937.
27. ..., L'amélioration de la culture des arachides au Sénégal. Bull. de mat. grass. de l'Inst. Col. Marseille Jhg. 14 (1930), S. 212—17.
28. ..., Annuaire international de statistique agricole 1934/35. Rom 1936.
29. ..., Annuaire international de statistique agricole 1933/34. Rom 1934.
30. ..., Annuaire international de statistique agricole 1937/38. Rom 1938.
31. ..., Annuaire international de statistique agricole 1939/40. Rom 1940.
32. ..., Annual report for the year 1937, Dep. of Agric. Northern Rhodesia. Lusaka 1939.
33. ..., La sélection des arachides au Sénégal. Bull. des mat. grass. de l'Inst. Col. Marseille Jhg. 20 (1936), S. 85—93.
34. ..., Statistique du commerce extérieur du Congo Belge pendant l'année 1927/37. Brüssel 1928/38.
35. ..., Official year book of the Union of South Africa. Pretoria 1937.

4. Ölbaum, *Olea europaea L.*

Der Ölbaum ist eine der allerwichtigsten Kulturpflanzen überhaupt. Die wahrscheinliche Wildform unseres Ölbaumes *Olea europaea L.* dürfte *Olea oleaster Hoffm. et Link. (= Olea europaea L. subsp. silvestris [Miller] Rouy)* (Abb. 19) sein, für deren Heimat zumeist das Mittelmeergebiet genannt wird. Wann, wo und wie er in Kultur genommen worden ist, ist ungewiß. In Afrika kannten die alten Ägypter bereits den Ölbaum, die Phönizier haben seine Kultur in Tunesien und Tripolitanien eingeführt, in der Cyrenaika die Griechen. Zur römischen Kaiserzeit fanden sich auf dem Hochlande von Tebessa (Algerien), das an Ölbäumen heute sehr arm ist, wahrscheinlich große Ölbaumhaine, was aus den aufgefundenen großartigen Ölpressen geschlossen werden muß. Das gleiche gilt für die Umgebung von Sbeitla (Tunesien). Tunesien und die Cyrenaika waren schon im Altertum infolge ihrer Ölbaumkultur berühmt. Der Niedergang dieser gewaltigen nordafrikanischen Kultur des Ölbaumes erfolgte im 11. bis 13. Jahrhundert durch die langsam verfallenden Handelsbeziehungen und durch den Einfall der Araber (4, S. 4ff.; 7, S. 374ff.; 12, S. 1 ff.).

Olea europaea L. gehört zur Familie der *Oleaceae.* Die Gattung *Olea* umfaßt gegen 35 im Kaplande, Ostindien, Polynesien und Australien heimische Arten. Nur ein kleiner Teil reicht durch Afrika nach Norden und strahlt im Mittelmeergebiet mit *Olea europaea L.* aus.

Olea europaea L. ist heimisch im Mittelmeergebiet und reicht ostwärts bis zur Südküste des Schwarzen Meeres und zum Südabfall des Kaukasus (siehe Karte 4). Kultiviert wird sie außerhalb dieses Verbreitungsgebietes in Abessinien, Süd- und Südwestafrika, Vorderindien, Japan, Australien, Nord-, Mittel- und Südamerika (4; 12, S. 14f.).

Botanische Beschreibung. Der Ölbaum, *Olea europaea L.* (Abb. 19), ist ein bis etwa 10 m hoher Baum mit äußerst knorrigem Stamm, gegenständigen, schmalelliptischen, ganzrandigen Blättern von lederartiger Beschaffenheit, oberseits dunkelgrün, unterseits von Schildhaaren silbern schillernd. Sie sind Weidenblättern nicht unähnlich. Die Blüten (Abb. 19a) stehen in traubigen, gewöhnlich in den Blattachseln der vorjährigen Triebe entspringenden Blütenständen und besitzen einen vierzähnigen Kelch, eine vierlappige, weiße Krone, zwei Staubblätter und einen zweifächerigen, oberständigen Fruchtknoten. Die Frucht (Abb. 19b) ist eine pflaumenähnliche Steinfrucht von bei der Reife schwarzblauer Farbe mit einem sehr harten, runzeligen, hellbraunen Steinkern (Abb. 19d) von länglicher Gestalt (12, S. 7ff.).

Die Zahl der Ölbaumvarietäten ist sehr groß. Jedes Land kultiviert seine eigenen Formen. Eine Beschreibung, die sich mit einer Klassifikation und Klärung der Verwandtschaftsverhältnisse und der genotypischen Unveränderlichkeit zu befassen hätte, fehlt bisher (4, S. 35; 12, S. 11ff.).

Ökologie. An Klima und Boden stellt der Ölbaum keine besonders hohen Ansprüche.

Der Ölbaum gedeiht bei mittleren Wärmegraden am besten. Hohe Temperaturen verträgt er schlecht. Starke Winterfröste überwindet er nur dann, wenn sie kurz sind. Zur Frühjahrszeit können aber schon Temperaturen von — 8° tödlich sein. Überhaupt bringen kalte regenreiche Herbst- und Frühjahrszeiten große Gefahrenmomente mit sich. Die Temperaturen sollen möglichst ausgeglichen sein. Da höhere Gleichmäßigkeit der Temperatur besonders in Küstengebieten erreicht ist, nimmt es nicht wunder, daß der Ölbaum solche bevorzugt (4, S. 22ff.; 12, S. 15f.).

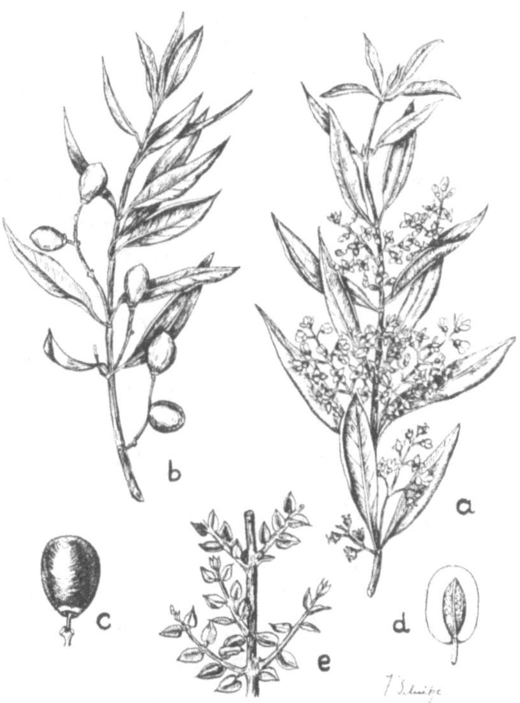

Abb. 19. Ölbaum *(Olea europaea)*
a = blühender Zweig; b = fruchtender Zweig; c = Frucht; d = Frucht mit halbentferntem Fruchtfleisch; e = Olea oleaster Hoffm. et Link.

Der Ölbaum meidet Gebiete hohen Niederschlages überhaupt, besonders aber die, in denen die Niederschläge in den Sommermonaten fallen. Das Maximum beträgt etwa 1000 mm jährlich, das Minimum 200 mm. Erreichen die Niederschläge diese Höhe nicht, muß Bewässerung an ihre Stelle treten (Südmarokko, Sahel Mitteltunesiens) (4, S. 20ff.).

Hohe Luftfeuchtigkeit ist für den Ölbaum eher schädlich als förderlich (12, S. 16). Gegen Wind, mag es sich nun um kalten oder heißen handeln, ist der Ölbaum recht empfindlich (12, S. 16).

Der Ölbaum ist eine Sonnenpflanze. Er gedeiht deswegen am besten bei vollem Lichtgenuß in geschützten und sonnigen Lagen (12, S. 16).

Der Ölbaum wächst auf trockenen, kalireichen, porösen Kalkböden, auf reinem Kalk, mergeligen Böden, Moränenschutt wie auf vulkanischen Böden, Graniten und kristallinen Schiefern. Er vermag mit seinem ausgebreiteten Wurzelsystem erhebliche Grundwassertiefen zu erreichen (4, S. 19f.; 12, S. 16f.).

Die Kultur des Ölbaumes ist sehr ausdehnungsfähig, sie ist besonders in Afrika seit dem Altertum sehr zurückgegangen. Sie ruht fast vollkommen in Händen von Kleinbauern. Die Folge hiervon ist die unzureichende Entwicklung der Anbauweise, die sich seit Jahrhunderten, um nicht zu sagen

Jahrtausenden, in den gleichen Formen bewegt (4; 12, S. 17). Zwischen den Ölbäumen werden vielfach andere Kulturen, vor allem Getreide, angebaut.

Die Vermehrung des Ölbaumes kann auf verschiedene Weise geschehen (12, S. 18).

Samen liefern die schönsten, gegen Anfälligkeiten widerstandsfähigsten Bäume mit tief in den Boden eindringender Pfahlwurzel mit längerer Lebensdauer und längerer Ertragsfähigkeit als Stecklinge. Die Samen können in Gebieten mit milden Wintern alsbald nach der Reife, in anderen im Frühjahr ausgelegt werden. Die Keimung erfolgt sehr langsam. Um sie zu beschleunigen, sind verschiedene Vorbehandlungen des Samens im Gebrauch, die aber oft zu Schädigungen führen. Die Saatbeete müssen gut vorbereitet sein. Der Abstand der Reihen soll 10—30 cm, der der Samen entsprechend bis zu 10 cm betragen. Die Samen werden 2—3 cm tief mit feiner Erde bedeckt und bis zum Erscheinen der Pflänzlinge gut bewässert. Nach einem Jahre werden die Pflanzen verschult und im dritten Jahre veredelt. 6 Jahre nach der Aussaat werden die jungen Ölbäume möglichst mit Wurzelballen an ihren Dauerstandort gebracht (12, S. 17ff.).

Schneller gelangt man mittels Stecklingen zum Ertrag. Die Stecklinge sollen von ausgesuchten, nicht zu alten Bäumen stammen. Sie werden in einer Länge von 50—100 cm im Frühjahr in Schulbeeten ausgesetzt. In Marokko kommen die Stecklinge unvermittelt an den Dauerstandort. Man hebt eine Grube von 60—100 cm Tiefe und Weite aus und stellt 4 Stecklinge in die 4 Ecken der Grube, so daß sie sich in der Mitte berühren und die Oberfläche des Bodens nur um wenige Zentimeter überragen. Das Loch wird sodann mit guter Erde gefüllt. Diese Vermehrungsart bietet eine Reihe von Vorteilen. Im fünften oder sechsten Jahre erzeugen diese jungen Bäume bereits Blüten und Früchte. Sie werden dann zurückgeschnitten, so daß jeder Steckling nur vier Zweige trägt. Jüngere Stecklinge werden zumeist erst in mit feuchtem Sand gefüllte Kisten gepflanzt, bis sie bewurzelt sind. Sie müssen dabei häufig begossen und beschattet werden. Nach 3—4 Monaten können sie in Töpfe oder Körbe verpflanzt werden, verbleiben darin den Winter über und werden im Sommer an den endgültigen Standort gebracht (12, S. 19f.).

Hin und wieder werden auch zur Vermehrung Wurzelschosse verwendet (12, S. 20f.).

Das Auspflanzen der jungen Bäume aus der Pflanzschule soll möglichst mit Wurzelballen erfolgen. Die Pflanzweite richtet sich nach Varietät, Klima, Boden und etwaigen Zwischenpflanzungen. In Marokko ist gewöhnlich Reihenpflanzung gebräuchlich mit Abständen der Bäume von 20 m und der Reihen von 5—6 m, in Tunesien sind Versuche mit Pflanzweiten von 15 × 24 m gemacht worden (12, S. 21).

Die Ölbaumhaine bedürfen der Pflege. In den Gebieten mit großer Trockenheit ist Bewässerung nötig. Auch soll der Boden ausreichend bearbeitet werden (12, S. 22f.).

Zwischenkulturen sollen nur bis zum zwanzigsten Jahre und nur in jedem zweiten Jahre gepflanzt werden (12, S. 22f.).

Gedüngt werden die Ölbäume zumeist mit organischen Abfällen. Künstliche Düngung ist seltener (12, S. 24ff.).

Es ist notwendig, die Ölbäume regelmäßig zu beschneiden. (Über neue Schnittsysteme vgl. 9.)

Die Oliven reifen 4—6 Monate nach der Blüte. In Nordafrika wird von Oktober bis Januar geerntet. Sorgfältig zu beachten ist der richtige Zeitpunkt der Reife, da überreife Oliven säuerliches, gelbes, zumeist beim Pressen schon ranziges, unreife dagegen grünliches bitteres Öl liefern (4, S. 33ff.; 12, S. 31f.).

Die Ernte erfolgt meist durch Schütteln der Bäume, Herunterschlagen der Oliven oder Abkämmen, wobei allerdings weder die Oliven noch die Ölbäume geschont werden. Gute Aufbewahrung der Früchte ist sehr wesentlich, um die Selbsterhitzung und Zersetzungen zu vermeiden. Die Lagerräume sollen gut durchlüftet, kühl und trocken sein. Zuweilen werden die Oliven auch in Süß- oder Salzwasser aufbewahrt, das wöchentlich zwei- bis dreimal erneuert wird. Zur Weiterverarbeitung müssen diese Oliven getrocknet werden (4, S. 33ff.; 12, S. 32).

Die Erträge schwanken nach Klima, Boden, Varietät und Kultur. Schon im 5. Jahre kann der Ölbaum Früchte tragen, zumeist aber erst im 8.—10. Jahre. Volle Erträge liefert er jedoch erst im 20. Jahre, die sich aber über 100 Jahre erhalten können. Ein Baum liefert im 8. Jahre 10—12 kg, im 10. 20—24 kg, im 15. 30—36 kg, im 20. 40—48 kg Oliven bei guten Ernten. Volltragende Ölbäume sollen aber 100—200 kg, ja bis 500 kg Oliven jährlich liefern können (4, S. 35f.; 12, S. 32f.).

Aufbereitung. Das Olivenöl wird gewöhnlich durch Auspressen gewonnen. Die Oliven werden gewaschen, sortiert, 4—8 Tage lang in dünnen Schichten ausgebreitet, auf Horden getrocknet, zur Trennung des Steinkernes vom Fruchtfleisch zerrieben und dann zuerst kalt bei gelindem Druck (12—15 Atm.), darauf warm bei etwas stärkerem Druck (36 Atm.) ausgepreßt. Die erhaltenen Öle stellen hochwertige Tafelöle dar. Auch die dritte Pressung liefert noch Tafelöl. Technisches Öl erhält man aus den Preßrückständen, die in Zisternen mit Wasser versetzt einer längeren Gärung unterworfen werden. Das Öl wird von dem gleichzeitig ausgepreßten Fruchtwasser abgeschöpft, die bei der zweiten und dritten Pressung im Öl enthaltenen Zellbestandteile abfiltriert und das Öl längere Zeit geklärt. Neben der gewöhnlichen Methode des Auspressens findet auch eine solche chemischer Art Anwendung, bei der die zerriebenen Oliven mit verdünnter Lauge vermischt auf 30—40° C erwärmt und unter Zuführung komprimierter Luft der Einwirkung eines elektrischen Stromes ausgesetzt werden. Nach sechsstündiger Ruhe steigt das Öl an die Oberfläche und kann abgeschöpft werden. Dieser Vorgang wird unter Zugabe einer 1,5 v. H. Alaunlösung und etwas Meerwasser wiederholt. Die

Pressung ergibt bei den nordafrikanischen Oliven im Höchstfalle 25—28 v. H., bei den tunesischen sogar bis 38 v. H. Öl. In Algerien rechnet man im allgemeinen nur mit einer Ölausbeute von 18 v. H., manchmal auch nur mit 14 v. H. des Fruchtgewichtes (4, S. 37ff.; 7, S. 388ff.; 12, S. 35f.; 13, S. 15ff.; 15, S. 764f.).

Kalt gepreßtes Olivenöl ist dünnflüssig, von mildem und angenehmem Geschmack, meist ganz klar und von hellgelber bis goldgelber, extrahiert von gelbgrüner bis tief braungrüner Farbe (7, S. 411ff.; 13, S. 27f.; 15, S. 765).

Die Kennzahlen des Olivenöles schwanken stark: Dichte $d_{15} = 0{,}916$—$0{,}918$, Brechungsindex $n_{D\,20} = 1{,}466 - 1{,}480$, Verseifungszahl 189—193, Jodzahl 80—83, Schmelzpunkt der Fettsäuren 24—27°, Erstarrungspunkt der Fettsäuren 21—24° (13, S. 29f.; 15, S. 765).

Das Olivenöl besteht zu 70 v. H. aus den Glyzeriden flüssiger Fettsäuren, zumeist der Ölsäure und 6 v. H. der Linolsäure, der Rest aus Glyzeriden fester Fettsäuren, vor allem der Palmitinsäure, neben einem geringen Anteil an unverseifbaren Stoffen (7, S. 414f.; 13, S. 28f.; 14, S. 765; andere Analysen bei 14, II, S. 954f.).

Schon im Altertum diente das Olivenöl zur Körperpflege, als Medizin, zu Beleuchtungszwecken, als Speiseöl und zu kultischen Handlungen (12, S. 5). Heute wird es noch hauptsächlich als hochwertigstes Speiseöl, als Medizin, als Schmier- und Brennöl, als Wollspicköl und zur Herstellung von Türkischrotöl sowie in der Seifenfabrikation verwendet (1, S. 125ff.; 7, S. 415ff.).

Außer der Ölgewinnung werden die Früchte auch zu Salzoliven verarbeitet. Dazu werden fleckenlose, große, grüne fein-fleischige, kleinkernige, nicht überreife Früchte ausgewählt und bei Herstellung von sogenannten grünen Oliven in Bottichen mit NaOH oder KOH bestimmter Konzentration übergossen, die jeden Tag erneuert wird, um die Bitterkeit zu beseitigen, was nach 1—5 Tagen der Fall ist. Bevor die Oliven schwarz zu werden beginnen, werden sie aus der Lauge genommen und zweimal täglich mit frischem Wasser 8 Tage lang ausgewaschen. Dann kommen die Oliven in 8—10 v. H. Kochsalzlösung, die so lange gewechselt wird, bis keine Verfärbung mehr eintritt. Will man dagegen schwarze Oliven gewinnen, werden reife Früchte gewaschen und in Bottichen lagenweise mit Kochsalz geschichtet. Nach einiger Zeit werden sie herausgenommen und sind eßbar. Bei der in Libyen gebräuchlichen Behandlungsweise kommt es zur Bildung von Milchsäure, die auch künstlich zugesetzt werden kann (4, S. 36f.; 12, S. 36ff.; 23, S. 281f.; 24, S. 61ff.).

Das Holz des Ölbaumes ist eines der festesten und schwersten und wird hauptsächlich als Tischler- und Drechslerholz verwendet (12, S. 41).

EINZELNE ANBAUGEBIETE

Die Haupterzeugungsländer Afrikas an Olivenöl sind Tunesien und Algerien.

In Tunesien lassen sich vier Anbaugebiete unterscheiden: ein gut gepflegtes nördliches, ein zentrales, das fast ein einziger Ölbaumhain von 10 Meilen Länge und 3—4 Meilen Breite ist, dann die Umgebung von Sfax, in dessen Hainen neben Ölbäumen auch noch Dattelpalmen, Granat-, Mandel-, Feigen-, Pistazien-, Johannisbrot-, Apfel- und Birnbäume gedeihen, und schließlich die südliche Region mit besonders alten Ölbäumen. 1934 betrug die Zahl der Ölbäume in Tunesien 16700000, von denen 756000 wild wuchsen und 3700000 noch nicht im Ertrage standen (4, S. 72ff.; 6, S. 66f.; 12, S. 43f.; 20, S. 232ff.; 26, S. 170f.).

Die Erzeugung betrug in t:	1937/38	1938/39	
	50000	30000	(2, S. II—32).

Die Ausfuhr entwickelte sich folgendermaßen (in t):

1929/33: 38430	1935: 49180*	1937: 18790*
1933: 62062	1936: 31120*	1938: 40480*
1934: 53815		(16; 17; 18; 19).

In Algerien erreicht der Ölbaum im Auresgebirge 1200 m Meereshöhe. Sein Hauptanbaugebiet ist das Land der Kabylen, die ihm allerdings nicht immer gute Pflege angedeihen lassen. Angebaut sind zur Zeit (1937) etwa 9800000 Ölbäume auf 68000 ha, wildwachsend sind etwa 5400000. Aus den von den Bäumen geernteten Oliven wird eine große Menge Olivenöl gepreßt [Erzeugung 1937/38: 16010 t; 1938/39: 5950 t (2, S. II—32)] und auch ausgeführt (in t):

1929/33: 14480	1935: 26150*	1937: 8680*
1934: 6563	1936: 11780*	1938: 24380*
		(17; 18; 19).

Dieser Ausfuhr steht aber durchschnittlich eine mindestens gleich hohe Einfuhr anderer pflanzlicher Öle und Fette nach Algerien gegenüber (4, S. 76ff.; 12, S. 43f.; 26, S. 159).

Nach Algerien und Tunesien spielen die übrigen Länder im Hinblick auf ihre Ausfuhrmengen an Olivenöl eine untergeordnete Rolle.

Ganz gering sind die Ausfuhrzahlen an Olivenöl von den Kanarischen Inseln. Das Öl dürfte meist auf den Inseln selbst verbraucht werden.

Das gleiche gilt für Marokko. Obwohl die Erzeugung 1937/38 9000 t, 1938/39 8000 t (Schätzungen) (2, S. II—32) betrug, sind die Ausfuhrzahlen Marokkos an Olivenöl unbedeutend. Die Verwaltung bemüht sich, den Anbau zu heben. So sind vor einer Reihe von Jahren in den Gebieten zwischen Kenitra und Petit-Jean 40000 Ölbäume angepflanzt worden (6, S. 67). Reichere Ölbaumhaine gibt es im Süden in der Marrakesch-Region. Im Jahr 1937 wurde die Gesamtzahl der Bäume auf 7,7 Millionen Stück (davon 6,7 Millionen Stück

*) Zahlen abgerundet.

tragend), im Jahr 1938 auf 7,9 Millionen Stück veranschlagt (19). Der Ölbaum dringt in Marokko in beträchtliche Meereshöhen vor und erreicht z. B. im Ait Mesantal 1500 m (4, S. 26). Die Aufbereitung der Oliven ist jedoch mangelhaft und die Ausbeute gering. Ein Ersatz findet sich in *Argania sideroxylon Roem. et Schult.* (s. d.), jedoch ist der Ölbaum diesem Baum infolge des geringen Ölgehaltes der Samen bei weitem vorzuziehen. Bei den Rif-Berbern Nordmarokkos werden sogar die Früchte der Wildform des Ölbaumes, *Olea oleaster Hoffm. et Link.*, zur Bereitung von Speiseöl verwendet (4, S. 26; 12, S. 44; 21, S. 240ff.; 25, S. 416ff.). Seit 1936 übersteigt in Französisch-Marokko die Ausfuhr die Einfuhr; der Ausfuhrüberschuß betrug 1936 30 t, 1937 6950 t und 1938 9280 t (Zahlen abgerundet). In Spanisch-Marokko überwiegt auch heute noch die Einfuhr (19).

Der im Altertum so reiche Ölbaumanbau Tripolitaniens ist heute fast nur auf den Kranz der Küstenoasen und einen etwas lückenhaften Gürtel an dem dem Mittelmeere zugekehrten hohen Steilrande der saharischen Kreidetafel beschränkt. In Tripolitanien wurden 1927 800000 Ölbäume, im Jahre 1932 1607700 Bäume auf 40179 ha, davon 12483 ha in Mischkultur mit Reben und Mandeln gezählt. Nur ein geringer Bruchteil dieser Bäume stand in ertragfähigem Alter. Die Ausfuhrzahlen (in t) sind denn auch, abgesehen von den bei der Olivenölausfuhr üblichen großen Schwankungen, noch unbedeutend (in t):

1930 . .	18	1934 . .	786
1931 . .	7	1935 . .	680*
1932 . .	10	1936 . .	10*
1933 . .	207	(16; 17; 18).	

(4, S. 70f.; 5, S. 1ff.; 6, S. 67; 8, S. 125ff.; 22, S. 1062f.). Nach eigenen Beobachtungen wird besonders in den zwischen den Oasen angelegten neuen großen italienischen Siedlungsdörfern der Ölbaumanbau gepflegt. Wenn alle diese Kulturen im Ertrage stehen, dürfte sich die Ausfuhr nicht unbedeutend vermehren. An der Verbesserung der Sorten arbeitet die Versuchsstation Sidi Mesri bei Tripolis.

Die Cyrenaika war im Altertum eines der wichtigsten Erzeugungsländer für Olivenöl. Die gewaltigen Ölbaumhaine sind aber längst verschwunden. Trotzdem gedeiht der Ölbaum, besonders in der Gegend von Benghasi und Derna, vorzüglich. Heute noch finden sich als Reste einstiger Kultur zahlreiche wilde und verwilderte Ölbäume. Bei der Besitzergreifung der Cyrenaika durch Italien war außer diesen der Gesamtbestand nur 3700 Ölbäume in Mischkultur in der Umgebung von Benghasi und in den Oasen Derna und Kufra. Im Jahre 1933 jedoch waren bereits 1319 ha mit 56505 Bäumen bepflanzt, von denen 50463 unter 8 Jahren, 2414 zwischen 8—15, der Rest über

---

*) Zahlen abgerundet.

15 Jahre alt war. Die Hauptanbaugebiete liegen in der Umgebung von El Abiar (535 ha), Benghasi (287 ha) und Barka (248 ha) (4, S. 69f.; 10, S. 19ff.; 11, S. 518ff.). Die Gesamterzeugung für ganz Libyen wird für 1937/38 zu 4000 t, für 1938/39 zu 2500 t (Schätzung) angegeben (2, S. II—32).

Ägypten ist das einzige Land im Mittelmeergebiet, in dem der Ölbaumanbau fast fehlt. Nur im Fajum gibt es schon seit dem Altertum Ölbaumkulturen (4, S. 69).

In Äthiopien finden sich zahlreiche Wälder von Ölbäumen (in der Woina-Dega), die sich aber aus den einheimischen Arten *Olea chrysophylla Lam.* und *O. lancifolia* zusammensetzen. Nur in Godofelassi haben die Italiener *Olea europaea* angepflanzt (4, S. 69).

Weit außerhalb seines Verbreitungsgebietes am Mittelmeer wird der Ölbaum an wenigen Stellen der Südafrikanischen Union, bei Amanzi in der Ostprovinz, bei Paarl in der Kapprovinz und bei Warm Bath in Transvaal, angebaut, ohne aber Bedeutung erlangt zu haben (3, S. 315).

Schrifttum

Ölbaum

1. Condelli, F., L'olio d'oliva nella lubrificazione dei motori a combustione interna. L'Agric. Colon. Jhg. 28 (1934), S. 125—40.
2. Costa, M., Oliven- und Olivenölerzeugung des Jahres 1938/39 in der Welt. Intern. Landw. Rundschau Jhg. 30 II (1939), S. II—32—36.
3. Davis, R. A., Fruit-growing in South Africa 1928.
4. Fischer, T., Der Ölbaum. Seine geographische Verbreitung, seine wirtschaftliche und kulturhistorische Bedeutung. Petermanns Mitt. Erg.-Heft 147 (1904).
5. Ferrara, A., L'industria olearia in Tripolitania. L'Agric. Colon. Jhg. 28 (1934), S. 1—26.
6. Grunwald, H., Weltproduktion von Olivenöl und die Produktionsgebiete. Tropenpflanzer Jhg. 31 (1928), S. 63.
7. Hefter, G., Olivenöl. In. Hefter, G., Technologie der Fette und Öle 2. Bd. Berlin 1908, S. 372—435.
8. Marroni, U., Considerazioni sulla coltura dell'olivo in Tripolitania. L'Agric. Colon. Jhg. 26 (1932), S. 125—32.
9. Pascual, A., Nouveaux systèmes de taille de l'Olivier. Rev. Intern. d'Agric. Jhg. 27 (1936), S. 268T—72T.
10. Piani, G., L'olivicoltura in Cirenaica. Rass. econom. delle colon. Jhg. 19 (1931), S. 86—100.
11. Piani, G. und Micheli, A., Lo sviluppo dell'olivicoltura in Cirenaica. Rass. econom. delle Colon. Jhg. 21 (1933), S. 518—40.
12. Sprecher von Bernegg, A., Der Ölbaum. Olea europaea L. In: Sprecher von Bernegg, A., Tropische und subtropische Weltwirtschaftspflanzen. 2. Teil, Ölpflanzen. Stuttgart 1929, S. 1—48.
13. Ubbelohde, L., Olivenöl. In: Ubbelohde, L. und Goldschmidt, F., Handbuch der Chemie und Technologie der Öle und Fette, 2. Bd. Leipzig 1920, S. 11—48.
14. Wehmer, C., Die Pflanzenstoffe. 2. Aufl. 3 Bde. Jena 1929—1935.
15. Wolff, H. und Müller, A., Fette und Öle, Olivenöl. In: Wiesner, J. v., Die Rohstoffe des Pflanzenreiches. 1. Bd. 4. Aufl. Leipzig 1927, S. 763—65.
16. ..., Annuaire international de statistique agricole 1933/34. Rom 1934.
17. ..., Annuaire international de statistique agricole 1934/35. Rom 1936.
18. ..., Annuaire international de statistique agricole 1937/38. Rom 1938.
19. ..., Annuaire international de statistique agricole 1939/40. Rom 1940.
20. ..., Les huiles d'olives en Tunisie. Bull. de mat. grass. de l'Inst. col. Marseille Jhg. 11 (1927), S. 232—34.
21. ..., L'olivier au Maroc. Bull. de mat. grass. de l'Inst. col., Marseille Jhg. 12 (1928), S. 240—53.
22. ..., Le piante da olio della Tripolitania. Rass. econom. delle col. Jhg. 19 (1931), S. 1060—63.
23. ..., La préparation des olives pour la table. Rev. de Bot. Appl. et d'Agric. Trop. Jhg. 15 (1935), S. 281—82. Ref.: Die Verwendung der Oliven als Tafelfrüchte. Tropenpflanzer Jhg. 41 (1938), S. 85.
24. ..., La préparation des olives pour la table. Rev. de Bot. Appl. et d'Agric. Trop. Jhg. 17 (1937), S. 61—63. Ref.: Die Verwendung der Oliven als Tafelfrüchte. Tropenpflanzer Jhg. 41 (1938), S. 85.
25. ..., Il problema della viticoltura e della olivicoltura al Marocco. L'Agricolt. Colon. Jhg. 29 (1935), S. 413—20.
26. Schoen, L., Rohstoffkammern der Weltwirtschaft. 1. Bd. Afrika. Berlin 1937.

5. *Rizinus, Ricinus communis L.*

Heimat und Verbreitung. Die wahrscheinliche Heimat des schon im Altertum bekannten und genutzten Rizinusstrauches ist Nordostafrika. Von hier aus hat er durch die Kultur seine Verbreitung bis in die Neue Welt gefunden (14, S. 5).

Botanische Beschreibung. *Ricinus communis L.* gehört als einzige Art der Gattung *Ricinus* (Fam. *Euphorbiaceae*) an. Er ist in seinem Wachstum sehr verschieden gestaltet. Während er an den Grenzen seines Anbaugebietes nur ein einjähriges, 1—4 m hohes buschiges Kraut und in den Subtropen ein Strauch bleibt, wird er in den Tropen ein bis zu 13 m hoher Baum. DieWurzel ist stark verzweigt. Die Stengel sind grün bis bräunlichrot, manchmal blau bereift. Die spiralig gestellten Blätter (Abb. 20a) sind lang gestielt, mit bis zu 1 m breiter Spreite, handförmig 5—11 teilig, mit eilänglichen gezähnten Lappen. An den rispigen, endständigen (durch übergipfelnde Seitensprossen nur scheinbar seitenständigen) Blütenständen (Abb. 20 b) stehen die monözischen Blüten nach Geschlechtern getrennt, und zwar die männlichen am Grunde, büschelig angeordnet, mit 5zähligem Perianth und vielen Staubblättern mit zahlreichen Staubbeuteln (Abb. 20 c) und an der Spitze die gestielten weiblichen mit fünfzähligem Perianth und mit dreifächerigem Fruchtknoten (Abb. 20 d). Die sich aus diesem entwickelnde dreifächerige glatte oder stachelige Fruchtkapsel (Abb. 20 e und f) reißt bei den meisten Formen in der Reife auf und läßt aus jedem Fache den eirunden bis ovalen Samen (Abb. 20 g) von je nach der Form verschiedener Größe (8—22 mm Länge, 5—12 mm Breite und 4—8 mm Dicke) herausspringen. Er ist oberseits etwas gewölbt, unterseits ein wenig abgeplattet, an dem einen Ende stumpf gerundet, am anderen spitz auslaufend mit zweilappiger, sich leicht ablösender Karunkula und glänzender spröder, silbergrau bis schwarzbraun marmorierter Schale. Die Samen verschiedener Herkünfte wechseln nicht allein in Größe, Form und Farbe (17), sondern auch in ihrem Gehalt an Öl beträchtlich.

Neben dem Öl, um dessentwillen die Pflanze meist gebaut wird, enthalten die Samen aber unter anderem zwei sehr giftige Stoffe, ein Pyridin-Derivat, Rizinin, und das Toxalbumin Rizin. Es ist ein besonders für den Menschen starkes Gift (Dosis letalis 0,18 g, entsprechend 6 Rizinussamen, intravenös gegeben genügt ein Hundertstel der genannten Menge). Die Wirkung der Rizinvergiftung äußert sich in einer Lähmung des Atemzentrums und der vasomotorischen Zentren, allerdings erst — ein spezifisches Symptom der Rizinusvergiftung — mindestens 10—12 Stunden nach Einführung des Giftstoffes. Tiere sind gegen Rizin ganz verschieden empfindlich.

Die Samen enthalten weiterhin ein fettspaltendes Ferment, Lipase, auf dem sich das technische Verfahren der enzymatischen Fettspaltung gründet.

Ricinus communis L. ist sehr formenreich. Ein Bestimmungsschlüssel der zahlreichen Varietäten findet sich bei *Pax* und *Hoffmann* (20, S. 122ff.).

Ökologie. Für den Anbau des Rizinus zur Ölgewinnung eignen sich klimatisch besonders die Tropen und südlichen Subtropen, da in kühleren Gebieten der Ölertrag sinkt, ja von einer gewissen geographischen Breite ab (in Südrußland z. B. nördlich von 51° 36′ nördlicher Breite) keine reifen Früchte mehr erzeugt werden. Jedoch erhält man an seinen Anbaugrenzen noch ein für medizinische Zwekke besonders hochwertiges Öl, das auch dort den Anbau in beschränktem Umfange lohnend gestalten kann. Die Rizinuskultur ist also vor allem auf warme und auch feuchte Gebiete beschränkt. Die Durchschnittstemperatur soll 21,5° C sein. In den Gebieten mit Winterfrösten ist die Kultur nur einjährig, in warmen Ländern bringt sie volle Erträge erst vom zweiten Jahre an, in trockneren ist Bewässerung nötig, da Trockenheit die Ernte herabsetzt (12, S. 337; 14, S. 8f.).

Abb. 20. Rizinus *(Ricinus communis)*
a = Zweig; b = Blütenstand; c = Staubblatt; d = weibliche Blüte; e = Fruchtstand; f = Frucht; g = Same

Im Hinblick auf den Boden ist Rizinus anspruchsvoll. Er verlangt nicht nur Nährstoffreichtum, sondern auch gut durchlässigen und tiefgründigen Boden. Ganz besonders eignen sich Weizenböden, gut entwässerte, sandige oder tonige, kalkreiche Lehmböden (12, S. 337; 14, S. 9).

Kultur. Danach muß sich auch die Bodenbearbeitung (14, S. 9f.) richten. Zur Auflockerung muß der Boden tief gepflügt (35—40 cm) werden. Die fehlenden Nährstoffe sind künstlich zuzuführen. Besonders notwendig ist Phosphat (vgl. 9), dagegen Nitrat nur in geringerem Maße (12, S. 237; 14, S. 10).

Ist der Boden gut vorbereitet, kann die Aussaat [nach *Ducellier* (10, S. 345) bei Formen mit kleinen Samen 3—5, mit mittelgroßen 4—9, mit großen 7—15 kg/ha, nach *Grunwald* (14, S. 11) etwa 8—12 kg/ha] erfolgen, am besten vor Beginn der Regenzeit. Da die hartschaligen Samen nur schwer keimen, ist es empfehlenswert, sie einen Tag in warmem Wasser anquellen zu lassen. Der Boden muß ausreichend warm sein, damit eine Keimung überhaupt eintritt (mindestens 14—15 ° C). Das Optimum liegt bei 31° C. Die Aussaatweite richtet sich nach den zu kultivierenden Formen, bei kleinen, weniger üppigen wählt man Abstände von 100—150 cm in der Reihe und der einzelnen Reihen voneinander, bei größeren 175—200 cm, bei den größten 200—250 cm (12, S. 338; 14, S. 11) oder auch (in Marokko) 150—200 cm in der Reihe und 350—400 cm der Reihen voneinander (11, S. 345; 14, S. 11). Die Saattiefe beträgt nach *Eberhardt* (12, S. 338) 2—3 cm, nach *Grunwald* (14, S. 11) 3—5 cm. Die Samen werden an den bezeichneten Aussaatstellen zu 2 bis 3 in etwa 4 cm Abstand in den Boden gelegt (12, S. 338; 14, S. 10f.).

Pflege. Nach 8—10 Tagen läuft die Saat auf. Haben die jungen Pflanzen eine Höhe von 10—12 cm erreicht, werden sie ausgedünnt. Nur in der ersten Zeit ist es nötig, das Unkraut zu beseitigen. Mit dem Kultivator oder der Hacke muß der Boden ein- bis zweimal aufgelockert werden. Sonst bedarf die Kultur wenig Pflege.

Auf fruchtbaren Böden in den Tropen wird die Rizinuspflanze mehrjährig [nach *Eberhardt* (12, S. 388) 2 bis 3, nach *Grunwald* (14, S. 12) 3—6 Jahre] genutzt. Da aber der Rizinus viele Nährstoffe verlangt, ist genügende Düngung und vielfach Fruchtwechsel erforderlich. Bei einjähriger Kultur wird er im Wechsel mit Leguminosen u. a. gebaut. Für Zwischenpflanzungen in Dauerkulturen eignet er sich wenig (12, S. 338; 14, S. 12). In einigen Fällen sind Versuche angestellt worden, die Rizinusstaude zu köpfen, um einen besseren Blüten- und Fruchtansatz zu erzielen (12, S. 338; 14, S. 11f.).

Die Vegetationsperiode dauert durchschnittlich bei den kleinfrüchtigen Formen 4—5, bei den großfrüchtigen 5—7 Monate. Da die Fruchtkapseln des Rizinus beim Trocknen leicht aufspringen, muß die Ernte vor der vollständigen Trocknung der Kapseln erfolgen. Ähnlich wie beim Sesam besteht auch beim Rizinus der Übelstand, daß die Fruchtstände selbst und auch an diesen die Früchte nicht gleichzeitig reifen. Um die Erntekosten niedrig zu halten, können aber nur ganze Fruchtstände abgeerntet werden, und zwar dann, wenn die ersten Früchte des Fruchtstandes auszutrocknen beginnen. Auch die äußerlich noch ± unreifen Früchte enthalten meist hinreichend ausgereifte Samen. Um den rechten Zeitpunkt der Ernte für die einzelnen Fruchtstände zu treffen, muß die Aberntung der Pflanzung mehrere Male erfolgen. Die abgeernteten Fruchtstände werden nachgetrocknet und später ausgeschlagen. Die Samen breitet man im Schatten in dünner Schicht zur Trocknung aus.

Die Erträge beim Rizinusanbau hängen sehr weitgehend von den Wachstumsbedingungen und der zur Kultur verwandten Form ab. Im allgemeinen rechnet man mit 800—2000 kg/ha (14, S. 16). An der Küste Westafrikas kann man bis zu 3000 kg/ha erzielen (12, S. 339). Der Rizinus dient hauptsächlich zur Ölgewinnung. Darauf ist besondere Rücksicht zu nehmen. Denn die Ernte muß zum rechten Zeitpunkt erfolgen, und Lagerung und Versand müssen sehr sorgfältig geschehen, um die übermäßige Bildung von Fettsäuren hintanzuhalten.

Die Ölgewinnung (14, S. 20ff.; 27, S. 142ff.) erfolgt in seltenen Fällen auf primitive Weise durch die Eingeborenen. Sie quetschen die Samen und kochen das Öl aus, das sich an der Oberfläche sammelt und leicht abgeschöpft werden kann. Es kann nur als Brennöl verwendet werden. Obwohl es eigentlich günstiger wäre, das Rizinusöl an oder nahe bei den Erzeugungsorten zu gewinnen, da unsachgemäßer Transport und Lagerung die Güte verschlechtern können, wurde doch das Öl bisher meist in den europäischen und amerikanischen Ölmühlen gewonnen. Zu diesem Zwecke werden die Samen gereinigt, in 3—4 Größen sortiert und nach der Trennung auf maschinellem Wege meist (regelmäßig bei der Ölherstellung für medizinische Zwecke) geschält. Sodann erfolgt (3) die erste, und zwar kalte Pressung mit einer Ausbeute von 30—36 v. H., darauf die zweite, warme mit einer Ausbeute von 8—12 v. H. Eine dritte Pressung wird selten durchgeführt, meist extrahiert man dann die Rückstände (Restgehalt 7 v. H. Öl), weil diese wegen ihrer Giftigkeit nicht als Futter-, sondern nur als Düngemittel Verwendung finden und deshalb möglichst fettfrei sein müssen. Da das Öl zweiter Pressung minderwertig ist, wird neuerdings Rizinus ohne Schälung mäßig erwärmt gepreßt. Das auf diesem Wege erhaltene Öl ist sehr hell und durchsichtig und selbst für medizinische Zwecke wohl geeignet (27, S. 144). Nach dem Pressen wird das Rizinusöl gereinigt und gebleicht. Gereinigtes Öl wird nicht leicht ranzig (30, S. 779).

Rizinusöl ist farblos bis grüngelblich, schmeckt zuerst milde, aber bei längerem Stehen kratzend. Es besitzt hohe Viskosität. Es trocknet nicht, wenn auch seine Konsistenz zunimmt. Diese ist übrigens nur wenig abhängig von der Temperatur. Infolge des Vorhandenseins von Oxyfettsäuren ist Rizinusöl im Gegensatz zu den anderen Fetten in Petroläther, Petroleum oder Benzin nur sehr schwach, in absolutem Alkohol und Eisessig dagegen sehr leicht löslich.

Die Kennzahlen des Rizinusöles (27, S. 779) sind: Spez. Gewicht (15°) 0,961—0,973, meist unter 0,966, Brechungsindex ($n_{D\,20}$) 1,477—1,479, Verseifungszahl 176—183 (auch 186), Jodzahl 182—188, Erstarrungspunkt der Fettsäuren + 3°.

Chemisch setzt sich Rizinusöl in der Hauptsache aus den Glyzeriden, der Rizinolsäure [$C_{17}H_{32}(OH)COOH$] sowie der Isorizinolsäure zusammen. In geringerer Menge wurden Dioxystearinsäure und Stearinsäure gefunden. Rizinusöl polymerisiert sich beim Erhitzen. Wird das Öl solange auf 300° erhitzt, bis 5—10 v. H. abdestilliert sind, ist ein Kondensationsprodukt entstanden, das zäher als das Ausgangsmaterial ist und dessen Löslichkeitsverhältnisse sich umgekehrt zu denen des ursprünglichen Öles verhalten (14, S. 30ff.; 27, S. 145ff.; 31, S. 779; zahlreiche Analysen siehe unter 30, II, S. 674f.).

Außer zu medizinischen Zwecken als abführendes Mittel wird Rizinusöl als hervorragendes Schmieröl verwendet. Es eignet sich hierbei besonders durch die — wie bereits erwähnt — von der Temperatur nur wenig abhängige Konsistenz für Maschinen mit rasch wechselnder Betriebstemperatur und findet vielseitige Verwendung (25, S. 373ff.). Zur Seifenfabrikation wird Rizinusöl als Zusatz (5—10 v. H.) genutzt, in der Rotfärberei zur Herstellung von Türkischrotöl (Sulfurierungsprodukt mit H_2SO_4), in der Kosmetik und Pharmazie zur Herstellung von Salben, medizinischen Seifen und anderem, als Spicköl (Rizinusnatronseife mit Olein und Wasser) zum Einfetten von Garnen, zur Herstellung von Kabelisolierungen (10, S. 303), in Gestalt des oben genannten Kondensationsproduktes, mit Kolophonium und Kaurikopal verschmolzen, als vorzügliches Linoleumzement in der Linoleumfabrikation, als Zusatz zum „Fat-Liquor" in der Chromlederindustrie, in der Lack-, Farben- und Kautschukindustrie, neuerdings zur Herstellung gehärteter Seifen und seit altersher als Brennöl (14, S. 32ff.; 27, S. 153f.; 31, S. 779).

Die Rizinus-Ölkuchen, die als Rückstände der Pressung verbleiben, werden namentlich für Düngezwecke verwendet. Doch ist wegen ihrer hohen Giftigkeit äußerste Vorsicht geboten. Am gefahrlosesten können die Kuchen als Brennmaterial genutzt werden (14, S. 34f.; 15, S. 534ff.; 27, S. 154f.).

Außer zur Ölgewinnung dient Rizinus nach *Baldrati* (4, S. 498ff.) auch in der Imkerei als Bienenpflanze und in der Seidenraupenzucht als Futterpflanze für die Eri-Seidenraupe *Attacus (= Philosamia) ricini Boisd.* Diese besonders in Indien Ceylon, Syrien und Palästina geflegte Zucht versuchte man auch in Ägypten, Tunesien, Algerien und Marokko einzuführen (6, S. 377f.; 14, S. 17ff.; 16, S. 145ff.).

EINZELNE ANBAUGEBIETE

Der Weltkrieg hat infolge des Mehrbedarfs und der Verknappung der Öle und Schmiermittel in den Kriegsländern für den Rizinusanbau einen besonderen Aufschwung mit sich gebracht. Nach dem Kriege freilich ist in vielen Gebieten der Anbau, weil eben nur ein Zwangsgebot des Krieges, wieder eingestellt worden, in anderen dagegen ist der Anbau weiter gewachsen. So hat z. B. Frankreich die Versorgung mit Rizinussamen aus eigenen Kolonien angestrebt und versucht, die Kultur zu fördern. Die Ausfuhr ist allerdings gering. Es kommen im wesentlichen nur Madagaskar, Französisch-Indochina, Dahome und Französisch-Äquatorialafrika in Betracht.

In Madagaskar wächst Rizinus wild in allen Teilen der Insel, halbwild ist er im Westen und Süden sehr verbreitet. Überall, aber besonders an der Küste (5, S. 79), wird er in verschiedenen Varietäten gezogen. Die Ostküste ist durch Regenreichtum und fruchtbaren Boden bevorzugt, das Zentrum der Insel mit zwar starken Saisonregen, aber im allgemeinen trockenem Klima und trockenen Böden weniger stark begünstigt. Die Kultur erfolgt dort durch die Eingeborenen (14, S. 40f.). Die Ausfuhr (37) entwickelte sich folgendermaßen (in t):

1929/33:	1610*	1935:	740*	1937:	2380*
1934:	2820*	1936:	3440*	1938:	2520*

In Französisch-Westafrika, in dem die Küstenzonen besonders geeignet sind und wo auch einige Formen wild vorkommen, wurden zwar im Zuge der Weltkriegsmaßnahmen in Senegal, Französisch-Guinea, der Elfenbeinküste und Dahome Rizinuskulturen angelegt, von denen allerdings nur die in Dahome ausgebaut wurden.

Die Ausfuhr Dahomes (37) an Rizinussaat entwickelte sich in den letzten Jahren wie folgt (in t):

1929/33 . .	770*	1936 . .	910*
1934 . . .	1720*	1937 . .	940*
1935 . . .	1400*	1938 . .	1470*

Neuerdings (1929) sind auch in Senegal wieder die Versuche zur Förderung der Kultur aufgenommen worden (13, S. 79ff.; 14, S. 40; 26). Die Ausfuhr ist bisher ganz unbedeutend geblieben (37).

Besonders entwicklungsfähig ist die Rizinuskultur in Französisch-Äquatorialafrika, weil das Gebiet klimatisch günstige Voraussetzungen bietet. Vor allem gilt das für Mittelkongo und Ubangi-Schari, vorausgesetzt, daß der Absatz für die Eingeborenen gewinnbringend gestaltet wird (14, S. 40; 36, S. 354f.). 1936 wurden rund 20 t Rizinussaat ausgeführt (37).

In den übrigen afrikanischen Kolonialgebieten Frankreichs ist der Anbau nur sehr gering oder nur versuchsweise aufgenommen. So sind in Algerien nach Weltkriegsversuchen neuerdings (1927) Untersuchungen durchgeführt worden, die das Gebiet von Inkerman (Oran) als das günstigste erscheinen lassen. Angebaut wurde die Veroneser Rizinussorte (eingeführt 1927), die sich durch kurze Vegetationsperiode (4—5 Monate), hohe Erträge und nicht aufspringende Fruchtkapseln (22, S. 9687) auszeichnet. Die in ihrer Heimat nur einjährige Kultur kann in Algerien zwei- bis dreijährig betrieben werden. Durch Samenverteilung und andere Regierungsmaßnahmen (Ankauf der Ernte) wird die Förderung des Anbaus versucht (29, S. 254f.). Es ist übrigens bis heute unsicher, ob der Rizinusanbau in diesem in bezug auf Frankreich geographisch so bevorzugten Gebiet den in ihn gesetzten Hoffnungen gerecht wird (1; 10; 13, S. 67ff.; 14, S. 38; 28).

In Marokko findet Rizinus nur in der atlantischen Küstenzone mit ihrem ozeanischen Klima und genügender Feuchtigkeit geeignete Wachstumsbedingungen. Er wächst dort auch wild (1, S. 12). Wie in anderen Kolonien, wurden auch in Marokko in Rabat Versuche gemacht, und zwar mit einer Form (vgl. 7), die in Ertrag und Widerstandsfähigkeit allen anderen überlegen war und einen Ölgehalt von 51,8 v. H. aufwies. Auch hier schritt man zur unentgeltlichen Samenverteilung. Allein die Kultur wird von den Bauern wegen Unwirtschaftlichkeit immer mehr aufgegeben. Dagegen verwendet die

*) Zahlen abgerundet.

Wasser- und Forstverwaltung in Marokko (etwa seit 1918) Rizinuspflanzen, um die Dünen von Mogador und Agadir zu festigen (13, S. 73ff.; 14, S. 39; 19, S. 417f.; 33, S. 347f.; 34, S. 312ff.). Die Rizinussaatausfuhr Französisch-Marokkos (37) betrug (in t):

1929/33 . .	80*	1936 . .	170*
1934 . . .	70*	1937 . .	220*
1935 . . .	240*	1938 . .	250*

Die Portugiesen haben dem Rizinusanbau in ihren Kolonien, in Moçambique, Angola und auf den Kapverdischen Inseln, wachsende Beachtung geschenkt (14, S. 42). Rizinus wird in zahlreichen Varietäten gebaut und im allgemeinen in steigendem Maße größtenteils in Samen ausgeführt. Ausfuhr in t:

Moçambique		Angola		Kapverdische Inseln	
1932 . .	307	1930 . .	1469	1932 . .	57
1933 . .	1471	1932 . .	1122	1933 . .	43
1934 . .	1455	1933 . .	886	1934 . .	82
1935 . .	1896	1934 . .	779	1935 . .	75
1936 . .	862	1935 . .	4320*	1936 . .	99
1937 . .	1221	1936 . .	2500*	1937 . .	130*
1938 . .	890*	1937 . .	4030*	1938 . .	100*
1939 . .	1750*	1938 . .	5510*		
		1939 . .	4170*		

(23; 24; 37).

Zum kleineren Teile wird es auch als Öl ausgeführt, so z. B. Moçambique: 1934 219 t, 1935 63 t, 1936 38 t, 1937 108 t, (35, S. 195).

Im Gegensatz dazu ist von Belgien der Rizinusanbau in Belgisch-Kongo nicht so gefördert worden, daß es zu einer nennenswerten Ausfuhr gekommen wäre (14, S. 43; 22, S. 357ff.), obwohl die Pflanze in zahlreichen Gebieten wild vorkommt und in den Bezirken Kassai, Katanga und Uëlle angebaut wird (32, S. 107). *Adriaens* (1, S. 179f.) macht dafür vor allem die Sortenwirrnis verantwortlich und empfiehlt besonders Verteilung einheitlichen Saatgutes, Regelung der Düngerfrage und Hebung der Transportmöglichkeiten, Standardisierung und Absatzmöglichkeit der Ernte sowie Ölextraktion am Platze (1, S. 182ff.).

Von englischer Seite sind in Uganda, im Englisch-ägyptischen Sudan, in Rhodesien, an der Goldküste und auf Mauritius Anbauversuche gemacht worden, die aber die Kultur nicht so förderten, daß wesentliche Mengen ausgeführt werden konnten (14, S. 46).

In den italienischen Gebieten Afrikas kommt Rizinus wild in Libyen, in der Küstenzone von Tripolitanien (Wadi Megenin, nach eigenen Beobachtungen längs der Straßen und Posten und in den Oasen in einer besonders

*) Zahlen abgerundet.

kleinblätterigen Form) ziemlich zahlreich sowie in einer kleinsamigen Varietät in Erythrea vor. In der erstgenannten Kolonie wird er im Gebiete von Benghasi und Derna kultiviert, aber nur wenige Tonnen werden alljährlich ausgeführt (37). In der letztgenannten wäre sicher die Ebene von Tessenei zur Kultur geeignet (14, S. 48). Kulturversuche mit einheimischen Varietäten und kleinsamigen aus Sansibar und Kalkutta wurden (seit 1912) auch in Italienisch-Somaliland gemacht (14, S. 48). Die Untersuchungen ergaben, daß das Gebiet für die Kultur hervorragend geeignet ist. Die Wichtigkeit des Anbaues ist vom Mutterlande erkannt und wird weiter gefördert (2, S. 789), die Ausfuhr (in t) wechselt von Jahr zu Jahr:

1929/33	560*
1934	280*
1935	440*
1936	320*
1937	670* (37).

In Ägypten ist der Anbau nur auf kleine Gebiete im Süden Oberägyptens (3 Sorten) und in Unterägypten (7 Sorten) beschränkt (14, S. 49; 22, S. 9688).

In den deutschen Kolonien wurde bereits vor dem Kriege der Rizinusanbau, besonders in Deutsch-Ostafrika, gefördert. Versuche waren in Amani seit 1904/05 unternommen. Rizinus diente im Süden der Kolonie als Zwischenpflanzung bei Kokospalmen und wurde auch in Urundi und in Bismarckburg gelegentlich gebaut. Eine wesentliche Steigerung des Anbaues im jetzigen Mandatsgebiet ist nicht festzustellen (14, S. 50f.). Die Ausfuhr ist ganz unbedeutend (36). In Togo (37) führte der französische Mandatsteil kleine Mengen Rizinussaat aus (in t):

1934 . . .	150*	1937	70*
1935 . . .	40*	1938	170*
1936 . . .	10*	1939	250*

Schrifttum

Rizinus

1. Adriaens, L., Le ricin au Congo Belge, étude chimique des graines, des huiles et des sous-produits. Brüssel 1938.
2. Afferni, E., Alcuni prodotti oleosi della Somalia Italiana. Il ricino. Rassegna Econ. dell'Afr. Ital. Jhg. 25 (1937), S. 789—90.
3. André, E., L'utilisation de l'huile de ricin comme huile de graissage. Bull. de mat. grass. de l'Inst. Col. Marseille Jhg. 15 (1931), S. 297—301.
4. Baldrati, J., Il ricino e la sua coltivazione ed utilizzazione nelle colonie italiane. Rassegna econ. delle colonie Jhg. 21 (1933), S. 478—517, S. 697—749, S. 930—85.
5. Bonnefoy, J. V., Contribution à la documentation sur quelques oléagineux végetaux susceptibles d'un développement culturel dans le centre de Madagascar. Le ricin. Bull. Econ. de Madagascar Jhg. 24 (1927), S. 79 bis 87.
6. Chalot, C., Le ver à soie du ricin. Rev. Intern. d. Prod. Colon. Jhg. 5 (1930), S. 377—78.
7. Couraud, C., Le ricin sanguin de Settat. La Terre Marocaine Jhg. 7 (1937), S. 19—21 (= La culture du ricin au Maroc. Bull. d. mat. grass. de l'Inst. Col. Marseille Jhg. 2 [1937], S. 92—95).

*) Zahlen abgerundet.

8. Decary, R., Le Ricin dans l'extrème sud de Madagascar. Rev. de Bot. Appl. et d'Agric. Trop. Jhg. 14 (1934), S. 1035—37.
9. Dreyspring, C. und Kruegel, C., Phosphorsäure - Staffelversuche zu Tropenkulturen. Tropenpflanzer Jhg. 32 (1929), S. 193—201.
10. Ducellier, L., La culture du ricin en Algérie. Bull. d. mat. grass. de l'Inst. Col. Marseille Jhg. 14 (1930), S. 293 bis 304.
11. Ducellier, L., Le ricin en Algérie. Rev. Intern. des Prod. Col. Jhg. 5 (1930), S. 342—46.
12. Eberhardt, P., Le ricin, description, variétés, culture, utilisation. Rev. Intern. des Prod. Col. Jhg. 5 (1930), S. 333—39.
13. Eberhardt, P., Le ricin. Botanique, culture, industrie et commerce. Paris 1931.
14. Grunwald, H., Rizinus. Die Rizinuskultur, die Herstellung und Verwendung des Rizinusöles. Tropenpflanzer Jhg. 27 (1930), Beih. 1, S. 1—58.
15. Hefter, G., Rizinusöl. In: Hefter, G., Technologie der Fette und Öle. 2. Teil. Berlin 1906—08, S. 515—40.
16. Léon, J., La culture du ricin en vue de l'élevage du ver à soie. Bull. d. mat. grass. de l'Inst. Col. Marseille Jhg. 12 (1928), S. 145—52.
17. Mello Geraldes, C. de, Études sur les caractéristiques des graines de ricin des Colonies Portugaises. Coimbra 1923. Ref.: Die Rizinus-Varietäten der portugiesischen Kolonien. Tropenpflanzer Jhg. 29 (1926), S. 200—01.
18. Mello Geraldes, C. de, Les principaux produits végétaux des Colonies Portugaises. Les Colonies Portugaises Public. du Commiss. Génér. du Portugal. Paris 1931. Lissabon 1933.
19. Miège, M., Fixation des dunes par la culture du ricin. Bull. écon. de l'Indochine Jhg. 27 (1924), S. 417—18.
20. Pax, F. und Hoffmann, K., Euphorbiaceae — Acalypheae — Ricininae. In: Engler, A., Das Pflanzenreich IV, 147, XI, Heft 68. Leipzig 1919.
21. Pynaert, L., Le ricin au Congo Belge. Rev. Intern. des Prod. Col. Jhg. 5 (1930), S. 357—59.
22. Rolet, A., Sur la production du ricin en divers pays. Les mat. grass., le pétrole et ses dérivés Jhg. 24 (1932), S. 9687—88.
23. Schoen, L., Rohstoffkammern der Weltwirtschaft. 1. Bd. Afrika. Berlin 1937.
24. Schulz, Die Wirtschaft Moçambiques. Tropenpflanzer Jhg. 42 (1939), S. 121—23.
25. Soumet, P., L'huile de ricin en aéronautique. Rev. Intern. des Prod. Col. Jhg. 15 (1930), S. 373—77.
26. Turbé, La culture du ricin en Afrique Occidentale. Bull. d. mat. grass. de l'Inst. Col. Marseille Jhg. 16 (1932), S. 265—68.
27. Ubbelohde, L., Rizinusöl. In: Ubbelohde, L. und Goldschmidt, F., Handbuch der Chemie und Technologie der Öle und Fette, 2. Teil. Berlin 1920, S. 137—55.
28. Valière, S., La culture du ricin en Algérie. Bull. d. mat. grass. de l'Inst. Col. Marseille Jhg. 16 (1932), S. 259—63.
29. Vivet, E., La culture du ricin sanguin de Vérone en Algérie. Bull. d. mat. grass., de l'Inst. Col. Marseille Jhg. 13 (1929), S. 254—55.
30. Wehmer, C., Die Pflanzenstoffe. 3 Bde. 2. Aufl. Jena 1929—1935.
31. Wolff, H. und Müller, S., Rizinusöl. In: Wiesner, J. v., Die Rohstoffe des Pflanzenreiches. 1. Bd. Leipzig 1927 bis 28, S. 778—79.
32. . . ., La cueillette et la culture du ricin. Agric. et Elevage au Congo Belge Jhg. 9 (1935), S. 107—08.
33. . . ., La culture du ricin au Maroc. Rev. Intern. des Prod. Col. Jhg. 5 (1930), S. 347—48.
34. . . ., La culture du ricin au Maroc et au Sénégal. Bull. d. mat. grass. de l'Inst. Col. Marseille Jhg. 14 (1930), S. 312—17.
35. . . ., Moçambique. Zucker, Ölfrüchte und Textilstoffe, Außenhandel, Deutschlands Einfuhrinteressen. Afrika-Rundschau Jhg. 4 (1938), S. 194—97.
36. . . ., Le ricin dans le moyen Congo et dans l'Oubangui-Chari. Rev. Intern. des Prod. Col. Jhg. 5 (1930), S. 353 bis 55.
37. . . ., Annuaire internationale de statistique agricole 1939/40. Rom 1940.

6. Sesam, Sesamum indicum L. und Verwandte

Heimat und Verbreitung. Wie bei vielen sehr alten Kulturgewächsen der Menschheit ist auch beim Sesam *(Sesamum indicum L.)* die Urheimat nicht mit Sicherheit bekannt. Indien *(de Candolle)* und Afrika werden genannt. Selbst mit phylogenetischen Methoden ist dieser Frage nicht beizukommen. Freilich ist die Sesam-Kultur Indiens und der Sunda-Inseln wohl die älteste, und nächstverwandte Arten der Kulturpflanze (ob verwildert ?) wachsen auf den Bergen Javas und im Nordwesthimalaja wild; aber Afrika beherbergt von zwölf Arten der Gattung *Sesamum* zehn, wobei freilich nicht ausgeschlossen ist, daß es sich hier um ein sekundäres Entwicklungszentrum handelt.

Die alten Ägypter kannten den Sesam nicht. Erst *Theophrast* fand ihn dort. Außer in Ägypten ist über die Geschichte seiner Kultur in Afrika nichts bekannt (Näheres s. 11, S. 56ff.).

Botanische Beschreibung. *Sesamum indicum L.* gehört der kleinen Familie der *Pedaliaceae* an. Die einjährige, krautige Pflanze (Abb. 21) erreicht eine Höhe von 60—120 cm (in Indien weit größer). An dem aufrechten verzweigten Stengel stehen kreuzweise gegenständig, wechselständig oder zu 3—4 quirlig die ± drüsenhaarigen Blätter auf kurzen Stielen. Die Blätter sind sehr vielgestaltig: eiförmig bis länglich, gelappt bis unregelmäßig gezähnt bis ganzrandig. In den Achseln der Blätter werden gewöhnlich drei Blüten angelegt, zwei davon aber häufig zu extrafloralen Nektarien umgebildet. Der Kelch ist klein, unregelmäßig fünfzählig. Die Blüte ist fingerhutförmig bis glockig und behaart, mit gefaltetem Saum, ausgerandeter Oberlippe und dreizipfeliger Unterlippe mit längerem Mittelzipfel. Wie Blattform und -rand wechselt auch die Blütenfarbe von weiß über weinrot bis tiefviolett. Die Unterlippe bleibt weiß mit schwarz-purpurnen Punkten. Die Staubgefäße sind zu vier (didynamisch) in der Kronröhre eingeschlossen, das fünfte (obere) ist rückgebildet oder fehlt. Der oberständige Fruchtknoten ist mit Schleimdrüsenhaaren dicht besetzt, zweifächerig, im unteren Teile durch eine falsche Scheidewand scheinbar vierkammerig. Die Narbe des Griffels ist blattartiglanzettlich, die Samenanlagen sind anatrop.

Abb. 21.
Sesam *(Sesamum indicum)* Pflanze, Fruchtstand, eine Kapselhälfte von der anderen getrennt und geöffnet, Same

Die Blüten sind hinfällig, die Blütezeit währt nur von Morgen bis Mittag. Die Frucht ist eine bis zu 4 cm lange und 5 mm dicke, am Stengel aufrecht stehende septicide Kapsel. Die etwas abgeplatteten, ovalen Samen sind weißlich bis schwarz, klein, 1,5—4 mm lang, 1—2 mm breit und 0,5—1 mm dick und mit dunklen Leistchen besetzt. Durch äußere Einflüsse können die Samen der Spitzenkapseln nicht voll entwickelt sein. Ihre Farbe ist deswegen gefleckt, grau oder auch gelblich. Das Zuchtziel ist neben gleichmäßiger Reife und Verkürzung der Vegetationszeit die Gewinnung einer rein-weißen Saat, da diese im Handel als wesentlich wertvoller gilt. Diese Aufgabe ist umso weniger schwierig, da beim Sesam meist Selbstbestäubung vorliegt, die Samen also homozygot veranlagt sind, was Auslese und Linientrennung erleichtert (1, S. 369ff., 420).

Außer *Sesamum indicum L.* wird in Afrika noch eine weitere Art, *Sesamum radiatum Schum. et Thonn.*, viel angebaut, deren Samen berändert und netzförmig gestreift sind. Sie findet sich wild im Bahr el Ghazalgebiet, auf Sansibar, bei Mwansa, am Lutambasee im Bezirk Lindi, in Westafrika und im Sudan. Eine weitere Art ist *Sesamum angustifolium (Oliv.) Engl.*, die wild in Sansibar, Deutsch-Ostafrika bei Mpwapwa, Bukoba, Mwansa und Gonda wächst (12, S. 401).

Ökologie. Zum Gedeihen verlangt der Sesam ein ausgeglichenes, warmes Sommerklima mit Monatsmitteln mindestens um 20° C. Bei 24° C beträgt die Vegetationsperiode 3—4 Monate. Er fordert ein mittleres Maß von Feuchtigkeit. Heftige Platzregen nach der Saat schaden ebenso wie Regen zur Blütezeit.

Sesam ist eine Kalkpflanze und bevorzugt deshalb vor allem sandige Lehmböden oder sehr kalkhaltiges Schwemmland. Der Acker muß tief gelockert und in guter Krümelstruktur sein. Düngungsversuche fehlen bis heute. Organische Düngemittel gibt man zur Vorfrucht, weil die Nährstoffe nur allmählich frei werden und bei der Kürze der Vegetationszeit der Sesam daraus sonst keinen vollen Nutzen ziehen kann (7, S. 240; 11, S. 63f.).

Kultur. Gesät (7, S. 241f.; 11, S. 64ff.) wird der Sesam breitwürfig mit der Hand oder besser in Reihen mit der Drillmaschine (5—10 kg/ha). Die Reihenweite soll 40—50 cm (7, S. 241) oder 50—65 cm (11, S. 66) betragen. Die Aussaatzeit muß sich weitgehend nach der Bodentemperatur richten. Sesam hat eine minimale Keimungstemperatur von 10—12° C und eine optimale von 35° C. Deswegen ist in den Tropen die Keimung immer, in den Subtropen aber nur dann möglich, wenn der Boden hinreichend erwärmt ist. Die Kleinheit der Samen verlangt nur dünne Bedeckung mit Erde. Es ist deshalb darauf zu achten, daß bei der Saat die obersten Bodenschichten besonders gut durchfeuchtet sind und nicht Krusten bilden. Ungünstige Bedingungen lassen viele der zarten Keimpflanzen zu Grunde gehen. Unter mittleren Temperaturverhältnissen geht die Saat nach 10 Tagen auf. Bei zu üppigem Wachstum wird sie, wenn sie 10 cm hoch ist, ausgedünnt. Junge Pflanzungen müssen durch Jäten und Hacken von Unkraut freigehalten werden, später unterdrückt dieses der Sesam durch sein schnelles Wachstum selbst. Unter günstigen Bedingungen blüht der Sesam im dritten und reift im vierten Monat nach der Saat.

Sesam ist meist Nebenkultur und wird als Zwischen- oder Mischkultur gebaut, seltener als Reinkultur. Als Zwischenkultur eignet er sich in weit gepflanzten Baumkulturen im Mischbau mit Baumwolle, Erbsen, Bohnen und Sorghum. In den Subtropen wird er als Sommerfrucht nach Wintergetreide und Leguminosen gepflanzt. Die Fellachen Ägyptens bauen den Sesam an, weil er eine gute Vorfrucht für Weizen darstellt (11, S. 67). Für Belgisch-Kongo wird Sesam als Mischkultur mit Reis (Provinz Stanleyville), Sorghumhirse, Eleusine, Mais (Bezirk Oberituri) und Erdnüssen genannt (13, S. 495).

Die Ernte des Sesams (7, S. 242f.; 11, S. 69f.) gestaltet sich insofern schwierig, als das Reifen der Kapseln nicht gleichzeitig erfolgt. Diesem Übelstande kann nur die Sortenzüchtung abhelfen. Das Abpflücken oder Abschneiden der jeweils reifen Kapseln ist unwirtschaftlich. Die von Deutsch-Ostafrika und der Türkei her bekannte Methode hat sich am besten bewährt: in gewissen Zeitabständen werden die Pflanzen, an denen die meisten Kapseln zwar noch geschlossen, aber schon gelb geworden sind, ausgerissen, in Garben gebunden und zu Puppen von acht Garben, bei Großanbau auf dem Felde, bei Kleinanbau auf dem Gehöft, aufgestellt. Nach einiger Zeit springen die Kapseln beim Trocknen auf, und man kann dann leicht die Garben über einem Tuch abklopfen. Diese werden erneut aufgestellt, bis auch die restlichen Kapseln aufgesprungen sind; danach wird das Abklopfen wiederholt. Zweckmäßig ist, die gewonnenen Samen in dünner Schicht auszubreiten und einen Tag nachtrocknen zu lassen. Sie werden dann mit der Windfege gereinigt.

Die Erträge schwanken unter dem Einfluß von Boden, Klima, Ernährung und Anbauverhältnissen sehr (200—2500 kg/ha; 7, S. 242).

Ebenso schwankt der Gehalt an Öl. Er beträgt im Durchschnitt etwa 50 v. H. (11, S. 72). Allerdings gelten diese Zahlen nur für *Sesamum indicum L.*; *S. radiatum Schum. et Thonn.* hat einen viel geringeren Ölgehalt (32,3 v. H., Vergleichszahl für *S. indicum* 54,1 v. H.; 26).

Die Gewinnung des Öles in den Produktionsländern ist primitiv. Die wirtschaftliche Gewinnung erfolgt in den Ölmühlen Europas und Amerikas durch dreimaliges Pressen, wobei die erste kalte Pressung 22 bis 32 v. H. helles, feines Speiseöl, die zweite 6 bis 12 v. H. weniger feines, etwas dunkleres Speiseöl und die dritte 8 bis 10 v. H. dunkles Öl zur Seifenfabrikation liefert. Die danach noch im Preßkuchen vorhandenen 8 bis 10 v. H. Öl können teilweise noch durch Extraktion mit Schwefelkohlenstoff erhalten werden. Die Benutzung der Preßkuchen als Viehfutter wird damit freilich unmöglich, sie sind nur noch zu Düngungszwecken zu gebrauchen (11, S. 71f.). Zur Speiseöl- und Margarine-Fabrikation muß das Öl oft noch raffiniert werden.

Das Sesamöl (11, S. 72f.) ist nicht trocknend. Kalt gepreßt ist es milde, von hellgelber Farbe und fast geruchlos, warm gepreßt dunkler und von kratzendem Geschmack. Seine Kennzahlen sind (17, S. 791): Spez. Gewicht bei 15^0 0,922—0,924, Brechungsindex bei 20^0 1,475—1,476, Verseifungszahl 188—195, Jodzahl 100—115, Erstarrungspunkt der Fettsäuren 21—24^0.

Sesamöl setzt sich zusammen aus den Glyzeriden der Öl- (48,1 v. H.), Linol- (36,8 v. H.), Palmitin- (7,7 v. H.), Stearin- (4,6 v. H.), Arachin- (0,4 v. H.) und Lignocerinsäure (0,04 v. H.). Darin befindet sich neben Phytosterin (0,549 g in 100 g Öl) das charakteristische Sesamin ($C_{26}H_{18}O_4$?, 0,11 bis 0,27 v. H.), Sesamol (0,1 v. H.) und Sesamolin ($C_{26}H_{18}O_7$), das in Sesamol und Samin aufspaltet (16, II, S. 1138ff., dort auch weitere Analysen; 17, S. 791). Sesamöl ist mit Hilfe einer ihm eigentümlichen Reaktion leicht nachzuweisen (Näheres bei 11, S. 73).

Sesamöl hat eine mannigfaltige Verwendung. In erster Pressung dient es vor allem als Speisefett, entweder als Salatöl (allein oder mit Olivenöl gemischt) oder zur Margarine-Fabrikation. Weiterhin dient es als Kosmetikum und wird bei den Negern und Hindus zum Einreiben der Körper, zur Extraktion der Duftstoffe aus Blüten, wohlriechenden Wurzeln und Kräutern verwendet. Auch die europäische Duftstoffindustrie verwendet Sesamöl zum gleichen Zwecke. Öle zweiter und dritter Pressung werden zur Seifenherstellung, besonders aber als Schmieröl, weil es nicht leicht ranzig wird, und als Brennöl benutzt. Bodensatz und Ruß des Öles dienen zur Herstellung chinesischer Tusche (11, S. 74f).

Die Preßkuchen des Sesams sind je nach der Samenfarbe verschiedenartig, von gelblichgrau über braun, braunrot bis grauschwarz und dunkelfarben. Sie dienen in den Produktionsländern als Nahrungsmittel der ärmeren Bevölkerung. Gemahlen werden sie als gutes Kraftfuttermittel verwendet, da sie 35—40 v. H. Protein, bis zu 15 v. H. Fett und große Mengen an phosphorsauren Salzen enthalten (17, S. 791). Besonders eignen sie sich für Geflügel, Schafe, Ziegen, Rindvieh und Schweine (11, S. 75).

Außer Öl und Preßkuchen dienen den Eingeborenen die Samen selbst in ganzem oder zerquetschtem Zustande als Zusatz und zur Herstellung der verschiedensten Speisen (5, S. 112).

Nicht nur die Samen, sondern auch die Blätter werden zur Herstellung von Heilmitteln verwendet (6, S. 263). Weiterhin benutzen die Neger Afrikas neben den Samen auch die Blätter von *Sesamum angustifolium (Oliv.) Engl.* und *S. radiatum Schum. et Thonn.* Diese werden mit Wasser eingeweicht, dann wird der gelatinöse Saft abgepreßt. Er wird als Bindemittel gebraucht.

EINZELNE ANBAUGEBIETE

Der Anbau des Sesams ist in Afrika sehr verbreitet. Die Erzeugung ist nicht erfaßbar, da die Eingeborenen den größten Teil der Ernte zur Nahrung verbrauchen und diese daher in den Statistiken nicht in Erscheinung tritt.

Eines der wichtigen Erzeugungsgebiete für Sesam in Afrika ist der Englisch-ägyptische Sudan, besonders die Gebiete am Weißen Nil. Die Ausfuhrmenge wird hier hauptsächlich durch die Witterungseinflüsse, nicht so sehr durch die Marktlage bestimmt. Ein großer Teil der Ernte wird darüber hinaus im Lande selbst verbraucht.

Ausfuhr an Sesamsaat in t:

1927: 8390	1932: 12428	1937: 20240*
1928: 10183	1933: 6569	1938: 18120*
1929: 13620	1934: 12939	1939: 18840*
1930: 12265	1935: 12345	
1931: 5445	1936: 13765	(24; 26; 29).

*) Zahlen abgerundet.

Ausfuhr an Öl in t:

1929: 67	1933: 65	1937: 441
1930: 72	1934: 101	1938: 446
1931: 65	1935: 204	1939: 326
1932: 27	1936: 488	(26; 29).

Die Ausfuhr Nigerias an Sesamsaat hat in den letzten Jahren bedeutend zugenommen und liegt etwa auf der Höhe der Ausfuhrmengen des Englisch-ägyptischen Sudans. Nigeria und das britische Mandat Kamerun führten in t aus:

1927: 3272	1931: 6003	1935: 13398
1928: 5296	1932: 10583	1936: 11669
1929: 6475	1933: 9813	1937: 10710*
1930: 9701	1934: 12849	1938: 18030*
		(4; 9; 23; 24; 25; 26).

Nach diesen ist das nächstwichtigste Erzeugungsgebiet Deutsch-Ostafrika. Hier wird Sesam besonders im Lindi-Hinterlande, am Viktoriasee, in ganz Unyamwesi, Mpororo, Urundi, Ruanda, Ungoni, Ukami und im Langenburgbezirk gebaut (5, S. 111). Ausfuhr ohne Ruanda-Urundi (in t):

1927: 3793	1932: 4888	1937: 4679
1928: 3266	1933: 4512	1938: 5330*
1929: 4324	1934: 3800	1939: 4710*
1930: 3165	1935: 4193	
1931: 3886	1936: 4821	(18; 24; 26; 29).

Kenya und Uganda führten aus in t:

1933: 5996	1936: 4020	1939: 3940*
1934: 2950	1937: 2280*	
1935: 3636	1938: 2090*	(24; 26; 29).

Die Ausfuhr von Moçambique betrug in t:

1933: 2148	1936: 3436	1939: 2730*
1934: 4043	1937: 2598	
1935: 2782	1938: 1820*	(10; 21; 24; 26).

Aus Ägypten, wo Sesam vor allem in Assiut und Charkieh gebaut wird (19, S. 821), gelangten zur Ausfuhr in t:

1930: 90	1934: 970*	1938: 550*
1931: 326	1935: 1220*	1939: 620*
1932: 3559	1936: 270*	
1933: 492	1937: 150*	(24; 25; 26).

*) Zahlen abgerundet.

Gering ist der Anteil Kameruns an der Sesamausfuhr in t:

1932: 140	1934: 1233	1936: 1079
1933: 683	1935: 621	1937: 1704
		(2).

Für einen größeren Anbau in Sierra Leone sind die Klimaverhältnisse zu ungünstig. Ausfuhr in t:

1933: 14	1936: 420*	1939: 220*
1934: 211	1937: 110*	
1935: 376	1938: 380*	(9; 24; 26).

Die Ausfuhr Französisch-Guineas betrug in t:

1933: 377	1935: 580*	1937: 250*
1934: 450*	1936: 940*	1938: 640*
		(24; 25; 26).

Aus Französisch-Äquatorialafrika (Ubangi-Schari) gelangten zur Ausfuhr in t:

1933: 480*	1936: 240*	1939: 420*
1934: 480	1937: 590*	
1935: 220	1938: 950*	(25; 26).

Die Ausfuhrmengen von Belgisch-Kongo in t sind gering:

1933: 622	1935: 226	1937: 803
1934: 518	1936: 297	1938: 1020*
		(20; 24; 30).

Unbeträchtlich ist die Ausfuhr Angolas in t:

1933: 400	1936: 360*	1939: 880*
1934: 100*	1937: 790*	
1935: 320*	1938: 690*	(25; 26).

Ebenso ohne Bedeutung ist die Ausfuhr von Sansibar in t:

1933: 140*	1934: 120*	1935: 120*
		(24; 25).

Sesam verträgt keine langdauernde Lagerung in geschlossenen Räumen und keinen langdauernden Versand, wodurch in gewissen Gebieten (z. B. im Kongogebiet) für die Ausfuhr Schwierigkeiten entstehen (3, S. 343ff.).

Schrifttum

Sesam

1. Allnutt, R. B., The establishment and maintenance of a pure supply of white sesame seed. The East African Agr. Journ. Jhg. 1 (1936), S. 369—71, 420. Ref.: Über die Züchtung des Sesams. Tropenpflanzer Jhg. 39 (1936), S. 391—392.

*) Zahlen abgerundet.

2. Braun, G., Kamerun — Stand und Zukunft einer Kolonie. Wirtschaftsdienst Jhg. 23 (1938), S. 1151—1154.
3. Fallon, Baron F, La culture du sésame au Congo Belge. Bull. d. mat. gras. de l'Inst. Col. Marseille Jhg. 14 (1930), S. 343—45, und Bull. agricole du Congo Belge Jhg. 21 (1930), S. 1218—20.
4. Gurney, H. F., Report on economic and commercial conditions in the British Dependencies in West Africa. London 1937.
5. Hammerstein, H. L., Die Landwirtschaft der Eingeborenen Afrikas. Tropenpflanzer Jhg. 22 (1919), 2./3. Beih.
6. Hefter, G, Sesamöl. In: Hefter, G, Technologie der Fette und Öle, 2. Teil. Berlin 1906—08, S. 255—81.
7. Marcus, A., Sesam. Tropenpflanzer Jhg. 36 (1933), S. 239—45.
8. Mello Geraldes, C. de, Les principaux produits végétaux des Colonies Portugaises. Les Colonies Portugaises. Public. du Commiss. Génér. du Portugal. Paris 1931. Lissabon 1933.
9. Schoen, L., Rohstoffkammern der Weltwirtschaft. 1. Bd. Afrika. Berlin 1937.
10. Schulz, Die Wirtschaft Moçambiques. Tropenpflanzer Jhg. 42 (1939), S. 121—23.
11. Sprecher von Bernegg, A., Der Sesam. Sesamum indicum DC. In: Sprecher von Bernegg, A., Tropische und subtropische Weltwirtschaftspflanzen. 2. Teil, Ölpflanzen. Stuttgart 1929, S. 56—81.
12. Stuhlmann, F, Beiträge zur Kulturgeschichte von Ostafrika. Bd. X. Berlin 1909.
13. Tihon, L., Contribution à l'étude des sésames du Congo Belge. Bull. Agricole du Congo Belge Jhg. 27 (1935), S. 492—95. Ref: Die Kultur des Sesams im Belgischen Kongo. Tropenpflanzer Jhg. 39 (1936), S. 524.
14. Troll, C., Lange, F. und Gerth, E., Afrika als Rohstofflieferant der Weltwirtschaft. Koloniale Rundschau Jhg. 24 (1932), S. 448—89.
15. Ubbelohde, L. und Eger, E., Sesamöl. In: Ubbelohde, L. und Goldschmidt, F., Handbuch der Chemie und Technologie der Öle und Fette. 2. Teil. Leipzig 1920, S. 196—207.
16. Wehmer, C., Die Pflanzenstoffe. 3 Bde. 2. Aufl. Jena 1929—35.
17. Wolff, H. und Müller, A., Sesamöl. In: Wiesner, J. v., Die Rohstoffe des Pflanzenreiches. 1. Bd. Leipzig 1927—28, S. 790—92.
18. . . ., Ausfuhr Tanganyikas. Afrika-Rundschau Jhg. 4 (1938), S. 70.
19. . . ., La culture du sésame en Egypte. L'Egypte agric. Bull. de l'union des agriculteurs d'Egypte Jhg. 31 (1933), S. 821—22. Ref.: Die Kultur des Sesams in Ägypten. Tropenpflanzer Jhg. 37 (1934), S. 265.
20. . . ., Exportations. Statistiques des marchandises exportées du Congo Belge pendant l'année 1937. Bull. d. l'Office Colon. du Min. des Col. Jhg. 27 (1938), S. 401—20.
21. . . ., Moçambique. Zucker, Ölfrüchte und Textilstoffe, Außenhandel, Deutschlands Einfuhrinteressen. Afrika-Rundschau Jhg. 4 (1938), S. 194—97.
22. . . ., Nigeria. Exportations en 1932. Bull. d. mat. grass. de l'Inst. Col. Marseille Jhg. 17 (1933), S. 195.
23. . . ., The Nigeria Handbook. 10. Ausgabe. Lagos 1933.
24. . . ., Sésame. Commerce. Annuaire intern. de statist. agric. 1934—35. Rom 1936, S. 436—37.
25. . . ., Sésame. Commerce. Annuaire intern. de statist. agric. 1935—36 et 1936—37. Rom 1937, S. 542—43.
26. . . ., Sésame. Commerce. Annuaire intern. de statist. agric. 1939/40. Rom 1940, S. 620—21.
27. . . ., Sesame. Nigeria. Bull. of the Imp. Inst. Jhg. 30 (1932), S. 342—43.
28. . . ., Situation économique d'ensemble. Mouvement commercial (année 1929). Exportations. Bull. écon. de l'Afr. Equat. Franç. Jhg. 6 (1930), S. 10—11.
29. . . ., Statistical abstract for the British Empire 1927—1936. London 1937, S. 144, 221, 228.
30. . . ., Statistique du commerce extérieur du Congo Belge pendant 1937—1938. Brüssel 1928—1937.
31. . . ., Statistisches Handbuch der Weltwirtschaft. Berlin 1936, S. 330.

7. Schibaum, *Butyrospermum Parkii (G. Don.) Kotschy*

Der Schibaum (*Butyrospermum Parkii [G. Don.] Kotschy = Bassia Parkii DC.*) aus der Familie der *Sapotaceae* ist vom Nigerursprung bis zum Weißen Nil beheimatet (s. Karte 9). Er ist in Afrika seit langem bekannt, nach Europa kam über ihn aber erst im 18. Jahrhundert Nachricht (5, S. 688f.).

Botanische Beschreibung. *Butyrospermum Parkii (G. Don.) Kotschy* ist ein stattlicher Baum von 10—20 m Höhe mit starkem, knorrigem, dickem Stamm und rissiger, schwarzgrauer Rinde mit breiter Krone. Die kräftigen Zweige (Abb. 22) sind mit Blattnarben bedeckt und tragen an ihrem Ende dicht gedrängt die großen, langgestreckten, ovalen, etwas ledrigen, in der Jugend rostfarbig-filzigen Blätter. Die Blüten sind kurzgestielt und wie die jugendlichen Blätter ebenfalls rostfarbig-filzig. Während des Harmattans, des trockenen Nordwindes aus der Sahara, der von Dezember bis Februar herrscht, sind die Schibäume meist blattlos, ersetzen aber ihre Blätter zu verschiedener Zeit wieder. Wahrscheinlich spielt hier das Alter der Bäume eine Rolle. Die älteren Bäume belauben sich früher als die jüngeren. Die Blütezeit setzt auch zu verschiedenen Zeiten ein, aber bei den älteren Bäumen bald nach der Belaubung (6, S. 226f.). Die Frucht stellt eine Beere von 4 cm Länge und 3 bis 3,5 cm Breite dar mit gelbem, fast schleimigem Perikarp und meist einem Samen. Dieser ist etwa 2,4—2,6 cm lang und 1,7 cm breit mit außen glänzend hellbrauner, innen mattbrauner, mit hellgelben bis weißen, breiten, verästelten Adern durchzogener Schale. Die dicken, fleischigen Kotyledonen enthalten Zellen mit zahlreichen Öltröpfchen. Die Samen wiegen 5—11,2 g, davon sind 23—35 v. H. Schalen (5, S. 689f.; 10, S. 447f.).

Abb. 22. Schibaum
(Butyrospermum Parkii)
Blühender Zweig, fruchtender Zweig mit Blättern, Frucht

Der Fettgehalt weist starke Schwankungen auf. Schinüsse von der Goldküste enthielten 38,8—52,8 v. H. (19, I; 19, II), von Nigeria 27,0—47,6 v. H. Fett (20, I; 20, II). Nach *Southcombe* (zitiert nach 12, S. 789) unterscheidet man zwei Unterarten, deren eine die „Schinüsse", die andere aber die „Kariténüsse" liefert, die sich von den zuerst genannten durch geringeren Fettgehalt (32—35 v. H. gegenüber 50—54 v. H.), niedrigeren Schmelzpunkt und höhere Jodzahl auszeichnen.

Die Kultur des Schibaumes ist, da er heute noch in größeren Mengen wild wächst, beschränkt. Er steht zumeist nur in Halbkultur und hat bis heute über seine eigentliche Heimat hinaus keine weitere Ausdehnung gefunden. Sein Verbreitungsgebiet reicht vom tropischen Westafrika bis in das zentralafrikanische Seengebiet, wo sich die Form *Butyrospermum Parkii (G. Don.) Kotschy var. niloticum* ausgebildet hat (3, S. 11ff.; 7, S. 93ff., 149ff.; 10, S. 449).

Die Aufbereitung der fälschlich Nüsse genannten Samen erfolgt nach *Greenwood* (4), der die Verhältnisse für Nigeria studiert hat, in verschiedener Weise. Die vom Boden aufgelesenen Früchte haben einen hohen Wassergehalt und müssen zur weiteren Verwendung einem Trocknungsverfahren unterworfen werden. Die Joruba befreien die gesammelten Früchte von dem süßen Mesokarp, das sie zu Speisen oder als Viehfutter verwenden. Die erhaltenen Samen werden gekocht, um die Keimfähigkeit und die Enzymtätigkeit zu zerstören und die letzten Reste des Mesokarps zu beseitigen; sie werden für 5—10 Tage zum Trocknen an der Sonne ausgebreitet. Nach dem Aufbrechen der Nüsse zwischen zwei Steinen erfolgt erneutes Trocknen. Die Kerne enthalten nur noch geringe Mengen Wasser. Ähnlich wie bei den Joruba erfolgt die Aufbereitung auch bei den Haussa. Die Nupe und Gwari dagegen entfernen das Mesokarp, indem sie die Früchte in Haufen oder in flachen Gruben aufschichten und vergären. Nach der Trocknung an der Sonne rösten sie die Nüsse bei mäßiger Hitze in Öfen und entfernen die Schale mittels Mörsern oder zwischen Steinen. Bei den Eingeborenen der Goldküste sind wieder andere Aufbereitungsmethoden in Anwendung (vgl. dazu 6, S. 228ff.). Jedenfalls unterscheiden sich die Endprodukte der einzelnen Methoden kaum voneinander. Die auf diese Weise verarbeiteten Samen dienen teilweise als Ausfuhrprodukt, dessen weitere Verarbeitung in europäischen Ölmühlen erfolgt. Zum größeren Teile jedoch werden die Samen in Afrika selbst weiter verarbeitet und das Fett in einem primitiven Arbeitsgang von den Eingeborenen gewonnen (4, S. 69ff.; 18, S. 54).

Als Ausgangsprodukt zur Schibutterbereitung benutzen die Joruba an der Sonne getrocknetes Material, das geröstet und so fein wie möglich zerkleinert wird, bis ein grauer dünner Teig entsteht. Dieser wird in kaltem Wasser mit den Händen durchgearbeitet, der sich absetzende Fettschaum abgeschöpft, ausgewaschen, abgepreßt und gekocht. Das sich an der Oberfläche sammelnde Öl wird in Kalebassen abgekühlt und kommt in Brote geformt, in Blätter eingehüllt in den Handel. Ähnlich wie die Joruba bereiten die Nupe Schibutter (4, S. 88ff.; 5, S. 690; 10, S. 449; 12, S. 789. Über die Verarbeitung der Nüsse an der Goldküste vgl. 6, S. 228ff.).

S c h i b u t t e r ist bei Temperaturen bis zu etwa 28° C von Butterkonsistenz, weiß bis grau, von mildem Geruch und Geschmack, schwach kakaoartig. Sie wird schwer ranzig (5, S. 691; 10, S. 449f.; 12, S. 789). Die Kennzahlen sind (12, S. 789): Schmelzpunkt 23—30°, Verseifungszahl 176—188, Jodzahl 50—60; Brechungsindex (40°) 1,464—1,465, Erstarrungspunkt der Fettsäuren meist 48—52°.

Schibutter enthält etwa 60 v. H. Ölsäureglyzerid, 30—35 v. H. der Fettsäuren bestehen aus Stearinsäure und 3—4 v. H. aus Laurinsäure, vielleicht auch etwas Linolensäure. Der Gehalt an Unverseifbarem wird sehr verschieden angegeben (3,5 oder 5—15 v. H.; für Schibutter von der Goldküste 3,5—8,9 v. H., Mittel 5,3 v. H. (19), von Nigeria 5,1—16,6 v. H., Mittel 8,8 v. H. (11, II, S. 930f.; 11, III, S. 33 [verschiedenartigste Analysenangaben]; 12, S. 789f.; 20). Je höher der Hundertsatz der Kerne in den Samen und je höher ihr Fettgehalt, desto geringer ist der Gehalt an Unverseifbarem im Fett (19, II, S. 446).

V e r w e n d u n g. Schibutter dient den Eingeborenen als Speisefett, zum Brennen in einfachen irdenen oder eisernen Lampen, zu kosmetischen Zwecken und als Heilmittel gegen Rheumatismus, Ausschläge und Sonnenbrand. Die nach Europa eingeführte oder aus eingeführten Samen gewonnene Schibutter wird meist zur Kerzen- und Seifenfabrikation verwendet (5, S. 692; 10, S. 450f.; 13, S. 418).

Die Preßrückstände enthalten Saponin und Tannin und sind daher nur dann als Futtermittel brauchbar, wenn sie in Mischung mit anderen verwandt werden (15, S. 65ff.).

Nebenerzeugnisse. Außer dem Fett liefert der Schibaum den Eingeborenen in dem süßen Fruchtfleisch ein Obst (13, S. 415) und in dem sehr harten und schwer zu bearbeitenden Kernholz einen Rohstoff zur Herstellung von Holzmörsern und dergl. (13, S. 415). Das schön bräunlichrote, sehr polierfähige Holz eignet sich übrigens auch gut zur Möbelherstellung (2, S. 1268). Nach *Marckwald* (zitiert nach 14, S. 1734) soll von zwei Varietäten die eine eine brauchbare Guttapercha (Analysen bei 11, II, S. 931) liefern. Ob es sich hierbei um die bereits oben genannten Varietäten handelt, die einerseits die „Schi-", andererseits die „Kariténüsse" liefern, bleibt ungewiß. Die Gewinnung der Guttapercha erfolgt in der Weise, daß von den Eingeborenen schmale Rindenstücke abgeschält, der langsam hervorquellende Latex abgeschabt und durch Kochen von seinen Verunreinigungen getrennt wird. Das Produkt wird besonders in der Provinz Bornu in Nigeria gewonnen (17).

LÄNDERBERICHTE

Die Schibaumerzeugnisse werden nur in geringer Menge aus Afrika ausgeführt. Für Französisch-Westafrika waren die Ausfuhrzahlen in t der letzten Jahre wie folgt (1, S. 627; 9, S. 142f.; 16, S. 921):

	1929	1930	1931	1932	1933	1934	1935	1936	1937
Schinüsse . . .	4534	1639	1084	2224	2898	1374	2231	8759	15940
Schibutter. . .	7275	2698	2790	3582	2785	3895	4049	4728	6656

Für Nigeria liegen in t folgende Zahlen vor (9):

	1929	1930	1931	1932	1933	1934	1935	1936	1937
Schinüsse	6856	6318	7552	5309	10507	7462	2144	3845	9303

Die Erzeugung an Schibaumprodukten übertrifft die Ausfuhr sehr beträchtlich, da der weitaus größte Teil im Lande selbst durch die Eingeborenen verbraucht wird. Es steht außer Frage, daß durch geeignete Maßnahmen die Schibaumerzeugnisse, wenigstens in Gebieten mit günstigen Transportverhältnissen, im Ausfuhrhandel eine größere Rolle spielen könnten.

Da der Schibaum anspruchslos ist, würden voraussichtlich einer regelrechten Kultur und Ausbreitung keine Schwierigkeiten im Wege stehen (13, S. 418f.).

Schrifttum

Schibaum

1 Braun, Französisch-Westafrika. Umlagerung im Außenhandel. Wirtschaftsdienst Jhg. 22 (1937), S. 627—28.
2. Brehmer, W v., Hölzer Butyrospermum Parkii (G Don.) Kotschy. In Wiesner, J v, Die Rohstoffe des Pflanzenreiches 2. Bd. Leipzig 1926—28, S. 1268.
3. Chevalier, A., Le Karité (Butyrospermum Parkii Kotschy). In Chevalier, A, Les végétaux utiles de l'Afrique Tropicale Française I, 1 Paris 1905, S. 11—125.
4. Greenwood, M, Sheanuts and sheabutter Annual Bull. of the Agric. Dept. Nigeria Jhg. 8 (1929), S. 59—100.
5. Hefter, G, Sheabutter In· Hefter, G, Technologie der Fette und Öle. 2. Teil. Berlin 1906—08, S. 688—93.
6. Hill, H L., The shea tree (Butyrospermum Parkii) in the Northern Territories. Yearbook 1929 of the Dep. of Agric Gold Coast Bull. 22. London 1930.
7 Lange, F J., Öle und Fette in der Wirtschaft der Eingeborenen Tropisch-Afrikas. Tropenpflanzer Jhg. 37 (1934), S. 93—125, 149—168.
8. Martens, O und Karstedt, O, Afrika. Ein Handbuch für Wirtschaft und Reise. 1 Bd. Wirtschaft. Berlin 1936.
9. Schoen, L., Rohstoffkammern der Weltwirtschaft. 1 Bd. Afrika. Berlin 1937 2. erg. Aufl. Berlin 1939.
10. Ubbelohde, L., Bassiafette. Sheabutter In. Ubbelohde, L. und Goldschmidt, F., Handbuch der Chemie und Technologie der Fette und Öle. 2. Teil. Leipzig 1920, S. 447—51
11. Wehmer, C., Die Pflanzenstoffe. 3 Bde. 2. Aufl. Jena 1929—35.
12. Wolff, H und Müller, A., Sheabutter. In: Wiesner, J v, Die Rohstoffe des Pflanzenreiches 1. Bd. Leipzig 1927—28, S. 788—90.
13. Zech, Der Schibaum in Togo. Tropenpflanzer Jhg. 7 (1903), S 413—19.
14. Zimmermann, A, Kautschuk, Guttapercha und Balata (Kautschukgruppe). Butyrospermum Parkii Kotschy, Westafrika. „Karite oder Schibaum". In: Wiesner, J. v, Die Rohstoffe des Pflanzenreiches 2. Bd. Leipzig 1926—28, S. 1734
15. . . , The Feeding value of shea nut cake. Bull. of the Imp. Inst. Jhg. 29 (1931), S. 65—68.
16. . , Französisch-Westafrika. Die Ergebnisse des Fünfjahresplanes. Wirtschaftsdienst Jhg. 23 (1938), S. 921—22.
17. . . ., Guttapercha aus dem Schibutterbaum. Tropenpflanzer Jhg. 21 (1918), S. 66—67.
18. . . ., Shea nuts. Trop. Agric. Jhg. 11 (1934), S. 54. Ref.. Die Aufbereitung der Schinüsse. Tropenpflanzer Jhg. 37 (1934), S. 442.
19. . . , Shea nuts from the Gold Coast I and II Bull. of the Imp. Inst. Jhg. 30 (1932), S. 282—93 und Jhg. 34 (1936), S. 437—48.
20. . ., Shea nuts from Nigeria I and II. Bull. of the Imp. Inst. Jhg. 28 (1930), S. 123—31 und Jhg. 29 (1931), S. 407—20.

8. Öl und Fett liefernde Pflanzen von zur Zeit in Afrika geringer wirtschaftlicher Bedeutung

Die folgende Reihe von Ölen und Fetten liefernden Pflanzen ist zur Zeit in Afrika von geringer wirtschaftlicher Bedeutung. Es handelt sich hier nicht allein um Sammelprodukte, deren Samen oder Früchte auf ihren Öl- oder Fettgehalt untersucht wurden und die vielleicht einmal im Handel eine gewisse Bedeutung erlangen könnten, sondern auch um Kulturpflanzen aus anderen Erdteilen, die mit mehr oder weniger Erfolg in Afrika eingebürgert wurden oder deren Einbürgerung man mindestens versuchte.

Die Reihenfolge entspricht dem natürlichen System.

Cyperaceae

Cyperus esculentus L., das eßbare Zypergras, Erdmandel, ist eine alte ägyptische Kulturpflanze.

Das Zypergras ist eine mehrjährige, krautige Sumpfpflanze mit kriechendem Rhizom mit Ausläufern, an deren Enden sich eiförmige oder rundliche, mandelgroße, fettreiche Knollen (Erdmandeln) bilden. Der Stengel ist aufrecht, am Ende scharf dreikantig und glatt (bis 60 cm hoch), mit linealen, 20—30 cm langen Blättern und dreikantiger, scharfer Spitze, geschlossener, kahler Scheide und kleiner oder fehlender Ligula. Die hermaphroditen Blüten sitzen in der Achsel schuppiger Hochblätter in zusammengedrückten, gestielten vielblütigen, zu einer unregelmäßigen Dolde vereinigten Ährchen.

Das Zypergras wird in Afrika im Norden und neuerdings auch im Süden angepflanzt.

Die Pflanze verträgt Frost nicht gut und verlangt sandigen, lockeren, fruchtbaren, frischen und feuchten Boden.

Vor dem Auspflanzen wird 30—40 cm tief gepflügt, wobei gleichzeitige Zugabe des Düngers notwendig ist, da die Pflanze den Boden stark erschöpft. Wenn, wie es häufig geschieht, Zypergras im Wechsel mit Weizen gebaut wird, gibt man den Dünger vor dem Weizen. Das Pflanzen erfolgt entweder in Reihen mit einem Abstand von 50—60 cm, die Entfernung der Pflanzstellen in der Reihe beträgt 12—15 cm, in jedes Pflanzloch werden 5—6 Knöllchen gelegt (72, S. 51), oder aber (74, S. 284 T) im Quadratverband bei 30—40 cm Abstand mit 2—4 Knöllchen je Pflanzloch, oder (72, S. 51) man legt 8—10 Knöllchen in Kreisen von 15—20 cm Durchmesser aus, wobei die einzelnen Kreise 45 cm voneinander entfernt sind. Bei festem Boden wird vor, bei lockerem nach dem Auspflanzen bewässert.

Die Pflege besteht in Hacken und in einem Anhäufeln, nachdem die Pflanzen etwa 15—20 cm hoch sind.

Nach 5—6 Monaten kann die Ernte erfolgen. Die Pflanze wird nach Anheben mit dem Spaten aus der Erde gezogen. Nach dem Abtrocknen werden die Knöllchen abgestreift, einige Tage in Haufen zum Trocknen liegen gelassen und sodann sortiert, gewaschen und auf Matten in der Sonne weitergetrocknet.

Ein Hektar soll bis zu 16800 kg frischer Knollen erbringen. 100 kg frische Knollen geben 65 kg lufttrockene Knollen.

Die Knollen werden nicht nur roh, gebraten oder gekocht und als Kaffeesurrogat genossen, sondern sie enthalten auch ein sehr wertvolles Öl bis zu 28,9 v. H. Es ist goldgelb, von angenehm süßem, nußartigem Geschmack. In den Kennzahlen besteht keine Einheitlichkeit: Dichte (15°) 0,9176 (zitiert nach 72, S. 55 und 59, S. 6674ff.), nach anderen 0,924 (*Villavecchia*, zitiert nach 90, S. 731), Erstarrungspunkt unter 0° bzw. + 3°, Säurezahl 1,70, Verseifungszahl 191,3 bzw. 225, Jodzahl 76,89 bzw. 62. Das Öl besteht in der Hauptsache aus den Glyzeriden der Öl- (Hauptbestandteil), Palmitin-, Linol- und Stearinsäure neben wenig Arachin-, Lignocerin- und Myristinsäure und wird schwer ranzig (88, II, S. 115f.). Es steht dem Olivenöl keineswegs nach und kann als hochwertiges Speiseöl und zur Seifenfabrikation dienen.

Die ausgepreßten Knollen sind noch ein gutes Nahrungsmittel für Mensch und Vieh oder dienen zur Zucker- und Stärkebereitung durch Auswaschen.

Die oberirdischen Teile können als Grünfutter oder zu Flechtarbeiten genutzt werden.

Der Anbau kann in den im Hinblick auf die Ökologie und den Absatz geeigneten Gebieten erwogen werden (9, S. 516f.; 29, S. 514; 59, S. 6674ff.; 72, S. 48ff.; 74, S. 283Tff.; 81, S. 131; 89, S. 96f.; 90, S. 730f.; 145, S. 7ff.).

Palmae

Raphia-Arten. Fiederpalmen. Die Gattung ist in Afrika mit zahlreichen Arten vertreten (6). In Madagaskar und an der ostafrikanischen Küste wächst vereinzelt *Raphia ruffia (Jacq.) Mart. (= R. pedunculata P. Beauv.).* Sie liefert neben Palmwein in ihren jungen Blättern Bast, der für Flechtereien und in der Gärtnerei benutzt wird (s. a. u. Faserpflanzen). Die Blattstiele dienen zu Bauzwecken, das Mark als Kork und die Blätter zum Dachdecken. In Madagaskar wird aus dieser Palme auch Sagomehl gewonnen. Die unter dem Schuppenpanzer der Früchte liegende ölhaltige bittere Schicht liefert Haar- und Speiseöl (58, S. 4ff.; 89, S. 222). Von weiteren Arten seien noch genannt: *Raphia Hookeri Mann. et Wendl.* von Alt-Kalabar, Kamerun und der Corisco-Insel; *Raphia textilis Welw.* in Angola (130, S. 37), *Raphia vinifera P. Beauv.* in Oberguinea. Dieser Art steht *Raphia longiflora Mann. et Wendl.* nahe, verbreitet in Westafrika. In Zentralafrika heimisch ist *Raphia Monbuttorum Drude.* Im Kongogebiet wachsen *Raphia Laurentii de Wild.*, *Raphia Gentilii de Wild.* und *Raphia Sese de Wild.* (3, S. 120ff.).

Musaceae

Ravenala madagascariensis Sonn., der bekannte „Baum der Reisenden", der an den Küstenhängen Madagaskars bis 600 m häufig und in den Bergwäldern bis 1600 m vereinzelt vorkommt, enthält in den schönen, blauen Mänteln (Arilli) der eßbaren Samen ein Fett, das durch Auskochen gewonnen wird (89, S. 232, s. a. u. Faserpflanzen).

Moraceae

Treculia africana Decaisne ist ein Baum des tropischen Westafrikas mit großen Scheinfrüchten. Die Samen werden von den Eingeborenen gegessen. Sie liefern Mehl und zu 20 v. H. ein gelbes, klares Öl von angenehmem Geschmack (Dichte [13,5°] 0,9210, Säurezahl 7,8, Verseifungszahl 197,0, Jodzahl 63,4, Brechungsindex [20°] 1,4690). Beim Stehen scheidet sich das Öl in einen festen und einen flüssigen Teil, die sich durch Filtration trennen lassen. Die Preßrückstände sollen als Viehfutter geeignet sein. Im Gegensatz zu anderen *Treculia*-Arten sind Blätter und Früchte ungiftig (7, S. 96ff.; 9, S. 286; 111, S. 64f.).

Cannabis sativa L. Aus den Samen von *Cannabis sativa L.* gewinnt man durch Pressen oder Extraktion das Hanföl.

Proteaceae

Dilobeia Thouarsi Roem. et Schult., ein Baum Madagaskars, enthält in seinen Samen 64 v. H. gelbes Öl (132, S. 130).

Olacaceae

Strombosia Scheffleri Engl., ein in Portugiesisch-Cabinda (Majumbe) sehr häufiger Baum, liefert in seinen Samen zu 15,6 v. H. unangenehm riechendes, gelbbraunes Öl mit folgenden Kennzahlen: Dichte (15°) 0,9353, Brechungsindex (25°) 1,4616—1,4742, Verseifungszahl 216,2, Jodzahl 83 bis 83,6 (53, S. 340f.).

Ongokea gore (Hua) Engl. (=O. Klaineana Pierre) ist ein westafrikanischer Baum, der in seinen getrockneten Samenkernen bis zu 70,7 v. H. eines im durchfallenden Lichte rötlichgelben, im auffallenden Lichte grünen Öles enthält, das wegen seines unangenehmen Geruches und seiner dunklen Farbe für Nahrungszwecke zwar ungeeignet, aber in der Seifenindustrie und als Schmiermittel gut verwendbar ist. Die Eingeborenen benutzen es zum Salben des Körpers. Die Kennzahlen sind: Dichte (15/15° C) 0,987, Säurezahl 17,7, Verseifungszahl 190, Jodzahl 153 (9, S. 294; 85, S. 310; 131, S. 317f.).

Ximenia-Arten. *Ximenia americana L.* gehört den Steppenformationen und der Küste aller Tropenländer an. Dieser Dornstrauch mit länglich-ganzrandigen Blättern und weißen später gelben, vierstrahligen, gefransten Blüten, die in Dolden zu 6—7 in den Blattachseln stehen, bringt gelbe bis kirschrote, mirabellenartige Steinfrüchte von säuerlichem Geschmack. Diese sollen nach manchen eßbar, nach anderen ungenießbar sein. Die Samen, die nach Haselnüssen schmecken, werden von den Eingeborenen gegessen. Die Kerne der bohnenartigen, schwarzen Samen liefern bis zu 69 v. H. zähes, gelbes, nicht trocknendes Öl. Im Geruch, der aber nach 1 bis 2 Tagen verschwindet, erinnert es manchmal an Knoblauch. Die Eingeborenen Afrikas kochen das Öl aus und benutzen es zum Einreiben des Körpers, zu Wachsfackeln und zu Nahrungszwecken. Seine Kennzahlen sind: Dichte (15°) 0,9205—0,9362, Brechungsindex (40°) 1,4700, Säurezahl 0,7—12,0, Verseifungszahl 169,7 bis 183,1, Jodzahl 80,3—94,8. Außer dem Öl ist in den Samen noch ein kautschukartiger Stoff enthalten. Neben den Früchten und Samen werden auch Rinde, Wurzeln und Blätter genutzt.

Ein dem Genannten ähnliches, auch von den Eingeborenen genutztes Öl enthalten die Samen der verwandten *Ximenia caffra Sonder* in Natal und den Steppen Ostafrikas bis zum Kagera und in Südwestafrika.

Eine andere Art, *Ximenia gabonensis Baill.* aus Gabun, liefert ebenfalls Öl (Dichte [15°] 0,925) (12, S. 27; 26, S. 468; 29, S. 495f; 47, S. 204ff.; 81, S. 76f.; 88, I, S. 256f.; 89, S. 269; 90, S. 763; 117, S. 354f.; 129, S. 277ff.; 134, S. 122; 138, S. 313ff.; 149, S. 483ff.).

Coula edulis Baill. Ein bis heute bedeutungsloses, gelbes Öl, das fast ausschließlich aus Triolein besteht, nicht vollkommen trocknet und zu Speisezwecken verwendbar ist, enthalten die haselnußartigen Steinfrüchte (30, 48 v. H. des Samens) von *Coula edulis Baill.*, eines verbreiteten Baumes Westafrikas. Das Holz wird genutzt (9, S. 293; 10, S. 251; 26, S. 468; 29, S. 492ff.; 81, S. 48; 85, S. 309; 88, I, S. 256; 89, S. 90; 90, S. 763; 148, S. 420f.).

Heisteria Winkleri Engl. (= H. Trillesiana Pierre), ein in Gabun an Flußufern und in feuchten Wäldern wachsender Baum, liefert kleine, runde Früchte, die von den Eingeborenen geröstet oder gekocht gegessen werden. Sie enthalten ein gut trocknendes, gelbes Öl (85, S. 310).

Anonaceae

Monodora Myristica (Gaertn.) Dunal. Dieser mittelhohe Baum, dessen Samen außer ätherischem Öl und einem Harz ein rötlichbraunes, wenigstens zur Seifenfabrikation ziemlich ungeeignetes Öl zu 36—50 v. H. enthalten, bewohnt das tropische Afrika von Sierra Leone bis Angola. Die Kennzahlen des Öles sind: Dichte (15°) 0,519, Säurezahl 20,5—56,7, Verseifungszahl 180,6—186,7, Jodzahl 110,6—118,4 (9, S. 5; 89, S. 178; 90, S. 715; 141, S. 346ff., s. a. u. Gewürze).

Myristicaceae

Cephalosphaera usambarensis Warb. (1903) (= Brochoneura usambarensis Warb. 1895) ist der Charakterbaum der Bulua-Bergurwälder in Usambara. Er liefert ein gutes Bretterholz und Muskatbutter, die aber ohne Handelsbedeutung ist (26, S. 469; 89, S. 44).

Staudtia kamerunensis Warb. und *Staudtia stipitata Warb. Staudtia kamerunensis Warb.*, ein Baum der Westküste Afrikas, liefert in seinen Samen ein bei gewöhnlicher Temperatur festes Fett von aromatischem Geruch und Geschmack, das als Ersatz für Muskatbutter dienen könnte. Zur Seifen- und Stearinfabrikation ist es ungeeignet (29, S. 637). Auch *Staudtia stipitata Warb.* enthält in seinen Samen 30 v. H. Fett.

Scyphocephalium-Arten. Ein Fett, Ochocobutter, das gepreßt wegen eines braunen, gerbstoffhaltigen Farbstoffes nur von geringer Bedeutung, aus dem Endosperm extrahiert aber weiß ist (Schmelzpunkt 45—48°, Verseifungszahl 238,5, Jodzahl 1,7) und zu etwa 98 v. H. aus Trimyristin und etwas Ölsäureglycerid besteht, liefern die Samen (80,8 v. H. des Endosperms) von *Scyphocephalium ochoca (Pierre) Warb.* von der Westküste Afrikas (Gabun) (22, S. 227; 81, S. 536; 88, I, S. 349f.; 89, S. 236; 90, S. 761). Auch *Scyphocephalium chrysothrix Warb.* und *Scyphocephalium Mannii (Benth.) Warb.*, Waldbäume in Kamerun, enthalten in den Samen ein ähnliches Fett.

Coelocaryon Klainei Pierre und *C. Preussii Warb. Coelocaryon Klainei Pierre* wächst am Kongo und in Kamerun. Die Samen liefern ein Fett (40)

S. 761). Das gleiche gilt für *Coelocaryon Preussii Warb.*, eine Verwandte aus Kamerun und der Südwestküste von Fernando Po (9, S. 11; 86, S. 99f.).

Pycnanthus-Arten. *Pycnanthus Kombo (Baill.) Warb.* (= *Myristica Kombo Baill.* = *M. angolensis Welw.*, siehe *Stapf, O.* in *Oliver* „Flora of tropical Africa", London 1909, VI, 1, S. 158) ist ein von Sierra Leone bis Golungo alto in Angola und ostwärts bis Bukoba verbreiteter Baum. Seine entschälten Samen enthalten 56 v. H. eines gelben bis rotbraunen, festen Fettes (Kombobutter) von leicht aromatischem Geruch (darin: 68,5 v. H. feste, 6,5 v. H. flüssige Fettsäuren, 8,4 v. H. Glycerin; Hauptbestandteil Myristin). Die dunkle Farbe rührt von der Samenhaut her, die einen Farbstoff enthält. Bei längerem Lagern nimmt das Fett einen an Heringslake erinnernden Geschmack an, was die Anwesenheit von Trimethylamin verrät. Die Verarbeitung des Fettes zu Seifen und Kerzen stößt auf Schwierigkeiten (9, S. 11f.; 29, S. 635ff.; 81, S. 535f.; 85, S. 314; 88, I, S. 350; 89, S. 220; 90, S. 761). Als weitere Arten sind zu nennen: *Pycnanthus Niohue (Baill.) Warb.* in Westafrika (Gabun), *Pycnanthus Dinklagei Warb.* im Hinterlande von Liberia (Groß-Bassa, Fishtown), ein 10 m hoher Baum mit überhängenden Zweigen, und *Pycnanthus Mechowii Warb.* im Kongogebiet, die sämtlich in ihren Samen Fett enthalten.

Papaveraceae

Argemone mexicana L., der Stachelmohn, eine krautige bis halbstrauchige Pflanze mit blaugrünem Stengel und halbstengelumfassenden, fiederspaltig gelappten, lang bestachelten Blättern und großen, orangefarbenen bis gelben Blüten, stammt aus dem tropischen Amerika. Sie ist auch in Afrika eingeführt und wird z. B. im Französischen Sudan als Folgesaat frühreifen Getreides kultiviert. Neben der Nutzung der Wurzel liefern die kleinen, dunkelbraunen, runden, mit Netzstruktur versehenen Samen Öl (36,5 v. H. der trockenen Samen) von bräunlichgelber Farbe und scharfem Geschmack. Es ist schwach trocknend, dunkelt beim Trocknen stark nach und hat folgende Kennzahlen: Dichte (15/15° C) 0,9220, Brechungsindex $n_{D\,40}$ 1,466, Säurezahl 21,6, Verseifungszahl 192,7, Jodzahl 123,7. An Fettsäuren finden sich 48 v. H. Linol-, 21,8 v. H. Öl-, 7,95 v. H. Palmitin-, 5,95 v. H. Stearin-, 5,87 v. H. Palmitoolein-, 9,84 v. H. Ricinol- und 0,58 v. H. Linolensäure. Das Öl wird als Brenn- oder Schmieröl oder zu medizinischen Zwecken sowie in der Seifenindustrie verwendet (9, S. 17f.; 26, S. 469; 29, S. 109f.; 81, S. 294f.; 88, I, S. 387; 90, S. 775; 125, S. 292ff.).

Papaver somniferum L. Der Schlafmohn wird nur in geringem Umfange in Nordafrika (Ägypten) angebaut. Seine Samen enthalten zu 50—60 v. H. Öl. Das kalt gepreßte Öl ist blaß- bis goldgelb, milde schmeckend, das warm gepreßte dunkelgelb bis rötlich, von kratzendem Geschmack. Kennzahlen: Dichte (15°) 0,924—0,927, Brechungsindex $n_{D\,20}$ = etwa 1,475, Verseifungszahl 190—198, Jodzahl etwa 135—145. Es besteht aus den Glyceriden der Stearin-, Palmitin-, Öl-, Linol-, Linolen- und Isolinolensäure. Kalt gepreßtes Öl dient als Salatöl, warm gepreßtes zur Seifenfabrikation (29, S. 96ff.; 81, S. 410ff.; 88, I, S. 382; 89, S. 198f.; 90, S. 757f.).

Cruciferae

Brassica juncea (L.) DC. Aus den Samen von *Brassica juncea (L.) DC.*, einer im nordöstlichen Afrika wild wachsenden und auch z. B. in Abessinien als Gemüse kultivierten Pflanze, wird bei der Senfmehlgewinnung das auch aus anderen Cruciferen hergestellte Senföl gewonnen (9, S. 23; 26, S. 469f.; 90, S. 787f.).

Moringaceae

Moringa oleifera Lam. und *Moringa peregrina (Forsk.) Fiori. Moringa oleifera Lam. (= M. pterygosperma Gaertn.)*, der Meerrettichbaum, ein mittelhoher Baum mit schlanken Zweigen, wechselständigen, zwei- bis dreifach gefiederten Blättern und rispigen Blütenständen, mit weißen, gelblichen oder rötlichen Blüten, schlanken, spindelförmigen Früchten und dreiflügeligen Samen, ist im Himalaja heimisch, aber durch die Kultur in fast allen Tropenländern, so auch in Ost- und Westafrika von den Kapverdischen Inseln bis Kamerun verbreitet. Die Pflanze ist ziemlich klimahart, verträgt größere Trockenheit und wächst noch in kühleren Tropengebieten bis 1500 m Meereshöhe. Sie stellt an den Boden außer gut durchlässigem Untergrund keine besonderen Anforderungen. Sie wächst schnell und blüht schon im zweiten Jahre. Die Früchte reifen in 2—3 Monaten. Der Baum ist sehr regenerationsfähig. Er pflanzt sich durch Samen wie auch durch Wurzelausschlag fort und kann auch in der Kultur sowohl durch Samen als auch durch Stamm- und Wurzelschößlinge vermehrt werden. Er liefert in seinen Samen durch kalte Pressung ein schwach gelbliches, klares, geruchloses, schwer ranzig werdendes Öl (Behenöl, 38—40 v. H. der Kerne) von süßlichem Geschmack, das als Uhrmacher-, Haar- und Parfümerieöl verwendet wird. Es enthält Glyceride der Palmitin-, Stearin-, Myristin-, Öl- und Behensäure und hat folgende Kennzahlen: Dichte (15°) 0,913—0,916, Brechungsindex (40°) 1,493, Säurezahl 0,9—2,3, Verseifungszahl 186,0—187,7, Jodzahl 67,7—72,2. Warmgepreßtes Öl ist dunkelbraun, von bitterem Geschmack und wirkt abführend. Die Wurzel wird wie Meerrettich genutzt, ihre zerstoßene und in Wasser geweichte Rinde läßt sich als hautrötendes Mittel zu Kataplasmen verwenden. Die jungen Blätter dienen als Salat, die jungen Früchte sind eßbar. Der Stamm enthält ein weiches, rötlichgelbes Gummi, das in der Kalikodruckerei Verwendung findet. Die Rinde liefert grobe, für Matten, Papier und Taue geeignete Fasern. Der Baum wird in Togo bei den Gehöften gepflanzt oder oft als lebende Hecke aus Stecklingen gezogen (9, S. 23; 26, S. 470; 33, S. 21ff.; 88, I, S. 418; 89, S. 179; 122, S. 276ff.).

Moringa peregrina (Forsk.) Fiori (= M. arabica Pers. = M. aptera Gaertn.) ist im arabisch-afrikanischen Wüstengebiet verbreitet, mit kleinen hinfälligen Blättern und ungeflügelten Früchten, wird wie ihre Verwandte genutzt und liefert ein ähnliches, mildes, nicht ranzig werdendes Öl mit Palmitin-, Stearin- und Behensäureglycerid (50 v. H. der Kerne, dessen Kennzahlen sind: Dichte [15°] 0,915, Brechungsindex [40°] 1,461, Säurezahl 0,5, Verseifungszahl 188,2, Jodzahl 71,2) (9, S. 23; 88, I, S. 418; 89, S. 179; 122, S. 276ff.).

Rosaceae

Chrysobalanus orbicularis Schum. et Thonn., eine strauchige oder baumartige Pflanze mit fast rundlichen, lederigen Blättern und weißblütigen, end- oder achselständigen Rispen, besitzt pflaumengroße, gelbe, rote oder blaue Früchte (Icacopflaume), die trotz ihres herben Nachgeschmackes als Obst oder Kompott genossen werden. Das Fruchtfleisch wird zum Schwarzfärben benutzt, die Abkochung der gerbstoffreichen Rinde und Wurzeln dient zum Haltbarmachen der Netze (s. u. Gerbstoffpflanzen). Die Samen liefern ein geschätztes Speiseöl (20—25 v. H. der Kerne, Icacoöl) (9, S. 167f.; 88, I, S. 483; 89, S. 66).

Afrolicania elaeosperma Mildbr., wahrscheinlich schon im Süden von Sierra Leone (Scherbro-Insel) auftretend, dann durch Liberia (bei Groß-Bassa häufig) entlang der Küste verbreitet bis Südnigeria (Eket), enthält in den Kernen der Samen 52,4 v. H. gelbes, trocknendes Öl, das im Geruch an Tungöl erinnert. Die Eingeborenen verwenden es zum Einreiben des Körpers. Die Kennzahlen sind: Dichte (15/15° C) 0,963, Säurezahl 2,6, Verseifungszahl 189,1, Jodzahl 156,9. Das Öl dürfte infolge seiner trocknenden Eigenschaften für die Lack- und Farbenindustrie geeignet sein (5, S. 188f.; 9, S. 167; 129, S. 271ff.; 130, S. 38ff.).

Parinarium-Arten. *Parinarium mobola Oliv. (= P. curatellifolium Planch.)*, ein in Angola und am Sambesi vorkommender stattlicher Baum, liefert gutes Nutzholz und Früchte, deren Fleisch und Kerne gegessen werden. Die Samen werden gelegentlich zur Ölgewinnung nach Europa ausgeführt (81, S. 21; 89, S. 199; 90, S. 780).

Parinarium excelsum Sab., von Senegambien bis Spanisch-Guinea verbreitet, liefert außer Holz und Rinde nutzbare Früchte und eßbare Samen, aus denen ein Öl gepreßt wird, das aber schnell ranzig wird (9, S. 168f.).

Parinarium macrophyllum Sab. (= P. senegalense Guill. et Perr.) ist ein kleiner Baum in den Küstengebieten von Südsenegambien bis Liberia. Er blüht das ganze Jahr über. Das zuckerhaltige Fruchtfleisch wird von den Eingeborenen als erfrischendes Obst genossen. Holz und Rinde werden genutzt. Aus den unreifen Nüssen stellen die Fischer einen Leim her, um die Fischgeräte zu konservieren. Die Früchte enthalten 1—2 ölreiche Samen, wovon 84,9 v. H. Schalen sind. Der Ölgehalt der Samenkerne beträgt 57,3 bis 62,4 v. H. Bei gewöhnlicher Temperatur ist das Öl flüssig, verdickt sich aber beim Stehen leicht und wird ranzig. Das spez. Gewicht ist 0,954 (15°). An Fettsäuren finden sich 10,3 v. H. gesättigte, hauptsächlich Palmitin- und

Stearinsäure, und 83,8 v. H. ungesättigte, und zwar 32 v. H. Linol-, 21 v. H. Ölsäure und wohl ein Isomeres der Elaeo-Stearinsäure. Das Öl kann zur Seifenherstellung und als Ersatz für Leinöl in der Firnisbereitung dienen (9, S. 169f.; 29, S. 159ff.; 81, S. 405; 88, I, S. 403; III, S. 146; 90, S. 780).

Leguminosae

Tetrapleura tetraptera Taub. (= *T. Thonningii Benth.*) ist ein Baum der Regenwälder Westafrikas von Senegambien bis Angola mit auffallend vierflügeligen Hülsen. Zwei der Flügel sind holzig, zwei fleischig. Diese sind eßbar, werden infolge ihres Saponingehaltes auch zu Seifen oder medizinischen Zwecken benutzt, wozu auch die ganzen Früchte und die Rinde verwendet werden. Die Samen enthalten ein ähnliches Fett wie die folgende *Adenanthera pavonina L.* (9, S. 223f.; 62, S. 9034).

Adenanthera pavonina L., der Rotholzbaum, der im tropischen Asien sowie auf Madagaskar und Réunion heimisch, aber in vielen Gebieten eingeführt ist, liefert in seinen korallenroten Samen, die als Schmuck getragen werden und auch mit Reis gekocht als Nahrung dienen, ein Fett (etwa 35 v. H.), dessen Säurezahl 1,25, Verseifungszahl 176,6 Jodzahl 94, Brechungsindex (25°) 1,4710 beträgt (62; 88, I, S. 495).

Pentaclethra macrophylla Benth. und *P. Eetveldeana de Wild. et Dur. Pentaclethra macrophylla Benth.* ist ein Baum der Galerie- und Urwälder des tropischen Afrikas von Senegambien bis zum Kongogebiet mit kleinen Blüten in zu einer stattlichen Rispe angeordneten Ähren. Das harte, schwer zu bearbeitende, termitensichere Holz wird genutzt. Rinde und Wurzel werden als Arzneimittel und die Samen nach Zerstörung des in ihnen enthaltenen giftigen Alkaloids Paucin ($C_{27}H_{39}N_5O_5 + 6\frac{1}{2}$ aq.) als Nahrungsmittel oder zur Ölgewinnung verwendet. Das zuerst süßliche, dann bitter schmeckende, unangenehm scharf riechende, nicht trocknende Öl (Owalaöl, 30—36 v. H. der Samen, 44—45 v. H. der Kerne, Dichte [25°] 0,912, Brechungsindex $n_{D\,40} = 1{,}4654$, Verseifungszahl 182—186, Jodzahl 88—100, Erstarrungspunkt der Fettsäuren etwa 50—52°) setzt sich hauptsächlich aus den Glyzeriden der Arachin-, Stearin- und Oleinsäure zusammen. Es eignet sich am besten zur Kerzenfabrikation, nach Raffination wohl auch zu Nahrungszwecken (9, S. 220f.; 26, S. 471f.; 29, S. 463f.; 81, S. 77ff.; 85, S. 311f.; 88, I, S. 494; 89, S. 204; 90, S. 747; 110, S. 329).

Auch *Pentaclethra Eetveldeana de Wild. et Dur.* vom mittleren und unteren Kongogebiet liefert Fett (50,32 v. H. der Samenkerne, Verseifungszahl 189,3, Jodzahl 74,5) (11, S. 9770ff., S. 9799ff.; 88, III, S. 148).

Afzelia africana Smith. Dieser bis 15 m hohe Baum gehört der afrikanischen Steppe von Senegambien über Togo, Lagos, Kamerun, Scharigebiet, Quellgebiet des Bahr-el-Ghasal bis zum Viktoria-Nil an. Er trägt weiße Blüten und zweiklappige kurze Hülsen, die die mit scharlachrotem Samenmantel (Arillus) versehenen schwarzen Samen enthalten. Die Angabe, daß dieser typische

Steppenbaum einerseits auf den trockensten und ärmsten Standorten, andererseits aber auch in feuchtgründigen Ölpalmenhainen wachse, ist anzuzweifeln. Wahrscheinlich handelt es sich um zwei verschiedene Arten. *Afzelia africana Smith* liefert neben Möbel- und Bauholz in ihren Blättern Viehfutter und in ihren Samenkernen (etwa 19 v. H.) hellgelbes, dickflüssiges, geruchloses, in den Arilli (54 v. H.) ziegelrotes, dem Palmöl ähnliches, nach Veilchen duftendes Öl. Die Kennzahlen sind: Brechungsindex $n_{D\,40}$ 1,472 bzw. 1,462, Verseifungszahl 229 bzw. 210, Jodzahl 74 bzw. 56 (9, S. 172f.; 88, I, S. 493; 89, S. 10; 90, S. 748; vgl. a. u. Faserpflanzen, Rindenstoffe).

Bauhinia Burkeana Benth. (= B. esculenta Burch.) und *B. tomentosa L.* *Bauhinia Burkeana Benth.* ist eine auf den Sandfeldern Südafrikas (Transvaal, Betschuanaland, Kalahari, Omaheke, Hereroland) wachsende Art mit kräftigem Wurzelstock, der trotz seines bitteren Geschmackes von den Eingeborenen gegessen wird, mit über dem Boden kriechenden Zweigen, großen gelben Blüten und kastanienbraunen, geröstet ähnlich wie Kakaobohnen schmeckenden Samen (Gemsbockbohnen). Diese enthalten ein goldgelbes, nußartig riechendes, wohlschmeckendes Öl (41,6—43,3 v. H. der Kerne, Dichte [15/15° C] 0,9211, Jodzahl 94,4—95,6, Säurezahl 0,6, Verseifungszahl 189,0—190,0, Brechungsindex [40° C] 1,464), dessen Gewinnung allerdings infolge der harten Samenschale schwierig ist (1, S. 177ff.; 12, S. 6; 81, S. 80; 88, I, S. 502; 90, S. 747; 114, S. 142ff.).

Eine Verwandte, *Bauhinia tomentosa L.*, die außer dem tropischen Asien auch das tropische und subtropische Afrika bewohnt, ein Strauch oder kleiner Baum mit schlanken Zweigen und schwefelgelben Blüten, liefert neben feinkörnigem, weißem Holz ein vortreffliches Fett (89, S. 39; vgl. a. u. Faserpflanzen, Rindenstoffe).

Caesalpinia crista L. (= C. Bonducella Roxb.), der Kugelstrauch, ein großer, stacheliger Kletterstrauch des tropischen Asiens und Afrikas, liefert in seinen blaßgrauen oder braunen, sehr harten Samen, die als Mittel gegen Fieber gebraucht werden, einen Bitterstoff (Bonducin oder Guillandinin $C_{14}H_{15}O_5$) und ein Öl, Bonducnußöl (9 v. H. der Kerne) mit 87 v. H. ungesättigten und 13 v. H. gesättigten Fettsäuren (Öl-, Linol-, Palmitin-, Stearin-, Lignocerin- und Daturinsäure [?]), das als Brennstoff und Arzneimittel verwendet wird (9, S. 178; 88, I, S. 509; III, S. 33; 90, S. 747).

Glycine max Merril (= Soja hispida Moench 1794 = Glycine hispida Maxim. 1873), die Sojabohne, ist eine alte Kulturpflanze Ostasiens, die außerhalb dieses Gebietes in größerem Umfange auch in Nordamerika gebaut wird (13, S. 128; 93, S. 353).

Botanik. Die Sojabohne ist eine einjährige, aufrechte und verzweigte Pflanze (Abb. 23), die je nach Varietät 25—150 cm hoch wird, mit kräftig entwickelter Pfahlwurzel, behaartem Stengel und gewöhnlich dreizähligen Blättern und achselständigen Blütentrauben zu 8—36 oder mehr unscheinbaren Schmetterlingsblüten von purpurroter oder weißer Farbe, verschieden gestalteten und gefärbten Hülsen mit 2—4 fast kugeligen, ellipsoiden oder schwach nierenförmigen, hellgelben bis dunkelbraunen, grünen oder schwarzvioletten Samen (73, S. 131ff.; 93, S. 353ff.).

Der Formenkreis der Sojabohne ist sehr groß. Die Selektion, besonders von amerikanischer Seite betrieben, hat bereits gute Ergebnisse gebracht (73, S. 135ff.; 93, S. 355ff.).

Die Sojabohne scheint in ihrem ökologischen Verhalten sehr anpassungsfähig zu sein. Die großen Widersprüche, die sich bei der Kultur gezeigt haben, können erst gelöst werden, wenn ihr physiologisches Verhalten näher geklärt ist (73, S. 140f.; 93, S. 356ff.).

Die Sojabohne gedeiht auf den verschiedensten Böden, am besten allerdings auf sandigen Lehmböden (73, S. 141; 93, S. 358). Die Anwesenheit von Knöllchenbakterien ist unbedingt erforderlich.

In Südafrika wird die Sojabohne nach Mais gepflanzt. Die Stoppelfelder müssen tief gepflügt und bis zur neuen Aussaat mehrmals geeggt werden. Die Bearbeitung des Bodens für Sojabohnen ähnelt der des Maises (73, S. 142; 93, S. 359).

Abb. 23. Sojabohne *(Glycine max Merril)*
Fruchtender Zweig, Blüte, Frucht geschlossen und geöffnet, Samen

Auf Böden, die eine gute Maisernte liefern, ist eine besondere Düngung zum guten Gedeihen nicht erforderlich. Bei Kalkdüngung oder Impfung mit Knöllchenbakterien tritt zwar eine Zunahme des Stickstoff- aber eine Abnahme des Ölgehaltes der Samen ein (73, S. 142f.; 93, S. 359f.).

Die Zeit der Aussaat ist nach den klimatischen Bedingungen verschieden. Die Aussaat erfolgt breitwürfig oder in Reihen, deren Abstände 40—100 cm betragen, bei einer Entfernung der einzelnen Pflanzen von 3—25 cm (73, S. 143; 93, S. 362f.).

Bei der Ernte werden die Pflanzen ausgezogen oder dicht über dem Boden abgehauen, gebündelt, an der Sonne getrocknet, damit die zur Erntezeit noch nicht vollreifen Samen nachreifen und sodann ausgedroschen. Der Samenertrag schwankt in Südafrika zwischen 1120—2200 kg/ha (73, S. 149f.; 93, S. 366, 369), in Belgisch-Kongo sollen bis 2000 kg/ha und in Ruanda-Urundi Erträge von 300—1300 kg/ha erzielt werden (44, S. 62f.).

Die Sojabohne setzt sich aus Wasser 5,36 v. H., Fett etwa 12—22 v. H., Protein 37,56 v. H., N-freien Extraktstoffen 29,28 v. H., Rohfaser 4,64 v. H., Asche 4,55 v. H. der lufttrockenen Substanz (73, S. 152) zusammen. Der Lezithingehalt beträgt 1,64 v. H. (93, S. 370).

Das Sojabohnenöl ist hellgelb bis bräunlich. 20 v. H. des Öles sind Glyzeride gesättigter Fettsäuren, der Rest, abgesehen von 1,5 v. H. unverseifbarer Stoffe (zumeist Phytosterin), besteht aus ungesättigten Fettsäuren (81, S. 287; 90, S. 793). Das Sojabohnenöl kommt in zwei Arten vor, die in ihren Kennzahlen verschieden sind: Spez. Gewicht (15/15) 0,9245—0,927, Brechungsindex $n_{D\,15}$ 1,4765—1,4775, Verseifungszahl a) 188—194, b) 204—212, Jodzahl a) 120—136, b) 107—130, Erstarrungspunkt der Fettsäuren a) 22—25°, b) 14—18° (81, S. 288; 88, I, S. 568; III, S. 95f. Dort auch zahlreiche Analysen; 90, S. 793f.).

Das Öl dient als Speiseöl, zur Herstellung von Margarine und von Seifen, zur Firnis- und Lackfabrikation, für Buchdruckerschwärze, zu Beleuchtungszwecken, als Schmieröl und zur Faktisherstellung (Kautschukersatz), die Preßkuchen als ausgezeichnetes Futtermittel (73, S. 156; 81, S. 298ff.; 93, S. 373).

Neben der Nutzung auf Öl hat die Sojapflanze vielfältige Verwendung gefunden. Sie wird nicht allein als Futterpflanze, als Heu-, Silo- oder Grünfutter, zur Gründüngung, sondern auch als Nahrungspflanze zu einer großen Zahl von Gerichten verwendet (73, S. 156ff.).

Infolge des großen Wertes dieser Kulturpflanze ist der Anbau der Sojabohne in vielen Gebieten Afrikas versucht worden, allerdings nur in wenigen Gebieten mit Erfolg.

In Marokko sind seit 15 Jahren Einbürgerungsversuche mit verschiedenen Varietäten der Sojabohne unternommen worden (35, S. 148).

In Algerien wird die Sojabohne nicht kultiviert, obwohl der Anbau nach den Ergebnissen der Versuche im algerischen Landwirtschaftsinstitut möglich ist. Er ist aber stark klimaabhängig und unterliegt der Konkurrenz der Hauptanbaugebiete (35, S. 146).

In Tunesien ist die Kultur der Sojabohne als Vorfrucht zur Gewinnung von Gründüngung aufgenommen (19, S. 253ff.; 35, S. 150).

In Ägypten wurden Versuche mit verschiedenen Varietäten der Sojabohne hauptsächlich von der höheren Landbauschule und dem Landwirtschaftsministerium durchgeführt. Die Erträge waren 150—250 kg/ha (35, S. 147).

Zu Versuchszwecken sind im Englisch-ägyptischen Sudan Varietäten der Sojabohne aus Amerika, Südafrika und Indien eingeführt worden (35, S. 149f.).

In Französisch-Westafrika sind wenig Erfolg versprechende und daher aufgegebene Versuche in der Versuchsstation Soninkura in den Jahren

1923 und 1926 unternommen worden, 1935 wurden in Banankoro die Untersuchungen wieder aufgenommen. Über die Ergebnisse ist aber noch nichts bekannt. Bei der Kultur hat man vor allem als Nutzungszweck die Gründüngung für Maiskulturen und die Ölgewinnung zur Vergasung im Auge (35, S. 146).

In Belgisch-Kongo ist der Sojabohnenanbau 1914—15 in Sankuru versucht worden (35, S. 146f.).

Die Versuche mit Sojabohnen in Deutsch-Ostafrika waren vor dem Weltkriege auf der Versuchsstation Myombo nach mehrjährigem Anbau auf demselben Felde durchaus erfolgreich.

Versuche mit dem Anbau der Sojabohne in Rhodesien lassen sie dort als Futterpflanze besonders geeignet erscheinen (35, S. 148).

Auch in Madagaskar ist die Kultur der Sojabohne nicht über das Versuchsstadium hinausgelangt (35, S. 147).

Kleinere Anbauversuche wurden in Deutsch-Südwestafrika in der Zeit nach dem Weltkriege auf bewässerungsfähigen Feldern gemacht, die nur teilweise erfolgreich waren.

Seit 1911—12 ist der Anbau der Sojabohne in der Südafrikanischen Union eingeführt. Sie wird heute hauptsächlich in Natal und Ostgriqualand und zu einem kleineren Teile in Transvaal kultiviert. Als Versuchsstationen dienen die Landwirtschaftsschulen Cedara und Potchefstroom und die Universität Pretoria (1; 35, S. 151f.; 82).

Pandaceae

Panda oleosa Pierre ist ein Regenwaldbaum, der von Südkamerun durch Spanisch-Guinea bis Gabun verbreitet ist. Seine Samen oder das in ihnen enthaltene Öl dienen als Nahrungsmittel. Der Gewinnung des Öles ist die dicke Schale der Steinfrüchte und das harte Endokarp hinderlich (9, S. 288; 56, S. 22f.; 85, S. 316).

Linaceae

Linum usitatissimum L. Der Lein, diese jedermann bekannte, uralte Kulturpflanze, wird in den tropischen Hochländern nicht häufig angebaut.

In Französisch-Marokko erfolgt nach *Miège* (105, S. 450ff.) die Saat (40—60 kg/ha) nach Vorbereitung und Düngung des Bodens in Reihen mit einem Abstande von 20—30 cm. Die Erträge, auf die das Klima großen Einfluß hat, schwanken zwischen 400—700 kg/ha bei Eingeborenenkulturen und 1000—1200 kg/ha bei Europäerkulturen. Bei gut bearbeiteten Böden erhält man sogar 1500—2000 kg/ha. Untersuchungen sind 1919 über Selektion der Eingeborenensorten, die Einführung und Selektion fremder Rassen, Gewinnung neuer Rassen und Steigerung des Ölgehaltes im Gange. Die Anbaufläche, die vor dem Kriege schon etwa 7300 ha umfaßte, ist weiterhin im Steigen begriffen (31, S. 412). Französisch-Marokko führte an Leinsamen aus (in t):

1925: 7725	1930: 8076	1935: 8480*
1926: 7509	1931: 17036	1936: 9570*
1927: 12090	1932: 13530	1937: 10990*
1928: 9615	1933: 2641	1938: 5770*
1929: 9112	1934: 4260*	(80; 99; 134).

In ganz geringer Menge wird auch in Spanisch-Marokko Lein zur Samengewinnung gebaut (31, S. 412).

In Erythrea wird nach *Ferrara* (16, S. 321ff.) *Linum usitatissimum L. var. humile (Mill.) Schult.* gebaut. Diese Varietät ist niedrig, hat mehrere Stengel, ist reich verzweigt, blüht früh und reichlich und bringt eine große Saatmenge. Die Saat erfolgt weit. Die Erträge schwanken zwischen 400 bis 500 kg/ha auf magerem und 800—1000 kg/ha auf besserem Boden. Mit den einfachsten Dresch- und Reinigungsmitteln wird eine saubere Handelsware erzielt. Die Samen sind länglich, an einem Ende zugespitzt, nicht besonders flach, eher konvex, klein, (2—4,4 mm), hellrotbraun und glänzend, auch weiße Samen kommen vor. Eine untersuchte Probe ergab 34,8 v. H. Öl. Ausgeführt wurden an Leinsamen aus Erythrea (in t):

1925: 9632	1929: 496	1933: 3538
1926: 6545	1930: 939	1934: 3860*
1927: 4529	1931: 472	
1928: 2708	1932: 1339	(16; 80; 99).

Für Abessinien, wo der Lein noch in 1700—3300 m Höhe gedeiht, gibt *Kostlan* (43, S. 230) an, daß Lein in einer weißen und in einer braunen Sorte gebaut wird. Die Samen werden zur Speiseölgewinnung, ganz besonders aber zur Herstellung eines erfrischenden Getränkes benutzt. Dazu werden die Leinsamen geröstet, gestoßen und mit Wasser zu dünnem Brei verrührt, dem etwas Spanischer Pfeffer beigefügt wird. Allein oder mit Spanischem Pfeffer vermischt dient Leinsamenmehl den Amharen als Reiseproviant.

Die Mengen, die Algerien an Leinsamen ausführt, sind stark gesunken. Sie betrugen in t:

1930	204	1933	13	1936	120	
1931	197	1934	10	1937	30	
1932	282	1935	30	1938	0	(99)

Das Gleiche gilt für Ägypten (in t):

1930	584	1934	40	1938	180	
1931	0	1935	40	1939	100	(99)
1932	6	1936	190			
1933	49	1937	750			

*) Zahlen abgerundet.

Unbedeutend sind auch die Ausfuhrmengen an Leinsamen aus Tunesien (in t):

1930	624	1933	195	1936	20
1931	377	1934	60	1937	100
1932	1500	1935	110	1938	10 (99)

In geringen Mengen wird auch Lein in Kenya und Uganda, Angola und in Deutsch-Ostafrika (Dabaga bei Iringa) gebaut.

Das Leinöl ist kalt gepreßt goldgelb, warm gepreßt dunkler gelb bis bräunlich und von süßlichem, etwas kratzendem Geschmack. Die notwendige Entschleimung geschieht heute durch Erhitzen, das Bleichen gewöhnlich mit Walkerde. Die Kennzahlen sind: Dichte (20°) 0,927—0,931, Brechungsindex (20°) 1,4785—1,4815, Verseifungszahl 187—196, Jodzahl 170—192. Die Fettsäuren sind zumeist ungesättigt; gesättigte sind nur 7,5—10 v. H. vorhanden. Als Beispiel für die Zusammensetzung sei eine Analyse von *Eibner* und *Schmidinger* genannt (zitiert nach 90, S. 750): Linolensäure 20,1 v. H., Isolinolensäure 2,7 v. H., α-Linolsäure 17,0 v. H., β-Linolsäure 41,8 v. H., Ölsäure 4,5 v. H., gesättigtes Stearin 8,3 v. H., Unverseifbares 1,0 v. H., Glyzerinrest 4,1 v. H. Infolge seines hohen Gehaltes an mehrfach ungesättigten Säuren ist das Öl gut trocknend und wird deshalb in ganz besonderem Maße für die Firnis- und Lackindustrie und auch in der Seifenfabrikation verwendet. Weiterhin gebraucht man es bei der Herstellung von Linoleum und Glaserkitt. Die Preßkuchen stellen ein wichtiges Futtermittel dar (16, S. 321ff.; 29, S. 2ff.; 80, S. 472f., 483; 81, S. 368ff.; 88, I, S. 594f., III, S. 119. Dort auch weitere Analysen; 89, S. 164f.; 90, S. 748ff.; 98, S. 438ff., 544ff.; 105, S. 450ff. Über Flachs vgl. u. Bastfaserpflanzen).

Zygophyllaceae

Peganum harmala L., die Harmelstaude; aus den Früchten wird in Algerien Öl gepreßt (89, S. 203).

Balanites-Arten enthalten sämtlich in ihren Samen Öl. Von ihnen seien nur jene genannt, deren Öle untersucht sind.

Balanites aegyptiaca (L.) Del. ist ein in den trockenen Steppen- und Wüstengebieten des nördlichen tropischen Afrikas und Ostindiens einheimischer bis 6 m hoher, dorniger Baum. Aus den zerkleinerten Samen wird durch Auskochen ein dem Sesam- oder Mohnöl ähnliches, blaßgelbes Öl (Zachunöl, 50 v. H. der trockenen Kerne) ohne Geruch und Geschmack gewonnen, das sich aber von diesen dadurch unterscheidet, daß es bei tieferer Temperatur leichter als jene erstarrt. Seine Kennzahlen sind: Dichte (15°) 0,9187—0,9220, Brechungsindex (40°) 1,464, Säurezahl 0,96—5,0, Verseifungszahl 191,6—196,7, Jodzahl 92,5—98,2. In den oberen Nilländern wird das Öl als Einreib- und Speiseöl verwendet. Eine größere Bedeutung kommt ihm nicht zu, da das Entkernen Schwierigkeiten macht (9, S. 309f.; 57, S. 121f.; 88, I, S. 602; 89, S. 36; 90, S. 800; 129, S. 274ff.).

Balanites Mayumbensis Exell. von den Hochländern in Portugiesisch-Majumbe und Angola enthält in den Samen 35 v. H. Öl von der Dichte (15°) 0,917, dem Brechungsindex (50°) 1,4602, der Verseifungszahl 204,6, der Jodzahl 101 und der Säurezahl 71,2 (53, S. 337ff.).

Das Öl der Samen (45,5 v. H.) von *Balanites Maughamii Sprague* aus Moçambique hat folgende Kennzahlen: Dichte (15°) 0,916, Verseifungszahl 198,5, Jodzahl 100 (53, S. 338f.; 88, I, S. 603).

Balanites Tieghemi A. Chev. kommt an der Elfenbeinküste vor und liefert Öl (10 v. H. der Samenkerne) mit folgenden Kennzahlen: Dichte (15°) 0,908, Jodzahl 121, Säurezahl 9,4 (53, S. 338f.; 88, I, S. 603).

Rutaceae

Calodendron capense Thunbg., die Kapkastanie, ein großer Baum mit gestielten, großen, länglichen Blättern, in den Wäldern Süd- und Ostafrikas heimisch, liefert in ihren Samenkernen zu 59,2 v. H. ein extrahiert zitronengelbes, bitteres Öl von der Dichte (15/15) 0,9219, Brechungsindex $n_{D 40} = 1{,}465$, Verseifungszahl 192,6, Jodzahl 108,7, Erstarrungspunkt der Fettsäuren 26,8° (22, S. 93f; 88, I, S. 608).

Afraegle paniculata (Schum. et Thonn.) Engl. (= Limonia Warneckei Engl.), eine bis etwa 15 m hohe, baumartige Pflanze, gedeiht von Liberia bis Nigeria, in Togo besonders als Schattenbaum um Gehöfte. Das Holz ist lichtgelb, sehr hart, schwer und gleichmäßig. Die Früchte sind apfelsinenähnlich, jedoch mit harter Schale. Man bereitet aus dieser Schnupftabakdosen. Die Samen dienen zur Bereitung von Öl (wahrscheinlich durch Pressung), das als Nahrungsmittel Verwendung findet. Bei Extraktion scheint man ein festes, gelbes, bitter schmeckendes Fett (38,5 v. H.) zu erhalten. Vorhanden sind flüssige und feste Fettsäuren, hauptsächlich Palmitinsäure (88, I, S. 621; 89, S. 164; 148, S. 421).

Simarubaceae

Odyendea gabunensis (Pierre) Engl., ein von Gabun bis Südkamerun verbreiteter Baum, trägt pflaumenähnliche, bräunlichrote bis fast schwarze Früchte und enthält in seinen Samen ein festes Fett (61—71 v. H. des Kernes) von gelblicher Farbe und infolge des Vorhandenseins des bei Simarubaceen häufigen Bitterstoffes Quassin von bitterem Geschmack, der sich aber mit Wasser auswaschen läßt (29, S. 676ff.; 56, S. 26; 85, S. 213; 88, II, S. 645; 90, S. 744).

Irvingia-Arten. *Irvingia gabonensis (Aubry Lecomte) Baill.* (einschließlich *I. Barteri Hook. f.*) ist ein wichtiger Regenwaldbaum in den Küstengebieten von Gabun bis Französisch-Guinea, der sich aber im Kongobecken auch landeinwärts findet. Die Samen werden von den Eingeborenen aus den Früchten herausgenommen, zerstampft und in Formen, die hohen Kräuterkäsen ähneln, gepreßt, über Feuer getrocknet, geräuchert und gekocht als sogenanntes

„Dika"-Brot verspeist. Hierzu brauchen die Eingeborenen die größte Menge der Samen. Nur ein kleiner Teil wird durch Auskochen der Kerne mit Wasser und Abschöpfen des oben schwimmenden Öles zur Fettbereitung verwendet. Die Samen enthalten bis zu 67,8 v. H. Fett (Dikafett). Es ist weiß, von mildem, eigenartigem Geruch und angenehmem Geschmack. Beim Stehen wird es gelb und leicht ranzig. Die Hauptbestandteile sind Laurin und Myristin. Seine Kennzahlen sind: Dichte (15°) 0,9195, Schmelzpunkt 39—41°, Verseifungszahl 245, Jodzahl 5—10. Es ist leicht verseifbar und dient zur Seifen- und Kerzenfabrikation sowie als Nahrungsmittel und als Ersatz für Kakaobutter. Die Preßkuchen bilden ein gutes Futtermittel. Eine von den Eingeborenen in Nieder-Dahome in der Nähe der Dörfer kultivierte Form liefert Früchte mit dickem, nicht bitterem, eßbarem Fruchtfleisch. Sie werden auf dem Markt von Porto Novo verhandelt. Größere Anbauversuche dürften wegen der geringen Ergiebigkeit — liefern doch 100 frische Früchte nur 1,5 kg trockene Kerne —, des Fehlens einer geeigneten Knackmaschine und, weil ein Teil der Früchte bei der Entfernung des Fruchtfleisches durch Gärung verdorben wird, nicht sehr aussichtsreich sein (9, S. 312f.; 10, S. 248; 26, S. 474; 29, S. 643f.; 56, S. 24f.; 81, S. 519ff.; 85, S. 213f.; 88, II, S. 644f.; 89, S. 153; 90, S. 792; 109, S. 264f.; 139, S. 14).

Die anderen *Irvingia*-Arten, *I. robur Mildbr.* im Bezirk Molundu, zwischen der Bangemündung und Jukaduma, und auch am Lokomo, *I. excelsa Mildbr.* und *I. grandiflora Engl.* liefern ebenfalls Fett ohne Handelsbedeutung (53, S. 336f.; 56, S. 25f.).

Burseraceae

Canarium-Arten. *Canarium Schweinfurthii Engl.* ist ein hoher Baum, der in Westafrika von Kamerun und dem unteren Kongo bis zum Westufer des Viktoriasees, gegen Norden bis zum oberen Schari und im Nyamnyamlande, gegen Süden bis Mukenge und zum unteren Katanga verbreitet ist und z. B. am mittleren Schari angebaut wird. Das Harz der Rinde wird zu Fackeln (Kamerun), die Rinde zu medizinischen Zwecken, das Holz zum Bauen verwendet, die pflaumengroßen Früchte dienen als Halsschmuck, gekocht als Nahrungsmittel, die Kerne zu Schnitzereien. Die Samen liefern, wie bei vielen Arten der Gattung, ein rötliches, angenehm riechendes, halbfestes Öl, zu dessen Gewinnung die Früchte einige Tage in große Wasserbehälter gelegt werden und das sich an der Oberfläche ansammelnde Öl abgeschöpft wird (9, S. 315f.; 26, S. 474; 86, S. 52).

Ein als Speise- und Brennöl verwendbares Öl liefern auch *Canarium decumanum Rumph.* und *Canarium oleosum Engl.* (63,6 v. H. der Kerne, 68,63 v. H. der Samen) (88, II, S. 656; 89, S. 52; 90, S. 721).

Pachylobus edulis G. Don. (= Canarium edule Hook. f.), verbreitet von Angola bis zum Tanganyikasee, enthält in den Samen Öl, das zu Nahrungszwecken und als Brennöl dient (89, S. 52).

Meliaceae

Carapa procera DC. und *C. grandiflora Sprague. Carapa procera DC.* ist ein Baum Westafrikas mit großen gefiederten Blättern und großen Blütenrispen mit kleinen rötlichen Blüten, dessen Holz und Rinde genutzt werden und dessen Samenöl (Tulucunafett, 57,26 v. H. des Samens), wie alle Carapaöle, sehr bitter schmeckt. An flüssigen Fettsäuren sind 63,46 bzw. 65,9 v. H., an festen 36,54 bzw. 34,1 v. H. vorhanden. Es wird medizinisch zur Heilung von Hautkrankheiten (Blattern) sowie zum Einreiben des Körpers und der Haare zum Schutz gegen Moskitos verwendet und kommt auch in den Handel. Weiterhin läßt es sich zur Stearin- und Seifenfabrikation verwenden (9, S. 318f.; 10, S. 247f.; 29, S. 645ff.; 81, S. 72ff.; 88, II, S. 659f.; 89, S. 54; 90, S. 755; 120, S. 725).

Carapa grandiflora Sprague, die in der Gegend von Ruanda und Ankole wächst, liefert durch kalte Pressung ein Fett, dessen Dichte (15°) 0,926, Verseifungszahl 198, Jodzahl 84 beträgt (88, II, S. 660; 90, S. 755).

Xylocarpus Granatum Roem. (= X. moluccensis Roem. = Carapa moluccensis Lam.) ist an den Meeresküsten des tropischen Asiens heimisch, kommt aber auch an der Sambesimündung vor und liefert aus seinen Samen (40—50 v. H.) ein weißliches, sehr aromatisches, äußerst bitteres Fett (26, S. 475; 88, II, S. 660; s. a. u. Gerbstoffpflanzen).

Aphanamixis Rohituka (Roxb.) Pierre (= Aglaia polystachya Wall.) ist ein in Indien, den malaiischen Staaten und Indochina heimischer und in Madagaskar eingeführter Baum von 20—30 m Höhe, dessen Samen einen Gehalt von 35,3 v. H. eines flüssigen, rötlichgelben Öles von kampferartigem Geruch haben (94, S. 253f.).

Trichilia emetica Vahl. und *T. subcordata Gürke.* Ein weitverbreiteter Baum des tropischen Afrikas ist *Trichilia emetica Vahl.*, der Mafurabaum. Das in den Samen (zu etwa 60—65 v. H.) enthaltene Fett (Mafuratalg), das sich durch Kochen oder Pressen gewinnen läßt, ist gelblich, geschmacklos, im Geruch der Kakaobutter ähnlich. Seine Kennzahlen sind: Schmelzpunkt 35—42° nach *de Negri* und *Fabris*, nach *Daniel* und *Crae* 30—38°, Erstarrungspunkt 30—37°, Verseifungszahl etwa 200, Jodzahl etwa 45, Erstarrungspunkt der Fettsäuren 44—52°. Das Fett, das in Afrika wohl nur im Sambesigebiet sowie in der Gegend zwischen den Flüssen Limpopo und Umbelasi, in Moçambique, vielleicht auch auf Madagaskar und Réunion gewonnen wird, dient zur Seifen- und Kerzenfabrikation und als Schmiermittel für Maschinenteile. Besonders bekannt ist es seit dem Dürrejahr 1912, als die Eingeborenen sich nach neuen Verdienstquellen umsahen und die Samen (Mafureirasamen) in großen Mengen auf den Markt brachten. So betrug die Ausfuhr in der ersten Hälfte des Jahres 1913 von Lourenço Marques 2000 t ausschließlich nach Marseille, von Inhambane 1911 782 t, 1913 8000 t. Moçambique führte in t aus:

1925: 5673	1928: 4859	1931: 2322
1926: 6564	1929: 5418	1932: 1472
1927: 7748	1930: 4064	1933: 218

Auch das Holz des Baumes sowie Rinde und Wurzel werden genutzt (9, S. 328f.; 26, S. 476; 29, S. 647f.; 81, S. 519; 88, II, S. 663; 89, S. 260; 90, S. 756; 100, S. 50; 115, S. 331; 119, S. 235).

Auch *Trichilia subcordata Gürke* im Küstengebiet Deutsch-Ostafrikas liefert in seinen Samen Fett (56 v. H. der Kerne), hauptsächlich mit Palmitinstearin und wenig Olein (88, II, S. 663).

Polygalaceae

Polygala butyracea Heck., ein Kraut mit schmal-lanzettlichen Blättern und endständiger lockerer Blütentraube, ist im tropischen Westafrika heimisch und wird im oberen Nigergebiet, in Dahome und Togo kultiviert. Die kleinen, lichtfarbigen bis glänzend schwarzbraunen, mit einem Haarbüschel gekrönten Samen enthalten nach *Wiesner* 17,5 v. H., nach *Hefter* 35, 2 v. H. Fett (Maloukangbutter) von angenehmem Nußgeschmack, das sich zur Margarinefabrikation eignet. Es erweicht bei 35°, wird bei 52° vollständig klar und besteht aus 31,5 v. H. Triolein, 57,5 v. H. Tripalmitin, 6,2 v. H. Trimyristin, 4,8 v. H. freier Palmitinsäure und etwas Ameisen- und Essigsäure. Die Pflanze, die auch Fasern liefert (vgl. u. Bastfaserpflanzen), läßt sich leicht kultivieren (10, S. 251; 29, S. 687f.; 81, S. 515; 88, II, S. 667; 89, S. 215).

Securidaca longipedunculata Fresen, ein Strauch mit schmal-länglichen, lederigen Blättern, rötlichen Blüten in traubigen Blütenständen und einseitig beflügelten Früchten, ist in den Baumsteppen, Trockenwäldern und an den See- und Flußufern des tropischen Afrikas beheimatet. Der Rindenbast (vgl. a. u. Bastfaserpflanzen) liefert sehr lange und starke Fasern. In West-Usambara verwenden die Eingeborenen die Blätter als Tee gegen Syphilis, die Wanyamwesi den wässerigen Rindenauszug als Magenmedizin. In Sierra Leone und am Sambesi dienen die Blätter als Mittel gegen Schlangengift, die Wurzelrinde als Seife. Die Samen liefern Öl (9, S. 27f.; 89, S. 236f.; 142, S. 143ff.).

Euphorbiaceae

Manniophyton africanum Muell. Arg. ist ein Strauch, der im westafrikanischen Waldgebiet von Südnigeria bis zum Kongoland und ostwärts bis Monbuttu- und Nyamnyamland gedeiht. Er enthält in den Samen zu 50 v. H. ein gelbes, geschmackloses, trocknendes Öl (Verseifungszahl 187,6, Jodzahl 101), das in der Farbenindustrie Verwendung finden könnte. Rinde und Zweige der Pflanze werden medizinisch genutzt. (Über die Fasern der Rinde vgl. u. Bastfaserpflanzen) (9, S. 154; 22, S. 116).

Aleurites-Arten. Die Gattung *Aleurites* liefert eine Reihe zur Ölgewinnung ausgebeuteter Arten. Von diesen sind von geringerer Bedeutung:

Sekt. I. *Camirium (Gärtn.) Müll. Arg.*

Aleurites moluccana (L.) Willd. (= Aleurites triloba Forst.), der *Lichtnußbaum*, der wahrscheinlich im malaiischen Gebiete und auf den Südseeinseln beheimatet ist, im 16. und 17. Jahrhundert aber als Zier- und Fruchtbaum bis nach Amerika und Afrika verbreitet wurde.

Sekt. II. *Reutiales Müll. Arg.*

Aleurites trisperma Blanco, deren Heimat die Philippinen sind.

Die häufigsten sind:

Sekt. III. *Dryandra (Thunbg.) Müll. Arg.*

Aleurites Fordii Hemsley, deren Heimat die Zentralprovinzen Chinas von der Küste bis nahe an die Grenze Osttibets und der südwestlichen Provinz Jünnan sind.

Aleurites montana (Loureiro) Wilson ist in Südostchina in der Provinz Fokien, südwärts bis Tongking beheimatet.

Aleurites cordata (Thunb.) R. Brown apud Steudel kommt in Südjapan (Hondo) vor.

Die *Aleurites*-Arten sind Bäume mit wechselständigen, langgestielten, großen, herzförmigen, einfachen oder gleichzeitig drei- bis fünflappigen Blättern, großen, zumeist weißen, rötlichen oder hellvioletten Blüten, die kurz vor oder gleichzeitig mit den Blättern erscheinen. Die Bäume sind zumeist einhäusig, haben aber starke Neigung zur Zweihäusigkeit.

Die Samen dieser einzelnen *Aleurites*-Arten enthalten verschiedene Öle: *Aleurites Fordii* das Tungöl, *A. montana* das Abrasin-Öl, *A. cordata* das japanische Holzöl, *A. moluccana* das Lichtnuß (Bakulnuß)-Öl, und *A. trisperma*, ein dem letztgenannten ähnliches Öl.

Das Öl von *A. Fordii* (bis 53,7 v. H. der Samen) ist von heller bis dunkelbrauner Farbe und charakteristischem Geruch. Die Kennzahlen sind: $d_{20}/_4$ = 0,937—0,944, meist über 0,940, Brechungsindex $n_{D\,20}$ = 1,508—1,521, Säurezahl meist unter 5, Verseifungszahl 188—195, Jodzahl 155—175, meist über 160. Es enthält 72,8 v. H. Elaeostearinsäure ($C_{12}H_{30}O_2$), 13,6 v. H. Ölsäure, 4,9 v. H. gesättigte Säuren, 3,7 v. H. flüchtige und oxydierte Säuren, 4,7 v. H. Glyzerinrest und 0,5 v. H. Unverseifbares. Bei Belichtung des Öles scheiden sich kristalline Massen ab, die das Öl erstarren lassen, bei Erhitzen verdickt es sich rasch und erstarrt gallertartig. Das Öl wird in der Firnis- und Lackfabrikation verwendet (44, S. 257 T; 88, II, S. 683ff.; III, S. 9; 90, S. 742).

Das Öl von *Aleurites montana* (62,6 v. H. der Samen) ist dem genannten ähnlich, hat eine Dichte d_{15} = 0,936, Säurezahl meist unter 5, Jodzahl 163—165, Brechungsindex $n_{D\,20}$ = 1,514—1,518. Die Samen enthalten Glyzeride der Öl-, Linolein- und β-Elaeostearinsäure, 94 v. H. unlösliche Fettsäuren und 0,6 v. H. Unverseifbares (44, S. 257 T; 88, II, S. 685; III, S. 9).

Das Öl von *Aleurites cordata* (37, 77 v. H. der Samen) ähnelt dem von *A. Fordii*, wird aber von diesem im Handel unterschieden (88, II, S. 685; III, S. 10).

Das Öl von *Aleurites moluccana* (58—64 v. H. der Kerne) ist farblos bis hellgelb, von angenehmem Geruch und mildem Geschmack, hat die Dichte $d_{15} = 0{,}920$—$0{,}926$, den Brechungsindex $n_{D\,15} = 1{,}475$—$1{,}476$, die Verseifungszahl 190—195, die Jodzahl 140—160 (114) und enthält als Glyzeride 40,40 v. H. Öl-, 14,3 v. H. α-, 4,5 v. H. β-, 27,9 v. H. γ-, 1,5 v. H. δ-Linol-, 7,7 v. H. Linolensäure, 2,1 v. H. gesättigte Glyzeride, 0,05 v. H. freie Fettsäuren, 0,13 v. H. Oxysäuren, 0,34 v. H. Unverseifbares, etwa 0,3 v. H. ätherisches Öl und als feste Fettsäure 3,79 v. H. Heptadecylsäure (88, II, S. 685; III, S. 9; bei 90, S. 752 andere Analysenangaben).

Das dem letztgenannten verwandte Öl von *Aleurites trisperma* mit einem spezifischen Gewicht von 0,929 hat eine Säurezahl von 33, Verseifungszahl 195 und Jodzahl 153 (64, S. 76).

Das einzige Nebenerzeugnis, das die *Aleurites*-Arten außer Öl liefern, sind die bei seiner Gewinnung anfallenden Preßkuchen. Sie sind als Futtermittel ungeeignet, da sie Stoffe enthalten, die die Darmschleimhäute der Tiere reizen, lassen sich also nur als Düngemittel verwenden (20, S. 352ff.).

Die hauptsächlich in Kultur befindlichen Arten *Aleurites Fordii* und *A. montana* stellen keine großen Ansprüche an das Klima. *A. Fordii* gedeiht von den gemäßigten Breiten bis in die Äquatorgegenden. Kälte verträgt der Baum im erwachsenen Zustande viel mehr als in der Jugend. Wärme ist nur in Begleitung von Trockenheit schädlich. Das beste Gedeihen findet er jedoch in feuchten Gegenden. *Aleurites montana* ist weit wärme- und feuchtigkeitsbedürftiger. An den Boden ist *Aleurites Fordii* sehr anpassungsfähig. Der Baum wächst auf jedem gut drainierten, fruchtbaren, möglichst schwach sauren Boden (44, S. 140 T; 46, S. 205 Tff.; 66, S. 15ff.).

Die Kultur macht gewöhnlich keine großen Schwierigkeiten. Die Pflanzweite beträgt bei *Aleurites Fordii* und *A. montana* 6—8, bei *A. cordata* 4—6 m. Die Vermehrung geschieht durch Stecklinge oder in Saatbeeten durch Samen (42, S. 297ff.).

In den meisten Gebieten Afrikas befindet sich der Anbau der *Aleurites*-Arten nur im Versuchsstadium oder ist nach einer Reihe mißglückter Versuche wieder eingestellt worden, sei es, daß ihnen die klimatischen oder Bodenverhältnisse nicht zusagten, sei es, daß Schädlinge die jungen Kulturen vernichteten.

In Französisch-Marokko erstrecken sich die Versuche auf den Anbau von *Aleurites Fordii*, *A. moluccana* und *A. cordata*. Die erstgenannte Art scheint am geeignetsten zu sein. Als Feinde ihrer Kultur werden die anhaltende starke Trockenheit und die heftigen Winde genannt (17, S. 89ff.; 44, S. 154 Tff.; 55, S. 57ff.; 66, S. 76ff.; 94, S. 473).

In Französisch-Westafrika ist in Dahome schon 1909 der Anbau von *Aleurites cordata* und *A. moluccana* versucht worden, die zweite Art mit besserem Erfolg. Sie bringt jährlich 500—600 Früchte mit einem Ölgehalt von mehr als 60 v. H. An der Elfenbeinküste hat man in Bingerville *Aleurites cordata* und *A. moluccana* ausgepflanzt, wobei jene als Alleebaum ein wenig vermehrt wurde, diese aber schlecht wächst und unter Schädlingen leidet. *Aleurites Fordii* ist erfolgreich im Sudan, Senegal (Casamance), Französisch-Guinea (Unter- und Mittelguinea in der Waldregion) und an der Elfenbeinküste in Kultur. In Dahome (Porto Novo) dagegen wächst sie schlecht. Die Kultur von *Aleurites montana* war nur in Senegal (Casamance) ergebnislos (66, S. 68).

Die Anbauversuche an der Goldküste, die mit *Aleurites Fordii* und *A. moluccana* zur Ölgewinnung auf der Versuchsstation Aburi angestellt wurden, sowie die mit *Aleurites montana* auf der Versuchsstation Asuansi sind erfolglos geblieben (45, S. 290 T; 66, S. 70f.).

Anbauversuche von *Aleurites montana* in Togo schlugen fehl (45, S. 289 T; 66, S. 88).

Die im Jahre 1935 mit *Aleurites Fordii* in Portugiesisch-Guinea angestellten Versuche brachten noch keine Ergebnisse (66, S. 71).

In Französisch-Äquatorialafrika sind seit 1931 Kulturversuche in der Versuchsstation Brazzaville zuerst mit *Aleurites moluccana*, dann mit *A. Fordii* (1933), zuletzt wieder mit *A. moluccana* (1934) aufgenommen worden. Die beiden ersten sollen auf Öl ausgebeutet werden. Die letzteren haben noch nicht gefruchtet (66, S. 67).

Der 1935 in Erythrea und Italienisch-Somaliland begonnene Anbau von *Aleurites Fordii*, *A. cordata* und *A. moluccana* war nicht erfolgversprechend. Zur Zeit (1938) ist man bestrebt, Aleurites in günstigen Gebieten Italienisch-Ostafrikas einzubürgern (66, S. 67f.).

In Kenya sind zahlreiche Anbauversuche mit *Aleurites*-Arten gemacht worden. Die *Aleurites Fordii*-Pflanzungen bedecken eine Fläche von 200—250 ha, 160 ha liegen im Bezirk Trans Nsoia. Die größte Pflanzung befindet sich in Kitale (ungefähr 40 ha). Nach den bisher erhaltenen Ergebnissen in den Versuchspflanzungen kann man die Einrichtung neuer *Aleurites Fordii*-Pflanzungen nicht empfehlen. Allerdings ist es nicht unmöglich, daß binnen einiger Jahre die im Bezirk Trans Nsoia erhaltenen Ergebnisse diese Behauptung entkräften werden. Besser als *Aleurites Fordii* scheint *A. montana* das Klima Kenyas zuzusagen. (45, S. 291 Tff.; 48, S. 180ff.; 49, S. 101ff.; 66, S. 71ff.; 70, S. 318 T f.; 112, S. 10ff.; 116, S. 121).

In Uganda waren eine Reihe von Versuchen mit *Aleurites Fordii* und *A. montana* ergebnislos, dagegen hat eine kleine Pflanzung von *A. moluccana* schon Früchte getragen (45, S. 294 T f.; 49, S. 107; 66, S. 85).

In Belgisch-Kongo sind die Anbauversuche noch zu jung, um abschließende Ergebnisse mitteilen zu können. Samen von *Aleurites Fordii* und

A. montana und Jungpflanzen von *A. Fordii* wurden an die Farmer kostenlos verteilt. Im Kivubezirk besteht eine Pflanzung von *Aleurites Fordii.* Der Baum dient dort als Schattenpflanze für Kaffee. Die Ergebnisse sind günstig (64; 66, S. 69f.).

In Deutsch-Ostafrika wurden zahlreiche Anbauversuche mit *Aleurites*-Arten gemacht. Samen wurden an europäische Pflanzer verteilt von *A. Fordii* in der Provinz Iringa, in den Bezirken Mufindi, Dabaga, Nguruhe, Ifunda und Lupembe und von dieser und *A. montana* in den Provinzen Nord, Tanga und West. Alle Versuche sind gescheitert. Pflanzungen bestehen nur noch in Uwinsa (20 ha), in Nyombe, Lupembe und östlich Kigoma (45, S. 296 Tff.; 49, S. 107ff.; 66, S. 87f.; 102, S. 32f.).

Die Anbauversuche mit *Aleurites Fordii* auf Sansibar waren ohne Erfolg (45, S. 303 T; 66, S. 94).

In Madagaskar gedeiht *Aleurites Fordii* im Gebiete von Imerina ausgezeichnet. Die Kulturen sind heute noch nicht sehr ausgedehnt. Auch *A. moluccana* wächst um Tamatave und überall im Küstengebiet (34, S. 149ff.; 44, S. 156Tff.; 66, S. 75f.; 70, S. 319 Tf.; 104, S. 367ff.; 116, S. 121, 148f.).

Auf Réunion ist die Kultur von *Aleurites*-Arten noch im Versuchsstadium. *A. montana* hat schon gefruchtet, *A. Fordii* (1938) noch nicht. *A. cordata* und *A. moluccana* wachsen auf der Insel halbwild (66, S. 85f.).

In Moçambique ist *Aleurites moluccana* seit langem in Kultur, neuerdings eingeführt ist *A. Fordii* aus Florida und Japan und *A. montana* aus China. Im Norden wachsen sie schlecht, im Süden aber, besonders in den Gebieten von 600 m Höhenlage, gedeihen die 1932 gepflanzten Arten gut und haben bis 1938 schon zweimal geblüht und gefruchtet. *Aleurites montana* zeigt gegenwärtig ein besseres Aussehen als *A. Fordii* (66, S. 83).

In Nyassaland hat die Kultur von *Aleurites montana* ausgezeichnete Ergebnisse gebracht, weniger gute allerdings bei *A. Fordii*, deren Ernten schwach waren und die unter Schädlingen und Blattkrankheiten litt. 1933 waren 26 ha, 1934 75 ha mit *Aleurites* bebaut (45, S. 295 Tf.; 49, S. 109; 66, S. 83f.; 95, S. 55f.; 147, S. 11).

In Rhodesien schlugen Anbauversuche mit *Aleurites Fordii* in Abercorn und Masabuka fehl. Nur bei *A. montana* waren einige Erfolge zu verzeichnen (45, S. 296 T; 49, S. 109f.; 66, S. 86; 102, S. 32).

In Angola sind Versuche mit *Aleurites moluccana* in Loanda seit 1904 und von deutschen Pflanzern mit *A. moluccana* und *A. Fordii* in der Gegend von Dembos seit 1928 gemacht worden, deren Samen aus Florida stammten. Die Versuche der Deutschen waren wahrscheinlich aus klimatischen Gründen nicht erfolgreich (66, S. 69).

In der Südafrikanischen Union bestehen *Aleurites*-Pflanzungen an der Küste Natals und des Sululandes, in einigen Gebieten des Swasilandes und im Nordostteil von Transvaal. Eine Pflanzung besteht in Uitenhage (Kapprovinz) und bei Groot Drakenstein. Die Anbaufläche ist mit 280 ha wahrscheinlich zu gering bemessen. Etwas mehr als 20000 Bäume sollen in Kultur sein. *Aleurites moluccana* ist ein häufiger Zierbaum. Von *A. Fordii* und *A.montana* ist die zuletzt genannte Art viel weniger bekannt, da sie kälteempfindlicher ist (13, S. 4; 44, S. 164 T; 45, S. 298 Tff.; 66, S. 89ff.; 102, S. 32; 103, S. 353ff.).

Im großen und ganzen waren die Anbauversuche mit *Aleurites*-Arten in ganz Afrika nicht sehr befriedigend. Selbst in dem am geeignetsten erscheinenden Gebiete —Südafrika — dürfte es unsicher sein, ob der Anbau wirtschaftlich ist.

Tetracarpidium conophorum Hutch. et J. M. Dalz. (= Plukenetia conophora M. Arg.) ist eine Schlingpflanze, die in Kamerun, z. B. im Ossidinge-Bezirk, auf Feldern zwischen Mais angebaut wird und an der Küste auch wild weitverbreitet ist. Die Blätter dienen als Mittel gegen Kopfschmerzen und, wie die Früchte und jungen Schößlinge mit Reis gekocht, als Nahrung. Die Pflanze enthält in den Kernen der dünnschaligen, fast walnußgroßen Nüsse, die übrigens auf den Eingeborenenmärkten in gekochtem Zustande verhandelt werden, ein weißgelbes Öl (53,8—59 v. H.), das die Eingeborenen als Speiseöl verwenden und das im Geschmack dem Leinöl ähnelt. Es besitzt noch höhere Trockenkraft als Leinöl und dürfte für die Lack- und Firnisfabrikation von größter Bedeutung sein. Die Kennzahlen sind: Spez. Gewicht P (17,5°) = 0,9354, Erstarrungspunkt des Öles 33° C, Jodzahl des Öles 177,3, Jodzahl der freien Fettsäuren 187,4, Verseifungszahl 193, Brechungsexponent $n_{D\,17,5^\circ}$ = 1,4830 (40, S. 282). Kurz vor dem Weltkriege (1910) waren erfolgreiche Anbauversuche in Kamerun mit Stecklings-, Veredelungs- und auch Saatkulturen unternommen worden (9, S. 164; 10, S. 248f.; 28, S. 752f.; 36, S. 2; 40, S. 282; 81, S. 367f.; 88, II, S. 700; 89, S. 213f.; 136, S. 265).

Jatropha curcas L. und *J. multifida L. Jatropha curcas L.*, der Purgierstrauch, ist im tropischen Südamerika beheimatet, aber in fast allen tropischen Ländern, besonders z. B. auf den Kapverdischen Inseln, kultiviert. Er wird wegen seiner Anspruchslosigkeit gern als Schattenspender für andere Pflanzen, als Hecken- oder als Stützpflanze für Vanille, Pfeffer und dergl. verwendet. Die Vermehrung erfolgt durch Samen oder auch durch Stecklinge.

Der 4—5 m hohe Strauch oder Baum hat breite, herzförmige fünflappige, glatte Blätter und kleine, grüne Blüten in Rispen. Er fruchtet zweimal im Jahr. Die Früchte — dreifächerige, in 3 Längsrissen aufspringende Kapseln — enthalten drei eiförmig-längliche, rauhe, schwärzlich-graue, mit weißen Flecken bedeckte Samen (20 mm lang, 12 mm breit, 8 mm dick). Die Samen sind infolge des in ihnen enthaltenen Toxins Curcin in hohem Maße giftig. Sie rufen Durchfall und Erbrechen hervor, der Genuß von 4—5 frischen Samen soll zum Tode führen.

Das Öl der Purgiernüsse wird durch Pressen erhalten (30—48 v. H.). Es ist gelblich bis rötlichgelb, an der Luft nachdunkelnd, von unangenehm kratzendem Nachgeschmack und charakteristischem, nach Alter und Gewinnungsart verschieden starkem Geruch. Die Kennzahlen werden z. T. recht verschieden angegeben (zit. nach 90, S. 794): Erstarrungspunkt nach *Horn* bei + 9° Ausscheidungen, bei 0° fest, nach *Lewkowitsch* — 8°; Dichte (15°) 0,915—0,924, meist um 0,920; Brechungsindex n_{D25} = 1,468 — 1,469; Säurezahl bis zu etwa 10, Verseifungszahl 197—210, meist um 200, nach *Adriaens* (2, S. 10813) allerdings nur 193,2—196,3 (s. auch 126, S. 289); Jodzahl 100—110, nach *Adriaens* von 96,6—106,9 (2, S. 10813), nach *Horn* 127, Erstarrungspunkt der Fettsäuren etwa 26—28°. Das Öl besteht aus den Glyzeriden der Palmitin-, Myristin- und Curcanolsäure. Die Angaben schwanken sehr stark (vgl. 88, II, S. 688, III, S. 111f.).

Das Purgieröl (Höllenöl) liefert eine feste, weiße Seife, dient als Brennöl und wird in der Kerzenindustrie, in England als Schmelzöl, in Wollspinnereien, in Firnissiedereien und auch zu medizinischen Zwecken verwendet, da das Öl das Rizinusöl in seiner abführenden Wirkung noch weit übertrifft.

Neben dem Öl verwenden die Eingeborenen Blätter, Samen und Wurzeln bei vielen Krankheiten und Leiden als Heilmittel.

Die Kapverdischen Inseln führten in t aus:

1913: 4291	1932: 1877	1935: 1657
1930: 2977	1933: 1878	1936: 1696
1931: 2049	1934: 1954	(8, S. 7; 52, S. 14; 69, S. 78).

Eine weitere aus Amerika stammende Art der Gattung, *Jatropha multifida L.*, liefert ein dem genannten sehr ähnliches Öl (2, S. 10786, 10813f.; 9, S. 147f.; 26, S. 477f.; 29, S. 320ff.; 69, S. 78; 81, S. 276ff.; 85, S. 316; 89, S. 147f.; 90, S. 733f.; 126, S. 288ff.).

Ricinodendron Rautanenii Schinz und *R. Heudelotii (Baill.) Pierre.* *Ricinodendron Rautanenii Schinz*, ein 8—12 m hoher Baum der südafrikanischen Steppen mit langgestielten, fingerartigen Blättern, nierenförmigen, eigenartigen Nebenblättern und rispigen Blütenständen, liefert Steinfrüchte (Mankettinüsse), deren mehlige süße Schale eßbar ist und deren von dem sehr harten, holzigen und widerstandsfähigen Endosperm eingeschlossene Kerne 60 v. H. hellgelbes, zähflüssiges Öl von nußartigem Geschmack enthalten. Die Kennzahlen wurden von den verschiedenen Untersuchern ungefähr gleich gefunden: Dichte (15°) etwa 0,939, Brechungsindex bei 15° = 1,4805, bei 40° etwa 1,480 (hier eine Abweichung), Säurezahl 0,6—0,95, Verseifungszahl 193—195, Jodzahl 128—130 *(Hübl)*, 134—135 *(Wijs)*, Erstarrungspunkt — 8 bis — 10°, Erstarrungspunkt der Fettsäuren 35—36° (90, S. 735). Weder Öl noch Preßkuchen scheinen giftig zu sein. Das Öl kann in der Seifen- und Lackindustrie Verwendung finden (12, S. 22ff.; 81, S. 356f.; 88, II, S. 678; 89, S. 224; 90, S. 735).

Die andere Art der Gattung, *Ricinodendron Heudelotii (Baill.) Pierre (= R. africanum Müll. Arg.)*, ist ein Charakterbaum des Urwaldes, der in der westafrikanischen Waldprovinz von Senegambien, in Französisch-Guinea, besonders in Futa Djallon und in Gabun bei Libreville bis nach Angola (dort in den Waldgebirgen von Cazengo und Golungo alto) und durch den Kontinent bis nach Deutsch-Ostafrika (Usambara) verbreitet ist. Er wird z. B. im Ossidinge-Bezirk in Kamerun obstgartenartig gepflanzt. Er liefert neben den Blättern, die die Eingeborenen von Gabun-Kongo gekocht mit trockenen Fischen essen, dem Fruchtfleisch, das genossen wird, in den Samen ein hellgelbes, schwach trocknendes Öl (Essangöl), anscheinend mit Palmitin, Stearin, Olein (Ricinusolein), etwas Caprylalkohol und Caprylaldehyd. Das Öl, das durch Pressen gewonnen wird, erstarrt nach einiger Zeit zu salbenartiger Konsistenz, das extrahierte Öl ist sofort salbenartig. Die Kerne haben einen Fettgehalt von 52 v. H. Die Kennzahlen sind: Erstarrungspunkt des frisch gepreßten Öles — 22°, Brechungsexponent bei 17,5° C im Ätherauszug n = 1,5070, Preßöl n = 1,5068, Jodzahl 123,9, Verseifungszahl 189,9. Die Eingeborenen verwenden das Öl zu Nahrungszwecken. Es kann auch zur Seifenfabrikation dienen, die Seife ist allerdings unansehnlich. Besser geeignet ist es zur Firnis- und Lackherstellung (29, S. 161ff.; 38, S. 283; 39, S. 1254f.; 81, S. 357f.; 85, S. 315; 90, S. 734).

Anacardiaceae

Anacardium occidentale L. Verschiedene Öle liefern Früchte und Samen von *Anacardium occidentale L.*, einem in Westindien und Brasilien heimischen, aber auch in Afrika kultivierten Baum mit großen, eiförmigen Blättern, unscheinbaren, rötlichen Blüten in rispigen Blütenständen und kleinen 2—3 cm langen, nierenförmigen Früchten an fruchtartig-fleischig angeschwollenen Stielen. Diese Fruchtstiele werden als Obst oder zur Bereitung von Saft, Essig und Branntwein genutzt. Aus den Stämmen, deren Holz „weißes Mahagoni" liefert, gewinnt man ein topasgelbes bis braunrötliches Gummi von geringem Handelswert. Die Fruchtschalen enthalten ein an der Luft schwarz werdendes Öl (40—57 v. H.), das infolge seines Gehaltes an Kardol ($C_{32}H_{52}O_4$) brennend scharf ist, auf der Haut Entzündungen hervorruft und als Beizmittel genutzt wird. Die Kennzahlen sind: Jodzahl 77,0—83,6, Verseifungszahl 182,0—187,0, Brechungsindex n_{D25} 58,8—58,1. Die Samen (Akaschunüsse, Cashewnüsse) werden, um den Giftstoff zu zerstören, wie Erdnüsse geröstet, wobei übrigens Vorsicht wegen des giftigen Kardoldampfes geboten ist. Sie stellen dann ein auch in Amerika geschätztes, wohlschmeckendes Nahrungsmittel als Mandelersatz dar. Das in ihnen zu 40—50 v. H. enthaltene Öl wird zu Speisezwecken verwendet. Es setzt sich zusammen aus den Glyzeriden der Öl- (73,8 v. H.), Linol- (7,7 v. H.), Palmitin- (6,4 v. H.), Stearin- (11,24 v. H.) und Lignocerinsäure (0,5 v. H.). Die Ausfuhrzahlen sind in dauerndem Steigen begriffen. Moçambique führte jährlich in t aus:

1925: 1542	1927: 2412	1929: 4866
1926: 1638	1928: 4020	1930: 6530

1931: 10341	1934: 12982	1937: 40029
1932: 9180	1935: 26132	
1933: 11186	1936: 28357	

(9, S. 336f.; 26, S. 479f.; 29, S. 470; 54, S. 27; 68a, S. 49; 68b, S. 59; 81, S. 66; 88, II, S. 703f.; 89, S. 21; 90, S. 714; 98, S. 117f.; 115, S. 331; 121, S. 195).

Sclerocarya Caffra Sond., ein kleiner Baum, vom Nyassasee bis Natal und auf Madagaskar verbreitet, liefert in den Samen (Marcolanüsse, 59,2 v. H. der trockenen Kerne) ein klares, schwach gelblichbräunliches Öl mit den Kennzahlen: Dichte (15°) 0,5153—0,5167, Brechungsindex n_{D40} = 1,460, Säurezahl 3,2—3,7, Verseifungszahl 193,5, Jodzahl 72,9—76,6. Das Öl würde sich für die Seifenindustrie und auch für Nahrungszwecke eignen. Es fehlt aber an einer geeigneten Maschine zum Knacken der Nüsse (88, II, S. 705; 124, S. 481ff.).

Salvadoraceae

Salvadora persica L., ein charakteristischer Strauch asiatischer und afrikanischer Buschsteppen, mit ziemlich dicken, 3—4 cm langen, spitz-herzförmigen, sitzenden Blättern und kleinen grünen Blüten in Trauben, enthält in seinen Samen bis zu 45 v. H. Fett mit Glyceriden der Laurin- (47,2 v. H.), Myristin- (28,4 v. H.), Öl- (12 v. H.), Caprin- (6,7 v. H.), Capryl- (4,4 v. H.) und Linolsäure (1,3 v. H.), das für die Kerzenindustrie, nach Raffination auch zu Speisezwecken geeignet wäre. Seine Kennzahlen sind: Dichte (100/15° C) 0,867, Brechungsindex n_{D40} = 1,4500, Säurezahl 1,3—9,3, Verseifungszahl 245,2—247,5, Jodzahl 5,9—7,6. Zweigstücke des Strauches dienen den Eingeborenen als Zahnbürsten (9, S. 292f.; 12, S. 30; 26, S. 485; 88, II, S. 959; 129, S. 292f.).

Malvaceae

Gossypium spec. Aus den Samen der Baumwollarten wird als wichtiges Nebenerzeugnis Baumwollsamenöl gewonnen (s. u. Faserpflanzen).

Thespesia populnea Corr., ein Baum der tropischen Küsten, in Westafrika nur auf den Kapverdischen Inseln, in Senegambien und Togo, in Ostafrika an der Sansibar- und Moçambique-Küste verbreitet, mit großen, gelben Malvenblüten, dessen Holz, Bast und gelber Farbstoff in seinen Fruchtkapseln und Blüten genutzt wird, liefert in seinen Samen ein ziemlich dickflüssiges, gelbrotes Öl (41,7 v. H. der Kerne), das als Heilmittel gegen Hautkrankheiten verwendet wird (Dichte [15°] 0,867, Brechungsindex n_{25} = 1,479, Säurezahl 48, Verseifungszahl 201—204, Jodzahl 71—72) (9, S. 133; 26, S. 480; 88, II, S. 757; III, S. 103; 89, S. 258; 90, S. 754).

Bombacaceae

Adansonia digitata L. und *A. Grandidieri Baill.* Der Affenbrotbaum *Adansonia digitata L.* mit dickem Stamm, gefingerten Blättern, großen, porzellanweißen, langgestielten Blüten und großen Früchten mit holziger Schale und zahlreichen Samen ist in den Grassteppen des ganzen tropischen Afrikas beheimatet. Aus dem Affenbrotbaum lassen sich die verschiedensten Produkte gewinnen (s. a. u. Faserpflanzen, Rindenstoffe), u. a. liefern die Samen ein Fett (Baobaböl). Der Gehalt wird ganz verschieden genannt, 25 v. H. (90, S. 720), 38 v. H. oder gar 63 v. H. (89, S. 9), das die Eingeborenen Madagaskars durch Auskochen gewinnen und als Speisefett verwenden, wozu es sich wegen seines milden Geschmackes und seiner Geruchlosigkeit gut eignet (29, S. 509ff.; 81, S. 489ff.; 89, S. 9; 90,S. 720). Das Öl ist nicht trocknend. Die Kennzahlen sind: Verseifungszahl 190, Jodzahl 74. Vorhanden sind an ungesättigten Fettsäuren vor allem Ölsäure (57 v. H.), an gesättigten Palmitin- (10 v. H.) und Stearinsäure (23 v. H.) (30, S. 988ff.).

Ein ähnliches Öl (65,4 v. H. der Samenkerne, Verseifungszahl 192, Jodzahl 60) liefert die der *Adansonia digitata L.* verwandte *Adansonia Grandidieri Baill.* in Madagaskar, die größere Samen als jene besitzt. Der Gehalt der Samen wird ganz verschieden angegeben: Ölsäure 56 v. H., Stearinsäure 32 v. H., Palmitinsäure 12 v. H. (30, S. 985ff.), nach anderen Ölsäure 36,5 v. H., Palmitinsäure 32,5 v. H., Linolensäure 8,7 v. H., Myristinsäure 7,6 v. H., Lacton 11,4 v. H. (88, II, S. 765).

Ceiba pentandra Gaertn., der Kapokbaum. Über das aus den Samen dieser Pflanze gewonnene Kapoköl vgl. u. Faserpflanzen.

Sterculiaceae

Theobroma cacao L. Aus den gerösteten und geschälten Samen des Kakaos wird Kakaobutter hergestellt, die in der Schokoladenindustrie, in der Kosmetik und Pharmazie Verwendung findet (s. u. Genußmittel).

Sterculia murex Hemsl. und *St. foetida L. Sterculia murex Hemsl.* ist ein in Transvaal heimischer Baum mit gefingerten Blättern und kirschenähnlichen schwarzen Früchten. Die Samen enthalten ein nach Raffination zu Speisezwecken verwendbares Öl (128, S. 466).

Auch die verwandte *Sterculia foetida L.*, der Stinkbaum, enthält in den Samen Öl, und zwar in der mittleren Schicht der trockenen Samenschale 46,9 v. H. und in den trockenen Samen 53,6 v. H. Die Kennzahlen für das Öl aus der mittleren Schicht der Samenschalen und aus den Kernen sind: Dichte (15°) 0,8652 bzw. 0,9264—0,9281, Brechungsindex (40°) 1,4615 bzw. 1,4650—1,4658, Säurezahl 4,5 bzw. 0,6—2,0, Verseifungszahl 198,1 bzw. 191,1—193,8, Jodzahl 84,5 bzw. 75,8—83,6. Es soll aus Olein und Laurin bestehen (88, II, S. 767).

Ochnaceae

Lophira alata Banks. und *L. procera A. Chev.* Von Senegambien bis Französisch-Guinea über Sierra Leone durch Mitteltogo über Lagos und Nigeria,

Nordkamerun (Adamaua) bis zum Stromgebiet des Bahr el Ghazal verbreitet ist *Lophira alata Banks.*, der Sagobaum, ein hoher Baum mit großen, gelben bis weißen, wohlriechenden Blüten und flaschenförmigen Früchten, mit zu ungleichen Flügeln umgebildetem Fruchtkelch, in seiner Tracht dem Schibaum ähnlich. Neben dem rötlichen, harten Holz („afrikanische Eiche") liefert der Baum in seinen Früchten (etwa 30 v. H.) ein halbfestes, gelblichweißes Fett (Niamfett), das als Speise-, Haar- und Seifenfett genutzt wird und folgende Kennzahlen hat: Dichte (40°) etwa 0,902—0,910, Säurezahl 6—48, Verseifungszahl etwa 181—195, Jodzahl etwa 68—79, Erstarrungspunkt der Fettsäuren 42,5°. Von diesen sind 50 v. H. gesättigte feste (Palmitin- und Arachinsäure), 50 v. H. ungesättigte flüssige Säuren (Öl- und Linolsäure je zur Hälfte) (9, S. 64ff.; 10, S. 251; 26, S. 481; 29, S. 683f.; 81, S. 486f.; 88, II, S. 776; 89, S. 166; 90, S. 763; 139, S. 13).

Eine nahe Verwandte, *Lophira procera A. Chev.*, an der Elfenbeinküste, an der Goldküste und in Kamerun, liefert ein ähnliches Fett (101, S. 13).

Guttiferae

Calophyllum inophyllum L. ist ein hoher Baum mit lederigen, dunkelgrünen Blättern und großen Blüten in wenigblütigen Trauben. Er wächst in den ostafrikanischen Küstengebieten und im tropischen Asien. Die runden, hellgelbbraunen bis schwarzbraunen Früchte enthalten einen kugeligen, sehr fettreichen Samen. Da die frischen Samen beim Pressen nur wenig klares Öl und in der Hauptsache eine zähflüssige Emulsion geben, zerkleinert man sie und kocht sie vor dem Pressen. Das kaltgepreßte Öl (Dombaöl) ist grün, von balsamischem Geruch nach *Trigonella Foenum graecum L.*, das Handelsöl schmutzig, von schwächerem oder unangenehmem Geruch. Die Kennzahlen (90, S. 738) werden verschieden angegeben: Dichte (15°) 0,9428, Brechungsindex (40°) 1,4725, Verseifungszahl 191—196, Jodzahl etwa 93, bei von Harz befreitem Öl 86, Erstarrungspunkt der Fettsäuren 33°. Das Öl setzt sich hauptsächlich aus den Glyzeriden der Palmitin-, Stearin- und Ölsäure zusammen. Als Speiseöl kann es wegen seiner wahrscheinlich durch das anwesende Harz verursachten Giftigkeit nicht verwandt werden. Es dient daher nur als Arzneimittel, als Brennöl und in der Kerzen- und Seifenfabrikation (26, S. 481; 29, S. 667ff.; 81, S. 53f., 476ff.; 88, II, S. 784; 89, S. 50f.; 90, S. 738f.).

Allanblackia-Arten. In den Regenwäldern der Uluguru- und Usambaraberge in Deutsch-Ostafrika in Höhe von 900—1000 m wächst *Allanblackia Stuhlmannii Engl.*, der Talgbaum, ein bis zu 35 m hoher, schlanker Urwaldbaum mit großen, innen bordeauxroten Blüten und 15 cm dicken, 20—30 cm langen Früchten, mit 20—30 unregelmäßig-tetraedrischen braunen, kastanienartigen Samen von 3 cm Dicke. Die weichen hellen Kerne, die etwa 80 v. H. des Samens betragen, enthalten fast 68 v. H. eines sehr harten, gelblichweißen (Mkanifett) Fettes von schwach aromatischem Geruch und mildem Geschmack. Der Schmelzpunkt ist nach *Heise* 40—41°, nach *Henrique* und *Künne* 42°, nach *Krause* und *Diesselhorst* 43—46° C, der Erstarrungspunkt 36—38°, die Dichte (40°) 0,8926, Verseifungszahl 187—192, Säurezahl 11,6—23,3, Jodzahl 37,5—42, Brechungsindex $n_{D50} = 1{,}450$, Erstarrungspunkt der Fettsäuren 57—62°. An Fettsäuren finden sich Stearin- (etwa 52 v. H.), Öl- (43 v. H.) und Laurinsäure (etwa 0,5 v. H.). Die Eingeborenen verwenden das Fett zu Speisezwecken und verhandeln es, in Bastgewebe gehüllt. Es wäre besonders in der Kerzen- und Seifenfabrikation sowie für Kosmetika und als billiger Lanolinersatz verwendbar, da es sich auf der Haut leicht verreiben läßt (10, S. 252; 26, S. 482; 29, S. 673; 40, S. 281f.; 61, S. 8541; 88, II, S. 786; 89, S. 17; 90, S. 739; 97, S. 455ff.).

Genannt sei weiter *Allanblackia floribunda Oliv.* aus dem französischen Kongo und Kamerun, die ein Fett (Bouandjobutter, 67,37 v. H. der trockenen Samenkerne) mit einem Gehalt an Stearin von 61,86 v. H. und an Olein von 12,65 v. H. liefert, dessen Kennzahlen: Dichte (15°) 0,89484—0,91869, Brechungsindex (40°) 1,4576—1,4584, Verseifungszahl 183,8—195, Jodzahl 33,3—36, Säurezahl 3,6—7,5 sind. Der Erstarrungspunkt der Fettsäuren liegt etwa bei 61° (9, S. 89f.; 53, S. 333f.; 88, II, S. 786, III, S. 10; 127, S. 463ff.).

An das Verbreitungsgebiet dieser Art schließt sich das von *Allanblackia parviflora A. Chev.* an, die in den Wäldern des östlichen Sierra Leone bis zur Goldküste beheimatet ist. Ihre Samen enthalten 44 v. H. Fett (9, S. 90).

Das tropische Afrika bewohnt *Allanblackia Sacleuxii Hua* (ob gute Art ?), die ein ähnliches Fett (Kagnébutter, 60—62,64 v. H. der Samen, Kennzahlen: Dichte [15°] 0,9194, Brechungsindex [50°] 1,4551, Verseifungszahl 207,85, Jodzahl 29,5, Säurezahl 35,3) liefert, das, in kleinen Körben verhandelt, zu Nahrungs- und Beleuchtungszwecken dient (10, S. 252; 29, S. 674ff.; 53, S. 334ff.; 81, S. 482; 88, III, S. 11; 90, S. 739).

Pentadesma butyraceum Don. und *P. Kerstingii Engl. Pentadesma butyraceum Don.*, der westafrikanische Talg- oder Butterbaum, ist ein in Sierra Leone häufig, aber auch im sandigen Küstenvorland von Liberia, am Niger, in Kamerun, am Nun River und bei Bipinde, auf São Thomé und Principe vorkommender, 15 m, nach anderen 30—40 m hoher Waldbaum mit lederigen Blättern und großen Blüten in zusammengesetzten Trauben, dessen Holz genutzt und dessen gelbliches Harz aus dem Saft der Fruchtwand oder aus der Rinde als Medizin verwendet wird. Er enthält in seinen Früchten mit kastanienbrauner Schale und gelbem, eßbarem Fleisch zwei bis drei, nach anderen auch acht abgeplattete Samen, die entschält, im Steinmörser zerkleinert und mit Wasser ausgekocht, ein hellgelbes (Kanyabutter) Fett von angenehmem Geruch und Geschmack (32—41 v. H. der Samen, Dichte [15° C] 0,857—0,859, Schmelzpunkt 36—37°, Säurezahl 3,1—17,4, Verseifungszahl 186,0—191,7, Jodzahl 41,8—46,5; auf 100 v. H.

Säuren, 48 v. H. Ölsäure, 46 v. H. Stearinsäure, 5,5 v. H. Palmitinsäure) liefern, das die Eingeborenen als Nahrungsmittel verwenden.

Dem gleichen Zwecke dient das Fett von *Pentadesma Kerstingii Engl.*, ein Baum, der in Galeriewäldern des mittleren Togo heimisch ist. Die Eingeborenen schätzen das Fett höher als Schibutter. Es eignet sich aber auch zur Seifenfabrikation. Seine Kennzahlen sind: Schmelzpunkt 32—35° C, Verseifungszahl 152,0, Jodzahl 52,0 (9, S. 93f.; 10, S. 249; 29, S. 672; 78, S. 102; 88, II, S. 786; III, S. 140; 89, S. 205; 90, S. 740; 130, S. 35ff.; 139, S. 14. 140, S. 224f.).

Symphonia fasciculata (Dup. Thou.) Benth. et Hook. f. und *S. globulifera L. f. Symphonia fasciculata (Dup. Thou.) Benth. et Hook. f.* ist ein bis 30 m hoher Baum Madagaskars. Er bringt große bis 1000 g schwere Früchte mit je etwa 30—35 kastanienartigen Samen von 4—5 g Gewicht hervor. Aus diesen stellen die Eingeborenen Fett (Gehalt 65 v. H.) her, indem sie die Samen trocknen, dann mit wenig Wasser zerquetschen und 8 Tage gären lassen. Die Masse wird sodann erhitzt, abgepreßt und das Öl in Bambusröhren aufgefangen. Das Fett (mit 49 v. H. Olein, 45 v. H. Stearin und Palmitin) dient als Nahrungsmittel und zum Einfetten der Haare. Es eignet sich zur Kerzen- und Seifenfabrikation (81, S. 476; 88, II, S. 787; 90, S. 740).

Symphonia globulifera L. f. liefert in den Regenwäldern der guineensischen Waldprovinz von Liberia bis Angola (Golungo alto) und über das Kongobecken bis zum Ruwenzori und Ruanda (Rugegewald) ebenfalls neben einem schwärzlichen Harz ein nicht trocknendes Fett, dessen Kennzahlen sind: Dichte (100°) 0,8849, Verseifungszahl 195, Jodzahl 64,2, Säurezahl 10,1 (81, S. 475f.; 89, S. 248; 90, S. 740).

Flacourtiaceae

Oncoba spinosa Forsk., ein kleiner Baum, von Angola durch ganz Zentralafrika verbreitet, liefert in den Samen zu 37,6 v. H. ein braungelbes, optisch inaktives, trocknendes Öl (Dichte [15/15] 0,9303, Brechungsindex n_{D40} = 1,4740, Verseifungszahl 192,2, Jodzahl 177,0) (22, S. 131).

Lecythidaceae

Barringtonia racemosa (L.) Blume, ein in Ostafrika vorkommender Baum, liefert in seiner Rinde Gerbstoff, in seinen Blättern einen Salat und in seinen Samen ein gutes Brennöl (89, S. 38).

Rhizophoraceae

Poga oleosa Pierre, ein hoher, in Gabun bei Libreville und in Kamerun im südlichen Waldgebiet (Ebolowa) und bei Ossidinge verbreiteter Urwaldbaum, trägt in einer fleischigen, leicht verderblichen Schale eine Steinnuß, die 3—4 mandelähnlich aussehende und ebenso schmeckende Samen enthält, die etwa zu 62 v. H. leicht auszupressendes, sehr wertvolles Öl (Inoyöl) enthalten, dessen Dichte (15°) 0,9085, Brechungsindex n_{D25} = 1,4700, Säurezahl 4,2, Verseifungszahl 177,5, Jodzahl 91,1, Erstarrungspunkt der Fettsäuren 24,5° betragen. Der Ausfuhr ist die harte Schale und das schnelle Ranzigwerden der von der Steinnuß befreiten Kerne hinderlich (4, S. 83f.; 10, S. 249; 14, S. 294ff.; 56, S. 23; 81, S. 50f.; 85, S. 312; 88, II, S. 821; 89, S. 214; 90, S. 778; 123, S. 338f.; 137, S. 184f.).

Combretaceae

Combretum butyrosum (Bertol.) Tul. Aus den Samen dieses ostafrikanischen Kletterstrauches gewinnen die Kaffern ein weißes, festes, schwach aromatisches Fett, das in Moçambique gehandelt wird (26, S. 483; 81, S. 459; 89, S. 86; 90, S. 724).

Terminalia Catappa L. ist ein zur Trockenzeit kahl stehender Baum, der im indomalaiischen Gebiete heimisch ist, aber durch Kultur besonders als Alleebaum eine weite Verbreitung gefunden hat. Er ist 20 m hoch, mit stockwerkartiger Krone, großen verkehrt-eiförmigen, an den Zweigenden schopfig zusammengedrängten Blättern, kleinen grünlich-gelben Blüten in ährigen Blütenständen, elliptischen, zweikantigen, hartfleischigen Früchten von 5—8 cm Länge, die große, spindelförmige Samen enthalten. Diese sind eßbar und enthalten bis zu 63,4 v. H. ein wohlschmeckendes fast geruchloses, hellgelbes Öl (Badamöl) mit 40,85 v. H. Öl-, 22,91 v. H. Linol-, 28,47 v. H. Palmitin-, 3,99 v. H. Stearin-, 1 v. H. Myristin- und 0,75 v. H. Arachinsäure als Glyzeride. Die Fruchtschalen und Rinde des Baumes dieser Art werden außerdem, wie auch bei anderen Terminalia-Arten, zum Schwarzfärben und Gerben benutzt (Réunion) (88, II, S. 822; III, S. 201; 89, S. 253).

Sapotaceae

Argania sideroxylon Roem. et Schult. ist in Marokko heimisch. Das Holz („Eisenholz“) wird genutzt, die Samenschalen dienen als Viehfutter, und die Samen liefern ein gutes Öl (Gehalt: 68 v. H., Ausbeute: 50 v. H.), das als Ersatz für Olivenöl verwendet wird (88, II, S. 938; 89, S. 32; 90, S. 787).

Mimusops-Arten. *Mimusops djave (Laness.) Engl.*, der Adjab-, Niabe- oder Djavebaum, ist ein Kameruner Urwaldbaum. Er bevorzugt Schwemmlandboden, scheint aber Böden vulkanischen Ursprungs zu meiden, denn am Kamerungebirge und an den Bakossibergen fehlt er. Der Baum wird 50 m hoch und trägt lederige, ganzrandige Blätter und Büschel mittelgroßer, weißlicher Blüten. Die Früchte (im Durchmesser 9—12 cm groß) enthalten im mehligen, gelben Fruchtfleisch 2—5 Samen, die 5,5 cm lang und 3,5 cm breit sind und nach *Fickendey* 21 g wiegen, wovon 28 v. H. auf die Samenschalen entfallen. Die frischen Samen sind hellweiß und geruchlos und werden beim Trocknen hellbraun und schwarzgrau. Der trockene Kern enthält 64,53 v. H. Fett (Djavefett), das in erstarrtem Zustande weiß, geschmolzen hellbraun ist. Bei Zimmertemperatur hat es Schmalzkonsistenz. Seine Kennzahlen sind von *Wedemeyer* (87, S. 36), *Freundlich* (18, S. 78f., 106ff.), *Fickendey* sowie *Wagner* und *Oestermann* (84, ú. 329) untersucht worden: Dichte (15°) 0,9139 bzw. 0,9160 bzw. 0,9172 bzw. 0,9137, Säurezahl 38,1 bzw. 13,8 bzw. 18,2 bzw. 13,1, Verseifungszahl 185,3 bzw. 182,45 bzw. 188,6 bzw. 186,7, Jodzahl 56,1 bzw. 56,0 bzw. 57,2 bzw. 56,2. Es enthält 94,08 v. H. Fettsäuren, 3,72 v. H. Glyzerin, 2,2—4 v. H. Unverseifbares, 51,8 v. H. freie Fettsäuren. Das Fett ist nicht allein zu Speisezwecken, sondern auch in der Stearin- und Seifenfabrikation verwendbar.

Die Eingeborenen, die Jaunde und Ngumba, gewinnen das Fett auf primitive Weise: die Samen werden über dem Feuer getrocknet und von der Schale, die sich mit Hilfe eines Steines leicht zertrümmern läßt, befreit. Die Kerne werden dann im Mörser zerstampft oder auf einer Steinplatte zerrieben und die erhaltene Masse mit Wasser ausgekocht und zu Klößen geformt, aus denen mit der Hand zuerst das Wasser und sodann das Öl ausgepreßt wird. In den Gegenden von Ossidinge und Johann-Albrechtshöhe werden die getrockneten und zerkleinerten Kerne sogleich mit den Händen oder Steinen ausgepreßt und das Fett aufgekocht, wobei die fremden Bestandteile beim Erkalten zu Boden sinken und das klare darüberstehende Fett abgeschöpft wird. Entgegen der Ansicht von *Krause* (37, S. 283) sowie *Wacker* und *Oestermann* (84, S. 333) — ob es sich hier um eine ungiftige Varietät, eine Fehlbestimmung des Samens oder durch zu hohes Alter ungiftig gewordene Samen handelt, ist unsicher — enthalten die Samen nach *Fickendey* einen Giftstoff, ein Saponin, der den Eingeborenen wohlbekannt ist und den sie bei der Fettbereitung durch den Kochprozeß sorgfältig entfernen. Die Rückstände bei der Fettgewinnung benutzen sie auch zum Betäuben von Fischen in Tümpeln und kleinen Gewässern. Der Genuß des Giftes soll nach wenigen Stunden zum Tode führen.

Neben dem Fett liefert der Baum das als Kameruner Mahagoni bekannte und geschätzte Holz und in dem mehlig säuerlichen und deshalb durststillenden Fruchtfleisch den Eingeborenen Obst. Die an sich wertvollen Preßrückstände sollen infolge des genannten Giftes nur dann verwendbar sein, wenn das Saponin mit heißem Wasser extrahiert worden ist.

An Ausfuhrzahlen liegen nur wenige älteren Datums vor. Kamerun (Dualabezirk) führte im Jahre 1906 3,2 t; 1907 14,9 t; 1908 183,7 t Samen aus. Vom Kreis (région) Jabassi (Kamerun) betrug die Ausfuhr an Fett 1920 14 t, 1921 28 t, (9, S. 357f.; 10, S. 247; 15, S. 29f.; 18, S. 78f., 106ff.; 27, S. 853ff.; 37, S. 283; 56, S. 23f.; 81, S. 442f.; 84, S. 327ff.; 87, S. 35f.; 88, II, S. 940f.; 89, S. 177; 90, S. 786; 108, S. 309f.; 139, S. 13).

Es ist wahrscheinlich, daß zahlreiche *Mimusops*-Arten ähnliche Fette liefern. Von diesen seien nur noch genannt:

Mimusops Heckelii Hutch. et J. M. Dalz., die wie die genannte Art in den bitteren Samen gelbliches in frischem Zustande weder bitteres, noch unangenehm riechendes Fett enthält, das zur Seifenherstellung, als Nahrungs- und Heilmittel und als Haarfett Verwendung findet (9, S. 358f.).

Mimusops Ebolowensis Engl. et Krause in Portugiesisch-Cabinda (Majumbe) (53, S. 341f.).

Mimusops Pierreana Engl., ein 25—35 m hoher aus Kamerun und Gabun bekannt gewordener Baum, der reichlich Milchsaft enthält, ein sprödes Gutta, von Rindern und Antilopen gern gefressene Früchte und in seinen Früchten ein feines Öl liefert (9, S. 358).

Labiatae

Hyptis spicigera Lam. ist eine krautige Ölpflanze aus dem Sudan und Senegambien. Sie wird nördlich vom Viktoriasee überall in Mischkultur gebaut. Die sehr kleinen Samen dienen geröstet als Nahrung oder zur Gewinnung eines extrahiert hellgelben, gepreßt gelbbraunen, stark trocknenden Öles (Dichte [15/15] 0,9436, Verseifungszahl 203, Jodzahl 171—203, Gehalt 20—37 v. H. der Samen) (9, S. 460f.; 26, S. 485; 81, S. 342; 82, S. 147; 88, II, S. 1074; 89, S. 147; 90, S. 745; 133, S. 278ff.).

Solanaceae

Nicotiana Tabacum L. Die Samen des Tabaks liefern Öl (s. u. Genußmittel), das als Brennöl früher genutzt wurde.

Cucurbitaceae

Telfairia pedata Hook. f. und *T. occidentalis Hook. f. Telfairia pedata Hook. f.* (= *Ampelosicyos scandens Thouars*), die Kwemme-Liane oder der Talerkürbis, ist ursprünglich auf das tropische Ostafrika, Deutsch-Ostafrika, Sansibar und Pemba, beschränkt, aber durch die Kultur auch in Moçambique, auf den Komoren, Seychellen, Maskarenen und Madagaskar weiter verbreitet.

Der Talerkürbis ist eine große, bis 30 m lang werdende Kletterpflanze mit gefingerten Blättern. Die Pflanze ist diözisch. Die Blüten sind violett, die männlichen stehen in Trauben, die weiblichen einzeln. Die Früchte sind groß, ½—1 m lang und 15—25 cm dick, mit deutlichen Rippen. Sie werden bis 30 kg schwer. Zur Zeit der Reife fallen sie auf die Erde, springen auf und entlassen gegen 200—300 Samen von der Größe eines Talers, aber weit dicker. Diese wiegen 7—10 g. Sie bestehen aus einem Kern (60 v. H. des Samens), der von einer dünnen grünen Haut umgeben ist, die einen sehr starken Bitterstoff enthält. Diesen Kern umschließt eine sehr harte Schale (33 v. H. des Samens), die wieder von einem sehr festen, maschigen Bastgewebe (7 v. H. des Samens) umhüllt ist. Die Samenkerne enthalten bis zu 60,65 v. H. Öl.

Der Anbau des Talerkürbisses erfolgt an Stützbäumen oder in Laubenform.

Das Öl stellen die Eingeborenen auf primitive Art her, wobei sie eine Ausbeute von 16 v. H. Öl erhalten sollen. Die entschälten Samen werden zunächst zu Mehl zerstoßen und dann unter allmählichem Zusatz von kochendem Wasser weiter zerstampft, bis sich ein weicher Brei bildet. Dieser wird mit der Hand ausgequetscht. Das herausfließende Öl wird dann noch durch Kochen gereinigt.

Das Öl, mit Äther extrahiert, enthält etwas Farb- und Bitterstoff, ausgepreßt ähnelt es dem Leinöl, blaßt jedoch bald ab, filtriert wird es hellgelb, von angenehmem Geruch, aber etwas weichlichem Geschmack und scheidet Flocken von Glyzeriden ab. Es ist schwach trocknend. *Thoms* (77, S. 50) ermittelte folgende Kennzahlen: Dichte bei 15° C 0,9180, nach *Heckel* und *Domergue* (zit. nach 71, S. 82) 0,915, Säurezahl 0,34, Verseifungszahl 174,8 bzw. 199—202, Jodzahl 86,2 bzw. 93, Erstarrungspunkt des Öles + 7° C, Erstarrungspunkt der Fettsäuren 41° C. Das Öl setzt sich in der Hauptsache aus den Glyzeriden der Palmitin-, Stearin-, der Telfairiasäure ($C_{18}H_{32}O_2$), die der Linolsäurereihe angehört, und einer ungesättigten Oxysäure ($C_{24}H_{40}O_3$; Formel noch unsicher) zusammen.

Nach Raffination könnte das Öl vielleicht als Speiseöl dienen. Allerdings soll es beim Erhitzen unangenehm riechen, was von anderer Seite bestritten wird. Wohl geeignet wäre es für die Seifen- und besonders für die Kerzenindustrie. Die Eingeborenen verwenden es als Speiseöl, zum Einfetten der Haut und auch als Medikament.

Frankreich und früher auch Deutschland versuchten, den Anbau dieser anspruchslosen Schlingpflanze in ihren Kolonien zu heben. Der Ölgewinnung stehen aber zwei erhebliche Schwierigkeiten entgegen. Die eine besteht in der Spaltung der harten Schale, wozu noch keine geeignete Maschine erfunden ist, die andere in der Entfernung der noch unter dieser harten Schale liegenden bitteren Haut, da bei der Ölgewinnung durch Extraktion der Bitterstoff in das Öl übergeht. Dies geschieht allerdings nicht bei der Ölgewinnung durch Auspressen, die aber wesentlich geringere Erträge liefert und deswegen ungeeignet ist.

Die Samen werden in ganz Ostafrika und bis nach Südafrika überall als Näscherei wie Nüsse gegessen. Die Rückstände bei der Ölgewinnung durch Pressen, ebenfalls von nußartigem Geschmack, wären als Futtermittel verwendbar. Freilich müßte dann die bereits genannte bittere Schale entfernt werden. Die Eingeborenen essen die Samen, nachdem sie sie mit der Schale ins Feuer gelegt und diese dann entfernt haben. Aber auch in ungeröstetem Zustande werden die entschälten Samen zu grobem Mehl zerstampft, das über Gemüse und Brei gestreut wird. Den Bitterstoff der Samenschale benutzen die Eingeborenen als Abtreibungsmittel.

Die andere Art der Gattung, *Telfairia occidentalis Hook. f.*, ist in Westafrika heimisch. Sie besitzt bedeutend kleinere Samen, die sich wesentlich leichter öffnen lassen, und liefert ein von dem genannten ganz verschiedenes, zähes, braunes, gut trocknendes Öl (32,2 v. H. der Samen), dessen Dichte $d_{50} = 0{,}9135$, Brechungsindex $n_{D20} = 1{,}4763$, Säurezahl 61,5, Verseifungszahl 262,2, Jodzahl 43,4, Erstarrungspunkt des Öles —2,5°, Erstarrungspunkt der Fettsäuren 39,5° betragen (9, S. 63f.; 17, S. 48ff.; 26, S. 490ff.; 29, S. 485ff.; 32, S. 26; 71, S. 78ff.; 75, S. 444ff.; 76, S. 196ff.; 81, S. 195; 83, S. 199; 85, S. 317; 88, II, S. 1200; 89, S. 252; 90, S. 727; 91, S. 123ff.; 92, S. 100f.; 146, S. 216f.).

Acanthosicyos horrida Welw., der Narraskürbis, ein blattloser Dornstrauch mit verzweigten, grünen Ranken und langer Pfahlwurzel, bewohnt in niedrigen, dichten Gebüschen die Hänge und Dünen an der Walfischbucht. Die dornig-warzigen Früchte enthalten neben vielen Samen ein gelblich-weißes, fast flüssiges, süßsäuerliches Fleisch, das beim ersten Genusse zwar Brennen auf den Lippen und im Munde verursacht, den Hottentotten aber als Hauptnahrungsmittel dient. Die Früchte werden entweder roh gegessen oder zu Mus gekocht. Aus dem Saft ausgepreßter Früchte kochen die Eingeborenen einen süßen Syrup, der unter Zusatz der geschabten Wurzel zur Zuckerbierbereitung dient. Der Saft der frischen Früchte bringt Milch sehr schnell zum Gerinnen. Zur Ölbereitung werden nur rohe Samen verwendet. Sie bestehen aus 39—41 v. H. Steinschale und enthalten zu 47,8 v. H. das hellgelbe, nicht trocknende, milde schmeckende, sogenannte Narras-Kürbisöl, das zu Speisezwecken dient. Neben den rohen Samen eignen sich aber auch die gekochten in gleicher Weise zur Ölgewinnung. Eine Entölung durch den Kochprozeß findet nicht statt (Ölgehalt 46,3 v. H.). Die Kennzahlen sind für Öl aus rohen und gekochten Samen: Verseifungszahl 180,9 bzw. 181,4, Säurezahl 0,6 bzw. 1,0, Jodzahl 115,8 bzw. 116,6, Brechungsindex 1,463 (12, S. 18f.; 21, S. 297ff.; 88, II, S. 1207; 89, S. 7; 90, S. 728).

Luffa cylindrica Roem. (= L. aegyptiaca Mill.) und *L. acutangula Roxb.* (Schwammkürbis) sind in allen tropischen Ländern wachsende und zum Teil auch kultivierte, gurkenartige, einjährige Pflanzen. Sie liefern neben dem bekannten, trockenen Fasergewebe der gurkenähnlichen Frucht, dem Luffaschwamm, in ihren Samen ein Öl. Eine genauere Kennzeichnung der Öle muß unterbleiben, da bei den untersuchten Proben nicht sicher feststeht, von welcher der beiden Arten die Öle stammten. Sie stimmen aber wohl ziemlich miteinander überein. Die giftigen Preßkuchen eignen sich nur zu Düngungszwecken (s. a. u. Gemüse) (9, S. 61f.; 63, S. 182ff.; 88, II, S. 1195; 89, S. 166; 90, S. 727f.).

Citrullus-Arten. Verschiedene afrikanische Citrullusarten, gurken- oder kürbisartige niederliegende Pflanzen, enthalten in ihren Samen Öl. Genannt sei die im tropischen Afrika heimische, aber durch die Kultur weitverbreitete Wassermelone, *Citrullus vulgaris Schrad.*, (s. a. u. Gemüse) und die im Norden und Osten von Deutsch-Südwestafrika kultivierte Tschama-Melone, *Citrullus naudinianus (Sond.) Hook. f.* mit gänseeigroßen dornigwarzigen Früchten von angenehm sauer-bitterem Geschmack und die als

Heilmittel und nach mühsamer Aufbereitung auch als Nahrungsmittel genutzte, in den Wüstengebieten Nordafrikas, Südarabiens und Vorderasiens heimische Koloquinte *(Citrullus Colocynthis [L.] Schrad.)*. Bei *Citrullus vulgaris* enthalten die Kerne (62 v. H. des Samens) 66 v. H. eines erst rosafarbenen, später stark gelben, zu Speisezwecken genutzten Öles (Dichte [20°] 0,961, Verseifungszahl 190, Jodzahl 118, Erstarrungspunkt der Fettsäuren 32°) von angenehm süßem Geschmack, dessen Gewinnung allerdings wegen des geringen Samenertrages und der Schwierigkeit des Schälens unwirtschaftlich ist. Ferner liefern die Samen von *Citrullus naudinianus* 15 v. H. eines nicht trocknenden Öles und die von *Citrullus Colocynthis* ein rötlichgelbes, schwach grün fluoreszierendes Öl (15—17 v. H. mit 43,8 v. H. festen und 16,9 v. H. flüssigen Fettsäuren) von bitterem Geschmack, das zu Beleuchtungszwecken und zum Haarfärben dienen kann (9, S. 53ff.; 29, S. 727; 81, S. 185, 188f.; II, S. 1196ff.; 89, S. 71f.; 90, S. 727; 135, S. 62; 143, S. 149ff.).

Cucumis melo L. Die Samen der in Afrika in verschiedenen Varietäten kultivierten Melone, die den Eingeborenen als Nahrung (s. u. Gemüse) dienen, wurden früher in größerer Menge aus Westafrika ausgeführt, um daraus ein Speise- und Brennöl zu gewinnen (Öl mit 56,6 v. H. Glyzeriden der Linol-, 27,2 v. H. der Öl-, 10,2 v. H. der Palmitin-, 4,5 v. H. der Stearin- und 0,3 v. H. der Myristinsäure, Kennzahlen: Dichte [15°] = 0,927, Verseifungszahl 190—195, Jodzahl 100—135, Erstarrungspunkt der Fettsäuren 36°) (9, S. 56; 88, II, S. 1202f.; 89, S. 93f.; 90, S. 727).

Lagenaria leucantha Rusby (= L. vulgaris Seringe), der Flaschenkürbis. Die Samenkerne enthalten 45—50 v. H. klares Öl (9, S. 58ff.; 88, II, S. 1203).

Compositae

Helianthus annuus L., die Sonnenblume, ist eine alte Kulturpflanze der Inkas, in Mexiko und Peru heimisch. Von dort kam sie im 16. Jahrhundert als Zier- und Ölpflanze in die Alte Welt.

Botanische Beschreibung. Die Sonnenblume ist eine einjährige, in guten Lagen bis zu 5 m hohe, rauhhaarige Pflanze, mit kräftigem, meist einfachem Stengel und Faserwurzeln. Die großen, herzeiförmig-dreieckigen, kerbsägigen Blätter sind wechselständig und stehen als echte Windblätter an langen Stielen. Die nickenden, großen Blütenköpfe sind meist einzeln und endständig. Die krautig-grünen Hüllschuppen sind dachziegelartig angeordnet. Die zwitterigen, braunen Scheibenblüten sind von einem Kranze bis 10 cm langer, goldgelber steriler Zungenblüten umgeben. Seit altersher bekannt ist die Einstellung, wenigstens der jüngeren Blütenköpfe gegen die Sonne, der sie in ihrem Tagesgange folgen, was ihr auch den Namen eingetragen hat. Die bis 17 mm langen und 9 mm breiten Früchte sind von unregelmäßiger Gestalt, verkehrt-eiförmig und seitlich zusammengedrückt, sammethaarig und von weißer, strohgelber, silbergrauer, brauner, rötlicher bis schwarzer Farbe, zuweilen auch hell-dunkel längsgestreift mit holzig sprödem Perikarp und weichem Kern. Dieser ist wegen seines Ölreichtums das Hauptprodukt des Anbaues. Die Farbe des Perikarps ist auf den Ölgehalt ohne Einfluß (144, S. 275).

Die Kenntnis der Rassen (60, S. 7192) von *Helianthus annuus L.* ist gering. Die morphologischen Unterscheidungsmerkmale liegen in der Größe der Pflanze und Blütenköpfe, den Blüten und vor allem der Größe und Farbe der Früchte, die physiologischen (51, S. 85) in der Länge der Vegetationszeit und der Widerstandsfähigkeit gegen Parasiten.

Die Sonnenblume stellt hohe Ansprüche an den Nitrat-, Kali- und Phosphatgehalt im Boden. Sie übertrifft hierin Weizen und Mais. Wenn nicht rechtzeitig für Ersatz der durch die Ernte entnommenen Nährstoffe durch Düngergaben und entsprechenden Fruchtwechsel gesorgt wird, tritt eine frühzeitige Verarmung des Bodens ein. *Du Toit* (79, S. 314) empfiehlt für Südafrika folgende Fruchtfolge: 2 Jahre Mais, 1 Jahr Erdnüsse, 1 Jahr Sonnenblumen, 1 Jahr Speisebohnen, von denen nur die Samen geerntet werden. Bei entsprechender Düngung und Feuchtigkeit gedeiht die Sonnenblume selbst noch auf sandigen Böden. Ihr bestes Fortkommen findet sie freilich auf guten, feuchten Lehmböden.

Die Ansprüche, die sie an das Klima stellt, ergeben sich aus ihrer Herkunft. Sie verlangt höhere Temperaturen, ist aber infolge ihrer kurzen Vegetationsperiode von nur 100 bis 125 Tagen auch noch in kühleren Gebieten anbaufähig.

Die günstigen Klima- und Bodenverhältnisse und damit volle Ertragsfähigkeit findet die Sonnenblume daher in subtropischen Ländern auf reichen Alluvialböden (50, S. 181 ff.).

Die Saat (nach *Marcus* etwa 10—12, nach *Rolet* 14—18 kg/ha) erfolgt auf dem im Herbst durch Tiefpflug und im Frühjahr durch Abschleppen vorbereiteten Felde mit der Drillmaschine (Reihenabstand nach *Marcus* 75—80, nach *Rolet* 100—120 cm). Hat die Saat eine Höhe von 15 cm erreicht, folgt Verhacken mit Pflug und Hand und Verziehen mit der Hand.

Ernte. Zur Zeit der Fruchtreife vertrocknen und vergilben die Stengel, und die Blätter fallen ab. Die Fruchtstände werden vom Stengel abgeschnitten und mit dem Blütenboden nach oben zum Trocknen aufgelegt. Das Entkörnen der Fruchtstände erfolgt mit der Hand, mit dem Dreschflegel oder dem Maisrebbler (50, S. 183 f.).

Die Erträge schwanken zwischen 700 und 2300 kg/ha ungeschälter Früchte, welche 50—60 v. H. Kerne enthalten.

Zur Ölgewinnung werden die Sonnenblumenfrüchte meist geschält. Nach sorgfältiger Reinigung von Staub und Stengelteilen werden sie durch verschiedenmaschige Siebsätze in einzelne Größenklassen getrennt und diese gesondert auf Schälgängen enthülst, wobei allerdings die Kerne nicht zerquetscht werden dürfen. Der Vorgang ist besonders bei jungen Früchten mit noch elastischem Perikarp schwierig. Hülsen und Kerne werden meist nicht vollständig voneinander getrennt oder sogar absichtlich gemischt, angeblich damit die harten Hülsenreste (etwa 8—15 v. H.) die bessere Zerstörung der Zellverbände beim Pressen und damit höhere Ölausbeute bewirken. Die Pressung erfolgt zuerst kalt, dann warm (29, S. 114ff.; 50, S. 187; 90, S. 795).

Das durch kalte Pressung gewonnene Sonnenblumenöl ist milde, gewöhnlich klar, blaß bis hellgelb, das warmgepreßte bis bräunlichgelb. Es erstarrt bei —16 bis —17°. Seine Zusammensetzung wird angegeben mit 57,5 v. H. Linolein, 33,4 v. H. Olein, 3,5 v. H. Palmitin, 2,9 v. H. Stearin, 0,6 v. H. Arachin, 0,4 v. H. Lignocerin und 1,2 v. H. Unverseifbares (88, II, S. 1226ff.). Kennzahlen (90, S. 796): Spez. Gewicht bei 15° 0,924 bis 0,926, Brechungsindex bei 20° etwa 1,475, Verseifungszahl 188—194, Jodzahl 120—135, Erstarrungspunkt der Fettsäuren 17—18°. (Näheres auch 81, S. 326ff.).

Kalt gepreßte Öle (29, S. 117; 90, S. 796) werden als Speiseöle verwendet, ferner in der Margarinefabrikation, in der Seifenfabrikation als Zusatz zu Textilseifen und bei Schmierseifen als Ersatz für Leinöl und als Brennöl. Ihre Verwendbarkeit zur Firnis- und Lackfabrikation ist gering (29, S. 117; 90, S. 796).

Die grauen bis grau-schwarzen Preßkuchen unterscheiden sich in ihrer Zusammensetzung sehr, je nachdem bei der Verarbeitung geschälte oder ungeschälte Früchte zur Verwendung kamen. Sie dienen als bekömmliches Futter für Zug-, Zucht- und Mastvieh (29, S. 117ff.; 50, S. 187f.).

Nebennutzungen. In zunehmendem Maße wird die Sonnenblume für Silagezwecke angebaut (23, S. 489f.; 113, S. 197ff.). Entweder allein oder mit Grünmais und grünen Leguminosen gemischt ensiliert, gibt sie ein ausgezeichnetes Futter (79, S. 314). Die Sonnenblumensamen benutzt man vielfach als Viehfutter. Als Federviehfutter führte z. B. Südafrika größere Mengen nach Australien und Neuseeland aus (79, S. 314). Die Asche der Stengel und Blätter dient zur K_2CO_3-Gewinnung, das Mark der Stengel als Stopfmaterial für Schwimmgürtel (50, S. 189).

Die Sonnenblumenkultur befindet sich in den meisten Gebieten Afrikas noch im Versuchsstadium. Ihre Bedeutung ist deswegen vorerst noch gering. Weitere Verbreitung hat sie wohl vor allem in der Südafrikanischen Union gefunden, wie aus den Ausfuhrzahlen (in t) hervorgeht:

1928: 107	1932: 120	1936: 320
1929: 252	1933: 234	1937: 420*
1930: 309	1934: 450*	1938: 310*
1931: 98	1935: 200	1939: 800* (79; 99).

*) Zahlen abgerundet.

Südrhodesien führte folgende Mengen aus (in t):

1929: 119	1933: 195	1937: 420*
1930: 249	1934: 551	1938: 310*
1931: 133	1935: 45	
1932: 44	1936: 320*	(68; 99b)

Kenya und Uganda in t:

1929/33:	0*	1936: 320*
1934:	110*	1937: 320*
1935:	270*	1938: 340* (99 b)

Diese Werte sind zwar gering, doch kann kein Zweifel bestehen, daß die Kultur ausbaufähig ist. Die bisherigen Versuche waren ermutigend. Die vor dem Kriege auf der Versuchsstation Kibongoto am Kilimandjaro in Deutsch-Ostafrika und seit 1926 in Schauja in Marokko angestellten Untersuchungen (106, S. 137) haben ergeben, daß die Sonnenblume unter ähnlichen Bedingungen und in denselben Kulturgebieten wie der Mais eine brauchbare Ölpflanze darstellt.

Guizotia abyssinica (L.) Cass. (= G. oleifera DC.), die Nigerpflanze, ist ein in Abessinien und Ostafrika heimisches, 1—2 m hohes, unterwärts kahles, im oberen Teile klebrig-rauhhaariges Kraut mit kurzer Faserwurzel, unten gegenständigen Blättern und mittelgroßen, end- oder blattwinkelständigen Blütenköpfen. Die hellbraunen bis schwarzen, fettglänzenden, schmal-eiförmigen Früchte sind drei- oder vierkantig, zumeist etwas gekrümmt und vom Rücken her zusammengedrückt, an dem einen Ende abgerundet, mit kreisrunder Griffelnarbe, am anderen zugespitzt, mit hellem, dreieckigem Fleck. Sie enthalten 35—45 v. H. Öl.

Die Nigerpflanze ist sehr anspruchslos; sie kommt auch an trockenen, sandigen Orten, die nur selten Regen erhalten, fort.

Die Saat erfolgt breitwürfig mit der Hand, die Pflanzung bedarf weiter keiner Pflege. Schon nach vier Monaten kann die Ernte erfolgen. Die Pflanzen werden abgeschnitten, einige Tage an der Sonne getrocknet und dann ausgedroschen.

Die Ernte betrug für die Provinz Erythrea des Kaiserreichs Äthiopien im Jahre 1936 318,5 t Nigersaat (24, S. 185).

In europäischen Ölmühlen wird das Öl durch eine Kaltpresse (18 v. H.) und eine warme Nachpresse (14 v. H.) oder nur durch eine warme Pressung erhalten. In Abessinien wird es in primitiver Weise gewonnen, indem die Samen im Mörser zerstoßen, in Wasser gekocht werden und das sich an der Oberfläche absetzende Öl abgeschöpft wird.

Das schwach nach Thymian duftende Öl ist hell- bis dunkelgelb; es enthält nach neueren Untersuchungen 54,34 v. H. Linol-, 31,06 v. H. Öl-, 8,41

---

*) Zahlen abgerundet.

v. H. Palmitin-, 4,89 v. H. Stearin-, 3,35 v. H. Laurin- und Myristin- sowie 0,48 v. H. Arachin- und Lignocerinsäure (88, III, S. 99). Seine Kennzahlen sind: Dichte (15/4°) 0,9235—0,928, Brechungsindex (40°) um 1,468, Verseifungszahl 189—193, Jodzahl 125—135, Erstarrungspunkt der Fettsäuren 28—30° (90, S. 761f.).

Das Öl kann nach Raffination und Klärung als Speiseöl dienen, in der europäischen Industrie wird es für sich oder im Verschnitt mit Rüböl als Brennöl oder auch in der Seifenfabrikation verwendet. Sein angeblicher Gebrauch als Schmiermittel dürfte infolge seiner trocknenden Eigenschaft nicht ratsam sein. Aber auch in der Lack- und Firnisindustrie hat es sich nicht als geeignet erwiesen. Die Preßrückstände dienen als Futtermittel (26, S. 493ff.; 29, S. 129ff.; 81, S. 332ff.; 89, S. 137f.; 90, S. 761f.).

Carthamus tinctorius L., der Saflor, ein distelartiges, einjähriges Kraut mit roten Blütenköpfen, wurde früher wegen des aus den Blüten gewonnenen Farbstoffes vielfach kultiviert. Die Früchte dienen aber auch außer in einigen anderen Gebieten in Afrika, in Ägypten und Äthiopien zur Ölgewinnung. Das goldgelbe Öl (25,4—36,9 v. H. der Früchte) erhält man durch Pressen der Früchte. Die Kennzahlen sind: Dichte (15°) 0,925—0,928, Brechungsindex n_{D20} = 1,477—1,478, Verseifungszahl 186—195, meist über 190, Jodzahl 126—150, Erstarrungspunkt —15 bis —20°, Erstarrungspunkt der Fettsäuren 7—12°, meist über 9°. Vorhanden sind 39—50 v. H. Linol-, 34—37 v. H. Öl-, 5—6 v. H. Palmitin-, 3—4 v. H. Stearin-, keine oder Spuren (0,05 v. H.) von Linolensäure, 0,46 v. H. Unverseifbares (Saat aus Mittelasien). Das Öl trocknet rasch. Es kann deshalb besonders zur Herstellung von Firnissen dienen, wird aber auch zu Beleuchtungs-, kosmetischen und medizinischen Zwecken benutzt. Als Nahrungsmittel scheint es ungeeignet, weil es abführend wirkt und leicht ranzig wird. In Europa könnte es in der Lack- und Seifenindustrie Verwendung finden. Kulturversuche wurden seinerzeit bei Mombo in Deutsch-Ostafrika und in Togo angestellt (26, S. 495; 29, S. 121ff.; 81, S. 335ff.; 88, II, S. 1259f.; III, S. 42; 89, S. 56f.; 90, S. 784).

Schrifttum

Öl und Fett liefernde Pflanzen von zur Zeit in Afrika geringer wirtschaftlicher Bedeutung

1. Adlung, Beiträge zur Kenntnis einiger Eingeborenen-Nahrungsmittel. Tropenpflanzer Jhg. 17 (1913), S. 171 bis 181.
2. Adriaens, L., Les graines de Jatropha Curcas du Congo Belge. Les. mat. grass., le pétrole et ses dérivés Jhg. 28 (1916), S. 10786, 10813—14.
3. Baudon, A., Les huiles de Raphias. Rev. de Bot. Appl. et d'Agric. Trop. Jhg. 7 (1927), S. 120—27.
4. Brieger und Krause, M., Untersuchung einer neuen Fettfrucht „Njore-Njole" aus Kamerun. Tropenpflanzer Jhg. 12 (1908), S. 83—84.
5. Brunner, C., Afrolicania als Stammpflanze der Nico-Nüsse. Notizblatt des Bot. Gartens und Museums Berlin Jhg. 8 (1922), S. 188—89.
6. Burret, M., Afrikanische Palmen als Nutzpflanzen. Tropenpflanzer Jhg. 42 (1939), S. 185—211.
7. Castagne, E., Le Treculia Engleriana de Wild. et Th. Dur. Agric. et Elévage au Congo Belge Jhg. 7 (1933), S. 96—98. Ref.: Untersuchungen über Treculia Engleriana De Wild. et Th. Dur. Tropenpflanzer Jhg. 36 (1933), S. 529.

8. Cunha Da Silveira, J., Contribution à l'étude du pulghère aux îles du Cap Vert. Anais do Inst. Super. de Agronom. Jhg 6. (1934). Lisbonne.
9. Dalziel, J. M., The useful plants of West Tropical Africa. Appendix zu: The Flora of West Tropical Africa. (Hutchinson and Dalziel, J. M.) London 1937.
10. Deistel, Kameruner Fettnußbäume. Amtsbl. f. d. Schutzgeb. Kameruns Jhg. 3 (1910), S. 246—52.
11. Denis, P., L'huile de Pentaclethra Eetveldeana. Les mat. grass., le pétrole et ses dérivés Jhg. 25 (1933), S. 9770 bis 72, S. 9799—9801.
12. Dinter, K., Die vegetabilische Veldkost Deutsch-Südwestafrikas. Okahandja 1912.
13. Elden, H. van und Phillips, E. P., Tungnut growing. Dep. of Agric. and Forestry. Union of South Africa. Plant ind. ser. Nr. 1. Pretoria 1935.
14. Engler, A., Poga oleosa Pierre. Ein Öl liefernder Baum von Kamerun und Gabun. Notizbl. d. Kgl. Bot. Museums und Gartens Berlin Jhg. 5 (1913), S. 294—98.
15. Fickendey, E., Der Samen von Mimusops djave. Tropenpflanzer Jhg. 14 (1910), S. 29—36.
16. Ferrara, A., Il seme di lino dell'Eritrea. L'Agric. Colon. Jhg. 22 (1928), S. 321—28. Ref.: Leinsaat aus Erythrea, Faserforschung Bd. 7 (1928/29), S. 299—300.
17. François, M. T., Sur l'analyse de graines de tung (Aleurites Fordii) cultivées au Maroc (récolte 1933). L'Agron. Colon. Jhg. 25 (1936), S. 85—91.
18. Freundlich, J., Das Fett der Mimusops Djave. Chemische Rev. über die Fett- und Harzindustrie Jhg. 15 (1908), S. 78—79 und S. 106—08.
19. Gay, H., La culture du Soja en Tunisie. Rég. de Tunis Direct. des aff. économ., serv. de l'agric. Bulletin Jhg. 40 (1936), S. 258—97
20. Godden, W., The feeding value of tung-seed meal. Bull. of the Imp. Inst. Jhg. 31 (1933), S. 352—58.
21. Grimme, C., „Narras", ein wichtiges Eingeborenen-Nahrungsmittel in Deutsch-Südwestafrika. Tropenpflanzer Jhg. 14 (1910), S. 237—302.
22. Grün, A. und Halden, W., Analyse der Fette und Wachse. 2. Teil. Berlin 1929.
23. Grunwald, H., Die Sonnenblume als Futterpflanze. Tropenpflanzer Jhg. 30 (1927), S. 489—90.
24. Guidotti, R., L'agricultura in Eritrea nel 1936. L'Agric. Colon. Jhg. 31 (1937), S. 179—91.
25. Hammerstein, H. L., Die Landwirtschaft der Eingeborenen Afrikas. Tropenpflanzer Jhg. 22 (1919), Beiheft 2—3, S. 45—123.
26. Harms, H., Die Öl- und Fettpflanzen Ostafrikas und ihre Verwertung. In: Engler, A., Pflanzenwelt Ostafrikas, Teil B, XV, Berlin 1895, S. 467—95.
27. Hedin, L., Le Baillonella toxisperma Pierre (1890) au Cameroun. Rev de Bot. Appl. et d'Agric. Trop. Jhg. 8 (1928), S. 853—55. Ref.: Das Adjabfett (Mimusops Djave). Tropenpflanzer Jhg. 32 (1929), S. 266.
28. Hedin, L., Une plante oléagineuse peu connue de L'Ouest Africain: le Tetracarpidium conophorum. Rev. de Bot. Appl. et d'Agric. Trop. Jhg. 9 (1929), S. 752—53.
29. Hefter, G., Technologie der Fette und Öle. 2. Teil. Berlin 1906—08.
30. Heim de Balsac, F., Dagand, G. S. und Heim de Balsac, H., Huiles de graines de Baobabs (Adansonia L. — Bombacées). Bull. de l'Agence gén. des Colonies Jhg. 20 (1927), S. 983—91. Ref.: Ölgehalt von Adansonia-Samen. Tropenpflanzer Jhg. 31 (1928), S. 370.
31. Herzog, O., Der Flachs. In: Technologie der Textilfasern. 5. Bd. I. Teil, Berlin 1930.
32. Hoffmann, A., Noch einmal „Kweme". Kolonie und Heimat Jhg. 2 (1938), S. 26.
33. Holtz, W., Wichtige und beachtenswerte Holzgewächse Deutsch-Ostafrikas. Reihe I: Eingeführte fremdländische Holzgewächse. Beiheft Nr 1, Pflanzer Jhg. 9 (1913).
34. Jumelle, H., L'arbre à huile de bois de Chine à Madagascar. L'Agron. Colon. Jhg. 17 (1928), S. 149—53.
35. Kaltenbach, L. und Legros, J., Le soja dans le monde. Inst. Intern. d'Agric., Rom 1936.
36. Krause, M., Über Plukenetia conophora, Kamerun. Farbenzeitung Jhg. 19, S. 1—3.
37. Krause, M., Untersuchung des Fettes von Mimusops Djave (Sapotacee). Tropenpflanzer Jhg. 13 (1909), S. 283.
38. Krause, M., Untersuchung des Öles der Ojok-Früchte aus Ossidinge, Kamerun. Tropenpflanzer Jhg. 13 (1909), S. 283.
39. Krause, M., Über Ricinodendron Heudelotii (Baill.) Pierre. Chemiker-Zeitung 1913, S. 1254—55.
40. Krause, M. und Diesselhorst, Untersuchung des Öles von Plukenetia conophora (Burseraceae aus Ossidinge, Kamerun). Tropenpflanzer Jhg. 13 (1909), S. 282.
41. Krause, M. und Diesselhorst, Untersuchung des Fettes von Allanblackia Stuhlmannii. Tropenpflanzer Jhg. 13 (1909), S. 281—82.
42. Kopp, A., Les arbres à huile de bois. Rev. agric. de l'Ile de la Réunion Jhg. 40 (1935), S. 297—303.
43. Kostlan, A., Die Landwirtschaft in Abessinien. I. Acker- und Pflanzenbau. Tropenpflanzer Jhg. 17 (1913), Beiheft, S. 180—250.
44. Legros, J., La culture des Aleurites, arbres à huile de bois. Rev Intern. d'Agric. Jhg. 26 (1935), S. 137 T—169 T, 192 T—207 T, 250 T—265 T.
45. Legros, J., Etat actuel de la culture des Aleurites dans les possessions britanniques (colonies, protectorats, territoires sous mandats). Rev. Intern. d'Agric. Jhg. 28 (1937), S. 289 T—323 T.
46. Legros, J., Le problème de la fertilisation des plantations d'Aleurites. Rev. Intern. d'Agric. Jhg. 28 (1937), S. 205T—213T.
47. Lommel, V., Das Öl von Ximenia americana L. Pflanzer Jhg. 4 (1908), S. 204—06.
48. Maher, C., Tung Oil in Kenya. Bull. of the Imp. Inst Jhg. 34 (1936), S. 180—88.

49. Maher, C, Thomas, A. S., Mc. Gregor, C. J, Prospects for the production of tung oil in East Africa. The East African Agric. Journ. of Kenya, Tanganyika, Uganda and Zanzibar Jhg. 2 (1936), S. 101—10.
50. Marcus, A., Die Sonnenblume. Tropenpflanzer Jhg. 33 (1930), S. 181—89.
51. Marcus, A., Züchtung der Sonnenblume. Tropenpflanzer Jhg. 39 (1936), S. 84—85.
52. Martens, O und Karstedt, O, Afrika. Ein Handbuch für Wirtschaft und Reise. 1. Bd. Wirtschaft. Berlin 1936.
53. Mello Geraldes, C de, Almeida, A. de und Duarte, C., Etude sur quelques graines oléagineuses forestières de l'Angola. Bull. d. mat. grass. de l'Inst. colon., Marseille Jhg. 14 (1930), S. 332—42 und Anais do Inst. Superior de Agronomia Jhg. 5 (1931), S. 1—16.
54. Mello Geraldes, C. de, Les principaux produits végétaux des Colonies Portugaises. Les Colonies Portugaises, Pl. du Comm. Sénér. du Portugal à l'exposition colon. de Paris 1931. Lissabon 1933.
55. Miège, E., Les essais d'Aleurites au Maroc. Bull. d. mat. grass. de l'Inst. Colon. Marseille Jhg. 20 (1936), S. 57—63.
56. Mildbraed, J, Von den Bulus genutzte wildwachsende Pflanzen des Südkameruner Waldlandes. Notizbl. d. Kgl. Bot. Gartens und Museums Berlin Jhg. 6 (1913), App. 27
57. Morstatt, H., Über die Mkongafrüchte (Balanites aegyptiaca). Pflanzer Jhg. 6 (1910), S. 121—22.
58. Perrier de la Bathie, H., Le Raphia de Madagascar. Rev. de Bot. Appl. et d'Agric. Trop. Jhg. 11 (1931), S. 4—17.
59. Pieraerts, J., Une plante monocotylédone oléagineuse intéressante. Les mat. grass., le pétrole et ses dérivés Jhg. 16 (1924), S. 6674—81
60. Pieraerts, J., Le grand soleil ou tournesol. Les mat. grass., le pétrole et ses dérivés Jhg. 17 (1925), S. 7191—92; S. 7280—84; S. 7340—43, Jhg. 18 (1926), S. 7391—93.
61. Pieraerts, J. und Adriaens, L., Contribution à l'étude des Allanblackia oléifères. Les mat. grass., le pétrole et ses dérivés Jhg. 21 (1929), S. 8510—14.
62. Pieraerts, J, Castagne, E. und Adriaens, L., Contribution à l'étude chimique des légumineuses oléagineuses. Le pois corail ou „Adenanthera pavonina". Les mat. grass., le pétrole et ses dérivés Jhg. 22 (1930), S. 8785 bis 8787, S. 8810—12, S. 8838—41, S. 8866—68, S. 8894—96, S. 8922—24, S. 8977—78, S. 9003—04, S. 9032—34.
63. Pieraerts, J. und Winter, F. de, Contribution à l'étude d'espèces de „Luffa" oléagineuses acclimatées au Congo Belge. Leur signification à titre d'oléaginaux. Agric. et Elevage au Congo Belge Jhg. 12 (1928), S. 182—84. Ref: Ölgehalt der Luffa-Samen. Tropenpflanzer Jhg. 31 (1928), S. 371, 372.
64. Pynaert, L., Les Aleurites producteurs d'huile de bois ou de tung. Bull. Agric. du Congo Belge Jhg. 27 (1936), S. 70—99.
65. Pynaert, L., Le Soja au Congo Belge. Rev. Intern. des Prod. Colon. Jhg. 14 (1939), S. 61—65.
66. Ray, G. und Legros, J., Les Aleurites et l'industrie de l'huile de bois de Chine dans le monde. Inst. Intern. d'Agric. Rom 1938.
67. Rolet, A., Le tournesol oléifère. Les mat. grass., le pétrole et ses dérivés Jhg. 16 (1924), S. 6716.
68. Schoen, L., Rohstoffkammern der Weltwirtschaft. 1. Bd. Afrika. a) Berlin 1937. b) 2. erg. Aufl. Berlin 1939.
69. Schulz, Die Wirtschaft Kap Verdes. Tropenpflanzer Jhg. 42 (1939), S. 77—78.
70. Smits, M. B., L'Huile de bois de Chine. Rev Intern. d'Agric. Jhg. 22 (1931), S. 313 T—322 T.
71. Sornay, P de, Les Cucurbitacées tropicales. L'Agron. Colon. Jhg. 10 (1924), S. 78—86.
72. Sprecher von Bernegg, A., Eßbares Zypergras. Cyperus esculentus. L. In: Sprecher von Bernegg, A., Tropische und subtropische Weltwirtschaftspflanzen. 2. Teil. Ölpflanzen. Stuttgart 1929, S. 48—56.
73. Sprecher von Bernegg, A., Die Sojabohne. In: Sprecher von Bernegg, A., Tropische und subtropische Weltwirtschaftspflanzen 2. Teil. Ölpflanzen. Stuttgart 1929, S. 128—70.
74. Stampa, G., Le souchet comestible et ses utilisations industrielles (huile, sucre, fécule, fibre etc.). Rev. Intern. d'Agric. Jhg. 23 (1932), S. 283T—295T.
75. Swynnerton, R. J. M., The Oyster or Kweme nut. The East African Agric. Journ. Jhg. 2 (1937), S. 444—446.
76. Thoms, H., Über den Ölgehalt der Samen von Telfairia pedatta Hook. Notizbl. d. Kgl. Bot. Gartens und Museums Berlin Jhg. 2 (1898), S. 196—99.
77. Thoms, H., Über Telfairia-Öl. Arch. d. Pharmazie 1900, S. 48—58.
78. Thoms, H., Samen von Pentadesma Kerstingii Engl. Notizbl. d. Kgl. Bot. Gartens und Museums Berlin Jhg. 5 (1913), S. 102.
79. Toit, F. M. du, The sunflower as a field crop. Farming in South Africa Jhg. 9 (1934), S. 101, 314.
80. Troll, C., Lange, F und Gerth, E., Afrika als Rohstofflieferant der Weltwirtschaft. Koloniale Rundschau Jhg. 24 (1932), S. 448—89.
81. Ubbelohde, L. und Goldschmidt, F., Handbuch der Chemie und Technologie der Öle und Fette, 2. Teil. Leipzig 1920.
82. Viljoen, N. J., An investigation into the composition of the soybean in South Africa Dep. of Agric. and Forestry. Science Bull. 169. Chem. Ser. 151. 1937.
83. Volkens, G., Beschreibung über den Ölgehalt der Samen von Telfairia pedata Hook. Notizbl. d. Kgl. Bot. Gartens und Museums Berlin Jhg. 2 (1898), S. 199.
84. Wagner, H. und Oestermann, H., Djave-Nüsse und deren Fett. Ztschr. f. Unters. d. Nahrungs- und Genußmittel sowie der Gebrauchsgegenstände Jhg. 24 (1912), S. 327—34. Ref.: Djave-Nüsse und deren Fett. Tropenpflanzer Jhg. 17 (1913), S. 339.

85. Walker, A., Plantes oléifères du Gabon. Rev. de Bot. Appl. et d'Agric. Trop. Jhg. 10 (1930), S. 209—15, S. 309—17.
86. Warburg, O., Über eine neue Muskat-Fettnuß aus Kamerun. Notizbl. d. Kgl. Bot. Gartens und Museums Berlin Jhg. 1 (1897), S. 99—100.
87. Wedenmeyer, K., Njave-Butter. Chemische Rev. über die Fett- und Harz-Industrie Jhg. 14 (1907), S. 35—36.
88. Wehmer, C., Die Pflanzenstoffe. 3 Bde. 2. Aufl. Jena 1929—35.
89. Winkler, H., Botanisches Hilfsbuch für Pflanzer, Kolonialbeamte, Tropenkaufleute und Forschungsreisende. Wismar 1912.
90. Wolff, H. und Müller, A., Fette und Öle. In: Wiesner, J. v., Die Rohstoffe des Pflanzenreiches. 1. Bd. Leipzig 1927/28, S. 705—809.
91. Zimmermann, A., Die Kultur und Verwendung des Talerkürbis (Telfaira pedata Hook. f.). Pflanzer Jhg. 2 (1906), S. 123—28.
92. Zimmermann, A., Gutachten über die Verwendungsmöglichkeit der Samen des Talerkürbis („kweme"). Pflanzer Jhg. 7 (1911), S. 100—01.
93. Zimmermann, A., Die Sojabohne. Tropenpflanzer Jhg. 30 (1927), S. 353.
94. ..., Aglaia polystachya Wall. als Ölpflanze. Tropenpflanzer Jhg. 35 (1932), S. 253—54.
95. ..., Les Aleurites au Maroc. La Quinzaine Coloniale Jhg. 37 (1933), S. 473.
96. ..., L'Aleurites, producteur d'huile de tung. Agric. et Elevage au Congo Belge Jhg. 10 (1936), S. 55—56.
97. ..., Allanblackia Stuhlmannii seeds from Tanganyika Territory Bull. of the Imp. Inst. Jhg. 27 (1929), S. 455 bis 57.
98. ..., Anacardium-Nüsse, Cashew-Nüsse oder Cashew-nuts. Tropenpflanzer Jhg. 38 (1935), S. 117.
99. ..., Annuaire international de statistique agricole a) 1933—34. Rom 1934. b) 1935—36 et 1936—37. Rom 1937. c) 1939—40. Rom 1940.
100. ..., Ausfuhr von Mafureirasamen aus Portugiesisch-Ostafrika: Kaschunüsse. Tropenpflanzer Jhg. 18 (1914), S. 50.
101. ..., Die wirtschaftliche Bedeutung der Ölsaaten für England und seine Kolonien. Aus: „The Times Trade-Supplement" vom April 1917, S. 8, ins Deutsche übertragen von H. Grossmann. Tropenpflanzer Jhg. 21 (1918), S. 8—16.
102. ..., The experimental cultivation of tung trees in the Empire. Bull. of the Imp. Inst. Jhg. 30 (1932), S. 24—25.
103. ..., The experimental cultivation of tung trees in South Africa. Bull. of the Imp. Inst. Jhg. 33 (1935), S. 353—55.
104. ..., La culture des Aleurites à Madagascar. Rev. de Bot. Appl. et d'Agric. Trop. Jhg. 15 (1935), S. 367—69.
105. ..., Culture du lin au Maroc. Rev. de Bot. Appl. et d'Agric. Trop. Jhg. 17 (1937), S. 450—53.
106. ..., La culture du tournesol pour l'huilerie. Agric. et Elevage au Congo Belge Jhg. 10 (1936), S. 136—37.
107. ..., Cryptocarya latifolia nuts from South Africa. Bull. of the Imp. Inst. Jhg. 33 (1935), S. 451—53.
108. ..., Djaveöl oder Jabifett als Ersatz für Butter in Kamerun. Tropenpflanzer Jhg. 14 (1910), S. 309—10.
109. ..., Das Fett von Irvingia gabonensis und seine Verwendung. Tropenpflanzer Jhg. 32 (1919), S. 264—65.
110. ..., Fett von Pentaclethra macrophylla. Tropenpflanzer Jhg. 31 (1928), S. 328—29.
111. ..., Fruit and leaves of the Afon Tree from Lagos. Bull. of the Imp. Inst. Jhg. 13 (1915), S. 64—65.
112. ..., Fruits and seeds of Aleurites Fordii from Kenia colony. Bull. of the Imp. Inst. Jhg. 27 (1929), S. 10—12. Ref.: Anbauversuche mit dem Tungölbaum (Aleurites Fordii) in Kenia. Tropenpflanzer Jhg. 32 (1929), S. 218.
113. ..., Futterwert der Sonnenblume. Tropenpflanzer Jhg. 29 (1926), S. 197—200.
114. ..., Gemsbok beans from South Africa. Bull. of the Imp. Inst. Jhg. 19 (1921), S. 142—44.
115. ..., Statistisches Handbuch der Weltwirtschaft. Berlin 1936.
116. ..., L'huile d'abrasin ou huile de bois de Chine; possibilités de culture dans les colonies françaises. La Quinzaine Col. Jhg. 36 (1932), S. 119—22.
117. ..., Zur Kenntnis der ölhaltigen Samen von Ximenia Americana L. Pflanzer Jhg. 9 (1913), S. 354—55.
118. ..., Madia sativa seed from South Africa. Bull. of the Imp. Inst. Jhg. 13 (1915), S. 344—46.
119. ..., Mafureirasamen Portugiesisch-Ostafrikas. Tropenpflanzer Jhg. 19 (1916), S. 235.
120. ..., Die Medizinalpflanzen Westafrikas. Tropenpflanzer Jhg. 9 (1905), S. 725.
121. ..., Moçambique. Zucker, Ölfrüchte und Textilstoffe; Außenhandel; Deutschlands Einfuhrinteressen. Afrika-Rundschau Jhg. 4 (1938), S. 194—97.
122. ..., Moringa aptera seed from Egypt. Bull. of the Imp. Inst. Jhg. 28 (1930), S. 276—79.
123. ..., Der „Njore-Njole"-Baum in Kamerun. Tropenpflanzer Jhg. 12 (1908), S. 338—39.
124. ..., The oil of South African Maroola nuts. Bull. of the Imp. Inst. Jhg. 18 (1920), S. 481—83.
125. ..., Oil of the Mexican Poppy. Bull. of the Imp. Inst. Jhg. 20 (1922), S. 292—94.
126. ..., The oil of the physic or purging nut. Bull. of the Imp. Inst. Jhg. 19 (1921), S. 286—91.
127. ..., A new oil seed from the Gold Coast. Bull. of the Imp. Inst. Jhg. 20 (1922), S. 463—65.
128. ..., A South African Oil seed (Sterculia murex Hemsl.). Farming in South Africa Jhg. 5 (1930), S. 466.
129. ..., Some african oil seeds. Bull. of the Imp. Inst. Jhg. 33 (1935), S. 271—93.
130. ..., New oil seeds from Sierra Leone. Bull. of the Imp. Inst. Jhg. 16 (1918), S. 35—40.
131. ..., Three new oil seeds from West Africa. Bull. of the Imp. Inst. Jhg. 15 (1917) S. 317—22.
132. ..., Oils and oil seeds. Bull. of the Imp. Inst. Jhg. 12 (1914), S. 128—31.
133. ..., Oils and oil seeds. Bull. of the Imp. Inst. Jhg. 15 (1917), S. 275—80.
134. ..., Oils and oil seeds. Bull. of the Imp. Inst. Jhg. 17 (1919), S. 120—22.

135. . . , Das Öl der Samen von Citrullus vulgaris. Tropenpflanzer Jhg. 25 (1922), S. 62.
136. . . ., Öl von Plukenetia conophora. Tropenpflanzer Jhg. 16 (1912), S. 265.
137. . . ., Die neue Ölfrucht „Njore-Njole" in Kamerun. Tropenpflanzer Jhg. 13 (1909), S. 184—85.
138. . . ., „Wild Olive" fruits from South Africa. Bull. of the Imp. Inst. Jhg. 15 (1917), S. 313—16.
139. . . ., Einige weniger bekannte Ölsaaten und pflanzliche Fette. Tropenpflanzer Jhg. 21 (1918), S. 13—14.
140. . . ., Über einige neue oder weniger bekannte Ölsamen und Öle. Tropenpflanzer Jhg. 18 (1914), S. 223—25.
141. . . ., „Owere" seeds (Monodora Myristica) from the Gold Coast. Bull. of the Imp. Inst. Jhg. 13 (1915), S. 346 bis 350.
142. . . ., Securidaca longipedunculata Fresen. Pflanzer Jhg. 9 (1913), S. 143—47.
143. . . ., The seeds of Citrullus vulgaris as a source of oil. Bull. of the Imp. Inst. Jhg. 23 (1925), S. 149—57.
144. . . ., Sunflower seed from Southern Rhodesia. Bull. of the Imp. Inst. Jhg. 28 (1930), S. 272—76.
145. . . ., Le souchet comestible (Cyperus esculentus L.) L'Agron. Col. Jhg. 9 (1923), S. 7—21.
146. . . ., Telfairia pedata. Bull. of the Imp. Inst. Jhg. 22 (1924), S. 216—17. Ref.: Über Samen und Öl des Talerkürbis (Telfairia pedata). Tropenpflanzer Jhg. 27 (1924), S. 184.
147. . . ., Tung oil. Annual Report of the Dep. of Agric. 1933, Nyassaland Protectorate. Dep. of Agric. Zomba, Nyassaland, 1934.
148. . . ., Untersuchung von zwei westafrikanischen Fettsamen. Tropenpflanzer Jhg. 19 (1916), S. 420—21.
149. . . ., Ximenia americana. Pflanzer Jhg. 7 (1911), S. 483—86.

IV. NAHRUNGSMITTEL

1. Getreide

Die wichtigsten Getreidearten Afrikas sind Mais und Sorghumhirse. Während Sorghum jedoch mehr in den Savannengebieten des tropischen Afrikas gebaut wird — dort allerdings sehr oft das Hauptgetreide darstellt —, verbreitet sich der Mais über den ganzen Erdteil und stellt sowohl einen bedeutenden Ausfuhrartikel dar, vor allem in Südafrika, als auch im tropischen Afrika eines der wichtigsten Nahrungsmittel der Eingeborenen. In ausgesprochenen Trockengebieten ist ihm die Sorghumhirse überlegen. In Nordafrika wird der Mais durch die europäischen Getreidearten Weizen und Gerste mehr oder weniger ersetzt. Auch der Reis spielt in Afrika eine Rolle.

Die Verbreitung der hauptsächlichsten Getreidearten und die Erzeugung in Afrika werden auf den Karten 10 u. 11 und Tabelle S. 313 veranschaulicht. Der Reis bevorzugt wie Sorghum vor allem das tropische Gebiet von Madagaskar im Osten bis Sierra Leone im Westen. Die europäischen Getreide Weizen und Gerste haben nur eine Bedeutung in Nord- und Südafrika und fallen für die Tropen fast vollkommen aus. Bevorzugte Getreideländer sind das dichtbevölkerte Ägypten, wo Mais, Reis, Hirse, Weizen und Gerste angebaut werden, die Südafrikanische Union, die ein ausgesprochenes Maisland darstellt, Algerien, wo besonders Weizen und Gerste gedeihen, und Marokko, das neben einer beachtlichen Weizenernte die größte Gerstenproduktion in Afrika aufweist. Auf dem Programm der italienischen Kolonisation steht, sowohl aus Libyen wie aus Abessinien und Erythrea Kornkammern zu machen; namentlich Abessinien besitzt mit seiner wechselnden Höhenlage Gebiete, die für alle Getreidearten geeignet sind.

a) Mais, Zea Mays L.

Botanik. Wie alle Getreidearten gehört auch der Mais *(Zea Mays L.)* zu den Gräsern *(Gramineen)*, er zählt zur Untergruppe der *Maydeae*. Das Wurzelsystem kann dicht unter der Oberfläche zwar einen Durchmesser von 5 m erreichen, geht aber selten über einen halben Meter tief. Oft senden die unteren Stengelknoten Wurzeln in den Boden, die zur Verankerung dienen. Der kräftige, markgefüllte Stengel, der später verholzt, erreicht je nach der

Sorte 1—5 m Höhe, in Ausnahmefällen noch mehr. Die Blätter sitzen in zwei Zeilen am Stengel, den sie mit langen, starken Scheiden umfassen.

Im Gegensatz zu den meisten Gramineen trägt der Mais männliche und weibliche Blüten getrennt auf einer Pflanze, er ist also einhäusig. Der männliche Blütenstand stellt am Ende des Stengels eine große, ausladende Rispe dar, Fahne genannt; die Blüten haben in meist zweiblütigen Ährchen je drei Staubgefäße, die zur Zeit der Blüte weit heraushängen. Der Mais ist Windbestäuber. Die weiblichen Blüten kommen meist etwas später zur Reife. Ihre Blütenstände entstehen in den Blattachseln und sind umschlossen von einer Anzahl Hüllblätter, Lieschen genannt. Die Blüten sind in geradzahligen Zeilen auf einer verdickten Ährenspindel angeordnet. Sie sitzen zu je zwei in einem Ährchen, doch bringt nur eine Blüte ein Samenkorn hervor. Die Blüten treiben lange Griffel, die in Form einer langen, seidigen Quaste aus den Lieschen heraushängen. Die reifen Samenkörner sind dicht an dicht an der Spindel, dem Kolben, angeordnet. Die Länge der Kolben variiert je nach der Sorte von 8—30 cm. Ebenso schwankt die Zahl der Körnerreihen von 4—48; jede Sorte hat durchweg eine konstante Reihenzahl.

Varietäten. Der Mais ist außerordentlich formenreich, Hunderte von Rassen und Züchtungen sind bekannt, die aber alle in 10 Varietäten unterzubringen sind (13), von denen nur 5 wirtschaftliche Bedeutung haben:

1. *Zea Mays var. everta*, Puff- oder Knallmais,
2. *Zea Mays var. amylacea*, Weichmais,
3. *Zea Mays var. indurata*, Hartmais,
4. *Zea Mays var. indentata*, Zahnmais,
5. *Zea Mays var. saccharata*, Zuckermais.

Der Puffmais hat seinen Namen daher, daß sein mehliger, zuckerhaltiger Sameninhalt beim Erhitzen die Samenschalen unter einer kleinen Explosion sprengt. Er liefert nur kleine Kolben und kleine Körner. Der Weichmais zeichnet sich durch kurze, dicke Kolben aus, deren flache Körner ein weiches, mehliges Nährgewebe haben. Die Togo-Maissorten gehören durchweg zum Weichmais und zeigen alle möglichen Farben: weiß, blau, rot oder gemischt (13). Beim Hartmais ist das Nährgewebe von einer mehr oder weniger dicken, hornartigen, harten Schicht umgeben und durchsichtig, hart, „hornig", d. h. jede Zelle ist prall mit Stärke gefüllt. Da sich diese Varietät durch Frühreife auszeichnet, findet sie sich vor allem an den polseitigen Grenzen des Maisanbaues. Der Zahnmais ist für den Handel der weitaus wichtigste. In zahlreichen Sorten ist er überall verbreitet, so auch in Südafrika. Alle Zahnmaissorten zeichnen sich durch üppigen Wuchs und reiche Erträge aus. Die Körner zeigen an der Spitze eine leichte Einkerbung, sind am Rande hart und „hornig" und in der Mitte weich und mehlig. Zuckermais ist daran erkenntlich, daß die Körner eine geschrumpfte, faltige Oberfläche zeigen. Das Nährgewebe enthält außer Stärke noch Zucker und ist durchscheinend, jedoch nicht hart. Bei manchen Sorten enthält auch der Stengel Zucker, so daß er ein vorzügliches Futtermittel abgibt.

Klimaansprüche. Trotzdem der Mais aus den Tropen stammt, ist er doch weit über die tropische Zone hinausgegangen und wird von 54° n. Br. bis 40° s. Br. angebaut. Somit kann er in ganz Afrika kultiviert werden. Von den anderen Getreidearten unterscheidet sich der Mais durch seine Frostempfindlichkeit und sein großes Wärmebedürfnis. Überall, wo Nachtfröste innerhalb der Vegetationsperiode des Maises auftreten, ist sein Anbau unmöglich. Das Minimum der Keimtemperatur liegt bei etwa 8° C. Kann der Mais in keiner Altersstufe Frost vertragen, so kann es ihm auf der anderen Seite nicht warm genug werden, sofern genügend Feuchtigkeit vorhanden ist. In den Tropen ist der Anbau also durch den Grad der Niederschläge begrenzt. Trotzdem zwischen Regen und Ernteertrag klare Beziehungen bestehen, genügen dem Mais doch verhältnismäßig geringe Niederschläge, wenn diese günstig verteilt fallen. In dem Gebiet des tropischen Regenwaldes findet er keine günstigen Bedingungen. Länder mit etwa 600 mm Jahresniederschlägen, von denen ungefähr 300 mm auf die Vegetationsperiode des Maises kommen (Transvaal), eignen sich noch durchaus für den Maisanbau.

Mit Ausnahme der leichten Sandböden und der schweren Tonböden gedeiht er bei entsprechender Düngung auf allen Böden (13), stehende Nässe ist ihm, wie fast allen Kulturpflanzen, schädlich. Gut geeignet sind selbstverständlich Schwemmlandböden; jüngere Roterden sind ebenfalls ausgezeichnete Maisböden.

Kultur (13). Bei dem üppigen Wachstum des Maises und den hohen Erträgen, 0,75—5 t je ha, ist es nicht verwunderlich, daß er dem Boden beträchtliche Nährstoffmengen entzieht, besonders Kali und Stickstoff, und zwar mehr als die meisten anderen Kulturpflanzen. Neben entsprechender Düngung ist vor allem ein Fruchtwechsel nötig, wenn sich der Boden nicht zu schnell erschöpfen soll. Die Eingeborenen benutzen vielfach, um der Bodenerschöpfung vorzubeugen, die Wildbrache. In der Südafrikanischen Union, dem einzigen eigentlichen Maisland Afrikas, wechseln Kartoffeln, Hülsenfrüchte und Mais miteinander ab.

Der Mais wird bei der Anlage von Dauerkulturen gern als Zwischenkultur gebaut, doch ist hierbei Vorsicht geboten, da er den Boden stark ausnutzt.

Zur Saat sollen möglichst nur die von den mittleren Teilen des Kolbens stammenden Körner genommen werden. Der Mais verträgt große Saattiefe. Für Südafrika sollen 12,5 cm Saattiefe Durchschnitt sein. In Ostafrika haben 8—10 cm die besten Erfolge geliefert. Je nach dem Wuchs der Sorte werden die Samen im Quadrat- oder Rechteckverband gesät. Im Adanagebiet (Türkei) hat sich in Versuchen die Reihensaat mit den Abständen 75 : 50 cm weitaus am besten bewährt (15). Bezüglich der Kulturmaßnahmen ist der Mais zu den Hackfrüchten zu rechnen (7).

Die Ernte geschieht mit der Hand, indem die Kolben herausgebrochen werden. Die Kolben müssen sodann nachtrocknen, werden später entlieseht und gerebbelt; für beide Arbeiten gibt es heute schon brauchbare Maschinen. Die Aufbewahrung muß sehr sorgfältig sein, um Schaden durch den in Afrika stark verbreiteten Rüsselkäfer zu vermeiden.

Verwendung. Wegen des hohen Eiweiß- und Stärkegehaltes bildet Mais ein wichtiges Nahrungs- und Futtermittel. Das „Farmers Bulletin Nr. 1 of the Transvaal Department of Agriculture" gibt 134 Rezepte für Brote, Kuchen, Suppen usw. an, bei denen ausschließlich Mais verwendet wird. Verfüttert wird der Mais an alle Haustiere, sowohl die Körner als auch das Stroh. Zur Gewinnung von Grünfutter wird der Mais dichter gesät und entweder vor der Blüte geschnitten und frisch verfüttert oder aber, nachdem die Körner die Milch- oder Glasreife erlangt haben, in Futtersilos oder Erdgruben ensiliert.

In der Industrie wird aus Mais Stärke, Dextrin und Alkohol gewonnen, aus den Maiskeimlingen Maisöl, das als Speiseöl und in der Technik Verwendung findet. Der innere, markige Teil des Stengels liefert Cellulose als Rohprodukt für Celluloid, Papiermasse, Linoleum, Wärmeisolierplatten usw. Auch die Lieschen dienen zur Papierherstellung, ferner als Packmaterial, besonders bei Früchten. Die Kolbenspindel werden als Feuerungsmaterial genützt.

Verbreitung. Nach der Einführung aus seiner Heimat Amerika hat der Mais sich schnell in ganz Afrika verbreitet und ist neben den Hirsearten zu einem der Hauptnahrungsmittel der Eingeborenen geworden.

EINZELNE ANBAUGEBIETE

In der Landwirtschaft der Südafrikanischen Union spielt die Maiskultur eine hervorragende Rolle, so daß in der Ausfuhr Mais wertmäßig an erster Stelle unter allen Kulturpflanzen steht. Ein Vergleich der Produktionszahlen mit den Ausfuhrzahlen zeigt die Bedeutung des Maises für den Binnenhandel:

Jahr	Erzeugung (18)	Ausfuhr (18)	
1914	1016550 t	110016 t	
1924	1123884 t	71948 t	
1930	2238562 t	622912 t	
1934	2411899 t	250798 t	
1935	1865106 t	500349 t	
1936	1498375 t	600059 t	
1937	2592000 t	767670 t	(11)
1938	—	200660 t	(11)
1939	—	646320 t	(11)

Der Maisanbau in der Südafrikanischen Union ist in der Hauptsache auf das sogenannte Maisdreieck beschränkt, das das südliche Transvaal und den nördlichen Oranje-Freistaat umfaßt; außerdem ist im ganzen Osten

Mais verbreitet, vornehmlich in den Waterbergen und Zoutpansbergen, ferner in Natal und im Hinterland von Durban. Der Westen scheidet für den Maisbau aus klimatischen Gründen aus. Die Verbreitung der Maiskultur zeigt die Karte 12 (18, S. 12, Fig. 4, S. 13d).

Auch in Swasiland und Basutoland ist Mais neben Hirse und Weizen die Hauptnahrungsfrucht.

Der südafrikanische Mais findet wegen seiner guten Qualität leicht Absatz. Das „Annual Maize Committee" sorgt durch Beaufsichtigung der Verladungen für Einhaltung der Güteklassen. Jeder Sack soll 92,16 kg wiegen (203 lbs.). Je nach der Form, der Farbe und dem Grad der Reinheit und der Gesundheit werden 9 Klassen unterschieden, die mit einem Qualitätsstempel auf den Säcken gekennzeichnet werden (13).

Die Maisernte Ägyptens kommt nahezu der der Union gleich. Weitaus der größte Teil wird aber im Lande selbst verbraucht. Überall wird Mais sowohl als Nahrungsmittel für die Fellachen wie auch als Tierfutter in großem Ausmaß angebaut. Etwa 130 kg kommen im Jahr auf den Kopf der Bevölkerung, wenn man die Ertragsziffern mit den Ein- und Ausfuhrzahlen verrechnet. Die Ausfuhr ist gegenüber der Produktion unbedeutend (7):

Jahr	Ertrag t	Einfuhr t	Ausfuhr t	
1929	1764423	828	57775	
1930	1775198	2004	824	
1931	1986410	13354	211	
1932	1931866	1717	1609	
1933	1475814	113	8843	
1934	1571800	1630	80	(11)
1935	1689000	4000	30	
1936	1595300	2220	7220	
1937	1651200	930	2290	
1938	1570700	5990	350	
1939	1522300	1300	20	

In Angola soll der Mais das größte Areal von allen Kulturpflanzen in der Kolonie in Anspruch nehmen, sowohl als Nahrungsmittel wie auch für den Export:

Jahr	Ausfuhr	
1909/13 . . .	295 t	(9)
1932	54448 t	(Tropenflanzer Jhg. 41 [1938], S. 510)
1933	90967 t	
1934	86198 t	
1935	46193 t	
1936	115136 t	

Getreide

Jahr	Ausfuhr	
1937	114590 t	(11)
1938	128740 t	
1939	110930 t	

Die größten Mengen liefern die Planaltos von Benguela und Huilla (6).

Nach Angola hat Französisch-Marokko im Durchschnitt die größte Ausfuhr, die allerdings nicht an diejenige von Angola heranreicht (11):

Jahr	t
1926/30 . . .	18540
1933	48540
1934	61500
1935	66520
1936	63780
1937	7050
1938	100

Die Tabelle illustriert einen stetigen Aufschwung der Maiskultur in Marokko, die jedoch in letzter Zeit einen Rückschlag erlitten hat.

Kenya und Uganda stehen in bezug auf Ausfuhrmengen an Mais Marokko etwa gleich (11):

Jahr	t
1926/30 . . .	67130
1933	57570
1934	22350
1935	60890
1936	73780
1937	37000
1938	59910
1939	51520

Es sind dort vier gegen Trockenheit widerstandsfähige Sorten gezüchtet worden, worunter sich eine, als „Maratha“ bezeichnete, durch hohe Erträge auszeichnet (21). Die Kontrolle zur Hebung der Güte hat bewirkt, daß auch von den Eingeborenen Mais guter Qualität erzeugt wird, namentlich in den Distrikten Südnyeri und Fort Hall. In der Nyansaprovinz ist der Verbrauch und demzufolge die Anbaufläche durch die Ausdehnung des Bergbaues in den letzten Jahren gestiegen.

In Rhodesien wechseln die Erträge infolge von Heuschreckenschäden und des Ausbleibens der Niederschläge sehr erheblich (23). Die Ausfuhr Nordrhodesiens war nie sehr beachtlich. Südrhodesien erreichte 1937 die Höchstausfuhr (11):

Jahr	Südrhodesien	Nordrhodesien
1926/30	53340 t	4160 t
1931	57710 t	2750 t
1932	103070 t	180 t
1933	60260 t	6700 t
1934	30260 t	510 t
1935	28290 t	0
1936	84740 t	16030 t
1937	129400 t	23400 t
1938	35950 t	2910 t
1939	3920 t	—

In Nordrhodesien konzentriert sich der Anbau auf die Gegenden von Kalomo, Musabuka, Lusaka, Chisambo und Fort Jameson. In Südrhodesien sind im Matabeleland und Maschonaland 70 v. H. der bebauten Fläche mit Mais bestellt (6). Die Maisausfuhr geht vor allem nach England. Daneben wird auch Maismehl nach der Union von Südafrika, Betschuanaland und Belgisch-Kongo ausgeführt (Statistical Abstract for the British Empire 1927/36. London 1937, S. 134).

Eine mehr oder weniger große Ausfuhr haben noch folgende Kolonien (11) (in t):

Länder	1926/30	1933	1934	1935	1936	1937	1938	1939
Moçambique	28200	8270	10430	9740	19680	1694*	1000	220
Madagaskar	8220	5550	9660	9950	15880	34000	53880	
Englisch-ägyptischer Sudan	0	0	4560	5490	2280	2590	2750	1420
Togo, französisches Mandat	2600	3160	9920	3180	7810	15980	21270	25730
Algerien	340	1050	2480	2650	4830	380	380	
Belgisch-Kongo ...	30	70	450	1810	4215	11334a	23750	
Französisch-West-afrika	50	20	7370	1740	3440	19850		
Deutsch-Ostafrika .	790	880	2950	1450	1390	1460	280	1780
Tunesien	230	900	570	310	150	10	0	
Nigeria...........	100	120	20	40	30	160	10	
Sansibar	130	50	0	20	120	0	70	30
Nyassaland	70	20	140	10	550	530	70	
Goldküste	0	0	160	10	10	0	0	10

*) Afrika-Rundschau Jhg. 3 (1938), S. 195.

a) Tropenpflanzer Jhg. 41 (1938), S. 511.

Im übrigen gibt Karte 10 einen Überblick über die Hauptverbreitung des Maises in Afrika. Über die Produktion der einzelnen Kolonien siehe Tabelle am Schluß der Getreidepflanzen.

b) Reis, *Oryza sativa L.*

Botanik. Der Reis *(Oryza sativa L.)* (Abb. 25a) ist ein einjähriges Getreide von 1—1½ m Höhe. Die Anzahl der Halme einer Pflanze schwankt zwischen 3 und 50. Die gegen 2 cm breiten Blätter werden etwa 30 cm lang und sind am Rande scharf. Die zwittrigen Blüten stehen in 20—30 cm langen Rispen. Jede hat im Gegensatz zu den meisten anderen Gräsern nicht drei, sondern sechs Staubgefäße. Der Fruchtknoten trägt auf kurzen Griffeln zwei rote Federnarben, die der Windbestäubung angepaßt sind. Die längliche Frucht wird von den knorpelig-ledrigen Blütenspelzen eng und fest umschlossen; die Frucht- und Samenschale ist schwach entwickelt (Silberhäutchen). Das Nährgewebe ist größtenteils glasig. Der Keimling ist klein und wird beim Schälen des Reises mit entfernt.

Mit Ausnahme einiger ganz lokal in Afrika angebauter Arten gehören alle kultivierten Reissorten der genannten Art an. Nach morphologischen und physiologischen Gesichtspunkten lassen sich aber über zweitausend Rassen unterscheiden (40). In der Praxis werden Trockenreis und Wasserreis unterschieden, die aber botanisch der gleichen Varietät angehören. Botanisch lassen sich drei Gruppen voneinander trennen:

1. *Oryza sativa var. usitatissima Keke*, der Speisereis. Dieser benötigt viel Wasser.
2. *Oryza sativa var. montana Lour*, der Bergreis. Er wächst als Trockenreis im Gebirge, kommt aber kaum zur Ausfuhr.
3. *Oryza sativa var. glutinosa Rumph.*, der Klebreis, der sowohl als Trockenreis als auch mit Bewässerung angebaut wird.

Klima. Ebenso wie dem Mais kann es auch dem Reis nicht warm genug werden. Der Wasserreis braucht mindestens 2—3 Monate eine mittlere Temperatur von mehr als 20° C, der Trockenreis eine solche von 18° C und 4—6 frostfreie Monate (40). Daneben ist er besonders lichtliebend. Beschattung oder ein anhaltend bewölktes Wetter schaden ihm.

Für den Wasserreis sind die Niederschläge sowohl in bezug auf Menge wie auf die jahreszeitliche Verteilung, mit Ausnahme zur Zeit der Ernte, von keiner großen Bedeutung, da sein Wasserbedarf durch Bewässerung gedeckt wird. Beim Anbau ohne künstliche Bewässerung ist eine Niederschlagsmenge von je 360 mm während dreier Monate erforderlich (26; 40). Der mit künstlicher Bewässerung kultivierte Reis ist in seinem Gedeihen auch von der Luftfeuchtigkeit weitgehend unabhängig. Der Trockenreis ist anspruchsloser.

Boden. Für die Reiskultur sind mäßig schwere bis schwere, lehmige, vor allem Schwemmlandböden besonders geeignet, vulkanische Verwitterungsböden gehören zu den besten Reisböden. Kalkgehalt ist vorteilhaft. Falsch ist die Annahme, daß der Reis sumpfiges Gelände bevorzugt, im Gegenteil ist eine Versumpfung des Bodens in allen Fällen schädlich, auch dem Wasserreis.

Die Bewässerung stellt beim Wasserreis die wichtigste Kulturmaßnahme dar. Ganz davon abgesehen, daß der Wasserreis zu seiner Vegetation viel Wasser bedarf, steht die Bewässerung in Beziehung zu der Unkraut-, Krankheits- und Schädlingsbekämpfung, zum Wärmehaushalt des Bodens usw. Nachdem die aus den Samenkörnern auf besonderen Saatbeeten gezogenen Sämlinge auf das Feld verpflanzt sind, muß längere Zeit hindurch, etwa 1—2 Monate, eine flache Bestauung der Felder stattfinden. Während des Bestockens und Schoßens wird etwas stärker bewässert und dann wieder allmählich schwächer. Nach der Blütezeit ist das Feld völlig trocken zu legen. Die Stauhöhe ist der angebauten Reissorte und den Bodenverhältnissen anzupassen. Im übrigen ist es zweckmäßig, in der Stauhöhe Maß zu halten, da ein zu hoher Wasserstand die Erwärmung und Durchlüftung des Bodens beeinträchtigt und der Reis zur Lagerung veranlaßt wird. In gebirgigem Gelände wird der Reis in Terrassenkultur angebaut (Madagaskar).

Die Vegetationszeit der Reisarten schwankt zwischen 2½ (Herbstfrucht in Ägypten s. u.) bis 6 Monaten. Haben die Halme eine hellgelbe Farbe angenommen, dann ist die Zeit der Ernte gekommen. Geschnitten wird der Reis meist mit Sicheln; eine maschinelle Ernte kommt wegen der Kleinheit der Felder und weil der Boden meistens nicht trocken und fest genug ist, nicht in Betracht. Das Dreschen geschieht im allgemeinen durch Dreschschlitten, Austreten durch Ochsen oder Ausschlagen. Die mit dem Drusch erhaltenen Körner sind von den Spelzen umgeben (Paddy). Um den Reis für die menschliche Ernährung brauchbar zu machen, müssen durch Stampfen in Mörsern oder in Reismühlen die Spelzen entfernt werden. Beim maschinellen Schälen und Polieren des Reises kommt die wertvolle Silberhaut, die namentlich das Vitamin B enthält, zur Kleie.

Auf den Wert des Reiskornes für die menschliche Ernährung braucht nicht näher eingegangen zu werden. Der hohe Gehalt an Stärke wird von keinem anderen Getreide erreicht (1). Mit der Nutzung des Reises als Nahrungsmittel ist seine Verwertung jedoch nicht erschöpft. Es wird aus ihm Stärke gewonnen, die in der Technik benutzt wird. In den Ländern seines Anbaues stellt er das Ausgangsprodukt für alkoholische Getränke dar (Arrak). Die Reiskleie dient als Futtermittel, ebenso das Reisstroh. Das Stroh findet außerdem noch Verwendung zum Decken von Dächern, in der Strohflechterei und in der Papierfabrikation.

Verbreitung. Wildformen des Reises finden sich noch heute außer in Südostasien und Australien in Afrika überall in sumpfigen Gebieten südlich der Sahara in einem breiten Streifen von Senegambien bis Abessinien. Nach *Busse* ist die im Westen dieser Zone wachsende Pflanze *Oryza Berthii* eine eigene Art, während der getüpfelte Reis im Osten nur eine Varietät von *Oryza sativa (var. punctata)* sein soll (40). Bei der Kulturform handelt es sich in Afrika vielfach um Trockenreis. Ägypten gehört neben Italien, Spanien, den Vereinigten Staaten und Brasilien zu den bedeutendsten außerasiatischen reiserzeugenden Ländern. Die Hauptreisländer der Welt mit Überschußerzielung sind in Südostasien: Birma, Französisch-Indochina und Siam. Wichtige Reisländer, jedoch trotzdem noch mit Einfuhrbedarf, sind ferner in Asien: China, Japan, die Philippinen, Java und Britisch-Indien.

EINZELNE ANBAUGEBIETE

Nach Ägypten kam der Reisbau durch die Araber im Mittelalter. Hier findet der Reis in den Alluvialebenen des Nildeltas ähnlich günstige Bedingungen wie in Vorder- und Hinterindien. Zwei Sorten werden kultiviert, eine Sommerfrucht (Sefri), die in etwa 4 Monaten reif ist, und eine Herbstfrucht (Nili), die 70 Tage zu ihrer Entwicklung braucht. Die Erntemengen schwanken stark, entsprechend den wechselnden Wassermengen, die zur Verfügung stehen, die in erster Linie für den Baumwoll-, Mais- und Weizenbau ausgenutzt werden. Trotz des hohen Eigenverbrauchs ist meist noch eine Ausfuhr möglich, nur in ungünstigen Erntejahren überwiegt der Einfuhrüberschuß (11; 26):

Jahr	Erzeugung	Einfuhr	Ausfuhr	
1914	45000 t	50000	13000	(26)
1925	174000 t	44000	28000	
1932 (/33)* . . .	550500 t	32170	46800	(11)
1933 (/34) . . .	534100 t	360	96510	
1934 (/35) . . .	512700 t	340	68380	
1935 (/36) . . .	706400 t	700	70820	
1936 (/37) . . .	692800 t	80	139260	
1937 (/38) . . .	372300 t	120	150770	
1938 (/39) . . .	725200 t	9150	65420	
1939 (/40) . . .	887800 t	110	116970	

Die Ausfuhr geht vor allem nach den Nachbarländern (Syrien, Palästina, Griechenland). Die Einfuhr wird aus Britisch-Indien (Birma) und Siam gedeckt. Am stärksten ist die Reiskultur im Nildelta (Karte 11) verbreitet, ferner in der Gegend südlich des Birket el Kerun. In diesen Gebieten nimmt der Reis im Durchschnitt ein Zwanzigstel des Kulturlandes ein. Die ägyptischen Böden liefern nicht nur hohe Erträge, sondern auch gute Qualitäten.

Außer Ägypten haben noch eine mehr oder weniger große Erzeugung und Ausfuhr Deutsch-Ostafrika, Madagaskar, Belgisch-Kongo, Sierra Leone, Portugiesisch-Guinea.

Während Deutsch-Ostafrika vor dem Weltkriege Reisimportland war (durchschnittlich 40000 t [40]), gehört es heute zu den Überschußgebieten. Am Viktoriasee, am Rufidji, in der Ulanga-Ebene und in Usambara sowie an der Küste an feuchten Stellen wird hauptsächlich der Wasserreis kultiviert (3). Die Ausfuhr (Tabelle) geht größtenteils nach Kenya.

---

*) Die Klammern gelten für die Erzeugungszahlen.

Auf Madagaskar hat sich der Reisanbau stark entwickelt. Die Kultur ist über die ganze Insel verbreitet; die Form (Trocken- und Wasserkultur) ist den örtlichen, sehr verschiedenen klimatischen Bedingungen angepaßt. Sowohl in der Ebene wie an den Berghängen in Terrassenkultur wird Reis angebaut (26). Die Träger der Reiskultur sind die malaiischen Hovas; die französische Regierung hat durch Stellung von Ackergeräten, Erschließung von Brachland und Gewährung von Prämien aus dem einstigen Zuschußgebiet ein Überschußgebiet gemacht (40) (Tabelle).

In Belgisch-Kongo steht der Reisbau noch in der Entwicklung. Der Schwerpunkt der Reiskultur liegt in der Ostprovinz — wo diese vor etwa 50 Jahren durch die Araber eingeführt worden sein soll —, vor allem im Distrikt Stanleyville—Ponthierville. In Katanga liegen die Reisfelder in den Schwemmlandschaften des Lualaba. In Stanleyville und Kindu sind von der Regierung große Reismühlen errichtet worden. Im ganzen bestehen 9 Reismühlen in der Ostprovinz (40). Die Eingeborenen enthülsen ihren Eigenbedarf selbst; die Mühlen beliefern die Arbeiterschaft küstenferner Unternehmungen, während die Arbeiter der Europäerplantagen zwischen Boma und Léopoldville noch eingeführten Reis erhalten, aber im ganzen Belgisch-Kongo beginnt die Ausfuhr in geringem Maße die Einfuhr zu übersteigen. In bezug auf die Güte kann der Kongoreis mit dem Südostasiens noch nicht in Wettbewerb treten, doch hofft man auf Grund der in Yangambi durchgeführten Versuche mit einer anderen Sorte (Mandjano) (35) bessere Qualitäten zu erzielen.

In Sierra Leone wird Wasserreis kultiviert. Er ist vor etwa 50 Jahren dort eingeführt und hat sich seitdem über das ganze Land verbreitet. Sehr bevorzugt ist der Reis Sierra Leones in den benachbarten Gebieten. In der Kolonie selbst stellt er eines der beliebtesten Nahrungsmittel dar (9).

Auch in Portugiesisch-Guinea bauen die Eingeborenen Reis an, der von vorzüglicher Qualität sein soll (40). Wegen des geringen Verbrauches im Lande hat diese kleine Kolonie eine verhältnismäßig hohe Ausfuhr aufzuweisen.

Die Verbreitung der Reiskultur in Afrika zeigt Karte 11. Wie aus dieser hervorgeht, ist diese Kultur außer in den genannten Ländern noch in folgenden Ländern zu finden: Abessinien im Gebiete des Tanasees, an der italienischen Somaliküste von Mogal bis zur südlichen Grenze mit Kenya und in Kenya, wo die Hauptanbaugebiete die küstennahen Flußniederungen und Berghänge sind (40). In Uganda hat sich die Anbaufläche seit dem Weltkriege angeblich verzehnfacht, so daß der Bedarf des Landes von der eigenen Erzeugung gedeckt werden kann. Auf den Inseln Pemba, Sansibar und Mafia wird Reis in geringem Umfange angebaut. Moçambique hat am Rovuma und am Nyassasee Reisanbau; das Anbaugebiet setzt sich nach Nyassaland hin fort. Moçambique soll jährlich etwa 1000 t Reis erzeugen, Nyassaland 1500 t, die zur Deckung des eigenen Bedarfes reichen. Rhodesien hat im Anschluß an die Kulturen Belgisch-Kongos (s. o.) Reisanbau von der Grenze bis an das Westufer des Bangweolosees. In Angola wird die Reiserzeugung ähnlich wie in Moçambique im Durchschnitt auf nicht mehr als 1000—1200 t jährlich geschätzt (40). In Kamerun (im französischen Mandatsgebiet) wird Reisbau am Sanaga getrieben.

Im Stromgebiet des Niger ist die Reiskultur sehr ausgedehnt (vgl. Karte 11). Der französische Sudan dürfte in Westafrika der stärkste Reisproduzent sein. Zur Zeit decken sich hier die Grenzen der Reiskultur mit den außerordentlich schwankenden Überschwemmungsgrenzen. 1929 wurde bei Bamako die erste Bewässerungsanlage geschaffen, die die Einleitung zu größeren Arbeiten im Deltagebiet unterhalb Sansanding bis zum Debosee darstellt. Man hofft, allmählich 500000 ha bewässerbares Reisland zu gewinnen (40). In Nigeria sind die natürlichen Bedingungen günstig, doch wird die Kultur der Baumwolle oft von den Eingeborenen vorgezogen. Ähnlich sind die Verhältnisse in den übrigen Ländern am Golf von Guinea, wo überall Reis angebaut wird, der Bedarf aber größer als die Erzeugung ist. In Togo wird Bergreis an den Hängen des Agome-Gebirges kultiviert (26). Konnte die Goldküste früher einige Tonnen ausführen, so hat der Export infolge höheren Konsums aufgehört. In Liberia sind die natürlichen Verhältnisse für die Reiskultur günstig, doch sind wenig Einzelheiten über den Reisbau bekannt. In Französisch-Guinea wird Wasserreis an der Küste kultiviert, in Oberguinea, wo vor allem Trockenreis angebaut wird, findet er sich nur in den Flußtälern. In Senegambien besteht im Casamance-Distrikt ein größerer Reisbau, doch wird noch soviel Reis eingeführt, daß er in der Einfuhr an zweiter Stelle steht (40).

Erwähnt sei noch, daß in Marokko bei Fes und Meknes kleine Flächen mit Reis bebaut werden. Im übrigen hat in Nordwestafrika der Reis keine Bedeutung, da er durch andere Getreidearten ersetzt wird (Gerste, Hafer, Mais).

Zur Übersicht seien die Ein- und Ausfuhrzahlen aller Reis ausführenden Länder Afrikas in t zusammengestellt (11; 40):

Länder	1935		1936		1937		1938		1939	
	Einfuhr	Ausfuhr	Einfuhr	Ausfuhr	Einfuhr	Ausfuhr	Einfuhr	Ausfuhr	Einfuhr	Ausfuhr
Ägypten*) ..	700	71550	80	139640	120	151110	9150	65760	110	117750
Deutsch-Ostafrika ..	380	5022	482	6643	450	9000	500	8330	500	10060
Portugiesisch-Guinea	60	4130	0	3940	0	3910	0	1790		
Madagaskar...	4276	2120	3060	2350	690	4000	10	11310		
Belgisch-Kongo	350	1399	290	1173	290	1070	250	1510		
Sierra Leone ..	30	1040	46	210	4270	10	350	390		920
Angola	450	430	200	1040	140	2170	70	1980	50	1440
Sansibar	17160	280	14690	360	19670	640	17620	660	21820	500
Französisch-Westafrika .	72920	170	98530	230	131330	130	47100	30		
Nigeria	6970	110	13320	80	12000	10	7230	310		
Britisch-Somaliland	6280		8650	—	12850	—	17400	—	100	—

*) einschl. des Handels mit dem Englisch-ägyptischen Sudan.

Die Gesamtreisausfuhr Afrikas betrug 1935 87000 t und 1936 157200 t, während sich die Einfuhr 1935 auf 330600 und 1936 auf 394800 t belief (11). Afrika gehört also zu den Reiseinfuhrerdteilen. Die Gesamtproduktion läßt sich nicht erfassen. Der Reisbau hat in vielen Gebieten Afrikas zweifellos günstige Entwicklungsaussichten.

c) Hirsen

Unter dem Namen Hirse sind eine ganze Reihe von mehr oder weniger verbreiteten Getreidearten zusammengefaßt. Die wichtigsten Hirsearten in Afrika sind:

1. Sorghumhirse, *Andropogon sorghum Brot. (Sorghum vulgare Pers.)*.
2. Negerhirse, *Pennisetum typhoideum Rich.*
3. Fingerhirse, *Eleusine coracana Gärtn.*
4. Kolbenhirse, *Setaria italica P. B. (Panicum italicum)*.
5. Rispenhirse, *Panicum miliaceum L.*

Die verschiedenen anderen Arten sind gegenüber den genannten bedeutungslos.

Abb. 24. Sorghumhirse *(Andropogon sorghum)*

Über die Systematik herrscht noch keine Klarheit, was schon daraus hervorgeht, daß ein und dieselbe Art unter den verschiedensten Bezeichnungen beschrieben wird (Kolbenhirse z. B. als *Panicum italicum*, *Setaria italica* und *Pennisetum italicum*).

Die weitaus größte Verbreitung in Afrika hat die Sorghumhirse *(Andropogon sorghum Brot.)*, kurz Sorghum genannt, auch Durra, Dari, Mohrenhirse, Kaffern- oder Negerkorn (nicht zu verwechseln mit Negerhirse = *Pennisetum)*, englisch = Kaffir corn und dari (Abb. 24).

Botanik. Als Stammpflanze der Sorghumhirse wird das Sudangras *(A. sorghum var. sudanensis)* angesehen (s. Futterpflanzen).

Die Sorghumhirse ist von Natur ausdauernd, wird aber meist als einjährige Pflanze kultiviert. Je nach den natürlichen Umständen und der Varietät wechseln Form, Farbe und Größe der Pflanze stark; die Höhe variiert zwischen 80 cm und 7 m (3). Bei manchen Varietäten ist der Stengel zuckerhaltig.

Der endständige Blütenstand stellt eine mehrfach zusammengesetzte, im Durchschnitt fußlange Rispe dar, die je nach der Sorte locker, mehr oder weniger zusammengezogen oder kompakt ist (Abb. 25b). Die kompaktrispigen Formen aus dem Sudan, Oberägypten und Arabien gelten als die ertragreichsten. Sie erzeugen schwerere Körner als die lockeren Rispen. Die Samen werden 4—5 mm lang und 3—5 mm breit. Die Farbe der Samen variiert je nach der Sorte außerordentlich (schwarz, weiß, schwarzbraun, braun, gelb, orange, braunrot). Es ist in diesem Zusammenhang nicht möglich, genauere Einzelheiten über die Morphologie zu geben; wohl kein anderes Getreide hat einen so umfassenden Formenreichtum aufzuweisen wie die Sorghumhirse. Für die botanische Bestimmung der Kulturvarietäten sei vor allem auf das System von *K. Schumann* verwiesen (in *Englers* Pflanzenwelt Ostafrikas 2. Bd. 1. Teil. Leipzig 1908). *Schumann* trennt die Varietäten nach Größenverhältnis und Ausbildung der Hüllspelzen in bedeckte, halbnackte und nackte, die halbnackten nach dem Aufbau der Rispe in lockerrispige, gedrängtrispige und kompaktrispige, die unter sich wieder nach der Farbe der Früchte unterschieden werden.

Klima. Das Minimum der Keimungstemperatur liegt bei 10° C, also 2° höher als beim Mais (s. o.). Die Vegetationsperiode dauert 4 bis 9 Monate, während welcher Zeit eine mittlere Temperatur von etwa 25° C erforderlich ist (47). In bezug auf Niederschläge stellt Sorghumhirse geringere Ansprüche als Mais, sie gedeiht noch in Gebieten mit Savannenklima und 500 mm Jahresniederschlägen. Namentlich im Anfang der Vegetation braucht Sorghum Regen, später ist sie anspruchsloser. Die Sorghumhirse wurzelt tiefer als der Mais, bis 1 m tief; sie vermag daher im allgemeinen Trockenzeiten besser zu überwinden. Bei dem großen Formenreichtum ist es verständlich, daß ihre Ansprüche an die natürlichen Bedingungen stark variieren. Vielerorts, so z. B. in den Tschadseeländern, unterscheidet man Regenzeitformen und Trockenzeitformen, die nicht nur an die Niederschläge, sondern auch an den Boden verschiedene Ansprüche

Abb. 25. Rispe von a) Reis *(Oryza sativa)*, b) Sorghum *(Andropogon sorghum)*

stellen. So gibt es Sorten, die mit leichten Böden vorliebnehmen, andere, die schwere Böden und solche, namentlich die Trockenzeitformen, die den schwersten Lehm- und Tonboden bevorzugen, der während der Regenzeit vollkommen überschwemmt ist und sich mit Wasser für die kommende Vegetationszeit sättigt. Durchschnittlich kommt die Sorghumhirse mit geringeren Böden als der Mais aus. In Ostafrika findet man sie auf allen kulturfähigen Böden, auf leichten Sandböden, auf Rotlehm und humusreichen Alluvionen, wenn sie ausreichend tiefgründig sind (47).

Kultur. Der Fruchtwechsel wird vorzugsweise mit Leguminosen durchgeführt. Die Neger treiben oft eine mehrjährige Einfelderwirtschaft, der eine mehrjährige Brache folgt (47).

Im allgemeinen brauchen alle Hirsearten eine längere Trockenzeit zum Ausreifen. Bei der Ernte werden die hohen Halme umgeknickt und sodann die Rispen abgeschnitten. Die Hektarerträge schwanken zwischen 800—1800 kg (*Sprecher von Bernegg, A.*, Tropische und subtropische Weltwirtschaftspflanzen. 1. Teil: Zucker- und Stärkepflanzen. Stuttgart 1929).

Verwendung. Abgesehen davon, daß das Sorghummehl vielen Millionen Menschen als Nahrung dient und in vielen Gebieten Afrikas das wichtigste Nahrungsmittel ist, in manchen Gegenden das menschliche Leben überhaupt erst ermöglicht, findet sie auch anderweitig, vor allem als Futtermittel, Verwendung. Die Rispen bestimmter Varietäten werden zu Besen verarbeitet (Besenhirse, Broomcorn).

Im Stärkegehalt gleicht die Sorghumhirse etwa dem Mais. Der europäischen Zunge entspricht der Geschmack des Hirsemehls im allgemeinen nicht. Als Ausfuhrartikel spielt Durra bisher kaum eine Rolle.

EINZELNE ANBAUGEBIETE

In Afrika sind entsprechend den klimatischen Bedingungen die Trockengebiete (Savannen) die Hauptanbaugebiete der Sorghumhirse (siehe Karte 10) (46). Wenn sie demzufolge in ganz Afrika von Algerien bis ins Kapland vorkommt, so ist sie im Sudan geradezu Charakterpflanze, so daß *Schweinfurth* die Sorghumhirse das afrikanische Getreide nennt.

Im Englisch-ägyptischen Sudan werden auf mehreren Versuchsfeldern („Gezira Research Farm") umfangreiche Untersuchungen mit Durra gemacht, um Ertrag und Qualität zu bessern. Für die ausgesprochen trockenen Gebiete ist bereits eine Form gezüchtet worden (Faterita Nr. 1931), die bei minimalstem Anspruch an Bodenfeuchtigkeit eine kurze Wachstumszeit hat (50). In den regenreicheren südlichen Gebieten ist man bemüht, geeignete Getreidespeicher zu konstruieren, um den Schaden durch Käferfraß zu vermindern. Die Kultur der Sorghumhirse in der Gesire ist sehr bedeutend, es findet sogar — abgesehen von schlechten Erntejahren — ein Export, vor allem nach Ägypten, statt. 1935 waren, ausgenommen das Baumwolland, 70 v. H. der bebauten Fläche mit Hirse bestellt, 56 v. H. mit Sorghum und 14 v. H. mit

Pennisetum, demgegenüber treten die anderen Getreide, Mais, Weizen und Gerste, weit zurück (50, S. 199).

In Ägypten ist der Sorghumbau, wie überhaupt der Getreidebau, durch den ausgedehnten Baumwollanbau stark beschränkt. Selbstverständlich ist der Anbau an den Nil gebunden, er findet sich aber nicht auf den Äckern, die unmittelbar überschwemmt werden (Rayeäcker), sondern nur auf den Scharakifeldern, die durch Schöpfräder künstlich bewässert werden, und zwar geschieht der Anbau im Wechsel mit Baumwolle oder Mais. Im Verhältnis zu den übrigen Getreidearten, vor allem Mais (54 v. H.) und Weizen (30 v. H.), spielt Sorghum aber eine geringe Rolle (8 v. H.) (7).

In Abessinien kommt Sorghum, Maschilla genannt, in vielen Sorten vor, besonders in der „Woina Dega". In der Gegend von Harrar und im Tschertschergebirge wird viel Sorghum gebaut, ein Teil wurde früher über Djibuti ausgeführt. Im nordwestlichen Teil des Somalilandes liegt ferner ein Bezirk mit Sorghumanbau. In Abessinien werden die Samen in Saatbeeten ausgesät und später ins Feld gepflanzt. Die Saat findet wegen der Sommerregen im Mai/Juni statt, die Ernte im November/Februar.

Der Durraanbau Ugandas schließt sich an das Verbreitungsgebiet des Sudans an. Kenya zeigt vor allem im Süden und an der Küste Sorghum. In Deutsch-Ostafrika ist Sorghum südlich des Pangani verbreiteter, weiter nördlich wird Hirse vom Mais verdrängt. In Ruanda erreicht Sorghum mit 1800 m seine Höhengrenze (s. o.). Deutsch-Ostafrika führte in den meisten Jahren Sorghumhirse aus. Moçambique zeigt besonders an der Küste und am Sambesi große Anbauflächen. Nyassaland baut an beiden Seiten des südlichen Nyassasees und am Schire in größerem Maße Durra. Auch am Oberlauf des Sambesi in Rhodesien ist Sorghum häufig. In Transvaal, Oranje-Freistaat und Natal wird Sorghumhirse lediglich als Grünfutter angebaut, in welcher Form sie auch in Basutoland eine weite Verbreitung hat.

In Niederguinea hat die Sorghumhirse vor allem am Unterlauf des Kunene, dem Grenzfluß zwischen Deutsch-Südwest und Angola, wo die Ovambo Durra anbauen, Bedeutung. Ebenso nördlich und südlich der Kongomündung findet man sie zwischen dem Kuanza in Nordangola und dem Ogowe in Gabun.

In Nordafrika, in den Atlasländern, tritt Sorghum zurück, wenn auch die natürlichen Verhältnisse, das Mittelmeerklima mit seinen Winterregen, gut geeignet sind, doch ermöglicht gerade dies auch wertvolleren Getreidearten das Gedeihen. In Tunesien und Algerien wird Durra in kleinem Umfange angebaut. In Marokko ist der Anbau bedeutender, so daß zuweilen eine Ausfuhr stattfinden kann. In Tripolitanien kultiviert man Sorghum in den Oasen.

Die übrigen Hirsen: *Pennisetum*, *Eleusine*, *Setaria* und *Panicum* treten hinter Sorghum weit zurück, sie seien daher im folgenden nur kurz behandelt.

Pennisetum typhoideum Rich., die Negerhirse, auch Pinselgras, Pinselhirse, Perlhirse oder Kerzenhirse (*Winkler, H.*, Botanisches Hilfsbuch für Pflanzer usw. Wismar 1912, S. 203f.), in Ägypten, dem Sudan und Abessinien Duchn genannt, wird 1—3 m hoch und trägt an der Spitze eine 8—30 cm lange Fruchtrispe oder Scheinähre. Die Körner sind so klein, daß auf 1 g 150—200 Samen kommen (1). Die Vegetationszeit dauert nur 3 Monate; aus diesem Grunde kann zweimal im Jahre geerntet werden, wenn die Niederschläge günstig verteilt sind. Im Ganzen ist *Pennisetum* noch anspruchsloser als Sorghum, begnügt sich mit noch weniger Niederschlägen (also unter 500 mm) und gedeiht am besten auf leichtem, trockenem Boden. *Pennisetum typhoideum* ist die Getreidepflanze der heißen Steppengebiete mit ausgesprochener Trockenzeit. Sie kann die Sorghumhirse überall dort ersetzen, wo es für diese zu trocken wird; im Sudan z. B. schließt sie sich nördlich nach der Sahara zu an die Sorghum-Anbauzone an (Karte 10).

Die Heimat der Urform von *Pennisetum* ist in Afrika zu suchen, von wo aus sie nach Italien gewandert ist. Die Kultur ähnelt der der Sorghumhirse. Die Hektarerträge kommen ebenfalls an die der Durra heran. Das Mehl ist sehr nahrhaft, aber nicht backfähig. Die Halme sind zuckerreich und finden daher als Grünfutter Verwendung.

Verfolgen wir das Verbreitungsgebiet von *Pennisetum* in Afrika (Karte 10) (8), so finden wir es bereits in der Sahara auf den trockenen Hochländern von Aïr und Tibesti, wo auch Weizen und Gerste gebaut werden. Am Rande der Sahara vom Debosee bis zum Tschadsee, also am Niger, Sokoto und südlich des Hadeidja bis zum Benuë ist die Negerhirse das herrschende Getreide. Selbst in dem unfruchtbaren, trockenen, steinigen Gebiet nördlich und östlich des Tschadsees, wo Sorghum nicht mehr fortkommt, gedeiht noch *Pennisetum*. In trockenen Jahren bewahrt oft nur der Anbau der Negerhirse die Bevölkerung vor einer Hungersnot. Nach einer Mißernte an Sorghum kann *Pennisetum* noch eine Ernte bringen. Bei den Haussa wie auch in Bornu und Adamaua wird *Pennisetum* von den Reichen und Vornehmen dem Sorghum vorgezogen (46). Im Westen findet sich Negerhirse in Gambia, am Mittellauf des Gambia und im Osten im Gebiet des Bahr el Ghazal neben Sorghum.

In Deutsch-Ostafrika kommt Negerhirse im Mittelland um Kilimatinde vor sowie in den Landschaften Usukuma, Uschaschi, Uha, Uhehe, Donde und auf Sansibar.

Die Fingerhirse *(Eleusine coracana Gärtn.)*, auch Tokusso genannt, von dem abessinischen Namen dagussa, ist die Kulturform von *Eleusine indica*, einem in den Tropen weitverbreiteten Unkraut.

Botanik. *Eleusine* zeichnet sich durch ihre reiche Bestockung aus. Ihren Namen hat sie von den fingerförmig am Halm angeordneten Ähren, die sich bei der Reife einwärts krümmen, bei *var. stricta* jedoch gerade aufrecht stehenbleiben. Die Samen sind noch kleiner als die von *Pennisetum*, so daß auf 1 g

400 Körner kommen (1). Verwendung findet die Fingerhirse, wie alle Getreidearten, als Nahrungsmittel und zur Bierherstellung. Für manche afrikanischen Stämme (Nyamnyam) stellt sie die Grundlage der Ernährung dar. Das entspelzte Korn liefert ein bitteres Mehl, das von den harten, kieseligen Fruchtschalen nicht zu trennen ist. Das Gras gibt als Heu ein nahrhaftes Pferdefutter und soll sich ferner gut zur Papierherstellung eignen (*Winkler, H.*, Botanisches Hilfsbuch für Pflanzer usw. Wismar 1912, S. 109). Die Kultur der Fingerhirse erfordert etwas mehr Arbeit als Sorghum; von den Wadjagga in Deutsch-Ostafrika werden die Eleusinefelder bewässert (*Engler, A.*, Die Pflanzenwelt Afrikas usw. s. o.). Die Aussaat beginnt zu Anfang der Regenzeit, die Ernte findet nach 4—5 Monaten statt. Die geernteten Körner, die gelblich-weiß bis hellbraun sind und später bis rotbraun nachdunkeln, haben gegenüber den Sorghumkörnern den Vorzug, daß sie mehrere Monate oder gar Jahre haltbar sind, ohne schimmelig oder von Insekten angefressen zu werden.

Im Gegensatz zu Sorghum ist Eleusine klimahärter und gedeiht z. B. in Abessinien in der oberen Woina Dega, d. h. bis zu einer Höhe von 2500 m. Sie verlangt im allgemeinen bessere Böden und bedarf reichlicherer Niederschläge als die anderen Hirsen. Während Sorghum eine ausgesprochene Trockenpflanze ist, benötigt Eleusine ein feuchtes Klima mit beständig mäßigem Regenfall; heftige Niederschläge sind hingegen schädlich. Durch diesen Anspruch ist der Fingerhirse das Verbreitungsgebiet vorgezeichnet.

Eleusine ist in der Savanne am Uëlle, d. h. an der Grenze des vollhumiden Urwaldklimas, verbreitet und stellt, wie bereits erwähnt, die Hauptnahrung der Nyamnyam (Asande) dar. Nördlich dieses Anbaugebietes findet sie sich im Gebiet des Bahr el Ghazal bei den Bongo, Mittu und Djur (*Engler, A.*, vgl. o.), die neben ihr auch Pennisetum und Sorghum anbauen (s. o.). In Abessinien ist Eleusine verbreiteter als Sorghum. Die Fingerhirse wird am oberen Lauf des Nils bis zum Viktoriasee, in Kenya bis jenseits des Tanaflusses, wo sie die feuchtere Umgebung des Kenya bevorzugt, kultiviert. In Deutsch-Ostafrika kommt Eleusine in den feuchteren Lagen der Hochländer (Kilimandjaro), am Rufidji, am Kagera und am Rukwa- und Nyassasee vor (vgl. Karte 10).

Im südlichen Afrika ist Eleusine als Kulturpflanze nicht nachgewiesen. Außer in Afrika spielt die Pflanze in Indien als Brotfrucht eine große Rolle, ferner auf den Sundainseln, im südlichen China und Japan.

Die Kolbenhirse *(Setaria italica P. Beauv.)* erreicht eine Höhe von 1,50 m; sie bestockt sich weniger als die Fingerhirse. Der Blütenstand ist eine zusammengezogene, zylindrische Rispe (kolbenartig) von 12—20 cm Länge. Die Scheinfrüchte sind gelb oder schwarz, im Durchschnitt 3 mm lang und 1½ mm breit. Ein Gramm enthält 75 Samen (1). In den alten Kulturländern Asiens wird sie seit undenklichen Zeiten kultiviert und auf den südeuropäischen Halbinseln als Brotfrucht gebaut. In Afrika hat sie untergeordnete Bedeutung.

Ebenso unbedeutend ist für Afrika die bei uns schlechthin als Hirse bekannte Rispenhirse *(Panicum miliaceum L.)*. Schon die Tatsache, daß diese Art bei uns bekannt ist und vor allem in früheren Jahrhunderten viel in Deutschland angebaut wurde, besagt, daß sie im Verhältnis zu den anderen Hirsen bis weit in die gemäßigte Zone hinein gedeiht. Die Rispenhirse wird knapp 1,50 m hoch. Die Blätter und Scheiden sowie die Halme am Grunde sind rauhhaarig. Der Blütenstand ist eine hängende, viel verzweigte Rispe. Die gestielten Ähren enthalten nur einen glänzenden Samen, von denen 200 auf 1 g kommen (1). Als eigentliche Brotfrucht findet die Rispenhirse keine Verwendung, doch liefert sie einen nahrhaften und schmackhaften Brei.

In Afrika ist *Panicum* lediglich auf den Norden beschränkt, tritt aber auch dort gegenüber den europäischen Getreiden kaum in Erscheinung.

Von den übrigen Hirsen sei nur noch die Zwerghirse oder das Teff *(Eragrostis abessinica Lk.) (Poa abessinica Jaquin)* erwähnt, das nur in Abessinien Bedeutung hat. Hier allerdings ist Teff das tägliche Brot der Eingeborenen und wird im Hochlande zwischen 1700 und 2800 m recht verbreitet angebaut.

Teff stellt ein etwa 60 cm hohes, einjähriges Gras dar (Zwerghirse) mit kaum stecknadelkopfgroßen Samen; 1 g enthält etwa 4200 Samenkörner, die in lockeren, hängenden Rispen getragen werden. Sie liefern ein gutes, weißes Mehl. Man nimmt an, daß *Eragrostis abessinica* von *E. pilosa P. Beauv.* abstammt (1), einem Gras, das auch zur Flora Südwestdeutschlands gehört.

Außer in Abessinien hat sich Teff auch in Transvaal als Futterpflanze eingebürgert (*Neitzel* in Kolon. Rundschau Jhg. 29 [1938], S. 150) und soll wild in ganz Zentralafrika, besonders am Tschadsee, vorkommen und verbreitet sein (3) (s. Futterpflanzen).

d) *Weizen, Triticum spec.*

Der Weizen *(Triticum spec.)* kommt in verschiedenen Arten vor: *Triticum vulgare Vill.*, unser gewöhnlicher Weizen, *T. durum Desf.*, der Glas- oder Hartweizen, *T. dicoccum Schrank*, der Emmer, u. a.

Der Hartweizen unterscheidet sich von *T. vulgare* durch lange Grannen an den Spelzen und durch seinen markgefüllten Stengel. Seinen Klimaansprüchen nach gedeiht er am besten in warmgemäßigten, semihumiden Gebieten, kommt aber sowohl in heißen wie in kühleren Ländern fort, ist in Afrika am verbreitetsten und findet im Norden (Ägypten, Tunesien, Algerien, Marokko) wie im Süden (Union von Südafrika) ideale Bedingungen.

Die Bodenansprüche ähneln denen unseres Weizens. Geeignet ist ein kalkhaltiger, humusreicher Ton- oder Lehmboden.

Kultur. Im allgemeinen wird dem Weizen eine sorgfältige Bodenbearbeitung zuteil. In Abessinien z. B. wird 1—2 Monate vor der Regenzeit gepflügt, zu Beginn der Regenzeit ein zweites Mal (4). In Ägypten und Rhodesien findet mehrmalige Bewässerung statt. Geerntet wird 4—6 Monate nach der Aussaat. Der Ertrag des Hartweizens ist geringer als der von *T. vulgare*, die Körner sind weniger mehlreich, und das Mehl ist dunkler.

Außer zur Brotbereitung dient der Weizen den Eingeborenen zur Herstellung von Brei, Suppen und Fladen (3.), tritt aber als Nahrungsmittel hinter Mais und Hirse weit zurück. Im tropischen Afrika kommt er nur sporadisch vor. Größere Bedeutung auch für den Export hat er nur in Marokko, Algerien, Tunesien, Ägypten und im Süden in der Union von Südafrika (Karte 11).

EINZELNE ANBAUGEBIETE

In Ägypten findet die Aussaat des Weizens von Mitte Oktober bis Ende November, die Ernte von April bis Mai statt. Der Weizen ist in Ägypten also eine Winterfrucht. In Unterägypten wird dreimal bewässert, in Oberägypten sogar viermal. Abgesehen vom Großgrundbesitz wird überall mit der Sichel geerntet. Der Durchschnittsertrag 1929—33 belief sich auf etwa 1800 kg je ha. Nach der Ernte wird mit dem Dreschschlitten gedroschen und danach „geworfelt", um die Spreu von den Körnern zu trennen. Die Qualität des ägyptischen Weizens ist im allgemeinen gering, zur Aufbesserung des Geschmackes wird er daher mit eingeführtem Weizen vermischt. Der Weizenverbrauch ist im Durchschnitt 90 kg je Kopf (7). Diesen Bedarf kann aber die Eigenproduktion nicht decken, Ägypten ist also trotz geringer Ausfuhr in den meisten Jahren kein Weizenüberschußland (11):

Jahr	Erzeugung t	Einfuhr*) t	Ausfuhr*) t
1926/30	1109500	14790	2720
1931	1253900	38150	60
1932	1431200	37190	190
1933	1087300	350	560
1934	1014500	16860	250
1935	1176300	39400	2250
1936	1243800	0	320
1937	1235000	0	27450
1938	1250200	810	8730
1939	1333800	3610	60

Nach Ägypten hat Algerien die größte Produktion, wegen des geringeren Verbrauches aber eine weitaus größere Ausfuhr (11):

Jahr	Ausfuhr t	Einfuhr t
1926/30	154700	45290
1931	116790	101680

*) Ohne den Handel mit dem Englisch-ägyptischen Sudan.

Jahr	Ausfuhr t	Einfuhr t
1932	311020	54440
1933	233520	24150
1934	315100	15180
1935	265170	17180
1936	261430	15730
1937	161270	33960
1938	96760	44170

1,5 bis 1,6 Millionen Hektar sind durchschnittlich mit Weizen bebaut, davon drei Viertel der Fläche mit Hartweizen *(T. durum)* und ein Viertel mit Weichweizen *(T. vulgare)* (9).

Der Anbau von Körnerfrüchten, namentlich von Weizen, ist hier ein wichtiger Faktor für die Seßhaftmachung der Nomaden gewesen.

Die zweitgrößte Weizenausfuhr in Afrika hat Marokko. Da die Einfuhr sehr gering ist, ist sie in der nachstehenden Übersicht unberücksichtigt geblieben:

Jahr	Ausfuhr (in t) (9)	Jahr	Ausfuhr (in t) (9)	
1929*) . . .	112087	1934*) . . .	164196	
1930*) . . .	27527	1935*) . . .	179402	
1931*) . . .	153184	1936	82070	(11)
1932*) . . .	179035	1937	47160	(11)
1933*) . . .	218930	1938	113870	(11)

Auch hier ist die Landwirtschaft vor allem auf die Produktion von Körnerfrüchten, Weizen und Gerste, eingestellt.

Tunesien hatte 1932 seine höchste Ausfuhr erreicht, die seitdem infolge von Marktschwierigkeiten auffallend zurückging. Der Export bleibt im Durchschnitt kaum hinter dem Marokkos zurück (9):

Jahr	Ausfuhr (in t)	Jahr	Ausfuhr (in t)	
1929*) . . .	165974	1934*) . . .	46214	
1930*) . . .	113368	1935*) . . .	167139	
1931*) . . .	165189	1936	29530	(11)
1932*) . . .	261009	1937	68360	(11)
1933*) . . .	51782	1938	82200	(11)

Vom übrigen Afrika hat nur noch Libyen eine nennenswerte Ausfuhr, die allerdings weit hinter der Tunesiens zurücksteht (11):

Jahr	Ausfuhr (in t)	Einfuhr (in t)
1926/30 . . .	740	7160
1931	4320	6140
1932	840	4870

*) einschl. Weizenmehl.

Jahr	Ausfuhr (in t)	Einfuhr (in t)
1933	2950	3840
1934	8400	560
1935	12950	2240
1936	13760	4200
1937	4630	4350
1938	7200	5230

Libyen zeigt, wenn auch mit Schwankungen, ein Ansteigen der Ausfuhrzahlen.

Außer den genannten Weizenanbauländern haben noch eine mehr oder weniger große Erzeugung die Südafrikanische Union, Abessinien, Kenya, der Englisch-ägyptische Sudan, Nord- und Südrhodesien und Angola (Karte 11).

In der Südafrikanischen Union halten sich der Verbrauch und die Ernte durchschnittlich die Waage. Den Hauptanteil am Weizenbau der Union hat die Kapprovinz:

Provinzen	Anteil 1935/36 (6)
Kapland	59,0 v. H.
Freistaat	35,6 „
Transvaal	5,3 „
Natal	0,1 „

Den größten Teil produziert das Winterregengebiet an der Südwestküste des Kaplandes, den Rest liefern die mittleren und nordöstlichen Kapdistrikte und der nordöstliche Freistaat. In Transvaal und in der Karru wird ähnlich wie in Ägypten bewässert (6); dort wird eine besonders gute Qualität bei hohem Hektarertrag erzielt, während im übrigen der Hektarertrag sehr niedrig ist. Üblich ist in den verschiedenen Gebieten ein Fruchtwechsel von:

Weizen, Hafer, Stoppelweide, Brache oder
Weizen, Hafer, Brache oder
Weizen, Brache.

Auffallend groß ist auch die Produktion in Basutoland, wo Weizen neben Hirse und Mais zum täglichen Brot der Bantu gehört.

In Abessinien, das als eins der Ursprungsgebiete für Weizen gilt, wird der Weizen namentlich in der Woina-Dega und Dega bis zu einer Höhe von 3000 m kultiviert (4), und zwar *T. durum*, *T. vulgare*, *T. dicoccum* (4), wovon der Letztgenannte am seltensten ist und vor allem im Tschertschergebirge, im Arussilande und in Schoa angebaut wird, während die anderen Arten überall in der Woina Dega zu finden sind. Kapitalkräftigen Siedlungsanwärtern sind 1937 provisorische Konzessionen für Weizenanbau im Großbetrieb erteilt worden, die die 1938 fertiggestellten Mühlen und Bäckereien ausreichend beliefern sollen (Afrika-Rundschau 1938, S. 86).

Aus Nordrhodesien wird wegen des geringen Eigenverbrauches die an sich schon geringe Produktion zu einem Teil ausgeführt. Der Anbau erfolgt vornehmlich im Distrikt Lusaka, wo der Weizen in der trockenen Jahreszeit nur unter Bewässerung kultiviert wird (6; 9). In Südrhodesien wird auch z. T. bewässert, aber dort kann die Erzeugung bei weitem noch nicht den eigenen Bedarf decken. In beiden Gebieten wird Weizen sowohl auf europäischen Farmen als auch von Eingeborenen angebaut.

In Angola ist versucht worden, den Anbau von Weizen zu fördern. Man hatte nach der Ausfuhr 1933 von 8086 t große Hoffnungen auf ihn gesetzt, doch betrug die Ausfuhr 1935 lediglich 7 Tonnen und war 1936 vollends auf Null gesunken.

In Kenya ist mit dem Anbau von Weizen bereits bei der ersten europäischen Besiedlung begonnen worden. Obgleich der Weizen stark unter der Rostkrankheit leidet, hat sein Anbau doch erhebliche Fortschritte gemacht (6). Das Hauptanbaugebiet liegt südlich des Tana an den Hängen des Luitpoldgebirges.

Im Englisch-ägyptischen Sudan umfaßt die Weizenkulturfläche z. Z. nur etwa 8—10000 ha (9). Trotzdem kann ein geringer Teil ausgeführt werden, weil hier Hirse und Mais an erster Stelle des Verbrauches stehen. Das Zentrum des Anbaues ist die Gegend von Kodok in dem Winkel zwischen Bahr el Arab und Nil.

Im übrigen Sudan ist Weizen am Schari und Logone zu finden, ferner südlich des Hadeidja sowie am Niger in der Nordprovinz von Nigeria (8) (Karte 11). Von einer Ausfuhr aus diesem Gebiet kann aber keine Rede sein.

Schließlich ist noch Deutsch-Ostafrika zu erwähnen, wo man am Viktoriasee bei Bukoba und am Nordende des Nyassasees, in den Usambarabergen, am Kilimandjaro und Meru sowie bei Iringa Weizen baut, der aber noch nicht den Eigenbedarf deckt.

Da Weizen als Brotfrucht zum großen Teil in den Anbauländern selbst verbraucht wird, kommen z. Z. als Ausfuhrländer nur in Frage (in t):

Länder	1935	1938
Algerien	247990	96760
Marokko	177450	113870
Tunesien	153940	82200
Libyen	12950	7200
Nordrhodesien	456	480
Englisch-ägyptischer Sudan	200	10

Alle übrigen afrikanischen Kolonien bauen — wenn überhaupt — lediglich für ihren eigenen Bedarf Weizen an, der zum großen Teil noch durch erhebliche Einfuhr gedeckt werden muß.

Von den übrigen Getreidearten müssen noch erwähnt werden Gerste, Hafer, Roggen, das Sterngras und der Buchweizen.

e) Gerste, Hordeum sativum Jessen

Gerste *(Hordeum sativum Jessen)* wird in Afrika im wesentlichen in denselben Ländern wie Weizen angebaut, ihre Bedeutung ist jedoch geringer.

Einen Ausfuhrüberschuß weisen nur folgende Länder auf (in t):

Länder	1935 (11)	1938 (11)
Marokko	122440	16380
Algerien	5810*)	7100
Tunesien	75440	7250
Libyen	7190	4420*)

Eine nennenswerte Ernte bringen außerdem hervor: Ägypten, Erythrea, Kenya, Englisch-ägyptischer Sudan und die Südafrikanische Union.

In Marokko kommt der Gerstenausfuhr etwa die gleiche Bedeutung wie der Weizenausfuhr zu (9) (in t):

Jahr	Weizen	Gerste	
1929	112087	225734	
1932	179035	193283	
1933	218930	151480	
1934	164196	226575	
1935	179402	122442	
1936	82070	295550	(11)
1937	47160	23800	(11)
1938	113870	35000	(11)

Im Getreideanbau nimmt Gerste sogar mit 1555459 ha (9) den breitesten Raum ein. An zweiter Stelle folgt Algerien mit durchschnittlich mehr als 700000 t Jahreserzeugung, die aber in manchen Jahren nicht ganz zur Deckung des eigenen Bedarfes ausreicht.

Ägypten produziert neben allen übrigen Getreidearten auch Gerste. Die Erträge Tunesiens schwanken sehr stark, so daß sie zuweilen über denen Ägyptens liegen, zumeist jedoch darunter. In Abessinien kommt die Gerste, „Gebs" genannt, in drei Arten *(H. hexastichum, H. vulgare, H. distichum)* (4) und in weißen und dunklen Sorten vor. Dem Temperaturbedürfnis entsprechend, findet sich der Anbau von der Woina Dega bis an die Grenze der unteren Dega, also bis 3700 m Höhe und geht teilweise noch höher hinauf. An der Höhengrenze des Getreidebaues hat sie oft als einziges Getreide eine große Bedeutung. Wo es Niederschläge und Temperatur zulassen, kann bei der kurzen Vegetationszeit zweimal gesät und geerntet werden. Bei Bewässerung sind bis 2500 m Höhe zwei Ernten unschwer möglich.

Anbauversuche mit Gerste sind in Deutsch-Ostafrika erfolgreich gewesen.

*) Einfuhrüberschuß.

Außer zur Nahrung und Bierbereitung wird Gerste als Futter für Maultiere, Pferde usw. verwendet.

f) Hafer, Avena spec.

Der Hafer *(Avena spec.)*, der, wie die Gerste, ebenfalls mit 11° C Durchschnittstemperatur auskommt, ist für den größten Teil Afrikas zum Anbau ungeeignet, denn je niedriger die Temperatur ist — in angemessenen Grenzen — umso besser wird die Ernte (1). Auch hier sind es wieder vor allem Algerien, Marokko, Tunesien und die Union von Südafrika, die ihn anbauen:

Land	Ernte 1936 (11; 37)
Algerien	177500 t
Südafrikanische Union . .	106300 t
Marokko	8400 t
Tunesien	2000 t (Afrika-Rundsch. V, 1938, S. 12).

In Abessinien kommt Hafer gemischt mit Gerste vor (4). Die Produktion steht aber weit hinter der anderer Getreide zurück.

g) Roggen, Secale cereale L.

Der Roggen *(Secale cereale L.)* wird nur in der Südafrikanischen Union, Marokko und Algerien angebaut, hat aber keine Bedeutung.

Land	Ernte	
	1926/31	1936 (37)
Südafrikan. Union . . .	23200 t	20300 t
Marokko	500 t	900 t
Algerien	1200 t	700 t

Anbauversuche am Kilimandjaro in Deutsch-Ostafrika mit einer Herkunft aus Südafrika waren erfolgreich.

h) Sterngras, Dactyloctenium ägyptiacum (L.) Richt.

In der Landwirtschaft der Eingeborenen spielt noch das in ganz Afrika wild verbreitete sogenannte Sterngras *(Dactyloctenium ägyptiacum [L.] Richt.)* eine gewisse Rolle, insofern als mancherorts (Tabora, Bukoba) die Bestände von den Negern geschont werden und die Samen in Notzeiten als Getreide gesammelt werden, wenn es auch angebaut kaum irgendwo zu finden ist (3).

Das Sterngras ist ein 60 cm hohes Gras und trägt an der Halmspitze einen sternartigen aus fünf Ährchen gebildeten Fruchtstand. Die weißen Samenkörner sind sehr klein, geben aber ein gutes Mehl. Außerdem bildet das Gras ein nahrhaftes Viehfutter.

Getreideproduktion in Afrika (11) in Tonnen

Länder	Mais		Reis		Weizen		Gerste	
	1926/31	1938/39	1926/31	1938/39	1926/31	1938/39	1926/31	1938/39
Südafrik. Union	1 715 100	2 573 700	—	—	222 500	465 200	28 300	25 800 b)
Südrhodesien	147 100	109 800	—	—	1 000	3 200 e)	300	500 e)
Nordrhodesien	18 700	18 700 b)	—	—	800	500 be)	—	—
Moçambique	50 900	27 000 c)	800	—	—	—	—	—
Nyassaland	65 900 a)	64 800 a)	1 500 a)	—	—	—	—	—
Deutsch-Ostafrika	235 500	—	35 700	—	—	—	—	—
Kenya	253 000	82 400 c)		—	18 300	24 900	1 400	1 400 b)
Uganda	—	—	7 000	—	—	—	—	—
Ital.-Ostafrika		122 000 g)		—		750 000 g)		192 000 g)
Ägypten	1 931 400	1 570 700	406 900	725 200	1 109 500	1 250 200	244 000	232 700
Libyen	100	500	—	—	3 500	34 000	23 000	57 000
Tunesien	4 900	5 000 f)	—	—	313 200	380 000	184 300	100 000
Algerien	6 500	4 300	—	—	805 400	951 000	766 000	587 100
Marokko (franz.)	145 700	217 400	—	—	663 800	630 600 e)	858 000	1 085 700
Franz.-Westafrika	420 000	554 500 c)	309 900	433 000 c)	—	—	—	—
Franz.-Äquatorialafrika	14 700	38 000 d)	1 200	—	—	—	—	—
Engl.-ägypt. Sudan	5 700	10 300		—	7 200	8 200	2 700	1 600
Kamerun (fr. M.)	29 400	36 000 b)	50 a)	—	—	—	—	—
Belgisch-Kongo	305 000	—	64 200	60 400 b)	—	—	—	—
Angola	201 400	316 800	1 400	8 200	5 700	6 400	—	—
Basutoland	49 500	68 800	—	—	19 800	33 100	—	—
Swasiland	5 800	5 900	—	—	—	—	—	—
Sierra Leone	800	800 c)	260 400	175 000	—	—	—	—
Goldküste	—	—	—	—	—	—	—	—
Nigeria	—	—	—	—	—	—	—	—
Togo (fr. M.)	2 300	58 900 c)	200	—	—	—	—	—
Deutsch-S.W.Afr.	3 200	5 100	—	—	—	—	—	—
Ruanda-Urundi	29 900	31 000	—	600	—	—	—	—
Madagaskar	84 300	100 000	662 000	440 000	—	—	—	—

a) geschätzt b) 1937/38 c) 1936/37 d) 1935/36 e) nur europ. Erzeugung f) einschl. Sorghumhirse
g) unvollständige Angaben — = 0 oder unbedeutend

i) Buchweizen, Fagopyrum esculentum Moench

Zu den Getreiden gerechnet wird noch der Buchweizen *(Fagopyrum esculentum Moench)*, obgleich er nicht zu den Gräsern gehört, sondern zur Familie der *Polygonaceae*. Er ist ein 50—80 cm hohes Kraut, ist sehr genügsam und gibt auf mageren, leichten Sandböden noch gute Erträge. Von der Saat bis zur Reife vergehen 2—3 Monate (3). Die Früchte sind braune, dreikantige Nüßchen, die in ihrer Gestalt den Bucheckern ähneln. Die Pflanze hat hier und da im ostafrikanischen Seengebiet, besonders bei Bukoba und Usumbwa, bei den Eingeborenen Fuß gefaßt.

Schrifttum

Getreide

a) Allgemeines.

1. Becker-Dillingen, J., Handbuch des Getreidebaues. Berlin 1927.
2. Brendel, H., Die Kolonisation Ugandas. Diss. Leipzig 1934.
3. Hammerstein, H. L., Die Landwirtschaft der Eingeborenen Afrikas. Beiheft zum Tropenpflanzer Jhg. 22 (1919), Nr. 2/3.
4. Kostlan, A., Die Landwirtschaft in Abessinien. Tropenpflanzer Jhg. 16 (1913), Beiheft Nr. 3.
5. Krämer, W., Die koloniale Entwicklung des Anglo-Ägyptischen Sudans. Berlin 1938.
6. Martens, O. und Karstedt, O., Afrika. 1. Bd. Wirtschaft. Berlin 1938.
7. Nagy, I. E., Die Landwirtschaft im heutigen Ägypten und ihre Entwicklungsmöglichkeiten. Wien 1936.
8. Piette, L., Speise und Trank der Eingeborenen im tropischen Afrika. Diss. Köln 1927.
9. Schoen, L., Rohstoffkammern der Weltwirtschaft. 1. Bd. Afrika. Berlin 1937.
10. Seymore, Handbook for Farmers in South Africa. Pretoria 1937.
11. ..., Annuaire international de Statistique agricole 1936/37, 1937/38 und 1939/40. Rom 1937, 1938 u. 1940.

b) Maïs.

12. Burton, G. und Maher, C., Improvement of Maize yields in Kenya Colony. Colony and Protect. of Kenya, Bull. Nr. 6, Nairobi 1931.
13. Eichinger, A., Mais. Wohltmann-Bücher 5. Bd. Hamburg 1926.
15. Marcus, A., Der Einfluß von Pflanzart und -weite des Maises auf den Ertrag und das Kolbengewicht. Tropenpflanzer Jhg. 30 (1927), S. 473.
16. Monti, R., La culture du Mais à la ferme de Dele. Rapports du Congrès International d'Agric. Trop. Bull. Agric. du Congo Belge Jhg. 21 (1930), S. 880—81.
17. Reteaud, L. und Soulard, Le problème du Mais. Rev. Agric. de l'Ile de la Réunion, St. Denis Jhg. 25 (1934), S. 417—23.
18. Scheepers, Maisanbau und Klima im sog. Maisdreieck der Südafrikanischen Union. Hamburg 1938.
19. Seydel, C., La culture du mais au Katanga. Bull. Agric. du Congo Belge Jhg. 16 (1927), S. 444—46.
20. ..., Valeur du Mais congolais pour les usages industriels en Belgique. Agric. et Elevage au Congo Belge Jhg. 11 (1937), S. 85.
21. ..., Annual Report, Dep. of Agric. 1935, Kenya Colony, Maize, Vol. I, 1936, S. 149; Vol. II, 1936, S. 156; Vol. III, 1936, S. 61.
22. .., Die Erzeugung von Maissilage im Mandatsgebiet Deutsch-Ostafrika. Tropenpflanzer Jhg. 39 (1936), S. 538—40.
23. ..., Die Landwirtschaft Nordrhodesiens 1935. Tropenpflanzer Jhg. 38 (1937), S. 36.
24. .., Einfluß von Kulturmaßnahmen auf den Ertrag des Mais. Tropenpflanzer Jhg. 34 (1931), S. 162.

c) Reis.

25. Barker, F., The rices of Northern Nyassaland. Nyassaland Protectorate. Dep. of Agric. Bull. Nr. 12 (1934), S. 15.
26. Blankenburg, P., Der Reis. Berlin 1933.

27. Copeland, E., Rice. London 1924.
28. Doyne, H. und Glanville, R., Some swamp rice growing soils of Sierra Leone. Tropical Agricult. The Journal of the Imp. Coll. of Trop. Agric. Trinidad 1933, S. 132—38.
29. Etesse, M., Le Riz dans la zone deltaique du Niger. Riz et Rizicult. Jhg. 2 (1930), S. 79—85.
30. Etesse, M., Quelques notes sur la culture du Riz dans la région du Lac Alaotra à Madagascar. Riz et Riziculture Jhg. 3 (1932), S. 215—19.
31. François, E., La Riziculture à Madagascar en la saison de culture 1935/36. Bull. Econ. Trimestriel, Tananarive Jhg. 3 (1929), S. 260—72.
32. Gain, E., Contribution à l'étude du Riz de la région de Sikasso (Soudan). Comptes Rendus Hebdomadaires des Séances de l'Académie d' Agric. de France 1936, S. 431.
33. Leplae, E., La culture du Riz sec au Congo Belge (1870—1934) et le développement du Béribéri. Riz et Riziculture Jhg. 1 (1936), S. 1—40.
34. Leroy, J., Le Riz sur la Côte Ouest de Madagascar. L'Agron. Col., Bull. Mens. de l'Inst. Nat. d'Agron. Col. Jhg. 17 (1928), S. 65—76.
35. Metral, G., Le Riz au Congo Belge. Agric. et Elevage au Congo Belge Jhg. 10 (1936), S. 105.
36. Miège, E., Rapport annuel d'expérimentation 1934/35. Riz. Protectorat de la Républ. Franç. Service de l'Agric. et de la Colonisation 1936, S. 92.
37. Robb, F., Survey of Rice areas in the Western Province. Year-Book 1928, S. 151—57. Dep. of Agric. Gold Coast, Bull. Nr. 16.
38. Sornay, P. de, Le Riz. Rev. Agric. de l'Ile Maurice 1931, S. 1—5.
39. Walters, H., Report on the Dep. of Agric. for the year 1932/33. Riz. Gold Coast Colony, Dep. of Agric. Accra 1933.
40. Werner, U., Der Reis im Wirtschaftsleben kolonialer Länder. Weida/Thür. 1931.
41. Winkler, H., Reis. Wohltmann-Bücher. 3. Bd. Hamburg 1926.
42. . . ., Erhöhte Reisernte durch doppeltes Verpflanzen. Tropenpflanzer Jhg. 38 (1935), S. 248.
43. . . ., L'exportation du Riz Congolais. Agric. et Elevage au Congo Belge Jhg. 9 (1935), S. 137—38.
44. . . ., Sierra Leone. Dep. of Agric. Annual Report of the Dep. of Agric. for the year 1935. Riz. 1936, S. 46.
45. . . ., Développement de la consommation du Riz en A. O. F. et extension de la Riziculture dans la vallée du Niger. Riz et Riziculture Jhg. 1 (1929), S. 21—34.

d) Hirse.

46. Bender, G., Geographie der Hirsen. Berlin 1931.
47. Busse, W., Betrachtungen über die Sorghumhirse und ihre landwirtschaftliche Nutzung. Tropenpflanzer Jhg. 27 (1924), S. 38.
48. Busse, W., Verarbeitung von Sorghumarten auf weiße Stärke und Nebenprodukte. Tropenpflanzer Jhg. 2 (1898), S. 36.
49. Chevalier, A., La culture du Sorgho du Soudan. La Tunisie Agricole 1933, S. 151—55.
50. Krämer, Die koloniale Entwicklung des Anglo-Ägyptischen Sudans. Berlin 1938.
51. Massa, L., La Dura (Andropogon Sorghum) in Eritrea e la sua coltivazione a Tessenei. L'Agric. Col., Ist. Agric. Colon. Ital. Jhg. 30 (1936), S. 205—13.
52. Piedallu, A., Les Sorghos à grains en Afrique du Nord. Gouv. Génér. de l'Algérie. Direct. de l'Agric. et de la Colonisation. Service Botanique Bull. Nr. 72.
53. Pynaert, M., Le sorgho. Rev. Intern. des Prod. Colon. Jhg. 7 (1932), S. 305—08.
54. Reznik, A., Note sur la germination de Sorghos. Rev. de Bot. Appl. et d'Agric. Trop. Jhg. 13 (1933), S. 329—36.
55. Thaer, Über Anbau und Düngung von Sorghum. Tropenpflanzer Jhg. 26 (1923), S. 90.

2. *Hülsenfrüchte, Phaseolus spec., und andere Leguminosen*

Neben den Getreidepflanzen sind eine Anzahl von Hülsenfrüchten wirtschaftlich sowohl für die Ernährung der Eingeborenen Afrikas als auch als Ausfuhrerzeugnisse von Bedeutung. Manche Arten von Erbsen und Bohnen sind über den ganzen Erdteil verbreitet.

Es kommen für den Anbau in Frage:

1. *Phaseolus vulgaris L.* = Garten- oder Feldbohne
2. *Phaseolus multiflorus Willd.* = Feuerbohne
3. *Phaseolus lunatus L.* = Mondbohne oder Kaperbse

4. *Phaseolus mungo L.*	= Mungobohne
5. *Phaseolus acutifolius Gray.*	= Teparybohne
6. *Phaseolus aconitifolius Jacq.*	= akonitblättrige Bohne
7. *Vigna sinensis Endl.*	= Kunde- oder Vignabohne
8. *Vigna nilotica (Del.) Hooke f.*	= Nilbohne
9. *Dolichos lablab L.*	= Helmbohne
10. *Dolichos biflorus L.*	= Faselbohne
11. *Canavalia ensiformis DC.*	= Schwert- oder Fetischbohne
12. *Glycine hispida Moench*	= Sojabohne
13. *Mucuna spec.*	= Samt- oder Juckbohne
14. *Vicia faba L.*	= Puff-, Sau-, Pferde- oder Große Bohne
15. *Psophocarpus spec.*	= Flügelbohne
16. *Cajanus indicus Spreng.*	= Straucherbse oder -bohne
17. *Pisum sativum L.*	= Gartenerbse
18. *Pisum abessinicum A. Br.*	= abessinische Felderbse
19. *Cicer arietinum L.*	= Kichererbse
20. *Lathyrus sativus L.*	= Platterbse
21. *Lens esculenta Moench*	= Linse
22. *Cyamopsis psoraloides DC.*	
23. *Arachis hypogaea L.*	= Erdnuß
24. *Voandzeia subterranea Thou.*	= Erderbse
25. *Kerstingiella geocarpa Harms*	= Erdbohne

Exportländer für Hülsenfrüchte sind:

Länder	Ausfuhr (in t): 1930	1935*)	1938*)
Algerien	54782 (12)	60	60
Madagaskar	15934**)	14680	15110
Marokko	26260 (12)	50	70
Angola	2384***) (11)	3790	4580
Südrhodesien	1403 (11)	332	190
Südafrikanische Union	624 (11)	208	660

Während Algerien, Marokko, Madagaskar, Angola und Rhodesien schon einen beachtlichen Export aufzuweisen haben, beginnt die Union von Südafrika erst eine weiße Standardbohne für die europäischen Märkte zu züchten. Die Sojabohne wird in der Südafrikanischen Union nur als Grünfutter angebaut und als Ensilage verwendet (5).

*) Nur Bohnen (Annuaire International de Statistique Agricole 1939/40. Rom 1940).
**) Rev. Int. des Prod. Col. Jhg. 6 (1931), S. 335.
***) = 1932.

Auch in Abessinien werden unter anderem Gemüse viel *Phaseolus vulgaris* und *Vicia faba* angebaut (4), dazu in der Savanne verschiedene Erbsen (8).

In Kenya sind *Phaseolus vulgaris* und *Vicia faba*, außerdem *Dolichos lablab* und *Dolichos biflorus*, die Helmbohne, verbreitet (14). In Deutsch-Ostafrika bilden Hülsenfrüchte einen wesentlichen Teil der Volksnahrung. Hauptsächlich angebaut werden die Vignabohne (Kunde), die Straucherbse (Mbazi), die Helmbohne (Mfiwe), die Mungobohne (Chiroko) usw. Am verbreitetsten in ganz Afrika sind wohl *Phaseolus vulgaris* und *Ph. lunatus*, die Mondbohne (*Stuhlmann*, Deutsch-Ostafrika. 10. Bd. Beiträge zur Kulturgeschichte von Ostafrika usw. 1909).

Die Hülsenfrüchte werden in Afrika von den Eingeborenen zumeist in Wasser gekocht, dem Salz, Pfeffer, Öl und zuweilen auch Blätter beigemengt werden. Mancherorts wird auch Mehl aus ihnen gewonnen (8).

Die Gartenbohne *(Phaseolus vulgaris)* wurde zu Beginn des 16. Jahrhunderts von den Portugiesen aus Amerika nach Westafrika gebracht (3); von hier aus hat sie sich seitdem über den ganzen Kontinent verbreitet. In unseren Kolonien sind es vor allem das Hinterland von Togo und Kamerun und das ganze Innere Ostafrikas, besonders das Seengebiet, wo sie überall zu finden ist und gut gedeiht.

In manchen Gegenden ist die Mondbohne, auch Limabohne oder Kaperbse *(Phaseolus lunatus)* genannt, die aus Südamerika stammt, häufiger als die Gartenerbse, so z. B. im Hinterland von Togo.

Auf Madagaskar kommt sie in zwei Varietäten vor, eine, „Kalamaka" genannt, mit kleinen Samen, die hauptsächlich ihrer Blätter wegen gezogen wird und über die ganze Insel verbreitet ist, und eine, „Kabaro" der Madagassen, „pois du Cap" der Franzosen, die im Südwesten der Insel eine derartige Verbreitung hat, daß sie die Grundlage der Landwirtschaft dieser Gegend darstellt und jährlich in großen Mengen ausgeführt werden kann (7).

Ausfuhr der Mondbohne von Madagaskar (in t):

Jahr	t	
1914	4533	(10)
1921	20102	
1927	11892	
1931	12203	(12)
1936	15800	(Afrika-Rundschau Jhg. 3 [1938], S. 198)
1937	23700	

Phaseolus lunatus rankt stärker als die gewöhnliche Gartenbohne und wird vielfach an den Umzäunungen und an Stangen gezogen (3). Einige Wochen nach der Aussaat treibt sie bis 3 m lange Ranken (10). Die gelben Blüten sind recht unscheinbar. Die Hülsen sind flach und halbmondförmig gebogen und enthalten 2—6 flache, nierenförmige Samen. Diese sind wie die der

Gartenbohne ein- oder mehrfarbig, gefleckt oder gestreift. Am wertvollsten sind die rein weißen Sorten, welche bis zu zwei Jahren Erträge geben. Die ersten Samen sind nach 6 Monaten reif.

Auf Madagaskar wächst die Mondbohne vornehmlich an den Unterläufen der Flüsse der Südwestseite vom Quilahy im Süden bis Maintirano im Norden (10), wo heute mehr als 25000 ha mit ihr bepflanzt sind (10). Im Jahr 1936 nahm ihr Anbau insgesamt 27179 ha und 1937 insgesamt 28000 ha ein (Annuaire internationale de Statistique agricole 1939/40, Rom 1940, S. 243).

Phaseolus lunatus liebt geringe Luftfeuchtigkeit, wenig Niederschläge und mittlere Temperaturen während ihrer Vegetationszeit. Die Hektarerträge auf den Eingeborenen-Pflanzungen liegen selten über 700 kg; um die Erträge zu heben, ist man bemüht, die Kulturbedingungen zu verbessern und die Ausfuhrware nach einem Standard zu handeln (10).

Allen anderen Bohnenarten vorgezogen wird von den meisten Negerstämmen die Mungobohne *(Phaseolus mungo)*, die aus Südostasien nach Ostafrika gelangt ist, eine niedrige Staude mit behaarten Blättern und Hülsen, die nicht rankt. Die Blüten sind klein und hellgelb, aus ihnen gehen rundliche, lange Hülsen hervor, die 10—25 gelbe bis grasgrüne, kleine, walzenförmige Samen von 4—6 mm Länge enthalten. Zweieinhalb bis drei Monate nach der Saat sind die Bohnen reif. Sie werden von den Eingeborenen wie auch von den Europäern geschätzt, da sie sich vielseitig verwenden lassen (3).

Eine Abart der Mungobohne, *Phaseolus radiatus*, ist erst kurz vor dem Weltkriege aus Indien nach Ostafrika eingeführt und scheint bei gleichen Anforderungen noch höhere Erträge zu liefern. Auf Madagaskar gedeiht eine andere, noch nicht näher bestimmte Abart, die etwas größere, rotbraune Samen liefert. Die Erträge sind ebenfalls größer, schon weil die Ernte vom zweiten bis fünften Monat andauert (3).

Mit der Teparybohne *(Phaseolus acutifolius)* aus Arizona wurden 1931 Anbauversuche auf Madagaskar und in Nyassaland gemacht. Da sie eine ausgesprochene Trockenpflanze ist, kommt sie an der feuchten Ostküste Madagaskars nicht fort. Ihr ist wie der Kaperbse der Südwesten der Insel vorbehalten, wo vor allem in Ambovombé die Anbauversuche sehr zufriedenstellend ausgefallen sind, desgleichen ebenso das Ergebnis der Aussaat durch Eingeborene im nächsten Jahre am Androy und Anosy, so daß man hofft, daß sich die Kultur in der Landschaft Mahafaly im Südwesten weiter ausdehnt (1).

Aus Nyassaland, wo von der Mission an den Ufern des Nyassasees mit Samen aus Ambovombé mehrmals Versuche gemacht sind, hat man nach einigen Rückschlägen ebenfalls befriedigende Ergebnisse erzielt, so daß die Teparybohne dort viel von Eingeborenen verlangt wird. Diese ersten Ergebnisse sind für weitere Anbauversuche ermutigend (1).

Die eisenhutblättrige Bohne *(Phaseolus aconitifolius)* ist wenig verbreitet, am meisten noch im östlichen Sudan (3). In unseren Kolonien ist sie kaum zu finden. Sie wird auch fingerblättrige Bohne genannt.

Von den afrikanischen Bohnenarten ist die Vignabohne *(Vigna sinensis)* überall zu finden. Als Vertreter der einheimischen Pflanzenwelt ist sie schon früh in Kultur genommen und als Kulturpflanze über den ganzen Kontinent verbreitet worden.

Die Vigna ist ein am Boden rankendes Kraut mit kriechenden Stengeln, die ebenso wie die Blätter unbehaart sind. Die großen Blüten sind weißlich, rosa oder violett. Die 8—20 cm langen, gebogenen Hülsen stehen an aufrechten Stengeln, die von den kriechenden Stengeln abweichen, die Samen, 6—25 in einer Hülse, kommen in allen Farben vor. Nach Größe (4—8 mm lang) und Farbe der Bohne sowie nach dem Ranktrieb werden mehrere Sorten unterschieden. In Westafrika, namentlich im Hinterland von Togo, kommt eine Varietät („tingete") mit nahezu 1 m langen Blütenstengeln vor, die Fasern zur Herstellung von Nähfäden, Stricken, Fischreusen, Wildfallen und Bogensehnen liefern. Die Vignabohnen finden bei den Negern eine vielseitige Verwendung. Die Blätter dienen als Spinat.

Vor dem Weltkrieg wurde Vigna schon in großen Mengen nach Frankreich ausgeführt (3).

Der Vigna nahe verwandt ist die Nilbohne *(V. nilotica [Del.] Hook. fil.)*, die, wie schon der Name andeutet, auf das obere Nilgebiet (und Abessinien) beschränkt ist.

Die Helmbohne *(Dolichos lablab L.)* ist schon vom alten Rom und von Griechenland her bekannt. Nach Ostafrika scheint sie durch die Perser gekommen zu sein, nach Westafrika über den Sudan durch den Islam.

Die Helmbohne ist eine rankende Pflanze mit langgestielten Blütentrauben und mit bläulich-weißen oder violett-blauen Blüten. Die Hülsen, die in einem umgebogenen Schnabel enden, tragen zwei bis sechs weiße, braune oder schwarze Samen mit stets weißem, großem, helmartigem Nabel (Helmbohne), der die Bohne zu einem Drittel umgibt.

Ein großer Vorzug der Helmbohne besteht darin, daß sie längere Trockenzeit gut übersteht. Daher ist sie vor allem in Ostafrika überall verbreitet, ohne jedoch irgendwo häufig zu sein. In Westafrika ist sie nur gelegentlich zu finden. In Deutsch-Südwestafrika gehört sie zu der „Veldkost" (*Dinter, K.*, Die vegetabilische Veldkost Deutsch-Südwest-Afrikas. Okahandja 1912.)

Zu derselben Gattung wie die Helmbohne gehört die Faselbohne *(Dolichos biflorus L.)* aus Indien, die immer, im Gegensatz zur Helmbohne, in feuchten Landstrichen, wo andere Hülsenfrüchte nicht gedeihen, zu finden ist. Ihr Verbreitungsgebiet deckt sich mit dem des Reises (3). Als Nahrungsmittel kommt die Faselbohne weniger in Frage, stellt vielmehr ein gutes Viehfutter dar und dient zur Gründüngung.

Die größte angebaute Bohnenart ist die Schwert- oder Fetischbohne *(Canavalia ensiformis DC.)*. Es werden zwei Sorten unterschieden. Die eine ist ein niedriger, nicht rankender Busch mit weißen Samen, die andere aber rankt zu einer Höhe von 12 m empor und trägt rote Bohnen. Beide Sorten haben auffallende, große, wohlriechende, rosa Blüten. Die schwertförmigen Hülsen (Schwertbohne) sind unbehaart und erreichen bei der weißen Art eine Länge von 30 cm, bei der roten die beachtliche Länge von 75 cm bei einer Breite bis zu 10 cm und einer Dicke bis zu 4 cm. Nach 4 Monaten beginnen die Erträge, die dann 2 oder mehr Jahre mit Unterbrechungen andauern. Beide enthalten Giftstoffe, die durch Kochen zu entfernen sind. Als Nahrung ist die weiße Sorte wertvoller, weil sie weniger Giftstoffe aufweist. Die roten Bohnen werden nur in Hungersnöten gegessen. Da die *Canavalia* viel Grünmasse gibt, ist sie ein ausgezeichneter Bodenbedecker und eine gute Gründüngungspflanze.

Der Wert der Sojabohne *(Glycine hispida Moench)* liegt in ihrem reichen Öl- (bis 16 v. H.) und Eiweißgehalt. Außer zu direkter Nahrung dient sie vor allem zur Gewinnung des Öles. (Näheres s. daher u. Öl und Fett liefernde Pflanzen). In Afrika hat die Sojabohne bisher keine große Verbreitung gefunden.

Die Samt- oder Juckbohne *(Mucuna spec.)* kommt in mehreren Arten vor *(M. utilis Wall. M. pruriens DC.* u. a.), von denen einige durch ihre Brennhaare berüchtigt sind *(M. pruriens)*. Sie wird mehrere Meter hoch und trägt rosa bis schwarz-violette, wohlriechende Blüten in Trauben, aus denen samtartig behaarte, kurze, zugespitzte, etwas kantige Hülsen hervorgehen, die vier bis sechs 1,5 bis 1,8 cm lange Bohnen enthalten. In der einen oder anderen Art kommt sie an feuchten Stellen in ganz Afrika vor, zuweilen in Halbkultur. Sie trägt reich, käme daher gegebenenfalls als Futtermittel in Betracht und kann außerdem ein Gift (Insektizid), Heilmittel und Farbstoffe liefern (3).

Seit altersher wird in Ägypten die aus Südwestasien stammende Puffbohne, Pferde- oder Saubohne *(Vicia faba L.)* angebaut. Sie wird 75 cm hoch und fällt durch ihre weißen, schwarzgefleckten Blüten auf. Die Bohnen, zu 3 bis 7 in einer Hülse, werden 1—2 cm lang. 4—5 Monate nach der Aussaat kann geerntet werden. Vornehmlich in den trockenen Gebieten Nordafrikas, Nubiens, des östlichen Sudan und in Abessinien findet man sie häufig angebaut. Ebenso soll sie sich im Hinterland von Kamerun, in der Umgegend von Adamaua, finden. Verwendet wird sie sowohl als Nahrungsmittel wie als Viehfutter.

Afrikanischen Ursprungs ist noch die Flügelbohne *(Psophocarpus tetragonolobus DC., P. longepedunculatus Hask.)*, die noch heute wild in Ostafrika (Usambara), im Kongobecken, am Senegal und anderswo vorkommt. Die Hülsen fallen durch ihre Vierkantigkeit und durch die flügelartigen Verlängerungen an den Kanten auf. Die kleinen, runden, braunen Samen werden gegessen, ebenso die wohlschmeckenden, jungen Hülsen, die als Gemüse bei den Europäern in den Tropen sehr beliebt sind. Sie kann kultiviert werden; in bezug auf Boden und Niederschlag ist sie genügsam und liefert vom 2.—6. Monat reiche Erträge.

Die Straucherbse *(Cajanus indicus Spreng.)* ist in Afrika heimisch und schon in der Vorzeit, höchst wahrscheinlich im östlichen Sudan in Kultur genommen, von wo aus sie sich über das ganze tropische Afrika verbreitet hat, von Nubien über das Land der Mangbattu bis zum Sambesi. In Dahome und Togo findet sie sich im Hinterland, ebenso wie in Ober- und Niedergambia (9). In Kamerun soll sie erst kurz vor dem Weltkriege eingeführt worden sein (3). In Ostafrika wird sie überall kultiviert. In Niederkongo und Angola wird sie von den Eingeborenen sogar in großem Maße gezogen.

Zwei voneinander stark abweichende Varietäten der Straucherbse werden unterschieden: *Cajanus indicus flavus* von zwergigem Wuchs mit gelben Blüten, grünen Hülsen und hellgrauen Samen und *Cajanus indicus bicolor* von baumförmigem Wuchs, die gelbe Blüten mit dunkelrotem Rücken hat und grüne Hülsen mit tiefroten oder kastanienbraunen Sprenkeln (6). Die behaarten Hülsen der Straucherbse sind bei jedem Samen eingekerbt. Die Samen — 4 bis 8 in einer Hülse — sind seitlich zusammengedrückt, weiß, gelb, braun, violett, schwarz, gesprenkelt oder gefleckt.

Die Straucherbse wächst auf den verschiedensten Böden, auf Sand sowohl wie auf schwerem Ton; auch steinige Böden sind nicht ausgeschlossen, in die die lange Pfahlwurzel tief eindringt (6). Klimatisch sagen ihr am meisten die Tropen und warmen Subtropen zu, wo sie auf tiefgründigen Böden bereits bei 300 mm Niederschlägen gut fortkommt (6). Wenn sie in geschlossenen Beständen gebaut wird, muß sie in Abständen von 2 × 2 m gepflanzt werden (3). Im 5. Monat beginnt sie zu tragen und liefert mehrere Jahre lang laufend reife Samen. Die Bohnen werden von Negern gekocht gegessen, Abkochungen aus den Wurzeln und Blättern dienen als Heilmittel. Außerdem sind die Blätter ein vorzügliches Vieh- und Seidenraupenfutter. Die Straucherbse dient auch als Windschutz für niedrige Kulturpflanzen und als Bodenbedecker und Gründüngungspflanze.

Die Gartenerbse *(Pisum sativum L.)* wird in Deutsch-Ostafrika nur in einem beschränkten Gebiet angebaut, und zwar in Karagwe, Ussuwi, Uha, Usumbwa und auch in Ruanda-Urundi. Vereinzelt kommt sie vor in den Bezirken Songea und Neu-Langenburg (3). Außer in Deutsch-Ostafrika findet sie sich in Afrika vor allem im Norden, ferner in Abessinien und in Angola.

Die Kichererbse *(Cicer arietinum L.)* wird in Deutsch-Ostafrika in den Gebieten von Kondoa-Irangi und Usumbwa von den Negern kultiviert; außerdem ist sie in ganz Nordafrika verbreitet. Im östlichen Sudan, in Abessinien, namentlich im Überschwemmungsgebiet des Hawasch, und ebenso in Angola dient sie den Eingeborenen zur Ernährung.

Die Kichererbse ist eine niedrige, bis 30 cm Höhe erreichende Hülsenfrucht mit gezahnten, unpaarigen Fiederblättchen und kleinen, unscheinbaren, blauen Blüten. Die Hülsen enthalten nur 1—2 rundliche Samen von 6 mm Durchmesser.

Sie ist sehr anspruchslos und gedeiht bei wenig Niederschlag auf leichten Böden.

Ein gutes Viehfutter liefert die Platterbse *(Lathyrus sativus L.)* mit einpaarigen, lanzettförmigen Blättern und weißlichen oder hell-lila Blüten und Hülsen. Die Samen sind etwas keilförmig zusammengedrückt, rötlich marmoriert und werden 7—15 mm lang. Sie gedeiht vor allem in Nordafrika, Abessinien und Angola.

Auch die Linse *(Lens esculenta Moench)*, die mit leichten Sandböden vorliebnimmt, gedeiht in Nordafrika, Ägypten, Abessinien und wurde kurz vor dem Weltkriege auch nach Usumbwa gebracht (3), wo sie die Neger weiter verbreitet haben. Sie wird nur 25 cm hoch, hat paarig gefiederte Blätter und weiße oder bläuliche Blüten, aus denen die Hülsen mit meist zwei grauen, roten, schwarzen oder dunkel-gesprenkelten Samen hervorgehen.

Zu erwähnen ist noch eine Hülsenfrucht: *Cyamopsis psoraloides DC.*, eine 60 cm hohe Leguminose, die kurz vor dem Weltkriege durch Inder nach Sansibar und Ostafrika gelangte, wo sie bei Tabora und in Usumbwa von Negern angebaut wurde.

Zu den Hülsenfrüchten gehört auch die bekannte Erdnuß *(Arachis hypogaea L.)*, die daher ihren Namen hat, daß sich nach der Befruchtung der Fruchtstiel verlängert und sich die Frucht in die Erde bohrt (Näheres s. u. Öl und Fett liefernde Pflanzen).

Zwei weitere auf ähnliche Art unterirdisch sich entwickelnde und reifende Hülsenfrüchte sind die Erderbse *(Voandzeia subterranea Thou.)* und die Erdbohne *(Kerstingiella geocarpa Harms)*. Beide sind im Gegensatz zur Erdnuß, die aus Südamerika stammt, in Afrika heimisch und gehören zu den älteren Kulturpflanzen der Neger. Die Erderbse ist in ganz Afrika anzutreffen, so auch in unseren Kolonien; die Erdbohne ist in Ostafrika unbekannt. Beide meiden feuchte Gebiete.

Die Erderbse wird 25 cm hoch, hat dreiteilige Blätter und unscheinbare, hellgelbe Blüten. Die fast kugelrunden Samen sitzen zu ein oder zweien in der pergamentartigen Hülse und können gelb, rot, braun oder schwarz gesprenkelt sein mit einem weißen Nabel. Im Geschmack gleicht sie den Erbsen; ihr Ölgehalt ist beträchtlich (5—8 v. H.). Von den Negern wird sie gemahlen als Brei gegessen, gekocht oder geröstet und als Aphrodisiacum geschätzt.

Die Erdbohne gilt als die wohlschmeckendste Bohnenart und könnte auch für Europäer ein brauchbares Nahrungsmittel abgeben (3); sie fällt auf durch ihre gelblichen Blüten, die zu zweien oder dreien in den Blattachseln sitzen.

Schrifttum

Hülsenfrüchte

1. Decary, R., Le Haricot Tepary à Madagascar. Rev. de Bot. Appl. et d'Agric. Trop. Jhg. 14 (1934), S. 504—06. Ref.: Tropenpflanzer Jhg. 37 (1934), S. 489.
2. Gage, P., Essais de sélection massale des semences de pois du Cap dans la région de Tuléar. Bull. Econom. de Madagascar Jhg. 8 (1933), S. 52—55.

3. Hammerstein, H. L., Die Landwirtschaft der Eingeborenen Afrikas. Tropenpflanzer Jhg. 22 (1919), Beiheft Nr. 2/3.
4. Kostlan, A., Die Landwirtschaft in Abessinien. Tropenpflanzer Jhg. 16 (1913), Beiheft Nr. 3.
5. Lomberg, C., Südafrika und seine Landwirtschaft. Berlin 1932.
6. Marcus, A., Die Straucherbse, Cajanus indicus. Tropenpflanzer Jhg. 36 (1933), S. 245—50.
7. Perrier de la Bathe und Reynier, Les pois du Cap. Rev. Intern. des Prod. Colon. Jhg. 4 (1929), S. 93—94.
8. Piette, L., Speise und Trank der Eingeborenen im tropischen Afrika. Diss. Köln 1927.
9. Pynaert, L., L'Ambrevade. Bull. Agric. du Congo Belge 1933, S. 459—74.
10. Rimbaud, R., Le pois du Cap dans le Sud-Ouest de Madagascar. L'Agron. Colon. Jhg. 20 (1931), S. 80—83, S. 99—111.
11. Schoen, L., Rohstoffkammern der Weltwirtschaft. Berlin 1937. 2. erg. Aufl. Berlin 1939.
12. Troll und Lange., Afrika als Rohstofflieferant der Weltwirtschaft. Kolon. Rundschau Jhg. 23 (1932), 9/12. Sonderheft, S. 448—89.
13. Watt, W., Notes on trials of leguminous plants at the scott Agricultural laboratories. Colony and Protectorate of Kenya, Dep. of Agriculture, Bull. Nr. 1, 1929, S. 9.
14. ..., Légumineuses. In: Annual Report, Dep. of Agriculture, 1934. Nairobi 1936.
15. ..., Au sujet du Pois du Cap (Phaseolus lunatus) provenant de Madagascar. L'Agron. Colon. Jhg. 23 (1934), S. 120—21.
16. ..., L'Ambrevade (Cajanus indicus). Le Trait d'Union. Tananarive Nr. 5 u. 6, Febr./März 1933, S. 88—90.
17. ..., La Production Agricole. Rev. Intern. des Prod. Colon. Pois du Cap (Phaseolus lunatus) Jhg. 6 (1931), S. 338—52.
18. ..., World dry bean situation. Washington 1931, S. 483—89.
19 ..., La Vigna oligosperma. Notes sur la germination des graines. Agriculture et Elevage au Congo-Belge Jhg. 1 (1927), S. 93—94.

3. Knollenfrüchte

a) Maniok, Manihot utilissima Pohl

Botanik. Maniok, *Manihot utilissima Pohl*, auch Kassava genannt, gehört zu den *Euphorbiaceen*. Er ist ein mehrjähriger bis 3 m hoher Strauch mit dicken, lang gestreckten Wurzelknollen (Abb. 26). Diese stärkereichen Knollen erreichen ein Gewicht bis zu 5 kg und mehr, sie sind meist etwa 30 bis 50 cm lang, können aber wesentlich länger werden.

Der halbholzige, zickzackartig gebogene Stengel ist grün oder rot gefärbt und mit einem weichen Mark gefüllt, trägt langgestielte, wechselständige, handförmige Blätter, die zwei- bis siebenfingerig sein können (16). Der Blütenstand ist eine endständige Rispe mit männlichen und weiblichen Blüten, die männlichen an der Spitze, die weiblichen darunter. Da die weiblichen Blüten etwa eine Woche vor den männlichen erblühen, kommt es kaum zur Selbstbestäubung innerhalb eines Blütenstandes. Die Samen spielen nur bei der Züchtung neuer Sorten eine Rolle, im gewöhnlichen Anbau wird der Maniok vegetativ vermehrt.

Wie viele Euphorbien hat auch *Manihot utilissima* Milchgefäße (siehe Kautschuk: *Manihot Glaziovii)*. Je nach der Giftigkeit des Latex wird der Kulturmaniok in zwei Gruppen eingeteilt, in bitteren (giftigen) und süßen (weniger giftigen). Diese Einteilung ist jedoch botanisch systematisch ohne Bedeutung, da durch Umweltfaktoren aus dem süßen ein bitterer Maniok werden kann und umgekehrt (vgl. Der Pflanzer Jhg. 2 [1906], S. 258). Die Systematik bedarf noch einer endgültigen Klärung. Teils werden die Varietäten nach der Farbe des Stengels (13), teils nach dem Grad der Behaarung unterschieden. *Zehntner* hat wieder ein anderes Einteilungssystem (1), so daß eine Einigung auf Grund kritischer Studien am Platze ist. In Deutsch-Ostafrika werden nach der Farbe der Knollen roter und weißer Maniok unterschieden.

Standortsbedingungen. *Manihot utilissima* ist eine ausgesprochene Tropenpflanze und gedeiht in den Subtropen nur dort, wo mindestens neun

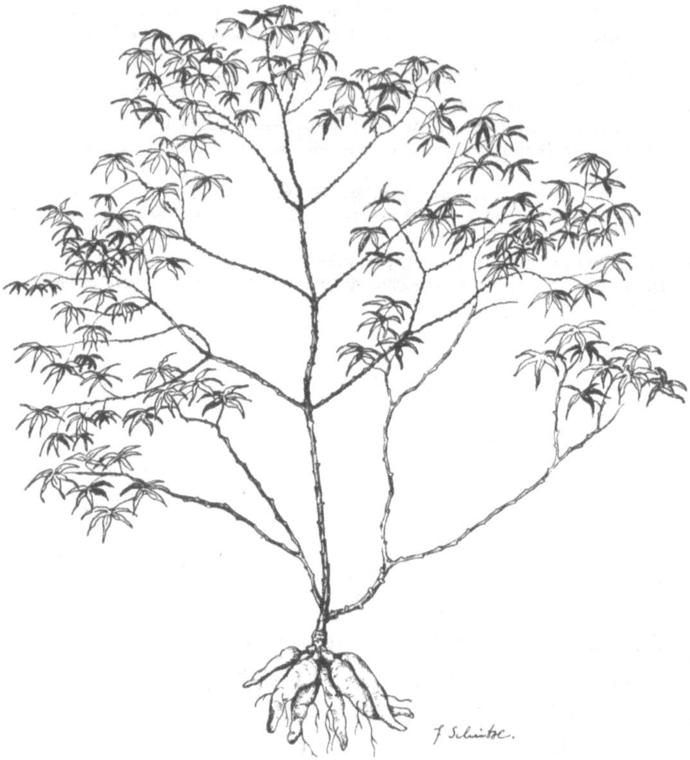

Abb. 26. Maniok *(Manihot utilissima)*, hohe, verzweigte Form

Monate frostfrei sind. Die Temperaturen während der Wachstumszeit dürfen nicht unter 10° C sinken. Eine mittlere Jahrestemperatur von 20° C gilt als günstigst für das Gedeihen des Manioks. Reiche, gut verteilte Niederschläge wie hohe Luftfeuchtigkeit fördern ein gutes Fortkommen; sehr geeignet sind daher Gebiete in der Nähe der Küste und an großen Flüssen.

Sandige, lockere, tiefgründige Lehme sind für Maniok am geeignetsten. In stagnierender Nässe faulen die Knollen. Günstige Bodenverhältnisse bieten ihm Neurodungen im Urwald (16).

Kultur. Auf solchen Neurodungen bedarf der Boden keiner Bearbeitung, sonst muß mindestens 20—30 cm tief gehackt oder gepflügt werden. Als Pflanzmaterial wird im allgemeinen der mittlere Teil des Stengels verwendet, von dem 10—15 cm lange Stücke mit möglichst 4—6 Augen, am besten zu

Beginn der Regenzeit (3), schräg in den Boden gesteckt werden, so daß nur die Spitze herausragt. Auch ganze Stengel werden als Stecklinge verwandt; sie werden in einem Winkel von 60° 5—8 cm tief in den Boden gesetzt (12; 16). Die Vegetationszeit dieser langen Stecklinge ist wesentlich kürzer, es werden aber trotzdem etwa die gleichen Erträge wie bei kurzen Stecklingen mit langer Wachstumszeit erzielt.

Der Maniok wird als Reinkultur oder als Mischkultur mit Hülsenfrüchten, Mais oder Tabak oder selbst als Zwischenfrucht kultiviert. Wie die meisten Knollen- und Wurzelfrüchte stellt auch der Maniok hohe Ansprüche an den Nährstoffvorrat des Bodens. Der Nährstoffentzug kommt nahezu an den einer guten Maisernte heran (17); eine entsprechende Düngung ist daher oft angebracht. Durch Wiederzuführung der Rückstände der Stärkeherstellung läßt sich ein großer Teil der dem Boden entzogenen Nährstoffe diesem wieder einverleiben.

Sobald die Blätter gelb werden, abfallen und die Zweigenden vertrocknen, sind die Knollen reif zur Ernte. Je nach den Sorten ist die Vegetationszeit verschieden lang. Auf Madagaskar rechnet man mit 15—24 Monaten, doch gibt es auch Sorten, die nach 10 Monaten geerntet werden können. Die Knollen werden auf leichtem Boden nach Abschlagen der Stengel herausgezogen, auf schwerem Boden herausgegraben, zuweilen auch, wo die Bodenverhältnisse es gestatten, ausgepflügt.

Ebenso wie die Wachstumsdauer schwanken die Hektarerträge je nach der Sorte sehr erheblich. Für Madagaskar sind etwa 20—30 t Durchschnitt, für die Goldküste rund 22—42 t (13).

Verwendung. Neben Mais und Hirse ist Maniok ein wichtiges Nahrungsmittel der Eingeborenen. Bei den Abangba und Mangbattu ist Maniok das Hauptkulturgewächs, ebenso hat er bei den Nyam-Nyam eine große Bedeutung.

Zum Genuß werden die Knollen geschält und gekocht oder getrocknet und zu Mehl zerstampft, das, in Breiform zubereitet, gegessen wird. Bei den Weißen in Afrika dienen sie als Kartoffelersatz. Die aus den Knollen gewonnene Maniokstärke kommt als Tapioka in den Handel.

Die Ursache der Giftigkeit des Manioks ist ein Glukosid des Milchsaftes, das Blausäure abspaltet. Der Blausäuregehalt verteilt sich bei süßem und bitterem Maniok auf Fleisch und Schale wie folgt (13):

Blausäuregehalt	Fleisch	Schale
süßer Maniok	0,08 v. H.	0,26
bitterer Maniok	0,26 v. H.	0,22

Der süße Maniok kann nach dem Schälen bei geringem Blausäuregehalt ohne weiteres gegessen werden, beim bitteren ist ein Kochen unbedingt notwendig, um das Glukosid spaltende Enzym zu zerstören (3). Im übrigen sind die

Knollen sehr nahrhaft und enthalten viel Stärke (20—40 v. H.), Eiweiß (0,9 bis 2,3 v. H.) und Fett (0,1—0,7 v. H.) (4).

Für die Ausfuhr wird in Stärkefabriken die Rohstärke zur Herstellung der verschiedenen Tapiokaerzeugnisse gewonnen. Die Gewinnung geschieht auf ähnliche Weise wie die der Kartoffelstärke. Im wesentlichen handelt es sich um ein Zerkleinern und Waschen der Knollen und Auswaschen der Stärke in fließendem Wasser. Zur Erzielung hochwertiger Erzeugnisse ist erforderlich, daß die Knollen möglichst am Erntetag noch verarbeitet werden. Nach dem Auswaschen und Reinigen bildet die Stärke eine feste Masse, die nach Trocknung gebrochen wird. Je nach der Weiterverarbeitung unterscheiden wir Tapiokaflocken, Perltapioka und Tapiokamehl. In der Einfuhr Deutschlands haben diese Tapiokaprodukte keine Bedeutung. Frankreich hat einen großen Verbrauch und führt vor allem aus Madagaskar und auch aus Indochina ein. Auch Belgien, Holland, Dänemark, England und Schweden haben alle je ein Vielfaches an Verbrauch von Tapiokaerzeugnissen wie Deutschland (vgl. 15, Karte 8). Von den Eingeborenen werden die Knollen oft geschält und sodann getrocknet aufbewahrt. Die Zubereitung geschieht nach Zerstampfen zu Mehl.

Verbreitung. Die Kultur des Manioks, der aus Südamerika stammt, ist namentlich in Brasilien, Java und Madagaskar verbreitet, er wird aber in allen tropischen und subtropischen Ländern je nach Eignung des Klimas in mehr oder weniger großem Umfang angebaut.

EINZELNE ANBAUGEBIETE

Der Anbau auf dem afrikanischen Festland, der in allererster Linie der Ernährung der Eingeborenen dient, findet sich vor allem in Französisch-Westafrika am unteren Niger und längs des ganzen Benuë, ferner an der ganzen Westküste vom Sanaga in Kamerun bis Mossamedes im Süden Angolas, im Kongobecken vom Uëlle bis zum Kassai, längs des Lualaba bis zur Quelle und weiter südlich am Oberlauf des Sambesi. In Ostafrika ist Maniok in Abessinien überall zu finden. An der trockenen Somaliküste kommt er nur im Süden, in Benadir, in der Umgebung der Flüsse Juba und Webi vor (15), ferner in Kenya, nördlich des Viktoriasees. In Deutsch-Ostafrika ist er vor allem auf den Hochländern vom Viktoriasee bis zum Rufidji und ferner an der ganzen Küste verbreitet. Auch südlich davon in Nordrhodesien zwischen dem Tanganyika-, Nyassa- und Bangweolosee und rings um den Nyassasee findet sich Kassava (3). Außerdem wird auf den Kapverdischen Inseln Maniok neben anderen Knollenfrüchten und Mais gebaut. Auf den ostafrikanischen Inseln, auf Sansibar, Pemba, den Komoren und den Maskarenen, spielt Maniok eine große Rolle. Auf Madagaskar hat die Kultur von Maniok eine derartige Bedeutung erlangt, daß diese Insel zu den Hauptexportländern der Welt gehört (vgl. Karte 13). Außerdem haben eine geringe Überschußerzeugung Togo, Senegambien, Französisch-Sudan, Französisch-Guinea, die Elfenbeinküste, Dahome, Kamerun, Französisch-Kongo, Ubangi-Schari, Angola und die Insel Réunion.

Auf Madagaskar wurde im 18. Jahrhundert *Manihot utilissima* von Réunion aus eingeführt, aber erst durch die Franzosen wurde der Anbau über die ganze Insel verbreitet mit Ausnahme des trockenen Südwestens. Heute kommt er bis 1800 m Höhe vor.

Anbaufläche und Ertrag entwickelten sich in den letzten Jahren folgendermaßen:

Jahr	Anbaufläche ha	Ertrag t	Jahr	Anbaufläche ha	Ertrag t
1933:	281000	1686000	1936:	250000	1500000
1934:	263000	1600000	1937:	260000	1560000
1935:	274000	1918000			

(6 und *Schoen*, *L.*, Rohstoffkammern der Weltwirtschaft. 1. Bd. Afrika. Berlin 1937, 2. erg. Aufl., Berlin 1939.)

Die Ausfuhr geht fast ausschließlich nach Frankreich, wo Maniok in jeder Form heute guten Absatz findet. Während der Nordwesten und das Innere Madagaskars hauptsächlich getrocknete Wurzeln ausführen, ist die feuchte Ostküste auf eine Weiterverarbeitung angewiesen. Da dort der Trocknung der Wurzeln Schwierigkeiten entgegenstehen, hat sich eine Industrie zur Gewinnung von Stärke und Tapioka entwickelt (18). In der Gesamtausfuhr stehen die getrockneten Wurzeln noch weitaus an erster Stelle.

Jahr	Ausfuhr (Wurzeln, Mehl, Stärke, Tapioka)	
1914	17204 t	(15)
1919	15751 t	
1926	45746 t	
1933	34376 t	(*Schoen*, *L.*, vgl. o., S. 68 f.)
1934	29824 t	
1935	15101 t	
1936	24700 t	
1937	22650 t	

Auf Réunion wurde der Maniok schon 1736 eingeführt und diente dort lange Zeit nur der Ernährung der Plantagenarbeiter und als Futtermittel für das Vieh, doch seit 1885 entwickelte sich auch hier eine lebhafte Stärkeindustrie (10). Oft wird Maniok in Fruchtwechsel mit Zuckerrohr angebaut. Er gedeiht hier im Gegensatz zu Madagaskar am besten in den feuchtheißen Niederungen an der Küste; schon in 250 m Höhe sollen die Erträge stark nachlassen. Bebaut waren in den letzten Jahren etwa 5000 ha. Die Ausfuhr erstreckt sich hauptsächlich auf Tapioka und erreichte 1920 mit 5679 t ein Maximum, das in den folgenden Jahren bei weitem nicht erreicht wurde (15).

In Westafrika führt vor allem das Mandatsgebiet Togo Maniok aus, und zwar hauptsächlich Mehl, daneben ein wenig getrocknete Wurzeln (15). Die Ausfuhr schwankt zwischen etwa 300 t und 1200 t. Maniok ist hier eine der Hauptnahrungspflanzen; die Vegetationszeit beträgt etwa 8—10 Monate. Die frischen Knollen werden gekocht oder geröstet genossen.

Über 100 t Ausfuhr jährlich haben in Französisch-Westafrika noch Senegambien, das 1925 445 t Wurzeln ausführte, Französisch-Guinea, das zuweilen nahezu 200 t ausführte und Französisch-Sudan.

Außerdem hat Maniok eine größere Bedeutung im Haushalt der Eingeborenen an der Elfenbeinküste, der Goldküste — wo er gewöhnlich mit Mais und Yams in gemischter Kultur gepflanzt wird — und in Dahome, wo Kassava vor allem im Hinterland der Küste anzutreffen ist. Auch in Nigeria ist Maniok verbreitet und wird geröstet und gestampft als „Gari" genossen. Kamerun hat Maniokkulturen sowohl in der südlichen Waldregion wie in der nördlichen Savanne aufzuweisen. Wie überall werden besonders hier nicht nur die Knollen, sondern auch die Blätter als Gemüse genossen (15).

In Französisch-Äquatorialafrika sind Erträge von 30 t je Hektar keine Seltenheit. Die kleine Ausfuhr geht größtenteils nach Belgisch-Kongo, das seinerseits jedoch auch zuweilen geringe Mengen ausführt (15). Vor allem im Westen von Belgisch-Kongo wird Maniok angebaut, während im Osten Mais vorherrscht (vgl. Karte 13).

In Angola nimmt Maniok neben Mais die erste Stelle in der Ernährung der Eingeborenen ein, und das Mehl, „fuba" genannt, wird auch ausgeführt.

In Nordrhodesien ist Maniok besonders bei den Barotse am oberen Sambesi stark verbreitet (vgl. Karte 13). In Moçambique wird Kassava vornehmlich in den Distrikten Inhambane und Moçambique gepflanzt.

In Deutsch-Ostafrika ist der Maniok vor allem in der Küstengegend und auch im Innern weitverbreitet; im allgemeinen aber wird der Genuß der Batate von den Eingeborenen vorgezogen (1) (Tanganyika Blue Book for the year 1937).

Kassava findet sich außerdem im Süden Kenyas, überall in Abessinien und an der südlichen Somaliküste, wo der Anbau auf künstliche Bewässerung angewiesen ist (15).

b) Yams, Dioscorea spec.

Botanik. Yams *(Dioscorea spec.)* (Abb. 27) gehört zu den *Dioscoreaceen.* Etwa 20 Arten werden kultiviert, für Afrika kommen aber hauptsächlich nur die folgenden 6 von diesen in Frage (4, S. 2; 23):

Dioscorea alata L., Usambara *(Stuhlmann*, Deutsch-Ostafrika 10. Bd.),
Dioscorea bulbifera L.,

Dioscorea dumetorum Pax., Abessinien, Seengebiet, Nyassaland, Kongo, Kamerun, Niger-Benuë-Gebiet,

Dioscorea abyssinica Hochst., Ostafrika,

Dioscorea sativa L. (2),

Dioscorea esculenta Lour. Burkill, *Zwergyams*, Belgisch-Kongo (23).

Alle Arten sind Kletter- oder Schlingpflanzen mit krautigem Stengel. Wie der Maniok tragen sie an den unterirdischen Teilen Knollen. *D. bulbifera* bildet auch in den Blattachseln Luftknollen und wird daher Luftyams genannt, die aber nur ausnahmsweise gegessen werden (26).

Die Knollen sind außen dunkel, innen können sie weiß, gelb, rötlich oder violett sein und erreichen bei einer einjährigen Pflanze bis über 5 kg Gewicht, mehrjährige Pflanzen sollen bis 50 kg schwere Knollen liefern (4). Die Pflanze ist ein- oder zweihäusig mit kleinen Blüten, wovon die männlichen in gebüschelten, rispigen, die weiblichen in einfachen Ähren stehen; die Frucht stellt eine dreikantige, dreifächerige Kapsel dar.

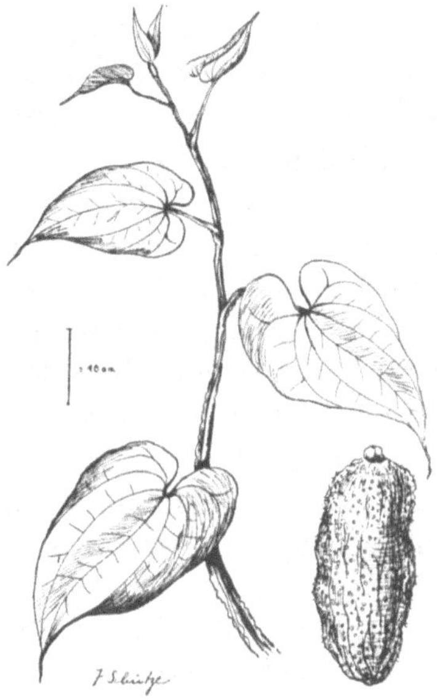

Abb. 27. Yams *(Dioscorea alata)*

Klima. Mit Ausnahme einer Art *(D. batatas)* gedeihen alle Yamsarten ausschließlich in den Tropen. Obwohl sie widerstandsfähig gegen Dürre sind, benötigen sie doch zu guter Knollenbildung reichliche Niederschläge. In Nigeria und Kamerun werden Yams bei 1150—10300 mm Jahresniederschlägen, in Togo bei 500 mm und in Deutsch-Ostafrika bei 600 mm gebaut (24).

Die Beschaffenheit des Bodens soll von Einfluß auf die Knollengestalt sein. In tiefgründigem Boden werden sie lang und dünn, auf Böden mit festem Untergrund dagegen kurz und dick (4). Wenngleich Yams noch auf leichten Böden gedeiht, so liefern doch Lehmböden, auch schwachsandige Lehme ohne stauende Nässe, die höchsten Erträge.

Kultur. Die Vermehrung kann durch Samen, Luftknollen, kleine Knollen und durch Köpfe geernteter Knollen geschehen. Die aus Samen und Luftknollen gezogenen Pflanzen liefern jedoch erst im zweiten Jahr Knollen.

In Ussagara (Deutsch-Ostafrika) verwenden die Eingeborenen fast ausschließlich die Köpfe größerer Knollen, die in mehrere Stücke geteilt werden. Gut geeignet sind als Pflanzgut auch kleine Knollen, von denen zwei je Pflanzstelle die besten Erträge bringen (24).

Yams wird häufig mit Mais in Mischkultur gebaut. Am besten bewährt hat sich die Kultur auf Dämmen, die in Abständen von 1,80 m gezogen werden, auf denen in 50 cm Abständen gepflanzt wird. In Westafrika pflegen die Neger den Yams auf Hügeln, die mit Stützen versehen sind, anzupflanzen. In Ussagara wird Yams meist in der Nähe der Hütten gebaut und die Stützen gegen die Dächer gelehnt. Der Natur des Yams als Schlingpflanze entspricht eine Stützung durch einzelne Pfähle, durch ein horizontales Gitterwerk oder durch die starken Maispflanzen. Die Pflege des Yams beschränkt sich auf Hacken, Jäten und Anhäufeln der Dämme, wenn diese nach starkem Regen zu flach geworden sind (24).

Nach 9—11 Monaten beginnen die Pflanzen zu reifen, was an dem Welken der Ranken und Blätter zu erkennen ist. Da sich die Knollen während der Trockenzeit im Boden gut halten, können sie je nach Bedarf früher oder später geerntet werden. Um sie vor Verletzungen zu schützen, die die Haltbarkeit beeinträchtigen, müssen sie vorsichtig ausgegraben werden. Die Hektarerträge schwanken sehr stark je nach der Art und den Umweltverhältnissen. Gute Mittelerträge dürften um etwa 20000 kg liegen.

Verwendung. Als Stärkepflanze, deren Stärkegehalt bei einigen Varietäten fast an den Maniok heranreicht, ist Yams ähnlich wie dieser eine wichtige Nahrungspflanze der Eingeborenen. Sie dient oft als Kartoffelersatz und wird wie Maniok gekocht, in der Asche geröstet und in verschiedenster Form gegessen, auch getrocknet in Scheiben aufbewahrt und zu Mehl vermahlen (2). Als Ausfuhrprodukt kommt Yams allerdings kaum irgendwo in Frage.

Verbreitung. In Kamerun und Togo wie überhaupt im ganzen Niger-Benuë-Gebiet ist Yams die Hauptknollenfrucht, ebenso wie im Gebiet der Dinka zwischen Bahr el Arab und Bahr el Djebel. Im Gebiet des Ogowe, der Kongomündung und des Kassai kommt er neben Maniok und Batate vor. Am oberen Sambesi im Wohngebiet der Barotse deckt sich sein Verbreitungsgebiet mit dem des Manioks (s. o.), und am Uëlle spielt er eine große Rolle im Haushalt der Nyam-Nyam. Ein kleines Verbreitungsgebiet findet sich noch im Süden des Tschadsees. In Ostafrika ist Yams durch Batate und Maniok vielfach verdrängt (2), kommt aber noch in Abessinien vor und ist verhältnismäßig häufig in Usambara, im Seengebiet (2) und im Süden des Nyassasees (3). Auf Madagaskar hat Yams seit jeher eine große Bedeutung in der Ernährung der Eingeborenen, wo er in einer großen Zahl von Formen vorkommt. Für jeden Landschaftstyp sind gewisse *Dioscorea*-Arten bezeichnend (22). Von hier ist auch eine Art nach Réunion gelangt (vgl. Karte 13).

c) Taro, Colocasia antiquorum (L.) Schott. u. Xanthosoma spec.

Botanik. Der Taro *(Colocasia antiquorum [L.] Schott.)*, auch Makabo genannt (Westafrika und Kanarische Inseln), ist eine *Araceae* mit einem knollenförmigen Rhizom. Sie ähnelt im Habitus der bei uns als Topfpflanze kultivierten Kalla, hat aber schildförmige Blätter. Aus einer starken, unterirdischen Knolle kommen unmittelbar fleischige, lange Blattstiele hervor, die große pfeilförmige Blätter tragen. Die Knollen sollen bis 4 kg schwer werden (4). Die Pflanze ist einhäusig und trägt an einer Blütenstandachse unten die weiblichen Blüten, oben die männlichen. Die Frucht ist eine rote Beere mit zahlreichen wandständigen Samen.

Wo genügend Feuchtigkeit vorhanden ist, gestattet das Klima in den Tropen überall den Anbau von Taro, in den Subtropen nur dort, wo ihm mindestens 5 frostfreie Monate mit mindestens 2 Monaten über 20°C Durchschnittstemperatur zur Verfügung stehen. Der Boden muß bei lockerer, durchlässiger Beschaffenheit genügend Nährstoffe enthalten.

Abb. 28. Taro *(Colocasia antiquorum)*

Man unterscheidet Sumpf- und Bergtaro, je nach nasser oder trockener Kultur. In Afrika ist wohl die Trockenkultur am verbreitetsten. Zur Vermehrung können die Tochterknollen, die sich am Wurzelhalse bilden, verwendet werden oder die Spitzen von Ausläufern, die in Entfernungen von 1 × 1 m bis 1,20 × 1,20 m gepflanzt werden (4). An trockenen Standorten ist Bewässerung angebracht.

Je nach der Sorte können die Knollen vom 4.—14. Monat geerntet werden. Wird das Reifestadium verpaßt, so beginnen die Knollen auszukeimen, was ihren Nährwert mindert. Die Hektarerträge liegen meist unter denen von Yams und Maniok und werden mit 10000 kg als Mittel angegeben, bei Höchsterträgen von 44400 kg (4).

Verwendung. Der Stärkegehalt entspricht etwa dem der anderen Knollenfrüchte. Die Blätter und Blattstiele liefern einen ausgezeichneten Spinat, in Usambara „maite" genannt (5, S. 2). Die frischen Knollen enthalten einen ätzenden scharfen Stoff, der aber durch Rösten oder durch mehrmaliges Ersetzen des Kochwassers entfernt wird (2).

Der Taro stammt aus Südostasien, von wo er sich über die Tropen der ganzen Welt verbreitete. Sein Vorkommen in Afrika veranschaulicht Karte 13. An der Guineaküste von Gambia bis zum Sanaga, mit Ausnahme des Nigerdeltas, ist *Colocasia* ziemlich häufig, ebenso am oberen Benuë und im Südwesten des Tschadsees. Die Nyam-Nyam bauen neben Maniok, Yams und Batate auch Taro an. Von ihrem Wohngebiet verbreitete sich *Colocasia* auch jenseits des Nils im Seengebiet. In Deutsch-Ostafrika ist sie in den Usambarabergen, am Rufidji- und am Nyassasee bei den Eingeborenen zu finden, ebenso in Abessinien und Erythrea. Madagaskars Ernte ist recht bedeutend (6).

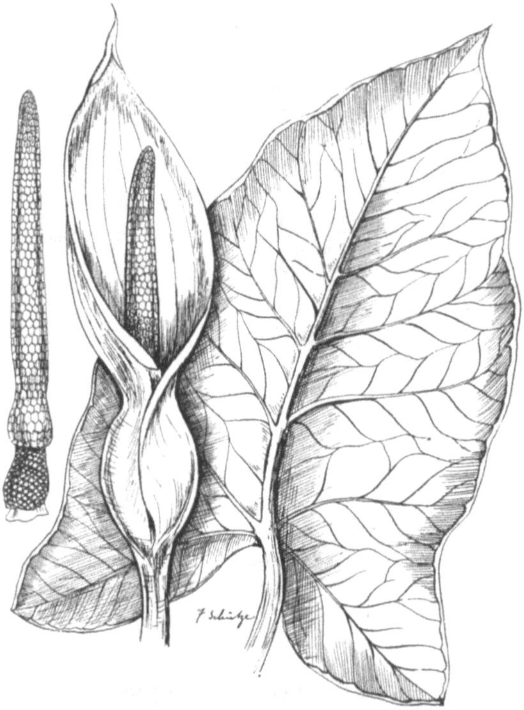

Abb. 29. *Xanthosoma sagittifolium*
Blatt, Blüte und Blütenkolben

Eine andere *Aracee* ist *Xanthosoma spec.*, die dem Taro sehr ähnelt. Sie unterscheidet sich durch den mehr milchigen Saft und durch die Blätter, bei denen der Blattstiel am Rande aufsitzt, während beim Taro die Blätter an der Basis noch über den Blattstiel hinausragen (schildförmige Blätter). Diese Pflanze stammt aus dem tropischen Amerika und wurde von dort als Knollenfrucht nach Westafrika gebracht, wo sie wie *Colocasia* ebenfalls Makabo genannt wird. An der Goldküste z. B. kommen 4 Varietäten von *Xanthosoma sagittifolium (L.) Schott.* vor, gegenüber einer *Colocasia antiquorum*, sie werden alle als „Coco-Yams" bezeichnet (2). Die Ansprüche an die natürlichen Verhältnisse sowie an die Kultur ähneln denen von *Colocasia.* (Andere *Araceen* siehe unter „sonstige Knollengewächse").

d) *Batate, Ipomoea batatas Lam.*

Botanik. Die Batate oder Süßkartoffel *(Ipomoea batatas Lam.)* (Abb. 30) gehört zu den *Convolvulaceen.* Wenn sie nicht gestützt wird, kriechen ihre Stengel lang am Erdboden hin, doch gibt es auch mehr aufrechtwachsende Varietäten. Die gelappten Blätter sind lang gestielt. In den Blattachseln stehen an langen Stielen in Büscheln die roten bis weißen Blüten. Die spindelförmigen Wurzelknollen sind meist etwas ausgebaucht. Eine Pflanze bringt im Mittel etwa 1—2 kg Knollen. Wie die meisten Kulturpflanzen hat auch *Ipomoea batatas* zahlreiche Varietäten aufzuweisen, die nach der Wachstumsdauer in frühe, mittlere und späte, nach der Farbe der Knollen in weiße, gelbe und rote und weiter nach dem Grad der Faserung in grobfaserige (Viehfutter) und feinfaserige unterschieden werden.

Standortsbedingungen. Während ihrer Vegetationszeit von 3—6 Monaten verlangt die Batate Temperaturen von über 18° C. Nach dem Auspflanzen verlangt sie zunächst viel Feuchtigkeit, später ist trockene Witterung der Entwicklung des Knollenansatzes günstiger. Ein sandiger, trockener, lockerer Lehm gibt bei günstigem Klima Höchsterträge (30).

Abb. 30. Batate *(Ipomoea batatas)*

Kultur. Die Batate verlangt eine gute Bodenlockerung. Über die zweckmäßigste Düngung liegen bisher nur recht widerspruchsvolle Ergebnisse vor. Die Vermehrung kann durch Saatknollen und durch Stecklinge geschehen, wie z. B. in Ostafrika und auf den Azoren (5). Die Samen dienen nur zur Sortenzüchtung. In den Tropen ist die kleine Regenzeit oder das Ende der großen die beste Pflanzzeit, in den Subtropen der späte Frühling, damit die jungen Pflänzlinge anfangs noch genügend Feuchtigkeit bekommen und das spätere Wachstum in die Trockenzeit fällt. Die Pflanzweite richtet sich nach der Sorte und den natürlichen Verhältnissen. Besonders empfohlen wird der Anbau auf Beeten oder Kämmen, die 1 m bis 1,20 m voneinander entfernt sind und auf denen die Pflänzlinge 30 bis 50 cm Abstand voneinander haben (4). Um die Knollenbildung zu begünstigen, werden langaustreibende Ranken beschnitten. Überhaupt müssen die kriechenden Seitentriebe des öfteren gelüftet werden, um eine unerwünschte Knollenbildung an ihnen zu verhindern (30). Die Süßkartoffel wird häufig im Fruchtwechsel mit Mais, Baumwolle und Erdnuß angebaut (4).

Sind die Knollen gut ausgereift, so werden die Bataten in derselben Weise geerntet wie die Kartoffeln. Die besten Erträge gibt die weiße Batate, die gelben wie die roten sind kleiner und süßer. Für Afrika sind 8000 kg je ha der Durchschnittsertrag, ausnahmsweise werden bis zu 35000 kg erzielt (4, S. 254).

Verwendung. Die Knolle ist geröstet und gekocht ein vorzügliches Nahrungsmittel, die jungen Schößlinge werden in manchen Gegenden als Spinat oder als Salat gegessen (5). Getrocknete Bataten können eine Ausfuhrware werden, die sich auch zur Alkoholgewinnung, besonders von Spiritus für technische Zwecke, eignet (1; 5).

Die Batate stammt aus dem tropischen Amerika und hat allmählich in ganz Afrika Verbreitung gefunden. Auf den Azoren, Madeira und den Kanaren steht die Kultur heute noch in hoher Blüte; die Batate dient hier als Nahrungs- und Futtermittel sowie zur Gewinnung von Spiritus (4) (*Engler*) (Karte 13). Im Kongobecken, am ganzen Kongo, Kassai und Lualaba, nach Süden bis zum Sambesi und andererseits über das Seengebiet nach Ostafrika, namentlich in Deutsch-Ostafrika, aber auch in Kenya nördlich des Viktoriasees und südlich des Tanaflusses ist die Batate überall verbreitet (s. *Engler*). Ebenso wie in Nordafrika wird die Süßkartoffel auch in der Südafrikanischen Union angebaut. Madagaskar, das sich durch seine ausgedehnten Maniok- und Tarokulturen auszeichnet, hat auch eine beachtliche Erzeugung an Bataten.

e) Kartoffel, Solanum tuberosum L.

Zu der Familie der Solanaceen gehört die Kartoffel *(Solanum tuberosum L.)*. Sie hat sich als nahrhafte Knollenfrucht und als anspruchslose und akklimatisationsfähige Kulturpflanze mit guten Erträgen über den ganzen Erdball verbreitet. Von den Hochländern Chiles und Perus stammend, gedeiht sie in den Tropen allerdings unter 1600 m Höhenlage weniger gut (5).

Auf dem Hochland von Urundi werden die Kartoffeln in Reihen von 60 cm Abstand gesetzt, in einer Entfernung von 40—50 cm innerhalb der Reihen, und zwar 10 cm tief. Zu verwerfen ist die Gewohnheit der Eingeborenen, nicht neu zu pflanzen, sondern nur die kleinen Kartoffeln als Pflanzgut im Boden zu lassen, was zur Entartung der Sorte und zu immer geringeren Erträgen führt (35). 3—4 Monate nach dem Setzen können die Kartoffeln geerntet werden. Die Hektarerträge schwanken stark je nach der Sorgfalt der Kultur; für Usambara sind z. B. 22500 kg angegeben (5), für Belgisch-Kongo 5000—10000 kg (36). Für die Station Kasozi in Urundi zunächst 4000—5000 kg, welcher Ertrag aber durch Sortenauswahl erheblich gesteigert werden konnte, bis zu 22000 kg 1935 (37). Während der Trockenzeit kann man die Knollen im Boden lassen und je nach Bedarf ernten.

Verbreitung. In Westafrika findet sich die Kartoffel nur vereinzelt, vor allem an der Elfenbeinküste und in Kamerun bei Dschang und Bamum (Fumban) (6). Die Anbaugebiete von Belgisch-Kongo liegen in der Umgebung des Tanganyikasees, in der Kirungaebene, im Kansabalagebiet, im Regierungsbezirk Albertville auf der Manikaebene (36) und im Mandatsgebiet Ruanda-Urundi, das bei der großen Bevölkerungsdichte eine verhältnismäßig hohe Erzeugung hat. In Ostafrika haben die Regierungen, die Missionare und Pflanzer die Eingeborenen mit der Kartoffel bekannt gemacht. Hier findet sie sich von Ägypten bis zur Union von Südafrika. Kenya und Uganda haben eine Produktion, die eine Ausfuhr gestattet. In Deutsch-Ostafrika bauen die Neger in Westusambara, am Kilimandjaro, in den Ulugurubergen, in Usumbwa, in den Bezirken Bukoba, Udjidji, Ruanda und Urundi Kartoffeln an (1; 35). Einen gewissen Überblick über die Verbreitung der Kartoffelkultur in Afrika gibt folgende Zusammenstellung (6):

Länder	1936		1938	
	Hektar	Ertrag in t	Hektar	Ertrag in t
Ägypten	3547	39200	4000	52300
Tripolitanien		100		600³)
Tunesien	2000	9000	3000	5500
Algerien	17956	131200	17000	145300
Französischer Sudan	290	1200		1200³)
Elfenbeinküste	1086	800		
Kamerun (franz. Mandat)	150	300		300³)
Franz.-Äquatorialafrika	100¹)	400¹)		
Belgisch-Kongo	5000	18300²)		
Ruanda-Urundi	17000	121000	24000	210000
Nordrhodesien		300		200³)
Südrhodesien	1000	5100		5600³)
Deutsch-Südwestafrika		200		200
Südafrikanische Union	33883	175800	37000³)	172900

¹) 1935. ²) 1933. ³) 1937.

Durch größere Zahlen heben sich die Südafrikanische Union, Algerien, Ruanda-Urundi und Ägypten heraus. Auf den ostafrikanischen Inseln werden Kartoffeln auf Madagaskar, auf Réunion (Rev. de Bot. Appl. et d'Agric. Tropic. Jhg. 12 [1932], S. 35) und Mauritius (6) angebaut. Im Westen zeichnen sich die Kanarischen Inseln durch regen Kartoffelanbau aus, der sich vor allem auf Teneriffa an dem zentralen Bergmassiv über 350 m findet (Rev. de Bot. Appl. et d'Agric. Tropic. Jhg. 14 [1934], S. 497).

Eine Ausfuhr haben folgende Länder (6):

Länder	1935	1936	1937	1938
	t	t	t	t
Algerien	46260	73100	78930	77450
Kanarische Inseln (1934)	9550	(Martens, Karstedt)		
Marokko (franz.)	6730	7150	10600	10070
Kenya und Uganda	4910	5250	3660	9120
Südafrikanische Union	3040	5010	9750	3870
Ägypten	2150	1570	2660	2810
Madagaskar	620	890	1030	1000
Südrhodesien	620	430	760	860
Tunesien	370	2090	1000	950
Belgisch-Kongo	110	180	160	170
Nyassaland	50	40	20	20

Hierbei muß aber berücksichtigt werden, daß fast alle diese Länder auch Kartoffeln einführen (6).

f) Pfeilwurz, Maranta arundinacea L.

Die Pfeilwurz, Arrowroot (*Maranta arundinacea L.*), gehört zur Familie der *Marantaceae*. Sie ist eine mehrjährige, im Durchschnitt 1 m hohe, verzweigte Staude, die auch 2—3 m hoch werden kann (40). Die Blätter stehen zweizeilig und umgeben den Stengel mit einer Scheide, die entweder dem Wurzelstock oder dem Knoten der Stengel entspringt. Die ährenförmigen Blütenstände sind endständig und bringen dreiseitige Früchte von der Größe einer Johannisbeere hervor.

Als Kulturpflanze hat die Pfeilwurz durch ihre stärkehaltigen Rhizome von 25—45 cm Länge besonderen Wert; diese stellen mehrmals eingeschnürte Knollen dar; die Gliederung wird durch eine fasrige Hülle verdeckt.

Standortsbedingungen. Vorbedingung für das Wachstum von *Maranta* ist eine frostfreie Periode von 10 Monaten (40), sonst gedeiht sie sowohl in den eigentlichen Tropen als auch in den trockenen, warmen Gebieten Südafrikas (Natal) (4). Während der ersten Monate der Wachstumsperiode muß genügend Wärme und Feuchtigkeit vorhanden sein. Das Temperaturmittel soll mindestens 20° C betragen. Feuchtes Klima liefert große, aber stärkearme Wurzelstöcke, große Trockenheit dagegen kleine und harte Knollen (40). Die Pfeilwurz gedeiht am besten auf lockeren, tiefgründigen Böden (2), doch ist zu leichter Sandboden ebenso ungeeignet wie fester Tonboden.

Kultur. Die Vermehrung der Pfeilwurz geschieht auf vegetativem Wege durch Rhizomstücke oder Schößlinge, die in Pflanzreihen oder -hügeln, zweckmäßig zwei auf einem Hügel, in Abständen von 50—100 cm zueinander, gesetzt werden (38). Die weitere Pflege besteht ähnlich wie bei der Kartoffel in Hacken, Jäten und Anhäufeln.

Nach 10—11 Monaten beginnen die Blätter zu welken. Geerntet wird nach 11—12 Monaten; zu diesem Zeitpunkt besitzen die Knollen den höchsten Stärkegehalt. Die Hektarerträge liegen zwischen 6000 und 8000 kg Knollen (4), deren Stärkegehalt von 25—27 v. H. leicht und ohne großen Verlust ausgebeutet werden kann (39), so daß ein Hektar 1200 bis 1600 kg Stärke liefert (4).

Verwendung. Pfeilwurzstärke gilt als die reinste Stärkesorte des Handels. Sie ist ein leichtes, weißes, etwas glänzendes, feines Pulver. Sie findet in der Schokoladenindustrie und in Zuckerbäckereien zu feinem Backwerk Verwendung, wegen ihrer leichten Verdaulichkeit auch als Nahrungsmittel für Kinder und Kranke. Als Arzneimittel ist sie unter dem Namen Amylum Marantae bekannt.

Da Arrowroot als Nahrungspflanze der Eingeborenen im Vergleich zu den übrigen Knollenpflanzen kaum eine Rolle spielt, ist sie in Afrika wenig verbreitet. Sie stammt aus Südamerika; maßgebend für die Erzeugung sind heute St. Vincent, Barbados (39, 4) und Jamaika (1). In Afrika ist das Hauptproduktionsgebiet Natal. Im 16. Jahrhundert gelangte die Pfeilwurz durch die Portugiesen nach Westafrika, wo sie heute an der Küste des Niger-Benuë-Gebietes (*Engler, A.*, Die Pflanzenwelt Afrikas, 2. Bd. 1. Teil. Leipzig 1908) ebenso wie an der Ostküste gelegentlich zu finden ist (1; 4).

g) Andere Knollenfrüchte

Neben den genannten Knollenpflanzen gibt es noch eine Reihe anderer, teils kultivierter, teils nur wild vorkommender Pflanzen, die an Bedeutung den angeführten jedoch nicht gleichkommen, aber immerhin hier und da als Nahrungsmittel Verwendung finden. Erwähnt zu werden verdienen folgende:

Coleus spec. (Labiatae),
Plectranthus taborensis (Labiatae),
Stachys tuberifera Nd. = *Knollenziest (Labiatae)*,
Tacca pinnatifida Forst. = Takka *(Taccaceae)*,
Canna edulis Ker. Gawl. (Cannaceae),
Helianthus tuberosus L. = Topinambur *(Compositae)*,
Cyperus esculentus L. = Erdmandel *(Cyperaceae)*,
Arracacia esculenta DC. (Umbellifereae),
Pachyrrhizus spec. = Yambohne *(Leguminosae)*,
Amorphophallus-Arten *(Araceae)*,
Nymphaea stellata Willd. = blaue Lotosblume *(Nymphaeaceae)*.

Coleus, *Plectranthus* und *Stachys* gehören der Familie der *Labiatae* an. Die Gattung *Coleus* kommt in einer großen Anzahl Arten vor, die teils in Indien, teils in Afrika heimisch sind und hier vor der Einführung der Batate und des Manioks neben Taro und Yams die hauptsächlichsten Knollenfrüchte der Neger waren. Heute sind alle *Coleus*-Arten von Batate und Maniok mehr oder weniger verdrängt, so daß der Anbau nur noch gering ist. Von den zahlreichen Arten sind *C. esculentus N. E. Brown*, *C. edulis Vatke*, *C. rotundifolius Benth.* und *C. barbatus Chev. et Perrot (Poir)* die häufigsten (1).

Coleus ist ein kleiner Strauch mit gegenständigen Blättern. Die gelben Lippenblüten erscheinen vielfach erst nach dem Laubabwurf. Die fleischigen Knollen sind von länglicher Gestalt und gelber, weißer, rosa oder violetter Farbe. Feuchteres Klima scheint *Coleus* dem trockenen vorzuziehen (5). Als Zwischenkulturpflanze soll sie sich gut zur Vertilgung des Unkrautes eignen, da sie schnell wächst und sich selbst wieder aussät. Die Vermehrung kann auch durch Stecklinge geschehen. Über den Ertrag liegen noch wenig Erfahrungen vor, doch findet man Angaben von 15000 bis 28000 kg Knollen je Hektar (41).

Die verschiedenen Arten trifft man fast überall in Afrika als Kulturpflanze in Gärten, aber kaum irgendwo in größeren Kulturen: in Nubien, Abessinien, Erythrea, im ganzen Sudan; an der Elfenbeinküste sollen im Jahr 1935 etwa 1800 ha und im Jahr 1936 etwa 1747 ha mit *Coleus* (= fabirama) bepflanzt gewesen sein, die durchschnittlich knapp 5000 t Knollen jährlich bringen (6, 1939/40, S. 223). Sie kommen auch in Togo, Nigeria, Kamerun, Französisch-Äquatorialafrika, im Kongobecken, Ubangi-Schari, Uganda, in Deutsch-Ostafrika, besonders in den Bezirken Bukoba, Mwansa, Tabora, Udjidji, Bismarckburg, Neu-Langenburg und Iringa, ferner in Nyassaland, Rhodesien, Angola, Natal, auf Madagaskar und Mauritius vor (1; 4; 5). In Kisozi (Ruanda-Urundi) wurden eingehendere Versuche über den Stärkegehalt von *C. floribundus N. E. Brown* angestellt (42).

Eine ebenfalls alte einheimische Kulturpflanze ist die nahe verwandte *Plectranthus taborensis*, ein niedriges, etwas kriechendes Kraut mit gekerbten, herzförmigen Blättern und blauen Blüten, das rundliche eßbare Knollen nach Art unserer Kartoffel hervorbringt. Die Blätter werden zur Herstellung eines Insektenpulvers benutzt (1). Diese und einige andere Arten sind in dem Zwischenseengebiet Deutsch-Ostafrikas häufig.

Eine dritte Labiate mit Knollenbildung ist *Stachys tuberifera*, der Knollenziest, der in Afrika nicht heimisch, vielmehr aus Japan eingeführt ist, aber auf dem Seenhochland in Ostafrika auf durchlässigem, gutem Boden ebenfalls freudig gedeiht (2). Die Wurzelstöcke ähneln einer Perlenschnur, da sie fortlaufend eingekerbt sind. In drei Monaten sind die Knollen reif und geben ein leicht verdauliches Nahrungsmittel (1).

Takka, *Tacca pinnatifida*, eine *Taccaceae*, kommt in ganz Afrika wild, in Ostafrika in einer Art Halbkultur vor. Die etwa kindskopfgroße Knolle, die bis 1 kg schwer wird, trägt zwei Stengel, einen bis zu 80 cm hohen mit einem vielfach doppelt geschlitzten Blatt und einen anderen etwa 1 m hohen mit einem grünen büscheligen Blütenstand, der rundliche Beeren entwickelt. Während die Knolle in guten Zeiten kaum beachtet wird, dient sie bei Hungersnöten zur Nahrung (1).

Verschiedene *Canna*-Arten *(Cannaceae)* liefern eine Stärke, die der der Pfeilwurz sehr ähnlich ist. Die Pflanze stammt aus dem tropischen Amerika, wo sie namentlich in Peru *(Canna edulis)* kultiviert wird. In Afrika ist *Canna edulis Ker. Gawl.* in verschiedenen Gebieten zu finden, so z. B. in Sansibar, in Usambara (Deutsch-Ostafrika) usw. Sie wird infolge ihrer roten Blüten im Gegensatz zu *Maranta arundinacea* als rote Arrowroot-Pflanze bezeichnet (5).

Die der Sonnenblume nahe verwandte Composite *Helianthus tuberosus L.*, der Topinambur oder die Erdbirne, bildet unterirdische Knollen. Der 2—4 m hoch werdende Stengel ist mit dickem Mark gefüllt und trägt große, gelbe Blüten von 3—8 cm Durchmesser. Die Knollen sind in drei Monaten reif zur Ernte und ähneln im Geschmack den Artischocken. Die Pflanze stammt aus Amerika, ist widerstandsfähig gegen Trockenheit und nimmt mit flachgrundigem, lockerem Sandboden vorlieb. Im Zwischenseenland Ostafrikas gedeiht sie gut (1). Die Knollen werden in Reihen von ½ m Abstand ausgelegt.

Eine weitere alte, Knollen liefernde Kulturpflanze, beheimatet in den Überschwemmungsniederungen des Nils, ist das Cypergras, *Cyperus esculentus L.*, ein Riedgras, dessen Knollen sich durch einen hohen Stärke-, Zucker-, und vor allem Ölgehalt auszeichnen (Näheres s. u. Öl und Fett liefernde Pflanzen). Das Cypergras findet als Nahrungs- und Futterpflanze Verwendung (44).

Auf der Station Kisozi in Ruanda-Urundi sind Versuche mit einer amerikanischen Knollenfrucht *Arracacia esculenta DC.*, einer *Umbellifere*, angestellt worden. Sie stammt aus den tieferen Gebirgslagen (1500 bis 2000 m) des tropischen Amerika und wurde nach Afrika, vor allem in Belgisch-Kongo, eingeführt (42). Die Pflanze erreicht eine Höhe von 75 cm und bringt 6—8 und mehr Knollen von 2—3 kg Gewicht hervor, die, je nach Sorte, weiß, gelb oder violett gefärbt sein können. Die gelbe Sorte gilt als beste, die weiße bringt die meisten Erträge.

Arracacia gedeiht in tiefgründigem, reichem, etwas humidem Boden. Die Vermehrung geschieht durch Samen oder durch Wurzelhalsstücke mit mehreren Augen. Wenn die Pflanze zu schießen beginnt, häufelt man sie an und erhält weiße Schößlinge, die ein gutes Gemüse darstellen (Apio der Spanier). Die Knollenstärke hat einen matten, schön weißen Glanz (42).

Einige Arten der schon bei den Hülsenfrüchten erwähnten Yambohne *(Pachyrrhizus spec.)* werden nicht nur der Bohnen, sondern auch der großen, eßbaren, mehlreichen Knollen wegen angebaut, so *P. angulatus Rich.* und *P. tuberosus (Lam.) Spreng.* Wahrscheinlich stammen sie aus Zentralamerika. 1913 kamen Samen aus Mauritius und Java nach Ostafrika, wovon sich namentlich die letzteren gut entwickelten (Kolon. Rundsch. Jhg. 26 [1935], S. 363).

Neben dem schon oben beschriebenen Taro gibt es noch einige andere *Araceen*, deren Knollen in Zeiten von Hungersnöten von den Eingeborenen gesammelt werden. Aus der Unterfamilie der *Amorphophalleae* kommen in

Afrika etwa 35 Arten vor, in der Savanne sowohl wie einige auch im Urwald (41). Alle haben den typischen, nicht zu verkennenden *Araceen*charakter. Die verbreitetste ist *Amorphophallus leonensis Lem.*, häufig im Sudan und in Französisch-Guinea bekannt unter dem Namen Soforo. Ihre Knollen erreichen einen Durchmesser von etwa 15 cm. Noch größere Knollen erreicht *A. dracontioides N. E. Br.*, die Kopfgröße erlangen. Diese Art gedeiht im Urwald. Gemein im Norden von Zentralafrika ist *Amorphophallus Chevalieri Engler* mit Knollen von 12 cm Durchmesser (41). Der Blütenkolben der *Hydrosme*-Arten zeichnet sich durch einen Anhang mit rudimentären Blütenanlagen aus. Von den 14 bekannten Arten sind 8 im tropischen Westafrika, 5 in Ostafrika und eine im Nilgebiet heimisch (*Engler*, Die Pflanzenwelt Ostafrikas und der Nachbargebiete. Berlin 1895). Die Gattung *Anchomanes* ist dadurch gekennzeichnet, daß der Kolben kürzer als die Scheide und ohne Anhang ist. Auch alle Arten dieser Gattung besitzen eine große Knolle, die zu Hungerszeiten gegessen wird. Von den 5 bekannten Arten ist *Anchomanes dubius Schott.* am verbreitetsten und vom Senegal bis zum Kongo und in Zentralafrika in feuchten Wäldern zu finden. Das einzige Blatt erhebt sich bis 1 m über den Boden. *Anchomanes giganteus Engl.* aus Belgisch-Kongo hat sehr große Knollen. Der Blütenstiel wird zwei Meter hoch mit einer Scheide von 1 m Länge. *A. Dalzielli N. E. Br.* aus dem Norden Nigerias ist unter dem Namen Tsakara bekannt. Die Knollen müssen lange gekocht werden, damit sie ihren herben Geschmack verlieren.

Obgleich fast alle *Amorphophalleae* genossen werden können, wird doch keine Art angebaut, was auf die in ihren Knollen vorhandenen Bitterstoffe zurückzuführen sein dürfte (41).

Erwähnt werden muß als Knollenpflanze noch die Seerose; vor allem von der blauen Lotosblume, *Nympheae stellata*, werden hier und da von den Eingeborenen die Knollen ebenso wie die Samen gegessen, aus denen Mehl und Backwerk hergestellt wird (1).

Schrifttum

Knollenfrüchte

a) Allgemeines.

1. Hammerstein, Die Landwirtschaft der Eingeborenen Afrikas. Tropenpflanzer Jhg. 22 (1919), Beiheft 2.
2. Hammerstein, Wirtschaftliche Möglichkeiten in Deutsch-Ostafrika. Tropenpflanzer Jhg. 21 (1918), S. 348.
3. Piette, L., Speise und Trank der Eingeborenen im tropischen Afrika. Diss. Köln 1927.
4. Sprecher von Bernegg, Tropische und subtropische Weltwirtschaftspflanzen. 1. Teil, Stuttgart 1929.
5. Winkler, Botanisches Hilfsbuch für Pflanzer, Kolonialbeamte, Tropenkaufleute und Forschungsreisende. Wismar 1912.
6. . . ., Annuaire international de Statistique agricole. 1936/37 und 1939/40. Rom 1937 und 1940.

b) Maniok.

7. Bonnefoy, Compte rendu d'un essai de culture du manioc en terre enrichie par fumure. Bull. Econom. Mensuel Jhg. 8 (1933), S. 55—57 u. S. 75—77.
8. Bonnefoy, Calcul d'éléments fertilisants enlevés au sol par une récolte de Manioc. Rev. de Bot. Appl. et d'Agric. Trop. Jhg. 14 (1934), S. 539—40.

9. François, E , Le Manioc sa production et son utilisation. Rev de Bot. Appl. et d'Agric. Trop. Jhg. 18 (1938), S 533.
10. Colson, L. und Chatel, L., Culture et Industrie de Manioc. Paris 1906.
11 Cours, C , Note sur quelques essais entrepris sur le Manioc à la Station Agricole de l'Alaofra. Bull. Econom. Trim. 1936, S. 162—71
12 Ghesquière, J , Amélioration de la méthode de plantation du manioc. Bull. Agric. du Congo Belge Jhg. 19 (1928), S. 603—04.
13. Greenstreet und Lambourne, Tapioca in Malaya. Dep. of Agric., Straits Settlements and Federated Malay States, Kuala Lumpur. 1933.
14. Jacquot, R und Nataf, B., Le Manioc et son utilisation alimentaire. Paris 1936.
15. Kiok, W , Der Maniok. Diss. Greifswald 1935
16. Marcus, A., Maniok, Manihot utilissima Pohl. Tropenpflanzer Jhg. 38 (1935), S. 144—57.
17. Regnaudin, A., Le Manioc Culture, Industrie. Paris 1932.
18. Rollot, Ch., Le Manioc à Madagascar. Bull. Économ. de Madagascar 1926, S. 153—164; Rev. de Bot. Appl. et d'Agric. Tropic. Jhg. 6 (1926), Nr. 213.
19. Van der Stock, M., Renseignements concernant la Culture du Manioc. Agric. et Élevage au Congo Belge Jhg. 21 (1930), S. 294.
20. Tardieu, L., Le Manioc, Valeur nutritive. Rev Intern. des Prod. Colon. Jhg. 4 (1929), S 86—89:
21. , Le Manioc, sa Culture, son utilisation. Bull. des Engrais 1930, S. 473—76

c) Yams.

22. de la Bathie, H P., Ignames cultivéés ou sauvages de Madagascar. Bull. Econom. de Madagascar Jhg. 1 (1926), S. 127—30
23. Brown, D. H., La culture de l'igname. Agric. et Elevage au Congo Belge Jhg. 5 (1931), S. 203—04; Jhg. 6 (1932), S. 28—29; Jhg. 7 (1933), S. 55—56.
24 Marcus, A , Die Kultur der Yams. Tropenpflanzer Jhg. 35 (1932), S. 111—117.
25. West, J , Yams. Bull. of the Imp. Inst. 1937, S. 230—31.
26. Zimmermann, A., Über Yams (viazi vikuu). Flugblatt Nr. 2, Beilage zum Pflanzer Jhg. 5 (1909).

d) Taro (Makabo).

27. Wright, J., Coco-yam varieties in the Gold Coast. Dep. of Agr , Gold Coast Year Book 1930, S. 198—201.
28. . . , Cocoyams (Gold Coast). Bull. of the Imp. Inst. 1935, S. 489—90.

e) Batate.

29. Brooks, G. B., The Sweet Potato (Ipomoea batatas). Dep. of Agric. and Stock, Brisbane, Queensland. 1923.
30. Collins, W. E., The growing of sweet potatoes. The Tropical Agriculturist 1934, S. 367—70.
31. Juliano, J. B., Morphology of the sweet potato, Ipomoea batatas (Linn.) Poir. The Philippine Agric. 1935, S. 833—58.
32. Thurber, F. H., Improved method for production of sweet potato starch. Industrial and Engineering Chemistry Jhg. 1933, S. 919—20.
33. . , Sweet Potato (Ipomoea Batatas). Dep. of Agric. S. S. et F. M. S. Kuala Lumpur. Agricultural leaflet 1936, S. 4.

f) Kartoffel.

34. Costantin und Miège, Stimulation par une culture dans l'Atlas de pommes de terre cultivées ensuite à Rabat. Rev. de Bot. Appl. et d'Agric. Trop. Jhg. 15 (1935), S. 17—20.
35. Lejeune, J B. H., La culture de la Pomme de terre d'Europe sur les hauts plateaux de l'Urundi. Agric. et Elevage au Congo Belge Jhg. 10 (1936), S. 97, S. 116.
36. Theuwissen, L., La culture et le commerce des pommes de terre au Tanganyika. Bull. Agric. du Congo Belge 1934, S. 135—39.
37. . . ., Die Kultur der Kartoffel auf den Hochländern Urundis (Ref. von 35). Tropenpflanzer Jhg. 40 (1937), S. 76.

g) Arrowroot.

38. . . ., Pfeilwurz, Maranta arundinacea L. (Arrowroot). Tropenpflanzer Jhg. 36 (1933), S. 24.
39. . . ., Arrowroot. De Indische Mercuur Jhg. 53 (1930), S. 922.
40. . . ., Die Produktion von Arrowroot in St. Vincent. Tropenpflanzer Jhg. 31 (1928), S. 365.

h) Sonstiges.

41. Chevalier, A., Les Amorphophallus et leurs usages. Rev. de Bot. Appl. et d'Agric. Trop. Jhg. 11 (1931), S. 809.
42. L'Heureuse und Bastin, Etude de deux fécules préparées à la Station expérimentale de Kisozi (Ruanda-Urundi) (Arracacia esculenta et Coleus floribundus). Bull. Agric. du Congo Belge Jhg. 27 (1936), S. 270.
43. . . ., Le Souchet comestible (Cyperus esculentus L.). L'Agronomie Col. Bull. Mens. de l'Inst. Nat. d'Agron. Colon. Jhg. 21 (1932), S. 184—86.
44. . . ., Der Anbau der Erdmandel (Cyperus esculentus). Tropenpflanzer Jhg. 41 (1938), S. 505.

4. *Zuckerrohr, Saccharum officinarum L.*

Botanik. Das Zuckerrohr (Abb. 31) gehört zur Familie der *Gramineen.* Alle kultivierten Sorten und Varietäten gehören zu der einen Art *Saccharum officinarum L.* In Afrika verbreitete Sorten sind z. B. die gegen die Mosaikkrankheit immune Uba (Südafrikanische Union), Striped Tauna und Striped Ribbon (Uganda). Je nach Spielart und Standort variiert die Farbe, Größe und Form des Stengels; er wird 3—4 m hoch (kann auch 6 m Höhe erreichen), 2—5 cm dick und ist zylindrisch oder etwas abgeplattet. Die Internodien können 5—22 cm lang sein. Über dem Knoten befindet sich ein Keimring mit einer Stengelknospe und kleinen Wurzelanlagen, aus denen bei der Stecklingsvermehrung Wurzelringe entstehen. Die Stengeloberhaut ist mit Ausnahme des Keimringes mit einer dicken Wachsschicht bedeckt. Aus dem untersten, unterirdischen Internodium treiben die Stengelknospen aus, so daß die Pflanze mehrstengelig, büschelig wird, doch erreichen die sekundären Halme, oft bis 12 und mehr an der Zahl, niemals die Höhe des Hauptstengels. Der Stengel ist nicht hohl wie bei den meisten Gramineen, sondern von einem saftigen, parenchymatischen Gewebe ausgefüllt, dessen Zuckergehalt dem Zuckerrohr seine Weltbedeutung verschafft hat.

Abb. 31. Zuckerrohr *(Saccharum officinarum)*

Die Blätter stehen abwechselnd zweizeilig am Stengel und können eine Länge von mehr als 2 m erreichen. Die oberen Stengelglieder sind völlig von den Blattscheiden eingehüllt. Der Blütenstand ist eine 50—80 cm lange Rispe. Die Blüte hat drei Staubgefäße und einen Fruchtknoten mit zwei federförmigen Narben und einer Samenanlage. Der größte Teil des Samens ist von Nährgewebe ausgefüllt, der Keim nimmt nur etwa den dritten Teil ein. Die Vermehrung der Pflanze geschieht durch Stecklinge, alle modernen Sorten sind jedoch aus Samen entstanden.

Das reife Rohr enthält 11—16 v. H. Rohrzucker. Daneben kommt noch 0,4—1,5 v. H. Trauben- und Fruchtzucker vor (15). Die Verteilung der verschiedenen Zuckerarten wechselt mit zunehmender Reife. Im wachsenden Stengel findet sich am meisten Rohrzucker in dem Glied unmittelbar über dem Boden. Im Verlauf des Alterns wandert die Stelle des maximalen Zuckergehaltes immer höher und nähert sich beim reifen Rohr der Spitze (15).

Klimaansprüche. Zuckerrohr ist frostempfindlich, im allgemeinen wird es daher nur in frostfreien Gebieten angebaut, doch findet man es als Sommerkultur noch im Süden der Türkei und auf Sizilien. Die Hauptanbaugebiete haben Jahrestemperaturen von 23,5° bis 26,8° C und Jahresamplituden von wenigen Graden; in Mauritius z. B. schwankt die Temperatur zwischen 23° C und 26° C. Neben einer hohen, gleichmäßigen Temperatur verlangt das Zuckerrohr viel Feuchtigkeit sowie eine hohe relative Luftfeuchtigkeit — weswegen es vorzugsweise auf Inseln und an Küsten gebaut wird — und viel Niederschläge, die auch durch künstliche Bewässerung (Ägypten) ersetzt werden können. 1500—2000 mm Jahresniederschlag dürfte als Minimum gelten, wenn nicht bewässert wird.

In bezug auf den Boden ist Zuckerrohr weniger anspruchsvoll. Man baut es auf schwerem wie auf leichtem Boden, sehr tiefgründig braucht er auch nicht zu sein, aber viel Feuchtigkeit im Boden ist in jedem Falle notwendig (11).

Der Verarmung des Bodens an mineralischen Nährstoffen muß durch Düngung begegnet werden. Auf Mauritius z. B. findet vor allem Peru-Guano, Kali und Stickstoff Verwendung (7). Auf Réunion bildet Kalk-Salpeter mit Beigaben von Superphosphaten und Kalisalzen die übliche Düngung. Dort ist eine Kalksalpeterfabrik im Entstehen, die ganz Réunion, Madagaskar und Mauritius mit billigem Stickstoffdünger versehen wird (8). Neben der künstlichen Düngung ist oft organischer Dünger erforderlich. Zu diesem Zwecke werden vor dem Erneuern einer Pflanzung vorteilhaft zweimal Leguminosen zur Gründüngung angebaut.

Die Kultur und Aufbereitungsmethoden sind nicht in allen Ländern gleich.

Verbreitung. Die Heimat des Zuckerrohres ist das mittlere und untere Flußgebiet des Ganges und Brahmaputra. In Kultur genommen ist es bis zur gemäßigten Zone vorgedrungen. Die Hauptanbaugebiete sind außer seiner Heimat Ostasien, Westindien, das nördliche Südamerika und Australien. In Afrika breitet sich die Zuckerrohrkultur immer mehr aus (Karte 14). Ägypten, Italienisch-Somaliland, Kenya, Uganda, Deutsch-Ostafrika, Moçambique, Madagaskar, Réunion, Mauritius, Sansibar, Rhodesien, die Südafrikanische Union, Angola, Belg.-Kongo und Marokko führen Rohrzucker aus.

EINZELNE ANBAUGEBIETE

Nach Ägypten wurde das Zuckerrohr aus Asien eingeführt und ist dort zu einer wichtigen Kultur geworden. Doch um die Jahrhundertwende folgten mehrere Jahre mit Frösten (13), die fast sämtliche Pflanzungen zerstörten, so daß der Anbau stark zurückgegangen ist. Seit 1920 hat die Erzeugung wieder stark zugenommen, z. T. durch eine Steigerung des Ertrages auf der Flächeneinheit. Die Anbaufläche ist 1934 von seiten der Regierung eingeschränkt worden (9). Die Zuckerausfuhr hielt sich in den Jahren 1926—32 zwischen 3000 und 7000 t. 1933 stieg sie plötzlich auf 33000 t an:

Jahr	t		Jahr	t	
1926/30 . . .	6020	(14)	1936	45820	(14)
1931	3710	(14)	1937	77840	(14)
1932	940	(14)	1938	49330	(14)
1933	33000	(9)	1939	93660	(14)
1934	52086	(9)			
1935	64271	(9)			

Will man sich ein Bild von der Erzeugung machen, so hat man noch etwa 155000 t Eigenverbrauch (10) hinzuzuzählen. Durch hohen Zoll ist die Einfuhr von Zucker stark eingeschränkt.

Das meiste Zuckerrohr liefert Oberägypten, vor allem Assuan, Kena und Assiut, ferner in Mittelägypten die Provinz Minia. Assuan liefert die besten Qualitäten und Kena die höchsten Erträge (10).

Aus dem Rohr Oberägyptens wird Kristallzucker gewonnen; hier dient es nicht nur zur Zuckergewinnung, sondern auch als Grünfutterpflanze (12).

In Abessinien wird im Hawasch-Tal eine große Zuckerrohrplantage angelegt, die nicht nur zur Deckung des Zuckerbedarfs des Landes beitragen, sondern auch der Herstellung von Alkohol zur Treibstoffbeimischung dienen soll (Afrika-Rundschau Jhg. 3 [1938], S. 86).

Italienisch-Somaliland hatte eine kleine Zuckerausfuhr (14):

Jahr	t	Jahr	t
1926/30 . . .	1160	1935	1430
1931	2300	1936	0
1932	2040	1937	0
1933	1990	1938	—
1934	2220	1939	—

In Kenya und Uganda, die vor dem Weltkriege kaum Zuckerrohranbau besaßen, hat seit 1930 die Erzeugung erheblich zugenommen, so daß folgende Zuckermengen ausgeführt werden konnten (14):

Jahr	t	Jahr	t
1926/30 . . .	1170	1935	17270
1931	3390	1936	15890
1932	2900	1937	16260
1933	11530	1938	18050
1934	18710	1939	16230

Die „Victoria Nyanza Sugar Company", von Australien aus begründet, hat den Pflanzungsbetrieb am Viktoriasee aufgenommen (16). Die Erzeugung geht vor allem nach England und dann nach Deutsch-Ostafrika (Statistical Abstract for the British Empire 1927/36. London 1937).

Deutsch-Ostafrika hat erst seit 1936 eine nennenswerte Zuckerausfuhr, doch auch eine erhebliche Einfuhr. Erzeugung, Ein- und Ausfuhr gestalteten sich in den letzten Jahren wie folgt (14; 17):

Jahr	Anbaufläche	Erzeugung t	Einfuhr t	Ausfuhr t
1931			3537	110
1932			3103	50
1933			3035	30
1934			3603	30
1935	26700 acres	8300	5570	50
1936	25250 ,,	9000	4582	3511
1937			6890	3170
1938			6830	4100
1939			4630	3730

Die Hauptanbaubezirke sind: Kondoa-Irangi in der Zentralprovinz, Pangani und Luschoto in der Tangaprovinz, Rufidji, Morogoro, Kilossa und Ulanga in der Ostprovinz. In Aruscha besteht eine Zuckerfabrik, die eine Ausfuhrquote von 8000 t genehmigt erhalten hat (Tropenpflanzer 1938, S. 470).

In Moçambique besitzt der Plantagenbau von Zuckerrohr die breiteste Ausdehnung (18). In der Ausfuhr steht Zucker mengenmäßig an erster Stelle (Tropenpflanzer Jhg. 41 [1938], S. 271):

Jahr	t	Jahr	t
1926/30	66910 (14)	1935	73957
1931	74580	1936	62732
1932	63688	1937	73507
1933	83011	1938	65470
1934	71825	1939	53310 (14)

(Afrika-Rundschau Jhg. 4 [1938], S. 195).

Auf den Schwemmlandböden der großen Flüsse findet das Zuckerrohr ein gutes Gedeihen, vor allem an den Unterläufen des Sambesi, des Busi und des Inkomati. Am Sambesi hat die „Sena Sugar Estates" vier und am Busi zwei Fabriken, bei Inhambane eine Fabrik. Von der Erzeugung werden 90 v. H. ausgeführt. Der Export findet vor allem im Mutterlande und in den anderen portugiesischen Kolonien seinen Absatz. Portugal braucht etwa 75000 t Zucker im Jahr. Moçambique selber verbraucht annähernd 5000 t (18).

Die Kulturen am Limpopo setzen sich nach Südrhodesien hin fort, wo das Zuckerrohr nur noch vereinzelt vorkommt. Die Zuckerausfuhr ist gering (14):

Jahr	t	Jahr	t
1931	1390	1936	1040
1932	1020	1937	1680
1933	690	1938	2270
1934	810	1939	2380
1935	920		

Anders liegen die Verhältnisse in Natal. Dort geht das Zuckerrohr am weitesten nach Süden bis jenseits des 30. Grades südlicher Breite. Auf den Anbau in Natal ist es zurückzuführen, daß die Südafrikanische Union trotz des hohen eigenen Verbrauches neben Mauritius an zweiter Stelle in der Zuckerausfuhr Afrikas steht. Die Ausfuhr der letzten Jahre betrug (14):

Jahr	t	Jahr	t
1931	163050	1936	137970
1932	148570	1937	224390
1933	180480	1938	219400
1934	113440	1939	213110
1935	199960		

1858 wurde das Zuckerrohr eingeführt und bald darauf der ganze Küstenstrich Natals in einer Breite von 10 km in Kultur genommen (13). Die Südostküste hat Großkultur aufzuweisen und liefert die größten Mengen; im Norden herrscht Eingeborenenkultur im Kleinbetrieb vor. Eine große Zahl von Zuckerfabriken sorgt für die Aufbereitung. Die Ausfuhr ist größtenteils nach England gerichtet.

Außer Natal hat auch Transvaal Anteil an der Zuckererzeugung der Union. Hauptsächlich das Gebiet am Limpopo liefert im Kleinbetrieb das Rohprodukt.

Von den ostafrikanischen Inseln führen Madagaskar, die Maskarenen und Sansibar Zucker aus. Sansibars Ausfuhr zeigt folgende Zahlen (14):

Jahr	t	Jahr	t
1931	210	1936	170
1932	250	1937	60
1933	180	1938	40
1934	370	1939	10
1935	760		

Auf Madagaskar wurde schon um 1850 von den Arabern Zuckerrohr gepflanzt (13). Aus klimatischen Gründen ist der Anbau auf den Südosten beschränkt. Bei über 24° Durchschnittstemperatur fällt dort ein Jahresniederschlag von über 3000 mm, der ein Gedeihen guter Qualitäten gewährleistet. Seit 1930 hat die Ausfuhr eine ständige Steigerung erfahren (14):

Zuckerrohr

Jahr	t	Jahr	t
1926/30 . . .	3760	1935	7710
1931	5220	1936	8460
1932	6730	1937	9480
1933	7520	1938	12100
1934	6950		

Die kleine Maskareneninsel **Mauritius** ist ein Land mit einer traditionellen Zuckerkultur und eines der wichtigsten Zuckerrohrländer überhaupt. 1650 wurde auf dieser Insel die Zuckerrohrkultur durch Holländer eingeführt und erreichte 1914 ihren Höhepunkt. Ein Viertel der Gesamtfläche der Insel ist intensiv mit Zuckerrohr bebaut: die Bezirke Savanne, Grand-Port, Flacq, Pamplemousses, ein großer Teil der Küstenebenen im Osten und Nordosten sowie der untere Teil der Hochfläche, wo das Rohr bis zur Höhe von 450 m ü. d. M. wächst (7). Das Zuckerrohr beherrscht die Landschaft und die Wirtschaft der Insel, wie die Ausfuhrzahlen zeigen:

Jahr	t		Jahr	t	
1914	289300	(7)	1934	185620	(14)
1919	257000	(7)	1935	233200	(14)
1924	201000	(7)	1936	279190	(14)
1927/28 . . .	218000	(7)	1937	313010	(14)
1932	197890	(14)	1938	292870	(14)
1933	226650	(14)	1939	294610	(14)

Weitere etwa 6000—7000 t werden jährlich auf der Insel verbraucht. 75 bis 80 v. H. aller bebauten Flächen sind mit Zuckerrohr bestellt. Neben den Großbetrieben nehmen heute die Klein- und Mittelbetriebe an Ausdehnung zu. Mit dem Anwachsen der Erzeugung ging auch die Entstehung von Fabriken parallel.

Die Nachbarinsel **Réunion** hat ebenfalls Zuckerrohranbau aufzuweisen, wenn auch nicht von der Ausdehnung wie Mauritius. Das Gebiet intensiven Anbaues liegt im Osten zwischen St. Denis und St. Benoit, vor allem in Gegenden unter 300 m. Schon 1862 wurde ein Ertrag von 75000 t erreicht (8). Durch Orkane, Krankheiten, Sperrung der indischen Einwanderung usw. ging die Produktion zurück und betrug 1905 nur noch 18793 t. Nach dem Weltkriege nahm die Erzeugung wieder zu und überschritt meist 40000 t. 1933/34 wurde erstmalig mit 77403 t der Höhepunkt von 1862 übertroffen (8). Dieser Aufstieg ist bedingt durch die teilweise Umstellung auf Rumgewinnung, die zur Minderung der Erzeugungskosten auf Réunion beigetragen hat. Heute nimmt der Zucker im Wirtschaftsleben von Réunion wieder eine führende Stellung ein. An der Warenausfuhr der Insel ist Zucker zu etwa vier Fünfteln beteiligt (8). Der Bestand der Zuckerrohrkultur erscheint heute gesichert. Eine Vermehrung der Anbaufläche kommt allerdings nicht in Frage, doch sind Verbesserung der Anbauverfahren und die Steigerung der Fabrikationsausbeute unerläßlich. Die Zuckerausfuhr hat sich folgendermaßen entwickelt:

Jahr	t	Jahr	t
1931	51880	1936	70650
1932	53600	1937	87750
1933	55840	1938	78270
1934	71790	1939	71240
1935	68480		

An der Westküste Afrikas beginnt der Zuckerrohranbau, dem Verlauf der 20° Jahresisotherme entsprechend, viel weiter nördlich, etwa erst bei 16° südlicher Breite in Angola. Abgesehen von einer Pflanzung im Innern bei Quissol findet sich der Anbau nur überall längs der Küste Angolas, vornehmlich in den Tälern der Unterläufe der Flüsse Dande, Kuanza, Gunza, Katumbala und Koporolo (5). Infolge der geringen Niederschläge (300 mm im Süden, 1000 mm im Norden) ist zumeist eine Bewässerung nötig. Die Pflanzungen gehören den Besitzern der sechs Zuckerfabriken, die 45500 t Zucker produzieren können. Die Ausfuhr steigerte sich wie folgt:

Jahr	t	Jahr	t	
1910	1717	1934	19730	
1915	5265	1935	27660	
1920	12627	1936	28997	
1925	9622	1937	26170	(14)
1929	14807	1938	32090	(14)
1933	21100	1939	35860	(14)

(Bull. de l'Office Colon. 1938, S. 20).

In Belgisch-Kongo treffen wir das Zuckerrohr im Bereich des Regenwaldes an. Nur eine einzige Gesellschaft betreibt Zuckerrohrkultur am Kongo zwischen Matadi und Léopoldville (1). Durch intensive Kultur unter Anwendung von künstlicher Bewässerung und künstlicher Düngung konnten Erzeugung und Ausfuhr seit 1930 stetig gehoben werden (14):

Ausfuhr

Jahr	t	Jahr	t	
1926/30	110	1935	7950	
1931	1840	1936	8476	(1)
1932	2950	1937	12243	
1933	5290	1938	12510	(14)
1934	6800			

(Tropenpfl. Jhg. 41 [1938], S. 511).

Während vor dem Weltkriege die Länder am Golf von Guinea, allen voran Nigeria, eine mehr oder weniger blühende Zuckerrohrkultur aufzuweisen hatten, haben diese Kolonien heute keinen Zuckerexport mehr. An der Westküste hat lediglich noch Französisch-Marokko eine Ausfuhr, die derjenigen des Kongostaates annähernd gleichkommt. Schon um die Jahrhundertwende hatte Marokko trotz der geringen Niederschläge und der tiefen Temperaturen bei Tetuan, Ceuta und Tarudant eine Zuckerrohrkultur, die damals die Wirtschaft des Landes beherrschte (13). Infolge der Konkurrenz des amerikanischen Rohrzuckers und des europäischen Rübenzuckers gingen die Kulturen zurück, bis die Ausfuhr auf den völligen Nullpunkt gesunken war. Bis 1933 hatte Marokko keine Zuckerausfuhr, doch im nächsten Jahre verzeichnet die Statistik bereits 1270 Tonnen, die sich im folgenden Jahre um ein Mehrfaches vervielfältigte (14):

Jahr	t	Jahr	t
1933	—	1936	7830
1934	1270	1937	11630
1935	7850	1938	12070

Auf den westafrikanischen Inseln, nach denen sogleich nach der Besitzergreifung durch die Portugiesen bzw. Spanier das Zuckerrohr gebracht wurde, spielt die Zuckerrohrkultur heute keine wesentliche Rolle mehr, obgleich sie vor allem auf São Thomé, Fernando Po, Principe und den Kapverdischen Inseln einmal intensiv betrieben worden ist.

An der Weltrohrzuckererzeugung hatte Afrika 1934/35 5,2 v. H. Anteil. Die Weltzuckererzeugung betrug 26062000 t, davon waren 9869000 t Rübenzucker und 16193000 t Rohrzucker.

Die Verteilung auf die Kontinente zeigt folgende Tabelle (Tropenpflanzer Jhg. 38 [1935], S. 355):

Zuckererzeugung 1934/35 (in t):

Erdteile	Rohrzucker	Rübenzucker
Amerika	7525000	1249000
Asien	7026000	56000
Afrika	853000	—
Australien.	769000	6000
Europa	20000	8558000
Welt	16193000	9869000

Afrika ist der einzige Kontinent, der neben Zuckerrohr keine Zuckerrüben anbaut abgesehen von einigen Anfängen in Abessinien (Kolon. Rundschau Jhg. 29 [1938], S. 152).

Schrifttum

Zuckerrohr

1. **Böckler, W.**, Der heutige Stand der Landwirtschaft in Belgisch Kongo. Kolonlale Rundschau Jhg. 29 (1938), S. 158.
2. **Caubet, P.**, La canne à sucre à Maurice. Rev. de Bot. Appl. et d'Agric. Trop. Jhg. 13 (1933), S. 59—61.
3. **Earle, F. S.**, Sugar Cane and its culture. New York 1928.
4. **D'Emmerez de Charmoy**, Les Cannes de graines à la Réunion. Rev. Agric. de l'Ile de la Réunion Jhg. 40 (1935), S. 1.
5. **Geraldes**, Les principaux produits végétaux des Colonies Portugaises. Lissabon 1933.
6. **Hansford, C. G. und Mc. Leod, W. G.**, Sugar Cane in Uganda. Uganda Protectorate, Dept. of Agriculture. Circ. N. 19 etwa 1928.
7. **Jezewsky**, Zuckerrohrbau und Zuckerindustrie auf Mauritius. Tropenpflanzer Jhg. 37 (1934), S. 125—28.
8. **Jezewsky**, Zuckerrohrbau und Zuckerindustrie auf Réunion. Tropenpflanzer Jhg. 38 (1935), S. 206—12.
9. **Marcus, A.**, Die Zuckererzeugung und -ausfuhr Ägyptens in den letzten Jahren. Tropenpflanzer Jhg. 40 (1937), S. 313.
10. **Nagy, J. E.**, Die Landwirtschaft im heutigen Ägypten. Wien 1936.
11. **Prinsen-Geerligs**, Zuckerrohr. Wohltmann-Bücher 2. Bd. Hamburg 1925.
12. **Sprecher v. Bernegg**, Stärke- und Zuckerpflanzen. Stuttgart 1929.
13. **Suck, W.**, Die geographische Verbreitung des Zuckerrohrs. Tropenpflanzer Jhg. 4 (1900), Beiheft 4.
14. ..., Annuaire International de Statistique Agricole 1936/37 und 1939/40. Rom 1937 und 1940.
15. ..., Einfluß der Pflanzzeit des Zuckerrohrs auf den Ertrag. Tropenpflanzer Jhg. 29 (1926), S. 284.
16. ..., Zuckerproduktion in Britisch-Ostafrika. Tropenpflanzer Jhg. 25 (1922), S. 61.
17. ..., Zuckererzeugung und -einfuhr in Deutsch-Ostafrika. Tropenpflanzer Jhg. 41 (1938), S. 221.
18. ..., Zuckerrohrindustrie in Portugiesisch-Ostafrika. Tropenpflanzer Jhg. 30 (1927), S. 402.

V. GENUSSMITTEL

1. *Kaffee, Coffea sp.*

Botanik. Die Gattung *Coffea* gehört zur Familie der *Rubiaceen.* Es werden sechs Hauptgruppen mit verschiedenen Arten und Varietäten unterschieden:

I. *Coffea arabica L.* = arabischer Kaffee,
II. *C. liberica Hiern.* = Liberiakaffee,
III. *C. excelsa Chevalier* = Scharikaffee,
IV. *C. canephora Pierre ex Froehner* = Robustakaffee,
V. *C. stenophylla G. Don.*,
VI. *C. congensis Froehner.*

Von den nahezu 100 Arten und Varietäten des Kaffees werden vor allem die Afrika interessierenden aufgeführt:

I. *Coffea arabica L.*
Coffea arabica Var. leucocarpa Hiern. (Sierra Leone)
„ „ *Var. erecta Ottolander* (Amani)
„ „ *Var. canariensis* (Amani)
„ „ *Var. intermedia Froehner*
„ „ *Var. Bourbon* (Réunion)
Unter-Var. *C. mauritiana Lam.* (Maskarenen)
Unter-Var. *C. sylvestris Wild.*

II. *Coffea liberica Hiern.*

III. *Coffea excelsa Chevalier*, Scharikaffee
Coffea abeocuta, Lagoskaffee
„ *Dewevrei De Wild.* (Belgisch-Kongo)
„ *Dybowskii Pierre* (Franz.-Kongo)
„ *Arnoldiana De Wild.* (Belgisch-Kongo), Kisantukaffee.

IV. *Coffea canephora Pierre ex Froehner*
C. Laurentii De Wild., Rio Nunez
C. bukobensis Zimmerm., Bukobakaffee
C. Ugandae Cramer, Ugandakaffee

C. kuiluensis Pierre, Kuilukaffee
C. robusta Linden.

V. *Coffea stenophylla G. Don.* (Westafrika).

VI. *Coffea congensis Froehner*, Kongokaffee.

Über die Systematik herrscht noch Unklarheit, so daß nicht immer feststeht, was Art und was Varietät ist; in der vorstehenden Übersicht sind lediglich die zusammengehörigen Gruppen zusammengestellt.

Abb. 32. Kaffee *(Coffea arabica)*
Zweig mit Blättern, Blüten und Früchten, aufgeschnittene Kaffeekirsche

Da die verschiedenen Arten mehr oder weniger voneinander abweichen, sei als Haupttypus zunächst *Coffea arabica* geschildert und auf die Abweichungen der anderen Arten hingewiesen.

Je nach Art stellt die Kaffeepflanze einen kleineren Strauch *(Coffea congensis)* oder einen Baum dar; er wird bis 20 m hoch *(Coffea excelsa)*, jedoch hält man ihn in Kultur durch Schnitt meistens in Strauchform. Das Wurzelsystem besteht aus einer Pfahlwurzel und Seitenwurzeln, die sich namentlich in der Nähe der Oberfläche des Bodens entwickeln.

Die zweijährigen Blätter sind kurzgestielt und gegenständig, länglich eiförmig, ganzrandig, lederartig, bei *C. arabica* oben saftig dunkelgrün, unten heller, bei *C. liberica* von glänzend-grüner Farbe. Bei dem Liberiakaffee sind auch die sogenannten Acarodomatien, kleine Höhlen an den Abzweigungen der Seitennerven, am deutlichsten.

Die schneeweißen Blüten (Abb. 32) sind fünfzählig und erinnern im Duft an Jasminblüten. Sie sitzen zu 4—16 in Büscheln in den Blattachseln der Nebenzweige, sehr selten am Hauptstamm. Der unterständige Fruchtknoten trägt den die Kronenblätter überragenden Griffel mit einer zweispaltigen Narbe.

Die zweiteilige Frucht, Kaffeekirsche genannt, ist eine zweisamige Steinfrucht (Abb. 32). Unter einer ledrigen Oberhaut liegt das zuckerreiche, saftige Fruchtfleisch; jeder einzelne Same, Kaffeebohne genannt, ist von einer harten Schale, der Pergamentschicht sowie der Samen- oder Silberhaut umgeben. Die Kaffeekirsche ist zunächst grün, wird dann gelb, später rot und zuletzt purpurn; bei einer Art *(C. arabica var. leucocarpa)* in Sierra Leone wird sie weiß. Der Same besteht aus dem hornartigen, gelblichgrauen, grünlichgrauen, bläulichgrauen oder tiefblauen Nährgewebe und dem kleinen, am Grunde liegenden Keimling. Die Längsfurche auf den Bohnen entsteht dadurch, daß sich die Ränder des Samens einrollen und die Pergamentschicht und Silberhaut einziehen. Je nach der Art schwanken die Ausmaße der Bohnen stark, die Länge von 4,5 mm bis 17 mm, die Breite von 2,7 mm bis 8 mm und die Dicke von 2,5 mm bis 3,5 mm. Den besten Vergleich gibt das 1000-Bohnen-Gewicht, das bei *Coffea liberica* mit 300 g am größten und bei dem Uganda- und Bukobakaffee mit 112 g am kleinsten ist. Dazwischen liegt *C. excelsa* und andere Robusta-Formen mit 160 und 161 g.

Verhältnismäßig häufig sind Variationen in bezug auf die Ausbildung der Zahl der Bohnen beobachtet worden. So entsteht der bekannte Perlkaffee durch Monospermie, d. h. durch Ausbildung nur eines Samens. Demgegenüber ist Polyspermie (3 und 4 Samen) seltener, doch sind bei *Coffea arabica var. Bourbon* sogar 4—10 Bohnen (Angola) in einer Frucht festgestellt worden (15).

Im wesentlichen besteht das Nährgewebe der Bohne aus Stärke, Zucker, Fett, Eiweiß, hinzu kommen stickstoffreie Extraktstoffe, Gerbsäure und das Koffeïn, welches die bekannte anregende Wirkung des Kaffees nach sich zieht. Es kommt nicht nur in den Samen des Kaffees vor, sondern auch in den Blättern und Zweigen. Koffeïnreich ist ein Kaffee mit 2 v. H. Koffeïngehalt, koffeïnarm eine Sorte mit 0,2 v. H.

Bei *Coffea liberica* sind alle Teile der Pflanze größer als bei *Coffea arabica:* während letztere selten bis 6 m hoch wird, erreicht der Liberiakaffeebaum eine Höhe von 15 m. Die Blätter *(C. liberica)* werden bis 35 cm lang und 15 cm breit (bei *C. arabica* 5—20 cm lang und 2—5 cm breit). Die Blüten sind anstatt 5-zählig meistens 6—8-zählig. Während *C. arabica* zwei Blühperioden zeigt, eine Hauptblütezeit und eine Vor- oder Nachblüte, entsprechend der kleinen und großen Trockenzeit seines Verbreitungsgebietes, blüht der Liberiakaffee mehr oder weniger das ganze Jahr über.

Coffea excelsa hat von allen Kaffeearten den kräftigsten Wuchs und kann bis 20 m hoch werden. Die Bohnen bleiben jedoch klein und werden spät reif. Auch soll im allgemeinen der Ertrag nicht sehr hoch sein; hinzu kommt die Anfälligkeit gegen Krankheiten. Im Gegensatz dazu soll die nur 3—4 m hohe Art *Coffea abeocuta* den Liberiakaffee ersetzen können, da er diesen an Qualität und Widerstandsfähigkeit gegen die Blattkrankheit übertrifft (15).

Auch *C. Arnoldiana* wird 6—12 m groß und soll im Kongogebiet gute Resultate geben. Diese Varietät blüht und fruchtet das ganze Jahr, braucht angeblich keine Beschattung und soll auch resistent gegen Winde und Insekten sein.

C. canephora ist ein pyramidenförmiges Bäumchen mit kleinen orangeroten Früchten. Über die Systematik der Unterarten herrscht große Unklarheit. Die Qualität des in Afrika häufigen Robustakaffees steht hinter der des arabischen zurück, trotzdem hat er ihn mancherorts verdrängt, weil er an Boden und Höhenlage geringe Ansprüche stellt, reiche Erträge liefert und vor allem widerstandsfähiger gegen Krankheiten ist. Die Blüten können 5—8-zählig sein, sind außerordentlich zahlreich und das ganze Jahr über zu finden. Die Früchte sind karminrot und leicht zu zerdrücken, also auch leichter aufzubereiten.

C. stenophylla G. Don. kommt als „highland coffee" in den Handel. Von den Eingeborenen wird er in Französisch-Guinea kultiviert und liefert den „native coffee". Der Stamm wird 5—7 m hoch. Die Blüten sind 8—10-zählig. Wegen seiner geringen Erträge und der ungleichen Qualität hat er sich nirgends in großem Umfange durchgesetzt.

Coffea congensis könnte wegen seiner Immunität gegen die Blattrostkrankheit den Robustakaffee ersetzen, wenn er nicht sehr viel geringere Erträge lieferte. Die Qualität ist jedoch besser als die des Robustakaffees.

Vielfach werden auch Hybriden von *Coffea arabica* und *C. liberica* angebaut (16). Sie zeichnen sich teilweise durch kräftigen Wuchs und Widerstandsfähigkeit gegen *Hemileia* aus. Die Bohnen sollen das Aroma des arabischen Kaffees mit dem kräftigen Geschmack des liberischen Kaffees vereinigen. Viele solcher Hybriden sind zur Kultur nicht geeignet, da sie taube Früchte hervorbringen.

Verbreitung. Alle Kaffeearten sind in Afrika beheimatet, doch wird heute der Kaffee in weiten Gebieten der übrigen Welt kultiviert. Die Urheimat der verbreitetsten Kaffeeart, des arabischen Kaffees, ist nicht Arabien, sondern Abessinien, und zwar die Landschaften Kaffa, Enarea und Schoa (13); dort wächst er auch heute noch in den Urwäldern wild. *C. arabica var. leucocarpa* stammt aus Sierra Leone. Der Bourbonkaffee hat seinen Namen von der Insel seiner Herkunft, Réunion, die früher Bourbon hieß. Der Liberiakaffee ist in Angola zu Hause und wird am erfolgreichsten in Liberia kultiviert. Der Schari-Kaffee *(C. excelsa)* wurde 1904 von *Chevalier* am Tschadsee wild vorgefunden. Er kommt häufig am Rande der Wälder und in den Waldlichtungen längs des Ubangi vor. *Coffea abeocuta* gedeiht am Niger, *Coffea Arnoldiana* in Belgisch-Kongo. *C. canephora* ist in Äquatorialafrika verbreitet, ebenso im dichten Regenwald wie in den Galeriewäldern; an der Meeresküste geht er bis 1300 m hoch. Der Uganda-Kaffee wird an den großen afrikanischen Seen schon seit langer Zeit von den Eingeborenen angebaut. *C. stenophylla* ist in Französisch-Guinea und in Sierra Leone zu Hause und gedeiht dort bis 700 m ü. d. M. (15). *C. congensis* wächst auf den Inseln des Überschwemmungsgebietes des Kongosystems, wird daher von den Europäern „Inselkaffee" genannt.

Die Kulturzone des Kaffees ist im Vergleich zu seinem natürlichen Verbreitungsgebiet weitaus größer und reicht auf beiden Hemisphären bis zum 27. Breitengrad. Durch die Kultur ist in zwei Jahrhunderten die Verbreitung vollständig verändert. Der Schwerpunkt der Kaffeekultur liegt heute nicht in der Heimat des Kaffees, in Afrika, sondern in Zentral- und Südamerika, namentlich in Brasilien. Darüber hinaus wird er in vielen anderen Gebieten der übrigen Welt kultiviert.

Aus den ihrer Natur nach völlig verschiedenen Verbreitungsgebieten der einzelnen Kaffeearten geht hervor, daß die einzelnen Arten verschiedene Ansprüche an das Klima stellen. Allerdings verfügen die meisten Arten über ein beträchtliches Anpassungsvermögen (15), so daß ein und dieselbe Art, unter verschiedenen natürlichen Bedingungen kultiviert, anzutreffen ist. Für *C. arabica* ist eine mittlere Jahrestemperatur von 18—22° C am günstigsten, doch haben Temperaturen bis 35° C und selbst bis zur Frostgrenze keinen nachteiligen Einfluß. Für Gebiete mit etwa 25° mittlerer Jahrestemperatur sind andere Arten, wie *C. liberica*, *C. abeocuta*, *C. canephora* und *C. congensis*, geeignet. Während der Liberia- und Robustakaffee ein gleichmäßig warmes Klima lieben, schadet dem arabischen Kaffee ein Wechsel zwischen kalt und warm, auch zwischen feucht und trocken weniger.

Ein Wechsel zwischen Regen- und Trockenzeit ist wegen des Fruchtansatzes und der Ernte sogar erwünscht. Was die Feuchtigkeit anbetrifft, so ist *C. excelsa* am anspruchslosesten. *C. arabica* benötigt mindestens 1000 bis 1500 mm Jahresniederschlag (16). Das Minimum für *C. liberica* und *C. robusta*, die auch eine größere Luftfeuchtigkeit beanspruchen, liegt in tiefen Lagen um 2000 mm. *C. congensis* verträgt, seinem Standort entsprechend, am meisten Luft- und Bodenfeuchtigkeit. Zuviel Niederschläge verursachen eine üppige Laubentwicklung auf Kosten der Fruchtbildung. Während der Blütezeit soll es nach Möglichkeit nicht regnen.

Gegen Winde ist die Kaffeepflanze empfindlich, ebenso bedarf sie als Unterholzpflanze des Urwaldes der Beschattung. Es gibt je nach der Anbaugegend eine große Anzahl von Bäumen, die zur Beschattung und als Windschutz geeignet sind. Bevorzugt werden Schmetterlingsblütler, da sie den Boden mit Stickstoff anreichern. An der nördlichen und südlichen Verbreitungsgrenze wie in größeren Höhenlagen kann unter bestimmten Voraussetzungen auf eine Beschattung verzichtet werden. Restlos geklärt ist die Schattenfrage noch nicht; doch kommt es darauf an, die Beschattung den gegebenen Verhältnissen und den einzelnen Arten jeweils anzupassen, da Wachstum, Ertrag und Gesundheit der Pflanze davon abhängen (21).

Ebenso wie das Klima beeinflußt auch die Zusammensetzung des Bodens Ertrag und Güte. Vorteilhaft für den Kaffee ist humusreicher, lockerer Urwaldboden (13). Schwere, undurchlässige Tonböden und solche mit hohem Kalkgehalt sind ungeeignet. In Gebieten mit starken Niederschlägen darf der Boden nicht zu sandig und porös sein, da die sich bildenden Nitrate fortgewaschen werden, bevor sie das Wurzelsystem aufzunehmen vermögen (17). Aus demselben Grunde ist Salpeter in leichten Lehm- und Sandböden oft unwirksam. Bessere Erfolge werden auf solchen Böden mit schwefelsaurem Ammoniak erreicht (7).

Kultur. Um bei der Anlage einer Pflanzung einheitliche Bestände zu erzielen, gibt es zwei Wege: 1. Die Verwendung möglichst samenkonstanter Sorten, 2. die vegetative Vermehrung. Zur Durchführung der vegetativen Vermehrung der Kaffeesträucher sind verschiedene Methoden versucht worden: Anzucht von Stecklingen, Markotten und Absenkern und durch Okulieren, Pfropfen und Ablaktieren. Für die Praxis kann dem Pflanzer eine einwandfreie Methode noch nicht empfohlen werden. Es sind weitere mehrjährige Untersuchungen notwendig.

Die Aussaat kann durch Auslegen der Samen an dem endgültigen Standort und in Saatbeeten erfolgen. In den allermeisten Fällen kommt nur die Anzucht in Saatbeeten oder Pflanzkörbchen in Frage. Beim arabischen Kaffee erscheinen nach etwa 40 Tagen die Keimblätter, beim Liberia- und Robustakaffee erst nach 50—60 Tagen. Das Verpflanzen aus den Saatbeeten geschieht je nach den Verhältnissen 5—9 Monate nach der Aussaat in die vorbereiteten Pflanzlöcher. Die Pflanzweite auf dem Felde beträgt im Mittel für arabischen Kaffee 2,5 m × 2,5 m, für Liberiakaffee 4 m × 4 m, für Robustakaffee 3 m × 3 m (16).

In regenarmen Gebieten kann der Mangel an Feuchtigkeit durch künstliche Bewässerung behoben werden. Hierdurch vermag man auch bis zu einem gewissen Grade die Blütezeit zu regulieren. Bei gestaffelter Bewässerung verschiedener Pflanzungsschläge kann die Reife und somit die Ernte über größere Zeiträume verteilt werden, was in Gebieten mit Arbeitermangel von Bedeutung ist.

Sehr wichtig für eine Kaffeepflanzung ist der Schnitt der Bäume, wodurch diesen die zweckmäßigste Entwicklungsform gegeben, die Widerstandsfähigkeit gegen Krankheiten erhöht, der Ertrag gesteigert wird und der Bestand auch gegebenenfalls verjüngt werden kann.

Man unterscheidet Einstamm- und Mehrstammschnitte (Abb. Tropenpflanzer 1934, S. 374). Mit den Vor- und Nachteilen der verschiedenen Schnittarten hat sich *Kaden* (8; 9) eingehend beschäftigt. Den Einstammschnitt verwirft er (wenigstens für Westafrika). Von den Mehrstammschnitten wird besonders der „Agobiada" aus Kolumbien und der Westafrikanische Kaffeeschnitt empfohlen.

Bei richtiger Pflege kann die Kaffeepflanze ein hohes Alter erreichen. In Costarica geben 50jährige Pflanzen noch normale Erträge, sogar 100 Jahre alte Bäume sollen dort vorkommen, die noch volle Erträge liefern (19).

Ernte. Für eine gute Qualität ist es wichtig, daß nur gleichmäßig reife Früchte geerntet werden. Bei dem Robusta- und Liberiakaffee, bei denen die reifen Früchte erst nach der Reife in 4 Wochen abfallen, bereitet die Pflücke keine so großen Schwierigkeiten wie bei dem arabischen Kaffee, dessen Kirschen schon wenige Tage nach der Vollreife abfallen.

Vor der Pflücke muß der Boden der Pflanzung gut gereinigt sein, um die abgefallenen Kirschen aufsammeln zu können.

Bei der Aufbereitung unterscheidet man das trockene und das nasse Verfahren.

Bei der trockenen Methode werden die Kaffeekirschen vor der Aufbereitung getrocknet. Die Trocknung erfolgt auf Tennen — bei normalreifen in etwa 5—10 Tagen —, bis sie „rappeldürr" sind. Die Weiterverarbeitung besteht dann nur noch in einem Stampfen in Mörsern oder durch Schälen in Schälmaschinen mit nachfolgender Windreinigung und Sortierung.

Bei dem nassen Aufbereitungsverfahren geschieht das Pulpen oder Entfleischen der frischen Kaffeekirschen in eigens dazu konstruierten Maschinen. Die entfleischten Bohnen werden anschließend einem Gärungsprozeß ausgesetzt, um das noch an der Hornschale haftende Fruchtfleisch zu erweichen. Wert und Notwendigkeit der Gärung sind nicht mit Sicherheit erwiesen. Vielmehr steht fest, daß auf Grund der Untersuchungen verschiedener Wissenschaftler die Fermentation keinen unbedingt notwendigen Faktor der Aufbereitung darstellt (25). Es hat sich gezeigt, daß durch die Fermentation Geruch, Geschmack und Farbe der Bohnen ungünstig beeinflußt werden können. Eine Verbesserung der Qualität ist bisher nicht nachweisbar gewesen. Das Kaffee-Institut in São Paulo empfiehlt daher in seinen Richtlinien, die frischen Kaffeekirschen ohne Fermentation aufzubereiten, so schnell wie möglich zu pulpen und sogleich in fließendem Wasser zu waschen, wobei durch Abschwemmen der leichten und tauben Bohnen eine Vorsortierung stattfindet.

Nach dem Waschen werden die Bohnen 4—5 Tage in der Sonne unter häufigem Wenden getrocknet. Um die Trocknung schneller und vom Wetter unabhängiger durchführen zu können, bedient man sich mancherorts heizbarer Trockenhäuser und Trockentrommeln.

Der durch das nasse Verfahren aufbereitete Kaffee wird häufig als „Hornschalkaffee", d. h. ungeschält versandt, wodurch die Frachtkosten allerdings gesteigert werden, jedoch eine bessere Haltbarkeit gewährleistet ist, so daß vornehmlich die erstklassigen Sorten als Hornschalkaffee zum Versand kommen.

EINZELNE ANBAUGEBIETE

Obwohl Afrika das Heimatland aller Kaffeearten ist, hat hier die Kaffeekultur erst zu Beginn des Jahrhunderts einige Bedeutung erlangt, nachdem vorher in anderen Ländern, namentlich in Brasilien und Niederländisch-Indien, der Kaffeeanbau zu hoher Blüte gelangt war. Der Osten Afrikas zeigt teilweise für den Kaffeeanbau günstigere Verhältnisse als der Westen. In den letzten Jahrzehnten hat dort die Kultur große Fortschritte gemacht (vgl. Karte 15).

In Abessinien, der Heimat von *Coffea arabica*, wurde die erste Ausfuhr dadurch erzielt, daß die Regierung die mit wildwachsenden Kaffeebäumen durchsetzten Urwälder als Staatseigentum erklärte und die Kaffeebäume abernten ließ (13). Heute werden neben dieser „Nativeernte", die aus den südlichen Landschaften Kaffa, Konta, ullo, Lima, Sidamo, Wollaga usw. stammt, auch kleinere Mengen auf Pflanzungen gewonnen, wie z. B. der Harrar- und Arussikaffee, der bei Harrar sowie im Tschertscher- und Tschilallu-Gebirge angebaut wird.

Größere Europäerplantagen gibt es bisher nur wenige. Zu erwähnen sind namentlich drei belgische an den Abhängen des Tschertscher- und Tschilallu-Gebirges (28; 29).

Die Ausfuhr war vor der italienischen Besitzergreifung vornehmlich nach Nordamerika gerichtet. Die Ausfuhr Djibutis und die Ausfuhr Abessiniens nach dem Englisch-ägyptischen Sudan entwickelte sich in den letzten Jahren folgendermaßen (in t):

1929/33 . . .	19800	1936	14500
1934	22400	1937	13000
1935	19800		

(27 b, S. 348f.).

Die Gesamtproduktion wurde 1936/37 auf 18000 t geschätzt, davon sollen etwa 14000 t auf den Weltmarkt kommen, wovon 700 t (das sind 5 v. H.) von Europäerplantagen stammen (15). 1937/38 soll die Produktion 22000 t betragen haben. Im Jahre 1938 führte ganz Italienisch-Ostafrika 5380 t Kaffee aus, davon waren 180 t Wiederausfuhr (27 b, S. 588f.).

In Erythrea wird in neuerer Zeit an den feuchten Osthängen von Faghena und Monte sabono Kaffee kultiviert; in Dorfu und Elabaret wird er unter Bewässerung gebaut (*Troll*, in Koloniale Rundschau Jhg. 32 [1935], S. 304). Die Ausfuhr, die nach Italien geht, kann nicht ohne weiteres zu der Erzeugung in Beziehung gesetzt werden, da große Mengen von Abessinien eingeführt werden.

In Somaliland gleichen sich Einfuhr und Ausfuhr aus (13); als Produktionsland spielt es keine Rolle.

In Uganda gibt es zwei für den Kaffeebau geeignete Gebiete (vgl. Karte), jedoch ist die Ausdehnung bisher recht beschränkt geblieben. Der Anbau verteilte sich 1936 wie folgt (Tropenpflanzer Jhg. 41 [1938], S. 219) (in acres):

	Europäer	Asiaten	Eingeborene
Arabica	6028	158	17066
Robusta	6663	623	21171
Summe	12691	781	38237

Im Wirtschaftsjahr 1938/39 nahmen die Kaffeepflanzungen 27000 ha ein (27 b, S. 348).

In Kenya ist der Kaffee der bedeutendste Ausfuhrartikel. Er stammt hier fast ausschließlich von europäischen Pflanzungen. Von 1914—24, in 10 Jahren, hat sich die Anbaufläche verzehnfacht und ist von 2430 ha auf 24322 ha angewachsen. 1927 betrug sie 30198 ha. Für das Wirtschaftsjahr

1938/39 wird sie mit 37000 ha angegeben, davon 36000 ha tragend, die 18000 t erzeugten; 1939/40 betrug die Erzeugung rund 16500 t (27 b, S. 348f.). Das Erzeugnis findet auf dem europäischen Markt viel Anklang, am meisten davon gelangt nach London (13).

Die Kaffeeausfuhr von Kenya und Uganda hat in den letzten Jahren betragen (Statistisches Handbuch der Weltwirtschaft. Berlin 1936, S. 329; 27 b, S. 592f.):

Jahr	t	Jahr	t
1913	900	1935	24580
1922	6600	1936	32380
1925	9400	1937	27020
1932	18400	1938	31600
1934	17330	1939	34630

Die Entwicklung der Kaffeekultur in Ruanda-Urundi — von Eingeborenen betrieben — hat in der Nachkriegszeit große Fortschritte gemacht (35). Die Ausdehnungsmöglichkeit der Kulturen in den Eingeborenengebieten soll sich dem Ende nähern, da das geeignete Gelände bereits in Kultur genommen ist. Die Ernte wird an Europäer und Inder abgesetzt und ausschließlich in zwei europäischen Fabriken in Usumbura aufbereitet. 1934 betrug die Erzeugung der europäischen Pflanzungen 87 t, davon 50 t Robusta aus der Ebene des Russisi und 37 t Arabica der Missions- und anderer Gesellschaften (36). Die Gesamtausfuhr entwickelte sich folgendermaßen (27 b, S. 590f.):

Jahr	t	Jahr	t
1929/33 . . .	60	1937	2140
1934	220	1938	3390
1935	620	1939	670
1936	1320		

Die Erzeugung der Europäer belief sich 1933 auf 70, 1934 auf 87 t (Tropenpflanzer Jhg. 41 [1938], S. 41 und 398).

In Deutsch-Ostafrika wurde 1892 in Usambara mit der Kaffeekultur begonnen. Infolge ungeeigneter Bodenverhältnisse ist sie schon vor dem Weltkriege fast gänzlich wieder zugrunde gegangen. Sie nahm dagegen eine nachhaltige Entwicklung in den Bezirken Moschi, Aruscha und Mbulu an den Abhängen des Kilimandjaro, Meru und Oldeani mit ihren weit günstigeren Bodenverhältnissen. Das größte Anbaugebiet ist heute Bukoba mit fast ausschließlich Eingeborenenkulturen; kultiviert wird dort eine Robustaart. Zur Hebung der Güte des Kaffees dieses Anbaugebietes sind für die Ausfuhr Standards vorgeschrieben worden (40). Kaffee mit nicht mehr als 12,5 v. H. Feuchtigkeit und 2 v. H. Fremd-Bestandteilen wird auf dem Sack mit einem „T“ im Kreis gekennzeichnet. Den Kaufverträgen wird neuerdings der Standard „FAQ“ mit nicht mehr als 0,5 v. H. Fremdkörpern zugrunde gelegt.

In den südwestlichen Hochländern wird von europäischen Siedlern Arabica gebaut. Die Versuche im Iringa-Hochland, Dabaga und Mufindi sind fehlgeschlagen, günstiger werden die Aussichten für Mbosi beurteilt. Die Entwicklung der Ausfuhr zeigt folgende Tabelle:

Jahr	t	Jahr	t
1913	1059	1935	18880
1923	4041	1936	12340
1929	9000	1937	13830
1932	12000	1938	13950
1934	15000	1939	16870

(Statistisches Handbuch der Weltwirtschaft. Berlin 1936; 13; 27 b, S. 590 f.)

In Moschi ist 1931 unter Einwirkung der englischen Regierung die „Kilimandjaro Native co-operative Union Ltd.“ gegründet worden (41), die der Förderung des Anbaues, der Bekämpfung der Schädlinge und der Regelung des Absatzes dient.

1934 wurde bei Moschi die Kaffeeversuchsstation Lyamungu mit Laboratorien für Entomologie, Mykologie, Chemie und Physiologie errichtet (38). Das Arbeitsprogramm sieht vor: Ausarbeitung zweckmäßiger Aufbereitungsverfahren unter besonderer Berücksichtigung der Güte, Untersuchungen über Plege- und Kulturmaßnahmen und namentlich die Züchtung von Sorten, die den örtlichen Bedingungen angepaßt sind.

In Nyassaland entwickelte sich die Kaffeekultur von 1878 bis 1900 zu beachtlicher Höhe und erlitt dann einen jähen Rückgang infolge falscher Kulturmethoden und des Fallens der Kaffeepreise (42). Erst in letzter Zeit hat das Interesse für Kaffeebau wieder etwas zugenommen, namentlich in den feuchteren Gebieten des Schire-Hochlandes. Kultiviert wird arabischer Kaffee ausschließlich von Europäern.

Anbau und Ausfuhr haben sich seit 1900 wie folgt entwickelt:

Jahr	Anbaufläche acres	Ausfuhr t	Jahr	Ausfuhr t
1900/1 . . .	17000	908	1936 . . .	20
1919	492	81	1937 . . .	50
1927	1239	16	1938 . . .	10
1935	995	31	1939 . . .	10

(27b, S. 591; Tropenpflanzer Jhg. 40 [1937], S. 261).

Madagaskar hat von allen französischen Kolonien die weitaus größte Kaffeeausfuhr. Bevor der französische Anbau begann, bestanden schon Eingeborenenkulturen auf dem Hochland des Innern. Auf der Ostseite wurden von den Kolonisten Anbauversuche mit arabischem Kaffee gemacht, die jedoch infolge starken Auftretens des Kaffeerostes *(Hemileia)* eingingen. Darauf wandte man sich dem Liberiakaffee zu, der wohl bessere Fortschritte machte, später aber dann vom Robusta- und Kuilu-Kaffee mehr oder weniger verdrängt wurde (11). Von 2774 t (1926) ist in 10 Jahren die Erzeugung auf 18370 t (1936) gestiegen, hat sich also nahezu versiebenfacht. Die Erzeugung macht gute Fortschritte, man rechnet für 1940 mit einer Ernte von mindestens 25000 t (11).

Die Pflanzungen haben sich auf der Ostseite und in dem Gebiet von Nossi Bé ausgedehnt. Gebaut wird hauptsächlich Robusta und Liberia. Arabischer Kaffee kommt nur in höheren Lagen von etwa 800 m an vor. Liberiakaffee wird wegen seiner großen Bohnen von den Eingeborenen für den Anbau geschätzt. Seit 1934 liegt der größte Teil der Erzeugung in den Händen der Eingeborenen, wie folgende Tabelle zeigt (in t) (11):

	Jahr	Eingeborenen-Kulturen	Europäer-Plantagen	Summe
	1931	3890	7550	11440
	1933	7240	8200	15440
	1934	7700	6850	14550
geschätzt	1937	12550	8090	20640
geschätzt	1938	18300	8210	26510

Der Anteil der einzelnen Arten verteilte sich 1935 auf die Erzeugung wie folgt (in t):

1935	Kuilu	Robusta	Liberia	Arabica
Eingeborenenkultur . . .	6980	690	440	460
Europäerkultur	4900	2300	40	10
Summe	11880	2990	480	470

Für die Verbesserung der Qualität ist, sowohl in bezug auf Sortenzüchtung wie Kulturmethoden und Aufbereitung, ein Arbeitsprogramm aufgestellt. Die Stationen Tamatave und Ivoloina beschäftigen sich mit der Sortenzüchtung, wobei auch *Coffea congensis* besondere Beachtung geschenkt wird.

Erwähnt sei noch, daß auf Madagaskar mehrere koffeïnfreie Sorten wild vorkommen (Tropenpflanzer Jhg. 41 [1938], S. 205): *Coffea Gallienii Dubard*, *C. Mogeneti Dubard*, *C. Bonnieri Dubard* aus dem Norden und *C. Bertrandii Chev.* aus dem Süden der Insel; die letzte weist den dortigen klimatischen Verhältnissen entsprechend xerophilen Charakter auf. Geruch und Aussehen dieser Bohnen sollen den Handelssorten nicht nachstehen und denen von *C. excelsa* ähnlich sein.

Réunion und Mauritius haben nur eine geringe Ausfuhr, die ihren Höhepunkt 1919 mit 37 t erreicht hatte. Seitdem ist der Export verschwindend gering. Kultiviert wird fast ausschließlich eine Unterart des Bourbon-Kaffees, der von der Insel Réunion (früher Bourbon) seinen Namen hat. Er soll widerstandsfähig gegen Kälte sein.

Eine recht untergeordnete Bedeutung hat der Kaffeebau in Rhodesien, Moçambique, Transvaal und Natal (13). Lediglich in Nordrhodesien, in der Umgebung des Bangweolosees, hat die Kaffeekultur eine geringe Ausdehnung. Die Kaffee-Erzeugung von Moçambique — hauptsächlich im Inhambanedistrikt — befriedigt lediglich den geringen örtlichen Bedarf. Angebaut wird vorzugsweise eine minderwertige, dem Robusta ähnliche Sorte *(Coffea zanguebaria Lour.)*. In Transvaal sind die Kulturen im Bezirk Zoutpansberg 1930 durch *Hemileia* fast völlig vernichtet, so daß man im Nordosten des Gebietes und im Bezirk Louis Trichard neue angelegt hat. In Natal findet der Kaffeebaum seine südlichste Verbreitung, über 30° südlich hinaus. In einer Höhe von 1200 m gedeiht er im Durbangebiet zwischen den Flüssen Tugela und Umkomazi, wo er 1895 von deutsch-russischen Ansiedlern zuerst angepflanzt wurde. Als Durbankaffee kommt das Erzeugnis Natals in den Handel. 1930 sollen die Kulturen stark unter *Hemileia* gelitten haben (13).

Auf der Westseite Afrikas ist Angola das südlichste der Kaffee anbauenden Länder und zugleich das Land mit der größten Produktion von Westafrika. Kaffee steht unter den Ausfuhrprodukten Angolas dem Werte nach an erster Stelle. Die hauptsächlichsten Anbaugebiete sind Dembos, Libollo, Malange und die Hochländer östlich Lobito an der Benguela-Bahn, namentlich Ganda. In den südlichen Hochländern wird Arabica, in Dembos, Libollo und in Malange Robusta gebaut. In dem Waldgebiet zwischen dem unteren Kuanza und Bembe gedeiht der in Nordangola wildwachsende, dem Robusta ähnliche *Coffea Welwitschii Pierre.*

Die Ausfuhr, die erhebliche Mengen von den Eingeborenen gesammelten Wildkaffees einschließt, betrug in den letzten Jahren (Tropenpflanzer Jhg. 41 [1938], S. 510 und 27b, S. 589):

Jahr	t	Jahr	t
1919	6136	1936	19554
1922	10395	1937	16420
1933	11998	1938	17470
1935	10277	1939	20750

Die Standardisierung ist seit 1932 gesetzlich geregelt (45). Jeder zum Export bestimmte Kaffee muß ein Ursprungszeugnis haben und einer bestimmten Type nach Gestalt und Größe der Bohnen — sowie nach bestimmten Mangel-Eigenschaften — angehören. Die Klassifizierung führt die Handelskammer durch. Auch Verpackung, Gewicht und Markierung müssen bestimmten Vorschriften entsprechen.

Seit Ende des vorigen Jahrzehntes leidet der Kaffee in Cazengo und Amboïm unter einer nicht parasitären Welkekrankheit (10), die ihre Ursache in ungeeigneten Klima- und Bodenverhältnissen sowie Kulturmaßnahmen haben soll.

Wenig hinter der Kaffee-Erzeugung Angolas steht diejenige von Belgisch-Kongo zurück; heute wird fast die Hälfte des belgischen Bedarfes aus der eigenen Kolonie gedeckt. Auf rund 53000 ha wurden 1936 über 17500 t erzeugt (1). Sowohl Robusta, fast ausschließlich in einer Varietät aus Java, wie Arabica werden angebaut (47), jedoch dem Klima entsprechend weitaus mehr Robusta als Arabica. Robusta wird in der Umgebung von Stanleyville in einer Höhenlage von 300 m bis 500 m kultiviert. Daneben im Uëlle-Bezirk, im Lomami-Bezirk, in Katompe, in Katanga und in Binga. Die Erträge sind hier 1000—1500 kg je Hektar. Arabica gedeiht in den Höhenlagen von 1000 m bis 1200 m im Gebiet der großen Seen und im Süden von Katanga. *Coffea excelsa* findet sich nur ganz selten.

Die Kultur liegt fast nur in Händen der Europäer. Die Eingeborenen beginnen erst in jüngster Zeit mit dem Kaffeeanbau. Mitten im Urwaldgebiet, am Südrande des Tschuapabeckens, besteht eine Kaffeeanbaupropagandazone der Regierung. In Lula bei Stanleyville befaßt sich eine Versuchsstation mit der züchterischen Bearbeitung des Kaffees und hat die Varietät *Coffea robusta aruwimiensis* hervorgebracht, die in Europa guten Absatz finden soll. Die Ausfuhr hat nachstehende Entwicklung genommen (Statistisches Handbuch der Weltwirtschaft. Berlin 1936, S. 321 und Annuaire Internationale de Statistique Agricole. Rom 1936, 1937, 1940):

Jahr	t	Jahr	t
1920	113	1936	16780
1930	1537	1937	16040
1934	12390	1938	19100
1935	13160	1939	18990

Im Jahre 1934 war die Erzeugung auf die Kaffeearten wie folgt verteilt (in t):

Arabica	2534
Robusta	10445
andere	131
Summe	13110
(Ausfuhr)	12390.

Die Erzeugung Französisch-West- und Äquatorialafrikas ist nicht groß. Nur die Elfenbeinküste hat jüngst eine gewisse Bedeutung erlangt. Sie erzeugt nahezu 98 v. H. der Ausfuhr ganz Französisch-Westafrikas (43). In den letzten Jahren betrug die Ausfuhr (27a und b; 43) in t:

Jahr	Elfenbeinküste	Dahome	Franz.-Guinea
1926/30	280	0	0
1935	5160	56	55
1936	6480	180	70
1937	10070	180	160
1938	14080	120	280

Erst 1931 wurden an der Elfenbeinküste Pflanzungen in größerem Umfange angelegt. 1933 waren schon 32000 ha mit Kaffee bepflanzt, und zwar mit den verschiedensten Arten. Die Kulturmethoden lassen noch viel zu wünschen übrig. Der örtliche Landwirtschaftsdienst arbeitet auf die Züchtung für die Waldregion und die Savannen angepaßter Sorten hin. Arabica kommt für die Gebirgsregionen von Man und Danané in Frage.

In Dahome wird vorzugsweise nur eine Art angebaut: Niaouli, eine Varietät des Robusta-Kaffees. Mit Ausnahme einer europäischen Pflanzung liegt die Erzeugung in Händen der Eingeborenen (43).

In Französisch-Guinea wurden bis 1930 alle Arten durcheinander angebaut, wodurch die Qualität der Ernte sehr vermindert wurde. Seitdem trennt man die verschiedenen Arten und baut sie in den ihnen zusagenden Gebieten: Stenophylla in der Küstenregion, Arabica in der Gebirgsregion von Futa-Djallon und Robusta in der Waldregion. Liberia und Excelsa kommen auch in der Nachbarschaft von Robusta vor.

In Französisch-Äquatorialafrika bestehen einige Kaffeepflanzungen in Gabun, in Ubangi-Schari und am Mittelkongo, die in den letzten Jahren große Fortschritte gemacht haben sollen (27).

1930 fand die erste Kaffeeausfuhr aus dem französischen Mandatsgebiet Kamerun statt. Sie betrug damals 7 t, erreichte aber schon 1935 1370 t (49), 1936 2020 t, 1937 2560 t und 1938 4250 t (27 b, S. 588 f.).

Zunächst kam der Kaffee fast ausschließlich von den europäischen Pflanzungen, doch ist die Verwaltung eifrig bemüht, die Kultur auch bei den Eingeborenen einzuführen. Im Bamumgebiet, Fumban, baut eine 1932 gegründete Genossenschaft der Eingeborenen Arabica-Kaffee.

Um den Kaffeeanbau in Kamerun zu fördern, werden Ausfuhrprämien gezahlt, die zur Steigerung der Ausfuhr beigetragen haben.

Nach einer Verordnung aus dem Jahre 1930 sind für Ausfuhrware zwei Standards innezuhalten:

1. Kaffee mit höchstens 5 v. H. beschädigten oder schwarzen Bohnen und 1 v. H. Fremdbestandteilen.
2. Kaffee mit nicht mehr als 10 v. H. schwarzen und beschädigten Bohnen und nicht mehr als 5 v. H. Fremdbestandteilen.

Zur Erzielung von ertragsfähigen und widerstandsfähigen Sorten arbeitet in Nogent eine Versuchsstation mit mehreren Herkünften von *C. arabica.*

Im englischen Mandatsgebiet Kamerun wird Kaffee nicht gebaut.

In Togo hat schon vor 1900 die deutsche Verwaltung in Misahöhe und Atakpame die ersten Anbauversuche gemacht, die Erfolg hatten (13). Im Kriege wurden diese Versuche völlig vernachlässigt. 1931 erfolgte eine Ausfuhr von 30 t, die sich bis 1935 auf 120 t steigerte (27).

Die französische Regierung erläßt zur Förderung der Kulturen 60 v. H. des Zolles auf Togo-Kaffee, der in Frankreich eingeführt wird. Die Versuchsstation Nuatjä, die von den Deutschen bereits 1902 gegründet war, ist wieder in Stand gesetzt. Agome, Akposso und Adele sollen sich für den Anbau von Robustakaffee eignen.

In Liberia gedeiht *C. liberica* in kleinen Kulturen überall, vor allem in den Bezirken von Grand Cape Mount und Montserrado. Die Ausfuhr betrug 1925 wenig unter 1500 t (13). Im Lauf der letzten Jahre entwickelte sie sich folgendermaßen (in t):

Durchschnitt	1929/33	1670	
	1934	2040	
	1935	1360	
	1936	1950	
	1937	1380	
	1938	890	(27 b, S. 590 f.).

In Sierra Leone kommt der Kaffeebaum wild vor, besonders in den Kessewebergen; der Anbau beschränkt sich nur auf kleine Gartenkulturen von *C. liberica*, *C. robusta* und auch *C. stenophylla*.

Schließlich müssen noch die Inseln Principe, São Thomé und die Kapverdischen Inseln als Kaffeeproduktionsgebiete genannt werden. Auf den beiden erstgenannten Inseln steht arabischer Kaffee in 400 bis 800 m Höhe. São Thomé führte schon 1889/90 2643 t aus, womit der Höchstertrag erreicht war (13). Seit 1910 hat die Ausfuhr stark abgenommen und sich seit 1923 einige Jahre auf knapp 300 t gehalten (6), im Durchschnitt 1929/33 erreichte sie einschl. Principe 560, im Jahr 1938 570 t, im Jahr 1939 670 t. Principe führte 1899 783 t aus, seitdem aber sind die Kulturen fast eingegangen.

Auf den Kapverdischen Inseln war der Kaffee schon um 1800 eingeführt (13). Heute ist er dort von anderen Kulturen verdrängt und spielt keine große Rolle mehr.

Die Ausfuhr betrug:

	Jahr	t		Jahr	t
	1913 (Ernte)	372	(13)	1936	60
	1925 ,,	210	(13)	1937	70
Durchschnitt	1929/33 . . .	10		1938	70
	1935	70		(27 b, S. 589).	

Anschließend folgen die letzten Ausfuhrzahlen für Kaffee aller Gebiete Afrikas (in t):

Land	1935	1936	1937	1938	1939
Italienisch-Ostafrika	19800	14500	13000	5380	—
Kenya-Uganda . . .	24580	32380	27020	31600	34630
Ruanda-Urundi . . .	620	1320	2140	3390	670

Land	1935	1936	1937	1938	1939
Deutsch-Ostafrika . .	18880	12340	13830	13950	16870
Nyassaland	31	20	50	10	10
Madagaskar	15530	27790	21210	41200	—
Angola	10277	19554	16420	17470	20750
Belgisch-Kongo . . .	13160	16780	16040	19100	18990
Elfenbeinküste. . . .	5160	6480	10070	14080	—
Dahome	56	180	180	120	—
Französisch-Guinea .	55	70	160	280	—
Französisch-Äquatorialafrika	930	1350	1509	2240	—
Kamerun	1370	2020	2560	4250	—
Togo	120	160	410	350	750
Liberia	1360	1950	1380	890	—
São Thomé und Principe	—	—	—	570	670
Kapverdische Inseln	70	60	70	70	—

Schrifttum

Kaffee

1. Böckler, W., Der heutige Stand der Landwirtschaft in Belgisch Kongo. Koloniale Rundschau Jhg. 29 (1938), S. 158—177.
2. Chevalier, Aug., Les Caféiers du Globe. Paris 1929.
3. Ciupka F., Kaffee. Hamburg 1937.
4. Coste, R., Une coopérative de producteurs indigènes de café d'Arabie, au Cameroun. Annales Agricoles de l'Afrique Occid. Française et Etrangère Jhg. 1 (1937), S. 151.
5. François, E., La production et le commerce des Cafés à Madagascar, au cours de la campagne 1937—38. Bull. Econom. Trim. 1937, S. 173.
6. Geraldes, Aperçu sur le Café aux Colonies Portugaises. Lissabon 1930.
7. Jacob, A., Zur Frage der Düngung tropischer Kulturen. Tropenpflanzer Jhg. 39 (1936), S. 189, 199.
8. Kaden, O., Erfahrungen im Kaffeeschnitt Westafrikas. Tropenpflanzer Jhg. 37 (1934), S. 367.
9. Kaden, O., Erfahrungen im Kaffeeschnitt Westafrikas II. (Nachtrag zum Mehrstammschnitt des Arabica- und Robusta-Kaffees). Tropenpflanzer Jhg. 38 (1935), S. 108.
10. Kaden, O., Das Kaffeesterben in Angola, eine physiologische Welkekrankheit. Tropenpflanzer Jhg. 36 (1933), S. 139.
11. Legros, J., Le café dans les possessions françaises. Revue Int. d'Agriculture Jhg. 28 (1937), S. 163, 177.
12. Molitor, G., L'introduction et le développement de la culture du caféier „Arabica" chez les indigènes du Ruanda-Urundi. Le Matériel Colonial 1937, S. 156.
13. Neumann, E., Der Kaffee, seine geographische Verbreitung, Gesamtproduktion und Konsumtion. Berlin 1930.
14. Portères, R., L'avenir de la production caféière à la Côte d'Ivoire. Conférence faite à l'Inst. Col. du Havre 1935.
15. Sprecher von Bernegg, A., Tropische u. subtropische Weltwirtschaftspflanzen, 2. Bd. Kaffee und Guarana. Stuttgart 1934.
16. Zimmermann, A., Monographien zur Landwirtschaft warmer Länder. Wohltmann-Bücher 4. Bd. Kaffee. Hamburg 1926.
17. . . ., Das Wurzelsystem des Kaffees. Tropenpflanzer Jhg. 37 (1934), S. 255.
18. . . ., Beobachtungen über die Blütezeiten und Fruchtreife beim Kaffee. Tropenpflanzer Jhg. 32 (1929), S. 42.
19. . . ., Altersgrenze der Kaffeebäume. Tropenpflanzer Jhg. 31 (1928), S. 414.
20. . . ., Über die Verjüngung von Kaffeebäumen durch Rückschnitt und Veredelung. Tropenpflanzer Jhg. 36 (1933), S. 523.
21. . . ., Das Schattenproblem beim Arabica-Kaffee. Tropenpflanzer Jhg. 40 (1937), S. 486.
22. . . ., Die vegetative Vermehrung des Kaffees. Tropenpflanzer Jhg. 38 (1935), S. 480.
23. . . ., Die Düngung des Kaffees mit organischen Düngemitteln. Tropenpflanzer Jhg. 35 (1932), S. 26.
24. . . ., Pfropfversuche mit Kaffee in Amani. Tropenpflanzer Jhg. 36 (1933), S. 119.
25. . . ., Zur Frage der Kaffeefermentation. Tropenpflanzer Jhg. 39 (1936), S. 312.

26. . . ., Die Welterzeugung von Kaffee in den Jahren 1913 bis 1933. Tropenpflanzer Jhg. 38 (1935), S. 443.
27. . . ., Annuaire International de Statistique Agricole a) Rom 1938, b) 1939/40. Rom 1940.
28. . . ., Über drei größere belgische Kaffeepflanzungen in Abessinien. Tropenpflanzer Jhg. 30 (1927), S. 117
29. . . ., Belgische Kaffeepflanzungen in Abessinien. Tropenpflanzer Jhg. 32 (1929), S. 469.
30. . . ., Kaffeekultur in Abessinien. Tropenpflanzer Jhg. 33 (1933), S. 381.
31. . . ., Die Kaffee-Erzeugung in Abessinien. Tropenpflanzer Jhg. 38 (1935), S. 495.
32. . . ., La culture indigène du Caféier dans les provinces du Nord de l'Abyssinie. Revue de Botanique Appliquée et d'Agriculture Tropicale Jhg. 10 (1930), S. 380.
33. . . ., Kaffeekultur in Kenya. Tropenpflanzer Jhg. 32 (1929), S. 380.
34. . . ., Wilder Kaffee in Kenya und Uganda. Tropenpflanzer Jhg. 34 (1931), S. 37
35. . . ., Die Entwicklung der Kaffeekultur in Ruanda-Urundi. Tropenpflanzer Jhg. 39 (1936), S. 438.
36. . . ., Der Kaffeebau in Ruanda-Urundi. Tropenpflanzer Jhg. 39 (1936), S. 219.
37. . . ., Third annual report of the Coffee research and experimental station Lyamungu, Moshi 1936. Department of Agriculture, Tanganyika-Territory, 1937.
38. . . ., Kaffee-Versuchsstation in Deutsch-Ostafrika. Tropenpflanzer Jhg. 39 (1936), S. 436.
39. . . ., Kaffeebau der Eingeborenen in Deutsch-Ostafrika. Tropenpflanzer Jhg. 29 (1926), S. 362.
40. . . ., Die Entwicklung der Kaffeeausfuhr aus Bukoba und die Maßnahmen zur Hebung der Güte. Tropenpflanzer Jhg. 39 (1936), S. 437.
41. . . ., Über die Erzeugung des Eingeborenen-Kaffees am Kilimandjaro. Tropenpflanzer Jhg. 40 (1937), S. 33.
42. . . ., Die Entwicklung der Tee- und Kaffeekultur in Nyassaland. Tropenpflanzer Jhg. 38 (1935), S. 216.
43. . . ., La culture du Café dans les possessions françaises d'Afrique. Revue Internationale des Produits coloniaux Jhg. 4 (1929), S. 198.
44. . . ., Die Kaffeeausfuhr aus den französischen Kolonien und Mandatsgebieten in den Jahren 1934 und 1935 Tropenpflanzer Jhg. 39 (1936), S. 448.
45. . . ., Über die gesetzliche Regelung der Kaffeeausfuhr aus Angola. Tropenpflanzer Jhg. 36 (1933), S. 212.
46. . . ., Betrachtungen über Kaffeekulturen auf Savannenböden in Nordangola. Tropenpflanzer Jhg. 35 (1932), S. 433.
47. . . ., Landwirtschaftliche Fragen aus dem Belgischen Kongo (Kaffee . . .). Tropenpflanzer Jhg. 38 (1935), S. 215.
48. . . ., Der Kaffeebaum im Belgischen Kongo. Tropenpflanzer Jhg. 38 (1935), S. 172.
49. . . ., Der Kaffee in Kamerun. Tropenpflanzer Jhg. 38 (1935), S. 389.
50. . . ., Ausfuhrprämie für Kaffee aus dem französischen Mandatsgebiet Kamerun. Tropenpflanzer Jhg. 34 (1931), S. 354.
51. . . ., Über den Stand der Kaffeekultur (C. arabica) in den Hochländern Kameruns. Tropenpflanzer Jhg. 41 (1938), S. 220.
52. . . ., Kaffeeanbau in Kamerun und Togo. Tropenpflanzer Jhg. 31 (1928), S. 31.
53. . . ., Über die Kaffeepflanzungen in Togo. Tropenpflanzer Jhg. 26 (1923), S. 23.
54. . . ., La culture du Caféier en Guinée Française. Bull. Mens. de l'Agence Econom. de l'Afrique Occidentale Française 1930, S. 157.

2. *Kakao, Theobroma sp.*

Botanik. Der Kakaobaum gehört zur Familie *Sterculiaceae* und der Gattung *Theobroma*. Die in der Literatur behandelten Arten von *Theobroma*, etwa 20 an der Zahl, wurden von *O. F. Kaden* (4) nach wissenschaftlichen und praktischen Gesichtspunkten geordnet und auf Grund ihrer mutmaßlichen Herkunft zu vier echten Arten zusammengefaßt:

Theobroma cacao L.
,, *pentagona Bern.* (= lagarto, Nicaragua, Guatemala),
,, *leiocarpa Bern.* (= calabacillo, Westindien),
,, *sphaerocarpa Chev.* (= cacao laranja, S. Thomé, Kamerun),

Gattung: *Theobroma*

Arten: *Theobroma cacao L.*

Theobroma pentagona Bern. | *Theobroma leiocarpa Bern.*

Theobroma sphaerocarpa Chev.

Die drei letztgenannten sollen durch Mutation aus der ersten entstanden sein. Die eingeklammerten Bezeichnungen hinter den Arten bedeuten die entsprechenden Handelsnamen. Alle übrigen bekannten Bezeichnungen faßt *Kaden* als Namen für Lokaltypen eines unbekannten Urelters in der Art *Theobroma cacao L.* zusammen, so z. B. cacao criollo legitimo (Venezuela), oder cacao soconusco (Mexiko, Ekuador) oder esmeraldas (Mexiko, Ekuador) und ein Dutzend andere mehr, wovon wiederum einige verschiedene Bezeichnungen für denselben Typ aus verschiedenen Ländern darstellen und die Übersicht verwirren.

Theobroma pentagona und *sphaerocarpa* haben wegen ihres verschwindenden Anteils an der Welternte kaum praktische Bedeutung, während die zahlreichen Standortsmodifikationen von *Theobroma cacao L.* weitaus den größten Teil der Welternte bestreiten und *Theobroma leiocarpa* vorwiegend in Westindien vertreten ist.

Dieser wissenschaftlichen Einteilung gegenüber steht eine Unterteilung aller vier Arten, zusammengefaßt nach Handelsqualitäten in:

Edelkakao oder Criollo und
Konsumkakao oder Forastero.

Maßgebend für die Unterscheidung ist in erster Linie der Gerbstoffgehalt der Bohnen, der beim Criollo sich um 5,5 v. H. bewegt, bei den Forasteroarten dagegen um 8—10 v. H.

Während in den Anfängen des Kakaobaues weitaus überwiegend Edelkakao angebaut wurde, bestreitet er heute kaum über 10 v. H. der Welternte und wird vornehmlich nur in Venezuela, Ekuador, Trinidad, Java, Kuba und Ceylon gebaut. Dem immer steigenden Weltbedarf konnte der Criollo-Kakao wegen seines geringen Ertrages nicht mehr genügen; so lief ihm bald der Konsumkakao den Rang ab, zumal dieser weniger empfindlich gegenüber den natürlichen Bedingungen ist als der Criollo und für mehr Anbaugebiete in Frage kommt; so wird er in Westafrika ausschließlich angebaut. Die Handelsbezeichnungen calabacilla und amelonado gehören Vertretern der Forastero-Arten an, während Maracaïbo und Criollo legitimo Criolloarten sind.

Nach den Feststellungen von *Kaden* stellen Hybriden aus Edelkakaobäumen mit Konsumkakaobäumen das Ideal für die künftige Kakaozüchtung dar, indem die Widerstandsfähigkeit und die Wuchskraft des Forastero mit der besseren Qualität des Edelkakaos verbunden wird. Eine solche Kreuzung ist z. B. der Java-Kakao.

Der Kakaobaum ist ein mittelgroßer Baum (Abb. 33), in Pflanzungen durch Schnitt auf 5—8 m Höhe gehalten, mit kurzem Stamm aus lockerem, bräunlichem Holz, der selten über 20 cm Durchmesser erreicht. Er wurzelt mit einer etwa 1 m langen Pfahlwurzel und einem Netz von sehr feinen Nebenwurzeln. Die abwärts geneigten, 20 bis 35 cm langen Blätter sind kurz gestielt, ganzrandig, eiförmig, in eine Spitze auslaufend.

Auffallend ist die Stammblütigkeit des Kakaobaumes (Abb. 33). In sehr großer Zahl treten das ganze Jahr hindurch direkt aus dem Stamm und den Ästen kleine, unscheinbare, weiße Blüten auf, von denen nur ein kleiner Teil zur Fruchtentwicklung kommt. Wenn auch das ganze Jahr über reife Früchte auftreten, so kann man doch von zwei Ernten sprechen, wovon wiederum die eine die Haupternte ist. Von der Blüte bis zur Fruchtreife vergehen vier bis acht Monate.

Die kurz gestielten Früchte (Abb. 33) werden 15—25 cm lang und 7 bis etwa 15 cm dick. Je nach der Spielart ist ihre Färbung im reifen Zustand gelb, gelbrot, rot bis braun. Die 5—20 mm dicke Fruchtschale ist fleischig und bei den guten Sorten stark gerieft und höckerig.

Die Frucht enthält 25—50 abgeplattete, 2—3 cm lange Samen, Bohnen genannt (Abb. 33), in fünf Reihen angeordnet, vom schleimigen Fruchtmus, der Pulpe, umgeben. Ein Baum liefert jährlich etwa 0,5—2 kg trockene Kakaobohnen. Die Bohnen sind von einer dünnen, ledrigen Samenschale überzogen. Ihr Inneres, die Samenkerne, „Nibs" genannt, besteht fast nur aus den zusammengefalteten Keimblättern, deren Farbe von weiß bis zu tiefem violett wechselt. Das Nährgewebe ist verkümmert und überzieht den Keim nur noch als dünnes Häutchen, das sogenannte Silberhäutchen. Die Nährstoffe für die junge Pflanze sind in den Keimblättern abgelagert, die uns den Kakao liefern. Der zwischen den Keimblättern liegende fälschlich als „Keim" bezeichnete Fortsatz ist die Wurzel.

Die Bohnen kennzeichnen sich durch einen Gehalt an bitterem Theobromin, Gerbstoffen, Fetten, Stärken und Eiweiß, deren Verhältnis zu einander für den Nährwert und das Aroma des Kakaos von ausschlaggebender Bedeutung ist (s. u.).

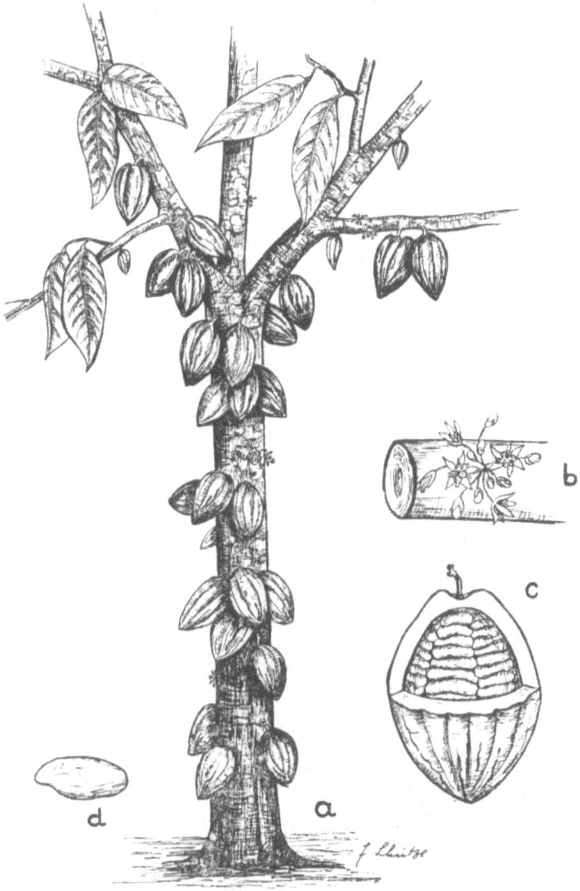

Abb. 33. Kakao (*Theobroma cacao*)
a = Stamm mit Früchten; b = Stamm mit Blüten; c = aufgeschnittene Frucht; d = Bohne

Die Heimat des Kakaobaumes scheint das nördliche Südamerika und Mittelamerika zu sein (5), wo er, mehr oder weniger in Buschform, als Schattenpflanze in den tropischen Regenwäldern am Amazonas und Orinoco und in Ekuador noch heute wild zu finden ist. Wie weit sein ursprüngliches Verbreitungsgebiet sich noch nach Mittelamerika hinein erstreckte, ist unbekannt; jedenfalls wurde dort der Kakao schon lange vor der Entdeckung von den Azteken angebaut. Wildformen finden sich ebenfalls dort. Im Golf von Honduras lernte Columbus als erster Europäer Kakaobohnen als Ladung eines indianischen Handelsbootes kennen.

Verbreitung des Anbaus. Heute kommen die einzelnen Arten der Gattung *Theobroma* in den zentralamerikanischen Staaten Mexiko, Guatemala, San Salvador und Nicaragua noch teils wild, teils kultiviert vor. Von dort kam der Kakaoanbau nach Südamerika: Brasilien, Ekuador, Venezuela, Surinam und nach den benachbarten westindischen Inseln Kuba, Haïti, Puerto Rico, Jamaika, Dominika, Grenada, Trinidad, Santa Lucia, Guadeloupe und Martinique.

Von Amerika gelangte er in die tropischen Gebiete Asiens, namentlich nach Ceylon und Java, von dort nach Neu-Guinea und den Samoa-Inseln. Zuletzt wurde der Kakao in Afrika eingeführt, wo er fast ausschließlich im tropischen Westafrika angebaut wird; in Sierra Leone, Liberia, Goldküste, Togo, Nigeria, Kamerun, Belgisch-Kongo sowie auf São Thomé, Principe und Fernando Po, von welcher Insel der Kakaobau in Afrika ausging (vgl. Karte 15).

Klima. Dem heimatlichen Klima, dem schattenspendenden, feuchtheißen tropischen Regenwald entsprechend, verlangt der Kakaobaum gleichmäßig hohe Temperaturen von 24—28° C und hohe Boden- und Luftfeuchtigkeit.

Die jährliche Niederschlagshöhe soll 1500—2000 mm betragen und möglichst auf das ganze Jahr verteilt sein, wenngleich kurze Trockenzeiten erwünscht sind. Grundwasser ist der empfindlichen Pfahlwurzel schädlich, darf also nicht in den Bereich des Wurzelwerkes kommen, doch ist eine gleichmäßige Bodenfeuchtigkeit unbedingt notwendig.

Die Schattenbäume haben namentlich die Aufgabe, die Pflanze vor der starken Sonnenbestrahlung, — wogegen besonders die junge Pflanze sehr empfindlich ist —, vor starken Temperaturschwankungen und gegen Wind zu schützen. Als Schattenbäume werden *Erythrina* und andere Leguminosen empfohlen. Eine zu dichte Beschattung begünstigt manche Krankheiten und ist daher nicht angebracht, vielmehr muß für eine gleichmäßige, lockere Beschattung gesorgt werden.

Gegen Wind sind Kakaopflanzen derartig empfindlich, daß windreiche Gegenden von vornherein für den Anbau ausscheiden.

Boden. Flaches Tiefland oder mäßige Höhenlagen, nicht über 600 m, sind am günstigsten für den Anbau, Hänge sind weniger geeignet. Die Bodenschicht muß tief genug sein, um der Pfahlwurzel das Eindringen zu ermöglichen.

Humusreichen Alluvialboden mit durchlässigem Untergrund bevorzugt der Kakaobaum. Bei guter Kultur eignen sich aber auch andere Böden, sofern sie locker genug und die nötigen Nährstoffe vorhanden sind.

Kultur. Die Kakaoernte entzieht dem Boden insbesondere Kali, Kalk, Magnesia und Phosphor. Eine Düngung läßt sich mit fortschreitendem Alter der Pflanzung, um eine Verarmung des Bodens zu vermeiden, kaum umgehen, sei es durch Anwendung von Kunstdünger, Kompost, Asche oder Gründüngung. Stalldünger kommt in den Tropen kaum in Frage, an seine Stelle kann Kompost treten.

Als Gründüngungs- und Bodenschutzpflanzen haben sich für Kakao z. B. *Crotalaria striata* und *Crotalaria retusa* bewährt, zwei Leguminosen, die Stickstoff im Boden anreichern und ihn in der Tiefe erschließen.

Anzucht. Die Wirtschaftlichkeit einer Pflanzung ist in stärkstem Maße von der Güte des Pflanzmaterials abhängig. Saatgut liefernde Bäume sollen wenigstens 10 Jahre alt sein und mindestens zwei Jahre lang auf ihre Erträge und Widerstandsfähigkeit gegen Krankheiten hin beobachtet worden sein. Von der Mutterpflanze muß verlangt werden: große Lebenskraft und Stärke, guter Wuchs sowie gute und gleichmäßige Früchte, die erstklassige Bohnen ergeben.

Die die Saat liefernden Früchte sollen bei der Ernte soeben den Grad der Vollreife erreicht haben. Die Nibs in den Samen sollen möglichst hell und von gutem Aroma sein. Es empfiehlt sich, bei dem Saatgut für eine Pflanzung nur Samen einer Spielart zu wählen, da die Bohnen verschiedener Spielarten verschieden lange fermentieren, was zu ungleichem Endprodukt führt.

Die Bohnen werden erst kurz vor der Aussaat der Frucht entnommen. Der Samen wird mit dem „Keimling“ nach unten in den Boden gesetzt.

Die Saat kann direkt in das Feld geschehen oder in Saatbeete. Setzt man direkt in das Feld, so legt man auf einer tellergroßen Fläche des gut vorbereiteten und mindestens 1 Monat vorher wieder aufgefüllten Pflanzloches 3 bis 4 Bohnen; von den Pflänzchen läßt man später nur die kräftigsten stehen. Ein provisorischer Sonnenschutz — in Form von Palmwedeln —, bis die Schattenpflanzen herangewachsen sind, ist notwendig.

Saatbeete legt man praktisch auf sanft geneigten Flächen an, um starken Niederschlägen das Ablaufen zu ermöglichen. In 2—3 cm tiefen Rillen werden in Abständen von 15 cm die Samen gesetzt, die lose mit Erde bedeckt werden. Über das ganze Beet kann man eine Schicht von verrottetem Laub streuen, das man nach Bedarf mit einer Brause begießt, um das Erdreich gleichmäßig feucht zu halten. Empfehlenswert ist das Auslegen in Saatkörbchen aus Bambus oder anderem nicht zu schnell verrottendem Material, da dieses Verfahren am handlichsten ist und die überaus empfindlichen Kakaopflänzlinge am meisten schont. Nach etwa vier Monaten werden die Pflänzlinge an ihren endgültigen Standort versetzt. Die Pflanzlöcher, etwa 70 cm tief, werden bereits mehrere Wochen vorher ausgehoben, um den Boden durch die atmosphärischen Einflüsse genügend aufzuschließen.

Vorbedingung für das gute Gelingen des Verpflanzens sind bedeckter Himmel und feuchte Luft, am besten leichter Sprühregen zu Beginn der Regenzeit.

Beim Auspflanzen muß darauf geachtet werden, daß die junge Pflanze nicht tiefer kommt, als sie im Saatbeet gestanden hat, da sonst Erkrankungen des Wurzelhalses auftreten können.

Auswahl. Durch Versuche, den Edelkakao anzubauen, sind in vielen Kakaoländern zahlreiche brauchbare Hybriden entstanden, die zu selektionieren und anzubauen nach *Kaden* die beste Lösung für die Besserung der Qualität des Konsumkakaos sein dürfte (28).

Bei der Empfindlichkeit dieser Kulturpflanze haben bisher die Methoden der vegetativen Vermehrung, wie Pfropfen, Anzucht von Stecklingen oder Markotten in großem Maße, versagt.

Auf Fernando Po haben sich Veredelungen durch Okulieren mit Criollo-Augen, namentlich auf dreijährigen verpflanzten Forastero-Unterlagen, bewährt. In bezug auf Qualität und sogar auf Vitalität sollen die okulierten Bäume Vorteile gegenüber den unveredelten haben (19).

Bodenbearbeitung. Junge Pflanzungen haben oft unter starker Verunkrautung zu leiden; die Unkräuter sind mehrmals im Jahre mit Buschmessern abzuschlagen. Falsch ist es jedoch, den Boden zwischen den Pflanzreihen völlig der Vegetation („clean weeding") und damit seines natürlichen Schutzes zu berauben.

Wichtig für das Gedeihen und die Gesunderhaltung der Kakaobäume ist der Schnitt. *Kaden* beschreibt drei Arten des Schnittes (9): den Kronenschnitt, den Mehrstammschnitt und den Hochstammschnitt. Der erstgenannte ist am verbreitetsten. Der Mehrstammschnitt kommt für Afrika kaum in Frage. Der Hochstammschnitt ist in den dicht gepflanzten Beständen der Eingeborenen an der Goldküste und in Nigeria üblich, er verursacht wenig Arbeit, hat aber den Nachteil, sich nur während einer Generation zu bewähren. Der dichte Stand der Bäume begünstigt das Auftreten der Braunfäule.

Am besten bewährt sich der Kronenschnitt, er erfordert eine Pflanzweite von 4—5 m. Die Kronen der erwachsenen Bäume sollen ein ebenes Schattendach bilden, ohne sich direkt zu berühren. Um dies zu erreichen, darf die erste Gabelung des jungen Baumes nicht unter 80 cm vom Boden ansetzen; sie muß 3—4 Leitäste führen, weniger würde nicht genügen und mehr würden sich gegenseitig stören. Ein möglichst ebenes und geschlossenes Schattendach beugt dem Einfall von Schädlingen, wie Blasenfuß (Thrips), Wanzen usw., vor und schützt die Pflanzung vor Temperaturschwankungen und Trockenheit.

Äste, die durch das Gewicht der Früchte zu sehr zum Erdboden herabgezogen werden und dadurch dem Befall mit Braunfäule besonders ausgesetzt sind, müssen entfernt werden. An Hexenbesen (dem Pilz *Marasmius perniciosus*) erkrankte Zweige müssen ebenfalls ausgeschnitten und verbrannt werden. Ebenso muß der sogenannte „falsche Hexenbesen", der nicht parasitären Ursprungs ist, sondern in Kälte, Trockenheit oder Ernährungsstörungen seine Ursache hat, entfernt werden, da die schlechten Zweige oft Brutstätten für Kakaowanzen bilden.

Etwa 4—5 Jahre nach der Aussaat wird die erste Ernte gewonnen. Mit etwa 10 Jahren ist die volle Ertragsfähigkeit erreicht. Man kann sodann etwa 10 Jahre auf Vollernten rechnen. Gewöhnlich währt die Ertragsfähigkeit bis zum 40sten, unter Umständen auch bis zum 60sten Jahre.

Die niedrig sitzenden Stammfrüchte werden mit gewöhnlichen Messern geerntet; die Früchte in der Krone werden je nach der Gegend mit verschieden gestalteten Messern an langen Stielen geschnitten.

Wesentlich für die Erzeugung einer guten Qualität ist, daß nur reife Früchte gesammelt werden, vor allem für einen Aufbereitungsgang nur Früchte in ein und demselben Reifestadium, um nach der Fermentation ein gleichmäßiges Erzeugnis zu erhalten. Überreife Früchte können die Gärung stören. Ein Sortieren, namentlich wenn in einer Pflanzung verschiedene Spielarten angebaut sind, ist auf jeden Fall angebracht. Die Reife der Kakaofrucht ist beim Forastero an der durchgehend rotgelben, beim Criollo an der gelben Farbe zu erkennen. Überreife Früchte haben keinen Glanz mehr, sondern erscheinen nur noch matt.

Die Erträge einer Kakaopflanzung hängen von den natürlichen Gegebenheiten, wie Klima, Boden, Standort, Beschattung usw., von der bei der Anlage und Entwicklung der Pflanzung angewandten Sorgfalt, aber auch von der Sorte weitgehend ab. Zur Gewinnung von objektiven Werten ist es erforderlich, die Erträge einer Einheitsfläche zu berechnen und nicht die der einzelnen Bäume, da eine größere Pflanzweite durch kräftigere Entwicklung ausgeglichen wird, so daß das Endergebnis meist dasselbe ist wie bei engerer Pflanzweite. Um einen guten Durchschnittswert zu erhalten, müssen immer mehrere aufeinanderfolgende Jahre zugrunde gelegt werden.

Für die verschiedenen Gebiete werden folgende Durchschnittswerte angegeben:

Trinidad . . .	500—1500	kg	marktfertige	Kakaobohnen	je ha
Ekuador . . .	500	kg	„	„	„ „
Surinam . . .	850	kg	„	„	„ „
São Thomé . .	1700	kg	„	„	„ „
				(i. d. europ. Pflanzung)	
São Thomé . .	600— 800	kg	„	„	„ „
				(i. d. Eingeb. Pflanzung)	
Goldküste . .	1800	kg	„	„	„ „
Kamerun . . .	1000—2000	kg	„	„	„ „

Bei den niederen Zahlen handelt es sich um Edelkakao, bei den hohen in Afrika dagegen ausschließlich um Konsumkakao.

Zur Gewinnung von 1 kg marktfertiger Kakaobohnen sind etwa 25—30 Früchte erforderlich.

Die Aufbereitung der Kakaofrüchte zu marktfertigen Kakaobohnen besteht im wesentlichen aus dem Brechen der Früchte, dem Fermentieren und Trocknen der Bohnen.

Die an einem Tage geernteten Früchte müssen spätestens am nächsten Tage aufgeschlagen werden, doch dürfen die Bohnen nicht verletzt werden.

Die Schalen und der Hauptteil des Fruchtmarkes — aber nur von gesunden Früchten — werden in Gruben geworfen, mit Kalk überstreut und zu Kompost verarbeitet. Abfälle von kranken Früchten müssen vergraben oder verbrannt werden.

Einen wichtigen Vorgang in der Aufbereitung bildet die Gärung, von deren mehr oder weniger gutem Gelingen der Ausfall der Qualität abhängt. Während des Gärens tritt eine allmähliche Verflüssigung des schleimigen Fruchtfleisches und Erwärmung auf 45—52° C ein, der Zucker des Fruchtfleisches wird dabei in Alkohol umgewandelt. Die weitere Oxydation des Alkohols in Essigsäure und anschließend Buttersäure soll, da schädigend, möglichst unterbleiben (37).

Zweck der Fermentation ist die Zerstörung der Fruchtpulpe und der Keimfähigkeit der Samen, Lockerung der Samenschale vom Kern sowie Auslösung der enzymatischen Vorgänge, durch die der Kakao seinen herben und bitteren Geschmack verliert und sein gutes Aroma sowie die Braunfärbung gewinnt.

Auf die vollendete Gärung folgt das Trocknen. Wo es das Klima erlaubt, ist eine natürliche Sonnentrocknung der künstlichen, in überdachten Anlagen stattfindenden Trocknung vorzuziehen, doch stößt gerade in Afrika die natürliche Trocknung wegen der Regen zur Erntezeit auf Schwierigkeiten. Die natürliche Trocknung dauert bei günstiger Witterung etwa 6 Tage. Des nachts werden die Bohnen zusammengeschaufelt und bedeckt, um sie gegen Tau zu schützen. Für größere Betriebe empfiehlt es sich, eine sogenannte „Schubladen-Trockenanlage" einzurichten. Diese besteht aus stufenförmig übereinander angeordneten Holzläden auf Rädern und Schienen, die nachts leicht unter ein Dach geschoben werden können.

Die Trocknung muß bis auf 8 v. H. Feuchtigkeit durchgeführt werden. Mehr Wassergehalt führt zur Schimmelbildung und beeinflußt durch unerwünschte Nachgärung das Aroma ungünstig; weniger Wassergehalt dagegen verursacht Bruch. Der richtige Trockengrad ist erreicht, wenn beim Biegen der Bohnen der „Keimling" ausbricht.

Nach der Trocknung werden die Bohnen verlesen, eingesackt und dem Handel zugeführt.

Jede weitere Behandlung fällt der Schokoladenindustrie zu, findet also in den Verbrauchsländern statt, wobei die Kakaobutter und die Kakaobohnenschalen als Nebenprodukte abfallen. Die Butter findet in der Schokoladenindustrie selbst, in der Kosmetik und in der Pharmazie Verwendung. Die Schalen werden wegen ihres Eiweißgehaltes als Futtermittel gebraucht.

EINZELNE ANBAUGEBIETE

In Afrika ging der Kakaoanbau von den Inseln im Golf von Guinea aus, der Reihe nach von Fernando Po, Principe und São Thomé (1822). Von dort kam er erst später (etwa 1880) zum Festlande, wo heute die Goldküste das wichtigste Kakaoland der Welt darstellt.

Die Kakaoerzeugungsländer in Afrika sind in der Reihenfolge der derzeitigen Produktionszahlen: Goldküste, Nigeria, Elfenbeinküste, Kamerun, Togo, Fernando Po, São Thomé, Belgisch-Kongo, Madagaskar (vgl. Karte 15). Der Kakaoanbau in Senegambien, Französisch-Guinea, Sierra Leone, Liberia, Principe, Dahome, Spanisch-Guinea und in Deutsch-Ostafrika ist ohne Bedeutung. Die erstgenannten Kolonien dagegen haben in den letzten Jahrzehnten einen ganz erheblichen Anteil der Welternte erzeugt.

In Afrika sind die Eingeborenenkulturen namentlich an der Goldküste, in Nigeria und auf Fernando Po unbedingt vorherrschend. Auf São Thomé kommen Großpflanzungen, meist in portugiesischem Besitz, hinzu. In Kamerun und der Elfenbeinküste teilen sich Europäerplantagen und Eingeborenenkulturen in den Anbau.

Der Kakaoanbau an der Goldküste hat in den letzten Jahren 40—50 v. H. der Welternte und zeitweise 85 v. H. des von Deutschland verarbeiteten Kakaos geliefert.

Im Goldküstengebiet wird die Kakaokultur fast ausschließlich von Eingeborenen betrieben. Die natürlichen Verhältnisse sind nicht übermäßig günstig, die Bodenkrume ist verhältnismäßig flach, und im Klimaverlauf der Jahre zeigen sich starke Unregelmäßigkeiten. Die Entwicklung erhielt vor allem ihren Auftrieb durch die dichte, arbeitsame Bevölkerung der Kolonie.

Die Kakaokultur nahm ihren Ausgang von den stark bevölkerten östlichen Küstenbezirken, dehnte sich später in der Gegend von Kumassi aus und dann in der weiteren Umgebung von Kibi (Karte 16).

Die Haupterntezeit fällt hier in die große Trockenperiode von Oktober bis Januar und die kleine in den Mai oder Juni. Bei der Gärung machen sich die Mängel des Kleinbetriebes bemerkbar; der einzelne Bauer erntet selten soviel Bohnen mit einem Mal, daß sich eine gleichmäßige Gärung durchführen läßt, was sich auf die Güte des Enderzeugnisses ungünstig auswirkt.

Schwierigkeiten bestehen bei der Verladung an den beiden Haupt-Hafenplätzen Accra und Sekondi, die nur ungeschützte Reeden mit starker Brandung haben. Allerdings ist in der Nähe von Sekondi ein künstlicher Tiefwasserhafen, Takoradi, geschaffen worden, wo die Bahnen unmittelbar an das Schiff fahren können; die Schwierigkeiten sind jedoch dadurch nur teilweise behoben.

Nigeria steht heute nach Brasilien an dritter Stelle der Welterzeugung an Kakao und an zweiter in Afrika. Seit 1920 hat diese Kolonie die alten großen Anbaugebiete in Westindien überflügelt. Wenn auch ihr „Lagos-Kakao" zunächst nicht in bezug auf Qualität an die anderen Kakaoarten heranreichte, so ist doch schon durch Ausgestaltung der Aufbereitungsmethoden eine Besserung erzielt worden. Segensreich wirken in dieser Beziehung die sogenannten „Kakaobohnen-Inspektionen" (s. u.).

In Nigeria handelt es sich nicht so ausgesprochen um eine Monokultur wie an der Goldküste. Starker Kakaoanbau wird nur bei Ibadan, bei Oshogbo, Ife und Ilescha, bei Lapulon und bei Agbado getrieben, dann noch im Benin-Bezirk. Im übrigen hat hier die Kulturfläche des Kakaos die Nutzungsfläche der Ölpalme an Ausdehnung noch nicht erreicht. Geeignete Böden stehen für den Kakaoanbau noch zur Verfügung. Günstig für die Verbreitung der Kakaokultur ist hier wie an der Goldküste das Vorhandensein einer zahlreichen, arbeitsamen Bevölkerung; die Verkehrsmöglichkeiten liegen etwas günstiger.

Auch in Nigeria befinden sich die Pflanzungen fast ausschließlich in den Händen von Eingeborenen. Die englische Regierung versucht, auf gute Aufbereitung hinzuwirken. Die Gärhäuser sind durchweg im Besitz von europäisch geleiteten Genossenschaften. Die Eingeborenen haben die Kakaokultur also nur bis zur Gewinnung der Bohne in der Hand. Auf diese Weise ist eine gute Aufbereitung gewährleistet. Durch diese Maßnahme im Verein mit dem Wirken der Kakaoinspektion hat der Lagos-Kakao schon einen besseren Ruf erlangt.

Die Hauptabnehmer des Lagos-Kakaos sind Nordamerika, England und Deutschland.

Die Elfenbeinküste steht heute an dritter Stelle in der Kakaoproduktion Afrikas und ist das bedeutendste französische Kakaoanbaugebiet. Da diese Kolonie eine reiche Menge anderer Ausfuhrgüter aufzuweisen hatte, legte man anfangs weniger Wert auf den Kakaoanbau, später jedoch machte man sich, durch den Erfolg des Nachbargebietes angeregt, dessen Erfahrung zunutze. Man hütete sich vor den Gefahren einer Monokultur, die das Land in Abhängigkeit vom Weltmarkt des Kakaos bringen würde.

Ihre Verbreitung fand die Kultur z. T. durch Eingeborene, die auf den Kakaopflanzungen an der Goldküste gearbeitet hatten und ihre Erfahrungen mit heimbrachten.

Zusammen mit den übrigen Anbaugebieten in Französisch-Westafrika, Senegambien, Französisch-Guinea, Dahome und dem Kameruner Mandatsgebiet übersteigt der Ertrag der Elfenbeinküste an Kakao den Bedarf des Mutterlandes.

Kamerun ist teilweise für den Kakaoanbau gut geeignet. In einigen Teilen Kameruns fällt die Haupternte in die Regenzeit.

Schon 1884, bei der Besetzung Kameruns durch Deutschland, fand man kleine Eingeborenenpflanzungen vor, doch erst etwa 10 Jahre später wurden Pflanzungen in großem Stile angelegt. Zunächst wurde der minderwertigere Amelonado angebaut, der hohe Erträge lieferte, später hochwertiges Pflanzmaterial verschiedener Art aus Mittelamerika.

Das Aufblühen der Plantagen fiel mit dem Beginn des Weltkrieges zusammen. Die Unternehmungen haben im Kriege und später zunächst unter der Mandatsherrschaft Englands und Frankreichs stark gelitten. Erst 1925/26, als die Deutschen in dem von England verwalteten Gebiet von Kamerun — das vor dem Weltkriege den größten Teil der Kameruner Kakaoausfuhr stellte — die Pflanzungen wieder erworben hatten, konnten die Arbeiten in den inzwischen verkommenen Anlagen tatkräftig wieder aufgenommen werden. Man war und ist vor allem bemüht, die Qualität durch eine bessere Aufbereitung zu heben. Es sind zweifellos Fortschritte erzielt worden, wenngleich die Braunfäule usw. manchen Rückschlag brachte.

Im französischen Mandatsteil haben sich die Eingeborenenkulturen stark ausgebreitet, die heute die Erzeugung der Plantagen der Menge nach weit übertreffen, aber wegen der mangelnden Sorgfalt bei der Aufbereitung in der Qualität hinter diesen zurückstehen. Der Kakao des französischen Mandatsgebietes geht vornehmlich nach Frankreich, der des englischen nach Deutschland.

Togo eignet sich wegen seines verhältnismäßig trockenen Klimas nur teilweise zum Kakaoanbau. Der Anbau befindet sich in Händen der Eingeborenen. Die Teilung Togos in ein französisches und ein englisches Mandatsgebiet hat sich auf die Entwicklung störend ausgewirkt.

Bis 1880 war auf São Thomé der Kakao neben Kaffee, Ölpalmen, Kokospalmen, Zuckerrohr und Bananen die Hauptkultur. Viel Fleiß, Energie und Intelligenz waren notwendig, um der Schwierigkeiten bei der Anlage der Pflanzungen an den steilen Hängen Herr zu werden. Bis 700 m hoch steigt hier der Kakaoanbau. Die Kakaokultur wird auf Eingeborenenpflanzungen („foros") und portugiesischen Pflanzungen („roças") betrieben. Angebaut wird Amelonado-Kakao, fälschlich mit dem Namen „creulo" belegt.

1913 hatte die Insel in der Produktion mit 35311 t den Höhepunkt, 14 v. H. Anteil der Welternte, erreicht. Heute beträgt die Erzeugung etwa 10000 t, d. s. unter 2 v. H. der Welternte.

Fernando Po, wo zuerst im afrikanischen Gebiet Kakao angepflanzt wurde, hatte bis 1934 dauernd seine Ausfuhr gesteigert und 1938 mit 12900 t den Höchststand erreicht.

Die Kakaoausfuhr von Belgisch-Kongo betrug 1938 erst 1380 t. Neuerdings liefern die Versuche der Station Borumbu bei Basoko zufriedenstellende Ergebnisse. Während bisher Forastero amelonado gebaut wurde, sind in Eala Versuche im Gange, Criollo anzupflanzen.

Es lassen sich zwei Hauptanbaugebiete unterscheiden, das eine an der Kongomündung in der Landschaft Majumbe, das andere im Zentrum, im Tschuapa-Becken und im Bezirk Lukolela, von denen das erste den Vorzug der besseren Verkehrsmöglichkeiten hat; jedoch liefert der Lukolela-Bezirk infolge des geeigneteren Klimas höhere Erträge.

1936 nahm der .Kakaobau in Belgisch-Kongo erst 4900 ha ein. Er läßt sich aber noch sehr erheblich ausdehnen, wenn die Eingeborenen zum Anbau angehalten werden (63).

Der Kakaobau in Ostafrika hat keine weltwirtschaftliche Bedeutung.

In Deutsch-Ostafrika wird Criollo angebaut. Es bestanden vor dem Kriege bereits einige Pflanzungen, deren Erträge im Kriege den Kolonialtruppen bereits zur Versorgung gedient haben. Das kleine Anbaugebiet liegt im Sigital in Ostusambara.

In Kenya finden sich kaum nennenswerte Anpflanzungen am Nordufer des Viktoriasees (Karte 15).

Von der Ost- und Westküste Madagaskars wurden 1938 310 t Kakao ausgeführt; die Produktion ist im Steigen begriffen.

Die Inseln Mauritius und Réunion haben einen geringen Anbau, der hier nur der Vollständigkeit halber erwähnt sei.

Ausfuhr in t

	1913	1918	1925	1933	1934	1935	1936	1937	1938	1939
Goldküste*...	51 309	67 404	216 684	234 373	233 970	273 200	316 140	240 000	267 450	285 210
Nigeria	3679	10 382	41 723	61 709	74 600	85 370	77 000	100 000	94 750	112 990
Elfenbeinküste	47	420	6 220	30 914	41 573	43 565	49 765	48 062	52 720	—
Kamerun	5 265	2 575	7 857	16 592	24 130	27 520	28 860	31 420	34 940	—
Fernando Po (bis 1936 geschätzt)......	2 824	4 220	5 963	10 000	12 000	10 000	8 000	10 910	12 900	—
São Thomé...	35 311	17 332	20 861	11 075	9 830	11 360	10 690	8 030	12 730	10 690
Togo (franz. Mandat) ...	335	1 576	4 607	7 078	5 576	11 100	10 198	8 030	7 630	9 830
Togo (brit. Mandat**)					4 960	7 970	9 150	3 730	5 880	4 800
Belgisch-Kongo	914	743	779	1 000	1 280	1 260	1 462	1 110	1 380	1 220
Madagaskar ..	39	81	157	170	370	220	400	210	310	
Liberia					530	250	500	720	550	—
übrige Länder	200	300	942	1 060	820	880	1 560	1 460	1 800	
Afrika	99 923	105 033	305 793	373 971	404 679	464 725	504 575	449 952	487 160	414 940

Maßnahmen zur Hebung der Kultur.

In fast allen westafrikanischen Kakaoländern, namentlich in den englischen, in Nigeria und an der Goldküste, sind zur Hebung der Qualität „Kakao-

*) einschl. brit. Mandat Togo.

**) in den Ziffern für die Goldküste bereits eingeschlossen.

bohnen-Inspektionen" eingeführt worden, die die Kakaobohnen nach der Aufbereitung, der Trocknung, der Reinheit, der Größe, der Gesundheit, der Schimmeligkeit, der Wurmstichigkeit, der Farbe usw. kontrollieren. In Nigeria z. B. machen sich Pflanzer, die Kakao mit über 15 v. H. schieferfarbenen Bohnen abliefern oder solche, die gar feucht oder schimmelig sind, strafbar, und ihre Lieferung wird zurückgewiesen. Bei der Prüfung werden 3 Qualitätsgrade unterschieden:

1. Grad = völlig trocken, nicht mehr als 5 v. H. schimmelig, wurmig, verdorben, flach, gekeimt und weniger als 5 v. H. unfermentiert oder mangelhaft fermentiert.
2. Grad = völlig trocken, a) weniger als 8 v. H. schimmelig, wurmig, verdorben, flach; b) weniger als 5 v. H. schimmelig.
3. Grad = völlig trocken und weniger als 20 v. H. schimmelig, wurmig, verdorben, flach.

Die Erziehungsarbeit der Kakaobohnen-Inspektionen zeigt heute schon deutlich den Nutzen, der den Kakaopflanzern erwächst. Jede Verbesserung der Qualität wirkt sich in einer Erhöhung des erzielbaren Erlöses aus. Am handgreiflichsten sind die Auswirkungen in Nigeria zu spüren, wo die Kontrolle schon einige Jahre länger durchgeführt wird als an der Goldküste; hier sind Reinheitsgrade von 98—99 v. H. keine Seltenheit. In Accra an der Goldküste werden von dem Ackerbauministerium „Reinheitsbescheinigungen", die alle Angaben über die Qualität enthalten und vor der Verladung ausgehändigt werden, herausgegeben.

An der Goldküste gelten nach dem Gesetz aus dem Jahre 1934 folgende sehr niedrige Standardsbedingungen (33):

a) nicht mehr als 50 v. H. unfermentierte oder ungenügend fermentierte Bohnen, deren Inneres schiefergrau gefärbt ist;
b) nicht mehr als 20 v. H. zerbrochene, schmächtige, schimmelige, von Insekten angebohrte oder gekeimte Bohnen. Die von Insekten angebohrten Bohnen dürfen keine 10 v. H. ausmachen; das gleiche gilt von schimmeligen Bohnen;
c) die Bohnen dürfen nicht mehr als 8 v. H. Feuchtigkeit enthalten.

Auch in den französischen Anbaugebieten, wo man hinsichtlich der Kakaokontrolle noch weiter zurück ist, haben neuerdings Bemühungen für die Verbesserung der Qualität eingesetzt.

Der Bewertung dienen folgende Tatsachen als Grundlage: volle, runde Bohnen sind besser als flache, spezifisch leichte besser als schwere, volle dicke Bohnen gären gut, flache, schwere Bohnen ergeben eine minder gute Qualität. Demzufolge ist die Qualität um so besser, je geringer das Litergewicht, die Zahl der Bohnen in einem Liter und die Dichte des Kakaos sind. Aus dem Litergewicht und der Zahl der Bohnen je Liter läßt sich das 100-Bohnen-gewicht, das spezifische Gewicht und der 100-Bohnenraum errechnen. Mit steigendem 100-Bohnenraum verbessert sich die Qualität des Kakaos, aus ihm vermag man auch auf den jeweiligen Reife- und Aufbereitungsgrad des Kakaos zu schließen. Mit Hilfe dieser Methoden und einer Gerbstoffprüfung dürfte sich eine gewisse Ordnung in die Kakao-Qualitäten aller Herkunftsländer bringen lassen. Die Bewertung geschieht heute je nach Herkunftsland nach verschiedenen Gesichtspunkten. Die Frage der objektiven Bewertung aller Kakaobohnen harrt also noch der endgültigen Lösung (28).

Das französische, spanische und belgische Kongogebiet sowie Kamerun dürften nach ihren natürlichen Gegebenheiten noch reichliche Möglichkeiten für den Kakaoanbau bergen. In Sierra Leone steckt der Kakaoanbau noch in den Anfängen; es werden erhebliche Anstrengungen zu seiner Ausdehnung gemacht, so daß in wenigen Jahren ein beträchtliches Steigen der Ausfuhr zu erwarten ist. In Liberia sollen die natürlichen Verhältnisse für die Kultur des Kakaoanbaues günstig liegen. Die unbedeutende Erzeugung liegt ganz in den Händen der Eingeborenen.

Alle diese Länder scheinen von Natur ebensosehr für den Kakaoanbau geeignet zu sein wie die Goldküste, doch ein wichtiger Faktor, die notwendigen und geeigneten Arbeitskräfte, liegt dort allgemein ungünstiger. Wenn die Goldküste mehr vom Weltmarkt zurücktreten sollte, könnten andere afrikanische Länder allmählich an Bedeutung gewinnen.

Schrifttum

Kakao

a) **Botanik**, Allgemeines.

1. **Cheesman**, The present position of botanical researches on Cacao. Tropical Agriculture Jhg. 13 (1936), S. 123.
2. **Ciferri, R.**, Les espèces, variétés et races des Cacaoyers que l'on cultive. Rev. Intern. d'Agric. Jhg. 25 (1934), S. 139.
3. **Fincke, H.**, Handbuch der Kakaoerzeugnisse. Springer, Berlin 1936.
4. **Kaden, O. F.**, Ordnung der Kakaobaumtypen für Zucht und Bewertungszwecke. Tropenpflanzer Jhg. 38 (1935), S. 367.
5. **Sprecher von Bernegg, A.**, Tropische und subtropische Weltwirtschaftspflanzen III. Teil, 1. Bd., Kakao und Kola. Stuttgart 1934.
6. **Zeller, T.**, Wohltmann-Bücher Bd. 1. Kakao. Hamburg 1925.
7. . . ., Blütenbiologie des Kakaos. Tropenpflanzer Jhg. 34 (1931), S 162.

b) **Kultur**, Allgemeines (vgl. auch 2, 3, 4, 7).

8. **Bourgaux**, Quatre siècles d'histoire du Cacao et du Chocolat. Off. Intern. du Cacao et du Chocolat, Brüssel 1936.
9. **Kaden, O. F.**, Der Schnitt des Kakaobaumes und sein besonderer Zweck, die Krankheitsverhütung. Tropenpflanzer Jhg. 37 (1934), S. 459.
10. **Knapp**, Le genre de cacao que le fabricant désire. Bull. Off. de l'Off. Intern. des Fabricants de Chocolat et de Cacao 1933, S. 311.
11. . . ., Über Frühreife und Steinfrüchtigkeit des Kakaos. Tropenpflanzer Jhg. 38 (1935), S 354.
12. . . ., Report of the Department of Agriculture for the year 1935/1936 (Cacao). Accra 1936.
13. . . , Die Bedeutung der Arbeit des deutschen Chemikers in der Kakaowirtschaft. Tropenpflanzer Jhg. 40 (1937), S. 265.

c) **Klima und Boden.**

14. **Kidmore, G.**, Indication of existing correlation between the rainfall and the number of pods harvested at Aluvi and Asuansi. Dep. of Agr. Gold Coast Bull. 16, Yearbook 1928. S. 114.
15. **Wohlfarth**, Der Einfluß der natürlichen Verhältnisse auf den Kakaobau. Tropenpflanzer Jhg. 27 (1924), S. 145.

d) Düngung.

16. Jakob, Zur Frage der Düngung tropischer Kulturen. Tropenpflanzer Jhg. 39 (1936), S. 181 (Kakao, S. 191).
17. Zeller, Düngungsversuche in Kamerun (Kakao). Tropenpflanzer Jhg. 31 (1928), S. 173.
18. . . ., Kakaoschalen als Dünger. Gordian Jhg. 32 (1926), Heft Nr. 738, S. 3371.

e) Vermehrung und Veredeln.

19. Burchardt, Das Veredeln von Kakao, Versuchsergebnisse aus den Kulturen von Fernando Póo. Tropenpflanzer Jhg. 38 (1935), S. 239.
20. Kaden, O., Richtlinien für die Veredelungs- und Resistenzzüchtung im Kakaobau. Tropenpflanzer Jhg. 39 (1936), S. 203.
21. Pyke, E. E., The vegetative propagation of cacao I, II, III, IV, V. Ann. Rep. on Cacao Research, Trinidad. 1931, S. 4; 1932, S. 3; 1933, S. 4.
22. Stahel, G., Handleiding voor het Oculeeren van Cacao (Surinam). Paramaibo 1923.
23. . . ., Eine neue Selektionsmethode bei Kakao, beruhend auf der Vererblichkeit der Farbe der Keimblätter. Tropenpflanzer Jhg. 34 (1931), S. 518f.
24. . . ., Versuche über den Ertrag gepfropfter Kakaobäume. Tropenpflanzer Jhg. 28 (1925), S. 214.
25. . . ., Einzelheiten über das neue Trinidadverfahren zur Vermehrung des Kakaos mittels Stecklingen. Tropenpflanzer Jhg. 37 (1934), S. 298.
26. . . ., Versuche mit vegetativer Vermehrung bei Kakao. Tropenpflanzer Jhg. 36 (1933), S. 29.

f) Qualitätsaufbesserung.

27. Fincke, Zur Frage eines Wertmaßes für Kakaobohnen. Dresden 1936.
28. Kaden, O., Beiträge zur Qualitätsverbesserung von Konsumkakao. Gordian Jhg. 40 (1934), S. 21—23.
29. Pichard, Index commercial pour fèves de cacao et index utilitaire. Off. Intern. du Cacao 1936, S. 211.
30. Vilstrup, Augmentation de la valeur des fèves de Cacao par l'amélioration de la qualité. Off. Intern. des Fabricants de Chocolat et de Cacao. Brüssel 1934, S. 235.
31. . . ., Die Kakaobohnen-Inspektion in Britisch-Westafrika. Gordian 1933, Heft 909, S. 21.
32. . . ., Methoden der Kakaostandardisierung. Tropenpflanzer Jhg. 41 (1938), S. 418.
33. . . ., Kakaostandards der Goldküste. Tropenpflanzer Jhg. 37 (1934), S. 542.

g) Aufbereitung.

34. Busse, W., Die Versuche und Vorschläge von F. L. Stevens zur Kakao-Aufbereitung. Tropenpflanzer Jhg. 29 (1926), S. 406.
35. Busse, W., Henneberg, W., Zeller, T., Neue Untersuchungen und Versuche über die Fermentation des Kakaos. Tropenpflanzer Jhg. 26 (1929), Beiheft 1.
36. Kaden, O., Die Frischerhaltung von Kakaofrüchten. Gordian Jhg. 39 (1934), S. 16.
37. Kaden, O., Über das Aufbereiten des Konsumkakaos, insbesondere über das Gären, Waschen und Trocknen frühreifer und steinfrüchtiger Kakaobohnen. Tropenpflanzer Jhg. 41 (1938), S. 139 und S. 193.
38. Knapp, Scientific aspects of Cacao fermentation. Bull. of the Imp. Inst. Bd. 33 (1935), S. 31—49, 147—62, 306—19, 453—66; Bd. 34 (1936), S. 154—180 u. S. 307—331.
39. Lilienfeld-Toal, Neue Wege in der Kakao-Aufbereitung. Gordian Jhg. 33 (1927), S. 5809.
40. Lilienfeld-Toal, Über Kakaohefen. Ein Beitrag zur Kenntnis der Biologie der Kakaofermentation. Tropenpflanzer Jhg. 24 (1927), S. 1.
41. Pfeiffer, Die Kakaoschalen als Futtermittel. Office Intern. du Cacao et du Chocolat Jhg. 6 (1936), S. 403.
42. Preuss, Die Aufbereitung des Kakaos. Tropenpflanzer Jhg. 29 (1926), S. 343.
43. . . ., Modern cacaostorage at the port of Bahia. Tropical Life Jhg. 31 (1935), S. 201.
44. . . ., Über die Kakaolagerung in den Tropen. Gordian Jhg. 43 (1938), S. 193.

h) Handel.

45. Kaden, O., Vorschläge zu einer Anbauregelung der Kakaobäume. Tropenpflanzer Jhg. 41 (1938), S. 14—20; Gordian Jhg. 40 (1938), S. 18.
46. Klopstock, F., Kakao, Wandlungen in der Erzeugung und der Verwendung des Kakaos nach dem Weltkrieg. (Wandlungen in der Weltwirtschaft, Heft 12) Leipzig 1937.
47. Weber, A., Der Kakao, eine wirtschaftsgeographische Studie. Diss. Würzburg 1927.
48. . . ., Forastero- oder Criollo-Kakao. Tropenpflanzer Jhg. 35 (1932), S. 119.
49. . . ., Neue Pläne zur Stützung des französischen Kakaoanbaus. Gordian Jhg. 41 (1935), S. 15.
50. . . ., Die Kakaobohnen-Weltstatistik am 1. I. 1938. Gordian Jhg. 43 (1938), Heft 1031, S. 14ff., Heft 1032, S. 11ff., Heft 1033, S. 12ff.
51. . . ., Welternte und Weltverbrauch (von 1925—38 laufend). Gordian Jhg. 30—43 (1925—1938).

h) Einzelne Anbaugebiete.

Westafrika

52. . . ., Le cacao dans les colonies françaises et les autres colonies africaines. Rev. Intern. des Prod. Colon. Jhg. 8 (1932), S. 331.

53. . . ., Die drei wichtigsten französischen Kakaokolonien Elfenbeinküste, Kamerun, Togo. Gordian Jhg. 41 (1935), S. 14.
54. . . ., Die Entwicklung der Kakaoerzeugung in den französischen Kolonien und den unter Mandat stehenden Ursprungsgebieten. Gordian Jhg. 42 (1938), S. 18.

Goldküste.

55. Abeele, M., van den, Le cacao à la Côte d'Or. Bull. off. de l'Off. Intern. des Fabricants de Chocolat et de Cacao Jhg. 3 (1933), S. 419.
56. Leplae, E., Un siècle de développement de l'Agriculture de la Côte d'Or. Bull. Agric. du Congo Belge Jhg. 24 (1933), S. 162.
57. Mai, E., Die Kakaokultur an der Goldküste und ihre sozialgeographischen Wirkungen. Veröffentlichgn. des Inst. für Meereskunde a. d. Univ. Berlin. Neue Folge. B. Historisch-volkswirtschaftliche Reihe, Heft 9. Berlin 1934.
58. . . ., Die Goldküste im Wirtschaftsjahre 1934—35. Gordian Jhg. 41 (1936), S. 14.
59. . . ., Über Kakaogenossenschaften an der Goldküste. Gordian Jhg. 41 (1935), S. 12.

Nigeria.

60. . . ., Kakaobohnen-Inspektion in Nigeria. Gordian Jhg. 38 (1932), S. 26.
61. . . ., Nigeria, cacao. Bull. of the Imp. Inst. Bd. 34 (1936), S. 257.
62. . . ., Nigeria als Kakaoanbaugebiet. Tropenpflanzer Jhg. 32 (1929), S. 344.

Belgisch-Kongo.

63. Böckler, W., Der heutige Stand der Landwirtschaft in Belgisch-Kongo. Kolon. Rundsch. Jhg. 29 (1938), S. 158.
64. Lepreux, M., Note sur la culture du cacao au Mayumbe. Bull. Agric. du Congo Belge Jhg. 21 (1930), S. 996.
65. Pynaert, L., Le Congo Belge. Le Cacao. Rev. Intern. des Prod. Colon. Jhg. 6 (1931), S. 131.

Togo, Kamerun.

66. . . ., Die alten, deutschen Kolonien. III, IV, V. (Kakao). Gordian Jhg. 42 (1936), 990, S. 11; 991, S. 16; 992, S. 13.
67. Kink, A., Kakao-Pflege und -Aufbereitung in Kamerun. Hamburg 1937.
68. Schwarz, Cacao in the Cameroons under French Mandate. Bull. Off. de l'Off. Intern. Jhg. 3 (1933), S. 469.
69. . . ., Entfaltung der Kakaokultur in Kamerun. Tropenpflanzer Jhg. 27 (1924), S. 21.

Elfenbeinküste.

70. Bardin, Le cacaoyer en Côte-d'Ivoire. Bingerville 1937, S. 110.
71. Diesnis, Le Cacao à la Côte d'Ivoire. Agric. et Elevage au Congo Belge Jhg. 9 (1935), S. 55f.

Fernando Po.

72. . . ., Der Kakaoanbau auf Fernando Póo. Gordian Jhg. 39 (1933), S. 25.

São Thomé.

73. Schwarz, L. J., Cacao in São Tomé and Principe. Off. Intern. des Fabricants de Chocolat et de Cacao. Jhg. 3 (1933), S. 123.
74. . . ., Ernte und Anbau auf San Thomé und Principe. Gordian Jhg. 35 (1929), S. 21.

Sierra Leone.

75. . . ., Sierra Leone. Annual Report 1929. Freetown 1930.
76. . . ., Der Kakaoanbau in Sierra Leone. Tropenpflanzer Jhg. 33 (1930), S. 196.

Liberia.

77. . . ., Liberias Kakaoanbau. Gordian Jhg. 37 (1931), S. 12.

Spanisch-Guinea.

78. Rodriquez, J., El cacao en la Guinea Espanola. Bull. Agr. du Congo Belge Jhg. 21 (1930), S. 988.

Deutsch-Ostafrika.

79. . . ., Zur Kakaokultur in Deutsch-Ostafrika. Tropenpflanzer Jhg. 37 (1934), S. 307.

3. Tee, *Thea sp.*

Botanik. Den Tee liefern die Arten *Thea sinensis L. Sims.* und *Thea assamica Masters* aus der Familie der *Theaceae.*

Thea sinensis ist ein Strauch von gedrungener Form, bis 3 m hoch, mit dunkelgrünem, wenig behaartem Laub, in China beheimatet. *T. assamica* ist ein Baum mit lockerer Verzweigung bis 18 m hoch, mit hellgrünem, behaartem Laub aus Assam. *T. assamica* hat mehrere bekannte Varietäten aufzuweisen, z. B. Assam indigenous, der in Indien am häufigsten kultiviert wird; Lushai, ein hochaufschießender Baum von 15—18 m Höhe; Naga Hills ist ein kleiner Baum; Manipur kommt in Assam nur wild vor, liefert aber in Abessinien kultiviert hochwertigen Tee. Ceylontee wird als Hybride von *T. sinensis* und *T. assamica* angesehen, mit mehr Angleichung an den Assamtee. Burma Shan und Jun-nan sind noch ungenügend erforschte Varietäten.

Je nach der Spielart ist *Thea* ein kleiner, immergrüner Baum oder Strauch mit lanzettförmigen, elliptischen oder umgekehrt eiförmigen, gesägten Blättern (Abb. 34), deren Knospen feine Haare tragen. Die weißen, wohlriechenden Blüten stehen zu 1—4 in der Achselknospe unterhalb einer endständigen Blattknospe. Sie haben einen Durchmesser von etwa 3 cm. Kelch und Krone sind 5—7 zählig. Die Kronblätter sind unter sich und mit den zahlreichen Staubgefäßen verwachsen und zusammen abfallend. Der feinbehaarte Fruchtknoten ist oberständig, 3—4 fächerig und hat 4—6 Samenanlagen.

Die Frucht hat einen Durchmesser von 2—3 cm. Meistens entwickelt sich in jedem Fach nur ein Same (Abb. 34). Die schwarzbraunen, kugelrunden Samen von 1—1,5 cm Durchmesser besitzen kein Endosperm. Das Nährgewebe in den dicken Keimblättern ist weiß.

Da beim Tee nur die Blätter die Welthandelsware darstellen, hat die Blüten- und Fruchtbildung, wenn man von der Vermehrung der Pflanze absieht, keinerlei wirtschaftliche Bedeutung.

Zahlreiche Blütenbildung geht selbstverständlich auf Kosten der Blattbildung. Bei der Selektion muß daher darauf geachtet werden, daß stark blühende Sträucher ausgemerzt werden. Eine ausgesprochene Blütezeit gibt es in den Tropen nicht, in den gemäßigten Gebieten richtet sich der Teestrauch mit seiner Blüte nach dem entsprechenden Klima.

Von Natur ist die Teepflanze Fremdbestäuber, doch kann auch Selbstbestäubung zur Fruchtbildung führen. Samen zur Züchtung reiner Linien erhält man am besten durch Geitonogamie (Nachbarbestäubung), d. h. durch Bestäubung mit Pollen einer anderen Blüte am gleichen Baum, da Autogamie nicht keimfähige Samen hervorbringt. Bei den spätreifen Rassen pflegen sich erst nach 6—8 Jahren die ersten Samenerträge einzustellen.

Als Heimat des Tees gilt nach *De Candolle* das Namkiugebirge, das die Ebenen Chinas und Indiens trennt (17). Heute nimmt man ein größeres Gebiet an, und zwar in Hinterindien die mittleren Stromgebiete des Song-Ka,

Song-bo, Mekong, Saluën, Irawaddi und auch das des Brahmaputra, wo Assam noch heute ein Hauptteeland darstellt (17). Das natürliche Verbreitungsgebiet der Teearten erstreckt sich über 10 Breitengrade, vom 18.—28. Grad nördlicher Breite, die Verbreitung des Anbaues dagegen über 74 Breitengrade, vom 43. Grad nördl. Breite (Kaukasus) bis 31. Grad südlicher Breite (Natal).

Die Hauptanbaugebiete liegen heute immer noch in Asien, vornehmlich in Indien, Ceylon, Hinterindien, Inselindien, China und Japan. Außerhalb Asiens wird Tee gebaut in Amerika in Texas, Brasilien und auf Jamaika.

In Afrika hat der Teeanbau eine jüngere Geschichte; die Anbauländer sind: Abessinien, Uganda, Kenya, Deutsch-Ostafrika, Nyassaland, Natal und die Insel Mauritius. Der Vollständigkeit halber sei noch der Teeanbau in Europa, im Kaukasus, erwähnt.

In der Tropenzone liegt die Höhengrenze gewinnbringenden Anbaus bei 2000—2500 m ü. d. M. (17). Auf Sumatra finden sich Teegärten von 500 m an aufwärts. Im Durchschnitt liegt das Optimum des Gedeihens für *T. sinensis* zwischen 1000 und 2000 m. Die Höhenlage ist von Einfluß auf Ertrag und Aroma.

Klimaansprüche. *Thea sinensis* kommt sowohl in den Tropen wie in den Subtropen gut fort, während *T. assamica* höhere Temperaturen beansprucht. Beide Arten brauchen reichliche Niederschläge; lange Trockenheit sind für die Kultur des Tees unvorteilhaft. Für eine üppige Kultur mit hohen Erträgen ist 2400 mm Jahresniederschlag nicht zuviel, doch gedeiht der Tee noch sehr wohl bei etwa 1600 mm, wenn die Temperaturen nicht zu hoch liegen. Auffallend ist, daß sowohl in bezug auf Höhenlage wie Niederschläge die Qualitätssorten an den Grenzen der Anbaumöglichkeit gedeihen.

Der Tee verlangt durchlässigen, tiefgründigen, fruchtbaren, leicht sauren Boden.

Da die klimatischen Verhältnisse in den afrikanischen Teeanbaugebieten meist grundlegend

Abb. 34. Tee *(Thea sinensis)*. Zweig mit Blättern, Blüten und Früchten. Aufgeschnittene Frucht

anders sind wie in den asiatischen, können die Kulturmethoden dieser Länder nicht ohne weiteres nachgeahmt werden. Vielmehr ist es notwendig, der ausgesprochenen Trockenheit in fast allen afrikanischen Teegebieten, namentlich in Nyassaland, Rechnung zu tragen.

Bei Anlage einer Pflanzung ist die Frage, ob die Aussaat direkt an Ort und Stelle oder auf Saatbeeten geschehen soll. Vergleicht man die Vor- und Nachteile beider Verfahren, so ist dem Aussäen auf Saatbeeten im allgemeinen der Vorzug zu geben.

Im Alter von 6—9 Monaten können die Pflänzlinge in gut vorbereitete Pflanzlöcher ausgepflanzt werden. Die beste Zeit zum Auspflanzen sind trübe Tage zu Beginn der Regenzeit. Als Pflanzweite wird für Nyassaland 1,25 m × 1,25 m im Dreicksverband empfohlen. Die Pflanzweite muß derart sein, daß sich später eine geschlossene Oberfläche des Bestandes bilden kann (16).

Wesentlich, sowohl in bezug auf Art wie Zeit, ist gerade für Afrika der Schnitt des Teestrauches. Der ursprüngliche Zweck des Schneidens ist, eine möglichst breite und große Oberfläche und möglichst viele junge Triebe zu erhalten, um somit hohe Blatterträge zu erzielen; hinzu kommt noch, für die Trockenzeit den Wasserverbrauch der Pflanze herabzusetzen. Das Schneiden muß also vor der Trockenzeit, d. h. in Nyassaland Ende August, geschehen, und zwar jedes Jahr. Von dem richtigen Schnitt hängt in erster Linie der Ertrag einer Pflanzung ab (16).

Am wichtigsten ist der zweite Schnitt, der dem Strauch die Form gibt und für eine Reihe von Jahren für die Höhe der Erträge bestimmend ist (8).

Neben der düngenden, namentlich Stickstoff und Humus anreichernden Wirkung der Schattenbäume und Bodenschutzpflanzen kann die Anwendung von natürlichem oder künstlichem Dünger notwendig werden. Da Tee am besten auf leichten, sauren Böden gedeiht, die naturgemäß arm an Basen sind, muß dem Kalibedarf der Pflanze besondere Aufmerksamkeit geschenkt werden.

Bei der Ernte ist die Pflücke auf Güte und die Pflücke auf Menge zu unterscheiden. In Nyassaland wird mit der Pflücke begonnen, wenn die mittleren Triebe des Busches etwa 5 Blätter und die Spitzenknospe zeigen. Soll ein hoher Mengenertrag erzielt werden, so werden drei Blätter und der Spitzentrieb, wird auf Qualität Wert gelegt, so werden zwei Blätter und der Spitzentrieb gepflückt. Die Pflanzungen werden etwa alle 7 Tage durchgepflückt. In Natal rechnet man auf einer siebenjährigen Pflanzung mit 270—320 kg je acre (= 0,404 ha) (18).

Die Aufbereitung der Blätter zu marktfertigem Tee besteht im wesentlichen aus: 1. Welken, 2. Rollen, 3. Gären, 4. Trocknen, 5. Sortieren, 6. Verpacken. Beim Welken muß der Wassergehalt von 80 v. H. auf 18—25 v. H. herabgesetzt werden, was sowohl auf natürlichem wie auf künstlichem Wege geschehen kann. Das Teeblatt muß seinen Turgor verlieren und weich werden, um beim Rollen nicht zu brechen. Bei 20—30° C und nicht über 80 v. H. relativer Feuchtigkeit kann das Welken in 18—20 Std. vollzogen sein.

In größeren Betrieben werden zur Trocknung große Welkkammern mit Öfen und Ventilation verwendet, um auch bei ungünstiger Witterung bequem arbeiten zu können.

Auf das Welken folgt das Rollen der Teeblätter, das eine Mischung der Zellsubstanzen bezweckt, wodurch unter Mitwirkung der Luft die charakteristischen Eigenschaften des Tees entstehen.

In China und Japan geschieht das Rollen heute noch mit der Hand, in den europäischen Teekulturen werden überall Rollmaschinen verwendet.

Große Sorgfalt erfordert die Gärung, deren Zweck es ist, vor allem das Aroma und das Koffeïn frei zu machen und die Gerbstoffe zu ersetzen, wodurch die bräunliche Farbe zustande kommt. Zur Gärung wird der gerollte Tee in 5 cm dicker Schicht auf Plattenfußböden oder dgl. in einem zugfreien Gärungsraum ausgebreitet. Um die Temperatur (25—26°) und die Feuchtigkeit (95—98 v. H.) konstant zu halten, werden nasse Tücher über den Boden gebreitet.

Die Dauer der Fermentation hängt von der Art der Pflücke, der Temperatur und Luftfeuchtigkeit ab. Die Gärung dauert etwa 3—8 Stunden. Nach 4—5 Stunden bei 25—28° C entsteht die schöne braune Farbe. Im Handel wird der Tee nach dem Aroma und nach der Farbe des Aufgusses und der aufgebrühten Blätter bewertet.

Um das Aroma zu fixieren, muß die Fermentation im richtigen Zeitpunkt unterbrochen werden und die Trocknung einsetzen. Dies geschieht entweder über offenem Feuer von Holzkohle oder in Trockenapparaten mittels Heißluft. Die Dauer, Temperatur, Stärke des Luftzuges und die Dicke der Teeschicht bei der Trocknung sind von großem Einfluß auf das Aroma. Bei 90° C in stärkerem Luftzug dauert die Trocknung 30—40 Minuten.

Nach dem Trocknen wird der Tee schnell in großen Körben zum Abkühlen gebracht, wobei er wieder etwas Feuchtigkeit aufnimmt; diese darf jedoch nicht über 8 v. H. betragen, andernfalls besteht die Gefahr des Verderbens.

Auch der letzte Vorgang in der Aufbereitung des Tees, das Sortieren, muß mit großer Sorgfalt in einem Raume mit nicht mehr als 60—65 v. H. relativer Feuchtigkeit geschehen. Das Sortieren wird durch Schüttelsiebe verschiedener Maschenweite vorgenommen. Je nachdem der Tee die Knospe allein oder noch das erste, zweite oder dritte Blatt enthält, wird er verschieden benannt.

Die Verpackung geschieht in Kisten, die mit Blei, Stanniol oder Aluminium ausgelegt sind, da der Tee sein Aroma schnell abgibt und Geschmack und Geruch fremder übelriechender Stoffe seiner Umgebung leicht annimmt (17). Die Güte des marktfertigen Tees ist nicht nur von Sorte, Herkunft und

Kultur abhängig, sondern wird auch weitgehend von jedem einzelnen Vorgang der Aufbereitung beeinflußt.

Handelsmarken. Im Handel werden verschiedene Teesorten unterschieden, nach der Art der Aufbereitung vor allem Grüntee und Schwarztee, was sich auf obige Aufbereitungsmethode bezieht. Während man früher glaubte, daß diesen beiden Sorten zwei verschiedene Teearten zugrunde liegen, steht heute fest, daß jede Teepflanze sowohl Schwarz- wie Grüntee liefern kann, Schwarztee, wenn die Blätter fermentiert werden, Grüntee, bei geringer, frühzeitig unterbrochener Gärung, wobei es allerdings möglich ist, daß verschiedene Varietäten sich von vornherein besser für die eine oder andere Sorte eignen. Da Grüntee vor allem in China und Japan gewonnen wird, aber auch dort nur untergeordnet, kann die Aufbereitungsart hier unberücksichtigt bleiben.

Bekannte Handelsmarken des schwarzen Tees sind z. B.: Pekoe, Orange Pekoe, Broken Pekoe, Souchong, Congou-Bohea; nach der Herkunft wird unterschieden Javatee, indischer Tee, Ceylon-Tee. Ziegeltee ist der zu Briketts gepreßte, nur roh aufbereitete Tee; er wird in China hergestellt und in der Mongolei, Mandschurei, Ost- und Westsibirien und in Zentralasien verbraucht (4). Der Karawanentee ist der aus China und Indien auf dem Landwege auf den alten Karawanenstraßen nach Europa gebrachte Tee, der sich früher besonderer Beliebtheit erfreute, weil er bei der früheren, ungenügenden Verpackung immer noch weniger durch den Transport litt als der auf dem Seeweg zu uns gekommene. Heute ist durch den beschleunigten Seeverkehr und die gute Verpackung der Transport zumeist einwandfrei und die Bezeichnung „Karawanentee" für gute Qualitäten unberechtigt (17).

Der Wert des Tees für die Verbraucher beruht in erster Linie auf der anregenden Wirkung des Koffeïns, das sich besonders im Mesophyll des Blattes findet, um dessentwillen der Tee als anregendes Genussmittel in der ganzen Welt bekannt ist. Neben Koffeïn kommen in ganz kleinen Mengen Xanthin, Theophyllin, Methylxanthin und Theobromin vor.

EINZELNE ANBAUGEBIETE

In Afrika wird Tee erst seit verhältnismäßig kurzer Zeit angebaut. Vor 1900 gab es dort kaum nennenswerten Anbau. Es treten der Teekultur große Schwierigkeiten verschiedener Art entgegen, obwohl sich mancher Landstrich, namentlich die Berggegenden von Abessinien bis Natal, in klimatischer und edaphischer Hinsicht durchaus für die Teekultur eignen.

In Nyassaland hat sich die Teekultur zum Teil auf Kosten des Kaffees ausgebreitet (15), und zwar auf der Hochfläche westlich des Nyassasees und südlich und westlich des Schirwasees, in den gebirgigen Gebieten von Ober- und Westschire, Somba, Blantyre und Mlandje (Karte 15). Für die Förderung der Teekultur ist von der Regierung eine Versuchsstation eingerichtet. Die ersten erfolgreichen Versuche des Teeanbaus begannen 1888 auf den südöstlichen Abhängen der Mlandjeberge, die einen jährlichen Regenfall von

2250—3000 mm aufweisen; etwa 1902 begann der Teeanbau in Nyassaland sich stärker auszudehnen (13). Die ersten Pflänzlinge stammten von Samen aus Natal, später wurde Qualitätstee von Ceylon und Indien eingeführt (13). Ungünstig wirkt sich für diese Gebiete die mangelhafte Verkehrsverbindung mit dem Nyassasee aus.

Die tiefgründigen, sauren Böden stammen von älteren, metamorphosierten Gesteinen und von Orthoklas, Hornblende und Syenit und sind reich an organischen Bestandteilen (17).

Die Trockenzeit dauert von September bis November, wodurch das Wachstum der Sträucher stark gehemmt wird.

Fast alle Pflanzungen sind in Händen von britischen Großunternehmern; der Teeanbau kommt als Eingeborenenkultur nicht in Frage. Die Aufbereitung des Nyassatees geschieht sorgfältig, erzeugt werden Durchschnittsqualitäten.

Nachstehende Übersicht gibt die Ausfuhr der letzten Jahre in t (40 a, b):

1927/31 . . .	749	1936	3495
1932	1167	1937	3999
1933	1486	1938	4635
1934	2097	1939	5164
1935	2741		

Abschließend kann von dem Teeanbau in Nyassaland gesagt werden, daß der verhältnismäßig kleine Teil des Mlandjedistriktes, der für die Teekultur geeignet ist, größtenteils bepflanzt ist, so daß hier die Möglichkeit weiterer Ausdehnung gering ist (15). Größere Flächen stehen noch im Gebiet von Cholo zur Verfügung, doch ist hier das Wachstum durch ungenügende Niederschlagsmengen begrenzt, so daß in ganz Nyassaland kaum mit viel mehr als einer Verdoppelung der jetzigen Erzeugung zu rechnen ist (15). Die Wahrscheinlichkeit, einen wirklich feinen und hochwertigen Tee anbauen zu können, ist sehr gering (16), wenn sich auch hinsichtlich der Güte des Tees noch manche Verbesserung durchführen lassen wird.

In Deutsch-Ostafrika ist Teeanbau in einer Höhenlage von 1300 bis 1500 m ü. d. M. möglich, er steckt noch in den Anfängen, obwohl hier bereits vor dem Weltkriege in einigen Gegenden Tee versuchsweise angebaut wurde. In Frage kommen in erster Linie das Gebiet von Mufindi in der Provinz Iringa, ein Teil des Rungwè-Distrikts, der sich nach dem Nyassasee hinstreckt sowie die Usambaraberge, die nach Ansicht *Manns* hinsichtlich Klima und Boden eines der geeignetsten und aussichtsreichsten Anbaugebiete darstellen (9). Die Ausfuhr ist noch gering, beginnt aber sich zu entwickeln.

Ausfuhr in t (40 a, b):

1933	0	1937	100
1934	5	1938	143
1935	9	1939	167
1936	38		

Von den deutschen Siedlern im Mufindibezirk sind:

1935/36 rd.	10,6 t geerntet,	davon exportiert	2,4 t
1936/37 rd.	33,5 t ,,	,, ,,	42,6 t
1937/38 rd.	69,8 t ,,	,, ,,	46,5 t.

Das bepflanzte Areal (einschl. der 1937/38 noch zu bepflanzenden Felder) beträgt jetzt rd. 2640 acres (1069 ha). In Iringa und Rungwe befinden sich 2 deutsche Teefabriken.

Das Gesamtkontingent des Tanganyika Territory betrug ursprünglich 5400 acres. Dieses Kontingent wurde im Dezember 1937 um 1400 acres und im Juni 1938 um weitere 700 acres erhöht, so daß das Gesamtkontingent jetzt ungefähr 7500 acres beträgt (Annual Report, Department of Agriculture. Daressalam 1938).

Nach dem Weltkriege hat man auch in Kenya und Uganda mit dem Teeanbau begonnen. In beiden Kolonien ist bald die Erzeugung über den eigenen Verbrauch hinausgewachsen. Kenya ist im Jahre 1930 aus einem Teeeinfuhr- zu einem Teeausfuhrland geworden, wie folgende Zahlen dartun (15):

Jahr	Erzeugung:	Einfuhr in dz:
1925/26	14	—
1924/28	181 (1925/28)	4360
1929	2621	3929
1930	4219	2132
1931	6805	506
1932	10982	124
1933	13896	87

Die Ausfuhr aus Kenya und Uganda betrug (40 a, b):

Jahr	t	Jahr	t
1927/31 . . .	49	1937	4227
1933	901	1938	4340
1935	1136	1939	4622
1936	3446		

wovon Kenya den größten Anteil stellt und somit nach Nyassaland den größten Teeexport von Afrika aufweist. Die gleichzeitige Einfuhr ist völlig unbedeutend (vgl. 40 b, S. 582).

Der Anbau von Tee erfolgt hier in den Provinzen Nyansa (in den Distrikten von Kericho und Limuru), in Nazoia und Kikuju. 1933 wurde zur Förderung des Teeanbaus die „Kenya Tea Growers Association" gegründet.

Die ältesten Teekulturen auf afrikanischem Boden und zugleich die äquatorfernsten der südlichen Halbkugel (31°) finden sich in Natal, in der Umgebung von Stanger, an der Nordküstenbahn. Dort bildet das Teegebiet nur einen 16 km breiten Streifen (18). Der hohe Gebirgswall wirkt hier als

Hauptregenfänger. Obwohl schon seit 1850 Tee gebaut wird, begann die eigentliche Teekultur doch erst seit 1878, als aus Assam neue Saat eingeführt wurde.

Auch in Natal verbreiteten sich Teepflanzungen auf Kosten von Kaffeeplantagen, die hier stark unter Kaffeerost *(Hemileia)* zu leiden hatten. Die Erzeugung war in t (18; 40 a, b):

1891	128	1930	302
1900	761	1936	1400
1908	1485	1937	1400
1919	640	1938	1400
1925	475		

Diese Zahlen zeigen, daß in Natal verhältnismäßig früh bemerkenswerte Erträge erzielt wurden, die 1908 ihren Höhepunkt erreichten, dann aber infolge der Beschränkung der Arbeitereinwanderung nach Natal durch die indische Regierung (18) (s. u.) schnell abnahmen. Der Export, der vorübergehend auf Null gesunken war, hat sich in den letzten Jahren wieder etwas erholt; er betrug in t (40 b, S. 582f.):

Durchschnitt 1929/33 . . .	61	1937	130
1934	38	1938	166
1935	44	1939	194
1936	168		

Doch erreichte die Einfuhr das Vier- bis Fünfzehnfache der Ausfuhr (40 b, S. 582f.).

In Abessinien sollen für den Teeanbau die Gebiete Gueirra, Kaffa, Gimirra, Schoma und Gore mit 9 Regenmonaten und 2500 mm Jahresniederschlägen vorzüglich geeignet sein (17; 23). In Kaffa sind schon einige kleine Flächen mit Manipurtee bebaut, der durchaus seine gute Qualität beibehält, so daß er ohne weiteres auf dem Weltmarkt in Wettbewerb treten kann.

Der Vollständigkeit halber sei erwähnt, daß Tee auch in Rhodesien erfolgreich angebaut wird (38), doch darf infolge der Restriktion (s. u.) die Anbaufläche 1000 acres nicht übersteigen (46).

Auf Mauritius haben Teeanbauversuche (1892) zu keinem nennenswerten Erfolge geführt; seit 1915 sind die Kulturen stetig zurückgegangen (18):

Erzeugung in t

1915	38	1929	20
1920 etwa .	20	1930	18
1922	15	1936 etwa .	20,
1928	14		

was zum großen Teil auf die verheerenden Zyklone zurückzuführen ist, die die Insel oft heimsuchen.

In Westafrika sind nur in Kamerun und Belgisch-Kongo Versuche gemacht worden, Tee anzubauen. Die Versuche am Kamerunberge sind zwar erfolgreich gewesen, doch sind Teepflanzungen noch nicht angelegt worden.

In Belgisch-Kongo sind augenblicklich Versuche im Gange, Tee am Kivusee anzubauen (39).

Die derzeitigen Hauptteeanbaugebiete in Afrika unterliegen den Restriktionsvereinbarungen von England und Holland, wodurch der Teeanbau in den Gebieten unter englischer Verwaltung erheblicher Beschränkung unterworfen ist.

Die gesamte afrikanische Teeausfuhr hat sich in den letzten Jahren wie folgt entwickelt:

	Ausfuhr in t	v. H. Anteil an der Weltausfuhr
1913	—	—
1920	231	—
1925	603	0,1
1932	1780	0,4
1935	5686	1,4
1936	7997	1,9

Schrifttum

Tee

1. Davies, R. M., Tea cultivation in the Southern Highlands of Tanganjika. East Afr. Journal Jhg. 1 (1935), S. 50.
2. Deuss, J. J. B., Thee in Marokko. De Bergcultures Jhg. 3 (1929), S. 1632.
3. Deuss, J. J. B., La culture du thé en Afrique. Rev. de Bot. Appl. et d'Agric. Trop. Jhg. 16 (1936), S. 910.
4. Jacob, Zur Frage der Düngung tropischer Kulturen, Tee. Tropenpflanzer Jhg. 39 (1936), S. 188.
5. Klopstock, F , Der Tee im Britischen Weltreiche. Diss. Berlin 1936.
6. Mann, H. H., The climatic and soil requirements of tea. Peradeniya. The Trop. Agriculturist Jhg. LXXXI (1933), S. 372.
7. Mann, H. H., Tea growing in Njassaland. The Trop. Agric. Jhg. 10 (1933), S. 165.
8. Mann, H. H., Report of tea cultivation and its development in Njassaland. Bull. of the Imp. Inst. Bd. 31 (1933), S. 392.
9. Mann, H. H., Tea cultivation in the Tanganjika Territory and its Development. Millbaak, Westminster 1933.
10. Mann, H. H., Report of the tea cultivation in the Tanganyika Territory and its development. London 1933.
11. Marcus, A., Die Teekultur in Kaffa. Tropenpflanzer Jhg. 37 (1934), S. 253.
12. Marcus, A., Die vegetative Vermehrung des Teestrauches. Tropenpflanzer Jhg. 37 (1934), S. 176, S. 248.
13. Marcus, A., Die Entwicklung der Tee- und Kaffeekultur in Njassaland. Tropenpflanzer Jhg. 38 (1935), S. 216.
14. Perrot, Le Thé, Origine, Culture, Préparation, Commerce. Paris 1928.
15. Sabelberg, F., Tee. Leipzig 1938. (Wandlungen in der Weltwirtschaft, Heft 13.)
16. Schmidt, Teeanbau in Njassaland. Tropenpflanzer Jhg. 36 (1933), S. 343.
17. Sprecher von Bernegg, A., Der Teestrauch und der Tee, die Mate- oder Paraguayteepflanze. In: Tropische und subtropische Weltwirtschaftspflanzen, III. Teil, 3. Bd., Stuttgart 1936.
18. Unger, E., Der Tee. Eine wirtschaftsgeographische Studie. Diss. Greifswald 1932.
19. . . ., Die Teekultur in Ostafrika. Tropenpflanzer Jhg. 36 (1933), S. 315.
20. . . ., Der Schnitt des Tees und das Wachstum der Sträucher. Tropenpflanzer Jhg. 37 (1934), S. 531.
21. . . ., Development of Njassaland tea industry. Tea and coffee Trade Journal Jhg. 70 (1936), S. 105.
22. . . ., Teepflanzungen in Äthiopien. Umschau Jhg. 39 (1937), S. 201.
23. . . ., Teeanpflanzungen in Abessinien. Tropenpflanzer Jhg. 32 (1929), S. 514.
24. . . ., Teegärten; Erfolge durch künstliche Beeinflussung der Bodenazidität bei Neuanlagen von Teegärten. Tropenpflanzer Jhg. 36 (1933), S. 157.

25. ..., Indigofera endecaphylla als Erhalter der Bodenkraft in Teepflanzungen. Tropenpflanzer Jhg. 36 (1933), S. 161.
26. ..., Indigofera endecaphylla in Teepflanzungen. Tropenpflanzer Jhg. 32 (1929), S. 266.
27. ..., Die Düngung des Tees. Tropenpflanzer Jhg. 37 (1934), S. 431
28. ..., Pflanzweite von Tee. Tropenpflanzer Jhg. 31 (1928), S. 370.
29. ..., Teefermentation. Tropenpflanzer Jhg. 29 (1926), S. 240.
30. ..., Die Geschichte der Teerestriktion. Tropenpflanzer Jhg. 37 (1934), S. 258.
31. ..., Commercial classification of tea. Trop. Agriculturist Jhg. LXV (1925), S. 336.
32. ..., Tee-Restriktion und -Erzeugung. Tropenpflanzer Jhg. 40 (1937), S. 127.
33. ..., Über die Teekultur in Afrika. Tropenpflanzer Jhg. 40 (1937), S. 218.
34. ..., Tea culture and trade of Natal, South-Africa. Spice Mill Jhg. 53 (1930), S. 1072.
35. ..., Die Teekultur in den südlichen Hochländern Deutsch-Ostafrikas. Tropenpflanzer Jhg. 38 (1935), S. 440.
36. ..., Die Teeböden in Deutsch-Ostafrika. Tropenpflanzer Jhg. 39 (1936), S. 435.
37. ..., Growth of the Uganda tea industry. Tea and Coffee Trade Journal Jhg. 1935, S. 11.
38. ..., Tea being grown successfully in Rhodesia. Spice Mill Jhg. 55 (1932), S. 924.
39. ..., Thee cultuur in Belgisch-Congo. Ind. Mercuur Jhg. 60 (1937), S. 154.
40. ..., Annuaire International de Statistique Agricole a) 1937—38. Rom 1938, b) 1939—40. Rom 1940.

4. *Kola, Cola sp.*

Botanik. Die Gattung *Cola* gehört zu den *Sterculiaceen* und weist mehr als 40 Arten auf.

Die Gruppe der *Eucolae* mit mehreren Arten (u. a. *Cola vera K. Schum.*, *Cola nitida* = Gondjanuss, Aschantikola; *C. acuminata* = Gabonkola, Abatokola, Fatak; *C. Ballayi* = Ubangikola, Maberu), die allein als echte Kolanüsse in Frage kommen, steht der Gruppe der *Macrocolae*, hohen Bäumen von 25—40 m Höhe, gegenüber.

Die *Eucolae* sind mittelgroße, äußerst dichtbelaubte Bäume von 6—15 m Höhe, deren Äste schon in 1,5—2 m Höhe ansetzen. Bei einigen Arten zeichnen sich die meist wechselständigen Blätter durch Lichtempfindlichkeit aus, indem sie im vollen Licht herabhängen, während sie im Schatten voll ausgebreitet sind. Diese Beweglichkeit wird gewährleistet durch quellbare Gewebe am Ende des Blattstieles, die je nach den Lichtverhältnissen ihre Turgeszenz zu regulieren vermögen.

Die Stammblütigkeit ist beim Kolabaum nicht so ausgeprägt wie beim Kakaobaum, denn die Blütenstände entspringen selten aus älteren Ästen, die ihre Blätter bereits verloren haben (Abb. 35a). Der Kolabaum blüht das ganze Jahr über, doch fällt seine Hauptblütezeit ans Ende der Trockenzeit und in den Beginn der Regenzeit. In der Blütenbildung zeigt der Kolabaum eine ausgesprochene Vielgestaltung. Manche Bäume tragen fast nur männliche Blüten, andere männliche und weibliche in sämtlichen Blütenständen durcheinander, auch zwittrige Blüten kommen stets vor. Im Durchschnitt finden sich an einem Baum 20 mal mehr männliche als weibliche Blüten. Über die Bestäubungsverhältnisse herrscht noch Unklarheit.

Die Fruchtblätter trennen sich und bilden 4 oder 5 holzige, sternförmig angeordnete Balgkapseln (Abb. 35 b), die je nach der Art in Form und Größe variieren. Die Zahl der Samen in der Frucht ist 5—7, höchstens 9. Die in den Handel kommende Kola-„Nuß" ist der nackte, von der Samenhaut befreite Keimling. Die Kola-„Nuß" (Abb. 35 c) besteht also im wesentlichen aus den

Keimblättern, zwei bei *C. nitida*, bis sieben bei anderen Arten; zwischen den Keimblättern liegt die winzige Wurzel- und Stengelanlage.

Die Farbe der Keimblätter ist verschieden, rot, gelblich-rot, grün und selten auch weiß.

Die Fruchtbildung setzt im 6. bis 7. Jahre ein, gewinnt aber erst im 15. Jahre Bedeutung, erreicht mit 20—30 Jahren ihren Höhepunkt und kann bis 75 Jahre dauern, während der Baum 100 Jahre alt werden kann. Vom Blühen bis zur Reife der Frucht vergehen 7—8 Monate.

Standortsbedingungen. Klima. Als Baum des tropischen Urwaldes liebt der Kolabaum feuchte Wärme und Schatten, verträgt aber keine Überschwemmungen und stagnierende Nässe, ebensowenig Wind und intensive Sonnenbestrahlung. Sein Standort bezeichnet oft die Überschwemmungsgrenze an Flußläufen.

Die Durchschnittstemperaturen in seinem Verbreitungsgebiet liegen zwischen 23° und 29° C, die Niederschläge betragen 2000—4000 mm im Jahr.

Abb. 35. Kolanuß *(Cola acuminata)*
a = blühender Zweig; b = Frucht; c = einzelne „Nuß"; d = einzelne Kapsel, aufgeschnitten

Da der Kolabaum eine senkrechte Pfahlwurzel treibt, verlangt er, ebenso wie der Kakaobaum, einen tiefgründigen Boden.

Der Kolabaum ist im westlichen Äquatorialafrika heimisch und dringt östlich bis an die Seen vor (Karte 17).

Die Verbreitung der verschiedenen Arten deckt sich nicht. Während *Cola nitida* im Westen südlich des 11. Breitengrades von Sierra Leone bis Dahome vorkommt, verbreiten sich *C. acuminata*, *C. verticillata* und *C. Ballayi* (alle mit mehr als zwei Keimblättern) mehr östlich davon, von der Elfenbeinküste bis an die oben genannte Ostgrenze, und gehen südlich etwa bis zum 8. Grad.

Außerhalb des Festlandes von Afrika wird fast nur *Cola nitida* angebaut, z. B. auf Madagaskar, Réunion, Ceylon, Indien, Indochina und Java, ferner auf den großen und kleinen Antillen, in Brasilien, Venezuela und Columbien.

Ähnlich wie Kakao zieht die Kola, entsprechend ihren Klimaansprüchen, die feuchten Wälder der Ebene vor, doch ist sie in Kamerun, allerdings weniger gut gedeihend, noch bis 1200 m, auf den Antillen bis zu 1500 m und auf Java bis 1200 m hoch zu finden.

Kultur. Kola stellt keine wichtige Welthandelsware dar; sie wird von Europäern nur selten gebaut, auch die Neger kultivieren sie im allgemeinen nicht. Die zahlreichen Sagen und Märchen, die sich bei den Negern über die Kolanuß gebildet haben, haben die Verbreitung des Baumes stark gefördert, zuweilen aber auch gehemmt. Das letztere trifft namentlich dort zu, wo schlaue Händler den Aberglauben verbreitet haben, daß derjenige, der eine Kolanuß aussät, sterben müsse, sobald der daraus erwachsene Baum zu fruchten beginnt. Infolgedessen werden zufällig keimende Samen sorgfältig geschützt und gepflegt, aber von einer Kultur der Kolabäume kann im allgemeinen nicht die Rede sein. Wo sie kultiviert werden, geschieht die Vermehrung fast ausschließlich durch Samen, ausnahmsweise auch durch Stecklinge aus Wurzelschößlingen oder durch Markotten (z. B. an der Elfenbeinküste).

Entsprechend der Hauptblütezeit zu Beginn der Regenperiode fällt die Haupternte 7—8 Monate später, nördlich des Äquators von Oktober bis Januar, südlich des Äquators von April bis Juni. Das Pflücken geschieht durch einfaches Abdrehen der Früchte mit der Hand oder durch Abschlagen mit Stöcken (14). Die gesammelten Früchte werden mit dem Messer geöffnet und die Nüsse herausgenommen, ohne daß sie von ihrer weißen Samenhaut befreit werden. Sie werden vor der Sonne geschützt aufbewahrt (12).

Ein normaler 15jähriger Baum liefert ungefähr 50 Früchte bzw. 750—1250 Nüsse, im Durchschnitt 10 kg (13, 25). In Ausnahmefällen bringen Bäume ein Mehrfaches an Ertrag.

Zur Steigerung des Absatzes ist vor allem eine zweckmäßige Aufbereitung notwendig (5). Für die Konservierung kommen nur noch nicht ganz reife Kolafrüchte von grünbrauner oder gelbmarmorierter Farbe in Frage, auf keinen Fall abgefallene. In Java, Jamaika und Trinidad, wo Kola und Kakao im Gemisch angebaut werden, benutzt man zur Aufbereitung dieselben Einrichtungen wie bei Kakao. Die Früchte werden ohne gegenseitige Berührung auf hölzerne Horden gelegt, um nachzureifen, bis sich die Bauchnaht öffnet. Dann wird die Fruchtschale entfernt. Der Beginn einer Fermentation läßt sich leicht an dem Auftreten eines fruchtester-artigen Geruches feststellen. 2—3 Tage läßt man die Früchte fermentieren, wobei das weiße Fruchtfleisch zunächst gelb, dann bräunlich wird. Nach der Fermentation läßt sich das Fruchtfleisch leicht von der Kolanuß entfernen; vor allem aber wird der bittere Geschmack durch Zerstörung des Kolabitters zum größten Teil beseitigt.

Die sorgfältig vom Fruchtfleisch gereinigten Kolanüsse läßt man dann noch in dunklen, trockenen Räumen nachtrocknen, worauf sie für die Konservierung nach Farben sortiert werden (5).

Verwendung. Die Kolanüsse üben auf den ganzen Körper eine belebende Wirkung aus. Diese belebende Wirkung ist auf den Gehalt an Koffeïn und Theobromin (*Attfield*, *Heckel*) zurückzuführen. Es gibt im weiten Bereich des Sudans kein Genußmittel, das sich annähernd einer solchen Beliebtheit erfreut wie die Kolanuß. Sie ist hier Ersatz für Tee, Kaffee, Kakao, für Alkoholika und Narkotika. Von Weißen wird sie im allgemeinen nicht geschätzt (12).

In Timbuktu sind Kolanüsse neben Gold und Salz einer der drei wichtigsten Handelsartikel. Nicht nur als Genußmittel werden bei den Negern die Kolanüsse verwendet, sondern auch als Arzneimittel und Tauschmittel oder Wertmesser.

Die Nuß wird in Scheiben geschnitten und mit oder ohne Zutaten gekaut. Die Gerbstoffe haben einen bitteren Geschmack, der langsam abnimmt und zuletzt einem süßen Geschmack Platz macht, denn das Ptyalin des Speichels spaltet aus dem glykosidischen Gerbstoff Zucker ab. Zuletzt schwindet auch die Süßigkeit, und der durchgekaute Brei wird geschmacklos und dann ausgespuckt. Wo keine frischen Nüsse zu erhalten sind, werden getrocknete gemahlen und mit Milch oder Honig angerührt.

LÄNDERBERICHTE

Die größte Produktion an Kolanüssen soll die Goldküste aufweisen (7). Die wertvolle *Cola nitida* ist hier mit Ausnahme der nördlichen Territorien weit über das ganze Land verbreitet. Am häufigsten ist sie in Aschanti, in den Wäldern zwischen Kumassi und Nkoranse und in der Landschaft Akim, wo sie die Neger bis zu einem gewissen Grade kultivieren (12). Seit langem werden große Mengen frischer Kolanüsse nach Nigeria ausgeführt, doch ist in den letzten 20 Jahren trotz des längeren Weges Sierra Leone stark in Wettbewerb getreten, da in Nigeria die besser aufbereiteten Nüsse aus Sierra Leone bevorzugt werden (14). Bis 1916 war Nigeria völlig von der Goldküste abhängig, deren Ausfuhr nach Nigeria 1924 mit 7907 t den Höhepunkt erreichte. 1917 führte Sierra Leone erst 4 t nach Nigeria ein, 1924 858 t und 1929 mit 1767 t schon 57 v. H. der Einfuhr aus der Goldküste (11):

Ausfuhr an Kolanüssen nach Nigeria:

Jahr	Goldküste t	Sierra Leone t	v. H. der Goldküstenausfuhr
1917...	3126	4	0,13
1924...	7907	858	11
1929...	3093	1767	57

Seit 1924 nimmt die Kola-Ausfuhr der Goldküste stark ab:

Ausfuhr in t (11; 14; 23; *Schoen*, *L.*, Rohstoffkammern der Weltwirtschaft. 1. Bd. Afrika. 2. erg. Aufl. Berlin 1939, S. 134 f.):

1924	7907	1935	253
1930	3797	1936	434
1931	1339	1937	504
1934	162		

In Sierra Leone sind einige 1000 acres mit Kola *(Cola nitida)* bepflanzt. Die Bäume stehen in Entfernungen von 6 × 6 m, so daß etwa 275 auf einen ha kommen.

Die Ausfuhr betrug in t (23; *Schoen*, *L.* Rohstoffkammern der Weltwirtschaft. 1. Bd. Afrika. 2. erg. Aufl. Berlin 1939, S. 142f.):

1927	4533	1935	1889
1930	2307	1936	2345
1934	1483	1937	2315

Im südlichen Teil von Nigeria kommt nur noch vereinzelt *C. nitida* vor, die mehrkeimblättrigen Kolaarten überwiegen hier, das Land kann seinen eigenen großen Bedarf zur Zeit noch nicht voll decken (14). In den Waldgebieten von Joruba und Nupe findet man Kolabestände, deren Früchte guten Absatz finden (12).

An der Elfenbeinküste hatten die Eingeborenen früher keine Kolapflanzungen, doch sind in den letzten Jahren infolge des steigenden Bedarfes hier einige Kolakulturen angelegt worden. Zwei Ernten finden statt, eine kleine im Juni, die Haupternte im November. Die Erzeugung wird auf 5000 t geschätzt (25). Hauptsächlich verbreitet ist *C. acuminata* (= Gabonkola).

In Dahome beginnen sich die mehrkeimblättrigen Kolaarten auszubreiten. Die Aussaat erfolgt in Saatbeeten. Nach drei Monaten werden die Pflänzchen, wenn sie etwa 15 cm hoch sind, zu Anfang der Regenzeit in 50—60 cm tiefe Pflanzlöcher versetzt. Die hier übliche Pflanzweite von 2—3 m wird als viel zu gering bezeichnet. Nach *Chevalier* ist 10 × 10 m die beste Pflanzweite (7).

Die Ausfuhr aus Französich-Westafrika verteilte sich 1931 und 1932 wie folgt (14) (in kg):

	1931 kg	1932 kg
Senegal*)	11932	16985
Französisch-Guinea*)	158289	190684
Elfenbeinküste	40033	18445
Dahome	986	598
Togo, franz. Mandat		20
Französisch-Kongo		340
Gesamt	211240	227072

In den letzten Jahren entwickelte sie sich folgendermaßen (in t):

1933	149	1936	65
1934	74	1937	93
1935	56		

(*Schoen*, *L.*, Rohstoffkammern usw. vgl. o. S. 153).

*) Wiederausfuhr eingeführter Kola.

In Togo hatte die deutsche Regierung in den Bezirken Misahöhe, Kpandu, Kete Kratschi, Bismarckburg, Sokode und Atakpame Kolaversuchspflanzungen im Urwald angelegt (8).

In Kamerun ist Kola im ganzen Waldland zwischen dem Bali- und Manengubahochlande und an der Küste verbreitet. Im südlichen Waldlande soll besonders das Jaunde-Gebiet und der Esum reich an Kolabäumen sein (12). Vor dem Weltkriege hatten sich einige Plantagen der Kolakultur angenommen und lieferten zur Zeit des Weltkriegsausbruches die ersten Erträge.

Der Handel mit frischen Kolanüssen liegt fast ganz in den Händen von Haussaleuten, die die Früchte teils sogar am Baume kaufen. Von den Hauptkolaländern, der Goldküste und Sierra Leone, bewegt sich der Kolahandel auch heute noch größtenteils auf der Karawanenstraße ins Hinterland in der Richtung nach Kong, Timbuktu, Wassulu und dem oberen Niger, dem Senegal und von dort nordwärts bis nach Marokko und ostwärts nach dem Sudan und Arabien. Der wichtigste Kolamarkt ist Salaga in der Landschaft Gonya im Osten der Goldküste. Die Hauptverbraucher an Kola sind das Haussaland und Bornu. Für die Handelsstadt Kano war der Kolahandel von besonderer Bedeutung. In Nordafrika sind Marokko, Algerien, Tunesien und Ägypten starke Abnehmer von Kola. Heute gelangt etwa die Hälfte der Kolaernte aus der Goldküste auf Lastwagen und Eisenbahnen nach Takoradi oder Sekondi an die Küste, um von hier über See nach Lagos und Port Harcourt in Nigeria und nach Freetown in Sierra Leone verfrachtet zu werden (12). Außer den genannten Handelsplätzen sind noch Bamako, Sikasso, Bobo Djulasso, Segu-Sikoro und Djeme Märkte für Kola (14).

Genaue Zahlen über die Erzeugung sind nicht bekannt, da der größte Teil der Kolanüsse im Binnenhandel bleibt. Die Ausfuhrzahlen sind so unbedeutend, daß sie keinen Maßstab liefern können. Nach Europa kommen jährlich nur etwa 100 t.

Ein annäherndes Bild über die Erzeugungsverhältnisse geben die Schätzungen von *Chevalier* im Jahre 1911, der ein guter Kenner der westafrikanischen Verhältnisse ist. Wie weit diese Schätzungen heute noch zutreffen, ist nicht zu beurteilen.

	Erzeugung in t (14):	
Goldküste	5000	
Elfenbeinküste . . .	3000	(1934 auf 5000 t geschätzt [25]
Sierra Leone	2000	u. 8000 t für möglich gehalten)
Südliches Nigeria . .	2000	
Kamerun	1400	
Südliches Dahome . .	500	
Togo	100	
	14000	

wozu noch etwa 5000 t der übrigen afrikanischen Länder kommen sollen (Französisch-Guinea und Kongo, Liberia, portugiesische Kolonien).

Außer Takoradi und Sekondi sind die Hafenplätze für die Kolaausfuhr: Lagos, Accra, Dakar, St. Louis.

Bei einer Ausdehnung des Verbrauches der Kolanuß in Europa und der anderen zivilisierten Welt wird sich die Erzeugung ohne Schwierigkeiten wesentlich steigern lassen.

Frische Kolanüsse haben wertvolle physiologische Wirkungen: sie regen die Blutzirkulation an und werden als diätetisches Anregungs- und Erfrischungsmittel geschätzt (5).

Schrifttum

Kola

1. Bernegau, L., Kola in Kamerun. Tropenpflanzer Jhg. 3 (1900), S. 120.
2. Bernegau, L., Reiseskizzen aus den Tropen und Subtropen. Kolanuss. Berlin 1904, S. 429.
3. Bernegau, L., Studien über die Kolanuss im Yorubalande. Tropenpflanzer Jhg. 7 (1904), S. 353.
4. Bernegau, L., Studien über die Kolanuss. Tropenpflanzer Jhg. 12 (1908), S. 117.
5. Bernegau, L., Zur Kolafrage. Tropenpflanzer Jhg. 12 (1908), S. 464.
6. Bernegau, L., Mitteilungen über die Kolanuss. Berlin 1910.
7. Chevalier, A. und Perrot., Les Kolatiers, les noix de Kola. Paris 1906.
8. Gruner, Einige Bemerkungen über die Kolanüsse in Togo. Tropenpflanzer Jhg. 8 (1904), S. 192.
9. L'Heureux, Contribution à l'Etude de la Noix de Cola. L'Agronom. Colon. Jhg. 14 (1926), S. 238.
10. Hunter, Yields of Cola at Kumasi Agricultural Station. Bull., Dep. of Agric. Gold Coast 1927, S. 56.
11. Miles, Cola survey: Eastern Ashanti area and a general review of the cola industry. Bull Nr. 23 Dep. of Agric. Gold Coast. Accra 1930, S. 135.
12. Mischlich, A., Über die Kolanuß in Afrika. Kol. Rundschau Jhg. 21 (1930), S. 152 und 212.
13. Picht, Die Rentabilität einiger Kameruner Kulturen (Kola). Tropenpflanzer Jhg. 23 (1920), S. 77.
14. Sprecher von Bernegg, A., Tropische und subtropische Weltwirtschaftspflanzen. 3. Teil. 1. Band. Stuttgart 1934.
15. Schumann. Über die Stammpflanzen der Kolanuß. Tropenpflanzer Jhg. 1900, S. 219.
16. Warburg, O., Die Bedeutung der Kolanuß-Kultur. Tropenpflanzer Jhg. 1 (1897), S. 29.
17. Warburg, O., Die Togo-Kolanüsse. Tropenpflanzer Jhg. 6 (1902), S. 626.
18. Warburg, O., Kolakultur. Tropenpflanzer Jhg. (1898), S. 51.
19. Waters, H. B., Cola. Report on the Dep. of Agric; Accra 1930—31.
20. Wohltmann, F., Die Boden- und Klimaansprüche des Kolabaumes. Tropenpflanzer Jhg. 3 (1899), S. 509.
21. Graf Zech, Über Kola in Westafrika. Berlin 1901.
22. ..., Cola Survey, Year Book, Accra 1930, S. 135.
23. ..., Statistical Abstract for the British Empire. London 1936.
24. ..., A note on the vegetative propagation of Kola (Cola acuminata) by softwood suttings. Trop. Agric. (Trinidad) Jhg. 9 (1934), S. 4.
25. ..., La noix de Cola à la Côte-d'Ivoire. Rev. de Bot. Appl. et d'Agric. Tropic Jhg. 14 (1934), S. 57 u. S. 905.

5. Tabak, Nicotiana sp.

Botanik. Die Gattung *Nicotiana* mit etwa 60 Arten und Unterarten gehört zur Familie der *Solanaceen*. Von der Fülle der Arten liefert nur eine geringe Anzahl Rauchtabak. Für den Großanbau kommen nur drei Arten — mit einer großen Anzahl von Varietäten — in Betracht: *Nicotiana tabacum L.* (Abb. 36b), der echte Tabak, auch virginischer Tabak genannt, *Nicotiana macrophylla* (Abb. 36a) (oder *latissima*, *gigantea*) = Maryland-Tabak oder breitblätteriger Tabak und *Nicotiana rustica L.* (Abb. 36c) = Bauern- oder

Veilchentabak, auch Latakia-Tabak genannt. Der bekannte türkische Tabak, der fast ausschließlich zu Zigaretten verarbeitet wird, ist eine kleine Varietät von *Nicotiana tabacum*, von der man wiederum zahlreiche Handelssorten unterscheidet.

Alle drei Arten sind stattliche, einjährige Pflanzen mit großen Blättern und endständigen, rispigen Blütenständen. *Nicotiana rustica* bleibt etwas kleiner als *N. tabacum* und *N. macrophylla* und wird höchstens 1 m hoch, während die anderen beiden Arten erheblich höher werden können. Im ganzen

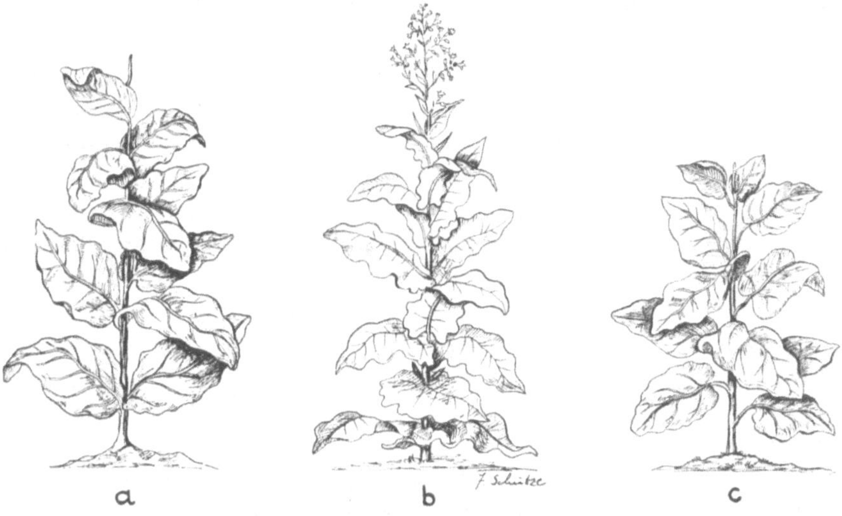

Abb. 36. Tabak *(Nicotiana spec.)*
a = Maryland-Tabak *(N. macrophylla)*; b = Virginischer Tabak *(N. tabacum)*; c = Bauerntabak *(N. rustica)*

ähneln sich *N. tabacum* und *N. macrophylla* mehr, während *N. rustica* ferner steht, was schon durch die Form der Blüten und Blätter zum Ausdruck kommt, so daß die beiden Erstgenannten von einigen Autoren (*Winkler*) zu einer Art zusammengefaßt werden.

Die Blüten, die in der Knospenanlage gefaltet sind, sind bei *N. tabacum* und *macrophylla* rot mit langer Blumenkronenröhre, die von *N. rustica* gelb mit kurzer Röhre. Von den 5 Staubgefäßen sind 4 gleich lang, eins ist kürzer. Die Blütezeit dauert etwa 14 Tage. Die Reife der Früchte tritt einige Wochen später ein.

Die Frucht stellt eine zweiklappige Kapsel dar. In Form und Farbe gleicht sie der Eichel, nur läuft sie in eine Spitze aus. Innerhalb der Kapseln liegen in 2 Zellen die zahlreichen, sehr kleinen nierenförmigen Samen.

Die Blattformen der drei Arten unterscheiden sich insofern, als bei *N. rustica* die Seitenrippen rechtwinkelig von der Mittelrippe abzweigen, bei *N. macrophylla* spitzwinkeliger und bei *N. tabacum* ausgesprochen spitzwinkelig. Die Struktur der Oberhaut des Tabakblattes ist für die Art seiner

Verwendung von großer Bedeutung. Die Größe und Dichte der Drüsenhaare beeinflussen Duft und Glimmfähigkeit stark (3). Die Aschenzusammensetzung steht in Beziehung zur Glimmdauer. Ein starker Kaligehalt scheint sie zu begünstigen, ein starker Gehalt an Chlor setzt sie herab.

Das Tabakblatt enthält eine Reihe von Alkaloiden: Nikotin, Nikoteïn, Nikotellin, Nikotinin, wovon das Nikotin $C_{10}H_{14}N_2$, ein starkes Pflanzengift, das wichtigste ist.

Verbreitung. Fast alle Arten der Gattung *Nicotiana* stammen aus dem westlichen Amerika, so auch die hier interessierenden *N. tabacum*, *N. macrophylla* und *N. rustica.*

Während der Virginia- und Maryland-Tabak sowohl in den gemäßigten Breiten wie in den Tropen angebaut werden kann, gedeiht der Bauerntabak nicht in den Tropen, dafür aber bis hoch in den Norden. Er wird angebaut in Deutschland (Nürnberg, Hannover), der Ukraine, Ungarn, Asien, Nord- und Südafrika, Maryland-Tabak im Elsaß, der Pfalz, Ungarn, Türkei, Ohio, Maryland, Kuba, Porto Rico. Der Virginia-Tabak wird mehr oder weniger überall kultiviert, namentlich in Nordamerika, doch auch in Deutschland und Afrika. Das klassische Land des Tabakbaus ist seine Heimat Amerika geblieben, doch hat sich mit steigendem Verbrauch der Tabakanbau über die ganze Erde verbreitet. So findet er sich auch in Afrika von Algerien bis zum Kapland. Der hochfeine türkische Zigarettentabak gedeiht jedoch wegen seiner speziellen Ansprüche an Klima und Boden befriedigend nur in Gebieten mit vorzugsweise Mittelmeerklima; er wird dementsprechend in größeren Mengen nur in Südosteuropa und Kleinasien gebaut, in kleinerem Umfange auf afrikanischem Boden in Algerien, dem Westen der Kapkolonie, in Deutsch-Südwest- und Deutsch-Ostafrika (28) (s. u.).

Klima. Mit Erfolg kann der Tabak nur in den heißen und in den wärmeren Gegenden der gemäßigten Zone gebaut werden. In den letzten Wochen vor der Ernte können Niederschläge den entwickelten Blättern schaden. Ist andererseits die Luftfeuchtigkeit zu gering, so leidet die Entwicklung des Aromas, und die Blätter werden spröde. Aus diesen Gründen sind z. B. große Teile des gemäßigten Nordafrika vom Tabakanbau ausgeschlossen. Im allgemeinen läßt sich sagen, daß die Tabakpflanze (abgesehen von dem feinen Zigarettentabak) eine der akklimatisationsfähigsten Kulturpflanzen ist, daß sie also keine eng begrenzten Bedingungen an das Klima stellt, was schon durch ihr Vorkommen vom 62.° nördl. Breite (Schweden) bis zum Äquator bewiesen ist. Das Optimum für gute Tabaksorten stellt das Mittelmeerklima dar, d. h. also ein warm-gemäßigtes Regenklima mit ausgesprochener Trockenzeit im Sommer.

In bezug auf den Boden stellt feiner Tabak einige Ansprüche. Im Kapland wird Zigarettentabak erfolgreich auf mehr oder weniger sandigem Lehmboden gebaut (27). Den höchsten Ertrag und die beste Qualität ergibt dort roter Lehmboden, vorausgesetzt, daß der Sommer trocken ist, andernfalls werden die Blätter zu grob und dick. Durchlässiger, leicht sandiger, kalkarmer Lehmboden in sonniger Lage sagt dem Tabak am meisten zu.

Kultur. Der Tabak wird aus Samen gezogen. Zur Gewinnung des Saatgutes werden kräftige Pflanzen auf dem Tabakfeld gewählt, die nicht geköpft (s. u.), deren Seitentriebe (Geizen) aber entfernt werden, um die Nährstoffe den Samen zukommen zu lassen. Das Abblatten der Pflanze vor der Samenreife ist zu vermeiden.

Da die jungen Pflanzen sehr empfindlich sind, werden sie in Saatbeeten herangezogen. In manchen Ländern ist eine Sterilisierung des Beetes durch Brennen üblich: Gras und trockenes Buschholz wird 60—90 cm hoch auf das Beet geschichtet und angesteckt. Die Asche wird zur Düngung mit der obersten Schicht vermischt, worauf die Aussaat beginnen kann. Mit 30 g Saat von Virginia-Tabak können 100 qm Saatbeet bestellt werden, die Pflanzen für etwa 2 ha liefern. Die Beete müssen mit einem Schattendach versehen werden, das allmählich zur Abhärtung gelichtet wird (30).

Die Düngung des Bodens hängt naturgemäß immer mehr oder weniger von seiner Fruchtbarkeit ab. Alte Tabakböden, namentlich in den Tropen, leiden oft an Kalimangel. Angemessene Stickstoffzufuhr und sorgfältig bemessene Mengen eines Phosphordüngers können ebenfalls angebracht sein (29). Auf den deutschen Pflanzungen im französischen Mandatsgebiet Kamerun, wo der Tabakanbau auf ausgesprochen armen Böden stattfindet, wird jedes einzelne Pflanzloch beim Aussetzen der Pflänzlinge mit einer Gabe Kunstdünger versehen (41). Sind die Pflänzlinge 15—20 cm hoch, so werden sie ausgepflanzt. Virginia-Tabak wird zweckmäßig auf Kämme gesetzt, um ihn vor Mehltaubefall zu schützen. Die Kämme müssen möglichst von Ost nach West laufen, um der Sonne den Zutritt zu erleichtern.

Mit entscheidend für die Größe und Qualität der Blätter ist die Standweite der Pflanzen.

Um die Nährstoffe ausschließlich den Blättern zukommen zu lassen, werden die Pflanzen vor dem Blühen geköpft und dann kurz nach dem Köpfen „gegeizt", d. h. die Seitentriebe, die nach dem Köpfen aus den Blattachsen kommen, werden herausgebrochen. Dieses „Geizen" muß bis zur Ernte nach Bedarf wiederholt werden (41).

Ernte. Zeigen sich an der Spitze der Blätter gelbe Flecken, so sind sie pflückreif. Das Pflücken beginnt, sobald der Tau abgetrocknet ist. Da die untersten Blätter zuerst reifen, werden zunächst sie abgeerntet und später die übrigen nacheinander nach aufwärts weitergepflückt (26).

Aufbereitung. Die Herrichtung des Tabaks zu marktfertigen Ballen besteht im Trocknen, Fermentieren und Pressen. In manchen Gebieten (Türkei) übernimmt der Händler die Fermentation.

Durch das Trocknen und die Fermentation soll der Tabak die gewünschte Farbe erhalten und das bestmögliche Aroma entwickeln. Dies zu erreichen, werden je nach Art und Verwendungszweck sowie nach dem Klima der Anbaugegend und nach den zu Gebote stehenden Mitteln verschiedene Verfahren angewendet. Der einfachen Trocknung in Trockenschuppen, wie sie auch in Deutschland üblich ist, ohne Anwendung von künstlicher Wärme, stehen — aus Nordamerika kommend — mehrere Verfahren gegenüber, die in Trockenhäusern unter Anwendung von künstlicher Hitze arbeiten. Am verbreitetsten ist das sogenannte „Fire curing", eine Trocknung durch offenes Feuer oder seltener auch durch Ofenheizung. Ferner wird auch Dampfheizung oder Heißwasserheizung mittels langer Heizröhren angewendet, das sogenannte „Flue curing", wobei der Tabak vor Schädigung durch Rauch bewahrt wird. Wo das Klima es erlaubt, kann die Trocknung an freier Luft stattfinden, wie beispielsweise im Westen des Kaplandes. Die Feuertrocknung wird dort angewendet, wo große Mengen schnell getrocknet werden müssen. Ob die natürliche Trocknung oder die Feuertrocknung vorzuziehen ist, darüber sind die Meinungen sehr geteilt, dem fire curing wird oft eine ungünstige Beeinflussung der Qualität nachgesagt.

Die Trocknung zerfällt in zwei Stadien: 1. das Welken und Gelbwerden, was in 3—6 Tagen geschieht, 2. das endgültige Trocknen durch stärkeren Wasserentzug und die endgültige braune Färbung. Bei dem ersten Stadium beträgt das Temperaturoptimum 26,67° C bis 32,22° C. Bei dem zweiten Stadium läßt man die Temperatur zur Erreichung der braunen Farbe auf etwa 35° C—40,55° C ansteigen. Hat sich diese überall ausgebreitet, so wird die Temperatur bis auf nahezu 49° C erhöht und auf dieser Höhe gehalten, bis das Blatt und die Mittelrippe trocken sind. Die Luftfeuchtigkeit bedarf während der Trocknung sorgfältiger Regelung.

Bevor der Tabak nach der Trocknung zur Fermentation in Haufen gesetzt werden kann, muß er zunächst wieder durch Feuchtigkeitsaufnahme weich und geschmeidig gemacht werden, was in Großbetrieben durch Verdampfen von Wasser geschehen kann, in kleineren Betrieben jedoch einfach durch 2 Tage langes Hängen im Keller oder durch Einbetten in feuchtes Gras geschieht. Im Anschluß hieran erfolgt ein Sortieren in Klassen nach Farbe und Größe. Nach der Größe werden 3 Klassen unterschieden: kleine, mittlere und große Blätter. Innerhalb jeder dieser Gruppen werden wiederum 3 Farben unterschieden: hell, dunkel und mittel. Die verletzten Blätter bilden eine besondere Klasse. Nach dem Sortieren werden die Blätter zu 12 oder 18 Stück mit einem Blatt der gleichen Klasse gebündelt.

Durch die auf das Trocknen folgende Fermentation sollen unangenehm riechende und schmeckende sowie giftige Stoffe beseitigt werden.

Nach der Fermentation werden die Bündel schichtweise über Kreuz gepackt gepreßt. Jeder Ballen darf nur eine Klasse Blätter enthalten und muß den richtigen Feuchtigkeitsgrad haben. In solchen Ballen kommt der Tabak in den Handel. Auch noch innerhalb der Ballen geht eine Fermentation vor sich.

Der türkische Tabak dient, wie bereits erwähnt, zur Zigarettenherstellung. Über die Verwendung der anderen Arten sei folgendes gesagt (15):

Die untersten Blätter, das sogenannte Erd- oder Sandgut, geben bei allen Arten das geringste, die mittleren das Haupt- oder Bestgut, die obersten das mittlere Gut. Im übrigen liefert Virginia-Tabak in schweren, fetten Sorten Schnupf- und Kautabak, in den leichteren lebhaft braunen Rauchtabak (z. T. sogar Zigarettentabak, Südrhodesien, Deutsch-Südwestafrika), Maryland-Tabak gibt aromatisches Pfeifengut, unter Umständen auch Deckblatt für Zigarren. Der Bauern- oder Veilchentabak liefert ein kräftiges Pfeifengut, wird aber in Syrien auch zu Zigaretten verarbeitet (26).

Als Einlage finden sämtliche Sorten Verwendung, wovon man die nikotinreichen zunächst auszulaugen pflegt. Besonders geschätzt ist als Deckblatt der Sumatra-Tabak (11), ihm kommt der aus Kamerun gleich (53).

EINZELNE ANBAUGEBIETE

In Afrika ist, dank seiner äquatorialen Lage, der Tabakanbau mit Ausnahme der unter Wasserarmut leidenden Gebiete über den ganzen Erdteil verbreitet, und zwar als Eingeborenenkultur für den eigenen Gebrauch, als Ausfuhrprodukt im Norden, in Algerien, und im Süden, in Rhodesien, in Nyassaland und im Kapland, welche Länder sich vorzüglich für den Tabakanbau eignen. Die Anbaufläche und die Gesamtproduktion an Tabak in Afrika betrugen in den letzten Jahren (35; 54):

Jahr	Hektar	Ertrag in t
1932—33	110000	58000
1933—34	90000	55000
1934—35	102000	63000
1935—36	100000	67000
1936—37	106000	73000
1937—38	119000	65000
1938—39	128000	70000

Davon entfällt etwa ein Drittel auf Algerien.

In Algerien kann auf Grund des Mittelmeerklimas ohne weiteres neben Rauchtabak auch Zigarettentabak kultiviert werden, wovon der größte Teil im Lande selbst verarbeitet und verbraucht wird. Der Überschuß wird als Rohmaterial für billige Sorten Rauchtabak hauptsächlich an die französische Monopolverwaltung ausgeführt. 1925 war der Höchstbetrag erreicht; seitdem haben sich die Anbaufläche und die Erzeugung wie folgt entwickelt (34; 54):

Jahr	Hektar	Ernte in t
1913	10200	10400
1925	32600	29800
1928	26400	25000
1933	16900	13100
1934	23000	22226

Jahr	Hektar	Ernte in t
1935	23000	18891
1936	22000	17544
1937	24000	17634
1938	23000	19402

Der Rückgang der Erzeugung ist vor allem darauf zurückzuführen, daß sich die anderen französischen Kolonien mit eigener Tabakkultur, insbesondere Indochina und Madagaskar, gegen die Einfuhr algerischer Zigaretten wehrten, die durch Verordnungen zum Schutz der örtlichen Erzeugung heute fast ganz unterbunden ist (36). Die Ausfuhr zeigt dieselben Schwankungen (Annuaire Int. Stat. Agr., Rom 1937; 54):

Jahr	t	Jahr	t
1926/30 . . .	15500	1936	13594
1932	11000	1937	10895
1934	9000	1938	11446
1935	14000		

Außer in Algerien wird in Nordafrika in geringerem Maße in Tunesien, Tripolitanien und Marokko Tabak gebaut.

Die Ansichten über die Aussichten der Tabakkultur in Tunesien sind verschieden: während von *Bardot* behauptet wird (37), daß Tunesien in fast seiner ganzen Ausdehnung sich nicht für den Tabakbau eignet und *Jouanneau* und *Geoffroy* (in Rev. Intern. des Tabacs, Juli 1929) feststellen, daß der tunesische Tabak schlecht brennbar ist, und zwar infolge der Natur des Bodens und des Chlorgehaltes des Bewässerungswassers, wird an anderer Stelle (37) dieser Mangel auf die falsche Kultur durch die Eingeborenen zurückgeführt.

In Tripolitanien hat der durch die italienische Regierung geförderte Tabakanbau stetig zugenommen, hauptsächlich in der Umgebung von Tripolis, in den Oasen von Zavia, Sorman und Sabratha, ferner durch die Bevölkerung von Homs, Kussabat, Terhuna und Garian, außerdem in der Cyrenaika.

Ägypten, das Land, das die bekannten hochwertigen ägyptischen Zigaretten liefert, hatte bis vor kurzer Zeit keinen Tabakbau. Seit 1923 sind bei Ekingui Marivet Versuche im Gange, um festzustellen, ob Boden und Klima geeignet sind, einen marktfähigen Tabak hervorzubringen (17). Die Versuche wurden mit orientalischem Tabak aus der Türkei und Griechenland, ferner auch mit amerikanischen Herkünften angestellt. Die hier gewonnenen Tabake zeichneten sich durch angenehmen Geschmack und Geruch, aber geringe Glimmfähigkeit aus, was möglicherweise an der mangelhaften Aufbereitung lag. Die Versuche wurden 1936 aufgegeben.

In Abessinien ist der Tabakanbau in der Woina Dega und auch Kolla, besonders in Djimma, westlich von Addis Abeba, von altersher zu Hause (13); er dient fast nur dem eigenen Gebrauch. Während die Galla und Guragi große Freunde des Tabakes sind, verschmäht ihn der Amhare vollständig.

In der Provinz Schoa wurde in Ssoda, südlich von Suggalla, früher von Türken Tabakanbau betrieben. Angebaut wird fast nur *Nicotiana tabacum*. Die Eingeborenen gewinnen lediglich Pfeifentabak auf primitive Art, indem sie die Tabakblätter zu mehreren fest zusammenrollen und so trocknen. Die Türken erzeugten einen recht brauchbaren Zigarettentabak nach heimischer Art. Im Jahr 1938 führte Italienisch-Ostafrika 10 t aus, aber 46 t ein (54, S. 602f.).

In Kenya (51) setzte erst zu Beginn dieses Jahrhunderts der Anbau von Tabak ein. Zuerst bauten ihn an der Küste Araber, von denen wohl die Tabakkultur der Eingeborenen im Innern übernommen ist. Heute bestehen bessere Eingeborenenkulturen an der Küste in der Umgebung von Lamu und auf den Inseln, namentlich auf Patta. Hier wird ein vorzüglicher, hellfarbiger Tabak mit großen Blättern erzeugt. Für den ausgedehnteren Anbau können wegen der großen Verschiedenheiten in bezug auf Boden und Klima keine einheitlichen Richtlinien gegeben werden, doch sind viele Versuche von seiten der Regierung im Gange, die zum Teil schon zu guten Ergebnissen geführt haben. So ist z. B. im Kibwezi-Distrikt von leichtem amerikanischem Tabak gute Ausgangsware zur Zigarettenherstellung gewonnen worden.

Auch in Uganda steckt der Tabakbau noch in den Anfängen. Auf ziemlich schweren Böden bei Bulindi und Bunyoro in der nördlichen Provinz wird Tabak kultiviert.

Bis 1929 war die Ausfuhr an Tabak und Tabakwaren aus Kenya und Uganda annähernd gleich der Einfuhr (34, S. 329). Seitdem übertrifft der Export den Import etwa um das Doppelte.

In Deutsch-Ostafrika begannen die Versuchsarbeiten bereits zu deutscher Zeit (40). So wurden auf der 1911 gegründeten Versuchsstation Kibongoto am Kilimandjaro Versuche mit 23 meist türkischen Tabaksorten zur Gewinnung von Zigarettentabak durchgeführt (28). Nach dem Weltkriege wurden Anbauversuche im 1500—2000 m hohen Iringa-Hochland gemacht (42). Nach Angaben des Direktors der Reichsanstalt für Tabakforschung in Forchheim, Prof. *König*, wurden von den deutschen Farmern im Iringa-Gebiet mit dem Anbau von Pfeifen- und Zigarettentabak (Virginia) Erfolge erzielt. Daneben bauen überall die Neger Virginiatabak für den eigenen Bedarf, in größerem Umfange auch für die Ausfuhr im Songea- und Biharamulo-Distrikt (39). Seit 1933 beginnt die Tabakerzeugung zu steigen, so daß sie jetzt in der Statistik der „Principal domestic exports“ im Trade Report des „Tanganyika Territory“ aufgenommen ist. Die Ausfuhr betrug (Trade Report for the Tanganyika Territory und 54):

Jahr	t	Jahr	t	Jahr	t
1931 . . .	146,19	1934 . . .	321,89	1937 . . .	241
1932 . . .	74,91	1935 . . .	269,01	1938 . . .	223
1933 . . .	176,98	1936 . . .	268,77	1939 . . .	437

Bei diesen Zahlen ist auch Durchgangsware miterfaßt.

Es sei noch erwähnt, daß bei Tabora seit dem Weltkriege Griechen Tabakkulturen betreiben und diesen bis zur fertigen Zigarette aufbereiten, hauptsächlich für die Ausfuhr nach Belgisch-Kongo (1).

Das Nyassaland gehört zu den Ländern in Afrika, die einen stärkeren Anbau von Tabak betreiben. Schon 1893 fand die erste Ausfuhr statt (43). Die Eingeborenen sollen zunächst die Kultur von den Portugiesen übernommen und dann im Innern verbreitet haben. Heute besteht auch eine größere Anzahl europäischer Tabakplantagen. Für den Anbau kommen die Gegenden außerhalb der niederschlagsreichen Teegebiete (1375 mm—1750 mm) mit Niederschlägen zwischen 625 mm und 1125 mm in Frage. Die Regierung hat zum Zweck der Verbesserung der Güte des Eingeborenentabaks das sogenannte „Native Tobacco Board" gegründet. Es vergibt Kronland an die Eingeborenen, verteilt Saatgut und unterhält Instruktoren zur Belehrung der Neger. Durch besondere Auslese ist eine gegen Krankheiten verhältnismäßig widerstandsfähige und den gegebenen Verhältnissen angepaßte örtliche Sorte geschaffen worden, die als „Western Dark Nyassa" auf dem Markt erscheint.

Die Gesamtausfuhr an Tabak hat sich wie folgt entwickelt (31; 43; 54):

Jahr	t	Jahr	t
1911	974,74	1935	4616,88
1920	2253,20	1936	6079,97
1926	4150,47	1937	6594
1928	5280,93	1938	6107
1930	5872,49	1939	5664
1934	5694,88		

In Moçambique sind im Norden, vornehmlich in den Distrikten Kilimane und Moçambique, Klima und Boden für Tabakbau geeignet (7). Angebaut wird fast nur Virginia. Erst in den letzten Jahren erscheint der Tabak in geringen Mengen als Ausfuhrprodukt, und zwar nur über den Hafen Lourenço Marques.

Wegen der ausgezeichneten Qualität der in Rhodesien erzielten Produkte gewinnt die dortige Tabakerzeugung für den englischen Markt immer mehr an Bedeutung, so daß dieses Land heute neben Algerien das bedeutendste Tabakland in Afrika ist. Der Anbau umfaßte 1934/35 17000 ha und dehnte sich bis 1939/40 auf 26000 ha aus (54, S. 354). Manche Sorten werden in der englischen Zigarettenfabrikation als Ersatz für amerikanische Tabake verarbeitet (45). In Südrhodesien hat die Regierung eine Versuchsstation für Tabakbau errichtet, an der Fachleute aus Virginia angestellt wurden, die den Pflanzern mit Rat und Tat zur Seite stehen. Obwohl der Tabakanbau hier verhältnismäßig jung und die Ausfuhr noch nicht allzu hoch ist, wird sich doch infolge der Gunst der Verhältnisse, wenn der Absatz gesichert ist, die Produktion steigern lassen (8). Sie hob sich von 9619 t im Jahre 1934/35 auf 15727 t im Jahr 1939/40 (54, S. 354f.).

Von den verschiedenen Böden liefern die leichten Sandböden die beste Qualität (Zigarettentabak). Vom Virginia-Tabak werden folgende Handelssorten unterschieden (8):

1. „Flue Curing" (Zigarettentabak) Hickory Pryor, Goldfinder, Hester, Oak Hill Yellow,
2. „Fire Curing" (dunkle, schwere Blätter auf Alluvial- und schweren Lehmböden) Western, Blue Pryor, Warne.

Auch in Nordrhodesien dehnt sich der Tabakanbau nach einem großen Rückschlag 1925 infolge der Weltwirtschaftskrise vornehmlich in den nördlichen Gebieten immer stärker aus, wenngleich die Ausfuhr noch längst nicht mit der Südrhodesiens in Wettbewerb treten kann (vgl. Übersicht). Hier haben sich durch den Bau der Sambesi-Eisenbahnbrücke die Transportkosten wesentlich verringert (44). Bebaut waren:

1931/32	2472	acres
1932/33	2236	„
1933/34	3273	„
1934/35	3378	„

Bis 1937/38 stieg der Anbau auf rd. 2000 ha an (54, S. 354). Die Erzeugung findet in Afrika ihren Absatz, hauptsächlich in der Südafrikanischen Union.

Über die Ausfuhr aus Nord- und Südrhodesien geben folgende Zahlen Auskunft (31; 54):

Jahr	Ausfuhr in t		
	Nord-rhodesien	Südrhodesien	
			Zigaretten
1913 ...	—	2554,66	—
1922....	—	4110,52	—
1924 ...	1963,10	3832,21	—
1925 ...	2242,31	6317,41	—
1928 ...	937,06	6603,43	12,71
1930 ...	588,38	3093,56	65,73
1931 ...	399,06	3550,73	80,36
1932 ...	486,23	6030,03	51,30
1933 ...	437,66	5518,37	47,67
1934 ...	524,82	9618,44	57,66
1935 ...	547,98	8127,05	55,39
1936 ...	523,01	8388,56	52,66
1937 ...	463	8347	—
1938 ...	817	10245	—
1939 ...	—	8374	—

In der Südafrikanischen Union wird neben dem türkischen Zigarettentabak, der vornehmlich im Westen gedeiht, in größerem Maße Virginia kultiviert, und zwar für Pfeifen-, Schnupf-, und Kautabak, in den

Eingeborenengebieten auch Bauerntabak *(Nicotiania rustica)* (22). Der Virginia-Tabak findet sich im Sommerregengebiet (12), in der Provinz Magaliesberg, (Rustenburg, Marico, Pretoria, Watersberg, Krügersdorp), am Vaalfluß, bei Vredefort und Potchefstrom, ferner bei Piet Retief, auch in der südlichen Kapprovinz und in der kleinen Karru.

Die Anbaugebiete des türkischen Tabaks haben alle, im Gegensatz zu denen des virginischen, Winterregen. Während für den virginischen Tabak zeitweise Bewässerung notwendig ist, genügen für den türkischen die natürlichen Niederschläge, und das trockene, warme Sommerwetter verleiht dem Blatt die erforderliche Reife (12).

In größerem Ausmaße wird der Zigarettentabak in folgenden Distrikten kultiviert: Stellenbosch, Somerset-West, Tulbagh und weniger in Wellington und Malmesbury. Während Virginia-Tabak schon seit langem angebaut wird, machte man die ersten Versuche mit türkischem Tabak erst 1905. Bis 1930 nahm die Produktion stetig zu. Seit diesem Jahre aber ist infolge Absatzschwierigkeiten die Kultur nur noch für die Farmer auf den geeignetsten Böden wirtschaftlich (27). Seit 1931 nimmt die Tabakausfuhr sehr stark ab (31):

Jahr	Rohtabak t	verarbeiteter Tabak t
1927	374,10	285,63
1928	381,82	334,15
1929	689,21	375,91
1930	1244,87	117,95
1931	107,14	111,23
1932	81,72	36,77
1933	153,45	29,06
1934	782,70	36,32
1935	123,49	40,41
1936	348,22	41,77
1937	466	
1938	128	
1939	162	(54, S. 602)

Doch überwog die Einfuhr stets die Ausfuhr (vgl. 54, S. 602f.).

Die Erzeugung in den letzten Jahren betrug (35; 54):

Jahr	t	Jahr	t
1925	7500	1935/36	7756
1930	7500	1936/37	8124
1931	9600	1937/38	9236
1932	4200	1938/39	13164
1933	6100		
1934/35 . . .	7377		

Tabak

Schon seit Beginn der Besiedlung Deutsch-Südwestafrikas haben die Farmer Tabak gepflanzt. 1909 wurden die ersten Versuche mit Zigarettentabak angestellt (28), die größeren Umfang mit der Gründung einer Versuchsstation in Okahandja 1912 gewannen. Diese Station hatte 6 ha Versuchsland zur Verfügung und machte Versuche mit 27 Sorten (46). Auf der Landesausstellung in Windhuk 1914 wurde die Station mit dem Ehrenpreis für den besten Zigarettentabak und mit zwei weiteren Ehrenpreisen für andere Tabake ausgezeichnet. Diese Beurteilung sei ein Hinweis auf die gute Möglichkeit des Tabakanbaues in Deutsch-Südwest. Bisher hat die Erzeugung in t außerordentlich von Jahr zu Jahr geschwankt, wie die nachstehenden Zahlen erläutern (54, S. 354 f.):

Jahr		Jahr	
1934/35 . . .	31	1937/38	181
1935/36 . . .	21	1938/39	43
1936/37 . . .	75	1939/40	16

In Angola ist der Tabakanbau noch unbedeutend. Erst in den letzten Jahren haben sich im Hinterlande von Loanda einige Farmer mit Tabakkultur befaßt (14). Im übrigen wird Tabak überall von den Eingeborenen gebaut.

In Belgisch-Kongo zeigt der Tabakanbau neuerdings einen großen Aufschwung. Neben dem Bestehen von Eingeborenenkulturen sind schon mehrfach Versuche für den Großanbau gemacht worden, aber erst 1935 gelang es, vornehmlich in Katanga, mit Hilfe eines Fachmannes aus Niederländisch-Indien die Tabakkultur stärker zu verbreiten und den Farmern einen neuen Erwerb zu schaffen (2). Der Katanga-Tabak soll dem rhodesischen ähneln und wie dieser zur Zigarettenherstellung brauchbar sein.

Der erfolgversprechende Anbau — seit 1936 besteht ein Ausfuhrüberschuß (54, S. 603) — wird durch folgende Zahlen belegt (19; 54):

Jahr	Ausfuhr t	Jahr	Ausfuhr t
1934	1,88	1937	42
1935	5,42	1938	45
1936	6,97		

In Kamerun bauen die Eingeborenen in der Gegend von Bavia, bei Sanguelima, bei Ebolowa usw. seit langem Tabak für den eigenen Gebrauch. Seit 1910 wurden umfangreiche Versuche mit Sumatra- und Borneo-Sorten an der Nordbahn gemacht und daraufhin einige größere Tabakplantagen von Hamburger und Bremer Gesellschaften angelegt (10). Die Ergebnisse waren durchaus gut. Es konnte ein sehr hochwertiges Produkt erzielt werden. Neuerdings wird von der deutschen Batschenga-Pflanzung im Bezirk Jaunde Tabak gepflanzt. Die Einschreibungen an der Bremer Börse haben in den letzten Jahren ein recht gutes Ergebnis gezeitigt (49; 53).

In französischen und englischen Gebieten Westafrikas wird von den Eingeborenen etwas Tabak angebaut. Die einzigen Tabak ausführenden Länder sind: Französisch-Guinea, Dahome und Obervolta (48), doch geht die Ausfuhr fast durchweg in die benachbarten englischen und portugiesischen Kolonien und wird nur von Eingeborenen verbraucht. In Dahome haben Versuche in der Gegend von Paraku, nördlich von Save, zu günstigen Ergebnissen geführt (51). Die Erzeugnisse sollen von geringem Nikotingehalt, gutem Geschmack und vorzüglicher Brennbarkeit sein. In Kultur genommen waren: Kentucky, Burley, Havanna und Maryland. Um die Tabakkultur in Dahome zu fördern, ist in Paraku eine Versuchsstation errichtet worden.

Die afrikanischen Inseln

Der Natur des Klimas und des Bodens nach soll Madagaskar von allen französischen Kolonien diejenige sein, die in bezug auf Tabakkultur die besten Ergebnisse geliefert hat (25). Unter den Handelsgewächsen der Insel spielt der Tabak eine führende Rolle (21). Die Hauptanbaugebiete finden sich am Itasy-See, am Alaotra-See, nordwestlich von Tamatawe, am Betsiboka-Fluß, bei Port-Bergèr, bei Ankaratra und im Flußgebiet des Tsiribihina (25). Seit 1926 arbeitet die französische Tabakregie auf Madagaskar, wo sie durch Kreuzung die Veredelung einer einheimischen Sorte zu einem fast Maryland ebenbürtigen Produkt herbeiführte. Der Nikotingehalt der einheimischen Sorten konnte von 7—9 v. H. auf 2—4 v. H. herabgedrückt werden. Nach diesen Erfolgen läßt die Regie auf eigenen Pflanzungen Tabak in den genannten Landstrichen anbauen, wovon das Tsiribihina-Gebiet heute das wichtigste ist. Der Absatz ist gesichert, auch für die eingeborenen Pflanzer; denn die Regie kauft die Ernte im voraus und setzt auch den Preis im voraus fest. Auf diese Weise ist die Tabakkultur auf Madagaskar kaum irgendwelchen Krisen ausgesetzt, so daß sie in den letzten Jahren langsam, aber sicher ohne Rückschlag, ihre Erzeugung und die Ausfuhr steigern konnte (52; 54):

Jahr	Ausfuhr t	Jahr	Ausfuhr t
1921	30	1930	3000
1922	350	1931	3100
1923	350	1932	2900
1924	400	1933	3200
1925	600	1934	3500
1926	800	1935	3609
1927	1000	1936	4136
1928	1400	1937	1859
1929	2600	1938	1397

Diese Ausfuhrzahlen können den Produktionszahlen nicht gleichgesetzt werden, da der Verbrauch an Tabak in Madagaskar hoch ist. Jedenfalls ist der Eigenverbrauch höher als die Ausfuhr, denn im Jahre 1930 z. B., wo wir eine Ausfuhr von 3000 t verzeichnet sehen, soll die Produktion etwa 7000 t betragen haben (21). 1934/35 wird sie mit 7247 t angegeben, sie sank dann kontinuierlich bis auf 6300 t in den Jahren 1937/38 und 1938/39 (54, S. 344 f.). Nur ein geringer Bedarf des Mutterlandes, etwa der achtzehnte Teil, wird von Madagaskar gedeckt.

Eine beachtenswerte Tabakproduktion hat auch die verhältnismäßig kleine Insel Mauritius (6), doch mußte die Bepflanzung von 921 acres 1934/35 auf 394,5 acres 1935/36 in Anbetracht der großen Lagerbestände beschränkt werden, also wegen des schlechten Absatzes der vorhergehenden Jahre. Die Ernte wird z. T. nach dem „Flue Curing" aufbereitet, z. T. nach dem „Air Curing". Die Erträge waren (6):

	1934/35	acres	1935/36	acres
Flue cured . .	302,38 t	676	141,73 t	286,5
Air cured . . .	142,72 t	245	59,52 t	108
Gesamt . . .	445,10 t	921	201,25 t	394,5

Im Jahr 1936/37 wurden 478 t, 1937/38 163 t, 1938/39 272 t erzeugt (54, S. 355). Doch überwog in den letzten Jahren stets die Einfuhr (54, S. 602f.).

Auf Réunion ist die Tabakkultur von altersher zu Hause (5). Neben dem Kaffee stellt Tabak einen Hauptausfuhrartikel der Kolonie dar. Bevor Mauritius und Madagaskar Tabak anbauten, war Réunion fast der ausschließliche Tabaklieferant für diese Inseln. Schon 1884 zog der Tabakanbau von Réunion das Interesse der französischen Tabakregie auf sich, und ein Fachmann bereiste das Land, um einen stärkeren Anbau für die Ausfuhr vorzubereiten. 1919 belief sich der Erlös aus Rohtabak und Fertigfabrikation auf mehr als 1 Million Franken. 1924/25 jedoch fiel die Ausfuhr stark ab, vor allem

Ausfuhr von Tabak in jeder Form (in t):
(Quellen s. jeweils im Text)

	1932	1934	1935	1936	1937	1938	1939
Algerien	11000	9000	14000	13594	10895	11446	—
Südrhodesien*)	6030	9618	8127	8389	8347	10245	8374
Nyassaland	6847	5695	4617	6080	6594	6107	5664
Nordrhodesien	486	525	548	523	463	817	—
Südafrik. Union	119	819	164	390	466	128	162
Dtsch.-Ostafrika	75	322	269	269	241	223	437
Madagaskar	2900	3500	3609	4136	1859	1397	—
Mauritius			445	201	0	0	0
Réunion (geschätzt)	138	138	138	138	—	—	—
Kamerun		9	34	90	60	162	—
Moçambique	34	39	67	49	10	7	—
Abessinien	17,5	13,5	12,5		—	10	—
Belg.-Kongo		2	5	7	42	45	

*) ohne Zigarettenausfuhr.

durch die Einschränkung der Ausfuhr nach Mauritius, wo die heimische Erzeugung geschützt werden sollte. Von 1929 bis 1933 bewegte sich die Erzeugung um 135—140 t jährlich herum (5), 1934/35 bis 1936/37 hielt sie sich auf 200 t (54, S. 354f.). In den letzten Jahren fand aber nur Tabakeinfuhr statt (54, S. 602f.). In der vorstehenden Übersicht sind die Ausfuhrzahlen der afrikanischen Länder einander gegenübergestellt; es sei aber bemerkt, daß diese Zahlen kein einwandfreies Bild von der Produktion geben, da einerseits der Eigenbedarf überall sehr groß ist und andererseits eingeführte Ware z. T. wieder ausgeführt wird.

Schrifttum

Tabak

1. Arning, W., Deutsch-Ostafrika. Berlin 1936.
2. Böckler, W, Der heutige Stand der Landwirtschaft in Belgisch-Kongo. Koloniale Rundschau Jhg. 29 (1938), S. 158—177.
3. Busse, W., Zur Methodik der Tabakfermentation. Tropenpflanzer Jhg. 30 (1927), S. 93.
4. Capus, G., Leulliot, F., Foëx, E., Le Tabac Paris 1929.
5. Collette, R., Rapport sur la Culture du Tabac à la Réunion. Rev Agric. de la Réunion Jhg. 42 (1937), S. 161.
6. Corbett, G., Tobacco (Rep. of the Dept. of Agric., season 1934—35, Mauritius). Bulletin of the Imperial Institute Jhg. 34 (1936), Nr 3, S. 388.
7. Ford, H. A., Economic conditions in Portug. East Africa. Dep. of Overseas Trade 1932, Nr 537.
8. Hirschfeld, A. v., Der Bau von Virginia-Tabak in Süd-Rhodesien. Tropenpflanzer Jhg. 30 (1927), S. 135.
9. Jouanneau, M, Le tabac en Tunisie. Rev. Int. des tabacs Jhg. 6 (1931), Nr. 62, S. 19.
10. Kemner, W., Kamerun. Berlin 1937.
11. Kißling, R., Tabakkunde, Tabakbau und Tabakfabrikation. Berlin 1925.
12. Klugkist, C. Th., Grundlagen und Entwicklungsrichtung d. landwirtschaftlichen Erzeugung in der Südafrikanischen Union. Berlin 1935.
13. Koştlan, A., Die Landwirtschaft in Abessinien. Beiheft z. Tropenpflanzer Jhg. 16 (1916).
14. Marquardson, H. Stahl, A., Angola. Berlin 1928.
15. Merck, Warenlexikon. Leipzig 1922.
16. Monson, C. J., The prospects for tobacco cultivation in Kenya. Bulletin of the Imperial Institute Jhg. 22 (1924), S. 33.
17. Nagy, J. E., Die Landwirtschaft im heutigen Ägypten. Wien 1936.
18. Phillips, E. B., Der türkische Tabak. München 1926.
19. Pynaert, L., Le Tabac au Congo Belge. Revue Internationale des Tabacs Jhg. 13 (1937), S. 280.
20. Schmidt, J. I., Zur Biologie der Tabakfermentation. Kiel 1924.
21. Schulz, Der Tabakbau in Madagaskar. Tropenpflanzer Jhg. 35 (1932), S. 28.
22. Seymore, D. J., Handbook for farmers in South-Africa. Pretoria 1937.
23. Tarrant, R. A, Tobacco culture in Southern Rhodesia. The Queensland Agric. Journal Jhg. 46 (1936), S. 651.
24. Trochain, J., La production du tabac dans les Colonies françaises. Revue internationale des tabacs Jhg. 12 (1936), S. 129.
25. Velard, P., Le Tabac (Madagascar). Revue Int. des Produits Coloniaux Jhg. 9 (1934), S. 292.
26. Wolf, J., Der Tabak, Anbau, Handel und Verarbeitung. Leipzig, Berlin 1915.
27. Van Wyk, An economic investig. of the Turkish tobacco industry in the Western Cape Province. Pretoria 1930.
28. Zimmermann, P., Tabakforschung in aller Welt. Dresden 1926.
29. ..., Die Düngung im Tabakbau. Tropenpflanzer Jhg. 37 (1934), S. 346.
30. ..., Nikotinfreie Tabake. Tropenpflanzer Jhg. 35 (1932), S. 529.
31. ..., Statistical abstract for the several British Oversea dominions and protectorates. London 1929 u. 1937.
32. ..., Les Marchés du tabac en Afrique. Revue Int. des tabacs Jhg. 11 (1935), Nr. 104, S. 141.
33. ..., Le commerce mondial des tabacs en feuilles. Revue int. des tabacs Jhg. 8 (1932), S. 116.
34. ..., Statistisches Handbuch der Weltwirtschaft. Berlin 1936.
35. ..., Production mondial du tabac. Bull. de l'office colonial Jhg. 27 (1938), S. 181.
36. ..., Die Tabakerzeugung Algeriens. Tropenpflanzer Jhg. 37 (1934), S. 452.
37. ..., La Tunisie peut-elle produire du bon tabac? Revue int. des tabacs Jhg. 12 (1936), S. 117.
38. ..., Tabakbau in Ägypten. Tropenpflanzer Jhg. 28 (1925), S. 324.
39. ..., Annual Report. Dept. of Agriculture, Tanganyika Territory, 1933, Tanganyika-Territory, Dept. of Agriculture, 1934.
40. ..., Jahresbericht der landwirtschaftlichen Versuchsstation Kibongoto. Der Pflanzer Jhg. 9 (1913), S. 601.

41. . . ., Kultur und Aufbereitung von Virginiatabak unter besonderer Berücksichtigung der südwestl. Hochländer Deutsch-Ostafrikas. Tropenpflanzer 37. Jhg. (1934), S. 489.
42 . ., Über Anbau von türkischem Tabak im Iringa-Bezirk. Tropenpflanzer Jhg. 31 (1928), S. 485.
43. ., Die Tabakkultur in Nyassaland. Tropenpflanzer Jhg. 39 (1936), S. 34.
44. . . ., Die Landwirtschaft Nordrhodesiens im Jahre 1932 (Tabak). Tropenpflanzer Jhg. 37 (1934), S. 81.
Die Landwirtschaft Nordrhodesiens im Jahre 1934. Tropenpflanzer Jhg. 38 (1935), S. 356.
Die Landwirtschaft Nordrhodesiens 1935. Tropenpflanzer Jhg. 40 (1937), S. 36.
45 . . , Die Tabakproduktion Südrhodesiens. Tropenpflanzer Jhg. 29 (1926), S. 235.
46. . . ., Anbauversuche mit Zigarettentabak i. d. deutschen Schutzgebieten, Südwestafrika. Tropenpflanzer Jhg 25 (1922), S. 147.
47. . . ., La culture du tabac est-elle possible au Congo? Agric. et Elev. au Congo Belge Jhg. 10 (1936), S. 27.
48. . . ., Le tabac en Afrique Occidentale Française. Revue Int. des Prod. Coloniaux Jhg. 9 (1931), S. 449.
49. . . ., Die Kamerun-Tabak-Einschreibung in Bremen. Tropenpflanzer Jhg. 40 (1937), S. 259.
50. . . ., Tabakbau im französischen Teil von Kamerun. Tropenpflanzer Jhg. 29 (1926), S. 28.
51. . . ., Tabakbau in Dahome. Tropenpflanzer Jhg. 38 (1935), S. 324.
52. . . , Les besoins de la métropole. Revue Int. des Tabacs Jhg. 12 (1936), Nr 109, S. 133.
53. . . ., Die Kameruner Tabakeinschreibung in Bremen am 23. März. Tropenpflanzer Jhg. 41 (1938), S. 314.
54. . . ., Annuaire internat. de Statistique agricole 1939—40. Rom 1940.

VI. FRÜCHTE UND GEMÜSE

1. Früchte

a) Banane, Musa sp.

Botanik. Die Banane ist eine Vertreterin der Familie der Bananengewächse *(Musaceae)*. Sie ist eine Staude mit einem kräftigen Rhizom (Wurzelstock), dem die zahlreichen Wurzeln sowie die Blätter, deren Blattscheiden sich umfassen und den Scheinstamm der Bananenstaude bilden, entspringen. Dieser erreicht je nach der Art 2—6 m Länge und bis 40 cm Durchmesser. Die saftigen, lebhaft-grünen Blätter, von denen die ausgewachsene Pflanze durchschnittlich 10 trägt, sind bis 4, ausnahmsweise bis 6 m lang, bis 1 m breit und werden durch den Wind oft stark geschlitzt (47, S. 5ff.). Der Blütenstand ist anfänglich in ein kleines Blatt eingerollt und wächst in 6—8 Wochen innerhalb des Scheinstammes empor. Etwa 10—14 Monate nach der Entwicklung der ersten Blätter tritt der Blütenstand aus der Blattkrone hervor. Im weiteren Verlauf der Blütenbildung senkt sich der kolbenförmige Blütenstand mit der Spitze schräg nach abwärts. Die violett- oder weinroten Deckblätter sind schraubenförmig am Blütenstand angeordnet und schließen die Blütenknospe ab. Bald krümmen sie sich aufwärts und geben die Blüte frei, später welken sie und fallen ab. Die Blüten sitzen zweireihig auf wulstähnlichen Erhebungen zwischen Deckblatt und Blütenschaft, und zwar zu oberst am Blütenschaft weibliche Blüten mit 5 verwachsenen und einem freien Blütenhüllblatt (46, S. 2; 47, S. 9), auf sie folgen meist einige Reihen Zwitterblüten, die rudimentär bleiben, nach der Spitze zu männliche Blüten mit je 5 Staubgefäßen (47, S. 10). Die Zwitterblüten bringen keine Früchte. Aus den Fruchtknoten der rein weiblichen Blüten entwickeln sich die Bananenfrüchte, dreifächerige Beeren, deren Oberhaut sich leicht vom Fruchtfleisch abziehen läßt. Die Früchte, die aus den zu einem Deckblatt gehörigen Blüten hervorgehen, bilden zusammen eine „Hand", die Einzelfrüchte, je 10—15, bezeichnet man auch als „Finger". Die gesamte Fruchttraube, meist „Fruchtbündel" genannt, umfaßt 5—15 Hände und wiegt 10—35 oder mehr kg. Kleine Einzelfrüchte wiegen gegen 93 g, wovon 57 v. H. auf das Fruchtfleisch und 43 v. H. auf die Schale entfallen, größere 122 g mit 60 bzw. 40 v. H. (47, S. 10). Die Größe der Bündel hängt von Bodengüte, Düngung und Pflege ab (34, S. 7). Fast alle auf Pflanzungen geernteten Bananen entwickeln samenlose Früchte. Die Vermehrung geschieht durch Rhizomstücke (47, S. 10). Die Ursache der Unfruchtbarkeit der Banane scheint ihre triploide Chromosomenzahl zu sein; alle Samen erzeugenden Bananen haben im diploiden Zustand 22 Chromosomen, die samenlosen Fruchtbananen 33 (61). Hieraus sind auch die Schwierigkeiten in der Züchtung neuer Sorten durch aus Kreuzung gewonnenen Samen erklärlich (61).

Über die verschiedenen Musa-Arten vgl. *Chevalier* (37; 38). Als Nahrungs- und Obstpflanzen werden von den rund 70 Musa-Arten nur 3 bzw. 4 angebaut:

1. *M. sapientum L.*, die Obstbanane, oft „Jamaika-Banane" oder „Gros Michel" genannt (Abb. 37).
2. *M. paradisiaca L.*, die Mehlbanane oder Plante.
3. *M. sinensis Sweet* (= *M. Cavendishii Paxt.*), die Zwerg-, chinesische, Cavendish- oder sog. „Kanarische" Banane. Sie bleibt wesentlich kleiner als die vorgenannten Arten, der Scheinstamm erreicht nur gegen 2 m Höhe (47, S. 12). Die Früchte sind kleiner, besitzen eine dünnere Schale und sind empfindlicher gegen Druck und Stoß, zeigen aber das feinste Aroma. Über die Sorten der Cavendish-Banane vergleiche *Chevalier* (7) (Abb. 38).
4. *M. ensete J. F. Gmel.*, die abessinische Banane (s. u. Abessinien).

Abb. 37. Obstbanane *(Musa sapientum)* ganze Pflanze mit Fruchtbündel und zwei Schößlingen.

Die Mehlbanane unterscheidet sich von den beiden Obstbananen dadurch, daß die Stärke ihres Fruchtfleisches fast nicht in Zucker umgewandelt wird.

Man unterscheidet bei den Bananen eine ausserordentlich große Anzahl von Varietäten, nach *Wester* 317 an Zahl (47,

Abb. 38. Zwergbanane *(Musa sinensis)* mit Fruchtbündel

S. 12), auf die hier nicht näher eingegangen werden kann.

M. sapientum und *M. paradisiaca* sind in Ostindien, *M. sinensis* ist in Südchina zu Hause. Die beiden erstgenannten gedeihen nur in den Tropen innerhalb der 20°-Jahresisotherme, die Zwergbanane dringt auch in die Subtropen vor, so daß im großen ganzen die Breitenkreise 30° n. und s. Br. die Bananengrenzen darstellen. Der „innere Bananengürtel" liegt zwischen den 20°-Jahresisothermen innerhalb der 1000 mm-Niederschlagsgrenze (47, S. 14).

Klima. *M. sapientum* und *M. paradisiaca* vertragen keine Temperaturen unter 15° C, *M. sinensis* noch 10°. Die Höhe der jährlichen Durchschnittstemperatur übt einen weitgehenden Einfluß auf Menge und Güte der Ernte aus. In kalten Monaten nimmt der Ertrag ganz bedeutend ab, wie Untersuchungen auf kanarischen Pflanzungen zeigen; auf Teneriffa brachten höhere Lagen um 40 v. H. geringere Erträge als tiefere, in Mittelamerika sind während der großen Regenzeit die Erträge um die Hälfte niedriger als während der heißen Sommermonate (47, S. 16). Die Banane ist eine äußerst feuchtigkeitsbedürftige Pflanze. Die westindischen Bananengebiete weisen 1500—3500 mm Jahresniederschlag auf. Längere Dürrezeiten wirken sich schädlich aus. Hohe Luftfeuchtigkeit und reicher nächtlicher Taufall sind sehr erwünscht (47, S. 18). Gegen heftige Winde ist die Banane sehr empfindlich; sie können ganze Pflanzungen verwüsten. Einen völligen Schutz dagegen gibt es nicht. Es empfiehlt sich jedenfalls, die Bananenkulturen in geschützter Lage anzulegen. Die Zwergbanane leidet dank ihrem niedrigen Wuchse nicht so stark unter Windwirkungen (47, S. 18 ff.).

Der beste Bananenboden ist ein mittelschwerer, tiefgründiger, nährstoffreicher, frischer und durchlässiger Boden, wie er sich namentlich in den Alluvialgebieten findet (36, S. 83; 43, S. 506; 47, S. 21). Lehmböden dürfen nicht zu schwer sein und müssen einen durchlässigen Untergrund aufweisen, die Tiefgründigkeit, wenigstens 1½ m, ist wichtig (36, S. 83). Da die Banane ihren mächtigen Scheinstamm in weniger als 1½ Jahren bildet, beansprucht sie eine sehr erhebliche Menge aufnehmbarer Nährstoffe im Boden (47, S. 20ff.).

Die Pflanzweite beträgt je nach Gegend und angebauter Varietät 3 × 3 bis 7 × 7 m. Auf nährstoffreichem Boden muß eine große Pflanzweite gewählt werden, da sich sonst die üppig wachsenden Stauden gegenseitig im Wachstum behindern, die Reife der Früchte verzögert und die Ernte erschwert wird. Die Pflanzweite 3 × 3 m gilt nur für die Zwergbanane. Auf mittleren Böden sind für Jamaika-Bananen 5 × 5 m, für Planten etwa 4 × 4 m das zweckmäßigste (47, S. 41ff.). Als Pflanzmaterial dienen Rhizome bzw. Rhizomstücke mit mindestens zwei Augen oder kräftige, bis etwa 1 m hohe oder 6—8 Monate alte Schößlinge. Die letzteren gelten als das beste Pflanzmaterial (47, S. 43ff.). Als beste Pflanzzeit gilt in allen Gebieten mit ausgesprochener Trockenzeit der Beginn der Regenzeit. In Westafrika sind die besten Pflanzzeiten zu Beginn der Regenzeit oder am Ende der Regenzeit (36, S. 138).

Der Nährstoffentzug der Banane ist bei einem Mittelertrag von 20000 kg Bananen je ha (nach *Bruenich*) 80 kg Stickstoff, 25 kg Phosphorsäure und 270 kg Kali (11, S. 371). Für einen rechtzeitigen Ersatz der entnommenen Nährstoffe muß daher Vorsorge getroffen werden. Düngungsversuche aus Jamaika zeigten auch die Bedeutung von Humus, Kalk und Drainage für das Gedeihen der Banane (47, S. 64). Es empfiehlt sich, Gründüngungs- und Bodenschutzpflanzen zu kultivieren, damit dem Boden möglichst viel organische Stoffe zur Humusbildung zugeführt werden (43, S. 515; 47, S. 64). *Danke* (40, S. 33) bezeichnet die Erhaltung oder Vermehrung des Humusgehaltes als vordringlich wichtig. Vielfach wird Kompost gegeben. In Kamerun läßt man die ganze Grünmasse auf der Pflanzung verrotten (40, S. 34). Die mineralische Düngung erfolgt am besten in mehreren Gaben (47, S. 67 ff.). *Jacob* und *Coyle* empfehlen im Laufe eines Jahres: 60—100 kg Stickstoff, 60—100 kg Phosphorsäure und 100—200 kg Kali (43, S. 372). *Teissonier* nennt für Französisch-Guinea als entsprechende Düngergabe 300—350 kg Ammoniumsulfat, 400—450 kg Superphosphat und 200—225 kg Kalisulfat (60).

In manchen Bananengebieten reicht die natürliche Wasserzufuhr nicht aus. Dort ist künstliche Bewässerung notwendig, z. B. an Teilen der Westküste Afrikas und vor allem auf den Kanarischen Inseln (s. d.) (36, S. 143). Bei zu geringer Wasserzufuhr treten Wachstumsstockung und frühzeitiges Gelbwerden der Blätter auf, übermäßige Wasserzufuhr und besonders stauende Nässe verträgt die Banane nicht (47, S. 54; vgl. dazu 40, S. 33).

Die Pflege besteht in einem Sauberhalten der Pflanzenscheiben sowie dem Anbau von Bodenschutzpflanzen (47, S. 75ff.). Die Bananenstaude treibt eine große Anzahl von Schößlingen. Man beläßt an der Mutterpflanze bis zu 3 Schößlinge, und zwar in verschiedenen Altersstufen, damit die Pflanzung nachhaltig Ernten bringt. Nur beim Einhalten der Generationsfolge lassen sich dauernd gute Fruchtbündel erzielen. Der Pflanzer vermag durch entsprechenden Schnitt die Haupternte bewußt in eine besonders günstige Zeit zu verlegen (47, S. 82ff.). Bei der Zwergbanane auf den Kanarischen Inseln muß in frühem Stadium von jedem Finger die Blütenhülle abgeschnitten werden, da die Spitzen der Früchte sonst faulen. Da die oberste Hand bei den kanarischen Bananen infolge der Kürze des Fruchtstengels oft gedrückt wird — was den Wert des Bündels mindert —, klemmt man zwischen Fruchtstengel und Stamm einen Stock, spreizt das Fruchtbündel dadurch ab und schafft der obersten Hand mehr Platz zur Entwicklung (47, S. 85).

Die ersten Fruchtbündel haben 12—14 Monate nach dem Pflanzen ihre Erntereife erreicht. Die Bananen werden kurz vor der Reife geerntet, da die vollreifen Früchte beim Transport verderben würden. Sie reifen während des Transportes nach, wandeln ihre Stärke in Zucker um und bilden das Aroma aus. Die Beurteilung, ob eine Frucht erntereif ist, erfordert Erfahrung und ein geschultes Auge (47, S. 87). Der Seetransport auf weite Entfernungen erfolgt auf Spezialdampfern. Die dünnschaligen Früchte der Zwergbanane müssen noch besonders verpackt werden. Bei den Früchten der Jamaika-Banane ist dies nicht notwendig (47, S. 95).

Verwendung. Die Obstbanane wird in der Hauptsache als frisches Obst roh genossen und stellt ein leichtverdauliches Nahrungsmittel dar. Ihr Gehalt an Eiweiß, Kohlehydraten und Salzen ist höher als der von Apfel, Birne, Kirsche und Apfelsine (63, S. 13). Die Kernlosigkeit macht sie als Kindernahrung geeignet. Die Mehlbanane wird ausschließlich in den Tropen verzehrt (vgl. u.). Nicht alle geernteten Bananen lassen sich jederzeit verfrachten. Man hat daher Mittel ersonnen, die leicht verderbliche Frucht zu konservieren. Die wichtigste Konservierungsmethode ist die Herstellung getrockneter, sogenannter Feigenbananen, die z. B. auch in Kamerun und auf São Thomé geübt wird (47, S. 126). 8 Teile frische Bananen geben einen Teil Trockenbananen (62). Feigenbananen enthalten 63,88 v. H. Fruchtzucker und 3,27 v. H. Eiweiß, sind sehr lange haltbar, sättigend und sehr vitaminreich (35, S. 14). Es lassen sich hierzu nur gesunde Früchte verwerten. Neuerdings wird in Kamerun, um auch die kleinen Bananen einer nutzbringenden Verwertung zuzuführen, aus ihnen eingedicktes Bananenmus, das ein wichtiger Halbrohstoff für die Marmeladenindustrie werden kann, in größerem Umfange gewonnen. Aus reifen und unreifen Bananen werden Schnitzel oder Mehl hergestellt. Man verwendet dazu am besten die Früchte der Mehlbanane. Das Mehl besitzt denselben Wert wie frische Bananen und dient zur Bereitung von Kindermehl, Schokolade, süßem Gebäck usw. (62). Bananenmehl und Bananenschalenmehl besitzen ebenso wie die Frucht selbst einen hohen Wert als Viehfutter (47, S. 123ff.). Aus Bananen läßt sich auch Spiritus brennen (40, S. 38; 47, S. 140 ff.).

Bananeneinfuhr Deutschlands (in t):

1907 . .	6000	1930 . .	117606	1936 . .	117700
1913 . .	44500	1934 . .	96287	1937 . .	146145
1929 . .	100000	1935 . .	68035		

(2, S. 376; 63, S. 12; 86)

Davon aus Kamerun:

1934	. . . . .	14306 t
1935	. . . . .	29055 t
1936	. . . . .	39963 t (86)

EINZELNE ANBAUGEBIETE

Die hauptsächlichsten Bananenausfuhrländer sind heute Jamaika, Honduras, Brasilien, Mexiko, Kolumbien, Costarica und andere Länder Mittelamerikas und Westindiens, die ostasiatische Insel Formosa und die Kanarischen Inseln. Im letzten Jahrzehnt beginnen auf dem afrikanischen Festland Kamerun, Französisch-Guinea und Italienisch-Somaliland mehr und mehr Bedeutung zu gewinnen.

Die Verbreitung der Banane in Afrika zeigt die beigefügte Karte 18. Das Kernstück ihres Anbaugebietes bildet der Regenwaldgürtel. Daneben zeigen sich halbinselförmige Ausläufer und einige Verbreitungsinseln, die zum großen Teil klimatisch bedingt sind. In den inneren Tropen werden *Musa sapientum* und *paradisiaca* gebaut, in den äußeren Tropen meist *M. sinensis*, die allein in den subtropischen Verbreitungsinseln noch vorkommt.

Nordafrika

Für die Kanarischen Inseln, heute das bedeutendste Bananenausfuhrgebiet Afrikas, hat die Banane erst etwa seit 1896 eine wichtige Rolle zu spielen begonnen. Angebaut wird allein die Zwergbanane *(M. sinensis)*, die auch als „kanarische Banane" bekannt ist. Das Klima ist im allgemeinen günstig, da die Wärmeschwankung gering ist (nur 5°) (53b). Die Banane gedeiht in den feuchteren Teilen der Inselgruppe, soweit die Temperatur nicht unter 10—11° herabsinkt (114, S. 500), und zwar auf den Inseln Gran Canaria, Teneriffa, Palma und Gomera. Sie ist auf die verhältnismäßig regenreichen Nord- und Nordwesthänge der Inseln beschränkt. Auf Teneriffa liegen die Bananenpflanzungen im Nordwesten, hauptsächlich im Tal von Orotava, auf Gran Canaria ausschließlich im Norden; der Osten beider Inseln bleibt der Tomate vorbehalten (114, S. 500; vgl. Karte 20 u. 21). Auf den trockeneren östlichen Inseln Fuerteventura und Lanzarote fehlt die Banane (53 b).

Die vulkanischen Böden der Kanarischen Inseln sind sehr reich an löslichem Kali, Kalk und Phosphorsäure, aber arm an Stickstoff und organischen Stoffen (53 b; 56; 114, S. 503). Da der Boden nur flachgründig ist und ein schneller Verbrauch der Nährstoffe stattfindet, müssen die Bananen gedüngt werden. Man düngt meist dreimal jährlich, im März, Juni und September. *Lefèvre* gibt folgende Düngermischung an: 35 v. H. Ammoniumsulfat, 40 v. H. Superphosphat und 25 v. H. schwefelsaures Kali (53b). An anderer Stelle heißt es, man gäbe je Bananenstaude 500—1200 g Volldünger von einem Gehalt von 50 v. H. Ammoniumsulfat, 20 v. H. 17prozentigem Superphosphat und 30 v. H. schwefelsaurem Kali. Dazu reicht man kleine Mengen Eisensulfat und nach Bedarf auch Kalk (56).

Die Bananenpflanzungen liegen meist auf künstlich hergerichteten Terrassen. Als Pflanzweite wählt man 2,70—3,60 m, so daß der Hektar 900—1000 Stauden trägt. Bei hinreichender Pflege vermag ein Stück Land 20—30 Jahre hintereinander Bananen zu tragen. Die Ernte findet das ganze Jahr hindurch statt, doch ist der Ertrag in den Sommermonaten fast doppelt so hoch wie im Winter (53 b). Da auch in den regenreichsten Teilen der Inseln die Feuchtigkeit für die Banane nicht ausreicht, wird bewässert.

Die Ausfuhr zeigt bei dem steigenden Wettbewerb mit anderen Erzeugungsgebieten in den letzten Jahren keine Zunahme (42, S. 249):

	1929	164266 t	1934	140790 t
	1930	223050 t	1935	164120 t
Durchschnitt	1929/33	187860 t	1936	141880 t
	1932	153660 t	1937	98510 t
	1933	158750 t	1938	104450 t

(24, S. 485; 26 c, S. 471; d, S. 546f.; 86)

Auch Madeira führt einige Bananen aus (13, S. 4). Es handelt sich im Jahr 1939 um 7491 t (138).

In Marokko wurde 1926 ein Anbauversuch mit *M. sinensis* in der Gegend von Mazagan dicht an der Meeresküste eingeleitet. Die Ergebnisse waren bei genügendem Windschutz zufriedenstellend; die Fruchtbündel wogen 18 kg (54).

In Ägypten zählte man 1937/38 873000 Bananenstauden (26 d, S. 239), meist im Delta. Es werden mehrere Sorten gepflanzt. 1934 wurden für 18333 ägypt. £ Bananen ausgeführt (15, S. 126). Bis 1931 überwog die Bananeneinfuhr, die ab 1933 ganz aufhörte. Ausgeführt wurden (in t):

1933	10	1936	340
1934	610	1937	60
1935	850	1938	50

(26 c, S. 131ff.; d, S. 546f.)

Westafrika

Im tropischen Afrika trifft man überall, soweit es das Klima zuläßt, die Mehlbanane, die namentlich von den Bantustämmen kultiviert wird und in manchen Gebieten als Hauptfrucht angesehen werden kann. Sie liefert ohne viel Arbeit je nach der Sorte bereits in 8 Monaten reichlich Frucht. Die Zubereitung ist verschieden; man verzehrt sie gekocht, gebacken oder geröstet, in der Hauptsache aber in der Form eines Breies, in Angola z. B. auch in rohem Zustand (16, S. 21ff. u. S. 68).

Für die Ausfuhr von Obstbananen haben in Westafrika bis jetzt nur zwei Gebiete größere Bedeutung erlangt, Französisch-Guinea und Kamerun.

Nach Französisch-Guinea gelangte die dort von Europäern betriebene Bananenkultur im Jahre 1898 von den Kanarischen Inseln (51). 1902 kamen die ersten Guinea-Bananen auf den französischen Markt; seitdem nahm die Ausfuhr von Jahr zu Jahr zu, nur der Weltkrieg unterbrach diese Entwicklung zeitweilig. Die nachstehenden Ausfuhrziffern (in t) mögen das erläutern:

1909	59	1933	21758
1913	27	1934	26075
1922	671	1935	30908
1926	2019	1936	45055
1929	6110	1937	46770
1932	17034	1938	52860

(13, S. 35; 16, S. 4; 24, S. 475; 26 d, S. 546f.; 33; 44, S. 4; 86)

Heute ist die Banane das wichtigste landwirtschaftliche Ausfuhrgut Französisch-Guineas. Das Ansteigen der Ausfuhr ist nicht zuletzt ein Verdienst der Schiffahrtsgesellschaften, die Spezialdampfer einsetzten. Ein erheblicher Teil der Bananenernte wird im Lande selbst verzehrt. Die europäischen Pflanzer bauen nur *M. sinensis*, die seit langem an der Küste und im Landesinnern zu finden ist; die Eingeborenen ziehen eine „Maneah" genannte Form von *M. sapientum* (24, S. 160). Die Pflanzer sind in Erzeugungs- und Verkaufsgenossenschaften zusammengeschlossen (30, S. 215ff.).

Die Böden Französisch-Guineas sind nur mittelmäßig, die Banane erfordert daher viel Düngung, Pflege und Bewässerung (13, S. 249). Der Boden der Bananenpflanzungen wird tief gelockert und erhält je ha 50 t organischen Dünger. An Handelsdünger gibt man je Staude 800 g Stickstoff, 800—900 g Phosphorsäure und 2 kg Kali (1). In den ersten 5—6 Jahren nach Anlage einer Pflanzung ist der Ertrag hoch, sinkt dann ab, und nach 12—15 Jahren ist die Pflanzung abgewirtschaftet (23, S. 79). Geerntet werden durchschnittlich 15—25 t je ha, auf guten Pflanzungen 30 t und sogar 45 t je ha (5, S. 149). Die ersten Bananenpflanzungen wurden in der Nähe der Hafenstadt Konakry angelegt, dann wurde Mittel-Guinea das Bananengebiet der Kolonie (34, S. 2).

Die Aussichten der Bananenkultur Guineas werden günstig beurteilt. Die französische Regierung fördert den Anbau durch Prämien, außerdem liegt in Frankreich ein Zoll auf Bananen, die nicht aus französischen Kolonien stammen (34, S. 7).

Am Senegal hat man kleine Versuche gemacht, Bananen anzubauen, doch stehen der Ausbreitung der Kultur die Trockenheit des Klimas und die häufig auftretenden Stürme entgegen (36, S. 202). Die Erzeugung 1935 und 1936 betrug je 20 t (26c, S. 219), 1937 40 t (26 d, S. 228).

In Portugiesisch-Guinea und Sierra Leone wächst die Banane gut, eine Ausfuhr besteht jedoch nicht (13, S. 54 u. S. 61).

An der Elfenbeinküste wurden erst später und in geringerem Umfange Bananen zur Ausfuhr angebaut. Das Klima ist günstig und der Boden reicher als in Französisch-Guinea. Bisher gibt es Bananenpflanzungen in der Gegend von Abidjan, Agboville und Sasandra. Man hält die Kultur für aussichtsreich (51, S. 80). Die Ausfuhr entwickelte sich folgendermaßen (in t):

1932	15	1936	6610
1933	196	1937	8610
1934	1614	1938	12270
1935	4439		

(20 a, S. 145; b, S. 156; 26 d, S. 546f.; 44, S. 4). Die Ausfuhr an getrockneten Bananen und Bananenmehl ist hierbei — ebenso wie in Französisch-Guinea — nicht mitberücksichtigt (20, S. 145). Die Obstbanane nahm 1935 2274 ha, 1936 2843 ha ein (26c, S. 216; d, S. 223). Mit Planten waren 1935 55232 ha, 1936 43753 ha bebaut, die schätzungsweise 477600 bzw. 360300 t Früchte lieferten (26 c, S. 216; d, S. 223).

An der Goldküste wird die Bananenkultur zur Ausfuhr von der Verwaltung finanziell gestützt. Der Anbau dehnt sich hauptsächlich im Westen und in den Zentralprovinzen aus (Gold Coast, Trade Report for 1937).

In Kamerun findet die Banane an der Küste und namentlich an den Hängen des Kamerunberges zusagende Wachstumsbedingungen. Der Bananengürtel am Hang des Kamerunberges erhält durchschnittlich 4 m Regen im Jahr; in Tiko hat man von 1929—34 zwischen 2256 und 4200 mm gemessen, die Mitteltemperatur beträgt 27°, die Temperaturextreme 36° und 21°, in der Trockenzeit macht sich der Harmattan nur schwach bemerkbar (45, S. 5).

Im Jahr 1907 gründete die Afrikanische Frucht-Compagnie in Hamburg ihre ersten Bananenpflanzungen, 1910 führte sie die „Gros Michel" aus Costarica ein. 1914 standen bereits über 2000 ha unter Kultur (45, S. 3). Diese Kulturen liegen im britischen Mandatsgebiet, und zwar an den Süd- und Südwesthängen des Kamerunberges (45, S. 5). 1925 nahm die Gesellschaft ihre Arbeit wieder auf, 1929 begann sie, Spezialschiffe zu bauen; damit begann die Ausfuhr von Frischbananen in großem Umfange. Im Laufe der Zeit nahmen die meisten Pflanzungen am Kamerunberg die Bananenkultur auf, die im September 1937 im englischen Mandatsgebiet rund 10000 ha einnahm (59). Die Küstennähe der Pflanzungen erleichtert den Abtransport. Der Ausfuhrhafen ist Tiko.

Im französischen Mandatsgebiet bieten der Küstenstreifen, größere Gebiete an der Nordbahn und einige Täler mit Schwemmlandboden der Banane günstige Wachstumsbedingungen (Rapport annuel du Cameroun pour l'année 1937, S. 68). Es gibt auch am Flusse Mbanga und bei Dibamba Bananenpflanzungen (45, S. 7). Die Bananenpflanzer sind zur Organisation des Abtransportes genossenschaftlich zusammengeschlossen (Rapport vgl. o).

Der Ausfuhrhafen ist Bonaberi. Die Ausfuhr zeigt in den letzten Jahren ein dauerndes Ansteigen.

Bananenausfuhr Kameruns (in t):

	Britisches Mandat*)		Französisches Mandat**)	
	frisch	getrocknet	frisch	getrocknet
1925	—	7	—	—
1928	—	251	—	—
1929	—	1227	—	—
1930	1375	1459	—	—
1931	10380	442	—	—
1932	15969	470	21	237
1933	17049	542	593	42
1934	23145	546	1871	—
1935	38356	752	1861	37
1936	50399	462	16865	—
1937	56629	640	24134	—
1938	56740	.	.	.

Dieser Obstbananenanbau ist auf Europäerpflanzungen beschränkt. Daneben bauen die Neger Mehlbananen in großem Umfange.

In der Gabun-Kolonie kultivieren die Eingeborenen eine große Anzahl Sorten der Mehlbanane (49).

In Belgisch-Kongo ist die Banane als Nahrungspflanze der Eingeborenen weitverbreitet (23, S. 6). Für die Kultur sind alle Täler mit humusreichen Alluvialböden, die hinreichend be- und entwässert sind, geeignet. Unter den ausgeführten frischen Früchten (vgl. u. Andere Früchte) steht die Banane an erster Stelle (*Pynaert, L.*, Les cultures fruitières au Congo Belge, Rev. Intern. des Prod. Colon. Jhg. 28 [1937], S. 121, 123). Den Anbau zur Ausfuhr betreiben zwei Gesellschaften, die an der Kongomündung und in Majumbe Pflanzungen besitzen (*Böckler* in Kolon. Rundschau Jhg. 29 [1938], S. 172). Die Ausfuhr belief sich 1937 auf 1108 t und 1938 auf 1505 t (Statistique du Commerce extérieur du Congo Belge pendant l'année 1937 und 1938. Brüssel 1938 und 1939).

Ostafrika

In Uganda ist die Banane die Hauptanbaufrucht der Bantuvölker und wird besonders viel in der Landschaft Buganda kultiviert. Im Bezirk Mengo nimmt sie die Hälfte des gesamten Kulturlandes ein (*H. Brendel*, Die Kolonisation Ugandas. Diss. Leipzig 1934, Karte 5).

*) 26d, S. 546 f.; 35, S. 15; Report Cameroons under British Mandate f. 1937.
**) 63, S. 15; 44, S. 4; 13, S. 134; *Schoen* in Kol.-Ztg. v. 1. 11. 1938, S. 370.

In Deutsch-Ostafrika ist die Banane in einigen Landschaften für die Eingeborenen eine wichtige Frucht, so im Bergland Usambaras, am Kilimandjaro, wo die Wadjagga eine sehr intensive Bananenkultur betreiben, im Bukoba-Bezirk und namentlich im Zwischenseengebiet. Die wichtigsten Bezirke weisen folgende Anbau- und Erzeugungsziffern auf (Tanganyika Blue Book f. 1937):

Bezirk	Anbaufläche	Erzeugung
Luschoto	30000 acres	3000000 Bündel
Aruscha u. Moschi	ca. 70000 „	?
Rungwe	20000 „	5500 t
Bukoba	105000 „	15000000 Bündel
Biharamulo	20000 „	3000000 „

In Italienisch-Somaliland wurden die ersten Flächen im Dschenalegebiet im Jahre 1926 mit Bananen bepflanzt (39, S. 1691). Kultiviert wird *M. sinensis*, und zwar die Sorte „Giuba", deren Stamm 1½—2 m Höhe erreicht (11, S. 573ff.). Für den Anbau eignen sich rote, lehmig-kalkige Böden (41, S. 575), bei unzureichendem Regenfall ist Bewässerung notwendig (41, S. 577). Die Bananenpflanzungen liegen in der Nähe der Küste von Dschenale-Bulo Hosca bis Goluin (39, S. 1701). Man hofft, im Dschenalegebiet einmal 40000 ha mit Bananen zu bepflanzen (39, S. 1691). Handel und Verschiffung liegen in den Händen einer königlichen Monopolgesellschaft (Regia Azienda Monopolio Banane, abgekürzt RAMB) (39, S. 1700). Die Ausfuhr, die im Jahre 1928 begann, hat sich in einem Jahrzehnt stetig vergrößert; sie betrug (in t):

1928/30 . . .	320	1934	14420
1931	1780	1935	15150
1932	5840	1936	18810
1933	11260	1937	23620
		1938	28460

(26 c, S. 470ff.; d, S. 546f.)

In Erythrea werden Sorten von *Musa sapientum* und *sinensis* hier und da im Tiefland und unterhalb 2000 m Seehöhe kultiviert (14, S. 234).

In Abessinien ist die Ensete oder *abessinische Banane (Musa ensete J. F. Gmel.)* mit hohem Stamm und sehr langen und sehr breiten Blättern heimisch und wird in manchen Gegenden stark angebaut. Ihre Früchte sind nicht eßbar, doch ist das Mark des Scheinstammes, zu Fladen verbacken, ein wichtiges Nahrungsmittel. Die Schößlinge werden als Gemüse gegessen (12, S. 239). (Über ihren Nutzen als Faserpflanze vgl. u. Manilahanf u. a. Bananenfasern). *M. sapientum* gedeiht gut in der Kolla und geht bis in die unteren Lagen der Woina Dega hinauf (12, S. 244).

In Moçambique steht die Banane unter den ausgeführten Südfrüchten (vgl. Aufstellung u. Andere Früchte und Obstarten) an erster Stelle (20, S. 48). Die Bananenausfuhr von Moçambique zeigt folgende Entwicklung (in t):

1926/30 . .	5680	1934	10770
1931	8410	1935	14620
1932	7870	1936	14860
1933	7630	1937	6030
(26 c, S. 470ff.; d, S. 546f.)		1938	340

In Madagaskar wird die Banane im Osten der Insel kultiviert (18); die Ausfuhr betrug aber nur:

1926/30 . . .	60 t	1936	100 t
1934	80 t	1937	20 t
1935	50 t	1938	30 t

(26 c, S. 470ff.; d, S. 546 f.)

Südafrika

Auch in den wärmsten und feuchtesten Teilen der Südafrikanischen Union gedeiht die Banane noch. Am „Pisang Kop" in Nordtransvaal kommt eine wilde Bananenart vor (6, S. 370). Kultiviert wird die Cavendishbanane, und zwar die Sorten Ladys Finger und Ducasse's Hybrid (6, S. 374ff.). Sie gedeiht in Meereshöhe im Küstengebiet, soweit es frostfrei ist (6, S. 373). In der ganzen Union waren 1927 etwa 4000 ha mit Bananen bepflanzt, wovon neun Zehntel auf Natal entfielen (6, S. 374). 1929/30 nahm die Banane 5304 ha und 1936/37 3576 ha ein (26 c, S. 242; d, S. 252). Die Kultur liegt meist in den Händen von Indern (6, S. 370). Im östlichen Kapland und in Transvaal findet man eine kleine, fälschlich „Plantain" genannte Form, die kürzere, mehligere und weniger wohlschmeckende Früchte trägt (6, S. 375). Es besteht seit 1935 eine kleine Bananenausfuhr:

1935	210 t	1938	130 t
1936	120 t	1939	150 t
1937	100 t	(26 d, S. 546 f.)	

b) Agrumen, Citrus sp.

Botanik. Apfelsine, Zitrone, Mandarine und Verwandte *(Citrus)*, in Italien in ihrer Gesamtheit als Agrumi bezeichnet, gehören zur Familie der *Rutaceen* und zur Unterfamilie der *Aurantioideen.* Es sind meist kleinere Bäume mit immergrünen Blättern, oft mit Dornen bewehrt (69, S. 35). Die Bäume wurzeln ziemlich flach, die Wurzeln gehen selten tiefer als 2 m hinab und besitzen keine Wurzelhaare. Die Wurzeln sind sehr zahlreich, dünn, lang, schnellwüchsig und mit großer Regenerationsfähigkeit ausgestattet (69, S. 32). Die Blätter sind dick, hart, oft glänzend und von wechselnder Gestalt (69, S. 37). Die subepidermalen Schichten enthalten Öldrüsen (Über die flüchtigen Öle der Citrusarten vgl. unter ätherische Öle). Die Blüten sind zwittrig, die Blütenblätter sind weiß oder purpur bis violett, der glockenförmige, fünfzipfelige Kelch ist weiß, grün oder rötlich gefärbt, Kelch- und Blumenblätter sind mit zahlreichen Öldrüsen ausgestattet (69, S. 39ff.). Die Frucht ist eine Beere von je nach Art und Sorte wechselnder Gestalt. Ursprünglich ist das Fruchtfleisch sehr sauer; der angenehme Geschmack der Apfelsine, bedingt durch das entsprechende Verhältnis von Säure- und Zuckermenge, kommt durch Verlust eines Teiles der Säure im Laufe der Entwicklung zustande (69, S. 41ff.).

Abb. 39. Pampelmuse, Grapefrucht *(Citrus aurantium subsp. decumana)*

Über die Systematik der Agrumen ist viel gearbeitet, und es sind eine Reihe Systeme aufgestellt worden. Wir behalten hier die Einteilung *A. Englers* bei (vgl. 79).

C. aurantium L., subsp. sinensis Gall. (= C. sinensis Osbeck), die Apfelsine oder Orange, ein mittelhoher, oft dorniger Baum mit eiförmigen oder länglicheiförmigen Blättern und achselständigen, weißen, wohlriechenden Blüten stammt wohl aus China (69, S. 23); *var. sanguinea Engl.* ist die Blutapfelsine. *Subsp. decumana Thell*, Pampelmuse, Pomelo oder Grapefrucht (englisch Grapefruit) (Abb. 39), ein bis 15 m hoher Baum, besitzt eiförmige bis elliptische Blätter, große, in achselständigen Rispen stehende Blüten und große, gelbe Früchte. Manche Autoren fassen Pampelmuse *(C. maxima Merill)* und Grapefrucht oder Pomelo *(C. paradisi Macf.)* als zwei verschiedene Arten auf. Die letzte ist sehr schnellwüchsig und ziemlich frostbeständig, die erste in ihrem Vorkommen auf die Tropen beschränkt (69, S. 19ff.). *C. a. subsp. japonica Hook. f. (= Fortunella japonica Swingle und F. margarita Swingle)*, der Kumquat, besitzt geringe Bedeutung (69, S. 12). (Über bittere Orange oder Pomeranze vgl. u. ätherische Öle).

C. medica L. subsp. Limonum Hook. f. (= C. Limonum Risso = C. limonia Osbeck), die Zitrone, ist ein mittelhoher, unregelmäßig geformter Baum mit kurzen Dornen, länglich eiförmigen, gekerbten Blättern und großen, außen rötlichen, oben weißen Blüten (69, S. 15ff.; 74, S. 288). Verschiedene Sorten führt *Uphof* (74, S. 295ff.) an. *Subsp. genuina Engl. var. macrocarpa*, Zitronatzitrone oder Zedrate, ist ein unregelmäßig gewachsener kleiner Baum oder Strauch mit großen Blüten und weißen nach unten hin purpurroten Blumenblättern. Die unangenehm sauer schmeckenden Früchte besitzen eine dicke

Schale, kandiert bilden sie das „Zitronat" oder die „Sukkade" des Handels (69, S. 13ff.).

C. hystrix D. C. var. acida Bonav., saure Limette, Limonelle, Citronelle, engl. Lime, ist ein kleiner, unregelmäßig gewachsener Baum mit Dornenzweigen und kleinen Blüten. Das Fruchtfleisch ist sehr sauer und saftreich. Der Baum wächst fast nur innerhalb der Tropen und nimmt mit sehr leichtem und steinigem Boden vorlieb, die Früchte liefern viel Fruchtsaft (69, S. 18).

C. nobilis Lour., Mandarine, und *var. minor*, Tangerine, sind kleine Bäume mit dünnen Zweigen, kleinen scharfen Dornen und schmalen Blättern (69, S. 26ff.).

Verbreitung. Die Citrusarten stammen aus den wärmeren Gegenden Asiens, vor allem Ost- und Südasiens. Durch den Menschen sind sie heute über alle wärmeren Länder der Erde und besonders in den Subtropen verbreitet. Die wichtigsten Länder der Agrumenkultur, Italien, Spanien, Palästina, Südafrika, Kalifornien, Florida, Südbrasilien, Japan und Australien, liegen zwischen dem 20. und 40. Breitengrad, doch dringen die Citrusarten ungefähr bis zum 43. Breitengrad auf beiden Halbkugeln vor (69, S. 6). Die wohlschmeckendsten Früchte bringen die Subtropen hervor. Die tropische Apfelsine ist süßer und ohne die feine Mischung von Säure und Zucker, ihre Schale ist nicht so schön gefärbt und nicht so fest, so daß die Versandfähigkeit geringer ist (69, S. 3).

Klima. Die Citrusarten gedeihen am besten unter recht gleichmäßigen Temperaturen, etwa 16—22° C. Gegen Kälte sind sie in verschiedenem Grade empfindlich, am meisten die Zitrone, es folgen Zedratbaum, Mandarine, Apfelsine (69, S. 6). Die Höhengrenze der Agrumenkultur liegt auf Sizilien bei 500 m Seehöhe, in Algerien bei 300 m, und in den Tropen werden noch 800 m überschritten. Man glaubt auch, daß die Nähe des Meeres günstig auf die Kultur einwirkt; in Kalifornien pflanzt man an der Küste Zitronen, im Landesinnern Apfelsinen, da anscheinend an der Küste der Zitronensäuregehalt größer ist (69, S. 4). Trockene, sehr warme Luft verursacht einen hohen Zuckergehalt und tiefrote Farbe der Apfelsinen, doch vertragen Apfelsinen auch hohe Regenmengen. Zitronen sind gegen Lufttrockenheit empfindlicher (69, S. 5). Unter Stürmen leiden alle Agrumen sehr, da junge Zweige und Früchte beschädigt werden können; sie gedeihen infolgedessen am besten in windgeschützter Lage. Sehr gefährlich wirken sich trockene Wüstenwinde aus, besonders, wenn mit ihrem Auftreten ein starkes Absinken der Luftfeuchtigkeit verbunden ist (69, S. 5). Allzu starke Belichtung und Sonneneinstrahlung können — ungeachtet des Lichtbedürfnisses der Bäume — Brandschäden am Stamm, an den Blättern und Früchten verursachen (69, S. 6).

Die Ansprüche an den Boden sind je nach den klimatischen Verhältnissen verschieden. In Winterregengebieten sind Böden erwünscht, die das Wasser die Trockenzeit hindurch halten, also Lehmböden. Umgekehrt ist eine Sandbeimischung gut, da Citrus als Flachwurzler mit großem Sauerstoffbedürfnis durchlässigen Boden braucht. Man hält im allgemeinen einen Boden mit 50 v. H. Sand und 30 v. H. Lehmgehalt für den geeignetsten. Böden mit undurchlässigen Schichten sind ungeeignet (7, S. 74). Der Salzgehalt muß unter 0,1 v. H. liegen, auch saure Böden sind zu meiden (69, S. 75). Das Neigungsgefälle des Bodens soll möglichst 3 v. H. nicht überschreiten (69, S. 75). Auf Tonböden sind die Bäume anfällig gegen Gummosis (75).

Die Anzucht der Pflanzen geschieht durch Saat, Stecklinge oder Veredlung. Samen wendet man im allgemeinen nur für die Aufzucht der Unterlagen an. Doch werden in einzelnen Gegenden, z. B. in Surinam, Niederländisch-Indien und Neusüdwales, die Apfelsine und auch andere Arten an Ort und Stelle ausgesät (69, S. 59).

Die Vermehrung durch Stecklinge ist zeitweilig fast ganz aufgegeben worden, wird jedoch heute wieder vielfach angewandt und hat gerade in Südafrika nach *Webber* gute Erfolge gezeitigt (69, S. 57). Sie ist vor allem für die Auslese der Unterlagen wichtig und bei den einzelnen Arten verschieden anwendbar. Stecklinge von Zitrone, Zedrat und süßer Limette bewurzeln sich leichter als die der Apfelsine (69, S. 58). Allgemein verbreitet ist bei den Agrumen die Veredlung. Als Unterlagen dienen die Apfelsine, die bittere Pomeranze, Limette und Grape-fruit sowie die dem Citrus sehr nahe verwandte *Poncirus trifoliata* — die letzte ist die winterhärteste von allen — (69, S. 64ff.). Die Eignung der einzelnen Formen für bestimmte Arten als Unterlage ist verschieden. Die am häufigsten geübte Veredlungsweise ist das Okulieren, entweder in der Baumschule oder auf der Pflanzung selbst (69, S. 6; 73). Am meisten wendet man den stehenden T-Schnitt an. Andere Veredlungsweisen, wie das gelegentlich geübte Spaltpfropfen, haben keine größere Bedeutung erlangt (7, S. 73). In der Baumschule wird das aufokulierte Edelreis, sobald es eine hinreichende Länge aufweist, zurückgeschnitten, um es zum Austreiben von Seitensprossen zu veranlassen (69, S. 73). Die Pflanzweiten und -verbände sind je nach der voraussichtlichen Größenentwicklung der Bäume verschieden (69, S. 77).

Wegen der hohen Empfindlichkeit der Citrusbäume gegen starke Winde ist es oft ratsam, Windschutzbäume zu pflanzen (69, S. 83). Nördlich und südlich des 30. Breitengrades und in der Nähe kühler Meeresströmungen kann ein Frostschutz für die Citrusbäume notwendig werden (69, S. 84).

Allgemeine Regeln für den Schnitt gibt es nicht. Der Schnitt soll eine niedrige und breite Krone hervorbringen, die die Windschäden verringert und das Pflücken erleichtert. Man soll ihn jedoch nur sparsam anwenden (69, S. 85ff.; 73).

Mindestens einmal jährlich, aber nicht zur Blütezeit, wird zwischen den Reihen gepflügt sowie nach jeder Bewässerung eine oberflächliche Lockerung des Boden durchgeführt. Die Baumreihen sind ständig sauber und locker zu halten (69, S. 89ff.).

Die immergrünen Citrusbäume, die in ihrer Lebenstätigkeit keine Ruhepause kennen, müssen in Ländern mit einer ausgesprochenen Trockenzeit künstlich bewässert werden. Je nach der Niederschlagsmenge, ihrer Verteilung und den übrigen klimatischen Verhältnissen, der Art und dem Alter der Bäume sind der Wasserbedarf und die Häufigkeit der Wassergaben sehr verschieden (69, S. 97ff.). Das Wasser soll nie den Stamm direkt berühren (69, S. 104). In den alten Anbauländern wendet man meist die Beckenbewässerung an. Die Furchenbewässerung eignet sich mehr für schwere Böden (69, S. 105). Die Versuche mit künstlicher Beregnung sind bisher günstig ausgefallen.

Da die Agrumen meist in Ländern von aridem Klimatyp kultiviert werden, tritt in den humusarmen Böden am leichtesten Stickstoffmangel auf, weniger häufig Phosphorsäuremangel und seltener Kalimangel, oft fehlt es auch an Kalk (69, S. 95ff.). In subtropischen Gebieten ohne Sommerregen wird der organischen Düngung auch in Form der Gründüngung viel Bedeutung beigemessen.

Die Erntezeit liegt für die verschiedenen Arten recht verschieden, nur Zitronen werden das ganze Jahr über geerntet (69, S. 126). Die Früchte müssen im richtigen Augenblick gepflückt werden, zu früh gepflückte Apfelsinen und Pampelmusen reifen nicht nach, zu spät gepflückte faulen leicht (69, S. 127). Gepflückt werden die Früchte nur in trockenem Zustand mit eigens zu diesem Zweck konstruierten Scheren; auch legt man beim Abtransport größten Wert auf schonende Behandlung, da nur völlig tadellose Früchte versandfähig sind (69, S. 128ff.).

Neben ihrer wichtigsten Verwendung als Obst dienen die Agrumenfrüchte zur Herstellung von Fruchtsäften, Zitronen-, Limetten- und Orangensaft, die Zitrone zur Herstellung von Kalziumzitrat (zitronensaurem Kalk), die Apfelsine insgesamt zur Gewinnung von 17 verschiedenen Erzeugnissen (69, S. 135ff.). Die Schale der Pomeranze dient zur Herstellung von Süßwaren (83). Auch in der Heilkunde besitzen die Citrussäfte dank ihres reichen C-Vitamingehaltes Bedeutung. Das Holz ist ein wertvolles Möbelholz, gelangt aber selten in den Handel (69, S. 144) (Über die flüchtigen Citrusöle vgl. Ätherische Öle).

Die Welterzeugung von Apfelsinen und Mandarinen betrug 1935/36: 180096000 Kisten, davon entfielen auf:

Südafrikan. Union . . .	3200000	Moçambique .	150000
Algerien	2500000	Tunesien . .	100000
Südrhodesien	170000	Ägypten . .	900000

(68, S. 875ff.)

EINZELNE ANBAUGEBIETE*

Südafrika

In der Südafrikanischen Union stehen unter den ausgeführten Frucht- und Obstarten Apfelsinen, Mandarinen, Grapefrüchte und Zitronen an erster Stelle. Im Jahre 1654 wurden die ersten Apfelsinenbäume eingeführt (65, S. 213), 1892 die ersten Grapefruchtbäume. Die Zitronenkultur ist (1935) erst etwa 30 Jahre alt (74, S. 292). Nach dem Weltkrieg nahm die Citruskultur einen großen Aufschwung, da Preise und Absatzmöglichkeiten günstig waren und zahlreichen Neuansiedlern die Kultur zusagte (65, S. 213).

Die Citrusarten finden in vielen Landschaften der Union gute klimatische und edaphische Bedingungen. Man trifft sie auf den verschiedensten Böden, auf hellen, sandigen Lehmen bis schweren Tonen (65, S. 213). Die besten Citrusböden sind die Schwemmländer an Flüssen, besonders am Katzen-, Sonntags- und Fischfluß (65, S. 215), die tiefen Karru-Schwemmlandablagerungen und die roten, sandigen Lehme Transvaals, der Ostprovinz des Kaplandes und Natals (6, S. 423). Die verschiedenen Arten und Sorten sind nicht für alle Gegenden gleich gut geeignet (65, S. 213). Die Grapefrucht gedeiht an der Küste erheblich besser als im Innern (6, S. 415). Die wichtigsten Apfelsinensorten sind „Späte Valencia" und „Washington navel" (65, S. 214). Die saure Limette ist selten, in Gärten trifft man auch Kumquat und Pampelmuse (6, S. 420ff.).

Die meisten Citrusbäume sind auf die gewöhnliche Zitrone gepfropft (65, S. 213), die sich vom Kap bis zum Sambesi in Flußtälern verwildert findet (74, S. 292), nur Kumquat und Mandarine („Naartje") werden auf *Poncirus trifoliatus* veredelt (6, S. 408). Einzelheiten über Sorten und Veredlungen vgl. bei *Davis* (6, S. 408ff.). Da in den meisten Agrumengebieten der Regen zu wenig und zu unregelmäßig fällt, ist Bewässerung erforderlich (65, S. 214ff.). Das südhemisphärische Südafrika hat den großen Vorzug, dass es Citrusfrüchte liefern kann, wenn die Mehrzahl der übrigen Erzeugungsländer aussetzt.

Ausfuhr Südafrikas (in t):

	1933	1934	1935	1936	1937	1938
Apfelsinen	61400	69400	66300	73600	117800	95300
Grapefrüchte	8200	9400	9000	10400	11600	14100
Mandarinen	600	400	400	400	300	400
Zitronen u. ä.	700	800	1200	1400	1400	1300

(26 c, S. 319 u. 321; d, S. 339 u. 341)

*) Vgl. Karte 19.

Agrumenausfuhr Südafrikas (in t):

1928	49894	1935	76800
1929	68177	1936	85690
1930	114715	1937	131170
1932	60870	1938	111100
1933	70740	1939	148470
1934	80060		

(26 d, S. 530f. u. 535)

Die verschiedenen Arten sind an der Ausfuhr der letzten Jahre wie folgt beteiligt (in t) (26 d, S. 530f. u. 535):

	Apfelsinen	Mandarinen	Grapefrüchte u. ä.	Zitronen
1938	95260	390	14150	1310
1939	134360	360	12310	1440

In Deutsch-Südwestafrika besitzt die Agrumenkultur, die ihren Standort vornehmlich am Waterberg (Grapefrüchte), am Otaviberg, in Rietfontein, bei Tsumeb und in der Namib hat (112, S. 108 ff.), noch nicht die Ausdehnung, die das geeignete Klima bei Zuhilfenahme künstlicher Bewässerung zuließe. In den Jahren 1927—1936 überwog stets die Einfuhr (26 c, S. 501 ff.; d, S. 530 ff.), 1937 wurden 5 Schiffstonnen (zu 40 Kubikfuß) Nabelorangen ausgeführt (35, 1937, S. 7).

In Südrhodesien sind die klimatischen Bedingungen für die Agrumenkultur günstig; am geeignetsten sind Höhenlagen von 600—1200 m mit 750—900 mm jährlichem Regenfall und 18° C jährlicher Durchschnittstemperatur. Der Boden der Pflanzungen ist meist mittelschwerer Lehmboden. Die größte Citruspflanzung mit einigen 90000 Bäumen im Besitz der British South Africa Company liegt im Mazoe-Tal, 30 engl. Meilen von Salisbury entfernt, wo auch seit 1931 eine Versuchsstation besteht. Zur Ausfuhr erzeugt man Apfelsinen und Grapefrüchte. Man veredelt sie auf Zitronen und pflanzt als Windschutz Zypressen und Eukalypten. Neben Stallmist und Kompostgaben wendet man Gründüngung an (67). Die Agrumenausfuhr Südrhodesiens zeigt — nach Abzug der geringfügigen Einfuhr — folgende Entwicklung (in t):

1927/31 . . .	5690	1935	4360
1932	5500	1936	3210
1933	3920	1937	5810
1934	5340	1938	5830
		1939	7320

(26 c, S. 500ff.; d, S. 532f.)

In Nordrhodesien läßt sich die Agrumenkultur auf bewässertem Land gut betreiben. Die Erzeugung wird im Land selbst abgesetzt; einer Ausfuhr stehen die Transportverhältnisse entgegen (20, S. 36ff.).

Ostafrika

In Deutsch-Ostafrika gibt es viele für die Citruskultur günstige Gebiete. Angebaut werden Orangen, namentlich im Hinterland von Tanga bei Muheza. Die Früchte werden z. T. auf Öl verarbeitet (vgl. Ätherische Öle).

In Nyassaland hat sich die Agrumenkultur für Handelszwecke noch nicht entwickelt (10, S. 28).

In Moçambique stehen in der Ausfuhr frischer Früchte die Agrumen (nach der Banane) an zweiter Stelle (20, S. 48). Auf die einzelnen Arten entfielen die nachstehenden Ausfuhrmengen (in t):

	1927/31	1932	1933	1934	1935	1936	1937	1938
Apfelsinen	810	1160	850	780	980	980	1740	1710
Mandarinen u. Grapefrüchte	510	970	1410	1360	1140	2080	2100	2330
Zitronen	60	10	0	0	0	0	0	0

(26c, S. 500ff.; d, S. 530f. u. 535)

Die Hauptpflanzungen liegen bei Magude (66).

Klima und Boden Madagaskars sind für Citrus sehr günstig. Die Pampelmuse ist überall bei den Dörfern unterhalb 1300 m häufig. Mit ihr teilt die Apfelsine das Verbreitungsgebiet, gibt aber meist nur Früchte mäßiger Güte. Die Mandarine ist schon eher als die Apfelsine eingeführt worden und gibt unterhalb 1200 m überall gute Früchte. Die Limonelle ist durch die Kautschuksammler weitverbreitet worden. Der Zitronatbaum ist häufig, wird aber nirgends kultiviert (9, S. 715ff.).

In Abessinien gedeiht die Apfelsine in den tieferen Lagen (12, S. 246). In Erythrea werden bereits die verschiedensten Agrumen kultiviert. Mandarinen gedeihen bis 2100 m, Apfelsinen bis 2200 m (14, S. 227), Pampelmusen bis 2000 m Seehöhe; die Kultur wird von staatswegen gefördert. Die bittere Pomeranze wächst verwildert bei Asmara, ihre Früchte dienen zur Marmeladenherstellung, die Blätter zur Petitgrainölgewinnung (14, S. 229).

Westafrika

Belgisch-Kongo führte 1938 63043 kg Apfelsinen und 996 kg Zitronen aus (31f., 1938, S. 61).

In Guinea werden überall Apfelsinen gepflanzt (66, S. 941).

In Nigeria gibt es Grapefrucht-, Apfelsinen-, Zitronen- u. a. Citrusbäume. Das beste Gedeihen zeigen sie in den Gebieten von Ibadan, Agege und Owena, weniger in Benin; auf den sauren Böden der Ostprovinz wachsen sie schlecht (84, S. 231 ff.). Die Grapefruchtkultur ist in Zunahme begriffen, die Regierung versorgt die Pflanzer in beschränktem Maße mit Pflanzmaterial. Nach den bisherigen Versuchen sind bittere Pomeranzen die beste Unterlage.

Ende 1936 gab es 1175 Grapefruchtbäume (Nigeria, Rep. f. 1936, S. 34); Lagos und Umgebung bilden einen Markt für diese Frucht. (Ann. Rep. on the Agr. Dep. f. 1937, S. 33 ff.). Die Westprovinzen Südnigerias führten 1934 einige 400 Kisten Apfelsinen aus, 1936 fast 2000, 1937 581 Kisten. Ebenso wächst die Ausfuhr aus Süd- nach Nordnigeria (Ann. Rep. on the Agr. Dep. f. 1937, S. 33, Lagos 1939). Auch die Ausfuhr von Grapefrucht- und Zitronensaft hat bereits begonnen (Rep. of the Agric. Dep. 1937, S. 33ff.).

An der Goldküste waren die Frucht- und Obstkulturen früher auf Zitronen und Grapefrüchte beschränkt (64). Heute besteht ein lebhafter örtlicher Handel mit Agrumen aller Art. Bei Abakrampa und Asebu in der Nähe von Cape Coast sind rd. 2000 acres mit Limette bepflanzt, die zwei Saftfabriken versorgen. 1936 wurden 411497 Gallonen und 1937 23078 Gallonen Limette- und Zitronensaft nach England verschifft, daneben noch Limetteöl. In Asuansi wurden Versuche mit Grapefruchtbäumen angestellt, deren Kultur sich jetzt in der Nachbarschaft ausbreitet (Gold Coast, Rep. on the Dep. of Agric. f. 1937, S. 27, 33, 35).

Französisch-Guinea führte an Apfelsinen und Zitronen in den letzten Jahren aus (in t):

1927/31 . . .	20	1936	20
1933	20	1937	20
1935	10	(26 c, S. 499; d, 528 f.)	

Im westlichen Sudan dient Zitronensaft zum Säuren der Milch (16, S. 98).

Nordafrika

In Ägypten standen Ende 1936 an Agrumenbäumen (in Tausend): Apfelsinenbäume 4748, Mandarinenbäume 2826, Zitronenbäume 960, Bitterpomeranzenbäume 204, Limettenbäume 105 (26 c, S. 230). Die Apfelsinen- und Mandarinenbäume bedeckten 1928 10000, 1934 25000 acres, die übrigen Agrumen 1000 bzw. 2000 acres (86), die Apfelsinen- und Mandarinenbäume 1937/38 zusammen 10240 ha (26 d, S. 239). Die Apfelsinenbäume wachsen zu zwei Drittel in Unterägypten; hauptsächlich zieht man drei Sorten: die einheimische Baladi, die Jaffa- und die Malteser Blutorange. 300 Früchte vom Baum betrachtet man als gute Ernte. Die Mandarinenbäume stehen zu vier Fünfteln in Unterägypten. Die Zitronenkultur ist wenig bedeutend und reicht fast in keinem Jahr zur Deckung des Eigenbedarfes des Landes aus. Die bittere Pomeranze besitzt die geringste Verbreitung und dient zur Destillation von Essenzen (15, S. 125).

Die Erzeugung von süßer Limette betrug 1935 6800 und 1936 75000 Kisten von je 200 Stück (26 c, S. 230). Die Apfelsinen- und Mandarinenausfuhr überwiegt erst seit 1934 die Einfuhr, sie betrugen in den letzten Jahren (in t):

	1934	1935	1936	1937	1938	1939
Ausfuhr . .	3040	5340	5170	6280	11980	10830
Einfuhr . .	370	200	390	350	280	420

(26 d, S. 530f.)

In Tripolitanien gedeihen die Agrumen im Küstengebiet gut, soweit der Boden nicht zu brackig oder zu kalkhaltig ist, da hier künstliche Bewässerung möglich ist (70). Die Ausfuhr war bisher stets gering. Die Cyrenaika hat bisher keine Ausfuhr an Agrumen gehabt (26 c, S. 500ff.; d, S. 530f.).

In Tunesien nahmen die geschlossenen Apfelsinen- und Mandarinenpflanzungen 1935 und 1936 ungefähr 450 ha, die Zitronenpflanzungen ungefähr 60 ha ein (26 c, S. 239, Anm. 9), in den Jahren 1937 und 1938 hatten sich die Apfelsinenpflanzungen auf 1200 ha, die Mandarinenpflanzungen auf 400 ha und die Zitronenpflanzungen auf 200 ha ausgedehnt (26 d, S. 248, Anm. 9). Geerntet wurden 1935 2200 t, 1936 10000 t und 1937 11500 t Apfelsinen und Mandarinen, Zitronen 600 bzw. 1400 t bzw. 2000 t (26 c, S. 239ff.; d, S. 248f.). Die wichtigsten Pflanzungen liegen bei Tunis in der Oase Gabes, bei Gafsa, einem Teil der Insel Djerba und im Süden bei El Udiana am Nordrande des Schott-el-Djerid; das letztere Gebiet liefert die besten Apfelsinen des Landes. Die Ernteerträge sind infolge mangelnder Pflege und Auslese niedrig (66, S. 941). Die Ausfuhr und Einfuhr an Apfelsinen und Mandarinen entwickelten sich in den letzten Jahren folgendermaßen (in t):

	Ausfuhr	Einfuhr
1934 . . .	270	300
1935 . . .	1640	110
1936 . . .	4890	190
1937 . . .	7880	60
1938 . . .	4080	40

(26 c, S. 500ff.; d, S. 530f.)

In Algerien nahmen die Agrumen in geschlossenen Beständen in den letzten Jahren folgende Flächen ein und lieferten folgende Erntemengen (26 c, d):

(in ha)	1934/35	1935/36	1936/37	1937/38	1938/39
Apfelsinen.	4716	4792	5896	6470	7452
Mandarinen und Clementinen	3817	4069	3982	4598	5836
Zitronen, Zedrate usw.	476	457	479	478	446

(in t)	1934/35	1935/36	1936/37	1937/38	1938/39
Apfelsinen.	35100	38700	50600	51600	65600
Mandarinen und Clementinen	34500	38000	38400	48500	53000
Zitronen, Zedrate usw.	3400	3500	3800	4000	3200

Die Clementine ist eine in Algerien gezüchtete, frühreife Kreuzung von Apfelsine und Mandarine, die vor der Mandarine auf den französischen Markt geliefert werden kann (29, S. 16ff.). Die Agrumenpflanzungen stehen auf den besten Böden Algeriens. Im allgemeinen dringen sie nicht ins Landesinnere ein, da man die niedrigen Wintertemperaturen dort fürchtet (71, S. 75). Die Hauptgebiete sind die Mitidja-Ebene, die Gegenden von Blida, Bône und Philippeville, das Tal des Sig, die Umgebungen von Misserghin, Perrégaux, Relizane und Ferme Blanche. Der Rückgang des Weinbaus erlaubte eine Ausdehnung der Agrumenkulturen. Die Fertigstellung der Staudämme in der Schelif-Ebene wird sich in derselben Richtung auswirken (76, S. 15). Fern von der Küste findet man Agrumenanpflanzungen in den Oasen Laghuat, Gardaia, El Golea, Uargla u. a., die reichlich Wasser, Wärme und Schutz gegen Kälte und Wind bieten (71, S. 75). Mit Ausnahme der Mandarinenpflanzungen lassen die Kulturmaßnahmen zu wünschen übrig (1). Als Windschutz pflanzt man Eukalypten, Zypressen, Kasuarinen und Tamarisken (76, S. 16). Die Agrumenausfuhr zeigt folgende Entwicklung (in t):

1924/32 . . .	20775	1936	59040
1933	21012	1937	66920
1934	11943	1938	60250
1935	43920		

(20, S. 160ff.; 26 c, S. 498ff. u. S. 504ff.; d, S. 528f. u. S. 534f.; 76, S. 19). Dem stand in den letzten Jahren eine kleine Einfuhr gegenüber. Auf die einzelnen Arten verteilten sich die Aus- und Einfuhrmengen folgendermaßen (in t):

	Ausfuhr			Einfuhr		
	1936	1937	1938	1936	1937	1938
Apfelsinen .	23730	32270	23970	2200		
Mandarinen .	32950	28320	31200	130		
Zitronen . .	680	570	670	80	20	10
Übrige . . .	1680	5760	4410	140		

(26 c, S. 498ff. und 504ff.; d, S. 528f. u. S. 534f.)

In Französisch-Marokko sind die natürlichen Bedingungen für die Agrumenkultur ähnlich wie in Spanien oder Kalifornien. Geeignet sind alle Landstriche, und überall gibt es Pflanzungen, bewässert durch Pumpwerke aus dem Grundwasser oder den Dauerflüssen. 1937 waren 5600 ha bepflanzt. Arbeitskräfte sind reichlich und billig vorhanden. Das Verkehrsnetz ist ausreichend (68, S. 877). Die europäischen Pflanzungen erzeugten 1937 9000 t Apfelsinen, 1500 t Mandarinen und 2000 t Clementinen und Zitronen, die Eingeborenen 11000 t Agrumen (68, S. 869). Die Zahl der Citrusbäume wird für 1937 mit 1339000 und für 1938 mit 1547000 Stück angegeben (26 d, S. 246). Bei Apfelsinen und Mandarinen übersteigt die Ausfuhr die Einfuhr erst seit 1935, bei Zitronen erst seit 1936; der Ausfuhrüberschuß beträgt (in t):

	1935	1936	1937	1938
Apfelsinen	2050	2750	7660	7850
Mandarinen	370	540	1650	2130
Zitronen		20	70	450

(26 c, S. 501 u. 505; d, S. 531)

Die Agrumenkultur Spanisch-Marokkos ist nur gering, erst 1936 übertraf die Apfelsinenausfuhr erstmalig die Einfuhr um 20 t (26 c, S. 501 u. S. 505).

c) *Ananas, Ananas comosus (L.) Merill*

Die Ananas *(Ananas comosus L. Merill = A. sativus Schult. = Ananassa sativa Lindl.)* (Abb. 40) gehört zur Familie der *Bromeliaceen.* Sie ist ein stammloses oder kurzstämmiges Kraut. Ihre 60—90 cm langen und 6 cm breiten steifen, stacheligen, linealischen Blätter bilden eine Rosette, in deren Mitte ein kurzer, 30 cm langer, fingerdicker Stiel mit der Blütenähre sprießt. Die Ananasfrucht ist eine von einem Blattschopf gekrönte Scheinfrucht, die dadurch entsteht, daß die Blütenachse fleischig wird. Die kultivierten Früchte sind vielfach samenlos. Man kennt zahlreiche Spielarten (25, S. 21).

Standortsbedingungen. Die Ananas beansprucht viel Sonnenschein und Wärme und verträgt keinen Frost. Am geeignetsten sind Meereshöhen von 100—800 m. Sie stellt keine großen Ansprüche an die Feuchtigkeit. Sie bevorzugt leichten, sandigen, aber humusreichen, gut drainierten Lehmboden, verträgt aber keine stauende Nässe.

Kultur. Die Neuanlage einer Pflanzung erfolgt durch Schößlinge, am besten Wurzelschößlinge. Man pflanzt in Reihen von 1¼—1½ m mit einem Abstand innerhalb der Reihe von ¾—1 m. Der Boden muß tief durchgearbeitet sein sowie ständig locker und unkrautfrei gehalten werden. Vor der Fruchtreife soll man keine neuen Schößlinge austreiben lassen (25, S. 22), über 2 Jahre alte Pflanzen aber entfernen, da sie nur noch minderwertige Früchte bringen.

Die Ananas entzieht dem Boden eine große Menge Nährstoffe, und zwar bei einem Ernte-Ertrag von 100 t je ha 110 kg Stickstoff, 30 kg Phosphorsäure und 280 kg Kali, nach anderen Autoren sogar 300 bzw. 110 bzw. 1000 kg. Richtig angewendete Düngung steigert die Größe, den Geschmack und die Haltbarkeit der Früchte. Kalidüngung erhöht besonders den Zuckergehalt. Bei Anbauversuchen in Queensland erhielt man von ungedüngtem Feld 800 Früchte je acre, von mineralisch vollgedüngtem Feld 3510 Früchte vom acre (11, S. 371).

Aus Wurzelschößlingen gezogene Ananaspflanzen bringen nach 15—18 Monaten die ersten Früchte. Da die reife Ananas schnell verdirbt, muß sie zum Frischversand unreif gepflückt oder reif zu Konserven verarbeitet werden (über Ananasfaser vgl. bei Ananasgewächse unter Blattfaserpflanzen).

Die Ananas stammt aus Westindien, Mexiko und Mittelamerika und ist heute in den Tropen und Subtropen der ganzen Welt zu finden (5, S. 467).

In Südafrika (vgl. Karte 19) wurde die Ananas zuerst in Natal eingeführt; hier und im östlichen Kapland wird sie am meisten kultiviert. Die ausgedehntesten Pflanzungen liegen im östlichen Kapland. Die besten Ananasböden liegen im Küstengebiet von Natal bis Port Alfred, die meisten Pflanzungen etwa 20 englische Meilen von der Küste entfernt (6, S. 376ff.). 1929/30 nahm die Ananaskultur in der Union 4432 ha, 1936/37 nur 3776 ha ein (26c,

Abb. 40. Ananas *(Ananas comosus)*

S. 242; d, S. 252). Die Ausfuhr belief sich auf (in Schiffstonnen von 40 Kubikfuß):

1933	1918	1935	2170	
1934	2382	1936	2521	(4, S. 780)

In Madagaskar ist die Ananaskultur noch sehr verbesserungsbedürftig (9, S. 717). Réunion führt geringe Mengen Ananaskonserven aus (Rev. Intern. des Prod. Colon. Jhg. 6 [1931], S. 12 und Jhg. 10 [1935], S. 31). Auf Mauritius hat man die besten Ananas in 300 m Seehöhe geerntet; wo weniger als 1250 mm Regen fallen, ist künstliche Bewässerung notwendig. 1933 wurden 5281 Kisten Ananaskonserven ausgeführt (91).

In Belgisch-Kongo hat sich die Ananas schnell eingebürgert und wächst überall; in zahlreichen kleinen Dörfern ist sie so massenhaft vorhanden, daß sie ans Vieh verfüttert wird (16, S. 40).

In Französisch-Westafrika erzeugen Französisch-Guinea und die Elfenbeinküste große Mengen Ananas, die aber meist nicht ausgeführt werden können (87, S. 291). 1934 bestritt Französisch-Guinea mit 17 t fast allein die

Ananasausfuhr, seit 1935 wird es jedoch von der Elfenbeinküste überflügelt. Die Ausfuhr 1935 und 1936 besaß folgenden Umfang (in t):

	1935	1936	
Französisch-Guinea . .	10	9,7	
Elfenbeinküste	36	36	
Dahome		0,1	
Senegal und Sudan . .	3	2,7	
Französisch-Westafrika .	49	48,5	(90)

Im Jahr 1937 führte ganz Französisch-Westafrika 94 t Ananas aus (20 b, S. 153).

Französisch-Guinea und die Elfenbeinküste sind für die Ananaskultur gut geeignet (88, S. 13). In beiden Kolonien ist diese Kultur erst jungen Datums (88, S. 3).

Madeira führte im Jahr 1939 18 t Ananas aus (138).

In Nigeria waren Anbauversuche ermutigend; die Ausfuhr wächst ständig, 1936/37 erreichte sie 663 Kisten (Ann. Rep. to the Agric. Dep. f. 1937, S. 41).

Auf der Inselgruppe der Azoren stellt die Ananas das wichtigste Ausfuhrgut dar. Die Pflanzungen liegen auf der Insel San Miguel; das Erzeugnis zeichnet sich durch hohe Qualität aus (87, S. 291). 1925 führten die Azoren 1½ Millionen Stück (89), 1938 rd. 1719000 und 1939 rd. 1277000 Stück Ananas aus (138).

d) *Dattelpalme, Phoenix dactylifera L.*

Die Dattelpalme, *Phoenix dactylifera L.*, (Abb. 41) ist eine immergrüne, zweihäusige Palme. Die Frucht ist eine Beere, die aus einem apokarpen Fruchtknoten (= mit freien Fruchtblättern) hervorgeht; von den drei Fruchtblättern wird nur eins völlig ausgebildet.

Die Klimaansprüche sind durch ein arabisches Sprichwort charakterisiert: „Die Dattelpalme will mit den Füßen im Wasser stehen und mit dem Kopf in der heißen Sonne." Für ein gutes Gedeihen ist eine durchschnittliche Jahresmindesttemperatur von etwa 20° C erforderlich, wobei ein heißer Sommer mit stets klarem Himmel Bedingung ist. Während des Blühens und Reifens der Früchte darf kein Regen fallen (99; 106).

Weniger als vom Klima ist die Verbreitung der Dattelpalme vom Boden abhängig. Bei genügender Bewässerung wächst sie auf allen Böden; am geeignetsten haben sich leichtsandige Böden mit einem geringen Prozentsatz an Lehm erwiesen (15). Stagnierendes Wasser verträgt sie nicht (106).

Den klimatischen Bedingungen entsprechend, hat die Dattelpalme in zahlreichen Varietäten ihre hauptsächlichste Verbreitung von den Kanaren durch die Oasen der Sahara bis nach Südwestasien, findet sich aber auch in Südeuropa, Florida, Mexiko, Kalifornien (25) und Südafrika (99). 99 v. H. aller Dattelpalmen stehen in Nordafrika und im Irak, vor allem am Schatt-el-Arab. Algerien hat große Bestände aufzuweisen und führt jährlich große Mengen Datteln aus.

Neben der Bodenbearbeitung ist vor allem die Bewässerung wichtig. In Algerien unterscheidet man Sommer- und Winterbewässerung. Die erste findet von Juni bis August statt, d. h. im Stadium der Früchteentwicklung, wo jede Palme einmal wöchentlich bewässert wird. Nach der Ernte wird die Bewässerung stark eingeschränkt, um im Winter in geringerem Umfange wieder einzusetzen; stehen größere Wassermengen zur Verfügung, so wird die mit Dämmen umgebene Fläche überstaut, andernfalls wird jede einzelne Palme bewässert.

Die Vermehrung der weiblichen Dattelpalmen geschieht durch Schößlinge, die die Eigenschaften der Mutterpflanze sicher vererben. Die männlichen Bäume werden aus Samen gezogen. Gepflanzt werden die Palmen in 9 × 9 m Abstand. Im 12. bis 15. Lebensjahr beginnt die Dattelpalme zu fruchten (106) und kann über 100 Jahre lang tragen (15). Jeder Baum bringt jährlich im Durchschnitt 8 Fruchtbündel hervor, das sind etwa 45 kg Datteln (15, S. 125). Die Höhe der Erträge hängt von der Befruchtung ab, die künstlich vorgenommen wird. Die Blütezeit ist von Februar bis Ende Mai; die letzten Blütenstände werden im allgemeinen nicht mehr befruchtet, wie überhaupt zur Schonung der Pflanze die Befruchtung auf einige Blütenstände beschränkt wird. Die Bestäubung findet an windstillen, heißen Tagen statt. Unzeitgemässe Bestäubung ergibt kernlose Datteln, die keinen Handelswert haben (106).

Abb. 41. Dattelpalme *(Phoenix dactylifera)* mit Fruchtständen

Aufbereitung. Nach der Ernte werden die Ausfuhrdatteln (Sorte Deglet Nur) in leicht salzhaltiges Wasser getaucht und darauf in einem heißen Raum, der zu 80 v. H. mit Wasserdampf gesättigt ist, einige Zeit auf Hürden ausgebreitet, wobei zugleich eine Pasteurisation stattfindet. Anschließend wird in trockener, heißer Luft getrocknet. Die trockenen, weichen Datteln anderer Varietäten können nach der Entkernung zur Herstellung von Konfitüren und Dattelpasten dienen. Aus den trockenen Datteln wird auch Mehl und Grieß erzeugt. Durch Pressen der weichen Datteln wird Dattelsirup gewonnen, der eingedampft Dattelhonig ergibt. Die Kerne dienen zur Feuerung oder nach Einweichen als Ziegenfutter (106).

Von den afrikanischen Ländern (vgl. Karte 19) steht Algerien mit einer Erzeugung von durchschnittlich 100—109000 t in den Jahren 1936/37 bis 1938/39 (26 d, S. 232) nach Arabien und dem Irak in der Dattelausfuhr an erster Stelle. Rund 7000000 Palmen hat Algerien aufzuweisen. Die Oasen mit großen Dattelbeständen sind: Biskra, Foughala, Tolga, Lichana, El Ahmra, Ourlal, Oumach, Saada, Sidi Okba, Zeribel el Qued, Ferkan und Negrine (27).

Ausfuhr und Einfuhr betrugen (in t):

Jahr	Ausfuhr	Einfuhr
1929	12639	
1934	7239	8130
1935	12262	13710
1936	13617	3100
1937	10130	6810
1938	11810	5090

(20; 26; 29)

Der größe Teil der Ausfuhr geht nach Frankreich, 1936 z. B. 12897 t (29).

In Tunesien sind es drei Gebiete, in denen die Dattelpalme kultiviert wird: Im Becken von Djerid, in der Küstenebene des äußersten Südens bis an die libysche Grenze und in der gebirgigen Wüste zwischen Nefzaona und der Küstenebene (96). Im Verhältnis zu den Gesamtbeständen nehmen die wertvollen Deglet-Datteln nur einen kleinen Raum ein (26 d, S. 249):

	1937		1938	
	1000 Bäume	Erzeugung	1000 Bäume	Erzeugung
Deglet-Datteln	194	4000 t	197	4000 t
gewöhnliche Datteln. .	2481	28000 t	2480	21400 t

Die im Verhältnis zu den bebauten Flächen geringen Produktionszahlen sind darauf zurückzuführen, daß weitaus über die Hälfte der Anbauflächen mit jungen Palmen bestanden ist, die noch nicht fruchten. In den nächsten Jahren ist daher mit einem Ansteigen der Produktionszahlen zu rechnen. Der Ausfuhr steht eine beträchtliche Einfuhr gegenüber, wie die folgende Aufstellung zeigt (in t):

Jahr	Ausfuhr	Einfuhr
1934	4120	4680
1935	5030	6440
1936	4450	540
1937	4500	4400
1938	3480	3340

In Libyen findet sich in der Cyrenaika in der Umgebung von Bengasi ein größerer Bestand Dattelpalmen von 13128 älteren und 3211 jüngeren Bäumen. Die Produktion von durchschnittlich 900 Tonnen jährlich genügt gerade dem eigenen Verbrauch (102). Außerdem ist die Dattelpalme in den Oasen im Zentrum der Kolonie, in Fessan, häufig (105).

In Ägypten ist die Dattelpalme der wichtigste Fruchtbaum. Die letzte Zählung ergab 3500000 Dattelpalmen. Besonders reich daran ist die Provinz Kena in Oberägypten und die Provinz Charkieh in Unterägypten. Trotz der bedeutenden Erzeugung ist wegen des hohen Eigenverbrauchs die Einfuhr größer als die Ausfuhr. Der Bast und die Blätter werden zu Körben, Stricken, Matten, Besen und zum Decken der Hütten verwendet (15).

Von den übrigen Ländern Afrikas hat die Dattelkultur noch in Erythrea einige Bedeutung, wo in der Landschaft Dankalia 150 ha mit 20000 Dattelpalmen bepflanzt sind, wovon etwa 7000 bereits tragen. Die jährliche Produktion kommt höchstens auf 170—180 t, so daß jährlich noch große Mengen eingeführt werden müssen (L'Agric. Colon. Jhg. 1936, S. 92). Auch an der französischen Somaliküste stehen einige Dattelpalmen (104).

Im Englisch-ägyptischen Sudan findet man die Dattelpalmen in den Provinzen Halfa, Dongola und Berber (*W. Krämer*, Die koloniale Entwicklung des Anglo-ägyptischen Sudans. Berlin 1938). Ausgeführt wurden (in t):

1929 . . .	3665	1932 . . .	3881	1935 . . .	3862
1930 . . .	3901	1933 . . .	4925	1936 . . .	2210
1931 . . .	3748	1934 . . .	4633	1937 . . .	1480

(20 b, S. 90f.)

In Französisch West- und Äquatorialafrika wachsen die meisten Palmen auf den Hochländern von Tibesti (bei Bardai) und Borku in der Sahara, der Rest in Mauretanien, wo in der Landschaft Adrar im Norden und in Tagant in der Mitte des Landes größere Bestände vorhanden sind. Im Norden des französischen Sudans und in der Nigerkolonie sollen ebenfalls zahlreiche Dattelpalmen vorkommen. In der Oase Kauar und Bilma werden die kultivierten Dattelpalmen auf 30000 geschätzt, die jährlich etwa 1000 Tonnen Datteln liefern sollen, die vornehmlich den Armen zur Nahrung dienen (94).

Französisch-Äquatorialafrika führte 1935 500 t Datteln aus (26 d, S. 222). In Mauretanien wurden 1936 120000 und 1937 135000 Bäume ermittelt, die 4500 bzw. 5500 t Datteln ergaben (ebenda, S. 226). Französisch-Niger erzeugte 1936 1800 t und 1937 2300 t Datteln (ebenda, S. 227).

Der Vollständigkeit halber sei hier noch das zerstreute Vorkommen in Deutsch-Ostafrika, in Südwestafrika und in der Südafrikanischen Union erwähnt, wo vereinzelte tragende Bäume bei Kakamas im Nordwesten der Kapprovinz stehen; bei Louisvale in der Nähe von Upington finden sich 10 tragende Bäume, und 3000 Pflänzlinge aus Nordafrika und Arabien wurden ausgesetzt (99).

e) *Wein, Vitis vinifera L.*

Der Weinstock, *Vitis vinifera L.*, aus der Familie der *Vitaceen* stammt höchstwahrscheinlich aus Transkaukasien. Obgleich er eine ausgesprochen wärmeliebende Pflanze ist, ist er doch für das tropische Tiefland ungeeignet, da zu hohe Temperatur der Entwicklung der Rebe nicht förderlich ist (110) und sie vor allem eine Vegetationsruhe braucht (25). Am günstigsten für den Weinbau zeigt sich die wärmere gemäßigte Zone, wo sich zwischen dem 34. und 45. Breitengrad die größten Weinbauländer der Welt finden. Innerhalb dieser Zone, in der noch gerade der Norden Algeriens liegt, findet sich die Rebe unter den verschiedensten Bedingungen neben Palmen und Kakteen sowie neben Laub- und Nadelwäldern. Wo der Mais, der Pfirsich, die Feige und die Orange gedeihen, wächst auch der Wein. Wegen seiner tiefgehenden Wurzeln kann er große Hitze und Kälte gut vertragen und über Trockenperioden hinwegkommen. Die Ansprüche an die Niederschläge sind nicht sehr hoch; die deutschen Weingebiete haben einen Niederschlag von 500 bis 1000 mm im Jahr. Die Rebe gedeiht auch auf verhältnismäßig schlechten Böden; für befriedigende Erträge aber sind warme, lockere, tiefgründige Böden unerläßlich. Die Verwitterungsböden aus Basalt, Trachyt, Porphyr, Granit und Tonschiefer sind besonders günstig (110).

Diesen Standortsbedingungen entsprechend kommt in Afrika der Weinbau nur für den Norden und den Süden in Frage, doch finden sich Weingärten auch auf Madagaskar (vgl. Karte 19).

In Nordafrika sind es vor allem Algerien und Tunesien, die einen stärkeren Weinbau aufzuweisen haben, auch in Libyen sind neuerdings großangelegte Versuche mit zahlreichen Weinsorten ausgeführt worden.

In Algerien ist die Weinkultur schon verhältnismäßig alt; um 1830 hatte das türkische Algerien bereits einige Hektar mit Wein bepflanzt, 1870 waren 10000 bis 12000 ha bebaut. Seitdem trat Algerien stark in Konkurrenz mit Frankreich, wo die Reblaus *(Phylloxera)* starke Verheerungen anrichtete. 1889 gab es in Algerien bereits 91000 ha Weinland (27), 1936/37 dagegen 408000 und 1937/38 413000 ha, davon dienten 4573 bzw. 4095 ha der Erzeugung von Tafeltrauben (26 d, S. 232). Die Ausfuhr an Wein betrug in den letzten Jahren (20 a und b):

Jahr	Mill. hl	Jahr	Mill. hl
1930	11,04	1935	12,23
1933	15,05	1936	10,96
1934	11,66	1937	12,26

Die Ausfuhr an Wein nach Frankreich beläuft sich jährlich auf etwa 5000000 hl (27). Auch große Mengen Trauben werden jährlich ausgeführt, 1937 z. B. 7046 t (29, S. 17). Die größte Weinbaufläche hat die Provinz Oran, die stärkste Produktion jedoch die Provinz Algier, während die Provinz Constantine weniger erzeugt. Die größten Weingebiete erstrecken sich um Oran, Mostaganem und Algier, ferner um Bougie, Djidjelli, Philippeville und Bône (27).

In Tunesien bauten schon die Karthager Wein an, nicht nur zur Deckung des eigenen Bedarfes, sondern sogar schon zur Ausfuhr. Mit dem Vordringen des Islams ging der Weinbau zurück, nur die Tafeltraubenzucht blieb erhalten. Der mohammedanische Weinbau (zur Traubengewinnung) umfaßte 1937 und 1938 rund 4000 ha, der europäische (zur Weinkelterung) in den gleichen Jahren 42—43000 ha (26 d, S. 248); der weitere Anbau wurde 1934 durch ein Gesetz eingeschränkt, und es wurde verfügt, daß mehrere tausend Hektar gerodet werden sollten. Die Erzeugung betrug 1937 1454000 und 1938 1975000 hl Wein (26 d, S. 248). Ausgeführt wurden (20 a und b):

Jahr	hl	Jahr	hl
1930	965595	1935 . . .	975900
1933	702317	1936 . . .	1492300
1934	706843	1937 . . .	940982

Drei Viertel der Gesamterzeugung ist Rotwein, zumeist Tafelwein und Wein zum Verschneiden. Heute ist der tunesische Weinbau stark im Rückgang begriffen; die größte Gefahr bildet die Reblaus, die Anfang 1937 eingeschleppt wurde (113).

Trauben-Ausfuhr Französisch-Nordafrikas in t

(nach Abzug der gleichzeitigen Einfuhr)

	1929/33	1934	1935	1936	1937	1938
Algerien.	8310	7660	11490	6010	7020	11800
Tunesien	90	240	2170	1580	1230	780
Franz.-Marokko . . .	*)	10	60	120	100	180

(26 d, S. 519)

In Ägypten gedeiht die Weinrebe vorzüglich, die beste Weingegend ist das Fajum. In Unterägypten befassen sich die Distrikte Beheira und Daquilia in größerem Umfange mit Weinbau. Ausgebreitete Weingärten sind kaum zu finden; die Reben werden gewöhnlich an Lattenwerk bis zu einer Höhe von 3—3½ m gezogen (15); 1936/37 waren 4881 ha, 1937/38 4436 ha mit Wein bebaut (26 d, S. 239); obwohl die ägyptischen Trauben einen guten Wein liefern, werden sie größtenteils frisch oder getrocknet gegessen. Wegen des hohen Verbrauches an Trauben im Lande müssen jährlich noch große Mengen eingeführt werden, und zwar vornehmlich aus Griechenland (15).

*) Einfuhrüberschuß 90 t.

In Marokko wird von Frankreich aus Konkurrenzgründen der Weinbau stark niedergehalten, obwohl sich auch dort ähnliche Bedingungen finden wie in Algerien und Tunesien. In den Jahren 1937 und 1938 wurden von fast 24000 ha Rebland 582000 bzw. 778000 hl Wein gekeltert. Ferner wurden von Rebenzwischenpflanzungen 1937 35000 t Speisetrauben und 2500 t Rosinen gewonnen (26 d, S. 246). Die Ausfuhr an Wein übertrifft seit 1936 die Einfuhr; die Nettoausfuhr stieg von 6600 hl 1936 und 3680 hl 1937 auf 11740 hl 1938 (26 d, S. 554 f.).

In der Südafrikanischen Union haben in der westlichen Kapprovinz folgende Distrikte einen erheblichen Weinbau (Karte 19): Stellenbosch, Paarl, Tulbagh, Malmesburg und Piquetberg und die kleine Karru (Worcester, Robertson, Montagu, Ladysmith, Barrydale und Oudtshoorn). Außerdem liegen bedeutende Weinbaugebiete im Distrikt Graaff-Reinet, in der Nähe von Upington und Kakamas am Oranje und im Distrikt von Van Rhynsdorp am Olifantfluß (21). Während der größte Teil des gekelterten Weines im Lande verbraucht wird, kommen gute Tafeltrauben und Rosinen zum Export, von denen drei Viertel von Constantina, Paarl und dem Hex River-Tal kommen. Das Rebland umfaßte 1936/37 42988 ha (davon 5627 ha zur Traubengewinnung) und 1937/38 45818 ha (26 d, S. 251). Unter den Trauben ausführenden Ländern nimmt die Südafrikanische Union einen bedeutenden Platz ein. Die Ausfuhr an Wein, Trauben und Rosinen erläutert die nachstehende Übersicht (26 d):

Jahr	Wein Ausfuhr	Wein Einfuhr	Trauben Ausfuhr	Rosinen Ausfuhr	Rosinen Einfuhr
	hl	hl	t	t	t
Durchschnitt 1929/33	42300	2000	3330	2520	390
1934 . .	62700	2100	6450	3190	280
1935 .	63700	2400	7330	4290	180
1936 . .	67200	2500	8670	4530	200
1937 . .	78700	2200	9300	6270	190
1938 .	88000	2500	10510	7980	150
1939 .	128200	1800	10750	6090	100

In Deutsch-Südwestafrika hat der Weinbau fast überall Eingang gefunden. Die Klein-Windhuker Weine sind sehr geschätzt (112, S. 103 ff.).

Nach Madagaskar wurde schon in ältester Zeit der Weinstock von den Arabern eingeführt. Die Kultur hat sich nach mehreren Rückschlägen bald in allen Provinzen mehr oder weniger ausgebreitet, zumeist in einer Höhe von 1200 bis 1500 m. Am besten fruchten die Reben im Nordwesten und Westen mit warmem Klima und langer Trockenheit (9, S. 721 f.). Das Rebland nahm in den Jahren 1936 und 1937 rund 230 ha ein (26 d, S. 243). Die Versuchsstation in Nanisana bei Tananarive hat jetzt 127 verschiedene Weinsorten aufzuweisen. Die Ausfuhr ist jedoch noch völlig unbedeutend (110).

f) Tomate, Eierpflanze und Baumtomate, *Lycopersicum esculentum Mill.*, *Solanum Melongena L.* und Verwandte, *Cyphomandra betacea Sendt.*

Die Tomate *(Lycopersicum esculentum Mill. = Solanum lycopersicum L.)* gehört zu den Nachtschattengewächsen *(Solanaceae)* und stammt aus Südamerika; in Peru trifft man sie noch heute wild an (10, S. 93). Die Tomate findet in Afrika, soweit Garten- und Ackerbau reichen, fast überall die gewünschten Lebensbedingungen.

Eine der wilden Tomate sehr ähnliche Form mit nicht viel über kirschgroßen Früchten trifft man bei den Eingeborenen des tropischen Afrika an; ihre Früchte sind süß und dienen frisch oder getrocknet zur Bereitung von Suppen und Soßen. Größere Bedeutung besitzen sie für den Eingeborenen jedoch nicht (10, S. 93ff.). Wichtiger ist die Tomate für den Europäer (10, S. 94), der sie vielfach im Garten zieht.

Größere Bedeutung hat die Tomate auf den Kanarischen Inseln erlangt, wo sie nach der Banane zum wichtigsten Ausfuhrerzeugnis geworden ist. Sie wird auf Teneriffa, Gran Canaria, Gomera, Palma und Lanzarote kultiviert (116, S. 97), besonders auf den beiden erstgenannten Inseln, auf denen sie an den trockenen Südostseiten gebaut wird, wo die Banane nicht mehr gedeiht (114, S. 498) (vgl. die Kärtchen 20 u. 21). Die Tomatenkulturen dehnen sich zwischen der Meeresküste und der 350 m-Höhenlinie aus. Sie werden auf leichten Bimssteinböden, die etwas Stallmist erhalten haben, und auf schweren Böden betrieben (115, S. 138). Das milde Klima der Kanarischen Inseln erlaubt die Kultur das ganze Jahr hindurch, die Intensität des Anbaus richtet sich nach der Nachfrage auf den europäischen Märkten (115, S. 138).

Die Tomatenpflanzer sind größtenteils Halbpächter (115, S. 138). Die Aussaat erfolgt in Saatbeete, einen Monat später werden die Sämlinge pikiert (116, S. 48). 3—4 Wochen nach dem Auspflanzen gibt man je ha etwa 900 kg Kunstdünger von folgender Zusammensetzung: 45 v. H. schwefelsaures Ammoniak, 26 v. H. Superphosphat, 24 v. H. schwefelsaures Kali und 5 v. H. Gips. Eine zweite gleiche Düngung erfolgt einen Monat später (115, S. 138), schließlich gibt man 250 kg Salpeter je ha (115, S. 139). Die Tomatenkultur auf den trockenen Südostseiten der Inseln ist nur mit Hilfe künstlicher Bewässerung möglich. Wie die kanarische Banane wird die Tomate auf Terrassen gezogen (116, S. 48). Die Tomate darf nicht länger als 2 Jahre auf demselben Gelände angebaut werden (116, S. 48).

Die Ernte erfolgt 4—4½ Monate nach Anlage der Saatbeete. Man pflückt die zur Ausfuhr bestimmten Tomaten in grünem Zustande, wenn sich an der den Kelchblättern gegenüberliegenden Seite gelbliche oder dunkler gefärbte Strahlen zeigen (115, S. 13). Der örtliche Verbrauch ist im Verhältnis zur

Gesamterzeugung gering. Man ist bestrebt, Früchte mit festem Fleisch und wenig Samen zu erzielen (115, S. 138). Die Tomaten reifen das ganze Jahr hindurch und sind von ausgezeichnetem Geschmack (13, S. 10).

Im Jahre 1930 nahm die Tomatenkultur der Kanarischen Inseln 2800 ha ein (116, S. 48).

Die beiden Hauptinseln führten an Tomaten aus (in t):

	1932	1933	1934
Gran Canaria	52532	55565	55000
Teneriffa	47229	41167	42700

(13, S. 11)

In Algerien bedeckte die Tomate 1929 3400 ha, die 25641 t Früchte erzeugten (30 c, S. 14ff.).

Marokko führte 1929 13669 t und 1935 12724 t Tomaten aus (20 a, S. 151).

In Ägypten waren 1934 32535 Feddan (= 13 667 ha) mit Tomaten bepflanzt, ein Teil der Gesamternte, die 1929 197200 t betrug, wurde ausgeführt, in den Jahren 1933—1935 insgesamt für 40000 ägyptische £ (15, S. 123ff.).

In Deutsch-Ostafrika bauen die deutschen Farmer in Iringa Tomaten für die Europäer der Küste und zur Versorgung der Schiffe an. Auch in Angola ist die Tomate verbreitet und dient vielfach als Suppengewürz (16, S. 98). In Westafrika wird die kleine *var. cerasiforme (= L. cerasiforme Dunal)* gezogen und in der Weise verwandt, wie oben für ganz Afrika angegeben wurde (5, S. 431).

Nahe verwandt mit der Tomate ist die Eierpflanze, Eierfrucht oder Aubergine *(Solanum Melongena L. = S. incanum L.)*, ein krautiges Gewächs mit holzigem, 50—200 cm hohem Stamm und tiefeingeschnittenen, dicken, 15—35 cm langen Blättern, einzeln stehenden, violetten, 3—4 cm breiten Blüten, oft mit kleinen Stacheln versehenem Kelch und eiförmigen oder länglich-eiförmigen weißen, gelben, violetten oder purpurroten Früchten (Beeren), die roh oder gekocht gegessen werden. Die Eierpflanze stammt aus Südasien oder Südamerika, ist frostempfindlich und verlangt viel Nährstoffe, also unter Umständen starke Düngergaben. Sie beansprucht humusreichen, etwas trockenen Boden und verträgt Trockenheit ziemlich gut (25, S. 242). Eine ausführlichere Kulturbeschreibung gibt *Uphof* (117).

In Ägypten ist die Eierpflanze, die 1929 1258 und 1934 1259 ha einnahm, ein beliebtes Gemüse. Geerntet wurden 1929 20200 t Früchte (15, S. 124ff.; 30 b, S. 22).

In Ostafrika findet man die violette Eierfrucht und verwandte Formen hauptsächlich durch den Einfluß der Araber und der Missionen, namentlich der französischen, verbreitet. Die Sämlinge werden unter einem Strohdach in Saatbeeten gezogen und im Alter von 2 Monaten in Dämmen oder kleinen Hügeln ausgepflanzt. In erster Linie trifft man diese Art an der Küste (10, S. 94 ff.). Weit häufiger baut man auf den Hochländern Innerafrikas die auf diesen Teil des Erdteils beschränkte und wohl hier einheimische rote Eierfrucht *(S. sudanense)* mit kleinen, weißen Blüten und roten Früchten, die frisch oder getrocknet als Zusatz zu Fleisch, Gemüse und Soßen genossen werden. Die Waluwana im Seengebiet bestellen ganze Felder mit ihr und verwenden sie zur Herstellung von Dörrgemüse (10, S. 95). *Hammerstein* nennt ferner noch eine gelbe Eierfrucht, deren botanischen Namen er nicht angibt, und eine vierte Solanum-Art als ostafrikanische Kulturpflanzen.

In Erythrea gedeiht *S. muricatum*, die „Birnen-Melone", auf dem Hochland. Sie beansprucht lockeren Boden und blüht und fruchtet das ganze Jahr über, die Haupterntezeit ist September-Dezember; nach zwei Jahren muß neu gepflanzt werden. Die eiförmigen, gelben, weinrot gestreiften, 9—12 cm langen und 5—8 cm dicken Früchte schmecken melonenähnlich (14, S. 237).

In Westafrika ist die Aubergine von Kamerun bis zum Senegal als Nutzpflanze wohlbekannt, die *var. inerme* wird besonders in den Küstenlandschaften kultiviert. Wurzeln und Früchte liefern den Negern außerdem Fischgifte und Arzneien (5, S. 433ff.). Als Gemüsepflanzen der Eingeborenen sind nachstehende Arten zu nennen:

S. aethiopicum L., die bitteren Früchte werden an der Goldküste und anderswo gekocht verzehrt (5, S. 432).

S. anomalum Thonn. wird in der Nähe der Dörfer verwildert angetroffen und gelegentlich kultiviert; die roten Beeren dienen als Suppen- und Soßenwürze (5, S. 433).

S. duplosinuatum Klotzsch. Die gelben bitteren Beeren finden als Zusatz zu Suppen Verwendung (5, S. 433).

S. macrocarpon L. wird bei den Hütten kultiviert und ist oft halbverwildert, die gelben Früchte und die Blätter werden wie bei den vorgenannten Arten genutzt (5, S. 434).

S. nodiflorum Jacqu. Die ganze Pflanze dient als Küchengemüse (5, S. 435).

S. torvum Swartz. Die kleinen, orangeroten Beeren werden roh oder gekocht genossen (5, S. 435).

Die meisten dieser Arten liefern auch Heilmittel und Fischgifte (5, S. 435).

Die ebenfalls zu den Nachtschattengewächsen zählende Baumtomate *(Cyphomandra betacea Sendt.)*, ein baumähnliches Gewächs mit pflaumengroßen, violetten Früchten, stammt aus Brasilien und wird z. B. in Usambara auf den Pflanzungen kultiviert (25, S. 97).

g) Andere Früchte und Obstarten

Tropische Früchte

Der Mangobaum (*Mangifera indica L.*, Familie *Anacardiaceae* [Abb. 42]), ist ein 9—12 m hoher Baum und im tropischen Südasien beheimatet. Er tritt in zahlreichen Sorten auf, verträgt keinen Frost und verlangt tiefgründigen, lehmigen Boden, gedeiht jedoch noch auf nicht zu nährstoffarmem Sandboden. Überall in den Tropen, wo ein Wechsel der Jahreszeiten besteht und etwa 1500 mm Regen fallen, ist seine Kultur selbst noch in höheren Lagen möglich. Die fleischigen, saftigen, oft faserigen, angenehm säuerlich schmeckenden Früchte werden meist roh genossen, doch auch eingemacht („Chutneys"). Aus Indien werden eingekochte und konservierte Mangofrüchte ausgeführt (25, S. 168; 135). Das Holz ist für Tischlereizwecke wertvoll.

Abb. 42. Mango (*Mangifera indica*)

In Südafrika gedeiht der dort eingeführte Mangobaum am besten längs der Küste Natals, im östlichen Kapland und in einigen Bezirken Transvaals (Barberton, Lydenburg, Pietersburg und Zoutpansberg). An der Küste sind die Wachstumsbedingungen ausgezeichnet (6, S. 291), mehr im Inneren des Landes ist die Trockenheit des Sommers dem Ausreifen der Früchte sehr förderlich (6, S. 292). 1936/37 wurden 225000 ertragsfähige und 42000 noch nicht ertragsfähige Bäume gezählt (26 d, S. 251).

Ausgeführt wurden:

1932/33 . . .	61 tons*)	1935/36 . . .	3 tons*)
1933/34 . . .	13 tons*)	1936/37 . . .	6 tons*)
1934/35 . . .	14 tons*)		(4, S. 780; 28, Nr. 20, S. 14)

In Moçambique stellt man aus Mangofrüchten eine „Manga-dôce" genannte Marmelade her (25, S. 168).

In Madagaskar kommt der Mangobaum bis 1600 m vor. Seine wichtigsten Standorte hat er im Nordwesten der Insel und auf Nossi Bé, wo er mit

*) Schiffstonnen von 40 Kubikfuß.

Erfolg eingebürgert ist, aber auch im Innern wird er häufig gepflanzt (9, S. 714). Auf Mauritius findet er sich seit langem, vielleicht ist er hier sogar einheimisch (6, S. 290).

An der ostafrikanischen Küste und auch im Inland trifft man allenthalben Mangokulturen. In Deutsch-Ostafrika ist der Mangobaum, von den Arabern eingeführt, weitverbreitet. In Erythrea ist der Mangobaum 1915 eingeführt und gedeiht gut im Gebiet von Keren und an den Osthängen des Hochlandes unterhalb von 1500 m (14, S. 232).

In Westafrika ist der Mangobaum häufig, oft auch verwildert (5, S. 340).

In Ägypten gedeiht der zu Anfang des 19. Jahrhunderts aus Indien eingeführte Baum im Landesinnern, besonders im Delta, in geschlossenen Beständen auf (1934) rund 330 ha (14, S. 127). Die Zahl der Bäume betrug Ende 1936 241000 (26 c, S. 230), 1936/37 251000, 1937/38 260000 (26 d, S. 239).

Die Mangostane *(Garcinia mangostana L.)*, eine *Guttifere*, ist ein immergrüner, regelmäßiger, bis 10 m hoher Baum aus Süd-und Ostasien. Sie beansprucht ein feuchtheißes Klima und tiefgründigen, nährstoffreichen, gut durchlässigen Boden (136). Die apfelsinengroße, fast kugelrunde Frucht besitzt eine dicke Schale. Der große Samen ist von weichem, saftigem, weißem bis rosa Fruchtfleisch umgeben, das süß-säuerlich und sehr erfrischend schmeckt (25, S. 125). In Afrika wird sie wenig kultiviert. In Madagaskar trifft man sie nur bei Tamatave (9, S. 714).

Der Breiapfel- oder Sapotill-Baum *(Achras sapota L.*, Familie *Sapotaceae)* aus dem tropischen Amerika ist heute in den Tropen weitverbreitet und gedeiht bis 1400 m Höhe. Die wertvolle Frucht wird als Obst gegessen und aus der Rinde sowie dem Fruchtfleisch ein kautschukähnlicher Stoff („Chiclegummi“) gewonnen, der bei der Kaugummiherstellung Verwendung findet (25, S. 8). In Madagaskar gedeiht der Baum längs der Ostküste gut (9, S. 715).

Der Avocado-Baum *(Persea gratissima Gaertn.*; Familie *Lauraceae)* stammt aus Mexiko und ist ein immergrüner, 10—12 m hoher Baum mit birnen- oder apfelförmigen, dickschaligen, grüngelb oder purpurn gefärbten, bis zu 1 ½ kg schweren Früchten, den Avocado-, Advokaten- oder Alligatorbirnen. Das weiß, gelblich oder rahmgelb gefärbte Fruchtfleisch wird sehr geschätzt und dient zur Herstellung von Fruchteis und von Salaten. Das in der Frucht enthaltene Öl wird in der Seifen- und Parfümerie-Industrie verwendet. Die klimatischen Ansprüche sind ähnlich wie die der Agrumen. Der beste Standort ist leichter, sandig-lehmiger Boden, der gut durchlüftet und wasserdurchlässig ist (129). Kultiviert wird die Avocadobirne überall in den Tropen, aber auch in geeigneten subtropischen Ländern (25). Neuerdings werden hochwertige, besonders vitaminreiche Sorten in Brasilien und anderen Ländern gezüchtet.

In Südafrika werden die Früchte von der Bevölkerung gern gegessen. Am häufigsten trifft man den Baum in Natal und Osttransvaal (6, S. 300). Die günstigsten Gegenden für seine künftige Kultur sind Natal, das Lowveld Transvaals von Barberton bis zur Nordgrenze und das östliche Kapland (6, S. 307). Ausfuhr in Schiffstonnen zu 40 Kubikfuß: 1932/33 2, 1933/34 und 1934/35 je 5, 1935/36 22, 1936/37 12 (4, S. 788; 28f. 1937, S. 14).

In Madagaskar gedeiht die Avocadobirne vorzüglich an der Ostküste und geht bis etwa 1200 m hinauf, auf dem Hochland bleiben die Früchte klein (9, S. 716).

In Belgisch-Kongo trifft man sie überall, da sie sich hier offenbar leicht akklimatisiert. In Erythrea findet man einige Exemplare in Keren, Addi Ugri, im Dorfutal und in Ginda; sie gedeihen auf der Hochfläche und deren Abhängen (14, S. 233). Erfolgversprechende Anbauversuche wurden in Algerien und auf den Kanarischen Inseln unternommen (129). In Tripolitanien sind Anbauversuche bisher weniger günstig ausgefallen (32).

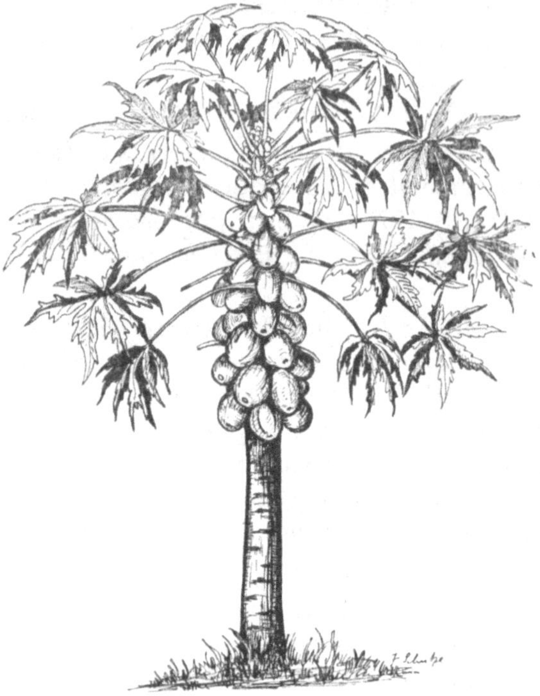

Abb. 43. Melonenbaum *(Carica papaya)*

Der Melonenbaum, Papaw oder Papaya-Baum *(Carica papaya L.;* Familie *Caricaceae)* (Abb. 43) ist ein hübscher, schlanker, 4—6 m hoher, zweihäusiger Baum mit schopfartiger Krone und gelappten, feigenblattähnlichen großen Blättern (6, S. 281), kleinen gelblichweißen Blüten und grünen, gelben bis roten, melonenförmigen Früchten von melonenähnlichem Geschmack in reifem Zustand. Die unreifen Früchte geben ein gutes Gemüse und lassen sich wie Kürbis einmachen (25, S. 55). Angezapft geben die Früchte einen Milchsaft, der Papaïn enthält, das hauptsächlich bei der Herstellung von Kaugummi Verwendung findet. In der Heilkunde findet das Papaïn (Papayotin), ein wertvolles Verdauungsmittel, Anwendung bei verschiedenen Krankheiten. Der Melonenbaum hat seine Heimat im tropischen Amerika und ist dank seiner leichten Kultur heutzutage überall in den Tropen verbreitet, z. T. verwildert. Namentlich in Ceylon wird er in großem Umfange angepflanzt.

Die Hauptforderung, die er an den Boden stellt, ist, daß dieser gut entwässert ist, im übrigen sagt ihm jeder tiefgründige Boden, selbst eben urbar gemachtes Neuland zu. Gegen Winde ist Schutz notwendig (137). In Afrika ist der Melonenbaum weitverbreitet.

In Westafrika ist er bei den Eingeborenen als Obstbaum häufig und teilweise verwildert anzutreffen (5, S. 52).

In Abessinien trägt der Papayabaum noch in 2000 m Höhe Früchte, die allerdings klein bleiben (12, S. 244). In Erythrea wächst er in bewässerten Gärten in Keren und Umgebung am Hange des östlichen Bassopiano bis höchstens 2000 m Seehöhe. Die Früchte gelangen meist auf den Markt von Asmara (14, S. 231). In Madagaskar ist die Papaya im Tiefland gemein und verbreitet sich selbst weiter (9, S. 715). In Südafrika sind die wichtigsten Gebiete, in denen die Papayakultur wirtschaftliche Bedeutung erlangt hat, Natal und besonders das Lowveld Transvaals (6, S. 281). 1936/37 wurden 517000 ertragsfähige und 170000 noch nicht ertragsfähige Bäume gezählt (26 d, S. 254).

In Deutsch-Ostafrika wird auf einigen deutschen Pflanzungen Papaïn zur Ausfuhr gewonnen.

Der verwandte Bergpapayabaum *(C. candinamarcensis Hook.)* eignet sich für höhere Lagen (25, S. 327).

Die Früchte (Beeren) mehrerer Passionsblumenarten *(Passiflora,* Familie *Passifloraceae)*, die auch als Zierpflanzen bekannt sind und aus dem tropischen Amerika stammen, dienen als Obst und zur Saftgewinnung, und zwar diejenigen von *P. coerulea L.*, *P. edulis Sims.*, *P. alata Ait.*, *P. laurifolia L.*, *P. membranacea* und vor allem von *P. quadrangularis L.*, der Grenadilla oder Königsgranate, die fast Melonengröße erreichen und der großfrüchtigen *var. macrocarpa.* Die Samen werden von einer schleimig-breiigen, süß-säuerlich schmeckenden Pulpe umgeben. Diese, bei *P. quadrangularis* auch das Fruchtfleisch, werden gegessen (25, S. 201; 118). Die Samen von *P. edulis* enthalten ein halbtrockenes, fettes Öl, bei Früchten aus Kenya 24,5 v. H. bezogen auf die Trockensubstanz, das in der Seifensiederei Verwendung finden kann (130). Die Passionsblume beansprucht gut entwässerten, bearbeiteten und gedüngten Boden (118).

Heute wird sie auch außerhalb ihrer Heimat vielfach in den Tropen kultiviert. In Kenya hat sich ihr Anbau gut entwickelt, aus den Früchten wird hier Saft gewonnen (130). Auch in Belgisch-Kongo wird die Grenadilla angepflanzt (22; 23). In Madagaskar trifft man einige Arten unterhalb 1500 m halbwild in der Nähe der Dörfer, an der Küste ist *P. quadrangularis* häufig (9, S. 717). In Südafrika ist *P. edulis* in Gärten verbreitet. Man zieht die Ranken an Drahtzäunen, bei entsprechender Pflege geben sie 4—6 Jahre lang gute Ernten (21, S. 944). Ihre Handelsbedeutung ist bisher gering; nur kleine Mengen werden nach England ausgeführt (6, S. 262 ff.; 28 f. 1937, S. 14).

P. foetida L. liefert ebenfalls eßbare Früchte und dient als Bodenbedecker; als solcher ist sie auch in Ostafrika gezogen worden (5, S. 51).

Der Brotfruchtbaum *(Artocarpus communis Forst. = A. incisa L. fil.* und *A. integrifolia Forst.*; Familie *Moraceae)* der Südseeinseln ist ein hoher Baum mit bei erster Art tief gelappten Blättern, der ein warmes Klima und Regen zu allen Jahreszeiten verlangt. Die bis 2, selbst bis 4 kg schweren „Brotfrüchte" sind außerordentlich stärkereich. Heute wird der Baum überall in den Tropen kultiviert (25, S. 33).

In Madagaskar wachsen beide Arten häufig in den Küstenprovinzen und tragen dort reichlich Früchte; im Zentralplateau steigen sie bis 1200 m hinauf, tragen jedoch schlecht (9, S. 715). In Belgisch-Kongo wurde *A. incisa* 1924 eingeführt und gedeiht gut (122, S. 904; 126). In Südafrika ist der Brotfruchtbaum eingeführt und gedeiht in den wärmeren Gegenden, z. B. im Bezirk Barberton (Transvaal), doch ist die Nachfrage nach den Früchten gering (6, S. 279 ff.). In den Küstenlandschaften Westafrikas von Nigeria bis Sierra Leone sind beide Arten sehr häufig (5, S. 274).

Die Litchipflaume *(Litchi chinensis=Nephelium Litchi Camb.;* Familie *Sapindaceae)* ist ein immergrüner Baum mit stark gefiederten Blättern, endständigen Blütenrispen und in Trauben oder Bündeln von 2—30 Stück zusammenhängenden, pflaumenähnlichen, rotbraunen, angenehm sauer schmeckenden Früchten. Der Baum verlangt ein frostfreies Klima mit großer Luftfeuchtigkeit und tiefgründigen, lehmigen Boden mit reichlicher Bodenfeuchtigkeit.

Die Litchipflaume stammt aus Südchina und ist heute als Kulturpflanze weitverbreitet. In Südafrika, wo sie 1875 eingeführt wurde, gedeiht sie am besten in Natal und im Lowveld Transvaals (21, S. 945). Nach England ausgeführt wurden: 1935/36 15 tons Früchte (4, S. 780; 133). Auf Réunion und Madagaskar ist die Litchipflaume ebenfalls eingeführt. Auf dieser Insel wächst und fruchtet sie gut an der Ostküste, leidet aber unter den Zyklonen (9, S. 714ff.).

Der Rambutan *(Nephelium lappaceum L.*; Familie *Sapindaceae)*, ein kleiner Baum mit breiter Krone von den Sunda-Inseln, besitzt kastanienbraune rote, weichstachelige, in der Heimat gern gegessene Früchte. Auf Sansibar und Réunion ist er eingeführt (25, S. 185). Diese Art und *N. mutabile* trifft man auch auf Madagaskar an der Küste (9, S. 714 ff.).

Die Guayave *(Psidium guayava [L.] Raddi*, Familie *Myrtaceae)* ist ein Strauch oder Baum mit gelben birnen- oder apfelähnlichen Früchten, aus denen Gelee und Marmelade hergestellt wird. Sie ist frostempfindlich, gedeiht noch auf recht magerem Boden, Pflege und Düngung vermögen die Frucht erheblich zu verbessern. Die klimahärteste der ähnlich genutzten Gattungsangehörigen ist *P. Cattleyanum Sabine*, die chinesische oder Erdbeerguayave, ein kleiner Strauch mit kleinen, wohlschmeckenden Früchten (25, S. 218).

Die Guayave stammt aus dem tropischen Amerika und ist heute in den Tropen weitverbreitet. Im tropischen Afrika wird sie z. B. in Deutsch-Ostafrika, Kamerun und Togo kultiviert (25, S. 218). In Südafrika wächst sie überall, wo die Temperaturverhältnisse es gestatten, im Kapland und weiten Gegenden Transvaals und Natals. Die Erdbeerguayave gedeiht unter den gleichen Bedingungen, wird auch als Zierstrauch gepflanzt, eine Ausfuhr besteht nicht (6, S. 270 ff.).

In Madagaskar ist die Guayave bis 1500 m Seehöhe sehr häufig und gibt auf reichem Boden reichlich Früchte. Die Erdbeerguayave ist sehr gemein und auf der ganzen Insel zu finden (9, S. 716 ff.).

In Erythrea kann die Guayave bis 2000 m Seehöhe gepflanzt werden, ist bisher aber wenig in systematische Pflege genommen worden (14, S. 230).

In Ägypten, wo man meist *P. pomiferum L.* kultiviert, nimmt die Guayave in geschlossenen Beständen gegen 2456 Feddan = 1030 ha ein und ist im Delta am häufigsten. Die Zahl der Bäume wird für 1936/37 und 1937/38 mit 535000 Stück angegeben (26 d, S. 239). Die Europäer schätzen die Früchte wenig (15, S. 127). In Tripolitanien entwickelten sich die Guayavebäume bei Kulturversuchen normal (32).

Die süße Mombinpflaume oder Kasamanga (*Spondias dulcis Forst.*; Familie *Anacardiaceae*) ist ein kleiner Baum der Südseeinseln, in den Tropen weitverbreitet, in Westafrika, z. B. in Togo, anzutreffen, ebenso die gelbe Mombinpflaume (*S. lutea L.*) (25, S. 244).

Mehrere Arten der Gattung *Anona*, Familie der *Anonaceen*, meist im tropischen Amerika beheimatete Bäume, werden heute als Obstpflanzen in den Tropen wegen ihres cremeartigen Fruchtfleisches vielfach kultiviert. *A. cherimolia Mill.*, Cherimoya, Zuckerapfel, besitzt weißes oder bläulich-weißes Fruchtfleisch, liebt Höhenlagen von 500—1500 m, trägt früh und auch unter ungünstigen Verhältnissen. Die Früchte sind wie mit dicken Warzen besetzt, bei *A. squamosa L.*, dem Schuppen- oder Zimtapfel mit Schuppen. *A. muricata L.*, „Sauersack“, bringt bis 1 ½ kg schwere, weichstachelige Früchte. *A. reticulata L.*, Ochsenherz, hat apfelgroße, rötliche und netzartig gefelderte Früchte. Andere Arten sind weniger wichtig, wie z. B. *A. Kirkii* im tropischen Afrika und *A. senegalensis Pers.* im afrikanischen Steppengebiet (25, S. 27).

Anona-Arten werden im ganzen tropischen Afrika angebaut. In Westafrika z. B. *A. muricata* in Togo, Goldküste, Französisch-Guinea, *A. reticulata* vom Senegal bis Kamerun, *A. squamosa* von Gambia bis Nigeria, *A. palustris L.*, Alligatorapfel, und *A. senegalensis* finden sich vom Senegal bis Nigeria, im westlichen Sudan und im Norden der Goldküste ist *A. glauca Schum. et Thonn.* häufig (5, S. 1 ff.). In Belgisch-Kongo werden *A. cherimolia*, *reticulata* und *muricata* kultiviert, deren Früchte in der Kolonie sehr geschätzt werden und bereits auf dem Markt des Mutterlandes eingeführt sind. Aus dem Fruchtfleisch von *A. muricata* stellt man eine vorzügliche Marmelade her (23, S. 6 ff.). In Südafrika wird *Anona* („Cremeapfel") angepflanzt, hat aber keine weitere Bedeutung (4, S. 777). In Erythrea gedeihen die *Anona*-Arten, von denen *cherimolia*, *muricata*, *squamosa* und *reticulata* gepflanzt werden, bis 1800 m Höhe. Für Tripolis scheint sich Anona nach den bisherigen Versuchen nicht zu eignen (32). In Deutsch-Ostafrika wurden *Anona*-Arten auf allen Pflanzungen kultiviert.

Casimiroa edulis Llav. et Lex., aus der Familie der *Rutaceen*, ist ein kleiner Baum mit gänseeigroßen, grünen, wohlschmeckenden Früchten, der in Mexiko einheimisch ist und auf den Kanarischen Inseln (25, S. 58) und in Erythrea unterhalb 1000 m kultiviert wird (14).

Der Rosenapfel *(Eugenia jambos L.)*, ein mittelhoher Baum, ist heute überall im tropischen Afrika zu finden. Die apfel- oder birnenförmigen, weißen oder gelblichen Früchte schmecken aprikosenähnlich (25, S. 115).

Doryalis caffra Warb. (= *Alberia caffra*, Familie *Flacourtiaceae*), der „Keiappel", ein zweihäusiges, 5—6 m hohes Bäumchen im Kaplande, liefert gelbliche, fleischige, pflaumengroße, säuerlich schmeckende Beerenfrüchte, aus denen sich Marmelade herstellen läßt. Die gegen Trockenheit widerstandsfähige Pflanze ist auch in Erythrea eingeführt und hat sich gut an das Klima des Altopiano und seiner Abhänge angepaßt (14, S. 232). In Tripolis entwickelten sich versuchsweise angepflanzte Bäume gut (32). Die Beeren von *D. rhamnoides Harv.* und *rotundifolia Harv.* werden im Kapland als „Zurebesjes" oder „Kaffernpflaumen" eingemacht (25, S. 105).

Die Tamarinde *(Tamarindus indica L.;* Familie *Caesalpiniaceae)* ist ein breitästiger Baum mit feingefiederten Blättern, traubigen Blütenständen und leicht gekrümmten Fruchthülsen, die ein süß-säuerlich schmeckendes Mark enthalten. Das Mus wird gegessen. In Indien und Ostafrika heimisch und häufig vorkommend, findet sich der Baum heute auch in Abessinien, Westafrika und Madagaskar wild. Der Englisch-ägyptische Sudan führt sogar etwas Tamarindenmus aus (25, S. 249 ff.) (vgl. a. u. Drogen- und Heilpflanzen).

Die Kakipflaume oder der Persimmon *(Diospyrus kaki L.*, Familie *Ebenaceae)* ist ein kleiner zweihäusiger Baum mit beerenartigen, gelben, apfelsinengroßen Früchten. In seiner Heimat (Japan, Korea, China) ein wichtiger Obstbaum, wird er auch z. B. in Tonkin, Florida, Kalifornien, Australien und im Mittelmeergebiet angepflanzt (25, S. 328).

In Afrika findet man den Persimmon hauptsächlich in Südafrika, und zwar im Kapland, Natal und Transvaal; am besten sagen ihm die tiefgründigen roten Lehme des Buschveldes in Transvaal zu (6, S. 286ff.). Die Ausfuhr betrug 1936/37 13 Schiffstonen von 40 Kubikfuß (28 f., 1937, S. 14).

In Madagaskar eignen sich in der Provinz Imerina Boden und Klima gut für die Kakipflaume; die Früchte gehören zu den besten, die das Innere der Insel hervorbringen kann, doch wird der Baum von den Eingeborenen wenig angepflanzt (9, S. 722). In Tripolis bringt der Persimmon zeitig Früchte, aber in geringer Menge; seine Anpassungsfähigkeit scheint gering zu sein (32).

In Erythrea findet man die verwandte *Diospyros mespiliformis Hochst.*, mit kleinen, dicken, kirschenähnlichen Früchten, als Waldbaum im Dongollo-Gebiet, im Bogosland, bei Mensa und längs des Mareb (14, S. 230).

D. philippinensis, aus dem indisch-malaiischen Gebiet, ist auch auf Mauritius und den Seychellen eingeführt worden (25, S. 103).

Die Dumpalme (*Hyphaene thebaica Mart.*) ist über das tropische Afrika und Madagaskar verbreitet; sie besitzt einen meist gegabelten Stamm, und die faserige Außenschicht der Frucht wird in Notzeiten gegessen (5, S. 507 ff.; 25, S. 146). In Ägypten sind 24000 Feddan = 10082 ha mit dieser Palme bestanden, aus den Früchten braut man ein berauschendes Getränk (15, S. 125). An der deutsch-ostafrikanischen Küste findet man daneben noch *H. coriacea Gaertn.*, in Westafrika bis zum Sambesi und zum Ngamisee *H. ventricosa Kirk*, deren apfelgroße Früchte eine wichtige „Veldkost" der Buschleute bilden (7, S. 184; 25, S. 146).

Acajounuß und Kokosnuß vgl. u. Fette und Öle liefernde Pflanzen, die Hibiscus-Arten (Rosella u. a.) unter Gambohanf und Rosella bei Bastfaserpflanzen.

Die Amatungula oder Natal-Pflaume (*Carissa grandiflora A. DC.*, Familie *Apocynaceae*) ist in weiten Gegenden Südafrikas beheimatet, stellt keine großen Ansprüche an den Boden und erweist sich sehr dankbar für gute Pflege (21, S. 945).

Tropische Obstpflanzen Afrikas von geringer Bedeutung sind folgende:

Averrhoa bilimbi L. (Familie *Oxalidaceae*), die Koromandel-Stachelbeere, ein kleiner Baum oder Strauch aus Amerika mit 7—8 cm langen, gelben, sauren Früchten, heißt in Belgisch-Kongo „Carambole", auf Sansibar „mkwadjuja-kizungu" (23, S. 6; 25, S. 35).

Chrysobalanus icaco L. (Familie *Rosaceae*), Ikako- oder Kakaopflaume, ein Strauch oder kleiner Baum in Westindien und Westafrika mit gelben, braunen oder roten Früchten, die frisch als Kompott gegessen werden. Die Samen liefern das Ikakoöl, das Fruchtfleisch und die Abkochung der Wurzeln und Rinde dienen den Negern zum Schwarzfärben (25, S. 66).

C. orbicularis Schum. et Thonn. liefert in Angola getrocknete, eßbare Früchte, aus den ölreichen Samen wird in Gambia Fett zur Kerzenherstellung gewonnen (5, S. 167 ff.).

Chrysophyllum cainito L. (Familie *Sapotaceae*), Sternapfel, ein mittelhoher Baum aus dem tropischen Amerika mit apfelgroßen Beeren, wird in den Tropen vielfach kultiviert (25, S. 66 ff.), in Afrika z. B. in Belgisch-Kongo (23, S. 6) und Sierra Leone (5, S. 356).

C. africanum A. DC. wächst wild an der Elfenbein- und Goldküste, in Dahome und Südnigeria wird der Baum wegen seiner Früchte kultiviert (5, S. 354). *C. edule Hoyle* wird in Benin (Südnigeria) und in den Dörfern angepflanzt (5, S. 355); *C. pruniforme Engl.* in Ober- und Niederguinea heißt in der Gabunkolonie „Gabunpflaume" (5, S. 356).

Euclea pseudebenus E. Mey. (Familie *Ebenaceae*), ein kaum mittelhoher Baum von Kapland bis Angola mit braunschwarzen Beeren. Die Hottentotten verzehren auch die Beeren von *E. undulata Thunb.*

Aus der Gattung *Flacourtia* (Familie *Flacourtiaceae*) ist *F. Ramontchi L'Hérit.* als Obstbaum weitverbreitet, die am Sambesi „Batokapflaume", auf den Seychellen „Maronpflaume" genannt und auch in Ägypten gepflanzt wird (25, S. 124).

Garcinia Kola Heckel (Familie *Guttiferae*) heißt am Kongo „Mangostane vom Kongo" (22; 23).

Hydnora africana (Familie *Hydnoraceae*), eine Schmarotzerpflanze auf Akazienwurzeln in Südafrika, hat apfelgroße, wegen ihres süßen Breies von den Hottentotten geschätzte Früchte (25, S. 146).

Maesobotrya Staudtii (Pax.) Hutch. (Familie *Euphorbiaceae*) in Belgisch-Kongo besitzt Steinfruchttrauben mit weißen oder rosa Beeren, die Weinbeeren ähneln (22; 23). Die Früchte von *M. Barteri Hutch.*, von der Elfenbeinküste bis Südnigeria verbreitet, gelangen im Jorubaland auf die Märkte (5, S. 149). Die Früchte von *M. edulis Hutch.* et *Dalz.* an der Gold- und Elfenbeinküste schmecken ähnlich wie Stachelbeeren (5, S. 150).

Mammea africana G. Don. (= *Ochrocarpus africanus*, Familie *Guttiferae*) liefert die afrikanischen Mammiäpfel, z. B. in der Kongo-Kolonie (22; 23).

Pachylobus edulis Don. (Familie *Burseraceae*) in Südnigeria, Kamerun und Belgisch-Kongo besitzt dünnschalige, dunkelblaue Nüsse, die leicht nach Terpentin schmecken und auch dem Gaumen des Europäers zusagen (5, S. 317ff.; 22; 23).

Parinarium curatellaefolia Planch (Familie *Rosaceae*) mit rotbraunen Steinfrüchten, deren rötliches, mehliges Fruchtfleisch und Steine eßbar sind (5, S. 168), gilt als eine der besten Wildobstarten Belgisch-Kongos (22; 23) und findet sich von hier durch ganz Guinea bis zum Senegal (5, S. 168). In Westafrika liefert die Ingwerpflaume *(P. macrophylla Sab.)* Obst, in Angola werden die Früchte und Kerne der Mobolapflaume (*P. mobola Oliv.)* gegessen, desgleichen weiter südlich die von *P. capensis* (25).

Sandoricum indicum Cav. (Familie *Meliaceae*), ein ziemlich hoher Baum Birmas und der Sundainseln, wird auch auf Mauritius als „falsche Mangostane" kultiviert (25, S. 230).

Die wohlschmeckenden Früchte des Baumes *Uapaca Kirkiana Müll. Arg.* (Familie *Euphorbiaceae*) werden in Ostafrika gerne gegessen. In Westafrika findet man andere Arten, namentlich *U. guinensis Müll. Arg.*, und zwar von Nigeria bis Sierra Leone, deren Früchte in der Savanne klein bleiben und wenig geschätzt sind, im Regenwald größer werden und in Liberia „Zuckerpflaume" heißen (5, S. 165).

Vangueria edulis Vahl. (Familie *Rubiaceae*) ist ein 2 m hoher Strauch mit mispelartigen, wohlschmeckenden Früchten, der im tropischen Afrika, auf Madagaskar und auf Réunion heimisch ist. Auch die Frucht von *V. venosa Hochst.* in Westafrika und von *V. infausta Burch.* in Südwestafrika ist eßbar (5, S. 414; 25, S. 264).

Unter der „Veldkost" der Eingeborenen Deutsch-Südwestafrikas nennt *Dinter* (7, S. 184ff.) folgende Obst liefernde Pflanzen: [*Hyphaene ventricosa Kirk*] (Dumpalme), *Sclerocarya Schweinfurthiana Schz.*, *Strychnos innocua Del.*, *Grewia cana Sond.* („wilde Rosinschens") *Boscia Pechuelii O. Ktze. Berchemia discolor Hemsl. Cordia ovalis R. Br.*, *Euclea Pseudebenus E. Mey* und *E. undulata Thunbg.*, *Salvadora persica Garcin.*, *Maerua parvifolia Pax*, *Cissus Cramerianus Schz.*, *C. Bainesii Hook.*, *C. Dintari Gilg.*, *C. Juttae*, *Vangueria edulis Vahl.* und *V. infausta Burch.* vgl. o., wilde Feigenbäume vgl. u. Feige *(Ficus)*, Narras *(Acanthosicyos horrida Welw.)* vgl. u. Öl und Fett liefernde Pflanzen und u. Gemüse.

Früchte und Obstarten des Mittelmeergebietes

Der Feigenbaum *(Ficus carica L.*, Familie *Moraceae)* (Abb. 44) ist wohl im östlichen Mittelmeergebiet einheimisch, wird in Nordafrika seit altersher kultiviert und ist überall anzutreffen. Er ist ein kleiner, gelegentlich bis 1½ m dicker, zweihäusiger Baum mit gelappten Blättern. Die Früchte werden frisch und getrocknet verzehrt, dienen auch zur Branntweinbrennerei und als Kaffee-Ersatz (25, S. 120).

Für Ägypten wird die Zahl der Feigenbäume für 1936/37 mit 6096000 und für 1937/38 mit 6176000 angegeben (26 d, S. 239). Sie verteilen sich ungefähr gleichmäßig auf Ober- und Unterägypten. Das Fajum bringt eine besonders frühreife Sorte hervor. Die Früchte entwickeln sich auf magerem Boden besser als auf schwerem. Die Ernte beginnt im vierten Jahr, am reichlichsten ist sie bei einem Alter des Baumes von 13—15 Jahren. Die ägyptische Ernte reicht für den Eigenbedarf des Landes nicht aus (15, S. 126).

In Algerien gab es an Feigenbäumen:

	1934/35	1935/36	1936/37	1937/38	1938/39
In geschlossenen Anpflanzungen ...	4865000	4895000	6003000	5850000	5637000
Einzelstehend	2222000	2229000	1374000	1432000	1681000
Die Erzeugung betrug (in t)	70500	80400	71200	65200	.

(26 c, S. 223; d, S. 232).

Diese Feigenbäume stehen hauptsächlich in den Gebirgsstöcken der Kabylei, wo der Feigenbaum neben dem Ölbaum der am häufigsten angepflanzte Baum und eine der Ernährungsgrundlagen der Bevölkerung ist;

in der oberen Kabylei gibt es ungefähr doppelt soviel Feigen- wie Ölbäume. Der Feigenbaum ist ein Gegenstand der Familienkultur, neun Zehntel der Bäume befinden sich im Besitz der Eingeborenen. Man unterscheidet eine Anzahl von Sorten, die teils zur Erzeugung frischer und frühreifer, teils zur Erzeugung von Trockenfeigen geeignet sind. Anbaumittelpunkte sind Bougie in der kleinen Kabylei und Tizi-Uzu in der großen Kabylei. Nur der Überschuß der Ernte kommt auf den Markt, die Trockenfeigen stehen in der Früchteausfuhr an dritter Stelle hinter Mandarinen einschl. Clementinen und Datteln (29, S. 17; 123; 125).

Abb. 44. Feige *(Ficus carica)*

Die Ausfuhrmengen an Trokkenfeigen betrugen (in t):

1930	10633
1933	5394
1934	5798
1935	9223
1936	13168
1937	7930

(20 b, S. 172f.)

In den Jahren vor dem Weltkriege waren die Ausfuhrzahlen noch etwas höher, durchschnittlich 10500 t jährlich (125, S. 15).

Auch in Französisch-Marokko ist die Feigenkultur bedeutend, es stehen hier einige Millionen Bäume (26c, S. 237; d, S. 246).

Im Sudan hat man die Feige mit Erfolg auf die Sykomore (vgl. u.) gepfropft, die in den Tropen erheblich besser wächst (25, S. 120). In Erythrea wächst der Feigenbaum auf lockerem Boden in Gärten auf dem Altopiano und an den Osthängen, verlangt keine besondere Pflege außer der Reinigung und Bearbeitung der Baumscheiben und der Entfernung der trockenen und toten Zweige und gibt nach 2—3 Jahren reichlich Früchte (14, S. 232).

Auf dem inneren Hochland Madagaskars trägt der Baum schlecht und ist daher selten (9, S. 723).

In Südafrika ist der Feigenbaum heute weitverbreitet. In der Union wächst er in allen Provinzen, in der größten Anzahl im Kapland. Die besten Feigen erntet man in der Karru. Die südafrikanischen Feigen werden meist im Lande selbst verzehrt (6, S. 256). Im Jahr 1936/37 gab es rd. 400000 auf Farmen zu Erwerbszwecken angepflanzte Feigenbäume (26 d, S. 251). Ausfuhr: 1933 37 lbs, 1934 385 lbs, 1935 100 lbs, 1936 159 lbs (4, S. 781).

In Deutsch-Südwestafrika werden die Feigen von *F. damarensis Engl.*, *F. Guerichiana Engl.* und *F. rupium Dtr.* von den Eingeborenen genossen

(7, S. 185). Der echte Feigenbaum *(F. carica)* gedeiht überall gut (112, S. 107).

Im tropischen Afrika werden die Früchte einer Reihe weiterer Arten *(F. capensis Thunbg., F. gnaphalocarpa A. Rich., F. glumosa Del.* u. a. m.) verzehrt, die Bäume auch hier und da angepflanzt (5, S. 276ff.).

Die Sykomore *(F. sycomorus L.)*, in Ägypten und Ostafrika kultiviert, liefert Maulbeerfeigen und Holz (25, S. 119). Die Frucht ist für Europäer fast ungenießbar.

Der Granatapfelbaum *(Punica granatum L.;* Familie *Punicaceae)* ist ein Strauch oder kleiner Baum mit feuerroten Blüten und roten Früchten, die zahlreiche Samen und ein saftreiches Mark enthalten. An den Boden stellt er keine Ansprüche. Seine Heimat ist unbekannt; er läßt sich in den trockenen Teilen der Tropen, den Subtropen und den wärmeren gemäßigten Zonen anpflanzen, er ist im Mittelmeergebiet häufig, wird auch als Zierstrauch angepflanzt, besitzt aber nirgends größere wirtschaftliche Bedeutung (25, S. 220). Die Frucht spielt in der Heilkunde der Inder und Araber eine große Rolle.

In Ägypten wachsen die meisten Granatapfelbäume in Oberägypten, namentlich in den Provinzen Girga und Assiut. Die kühlende Frucht dient zur Herstellung vieler Getränke. Die Erzeugung reicht nicht immer aus, den Bedarf Ägyptens zu decken (15, S. 126). Die Zahl der Bäume betrug Ende 1936 305000 (26 c, S. 230) und 1937/38 324000 (26 d, S. 239). In Französisch-Marokko zählte man 1937 521000 und 1938 585000 Granatbäume (26 d, S. 246).

In Ostafrika wird der Baum wegen seiner Blüten und Früchte angepflanzt (5, S. 41). In Erythrea ziehen ihn auf dem Hochland und in der Landschaft Keren Italiener und Eingeborene (14, S. 230). Bei Addis Abeba fand ihn *Kostlan* (12, S. 244) verschiedentlich angepflanzt. In Madagaskar wächst er überall, auf reichem Boden werden die Früchte sehr groß (9, S. 722).

In Südafrika gedeiht der Granatapfel meist gut, hauptsächlich in den wärmeren Gegenden, meist in Heckenform oder als Zierpflanze. Die Granatäpfel kommen auf die Märkte und werden in ganz geringen Mengen ausgeführt (6, S. 266 ff.). 1934/35 bis 1936/37 jährlich je 1 t (28 Nr. 20, S. 14). In Deutsch-Südwestafrika gedeiht der Granatapfel sehr gut (7, S. 170).

Der Johannisbrotbaum *(Ceratonia siliqua L.,* Familie *Caesalpiniaceae)* ist im östlichen Mittelmeergebiet heimisch und wird heute im ganzen Mittelmeergebiet gebaut. Die stark zuckerhaltigen (bis zu 50 v. H.) Hülsen werden gegessen und an das Vieh verfüttert, besonders an Pferde (25, S. 64). Aus Algerien wurden 1935 7400 t, 1936 8400 t, 1937 4500 t und 1938 13500 t Johannisbrot ausgeführt (26 c, S. 223; d, S. 224). In Tunesien wurden 1937 1600 t Johannisbrot geerntet (26 d, S. 249). Aus Tripolitanien wurden 1935 1600 t, 1936 1500 t Johannisbrot ausgeführt (26 c, S. 240). In trockenen, nicht übermäßig heißen Landstrichen Afrikas könnte nach Ansicht *Winklers*

(25, S. 64) der Johannisbrotbaum als Futterpflanze Bedeutung erlangen. Im Kapland kommt er gut fort.

Der Schwarze Maulbeerbaum *(Morus nigra L.;* Familie *Moraceae)* ist in allen halbtropischen, warm-gemäßigten und tropischen Gegenden Afrikas verbreitet. In Südafrika ist er allgemein anzutreffen, aber von geringer wirtschaftlicher Wichtigkeit (21, S. 946). Für Deutsch-Südwestafrika wird die Anpflanzung des bisher nur hier und da zu findenden Baumes empfohlen (7, S. 178).

Die Früchte mehrerer Pistazien-Arten *(Pistacia terebinthus L., P. atlantica Dest.* und *P. vera L.*, Familie *Anacardiaceae)* werden im Mittelmeergebiet gegessen (25, S. 212). Bei Anbauversuchen mit P. vera in Tripolis entwickelten sich die jungen Pflanzen ganz normal (32). In Südafrika wächst sie gut, scheint aber keine Bedeutung zu erlangen (21, S. 946).

Feijoa Sellowiana Berg., eine *Myrtacee* aus Südbrasilien und Uruguay, ist ein bis 6 m hoher Strauch, der sich durch gutes Wachstum, große Fruchtbarkeit und Wohlgeschmack seiner Beeren auszeichnet. Bei künstlicher Bewässerung widersteht er Hitze und Trockenheit gut. Anbauversuche in Tripolitanien zeigten ein günstiges Ergebnis (32).

Die japanische Mispel oder der Loquat *(Eriobotrya japonica Lindl.*; Familie *Rosaceae)* ist ein immergrüner Baum aus Japan mit saftigen, weichen Früchten, der heute in den Subtropen große Verbreitung gefunden hat. Er ist sehr fruchtbar und läßt sich durch Samen, Stecklinge und Veredelung auf die Mispel *(Mespilus germanica L.)* vermehren (25, S. 110).

In Südafrika ist der Loquat auch wegen seines stattlichen Wuchses als Schattenbaum geschätzt. Die Mispeln werden roh gegessen oder zur Geleeherstellung usw. benutzt (6, S. 273 ff.). In Deutsch-Südwestafrika kann der Baum gut gedeihen (7, S. 170). In Madagaskar sagen ihm Klima und Boden zu, doch trägt er nur auf der Hochfläche des Inneren reichlich, am günstigsten ist das Klima von Antsirabe, das in der Trockenzeit niedrigere Temperaturen besitzt (9, S. 721). Auf Réunion wird die japanische Mispel massenhaft gezogen, liefert aber nur kleine Früchte (25, S. 110). In Deutsch-Ostafrika bringt sie an der Küste wenig Früchte, wohl aber in Wilhelmstal in Usambara und auf dem Kondehochland (25, S. 110). Auch in Belgisch-Kongo wird sie angepflanzt (22; 23). In Erythrea entwickelt sie sich gut, selbst auf schlechtem Boden, und stellt keine Ansprüche an Kultur und Pflege (14, S. 233). Auch in Algerien (26 c, S. 224) und in Ägypten wird die japanische Mispel angepflanzt (15, S. 129).

In ganz Afrika findet sich häufig der aus Mexiko eingeführte Feigenkaktus *(Opuntia ficus indica Mill.)* als Hecken- und Futterpflanze, dessen wohlschmeckende Früchte (Kaktusfeigen) vielfach gegessen werden. Eine stachellose Varietät beginnt die stachelige zu verdrängen. In Ägypten z. B. gedeiht der Feigenkaktus auf jedem Boden und stellt keine hohen Ansprüche an Wasser usw. Der Fellache trocknet die Feigen zuweilen auch für den Winter

(124). In Erythrea wird die Opuntie im Osten des Landes nicht unter 900 m, im Westen nicht unter 1200 m kultiviert. Besonders verbreitet ist sie längs der Bahn Massaua-Asmara, wo sie zur Festigung der Bahndämme angepflanzt ist. Auf dem Altopiano wächst sie in kleinen Beständen auf Eingeborenenland, dient in der Trockenzeit als Rinderfutter und wird auch zu Hecken gepflanzt. Die Früchte sieht man in Asmara auf dem Markt (14, S. 230). In Deutsch-Südwestafrika diente sie früher nur als Hecken- und Futterpflanze (7, S. 171) (vgl. u. Futterpflanzen), jetzt werden die Früchte des fast auf jeder Farm angepflanzten Feigenkaktus roh gegessen oder dienen zur Fruchtsaftbereitung (112, S. 107).

Der Jujuben- oder Brustbeerenstrauch *(Zizyphus jujuba Lam.;* Familie *Rhamnaceae)* ist ein stacheliger Strauch oder kleiner Baum, dessen olivenähnliche, wie Äpfel schmeckende Beeren gegessen werden. Das harte, rote Holz dient zu Tischlerarbeiten. Er wächst in Nord-, West- und Ostafrika (in Deutsch-Ostafrika ist er nach *Stuhlmann* sehr häufig) sowie in Indien und wird besonders in China kultiviert (131). In Westafrika stellen die Haussa aus den Beeren ein wohlschmeckendes Getränk her, im ganzen Westsudan die Eingeborenen aus den getrockneten, fermentierten Beeren einen Kuchen (5, S. 299). *Z. mucronata Willd.* findet sich an der Westküste Afrikas vom Senegal bis zum Kap der guten Hoffnung; die bitteren Früchte werden selten gegessen und dienen in Südwestafrika als Kaffee-Ersatz (5, S. 299; 131). Auch die Früchte von *Z. vulgaris Lam.*, *Z. lotus Lam.* und *Z. spina Christi Willd.* werden in Afrika hier und da gegessen (25). Die letztgenannte Art, der „Christusdorn", wird im westlichen Sudan allgemein in Ortschaften angepflanzt (5, S. 300).

Der bei uns nur als Zierpflanze bekannte Mandelbaum *(Amygdalus communis L.*, Familie *Rosaceae)* stammt aus Vorderasien, vielleicht auch aus Nordafrika (128, S. 11). Er gedeiht am besten in den Subtropen; in den Tropen fehlt ihm die winterliche Ruhepause im Wachstum, er kommt dort nur in größeren Meereshöhen vor. Gegen starken Frost ist er sehr empfindlich, am schädlichsten sind ihm schroffe Temperaturschwankungen. Die bittere Mandel ist etwas klimahärter. Während der Wachstums- und namentlich zur Reifezeit verlangt die Mandel eine hohe Temperatur, im Mittelmeergebiet wächst sie hauptsächlich in tiefen Lagen in Küstennähe. Zur Blüte- und Reifezeit ist Regenwetter abträglich. Leichte Winde sind günstig, heftige schaden sehr. Die verschiedensten Bodenarten erweisen sich als geeignet, am meisten jedoch gut entwässerter, durchlüfteter, mittelschwerer Lehmboden von starkem Kalkgehalt (128, S. 22ff.). Die Mandelkultur ist heute am wichtigsten in den Mittelmeerländern, in Portugal, auf den Kanarischen Inseln, in Kalifornien, Südafrika, Südaustralien und Chile (128, S. 12).

In Französisch-Marokko hat die Mandelkultur ihren Standort hauptsächlich bei Mogador, bei Marrakesch und im Hohen Atlas. Seit gut einem Jahrzehnt wenden ihr in zunehmendem Umfang auch die Europäer

Aufmerksamkeit zu (134). An Bäumen gab es 1937 4354000 und 1938 4604000 (26 d, S. 246). Die Ausfuhr entwickelte sich wie folgt (in t):

1925	2400	1935	646
1929	2653	1936	1416
1933	573	1937	3007
1934	1441		

(20, S. 162f.; 26 b, S. 213; 26 c, S. 237; 26 d, S. 246; 128, S. 109).

Aus Algerien, wo im Jahr 1930 1883000 Mandelbäume in Obstgärten und gegen 300000 einzeln stehende Bäume ermittelt wurden (26 d, S. 233), wurden folgende Mengen ausgeführt (in t):

Jahr	geschält	ungeschält	Jahr	geschält u. ungeschält
1925	232	130	1935	230
1928	112	23	1936	300
1934	130 (geschält u. ungeschält)		1937	400
			1938	400

(26 b, S. 200; c, S. 224; d, S. 233; 128, S. 109)

In Tunesien standen 1937 rd. 800000 und 1938 rd. 1200000 tragende Mandelbäume (26 d, S. 249). Ausgeführt wurden 1926 554 t, 1927 67 t geschälte und 537 t ungeschälte, 1928 3 t geschälte und 507 t ungeschälte Mandeln (128, S. 109).

Erzeugt wurden (in t): 1935 2200
1936 . . . . 2000 (26 c, S. 240)
1937 . . . . 4000 (26 d, S. 249)

In Tripolitanien soll die Mandelkultur neben Ölbaum und Wein einen der Hauptzweige der Landwirtschaft darstellen; daher wird dieser Kultur besondere Aufmerksamkeit geschenkt (120, S. 41). Die Trockenheit vertragen die Bäume gut (120, S. 42).

In Südafrika wurde die Mandel zuerst im westlichen Kaplande eingeführt, das noch heute ihr Hauptanbaugebiet ist; die Kultur macht auch in den übrigen Provinzen Fortschritte. Man trifft überall Mandelbäume, vom Kap bis zum Limpopo; in Nordtransvaal ist die bittere Mandel gemein, die beste Qualität erzeugt der Bezirk Zoutpansberg (6, S. 348). Die Ausfuhr betrug (in lbs):

1929	150	1935	362
1933	152	1936	470
1934	663		

(4, S. 781; 21, S. 950)

In Madagaskar entwickelt sich der Mandelbaum in den Provinzen Imerina und Betsileo gut, fruchtet aber unregelmäßig (9, S. 720).

Die Eßkastanie *(Castanea vesca Gaertn.;* Familie *Fagaceae)* wird in Nordafrika wie im ganzen Mittelmeergebiet angepflanzt, am meisten anscheinend in Marokko (26 c, S. 237) (Zahlen vgl. u. Pflaume). In Südafrika gibt es nur wenige Bäume, Handelsbedeutung hat die Kultur nicht (6, S. 368). Für Madagaskar ist sie gut geeignet und kann von 1000 m bis zu den höchsten Bergspitzen wachsen. Bei Tananarive und Fianarantsoa erntet man gute Maronen (9, S. 723).

Die Walnuß (*Juglans regia L.*, Familie *Juglandaceae*) ist für die Tropen ungeeignet. In Südafrika wächst sie gut auf tiefen Lehmen, wie sie z. B. in der Karru zu finden ist. Die besten Nüsse erntet man im Bezirk Oudtshoorn (6, S. 357). In der Union von Südafrika standen 1936/37 in Erwerbsgartenbaubetrieben 43000 tragende und 17000 noch nicht ertragsfähige Nußbäume (26 d, S. 251). Auch die amerikanische (*J. nigra L.*) und die japanische Walnuß (*J. Sieboldiana Maxim.*) sind in der Union eingeführt (6, S. 366). Ausgeführt wurden Walnüsse (in lbs):

1929	300	1935	481
1933	73	1936	352
1934	410	(4, S. 781; 21, S. 950)	

In Madagaskar gibt es einige fruchtende Bäume (9, S. 723).

Die Hickory- oder Pekannuß (*Carya sp.*; Familie *Juglandaceae*), ein mächtiger Baum aus den Südstaaten Nordamerikas, ist für die feuchteren Subtropen geeignet, für die Tropen dagegen nicht (25, S. 57). In Natal und Transvaal hat man den Baum eingeführt, ein Teil der Versuche mißlang infolge schlechter Auswahl des Bodens. Es gibt noch Hickorybestände bei Pietermaritzburg und Cedara in Natal (6, S. 367). 1936/37 zählte man in der Südafrikanischen Union 16000 auf Farmen zu Erwerbszwecken gepflanzte Bäume (26 d, S. 251).

Europäische Obstarten

Allgemeines

Die europäischen Obstarten können im subtropischen Afrika und in größeren Meereshöhen gebaut werden und finden teilweise in Afrika zusagende Wachstumsbedingungen, in den Tropen liefern sie jedoch fade schmekkende und daher wertlose Früchte. In Nordafrika werden europäische Obstbäume in großer Zahl kultiviert. Im tropischen Mittelafrika sind sie auf die Hochländer und Berggipfel beschränkt. In Kenya z. B. werden sie zwischen 1800 und 2100 m, wo eine tägliche Mitteltemperatur von 20—25° C herrscht, die Luft trocken ist und die Niederschläge meist 100 cm nicht übersteigen, angebaut. Am besten gedeihen sie auf sandig-lehmigen, humusreichen Böden. Bei Anpflanzungen verschiedener Obstarten muß man den leichtesten Boden dem Pfirsich, den mittleren der Pflaume und Birne, den schwersten dem Apfel überlassen (8, S. 501). In Belgisch-Kongo sind die Obstbäume des gemäßigten Klimas auf das Hochland Katangas beschränkt. Ausgezeichnete Möglichkeiten bietet Südafrika dem Obstbau, der hier bereits große Ausdehnung gewonnen hat (vgl. Karte 22). Es vermag den europäischen Markt zur

Winters- und Frühjahrszeit mit frischem Obst zu beliefern. Die ersten plantagenmäßigen Anpflanzungen wurden auf Cecil Rhodes' Veranlassung im Hex River-Tal angelegt. Klimatisch geeignet sind vornehmlich die Küstengegenden des Kaplandes. Neben der Ausfuhr von frischem Obst ist die von Konserven und Dörrobst wesentlich, namentlich von Aprikosen und Pfirsichen, deren Kerne ebenfalls ausgeführt und zur Herstellung von Marzipanersatz, „Persipan", verwandt werden.

Kernobst

Der Apfelbaum *(Pirus malus Poir.)* wird in Südafrika am meisten in Transvaal, im Oranjefreistaat und im westlichen Kapland gepflanzt (6, S. 120). An Bäumen zählte man 1936/37 2015000 tragende und 663000 nichttragende (es sind nur Bäume in Farmbetrieben gezählt, deren Früchte verkauft werden) (26d, S. 252). Die Ausfuhr entwickelte sich folgendermaßen:

Jahr	frische Äpfel Ausfuhr t	frische Äpfel Einfuhr t	Jahr	getrocknete Äpfel kg
Durchschnitt 1929/33 . .	1290	740	1923 . . .	4196
1934 . . .	3390	790	1929 . . .	10414
1935 . . .	3430	1170	1934 . . .	68
1936 . . .	9170	1490	1935 . . .	168
1937 . . .	4130	1340	1936 . . .	45
1938 . . .	7970	1560		
1939 . . .	6320	1130		

(4, S. 780; 21, S. 950; 26 d, S. 538f.; 28, Nr 20, S. 14)

Dazu kommt eine Wiederausfuhr, die in den genannten Jahren zwischen 30 und 180 t schwankte (26 d, S. 538f.).

In Südrhodesien wurden 1938 rd. 66000 Apfelbäume gezählt, von denen aber erst 22—23000 trugen (Rep. of the Secretary, Dep. of Agric. and Lands for the Year 1938, Salisbury 1939, S. 32).

In Kenya sind Höhen von 1900—2300 m für den Apfel günstig, wenn die Feuchtigkeit nicht zu groß ist. Veredelt wird er nur auf wilde Apfelbäume, mit 12 Jahren gibt der Baum 20 kg Äpfel (8, S. 512). In Madagaskar finden sich Apfelbäume bei Imerina; die Früchte haben ein schönes Aussehen, sind aber wenig haltbar (9, S. 720). In Erythrea gibt es auf der Hochebene verstreut Apfelbäume, aber nicht unter 1800 m (14, S. 235).

In Algerien ist die Einfuhr ebenso wie in Ägypten größer als die Ausfuhr (26 c, S. 509; d, S. 539). Die Erträge sind unwesentlich, die Qualität ist gering (15, S. 129).

Madeira führte 1939 6 t Äpfel aus (182).

Die Birne *(Pirus communis L.)* wächst in Südafrika überall gut. Ihre Kultur wird besonders im westlichen Kapland in großem Umfange betrieben, namentlich in den Bezirken Paarl, Stellenbosch, Ceres und Worcester. Die Gegend von Pietermaritzburg in Natal bringt ebenfalls viel Birnen hervor, meist asiatische Sorten (6, S. 215ff.). In der ganzen Union zählte man 1936/37 908000 tragende und 202000 nichttragende, zu Handelszwecken gepflanzte Birnbäume (26 d, S. 251). Die Ausfuhr zeigt folgende Zahlen:

Frische Birnen in t*)		Getrocknete Birnen in kg		
1932/33	14560	1923	4596	
1933/34	17480	1933	47059	(Erzeugung
1934/35	21528	1934	2382	1935/36:
1935/36	20805	1935	2835	143198)
1936/37	18048	1936	107	

(4, S. 780f.; 21, S. 950; 28, Nr 20, S. 14)

In Kenya wächst die Birne in einer Höhe von 1920—2100 m gut und wird meist auf Quitte veredelt (8, S. 514). In Erythrea kann sie nicht unterhalb 1500 m angepflanzt werden (14, S. 235). In Madagaskar ist die Kultur bisher ohne Erfolg geblieben (9, S. 721). In Ägypten verhält sich die Birne wie der Apfel.

Die Quitte *(Cydonia vulgaris Pers.)* ist in Südafrika überall häufig anzutreffen und wird meist als Hecke gezogen. Die Nachfrage ist nicht lebhaft. Die Ausfuhr ist ganz gering (6, S. 262). In Kenya wächst die Quitte in Höhenlagen wie Apfel und Birne gut und trägt reichlich und wird auch als Unterlage für Birnen empfohlen (8, S. 513). In Madagaskar ist sie selten, im Zentralteil der Insel bleibt der Baum klein und der Ertrag gering (9, S. 720). In Ägypten ist der Anbau unbedeutend (15, S. 129).

In Algerien gab es 1930 438000 Mispelbäume *(Mespilus germanica L.)*, davon 388000 in Obstgärten (26 c, S. 224; d, S. 233). Südafrika führte in den letzten Jahren ganz geringe Mengen dieser Frucht aus (28, Nr. 20, S. 14).

Steinobst

Kirschbäume *(Prunus cerasus L.)* gibt es in Südafrika nur wenig, am besten gedeihen sie auf den Hochländern Transvaals und des Oranjefreistaates (6, S. 179). Die Ausfuhr belief sich in den letzten Jahren stets nur auf 1—2 Tonnen. Auch in Algerien und Marokko gibt es eine beträchtliche Anzahl Bäume (26 c, S. 23) (vgl. u. Pflaumen).

Die Pflaume *(Prunus domestica L.)* gedeiht in Südafrika, wo sie weitverbreitet ist, am besten im westlichen Kapland, dessen lange, trockene Sommer der Reife aller Steinobstsorten sehr günstig sind (6, S. 235ff.). In der ganzen Union zählte man 1936/37 859000 tragende und 339000 nichttragende Pflaumenbäume, die in Farmbetrieben zu Erwerbszwecken gepflanzt worden sind (26 d, S. 252). Die Ausfuhr geht aus den folgenden Zahlen hervor:

*) Schiffstonnen zu 40 Kubikfuß.

Frische Pflaumen in t*)		Trockenpflaumen in kg	
1934/35	8 044	1934	591 180
1935/36	11 978	1935	38 213
1936/37	8 199	1936	249 072

(4, S. 780ff.; 21, S. 950; 28, Nr 20, S. 14)

In Kenya wächst der Pflaumenbaum zwischen 1800—2100 m gut, veredelt wird auf Mirabellen, Pfirsich oder japanische Pflaumensorten (8, S. 500ff.). In Erythrea gedeiht die Pflaume auf dem Altopiano (14, S. 236). In Madagaskar ist sie bei den Dörfern häufig, eingeführte südafrikanische Arten haben gute Ergebnisse gezeitigt (9, S. 719).

Aus Algerien wurden ausgeführt:

1935 . . . . 5200 t
1936 . . . . 1600 t
1937 . . . . 5900 t
1938 . . . . 8400 t (26 c, S. 224; d, S. 233)

Seit anderthalb Jahrzehnten hat man begonnen, japanische Pflaumenbäume *(Prunus triflora Rxb.)* anzupflanzen, namentlich in der Mitidja-Ebene, bei Bufarik, auch in der Umgebung von Bône und von Oran (121, S. 526).

Madeira führte 1939 5 t Pflaumen aus (138).

Dieselbe Form ist auch in Französisch-Marokko eingeführt und wächst hauptsächlich an der Küste und auf den halbtrockenen Ebenen des Südens, wo Klima und Boden ihr zusagen (119, S. 181). In Ägypten standen Ende 1936/37 52000 und 1937/38 54000 Pflaumenbäume (26 d, S. 239). Die europäischen Sorten haben sich nicht angepaßt, besser gedeihen im ägyptischen Klima die neuerdings eingeführten japanischen Sorten (15, S. 129).

Der Pfirsich *(Prunus persica Stok.)* findet sich in Südafrika allenthalben häufig, wenn auch die verschiedenen Landschaften und Höhenstufen verschiedene Sorten besitzen. Die besten Pfirsiche erzeugt das westliche Kapland (6, S. 190ff.). Nektarinen gedeihen ausgezeichnet im westlichen Kapland, dem Hoogeveld Transvaals, des Oranjefreistaats und Natals. Die größte Zahl der Bäume steht im Bezirk Paarl (6, S. 212f.).

Die Ausfuhrentwicklung zeigen die folgenden Zahlen:

	Frische		Getrocknete		
	Pfirsiche	Nektarinen		Pfirsiche	Nektarinen
1936/37	4 064 t*)	648 t)	1935	16 533 kg	—
			1936	246 015 kg	7 110 kg

(4, S. 780ff.; 21, S. 950; 28, Nr 20, S. 14.)

*) Schiffstonnen zu 40 Kubikfuß.

In Madagaskar wird der Pfirsich in den Zentralprovinzen kultiviert. Die europäischen Sorten wachsen gut, die Früchte besitzen aber kein Aroma, kapländische Sorten bringen gute Früchte, mit ihnen veredelte Bäume trifft man in allen Ortschaften der Provinzen Imerina und Betsileo (9, S. 719). In Kenya haben sich 800—2100 m als die günstigste Höhenlage erwiesen. Man veredelt auf wilde Pfirsichbäume, die im Osten der Kolonie von 1600 m an vorkommen (8, S. 509). In Abessinien kommen Pfirsiche vereinzelt auf den Markt (12, S. 246). In Erythrea ist die Kultur nur oberhalb 1800 m möglich, die Früchte des dem Klima der Kolonie wenig angepaßten Baumes bleiben klein (14, S. 235). In Deutsch-Südwestafrika ist sie bedeutungslos (112, S. 95).

In Ägypten gab es 1936/37 und 1937/38 206000 Pfirsichbäume (26 d, S. 239). Die Bäume entwickeln sich schwach und erreichen kein hohes Alter; den Früchten fehlt das Aroma (15, S. 128). In Algerien werden Pfirsiche in stärkerem Maße angebaut (26 c, S. 224; d, S. 233).

Die Aprikose (*Prunus armeniaca L.*) ist heute in Südafrika allgemein verbreitet und trägt in einzelnen Gegenden des östlichen Kaplandes bereits vom zweiten Jahr ab. Man veredelt sie meist auf Pfirsich. Die frühesten Früchte kommen aus Transvaal (6, S. 163 ff.). Die Zahl der zu Erwerbszwecken gepflanzten Aprikosenbäume betrug 1936: 1718000 tragende und 222000 nichttragende (26 d, S. 251).

Ausgeführt wurden folgende Mengen:

	Frische Aprikosen in t*)		Getrocknete Aprikosen in kg
1935/36	972	1935	1429999
1936/37	464	1936	2866746

(4, S. 780; 21, S. 950; 28, Nr 20, S. 14.)

Auch in Rhodesien ist die Aprikose weitverbreitet (6, S. 163). In Madagaskar wächst sie auf dem Zentralplateau, bringt aber nur wenige Früchte von geringem Aroma (9, S. 720). In Ägypten gab es 1926/37 154000 und 1937/38 156000 Bäume (26 d, S. 239). Man findet sie hauptsächlich im Delta und im Fajum. Es werden mehrere Sorten von ganz verschiedener Qualität angebaut. Die einheimische Erzeugung reicht nicht zur Deckung des Landesbedarfes aus (15, S. 128). Algerien führt einige Aprikosen aus (29, S. 181).

Beerenfrüchte

Die Beerenfrüchte spielen in Afrika noch eine völlig untergeordnete Rolle und fehlen den ausgesprochen tropischen Gebieten, da ihnen das Tropenklima nicht zusagt. Am wichtigsten ist daher Südafrika, danach Nordafrika, aber in höheren Lagen können auch innerhalb der Wendekreise Beeren kultiviert werden.

*) Schiffstonnen zu 40 Kubikfuß.

An erster Stelle steht die Erdbeere *(Fragaria spec.)*. Monats- und gewöhnliche Erdbeere gedeihen auch in den Tropen in mittleren Lagen (25, S. 125). In Südafrika wird sie vielfach gebaut. Bei Stellenbosch, wo die Kultur zuerst eingeführt wurde, wächst sie auf leichtem, sandigem Boden, in Teilen Transvaals und Natals auf roten, schokoladenbraunen und auch auf schwarzen Böden. Sommer- oder Winterregen macht der Erdbeere nichts aus. Die Hauptkulturen liegen in der Nähe der großen Verbrauchszentren, also in erster Linie bei Kapstadt und Johannesburg. Wenn im Landesinnern keine Beeren geerntet werden, versorgen die milden Küstenstriche die Märkte. Die Kulturmethoden, vor allem die Bewässerung, sind im einzelnen je nach den Verhältnissen verschieden (6, S. 397 ff.). Im Innern Madagaskars gibt die Erdbeere ausgezeichnete Ernten (9, S. 723). In Erythrea wird sie auf dem Altopiano bei Addi Ugri, Maraba, Saganeiti und Keren kultiviert und bringt ausgezeichnete, wohlschmeckende, aber schwer zu konservierende Früchte (14, S. 237). Auch für Ägypten ist die Erdbeere zu erwähnen (15, S. 129).

Brombeeren *(Rubus spec.)* werden in Südafrika wenig kultiviert. Keine der großen Städte, in deren Nähe die Brombeeren kultiviert werden, besitzt in ihrer Umgebung geeignete Böden (21, S. 941). Vielfach trifft man sie verwildert an (6, S. 392 ff.). In Madagaskar hat sich eine 1930 aus Indien eingeführte Art *(R. rosaefolius Smith)* eingebürgert und wächst zahlreich am Urwaldrand (9, S. 723).

Die Himbeere *(Rubus idaeus L.)* kommt in Südafrika nur verstreut vor, z. B. an einigen Orten im westlichen Kapland, am besten in den kühleren Gegenden Transvaals, des Oranjefreistaates, Natals, des Basutolandes und des östlichen Kaplandes. Die Kultur ist wenig ausgedehnt. Himbeeren kommen nur in kleinen Mengen auf den Markt. Am meisten zieht man sie noch bei Johannesburg und in Basutoland (6, S. 394 ff.). In Madagaskar ist die Himbeere auf dem inneren Hochland eingeführt, wo sie gut gedeiht und fruchtet, aber wenig kultiviert wird (9, S. 723).

Die 1881 in Kalifornien als Kreuzung von Him- und Brombeere gezüchtete Loganbeere hat in einigen Gegenden Südafrikas als Kulturpflanze Eingang gefunden. Die Früchte werden eingemacht oder zu Marmelade verarbeitet. Sie ist ziemlich klimaempfindlich, gedeiht ebensogut auf dem Hoogeveld Transvaals wie auf dem wärmeren Buschveld und in den Küstenstrichen Kaplands und Natals. Sie wird an Spalieren gezogen und läßt sich sehr schnell vermehren, in Südafrika rechnet man mit einem Jahresertrag von 2 t je acre (6, S. 388 ff.; 132).

Stachelbeere und Johannisbeere *(Ribes)* werden in Südafrika sehr wenig gebaut und sind ohne Handelsbedeutung (6, S. 386 ff. und S. 390 ff.).

Die Kapstachelbeere *(Physalis peruviana L.;* Familie *Solanaceae)* ist ein kleines Kraut aus Peru, dessen gelbe, bis kirschgroße, süß-säuerliche, von einer papierähnlichen, graugrünen Hülle umgebene Beeren gegessen werden. In Südafrika hat sie sich leicht eingebürgert und ist überall zu finden, wo die Wärme für sie ausreicht, in kühleren Gegenden wird sie durch die Stachelbeere ersetzt. Man baut sie in zahlreichen kleinen Parzellen von ½ bis 5, ausnahmsweise auch mehr acres, an. Der Anbau zeigt eine ständige Ausdehnung, da die Beeren sich einer großen Beliebtheit zur Herstellung von Marmelade erfreuen (6, S. 385). Die verwandte *P. ixocarpa* wird zum Einkochen und zur Marmeladeherstellung hoch geschätzt, ist aber nicht so allgemein beliebt wie die Kapstachelbeere. Letztere ist auch in Deutsch-Südwestafrika häufig anzutreffen (112, S. 95). In Usambara ist die Kapstachelbeere in wenigen Jahren überall heimisch geworden (25, S. 209).

In Deutsch-Südwestafrika werden auch die Beeren des schwarzen Nachtschattens *(Solanum nigrum L.)* als „Südwester Heidelbeeren" gegessen oder zu Marmelade verarbeitet (112, S. 95 f.).

Schrifttum

Obst und Früchte

a) Allgemeines.

1. Berthault, P., Le problème de la culture fruitière en Algérie. Rev. de Bot. Appl. et d'Agric. Trop. Jhg. 11 (1931), S. 578 — 80.
2. Brand, Einfuhr und Absatz frischer tropischer Früchte und die Verteilungsorganisationen in Deutschland. Tropenpflanzer Jhg. 41 (1938), S. 377.
3. Brendel, H., Die Kolonisation Ugandas. Diss. Leipzig 1934.
4. Carruthers, A. W., Official Year Book of the Union of South Africa. Pretoria 1937.
5. Dalziel, J. M., The useful plants of West Tropical Africa. London 1937.
6. Davis, R. A., Fruit-Growing in South Africa. 1928.
7. Dinter, K., Deutsch-Südwest-Afrika, Flora, Forst- und landwirtschaftliche Fragmente. Leipzig 1909.
8. Esmans, F., La culture des arbres fruitiers au Kénia. Bull. Agric. du Congo Belge Jhg. 4 (1935), S. 499—516.
9. François, E., La production des fruits à Madagascar. Rev. de Bot. Appl. et d'Agric. Trop. Jhg. 7 (1927), S. 713—24.
10. Hammerstein, H. L., Die Landwirtschaft der Eingeborenen Afrikas. Beiheft zum Tropenpflanzer Jhg. 22 (1919), Nr. 2/3.
11. Huelsen, G. von, Die Düngung im Obstbau der Tropen und Subtropen. Tropenpflanzer Jhg. 41 (1938), S. 370.
12. Kostlan, A., Die Landwirtschaft in Abessinien. Tropenpflanzer Jhg. 16 (1913), Beiheft Nr. 3.
13. Martens, O. und Karstedt, O., Afrika. Ein Handbuch für Wirtschaft und Reise, 1. Bd. Wirtschaft. Berlin 1936.
14. Massa, L., Le piante da frutto coltivate in Eritrea. L'Agric. Colon. Jhg. 28 (1934), S. 225—37.
15. Nagy, I. E., Die Landwirtschaft im heutigen Ägypten und ihre Entwicklungsmöglichkeiten. Wien 1936.
16. Piette, L., Speise und Trank der Eingeborenen im tropischen Afrika. Diss. Köln 1927.
17. Putterill, V. A., The deciduous fruit export season 1929—1930, Union of South Africa. Dept. of Agric. Jhg. 95 (1931), S. 62.
18. Rollot, Ch., Fruits de Madagascar. Rev. de Madagascar Jhg. 17 (1937), S. 39—58.
19. Scarone, M., Principales exportations des colonies françaises et des territoires Africains sous mandat en 1937. L'Agronom. Colon. Jhg. 28 (1939), S. 10—27.
20. Schoen, L., Rohstoffkammern der Weltwirtschaft. 1. Bd. Afrika, a) Berlin 1937, b) 2. erg. Aufl. Berlin 1939.
21. Seymore, Handbook for Farmers in South Africa. Pretoria 1937.
22. Staner, P., Quelques plantes congolaises à fruits comestibles. Bull. Agric. du Congo Belge Jhg. 27 (1936), S. 491.
23. Staner, P., Les fruits au Congo. Agric et Elev. au Congo Belge Jhg. 7 (1933), S. 4—7.
24. Troll, C., Lange, F. und Gerth, E., Afrika als Rohstofflieferant der Weltwirtschaft. Kolon. Rundschau Jhg. 23 (1932), 9/12. Sonderheft, S. 448—89.
25. Winkler, H., Botanisches Hilfsbuch für Pflanzer, Kolonialbeamte, Tropenkaufleute u. Forschungsreisende. Wismar 1912.
26. ..., Annuaire international de Statistique agricole, a) 1935/36. Rom 1936; b) 1936/37. Rom 1937; c) 1937/38. Rom 1938; d) 1939 40. Rom 1940.
27. ..., Atlas des Colonies Françaises. Paris 1934.
28. ..., Deciduous Fruit Export, 1931—1937, Department of Agric. and Forestry, Fruit Production in the Union, Report Nr. 11, 13, 15, 17, 20. 1932—1938. (Die Sagtevrugte-uitvoerseisoen, 1931—1937, Department van Landbou en Bosbou Vrugterproduksie in die Unie, Rapport, Nr. 11, 13, 15, 17, 20. 1932—1938.)

29. . . ., La production des fruits et primeurs d'Algérie, Bull. Mens. de l'Inst. Colon. du Havre Jhg. 10 (1938), S. 15—20.
30. . . ., Le premier recensement agricole mondiale. a) Bull. Nr. 17, b) Bull. Nr. 21, c) Bull. Nr. 34. Rom 1937.
31. . . ., Statistique du commerce extérieur du Congo Belge 1936 u. 1937. Brüssel 1937 und 1938.
32. . . ., Versuche mit tropischen Früchten in Tripolitanien. Tropenpflanzer Jhg. 38 (1935), S. 31.

b) Banane.

33. Abelie, M. van den, La production de la Banane en Guinée Française. Agric. et Elev. au Congo Belge Jhg. 7 (1933), S. 13—14.
34. Annet, G., La production Bananière en Afrique Occidentale Française. Rev. de Bot. Appl. et d' Agric. Trop. Jhg. 14 (1934), S. 1—8.
35. Appert, M., Le bananier à la Grande Canarie. L'Agron. Colon. Jhg. 23 (1934), S. 14—22, S. 136—45, S. 173—86.
36. Brossat, L., La culture de bananier en Afrique Occidentale Française. L'Agron. Colon. Jhg. 21 (1932), S. 81—91, S. 137—53, S. 201—11, Jhg. 22 (1933), S. 21—29, S. 45—52.
37. Chevalier, A., Observations sur quelques bananiers sauvages et cultivés. Rev de Bot. Appl. et d' Agric. Trop. Jhg. 14 (1934), S. 506—21.
38. Chevalier, A., Les variétés de bananiers du groupe Cavendishii. Leur genèse par mutation végétative. L'avenir de l'hybriditation. Rev. de Bot. Appl. et d'Agric. Trop. Jhg. 15 (1935), S. 573—80.
39. Cibelli, E., Le banane della Somalia, ricchezza della Nazione. L'Italia Colon. 1937, S. 186; Rass. Econom. dell Africa Italiana Jhg. 25 (1937), S. 1685—1707.
40. Domke, W., Botanische Untersuchungen in Kamerun 1938. In: Mitteilungen der Gruppe Kolonialwirtschaftlicher Unternehmungen. 1. Bd. Berlin 1939, S. 26—69.
41. Folco, A. und Mazza, M., Note pratiche sulla coltura della Musa chinensis var. „Giuba" nella Somalia Italiana. L'Agric. Colon. Jhg. 28 (1934), S. 573—84.
42. Jaques-Felix, H., Recherches de cultures annexes à la culture bananière pour la Guinée Française. Deux plantes à fibres. Rev de Bot. Appl. et d'Agric. Trop. Jhg. 15. (1935), S. 243—51.
43. Jaques-Felix, H., Fumure organique du bananier en Afrique Occidentale. Rev. de Bot. Appl. et d'Agric. Trop. Jhg. 15 (1935), S. 506—25.
44. Prudhomme, E. M., La banane et l'avenir du verger des pays chauds. L'Agron. Colon. Jhg. 25 (1936), S. 1—10.
45. Reypens, J. L., La production de la banane au Cameroun. Publication de l'Inst. Nat. pour l'Etude Agron. du Congo Belge. Série techn. Nr. 7, 1936, S. 3—23.
46. Rung, R., Die Bananenkultur, ihr Charakter, ihre geographische Verbreitung und ihre wirtschaftliche Bedeutung für die Kanarischen Inseln. Diss. Bonn 1907.
47. Ruschmann, W., Banane. Wohltmann-Bücher, 8. Bd. Berlin, Leipzig 1929.
48. Spitz, G., La région bananière de Benty en Guinée française. Inst. Colon. du Havre Jhg. 8 (1936), S. 20—22.
49. Walker, A., Le Bananier Plantain au Gabon. Rev. de Bot. Appl. et d'Agric. Trop. Jhg. 11 (1931), S. 18—27.
50. Wildeman, E. de, Morphologie florale des Musa. Rev. de Bot. Appl. et d'Agric. Trop Jhg. 14 (1934), S. 925 bis 930.
51. . . ., La Banane des Colonies Françaises. Annales de l'Inst. Colon. de Bordeaux Jhg. 1935, S. 79—86.
52. . . ., Bananenbau in Französisch-Guinea. Tropenpflanzer Jhg. 30 (1927), S. 160.
53. . . ., Bananenkultur auf den Kanarischen Inseln. Tropenpflanzer Jhg. 29 (1926), S. 276, Jhg. 31 (1928), S. 407—11.
54. . . ., Le Bananier au Maroc. L'Agronom. Col., Bull. Mens. de l'Inst. Nat. d'Agron. Colon. Jhg. 1932, S. 190.
55. . . ., Über den Düngungswert der Bananenrückstände. Tropenpflanzer Jhg. 41 (1938), S. 121.
56. . . ., L'emploi des engrais dans les bananeraies des Canaries. Quinzaine Coloniale Jhg. 39 (1935), S. 32.
57. . . ., Evolution de la production bananière en Guinée française. Rev de Bot. Appl. et d'Agric. Trop. Jhg. 17 (1937), S. 618—24.
58. . . ., Französisch-Guinea als Bananenproduzent. Tropenpflanzer Jhg. 37 (1934), S. 213—15.
59. . . ., Afrikanische Frucht-Compagnie A.G. Gordian Jhg. 43 (1937), S. 13—15.
60. . . ., La fumure du bananier. Rev. Intern. des Prod. Colon. Jhg. 10 (1935), S. 9.
61. . . ., Grundsätzliches zur Kreuzung der Bananen. Tropenpflanzer Jhg. 38 (1935), S. 116.
62. . . ., Die industrielle Verwertung der Banane. Tropenpflanzer Jhg. 41 (1938), S. 563.
63. Petzold, E., Die Banane in der deutschen Volksernährung. Deutscher Kolonialdienst Jhg 22 (1937), S. 12—15.

c) Agrumen.

64. Eady, G. H., A fruit industry for the Gold Coast. Departm. of Agric., Gold Coast Col. Jhg. 20 (1930), S. 274; The Tropic. Agric. Jhg. 76 (1931), S. 27—34.
65. Eyre, J. C., South Africa's Citrus Industry Tropic. Agriculture Jhg. 8 (1931), S. 213—18.
66. Galy-Carles, J., La production et le commerce des Oranges dans le monde. Rev de Bot. Appl. et d'Agric. Trop. Jhg. 10 (1930), S. 928—53.
67. Hall, W. J., Citrus cultivation in Southern Rhodesien. The Imperial Journ. of Experim. Agric. Jhg. 6 (1938), S. 101—11. Ref.: Tropenpflanzer Jhg. 42 (1939), S. 113.
68. Miège, M, Les Agrumes au Maroc. Rev. de Bot. Appl. et d'Agric. Trop. Jhg. 17 (1937), S. 865—82.
69. Oppenheim, J., Citrusfrüchte. Wohltmann-Bücher, 11. Bd. Berlin, Leipzig 1932.
70. Parrini, U., La culture des agrumes en Tripolitaine. Rev. de Bot. Appl. et d'Agric. Trop. Jhg. 14 (1934), S. 366—68.

71. Perrier, Les Agrumes d'El-Goléa. L'Agron. Col., Bull. Mens. de l'Inst. Nat. d'Agron. Colon. 1930, S. 75—85.
72. Powell, H. C., Citrus fruit prospect in Nyasaland. Nyasaland Protectorate, Bull. Nr. 8 (1933), S. 36.
73. Uphof, J Th., Der Schnitt der Citrusbäume. Tropenpflanzer Jhg. 32 (1929), S. 463.
74 Uphof, J. Th., Die Kultur der Zitronen (Citrus Limonia Osbeck). Tropenpflanzer Jhg. 38 (1935), S. 288—98.
75. , Citrus. Die Kultur der Grapefruits. Tropenpflanzer Jhg. 39 (1936), S. 124—26.
76. , La culture, la production et le commerce des agrumes en Algérie. Inst. Colon. du Havre Jhg. 8 (1936), S. 15—22.
77. ., Düngungsversuche zu Zitronen. Tropenpflanzer Jhg. 39 (1936), S. 29—30.
78. . ., Der Einfluß der Düngung auf die Qualität der Citrusfrüchte. Tropenpflanzer Jhg. 35 (1932), S. 348.
79. . ., Einteilung und Namen der Citrusarten. Tropenpflanzer Jhg. 34 (1931), S. 305.
80. . . ., Export of Oranges. Ann. Rep. of the Agric. Dept., Nigeria, 1935. Lagos 1937, S. 20—23.
81. . , Grapefruit growing for export. Ann. Rep. of the Agric. Dept., Nigeria, 1935, Lagos 1937, S. 23—25.
82. . , Orange culture in Nigeria. Bull. of the Imp. Inst. Jhg. 33 (1935), S. 468.
83. . . , Die Orangenschale und ihre Verarbeitung. Gordian Jhg. 44 (1938), S. 2—3.
84. . . ., Recent Research on Empire products. Bull. of the Imp. Inst. Jhg. 35 (1937), S. 217—38.
85. . , The 1931—37 Citrus Export-Season. Dept. of Agric. and Forestry, Fruit Prod. in the Union Report Nr. 12, 14, 16, 18, 22. 1932—38. Die Sitrusuitvoerseison 1931—37. Dep. van Landbou en Bosbou, Vrugteproduksie in die Unie, Rapport Nr. 12, 14, 16, 18, 22. 1932—38.
86. . , Der Welthandel mit Citrusfrüchten und Bananen. Tropenpflanzer Jhg. 41 (1938), S. 310.

d) Ananas.

87. Tabar, C., La culture des ananas. Rev. Intern. des Produits Colon. Jhg. 11 (1936), S. 291—296.
88. Tondu, M. P., La culture et l'industrialisation de l'ananas en Afrique Occidentale Française. Inst. Colon. du Havre Jhg. 7 (1935), S. 3—13.
89. . ., Ananasausfuhr von den Azoren. Tropenpflanzer Jhg. 29 (1926), S. 499.
90. . , L'Ananas à travers le Monde. Rev. Intern. des Prod. Colon. Jhg. 12 (1937), S. 104—105.
91 . , La culture des Ananas à l'île Maurice. Rev. Intern. des Prod. Colon. Jhg. 11 (1936), S. 304—05.
92. , La production dans la France d'outre-Mer en ananas. Rev Intern. des Prod. Colon. Jhg. 12 (1937), S. 105.

e) Dattelpalme.

93. Branca, A., Appunti sulla coltivazione della palma da dattero nella Colonia Eritrea. L'Agricoltura Colon. Jhg. 30 (1936), S. 92—95.
94. Chevalier, A., Les Dattiers de l'Afrique Occidentale et de l'Afrique Equatoriale Française. Rev. de Bot. Appl. et d'Agric. Trop. Jhg. 10 (1930), S. 807—10.
95. Chevalier, A., Le Dattier en Mauritanie. Rev de Bot. Appl. et d'Agric. Trop. Jhg. 10 (1930), S. 372—76 und S. 571—77.
96. Hodgson, R. W., La culture du dattier en Tunisie. Direction Génér. de l'Agric. du Comm. et de la Colon. 1932, Nr 151, S. 477—94.
97. Lemmet, J., Les Dattes communes algériennes et les Dattes de Bassorah. Semaine du Dattier, Rapp. prés. au Congrès, Biskra, 5. et 6. November 1931.
98. Lemmet, J., Rapport d'ensemble sur la production des Dattes dans les Oasis Algériennes et sur les moyens de développer et améliorer cette richesse d'élection. Congrès du Dattier 5. et 6. November 1931. 1932.
99. Marloth, R. H, The date. Union of South Africa. Departm. of Agric. Bull. Nr. 112 (1932).
100. Michell, A., Considerazioni sulla coltivazione della palma da datteri nelle oasi de Gialo, Augila, Gicherra e Marada e proposte per un miglioramento della coltura. L'Agric. Colon. Jhg. 30 (1936), S. 417—27 und S. 451—60, Jhg. 31 (1937), S. 23—33.
101. Perrot, M., Le Dattier dans les Oasis de Biskra et Laghouat. Comptes Rendus Hebdomadaires des Séances de l'Acad. d'Agric. de France Jhg. 7 (1933), S. 1082—89.
102. Scaetta, H., Les dattiers en Lybie. Rev de Bot. Appl. et d'Agric. Trop. Jhg. 13 (1933), S. 666—67.
103. Tarrieux, J, Contribution à l' étude du Dattier au Borkou-Ennedi et au Tibesti. Rev. de Bot. Appl. et d'Agric. Trop. Jhg. 10 (1930), S. 922—26.
104. Taschdjian, E., Note sur les Dattiers de la Côte Française des Somalis. Rev. de Bot. Appl. et d'Agric. Trop. Jhg. 13 (1933), S. 798—801.
105. Vivoli, I., Datteri del Fezzan. Rassegna Econ. delle Colon. Jhg. 21 (1933), S. 750—804.
106. . . ., Die Kultur der Dattelpalme im Süden Algeriens. Tropenpflanzer Jhg. 35 (1932), S. 438.
107. . . ., Die Einwirkung des Klimas auf das Wachstum der Dattelpalme. Tropenpflanzer Jhg. 29 (1926), S. 331.

f) Wein.

108. Bonnet, L'Industrie des Pépins de Raisin. Bull. Agric. de l'Algérie-Tunisie-Maroc Jhg. 1927, S. 79—82.
109. Camblat, Le problème de la vigne en Tunisie. Rev. de Bot. Appl. et d'Agric. Trop. Jhg. 17 (1937), S. 200—22.
110. Mader, Der Weinanbau in den noch unter Mandat stehenden deutschen Kolonien Afrikas. Tropenpflanzer Jhg. 37 (1934), S. 17—25.
111. Noter, Possibilités de cultiver la vigne dans les Colonies tropicales. Bull. de l'Agence Génér. des Colon. 1926, S. 1106—08.

112. Walter, H., Die Farmwirtschaft in Deutsch-Südwestafrika. Ihre biologischen Grundlagen. 3. Teil. Ackerbau und Obstkultur. Berlin 1940.
113. ..., Der Weinanbau in Tunis. Tropenpflanzer Jhg. 40 (1937), S. 115.

g) Tomate, Eierpflanze, Baumtomate.

114. Ferrière, J. F. de, Terres et cultures des Canaries. Rev de Bot. Appl. et d'Agric. Trop. Jhg. 14 (1934), S. 492 bis 504.
115. Ruschmann, W., Tomatenbau auf Tenerife und Gran Canaria. Tropenpflanzer Jhg. 27 (1924), S. 137.
116. E. L., Culture des Tomates aux Iles Canaries. L'Agron. Colon., Inst. Nat. d'Agron. Colon. 1931, S. 47—49.
117. Uphof, J. Th., Die Kultur der Eierpflanzen. Tropenpflanzer Jhg. 30 (1927), S. 433.

h) Andere Früchte und Obstarten.

118. Benson, A. H., Culture des Passiflores. Rev. de Bot. Appl. et d'Agric. Trop. Jhg. 10 (1930), S. 827—28.
119. Brayard, H., Les Pruniers japonais au Maroc. Rev. de Bot. Appl. et d'Agric. Trop. Jhg. 10 (1930), S. 181—83.
120. Cairano, V., La coltura del Mandorlo in Tripolitania. L'Agricoltura Colon. Jhg. 31 (1937), S. 41—58.
121. Chevalier, A., La culture du Prunier japonais en Algérie. Rev. de Bot. Appl. et d'Agric. Colon. Jhg. 7 (1927), S. 526—29.
122. Goossens, V., La multiplication de l'arbre à pain (Artocarpus incisa) pour le ravitaillement des indigènes. Rapports du Congrès international d'Agriculture Tropicale. Anvers 1930; Bull. Agric. du Congo Belge Jhg. 21 (1930), S. 901—04.
123. Heintz, A., La culture du Figuier en Grande Kabylie. Rev. de Bot. Appl. et d'Agric. Trop. Jhg. 16 (1936), S. 1002—07.
124. Koenig, P., Über die ägyptische Kaktusfeige. Tropenpflanzer Jhg. 32 (1929), S. 359.
125. Ofalac, La production et le commerce des figues sèches en Algérie. Inst. Col. du Havre Jhg. 8 (1936), S. 13—18.
126. Servais, La culture de l'arbre à pain dans les camps de la force publique au Congo Kasai. Rapports du Congrès International d'Agriculture Tropicale. Anvers 1930; Bull. Agric. du Congo Belge Jhg. 21 (1930), S. 905—10.
127. Vivoli, G., Un arbre fruitier: le Feijoa Sellowiana. Rev. de Bot. Appl. et d'Agric. Trop. Jhg. 14 (1934), S. 673 bis 674. Ref. Tropenpflanzer Jhg. 38 (1935), S. 31.
128. Zimmermann, A., Der Mandelbaum und seine Kultur. Tropenpflanzer Jhg. 34 (1931), 1. Beiheft.
129. ..., Avocado (Persea gratissima). Tropenpflanzer Jhg. 41 (1938), S. 28—34.
130. ..., Granadilla (Passion fruit) seed from Kenya. Bull. of the Imp. Inst. Jhg. 35 (1937), S. 22—23. Ref.: Tropenpflanzer Jhg. 40 (1937), S. 532.
131. ..., Die Jujubafrüchte. Tropenpflanzer Jhg. 35 (1932), S. 164.
132. ..., Die Kultur der Loganbeere. Tropenpflanzer Jhg. 38 (1935), S. 298.
133. ..., Die Litchipflaume, Litchi chinensis. Tropenpflanzer Jhg. 38 (1935), S. 159—62.
134. ..., Der Mandelanbau in Marokko. Tropenpflanzer Jhg. 30 (1927), S. 117.
135. ..., Die Mangokultur. Tropenpflanzer Jhg. 34 (1931), S. 343.
136. ..., Die Mangostane, Garcinia mangostana. Tropenpflanzer Jhg. 39 (1936), S. 482—83.
137. ..., Die Papayakultur und die Bereitung von Papaïn. Tropenpflanzer Jhg. 30 (1927), S. 302.
138. ..., Die Südfruchtausfuhr von Madeira und den Azoren. Der Früchtehandel Jhg. 24 (1940), Nr. 38, S. 5f.

2. Gemüse

Die Gemüse spielen in der Landwirtschaft Afrikas noch eine untergeordnete Rolle. Sie dienen zumeist nur als Zukost zu der Hauptnahrung; als Ausfuhrprodukt kommt nur die Zwiebel in Frage. Der Anbau der Gemüse geschieht mit wenigen Ausnahmen in Mischkultur mit den anderen Feldfrüchten. Hier kann nur auf die wichtigeren eingegangen werden.

Der besseren Übersicht halber seien die Gemüse in Fruchtgemüse, Blattgemüse und Wurzelgemüse eingeteilt.

Weitaus den größten Anteil haben die Fruchtgemüse, darunter wiederum die *Cucurbitaceen*, die Gurken, Kürbisse und Melonen in mannigfaltigster Form, von denen nur die wichtigsten genannt werden können (8).

Cucumis sativus L. = Feldgurke (echte Gurke)
Cucumis melo L. = echte Melone (Zuckermelone)

Cucumis chate = *Cucumis melo L. var. agrestis Naud.* = Gurkenmelone
Cucumis metuliferus E. Mey. ex Schrad. = afrikanische Gurke
Cucumis ficifolius A. Rich. = Stachelgurke
Cucurbita pepo L. = Speisekürbis
Cucurbita maxima Duch. = Riesenkürbis
Cucurbita moschata Duch. = Markkürbis (Schmeer-, Squaschkürbis)
Citrullus vulgaris Schrad. = Wassermelone
Citrullus Naudinianus Hook.
Momordica charantia L. = Banyanenkürbis
Lagenaria vulgaris Sér. = Kalabasse (Flaschenkürbis)
Acanthosicyos horrida Welw.
Luffa cylindrica (L.) Roem. = Luffagurke (Schwammkürbis)
Sechium edule Sw. = Chayote (Chouchougurke).

Die echte Gurke, *Cucumis sativus*, aus Südostasien wurde in Ägypten schon seit 2000 v. Ztw. kultiviert, auch im Seengebiet Ostafrikas wurde sie in den Kulturen der Eingeborenen vorgefunden, im übrigen haben die Europäer für ihre Verbreitung in Afrika gesorgt. Sie scheint aber mehr im Osten als im Westen vorzukommen.

Verbreiteter ist die Gurkenmelone, *Cucumis chate*, auch ägyptische Gurke genannt, die sich von der Feldgurke durch eine glatte Schale und gedrungenere Form unterscheidet, von der die Wildform im tropischen Innerafrika heimisch ist; die Kulturform ist in den Berggegenden des Ostens am häufigsten.

Ganz vereinzelt ist auch die echte Melone, *Cucumis melo*, zu finden, die erst in jüngerer Zeit von den Persern und Arabern eingeführt ist und vornehmlich auch von diesen angebaut wird, doch haben auch die Wanyamwesi in der Umgegend von Tabora ihre Kultur aufgenommen. Die Melone zeichnet sich durch ihre rundliche Form, ihr Aroma und vor allem durch ihren Zuckergehalt (Zuckermelone) aus.

Eine urafrikanische Kulturpflanze ist die afrikanische Gurke, *Cucumis metuliferus*, mit ovalen Früchten, von kleinen Warzen bedeckt, die bis 20 cm lang werden. Sie ist in ganz Afrika verbreitet, sowohl im Osten wie im Westen, und besitzt seit jeher als Gemüse der Eingeborenen Bedeutung.

Der afrikanischen Gurke ähnelt die Stachelgurke, *Cucumis ficifolius*. Die Blätter sind stark gelappt, die Frucht ist meist gelb und grün, in der Reife meist weiß und gelb gestreift und trägt auf den zahlreichen Warzen weiche Stacheln. Besonders im Innern Ostafrikas ist sie verhältnismäßig häufig anzutreffen.

Neben diesen Arten dienen noch verschiedene wildwachsende Gurken den Eingeborenen als Zukost; entweder werden die Blätter als Spinat oder die bitteren Früchte gelegentlich genossen.

Die nahe verwandten Kürbisse unterscheiden sich von den Gurken durch ihre eingeschlechtlichen Blüten, während die Gurkenblüten zwitterig sind. Sie stammen aus Amerika und kamen im 16. Jahrhundert durch die Portugiesen nach Afrika, wo sie sich bald über den ganzen Kontinent verbreiteten und nebeneinander gepflanzt werden. Der verbreitetste unter ihnen aber ist der gemeine, auch bei uns bekannte Speisekürbis, *Cucurbita pepo*, weniger häufig ist der Riesenkürbis, *Cucurbita maxima;* der Markkürbis, *Cucurbita moschata*, fällt durch seine weißgescheckten Blätter auf. Alle Arten haben glatte Schalen von grüner, gelber, weißer oder roter Farbe, manchmal heller gesprenkelt und gefleckt. Vor Schädlingen werden sie durch untergelegte Topfscherben geschützt. Ihre Ergiebigkeit, z. B. als Zwischenkultur in Mais, ist groß. Neben der Ausnutzung der Früchte als Gemüse dienen die Blätter den Eingeborenen als Spinat; dazu kommt die Verwendung der Samen zur Ölgewinnung (40—50 v. H. Öl) und als Naschwerk in rohem oder geröstetem Zustand.

In Afrika heimisch ist die Wassermelone, *Citrullus vulgaris*, von der 3 Sorten unterschieden werden, die, wie die Gurken, zwittrige gelbe Blüten haben. Die oft recht großen Früchte sind rund bis elliptisch, haben eine glatte, grüne Schale oder sind auf grünem Untergrund weißgestreift oder weiß gesprenkelt. Die Samen sind gelblich, grau, braun, rosa, rot, schwarzbraun oder schwarz gefärbt, sehr nahrhaft und ölhaltig (5) (vgl. Öl und Fett liefernde Pflanzen). Das Fruchtfleisch zeichnet sich durch reichen Wassergehalt aus und ist sehr locker. Die Wassermelone, die trocknere Gegenden vorzieht, gedeiht in ganz Afrika.

Zur südafrikanischen Veldkost gehört *Citrullus Naudinianus Hook.* (s. a. Öl und Fett liefernde Pflanzen), ein perennierendes Kürbisgewächs mit oft 8 m langen, dünnen Stengeln und fast gänseeigroßen, dornigwarzigen, zitronengelben Früchten, deren Fleisch von angenehm-säuerlichem und schwachbitterem Geschmack ist (5).

Die Kalabasse, auch Flaschenkürbis genannt, *Lagenaria vulgaris*, ist in Afrika beheimatet. Die Blätter sind nierenförmig, die große, weiße Blüte ist einhäusig. Die Schale der verschieden geformten, grünen Früchte verholzt bei der Reife. Man unterscheidet zwei Varietäten, von denen die eine mit eßbarem, süßem Fleisch als Zukost dient, während die andere, ihrer großen Vielgestalt wegen, nur zur Gewinnung der Schalen als Gefäße angebaut wird. Von dieser Abart unterscheiden die Neger mehrere Sorten, in manchen Gegenden bis zu 12 (Deutsch-Ostafrika), von flaschenförmiger bis zu ellipsoidischer Gestalt, deren Hälften flache Schüsseln und Teller abgeben. Aus den mannigfaltigen Formen stellen die Neger alle erdenklichen Gebrauchsgegenstände her: Flaschen, Feldflaschen, Schöpflöffel, Trichter, Schnupftabakdosen, Resonanzkörper für Musikinstrumente usw. Überall im Negerhaushalt finden die Flaschenkürbisse vielfache Verwendung.

Acanthosicyos horrida Welw., in Südwestafrika „Naras“ genannt, liefert bis pfundschwere, dornig-warzige Früchte mit gelblichweißem, sehr saftigem Fleisch, von angenehmem Geruch und Geschmack; sie stellen, von Fischen abgesehen, fast die einzige Nahrung der Topnaerhottentotten dar. Die Kerne sind sehr ölhaltig (s. u. Öl und Fett liefernde Pflanzen) (5).

In den Tropen der alten Welt und somit auch in Afrika heimisch ist die bei uns als Badeschwamm und dergleichen verwandte Luffagurke, *Luffa cylindrica.* Die stark rankende Pflanze hat 5—7 lappige, unregelmäßig gezähnte Blätter und ist einhäusig mit gelben Blüten. Die in der Reife braune Frucht wird bis 70 cm lang. An der Spitze springt ein Deckel auf, der die schwarzen Samen frei läßt. Das Fruchtfleisch wird von den Samen aufgebraucht, so daß nach der Reife ein festes Gerüst aus zähen Fasern zurückbleibt, das zu Badeschwämmen, Einlegesohlen, Polster, Packungen und Einlagen in Tropenhelme verarbeitet wird. Die jungen, grünen, unreifen Früchte werden als Gemüse geschmort oder gekocht verzehrt. Auch in Zucker eingekocht oder in Essig gelegt werden sie gegessen. Die jungen Blätter werden als Spinat genossen, die Blütenknospen wie Kapern eingelegt. Die Samen dienen zur Ölgewinnung (s. Öl und Fett liefernde Pflanzen) und als Abführmittel.

Aus Amerika eingeführt ist um die Jahrhundertwende die Chayote, *Sechium edule*, die heute in Ost- und Westafrika weitverbreitet ist und vielseitige Verwendung findet. Die rankende Pflanze ist einhäusig mit weißlichen Blüten, aus denen große, rundliche Früchte hervorgehen, die als Gemüse oder Kompott dienen. Dazu werden die Blätter als Spinat gegessen. Die Knollen, die sich in der Erde bilden, werden auf Stärke verarbeitet. Außerdem werden die Fasern und der Bast des Stengels zu feinen Flechtarbeiten gebraucht.

Außer den *Cucurbitaceen* sind auch noch einige *Malvaceen* zu den Fruchtgemüsen zu rechnen, so *Hibiscus sabdariffa L.*, Rosella und *Hibiscus esculentus L. Mey.*, Okra, Gambo oder Fingereibisch genannt, die auch Fasern liefern (s. Faserpflanzen unter Gambohanf und Rosella). Die jungen, unreifen Früchte von *H. esculentus* werden gekocht als Gemüse und in Suppeneinlagen genossen. Die unreifen Samen finden wie junge Erbsen Verwendung. Die reifen Samen werden geröstet und dienen zur Bereitung des sog. Gambokaffees in Nubien und im Sudan. Die jungen Blätter von *H. sabdariffa* essen die Eingeborenen als Spinat. Aus den roten, fleischigen, säuerlich-schmeckenden Kelchblättern lassen sich ein gutes Kompott und eine brauchbare Marmelade gewinnen.

Die Blätter einer großen Zahl von Kräutern dienen den Eingeborenen Afrikas als Zukost zu ihren Speisen. Fast keins der Blattgemüse wird zu diesem Zwecke angebaut, vielmehr werden sie in Busch, Wald und Steppe gesammelt oder beim Reinigen der Felder stehen gelassen. Von der Unzahl der in Frage kommenden Arten seien hier nur die wichtigsten aufgeführt.

Aus der Familie der *Amaranthaceen* sind hier vor allem die Fuchsschwanzarten, *Amarantus spinosus L.*, *A. caudatus L.*, *A. oleraceus L.* u. a. zu nennen. Eine rotblätterige Art wird in Unjoro, Uganda, Karagwe und Usambara angebaut. Der Spinat von den Blättern dieser Art wird auch von den Europäern gerne gegessen. Die linsenförmigen, schwarzen Samen einiger Arten werden zu Mehl vermahlen.

Aus der Familie der *Chenopodiaceen* werden die Melden, *Atriplex spec.*, zuweilen kultiviert, ebenso aus der Familie der *Capparidaceen* ein weitverbreitetes Kraut: *Pedicellaria pentaphylla (L.) Schrank*, ferner *Polanisia Pax.* in Oberguinea, Angola und im Damara- und Namaland und *Maerua angolensis D.C.* in Abessinien, Kordofan, im Seengebiet, im Sambesigebiet, im Damara- und Namaland, in Angola, Nigerland und Senegambien. Am häufigsten aber ist das Bürzelkraut oder der Portulak, *Portulaca oleracea L. (Portulacacee)*, das als Spinat, Salat oder Suppeneinlage ein vorzügliches Gemüse abgeben soll. Die Blätter der als Faserpflanze bekannten Jute, *Corchorus olitorius L.* (s. Sonstige Blattfaserpflanzen), werden ebenfalls als Spinat genossen (8). Hierher gehören auch die Leguminosen *Crotalaria glauca Willd.*, von der auch die Blüten und Früchte gegessen werden, *Tribulus terrestris L. (Zygophyllaceae)*, die *Myrtaceae Barringtonia racemosa (L.) Blume ex D.C.*, die *Solanaceen, Solanum nigrum L.*, *S. guineense Lam.* (fast über ganz Afrika verbreitet), *Capsicum frutescens L.* aus Westafrika, *Physalis aequata Jacq.*, die *Compositen Cynara scolymus L.*, die Artischocke, von der auch bei uns die aufgehenden Blütenköpfe gegessen werden, daneben *Cynara cardunculus L.*, ferner *Emilia sonchifolia D.C.*, *Cichorium intybus L.* und *Cichorium endivia L.*, die Endivie (7). In Südafrika sind noch *Ophioglossum vulgatum L.*, ein Farn, die weißblühende *Boerhavia L.*, *Talinum caffrorum (Thbg.) Eckl. et Zeyh.* und *Galenia africana L.* Spinatpflanzen (5).

Eine 1 m hohe Kruzifere, eine Kohlart, *Brassica oleracea*, mit vielfach verzweigten Stengeln, die mattgraugrüne Blätter tragen, ist in Abessinien besonders häufig. Die Blätter werden als Salat oder Gemüse genossen.

Zwiebeln und Wurzelfrüchte. Zu derselben Familie gehört der indische Rettich *Raphanus sativus L.* aus Westasien. Er unterscheidet sich von unserem Rettich durch lange, dünne, gelblichweiße oder graue Wurzeln. Erst kurz vor der Jahrhundertwende wurde er in Ostafrika durch Inder und Araber eingeführt, wo die Küstenneger die Wurzeln roh oder gekocht essen, ihn aber auch zum Verkauf anbauen.

An Pflanzen mit genießbaren Wurzeln gehört hierher *Boscia Pechuelii O. K.*, die von Keetmannshop bis ins Amboland und von der Wüstensteppe im Westen bis ins Betschuanaland bekannt ist, ferner *Typha sp.*, die sich nur an Sumpfstellen im Hererolande findet, mit fingerdicken, etwa 40 cm langen Rhizomstücken, die von den Hereros geschält, gedörrt und dann zu Mehl zerklopft werden (4).

Wichtiger als alle bisher genannten Gemüse sind die Zwiebelarten aus der Familie der *Liliaceen*, von denen die Küchenzwiebel, *Allium cepa L.*, und der Knoblauch, *Allium sativum L.*, häufig kultiviert werden. Beide Pflanzen stammen aus Zentralasien. Sie wurden schon von den alten Ägyptern in großem Umfang angebaut. Heute findet sich die Zwiebel an der ostafrikanischen Küste und längs der alten Karawanenstraße im Innern bis nach den großen Seen, ferner im Tschadseegebiet, im Innern Kameruns und im Hinterland von Togo. Der Knoblauch wird vor allem auf Sansibar, an der Ostküste und bei Tabora angepflanzt. In Westafrika wird der Knoblauch durch einige Bäume des Urwaldes ersetzt: *Scorodophloeus Zenkeri Harms*, *Afrostyrax lepidophyllus Mildbr.* und noch zwei andere *Afrostyrax*-Arten, deren Rinde, Blätter oder Früchte einen Auszug liefern, das „Lauchöl", das dem des Knoblauchs ähnlich ist (2).

Die Zwiebel braucht lockeren, trockenen, humusreichen Boden. Das Auspflanzen geschieht meist durch Steckzwiebeln, seltener durch Samen. Um möglichst große Zwiebeln zu gewinnen, werden die Blütenknospen ausgebrochen, und gegen Ende der Vegetationsperiode — etwa 3 Monate nach dem Auspflanzen — wird das Kraut niedergedrückt. Die tropischen Zwiebeln unterscheiden sich von den unsrigen durch einen weit milderen Geschmack, so daß sie roh oder gekocht als Gemüse oder Salat gegessen werden können.

Neben *Allium cepa* und *A. sativum* werden in Südafrika noch verschiedene *Allium*-Arten kultiviert: *Allium Porrum L.*, der Porree. Er dient zur Würzung der Suppen und wird vielfach als Gemüse gegessen (15). *Allium Schoenoprasum L.*, der Schnittlauch, mit dem Fleisch gewürzt wird, ist gleichzeitig eine Zierpflanze zum Einfassen von Beeten. *A. ascalonicum L.*, die Schalotte, ist sowohl in Süd- wie in Ostafrika verbreitet (7; 15); ferner sind noch zu nennen: *A. fistulosum L.*, die Winterzwiebel aus Ostafrika (7), und *A. scordoprasum L.*, der in den Blattachseln und an der Spitze Bulbillen bildet und in den Gärten Südafrikas als Seltenheit gezogen wird (15).

Zur „Veldkost" Südafrikas gehören noch folgende wilde Gemüse (5):

Von der wilden Tulpe der Buren, einer *Liliacee*, „Dipcadi" genannt, werden die Zwiebeln und die Blätter von den Buschleuten roh gegessen.

Cyperus edulis Dtr. liefert mit seinen Knöllchen von etwa 1 cm Durchmesser im ganzen Inneren Südwestafrikas ein wichtiges Nahrungsmittel der Eingeborenen.

Eine rotblühende *Oxalis*-Art (Sauerklee) bildet ebenfalls zwiebelähnliche, verhältnismäßig große Knollen, die geröstet gut schmecken. Auf den Gneisbergen bei Windhuk und bei Grootfontein findet sie sich stellenweise sehr häufig.

Endlich dienen die bis apfelgroßen Zwiebeln einer *Drimiopsis*, die überall im Lande auf Tonböden zu finden ist, den Eingeborenen zur Nahrung.

Überall dort, wo sich Europäer angesiedelt haben, werden noch die europäischen Gemüse angebaut, wie Kopfkohl, Blumenkohl, Blattkohl, Kopfsalat, Pflücksalat, Brunnenkresse, Kohlrabi, rote Rüben, Weißrüben, Radieschen, Rettiche, Tomaten, Auberginen, Spinat, Mangold, Spargel, Karotten, Rhabarber usw. (6; 10; 15).

Von größerer wirtschaftlicher Bedeutung ist in Afrika nur der Gemüseanbau in Ägypten. Dort ist z. B. die Zwiebel ein wichtiges Gemüse, das nicht nur für die Volksernährung, sondern auch für die Ausfuhr von Wichtigkeit ist. Sie steht in der Ausfuhr Ägyptens nach der Baumwolle an zweiter Stelle der landwirtschaftlichen Erzeugnisse.

Klima und Boden Oberägyptens sind für die Zwiebelkultur besonders geeignet. Die Zwiebel ist dort eine Winterfrucht, wird im September gesät und im November verpflanzt. Die Erntezeit ist von März bis Juni. Auch in Unterägypten breitet sich der Zwiebelanbau immer weiter aus. Die Ausfuhr wird mit allen Mitteln gefördert, sie betrug 1900 76000 t (11) und hat sich seitdem im Durchschnitt etwa verdoppelt (14; 17):

	Ausfuhr in t:
1929	177276
1933	154444
1934	121195
1935	140321
1936	117170
1937	133270

Neben Ägypten, das die größte Zwiebelausfuhr der Welt hat, treten die anderen Länder Afrikas in der Zwiebelerzeugung weit zurück, alle haben zumeist eine größere Einfuhr als Ausfuhr, bis auf die Südafrikanische Union, die jährlich 1000 bis 2000 t ausführt (1936 1970 t; 1937 1370 t) (17). Belgisch-Kongo führte 1937 16 t Zwiebeln und Schalotten aus (Statistik du Comm. Ext. du Congo Belge, 1938).

Die Ausdehnung des Gemüsebaus in Ägypten im Jahre 1934 ist aus der nachstehenden Übersicht zu ersehen (11):

Gemüse	Hektar
Zwiebeln	23275
Knoblauch	498
Kohl	1209
Blumenkohl	357
Rüben (Karotten)	314
Weiße und rote Rüben	451
Gurken	895
Kürbis	1646
Melonen	5957
Wassermelonen	16126
Spinat	253
Tomaten (s. u. Früchten)	13665
Eierpflanzen ,,	1258
Andere Gemüse	9552

Schrifttum

Gemüse

1. Bois, D., Les Plantes Alimentaires chez tous les Peuples et à travers les Ages. Histoire, Utilisation, Culture, Phanérogames Légumières. Paris 1927.
2. Boutique, R., Les Succédanés de l'Ail au Congo Belge (Knoblauch). Agric. et Elevage au Congo Belge Jhg. 11 (1937), S. 171.
3. Descottes, M., Les cultures maraichères à Bamako. Premier Congrès Soudanais de Technique et Colonisation Africaine. 2 Bd. 1936.
4. Dinter, K., Die vegetabilische Veldkost Deutsch-Südwest-Afrikas. Okahandja 1912.
5. Dinter, K., Deutsch-Südwestafrika. Leipzig 1909, S. 182.
6. Ellis, L. P. und Thomas, The Home Vegetable Garden in the Karroo. Vegetables and their Culture. 1930, S. 6; Bull. 84. Union of South Africa, Dep of Agriculture. Bull. Nr. 84. Pretoria 1930.
7. Engler, A., Die Pflanzenwelt Ost-Afrikas. Berlin 1895.
8. Hammerstein, H. L., Die Landwirtschaft der Eingeborenen Afrikas. Tropenpflanzer Jhg. 22 (1919), Beiheft Nr. 2/3.
9. Kolbe, W., Gemüsebau in den Tropen und Subtropen. Berlin 1911.
10. Kostlan, A., Die Landwirtschaft in Abessinien. Tropenpflanzer Jhg. 16 (1913), Beiheft Nr. 3, S. 242.
11. Nagy, I. E., Die Landwirtschaft im heutigen Ägypten. Wien 1936, S. 123.
12. Portères, R., Sur une nouvelle variété de chou cultivée par les Dans de la Côte d'Ivoire. Rev. de Bot. Appl. et d'Agric. Trop. Jhg. 5 (1935), S. 1120—21.
13. Reteaud, L., Le Jardin Potager au Dahomey. Gouvernement Génér. de l'Afrique Occid., Colonie du Dahomey. Porto-Novo 1927.
14. Schoen, L., Rohstoffkammern der Weltwirtschaft. 1. Bd. Afrika. a) Berlin 1937, b) Berlin 1939.
15. Smith, E. G. L., The Union and its Allies. Union of South Africa, Dep. of Agric. and Forestry. Bull. Nr. 174. Pretoria 1937.
16. Seymore, Handbook for farmers in South Africa. Pretoria 1937, S. 767.
17. . . ., Annuaire international de statistique agricole 1935/36, 1936/37 und 1939/40.

VII. SONSTIGE NUTZPFLANZEN

1. *Gewürze*

a) Gewürznelke, Eugenia caryophyllata Thunb.

Botanik. Der Gewürznelkenbaum *(Eugenia caryophyllata Thunb. = Jambosa Caryophyllus [Spreng.] Ndz. = Caryophyllus aromaticus L.)* gehört zur Familie der Myrtengewächse *(Myrtaceae)* und stammt von den Molukken und Philippinen. Er ist ein schöner, mehr oder weniger regelmäßig kegelförmiger, immergrüner Baum von 10—15 m Höhe und 40 cm Dicke; auf Pemba erreichen einzelne Bäume sogar 15—18 m Höhe. Die Äste setzen tief unten am Stamme an, die Wurzeln verbreiten sich oberflächlich (25, S. 593; 26, S. 18) (Abb. 45). Die Blätter sind 10—15 cm lang, länglich-eiförmig, lederig und ganzrandig, kurzgestielt in gegenständiger Blattstellung. Der Blütenstand ist eine dreigabelige Trugdolde (27). Der Kelch der dunkelroten Blüte bildet 4 stumpfe Lappen, die Krone ist zu einer Kalyptra verwachsen, die zahlreichen Staubblätter sind durch Spaltung entstanden; der unterständige Fruchtknoten setzt sich aus 2—5 oder mehr Fruchtblättern zusammen, mit ihm ist die Blütenachse der ganzen Länge nach verwachsen. Die Frucht ist eine dunkelrote Beere. Der Baum blüht zweimal im Jahr. Geerntet werden die ungeöffneten, anfangs gelben, später dunkelroten Blütenknospen (27). Der 6—10 mm lange, röhrenförmige Kelch bildet die „Gewürznelke", die in einer runden Knospe zusammengefaltete Blütenkrone den „Kopf" der Nelke (25, S. 593). Man kennt keine Sorten von Nelkenbäumen, nur Standortsvariationen (25, S. 601).

Blüten, -knospen und -stiele, Früchte, Blätter, Wurzeln und junge Zweige enthalten das Nelkenöl und Fette (25, S. 593). Der Gehalt an flüchtigem Öl ist größer als bei allen anderen Gewürzen. Er schwankt zwischen 10,2 bis 26,6 v. H. Der Fettgehalt beträgt 15—20 v. H. Die ölreichsten Nelken stammen von den Molukken.

Ätherischer Öl- und Fettgehalt verschiedener Nelkensorten:

	Amboina-Nelken	Pinang-Nelken	Sansibar-Nelken
Ätherischer Ölgehalt . .	19,2 v. H.	16,2 v. H.	16,0 v. H.
Fettgehalt . .	9,0 v. H.	10,8 v. H.	9,5 v. H. (27)

Der wichtigste Stoff, den das Nelkenöl enthält, ist das Eugenol.

Eugenolgehalt des ätherischen Öles	Nelken	Nelkenstiele	Blätter	Wurzeln
	78—98 v. H.	80—95 v. H.	75—88 v. H.	90—97 v. H.
Dichte des Öles bei 15°	1040—1069	1039—1068	1030—1051	(25, S. 607)

Es enthalten:

grüne Nelken (noch unentwickelt)	92—93 v. H. Eugenol		
rosa Nelken	94—96 „ „		
rote Nelken (vor dem Aufblühen)	95,5—96 „ „		(25, S. 608)

Der Gewürznelkenbaum verlangt ein gleichmäßig feuchtwarmes Klima mit gutverteiltem Regenfall von 2—3000 mm (23, S. 109) und ist in seiner Verbreitung auf die Tropen beschränkt. Auch hier gedeiht er gut nur bis zu 300 m Höhe, selbst in Äquatornähe. Auf Madagaskar trifft man zwar noch in 700 m Höhe Bäume an, aber sie erreichen nur 3—4 m Höhe und blühen nicht (25, S. 598). Gegen heftige Winde ist der Nelkenbaum äußerst empfindlich, da Zweige und Äste sehr leicht brechen (25, S. 603).

Das prächtigste Wachstum und den stärksten Blütenansatz zeigt der Baum auf reichem, lehmigem, gut drainiertem Boden (vgl. a. u. Sansibar). Auf Abhängen von Roterde gedeiht er gut; die Neigung des Geländes verhindert übermäßige Feuchtigkeit und gestattet eine gute Verteilung von Luft und Licht um die Bäume (25, S. 598).

Kultur. Die Anlage einer Nelkenpflanzung erfolgt nur durch Sämlinge; die 1—2 Jahre alten Pflanzen werden in Abständen von 6 bis 9 m gesetzt (9, S. 116), auf Sansibar hat man als günstigste Pflanzweite 15 × 15 engl. Fuß (= 4,572 × 4,572 m) erprobt; später wird dann ein Teil der Bäumchen herausgenommen (26, S. 15). Vegetative Vermehrungsarten erwiesen sich auf Sansibar als erfolglos (26, S. 21). Teilweise pflanzt man auch Schattenbäume (25, S. 603).

Die ersten Blütenknospen erscheinen an dreijährigen Bäumen, dürfen aber noch nicht gepflückt werden. Am ertragreichsten sind die Gewürznelkenbäume im Alter von 5—12 Jahren. Nach *Troup* (26, S. 20) geben sie auf Sansibar nach 7—8 Jahren die ersten, schwachen Er-

Abb. 45.
Gewürznelke *(Eugenia caryophyllata)*
a = Blühender Zweig; b = Blütenknospe während des Aufblühens mit abgehobenen Blumenblättern; c = Blütenknospe durchschnitten

träge, auf den Molukken im gleichen Alter, auf Amboina mit 10—12 Jahren (23, S. 111). Das Alter, das sie erreichen, ist sehr verschieden. Bis zu 50 Jahren kann der Baum Ernten bringen (9, S. 116), auf Sansibar hat man einzelne Bäume bis zu 60 Jahren gepflückt (26, S. 17).

Die Erntezeit, deren Beginn auf Sansibar erheblichen Schwankungen unterworfen ist (23, S. 109), fängt an, wenn die Blütenknospen eine rote Färbung zu zeigen beginnen, da sie dann den höchsten Ölgehalt besitzen. Man pflückt die Nelken mit der Hand; das Abschlagen mit Stangen beschädigt die Bäume zu sehr. In Madagaskar läßt man die höchsten Knospen hängen (25, S. 604). Die gepflückten Nelken sind je nach der Sorte 10—16 mm oder 4—10 mm lang (27). Der Ernteertrag schwankt von Jahr zu Jahr ganz außerordentlich, nur alle 3—4 Jahre gibt es eine gute Ernte (25, S. 601). Auf Ste. Marie nennt man 5 kg getrocknete Nelken je Baum einen guten Ernteertrag (25, S. 605) (vgl. a. u. Madagaskar).

Aufbereitung. Die gepflückten Nelken werden auf Matten oder einer Zementtenne getrocknet. Wo eine gute Trocknung schwer durchzuführen ist, trocknet man sie auf Darren. Die Trocknung in der Sonne gilt jedoch als besser (25, S. 604f.; 27). Manche Pflanzer trocknen ihre Ernte im Schatten über einem schwachen Rauchfeuer vor, damit sie sich bräunen, und trocknen sie dann in der Sonne nach (27). Eine gute Nelke ist tabakbraun, nur der Kopf ist heller (25, S. 605). Die Nelken werden dann noch gesiebt und die Blütenstiele ausgelesen (9, S. 116; 27). 3,1—3,5 kg frische Nelkenknospen geben 1 kg getrocknete Nelken, 3,150 kg frische Stiele 1 kg getrocknete. Beide werden getrennt getrocknet, die Stiele betragen 17—25 v. H. (25, S. 605). Die getrockneten Früchte, die „Mutternelken“, haben keine wesentliche Handelsbedeutung; Geruch und Geschmack sind schwächer (27).

Das Nelkenöl wurde früher nur in Europa und Nordamerika destilliert. Die Stiele, die weniger Wert besitzen, hat man dann oft auf den Pflanzungen verarbeitet. Erst spät entdeckte man den Ölgehalt der Blätter. Diese enthalten noch Naphtalin, das den Nelken und -stielen fehlt. Die frischen Teile ergeben eine größere Ölmenge als die getrockneten. In Soaneriana-Jvongo (Madagaskar) hat man bei Destillation von 100 kg frischen Blättern über offenem Feuer nach einer Stunde 620 ccm Öl mit einem Eugenolgehalt von 88 v. H. und einer Dichte von 1,0472, am Ende der 22. Stunde insgesamt 2220 ccm Öl erhalten. Die Nelken ergeben 12—15 v. H., die Nelkenstiele 4,5—5 v. H., die Blätter 2—2,5 v. H. Eugenol (25, S. 608). Man kann nur Nelken (Blütenknospen) oder Blätter ernten.

Die wertvollsten Nelken sind die von den Molukken, besonders von Amboina („Königsnelken“), die die Hauptmenge der in Europa als Gewürz verbrauchten Nelken liefern. Aus den Nelken wird das Eugenol gewonnen. Es findet zu 80 v. H. in roher Form und zu 10 v. H. als extrahiertes Eugenol und Isoeugenol in der Seifen- und Parfümerieindustrie, zu 5 v. H. zur Herstellung von Arzneien und Farbstoffen und zu 5 v. H. zur Vanillinherstellung

(s. u. Vanille) Verwendung (25, S. 608). Die Nelkenstiele dienen ebenfalls zur Öldestillation, oft auch zur Verfälschung der Gewürznelken (27). Auf Java werden die Eingeborenenzigaretten („strootjes“) mit gemahlenen Nelken parfümiert. Deutschland führte an Nelken und Nelkenstielen in den Jahren 1934 694,4 bzw. 3019,6, 1935 340 bzw. 2229,4, 1936 323,3 bzw. 1116,3 t ein (27).

In der Vanillinherstellung sind mit dem Eugenol das aus Kohlenteerphenol gewonnene Guajacol und das aus Kampferholzöl erzeugte Safrol in Wettbewerb getreten. Guajacol-Vanillin kostet weniger als Eugenol-Vanillin. Dieses ist zwar etwas besser, der Wettbewerb des ersteren nimmt aber ständig zu (26, S. 5f.). Auch aus Sulfitzellstoff läßt sich Vanillin in großen Mengen herstellen, das mit dem Nelkenvanillin wettbewerbsfähig ist (12, 1938, S. 75).

EINZELNE ANBAUGEBIETE

Die wichtigsten Gewürznelkenländer sind Sansibar, Madagaskar, die Molukken, Sumatra und Pinang. Die Hauptmenge stammt von Sansibar und im wesentlichen Abstand danach von Madagaskar (vgl. Karte 23).

Ausfuhr an Gewürznelken 1934 in t:

Sansibar . . .	10900	Niederländisch-Indien	279
Madagaskar . .	1865	Pinang	35 (23, S. 128)

Nach Sansibar und Pemba wurde die Gewürznelke im Jahre 1818 von den Maskarenen gebracht (23, S. 86). Sie ist seit 1830 (26, S. 1) zur Hauptkultur Sansibars geworden und bestreitet drei Viertel und mehr des Wertes der Ausfuhr. Allein der Ausfuhrzoll auf Nelken machte zeitweilig über ein Viertel der Staatseinnahmen aus (21, S. 365).

Das feuchtwarme Klima der keine große Meereshöhen erreichenden Inseln sagt dem Gewürznelkenbaum gut zu. Er bevorzugt allerdings die besseren Böden an der Westseite der Inseln (vgl. Karten 24 u. 25). Am besten gedeiht er auf sandigen, tiefgründigen Lehmen von hoher Wasserkapazität. Ungeeignet sind harte rote Lehme und Kalkstein, der die Ostseite der Insel einnimmt (21, S. 365). Gegenüber dem nächstwichtigsten Anbaugebiet von Madagaskar weist Sansibar eine Reihe natürlicher Vorzüge auf: 1. die in Madagaskar sehr häufigen Zyklonen treten sehr selten auf; 2. Arbeitskräfte sind zur Erntezeit leichter zu erhalten als in Madagaskar; 3. der Abtransport der Nelken ist bequemer als in Madagaskar, da die Pflanzungen dichter beieinander liegen und die Transportverbindungen besser sind (26, S. 5).

Die Nelkenpflanzungen nehmen insgesamt gegen 48000 acres ein, davon liegen 16000 acres auf Sansibar (= 4 v. H. der Gesamtoberfläche der Insel) und 32000 acres auf Pemba (= 15 v. H. der Gesamtoberfläche). Zusammen tragen beide Inseln 3—4 Millionen Nelkenbäume (20, S. 3; 21, S. 365). Die Nelken werden ohne Schattenbäume kultiviert, zusammen mit Kokospalmen,

Mangobäumen und Nahrungspflanzen. Die Nelkenbäume sind teilweise überaltert, besonders auf Pemba. Die Regierung zahlt daher Prämien für Neuanpflanzungen (20, S. 3). Der wissenschaftlichen Erforschung der Nelkenkultur, Züchtungsarbeiten u. ä. dient in erster Linie die Versuchsstation Kizimbani (21, S. 366).

Die Pflanzungen gehören heute meist kleinen Besitzern. Es gibt 32500 Pflanzungen und 18000 Eigentümer (20, S. 2). Der Pflanzer nimmt die Ernte selbst vor, oder er „verkauft sie auf dem Baum". Die kleinen Besitzer arbeiten ohne Lohnarbeiter und daher rentabler (21, S. 366). Die größeren Pflanzungen gehören meist Arabern, die kleineren meist Afrikanern (21, S. 365). In der letzten Zeit sind eine Reihe von Pflanzungen in den Besitz von Indern übergegangen, die ursprünglich als Kaufleute und Geldverleiher tätig waren (21, S. 367). Die Nelkenpflanzer sind seit 1927 in der Nelkenpflanzervereinigung („Clove Growers Association") zusammengeschlossen (20, S. 22).

Die Aufbereitung der Nelken ist auf Sansibar besser als auf Pemba, da auf Sansibar die Trockenzeit stärker ausgeprägt ist. Die Preise für Pemba-Nelken liegen daher etwas niedriger. Man trocknet die Nelken unter Umständen auch auf Kopradarren (19, S. 7). Die besten Nelken gehen als Gewürz nach Vorderindien, Europa und Nordamerika, die zweitbesten nach Java zur Zigarettenparfümierung, die dritte Qualität nach Europa und Nordamerika zur Eugenolgewinnung (21, S. 365). Sansibarnelken werden von den Destillateuren bevorzugt (12, 1938, S. 73). Am 5. Dezember 1935 wurde die staatliche Genehmigung zur Errichtung einer Öldestillerie erteilt (20, S. 20f.). 1937 lieferte

Pemba . .	22477919 lbs Nelken	
Sansibar .	11078309 lbs Nelken	
zusammen.	33556228 lbs Nelken	(19, S. 5)

Die Nelkenausfuhr beider Inseln zeigt folgende Entwicklung (in kg):

1913	8077200	1932	8232865
1920	3911600	1934	11047506
1925	11125200	1935	9640955
1926	7245862	1936	10448900
1931	11011482	1937	6153302
(19; 20, S. 17; 23, S. 126)		1938	6593995

Die Ausfuhr an Nelkenstielen war wie folgt (in kg):

1913	1174719	1932	1984876
1925	2105285	1934	3689471
1931	2609352	1935	4592101 (20, S.10)

Ausfuhr an Nelkenöl:	1936	35142	1937	296	1938	—	
Ausfuhr an Nelkenstielöl:	1936	2004	1937	42917	1938	106831	(19)

Um die Nelkenpreise zu festigen, die Spekulation aus dem Nelkenhandel auszuschalten und den meist an indische Geldverleiher verschuldeten Nelkenpflanzern die Möglichkeit zur wirtschaftlichen Gesundung zu bieten, hat die Regierung der Nelkenpflanzervereinigung durch Gesetz vom 15. Juli 1937 das Handelsmonopol, die Festsetzung der Preise, Zulassung von Händlern und alleinige Belieferung des Ausfuhrhandels mit Nelken erteilt. Dieser Maßnahme folgte in Indien, dem wichtigsten Kunden Sansibars, ein Boykott der Sansibarnelken (22). Die Nelkenausfuhr sank daher 1937 ganz erheblich ab (vgl. Übersicht). Die Regierung sah sich gezwungen, mit den indischen Kaufleuten in Verhandlungen einzutreten, die im Juli 1938 zu einer Neuregelung des Nelkenhandels und einer beschränkten Wiederzulassung des freien Nelkenhandels führten (6 b, S. 80).

In Madagaskar ist das Klima nicht so günstig wie auf Sansibar; an der Ostküste richten die ziemlich häufigen Zyklonen viel Schaden an den Nelkenbäumen an. Die dortigen Kulturen schätzte *Binder* (20) 1936 auf rund 36000 acres mit 5 Millionen Bäumen, eine andere Quelle (11 d, S. 243) gibt für 1936 ein Areal von 33140 ha, für 1937 von 33200 ha an. Doch sind die Erträge trotz der größeren Anzahl der Bäume geringer als auf Sansibar (20, S. 17). Die Bäume verteilen sich auf die Hügellandschaften der Provinzen Ste. Marie, Tamatave, Maroantsetra, Mananyary und Groß-Komoro, während in den Tälern Kaffee und Vanille gepflanzt werden (28, S. 101). Die Hauptnelkengebiete sind der Bezirk Soaneriana-Jvongo an der Nordostküste und das vorgelagerte Inselchen Ste. Marie (25, S. 900ff.).

Die Gewürznelke wird auf Madagaskar — mit Ausnahme der Insel Ste. Marie — in Mischkultur mit Kaffee gezogen (25, S. 902). Europäische Unternehmungen haben sehr mit Arbeitermangel zu kämpfen, die Nelkenkultur liegt daher ganz in den Händen kleiner, eingeborener Besitzer (29, S. 349). Die Unkosten der Pflücke sind etwas höher als auf Sansibar, das Aussehen der Nelken ist jedoch auf Madagaskar besser (20, S. 18). Die madagaskischen Nelken sind vorzüglich dank der Gunst des Klimas; die Ernte fällt in eine trockene, fast regenlose Zeit, die Trocknung gelingt daher gut, sie geht schnell, und zwar in der Sonne vor sich, die Nelken nehmen eine schöne, klare, braune Färbung an und bewahren ihr ganzes Aroma (20, S. 18; 29, S. 350). 10—15 Jahre alte Bäume geben durchschnittlich 3 kg Nelken, 30—40 Jahre alte und 15 m hohe Bäume geben bei Ambodikilo, Prov. Maroantsetra, bis 30 kg (28, S. 101). Die Aufwärtsentwicklung der madagaskischen Nelkenerzeugung zeigen die nachstehenden Zahlen (in kg):

1913	262756	1934	1894768
1920	240118	1935	3680074
1925	858361	1936	3339300
1931	2799696	1937	2946400
1932	1005221	(12, 1934, S. 43; 16; 20, S. 17)	

Nelkenstiele gelangen nicht zur Ausfuhr, örtlich werden sie in kleinem Umfange getrocknet und zur Ölgewinnung verwendet (20, S. 18); 100 kg Stiele geben 4—5 kg Öl von 85—90 v. H. Eugenolgehalt. Hauptsächlich wird das Öl jedoch aus den Blättern destilliert: 100 kg getrocknete Blätter liefern 4—5 kg Öl von 75—80 v. H. Eugenolgehalt (24). Kleine Destillieranlagen trifft man in allen Ortschaften der Bezirke Soaneriana-Jvongo und Ste. Marie an, wo Gewürznelken kultiviert werden (25, S. 904).

Die Entwicklung der Ölgewinnung zeigen die folgenden Ausfuhrziffern (in kg):

1912	1072	1935	170279
1925	27769	1936	238200
1932	135458	1937	294640
1934	127394		

(12, 1934, S. 43 und 1938, S. 73; 25, S. 902; 71)

Auf Mauritius wurde der Nelkenbaum 1770 von den Molukken eingeführt. Seine Kultur ist durch die des Zuckerrohres wieder verdrängt worden (23, S. 83 und 85). Nach Réunion gelangte er 1772 (28, S. 100), konnte aber hier keine Bedeutung erlangen.

Auch auf den Seychellen ist die Gewürznelke zwar eingeführt, dient hier aber nur zur Gewinnung ätherischen Öles. Die Erzeugung ist äußerst gering (Dep. of Agric. Ann. Rep. f. 1936, Victoria, Mahé, 1936).

In Deutsch-Ostafrika wurden vor dem Weltkriege Anbauversuche unternommen, die aber keinen Erfolg hatten. Ebenso sind in Französisch-Äquatorialafrika, und zwar in Gabun, Anbauversuche erfolglos geblieben (1, S. 68). Eine Nelkenausfuhr vom afrikanischen Festland besteht nicht.

b) Vanille, Vanilla sp.

Botanik. Die Vanille (*Vanilla*) gehört zur Familie der *Orchideen* und ist im feuchten Küstenland Mexikos, in Mittelamerika und Guayana beheimatet (vgl. Abb. 46). Sie ist eine rankende (vgl. Abb. 47) Bewohnerin des feuchtheißen Urwaldes und besitzt gewöhnliche Wurzeln und Luftwurzeln. Diese entspringen einzeln an den Knoten des ausdauernden, mehrere Meter langen und 1 cm dicken Stengels. Die Blätter sind wechselständig und länglich, die unscheinbaren, grünlich-weißen Blüten (vgl. Abb. 46) sind in einer endständigen und mehreren achselständigen Trauben vereinigt, die zusammen eine große Rispe bilden. Die Blüten werden von Meliponinen bestäubt (35, S. 52), in der Kultur wird künstlich bestäubt (vgl. a. u.). Die längliche, schotenähnliche Frucht (vgl. Abb. 47) springt von der Spitze zweiklappig auf und ist mit einem balsamischen Mus angefüllt, in das die sehr kleinen schwarzen Samen eingebettet liegen. Die frischen, grünen Früchte sind geruchlos, erst die geernteten und sorgsam aufbereiteten duften (40 b).

Abb. 46. Vanille *(Vanilla planifolia)* blühend

Kultiviert werden zwei Arten, in der Hauptsache, namentlich in Afrika, die erstgenannte. *V. planifolia Andr.* ist länger, dünner und biegsamer als die zweite Art, die Blätter und Schoten sind länger und schmaler, 15—22 cm lang und 12—14 mm breit. *V. Pompona Schiede* ist kräftiger als die vorige, die Schoten, die sog. „Vanillons", sind kürzer, dicker und breiter, 12—18,5 cm lang und 16—30 mm breit (36, S. 34).

Die Vanillefrüchte enthalten außer Fett (gegen 11 v. H.) Wachs, Harz, Gummi, Zucker (gegen 10 v. H.) das das Aroma bedingende Vanillin, und zwar Mexiko-Vanille zu 2 v. H., Bourbon-Vanille zu 2,3—2,6 v. H. (40 a, S. 26). Das Vanillin ist im Samenmus der Früchte enthalten und kristallisiert bei der Aufbereitung auf deren Oberfläche aus. Die Vanillons weisen nur Spuren von Vanillin auf, dafür aber Piperonal oder Heliotropin von starkem, strengem, heliotropartigem Aroma (40 a, b), das ihrer Verwendung in der Süßwarenindustrie hinderlich im Wege steht (weiteres über Vanillin usw. vgl. u. künstliche Vanille).

Klima. Die Vanille verlangt eine mittlere Temperatur ohne große Schwankungen und reichlich Regen während 6—9 Monaten, eine nicht zu lang anhaltende Trockenzeit schadet indessen nicht. In immerfeuchten Gebieten entwickeln sich die Früchte sehr schnell und sind geringwertiger (36, S. 35). Gegen heftige Winde ist die Vanille äußerst empfindlich. Der Boden muß fruchtbar sein. Am geeignetsten sind kleine Erhebungen, die Talböden sind oft zu feucht, wenn sie nicht drainiert werden. Hauptsächlich entzieht die Vanille dem Boden Kalk und Kali (36, S. 35).

Abb. 47. Vanille *(Vanilla planifolia)* Ranke mit Früchten (Schoten)

Kultur. Zur Anlage einer Vanillepflanzung benutzt man Stecklinge von etwa 6—8 jährigen Pflanzen (40 a). Diese werden zu Beginn der Regenzeit in Beeten 15—20 cm tief in die Erde gesteckt, fest gedrückt, mit Laub bedeckt und stets feucht gehalten. Nach etwa 2 Wochen sind sie gut angewachsen (36,

S. 36). Vanille beansprucht ein außerordentlich hohes Maß an Pflege und Aufsicht. Die Ranken müssen an Stützbäumen angebunden werden, die gleichzeitig Schutz gegen übermäßige Sonnenbestrahlung gewähren. Die Ranken müssen in solcher Höhe angebracht werden, daß die Blüten bei der Bestäubung und die Schoten beim Abernten leicht erreichbar sind. Als Stützbäume sind solche mit leicht brüchigen Ästen oder solche, die dem Boden zuviel Nährstoffe entziehen, ungünstig (36, S. 35). Die Beete sind sorgfältig unkrautfrei zu halten und in sehr regenreichen Gegenden mit nicht rankenden, niedrigen Bodenschutzpflanzen zu bepflanzen. Beschnitten werden die Vanilleranken nicht vor dem 4. Jahre (36, S. 52). Kompost übt einen günstigen Einfluß auf die Entwicklung der Vanilleranken aus (36, S. 35). Im allgemeinen werden die Vanillepflanzen etwa 20 Jahre alt, nach *Pynaert* (36, S. 35) jedoch nur 7—8 Jahre. In dieser Zeit fruchtet die Vanille nur 4—5 mal (34, S. 43; 36, S. 35). Nach dem Auflassen der Pflanzung darf derselbe Boden nicht vor 20 Jahren wieder mit Vanille bepflanzt werden (32, S. 372).

Die Pflanzung wird erst im vierten Jahr ertragsfähig, doch blüht die Vanille schon im zweiten Jahr. Außerhalb Mexikos wird die Vanille meist künstlich mit Hilfe eines spitzen Stäbchens bestäubt (36, S. 52).

Die Erntezeit ist gekommen, wenn die erst halbreife Schote auf der Unterseite eine gelbliche Färbung annimmt. Die rechtzeitige Ernte ist ausschlaggebend für die Güte der Ware (34, S. 47; 36, S. 53). Die Schoten werden einzeln mit der Hand gepflückt oder mit einem Messer geschnitten. Von einer Ranke erntet man nur 5—8 Trauben mit je 5—6 Früchten, also insgesamt 20—40 Schoten (36, S. 52).

Erst bei der Aufbereitung bildet sich das Aroma; das Vanillin wird durch Fermentation frei, dabei entwickeln sich noch andere Duftstoffe, die den Geschmack bedingen (32, S. 377; 40 a). Die Schoten werden in mit Wolle und Flanell ausgekleideten Blechkästen, die von warmem Wasser umspült sind, vorgetrocknet, die eigentliche Trocknung erfolgt in besonderen Chlorkalzium-Trockenschränken (40 a, b). Auf Réunion brüht man sie vor dem Trocknen 2—3 Minuten in kochendem Wasser, danach setzt man sie in Wolltüchern der Sonne aus, wobei sie die braune Färbung annehmen. Dann werden sie in einem zementierten, geheizten Verschlag getrocknet (32, S. 377; 36, S. 53). Die fertig getrockneten Früchte werden Tag für Tag ausgelesen. Danach werden sie sortiert, sehr sorgfältig verpackt und sind zum Versand fertig. 3,3 kg frische Früchte geben 1 kg getrocknete Vanille (32, S. 77). Infolge der vielen Arbeit bei der Kultur und Aufbereitung und des hohen Risikos bringt die Vanille nur einen mäßigen Gewinn (5, S. 43).

Ein gefährlicher Wettbewerb ist den Vanilleschoten im Vanillin entstanden, das aus Guajacol, Eugenol (vgl. u. Gewürznelken) und Coniferol synthetisch hergestellt wird und nur ein Fünfundzwanzigstel des Preises des natürlichen Vanillins kostet, allerdings diesem im Aroma nachsteht; der Geschmack der Schoten ist milder und blumiger. Sie besitzen ein feineres und viermal so starkes Aroma (40 b). Deutschland führte 1934 111,8 t, 1935 73,5 t Vanilleschoten ein, erzeugte aber 1935 120 t Vanillin (40 b). Ein weiterer Vanilleersatzstoff ist das Bourbonal, ein Vanillin, in dem die Methylgruppe durch die Äthylgruppe ersetzt ist. Es kostet etwa dreimal soviel wie Vanillin, sein Aroma ist viermal so stark, hat aber einen eigenartigen Nebengeruch (40 a).

Der Gebrauch der Vanille ist uralt und war schon den alten Azteken bei der Schokoladenbereitung bekannt. Auch heute behauptet sich hochwertige Naturvanille gegenüber dem Vanillin, desgleichen „Vanille-Schnitt" und „Vanille-Puder". Neuerdings macht der Vanille-Zucker dem Vanillinzucker Konkurrenz (40 a). In der Parfümerie, in der die „Vanillons" verwendet werden, ist die Vanille jedoch durch das Vanillin ziemlich verdrängt.

Haupterzeugungsländer der Vanille sind Madagaskar mit den Komoren, Tahiti, Mexiko, Java, Réunion, Guadelupe und die Seychellen. Die Vanille der Inseln im Indischen Ozean östlich Afrikas geht im Handel als Bourbon-Vanille.

EINZELNE ANBAUGEBIETE

Das Hauptvanillegebiet der Welt ist Madagaskar mit seinen Nebeninseln (vgl. Karte 23). Die Kultur wurde 1885 aus Réunion eingeführt (33, S. 43; 40 a) und hat sich schnell entwickelt. Vanille gehört zu den wichtigsten Ausfuhrerzeugnissen der Insel. Früher war Madagaskar-Vanille auf dem Markt weniger geschätzt. Die Pflanzer haben gelernt, die Anbau- und Aufbereitungsmethoden zu verbessern (31, S. 41). Die madagaskische Vanille wird jetzt der von Réunion gleichgestellt (40 a). Die Entwicklung der Kultur ist aus den folgenden Ausfuhrzahlen für Madagaskar einschließlich Nossi Bé und Komoren ersichtlich (in kg):

1896	1000	1933	659200
1912	113000	1934	461000
1920	593000	1935	462700
1926	619000	1936	542400
1930	654750	1937	313000
1932	866100		

(6 b, S. 68f.; 12, 1938; 18; 31, S. 44; 32, S. 378; 39; 42)

In den Jahren 1921—27 veranlaßte die günstige Preislage zahlreiche Neuanpflanzungen (31, S. 45). Da 1929 das Angebot auf dem Weltmarkt die Nachfrage überstieg, wurden Maßnahmen zur Einschränkung der Ausfuhr und Festigung der Preise getroffen: Laut einer am 1. August 1933 in Kraft getretenen Verordnung dürfen nur lange und tadellose Schoten zur Ausfuhr gelangen. Die Pflanzer schränken seitdem die Erzeugung ein; sie bestäuben nicht alle Blüten und beseitigen nach der Bestäubung die Trauben mit schlecht geformten Früchten (31, S. 54). Die Vanillegebiete Madagaskars und seiner Nebeninseln sind folgende (vgl. 35):

1. An der Ostküste: a) im Norden die Bezirke Antalaha, Sambava und Vohemar. Die Vanille ist hier die wichtigste Kultur und bestreitet fast die gesamte Ausfuhr (43); b) die der Ostküste vorgelagerte Insel Ste. Marie und der ihr gegenüber liegende Landstrich um Soaneriana, c) die Bezirke Tamatave, Vatomandry und Mananyary in der Mitte der Ostküste (35).
2. An der Nordwestküste das Inselchen Nossi Bé und der ihm gegenüber liegende Bezirk Sambirano.
3. Die Inselgruppe der Komoren. Vanille ist hier das Hauptausfuhrerzeugnis (4, S. 510).

Nach Réunion wurde die Vanille von Mauritius gebracht, von wo bereits 1848 Frankreich Vanilleschoten bezog. Sie erlangte bald auf der Insel große Bedeutung, die jedoch in den letzten Jahren erheblich zurückgegangen ist. 1937 bedeckte sie ungefähr 4500 ha (4, S. 512), Kultur und Aufbereitungsweise sind hier besonders gut entwickelt (30, S. 1039). Die Vanillekultur ist von der Westseite der Insel infolge der Waldverwüstung verschwunden (33, S. 34f.). Sie wird heute an der feuchten Ost(Luv)- seite bei St. André und im ganzen Küstengebiet zwischen Bras-Panon und St. Philippe, namentlich an den unteren Hängen des Grand Brûlé, betrieben. Die Hänge des Grand Brûlé besitzen fruchtbaren, gut durchlässigen Lavaboden (33, S. 36).

Vanilleausfuhr von Réunion in kg:

1913	60000	1934	34000
1931	50494	1935	19373
1932	33000	1936	63498
1933	21189	1937	68244

(13; 38; 39; 40b; 71)

Auf Mauritius besitzt die Vanillekultur keine große Ausdehnung, obwohl die natürlichen Bedingungen die gleichen sind wie auf Réunion. 1870 wurden gegen 12000 kg ausgeführt, 1885 2000 kg (40), 1925 nur noch 110 kg (39).

Auf den Seychellen wurde die Vanille 1886 eingeführt. 1890—1903 war die Erzeugung ebenso groß wie die von Réunion, ging dann aber anscheinend infolge des Wettbewerbes von Madagaskar und der Komoren und der künstlichen Vanillinherstellung andauernd zurück (30, S. 1042). Sie betrug (in kg):

1913	6016	1933	453
1926	551	1934	482
1927	3245	1935	118
1929	4607	1936	575
1932	1266	1937	466

(6 a, S. 76; 6 b, S. 86; Crown Colonist Jhg. 6 (1936), S. 225, Seychelles Bluebook for 1935; 7; 10, S. 1929).

Man legt heutzutage keine richtigen Pflanzungen mehr an, sondern verteilt die Stecklinge im Busch (30, S. 1039).

Auf Sansibar sind 1937 einige Vanilleranken zu Versuchszwecken eingeführt worden (19, S. 13), und auch auf dem afrikanischen Festland hat man in den verschiedensten Ländern Anbauversuche gemacht.

In Deutsch-Ostafrika wurde vor dem Weltkriege auf je einer Pflanzung in Ostusambara und am unteren Pangani Vanille gepflanzt, aber wieder aufgegeben.

In Belgisch-Kongo ist *Vanille planifolia* seit einer Reihe von Jahren auf einigen Versuchsstationen der Regierung und der Missionen eingeführt, doch sind bisher wenig Erfolge zu verzeichnen (36, S. 54; 37).

Die Gabun-Kolonie führt 1928 418 kg, 1929 816 kg, 1930 nichts, 1932 18 kg aus, seit 1933 werden keine Ausfuhrmengen mehr angegeben (Bull. Econ. de l'Afr. Equator. Franç. Jhg. 5 [1929], S. 23; Jhg. 6 [1930], Sonderheft, S. 26; Jhg. 10 [1934], S. 53). 1937 führte Französisch-Äquatorialafrika 100 kg Vanille aus (71).

Nach Kamerun (französisches Mandat) ist die Vanille von den ostafrikanischen Inseln verpflanzt worden. 1930 wurden die ersten Schoten ausgeführt. 1935 betrug die Erzeugung von 10 ha 200 kg, 1936 werden in der Statistik keine Zahlen angegeben (11 c, S. 227).

Dahome-erzeugte 1929 300 kg Vanille.

Welternte an Vanille in t:

	1933/34	1934/35	1935/36
Madagaskar	360	300	305
Komoren	105	90	90
Nossi Bé	21	15	12
Réunion	22	15	35
Mexiko	80	45	70
Tahiti	45	40	60
Java	20*)	20*)	22
Guadelupe und Martinique	5	7	6
Seychellen	3	2	5*)
Welternte	660	535	605

(12, 1936 u. 1937)

c) *Ingwer, Zingiber officinale Roscoe*

Botanik. Der Ingwer *(Zingiber)* aus der Familie der *Zingiberaceen* hat seine Heimat im tropischen Ostasien. In Kultur befinden sich mehrere Arten *(Z. officinale Roscoe, Z. zerumbet, Z. mioga, Z. cassumunar)*, von denen nur die erstgenannte in Afrika eingeführt ist. Der Ingwer (s. Abb. 48) ist

*) einschl. Ceylon.

eine mehrjährige Staude mit 1—1½ m hohem Stengel und zweizeilig angeordneten, kurzgestielten, mit langer Scheide ineinander geschachtelten schmalen, langen Blättern, die zur Zeit der Vegetationsruhe abgeworfen werden. Die weißen bis purpurnen Blüten stehen in 5—7 cm langen, zapfenähnlichen Blütenständen an kurzen, nur mit Schuppenblättern besetzten Stengeln. Der verzweigte Wurzelstock ist fingerdick und stark knotig, außen von faseriger Beschaffenheit. Er ist mit mehreren Lagen tafelförmiger Korkzellen bedeckt, das darunter liegende zartere Gewebe ist mit Kork-, Harz- und ätherischen Ölzellen ausgestattet, den Trägern des würzigen Aromas.

Zingiber officinale stellt an Boden und Klima sehr hohe Ansprüche und gedeiht ausschließlich in den Tropen. Er verlangt hohe, gleichmäßige Wärme, hohe Luftfeuchtigkeit und viel Regen. In Jamaika fallen in den Ingwer-Anbaugebieten 2200 mm Regen jährlich. In den Tropen steigt er bis zu 1500 m Meereshöhe hinauf, gedeiht jedoch am besten in niedrigen Lagen (47; 50).

Der Ingwer benötigt einen nährstoffreichen und gut durchlässigen Boden. Schwerer Lehmboden ist gut geeignet, die besten Ingwer-Sorten wachsen auf sandigem Lehmboden. Helle Färbung des Bodens hat den Vorzug, daß sie den Wurzelstock des Ingwers die erwünschte helle Farbe annehmen läßt (9, S. 274). Gute Durchlässigkeit des Bodens ist erforderlich, stauende Nässe ist unbedingt schädlich. Man pflanzt daher den Ingwer mit Vorliebe auf sanft geneigtem Gelände an.

Kultur. Zur Neuanlage einer Pflanzung verwendet man Rhizomstücke mit je einer Knospe, die man in Erdkämme setzt (9, S. 274). Der Ingwer muß gehackt und unkrautfrei gehalten werden (49). Er entzieht dem Boden hauptsächlich viel Phosphorsäure und Kalk. Superphosphat und Knochenmehl können vor dem Pflanzen gegeben werden (47; 50). Ein Düngungsversuch in Ceylon zeigte gute Wirtschaftlichkeit der Kalidüngung für Ingwer (46). Vielfach wird er als Gartenpflanze gezogen (47; 50).

Mit der Ernte wird begonnen, wenn kurz nach der Blüte die Staude zu welken beginnt. Man hebt die Rhizome sorgfältig mit einer Forke aus der Erde, bringt sie in Haufen und reinigt sie von Erde und Faserwurzeln. Sie werden alsdann gewaschen und getrocknet und geben den schwarzen oder bedeckten Ingwer. Für weißen oder geschälten Ingwer wählt man die besten Rhizome aus, schabt die dunkle Schale ab und wäscht und trocknet sie im Schatten (9, S. 275). Der Ernteertrag ist je nach Klima, Boden und Anbauweise verschieden. In Jamaika erhält man 1000—1500 lbs, ja selbst 2000 lbs getrockneten Ingwer je acre, in Bengalen 1000—1500 lbs. 4 t frische Rhizome geben 1 t getrockneten Ingwer (47; 50).

Der Ingwer findet eine mannigfache Verwendung: als Gewürz, für Bonbons, kandierten Ingwer und andere Konfituren, Biskuits usw., in der Heilkunde, zur Herstellung von Getränken (Ingwerbier), als Ingweröl und -essenz für aromatische Wässer und Liköre.

Angebaut wird der Ingwer in nennenswertem Maße in Britisch-Indien, Jamaika, Cochinchina, Sierra Leone, Brasilien, Japan und China, neuerdings auch in Nigeria (9, S. 275; 47; 50) (vgl. Karte 23).

In Sierra Leone wurde der Ingwer bereits zur Zeit der ersten Ansiedlung freigelassener Sklaven aus Jamaika eingeführt (47; 50) und stellt z. Zt. eines der wichtigeren Ausfuhrerzeugnisse der Kolonie dar. Die Ausfuhrmengen schwanken mit den Preisen. Sind diese zu niedrig, läßt man die Rhizome oft bis zum nächsten Jahr in der Erde. Der Selbstverbrauch ist gering. Eine Sortierung war nicht bekannt, es wurde alles als getrockneter Ingwer ausgeführt (49). Bis zum Jahre 1926 wurde aus Sierra Leone nur roh geschabter Ingwer ausgeführt, 1926 zum ersten Mal 16 tons geschälter Ingwer (47, S. 681). Die Regierungspropaganda zur Verbesserung der mäßigen Qualität hatte 1936 den Erfolg, daß eine reinere und bessere Ware auf den Markt kam (45, S. 6). Die Ausfuhr erreichte folgende Mengen (in t):

1913	2080	1935	1530
1930	2003	1936	1668
1933	1570	1937	2422
1934	1685		

(6, S. 132f.; 7, S. 124; 45, S. 6; Ann. Rep. for Sierra Leone f. 1937. London 1938).

In Nigeria hat die Kolonialverwaltung im Jahre 1928 den Ingwer eingeführt, und zwar im Norden der Kolonie im Südsaria-Bezirk, dem es an Ausfuhrkulturen fehlt, und in den Südprovinzen. 1928 wurden 6 tons präparierten Ingwers ausgeführt, 1929 11½ tons. Die Kultur ist für die Eingeborenen des Südsaria-Bezirks gut geeignet, der Ingwer ist ihnen als Heilpflanze bekannt (48, S. 34f.). Die landwirtschaftliche Verwaltung hat eine Sortierung und Klassifizierung eingeführt und unternimmt Züchtungs- und Anbauversuche (48, S. 34). Die Güte des Erzeugnisses hat sich auch stetig gehoben; der Nigeria-Ingwer wird jetzt mit „Standard Jamaica ginger“ auf eine Stufe gestellt (45, S. 8). Nachstehende Ziffern zeigen die wachsende Ausfuhr der letzten Jahre (45, S. 8):

	Menge in kg	Wert in £		Menge in kg	Wert in £
1930:	16256	176	1935:	384048	7491
1933:	87376	1007	1936:	—	9102
1934:	224536	2599			

In Kamerun (britisches Mandat) wird Ingwer auf einer deutschen Pflanzung als Nebenkultur gebaut. Im Nordteil des Mandatsgebietes empfiehlt ihn die Verwaltung als Eingeborenenkultur. Die ersten Ergebnisse sind ermutigend (Cameroons under British Mandate. Report f. 1937, S. 103).

In Liberia wächst eine Ingwerart wild, aus der Ingwerbier und -brot bereitet wird (64, S. 40f.).

Ingwer für den eigenen Verbrauch wird in ganz Westafrika kultiviert (3, S. 34); er dient den Eingeborenen als Würze und Arznei (2, S. 104).

In Ostafrika wird der Ingwer ausschließlich im kleinen angepflanzt, und zwar nur im Küstengebiet und namentlich auf Sansibar (2, S. 103; 9, S. 375; 48, S. 34). In Abessinien wird Ingwer wenig gebaut und verbraucht. Man sieht ihn nur hier und da auf den Märkten (3, S. 232).

In Madagaskar nahm der Ingwer 1934 230, 1935 250, 1936 230 und 1937 250 ha ein. Die Erträge beliefen sich auf 160, 175, 200 und 200 t (11 b, S. 210; 11 c, S. 234; 11 d, S. 243).

d) Spanischer Pfeffer, Capsicum sp.

Botanik. Der Spanische, Rote oder Cayenne-Pfeffer *(Capsicum)* gehört zur Familie der Nachtschattengewächse *(Solanaceae)*. Die etwa 30 Arten der Gattung sind fast ausschließlich im tropischen Süd- und Mittelamerika beheimatet. Einige sind als Kulturpflanzen in den wärmeren Gegenden der Alten Welt eingebürgert, ihre Früchte sind als Paprika oder Pfefferschoten, engl. „Chillies", ein vielgebrauchtes Gewürz. Es sind ein- oder mehrjährige Kräuter mit wechsel- oder gegenständigen, gestielten, ungeteilten, ganzrandigen, länglichen Blättern, einzelstehenden, weißen, radförmigen Blüten und saftarmen oder saftlosen, länglichen, glatten, etwas aufgeblasenen, vielsamigen Beeren von je nach der Art gelber, roter oder purpurner Farbe, mit zahlreichen, seitlich zusammengedrückten, nierenförmigen Samen. Den scharfen, beißenden Geruch und Geschmack verursacht ein im Samen und Fruchtfleisch enthaltener, kampferartiger Stoff, das Capsicin, die rote Farbe das in der Schale enthaltene Capsicumrot. Die Samen werden durch Vögel verschleppt, daher verwildert die Pflanze leicht (1, S. 428).

Die bekannteste Art ist das einjährige *C. annuum L.* (s. Abb. 49) mit zahlreichen Varietäten und je nach der Varietät gelben, roten oder dunkelpurpurnen Beeren (1, S. 427). Sie besitzt keinen so scharfen Geschmack wie die folgende Art; beim süßen Pfeffer enthält das Fruchtfleisch meist kein Capsicin (1, S. 428).

Das ausdauernde, meist strauchige *C. frutescens L.*, Vogel- oder Ziegenpfeffer, variiert weniger stark als *C. annuum*. Die Schoten sind ebenso wie bei *C. baccatum* kleiner als bei *C. annuum* und zeichnen sich durch große Schärfe aus. In Westafrika werden nachfolgende Arten angebaut: *C. abyssinicum A. Rich*, *C. baccatum L.*, *C. ceratocarpum Fgh.*, *C. conoides Mill.* und *C. longum L.*, die drei letzten sind wahrscheinlich keine selbständigen Arten.

Abb. 49. Spanischer Pfeffer *(Capsicum annuum)*, blühender Zweig, daneben eine Pfefferschote

Standortsbedingungen. Der Cayenne-Pfeffer gedeiht hauptsächlich in den Tropen und Subtropen, aber auch in Gegenden mit gemäßigtem Klima, z. B. in der ungarischen Tiefebene. Der geeignetste Boden ist ein sandiger, kalkhaltiger Lehm (51, S. 156; 53).

Kultur. Die Samen werden zunächst im Mistbeet ausgesät und die Pflanzen, sobald sie 6—8 Blättchen entwickelt haben, in einem Reihenabstand von 80—90 cm und einer Entfernung von 34—40 cm in der Reihe ausgepflanzt (53). Der Cayenne-Pfeffer wird auch als Zwischenkultur zur Unkrautunterdrückung empfohlen (9, S. 54).

Die Blüten erscheinen etwa einen Monat nach dem Auspflanzen. Die Ernte erfolgt 3½—4 Monate nach der Aussaat, bei einigen Varietäten auch später. In einer Saison kann 6—8 mal gepflückt werden, wenn man die Schoten grün erntet, noch häufiger (51, S. 158f.). Nach 2—3 tägiger Nachreife unter Dach werden sie unter täglichem Wenden in der Sonne getrocknet. Die Trocknung dauert 10—12 Tage, bei feuchtem Wetter etwa 14 Tage. Das Gewicht der trockenen Schoten beträgt ⅓—¼ der frischen (51, S. 159). Der Ernteertrag schwankt zwischen 500—1200 lbs je acre, bei ganz intensiver Kultur lassen sich sogar 2500 lbs erzielen (51, S. 159). Anbauversuche mit Auslesen auf Ceylon brachten 1107—3244 lbs je acre (= 1241—3636 kg je ha). Ferner unterscheiden sich die Sorten durch Früh- und Spätreife, Größe, Gestalt und Wassergehalt der Früchte (55).

Paprika erfreut sich einer weitverbreiteten Verwendung als Gewürz zu Soßen und zur Herstellung von Mixed Pickles, vornehmlich in den Tropen bei der Currybereitung. Der Gebrauch als Arzneimittel ist gering. Die grünen Früchte des süßen Pfeffers sind in vielen Gegenden ein geschätztes Gemüse (53).

Der Cayenne-Pfeffer wurde im 16. Jahrhundert von den Portugiesen in Afrika eingeführt und hat sich schnell verbreitet. Man zieht meist die ausdauernden Formen. Vielfach werden die Schoten auch ausgeführt, so in mehreren Ländern Ostafrikas (2, S. 101f.). Die Kultur liegt fast ausschließlich in den Händen der Eingeborenen. Sie ziehen den Spanischen Pfeffer im Garten und auf den Feldern und pflücken nur Schoten zum Verkauf, wenn die Preise ihnen genügen (54). Die Ausfuhr Ostafrikas an Pfefferschoten hat ihre frühere Bedeutung zum großen Teil eingebüßt. Die Entwicklung der Ausfuhr zeigt die folgende Aufstellung (in kg):

Jahr	Uganda und Kenya		Deutsch-Ostafrika	Sansibar	Nyassaland
1924	1970938		927748	34646	
1929	315265		3302	39980	
1933	141783			3759	7545
1934	147625			7518	18778
1935	65583	80264	28042	7569	21713
1936	73050	78537	21234	3962	5497
1937	33376			3759	1396

(52, S. 62; Uganda Bluebook 1937; Zanzibar Bluebook 1937; Nyasa Bluebook 1937; Rep. of Dep. of Agric. Nyasaland 1933.)

Das Hauptausfuhrland war stets Uganda. Der Anbau liegt ausschließlich in den Händen der Eingeborenen. Er umfaßte im Jahre 1937 etwa 266 ha, davon entfielen auf den Bezirk Mengo (Bugandaprovinz) 108,44 ha und auf den Bezirk Toro (Westprovinz) 138,36 ha (Uganda Bluebook 1937).

In Erythrea wird „Berberé" *(Capsicum aegytiacum)* vielfach für den Eigenbedarf als beliebte Gemüsepflanze gezogen (*Troll* in Kol. Rundschau Jhg. 26 [1935], 5, a. a. O.). Der Anbau geschieht häufig mit Hilfe künstlicher Bewässerung. In Abessinien pflanzt man den Spanischen Pfeffer fast ausschließlich in der Kolla und der Woina Dega, und zwar in einer groß- und kleinfrüchtigen Form (3, S. 232). Italienisch-Ostafrika führte 1938 45 t Pfeffer aller Sorten aus, aber gleichzeitig 133 t ein (11 d, S. 596f.).

Madagaskar führte im letzten Jahrzehnt etwas Pfefferschoten aus (in t):

1926/30 . . . 98 — 1935 . . . 33 — 1937 . . . 27
1933 . . . . 63 — 1936 . . . 26 — 1938 . . . 31
1934 . . . . 8 — (11 b, S. 520; 11 c, S. 567; 11 d, S. 596f.; 16, S. 423; 71)

Réunion führte 1933 165 kg und 1937 200 kg Paprikaschoten aus (71), doch überwiegt stets die Einfuhr (vgl. 11 d, S. 596f.)

Belgisch-Kongo führte in den Nachkriegsjahren an Spanischem, weißem und schwarzem Pfeffer aus:

1926/30 . . . . 13 t — 1936 . . . . 3316 kg
1934 . . . . . 94281 kg — 1937 . . . . 5378 kg
1935 . . . . . 44835 kg

(11 b, S. 520; Statistique du Commerce extérieur du Congo Belge 1934-37. Brüssel 1935-38).

In Westafrika wird der rote Pfeffer allgemein von den Eingeborenen kultiviert. Nördlich des Waldgürtels ist *Capsicum frutescens* die gewöhnlich angebaute Art. Der Spanische Pfeffer dient in Nordnigeria zu den verschiedensten Zwecken in der Human- und Veterinärmedizin (1, S. 428).

Pfefferschoten-Ausfuhr Westafrikas in t (11 b, S. 520; 11 c, S. 567; 11 d, S. 596f.; 71):

	1926/30	1934	1935	1936	1937	1938
Elfenbeinküste	46	5	1	1	2	0
Dahome	37	28	40	18	0	0
Franz.-Guinea	27	141	55	64	79	136
Senegal	17	0	0	0	4	0
Franz.-Westafrika . . .	127	174	96	83	85	136
Togo (Franz. Mandat) .	85	10	19	17	45	18

Die Pfefferschoten-Ein- und -Ausfuhr Nordafrikas betrug in t (11 b, S. 520; 11 c, S. 566 f.; 11 d, S. 596f.):

Land	1926/30		1933		1934		1935		1936		1937		1938	
	Ausfuhr	Einfuhr	Ausfuhr	Einfuhr	Ausfuhr	Einfuhr	Ausfuhr	Einfuhr	Ausfuhr	Einfuhr	Ausfuhr	Einfuhr	Ausfuhr	Einfuhr
Tunesien	75	22	82	9	180	11	126	10	107	—	20	216	20	178
Algerien	1	115	0	107	0	159	0	148	9	189	391	3	229	3
Französisch-Marokko	131	71	39	27	0	34	0	18	2	18	20	9	22	0
Spanisch-Marokko	—	—	4	72	0	59	—	—	0	104	58	0	26	1

Ägypten, wo 1934 560 ha mit Cayenne-Pfeffer bestellt waren, führt alljährlich ein paar Tonnen Paprika aus, aber das Vielfache dieser Menge ein (11 b, S. 520; 11 c, S. 566 f.; 11 d, S. 596 f.).

e) Sonstige Gewürze

Pfeffer

Der Pfefferstrauch *(Piper nigrum L.)* aus der Familie der Pfeffergewächse *(Piperacee)* ist im tropischen Südasien beheimatet. Hier liegen auch seine Hauptanbaugebiete: die großen Sundainseln Sumatra, Java und Borneo, Malakka, die Inseln der Malakkastraße und die Philippinen. Der Pfeffer ist ein Kletterstrauch der tropischen Regenwälder, der mit Hilfe von Haftwurzeln klimmt. Er besitzt große, ledrige, breit-ovale, zugespitzte Blätter. Die unscheinbaren Blüten stehen in Ähren. Die Frucht ist eine einsamige rote, zuletzt gelbe Beere (9, S. 211; 57, S. 644; 58, S. 481; 60, S. 1).

Klima. Der Pfefferstrauch bedarf hoher Wärme und gleichmäßiger Feuchtigkeit und gedeiht nur im tropischen Tiefland bis höchstens 400 m

Seehöhe. Der günstigste Boden ist ein humusreicher, gut wasserhaltender Alluvialboden (60, S. 1), der nicht unter stauender Nässe leiden darf (58, S. 482; 60, S. 1).

Kultur. Auf Europäerpflanzungen ist der Pfeffer meist Nebenkultur (9, S. 211). Man läßt den Pfefferstrauch an Stützbäumen oder Stangen emporklettern. Zur Anlage einer Pflanzung dienen Stecklinge, aber auch Samen (60, S. 2). Das Auspflanzen geschieht am besten während der großen Regenzeit in tief gelockertem Boden. Die Spitzen der Kletterzweige werden sobald wie möglich an den Stützen festgebunden (60, S. 3). Die Pflanzung muß besonders im ersten Jahr durch Jäten unkrautfrei gehalten werden. Dünger wird, um Wurzelverletzungen zu vermeiden, nur oberflächlich eingebracht (60, S. 5). Eine Pfefferpflanze gibt 15—20 Jahre volle Erträge (9, S. 211).

Die Beeren sind bereits 5 Monate nach der Blüte reif. Will man schwarzen Pfeffer gewinnen, so pflückt man die Fruchtähren in unreifem Zustande, wenn die Beeren sich zu röten beginnen, und trocknet sie auf Matten in der Sonne. Nach dem Trocknen — das in Madagaskar 8—10 Tage währt (56, S. 395) — trennt man die Körner von den Ähren. Der schwarze Pfeffer beträgt etwa 35 v. H. der frisch geernteten Beeren (57, S. 652; 58, S. 486f.; 60, S. 6). Will man weißen Pfeffer gewinnen, so pflückt man die vollausgereiften Fruchtähren. Man legt sie in Wasser, bis sich das Fruchtfleisch leicht von den Kernen ablösen läßt. Die weißen Kerne werden gut gewaschen und auf Matten getrocknet (57, S. 653f.; 58, S. 487; 60, S. 6).

Die aktiven Stoffe, die der Pfeffer enthält, sind: Piperin (2—10 v. H.), ein sehr wohlriechendes, flüchtiges Öl (1—2 v. H.) und ein bitteres Harz, das Chavicin, das den brennenden Geschmack verursacht. Der schwarze Pfeffer enthält diese Stoffe in stärkerem Maße als der weiße, der letzte ist milder (58, S. 487) (über die chemische Zusammensetzung des Pfeffers vgl. 57, S. 662ff.).

In Afrika wird Pfeffer nur in ganz geringem Umfange kultiviert (vgl. Karte 23). Am bedeutendsten ist der Anbau noch in Madagaskar. Der Mittelpunkt der madagaskischen Pfefferkultur sind die Insel Nossi Bé und die benachbarten Gegenden. Der Pfeffer wird nur als Zwischenfrucht gepflanzt und gibt im dritten Jahr die erste Ernte. Bis zum achten Jahr bleibt die Erntemenge klein, ein ausgewachsener Strauch gibt etwa 5—6 kg getrockneten, schwarzen Pfeffer. Ein Pflücker vermag täglich rund 10 kg getrockneten Pfeffer zu ernten (56, S. 395). 1937 erzeugte Nossi Bé eine sehr feine Qualität (56, S. 435). Die Ausfuhr betrug (in t):

1926/30 . . .	46 t (4 t)*)	1936	120 t (5 t)*)
1930	41 t	1937	176 t (7 t)*)
1934	172 t (6 t)*)	1938	184 t (3 t)*)
1935	176 t (5 t)*)		

(11 b, S. 210 und S. 520f.; 11 d, S. 596f.; 16; 18; 71).

*) Die Zahlen in Klammern bedeuten die gleichzeitige Einfuhr.

Die Anbaufläche belief sich 1934 auf 570 ha, 1935 auf 580 ha, 1936 auf 694 ha und 1937 auf 700 ha (11 b, S. 210; 11 c, S. 234; 11 d, S. 243).

In Ostafrika hat man den Anbau versucht, doch ist er unbedeutend geblieben. Auf Sansibar eingeführte Pfeffersträucher zeigten 1937 nur eine mäßige Entwicklung (19, S. 13).

In Belgisch-Kongo sind Pfefferpflanzungen in Eala und auf der jesuitischen Missionsstation Kisantu angelegt worden. Das Erzeugnis aus Kisantu vermag mit niederländisch-indischem Pfeffer in Wettbewerb zu treten (58, S. 482; 59) (über die Ausfuhr Belgisch-Kongos vgl. u. Spanischer Pfeffer).

Die Elfenbeinküste führte 1937 3500 kg Pfeffer aus (71).

Die Pfefferausfuhr von Sierra Leone gestaltete sich in den letzten Jahrzehnten folgendermaßen (in t):

1913	9,1	1934	34
1923	149,4	1935	18
1929	63	1936	29
1933	70	1937	21

(6, S. 132 f.; 11 b, S. 520; 11 c, S. 567; 11 d, S. 596f.; Sierra Leone Ann. Rep. of the Dep. of Agr. f. 1930, Freetown 1931)

Die Ausfuhrmengen sind zwar recht bescheiden, aber für die Eingeborenen, die sich mit der Pfefferkultur befassen, ist diese ein nicht unwichtiger Erwerbszweig (6 a, S. 132; 6 b, S. 144).

Die Ausfuhr Westafrikas an schwarzem und weißem Pfeffer ist gering, wie die folgende Aufstellung zeigt (in t):

	1926/30	1935	1936	1937	1938
Elfenbeinküste. . . .	24 (46)*)	2 (1)*)	1 (1)*)	3 (1)*)	2(1)*)
Franz.-Guinea	10	0	0	0	0
Nigeria	79	10	5	3	22

(11 b, S. 520; 11 c, S. 566f.; 11 d, S. 596f.)

Andere Pfefferarten

Der Guinea- oder Aschanti-Pfeffer *(Piper guineense Schum. et Thonn.)* findet sich in Westafrika und im Kongogebiet bis zu den großen Seen *(var. Clusii DC.)* (9, S. 210; 57, S. 344f.). Von *P. nigrum* unterscheidet er sich durch die gestielten Beeren. Die getrockneten schwarzen Beeren und selbst die frischen roten Früchte sieht man in Westafrika auf den Lokalmärkten als Gewürz („Buschpfeffer") (1, S. 16f.). Meist hält man die wildwachsenden Pfeffer *(P. Gilletii, P. Thomeanum* und *P. velutinum)* (58, S. 482) des Kongogebietes sämtlich für Formen von *P. guineense* (57, S. 644f.; 59). Er wird vor allem im Norden von Belgisch-Kongo kultiviert (61). Die Früchte dienen zur

*) die Zahl in Klammern bedeutet die gleichzeitige Einfuhr.

Verfälschung der Kubeben (9, S. 210), bzw. kommen als „cub:be africain" in den Handel (57, S. 645; 59). In weiten Teilen Afrikas ist der Guineapfeffer bei den Eingeborenen durch den spanischen Pfeffer verdrängt (64, S. 30).

Der Betelpfeffer *(Piper betle L.)* gleicht in Habitus und Standortsbedingungen dem schwarzen Pfeffer. Er stammt aus dem malaiischen Archipel. Die Blätter finden beim Betelkauen Verwendung zum Einwickeln der Betelnuß. Er wird in Madagaskar und auf den Komoren, auf Sansibar und Pemba und an der ostafrikanischen Küste kultiviert, im Bergland Ostusambaras trifft man ihn verwildert an (2, S. 109f.).

Der Mohren- oder Negerpfeffer *(Xylopia aethiopica A. Rich. = Habzelia aethiopica A. D. C.* und *X. aromatica A. D. C.)* aus der Familie der *Anonaceen* ist ein großer Baum und besonders im tropischen Westafrika zu finden, in Ostafrika nur vereinzelt. Die Samen kamen im Mittelalter und bis ins 17. Jahrhundert als Pfefferersatz in den Handel. Die Samen, die auch als Kumbapfeffer bezeichnet werden, kommen mit denen von *Aframomum* (s. u.) als Melegueta-Pfeffer in den Handel (9, S. 2707). Die Elfenbeinküste führte 1935 und 1936 geringe Mengen aus, die noch nicht 100 dz erreichten (11 d, S. 223).

Über Melegueta-Pfeffer vgl. u. Kardamomen.

Die Mangbattu zwischen Uëlle und Ituri verwenden neben Aschanti- und Guinea-Pfeffer die Früchte zweier wildwachsender *Solanum*-Arten als Gewürz (64, S. 65).

Zimt und Kaneel

Echter Kaneel und Zimt stammen vom Ceylon-Zimtbaum *(Cinnamomum zeylanicum Breyne)* aus Ceylon, Cassia-Zimt vom Kassia-Zimtbaum *(C. cassia Blume = C. aromaticum Nees)*, der in Südchina heimisch ist. Der zur Familie der Lorbeergewächse *(Lauraceae)* gehörige, gegen 10 m hohe Baum besitzt eine schöne, runde Krone, glänzende, dunkelgrüne Blätter von nelkenartigem Geruch und süßlich aromatischem Geschmack, gelblichweiße Blüten und grüne Früchte (70).

Der Zimtbaum gedeiht nur innerhalb der Wendekreise, steigt aber bis zu 2000 m Meereshöhe hinauf (9, S. 70). Der günstigste Boden ist sandiger Boden mit etwas Humus (9, S. 71).

Zur Anlage einer Pflanzung verwendet man Samen, Stecklinge, Ableger und Wurzelstücke (9, S. 70). Das Köpfen der Stämme ruft einen kräftigen Stockausschlag von 3 m langen Schößlingen hervor, die nach 2 Jahren 1½ cm Dicke besitzen und erst grün, später braun gefärbt sind. Mit der Braunfärbung ist die Schnittreife erreicht. Bäume, die aus Stecklingen gezogen sind, können nach 18 Monaten abgeerntet werden, Sämlinge erst nach 3—4 Jahren. Aus den abfallenden Spänen und den übrigen Rindenabfällen („Chips") wird das Zimtöl destilliert, das zu ½—1 v. H. in der Rinde enthalten ist. Es ist hellgelb oder braun gefärbt, riecht angenehm nach Zimt und schmeckt leicht süßlich und brennend. Sein Aldehydgehalt beträgt 65—76 v. H., sein

Eugenolgehalt 6—10 v. H. Verwendung findet es in der Nahrungsmittelindustrie, Parfümerie und Heilkunde (8, 1. Bd., S. 102). Aus den Blättern wird das Zimtblätteröl destilliert (63). das hauptsächlich bei der Eugenolgewinnung gebraucht wird (8, 1. Bd., S. 102). Die Zimtwurzelrinde enthält zu 1 v. H. ein gelblichbraunes, schwach nach Zimtöl duftendes Öl, das auf den Seychellen gewonnen wird (12, 1935, S. 84).

Der Hauptlieferant an Zimt und Zimtöl ist Ceylon. Daneben haben außerhalb Afrikas noch Südchina, Indochina, die Sundainseln und Philippinen einige Bedeutung.

Auf den Seychellen hat der eingeführte Ceylon-Zimtbaum ziemliche Bedeutung gewonnen. Er wächst in den verschiedensten Teilen der Inseln wild, hauptsächlich auf Anhöhen. Die Pflanzer nutzen jedoch nur die in den Kokospalmenpflanzungen wachsenden Zimtsträucher, obwohl diese ein minder gutes Erzeugnis liefern. Die Kulturmethoden könnten noch erheblich verbessert werden (12, 1937, S. 93).

Als Gewürz ist der Zimt von den Seychellen geringwertiger im Aroma als der von Ceylon (5, S. 233). 1928 wurden 107696 kg Zimtrinde ausgeführt (5, S. 233), 1931 35 t, 1932 99 t, 1933 65½ t, 1934 7½ t, 1935 3½ t, 1936 33 t. (Dep. of Agric. Ann. Rep. f. 1935 und 1936, Victoria, Mahé, 1936.) Die Erzeugung an Zimtrindenöl ist gering: 1916 1834 l, 1918 131 l, 1928 68 lbs (5, S. 233; 8, 1. Bd., S. 102). Wichtig ist dagegen die Gewinnung von Zimtblätteröl, das sich seit dem Weltkriege zu einem wichtigen Ausfuhrgut der Inselgruppe entwickelt hat und unter den ätherischen Ölen der Seychellen an erster Stelle steht. Die Ausfuhr entwickelte sich folgendermaßen:

1930	50478 kg	1934	69646 kg
1931	54795 „	1935	57130 „
1932	49699 „	1936	71757 „
1933	60713 „	1937	77480 „

(6 b, S. 87; Dep. of Agric. Ann. Rep. f. 1935 und 1936, Victoria, Mahé, Seychellen, 1936 und 1937.)

Auch das Zimtrindenöl und das Zimtblätteröl der Seyschellen sind geringwertiger als das Erzeugnis Ceylons (8, 1. Bd., S. 102; 12, 1938, S. 115).

Auf Madagaskar nahm die Zimtkultur 1934 und 1935 je 360 ha, 1936 340 ha und 1937 450 ha ein (11 b, S. 210; 11 c, S. 23; 11 d, S. 243). Die Rinde wird in sehr ungleichen Spänen gewonnen und dient nur zur Öldestillation (63). An Öl wurden erzeugt: 1934 2200 kg, 1935 19500 kg, 1936 27300 kg, 1937 53000 kg (16). Die Zimtausfuhr betrug 1937 19,6 t (71).

Auch auf Mauritius wird der Zimtbaum nach *Wiesner* (8, 1. Bd., S. 101) kultiviert. Auf Sansibar wurde 1937 ½ acre mit *Cinnamomum zeylanicum* zwecks Ölgewinnung bepflanzt (19). In Kamerun fielen Kulturversuche in Victoria mit dem Ceylon-Zimtbaum durchaus günstig aus, jedoch stellte sich die Aufbereitung zu kostspielig (9, S. 71).

Kardamomen

Die Kardamomen stammen von einer Anzahl *Zingiberaceen.* Die in Afrika einheimischen Arten faßt man in der Gattung *Aframomum* zusammen. Im Bau und Aussehen ähneln sie stark dem Ingwer und besitzen einen traubigen Blütenstand. Die Frucht ist in drei Fächer mit je einem aromatischen Samen geteilt. Der verwachsene Arillus der Samen schmeckt süßsäuerlich und quillt bei Hinzutritt von Wasser auf.

A. melegueta Roscoe, die Melegueta-Pfefferstaude, von Sierra Leone bis Angola, liefert Paradieskörner oder Melegueta-Pfeffer, die zur Herstellung scharfer Liköre und als Heilmittel dienen (9, S. 78). Dieselbe Verbreitung besitzt *A. granum paradisi K. Schum.* (62, S. 36).

In Kamerun findet sich *A. angustifolium Sonnerat*, der Kamerun-Kardamom, mit 7—8 cm langen und 2—3 cm breiten, birnen- oder flaschenförmigen Früchten von rotbrauner bis rehbrauner Farbe (65, S. 78; 66).

Die Kardamomen werden nur beim Backen von Lebkuchen u. ä. Backwaren verwandt, das Öl aus minderwertigen Kardamomen dient zur Parfümierung von Seifen und kosmetischen Mitteln (66). Nach *Winkler* (9, S. 10) kommen die Früchte von *A. angustifolium* auch aus Ostafrika, Madagaskar und den Seychellen als „Cardamomum majus" in den Handel.

Der Korarima-Kardamom *(A. Korarima Pereira)* Ostafrikas wird in Abessinien, besonders in der südwestlichen Landschaft Wollaga, im heißen Tiefland („Kolla") angebaut und den Speisen als Gewürz zugesetzt (3, S. 232).

Der große Kardamom *(Amomum subulatum Roxb.)* findet sich in Java, Nepal und Bengalen, aber auch in Madagaskar und an der Guineaküste (66).

Réunion führte 1933 13 kg Kardamomen aus (13, S. 31).

Der eigentliche Kardamom — *Elettaria cardamomum White et Mat.* — wird namentlich in Ceylon gebaut. Versuche vor dem Weltkriege in Ostusambara waren nicht ungünstig. In Kamerun wird Kardamom, wahrscheinlich *Elettaria cardamomum majus White et Maton*, kultiviert (s. Karte 23).

Die Gelbwurz oder Kurkuma *(Curcuma longa Roxb.)*, ebenfalls eine *Zingiberacee*, wurde schon vor einer Reihe von Jahrhunderten aus ihrer Heimat Hinterindien zusammen mit dem Ingwer nach Afrika gebracht. Die getrockneten Wurzelstöcke, die ½ v. H. gelben Farbstoff und 5 v. H. flüchtiges Öl enthalten, dienen wie in Indien als Soßengewürz, namentlich bei der Bereitung des Currys, dem sie die gelbe Farbe geben. Auch dienen sie zum Färben. Aus den Blattfasern werden Flechtarbeiten angefertigt. In Ostafrika ist die Gelbwurz weitverbreitet und wird in Mischkultur mit anderen Gewächsen oder auf gesonderten Beeten gezogen. In Westafrika besitzt sie dieselbe Verbreitung wie der Ingwer (2, S. 103), der Wurzelstock liefert Farbstoff und Arznei (1, S. 473).

Muskatnuß

Der Muskatnußbaum *(Myristica fragrans Hout.)* gehört zur Familie der *Myristicaceen* und ist ein 18 m hoher zweihäusiger Baum mit unscheinbaren Blüten und einer pfirsich- oder birnenähnlichen Beere. Der Samen kommt als Muskatnuß, der im frischen Zustande karminrote Samenmantel als Muskatblüte oder Macis in den Handel. Die Muskatnuß gedeiht nur innerhalb der Tropen bei sehr gleichmäßiger Wärme und hohen, sehr gleichmäßigen Niederschlägen, in lichtem Schatten und im Windschutz. Sie beansprucht tiefgründigen, nährstoffreichen und völlig durchlässigen Boden (68). Bei der Kultur ist die Zweihäusigkeit des Baumes zu beachten. Ihre Heimat sind die Molukken, gleichzeitig eines ihrer Hauptanbaugebiete neben Celebes, Java und der Antilleninsel Grenada.

In Afrika ist sie in Réunion (9, S. 184) und auf den Seychellen (67) eingeführt. Im Botanischen Garten zu Eala (Belgisch-Kongo) und in Kamerun wird sie zu Versuchszwecken kultiviert. Man hält ihre Anpflanzung in verschiedenen Teilen der Kolonie für möglich (17, S. 1075ff.).

Neben den echten Muskatnüssen werden die Früchte oder Samen noch einiger anderer Pflanzen fälschlicherweise als Muskatnüsse bezeichnet. Drei von diesen findet man auch in Afrika: *Monodora Myristica Dunal*, eine *Anonacee*, die afrikanische oder Kalebassenmuskatnuß, ist ein schöner Baum des westafrikanischen Regenwaldes. Die Samen werden, wie die der verwandten *M. brevipes Benth.* und *tenuifolia Benth.*, in ganz Westafrika als Suppengewürz, Arznei und Zusatz zum Schnupftabak in den Handel gebracht (1, S. 5). Die Samen enthalten ein nach Muskatnuß riechendes Öl (9, S. 178).

Ravensara aromatica Sonnerat, eine *Lauracee*, die madagaskische Muskatnuß oder Nelkennuß in Madagaskar und Réunion (68), ist in ihren muskatnußähnlichen Früchten von geringerem Handelswert (9, S. 222).

Verschiedene andere Gewürze

Pimenta officinalis Bg., eine *Myrtacee*, liefert den Piment, Nelkenpfeffer, Jamaikapfeffer oder Neugewürz. Der Weltbedarf wird fast ausschließlich von Jamaika und Mexiko gedeckt. In Kamerun sind Anbauversuche in die Wege geleitet worden.

Auf Sansibar, versuchsweise auch in Ost- und Westafrika, hat man malayische Betelnußpalmen *(Areca catechu Willd.)* angepflanzt (19, S. 13).

In der Erzeugung von Koriander *(Coriandrum sativum L.)* spielt Französisch-Marokko neben Rußland und Britisch-Indien eine gewisse Rolle, wie Anbau- und Erzeugungsziffern beweisen:

	Anbaufläche in ha	Erzeugung in t
1931	8515	5218
1935	6541	1700
1936	6545	6500
1937	9271	4300
1938	8854	5800

(Spice Mill Jhg. 55 [1932], S. 830; 11 b, S. 212; 11 c, S. 236; 11 d, S. 245). Ausfuhr: 1936 3461442 kg (14), 1937 2329218 kg (15). In Abessinien wird der Koriander in der Woina Dega angebaut; die grasgrünen Früchte dienen gestoßen als Speisegewürz (3, S. 232).

Anbau und Erzeugung von Römischem Kümmel *(Cuminum Cyminum L.)*, einer *Umbellifere*, weisen in den letzten Jahren in Französisch-Marokko folgende Ziffern auf:

	Anbau in ha:	Erzeugung in t:
1935	3267	400
1936	6381	1600
1937	3491	200
1938	1844	100

(11 b, S. 212; 11 c, S. 236; 11 d, S. 245)

Ausfuhr: 1929 2257 t, 1935 752 t (6, S. 152), 1936 580383 kg (15).

Der Schwarzkümmel *(Nigella sativa L.)*, eine *Ranunculacee*, wird in Abessinien in einer schwarzfrüchtigen Varietät in der Woina Dega und in einer weißfrüchtigen Varietät in der Kolla und Woina Dega angebaut. Er dient zum Würzen von Speisen und Backwaren, namentlich des Weizenbrotes (3, S. 232).

Samen von Fenugraec oder Bockshornklee *(Trigonella Foenum graecum L.)* führte Französisch-Marokko im Jahre 1937 1423767 kg aus (15). Er bildet einen Bestandteil des Currys. Er wird auch in Ägypten angebaut.

Majoran *(Majorana hortensis Moench)* wird von Marokko bis Tunesien kultiviert. Die marokkanische Tangerzone führte 1925 27600 kg aus (72, S. 360) (vgl. a. u. Ätherische Öle liefernde Pflanzen).

Über den Safran s. u. Farbpflanzen.

Schrifttum

Gewürze

a) **Allgemeines.**

1. **Dalziel, J. M.**, The useful plants of West Tropical Africa. London 1937.
2. **Hammerstein, H. L.**, Die Landwirtschaft der Eingeborenen Afrikas. Tropenpflanzer Jhg. 22 (1919), Beiheft 2—3.
3. **Kostlan, A.**, Die Landwirtschaft in Abessinien. 1. Teil Acker- und Pflanzenbau. Tropenpflanzer Jhg. 17 (1913), Beih. 3.

4. Martens, O. und Karstedt, O, Afrika. Ein Handbuch für Wirtschaft und Reise, 1. Bd. Wirtschaft. 4. Aufl. Berlin 1938.
5. Redgrove und Stanley, S., Empire Spices. Their Production and Importance. The Trop. Agriculturist Jhg. 76 (1931), S. 232—35.
6. Schoen, L., Rohstoffkammern der Weltwirtschaft. 1 Bd. Afrika. a) Berlin 1937. b) 2. erg. Aufl. Berlin 1939.
7. Troll, E., Lange, F. und Gerth, E., Afrika als Rohstofflieferant der Weltwirtschaft. Kolon. Rundschau Jhg. 23 (1932), Sonderheft, S. 448—89.
8. Wiesner, J, Die Rohstoffe des Pflanzenreiches. 1. Bd., Leipzig 1928.
9. Winkler, H., Botanisches Hilfsbuch für Pflanzer, Kolonialbeamte, Tropenkaufleute u. Forschungsreisende. Wismar 1912.
10. . . . , Statistical Abstract for the British Empire (1927 to 1936). London 1937
11. . . . , Annuaire International de Statistique Agricole. a) 1935/36, Rom 1936. b) 1936/37 Rom 1937. c) 1937/38. Rom 1938. d) 1939/40. Rom 1940.
12. . . . , Bericht der Schimmel & Co. AG. über Ätherische Öle, Riechstoffe usw. Miltitz bei Leipzig. Ausgabe 1933 bis 1939.
13. . . . , Principales exportations de la Réunion pendant l'année 1933. Rev. Int. des Prod. Colon. Jhg. 10 (1935), S. 30—31.
14. . . . , Exports of coriander, cummin, canary, fenugreek seed from Marocco. Spice Mill Jhg. 60 (1937), S. 321.
15. . . ., Exports of Maroccan Spice Seeds in 1937. Spice Mill Jhg. 61 (1938), S. 234.
16. . . ., Madagascar Spice Exports. Spice Mill Jhg. 61 (1938), S. 423.
17. . . . , Les plantes condimentaires au Congo Belge. Bull. Agric. du Congo Belge Jhg. 21 (1930), S. 1073.
18. . . ., La production agricole de Madagascar en 1930. Rev. Intern. des Prod. Colon. Jhg. 10 (1931), S. 338—52.
19. . . ., Annual Report of the Department of Agriculture. Zanzibar Protectorate for the year 1937. Zanzibar 1938.

b) Gewürznelke.

20. Binder, B. H., Report on the Zanzibar Clove Industry Zanzibar 1936.
21. Böckler, W., Die Gewürznelkenkultur auf Sansibar und Pemba. Kolon. Rundschau Jhg. 28 (1937), S. 364—70.
22. Böckler, W., Das Gewürznelkenmonopol und die Inderfrage in Sansibar. Kolon. Rundschau Jhg. 29 (1938), S. 118—21.
23. Crofton, R. H, A pageant of the Spice Islands. London 1936.
24. François, E., La culture de Giroflier à Madagascar. Rev. de Bot. Appl. et d'Agric. Trop. Jhg. 8 (1928), S. 693—96. Ref.. Tropenpflanzer Jhg. 31 (1928), S. 491
25. François, E., Giroflier et Girofle. Rev. de Bot. Appl. et d'Agric. Trop. Jhg. 16 (1936), S. 589—608, S. 892—907.
26. Troup, R. S., Report on Clove Cultivation in the Zanzibar Protectorate. Zanzibar 1932. Ref.: Tropenpflanzer Jhg. 36 (1933), S. 33.
27 . . ., Die Gewürznelken. Gordian Jhg. 43 (1937), S. 88.
28. . . ., Le giroflier. Rev. Intern. des Produits Coloniaux Jhg. 4 (1929), S. 100—03.
29. . . ., La Production Agricole. Girofle. Rev. Intern. des Produits Colon. Jhg. 6 (1931), S. 349—50.

c) Vanille.

30. Dupont, R., La culture de Vanillier aux Seychelles. Rev de Bot. Appl. et d'Agric. Trop. Jhg. 14 (1934), S. 1038 bis 1042.
31. François, E., Les produits malgaches. La vanille. Rev. de Madagascar Nr. 5 (1934), S. 39—56.
32. Guenther, E., Bourbon Vanilla. Spice Mill Jhg. 61 (1938), S. 372, S. 377—78.
33. Kopp, A., La Vanille dans l'assolement de la Canne à Sucre à la Réunion. Rev. de Bot. Appl. et d'Agric. Trop. Jhg. 12 (1932), S. 32—47.
34. Massinot, E., Le problème de la vanille. Conseils sur la cueillette, la préparation et la présentation de la vanille. Rev. Intern. des Prod. Col. Jhg. 6 (1931), S. 43—51.
35. Meunier, P., La vanille à Madagascar. Rev. Intern. des Prod. Col. Jhg. 4 (1929), S. 98—99.
36. Pynaert, L., La culture de la Vanille. Agric. et Elevage au Congo Belge 1937, S. 33—36, S. 52—54.
37. Watteyne, R. P., La culture de la vanille dans les missions des Pères Blancs du Lac Tanganika. Bull. Agric. du Congo Belge Jhg. 21 (1930), S. 1293.
38. . . ., Production of vanilla beans in Madagascar and Réunion. Spice Mill Jhg. 54 (1931), S. 1034.
39. . . ., Vanille-Ausfuhr der letzten Jahre der hauptsächlichsten Erzeugungsländer. Tropenpflanzer Jhg. 39 (1936), S. 263.
40. . . ., Die Vanille und ihre Ersatzstoffe. a) Gordian Jhg. 38 (1932), 899, S. 24—26; b) Gordian Jhg. 42 (1936), 989, S. 54.
41. . . ., Vanilla bean industry in Madagascar and Réunion. Trend of production and economie factors. Spice Mill Jhg. 8 (1932), S. 970.
42. . . ., Vanilla in the Island of Réunion. Spice Mill Jhg. 55 (1932), S. 845.
43. . . ., La vanille dans la région d'Antalaha à Madagascar. Agron. Colon. Jhg. 10 (1924), S. 118.
44. . . ., Die Weltproduktion von Vanille 1929 und 1930/31. Tropenpflanzer a) Jhg. 32 (1929), S. 526—28; b) Jhg. 36 (1933), S. 169.

d) Ingwer.
45. Gurney, H. F., Report on economic and commercional conditions in the British dependences in West-Africa. London 1937.
46. ..., Ein Düngungsversuch zu Ingwer. Tropenpflanzer Jhg. 37 (1934), S. 296.
47. ..., Ginger, its cultivation, preparation and trade. Bull. of the Imperial Inst. Jhg. 24 (1926), S. 667—682.
48. ..., Ginger from Nigeria. Bull. of the Imper. Inst. Jhg. 29 (1931), S. 34—38.
49. ..., The ginger root crop in Sierra Leone. Spice Mill Jhg. 55 (1932), S. 1281.
50. ..., Der Ingwer. Tropenpflanzer Jhg. 30 (1927), S. 491.

e) Spanischer Pfeffer.
51. Paul, W., Chillies. Trop. Agric. Trinidad Jhg. 89 (1937), S. 154—159.
52. Pollard, A. E., Report on economic and commercial conditions in British East Africa. London 1937.
53. Uphof, J. C. Th., Der Anbau von süßem Pfeffer als Gemüse. Tropenpflanzer Jhg. 30 (1927), S. 378.
54. ..., Chilli-production in East Africa. Spice Mill Jhg. 54 (1931), S. 369, Ref.: Tropenpflanzer Jhg. 34 (1931), S. 210.
55. ..., Selektionsversuche mit Chillies. Tropenpflanzer Jhg. 30 (1927), S. 459.

f) Sonstige Gewürze, α) Pfeffer.
56. Guenther, E., Madagascar pepper. Spice Mill Jhg. 61 (1938), S. 395, S. 435.
57. L'Heureux, L. und Duchesne, Fl., Le poivre. Congo Jhg. 12 (1931), 2. Bd., Nr. 5, S. 641—680.
58. Lejeune, J., Le poivrier et l'intérêt que présente sa culture au Congo Belge. Bull. Agric. du Congo Belge Jhg. 24 (1933), S. 481—88.
59. Vandevelde, A propos de poivre. Quinzaine Coloniale Jhg. 33 (1929), S. 466.
60. Zimmermann, A., Über schwarzen und weißen Pfeffer. Flugblatt Nr. 5, Beilage zum Pflanzer Jhg. 6, (1910).
61. ..., Les variétés de poivrier. L'Agron. Colon. 1937, S. 119.

β) Verschiedene andere Gewürze.
62. Burkill, I. H., Cardamoms. Bull Misc. Inf. 1930, S. 32.
63. Chalot, C., La canelle dans les colonies françaises. Bull. Econ. de l'Indoch. Rens. Jhg. 26 (1923), S. 350.
64. Piette, L., Speise und Trank der Eingeborenen im tropischen Afrika. Diss. Köln 1927.
65. ..., Das Gewürz Kardamom. Tropenpflanzer Jhg. 35 (1932), S. 75.
66. ..., Die Kardamomen. Gordian Jhg. 43 (1937), 1016, S. 80.
67. ..., Le Muscadier et ses produits. La Quinzaine Coloniale 1937, S. 51—52. Ref.: Agric. et Elev. au Congo Belge Jhg. 11 (1937), S. 57—59.
68. ..., The nutmeg industry. Bull. of the Imperial Inst. Jhg. 31 (1933), S. 197—218. Ref.: Tropenpflanzer Jhg. 37 (1934), S. 300—03.
69. ..., Production of cinnamon bark in Seychelle Islands. Spice Mill Jhg. 54 (1931), S. 1539.
70. ..., Der Zimt. Gordian Jhg. 43 (1937), 1015, S. 72.
71. Scarone, Principales exportations des colonies françaises et des territoires Africains sous mandat en 1937. L'Agronom. Colon. Jhg. 28 (1939), S. 10—27.
72. Zander, H. H., Weltproduktion und Welthandel von ätherischen Ölen. Berlin 1938.

2. Drogen- und Heilpflanzen

Die Pflanzen Afrikas, die als Drogen und Heilmittel verwendet werden, sind sehr zahlreich. Einige von ihnen haben Heilmittel in den Kulturländern geliefert oder liefern sie heute noch, andere sind aus fremden Erdteilen für Anbauversuche in Afrika eingeführt worden. Ganz besonders groß und bis heute noch zum Teil sehr mangelhaft erforscht ist aber die Menge der Pflanzen, die den Eingeborenen zur Heilung, zum Fischfang oder zur Pfeilgiftbereitung dienen. Es ist deswegen gänzlich unmöglich, diese Pflanzen allein schon zu erwähnen. Wer sich damit eingehender beschäftigen will, sei u. a. auf die umfangreichen Arbeiten von *Bally* (3) für Deutsch-Ostafrika, *Oberdoerffer* (35) für Nigeria, *Watt* und *Breyer-Brandwijk* (47) für Südafrika, *Dalziel* (15) für das tropische Westafrika, *Cortesi* (13) für die italienischen Kolonien verwiesen. Im folgenden werden daher nur die einheimischen und eingeführten Pflanzen und ihre Erzeugnisse genannt werden, die eine gewisse Bedeutung bei den Eingeborenen als wesentliche Heilmittel für eine tropische Krankheit oder in der Medizin der Kulturländer erlangt haben oder in Zukunft erlangen können und die deswegen ein größeres Interesse beanspruchen. Die Aufzählung ist nicht vollständig. Unterschieden wurde auch nicht zwischen einheimischen, eingeführten und in Afrika von den Eingeborenen verwendeten Pflanzen, da eine solche Einteilung nicht durchführbar ist. Die Aufstellung folgt dem natürlichen System.

Liliaceae

Aloe-Arten. Die medizinisch verwendete Aloe stammt zumeist aus dem Kaplande, aber auch aus Ostafrika, Südostafrika, Natal, Transvaal und Rhodesien von verschiedenen Arten der Gattung *Aloe*, Pflanzen mit fleischigen, dicken, am Rande meist dorniggezähnten Blättern, die eine Rosette an der Spitze eines einfachen oder verzweigten Stammes bilden. Dieser trägt Trauben zumeist roter Liliaceenblüten. Die Droge, die als wirksames Prinzip den kristallinen Bitterstoff Aloin ($C_{20}H_{18}O_9$) enthält, stammt zumeist von *Aloe ferox Mill.* Daneben liefern *Aloe* aber noch zahlreiche andere Arten, so vor allem: *A. africana Mill.*, *A. plicatilis Mill.*, *A. vulgaris Lam.*, die auf den Kanaren und in Nordafrika heimisch, im Mittelmeergebiet, Westindien, Ostindien und China angebaut bzw. eingebürgert sind, *A. succotrina Lam.*, *A. Perryi Baker* von den Kalkplateaus der Insel Sokotra u. a. (30, S. 484 ff.; 36, S. 502; 48, I, S. 147 ff.; 50, S. 18; 60, I, S. 1 ff.).

Menispermaceae

Jatrorrhiza palmata (Lam.) Miers. ist eine Pflanze mit kurzem Wurzelstock, starken, fleischigen, knolligen Wurzeln, kletternden, behaarten Sprossen mit großen handförmig gelappten Blättern und Rispen kleiner unscheinbarer Blüten. Sie ist in Ostafrika heimisch und wird auch auf Madagaskar, den Maskarenen und Ceylon kultiviert. Die Knollen, in Querscheiben geschnitten und getrocknet, stellen die offizinellen Kolombowurzeln dar, die als Stärkungsmittel verwendet werden. Sie enthalten die Alkaloide Palmatin und Jateorhizin. Die Eingeborenen benutzen die Wurzeln als Magenmittel und Heilmittel für Ruhr sowie zum Färben. Erzeugungsgebiet ist vor allem Deutsch-Ostafrika. Die Ausfuhr geriet jedoch nach dem Weltkriege ins Stocken, da der europäische Markt auf längere Zeit gedeckt war. Heute ist die Nachfrage wieder größer geworden und gibt zur Wiederaufnahme der Erzeugung Anlaß (31, S. 385; 36, S. 508; 48, I, S. 331; 50, S. 148; 60, I, S. 449 ff.).

Rosaceae

Hagenia abyssinica Willd. ist ein großer Baum der höheren afrikanischen Gebirge (die Höhen von 3000—4300 m) mit unpaarig gefiederten, langgestielten, weichhaarigen Blättern und achselständigen großen diözischen

Blütenrispen. Die weiblichen abgeblühten bis 30 cm langen Blütenstände werden gesammelt, getrocknet und verhandelt. Sie stellen ein uraltes, abessinisches Bandwurmmittel — Koso genannt — dar, das früher auch in Europa gebräuchlich war; Kosoblüten enthalten α und β-Kosin, das aber erst sekundär bei der Verarbeitung aus Kosotoxin entsteht (36, S. 499 f.; 48, I, S. 457 f.; 50, S. 138; 60, I, S. 118 ff.).

Leguminosae

Unter den *Leguminosen* findet sich eine größere Gruppe von Pflanzen, die nicht allein in Afrika, sondern auch in anderen Ländern (z. B. Java) als Fischgiftpflanzen seit altersher Verwendung finden, und zwar indem Auszüge von Wurzeln, Blättern oder Rinden der betreffenden Pflanze in das auszufischende Gewässer gegossen werden. Nach kurzer Zeit kommen in großem Umkreise die Fische gelähmt an die Oberfläche und können leicht eingesammelt werden. Heute ist zwar eine derartige Verwendung dieser Pflanzen und deren Teile fast allenthalben verboten. Nichtsdestoweniger wurde man jedoch auf sie aufmerksam und erkannte ihre besonderen Eigenschaften in der wirksamen Bekämpfung tierischer Schädlinge. Denn der Giftstoff, der in diesen Leguminosen enthalten ist, wirkt besonders auf niedere Organismen, während er für den Menschen unschädlich ist. Dadurch gewinnen diese aus den Pflanzen gewonnenen organischen Bekämpfungsmittel immer mehr an Bedeutung gegenüber den anorganischen Arsen-, Blei-, Fluor-, Quecksilber-, Thallium-, Bor-, Selen- und Cyanverbindungen, die eine erhebliche Gefahrenquelle für Menschen, Haustiere und Wild darstellen. Der auf die Pflanzenschädlinge wirkende Giftstoff ist vor allem Rotenon ($C_{23}H_{22}O_6$), wenn auch dieses Alkaloid nicht allein vorhanden ist und allein wirkt. Denn die gleiche Menge des reinen Alkaloids wirkt auf Insekten schwächer als Pflanzenauszüge mit entsprechendem Rotenongehalt. Diese rotenonhaltigen Erzeugnisse würden ganz einzigartige Mittel zur Bekämpfung tierischer Schädlinge darstellen, wenn sie nicht durch Licht und Temperatur beeinflußbar, wenn sie gegen alle Insekten gleich wirksam wären und ihnen nicht die vorbeugende Wirkung fehlte. Trotzdem verdienen diese Erzeugnisse immer größere Beachtung, und es gewinnen die insektizidliefernden Pflanzen immer mehr an Bedeutung (6; 25; 40; 52, S. 349 Tff.; 53, S. 15 Tff.; 57, S. 175 Tff.).

Von den hierher gehörigen Leguminosen ist weitaus die wichtigste:

Derris elliptica Benth., eine der etwa 40 Arten der Gattung *Derris*, die fast alle im tropischen Asien beheimatet sind. Sie ist eine große, derbe Liane mit aus 9—13 dünnen, seidenweich-behaarten Fiederblättchen bestehenden Blättern an braunbehaarten Stielen, 2—3 cm langen sehr lockeren Blütentrauben, deren Achse und Stielchen ebenfalls braun behaart sind, mit hellroten oder weiß und rot gefärbten Schmetterlingsblüten. Die Früchte sind flach, 5—7 cm lang und 2 cm breit und enthalten 1—3 Samen. Die Pflanze ist in Britisch-Indochina und im Indischen Archipel heimisch (30, S. 1175f.).

Der ausgebeutete Pflanzenteil ist die Wurzel. Bei ihr konnte zum ersten Male zu Beginn des Jahrhunderts von japanischen Forschern Rotenon als Wirkstoff auf Insekten erkannt und isoliert werden. Freilich enthält die *Derris*wurzel daneben auch noch einige andere wirksame Alkaloide, wie Deguelin, Tephrosin und Toxikarol. Der Gehalt der *Derris*wurzel an diesen Alkaloiden schwankt stark. Die wissenschaftliche Untersuchung der insektiziden Eigenschaften allerdings setzte erst nach dem Weltkriege ein. Seit diesem Zeitpunkt hat *Derris* immer größere Bedeutung gewonnen. Schon heute stellt *Derris*wurzel in Malaya und Niederländisch-Indien einen beachtenswerten Faktor dar und ist auch für Afrika wichtig. Auf die Bewertung der *Derris*wurzel als Handelsware und seine Verwendungsmöglichkeiten in der Schädlingsbekämpfung kann hier nicht eingegangen werden (18, S. 345ff.; 25, S. 435ff.; 34; 38, S. 499 ff.; 42, S. 453 ff.; 43, S. 375 ff.; 48, I, S. 554, III, S. 71 f.; 58, S. 696 ff.; 67, S. 170f.). In Afrika werden in den verschiedenen Gebieten Anbauversuche mit *Derris* gemacht. In Deutsch-Ostafrika besteht die größte *Derris*-Pflanzung im Hinterland von Tanga in Sigi Segoma (5 ha).

Heute noch von geringerer Bedeutung sind folgende:

Mundulea sericea (Willd.) Chev., die in Vorderindien und Ceylon vorkommt und im tropischen Afrika weitverbreitet ist und hier einen der häufigsten Baumsträucher der lichten Buschgehölze, Parksteppen und trockenen Hänge darstellt und von Togo und dem Kameruner Hinterlande bis nach Amboland und Hereroland, Transvaal und Natal gedeiht. Auch in Deutsch-Ostafrika ist er durchaus nicht selten. Er erreicht eine Höhe von 1—6 m, hat graue Rinde, vor allem in der Jugend seidig behaarte Fiederblätter und weiße bis violette Blütentrauben. Die Hülsen sind gelbbraun und wollig behaart. Rotenonhaltig ist vor allem die Rinde (21; 55, S. 311ff.; 56, S. 651ff.).

Millettia Barteri (Benth.) Dunn., ein Kletterstrauch, ist in den Regenwäldern und Galeriewäldern des westlichen tropischen Afrika von Senegambien bis Angola verbreitet, reicht nach Osten weit in das Kongogebiet hinein und bis zum Ghasalquellengebiet. Die lilapurpurnen Schmetterlingsblüten stehen in dichten 30—80 cm langen traubenähnlichen Rispen. Junge Zweige und Adventivwurzeln werden von den Eingeborenen als Fischgift benutzt und enthalten auch insektizide Stoffe (Rotenon? Andere, nicht afrikanische *Millettia*-Arten enthalten es in ihren Wurzeln) (67, S. 172).

Tephrosia-Arten. Die Gattung *Tephrosia* kommt hauptsächlich im tropischen Afrika vor und enthält Kräuter, Halbsträucher oder Sträucher mit unpaarig-gefiederten Blättern, deren Fiederblättchen eine sehr charakteristische Nervatur aufweisen, indem vom Mittelnerv in spitzem Winkel zahlreiche parallele Seitennerven abgehen. Die Blüten sind rot und weiß und stehen in meist endständigen, beblätterten Trauben. Einige Arten werden als Gründüngungspflanzen gebaut (s. d.). *Tephrosia Vogelii Hook. f.* besonders liefert vor allem in den Samen auch ein Insektizid, dessen Giftstoff außer Rotenon noch Deguelin und namentlich Tephrosin ($C_{23}H_{22}O_7$) ist. Aus *Tephro-*

sia isoliertes Insektizid dürfte jedoch vorerst als Ersatz für Derris nicht in Frage kommen, wenn es auch in einzelnen Fällen andere nicht leicht erreichbare Insektizide wirkungsvoll ersetzen kann (10, S. 253 ff.; 25, S. 440; 33; 48, I, S. 547, III, S. 201; 50, S. 252; 54, S. 659 ff.; 67, S. 171).

Mit diesen wenigen hier aufgeführten ist allerdings die Zahl der insektizide Stoffe liefernden Pflanzen keineswegs erschöpft. Vielmehr steht die Erforschung dieser Arten noch im Anfange. Bei den meisten wissen wir bis heute nur, daß sie als Fischgiftpflanzen von den Eingeborenen genutzt und zu diesem Zwecke z. T. auch gebaut werden. Über ihre insektiziden Eigenschaften, ihre Giftstoffe und dergl. ist zumeist noch nichts bekannt. Bei *Claus* (12, S. 1095 ff.) findet sich eine Zusammenstellung von Fischgiftpflanzen.

Von den den *Leguminosen* zugehörigen Drogen- und Heilpflanzen seien noch folgende genannt:

Tamarindus indica L., die Tamarinde, ist ein in Ostafrika heimischer Baum von der Tracht einer Eiche mit paarig-gefiederten Blättern mit kleinen stumpfen Blättchen und wohlriechenden, erst weißen, später gelben, rötlichgezeichneten Schmetterlingsblüten in kleinen Trauben. Die Frucht ist eine leicht gekrümmte, nicht glänzende, graubraune Hülse, die ein süßsäuerliches, bräunliches, olivenfarbiges oder rötliches Fruchtmus enthält, das von Gefäßbündeln längs durchzogen wird. Es wird genossen und auch als abführende Droge verwendet. Die Tamarinde liefert außerdem ein zähes sehr dauerhaftes Holz (36, S. 503; 48, I, S. 502; 50, S. 249 f.; 60, I, S. 435 ff., vgl. a. u. Obst und Früchte).

Cassia-Arten liefern in den Blättern, Hülsen und Samen Abführmittel (Analysen der Inhaltsstoffe siehe 48, I, S. 505 f.). Bekannt sind die Blätter auch in den Kulturländern und stellen die Sennesblätter des Handels dar. Sie stammen von folgenden Arten: *Cassia acutifolia Del.*, *C. angustifolia Vahl.* und *C. obovata Collad.* *C. acutifolia* besitzt eiförmig spitze, fast 3 cm lange und 4—9 mm breite Fiederblättchen; sie ist auf Afrika beschränkt, und zwar auf das mittlere Nilgebiet von Assuan bis Kordofan. *C. angustifolia*, die von Moçambique über Somaliland und Arabien nach dem nordwestlichen Indien reicht, trägt lanzettliche Fiederblättchen von 6 cm Länge und 2 cm Breite. *C. obovata*, mit breiten, verkehrteiförmigen, stumpfen oder vorn ausgerandeten Blättchen, ist eine ebenfalls auf Afrika beschränkte Steppen- und Savannenpflanze, die von Guinea über Kordofan bis Abessinien verbreitet ist. Als Beimischung der Sennesblätterdroge findet sich *Cassia holosericea Fres.*, die in Abessinien, Arabien und Nordwestindien heimisch ist. Für den Welthandel haben nur die Blättchen der *Cassia acutifolia* Bedeutung, die besonders aus den nubischen Landschaften Sukkat, Dar Makass, Dar Dongola und aus Berber stammen, zweimal im Jahre (August-September und März) geerntet und aus Alexandria ausgeführt werden. Vom Sudan wird ein Blattgemenge von *Cassia acutifolia* und *C. angustifolia* über Tripolis ausgeführt. *C. obovata* liefert die sogenannte wilde Sennes, die in Ägypten am geringsten geschätzt wird. Einige andere *Cassia*-Arten liefern ebenfalls Heilmittel, sind aber bedeutungslos (36, S. 503; 50, S. 58; 60, I, S. 167 ff.).

Loesenera kalantha Harms. ist ein nicht häufig in Liberia vorkommender bis 25 m hoher Baum mit drei- bis vierpaarig-gefiederten, unten rostfarbenen Blättern und rosafarbenen Blüten in endständigen Trauben. Die Rinde dient den Eingeborenen als Lepra- und Syphilisheilmittel (2, S. 151 ff.).

Burseraceae

Boswellia-Arten. Der Weihrauch, den verschiedene *Boswellia*-Arten liefern, stammt aus dem Somalilande und Südostarabien (50, S. 43; 60, I, S. 410ff.). Die Ausfuhr geht zumeist über Aden. Aden führte aus dem Somalilande 1922/23 732 t, 1926/27 240 t, 1928 665 t ein (32, S. 140ff.).

Commiphora-Arten wachsen an den Küstenländern des Roten Meeres wild, werden aber auch besonders an der Somaliküste kultiviert. Es sind zumeist Sträucher oder kleine Bäume mit bewehrten Ästen und dreiteiligen Blättern. Sie liefern die als Myrrhen bekannte Droge (50, S. 86; 60, I, S. 328ff.; 66, S. 134ff.; Analysen bei 48, II, S. 647ff.).

Canarium Schweinfurthii Engl. ist die wahrscheinliche Stammpflanze von Elemi (60, I, S. 107). Es dürften aber auch einige andere *Burseraceen* ähnliche Erzeugnisse liefern (vgl. 48, II, S. 655ff.).

Euphorbiaceae

Ricinus communis L. liefert das Rizinusöl (vgl. unter Ölpflanzen).

Jatropha curcas L. und *J. multifida L.* liefern das Purgieröl (s. unter Ölpflanzen) von zur Zeit geringer wirtschaftlicher Bedeutung.

Flacourtiaceae

Zahlreiche *Flacourtiaceen* zeichnen sich dadurch aus, daß sie in ihren Samen fette Öle enthalten, die seit altersher hohe Bedeutung als Heilmittel für Hautkrankheiten besaßen. Das Öl der Samen von *Taraktogenos Kurzii King* (Chaulmoograöl) wurde z. B. in der chinesischen Medizin sicher schon im 13. Jahrhundert n. d. Zw. zu diesem Zwecke benutzt. Aber auch in Afrika (Guinea, Elfenbeinküste) wurde das Öl anderer *Flacourtiaceen*samen (*Caloncoba echinata Gilg.*, Gorlifett) von den Eingeborenen zur Heilung von Hautkrankheiten benutzt. Seit 1884 sind diese Öle in Europa bekannt geworden und finden (besonders Chaulmoograöl) umfassende Anwendung bei der Behandlung von Lepra. Hierüber berichtet ausführlich *Schloßberger* (41). Dieser Darstellung sei auch folgende Zusammenstellung der in Afrika beheimateten oder angebauten medizinisch bedeutungsvollen *Flacourtiaceen* entnommen. Einige Ergänzungen sind hinzugefügt:

Afrikanische Arten (Oncobeae)

Arten	Heimat	Anbaugebiete
Caloncoba echinata Gilg. (= *Oncoba echinata Oliv.*)	Sierra Leone, Guinea, Elfenbeinküste.	Kuba, São Paulo; erfolglos in Nigeria (Sapoba) wegen mangelhafter Keimfähigkeit. Mit gutem Erfolge dagegen an der Elfenbeinküste.
Caloncoba glauca Gilg. (= *Ventenatia glauca P. Beauv.* = *Oncoba glauca Oliv.* = *O. Klainii Pierre*)	Kamerun, Elfenbeinküste.	
Caloncoba Welwitchii Gilg. (= *Oncoba Welwitchii Oliv.* = *O. Laurentii De Wild. et Dur.*)	Gabun, Kamerun, Kongo.	
Oncoba brachyanthera Oliv.	Oberguinea, Obervolta, Dahome.	
Indische Arten (Hydnocarpeae)		
Taraktogenos Kurzii King (= *Hydnocarpus Kurzii Warb.*)	Ostbengalen, Burma, Assam.	Ceylon, Hawaii, Dominica, Brasilien, Paramaribo, erfolglos in Nigeria (Sapoba) wegen mangelhafter Keimfähigkeit.
Hydnocarpus anthelmintica Pierre	Siam, Kambodja, Cochinchina, Laos.	Ceylon, in Malakka, auf Hawaii, in Uganda (Entebbe), in Nigeria (Sapoba, Wachstum aber unbefriedigend), Belgisch-Kongo (Eala 1926. Erste Früchte 1930).
Hydnocarpus laurifolia (Dennst.) Sleumer (= *H. Wightiana Blume* = *Municksia Wightiana Dennst.*)	Malabarküste.	Ceylon, Koromandelküste, Malakka, Uganda, (Entebbe), Nigeria (Sapoba, 1926 begonnen. Wachstum befriedigend. 1936 fast 6 ha mit 2500 Bäumen).

Caloncoba echinata Gilg. liefert in den Samen 46 v. H. Gorlifett mit 87,5 v. H. Chaulmoograsäure. Für *Caloncoba Welwitchii Gilg.* werden an Fett 45,6—46,9 v. H. der trockenen Samen angegeben. Die Samen von *Taraktogenos Kurzii King* enthalten bis 38 v. H. Chaulmoograöl mit den Glyzeriden von Dihydro-Chaulmoograsäure (40 v. H.) und Dihydro-Hydnocarpussäure (59

v. H.) als Chaulmoogra-Dihydrocarpin und Hydrocarpon-Dichaulmoogrin neben wenig Tripalmitin oder Stearodipalmitin. Von den Samen (28 v. H. Kern, 72 v. H. Schale) von *Hydnocarpus anthelmintica Pierre* stammt das Krebaofett oder Lukraboöl (49,97 v. H. der Kerne) mit Glyzeriden der Chaulmoogra- und Hydnocarpussäure, wenig Olein und Palmitin. Das Fett der Samen (41,2—41,98 v. H. oder 63,25 v. H. der trockenen Kerne) von *Hydnocarpus laurifolia (Dennst.) Sleumer* wird Marattifett genannt. Seine Hauptbestandteile sind Glyzeride der Chaulmoogra- und Hydnocarpussäure, anscheinend auch kleine Mengen von Säuren der Linol- und Linolensäurereihe. Keinen Heilwert — wahrscheinlich infolge Fehlens der Chaulmoograsäure — besitzt das Fett der Samen von *Oncoba spinosa Forsk.*, die in Guinea, Dahome und Kamerun heimisch ist (1, S. 9798f.; 11, S. 71; 16, S. 27f.; 27, S. 341ff.; 30, S. 903ff.; 37; 41; 46, S. 315ff.; 48, II, S. 801ff.; III, S. 35f., 107f.; 49, S. 56f.; 62, S. 20; 72, S. 196ff.).

Caricaceae

Carica papaya L., der Melonenbaum, liefert das Alkaloid Carpain ($C_{14}H_{25}NO_2$) und das wichtige Enzym Papaïn (Papayotin). (Über den Melonenbaum vgl. u. sonstige Früchte und Obstarten).

Apocynaceae

Strophanthus-Arten sind im tropischen Afrika und Asien heimisch. Es sind kletternde Sträucher mit gegenständigen Blättern, an deren Achseln zumeist die weißen, gelblichen oder rötlichen Blüten entspringen. Diese haben eine glockenförmige Röhre, die in fünf Zipfeln endigt. Bei *Strophanthus hispidus D.C.* (s. Abb. 50) und *S. kombe Oliv.* (s. Abb. 51) tragen sie lang herabhängende schwanzförmige Fortsätze, die bei *S. gratus (Wall. et Hook.) Franch.* (s. Abb. 52) fehlen. Am Schlunde der Kronröhre bilden fünf zweispaltige Anhängsel einen Kranz. Die Frucht ist eine harte, lange, braune Balgfrucht mit zahlreichen Samen, die einen langgestielten Haarschopf als Flugapparat tragen. Bei *Strophantus hispidus* und *S. kombe* sind die Samen außerdem stark filzig, bei *S. gratus* kahl. Die Samen werden geern-

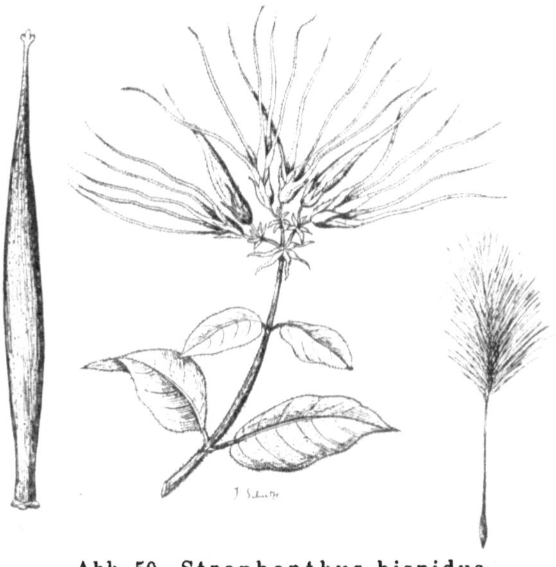

Abb. 50. Strophanthus hispidus
Zweig im Erblühen, halbe Frucht und Same

tet, wenn die Früchte noch nicht vollreif sind, da sie sonst ausfallen und vertragen werden. Sie enthalten das Glykosid Strophantin, das als herzregulierendes und diuretisches Mittel gebraucht wird. In Togo verwenden die Eingeborenen einen aus Blättern, Rinde und Wurzeln von *S. hispidus* hergestellten Brei gegen Geschwüre, Geschwülste und Guineawürmer, innerlich eine Rinden- oder Wurzelabkochung gegen Malaria, Schwarzwasserfieber und Dysenterie. Allgemein dienen *Strophanthus*-Samen als Pfeilgift. Die Samen von *Strophanthus hispidus* enthalten meist 3—4 v. H. k-Strophantin, von *S. kombe* ungefähr 3—4 v. H. (früher wohl zu hoch 8,2—8,5 v. H.) k-Strophantin und *S. gratus* 3,615 v. H. (angeblich bis 7,76 v. H.) g-Strophantin. Verbreitet ist *S. kombe* in Ostafrika, *S. hispidus* von Senegambien bis Oberguinea, Südkamerun, Küstengebiet und Hinterland von Togo, *S. gratus* vom Senegal bis zum Kongo. Ausgeführt wurden an *Strophanthus*samen z. B. von Nyassaland: 1933 7947 kg, 1934 4359 kg, 1935 4375 kg (70, S. 8), 1936 7344 kg, 1937 11 196 kg (71, S. 7) (19, S. 55ff.; 30, S. 2633f.; 36, S. 515f.; 48, II, S. 992ff.; 50, S. 246; 60, I, S. 620ff.).

Abb. 51. Strophanthus kombe

Rubiaceae

Cinchona-Arten. Die Gattung *Cinchona* ist ursprünglich im westlichen Südamerika in den Kordilleren innerhalb 10° nördl. und 19° südl. Breite zwischen 1800 und 3000 m Meereshöhe heimisch und enthält zahlreiche Arten, die leicht Bastarde bilden. Es sind Bäume oder Sträucher mit gegenständigen immergrünen, meist ledrigen, glänzenden, kurzgestielten Blättern von eiförmiger, verkehrt-eiförmiger, lanzettlicher oder fast auch kreisrunder Gestalt und wohlriechenden kleinen Blüten in endständigen Rispen. Das Erzeugnis, das die *Cinchona*-Arten liefern, ist die Rinde (China-Rinde). Für den Handel sind besonders vier Arten wichtig:

Abb. 52. Strophanthus gratus, blühender Zweig und Frucht

Cinchona Ledgeriana Howard,
Cinchona succirubra Ruiz et Pavon,
Cinchona Calisaya Weddell und
Cinchona officinalis Hook. (8; 30, S. 948; 50, S. 67)

Cinchona Ledgeriana Howard hat eine pyramidenförmige, verhältnismäßig spitzzulaufende Krone mit breit länglich-elliptischen, rötlich schimmernden, unten bläulichgrünen Blättern, nickenden, reinweißen Blüten und breit eilanzettlichen, verhältnismäßig kurzen Kapseln (50, S. 68).

Cinchona succirubra Ruiz et Pavon (s. Abb. 53) ist von raschem Wuchse mit gerade aufgerichtetem Stamm und mehr oder weniger kugeliger Krone, großen ovalen und stark runzeligen Blättern und unten grünlichen, oben rötlichen, schwach riechenden Blüten und hat gegenüber *C. Calisaya* doppelt so lange Kapseln (50, S. 68).

Abb. 53. *Cinchona succirubra Ruiz et Pavon*

Cinchona Calisaya Weddell ist von sparrigem, aufgelöstem Wuchs und hat gegenüber *C. Ledgeriana* härtere, in der Jugend samtartig glänzende, breitere Blätter, nicht riechende, größere fleisch- bis rosenrote Blüten und kleinere Früchte (50, S. 68).

Cinchona officinalis Hook. ist kleiner als die anderen mit deutlichem Hauptstamm, verhältnismäßig geringer Verzweigung und lockerer Krone, eilanzettlichen dunkelgrünen, glänzenden, am Rande gewellten Blättern und fast blutroten Blüten (50, S. 68).

Neben diesen vier Arten bestehen mehrere Hybriden, so z. B. *Cinchona officinalis* × *C. succirubra* = *C. robusta* (50, S. 68).

Für die Kultur der *Cinchona*-Arten ist wesentlich, daß sie nur unter den ihrem Heimatgebiet entsprechenden Klimabedingungen gedeihen. Sie wachsen nur zwischen 500—2500 m, je nach der geographischen Breite, und bei einer jährlichen Regenmenge von 1800—2000 mm, die sich möglichst gleichmäßig über das Jahr verteilen muß. Da die Bäume gegen Wind sehr empfindlich sind, muß die Kultur in geschützten Lagen erfolgen. Der Boden soll humusreich und gut durchlüftet sein. Die Fortpflanzung geschieht durch Samen oder Stecklinge. Die Droge ist die getrocknete Rinde des Stammes und der Zweige (26; 50, S. 68f.; 59, S. 373ff.).

Die Chinarinde enthält eine größere Zahl von Alkaloiden, deren Gehalt nach Art, Varietät, Pflanzenteil, Alter, Klima und Standort stark schwankt. Ihre therapeutische Wirkung beruht auf dem Alkaloid Chinin ($C_{20}H_{24}N_2O_2$). Daneben sind Chinidin ($C_{20}H_{24}N_2O_2$), Cinchonin ($C_{19}H_{22}N_2O$), Cinchonidin ($C_{19}H_{22}N_2O$) und eine größere Zahl von weniger wichtigen Alkaloiden enthalten. Chinarinde ist in der Heilkunde von besonderer Wichtigkeit zur Malariabekämpfung (30, S. 950ff.). Über Chinin in der Allgemeinpraxis berichtet ausführlich *Johannessohn* (24), eine Zusammenstellung von Analysen bringt *Wehmer* (48, II, S. 1150ff.).

Den Wert der *Cinchona*-Rinde erkannte man schon im 17. Jahrhundert und begann die Wildbestände in der Heimat der Pflanzen auszubeuten. Durch den Raubbau veranlaßt, begann man im 19. Jahrhundert mit dem versuchsweisen Anbau in anderen Ländern, wobei die Kulturen auf Java so erfolgreich waren, daß sie heute etwa 90 v. H. der Welterzeugung an Chinarinde liefern (30, S. 948f.).

Infolge des hohen Wertes der *Cinchona*-Rinde ist man auch in Afrika darangegangen, *Cinchona*-Arten mit mehr oder weniger Erfolg zu kultivieren, um sich von der javanischen Einfuhr unabhängig zu machen. Bei der Bedeutung des Erzeugnisses ist es notwendig, auf die in den einzelnen Ländern Afrikas unternommenen Versuche näher einzugehen.

Der Anbau von *Cinchona* in Französisch-Guinea im Futagebirge ist fehlgeschlagen. In neuerer Zeit sind die Versuche wieder aufgenommen worden (44, S. 17).

Von Nigeria liegen Mitteilungen über Versuchspflanzungen vor (65, S. 89).

In Kamerun (französisches Mandatsgebiet) wurden Kulturversuche mit *Cinchona succirubra* und *C. Ledgeriana* angestellt. Die erste Pflanzung wurde im Gebiete von Dschang bei 1500—1600 m Meereshöhe angelegt. Die Rinde von *Cinchona succirubra* wies einen ungenügenden Alkaloidgehalt auf, die von *C. Ledgeriana* dagegen bewahrte ihren Chiningehalt auch in Kamerun. Die gleichen Ergebnisse brachten die Versuche in 1200 m Meereshöhe, während von Untersuchungen, die auf dem Zentralplateau von Jaunde in 800 m Höhe angestellt wurden, noch keine Ergebnisse bekannt geworden sind (44, S. 17; 63, S. 567f.). Infolge des geringen Chiningehaltes der Rinde von *Cinchona succirubra* (1 v. H.) wird diese namentlich als Unterlage für Edelreiser der *C. Ledgeriana* benutzt. Sie gedeiht wesentlich besser als *C. Ledgeriana*. Neuerdings will man die Rinde aber trotz ihres geringen Chiningehaltes verwenden, um statt des Chinins die überreichlich vorhandenen sekundären Rindenalkaloide zu gewinnen und diese der Malariabekämpfung nutzbar zu machen. Versuche mit einem derartigen Präparat (70 v. H. sekundäre Alkaloide, 15 v. H. Chinin) sind unternommen. Fallen sie günstig aus, sollen die Eingeborenen zur *Cinchona succirubra*-Kultur angehalten werden. Das größte

Interesse wird jedoch den Anpassungsversuchen der *Cinchona Ledgeriana* entgegengebracht (14, S. 11ff.).

Auch in Kamerun (englisches Mandat) sind Anbauversuche mit *Cinchona*-Arten gemacht worden (65, S. 89).

In Belgisch-Kongo sind seit dem Jahre 1901 Versuche mit *Cinchona*-Arten unternommen worden. Besonders im Hochland der zentralafrikanischen Grabenzone haben sie sich als erfolgversprechend erwiesen. Gepflanzt werden vor allem *Cinchona Ledgeriana*, *C. succirubra* und Kreuzungen. Besonders erfolgreich waren Pfropfungen von *C. Ledgeriana* auf *C. succirubra*. An der *Cinchona*-Kultur arbeiten besonders die Versuchsstationen Mulungu (1650 m) und Schibinda (2100 m). Die Mission Fataki hat im Jahre 1936 ihre schon bestehenden Pflanzungen erheblich erweitert. Zur Zeit nimmt die Anbaufläche in der Provinz Costermansville 75 ha ein, geplant sind darüber hinaus 182 ha. Von diesen rund 260 ha, die Ende 1939 mit *Cinchona*-Arten bebaut sein sollen, sollen auf *C. Ledgeriana* 205 ha, auf *C. succirubra* 55 ha entfallen. Die Erträge dieses Gebietes sind imstande, den Chininbedarf Belgisch-Kongos zu decken. Der Chininsulfatgehalt der Rinde ist hoch. Er liegt mit 7,74 v. H. zwischen Rinde aus Pflanzen in Europäerkulturen auf Java (6,86 v. H.) und Sumatra (9,75 v. H.). Darüber hinaus wird empfohlen, zum Zwecke der Ausfuhr *Cinchona*-Arten auch auf dem Hochlande des Ostens anzubauen (7, S. 173; 28; 39; 45).

Die Anpflanzungen von *Cinchona* in Deutsch-Ostafrika begannen bereits 1902, zuerst mit verschiedenen Hybriden, dann mit *C. Ledgeriana* und *C. succirubra*. Im März 1906 standen in Bomole 6587 *C. Ledgeriana*-Bäume, 9049 *C. succirubra*-Bäume und 6358 Hybriden. 1909 wurden 403 kg Hybridenrinde nach Deutschland verschifft. Der Gehalt an Chininsulfat betrug 5,5 v. H. 1912 wurden 3000 kg Rinde von *C. succirubra*, 1913 insgesamt 3566 kg Rinde ausgeführt. Während des Weltkrieges bis Ende März 1916 wurden in Amani 300 lbs reines Chininsulfat und 13 lbs unreines Chinin hergestellt sowie etwa 8000 lbs Rinde nach Mpwapwa versandt. Die während des Weltkrieges restlos ausgebeuteten *Cinchona*bestände lieferten durch Stockausschläge 1919 16500 lbs, in den folgenden Jahren weitere 14700 lbs Rinde. Inzwischen waren erneut 6532 *Cinchona Ledgeriana* und 4801 Hybriden angezogen und auf dem Drachenberg ausgesetzt worden. In den Jahren 1932 und 1933 wurden alle *Cinchona*bäume geschlagen und brachten 34961 lbs. Alle Stöcke haben seitdem wieder gut ausgeschlagen. Die Beobachtungen in Amani haben gezeigt, daß dort die Hybriden und *C. succirubra* besser gedeihen als *C. Ledgeriana*. Auch die Stockausschläge sind kräftiger (51, S. 14ff.; 61, S. 27f.).

Auf Madagaskar begannen Versuche mit *Cinchona*-Anbau im Jahre 1896. Die Versuche in Emyrne und im Osten brachten keine abschließenden Ergebnisse. Sie wurden daher im Jahre 1928 mit *C. succirubra* und *C. Ledgeriana* im Norden der Insel im Ambragebirge südlich von Diego Suarez in einer Höhe von 1030 m wieder aufgenommen. Die Saat kam aus Java (17, S. 121ff.).

Auch in Erythrea sind Versuche zur Einführung der Kultur verschiedener *Cinchona*-Arten *(C. Ledgeriana* und *C. succirubra)* in der Versuchsstation Faghena gemacht worden (22, S. 200ff.).

Compositae

Chrysanthemum-Arten. Von diesen ist die wichtigste *C. cinerariaefolium (Treviranus) Vis. (= Pyrethrum cinerariaefolium Trev.)*, Pyrethrum (s. Abb. 54) eine ausdauernde, stark aromatisch duftende Wucherblume mit zumeist grundständigen, seidenhaarigen, fiederspaltigen Blättern, schwach behaarten Blütenstengeln und langgestielten Blütenköpfchen. Die Hüllblätter sind außen gelb bis bräunlichgelb, innen strohgelb, die Scheibenblüten gelb, die Zungenblüten weiß. Die Früchte stellen glatte Schließfrüchte (Achänen) dar. Die Pflanze war ursprünglich in Dalmatien, Herzegowina und Montenegro beheimatet, hat aber durch die Kultur eine weite Verbreitung vor allem in Japan auf Hokkaido, in Jugoslavien, Italien, Rußland, Frankreich, Spanien, Schweiz, den Vereinigten Staaten von Nordamerika und in Afrika gefunden. Sie wächst auf leichten, sandigen, trockenen Böden. Die Aussaat geschieht fast ausschließlich in Saatbeeten. Nach 3—6 Monaten werden die Pflänzchen in das Feld versetzt. Das Auspflanzen muß auf gut gelockerte, unkrautfreie Felder erfolgen. Die Pflanzen kommen in Reihen von 60—70 cm Abstand und 40 cm Entfernung in der Reihe. Zuweilen wird auch im Quadrat von 50 : 50 cm gepflanzt. In Kenya wird eine Pflanzweite von 37,5 : 37,5 cm empfohlen. Die Kultur braucht keine besondere Pflege. Geerntet werden die Blütenköpfe mit einem Stengelstück, die Blütenköpfe und Blätter oder die ganzen Pflanzen. Bei den Blütenköpfen allein erzielt man 500 kg/ha, bei Blütenköpfen mit Blättern 2000 kg/ha. Blütenköpfe und Blätter werden sodann getrocknet (hierüber vgl. 4, S. 327ff.), gepulvert und stellen ein wirksames Mittel zur Bekämpfung tierischer Schädlinge dar. Die insektiziden Eigenschaften beruhen auf der Anwesenheit von Pyrethrin I und II, $C_{21}H_{30}O_3$ und

Abb. 54. Pyrethrum
(*Chrysanthemum cinerariaefolium*)

$C_{22}H_{30}O_5$, Ester des Pyrethrolons, $C_{11}H_{16}O_2$. Diese Ester stellen Nervenmuskelgifte vor allem für Insekten dar.

Die Wucherblume wird in den verschiedensten Teilen Afrikas gebaut. In Kenya wird *Chrysanthemum cinerariaefolium* in Höhenlagen über 1600 m kultiviert, da nur bei dieser Höhe die Pflanzen zur Blüte kommen. Das Optimum der Blühentwicklung liegt bei 2600 m. Die Vermehrung geschieht hier durch Stecklinge. Kenya deckt nicht nur seinen eigenen Bedarf, sondern führt auch noch aus: 1936 1165 t; 1937 trotz Erhöhung der Anbaufläche nur 947 t. Die Erzeuger sind zu einer Vereinigung zusammengeschlossen, der auch diejenigen von Deutsch-Ostafrika angegliedert sind.

In Deutsch-Ostafrika wird Pyrethrum auf den südwestlichen Hochländern namentlich von den deutschen Siedlern mit gutem Erfolge gebaut.

In Belgisch-Kongo wird *Chrysanthemum cinerariaefolium* am Kivu sowie auf 3 Versuchsstationen in Ruanda-Urundi angebaut.

Auf Madagaskar sind die ersten Versuche mit dem Pyrethrum-Anbau 1928 begonnen worden.

In der Südafrikanischen Union wird die Wucherblume im Kapland gebaut.

Die Erträge, die die Pflanzungen in Marokko lieferten, schwankten zwischen 800—1000 kg/ha.

Auch aus Algerien liegen Angaben über Pyrethrum-Anbau vor.

Neben *Chrysanthemum cinerariaefolium* wird auch Insektenpulver von *C. roseum Weber et Mohr* gewonnen, einer im Kaukasus, Armenien und Nordpersien wildwachsenden und auch angebauten Pflanze, sowie von *C. Parthenium (L.) Bernh.* und einigen anderen Arten (4, S. 327ff.; 5, S. 31ff.; 20; 23, S. 11ff.; 29, S. 127 T; 30, S. 2255ff.; 48, II, S. 1238ff.; III, S. 47f.; 60, II, S. 162ff.; 64, S. 153; 69, S. 303ff.).

Schrifttum

Drogen- und Heilpflanzen

1. **Adriaens, L.**, Etude chimique des graines d'Hydnocarpus anthelmintica Pierre originaires du Congo belge. Les mat. grass. le pétrole et ses dérivés Jhg. 25 (1933), S. 9798—99. Ref.: Untersuchungen von Hydnocarpus-Öl. Tropenpflanzer Jhg. 36 (1933), S. 315—16.

2. **Aubreville, A.**, L'arbre à lèpre des Guérés (Côte d'Ivoire). Actes et Compt. rendus de l'Ass. Colon.-scienc. Jhg. 9 (1933), S. 151—53. Ref.: Die Rinde des Baumes Loesenera kalantha Harms als Lepraheilmittel. Tropenpflanzer Jhg. 36 (1933), S. 540.

3. **Bally, P. R. O.**, Heil- und Giftpflanzen der Eingeborenen von Tanganyika. Rep. spec. nov. regn. veg., Beiheft 102, 1938.

4. **Beckley, V. A.**, Pyrethrum drying. The East African Agric. Journ. of Kenya, Tanganyika, Uganda and Zanzibar Jhg. 2 (1937), S. 327—38. Ref.: Über das Trocknen der Pyrethrumblüten. Tropenpflanzer Jhg. 40 (1937), S. 358—60.

5. **Beckley, V. A.**, Pyrethrum in Kenya. Bull. of the Imp. Inst. Jhg. 36 (1938), S. 31—44. Ref.: Der Pyrethrumanbau in Kenya. Tropenpflanzer Jhg. 41 (1938), S. 303—05.

6. **Bertraud-Rossi**, La roténone, ses propriétés et ses applications. Ann. du Musée Colon. Jhg. 46 (1938), 5. série, 6. volume, 2. fasc.

7. **Böckler, W.**, Der heutige Stand der Landwirtschaft in Belgisch-Kongo. Kolon. Rundschau Jhg. 29 (1938), S. 158—77.

8. **Böhringer, Ch.**, Cinchona einst und jetzt. Tropenpflanzer Jhg. 30 (1927), S. 177—82.

9. **Boulnois**, Traitement indigène de la Lèpre par l'écorce d'un Cyñométra en usage chez les Guérés de la région de Toulépleu (Côte d'Ivoire). Rev. de Bot. Appl. et d'Agric. Trop. Jhg. 5 (1932), S. 451—53.
10. **Braun, K.**, Tephrosia Vogelii Hook. f. als Fischgiftpflanze im früheren Deutsch-Ostafrika. Angewandte Botanik Jhg. 15 (1934), S. 253—61.
11. **Chevalier, A.**, L'huile de Caloncoba glauca au Cameroun. Rev. de Bot. Appl. et d'Agric. Trop. Jhg. 8 (1928), S. 71.
12. **Claus, F.**, La capture des poissons au moyen de plantes toxiques. Bull. agric. du Congo Belge Jhg. 21 (1930), S. 1095—1114. Ref.: Der Fischfang mittels Pflanzengiften. Tropenpflanzer Jhg. 35 (1932), S. 38—41.
13. **Cortesi, F.**, Piante officinali e della medicina popolare delle Colonie Italiana d'Africa e regioni limitrofe. Rass. econom. delle colon. Jhg. 24 (1936), S. 71—126.
14. **Coste, R.**, Les essais de culture des quinquinas au Cameroun. Cameroun Jhg. 7 (1937), S. 11—17. Ref.: Kulturversuche mit Chinarindenbäumen in Kamerun (franz. Mandat). Tropenpflanzer Jhg. 41 (1938), S. 122.
15. **Dalziel, J. M.**, The useful plants of West Tropical Africa. An Appendix to the Flora of West Tropical Africa, von **Hutchinson, J.** und **Dalziel, J. M.** London 1937.
16. **Diesnis, A.**, L'huile de Chaulmoogra. Agric. et élevage au Congo Belge Jhg. 8 (1934), S. 27—28.
17. **Drouhard, E.**, Note sur la culture de Quinquina dans la forêt d'Ambre Nord de Madagascar (Diégo-Suarez). Rev. de Bot. Appl. et d'Agric. Trop. Jhg. 12 (1932), S. 121—23.
18. **Gehlsen, C. A.**, Derris (Tubawurzel). Tropenpflanzer Jhg. 39 (1936), S. 345—52.
19. **Gilg, E.**, Über die pharmakognostisch wichtigen Strophanthus-Arten. Tropenpflanzer Jhg. 6 (1902), S. 35.
20. **Gnadinger, C. B.**, Pyrethrum flowers. Minneapolis 1936, 2. Aufl.
21. **Greenway, P. J.**, Mundulea fish poison. The Kew bull. of miscecell. inform. 1936, Nr 4.
22. **Guidotti, R.**, Esperimenti sull'acclimatazione della Cinchona in Eritrea. Rass. econom. delle colonie Jhg. 24 (1936), S. 200—12.
23. **Hilgendorff, G.**, Über Pyrethrum und pyrethrinhaltige Mittel. Nachrichtenblatt f. d. Deutschen Pflanzenschutzdienst Jhg. 14 (1934), S. 11—13.
24. **Johannessohn, F.**, Chinin in der Allgemeinpraxis unter Berücksichtigung pharmakologischer Befunde. Amsterdam 1930.
25. **Jung, K.**, Pflanzliche Insektizide (Pyrethrum, Derris, Mundulea, Lonchocarpus, Tephrosia u. a.). Tropenpflanzer Jhg. 41 (1938), S. 431—43.
26. **Kempski, K. E.**, Der Fieberrindenbaum unter besonderer Berücksichtigung seiner Kultur in Niederländisch-Indien. Berlin 1923.
27. **Kennedy, J. D.**, The cultivation of Hydnocarpus wightianus in Nigeria. Bull. of miscellaneous inform. Jhg. 6 (1936), S. 341—45. Ref.: Der Anbau von Hydnocarpus Wightianus Blume in Nigerien. Tropenpflanzer Jhg. 40 (1937), S. 253—55.
28. **Kinds, R.**, L'introduction des quinquinas au Congo Belge. Bull. agric. du Congo Belge Jhg. 21 (1930), S. 1206—11.
29. **Legros, J.**, Essais de culture du Pyrèthre de Dalmatie à Madagascar et dans la République Argentine. Rev. Intern. d'Agric. Jhg. 24 (1933), S. 125 T—129 T. Ref.: Über die Pyrethrum-Kultur in Argentinien und Madagaskar. Tropenpflanzer Jhg. 36 (1933), S. 258—59.
30. **Madaus, G.**, Lehrbuch der biologischen Heilmittel. 3 Bände. Leipzig 1938.
31. **Marshall, T. H.**, Notes on two drug plants. The East African Agr. Journal Jhg. 3 (1938), S. 385—87. Ref.: Die Drogenpflanzen Calumbowurzel und Strophanthus Eminii. Tropenpflanzer Jhg. 42 (1939), S. 69—70.
32. **Maugini, A.**, Production de l'encens dans la Somalie Italienne. Rev. de Bot. Appl. et. d'Agric. Trop. Jhg. 5 (1933), S. 140—42.
33. **Merz, K. W.** und **Schmidt, G.**, Über die giftigen Inhaltsstoffe der Samen v. Tephrosia Vogelii. Archiv der Pharm. und Ber. der deutschen pharm. Ges. 1934. Ref.: Über die giftigen Inhaltsstoffe von Tephrosia Vogelii. Tropenpflanzer Jhg. 28 (1935), S. 220.
34. **Miller, N. C. E.**, The toxic value of derris spp. Dep. of agric. Straits Settlements and Federated Malay States. Sci. Ser. 1935, Nr. 16.
35. **Oberdörffer, M. J.**, Heilpflanzen aus der Volksmedizin Nigerias. Tropenpflanzer Jhg. 41 (1938), S. 20—21.
36. **Pax, F.**, Die Medicinalpflanzen Ostafrikas und ihre Verwertung. In: **Engler, A.**, Die Pflanzenwelt Ostafrikas und Nachbargebiete. Teil B, 1895, S. 496—520.
37. **Perrot, E.**, Chaulmoogra et autres graines utilisables contre la lèpre. Travaux de l'office national des matières premières végétales pour la droguerie, la pharmacie, la distillerie et la parfumerie, Paris 1926, Nr. 24.
38. **Raucourt, M.**, Les plantes à roténone. Rev. de Bot. Appl. et d'Agric. Trop. Jhg. 13 (1933), S. 499—502.
39. **Ringoet, A.**, La Culture du quinquina, possibilités au Congo Belge. Publ. de l'Inst. nat. pour l'étude agronom. du Congo Belge, Série techn. 1938. Nr 17.
40. **Scarone, F.**, Les plantes à roténone. L'agron. colon. Jhg. 26 (1937), S. 79—86, 107—18.
41. **Schloßberger, H.**, Chaulmoogra-Öl, Geschichte, Herkunft, Zusammensetzung, Pharmakologie, Chemotherapie. Berlin 1938.
42. **Schmitt, N.**, Derris elliptica Benth., ein vegetabilischer und ungiftiger Insecticidlieferant. Angewandte Botanik Jhg. 12 (1930), S. 453—63.
43. **Schmitt, N.**, Kultur und Absatz der Derris elliptica Benth. Tropenpflanzer Jhg. 35 (1932), S. 375—80.
44. **Schulz**, Erzeugung von Chininrinde in Frankreichs Kolonien. Tropenpflanzer Jhg. 34 (1931), S. 16.
45. **Theunissen, R.**, Culture du quinquina (Cinchona) au Katanga. Bull. agric. du Congo Belge Jhg. 21 (1930), S. 1212—17.

46. Tihon, L., Contribution à l'étude des huiles chaulmoogriques indigènes du Congo Belge. Bull. agric. du Congo Belge Jhg. 26 (1935), S. 315—21.
47. Watt, J. M. und Breyer-Brandwijk, M. G, The medicinal and poisonous plants of Southern Africa. Edinburgh 1932
48. Wehmer, C, Die Pflanzenstoffe. 3 Bde. 2. Aufl. Jena 1929—35.
49. Wildeman, E. de, Le Chaulmoogra et la lutte contre la lèpre. Agric. et élevage au Congo Belge Jhg. 8 (1934), S 56—57.
50. Winkler, H., Botanisches Hilfsbuch für Pflanzer, Kolonialbeamte, Tropenkaufleute und Forschungsreisende. Wismar 1912.
51. Worsley, R. R. Le G, Cinchona in Amani. Bull. of the Imp. Inst. Jhg. 33 (1935), S. 14—31. Ref.: Die Kultur des Chininbaumes in Amani. Tropenpflanzer Jhg. 38 (1935), S. 385—89.
52. Worsley, R. R. Le G., Rotenone. Part I. The determination of rotenone. The Journ. of the soc. of chem. indust. Jhg. 55 (1936), S. 349 T—357 T.
53. Worsley, R. R. Le G., Rotenone, Part II. Evaluation of plants containing rotenone. The Journ. of the Soc. of chem. indust. Jhg. 51 (1937), S. 15 T—23 T.
54. Worsley, R. R. Le G., The insecticidal properties of some east african plants. I. The Ann. of appl. biol. Jhg. 21 (1934), S. 649—69.
55. Worsley, R. R. Le G., The insecticidal properties of some east african plants. II. Mundulea suberosa Benth. The Ann. of appl. biol. Jhg. 23 (1936), S. 311—28.
56. Worsley, R. R. Le G., The insecticidal properties of some east african plants. III. Mundulea suberosa Benth. Part 2, chemical constituents, The annals of appl. biol. Jhg. 24 (1937), S. 651—64.
57. Worsley, R. R. Le G. und Nutman, F. J., The evaluation of Derris and Mundulea. The Journ. of the Soc. of chem. indust. Jhg. 51 (1937), S. 175 T—176 T
58. Worsley, R. R. Le G. und Nutman, F J., Biochemical Studies of Derris and Mundulea. I. The histology of rotenone in Derris elliptica. The annals of appl. biol. Jhg. 14 (1937), S. 696—702.
59. Zimmermann, A., Die Anzucht der Chininbäume. Tropenpflanzer Jhg. 33 (1930), S. 373—77.
60. Zörnig, H., Arzneidrogen als Nachschlagebuch f. d. Gebrauch d. Apotheker, Ärzte, Veterinärärzte, Drogisten und Studierende der Pharmazie. 2 Teile. Leipzig 1909.
61. ..., Anbauversuche mit Cinchona. Tropenpflanzer Jhg. 38 (1935), S. 27—28.
62. ..., La culture du gorli. Plante lépreuse. Annales de l'inst. colon. de Bordeaux, April-Mai-Juni 1934, S. 20. Ref.: Die Früchte des Gorlistrauches als Lepraheilmittel in Französisch-West-Afrika. Tropenpflanzer Jhg. 38 (1935), S. 85.
63. ..., La Culture du Quinquina au Cameroun. Rev. de Bot. Appl. et d'Agric. Trop. Jhg. 16 (1936), S. 567—68. Ref.: Versuche mit der Kultur des Chininbaumes in Kamerun, französisches Mandatsgebiet. Tropenpflanzer Jhg. 39 (1936), S. 440—41.
64. ..., Handelsnachrichten Kenya. Riechstoffindustrie und Kosmetik Jhg. 13 (1938), S. 153.
65. ..., Marché du Quinquina. L'agronom. colon. Jhg. 24 (1935), S. 88—89. Ref.. Anbau von Cinchona in verschiedenen Ländern. Tropenpflanzer Jhg. 39 (1936), S. 30—31.
66. ..., Myrrh from Kenya. Bull. of the Imp. Inst. Jhg. 33 (1935), S. 134—36.
67. ..., Die insektizidliefernden Pflanzen der Zukunft. Tropenpflanzer Jhg. 41 (1938), S. 170—72.
68. ..., Le Pyrèthre, culture et utilisation. Min. d. Col. Belgique, Dir. génér. d. l'agric. et de l'élevage, 1935 Série A, 1
69. ..., Pyrethrum und seine Kultur. Tropenpflanzer Jhg. 37 (1934), S. 303—07.
70. ..., Annual Report of the Department of Agriculture. Nyasaland Protectorate, 1935. Zomba 1936
71. ..., Annual Report of the Department of Agriculture. Nyasaland Protectorate, 1937. Zomba 1938.
72. ..., Taraktogenos und Hydnocarpus als Kultur- und Medizinalpflanzen. Tropenpflanzer Jhg. 31 (1928), S. 169 bis 200.

3. *Farbpflanzen*

Die Farbpflanzen spielen in Afrika eine untergeordnete Rolle. Die wichtigsten, die für den Welthandel Bedeutung hatten oder haben, sind im folgenden in systematischer Reihenfolge genannt:

Iridaceae

Crocus sativus L. liefert in den getrockneten Narben der Blüten den Safran, der als Farbe, Gewürz und Heilmittel dient (Analyse bei 7, I, S. 171ff.). Das Hauptanbaugebiet sind die Mittelmeerländer. Man findet *Crocus* in Spanien, Frankreich, Nordafrika, Anatolien, Persien, Afghanistan,

Indien, China und Japan. Die Kultur ist einfach. Man erntet die Blüten in 2—4 aufeinander folgenden Jahren, läßt die Zwiebeln dann an einem trockenen Orte ruhen und verpflanzt sie auf ein anderes Feld. Der Hektarertrag beträgt in 2—3 Jahren etwa 20 kg getrockneten Safran. Die Ernte erfordert viel Handarbeit. *Crocus sativus* gedeiht am besten auf trockenem, sandigem Lehmboden und bei trockenem Klima mit Regenmengen von höchstens 400 mm jährlich. 80 kg Blüten ergeben 1 kg rohen oder 200 g trockenen Safran. Kleine Mengen Safran baut man in Tunesien bei Testur zwischen Medjez el Bab und Tebursuk, Porto Farina, Ras Djebel, dem Gebiet von Nabeul, Hammamet, Bu Ficha. In Marokko wird Safran bei Marrakesch (jährlich 500—600 kg) und in Ida Urtut (jährlich 100 kg) gebaut (1, S. 41; 2, S. 407ff.; 4, S. 1122ff.).

Leguminosae

Indigofera-Arten wurden früher zur Gewinnung des Farbstoffes Indigo zahlreich gebaut. Die Kultur ist jedoch heute bedeutungslos (8, S. 150; 9, II, S. 365ff.). Für einige französische Besitzungen in Westafrika werden die nachstehenden Anbau- und Ernteziffern angegeben (11, S. 224ff.):

	Anbaufläche in ha		Erntemenge in t	
	1936	1937	1936	1937
Dahome	12000	12000	100	100
Französisch-Guinea	—	—	200	300
Französisch-Niger	3000	—	600	200
Mauretanien . . .	570	560	60	60

Bixaceae

Bixa orellana L., der Orleanbaum, ist ein bis 10 m hoher Baum mit langgestielten, herzförmigen, 12—35 cm großen Blättern und weißen, rotüberlaufenen Blüten in endständigen Rispen und roten, fleischigen, veilchenartig duftenden, bitteren Samenschalen. Diese enthalten in der äußeren Schicht den als Orlean oder Anatto bezeichneten Farbstoff, der zum Rot- und Gelbfärben benutzt wird. Man gewinnt ihn in der Weise, daß man die reifen Früchte einige Wochen in Wasser gären läßt, alsdann das rote Fleisch absondert und nochmals gären läßt. Die Masse wird sodann erhitzt, der aufsteigende Schaum abgeschöpft, eingekocht und in handelsübliche Kuchen geformt. Orlean wird heute hauptsächlich zum Färben von Nahrungsmitteln verwendet. Der Baum wird am Kongo, auf Sansibar und in Angola angebaut und ist im tropischen Afrika sehr verbreitet (3, S. 404; 8, S. 40; 9, II, S. 438ff.; Analyse bei 7, II, S. 796ff.).

Lythraceae

Lawsonia inermis L., der Hennastrauch, ist ein kleiner Strauch mit ovalen, beiderseits zugespitzten Blättern und weißen oder gelblichen bis ziegelroten, nach Reseda duftenden Blüten. Er ist von Marokko durch Nordafrika, Vorderasien bis Ostindien und Südchina verbreitet und wird häufig angebaut, da die Blätter und Stengel ausgekocht und der daraus gewonnene gelbrote Farbstoff, der als Lawson ($C_{10}H_6O_3$) bezeichnet wird, als Kosmetikum zum Rotfärben der Finger- und Fußnägel und der Haare Verwendung findet. In Tripolitanien wird Henna besonders von arabischen Bauern und Juden in der Umgebung von Tripolis und bei Suk el Giuma und Tagiura auf etwa 400 ha und in vielen Oasengärten angebaut. Sie wächst dort gut, da sie vor Wind geschützt und während der heißen Zeit beschattet wird. Die Hektarerträge schwanken zwischen 15 bis 30 Zentner trockener Blätter je Schnitt. 1929 betrug die Ausfuhr 417 t (5, S. 474ff.; 7, II, S. 816; 8, S. 163; 9, II, S. 188f.; 10, S. 229; 11, S. 238; 12, S. 1052ff.; 13, S. 1044ff.; 14, S. 12f.). In Ägypten entwickelten sich Anbauflächen und Erzeugung in den letzten Jahren folgendermaßen:

Jahr	Anbauflächen ha	Jahr	Erzeugung t
1934/35	627	1935 . . .	900
1935/36	611	1936 . . .	1000
1936/37	655	1937 . . .	1200
1937/38	631	1938 . . .	1200

In Französisch-Marokko waren 1937 226 ha mit Henna bepflanzt (11, S. 245).

Ausgeführt (6) wurden (in t):

1929	725	1935 . . .	947
1933	921	1936 . . .	1038
1934	789	1937 . . .	1119

Compositae

Carthamus tinctorius L., der Saflor (vgl. unter Ölpflanzen), ist zur Zeit von geringer wirtschaftlicher Bedeutung.

Schrifttum

Farbpflanzen

1. Bläsi, C., Le Safran, culture et altération. Travaux de l'office national des matières premières végétales pour la droguérie, la pharmacie, la distillerie et la parfumerie. Jhg. 29 (1928).
2. Chevalier, A., La culture du Safran. Rev. de Bot. Appl. et d'Agric. Trop. Jhg. 6 (1926), S. 407—19, 490—501. Ref.: Die Safrankultur. Tropenpflanzer Jhg. 30 (1927), S. 42—43.
3. Dammer, U., Die Farbstoffe und Gerbstoffe liefernden Pflanzen Ostafrikas. In: Engler, A., Die Pflanzenwelt Ostafrikas und der Nachbargebiete. Teil B, 1895, S. 396—408.
4. Madaus, G., Lehrbuch der Biologischen Heilmittel. 3 Bände. Leipzig 1938.
5. Morgantini, A. M., La coltivazione ed il commercio della henna in Tripolitania. Rass. econom. delle colon. Jhg. 22 (1934), S. 474—80.
6. Schoen, L., Rohstoffkammern der Weltwirtschaft. 1. Bd. Afrika. 2. erg. Aufl. Berlin 1939.
7. Wehmer, C., Die Pflanzenstoffe. 3 Bde. 2. Aufl. Jena 1929—35.

8. **Winkler, H.**, Botanisches Hilfsbuch für Pflanzer, Kolonialbeamte, Tropenpflanzer und Forschungsreisende. Wismar 1912.
9. **Zörnig, H.**, Arzneidrogen als Nachschlagebuch f. d. Gebrauch d. Apotheker, Ärzte, Veterinärärzte Drogisten und Studierenden der Pharmazie. 2 Teile. Leipzig 1909.
10. . . ., Annuaire international de statistique agricole 1937—38, Rom 1938.
11. . . ., Annuaire international de statistique agricole 1939—40. Rom 1940.
12. . . ., La coltivazione ed il commercio della henna in Tripolitania. Rass. econom. delle colon. Jhg. 19 (1931). S. 1052—59.
13. . . ., Raccolto e commercio della henna in Tripolitania. Rass. econom. delle colon. Jhg. 16 (1928), S. 1044—47.
14. . . ., Il raccolto ed il commercio della henna in Tripolitania nel 1929. Rass. Econom. delle Colon. Jhg. 18 (1930), S. 12—13.

4. *Ätherische Öle liefernde Pflanzen*

Die Zahl der Pflanzen, die ätherische Öle liefern, ist beträchtlich. Für Afrika sind die meisten jedoch nur von untergeordneter Bedeutung. Deswegen würde es hier zu weit führen, im einzelnen die Pflanzen aufzuführen, mit denen in Afrika Anbau- oder Ölgewinnungsversuche angestellt wurden, wie es hauptsächlich in Uganda (36, S. 63), Kenya (2; 3), Französisch-Guinea (23), in Belgisch-Kongo (13, S. 155ff.; 17, S. 81ff.; 18, S. 641ff.) und in Deutsch-Ostafrika (29, S. 253ff.) geschehen ist. Es ist durchaus nicht sicher, ob einerseits diese Kulturpflanzen sich einbürgern oder andererseits die bekannten ätherische Öle liefernden Pflanzen in ihrer neuen Umwelt ein Öl gleicher Güte wie in ihrem ursprünglichen Anbaugebiet liefern werden, zumal gerade die Zusammensetzung der ätherischen Öle stark von äußeren Wachstumsbedingungen abhängig ist. Im folgenden finden deswegen nur die Pflanzen Erwähnung, von denen ätherische Öle zu Handelszwecken gewonnen werden. Die Reihenfolge entspricht dem natürlichen System.

Pinaceae

Cedrus atlantica Manetti, die Atlaszeder, liefert in ihrem Holz ein ätherisches Öl, das in Marokko und Algerien durch Destillation von Sägemehl und Abfällen bei der Holzaufbereitung gewonnen wird. 1926 wurden 4315 kg aus Algerien ausgeführt, 1936 540 kg, die aus der Gegend von Asru kamen (1, S. 27; 11, II, S. 218f.; 15, S. 15, S. 36; 20, S. 360; 27, I, S. 42, III, S. 44).

Cupressus sempervirens L., die Zypresse, liefert das Zypressenöl, das in geringen Mengen in Algerien gewonnen wird.

Juniperus procera Hochst. ist ein Baum, der in den Gebirgen Abessiniens, in Kenya, am Kilimandjaro sowie in Usambara ausgedehnte Waldungen bildet. Er liefert zu 3,2 v. H. ätherisches Öl, sogenanntes ostafrikanisches Zedernholzöl. Kenya und Uganda führten 1935 2844, 1936 1354 Gallonen, 1937 22313 lbs aus (27, I, S. 49; 35, S. 209; 45, S. 156).

Gramineae

Cymbopogon-Arten. *Cymbopogon flexuosus Stapf* und *C. citratus Stapf* sind die Stammpflanzen für das Lemongrasöl. *Cymbopogon flexuosus*, das sogenannte Koschin- oder Malabargras, kommt in Vorderindien wild vor und wird seit 1907/08 auch gebaut. Das Öl wird als sogenanntes ostindisches Lemongrasöl im Handel bezeichnet. *Cymbopogon citratus*, das Lemongras, liefert dagegen ein weniger wertvolles, das sogenannte westindische Lemongrasöl, obwohl der Name eigentlich keine Berechtigung hat. Diese Pflanze wird in vielen tropischen Ländern gebaut (11, III, S. 302ff.).

Die Lemongrasöle zeichnen sich durch hohen Gehalt an Citral aus, das ostindische zu 70—85 v. H., das westindische zu 65 bis gegen 84 v. H. (27, I, S. 106f., 110f.).

Lemongras läßt sich bei genügender Feuchtigkeit leicht kultivieren, da es in bezug auf den Boden nicht wählerisch ist. Die Pflanzweite von Lemongras ist 70 cm Reihenentfernung und 35 cm in der Reihe. Am Ende von 4—5 Jahren erschöpft sich die Pflanzung. Die Pflanzen entblättern sich am Grunde, und die Erträge lassen nach. Lemongras wird manchmal in Mischkultur mit Bäumen gepflanzt (6, S. 273f.).

Unter günstigen klimatischen und Bodenbedingungen bringt ein Hektar in 4 Schnitten etwa 16000 kg frische Blätter (6, S. 275) oder 40 kg Öl jährlich.

In Französisch-Westafrika wird *Cymbopogon citratus* vor allem an der Elfenbeinküste und in Französisch-Guinea kultiviert und von der Elfenbeinküste z. B. 1925 8000 kg und von Französisch-Guinea 1925 1060 kg ausgeführt. Lemongras aus Französisch-Kongo gab 0,89—1,09 v. H. Öl mit 79—81 v. H. Citral (15, S. 40; 27, III, S. 66; 30, S. 361).

In Deutsch-Ostafrika wird Lemongras in kleinem Umfange in zwei deutschen Betrieben angebaut und destilliert.

Bedeutender sind die Kulturen von *Cymbopogon citratus* an der Nordwestküste Madagaskars und auf den Komoren. Sie bedeckten 1936 und 1937 je 2030 ha. Der Citralgehalt des Öles von den Komoren ist hoch. Er beträgt 76—84 v. H. 1925 wurden 11700 kg, 1926 16700 kg, 1934 52179 kg, 1935 56259 kg, 1937 56600 kg Lemongrasöl ausgeführt (14, S. 56; 15, S. 54; 21, S. 18f.; 27, III, S. 66; 30, S. 338; 31, S. 243; 44, S. 140).

Geringe Mengen Lemongrasöl werden auch auf Réunion gewonnen. Von welcher Art dieses Öl stammt, war nicht feststellbar (30, S. 346).

Auf den Seychellen wurde *Cymbopogon flexuosus* nach dem Rückgange der Vanillekultur zusammen mit *Cinnamomum zeylanicum* und *Pogostemon patchouli* etwa seit 1900 in Kultur genommen und im Jahre 1926 195 l Lemongrasöl ausgeführt (6, S. 271; 26, S. 138).

Cymbopogon nardus Rendle. Aus dem Zitronellgras wird das sogenannte Zitronellöl gewonnen. Seine charakteristischen Geruchsbestandteile sind der Aldehyd Citronellal, Geraniol und δ-Citronellol. Madagaskar führte 1923 2100 kg, 1924 600 kg, 1925 1300 kg, 1926 1800 kg aus. Auch auf Réunion werden geringe Mengen gewonnen (11, II, S. 335f.; 27, I, S. 108ff.; 28, S. 23f.; 30, S. 339, 346).

Vetiveria zizanioides Stapf. Das Vetivergras wächst wild in ganz Vorderindien und auf Ceylon und wird wegen seiner Wurzeln häufig kultiviert (11, II, S. 325).

Da die Destillation des Öles (Vetiveröl) schwierig ist, wurden früher die Wurzeln in trockenem Zustande ausgeführt. Neuerdings wird das Öl aber auch im Erzeugungslande destilliert (11, II, S. 328; 27, I, S. 214f., dort auch Analysen).

Réunion stand früher an der Spitze der Länder, die Vetiveröl ausführten. Java hat aber seine Ausfuhr gegenüber 1934 im Jahre 1935 mehr als verdoppelt, 1936 verdreifacht und 1937 beinahe vervierfacht. Demgegenüber sind die Vetiverölmengen, die von Réunion in den Handel kommen, nach Höchstmengen im Jahre 1932 bedeutend geringer geworden: 1930 6192 kg, 1931 9125 kg, 1932 11266 kg, 1933 5145 kg, 1934 9832 kg, 1935 6201 kg (46, S. 109).

Neben Réunion wird Vetivergras in Französisch-Westafrika gebaut (30, S. 360).

Auch in Kenya ist man bemüht, die Kultur von Vetivergras in großem Maße einzuführen (30, S. 361).

Iridaceae

Iris germanica L., die Schwertlilie, die in Italien in der Provinz Florenz an Hügeln und Berghängen gebaut wird, wird auch in Marokko angepflanzt. Nach 2—3 Jahren schneidet man die Rhizome, legt sie in Wasser, häutet, trocknet und entrindet sie. Sie werden als „Veilchenwurzeln“ den Kindern beim Zahnen und zum Kauen gegeben, zu Pulver verarbeitet oder ein ätherisches Öl (Veilchenwurzelöl) daraus gepreßt, dessen spezifischer Geruch von dem Keton Iron ($C_{13}H_{20}O$) herrührt. Das marokkanische Erzeugnis steht aber hinter dem italienischen zurück, es ist von dunklerer Farbe und schwächerem Geruch. Hin und wieder wird es gebleicht. Die Ausfuhr betrug im Jahre 1925 aus Marokko 27600 kg (11, II, S. 417ff.; 15, S. 15f., S. 30; 27, I, S. 169; 30, S. 360).

Zingiberaceae

Zingiber officinale Roscoe, der Ingwer, liefert das Ingweröl, das z. B. auf den Seychellen gewonnen wird (11, III, S. 438ff.; 30, S. 348) (s. a. unter Gewürzen).

Anonaceae

Cananga odorata Hook. f. et Thomson, der Ylang-Ylang-Baum, ist im tropischen Süd- und Ostasien beheimatet. Er ist 12—18 m hoch, mit immergrünen, kurzgestielten, eilanzettlichen Blättern von 12—18 cm Länge und 5—8 cm Breite und hell- bis dunkelgelben großen Blüten, die in den Achseln der Blätter in Büscheln stehen, mit sechs Perigonblättern. Die Früchte sind dunkelgrün bis schwarz (12, S. 1ff.).

Zur Anzucht von Pflanzmaterial werden die pfeffergroßen Samen den Beeren entnommen, sorgfältig gereinigt und sofort in Saatbeete gesetzt, die auf gutem, reich gedüngtem Boden angelegt werden. Nach 40—60 Tagen zeigen sich die Keimpflanzen, die 1—1½ Monate später in Baumschulen verpflanzt werden. Teilweise (Réunion) werden auch die Keimpflanzen in Töpfen aus den Stengelgliedern des Bambus oder in Gefäßen aus Pandanus-Blättern angezogen und verpflanzt. Die Pflanzweite beträgt 6 : 6 bis 7 : 7 m. Die Pflanzlöcher werden in der üblichen Weise vorbereitet. In der ersten Zeit sind Beschattung, im weiteren Verlauf gute Pflege, Anbau von Gründüngungspflanzen und dgl. nötig. Durch Abschneiden der Wipfel hält man die Bäume 3,5—4 m hoch (11, II, S. 582; 12, S. 10ff.).

Vom dritten Jahre an liefern *Cananga*-Pflanzungen Erträge. Die Ernte der Blüten erfolgt am frühen Morgen in Körben, die sofort den Destillierapparaten zugeleitet werden. Ein Baum liefert während 10—15 Jahren jährlich auf guten Böden 30—40 kg Blüten.

Der Ölgehalt der Blüten schwankt stark, auf Madagaskar, Réunion und den Komoren z. B. zwischen 1½—2 v. H. des Blütengewichtes. Das nach 2½—3 Destillationsstunden gewonnene Öl wird als Ylang-Ylang-Öl, das danach durch weitere Destillation erhaltene, minderwertige gewöhnlich als Kanangaöl bezeichnet. Die Verschiedenheit beider Öle wird aber auch mit klimatischen Verhältnissen, Standorts- und botanischen Unterschieden in Verbindung gebracht und nicht mit der Gewinnungsart (4, S. 110f.; 11, II, S. 582; 12, S. 32ff.; 27, II, S. 342f.; III, S. 38, dort auch Analysen).

Die Kultur von *Cananga odorata* war eigentlich auf den Philippinen heimisch. Allein nach dem Rückgang des Vanille- und Zuckerrohranbaues auf Réunion erwuchs den Philippinen in dieser Insel ein Konkurrent. Aber auch Réunion mußte seine Vormachtstellung, die es seit 1920—22 inne hatte, abtreten, da die hohen Bäume unter den Zyklonen litten. Die Ausfuhrmengen sind heute sehr gering (vgl. u.).

An die Stelle von Réunion traten Madagaskar und die Komoren. Auf Madagaskar liegen die größten *Cananga*-Kulturen auf den kleinen Inselchen Nossi Bé und Ste. Marie sowie an der Ostküste Madagaskars. Sie nahmen in den Jahren 1936 und 1937 je 3100 ha ein, die 37000 kg Öl lieferten (31, S. 243).

Ausgeführt wurde von den afrikanischen Inseln an Ylang-Ylang-Öl in kg:

Madagaskar einschließlich Komoren				Réunion	
1925	12810	1931	14235	1933	632
1926	12323	1932	14000*)	1934	709
1927	18681	1933	23500**)	1935	1781
1928	27553	1934	22377		
1929	31376	1935	33976		
1930	19565	1936	64100*)		

* Zahlen abgerundet. ** Davon 8000 kg von den Komoren.

(4, S. 108ff.; 8, S. 104ff.; 9, S. 56; 15, S. 47f.; 26, S. 135; 30, S. 336; 42, S. 350; 44, S. 140; 45, S. 156; 47, S. 75).

Auf den Komoren setzte der Anbau von *Cananga odorata* etwa um 1910 ein (26, S. 140).

Lauraceae

Cinnamomum zeylanicum Breyne, der Zimtbaum. Über das Zimtöl, das aus *Cinnamomum zeylanicum* gewonnen wird, vgl. unter Gewürzpflanzen.

Rosaceae

Rosa spec., Rosenwasser, gewinnt man in Afrika in Marokko bei Marrakesch und bei Fes. Dort wohnende Händler destillieren das Rosenwasser aus frischen und, wenn diese nicht ausreichen, aus getrockneten, aus den Saharaoasen stammenden Blüten, die manchmal jährlich in Mengen von über 300 t nach Marrakesch gebracht werden. Kleine Mengen von Rosenöl stellt man in Marokko (Sebaa-Aioun) und Tunesien her (43, S. 92f.). In den ostafrikanischen Gebieten sind mehrfach Anbauversuche mit *Rosa spec.* zur Gewinnung von Rosenöl gemacht worden.

Leguminosae

Acacia farnesiana Willd., der Cassiastrauch, ein in Westindien und wohl auch im tropischen Westafrika heimischer Strauch, ist gegenwärtig in allen wärmeren Gebieten verbreitet. Aus den wohlriechenden Blüten wird die sogenannte Cassiepomade, Cassieextrakt und Cassieblütenöl (aus Cassieblüten 0,084 v. H., aus Cassiepomade 0,171 v. H., aus Cassieextrakt 5,65 v. H. Öl) gewonnen. In Marokko entwickelt sich der Strauch gut, in Algerien ist er weitverbreitet. Geringe Mengen werden ausgeführt (11, II, S. 858ff.; 15, S. 11, 32; 27, I, S. 491f.; 30, S. 358).

Geraniaceae

Pelargonium-Arten. Die etwa 600 Arten der Gattung *Pelargonium* zeichnen sich zum Teil durch einen hohen Gehalt an ätherischen Ölen (Geraniumöl) aus. Eine Anzahl davon wird zu dessen Gewinnung gebaut, die durch zahlreiche im Laufe der Zeit entstandene Bastarde und Varietäten vermehrt wurde. Die gewöhnlich kultivierten Arten sind *Pelargonium roseum Willd.*, auf Réunion *P. graveolens Ait.* und wohl auch *P. odoratissimum (L.) Ait.*, nicht jedoch *P. capitatum Ait.* (11, II, S. 892, 894). In Algerien wird *P. capitatum Ait.* und *P. graveolens Ait.*, nach anderen dieses allein gebaut (11, II, S. 892; 30, S. 356). In Tripolitanien hat man begonnen, *P. roseum Willd.* anzubauen (11, II, S. 896). Die über die Arten gemachten Angaben sind nicht sicher. Die im Handel befindlichen Öle werden von den einzelnen Autoren zumeist ganz verschiedenen Pflanzen zugeschrieben (vgl. 3, S. 287ff.). Als Hauptbestandteile der Öle (25—80 v. H.) treten die Alkohole Geraniol und d- und l-Citronellol, beide frei wie verestert, auf (27, I, S. 587ff.; III, S. 147f., dort auch weitere zahlreiche Analysen).

Die *Pelargonium*-Arten bevorzugen einen warmen Standort, vertragen keinen Frost, hingegen Trockenheit recht gut, doch ist für üppige Blattentwicklung reichliche Feuchtigkeit und bei großer Trockenheit Bewässerung notwendig. Der Boden soll tiefgründig, humus- und nährstoffreich mit ausreichendem Kalkgehalt und von neutraler Reaktion sein. Die Vermehrung der Geraniumpflanzen geschieht durch Stecklinge, die zweckmäßig am unteren Teile bereits verholzt und 25—30 cm lang sein sollen. Diese werden auf leichten, humusreichen, lockeren Böden sogleich an den endgültigen Standort gesetzt. Sind die Böden nicht von dieser günstigen Beschaffenheit, werden sie in Pflanzbeeten zur Bewurzelung angezogen. Da *Pelargonium*pflanzen 5—6 Jahre ausdauern, ist eine entsprechende Düngung notwendig. Die Pflanzweite ist in den einzelnen Anbaugebieten sehr verschieden. *Pelargonium*kulturen verlangen gute Pflege. Da die Drüsenhaare der Pflanzen, die sich besonders auf der Oberfläche der Blätter vorfinden, das ätherische Öl liefern, werden besonders die Blätter zur Ölgewinnung benutzt. Sie werden durch Schneiden mit Sicheln oder Scheren vor Beginn der Blüte, sobald sie sich gelb zu färben beginnen, geerntet. In dieser Zeit geht der zitronenartige Geruch in einen mehr rosenartigen über. Die Zahl der Schnitte ist verschieden. In Algerien wird in der Regel 2—3 mal, im Frühjahr, Juni-Juli und Oktober-November, geerntet. Auf Réunion kann die Ernte das ganze Jahr über erfolgen. Die Erträge und Ausbeuten richten sich nach den einzelnen Schnitten. In Algerien entfallen auf den Hektar etwa 25000 kg Grünmasse im Jahr, wobei der erste Schnitt 16900 kg mit 0,125 v. H. Öl, der zweite etwa 2800 kg mit 0,19 v. H. Öl und der dritte etwa 7000 kg mit 0,064 v. H. Öl liefert. Die jährliche durchschnittliche Ölerzeugung beträgt etwa 25—30 kg Öl je Hektar. Auf Réunion beträgt die durchschnittliche Ausbeute 0,1—0,14 v. H. Öl (10; 33).

Réunion ist das wichtigste Gewinnungsland von Geraniumöl in der Welt. Das Erzeugnis wird zum Unterschied von den anderen Geraniumölen im Handel als „Bourbon-Geraniumöl" bezeichnet. Die Kultur des *Pelargonium odoratissimum* trat auf der Insel Réunion an die Stelle der *Cananga odorata*-Kultur, weil sie nicht wie diese durch die häufigen Zyklonen geschädigt wird. Die Kulturzone des *Pelargonium* liegt zwischen 400—1200 m, auf der trocknen Westseite wird es mit künstlicher Bewässerung von Pflanzern angebaut, die das Land von den Besitzern, die die Destillationsapparate stellen, pachten. 700—1000 kg Blätter liefern etwa 1 kg Öl. Die Ausfuhr betrug (in kg):

1925	172300	1934	98510
1926	148200	1935	88900
1927	72000	1936	73378
1933	81722		

Im Wirtschaftsjahr 1935/36 (Nov.-Okt.) führte die Insel 81558 kg, im Wirtschaftsjahr 1936/37 113142 kg aus (11, S. 894f.; 15, S. 64f., 67f.; 26, S. 235; 34 a, S. 39; 34 b, S. 45).

Geraniumöl ist das wichtigste der ätherischen Öle Algeriens. Das im Handel als „afrikanisches Geraniumöl" (im Gegensatz zum Bourbon-Geraniumöl) bezeichnete Öl wurde seit der Mitte des 19. Jahrhunderts gewonnen. Das Hauptanbaugebiet ist die ton- und kalkreiche Mitidjaebene am Fuße des Atlas (Bufarik, Blida, Muzaiaville). Seit 1927 jedoch ist die Anbaufläche stark gesunken (von 3741 ha auf 1850 ha im Jahre 1931). Seitdem sind die Zahlen wieder gestiegen und halten sich etwa auf 2000 ha (1932 1888; 1933 1097; 1934 2000; 1935 2112; 1936 2072; 1937 2000; 1938 1988 ha). An die Stelle von Geranium- sind Rebenkulturen getreten. Die Ausfuhr betrug (in t):

1930	25	1934	33
1931	24	1935	37,6
1932	26,8	1936	38,4
1933	28,8	1937	35,5

(1, S. 24f.; 10, S. 458ff.; 11, II, S. 894, 904; 15, S. 9f.; 30, S. 355f.)

In Marokko hat man mit der *Pelargonium*kultur in der Gegend von Marrakesch begonnen (5, S. 231). In der Umgebung von Casablanca umfaßt die Anbaufläche 150—175 ha. Erzeugt wurden: 1932 100 kg, 1933 200 bis 250 kg, 1934 300 kg, 1935 800 kg (34, S. 40). Heute (1939) werden etwa 2000 kg Öl jährlich erzeugt (1, S. 26; 15, S. 30).

Kleine Mengen von Geraniumöl wurden auch in Tunesien gewonnen (30, S. 359).

Besonders gut für den Anbau von *Pelargonium roseum Willd.* eignen sich die Oasen und Küstenstriche von Tripolitanien, wo auf dem Hektar etwa 20000 Pflanzen stehen. 18 ha sind mit *Pelargonium*kulturen bedeckt, die etwa 20—25 kg Öl und 30000 l Wasser jährlich liefern, die auf den Märkten von Bengasi und Derna verhandelt werden (11, II, S. 896).

Die von Madagaskar ausgeführten Mengen Geraniumöl betrugen: 1925 800 kg, 1926 900 kg, 1934 774 kg, 1935 520 kg (15, S. 56; 30, S. 339; 44, S. 140).

Neuerdings ist auch in Kenya und Uganda der *Pelargonium*anbau aufgenommen worden. 1935 erreichten die Ausfuhrmengen an Öl bereits 906, 1936 1286 Gallonen (45, S. 156), 1937 4517 lbs (35, S. 209).

In Deutsch-Ostafrika sind mehrfach Versuche mit wechselndem Erfolg unternommen worden.

Rutaceae

Ruta montana L. und *R. bracteosa L.* werden in Algerien zur Herstellung von Rautenöl ausgebeutet. Die erste liefert das sogenannte Sommerrautenöl, die andere das Winterrautenöl (11, II, S. 926ff.; 27, I, S. 610ff.; 30, S. 358).

Barosma-Arten. Von den etwa 15 südafrikanischen Arten der Gattung *Barosma* liefern *Barosma betulina Bartl.* und *B. crenulata (L.) Hook.* die sogenannten runden und *B. serratifolia Willd.* die sogenannten langen Buccublätter. Beide Formen werden als echte, die Blätter der anderen *Barosma*-Arten als unechte Buccublätter bezeichnet. Die Buccublätter werden medizinisch genutzt. Die Blätter von *Barosma betulina* ergeben bei Destillation 1,3—2,5 v. H., die von *B. crenulata* 1,7 v. H., die von *B. serratifolia* 0,8—1 v. H. Buccublätteröl. Die Blätter enthalten das Glykosid Diosmin, die Öle Diosphenol (besonders reichlich das von *Barosma betulina*). Die Buccublätter stellen für die Südafrikanische Union einen nicht ganz bedeutungslosen Handelsartikel dar (Ausfuhr 1925 90 t, 1926 85 t, 1927 63 t). Das Sammeln ist gesetzlich geregelt und unterliegt einer Erlaubnis, in der Zeit und Gebiet bestimmt sind. Die Kultur der *Barosma*-Arten ist möglich, wie Versuche in Kirstenbosch zeigen (11, II, S. 938ff.; 27, I, S. 608f.; III, S. 27; 30, S. 341).

Citrus-Arten. Die ätherischen Öle stellen das wichtigste Nebenprodukt der *Citrus*-Kultur dar (vgl. unter Obst und Früchten).

Zur Herstellung des Öles werden vor allem nicht verkaufsfähige Früchte verwendet. Es liefern:

Citrus aurantium L. subsp. sinensis Gall. in den Schalen der süßen Orange das süße Orangen- oder Apfelsinenöl (Hauptbestandteil d-Limonen, bis über 90 v. H.).

Citrus aurantium L. subsp. amara Engl. in den Schalen der bitteren Orange das bittere Orangen- oder Pomeranzenöl (bis 0,15 v. H. der Schale, Hauptbestandteil d-Limonen), in den Blättern und Zweigen das Petitgrainöl (mit d-Limonen, l-Linalool und Linalylacetat) und in den frischen Blüten das Orangenblüten- oder Neroliöl, das eines der schönsten Blütenparfüme darstellt (Ausbeute aus Oktober-Blüten 0,06636 v. H., aus Mai-Blüten 0,07363 v. H., Analyse siehe 27, I, S. 627).

Citrus aurantium L. subsp. Bergamia W. et Arn. aus den Schalen der Bergamotte das Bergamottöl, dessen Bestandteile u. a. d-Limonen, Dipenten (?) und l-Linalylacetat (34—35 v. H.) sind.

Citrus aurantium L. subsp. decumana Theil. in den Schalen der Grapefrucht das Grapefruchtöl, das zu 90—92 v. H. aus d-Limonen besteht.

Citrus medica L. subsp. genuina Engl. var. macrocarpa in den Schalen der Cedratfrucht (Zitronat) das Cedratöl, das hauptsächlich Limonen, 5—6 v. H. Citral und anscheinend Dipenten enthält.

Citrus medica L. subsp. Limonum Hook. f. in den Schalen der Zitrone zu etwa 0,3 v. H. das Zitronenöl mit etwa 90 v. H. d-Limonen, Phellandren und den für den Geruch wichtigsten Bestandteil Citral (in destilliertem Öl 1,2—3,5 v. H.).

Citrus medica L. subsp. Limonum Hook. f. var. Limetta Engl. in den Schalen der Limette das Limetteöl mit d-Limonen, Linalylacetat (26, 3 v.H.) und freiem Linalool.

Citrus nobilis Lour. in den Schalen der Mandarine das Mandarinenöl (1,8—2,5 v. H. der Fruchtschale) mit 98 v. H. d-Limonen, Decylaldehyd, Linalool, Terpineol und den für den Geruch wichtigsten Bestandteil Methylanthranilsäuremethylester (bis 1 v. H.) (27, I, S. 622ff., III, S. 50ff.).

Von diesen 8 *Citrus*-Arten ist das süße Pommeranzenöl das wichtigste. Es wird in der Parfümindustrie für Kölnisch-Wasser, Haaröl und Pomaden und Seifen verwandt. Beschränkter im Gebrauch ist das Öl der bitteren Pomeranze. Das Bergamottöl wird zur Herstellung von Parfümerien und pharmazeutischen Artikeln gebraucht, das Petitgrainöl zur Parfümierung von Seifen, Kölnisch-Wasser und ähnlichen Toiletteartikeln, das Orangenblütenöl infolge seines hohen Wertes nur für gute Parfümerien und das Grapefruchtöl als Geschmackstoff für Getränke (besonders in England) (10; 14).

Apfelsinenöl wird seit kurzer Zeit in Französisch-Guinea gewonnen. Die Erzeugung hat einen ganz erheblichen Aufschwung genommen. Aus Westafrika wurden 1931 34 t, 1932 77 t, 1933 104 t, 1934 200 t Öl ausgeführt. Die Ausfuhr wird durch strenge Verordnungen geregelt (32, S. 19ff.; 40, S. 66).

In Madagaskar wird eine kleine Menge Pomeranzenöl gewonnen und ausgeführt (1925 110 kg, 1926 80 kg) (30, S. 339). In Französisch-Guinea hat die Pomeranzenölgewinnung einen großen Aufschwung genommen (23, S. 122f.). 1935 betrug die Ausfuhr 210 t, 1936 236 t Öl (39, S. 90). In Deutsch-Ostafrika werden kleine Mengen im Hinterland von Tanga erzeugt.

Petitgrainöl führt aus Afrika nur Algerien zu wenigen Hundert kg jährlich aus. Französisch-Guinea dürfte in Kürze eine bedeutende Erzeugung haben. Das Öl entstammt sowohl den Blättern des Pomeranzen- wie des Apfelsinenbaumes (23, S. 122f.).

Für Neroliöl ist Algerien nach Frankreich das zweitwichtigste Erzeugungsland der Welt. 1925 wurden 290 kg ausgeführt (30, S. 357). In Tunesien wird Neroliöl bis zu 100 kg jährlich gewonnen (30, S. 359) sowie auch Orangenblütenwasser, das so, wie es dem Destillierkolben entrinnt, verwendet wird. 1930 und 1931 ergaben Schätzungen eine Erzeugung von 138000 kg Blüten. In Marokko, wo die Pomeranze in großen Massen um Marrakesch, Rabat, Sale, Fes und Meknes angebaut wird, stellt man aus den Pomeranzenblüten Orangenblütenwasser her (1, S. 26; 15, S. 34; 30, S. 360).

Malvaceae

Abelmoschus moschatus Moench liefert die früher in der Medizin verwendeten Moschuskörner, die heute nur noch in der Parfümerie Verwendung finden (11, III, S. 219ff.). Die Samen liefern das Moschuskörneröl mit Farnesol (0,12 v. H. der Körner), Furfurol, viel Palmitin-, Essig- und Ambrettolsäure ($C_{16}H_{30}O_3$ meist als Ester) und ihrem Lacton Ambrettolid, das dem Öl den typischen Moschusgeruch verleiht. An Moschuskörnern führen die Seychellen jährlich einige Tausend kg aus (27, II, S. 756; 28, S. 1; 30, S. 348).

Myrtaceae

Myrtus communis L., die im Mittelmeergebiet verbreitete, bekannte Myrte, liefert in ihren Blättern und Zweigen zu 0,11—0,22 v. H. das Myrtenöl, das in Algerien und Tunesien in geringen Mengen erzeugt wird (11, III, S. 259ff.; Analysen des Öles bei 27, II, S. 825; 30, S. 358f.).

Eugenia caryophyllata Thunbg. liefert das Nelkenöl (s. u. Gewürzen).

Eucalyptus-Arten. Zahlreiche Arten dieser australischen Gattung sind in Afrika eingeführt, aus denen z. T. auch ätherisches Öl (Eukalyptusöl, Analysen bei 27, II, S. 891ff.; III, 583ff.) gewonnen wird, das hauptsächlich zu medizinischen Zwecken und zum Parfümieren von Seifen verwendet wird. Die einzelnen Arten hier aufzuführen, würde zu weit gehen, zumal diese unter den verschiedensten Klimabedingungen gedeihen. Von den einzelnen Ländern Afrikas hat nur Algerien eine geringe Ausfuhr von Eukalyptusöl (11, III, S. 298ff.; 15, S. 12f.; 20, S. 54ff.; 24, S. 715ff.; 25; 28, S. 117f.; 30, S. 358).

Oleaceae

Jasminum grandiflorum L., der Jasmin, ist ostindischer Herkunft und enthält in seinen Blüten ätherisches Öl (Jasminöl). Seine Hauptbestandteile sind Benzylacetat (bis 65 v. H.), Linalool (15,5 v. H.), Linalylacetat (7,5 v. H.) und Benzylalkohol (6 v. H.). Es wird in Tunesien, Algerien und Marokko gewonnen (11, III, S. 590ff.; 15, S. 13, 32; 27, II, S. 958f.; III, S. 111; 30, S. 359).

Labiatae

Rosmarinus-Arten. Aus verschiedenen Rosmarin-Arten der Mittelmeerländer wird das Rosmarinöl destilliert (aus trockenen Blättern zu 1,2—2 v. H., aus Blüten zu 1,4 v. H. Analysen zusammengestellt bei 27, II, S. 1026ff.; III, S. 177). Kleine Mengen wurden in Algerien und Tunesien gewonnen (11, III, S. 620ff.; 15, S. 14, 24; 30, S. 358, 359). Allerdings mußte die tunesische Erzeugung infolge Raubbaues eingestellt werden. Erst 1937 ließ sich eine Wiederaufnahme der Destillation im Gebiete von Saguan in größerem Maße feststellen, die wahrscheinlich durch das Nachlassen der spanischen Erzeugung infolge des Bürgerkrieges hervorgerufen wurde.

Lavandula offinalis Chaix. et Vill. (= L. vera D.C.), der bekannte Lavendel, ein Halbstrauch mit linealen bis schmallanzettlichen Blättern und 10—15 cm langen Blütenständen aus 4—5 Scheinquirlen zu 6—10 violetten Lippenblüten, liefert das Lavendelöl (0,8—0,87 v. H. der frischen, etwa 1,5 v. H. der trockenen Blütenstände), das je nach Verwendung von Sproßteilen, ganzen Blütenständen oder Blüten und je nach der Jahreszeit eine wechselnde Zusammensetzung hat (Hauptbestandteil l-Linalylacetat. Zusammenstellung von Analysen bei 27, II, S. 1032ff.; III, S. 116). Lavendelfelder wurden in Algerien bei Blida und in den Sahararegionen angelegt und, da sie gute Ergebnisse brachten, vermehrt. Die Erträge schwanken zwischen 20—25 kg Öl auf den Hektar (11, III, S. 653). Auch in Tunesien wird Lavendel genutzt (15, S. 25).

Meriandra dianthera Briq. ist auf den Hochebenen Erythreas und Abessiniens verbreitet und wird wegen seiner aromatischen Eigenschaften als Volksmedizin und Gewürz genutzt. Das ätherische Öl erinnert an Salbei (11, III, S. 709f.; 27, II, S. 1028, III, S. 130, dort auch Analysen).

Origanum-Arten, Dost. In Marokko kommen verschiedene *Origanum*-Arten vor, die geerntet, getrocknet und in ziemlichen Mengen ausgeführt werden. Ein kleiner Teil der Ernte wird in Marokko selbst der Öldestillation unterworfen. Die Ausfuhr von Dostkraut betrug 1935 11290 kg, 1936 94772 kg (15, S. 31; 23, S. 76f.; 27, II, S. 1050ff., III, S. 141, dort auch Analysen der Öle der verschiedenen Arten).

Majorana hortensis Moench, das bekannte Gewürzkraut Majoran, wird in Tunesien, Algerien und in Marokko besonders in der Tangerzone (Ausfuhr 1925 27600 kg) angebaut und liefert das ätherische Majoranöl (Analysen bei 27, II, S. 1051ff.; 30, S. 354, 358; vgl. a. u. Gewürzen).

Thymus vulgaris L. Aus Thymian wird in Algerien und Tunesien ätherisches Thymianöl gewonnen. Sein Hauptbestandteil ist das wichtige Thymol ($C_{10}H_{14}O$), an dessen Stelle auch ganz oder teilweise das isomere Carvacrol treten kann (15, S. 14, 24; 27, II, S. 1053f. mit Analysen, 30, S. 358f.).

Mentha piperita L. und *M. pulegium L.*, *Mentha piperita L.*, die Pfefferminzpflanze, wird zur Gewinnung von Pfefferminzöl (Hauptbestandteil Menthol, 50—86 v. H. frei, 6—26 v. H. als Ester), in Algerien nur in ganz geringem Umfange angebaut (15, S. 13; 27, II, S. 1058ff.; 30, S. 358).

Mentha pulegium L., die Poleipflanze, ist im ganzen Mittelmeergebiet verbreitet. Die wilden Pflanzen werden gesammelt und das ätherische Poleiöl, das in der Hauptsache Pulegon enthält ($C_{10}H_{16}O$), destilliert. Kleine Mengen erzeugen Algerien und Tunesien (Tabarka) (11, III, S. 780ff.; 15, S. 13f., 24; 27, II, S. 1069; 30, S. 358f.).

Pogostemon patchouli Pell., der Patschulistrauch, ist heimisch auf den Philippinen, wird aber in den verschiedensten Gebieten gebaut. Die Pflanze blüht nicht in Kultur, sie wird daher durch Ableger vermehrt. Die Ernte, die dreimal im Jahr erfolgen kann, geschieht in der Weise, daß bei trockenem Wetter die grünen Teile abgepflückt und auf Horden bis zu dem bestimmten Feuchtigkeitsgrade getrocknet werden, der noch geringe Gärung zuläßt. Sodann schichtet man die Blätter auf Haufen und läßt sie sich leicht erwärmen. Dann werden sie wieder ausgebreitet und vollständig getrocknet. Die Destillation des Patschuli-Öles geschieht entweder im Erzeugungslande, oder die Blätter werden zu Ballen gepreßt ausgeführt. Der Hauptbestandteil des Öles ist der feste Patschulialkohol ($C_{15}H_{26}O$). Der den charakteristischen Geruch bedingende Körper ist nicht bekannt (11, III, S. 893ff.; 27, II, S. 1071f.).

Auf den Seychellen findet sich ein größeres Anbaugebiet. Es entstand an Stelle der Vanillekultur erst nach 1900 zusammen mit der des Zimtbaumes und Lemongrases (26, S. 138). Die Ausfuhr von Patschuliöl von den Seychellen betrug (in l):

1929 . . .	4324	1932 . . .	2424	1935 . . .	4679
1930 . . .	2341	1933 . . .	614	1936 . . .	2902
1931 . . .	3915	1934 . . .	1919	1937 . . .	2334

(22 a, S. 77; 22 b, S. 87)

Auf Madagaskar zieht man Patschuli auf den vulkanischen Böden von Itasy (9, S. 57). Zusammen mit Ylang-Ylang wird *Pogostemon patchouli* auf dem Inselchen Nossi Bé vor Madagaskar angebaut (15, S. 55; 26, S. 154). Die Ausfuhr Madagaskars betrug (in kg):

1925 . . .	52	1932 . . .	500	1935 . . .	469
1930 . . .	75	1933 . . .	701	1936 . . .	44
1931 . . .	200	1934 . . .	567		

(38, S. 79)

Kleine Mengen Patschuli-Öl werden auch auf Réunion erzeugt (30, S. 346).

Ocimum basilicum L., die Basilie, enthält in Blättern und Blüten ein ätherisches Öl mit Cineol, Linalool und Estragol (Analyse algerischen Öles), das in kleinen Mengen in Algerien gewonnen und ausgeführt wird. Ob das in Madagaskar (1924 20 kg, 1925 25 kg, 1926 35 kg), auf Réunion, den Seychellen und Komoren hergestellte sogenannte Réunion-Basilicumöl, das sich von dem anderen durch seinen Camphergehalt unterscheidet, von der gleichen Pflanze stammt, ist ungewiß (11, III, S. 910ff.; 27, II, S. 1075f.; 30, S. 339, 346, 348 und 358).

Rubiaceae

Leptactina senegambica Hook. f., ein im tropischen Afrika verbreiteter Strauch, liefert in seinen Blüten ein ätherisches Öl, das in Labe in Französisch-Guinea gewonnen wird (7, S. 231ff.).

Schrifttum

Ätherische Öle liefernde Pflanzen

1. Angla, B., Die Gewinnung von ätherischen Ölen in Nord-Afrika. Riechstoffindustrie und Kosmetik Jhg. 14 (1939), S. 23—28.
2. Beckley, V. A., Essential oils. The methods of production and their possibilities in Kenya Colony. Colony and Protect. of Kenya, Dep. of Agric., Bull. Nr. 19, 1931.
3. Beckley, A., Essential oils I., II. Oils from indigenous plants, III. Oils from indigenous plants. Cedar wood oil, IV. Oils from indigenous plants Geranium oil. The East African agric. Journ. Jhg. 1 (1936), S. 302—04, 308,

469—70; Jhg. 2 (1936), S. 127—29, 287—92. Ref.: Ätherische Öle von einheimischen Pflanzen in Kenya Tropenpflanzer Jhg. 40 (1937), S. 78. Ref.: Geraniumöl. Tropenpflanzer Jhg. 40 (1937), S. 400—01.

4. Chalot, C., La culture des plantes à parfum dans les colonies françaises. L'ylang-ylang (Cananga odorata Hook. f. et Thomson). Agron. colon. Jhg. 16 (1927), S. 105—12.
5. Chalot, C., Le Géranium Rosat. L'agronom. colon. Jhg. 16 (1927), S. 230—34. Ref.: Geraniumöl. Tropenpflanzer. Jhg. 30 (1927), S. 459—60.
6. Chalot, C., Les Graminées à parfum. L'agron. colon. Jhg. 16 (1927), S. 270—76.
7. Chevalier, A., Plantes à parfums de Guinée française. Rev. de bot. appl. et d'agric. trop. Jhg. 5 (1931), S. 831—33. Ref.: Parfüm-Pflanzen in Französisch-Guinea. Tropenpflanzer Jhg. 35 (1932), S. 118.
8. D'Epinay, M., La culture des plantes à parfum. Rev. intern. des prod. colon. Jhg. 4 (1929), S. 104—06.
9. François, E., Parfums et huiles essentielles à Madagascar. Agric. et élevage au Congo Belge Jhg. 9 (1935), S. 56—57.
10. Frères, V., New crops for the colonies essential oil plants, Peppermint, Geranium and Lavender. Bull. of the Imp. Inst. Jhg. 27 (1929), S. 307—22. Ref.: Die Gewinnung von Geraniumöl. Tropenpflanzer Jhg. 36 (1933), S. 161—64.
11. Gildemeister E. und Hoffmann, F, Die Ätherischen Öle. Bd. 1—3. 3. Aufl. Leipzig 1928—31.
12. Hoffmann, W., Die Kultur des Ylang-Ylang- oder Kanangabaumes und die Verwertung seiner Produkte. Tropische Duftpflanzen (Ätherische Öle liefernde Pflanzen). Hamburg 1934.
13. Leujeune, J., Recherches sur la teneur en huiles essentielles des labiées odoriférantes congolaises. Bull. agric. du Congo Belge Jhg. 1 (1935), S. 155—60. Ref.: Untersuchungen über den Gehalt an ätherischen Ölen einiger wohlriechender Labiaten im Belgischen Kongo. Tropenpflanzer Jhg. 38 (1935), S. 404—06.
14. Kiefer, E. A., World production and trade in citrus oils. Spice Mill Jhg. 54, (1927), S. 1300—04. Ref.: Citrusöle. Tropenpflanzer Jhg. 35 (1932), S. 31—32.
15. Maunier, E., Les Plantes à parfums des colonies françaises. Marseille 1928.
16. Müller, A., Über die Bildung der ätherischen Öle in der Pflanze. Deutsche Parfümerie-Zeitung Jhg. 20 (1924), S. 243—44. Ref.: Grapefruitöl. Tropenpflanzer Jhg. 37 (1934), S. 546.
17. Pynaert, L., La production des parfums naturels au Congo Belge. Rev. intern. des prod. col. Jhg. 12 (1937), S. 81—85.
18. Pynaert, L., Les essais de culture des plantes médicinales, aromatiques et similaires au Congo Belge. Bull. de l'Off. colon. du Min. des Colon. Jhg. 27 (1938), S. 641—46.
19. Rollot, La culture de l'Ilang-Ilang à Madagascar. Rev. de bot. appl. et d'agric. trop. Jhg. 9 (1929), S. 693—99 und S. 754—64.
20. Rovesti, P., Le piantagioni d'Eucalipto in Eritrea e la loro industrializzazione per la produzione di essenze. Rass. econom. delle Col. Jhg. 16 (1928), S. 54—66.
21. Scarone, Principales exportations des colonies françaises et des territoires Africains sous mandat, en 1937. D'après des renseigements fournis par les administrations locales et rassemblés par l'Institut Nat. d'Agron. de la France d'Outre-Mer. L'Agronom. Colon. Jhg. 28 (1939), S. 10—27.
22. Schoen, L., Rohstoffkammern der Weltwirtschaft. 1. Bd. Afrika. a) Berlin 1937. b) 2 erg. Aufl. Berlin 1939.
23. Trabaud, L., Aromatische Erzeugnisse aus Französisch-Guinea. Riechstoffindustrie und Kosmetik Jhg. 13 (1938), S. 116—26, S. 243—51.
24. Trabut, L., La culture et l'utilisation des Eucalyptus dans l'Afrique du Nord. Rev. de Bot. Appl. et d'Agric. Colon. Jhg. 8 (1928), S. 715—19.
25. Villiers, F. J. de und Naude, C. P., Oils from South African Eucalyptus. Union of South Africa, Dep. of Agric. Bull. Nr. 102, 1932.
26. Waibel, L., Die Rohstoffgebiete des tropischen Afrika. Leipzig 1935.
27. Wehmer, C., Die Pflanzenstoffe. 3 Bde. 2. Aufl. Jena 1929—35.
28. Winkler, H., Botanisches Hilfsbuch für Pflanzer, Kolonialbeamte, Tropenkaufleute und Forschungsreisende. Wismar 1912.
29. Worsley, R. R., Le G., Some East African essential oils. Bull. of the Imp. Inst. Jhg. 32 (1934), S. 253—70. Ref.: Ätherische Öle aus Pflanzen der Umgebung Amanis, Deutsch-Ostafrika. Tropenpflanzer Jhg. 37 (1934), S. 486—89.
30. Zander, H. H, Weltproduktion und Welthandel von Ätherischen Ölen und die weltwirtschaftliche Entwicklung ihrer Industrie. Berlin 1928.
31. ..., Annuaire international de statistique agricole 1939—40. Rom 1940.
32. ..., L'essence d'orange de la Guinée Française. Bull. mens. de l'Inst. Colon. du Havre Jhg. 7 (1935), S. 19—21. Ref.: Orangenöl aus Französisch-Guinea. Tropenpflanzer Jhg. 38 (1935), S. 451—52.
33. ..., Geranium oil. Bull. of the Imp. Inst. Jhg. 30 (1932), S. 458—69. Ref.: Die Gewinnung von Geraniumöl. Tropenpflanzer Jhg. 36 (1933), S. 161—64. Ref.: Documents récents sur la culture du Géranium en Algérie et aux Etats Unis. Rev. de bot. appl. et d'agric. trop. Jhg. 5 (1933), S. 578—80.
34. ..., Geraniumöl. Bericht der Schimmel & Co. AG., Miltitz Bz. Leipzig. Über ätherische Öle, Riechstoffe usw. a) Ausgabe 1937, S. 39—41, b) Ausgabe 1938, S. 45—46.
35. ..., Handelsnachrichten. Kenya-Uganda. Riechstoffindustrie und Kosmetik Jhg. 13 (1938), S. 209.
36. ..., Essential oils. Annual Report of the Agric. Chemist. Ann. Rep. of the Dep. of Agric. for the year ended 31st December 1931. S. 63. Ref.: Versuche zur Erzeugung ätherischer Öle in Uganda. Tropenpflanzer Jhg. 36 (1933), S. 30.

37. ..., Palmarosaöl. Bericht der Sch mmel & Co. AG. Miltitz Bz. Leipzig. Über ätherische Öle, Riechstoffe usw. Ausgabe 1938, S. 77—79.
38. ..., Patchouliöl. Bericht der Schimmel & Co. AG. Miltitz Bz. Leipzig. Über ätherische Öle, Riechstoffe usw. Ausgabe 1938, S. 79—80.
39. ..., Pomeranzenöl (Guinea). Bericht der Schimmel & Co. AG. Miltitz Bz. Leipzig. Über ätherische Öle, Riechstoffe usw. Ausgabe 1938, S. 90.
40. ..., Pomeranzenöl, süßes (Guinea-Öl). Bericht der Schimmel & Co. AG Miltitz, Bz. Leipzig. Über ätherische Öle, Riechstoffe usw. Ausgabe 1936, S. 66—68.
41. ..., Production. Ann. rep. on the soc. and econ. progress of the people of Seychelles 1936, S. 8.
42. ..., La production agricole. Rev. intern. des prod. colon. Jhg. 6 (1939), S. 338—52.
43. ..., Rosenöl, afrikanisches. Bericht der Schimmel & Co. AG. Miltitz, Bz. Leipzig. Über ätherische Öle, Riechstoffe usw. Ausgabe 1938, S. 92—93.
44. ..., Statistisches. Bericht der Schimmel & Co. AG. Miltitz, Bz. Leipzig. Über ätherische Öle, Riechstoffe usw. Ausgabe 1937, S. 127—43.
45. ..., Statistisches. Bericht der Schimmel & Co. AG. Miltitz Bz. Leipzig. Über ätherische Öle, Riechstoffe usw. Ausgabe 1938, S. 145—58.
46. ..., Vetiveröl, Bericht der Schimmel & Co. AG. Miltitz, Bz. Leipzig. Über ätherische Öle, Riechstoffe usw. Ausgabe 1938, S. 108—10.
47. ..., Ylang-Ylangöle. Bericht der Schimmel & Co. AG. Miltitz, Bz. Leipzig. Über ätherische Öle, Riechstoffe usw. Ausgabe 1934, S. 75.

5. *Futterpflanzen*

Bei der Behandlung der Futterpflanzen kann an dieser Stelle nur auf die wichtigsten eingegangen werden, vornehmlich auf die kultivierten Weidepflanzen oder solche, mit denen Versuche angestellt wurden. Zu unterscheiden sind: Gräser, Leguminosen und sonstige Futterpflanzen.

Gräser

Die Zusammensetzung der Weiden ist je nach den vorherrschenden Verhältnissen in den Wachstumsgebieten verschieden. Nur wenige Gras-Arten finden sich von Nord- bis Südafrika verbreitet.

In der Südafrikanischen Union sind verschiedene Gräser ausgezeichnete Futterpflanzen, die zur Anlage künstlicher Weiden benutzt oder zur Gewinnung von Grünfutter zur Stallfütterung ausgesät oder ausgepflanzt werden. Die „Pasture Research Station" Prinshop, Pretoria, sorgt für die Verbreitung der wirtschaftlichsten Grasarten (18):

Pennisetum purpureum Schum. et Thonn., das Elefantengras, auch Napier-Gras genannt, wurde 1908 von *Napier* als Futterpflanze entdeckt. In Rhodesien fielen die ersten Versuche mit ihm sehr günstig aus, heute wird es in ganz Afrika als Futterpflanze genutzt und hat auch in Amerika Eingang gefunden (13). Es ist ein ausdauerndes Gras, das unter günstigen Wachstumsbedingungen 4—5 m Höhe erreichen kann, namentlich das „Umfufu", eine besonders hochwüchsige Varietät des Elefantengrases. Als Grünfutter läßt man es aber nicht über 60 cm, für Silagezwecke 120—150 cm hoch werden. In letzterem Falle sind zwei Schnitte im Jahr möglich.

Chloris gayana Kunth., das Rhodes-Gras, dient zur Heugewinnung. Es ist ein einheimisches, ausdauerndes Sommergras mit Ausläufern. Auf reichem, lehmigem Boden gedeiht es gut bei 500—875 mm Jahresniederschlägen. Es ist ein sehr schmackhaftes Gras und liefert ein gutes Heu, bei vorsichtigem Auftrieb und entsprechender Nutzung stellt es auch eine gute Weide dar.

Digitaria decumbens, das Lowveld Fingergras, ist heimisch in den östlichen Tiefländern und ebenfalls ein ausdauerndes Sommergras mit Ausläufern von hohem Nährwert. Es zieht ein warmes Klima und hohe Niederschläge vor. Es liefert 2—3 oder mehr Schnitte im Jahr, die ein gutes, schmackhaftes Heu ergeben.

Panicum maximum Jacq., das Büffel- oder Guinea-Gras, ist ein heimisches, ausdauerndes Büschelgras, das in mannigfaltigen Formen vorkommt. Die verbreitetste Sorte wird 60 cm bis 1,20 m hoch und liefert, zur Blütezeit geschnitten, ein ausgezeichnetes Heu. Es gedeiht noch gut auf schlechten Böden und ist verhältnismäßig widerstandsfähig gegen Trockenheit. Wegen seiner büscheligen Gestalt läßt es sich allerdings schlecht mähen.

Panicum minus Nash. var. planifolium, das Thompson-Gras, ein einheimisches, ausdauerndes Büschelgras, liefert nicht nur ein gutes Heu, sondern ist auch ein gutes Weidegras; es wächst gut auf leichteren und schwereren Lehmböden, kann viel Regen vertragen, ist aber auch widerstandsfähig gegen Trockenheit. 2—3 Schnitte können im Jahr gewonnen werden. Das Heu wird von jeder Viehart gern gefressen.

Andere südafrikanische Futtergräser sind *Panicum coloratum L.*, das kleine Büffelgras, *Pennisetum cenchroides Rich.*, das blaue Büffelgras, das von allen am widerstandsfähigsten gegen Trockenheit ist, und *Echinochloa pyramidalis Hitch. et Chase*, das 1,20—1,60 m hoch wird und einen guten Ertrag liefert. Es gedeiht am besten auf schwerem Lehmboden bei Niederschlägen von 500—750 mm.

Für Sommerweiden im Sommerregengebiet empfiehlt die „Pasture Research Station" vier Fingergrasarten:

Digitaria Pentzii,
Digitaria Polevansii,
Digitaria maritima,
Digitaria Swazilandensis.

Befriedigende Ergebnisse für Winterweiden im Sommerregengebiet ohne Bewässerung soll nur eine Mischung von Klee mit Gräsern liefern, z. B. *Bromus unioloides Kunth.* oder *Lolium perenne L.*, *Dactylis glomerata L.*, *Phalaris bulbosa L.* oder *Agrostis stolonifera L.* mit *Trifolium repens L.*, *T. hydridum L.*, *T. incarnatum L.* oder *T. subterraneum L.* In der Umgegend von Pretoria hat die Mischung von *Bromus unioloides* mit der Kleesorte English Wild White Clover die besten Ergebnisse geliefert. Von den in Südafrika heimischen Gräsern kommen in Frage *Hemarthria fasciculata Kunth.* und *Agrostis lachnantha Nees.* Über das Teff, *Eragrostis abyssinica Link.*, das namentlich in Transvaal als Futterpflanze eine gewisse Bedeutung hat, s. unter

Getreide, ebenso Mais und Sorghumhirse, die überall in Afrika als Futterpflanzen eine mehr oder weniger große Rolle spielen.

Sorghum sudanense Stapf, das Sudangras, das als Stammpflanze der Sorghumhirse angesehen wird, ist in Südafrika und dem tropischen Afrika heimisch und heute als Futtergras in den warmen Gegenden der ganzen Erde verbreitet (28). Vielfach verwechselt wird das Sudangras mit dem nahe verwandten Aleppogras oder -hirse, *Sorghum halepense Nees.*, das ebenfalls als Futterpflanze örtlich eine mehr oder weniger große Bedeutung hat (26). Sie unterscheiden sich dadurch, daß die Aleppohirse ausdauernd ist und sich durch unterirdische, sehr starke Ausläufer vermehrt, das Sudangras dagegen einjährig ist. Beide dienen zur Anlage von Kunstweiden und zur Heugewinnung. Durch den Gehalt an Blausäure in den frischen Pflanzen können ebenso wie auch durch die Blätter der kultivierten Sorghumhirse beim Vieh Vergiftungserscheinungen hervorgerufen werden, doch hängt der Blausäuregehalt von dem Alter und den Standortsbedingungen ab und verschwindet gänzlich beim Trocknen (28).

In Deutsch-Südwestafrika sind neben anderen Grasarten die *Aristida*-Arten (Liebesgräser) weitaus die wichtigsten Futtergräser. Die Weiden Südwests bestehen vornehmlich aus *Aristida*-Arten, besonders aus der Sektion *Stipagrostis*. Obwohl alle Arten das für Steppengräser charakteristische Büschelwachstum zeigen, entsteht unter günstigen Bedingungen doch fast eine geschlossene Pflanzendecke. Von der Gattung *Eragrostis* sind über 30 Arten aus Deutsch-Südwest bekannt, die nach den *Aristida*-Arten die größte Bedeutung für die Viehzucht haben (nähere Untersuchungsergebnisse s. 10).

In Rhodesien, vornehmlich in Südrhodesien, pflegt man die natürlichen Weiden und sucht sie zu verbessern. Wie in der Union sind auch hier *Digitaria*-Arten vorteilhafte Futtergräser. Auf guten Böden wächst auch *Chloris gayana* und auf den besten Böden *Pennisetum clandestinum Hochst.*, das Kikuyugras; hinzu kommt noch speziell für Rhodesien *Brachiaria dictyone ura.* Die Futterpflanzen für die Stallfütterung sind in Rhodesien vor allem der Mais, der ensiliert wird, und die Luzerne (s. u.) (11).

Westafrika. Die tropischen Savannen, die nahezu die Hälfte von Belgisch-Kongo einnehmen, sind aus einer Unzahl von Gräsern zusammengesetzt, wenn auch hier und da einige Arten überwiegen, wie z. B. *Panicum maximum* in den humiden Gebieten mit guten Böden oder *Tricholaena rosea Nees.* auf sandigem Boden. In der Artzusammensetzung müssen wir unterscheiden zwischen sumpfigen, feuchten und trockenen Savannen.

Die Hochsavannen zeigen *Aristida*- und *Digitaria*-Arten. In Gegenden mit subtropischem bis gemäßigtem Charakter finden sich *Festuca*-, *Agrostis*-, *Bromus*-, *Poa*-, *Deschampsia*- und *Calamagrostis*-Arten.

Als Futterpflanzen mit gutem Nährwert haben sich erwiesen: *Festuca gigantea Vill.*, *Eleusine indica Gaertn.*, *Hyparrhenia cymbaria (L.) Stapf*, *Eragrostis tenuifolia Hochst.*, *E. pilosa P. B.*, *Digitaria horizontalis Willd.*, *Setaria verticillata Beauv.*, *Pennisetum trachyphyllum Pilg.*, *Setaria aurea A. Br.*, *S. sulcata Raddi* (19)., die den besten und mittleren Sorten der europäischen Futtergräser gleichwertig sind. Sie sind als Futterpflanzen für Belgisch-Kongo von Bedeutung (20). Eine große Anzahl zentralafrikanischer Gramineen (auch Cyperaceen) sind auf ihren Futterwert hin untersucht (vgl. 22). Im äquatorialen Afrika verbreitet ist überall *Cynodon dactylon Pers.*, das Bermuda-Gras, das in den Tropen und Subtropen der ganzen Welt wild vorkommt, auf den Äckern ein unangenehmes Unkraut ist, aber auch als Futtergras sehr geschätzt wird. Im Süden von Nordamerika bildet es die Grundlage der Weidewirtschaft und wurde in Afrika schon vor dem Weltkriege in Togo, Deutsch-Ost- und Südwestafrika ausgesät.

Im Französischen Sudan ist es möglich, sich bei der Anlage von Kunstweiden auf die heimischen Grasarten zu beschränken. Die besten Futtergräser sind hier auf tonig-kieseligen Böden verschiedene *Andropogon*-(vor allem „Zara“ und „Waba“) und *Pennisetum*-Arten (vor allem „N'Golo“), auf kieseligen Böden neben *Pennisetum*-Arten *Hyparrhenia spec.* (*Yi-Yali*) und *Eragrostis* (Quolocaman). Auf den während des Winters überschwemmten Böden liefert *Panicum burgu Chev.* ein ausgezeichnetes Grünfutter und Heu, ebenso *P. fluitans*, auch *P. zizanoides* sind brauchbar sowie *Elionurus* (21).

Für Ostafrika sind nach eingehenden Versuchen eine ganze Reihe von Gräsern zur Anlage von künstlichen Weiden empfohlen, deren Anbau sich lohnt und die auch z. T. schon kultiviert werden (6): *Chloris gayana* (s. o.), *Cynodon plectostachyum Pilg.*, das Sterngras, das in Ostafrika häufig ist, z. B. im Rifttal, in der Nähe von Naivascha, in der Umgebung von Nairobi, wo es als Futtergras von Bedeutung ist. Es gedeiht überall gut, wo die Niederschläge weniger als 850 mm betragen. Es zeichnet sich aus durch mehrere gegenständige Seitenverzweigungen, wodurch es eine große Grünmasse hervorbringt. *Pennisetum clandestinum Hochst.*, Kikuyu-Gras, gibt ein gutes Futter. *Amphilophis pertusa Stapf* gedeiht unter den verschiedensten Klima- und Bodenverhältnissen und scheint besonders für Gebiete mit 500—750 mm Niederschlägen angepaßt zu sein. *Paspalum dilatatum Poir.* ist wegen seiner guten Ergebnisse in Kenya eingeführt. Nach dem Schnitt oder dem Abgrasen wächst es schnell wieder, auch bei verhältnismäßig großer Trockenheit, und liefert ein schmackhaftes und nahrhaftes Futter. *Paspalum scrobiculatum L. var. commersonii* ist einheimisch in Kenya, dort weitverbreitet und ebenso nahrhaft und schmackhaft wie *P. dilatatum*. *Panicum coloratum* ist besonders zur Heugewinnung geeignet, da es große Mengen liefert.

Als Futtergräser, die nach dem Schnitt grün an das Vieh verfüttert werden, empfiehlt man das Elefantengras, *Pennisetum purpureum* (s. o.), *Sorghum sudanense*, Sudangras (s. o.), *Panicum trichocladum*, *Pennisetum salifex*, *Echinochloa pyramidalis* und *E. stagnina Beauv.* (6).

Der Landwirtschaftsdienst in Kenya empfiehlt zur Anlage von Kunstweiden besonders *Eragrostis abyssinica*, Teff (vgl. Getreide), *Panicum colo-*

ratum (s. o.), *P. maximum*, *Lolium italicum A. Br.*, *Avena elatior L.* und *Pennisetum purpureum*, dazu den weißen Steinklee *(Melilotus albus Desr.)* (27).

In Nordafrika sind vor allem in Marokko ausgedehnte Versuche mit Futterpflanzen gemacht worden (14). *Pennisetum benthami Stend.*, häufig in Südafrika, wurde 1925 eingeführt. Diese Art ist sehr empfindlich gegen Kälte und Trockenheit, gibt in geeigneten Gebieten aber ausgezeichnete Ergebnisse. Auch das Elefantengras, *P. purpureum*, gibt hier an gegen Kälte und Trockenheit geschützten Orten, namentlich an den Flußufern, gute Erträge.

Pennisetum spicatum Koern. gedeiht überall vornehmlich auf leichten Böden, aber auch auf schweren und ist besonders geeignet für das marokkanische Klima. *P. orientale Rich.* ist in Nordafrika heimisch und widerstandsfähig gegen Trockenheit und Kälte und kann bis 5° C wohl ertragen. *P. macrourum* ist eine ausgesprochene Trockenpflanze und kann als Grünfutter und zur Ensilage dienen. *P. villosum R. Br.* gedeiht vor allem an der Küste. Auch *P. clandestinum* kommt noch in Marokko und Algerien vor.

Von den übrigen Gräsern haben noch gute Ergebnisse geliefert: *Setaria italica Beauv.* (s. u. Getreide), *Tricholaena rosea Nees.*, *Panicum prolutum F. Muell.*, *P. decompositum R. Br.*, *P. antidotale R. Br.*, *P. nigrirostre Nees.* und *P. mileaceum L.* (s. Getreide), abgesehen davon, daß eine Reihe anderer *Panicum*-Arten brauchbare Resultate geliefert haben (Näheres s. 14). Von den *Digitaria*-Arten wird *D. sanguinale Scorp.* empfohlen, namentlich für die leichten Böden. *Paspalum dilatatum Poir.* kann in Gemeinschaft mit Leguminosen, namentlich in den feuchten Niederungen, ausgezeichnete Erträge liefern, während zahlreiche andere *Paspalum*-Arten, mit denen Versuche gemacht wurden, sich nicht bewährt haben. *Phalaris canariensis L.* (= l'alpiste), das Kanarienglanzgras von den Kanarischen Inseln, nimmt in Marokko einen breiten Raum ein, vornehmlich in der Küstenzone und in der Ebene von Rharb. Es dient sowohl als Nahrungs- wie als Futtermittel (vor allem als Vogelfutter), in England auch zur Ölgewinnung, die Stärke als Appretur (2). Über die Bedeutung des Maises als Futterpflanze ist schon bei Getreide berichtet; er gedeiht überall in Marokko, wo die Frühjahrsfröste nicht zu schwer sind und Wasser zur Bewässerung zur Verfügung steht.

Leguminosen

Neben den Gräsern sind eine Reihe von Leguminosen wichtige Futterpflanzen. Die Luzerne (Alfalfa), *Medicago sativa L.*, eine ausdauernde Leguminose aus der Familie der *Papilionaceen* mit schraubig-gekrümmten Hülsen, hat in Afrika eine stärkere Verbreitung gefunden, namentlich in den Gebieten mit geringen Niederschlägen. In Gebieten mit Kontinentalklima ist die Luzerne ein vorzügliches Futtermittel für milchgebende Tiere. Ihre Ansprüche an den Boden sind nicht groß; sie gedeiht sowohl auf reichen wie auf ärmeren Böden, wenn diese durchlässig und kalkhaltig sind. Sie ist nicht nur eine ausgezeichnete

Futterpflanze, sondern durch ihre Wurzelknöllchen und ihr ausgeprägtes, tiefgehendes Wurzelsystem — in trockenen Gebieten vermögen die Wurzeln 3—6 m tief einzudringen (24) — auch ein vorzüglicher Bodenverbesserer. In Afrika hat sie ihre größte Verbreitung in der Südafrikanischen Union, findet sich aber auch in Nordafrika und den Hochländern Ostafrikas. In der Union ist sie überall anzutreffen, außer in dem feuchten Osten (Karte 24, S. 16). In der Karru, wo das Grundwasser in 3 bis 4,5 m Tiefe gefunden wird, können von der Luzerne ohne Bewässerung 3 Schnitte erzielt werden. Im übrigen variieren die Erträge je nach den örtlichen Bedingungen stark. Im ersten Jahr kann 2—3 mal geschnitten werden, später unter günstigen klimatischen Bedingungen 5—6 mal, wie z. B. in Transvaal (24). In Ägypten gibt die Luzerne von November bis April 2 Schnitte, von April den Sommer hindurch alle 5—6 Wochen einen Schnitt (16). In Ägypten wird Luzerne alle 14 Tage bewässert.

Luzerne liefert nicht nur ein ausgezeichnetes Heu, sondern stellt auch eine gute Weide für Kühe und Schafe dar und wird auch als Grünfutter oder zur Ensilierung verwandt. Ihr Hauptzweck ist, durch Heugewinnung die Viehbestände über die trockene Jahreszeit hinwegzubringen.

Der Alexandrinische Klee, *Trifolium Alexandrinum L.*, auch Bersim genannt, ist eine andere *Papilionaceae*, die als Gründüngungspflanze wie als Futterpflanze von Bedeutung ist (s. u. Gründüngungspflanzen). Besonders in Ägypten, wo Wiesen und Weiden unbekannt sind — 1920/21 bis 1926/27 betrug die Anbaufläche mit Bersim im Mittel 1439455 Feddan —, ist er die verbreitetste Futterpflanze, die in vier Sorten angebaut wird. Die Fellachen füttern ihr gesamtes Vieh fast ausschließlich mit Bersim.

Bersim, der sich in der Fruchtfolge günstig auswirkt, wird in Ägypten im Wechsel mit Baumwolle und Weizen angebaut. Er ist eine Winterfrucht. Die Aussaat findet von Mitte August bis Mitte Dezember statt. Nach 45—80 Tagen, wenn die Pflanze eine Höhe von 25 cm erreicht hat, erfolgt der 1. Schnitt; der 2. kann schon nach 35—40 Tagen stattfinden. Vor dem 1. Schnitt finden meist 3 Bewässerungen statt, zwischen dem 1. und 2. Schnitt eine. Im allgemeinen wird dreimal geschnitten. Eine Sorte, „Muscowi" genannt, die in dem Gebiet der fortlaufenden Bewässerung gedeiht, kann sogar 4—5 mal gemäht werden. Die frühen Schnitte sind zur Heubereitung ungeeignet und können nur als Grünfutter verwandt werden.

In Südafrika spielt *Trifolium Alexandrinum*, wie überhaupt die Kleearten, nur eine untergeordnete Rolle, da sie mehr Feuchtigkeit verlangen als Luzerne. Nur in Natal und Ostgriqualand haben sie mit Gräsern gemischt in Dauerweiden gute Ergebnisse geliefert (23).

Mancherorts, namentlich in trockenen Gebieten, z. B. in Deutsch-Südwestafrika, sind eine ganze Reihe von Akazien natürlich vorkommende Futterpflanzen. Während die Schafe im allgemeinen die bedornten Akazien meiden, werden diese von den Ziegen abgeweidet, die Hülsen werden gern vom Großvieh aufgenommen. Als solche Akazien kommen in Frage: *A. giraffae Burch.*, *A. horrida Willd.* (s. Gummiakazien), *A. glandulifera Schinz.*, *A. Maras Engl.*, *A. hebeclada D. C.*, *A. detinens Burch.*, *A. albida Del.*, *A. hererbensis Engl.* (10).

Die Lupinen *(Lupinus)* haben noch keine weite Verbreitung in Afrika gefunden, doch werden sie am Kivusee und in Ruanda-Urundi seit 1933 in den Kaffeeplantagen als Zwischenkultur und gelegentlich auch in anderen Gegenden gepflanzt. Die Lupine verbessert den Boden und gibt auch ein wertvolles Futtermittel (4). In Senegambien sind Versuche mit *Lupinus tassilicus Maire* gemacht worden. *L. albus L.* wird in dem Überschwemmungsgebiet des Nils gebaut; diese Art und *L. digitatus* werden auch für die nördlichen Gebiete des Englisch-ägyptischen Sudans empfohlen (9).

Auf den Kanarischen Inseln ist *Cytisus proliferus L.*, ein weiß blühender Goldregen von 3—4 m Höhe, eine wichtige Futterpflanze. Er ist auf den Inseln in unausrottbaren Beständen weitverbreitet (5).

Die Verwendung anderer Leguminosen zu Futterzwecken ist bei der Behandlung der Hülsenfrüchte als Nahrungsmittel miterwähnt (s. Hülsenfrüchte).

Andere Futterpflanzen

Nach *Dinter* (5) gibt es für die Subtropen neben Luzerne keine geeignetere Futterpflanze als die Opuntie oder den Feigenkaktus, *Opuntia ficus indica Mill.* (s. sonst. Früchte und Obstarten). Schon vor dem Weltkriege war es gelungen, stachellose Varietäten zu züchten, die sehr gern vom Vieh genommen werden. Um nicht Bestände mit einem hohen Prozentsatz an bedornten Opuntien zu erhalten, muß die Vermehrung stets durch Stecklinge geschehen. Mit einem Hektar solcher Opuntien können unter günstigen Verhältnissen 20 Rinder ½ Jahr ernährt werden. Als Trockenpflanze der Subtropen kommt sie vor allem für Nordafrika (1) und große Teile Südafrikas (5) in Frage, aber auch für Madagaskar (8).

In Algerien kultivieren die Berber und Araber verschiedene Eschenarten als Futterpflanzen; sie werden am Rande ihrer Felder oder als Alleebäume gezogen. Zur Verfütterung werden die Zweige abgeschnitten und die Blätter getrocknet oder grün verfüttert. Die verbreitetste Art ist *Fraxinus oxycarpa Willd.* (3).

In Deutsch-Ostafrika werden von den Wadschagga am Kilimandjaro die Scheinstämme der Banane an Rindvieh verfüttert.

Neben den Gräsern und genannten Futterpflanzen gibt es überall in Afrika noch zahlreiche Pflanzen aus den verschiedensten Familien, die von den Eingeborenen als Futterpflanzen genutzt werden; auf weitere Einzelheiten kann aber in diesem Zusammenhange nicht eingegangen werden (Näheres s. 7; 10; 15).

Schrifttum

Futterpflanzen

1 **Bossavy**, F., Les plantations de Cactus inerme en Abda-Ahmar. La Terre Marocaine Jhg. 7 (1937), S. 19—23.

2. **Cadiot**, J., L'Alpiste (Phalaris canariensis Marocaine L.), Kanarienglanzgras. La terre Marocaine Jhg. 7 (1937), S. 29—32.

3. **Chevalier**, A., Des Frênes comme plantes fourragères dans l'Afrique du Nord. Rev. de Bot. Appl. et d'Agric. Colon. Jhg. 5 (1927), S. 467—71.

4. **Dierck**, X., Le Lupin. Agric. et Elevage au Congo Belge Jhg. 8 (1934), S. 101—02.

5 **Dinter**, Deutsch-Südwestafrika. Flora, Forst- und Landwirtschaftliche Fragmente. Leipzig 1909.

6. **Edwards**, D. C., Observations on some pasture plants in Kenya. Colony and Prot. of Kenya, Dep. of Agric. 1933, S. 33.

7. **Eichinger**, A., Die Weide- und Futterverhältnisse von Westusambara. Daressalam 1914.

8. **Geoffroy**, La raquette et le cactus inerme dans l'alimentation du bétail à Madagascar. Bull. Econom. mens. du Gouv. Génér. de Madagascar et dép. 1929, S. 74—77.

9. **Guilaume**, A. und **Proeschel**., Etude du Lupin cultivé au Jardin Botanique du Muséum et provenant de graines récoltées la même année au Sénégal. Rev. de Bot. Appl. et d'Agric. Trop. Jhg. 17 (1937), S. 743—45.

10. **Heering**, W. und **Grimme**, C., Die Futterpflanzen Deutsch-Südwestafrikas und Analysen von Bodenproben. Berlin 1914.

11. **Jurion**, M., Les Pâturages en Rhodésie du Sud. Agric. et Elevage au Congo Belge Jhg. 7 (1937), S. 106—07.

12. **Kopp**, A., Les pâturages naturels dans l'Union Sud-Africaine. Rev. de Bot. Appl. et d'Agric. Trop. Jhg. 17 (1937), S. 523—26.

13. **Langer**, A., Erfahrungen mit tropischen und subtropischen Futterpflanzen. Tropenpflanzer Jhg. 32 (1929), S. 55—65 und S. 103—04.

14. **Miège**, E., Les plantes fourragères du Maroc. La Terre Marocaine Jhg. 3 (1933), Nr. 35—43.

15. **Moebius**, F., Untersuchungen über einige südwestafrikanische Futtergräser und Futterkräuter. Tropenpflanzer Jhg. 39 (1936), S. 319—30.

16. **Nagy**, L. E., Die Landwirtschaft im heutigen Ägypten und ihre Entwicklungsmöglichkeiten. Wien 1936.

17. **Pentz**, J A., South African Pasture together with a survey of the work on Prinshop Pasture experiment Station. Union of South Africa Bull. 148, 1935, S. 28.

18. **Pentz**, J. A., Agricultural grasses of South Africa and management of their pastures. Union of South Africa, Bull. 106, 1932, S. 23.

19. **Robyns**, W., Les graminées fourragères du Congo Belge et l'amélioration des pâturages naturels. Rev. de Bot. App. et d'Agric. Trop. Jhg. 12 (1932), S. 312—14.

20. **Robyns**, W., Les graminées fourragères du Congo belge et l'amélioration des pâturages naturels. Bull. Agric. du Congo Belge Jhg. 21 (1930), S. 1376—94.

21. **Rogeon**, J., Notes sur les graminées fourragères soudanaises. Rev. de Bot. Appl. et d'Agric. Trop. Jhg. 12 (1932), S. 454—62.

22. **Scaetta**, H., Les pâturages de haute montagne en Afrique Centrale. Bull. Agric. du Congo Belge Jhg. 27 (1936), S. 323—78.

23. **Seymore**, D. J., Handbook for farmers in South Africa. Pretoria 1937.

24. **Turpin**, H. W., Lucerne in South Africa with a contribution on Insect Pests and on Lucerne Diseases. Union of South Africa, Bull. 170, 1936, S 88.

25. **Wery**, G. und **Chevalier**, A., L'élevage du mouton et les pâturages du Sud-Algérie. Comptes rendus des Séances de l'Académie d'Agric. de France 1927, S. 739—45.

26. **Zaitscheck**, A., Le „Sudan grass" ou Sorgho d'Alep, sa culture et son importance alimentaire. Rev. Intern. d'Agric. Jhg. 21 (1930), S. 361—65.

27. P. T., Composition des prairies du Kenya. Rev. de Bot. Appl. et d'Agric. Trop. Jhg. 16 (1936), S. 932.

28. **Zemach**, S., Der alexandrinische Klee in Palästina. Tropenpfl. Jhg. 34 (1931), S. 318 u. S. 359.

29. . . ., Recherches sur les pâturages dans le territoire du Tanganyika. Bull. Agric. du Congo Belge, Jhg. 25 (1934), S. 624—27.

30. . . ., Sorghum-Futter. Tropenpflanzer Jhg. 26 (1923), S. 60.

6. Gründüngungs- und Bodenschutzpflanzen

Der Zweck einer Gründüngung ist vielseitig: sie soll die chemische und physikalische Beschaffenheit des Bodens verbessern, den Boden vor Abspülung schützen und das Aufkommen von schädlichen Unkräutern verhindern.

Die chemische Beschaffenheit des Bodens wird namentlich durch die tiefwurzelnden Gründüngungspflanzen verbessert, die in tiefen Schichten des Bodens anorganische Nährstoffe aufnehmen, die beim Verwesen der Grünmassen an der Oberfläche frei werden. Besonders vorteilhaft auf die chemische Verbesserung des Bodens wirken die Leguminosen, die in den Bakterienknöllchen an den Wurzeln durch den Stoffwechsel der Bakterien den Stickstoff der Luft zu binden vermögen. Da diese Bakterienknöllchen fast ausschließlich den Leguminosen zukommen, werden heute im allgemeinen nur Leguminosen als Gründüngungspflanzen angebaut.

Die physikalische Beschaffenheit des Bodens wird namentlich durch die günstige Beeinflussung der Gründüngungspflanzen auf den Wasserhaushalt verbessert. Die bei der Verwesung entstehenden Humusstoffe erhöhen, namentlich in sandigen Böden, die wasserhaltende Kraft, so daß das Abfließen des Wassers in tiefere Bodenschichten verhindert wird (4). Auch die anorganischen Nährstoffe werden durch die kolloiden Humusstoffe an der Oberfläche festgehalten, so daß sie nicht mit dem Regenwasser in die Tiefe sickern können. In schweren Böden wird umgekehrt durch die Humusstoffe die bindende Kraft herabgesetzt, so daß das Wasser leichter frei wird. In trockenen Gebieten muß man Gründüngungspflanzen wählen, die tiefer wurzeln als die Hauptkultur, um den Wettbewerb um das Wasser so weit als möglich zu vermeiden.

Nicht zuletzt besteht der Vorteil der Gründüngungspflanzen darin, daß die zurückbleibenden Wurzeln zur Auflockerung des Bodens beitragen.

Einen besonderen Wert haben einige Gründüngungspflanzen als Bodenschutzpflanzen, indem sie die Temperatur des Bodens unter der Laubdecke gleichmäßig halten und die obersten, nährstoffreichsten Bodenschichten vor dem Abspülen durch starken Regen bewahren, was namentlich in geneigtem Gelände von Bedeutung ist; ferner verhindern die schnell wachsenden Leguminosen das Aufkommen von Unkräutern.

Schließlich sei noch die Wirkung der buschförmigen Leguminosen als Windschutz in windempfindlichen Pflanzungen erwähnt sowie die Verwendung baumförmiger Leguminosen als Schattenbäume für licht- und windempfindliche Kulturen (vgl. Kaffee und Kakao).

Bei einjährigen Kulturen werden die Gründüngungspflanzen vor der Aussaat der eigentlichen Kulturpflanzen gezogen und dann untergepflügt. Hier sind natürlich schnell wachsende Leguminosen angebracht, die in kurzer Zeit viel Grünmasse hervorbringen und den Boden dicht bedecken, um das Aufkommen von Unkräutern zu verhindern. Für diesen Zweck wird namentlich *Mimosa invisa Mart.* empfohlen (s. u.).

Bei mehrjährigen Kulturen können vor dem Auspflanzen zur Vorbereitung und Verbesserung des Bodens zunächst dieselben einjährigen Leguminosen angebaut werden, zugleich aber kann durch Zwischensäen von mehrjährigen Arten oder solchen, die sich schnell selbständig wieder aussäen, für eine dauernde Bodenbedeckung gesorgt werden. Hier muß man zwischen kriechenden, krautartigen, strauchartigen und baumartigen Gründüngungspflanzen unterscheiden. Die kriechenden stören die Plantagenarbeiten wenig und pflanzen sich oft von selbst fort, können aber durch ihre Ranken der Hauptkultur lästig werden oder gar schaden. Die strauchartigen müssen geschnitten werden, damit die Grünmasse dem Boden zugute kommt; die Laubmasse muß rechtzeitig untergearbeitet werden. Zu den baumartigen gehören vor allem die Schattenbäume in den Kaffee- und Kakaopflanzungen (s. u.).

Der Anbau der Gründüngungspflanzen geschieht zumeist durch Samen. An Hängen müssen bei Drillsaat die Reihen horizontal verlaufen, um der Bodenerosion entgegen zu wirken.

Einer einseitigen Beeinflussung und Beanspruchung des Bodens kann man vorbeugen, indem man mehrere Arten durcheinander pflanzt. Diese Maßnahme vermag vielleicht auch dem Überhandnehmen von Schädlingen vorzubeugen.

Die wichtigsten Gründüngungspflanzen, die alle zu den *Leguminosen* gehören, sind (4):

Acacia mollissima Willd. ist als Gerbstoffpflanze beschrieben (s. u. Gerbstoffpflanzen), sie wird aber auch als Gründüngungspflanze empfohlen, namentlich für hochgelegene Teepflanzungen. Sie verträgt häufiges Schneiden sehr gut.

Cajanus indicus Spreng. (s. u. Hülsenfrüchten) wird in Transvaal unter Citrusfrüchten angebaut (2).

Calopogonium mucunoides Desv. aus Amerika, eine Pflanze mit kriechendem bis zu 3 m langem Stengel, gedeiht am besten bis zu 300 m Meereshöhe und ist sehr widerstandsfähig, und zwar sowohl gegen Trockenheit als auch gegen Feuchtigkeit. In der Trockenheit stirbt sie ab, bildet aber zu Beginn der Regenzeit eine neue Laubdecke, so daß die gesamte Grünmasse sehr groß ist. Auch die Bodenbedeckung ist sehr gut. Sie wird empfohlen für Sisal, Kaffee, Hevea sowie Kokos- und Ölpalmen.

Canavalia ensiformis D.C., die Schwertbohne (Näheres s. Hülsenfrüchte), ist ein ausgezeichneter Bodenbedecker und Bodenverbesserer und dient namentlich zur Vordüngung von Mais- und Tabakfeldern sowie als Zwischenfrucht zur Verbesserung von Brachland.

Centrosema pubescens Benth. aus Brasilien ist eine kriechende und schwachschlingende Leguminose mit Wurzeln, die bis 2 m tief gehen. Sie ist sehr widerstandsfähig gegen Trockenheit, aber auch gegen hohe Niederschläge und kommt ebensogut für Kaffeepflanzungen wie für Hevea in Frage.

Von der Gattung *Crotalaria* spielen vier Arten als Gründüngungspflanzen eine Rolle, die alle unter den Bastfaserpflanzen beschrieben sind (s. u. Sunn-Hanf und Verwandte): *Crotalaria usaramoensis Baker* und *C. striata D.C.* aus Afrika, *C. anagyroides H. B. et K.* aus Südamerika und *C. juncea L.* aus Asien und Australien (in Südafrika in Citruskulturen) (2). Namentlich *Crota-*

laria anagyroides mit ihrer sehr großen Grünmasse ist als Bodenverbesserer beliebt und dient zur Gründüngung von Mais-, Reis- und Tabakfeldern sowie zur vorläufigen Beschattung von Kaffee usw.

Als Gründüngung für Tabak und Mais wird auch *Desmodium tortuosum D.C.*, der Floridaklee, aus Nordamerika und Westindien empfohlen. Er gedeiht auch auf sehr armen Böden in der Sonne oder unter leichter Beschattung; da er anfangs langsam wächst, unterdrückt er allerdings das Unkraut schlecht.

Dolichos lablab L., die Helmbohne, und *D. biflorus L.*, die Faselbohne, die überall in den Tropen verbreitet sind (s. u. Hülsenfrüchten), liefern eine große Grünmasse. *D. lablab* wird für einjährige Kulturen in höheren Lagen, die Faselbohne, die ganz im Gegensatz zu der Helmbohne in feuchtem Klima gedeiht, für *Hevea* empfohlen.

Dolichos uniflorus Lam. gehört mit zu den häufigsten Gründüngungspflanzen in einjährigen Kulturen der Tropen (2).

Erythrina lithosperma Bl. ex Miq., eine baumartige Leguminose, ist eine verbreitete Gründüngungs- und Schattenpflanze, namentlich in Kaffee- und Kakaopflanzungen. Die Anzucht geschieht meist aus etwa 1 m langen Stecklingen, die bis zur Hälfte schräg in den Boden gesteckt werden. Dienen sie nur zur Gründüngung und nicht zur Beschattung, so werden die Bäume auf 1—1½ m Höhe geköpft und die Triebe jährlich 2—3 mal abgeschnitten, wodurch dem Boden eine große Grünmasse zugeführt wird. Nach etwa drei Jahren sollen die Stümpfe durch neue ersetzt werden.

Von der Gattung *Indigofera* dienen mehrere Arten als Gründüngungspflanzen: *I. arrecta Hochst.* z. B. und *I. hirsuta L.* aus Südafrika (und Abessinien) sowie *I. endecaphylla Jacq.* aus Afrika und Asien. *I. arrecta*, der Natalindigo, wird bis 2½ m hoch und gedeiht besonders in sonnigen Lagen bis 125 m Meereshöhe. *I. hirsuta* bleibt niedriger und bietet eine gute Bodenbedeckung, am verbreitetsten ist *I. endecaphylla*, eine aufrechte Leguminose von nur etwa 30 cm Höhe mit kriechenden, bewurzelten Ausläufern, die bis 1½ m lang werden. Sie gedeiht auf sandigen und tonigen Böden bis 1200 m Höhe und bleibt während der Trockenzeit grün. Sie wird vielseitig verwendet als Bodenschutzpflanze und zur Gründüngung und wird sehr empfohlen für Hevea-, Tee-, Kaffee-, Sisal-, Ölpalmen- und Kakaokulturen.

Lathyrus sativus L., die Platterbse (s. u. Hülsenfrüchten), wird in Ägypten sowohl als Viehfutter geschnitten wie zur Gründüngung untergepflügt (2).

Leucaena glauca (L.) Benth. aus Amerika ist ein Baum, der bis 10 m Höhe erreichen kann und 3 m tiefe Wurzeln hat. Er verlangt einigermaßen fruchtbaren, kalkhaltigen Boden, auf dem er bis 1500 m Höhenlage gut gedeiht. Er ist sehr beliebt als Schattenbaum in Kaffee-, Tee- und Kakaopflanzungen, aber auch als Bodenverbesserer ist er eine sehr wirtschaftliche Gründüngungspflanze, denn er verträgt jahrelang alle zwei bis drei Monate einen Schnitt, wodurch dem Boden große Laubmassen zugeführt werden.

Die *Lupinus*-Arten haben sich in den Tropen schlecht bewährt, in höheren Lagen ist *Lupinus albus L.* am vorteilhaftesten (4). In Natal werden Lupinen als Wintergründüngung angebaut (2) und am Kivusee und in Ruanda-Urundi in den Kaffeeplantagen (siehe Futterpflanzen).

Medicago sativa L., die Luzerne, ist in Süd- und Nordafrika ein ausgezeichneter Bodenverbesserer, aber vor allem Futterpflanze (s. d.).

Als Bodenschutzpflanzen in jungen Anlagen mehrjähriger Kulturen (Kaffee, Tee, Hevea, Kokospalme) sowie als Bodenverbesserer in einjährigen Pflanzungen wird besonders *Mimosa invisa Mart.* aus Brasilien empfohlen. Während der Trockenzeit stirbt sie ab, sät sich aber von selber wieder aus. Die Grünmasse ist auch als Viehfutter zu verwenden.

Pisum arvense L., die Felderbse, wird in der Südafrikanischen Union zur Gründüngung der Citruskulturen angebaut (2).

Zur Beschattung von jungen Kakaopflanzungen dient *Tephrosia candida D.C.* aus Asien, die bis 2½ m hoch wird und viel Regen verträgt, aber auch sehr widerstandsfähig gegen Trockenheit ist. Sie wird sehr zum Anbau auf Brachland sowie für Kaffee-, Kakao- und Heveapflanzungen empfohlen. *Tephrosia purpurea Pers.*, in Afrika heimisch, wird auch in Kaffee- und Heveakulturen angebaut, heute aber meist durch *T. candida* ersetzt.

Trifolium Alexandrinum L., der Bersim- oder ägyptische Klee, aus dem Niltal, hauptsächlich als Futterpflanze (s. Futterpflanzen) bekannt, wird zuweilen auch zur Gründüngung untergepflügt (2).

Außer den genannten Leguminosen sind noch eine Reihe schon als Hülsenfrüchte beschriebene Arten als Gründüngungspflanzen wichtig. *Mucuna utilis Wall. ex Wight.*, *Mucuna aterrima Holland* (= Mauritius bean) in den Zuckerplantagen Natals (2), *Phaseolus mungo L.*, *Phaseolus lunatus L.*, *Soja hispida Maxim.*, *Vigna sinensis Endl.* und *Vigna Hosei Baker* (sowie die Knollenfrüchte *Pachyrrizus erosus Urban.* und *Psophocarpus palustris Desv.*), von denen namentlich die Vigna-Arten sehr empfohlen werden. *Vigna sinensis*, die Kundebohne, ist nicht anspruchsvoll in bezug auf den Boden und dient zur Verbesserung des Bodens vor der Hauptkultur sowie als Zwischenpflanzung. *Vigna Hosei* ist leicht kriechend und dringt mit ihren Wurzeln über 1 m tief in den Boden ein. Sie ist angebracht namentlich in alten Heveapflanzungen, aber auch in Kaffee- und Teekulturen.

Neben diesen genannten Arten sind noch zahlreiche andere weniger wichtige, nicht in Afrika beheimatete Gründüngungspflanzen im Gebrauch, von denen hier nur einige genannt werden können:

Astragalus sinicus L. (aus China)
Arachis prostrata Benth. (aus Brasilien)
Cassia mimosoides L.
Cassia pumila Lam.

Cassia Tora L.
Centrosema Plumieri Benth. (aus Südamerika)
Clitoria cayanifolia Benth. (Heimat Amerika)
Desmodium gyroides D.C. } (Heimat Java)
Desmodium capitatum D.C. }
Desmodium triflorum D.C.
Indigofera anil. L. (aus Amerika und Australien)
Pueraria phaseoloides Benth. (aus Südostasien)

(Näheres s. 4).

Bei der Mannigfaltigkeit der zur Gründüngung kultivierten Leguminosen erhebt sich die Frage, ob man nicht bewährte außerafrikanische Arten einführen soll (namentlich aus Niederländisch-Indien), doch aus den Gattungen *Crotalaria*, *Desmodium*, *Indigofera*, *Phaseolus*, *Thephrosia*, *Cassia*, die überall in Afrika verbreitet sind, findet man zahlreiche Arten, die ausgezeichnete Gründüngungspflanzen und ebenso auch gute Bodenschutzpflanzen sind, die nur jeweils ihrem Zweck entsprechend ausgewählt werden müssen (3).

In der nachstehenden Übersicht sind die wichtigsten Schatten- und Windschutzbäume, die z. T. in Afrika bereits verwendet, zum andern für die schatten- und windschutzfordernden Kulturen, wie Kaffee, Kakao, Tee usw., geeignet sein können, aufgeführt (6, S. 180/274; 7, S. 251):

Schattenbäume

1. Leguminosen

Acacia spec.
Andenanthera pavonina L.
Albizzia spec.
Caesalpinia coriaria Willd.
Cassia spec.
Dalbergia spec.
Enterolobium Saman Prain.
Erythrina spec.
Gliricidia spec.
Inga spec.
Leucaena glauca (L.) Benth.
Millettia oblata Dunn.
Peltophorum pterocarpum Baker.
Pithecolobium polycephalum Benth.
Schizolobium excelsum Vog.

2. Nicht-Leguminosen

Grevillea robusta Conn.
Melia Azederach L.

Windschutzbäume

Acacia spec.
Artocarpus spec.
Casuarina spec.
Cupressus spec.
Eucalyptus spec.
Grevillea robusta Conn.
Bambus-Arten.

Schrifttum

Gründüngungs- und Bodenschutzpflanzen

1. Etesse, M., Les études sur les plantes de couverture et des engrais verts en Afrique Occidentale Française. L'Agron. Colon., Bull. Mens. de l'Inst. Nat. d'Agron. Col. Jhg. 21 (1932), S. 92—98.
2. Pieters, A. J., Green Manuring principles and practice. New York 1927.
3. Wildeman, E. de, Plantes pour Engrais verts et pour couverture. Rev. de Bot. Appl. et d'Agric. Tropic. Jhg. 7 (1927), S. 656—61.
4. Zimmermann, A., Gründüngung in warmen Ländern. Flugblatt Nr. 2, März 1927.
5. . . ., A manual of green manuring. Peradeniya 1931.
6. . . ., L'emploi des légumineuses comme engrais verts, plantes de couverture et arbres d'ombrage dans les pays tropicaux. Inst. Intern. d'Agric. Rom 1936.
7. . . ., Schattenbäume und Bodenbedecker im Kaffee. Tropenpflanzer Jhg. 41 (1938), S. 251.

KRANKHEITEN
UND TIERISCHE SCHÄDLINGE
DER NUTZPFLANZEN AFRIKAS

VON

PROF. DR. HERMANN MORSTATT

UNTER MITARBEIT VON

DR. HORST KLAUS

EINLEITUNG

„Die Eröffnung neuer Tropenländer für landwirtschaftliche Kultur und die zunehmende Konkurrenz in der Erzeugung tropischer Rohstoffe zeigen uns auch, welche Bedeutung der Forschung zukommt, wenn wir unsere Ernten einbringen, Krankheiten bekämpfen und tropische Gegenden erfolgreich besiedeln wollen.“ Mit diesen Worten hat bald nach dem Weltkriege der führende englische Entomologe aus den Tropen, *Maxwell Lefroy,* auf die gesteigerte Bedeutung der Pflanzenkrankheiten und -schädlinge hingewiesen.

Es war eine Zeit, in der die Erfahrungen und Nachwirkungen des Weltkrieges ganz allgemein die Bedeutung der Nahrungsmittelbeschaffung und Rohstoffversorgung herausgestellt hatten, so daß sich auch die Erkenntnis von der Notwendigkeit des Pflanzenschutzes zur Sicherung der Ernten und zur Steigerung der Erträge überall durchsetzte. Im Pflanzenschutz selbst hatten die Forschungsmethoden und praktischen Erfahrungen einen Stand erreicht, der für die allgemeine Anwendung auf allen Gebieten die notwendige sichere Grundlage ergab. So setzte denn nicht nur in den alten Kulturländern, sondern auch in den Kolonialländern überall eine vermehrte Tätigkeit ein, die sich besonders auf dem afrikanischen Kontinent auswirkte. Naturgemäß war dies am meisten in den zahlreichen englischen Besitzungen der Fall, sodann in Belgisch-Kongo und in den französischen Kolonien, während die Portugiesen bisher nicht über Anfänge hinauskamen. Die vom Kolonialbesitz ausgeschlossenen Deutschen waren damit auch von der ortsgebundenen experimentellen Forschung abgedrängt. In der Betreuung der in Afrika verbliebenen und der allmählich wieder zurückwandernden Pflanzer blieb aber doch eine Aufgabe, die die Beschäftigung mit tropischem Pflanzenschutz nicht abreißen ließ und die in dem zunehmenden Anteil von Pflanzenschutzfragen in dem Inhalt des „Tropenpflanzer“, der einzigen dauernd aufrechterhaltenen kolonialwirtschaftlichen Zeitschrift, einen sichtbaren Ausdruck fand.

Man schätzt im allgemeinen den Schaden, den die Insekten an den Erträgen der Kulturpflanzen anrichten, im gemäßigten Klima auf 10 v. H., im tropischen dagegen auf 20 v. H. Hieraus geht schon die Notwendigkeit des Pflanzenschutzes und seine gesteigerte Bedeutung in warmen Ländern zur Genüge hervor. Die durch Pilze und Bakterien verursachten Pflanzenkrankheiten spielen dagegen eine geringere Rolle, aber gerade die neuere Erforschung hat gezeigt, daß sie gegenüber den meist auch auffälligeren Insektenschäden früher doch sehr unterschätzt wurden.

Die Ursachen der größeren Bedeutung von I n s e k t e n s c h ä d e n in den Tropen liegen nicht ohne weiteres klar. Der wichtigste Faktor, die klimatische Anpassung, ist eben zu verschiedenartig, um sie auf einfache Weise erklären zu können, und wir finden die Schädlinge daher ebensogut im trocken-warmen wie im feucht-warmen Klima. Das Fehlen einer kalten Jahreszeit, die in unseren Breiten die Vermehrung unterbindet, ist nicht so entscheidend, wie es scheinen möchte, da in den meisten Fällen doch eine Ruhepause statthat, die gewöhnlich in die Trockenzeit fällt. Überhaupt wird man den begrenzenden Faktor bei gleichwarmem Klima, wie auch im Pflanzenleben, in der Trockenheit suchen müssen. Dies dürfte auch das verhältnismäßig stärkere Auftreten von im Innern der Pflanze lebenden Schädlingen erklären, wie den zahlreichen Holz- und Zweigbohrern, und der von der Trockenheit weniger abhängigen saugenden Insekten, wie der Wanzen und Zikaden, zumal wenn sie noch, wie die Schildläuse, besonders vor dem Austrocknen geschützt sind. Soweit die Trockenheit ein beschränkender Faktor ist, wirkt sie sich selbstredend auch auf dem Wege über die Nährpflanzen als Nahrungsmangel aus, wie uns dies vom jahreszeitlichen Wechsel im Aussehen der Steppe geläufig ist. Im ganzen mag allerdings in den für die Vermehrung günstigen Zeiten das Fehlen nächtlicher Abkühlung die Entwicklung beschleunigen und die Generationenzahl vermehren, und so erscheint schließlich doch die gleichmäßig hohe Temperatur als der wesentliche Faktor des reichen Insektenlebens.

Von der Insektenwelt scheinen unter den schädlichen Arten am zahlreichsten die Käfer vertreten zu sein, sodann die Schmetterlinge (Raupen) und die Schnabelkerfe (Wanzen, Zikaden und die zahlreichen, aber meist weniger schädlichen Schildläuse). Die anderen großen Ordnungen, wie Fliegen und Hautflügler, treten dagegen an Artenzahl zurück; doch ist schließlich die Zahl bekannter Schädlingsarten eher ein Maßstab für den Stand der Forschung als für die Bedeutung als Kulturschädlinge. Anschaulicher wird ein Überblick nach Schadformen, und hier überwiegen an Zahl und Bedeutung die Laubfresser, wozu die Wanderheuschrecken und viele Käfer und Raupen gehören. Zahlreiche andere Käfer, weniger die Raupen, leben, wie erwähnt, als Larven im Stamm und in den Zweigen. Von Frucht- und Samenschädlingen wären die Kapselraupen der Baumwolle als Großschädlinge zu erwähnen und die Wanzen an Baumwolle, Kaffee und Kakao. Als Überträger von Krankheiten kennen wir ebenfalls die Baumwollwanzen und für Viruskrankheiten im besonderen Blattläuse und Mottenschildläuse. Also im ganzen ein Bild, das sich nur in Einzelheiten von dem aus dem gemäßigten Klima bekannten unterscheidet und bei dem die Bedeutung des Einzelfalles, wie überall, eben vom Umfang der geschädigten Kultur abhängig ist.

Von W i r b e l t i e r e n sind die Nager in mancherlei, zum Teil bei Massenvermehrung sehr schädlichen Arten vertreten; daneben spielen in Gegenden, wo das Wild noch nicht der Kultur gewichen ist, Wildschweine, Affen und nicht selten Elefanten eine Rolle. Beinahe unbekannt sind aber Kulturschäden der Wiederkäuer. Zu erwähnen sind noch die körnerfressenden Vögel, Kulturbegleiter, die sogar die primitiven Eingeborenen zur Bewachung der Getreidefelder und Errichtung besonderer Wächterhütten nötigen.

Über die, wie schon erwähnt, dem gemäßigten Klima gegenüber geringere Bedeutung der pilzlichen Krankheiten gibt es eine Studie von *J. Westerdijk* nach javanischen Erfahrungen, die auch für Afrika Geltung haben. „Man ist geneigt anzunehmen, daß in den niederen Lagen der Tropen bei ihrer Kombination von hoher Temperatur und Luftfeuchtigkeit die Pilzkrankheiten bei der Kultur der Nutzpflanzen eine große Rolle spielen müßten. Das ist aber nicht der Fall. Wir finden, daß Insektenschäden vorherrschen und daß im Vergleich zum gemäßigten Klima nur wenige Pflanzenkrankheiten da sind. Pilze sind an sich sehr reich vertreten, aber nur wenige Pflanzenkrankheiten sind von wirklicher Bedeutung.“ *Westerdijk* sieht die Gründe dafür einerseits in dem Umstand, daß die meisten Pilze eine niedrigere optimale Temperatur für Wachstum und Fruktifikation haben als die tropische Durchschnittstemperatur, andererseits darin, daß die häufigen Niederschläge in Verbindung mit starker Transpiration infolge der Wärme einen hohen Wassergehalt und geringen Luftgehalt der Gefäße bedingen und daher für das Pilzwachstum ungünstig sind, was besonders für die holzzerstörenden Pilze Geltung hat.

Im einzelnen bestätigen auch hier Ausnahmen, und zwar in zunehmender Anzahl, die Regel. Nicht selten schädigen Wurzelpilze, zu den Hymenomyceten gehörig, die meist auf Neuland und an allen kultivierten Bäumen vorkommen. Sie gehen von den verfaulenden Stümpfen und Wurzeln der Waldbäume aus; Fruchtkörper werden im allgemeinen selten gebildet. Echte Mehltaupilze, Erysipheen, hatten lange keinen oder keinen wichtigen Vertreter in den Tropen. Durch das Auftreten des Heveamehltaues auf Java seit etwa 12 Jahren, der bald darauf auch nach Afrika herübergekommen ist, hat sich das aber geändert. Dagegen sind die falschen Mehltaupilze, Peronosporaceen, wichtiger und gedeihen gut bei warmem und sehr feuchtem Wetter. Ihre schädlichste Art ist *Phytophthora palmivora,* die als Rindenkrebs an Kakao und Hevea, als Fruchtfäule an Kakao und als Herzfäule an Palmen auftritt. Von den Rostpilzen spielt als Schädling einer Tropenpflanze nur die Hemileia am Kaffee eine Rolle; es darf aber nicht vergessen werden, wie sehr der Weizen auch in den afrikanischen Hochländern unter Rost leidet. Brandpilze sind am Mais, auch an Reis und Zuckerrohr, weniger wichtig als bei uns; an der Sorghumhirse treten aber verschiedene Arten stärker auf. Blattfleckenkrankheiten schließlich sind wohl ebenso reichhaltig vertreten, aber im ganzen viel weniger schädlich als in Europa.

Bakteriosen sind selten und wohl vielfach noch zu wenig untersucht.

Von Bedeutung ist aber die bakterielle Blattwinkel-Fleckenkrankheit der Baumwolle, *Pseudomonas malvacearum,* die, vor dem Weltkriege nur aus Nordamerika bekannt, sich allmählich über ganz Afrika verbreitet hat.

Nicht im gemäßigten Klima vertreten sind parasitische Algen an höheren Pflanzen. Von ihnen tritt die ursprünglich in den östlichen Tropen an Kaffee, Tee usw. verbreitete *Cephaleuros virescens* auch in verschiedenen afrikanischen Ländern am Kaffee schädlich auf.

Die genauere Erforschung der Viruskrankheiten ist allgemein erst nach dem Weltkriege aufgenommen worden. Seitdem nimmt die Zahl der bekannten Krankheiten aus dieser Gruppe ständig zu; sie spielen in Afrika eine Rolle an Gramineen, wie Zuckerrohr und Mais, vor allem aber bei drei wichtigen und schon länger bekannten, aber in ihrer Natur nicht erkannten Kräuselkrankheiten der Erdnuß, des Manioks und der Baumwolle.

Den nichtparasitären, durch Ungunst des Klimas und des Bodens hervorgerufenen Krankheiten wendet sich die Forschung erst allmählich in einem ihrer wirtschaftlichen Bedeutung entsprechenden Ausmaße zu. Hier berühren sich die Fragen der zweckmäßigen Gestaltung aller Maßnahmen des Pflanzenbaues mit der Aufgabe der Verhütung von Krankheiten, und daher setzt der Fortschritt auf diesem Gebiete meist langjährige und praktische Erfahrungen im Anbau einer Kultur voraus. Die unmittelbaren Schäden durch Dürre und Nässe, durch Hitze und Kälte gehören hierher, die naturgemäß bei neueingeführten Kulturen, die nicht immer in einem ihrer Heimat entsprechenden klimatischen Optimum liegen, oder bei Kulturen, deren ursprünglicher Lebensraum eben durch den Großanbau verändert wird, besondere Bedeutung erlangen können. Unter den durch Bodeneinflüsse hervorgerufenen sind es hauptsächlich die Mangelkrankheiten, bei denen das Fehlen eines lebenswichtigen Nährstoffes sich in schweren Wachstumsschädigungen äußert. Neben den bekannten Hauptnährstoffen sind hier, wie gerade neuerdings erkannt wird, auch die sogenannten Spurenelemente, in kleinsten Mengen notwendige und normalerweise überall ausreichend vorhandene Elemente, beteiligt. Die Schädigungen äußern sich bei diesen Krankheiten nicht nur in allgemeinem Kümmerwuchs, sondern oft auch in Einzelerscheinungen, wie Vergilben der Blätter, Zweigsterben, Abwerfen der Blüten und Früchte usw.

Mittelbar sind diese nichtparasitären Schädigungen und Störungen oft die Grundlage für das Eingreifen der Parasiten. Wir unterscheiden biologisch eine große Gruppe von sogenannten Schwächeparasiten, die sich im Gegensatz zu den die gesunde Pflanze befallenden Vollparasiten erst an irgendwie geschwächten Pflanzenteilen festsetzen oder sich an ihnen besonders stark vermehren. Übermäßige Trockenheit bedingt so den Befall durch Borkenkäfer, begünstigt die Vermehrung mancher saugenden Insekten und fördert die Entwicklung einzelner Pilze, während eine zu große Feuchtigkeit die meisten Pilze überhandnehmen läßt. Gerade durch das Zusammenwirken solcher primärer Schädigungen und nachträglicher Parasiten entstehen oft recht komplizierte

Krankheitsbilder, deren Erklärung und Behandlung eine genaue Kenntnis der Wachstumsbedingungen und Erfahrung über die Kultur unter verschiedenen Boden- und Klimaverhältnissen erfordert.

Die geographische Verbreitung der tierischen Schädlinge folgt natürlich der Verbreitung der Kulturen, an die sie gebunden sind. Regionale Unterschiede, die dabei hervortreten, sind anfänglich tiergeographisch bedingt, aber dann durch Wanderung und Verschleppung der Schädlinge stark verwischt. Bei der großen Einheitlichkeit des afrikanischen Kontinents kann man die Insekten, besonders im rein tropischen Anteil, als allgemein verbreitet annehmen — als Beispiel möge die wichtigste Termite, *Termes bellicosus*, erwähnt sein —, und so sehen wir denn auch, daß die Mehrzahl der Schadformen sich an einer neu aufgenommenen Kultur mehr oder weniger rasch einstellt. Ein anschauliches Beispiel hierfür ist der Kaffeeanbau, nach dessen Einführung als Plantagenkultur in Ostafrika einheimische Insekten, ursprünglich nur aus der Fauna bekannt, im Verlaufe von Jahrzehnten allmählich zu wichtigen Schädlingen geworden sind, ein Vorgang, der sich gegenwärtig mit denselben Arten in Angola wiederholt. Wie zu erwarten, sind regionale Unterschiede, wie das Vorkommen vikariierender Arten, im Tropengürtel am ehesten zwischen dem östlichen und dem nördlichen Teile des westlichen Afrika beobachtet worden. Im ganzen scheint mir aber die Forschung noch nicht weit genug vorgeschritten zu sein, um hierauf näher eingehen zu können. Untersuchungen in dieser Richtung liegen jedenfalls nicht vor. Bemerkt sei nur noch, daß die ostafrikanische Insektenfauna viele Beziehungen zu der indischen aufweist, was auch mit der Herkunft der wichtigsten ursprünglichen Kulturpflanzen Afrikas übereinstimmt. Wir treffen als Schädlinge teils dieselben, teils nahe verwandte Insekten in beiden Gebieten an. Daß in Nordafrika ebenso wie die Spezialkulturen auch deren Schädlinge zum Mediterrangebiet gehören, braucht kaum besonders betont zu werden.

Besondere Erwähnung verdienen noch die Vorratsschädlinge, deren wichtigere Arten so allgemein verbreitet sind, daß es oft nicht möglich ist, ihr ursprüngliches Heimatgebiet festzustellen. Ihre große wirtschaftliche Bedeutung in Afrika, mehr für die Nahrungsmittel der Eingeborenen als für die Produkte der Plantagenkulturen, ist noch viel zu wenig gewürdigt. Ihre rasche und starke Vermehrung in den Vorräten ist nicht nur der höheren Temperatur und Luftfeuchtigkeit, sondern auch dem Umstand zuzuschreiben, daß sie vielfach schon im Freien und nicht erst auf dem Lager die Früchte, Samen usw. befallen.

Die Pilze sind demgegenüber weit mehr tropische Ubiquisten und vielfach nicht einmal gegen das gemäßigte Klima scharf abgegrenzt. Eine sehr beachtenswerte Ausnahme davon macht der Kaffeerost, die gefürchtete *Hemileia,* die, in Mittel- und Ostafrika heimisch, sich mit dem Kaffeeanbau weit nach Osten ausgebreitet hat, aber in Westafrika erst neuerdings Fuß gefaßt zu haben scheint und im amerikanischen Gebiet nicht vorkommt. Eine zweite, sehr nahe verwandte Art ist erst in jüngster Zeit in Westafrika schädlich aufgetreten.

Bakterien und Virosen wandern mit ihren Kulturpflanzen und sind nur durch scharfe Überwachung des Verkehrs von neuen Anbaugebieten auszuschließen.

Übersichten der in den einzelnen Ländern bekannten Pflanzenkrankheiten und schädlichen Insekten sind meist erst in neuerer Zeit veröffentlicht worden und liegen jetzt in größerer Anzahl vor, wie aus der am Schlusse dieser Einleitung gegebenen Zusammenstellung hervorgeht.

Die Bearbeitung ist in den einzelnen Ländern noch zu ungleich, um jetzt schon brauchbare Schlüsse für die geographische Verbreitung aus der faunistischen bzw. floristischen und der phytopathologischen Forschung ziehen zu können. Sie würde auch nur einen geringen praktischen Wert haben, da eben, wie erwähnt, die Bedeutung der Schädlinge mehr vom Umfange der Kulturen und den Besonderheiten der Vermehrung und der schädigenden Lebensweise als von der Verbreitung an sich abhängt, die nur eine Vorbedingung ist.

Die neueren großen Fortschritte des Pflanzenschutzes sind außer in der noch zu besprechenden Technik wesentlich im Wandel und Ausbau der Forschungsrichtungen begründet, die auch das afrikanische Arbeitsgebiet mehr und mehr durchdringen. Die planmäßige Feststellung der Schädlinge — in den alten Kulturländern längst durchgeführt und mehr oder weniger abgeschlossen, so daß man sich dort ihrer grundlegenden Notwendigkeit kaum mehr bewußt wird — ist in Kolonialländern gegenüber den noch unvollständigen Kenntnissen und bei der Neueinführung von Kulturen immer noch die erste Aufgabe der Orientierung. Mit dieser Bestandsaufnahme verbunden ist die Erforschung der Bionomie, d. h. des Entwicklungsverlaufs und der Zeiten schädlichen Auftretens der Schadformen im Zusammenhang mit dem jeweiligen Wachstumszustand der Kulturen. Sie leitet über zur physiologischen Erforschung der Abhängigkeit des Auftretens und der Vermehrung der Schädlinge von der Umwelt, hauptsächlich in bezug auf die einzelnen Faktoren des Klimas und der Witterung. Mit deren Ausbau kommen wir dann zur heutigen ökologischen Forschung, die den Schädling in seinen gesamten Beziehungen zur Umwelt, besonders zu seinen Nährpflanzen, betrachtet. Nicht nur Klima, Witterung und Boden, sondern auch die Biocoenose und die Methoden des Anbaues und der Pflege der Pflanzen sind in ihrem Einfluß auf Schädling und Nährpflanze und auf deren gegenseitiges Verhältnis zu untersuchen. Es ist die Ökologie des Parasitismus, die hier erforscht wird und die als Endziel die Epidemiologie, die Kenntnis der Seuchenlehre mit Prognose und Ablauf besonders der großen Pflanzenseuchen und Schädlingsplagen, vor sich hat. *Martini* hat in einem neueren Buche diese Seuchenlehre als selbständige biologische Disziplin dargestellt und ihre allgemeine Geltung für Tier- und Pflanzenseuchen an Beispielen aufgezeigt. Als einer der neuesten Zweige dieser ökologischen Richtung sei die Erforschung des Kleinklimas oder Ökoklimas als des Lebensraumes, in dem die Schädlinge an der Pflanze und ihren einzelnen Teilen leben, in seinen Abweichungen von dem in den üblichen meteorologischen Daten zugänglichen „Normalklima" erwähnt, worüber eine mustergültige Untersuchung über den ostafrikanischen Kaffeeanbau vorliegt. Praktisch wird solche Forschung zu einer Pflanzenhygiene als Ergänzung und in gewissem Gegensatz zur alleinigen Pflanzentherapie führen.

Die allgemeine Ökologie der Kulturpflanzen geht von der Tatsache aus, daß die Pflanzen ihrem ursprünglichen Hauptverbreitungsgebiet angepaßt sind und daß dieses somit ihr klimatisches Optimum darstellt. Je mehr nun eine Pflanze von ihrem Herkunftsland entfernt wird, um so mehr wird sich der neue Standort von dem ursprünglichen unterscheiden, und die Pflanze wird ihrer ererbten Konstitution gemäß auf die veränderte Lage reagieren. Es sind in erster Linie klimatische Einflüsse, die sich dann geltend machen. Das Klima entscheidet über die Anbaumöglichkeit und bestimmt deren Grenzen; die Witterung entscheidet über Wachstum und Ertrag in den einzelnen Jahren. Der Entscheidung über die Einführung einer neuen Kultur muß daher notwendig ein Vergleich der in Frage kommenden klimatischen Verhältnisse vorausgehen. In zweiter Linie steht die Eignung des Bodens. Man weiß, daß eine Pflanze in ihrem klimatischen Optimum auf Boden jeder geologischen und mineralogischen Abstammung gedeihen kann, wenn er nur mineralogisch und physikalisch genügend ist. Je mehr aber das Klima von den natürlichen und ursprünglichen Verhältnissen abweicht, um so wichtiger werden auch der Nährstoffgehalt und die physikalischen Faktoren des Bodens für das Gedeihen der Pflanzen. Kleinere Schwankungen in diesen Faktoren gewinnen um so mehr an Bedeutung, je ungünstiger der Standort an sich ist. In bezug auf Krankheiten und Schädlinge bedingt dies, daß auch der Befall mit der Entfernung vom Optimum zunehmen muß, weil außer den nichtparasitären Schädigungen zu den stets vorhandenen Parasiten auch die Schwächeparasiten hinzukommen.

Außer den naturgegebenen Standortsverhältnissen bringt auch der landwirtschaftliche Anbau einer Pflanze Veränderungen der mikroklimatischen Verhältnisse, der Bodenstruktur und der Biocoenose mit sich, die sich wie eine Standortsveränderung auswirken und im einzelnen Falle auch ungünstig für die Pflanzen sein können. Insbesondere ist man geneigt, die mit dem Großanbau verbundene Monokultur für die Zunahme von Schädlingsplagen verantwortlich zu machen. Das ist aber nur sehr beschränkt richtig, denn es gibt auch in kleinsten und zerstreuten Mischkulturen epidemische Schädlingsplagen, und man kann außerdem beobachten, daß die Schädlinge an alteingebürgerten Großkulturen auch in den Tropen nur mäßig auftreten, was eben eine Folge allmählicher Auslese widerstandsfähiger Arten und Sorten ist. Die Monokultur braucht also an sich, unter sonst günstigen Verhältnissen, keine Gefahr des Überhandnehmens von Schädlingen zu bedeuten, und sie läßt sich auch bei Dauerkulturen, wie Kautschuk, Kakao, Kaffee usw., nur ganz ausnahmsweise vermeiden. Bei einjährigen Kulturen ist es eine alte Erfahrung, daß nicht Mischkultur, sondern ein geregelter Fruchtwechsel sehr viele Schädlinge ausschaltet und zugleich die wirtschaftliche Stabilität sichert. An dem Beispiel der Baumwolle ist diese Erfahrung in Nordamerika erst in den letzten Jahrzehnten in allergrößtem Maßstab gemacht worden, und auch vom Großanbau des Zuckerrohrs liegen ähnliche Erfahrungen vor.

Neu eingeführte Kulturen stehen zunächst noch nicht im biologischen Gleichgewicht mit ihrer Umgebung. Die Schädlinge und Feinde sind daher teils weniger zahlreich, teils zahlreicher als nach dem Eintreten des Dauerzustandes. So kommt es, daß manche Kulturen anfangs und besonders in den Jugendstadien der Pflanze stark unter Krankheiten zu leiden haben, die dann auf die Dauer weniger zerstörend auftreten, und daß sich andere Kulturen nach anfänglich günstig scheinenden Aussichten doch als gefährdet und sogar als unmöglich erweisen können, wie dies mit dem Kaffeeanbau in Ceylon der Fall war.

Der Ausgleich aller dieser ungünstigen natürlichen oder durch den Anbau bedingten Standortsfaktoren muß durch besondere Kulturmaßnahmen geschaffen werden. Mit dem Ziel der Gesunderhaltung der Pflanzen und der Verhütung des Auftretens von Schädlingen dienen sie der Hygiene; wo und soweit dieses Ziel nicht erreicht wird, muß die unmittelbare Bekämpfung der Schädlinge, die Therapie, einsetzen.

Die Methoden der Schädlingsbekämpfung und Krankheitsverhütung, deren sich der Pflanzenschutz bedient, sind natürlich nicht auf einen bestimmten Raum zugeschnitten, erfordern aber doch unter den wirtschaftlichen Verhältnissen Afrikas eine besondere Bewertung.

Die primitivste Methode, das Absammeln mit der Hand, das bei teuren Arbeitskräften oft unrentabel ist, hat in Afrika, besonders wenn Frauen und Kinder herangezogen werden können, noch eine weite Anwendungsmöglichkeit. Es gibt viele Schädlinge, wie z. B. Erdraupen, wo das Absammeln bequemer sein kann als die Zubereitung und das Ausstreuen von Giften. Insbesondere bei den eigenen Kulturen der Eingeborenen wird man auf diese Maßnahme, die an den Sammelergebnissen leicht kontrolliert werden kann, oft zurückgreifen. Auch bei der Heuschreckenbekämpfung sind manche rohen Methoden mit Hilfe der aufgebotenen Eingeborenenbevölkerung bequemer und billiger durchzuführen als die sonst rationellste des maschinellen Ausstreuens von Giftködern.

Die chemische Bekämpfung mit Spritz- und Stäubemitteln ist dagegen meist nur im Pflanzungsbetriebe durchführbar; in der Eingeborenenwirtschaft wird sie stets organisatorische Zusammenfassung unter Anleitung und ständiger Aufsicht erfordern. Die Aufsicht muß sich dabei auch immer auf die Sorgfalt im Umgang mit den oft sehr giftigen Mitteln erstrecken, um Schädigungen der Arbeiter oder auch von Weidevieh zu vermeiden. Im ganzen hat aber erst die neuere, in Deutschland hochentwickelte Technik der Spritz- und Stäubeapparate eine ausgedehnte Anwendung von chemischen Mitteln in Großpflanzungen möglich gemacht, an die man früher nicht denken konnte. So gehört heute infolge der Entwicklung der Motorspritzen das Spritzen mit Insekten- und Pilzgiften auch in Afrika zu den normalen Arbeiten in Kaffeepflanzungen. Weitere Fortschritte sind zu erwarten, wenn wir daran denken, daß die Verstäubung vom Flugzeug aus an der Baumwollkultur in Amerika entwickelt wurde oder daß der Heveamehltau in Malaya durch Anwendung von Schwefel mit Motorverstäubern bekämpft wird. Flugzeugbestäubung ist auch gegen Heuschreckenschwärme in Afrika schon versuchsweise eingesetzt worden; das ursprünglich amerikanische sogenannte Blausäurezeltverfahren gegen Citrusschildläuse hat in Ägypten und Südafrika Eingang gefunden.

Auf die biologische Bekämpfung von Insekten durch ihre Parasiten sind wegen einiger ganz großer Erfolge vielfach übertriebene Hoffnungen gesetzt worden. Sie ist in der Regel nur in solchen Fällen aussichtsreich, wo Parasiten zur Bekämpfung eingeschleppter Schädlinge eingeführt werden können. In Afrika hat sie bisher noch keinen größeren Erfolg zu verzeichnen. Eher ist zu erwähnen, daß afrikanische Parasiten des Kaffeekirschenkäfers vielfach in Länder, wohin dieser Käfer verschleppt wurde, übergeführt worden sind. Versuche der Heuschreckenbekämpfung mit parasitischen Pilzen, im kleinen gegen stationäre Heuschrecken innerhalb von Pflanzungen schon lange bekannt, sind gegen Wanderheuschrecken als erfolglos aufgegeben worden.

Der Anwendung von Kulturmaßnahmen, wie Bodenbearbeitung, Düngung, Regulierung der Boden- und Luftfeuchtigkeit durch Bewässerung und Entwässerung, Beschattung, Gründüngung und Bodenbedeckung, Auslichten usw., fällt ein umfangreiches Gebiet im Pflanzenschutz zu, das im Vordergrund der neueren Forschung steht, wie wir bei der Besprechung der Ökologie sahen. Sie wirken teils gegen die Schädlinge selbst, indem sie deren Lebensbedingungen verändern und dadurch die Vermehrung einschränken, teils auf die Pflanzen, die sie weniger anfällig für die Schädlinge machen oder durch besseres Wachstum zur Überwindung von Schäden kräftigen. Bei den nichtparasitären Krankheiten sind sie das ausschließliche Mittel, da sie die schädigenden Faktoren unmittelbar beseitigen oder mildern. Daher sehen wir denn auch immer wieder die Erfahrung bestätigt, daß das Auftreten der Schädlinge ein Maßstab für die Vernachlässigung der Pflanzungen ist.

In der Anwendung von Kulturmaßnahmen berührt sich der Pflanzenschutz auch mit dem großen afrikanischen Problem der dauernden Erhaltung der Kulturen und der Bodenfruchtbarkeit überhaupt. Der Schutz vor der Austrocknung und Auswaschung des Bodens gehört nicht nur zur Gesunderhaltung einer Pflanzengeneration und Sicherung ihrer Erträge, sondern ebensosehr zur Sicherung einer dauernden Besiedlung und Nutzung des afrikanischen Lebensraumes.

In einem weiteren Sinne umfassen die Kulturmaßnahmen auch die Züchtung widerstandsfähiger Sorten von Kulturpflanzen; diese ist besonders wichtig bei Krankheiten, die nicht auf andere Weise bekämpft werden können. Die Pflanzenzüchtung, die ursprünglich nur auf Ertragssteigerung und Verbesserung der Qualität gerichtet war, ist in neuerer Zeit mehr und mehr auf das Ziel der Resistenz gegen Krankheiten umgestellt worden. So hat z. B. auch in Afrika die Einführung mosaikresistenter Sorten von Zuckerrohr große Erfolge im plantagenmäßigen Anbau zu verzeichnen. Auch gegen andere Viruskrankheiten, wie Maniokmosaik und Kräuselkrankheit der Baumwolle, wird sie angewandt. Bei der zunehmenden Bedeutung des Weizenanbaues in den von Europäern besiedelten Hochländern ist die Züchtung auf Rostresistenz zu einem großen Problem geworden. Der Rostbefall ist dort vielfach so stark, daß der Weizenanbau nur noch für den Eigenbedarf und nicht mehr für den Verkauf im Inlande oder für die Ausfuhr möglich ist. Daher besteht seit etwa einem Jahrzehnt in Kenya eine Versuchsstation, die sich ausschließlich mit der Weizenzüchtung befaßt.

Die Bewertung der hier kurz erwähnten verschiedenen Maßnahmen im Pflanzenschutz kann sich nur nach dem Erfolg, den sie im Einzelfall versprechen, richten. Keine Methode kann den Anspruch erheben, grundsätzlich die beste zu sein, und die Auswahl muß sich nach den jeweiligen Vorzügen eines Verfahrens richten. Wir sahen schon, daß auch primitive Methoden bei billigen Arbeitskräften ausreichen können, wie andererseits kostspielige Verfahren, wie die Verwendung moderner Spritz- oder Stäubemaschinen, durch die Möglichkeit raschen und umfassenden Eingreifens und sicheren Erfolges lohnend sein können. Vor allem darf nicht eine einzelne Methode, sei es z. B. chemische oder biologische Bekämpfung oder die Pflanzenzüchtung, einseitig überschätzt werden, sondern man muß immer zunächst auf verschiedenen Wegen vorgehen, um den erfolgreichsten herauszufinden. Insbesondere darf auch von den Kulturmaßnahmen, die eine so wichtige Rolle spielen, nicht eine völlige Ausschaltung der direkten Schädlingsbekämpfung erwartet werden, denn die pflanzlichen und tierischen Schädlinge sind eben nicht nur Schwächeparasiten, die sich nur an irgendwie besonders disponierten Pflanzen einstellen, sondern zum großen Teile Vollparasiten der gesunden Pflanze mit den gleichen Lebensbedingungen. Auch die Kombination verschiedener Verfahren kann notwendig werden, wenn es z. B. nicht gelingt, einen Schädling mit einer Methode so zu dezimieren, daß seine rasche Vermehrung auf eine gefährliche Anzahl ausgeschlossen wird. Hier können dann oft zusätzliche, an sich weniger wirksame Methoden erst den Erfolg sichern. Ebenso geht man auch bei schädlichen Insekten oft gleichzeitig gegen die verschiedenen Entwicklungsstadien vor. (Eine ausführlichere Darstellung der Methoden und Mittel des Pflanzenschutzes unter Berücksichtigung der afrikanischen Verhältnisse erscheint im „Handbuch der tropischen und subtropischen Landwirtschaft" von *Geo A. Schmidt* und *A. Marcus.)*

O r g a n i s a t o r i s c h gehört der Pflanzenschutz zur landwirtschaftlichen Verwaltung, die auch die Vorschriften der Pflanzenquarantäne, die immer zahlreicher werdenden Bestimmungen über die Ein- und Ausfuhr von Pflanzen und Pflanzenteilen, bearbeitet. In Afrika sind, je nach dem Stande der Entwicklung des Pflanzenschutzes, den landwirtschaftlichen Verwaltungen der Territorien oder einzelnen Provinzen Biologen beigegeben, denen die Beratung der Behörde und der Bevölkerung sowie die erste Forschungs- und Versuchsarbeit obliegt. Diese Biologen sind, der verschiedenen Forschungsaufgabe und auch der im praktischen Pflanzenschutz noch weithin geübten Trennung der Disziplinen entsprechend, teils Entomologen, teils Mykologen, und es ist charakteristisch, daß z. B. in den englischen Ländern in Afrika bis zum Weltkriege fast ausschließlich Entomologen angestellt waren, die auch heute noch bei weitem überwiegen. Für eingehendere und langfristige Forschungen sind aber besondere Laboratorien an wissenschaftlichen Instituten notwendig. Solche waren vor dem Weltkriege in den deutschen Kolonien das Biologisch-landwirtschaftliche Institut in Amani in Deutsch-Ostafrika und die Versuchsanstalt für Landeskultur in Victoria in Kamerun. Auf englischer Seite arbeiteten die Wellcome Tropical Research Laboratories in Khartum, die hauptsächlich für medizinische und veterinärmedizinische Forschungen gegründet waren, auch an Fragen der landwirtschaftlichen Entomologie. Aber erst einige Jahre nach dem Kriege entschlossen sich die Engländer, das Institut in Amani als landwirtschaftliches Forschungsinstitut wieder zu eröffnen und auszubauen. Im Gegensatz zu der deutschen Stellung als Landesinstitut ist es unabhängig von der landwirtschaftlichen Verwaltung jetzt Zentralinstitut für langfristige Forschungen in den ostafrikanischen Ländern, ein Zustand, der nur gerechtfertigt erscheint, wenn in den einzelnen Ländern ein für Beratung und örtliche Forschung ausreichender Pflanzenschutzdienst besteht. Im Institut in Khartum, dessen landwirtschaftliche Abteilung sich hauptsächlich mit der Baumwollkultur befaßt, sind jetzt drei landwirtschaftliche Entomologen und drei Pathologen angestellt. Zu erwähnen ist noch, daß nach dem Weltkriege ein englisches Unterrichts- und Ausbildungsinstitut für Regierungslandwirte in den gesamten Tropenländern in Trinidad errichtet wurde, in dessen Programm auch dem Pflanzenschutz eine wesentliche Rolle zugeteilt ist, während in England selbst zwei große wissenschaftliche Reichsinstitute, das Imperial Institute of Entomology in London (seit 1912) und das Imperial Institute of Mycology in Kew (seit 1921), für die Unterstützung der in den englischen Besitzungen arbeitenden Forscher, vorwiegend des Pflanzenschutzes, bestehen. Diese Institute übernehmen die Bestimmung und taxonomische Bearbeitung der ihnen zugehenden Insekten und Pilze und haben durch die Herausgabe umfassender Referierorgane internationale Bedeutung gewonnen. Im ganzen entfallen (1930) von etwa 291 Entomologen im Britischen Reich 60 auf Afrika, die etwa zur Hälfte in der landwirtschaftlichen Entomologie, zur anderen Hälfte in der medizinischen und veterinären, insbesondere der Tsetseforschung, tätig sind. Die Zahl der Mykologen im englischen Afrika betrug 18 im Jahre 1928, davon 8 in der Südafrikanischen Union.

In Belgisch-Kongo sind drei Regierungsentomologen für die landwirtschaftliche Beratung angestellt. 1934 wurde dann das Institut National pour l'Étude Agronomique du Congo (I. N. E. A. C.) als wissenschaftliches Forschungsinstitut gegründet. Es ist in vier Abteilungen, darunter eine für Phytopathologie und Entomologie, eingeteilt, die ihren Sitz in Yangambi-Gazi hat und ebenfalls drei Entomologen beschäftigt.

In den französischen Kolonien bestehen außer einigen Versuchsstationen, z. B. Laboratoire de Phytopathologie et d'Entomologie de la Côte d'Ivoire à Bingerville, besonders zahlreiche Versuchspflanzungen und Farmschulen für die Eingeborenen; der Pflanzenschutz hat dabei in der Regel keine besondere Vertretung. Auch in den portugiesischen und italienischen Ländern Afrikas steht die Betreuung des Pflanzenschutzes noch in den Anfängen.

Die laufende Literatur über die Schädlinge und Krankheiten der Kulturpflanzen Afrikas ist weithin zerstreut, wie es nicht nur der politischen Besitzverteilung, sondern auch der Stellung des Pflanzenschutzes als eines Teilgebietes der Landwirtschaft entspricht. Daher sind es teils landwirtschaftliche, teils andere wissenschaftliche Zeitschriften in den einzelnen Ländern und in Europa, die über die laufenden Ergebnisse berichten. Auf deutscher Seite berücksichtigt die einzige bestehende tropenlandwirtschaftliche Zeitschrift, der „Tropenpflanzer" des Kolonial-Wirtschaftlichen Komitees in Berlin, ausführlich die Belange des Pflanzenschutzes in Afrika. Daneben enthalten die jährlichen Berichte der landwirtschaftlichen Verwaltung in den Ländern regelmäßig auch die Jahresberichte der besonderen Dienststellen für den Pflanzenschutz. Diese Dienststellen geben zugleich, wenigstens in den wichtigsten englischen Besitzungen, Flugschriften für die Praxis über die wichtigsten Pflanzenschutzfragen heraus. Übersichten und mehr oder weniger ausführliche Einzeldarstellungen der an Einzelkulturen auftretenden Schädlinge sind in den recht zahlreichen Kulturhandbüchern zu finden, von denen allerdings nur ein kleiner Teil die besonderen afrikanischen Verhältnisse behandelt, während die Mehrzahl die Kulturen in ihrer Gesamtverbreitung umfaßt. Eine Zusammenstellung aller Handbücher über tropische Kulturen und deren Krankheiten und Schädlinge ist kürzlich in den Mitteilungen aus der Biologischen Reichsanstalt erschienen (Heft 56, 1938).

Bei der weiten Zerstreuung der laufenden Literatur auf zahlreiche Zeitschriften und Berichte aus vielen Ländern und in allen Hauptsprachen besteht ein starkes Bedürfnis nach regelmäßiger zusammenfassender Berichterstattung, die durch die Review of Applied Entomology und Review of Applied Mycology der oben genannten englischen Zentralinstitute in mustergültiger Weise geleistet wird. Auch die von der Biologischen Reichsanstalt in Berlin-Dahlem herausgegebene jährliche Bibliographie der Pflanzenschutzliteratur verzeichnet die Titel aller einschlägigen Veröffentlichungen; ihre Anzahl beträgt jetzt gegen 200 jährlich für Afrika, davon etwa 40 über Wanderheuschrecken.

SCHRIFTTUM

Übersichten der Krankheiten und Schädlinge in einzelnen Ländern

Nordwestafrika

Marokko:

Malençon, G. et Delécluse, R., Champignons pathogènes observés au Maroc. Bul. Soc. Sci. Nat. Maroc. Bd. 17 (1937), S. 132—144.

Miège, E., Note préliminaire sur les principales maladies cryptogamiques observées au Maroc. Bull. Soc. Path. végét. France Bd. 8 (1921), S. 37—40.

Miège, E., Observations sur quelques maladies des plantes cultivées au Maroc en 1921. Bull. Soc. Path. végét. France Bd. 9 (1922), S. 102—108.

Vayssière, P., Les Insectes nuisibles aux cultures du Maroc. Bull. Soc. entom. France 1919, S. 340—342; 1920, S. 256—259.

Tunesien:

Chabrolin, Ch., Importance économique des maladies parasitaires des cultures arbustives en Tunisie. Rev. Path. végét. ent. agric. Bd. 18 (1931), S. 259—264.

Nordostafrika

Ägypten:

Jones, G. H., Egyptian plant diseases: a summary of research and control. Min. Agric. Egypt. Techn. & Sci. Serv. Bull. Nr. 146 (1935), 45 S., 8 Taf.

Melchers, L. E., A check list of plant diseases and fungi occuring in Egypt. Trans. Kansas Acad. Sci Bd. 34 (1931), S. 41—106.

Storey, G., List of egyptian insects in the collection of the ministry of agriculture. Min. Agric. Egypt. Bull. Nr. 5 (Entom. Sect.) (1916), 50 S.

Willcocks, F. C., A survey of the more important economic insects and mites of Egypt, with notes on life history, habits, natural ennemies and suggestions of control. Sultanic Agric. Soc. Cairo, Techn. Sec., Bull. Nr. 1 (1922). 483 S.

. . ., The insect and related pests of Egypt. Vol. I. The insect and related pests injurious to the cotton plant. Pt. 1, Willcocks, F. C., The pink bollworm. Cairo 1916. 23 u. 339 S., 17 Abb., 10 Taf. — Pt. 2 Willcocks, F. C. und Bahgat, S., Insects and mites injurious to the cotton plant. Cairo 1937. 16 u. 791 S., 89 Abb., 14 Taf. Vol. II. Willcocks, F. C., Insects and mites feeding on gramineous crops and products in the field, granary and mill. Cairo 1925. 8 u. 418 S., 94 Abb., 20 Taf.

Englisch-ägyptischer Sudan:

King, H. H., Insect pests in Anglo-Egyptian Sudan. Wellcome Trop. Research Lab., Ent. Bull. 1917, 20 S.

Erythrea:

Castellani, E. und Ciferi, R., Prodromus Mycoflorae Africae orientalis italicae. Firenze, Istituto Agricolo Coloniale Italiano Bd. 24 (1937), 167 S., 1 Karte.

. . ., Erythrée: Maladies et ennemies des plantes observés depuis 1930. Mon. Int. Prot. Plantes Bd. 10 (1936), S. 2—4.

Libyen.

Boselli, F. B., Elenco delle specie d'insetti dannosi ricordate per la Libia fino al 1926. Ann. Reg. Istit. sup. agrar. Portici Bd. 3 (1929), S. 281—307

Martelli, G. M., Le infestioni entomatiche in Tripolitania, Atti III. Congr. Studi colon., Firenze 12.—17. Aprile 1937, S. 133—140. Florenz 1937.

Somaliland.

Chiaromonte, A., Entomological notes on the chief crops in Italian Somaliland. 5. Congr. Internat. Entom. Paris 1932, 2 Trav, Paris 1933, S. 495—514.

Westafrika

Elfenbeinküste.

Mallamaire, A., Afrique Occidentale française. Maladies (Parasites) des plantes cultivées en Côte d'Ivoire. Mon. Int. Prot. Plantes Bd. 7 (1933), S. 266—270; Bd. 9 (1935), S. 198—202.

Mallamaire, A., Étude systématique et biologique des principaux animaux et insectes parasites des plantes cultivées en Côte d'Ivoire. Bull Com. A. O. F., Paris, Bd. 17 (1934), S. 434—485, 5 Taf.

Mallamaire, A., Afrique Occidentale française. Parasites des plantes cultivées en Côte d'Ivoire. Mon. Int. Prot. Plantes Bd. 9 (1935), S. 221—225.

Französisch-Guinea:

Mallamaire, A., Afrique Occidentale française: Maladies cryptogamiques et phanérogames parasites observées en Guinée. Mon. Int. Prot. Plantes Bd. 10 (1936), S. 25—26.

Mallamaire, A., Ennemies animaux des plantes cultivées en Guinée. Ebenda, S. 73—74.

Französisch-Westafrika:

Vayssière, P. und Mimeur, J., Insectes et Myriapodes récoltés sur les plantes cultivées en Afrique Occidentale Française. Bull. Soc. ent. France 1924, S. 188—192.

Goldküste:

Bunting, R. H. u. Dade, H. A., Gold Coast plant diseases. London 1924. 7 u. 9—124 S., 25 Taf.

Nigeria:

Golding, F. D., Notes on the food-plants and habits of some Southern Nigerian insects. Bull. Ent. Research Bd. 18 (1927), S. 95—99.

Golding, F. D., Further notes on the food-plants of Nigerian insects. Bull. Ent. Research Bd. 22 (1931), S. 221—223; Bd. 26 (1935), S. 263—265.

Peacock, A. D., Entomological pests and problems of Southern Nigeria. Bull. Ent. Research Bd. 4 (1913), S. 191—220; 2 Textabb., 3 Taf.

West, J., A preliminary list of plant diseases in Nigeria. Kew, Bull. Miscell. Inform. 1938, S. 17—23.

Sierra Leone:

Deighton, F. C., Preliminary list of fungi and diseases of plants in Sierra Leone. — List of fungi collected in Sierra Leone. Kew, Bull. Misc. Inform. 1936, S. 397—424 u. 424—433.

Hargreaves, E., Some insects and their food-plants in Sierra Leone. Bull. Ent. Research Bd. 28 (1937), S. 505—520.

Mittel- und Ostafrika

Belgisch-Kongo:

Vrijdagh, J., Tableau systématique des insectes nuisibles aux plantes cultivées du Congo Belge. Ann. Gembloux Bd. 36 (1930), S. 425—434.

Kenya:

Anderson, T. J., Catalogue of insects of British East Africa. Br. E. Africa Dept. Agric., Div. Entom., Bull. Nr. 2 (1919), 10 u. 28 S.

McDonald, J., A list of plant diseases in Kenya Colony. Kenya Dept. Agric. Bull. Nr. 5 (1929), 11 S.

McDonald, J., A revised list of plant diseases in Kenya Colony. East Afr Agric. Journ. Bd. 1 (1936), S. 463—468.

Madagaskar:

Bouriquet, G., Les ennemies des cultures à Madagascar. Liste des parasites et maladies des plantes cultivées Congrès de la lutte contre les ennemies des cultures (coloniales). Quinz. Nation. Prod. Agric. d'Outremer, III. 1931, S. 97—107.

Bouriquet, G., Madagascar Liste des parasites et maladies des plantes cultivées. Monit. internat. prot. plantes Bd. 6 (1932), S. 105—107; Bd. 8 (1934), S. 175—176; Bd. 11 (1937), S. 66—68; Bd. 12 (1938), S. 191—192.

Frappa, Cl., Les ennemies des cultures à Madagascar Liste des principaux insectes nuisibles. Congrès de la lutte contre les ennemies des cultures (coloniales). Quinz. Nation. Prod. Agric. d'Outremer, III. 1931, S. 87—91.

Frappa, Cl., Les principaux insectes nuisibles aux cultures de Madagascar. Rev. Botan. appl. Bd. 17 (1937), S. 513—516.

Mauritius:

Shepherd, E. F. S., A preliminary list of plant diseases occuring in Mauritius. Mauritius Dept. Agric. Bull. 18., Sci. Ser., 1932, 8 S.

Shepherd, E. F. S., A revised list of plant diseases occuring in Mauritius. Mauritius Dept. Agric. Bull 23 (Sci. Ser.) (1937), 14 S.

Nyassaland:

Ballard, E., A list of the more important insect pests of crops in the Nyassaland protectorate. Bull. Ent. Research Bd. 4 (1913—1914), S. 347—351.

Réunion:

Bouriquet, G., Réunion: Parasites végétaux nouvellement reconnus dans l'Ile. — Liste des parasites et maladies des plantes cultivées. Monit. int. prot. plantes Bd 7 (1933), S. 123—124; Bd. 12 (1938), S. 146—147.

Sansibar:

Aders, W. M., Insects injurious to economic crops in the Zansibar Protectorate. Bull. Entom. Research Bd. 10 (1919/20), S. 145—155.

Tanganyika:

Harris, W. V., Annotated list of insects injurious to native food crops in Tanganyika. Bull. Entom. Research Bd. 28 (1937), S. 483—488.

Morstatt, H., Liste schädlicher Insekten. Pflanzer, Daressalam. Bd. 9 (1913), S. 288—296.

Wallace, G. B., Preliminary list of fungi or diseases of economic plants in Tanganyika Territory. Kew, Bull. Misc. Inform. 1932, S. 28—39.

Wallace, G. B., Second list of fungi and diseases of economic plants in Tanganyika Territory. Kew, Bull. Misc. Inform. 1936, S. 234—240.

Wallace, G. B., A revised list of plant diseases in Tanganyika Territory. East Afr. Agric. Journ. Bd. 2 (1937), S. 305—310.

Uganda:

Gowdey, C. C., An account of insects injurious to economic products and their control. Uganda Dept. of Agric. 1912, 26 S.

Gowdey, C. C., A brief account of the most important agricultural pests of Uganda. Kampala 1917. 132 S., 1 Taf.

Hansford, C. G., Annotated host list of Uganda parasitic fungi and plant diseases. Part I—V. East Afric. Agric. Journ. Bd. 2 (1937), S. 419—424 und 498—504; Bd. 3 (1938), S. 79—84, 235—240 und 319—324.

Südafrika

Moçambique:

Alfaro Cardoso, J. G., Mozambique: Parasites végétaux des plantes cultivées observés dans la Province de Sul do Save. Monit. internat. prot. plantes Bd. 12 (1938), S. 74—76.

Südafrika:

Brain, C. K., Insect pests and their control in South Africa. Nationale Pers Beperk, Cape Town 1929. 12 + 468 + 8 S., 204 Abb.

Doidge, E. M., A preliminary check list of plant diseases occuring in South Africa. Bot. Surv. So. Africa, Mem. Nr. 6 (1924), 56 S.

Doidge, E. M. und Bottomley, A. M., A revised list of plant diseases occuring in South Africa. Bot. Surv. So. Africa Mem. Nr. 11 (1931), 78 S.

Verwoerd, L., A preliminary chek list of diseases of cultivated plants in the winter rainfall area of the Cape province. Univ. Stellenbosch, Scient. Ser. 7, Sci. Bull. Nr. 88 (1929), 28 S.

..., Insect pests and plant diseases. In: Handbook for farmers in South Africa. Pretoria 1937. (1220 S. u. Index I—XIX.), S. 982—1042.

Andriès, H. E., Controlling plant pests in Southern Africa. Cooper & Nephews, Johannesburg 1932. 200 S., 189 Abb.

Südrhodesien:

Eyles, F., Preliminary list of plant diseases recorded in Southern Rhodesia. Dept. Agric. Southern Rhodesia Bull. 602 (1926).

Hopkins, J. C. F., A list of plant diseases occuring in Southern Rhodesia (u. Suppl. 1—3). Rhodesia Agric. Journ. Bd. 27 (1930), S. 413—418, 523—529 und 647—652; Bd. 28 (1931), S. 663—669; Bd. 29 (1932), S. 462—467; Bd. 30 (1933), S. 504—506.

Hopkins, J. C. F., A preliminary list of Rhodesian fungi. Transact. Rhodesia Scient. Assoc. Bd. 35 (1938), S. 97—127.

I. SCHÄDLINGE DER FASERPFLANZEN

1. *Baumwolle*

Die Baumwolle hat als einjährige Kultur einen sehr weiten Klimabereich in wärmeren Ländern und ist daher in ganz Afrika verbreitet, soweit die Feuchtigkeit für Keimung und Wachstum ausreicht oder durch Bewässerung ergänzt werden kann und später eine Trockenzeit zur Reife und Ernte der Kapseln einsetzt.

Wärme und Trockenheit begünstigen aber die Vermehrung vieler Insekten, und die Baumwollstaude übt außerdem eine ganz ungewöhnliche Anziehung auf Insekten aus, so daß wohl keine andere Kultur eine so große Zahl von Schädlingen zu verzeichnen hat. Dies mag mit der in pathologischer Hinsicht noch wenig beachteten Tatsache zusammenhängen, daß die Baumwollpflanze außer ihren verschiedenen Nektarien überall — mit Ausnahme des Holzes und der Samenschale — die sogenannten inneren Drüsen hat, die u. a. Terpene und Dextrose enthalten, und daß auch die Ausscheidung von Trimethylamin und Ammoniak aus der lebenden Pflanze beobachtet worden ist.

In regionaler Hinsicht sind alle Abstufungen vorhanden von allgemein verbreiteten Schädlingen, wie den Baumwollwanzen und den meisten Kapselwürmern, zu örtlich beschränkten Spezialschädlingen einzelner Länder. Naturgemäß bestehen auch in der Stärke des Auftretens und im Umfang der Schäden der verbreiteten Schädlinge erhebliche örtliche Unterschiede, die teils klima-, teils sortenbedingt sind. Einen ungefähren Überblick über die jeweils vorherrschenden Arten gibt die folgende, nach den Angaben in The cotton growing countries (1916) und anderen Berichten aufgestellte Tabelle.

Wichtigste Baumwollschädlinge in den afrikanischen Ländern:

Nordwestafrika

Algerien: ägypt. Kapselwurm, kleine Baumwollwanze.

Nordostafrika

Ägypten: ägypt. Baumwollwurm, ägypt. Kapselwurm, kleine Baumwollwanze, roter Kapselwurm.

Englisch-ägyptischer Sudan: Thrips, Blattlaus, eckige Blattfleckenkrankheit, roter Kapselwurm.

Italienisch-Somaliland: Roter Kapselwurm, Kräuselkrankheit (Zikaden).

Westafrika

Französisch-Äquatorialafrika: Baumwollblattroller, kleine Baumwollwanze, Rotwanze

Französisch-Westafrika: Indischer Stengelbohrer, roter Kapselwurm, ägypt. Kapselwurm, ägypt. Baumwollwurm, Sudan-Kapselwurm.

Goldküste (u. Brit.-Togo): Rotwanzen, Kapselwürmer, Anhraknose.

Togo: Anthraknose, ein kleiner Kapselwurm.

Nigeria: Rotwanzen, Baumwollblattlaus, Kapselwürmer.

Mittel- und Ostafrika

Belgisch-Kongo: Rotwanzen und andere Wanzen, Termiten, Sudan-Kapselwurm, amerik. Kapselwurm.

Madagaskar: Grüne Schildwanze u. a. Blattwanzen, Rotwanze, roter Kapselwurm, Rüsselkäfer am Stengel, amerik. und ägypt. Kapselwurm.

Moçambique: Rotwanzen, Sudan-Kapselwurm, Spitzmausrüßler (*Apion armipes*).

Nyassaland: Sudan-Kapselwurm, ägypt. und amerik. Kapselwurm, Rotwanzen.

Rhodesien: amerik. und Sudan-Kapselwurm, Rotwanzen, Blattlaus, Baumwollzikade, eckige Blattfleckenkrankheit, Anthraknose.

Sansibar: Roter Kapselwurm, Blattroller, Blattminierraupe, Rotwanzen, Schmierlaus (*Pseudococcus obtusus*).

Tanganyika: *wichtigste:* roter Kapselwurm, kleiner schwarzer Rüsselkäfer, amerik. und ägypt. Kapselwurm; *weniger wichtig:* Rotwanzen, kleine Baumwollwanze, Baumwollblattlaus, Stammringler, Baumwollzikade, Blatt- und Blütenkäfer, Stinkschrecke, Schildläuse.

Uganda: Baumwollblattlaus, Rotwanzen und andere Wanzen, Grillen, roter und ägypt. Kapselwurm.

Südafrika

Südafrikanische Union: Sudan-Kapselwurm, ägypt. und amerik. Kapselwurm, Termiten, Baumwollzikade, Heuschrecken, Grillen und Wanderheuschrecken, Kapselfäule.

Die wichtigsten tierischen Schädlinge gehen aus der vorstehenden Tabelle hervor. Wenig vertreten sind in ihr die Krankheiten der Baumwolle, teilweise deshalb, weil Pilze und Bakterien im heißen Trockenklima weniger üppig gedeihen, aber auch wohl, weil sie bisher noch weniger beachtet und erforscht worden sind, so daß erst in neuerer Zeit mehr darüber bekannt geworden ist. Krankheiten junger Pflanzen und Kapselfäulen sind die wichtigeren unter ihnen.

Bei der großen Ausdehnung der Baumwollfelder ist die chemische Bekämpfung recht kostspielig und erfordert da, wo sie überhaupt möglich ist, leistungsfähige Maschinen. So hat denn auch die Bestäubung vom Flugzeug aus ihre größte praktische Anwendung in der Baumwollkultur, bisher allerdings noch nicht in Afrika, gefunden. Um so mehr sind aber die allgemeinen Kulturmaßnahmen zur Niederhaltung der Schädlinge wichtig, der bei der Baumwolle oft vernachlässigte Fruchtwechsel und das Abräumen des Feldes nach der Ernte, das, verbunden mit einer baumwollfreien Zeit von einigen Monaten, allgemein behördlich vorgeschrieben ist. Ferner gehören dazu die Vertilgung der Unkräuter und die Ausrottung von Nebenwirten der Schädlinge in der Nähe der Felder und wiederholtes Hacken in der Wachstumszeit. Mit Rücksicht auf die Schädlingsvermehrung während der Saison ist auch der Anbau frühreifer Sorten und baldiger Abschluß der Pflückzeit ganz wesentlich.

Überall da, wo die Baumwolle als Eingeborenenkultur gebaut wird, bildet dann die Organisation und Überwachung dieser Maßnahmen eine besondere Aufgabe. Eine wichtige Rolle spielt auch Sortenwahl und Resistenzzüchtung, da sich die Baumwollsorten oft recht verschieden gegen Schädlinge verhalten und besonders die alteinheimischen Sorten vielfach sehr wenig unter den Schädlingen der Großkultur leiden.

Ältere oder neuere zusammenfassende Beschreibungen, insbesondere der schädlichen Insekten, liegen aus verschiedenen Ländern vor. Sehr beachtenswert sind auch die regelmäßigen Angaben über das Auftreten und die Bedeutung der Schädlinge einzelner Länder in den Jahresberichten der britischen Empire Cotton Growing Corporation.

a. Schäden an Keimpflanzen und jungen Pflanzen

Als Keimlingskrankheit ist das Umfallen der Keimpflanzen, *damping-off, seedling rot,* vielfach verbreitet, das von verschiedenen Bodenpilzen, die meist auch ältere Pflanzen befallen, verursacht sein kann. Hierzu gehören auch noch näher zu besprechende Krankheiten, wie *Fusariose* und *Rhizoctonia bataticola,* die durch Trockenbeizung mit 1 oder 2 v. H. Ceresan bekämpft werden können. Die wichtigste dieser Krankheiten ist das z. B. in Ägypten und in Belgisch-Kongo häufige *sore-shin,* das von dem Wurzeltöterpilz *Rhizoctonia solani (Corticium vagum)* verursacht wird. Der Pilz greift schon bei Beginn der Keimung die Wurzel an und bringt dadurch die Keimung zum Stillstand. Bei späterem Befall welken die Keimblätter, und auch der Stengel bricht zusammen, die Pflanze schrumpft zu einer spröden Masse ein, die oft vom Winde fortgetragen wird. Teilweise erholen sich die später befallenen Pflanzen, und es bleibt am Stengel nur ein kleiner brauner Fleck zurück. Manche Stadien der Krankheit sehen infolge des Angriffes am Stengel ähnlich wie Beschädigungen durch die Gammaeule aus. Zu den Kulturmaßnahmen, die der Krankheit entgegenwirken, gehört hauptsächlich die Beschleunigung des Keimungsverlaufes; außerdem wendet man Saatgutbeizung mit Uspulun usw. gegen den Pilz an, auch Behandlung der Saat mit Naphthalin ist empfohlen worden.

An Keimpflanzen und an junger Baumwolle kommt ferner eine Reihe von Schädlingen vor, die aber durchweg nicht spezielle Baumwollschädlinge sind. Hierzu gehören die großen, braunen bis schwarzen Tausendfüße *(Spirostreptus)* in Ostafrika und kleinere Arten *(Odontopyge)* in Uganda. Das Beizen der Saat mit 1prozentigem Sublimat gibt einen wirksamen Schutz, während man besonders die großen Arten auch leicht absammeln lassen kann. Häufiger und verbreiteter sind einige Grillen, die afrikanische Maulwurfsgrille, *Gryllotalpa africana,* eine in Ägypten schädliche Art *Gryllotalpa gryllotalpa, var. cophta* und die große Grille *Brachytrypes membranaceus.* Die letztere, die besonders in Transvaal sehr schädlich wird, ist leicht durch Calciumcyanid zu vertilgen. Man legt den Eingang des sehr tiefen Nestes frei und gibt 1 Teelöffel

Calciumcyanid hinein, worauf die Öffnung wieder mit Erde verschlossen wird, die man gut festtritt. Gegen Grillen haben sich auch Giftköder bewährt, die man mit Zinkphosphid oder billiger mit dem weniger gefährlichen Bariumfluorsilikat herstellt. Auch Drahtwürmer, blattfressende Käfer und große Gehäuseschnecken können den Keimpflanzen gefährlich werden. Sehr häufig werden junge Pflanzen von Erdraupen, *cutworms,* befallen, die den Stengel abbeißen oder an den Blättern fressen. Die Gammaeule, *Agrotis ypsilon,* ist die schädlichste Art, die z. B. in Ägypten häufig ist. Die Bekämpfung geschieht durch Gras oder Blätter, die mit Arsen vergiftet sind und vor der Keimung ausgelegt werden, oder durch Ausstreuen von Giftködern. Ein solcher für Erdraupen, Grillen, Heuschrecken u. a. kauende Insekten besteht z. B. aus 25 kg Weizenkleie, 1 kg Schweinfurtergrün oder weißem Arsenik (bzw. 2 kg Kalk- oder Bleiarsenat), 5 l Melasse und 25 bis 40 l Wasser; benötigt werden wenigstens 11 kg je ha.

b. Schäden am Stengel und an den Zweigen

Eine der wichtigeren Krankheiten in Nordamerika, die erst neuerdings auch in Afrika weitverbreitet ist und recht schädlich wird, ist die Baumwollbakteriose oder eckige Blattfleckenkrankheit *(bacterial blight, angular leaf spot, black arm),* verursacht von *Bacterium (Phytomonas) malvacearum.* Sie kann schon die Keimpflanzen befallen, die sie zum Ver-

Abb. 1. Eckige Blattfleckenkrankheit der Baumwolle. Nach *Nowell.*

kümmern oder Absterben bringt; auf den Blättern bildet sie dunkelgrüne, später braunwerdende eckige Fäulnisflecke (Abb. 1); auf den Stengeln und Blattstielen bilden sich rotbraune, später schwarzwerdende, langgestreckte und auf den Kapseln dunkelbraun bis schwarz gefärbte, eingesunkene Flecke. Die befallenen Blätter fallen ab, während Zweige und auch der ganze Stamm absterben; bei Blüteninfektion fallen die jungen Kapseln ab. Die Bekämpfung der Krankheit, die Ernteverluste bis zu 50 v. H. verursachen kann und sehr leicht durch das Saatgut verschleppt wird, geschieht hauptsächlich durch Desinfektion des Saatgutes. Man verwendet dazu entweder Quecksilberbeizmittel als Trockenbeize (110 g auf 0,35 hl Saat) oder konz. Schwefelsäure (vgl. Tropenpflanzer 1935, S. 161 und 301), durch die der Haarfilz entfernt wird, während die an der Saat haftenden Bakterien vollständig abgetötet werden; anschließend wird die Saat gewaschen und getrocknet. Da die Krankheit sich auch an stehengebliebenen Baumwollpflanzen und anderen Malvengewächsen bis zur nächsten Saison halten kann, müssen die Felder und ihre Umgebung sorgfältig rein gehalten werden. Die Beizung, z. B. mit 2prozentigem Ceresan, richtet sich zugleich auch gegen andere Krankheiten, wie Anthraknose und Umfallen der Keimlingspflanzen.

Die Fusariose oder Welke, *Fusarium disease (Fusarium wilt),* ist eine besonders in Unterägypten auf fruchtbaren Böden des Deltas wichtige Krankheit, der eine jährliche Ernteminderung von 10 v. H. zugeschrieben wird. Sie tritt auch in Westafrika sehr schädlich auf. Das Hauptsymptom ist nicht wie sonst das Welken der Pflanzen, sondern das Erscheinen eines gelblichen, mosaikähnlichen Netzwerkes auf den Blättern, meist auf ihrer Oberseite, das häufig schon im Keimpflanzenstadium eintritt. Jung befallene Sämlinge gehen früh zugrunde; bei älteren Pflanzen stirbt oft die Spitze ab, und es entwickeln sich unten neue Seitentriebe, die aber klein bleiben und selten ausreifen. Beim Durchschneiden kranker Teile sieht man im Querschnitt braune Stippflecke in den wasserleitenden Gefäßgruppen. Die verursachenden Pilze, *Fusarium vasinfectum, var. aegyptiacum (Neocosmospora vasinfecta)* und nahestehende Arten, leben im Boden und dringen in die Wurzeln ein.

Die Bekämpfung geschieht durch örtlich gezüchtete, widerstandsfähige Sorten, Fruchtwechsel, reichliche Düngung und Bodenverbesserung mit Stallmist oder Unterpflügen von Deckpflanzen (Roggen und Leguminosen). Wichtig ist weiter die Verwendung von gesunder Saat aus krankheitsfreien Feldern. Daneben kommen aber auch Welkekrankheiten mit anderen Ursachen vor. So ist z. B. eine Wurzelfäulenwelke, die von *Rhizoctonia* herrührt, in Ägypten beobachtet worden.

Ungefähr dieselben Erscheinungen wie die Fusarium-Welkekrankheit zeigt auch die Wirtelpilz-Welkekrankheit, *wilt disease,* die von *Verticillium albo-atrum* verursacht wird und besonders in Uganda zunehmend auftritt. Pflanzen jeden Alters werden befallen, werfen die Blätter ab, und viele sterben ganz ab, während ein Teil einen zweiten Trieb mit kleinen Blättern und kurzen Zweigen am Grunde der Pflanze hervorbringt, sich aber nie so weit erholt, daß eine annähernd normale Ernte zustande kommt. Kapseln, die gebildet sind, ehe die Blätter abgeworfen werden, können sich noch öffnen, enthalten aber schlechte Fasern. Die Krankheit tritt nesterweise auf und breitet sich langsam aus; ihre Verschleppung im Lande geschieht mit der Saat von kranken Pflanzen. Da durch Fruchtwechsel keine Verringerung des Befalls erreicht wird, versucht man Sorten zu züchten, die mehr resistent als die bisher allgemein angebauten sind.

Termiten als Baumwollschädlinge sind mehrfach beobachtet worden und treten zuweilen sogar als ernste Schädlinge auf. *Apicotermes sp.* u. a. Arten greifen in Belgisch-Kongo nicht nur die Stengel, sondern auch die Wolle und die Samen an. Die dunkelfarbige Blattschneidertermite *Hodotermes mossambicus* wird in den trockenen Teilen von Tanganyika gelegentlich durch Entlauben schädlich. Eine kleine Art *(Microcerotermes parvus)* greift dort an der Küste die Stämme der ausdauernden „Moco", aber nicht Upland an, während im Nordwesten Uplandsorten durch *Microtermes sp.* geschädigt werden.

In Französisch-Westafrika ist eine kleinere Art, *Microtermes (Ancistrotermes) soudanensis,* schädlich. Sie frißt sich in Bodenhöhe in die eben verholzenden Stengel ein und bohrt darin einen kleinen senkrechten Gang, wodurch die Pflanze welkt und bald abstirbt. Zum Ausgleich des Schadens wird vermehrte Saatdichte empfohlen. Im Sudan wird ein Giftköder zur Verhütung der Termitenschäden verwendet, der aus Sägemehl mit 1 v. H. Schweinfurtergrün besteht und in einer Menge von etwa 510 Pfund je acre (= etwa 570 kg je ha) ausgestreut wird. Die größeren *Macrotermes*- und *Termes*arten werden als Beseitiger von Rückständen und Durchlüfter des Bodens für nützlich gehalten.

In Ostafrika seit langem bekannt ist der Stammringler, *Alcides brevirostris, stem girdler,* ein 9 mm langer Rüsselkäfer, dessen Kopf, Halsschild und Beine schwarz sind, während die Flügeldecken dunkelrot gefärbt sind. Er ringelt die Stengel in charakteristischer Weise, indem er die Rinde und die äußeren Holzschichten durchnagt und zerfasert und in die an einer Stelle noch vertiefte Wunde sein Ei ablegt. Die angefressenen Stengel brechen dann bald ab, da sie oberhalb der Fraßstelle vertrocknen. Man kann die Käfer absammeln und die befallenen Stengel abschneiden und verbrennen. Zu vermeiden ist auch lange stehenbleibende Baumwolle, da der Schädling sich in dieser besonders ausbreitet.

Mehr kommen an der Baumwolle die „Spitzmausrüßler" genannten kleinen schwarzen Rüsselkäfer vor. In Nyassaland und besonders schädlich in Portugiesisch-Ostafrika tritt *Apion armipes* auf. Der Käfer frißt an den Blütenblättern und legt seine Eier in die Blattachseln ab; die Larven gehen in die jungen Stengel. Kräftige Pflanzen bilden neue Seitenzweige, die schwächlichen sterben ab. In Ostafrika ist *Apion xanthostylum* („kleiner schwarzer Rüsselkäfer") verbreitet und teilweise fast so schädlich wie der rote Kapselwurm. Seine Larven entwickeln sich am Grunde der Kapseln, so daß diese unreif aufspringen oder klein bleiben; sie treten in den Stengeln auf, besonders an Verzweigungen, die durch den Befall auffällig anschwellen, und kommen am Wurzelhals und selbst im Inneren dünnerer Zweige vor. Der Schaden kann bis zu 50 v. H. der Ernte gehen; in den noch ausreifenden Kapseln ist die Faserlänge verringert. In Tanganyika hat sich das Ausreißen und Verbrennen der befallenen Stauden als sehr erfolgreich erwiesen.

Als Stengelbohrer, *cotton stem borer,* treten verschiedene Arten von kleinen Prachtkäfern der Gattung *Sphenoptera* auf, von denen zwei besonders erwähnenswert sind. Der Sudanstengelbohrer, *S. neglecta,* ist seit längerer Zeit aus dem östlichen Sudan bekannt und kommt auch in Ostafrika vor. Der glänzend bronzefarbene, 10 mm lange und an den Schultern 3 mm breite Käfer legt seine Eier einzeln am Stamm oder den Zweigen der Baumwolle ab, worauf die gelblichweißen, 15 bis 30 mm langen Larven, fast immer zu mehreren, senkrechte Gänge im Stamm nach abwärts fressen. Die Staude wird dadurch im Wachstum so geschädigt, daß sie nicht zum Blühen kommt und auch ganz oder in einzelnen Zweigen abstirbt.

In Französisch-Westafrika kommt die nach *Vayssière* und *Mimeur* (1926) von der vorigen verschiedene, indische Art, *S. gossypii,* vor und ist dort der wichtigste Schädling der Baumwolle. Es ist ein 8 bis 10 mm langer, nur 2½ bis 3 mm breiter, rotbrauner Käfer, der sich in Einzelheiten deutlich von *S. neglecta* unterscheidet. Der Käfer lebt in ähnlicher Weise in Bohnen wie *Vigna sinensis* und Hibiscusarten. Die einheimischen Baumwollsorten sind recht widerstandsfähig, während die eingeführten, besonders die amerikanischen, sehr anfällig sind. Die Bekämpfung besteht in der Vernichtung der leicht erkennbaren befallenen Pflanzen, der Zerstörung der nachgewachsenen Pflanzen, der Ausschaltung zweijährigen Wachstums und dem Abräumen der Felder nach der Ernte.

Die an vielen anderen Kulturen, z. B. Kakao und Cinchona, weitverbreiteten Helopeltiswanzen, *H. bergrothi* und *H. sanguineus,* befallen auch die Baumwolle, z. B. in Ostafrika, im Kongo und in Südnigeria, und verursachen teilweise recht schwere Schäden. Die Gattung ist an einem aufrechten Dorn auf dem Schildchen leicht zu erkennen (Abb. 2); *H. bergrothi* ist schmal,

Abb. 2. Helopeltiswanze. Nach *Navel.* Vergr.

6 mm lang, hell orangerot bis dunkelrot mit schwarzen Augen und schwarzer Stirn. Durch die Stiche entstehen schwarze, meist längsgestreckte Flecke auf den jungen Blättern und Stengeln („Stengelkrebs"), an den Blattnerven häufig mit Verkrümmungen verbunden. Wie im Kongo beobachtet wurde, greift *Helopeltis* auch die Kapseln an und verursacht dort schwarze Flecke; stark befallene Kapseln springen nicht auf, so daß teilweise der Ertrag ganzer Felder vernichtet wird. Zur Bekämpfung wird Abfangen mit Netzen empfohlen, das am frühen Morgen auszuführen ist.

c. Schäden an den Blättern

Unter Rost *(rust, rouille)* an Baumwolle ist zunächst der die grünen Teile der Pflanze, besonders die Blätter, befallende Rostpilz *Kuehneola gossypii (K.*

desmium, Uredo gossypii) zu verstehen, der in Form sehr zahlreicher und kleiner gelblichbrauner Pusteln auftritt. Er kommt wohl allgemein vor, z. B. in Ost- und Westafrika, Belgisch-Kongo, macht meist wenig Schaden und scheint nur schwache Pflanzen zu befallen. Man bezeichnet mit Rost aber auch andere, einigermaßen ähnliche Blattflecke, die durch andere Pilze, durch Kleinzikaden oder durch Kalimangel verursacht sein können.

Weitere, meist unbedeutende Blattfleckenkrankheiten rühren noch von verschiedenen anderen Pilzen her; die „eckige" Blattfleckenkrankheit wurde schon oben erwähnt.

Als Blattschädlinge, die durch einfachen Fraß lästig werden, kommen sowohl allgemeine Laubfresser, wie Heuschrecken, z. B. die bunte Stinkschrecke, Käfer, Rüsselkäfer und Raupen, in Frage, als auch einige Insekten, die die Baumwolle besonders bevorzugen.

Ein Blattkäfer, *Syagrus puncticollis,* einfarbig schwarzbraun bis schwarz, 6 bis 8 mm lang und etwa 3 mm breit, der an Stengeln ganz junger Pflanzen, an den Blattstielen und Blättern frißt und ganze Flächen vernichten kann, ist in Ostafrika mehrfach durch massenhaftes Auftreten sehr schädlich geworden. In ähnlicher Weise kommt der verwandte *S. calcaratus* in Südnigeria und in Britisch-Togo vor, der auch Kapseln und (als Larve) Wurzeln angreift. *S. rugifrons* in Natal befällt vorwiegend die ganz jungen Pflanzen und kann dadurch große Ausfälle verursachen; die Larven von *S. rugiceps* in Italienisch-Somaliland sind an den Wurzeln schädlich. Zur Bekämpfung dieser Käfer sind Arsenmittel geeignet.

Der ägyptische Baumwollwurm, *Prodenia litura, egyptian cotton worm, ver de la feuille du coton,* ist eine den Erdraupen ähnliche Raupe eines Eulenschmetterlings, der in den Tropen an vielen Pflanzen, besonders an Tabak, sehr weitverbreitet ist und in Ägypten — teilweise auch in Südafrika — neben den beiden Kapselwürmern *(Platyedra* und *Earias)* zu den ernstesten Baumwollschädlingen gehört. Bei starkem Auftreten können ihm bis über 80 v. H. der Ernte zum Opfer fallen. Im Frühjahr lebt der Schädling erst am alexandrinischen Klee *(bersim),* wo die noch wenig zahlreichen Raupen keinen großen Schaden anrichten, und geht dann, wenn dieser abgeerntet ist oder trocken wird, Ende Mai und Anfang Juni auf die Baumwolle über. Die Schmetterlinge legen ihre Eier in Häufchen, die mehrere 100 Stück enthalten, an der Unterseite der Blätter ab. Die Raupen fressen im Anfang die Oberhaut und das weiche Blattgewebe, später die ganzen Blätter der Baumwolle und gehen, wenn sie zahlreich sind, auch an Knospen, Blüten und junge Kapseln. Mitte Juli erreicht die Vermehrung ihren Höhepunkt und geht dann rasch zurück.

Zur Bekämpfung hat sich bisher das Absammeln der Eigelege und jungen Raupen, solange sie noch beisammen sind, am erfolgreichsten gezeigt, was aber einen großen Arbeitsaufwand erfordert. Schutzgräben gegen die zuwandernden Raupen und Kulturmaßnahmen, wie Regulierung der Bewässerung, frühzeitiger Schnitt des Klees und Pflügen zum Freilegen der Puppen, die im Boden ruhen, werden angewendet, während Arsenspritz- oder Stäubemittel und Giftköder sich als nicht wirksam genug erwiesen haben. Da der Befall stets durch Zuwandern von Raupen oder Zuflug von Schmetterlingen zustande kommt, hat man auch Abschreckungsmittel versucht, die aber bisher ebensowenig wie Lichtfallen zu einem praktischen Erfolg führten. Im Jahre 1936 hat die ägyptische Landwirtschaftsgesellschaft einen Preis von 20000 ägypt. £ für ein Mittel, das die Baumwollstauden sowohl vor der Eiablage als auch vor den Raupen schützt, ausgeschrieben. Das ideale Mittel würde in diesem Falle ein Abschreckungsmittel sein, das die Schmetterlinge von der Eiablage auf der Baumwolle abhält; neuerdings ist man aber zu einer Bestäubung mit Kalkarsenat übergegangen, die sich zu bewähren scheint.

Ganz ähnlich verhält sich eine andere weitverbreitete Eulenraupe, *Laphygma (Caradrina) exigua, lesser cotton worm,* die in Afrika, besonders in Ägypten, zuweilen durch starke Vermehrung schädlich wird. Auch die Bekämpfung entspricht der der *Prodenia,* doch kann man in kleineren Verhältnissen Giftköder wie gegen Erdraupen verwenden.

Zu den Zünslern gehört der in Mittelafrika verbreitete Baumwollblattroller, *Sylepta derogata, leaf roller, tordeuse des feuilles,* ein 12 mm langer Kleinschmetterling mit 24 bis 26 mm Spannweite; die Flügel sind von gelbweißer Grundfarbe mit einem unregelmäßigen Netzwerk feiner brauner Linien. Die Raupe, die über 20 mm lang wird, ist schmutziggrün mit schwarzem Kopf und Nackenschild und spärlich behaart. Die Raupen machen erst einen Schabefraß an der Blattfläche, später schneiden sie diese an und rollen sie ein und fressen in der gebildeten Düte. Zur Bekämpfung werden Absammeln und Vernichten der Raupen, Ausrotten wilder Futterpflanzen, auch Schweinfurtergrün oder Bleiarsenat mit Seife empfohlen. Als Fangpflanze kann Hibiscus verwendet werden.

Daneben kommt in Westafrika noch der indische Zünsler vor, *Glyphodes (Margaronia) indica,* der in geringerem Maße schädlich ist.

Die Raupen des Stengelspitzenbohrers, *Earias insulana,* sind bei den Kapselwürmern eingehender zu erwähnen.

Eine äußerst kleine Blattminierraupe, *Acrocerops bifasciata,* die in Ost- und Westafrika vorkommt, befällt die Pflanzen in jedem Alter und miniert in den Blättern, die durch Abhebung der ganzen oberen Oberhaut zu einer großen Blase auffällig deformiert werden. An ganz jungen Pflanzen kann sie sehr schädlich werden, wenn sie die Keimblätter befällt.

Wachstumsstörungen der Blätter kommen in einer größeren Anzahl von Formen vor und werden durch sehr verschiedene Ursachen, vorwiegend durch saugende Insekten, erzeugt. Sie wurden von *Leroy* in Belgisch-Kongo vergleichend untersucht und können hier nur bei den einzelnen Ursachen kurz erwähnt werden.

Eine Kleinzikade, die Baumwollzikade *Empoasca (Chlorita) facialis, cotton jassid, c. leaf hopper,* ist seit langem in Ostafrika als Erreger einer

Kräuselkrankheit verdächtig. Allmählich ist eine weite Verbreitung der Zikade (Südafrika, Somaliland, Westafrika) und der Krankheit festgestellt und der Zusammenhang aufgeklärt worden. Die Zikade wird ausgewachsen 3 bis 3,5 mm lang und ist in der Hauptsache blaßgelb gefärbt mit orangeroten, elfenbeinfarbigen und dunkleren Zeichnungen. Die jungen und erwachsenen Zikaden halten sich hauptsächlich an der Unterseite der Blätter auf, deren Saft sie aussaugen. Die Blätter werden dadurch im Wachstum geschädigt und rollen sich am Rande nach unten ein; die Randpartien färben sich dabei rot und trocknen ein. Diese Kräuselkrankheit, *leaf crinkling, arriciamento,* die sich am meisten gegen die Reifezeit zu bemerklich macht, ist nicht durch ein übertragenes Virus, sondern nur durch das Saugen und den Speichel der Zikaden verursacht. Der Schaden ist besonders groß in Trockenperioden, da die Blätter klein bleiben und vertrocknen; die Internodien bleiben kurz, so daß die Pflanze verkümmert erscheint; die Blütenknospen fallen ab, und die angesetzten Kapseln werden notreif und unbrauchbar.

Unter der Krankheit leiden besonders die amerikanischen Sorten, behaarte Sorten sind widerstandsfähig. In Südafrika ist es gelungen, eine gegen die Zikaden widerstandsfähige und zugleich ertragreiche Sorte (U 4) zu züchten, die rasch eine sehr große Verbreitung gefunden und sich als einer der wichtigsten Erfolge der Pflanzenzüchtung herausgestellt hat. Bei Versuchen ist auch Spritzen mit Kupferkalkbrühe als erfolgreich befunden worden.

Die Echte Kräuselkrankheit oder Mosaikkrankheit der Blätter, *leaf curl (leaf crinkle),* ist eine Viruskrankheit, die bisher nur im Sudan (seit 1923), in Belgisch-Kongo und in Nigeria festgestellt worden ist. Bei Sakel erscheint zuerst ein Teil der Blattnerven junger Blätter auf kurze Strecken verdickt und im durchscheinenden Licht dunkler, später bleiben die Blätter klein, werden gekräuselt und am Rande nach oben oder unten eingerollt. Zuweilen bleibt die ganze Pflanze verkümmert und wird dabei hart und brüchig. An nigerischer Baumwolle ist das Einrollen des Blattrandes nach oben das Hauptsymptom, während an Watts Long Staple vorwiegend Mosaik auftritt und die Internodien vielfach kurz bleiben. Die Krankheit verursacht eine erhebliche Verringerung der Anzahl und des Gewichtes der Kapseln. Überträger ist eine Mottenschildlaus, *Bemisia gossypiperda, cotton white fly.* Auch Hibiscusarten und *Althaea rosea* werden von der Krankheit befallen. Von Sakel sind im Sudan zwei sehr resistente Typen gefunden; außer deren Anbau versucht man die Bekämpfung der Mottenschildlaus durch Einschaltung einer baumwollfreien Zeit und Entfernung nachgewachsener Pflanzen.

Die kleine Blindwanze *Lygus simonyi* verursacht in Belgisch-Kongo die mit *frisolée* bezeichnete Erscheinung an den Blättern, bei der infolge von Stichen im Jugendstadium später große Löcher auftreten, während zugleich auch beschädigte Knospen abfallen.

Blattläuse. An der Baumwolle sind verschiedene Arten von Blattläusen beobachtet worden, die dunkelgefärbte Baumwollblattlaus *(Aphis gossypii, A.*

malvae), cotton aphid (Abb. 3), an der Unterseite der Blätter (in ganz Afrika) und die hellere *Aphis sorghi,* die weiße Hirseblattlaus *(asal fly* im Sudan), ebenfalls auf der Blattunterseite. Bei frühzeitigem Auftreten verursachen die Blattläuse Mißbildungen, namentlich Verkrümmungen und Einrollung der Blätter. Wenn sie sich besonders stark vermehren, sind die Blätter wie bei der

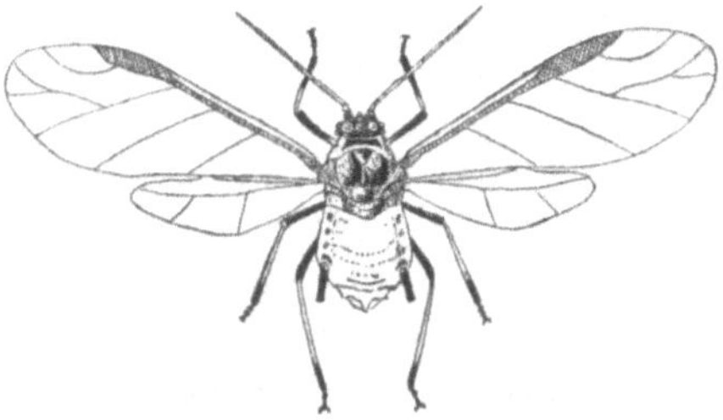

Abb. 3. Baumwollblattlaus *(Aphis gossypii).* Vergr. Nach *Schouteden.*

Hirse ganz mit Honigtau überzogen, woher der Name Mafutakrankheit in Ostafrika (arabisch *nedwet el asal)* rührt. Dabei können die Blätter dann ganz verdorren und die Stengel brüchig werden, außerdem tritt starke Rußtaubildung ein. Auch das Abwerfen von Kapseln kann eine Folge von Blattlausbefall sein. Wenn die Bekämpfung der Blattläuse notwendig wird, z. B. auf kleinen Zuchtparzellen, spritzt man mit 75 g 40prozentigem Nikotinsulfat auf 100 l Wasser, oder man stäubt mit 2,5prozentigem Nikotinkalk.

Die Vermehrung der Blattläuse ist stark von der Temperatur und Feuchtigkeit abhängig, weshalb sie in heißen und trockenen Ländern und Zeiten besonders schädlich werden; andererseits wird aus Portugiesisch-Ostafrika berichtet, daß nur junge Pflanzen ernstlich geschädigt werden.

Schildläuse sind an der Baumwolle nicht sehr verbreitet; nur einige Schmierläuse werden zeitweise schädlich. *Pseudococcus filamentosus (Ps. perniciosus)* ist die an Gehölzen epidemisch auftretende sog. Lebbek-Schildlaus, *lebbek mealy bug,* die auch die Baumwolle befällt (Ägypten, Ostafrika). In Ostafrika und auf Sansibar tritt *Phenacoccus obtusus* in ähnlicher Weise und zuweilen sehr schädlich auf. *Phenacoccus hirsutus, Hibiscus mealy bug,* ist in Ägypten neben der oben erwähnten Art gelegentlich ungemein schädlich geworden.

Der indische Baumwollblasenfuß, *Hercothrips (Heliothrips) indicus, cotton thrips („dry asal“* im Sudan), ist auch in Mittelafrika verbreitet und gilt im ägyptischen Sudan, wo er seit 1918 auftritt, mit einigen anderen Arten als wichtigster Schädling. Er saugt an der Blattober- und -unterseite; in letztere werden auch die Eier abgelegt. Durch das Saugen entstehen Flecke, die oft zusammenfließen und weiße Streifen und silberglänzende Flächen an der Unterseite bilden. Später werden die Blätter braun und hart und rollen sich ein. Bei stärkerer Schädigung fallen sie ab, wodurch die Entwicklung der jungen Kapseln verhindert wird. Zur Bekämpfung wird u. a. frühzeitige Ernte, Abbrennen der Rückstände und starke Überschwemmung der Felder zu Anfang November empfohlen. Spritzungen mit Nikotin erscheinen nur beim Befall ganz junger Baumwolle lohnend.

Ein anderer weitverbreiteter Blasenfuß, *Thrips tabaci, „common cotton thrips"*, kommt in Ägypten an Baumwolle vor. Sein Schaden verzögert das Wachstum der Blätter und schafft dadurch günstige Verhältnisse für den Befall durch die Raupen des Baumwollwurms.

d. Schäden an den Blüten und Kapseln

Die Anthraknose, von dem Pilz *Glomerella gossypii (Colletotrichum g.)* herrührend, ist eine Krankheit, die hauptsächlich die Kapseln befällt, aber auch an Blättern und Stengeln und selbst an Keimpflanzen auftreten kann. Es entstehen eingesunkene, rötliche Flecke, die allmählich größer und in der Mitte schwarz werden und sich bei feuchtem Wetter mit lachsroter Sporenmasse bedecken und die nachher zu einer Kruste eintrocknen. Die befallenen Kapseln werden durch ungleiches Wachstum deformiert und platzen auf, wobei dann die Wolle durch den Anthraknosepilz oder sekundäre Pilze unbrauchbar wird. In Afrika ist die Anthraknose in Ägypten, Süd- und Westafrika verbreitet. Die kranken Kapseln müssen, um frühere oder spätere Weiterverbreitung des Pilzes zu verhüten, möglichst früh eingesammelt und verbrannt werden; auch nach der Ernte sind alle Abfälle zu vernichten. Spritzmittel haben keinen Erfolg, doch können die Samen mit 1 prozentigem Sublimat desinfiziert werden. Allgemein sind Fruchtwechsel mit zweijährigem Aussetzen der Baumwolle, Saatbezug von gesunden Feldern und Anbau resistenter Sorten die wichtigsten Maßnahmen.

Eine sog. „falsche Anthraknose" entsteht an den Kapseln durch Befall mit dem Pilz der Fusarienwelke nach Wanzenstichen und kann auch am Wurzelhals junger Pflanzen auftreten.

Kapselfäulen. Die wichtigste Kapselfäule ist die bei den Baumwollwanzen noch zu erwähnende innere Kapselkrankheit, *internal boll disease*. An ihr sind vor allem die beiden von den Wanzen übertragenen Pilze *Nematospora gossypii* und *N. coryli*, welche die Wolle gelb färben und unbrauchbar machen, aber auch Bakterien, wie *Bacterium malvacearum*, beteiligt. Außerdem kommen Kapselfäulen nach anderen Beschädigungen vor und gehen z. B. häufig von den Fraßlöchern der Kapselraupen, besonders des amerikanischen Kapselwurmes, aus. So tritt ein Schimmelpilz, der sonst ein bekannter Erreger von Keimlingskrankheiten ist, *Rhizopus nigricans* (Schwarzschimmel), z. B. in Ägypten auch als Wundparasit in Baumwollkapseln auf und verstärkt den durch Kapselraupen angerichteten Schaden; nach Wanzenstichen von *Nezara viridula* verursacht er eine innere Fäule grüner Kapseln.

Ein Pilz, *Diplodia gossypina*, der ursprünglich von Porto Rico bekannt ist, wo ihm das Schwarzwerden und Abfallen der Kapseln zuzuschreiben ist, ist auch in Belgisch-Kongo die Ursache schwarzgrauer Wolle, die nach dem Pflücken aussortiert werden muß. Eine besondere Kapselfäule, die u. a. in Südrhodesien vorkommt, wird durch *Bacillus gossypii* veranlaßt; es ist eine Weichfäule, die mit dunkelbraunen bis schwarzen Flecken an den noch grünen Kapseln beginnt.

Von speziellen Blütenschädlingen ist ein Käfer, *Mylabris amplectens* (Cantharide), der die Blumenblätter und Staubgefäße zerfrißt, aus Ostafrika zu erwähnen.

Die wichtigsten Baumwollschädlinge Afrikas sind die Kapselwürmer. Es sind verschiedene Schmetterlingsraupen — Afrika hat keinen eigentlichen Kapselkäfer wie Nordamerika —, die in der Art der von ihnen erzeugten Schäden ganz ähnlich sind, da sie sich in die Kapseln einbohren, um in den Samen zu fressen, wobei die Wolle mehr oder weniger unbrauchbar wird. Über Schäden bis zu 80 und 90 v. H. des Ertrages, besonders bei spätreifenden Sorten und gegen Ende der Pflückzeit, wird mehrfach berichtet; im allgemeinen kann man wohl 20 v. H. Schaden als Regel annehmen. Die ursprünglichen Verbreitungsgebiete haben sich mehr und mehr verwischt bzw. ausgeglichen. So ist z. B. der rote Kapselwurm eigentlich ein „indischer" Kapselwurm und von dort vor etwa 30 Jahren nach Ägypten eingeschleppt worden. Ob er in Ostafrika einheimisch war, ist unsicher; jedenfalls ist er jetzt durch Verschleppung mit der Saat wie in der übrigen Welt auch in Afrika nahezu überall verbreitet. Andererseits ist es ein Beispiel für die merkwürdige Anziehung der Insekten durch die Baumwolle, daß die lange Zeit als Schädling der Citrusfrüchte und anderen Obstes bekannte Motte *Argyroploce leucotreta* in den letzten Jahren und schon in mehreren Ländern zu einem „Kapselwurm" geworden ist.

Baumwoll-Kapselraupen und ihre Verbreitung in Afrika

Platyedra (Gelechia, Pectinophora) gossypiella, roter Kapselwurm, *pink bollworm, ver rose de la capsule:* allgemein außer Südafrika; schädlichster Kapselwurm.

Heliothis (Chloridea) armigera, amerikanischer Kapselwurm, *american bollworm, cotton b., corn ear worm:* Ägypten, Belgisch-Kongo, Ostafrika, Südafrika.

Earias insulana (u. E. biplaga), ägyptischer Kapselwurm, Stengelspitzenbohrer, *spiny (spotted, egyptian) bollworm, chenille épineuse:* ganz Afrika.

Diparopsis castanea, Sudan-Kapselwurm, *Sudan bollworm, red b.:* ganz Afrika außer Uganda, Tanganyika, Kenya (in Nordafrika?); sehr schädlich in Nyassaland, Portugiesisch-Ostafrika, Südafrika.

Argyroploce leucotreta, false codling moth: Uganda, Tanganyika, Belgisch-Kongo, Nigeria.

Pyroderces simplex, „kleiner Kapselwurm", *scavenger bollworm:* Ägypten, Ostafrika, Belgisch-Kongo, Süd- und Westafrika; nicht schädlich, sekundär.

Der rote Kapselwurm, *Platyedra (Gelechia, Pectinophora) gossypiella, pink bollworm, ver rose de la capsule* (Abb. 4 und 5), ist einer der gefährlichsten Baumwollschädlinge, der in neuerer Zeit durch Verschleppung mit der Saat fast in allen Baumwolländern verbreitet wurde, so daß eine höchst umfangreiche Literatur über ihn vorliegt. Der Schmetterling ist eine kleine, 8 bis 10 mm lange, grau bis gelbbraun gefärbte Motte mit dunklen gefleckten

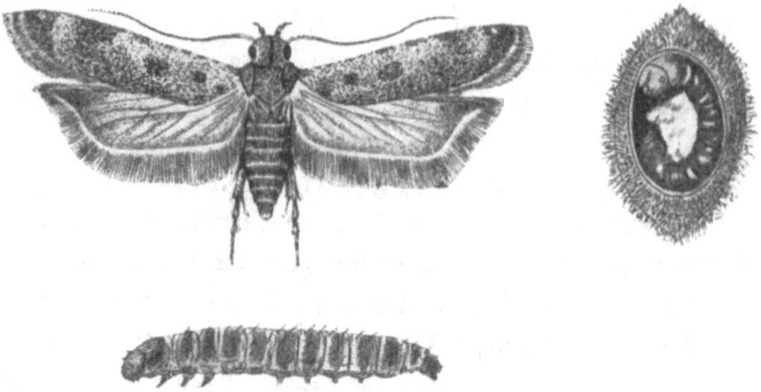

Abb. 4. Roter Kapselwurm, Schmetterling, Raupe und Raupe in Samen. Vergr. Nach Tafel des Pusa-Institutes.

Flügeln, deren Spannweite 18 bis 21 mm beträgt. Die Raupe ist anfangs weißlich und wird allmählich auf dem Rücken fleischrot; sie erreicht 10 bis 12 mm Länge. Das Weibchen legt 250 bis 500 Eier an der Baumwollpflanze ab, und

Abb. 5. Baumwollkapsel, vom roten Kapselwurm befallen und unreif vertrocknet.

die jungen Raupen bohren sich in die Kapseln ein und ernähren sich von den Samen, wobei sie gewöhnlich 2 oder 3 zerstören. Die Verpuppung findet teils in der Kapsel, teils im Boden statt, und bald darauf erscheinen die Motten, so daß eine Generation etwa 4 bis 6 Wochen zur Entwicklung braucht. Wo kein eigentlicher Winter eintritt, hat der Schädling eine dauernde Folge solcher kurzfristiger Generationen. In anderen Ländern, wie in Ägypten und im Sudan, spinnen die Raupen im Herbst einen Kokon im Samen, häufig auch zwischen 2 zusammengesponnenen Samen, und überwintern darin, um sich erst später zu verpuppen und im nächsten Sommer den Schmetterling zu entlassen. Durch diese im Samen überwinternden Raupen ist die große Ausbreitung des Schädlings mit dem Versand der Baumwollsaat zustande gekommen. Sie umfaßt jetzt ganz Afrika mit einzelnen Ausnahmen, wie Südafrika und Teile von Ostafrika. Auch die Erhaltung des Schädlings auf dem Felde von einer Saison zur anderen und der Befall der nächstjährigen Baumwolle sind durch dieses Überliegen der Raupen außerordentlich begünstigt.

Der Schaden des roten Kapselwurmes besteht in der Zerstörung der Wolle eines mehr oder weniger großen Teiles der Kapsel und in der Zerstörung der Samen. Über den Umfang des Schadens im ganzen liegen sehr viele Angaben vor; im allgemeinen kann man wohl wie in Ägypten mit einem Verlust von 10 bis 30 v. H. der Ernte rechnen.

Die Bekämpfung des roten Kapselwurmes richtet sich im wesentlichen gegen das Ruhestadium der Raupen, da die Anwendung von Fraßgiften wie auch die Versuche zur Abschreckung und die biologische Bekämpfung noch keine brauchbaren Ergebnisse geliefert haben. Man muß, besonders in Ländern ohne lange Ruhezeit der Raupen, die Stengel frühzeitig vom Felde entfernen, um eine möglichst lange baumwollfreie Zeit zu haben; die Ernte muß also entsprechend frühzeitig abgeschlossen werden, natürlich müssen auch alle anderen Wirtspflanzen *(Hibiscus)* ausgerottet werden. Ebenso wichtig ist eine zweite Maßnahme: alle Baumwollsaat in den Entkörnungsanstalten zu desinfizieren. Von den verschiedenen Methoden hierfür ist in Ägypten und in Belgisch-Kongo die Erhitzung auf 60° in besonderen Darren *(Simons hot air machine)* vorgeschrieben. Andere Länder verwenden Desinfektion mit Blausäure, Schwefelkohlenstoff oder Dichloräthylen. In Ländern mit sehr starker Sonnenbestrahlung, z. B. im Sudan, genügt es zur Abtötung der Raupen, die Saat in dünner Schicht an der Sonne auszubreiten, wobei sie sich auf 65° erwärmt; dabei werden die Raupen abgetötet, während die Keimfähigkeit der Saat nicht leidet. Die Desinfektion ist jetzt allgemein für alle zur Einfuhr kommende Saat vorgeschrieben.

Abb. 6.
Amerikanischer Kapselwurm *(Heliothis armigera)* an Baumwollkapsel.
Nach *Willcocks*.

Der amerikanische Kapselwurm, *Heliothis armigera (Chloridea obsoleta), american cotton bollworm, common cotton bollworm, corn ear worm* (Abb. 6), ist ein fast überall verbreiteter Allesfresser, der besonders auch den

Mais, ferner Tomaten, Tabak, Bohnen, Luzerne usw. befällt. Der Schmetterling ist etwa 18 mm lang mit 40 mm Spannweite; die Vorderflügel sind dunkelgelbbraun, die Hinterflügel etwas heller, beide mit dunklen Adern und verwaschenen dunkleren Flecken und Binden. Die Eier werden einzeln abgelegt. Die Raupen fressen an der Oberhaut der Blätter, dann an jungen Trieben und endlich an Knospen junger Kapseln, in die sie sich einbohren und die sie aushöhlen. Sie fressen mehrere Kapseln aus, so daß eine Raupe den ganzen Ansatz verschiedener Zweige vernichten kann. Die Färbung der Raupen ist sehr verschieden, grünlich, bräunlich, grau oder rötlich; sie sind aber immer an einer weißen Seitenlinie kenntlich. Die Verpuppung findet im Boden statt.

Der amerikanische Kapselwurm ist in Südafrika die schädlichste Art; außerdem ist er in Ägypten, besonders Oberägypten, Ostafrika, im Kongogebiet und in Nordnigeria — anscheinend nicht in Französisch-Westafrika — an der Baumwolle verbreitet. Die Bekämpfung ist, schon wegen der vielen anderen Nährpflanzen, sehr schwierig. Gründliches Pflügen im Herbst und Winter und häufiges Hacken während der Wachstumszeit zerstören viele Puppen und setzen andere der Witterung und den Feinden (Insekten, Vögel, Nager) aus. Rasch reifende Sorten vermindern ebenfalls den Schaden. Bei sehr starkem Auftreten wird das Bestäuben mit Bleiarsenat empfohlen. Vielfach wird Mais als Fangpflanze an den Rändern der Baumwollfelder angebaut, da die Zerstörung der Eier und jungen Raupen an den seidigen Narben der Maisblüten leichter durchzuführen und außerdem der Schaden am Mais weit geringer als an der Baumwolle ist. Auch durch das Entgipfeln der Pflanzen oberhalb der letzten Kapsel, die noch vollreif zu werden verspricht, werden zahlreiche Raupen vernichtet.

Der ägyptische Kapselwurm oder Stengelspitzenbohrer, *Earias insulana, spiny (spotted, egyptian) bollworm, chenille épineuse* (Abb. 7),

Abb. 7. Ägyptischer Kapselwurm *(Earias insulana);* Schmetterling und Raupe. Natürl. Größe. Nach *Morstatt.*

war in Ägypten vor der Einschleppung des roten Kapselwurms der wichtigste Kapselschädling. Seine Verbreitung erstreckt sich u. a. über ganz Afrika und die östlichen Inseln; meist ist aber, wie z. B. in Südafrika, sein Schaden nicht sehr bedeutend. Der kleine Schmetterling ist etwa 9 mm lang bei 20 bis 22 mm Flügelspannweite; die Färbung ist sehr verschieden, Kopf, Rücken und Vorderflügel sind entweder gelb bis grünlichgelb oder auch gleichmäßig hellgrün gefärbt; auf den Vorderflügeln kommen braune, mehr oder weniger dunkle Querlinien oder eine breitere braune Binde von der Mitte bis zum Hinterende vor. Die Hinterflügel sind weiß mit braunem Saum oder Rand. Die Raupe ist 10 bis 16 mm lang, grünlich- oder rötlichbraun mit einigen dunkleren Stellen; sie ist an ihren dornförmigen Haaren leicht zu erkennen.

An den älteren Kapseln frißt der Schädling wie die anderen Kapselwürmer die Samen aus, wobei die Fasern beschmutzt und verfärbt werden. Vielfach zerstört er aber auch, z. B. besonders in Algerien, die Blütenknospen und die ganz jungen Kapseln. In einigen Ländern (z. B. Ägypten, Ostafrika) kommt noch eine andere Schadensart hinzu, die sogar den Schaden an den Kapseln überwiegen kann. Im Anfang der Saison werden nämlich die Endknospen der Triebe befallen und ausgefressen, und die Raupe bohrt sich dann einige Zentimeter weit in den Trieb ein (Stengelspitzenbohrer). Diese Triebe welken und sterben ab, wodurch eine reichliche weitere Zweigbildung angeregt wird. Die Verpuppung findet außer an der Kapsel am Stengel oder im Boden am Grunde der Pflanze statt. Zur Bekämpfung, soweit sie nicht durch Absammeln der befallenen Triebe und Kapseln geschieht, wird neben sorgfältiger Entfernung des Unkrautes das Abräumen der Felder nach der Ernte und Verbrennen der oberirdischen Stengelteile empfohlen. Die Raupen befallen außer der Baumwolle u. a. Mais und Hibiscusarten, die man daher als Fangpflanzen zwischen der Baumwolle versucht hat.

Außer *Earias insulana* kommen noch ähnliche Arten mit gleicher Lebensweise vor, so *E. biplaga (E. plaga),* die bei gleich weiter Verbreitung nur die Baumwolle befällt, im allgemeinen weniger zahlreich und nur im französischen Sudan recht schädlich ist; noch seltener tritt *E. citrina* auf.

Der Sudan-Kapselwurm, *Diparopsis castanea, Sudan bollworm, red b.*, hat seinen Namen von seinem ursprünglichen schädlichen Auftreten im Sudan, ist aber auch in Süd- und Westafrika verbreitet — nicht in Ägypten, Uganda, Kenya und Tanganyika —. Er ist besonders in Südafrika (Transvaal) sehr schädlich, wo er der eigentliche Kapselschädling ist und in Einzelfällen bis zu 90 v. H. der ersten Pflückung zerstört, außerdem aber auch in Nyassaland und Portugiesisch-Ostafrika. Der Schmetterling ist dunkler und lebhafter gefärbt als Heliothis; die Vorderflügel tragen dunkle Binden von tief olivgrüner und roter Farbe; die Spannweite beträgt etwa 40 mm. Die Eier werden einzeln am Stamm, den Blättern usw., besonders den endständigen Blättern, abgelegt. Die Raupen bohren sich in Blütenknospen oder Kapseln ein und fressen im Verlauf ihrer Entwicklung mehrere leer. Jung sind sie weiß gefärbt mit dunklem Kopf, werden allmählich rötlich, ähnlich dem „roten Kapselwurm", und später grünlich oder gelblich mit rosaroten bis roten Binden. Über die Bekämpfung ist noch wenig bekannt; in Ägypten wird das Absammeln der befallenen Kapseln und häufiges Pflügen zur Vernichtung der Puppen im Boden empfohlen. Nicht weniger wichtig als bei den anderen Kapselwürmern ist das Abräumen der Felder nach der Ernte, da stehengebliebene Baumwolle die hauptsächlichsten Brutplätze bildet.

In neuester Zeit ist zu den bekannten Kapselwürmern noch eine weitere

Art hinzugekommen, die in Südafrika *false codling moth* genannte Motte *Argyroploce leucotreta,* die dort seit 30 Jahren ein wichtiger Apfelsinenschädling ist. Nachrichten über ihr Auftreten als Kapselwurm liegen vor aus Belgisch-Kongo, Nigeria, Uganda und Tanganyika; besonders im Kongo ist sie schon weitverbreitet und sehr schädlich. Der Schaden ist ganz ähnlich dem des roten Kapselwurmes. Die Raupe ist größer, bis 15 mm lang, und gleichmäßig rosarot gefärbt ohne helle Längslinie, während der Schmetterling nahezu gleich groß und braun (nicht grau) gefärbt ist.

In Ägypten, Ostafrika, Belgisch-Kongo, Süd- und Westafrika ist noch ein weiterer Kapselwurm verbreitet, der „kleine Kapselwurm", *Pyroderces simplex,* in Südafrika *scavenger bollworm* genannt. Der Schmetterling hat nur 9 bis 11 mm Spannweite und ist heller gefärbt als derjenige des roten Kapselwurmes, auch die Raupe ist erheblich kleiner. Sie wurde früher als selbständig schädlich angesehen, besiedelt aber die Kapseln nur nachträglich und lebt von Abfällen der anderen Kapselwürmer.

Die Rotwanzen, *red bugs, cotton stainers, red stainers,* sind nächst den Kapselwürmern die wichtigsten Baumwollschädlinge Afrikas. Man bezeichnet damit eine Anzahl sehr ähnlicher Arten der Gattung *Dysdercus,* die in fast allen Baumwollgebieten vorkommen und wohl die auffälligsten Insekten an der Baumwollstaude sind. Es sind große, erwachsen 12 bis 20 mm lange, lebhaft bewegliche Wanzen (Abb. 8), rötlich oder gelblich bunt, in der Jugend lebhaft rot gefärbt mit schwarzen Flecken.

Abb. 8. Rotwanze (*Dysdercus fasciatus*).

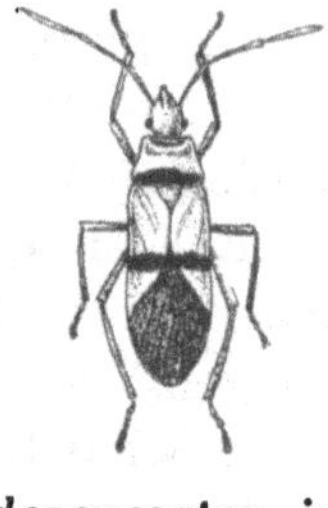

Natürl. Größe. Nach *Morstatt.*

In Afrika sind etwa 14 *Dysdercus*arten, insbesondere *D. fasciatus, D. nigrofasciatus* und *D. superstitiosus,* teils allgemein, teils auf einzelne Gebiete beschränkt, verbreitet; nur Ägypten ist frei von ihnen. Sie sind äußerlich nur wenig in der Größe und in Einzelheiten der Färbung voneinander verschieden. Auch im biologischen Verhalten sind sie sich so ähnlich, daß sie hier zusammen behandelt werden können.

Die Rotwanzen greifen an der Baumwolle hauptsächlich die Kapseln an, wo sie sich von den mehr oder weniger reifen Samen ernähren, und sind daher in aufgesprungenen Kapseln besonders häufig. Der Schaden beruht in der Verfärbung der Wolle, im Abfallen angestochener junger Kapseln und in der Verhinderung normalen Aufspringens der Kapseln, in der Schädigung junger Kapseln, deren Fasern sich nicht normal entwickeln, und schließlich in der Schädigung der Keimungsfähigkeit der Saat und ihrer Entwertung für das

Pressen. Außerordentlich verstärkt wird die Beschädigung der Wolle durch eine erst neuerdings erkannte Erscheinung, das Hinzukommen der von den Wanzen mit dem Stich übertragenen sog. inneren Kapselkrankheit *(internal boll disease, stigmatomycosis),* die neben Bakterien hauptsächlich von zwei Pilzen, *Nematospora gossypii* und *N. coryli,* verursacht wird und die Wolle durchgehends gelb färbt oder bei stärkerem Auftreten den ganzen Inhalt der Kapseln durch Fäulnis zerstört.

Die Stärke des Schadens der Wanzen ist örtlich, je nach dem Hinzukommen der Kapselkrankheit, sehr verschieden und kann vielfach bis zu 40 und 50 v. H. der angesetzten Kapseln erreichen.

Für die Bekämpfung der Wanzen ist die Tatsache wichtig, daß sie sich nicht dauernd auf den Baumwollfeldern aufhalten, sondern an verschiedenen Malvengewächsen, wie Okra, Kapokbaum, Affenbrotbraum, „wildem" Kapok *(Bombax rhodognaphalon),* leben und von da alljährlich auf die Baumwolle übergehen, an der sie sich dann in der Reifezeit sehr stark vermehren.

Die Bekämpfung der Rotwanzen mit chemischen Mitteln ist nicht in rentabler Weise möglich. Sie geschieht daher durch geeignete Kulturmaßnahmen und unmittelbar durch Absammeln, Ausrotten der anderen Nährpflanzen und Fernhalten der Zuwanderung von den Feldern. Von den Kulturmaßnahmen ist die wichtigste die Einrichtung einer „geschlossenen Zeit", in der die Felder absolut rein von Baumwolle gehalten werden, um das Ausdauern der Wanzen auf ihnen unmöglich zu machen. Ebenso wirkt auch ein Fruchtwechsel mit unanfälligen Kulturen, wie Mais, Hirse, Bohnen. Außerdem kann die Vermehrung der zugewanderten Wanzen auf den Feldern durch sorgfältiges Hacken bis zum Beginn der Ernte eingeschränkt werden, da die am Boden abgelegten Eierhäufchen in die Erde kommen. Bei frühreifen Sorten können durch diese Maßnahmen gute Ernten erzielt werden, ehe sich die Wanzen zu stark vermehrt haben.

Das Absammeln der Wanzen kann nur zu Beginn der Zuwanderung und Vermehrung erfolgreich durchgeführt werden und setzt genügende und billige Arbeitskräfte voraus, ist dann aber lohnend. Die Wanzen können auch durch ausgelegte Häufchen von Saat oder halbierte Früchte des Affenbrotbaumes geködert und dann durch heißes Wasser, Petroleum oder Abbrennen getötet werden. Die Ausrottung wilder Nährpflanzen in der Umgebung der Felder ist nicht schwierig, soweit es sich um wilde Malvenarten u. a. Unkräuter handelt. Von Bäumen kommt hauptsächlich der Kapok in Frage, der in manchen Ländern wegen der Rotwanzen ausgerottet wurde.

Zur Fernhaltung der Wanzen von den Feldern hat man teilweise Fangpflanzen *(Hibiscus esculentus,* frühgepflanzte Baumwolle) am Rande angebaut. In Südafrika ist es durch einen mit dem Pflug gezogenen Graben oder einen abgebrannten Streifen um die Felder mit Erfolg versucht worden.

Neben den Rotwanzen ist vielfach die kleine graue Baumwollwanze, *Oxycarenus hyalinipennis, cotton seed bug, small black stainer* (oft ebenfalls als *cotton stainer* bezeichnet, Abb. 9), in ganz ähnlicher Weise schädlich und sogar zum Teil wichtiger als jene. Sie ist nur 3,5 bis 5 mm lang, schwarz gefärbt mit durchsichtigen und daher grau erscheinenden Flügeldecken; teilweise ist der Hinterleib rot gefärbt. Die Art ist in Afrika allgemein verbreitet und besonders in Ägypten, Algerien und Französisch-Westafrika sehr

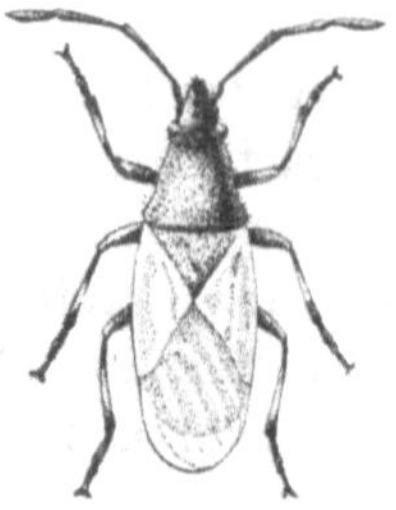

Abb. 9.
Kleine graue Baumwollwanze (*Oxycarenus hyalinipennis*). Vergr. Nach *Schouteden*.

schädlich. Sie hält sich vorzugsweise und in Massen an den geöffneten Kapseln auf, wo sie sich rasch und stark vermehrt. Man hat den Schaden dieser Wanze lange Zeit nur darin gesehen, daß die Wolle beschmutzt wird, wenn die Wanzen beim Entkörnen zerquetscht werden; durch Ausbreiten der Pflückwolle an der Sonne lassen sich die Wanzen vertreiben. Beim Aufschneiden der Samen zeigt sich aber, daß sie, von der Keimwurzel ausgehend, braun verfärbt und teilweise geschrumpft sind. Im Zusammenhang damit ist die Keimfähigkeit geschädigt, das Gewicht verringert und zugleich der Wert der Fasern herabgesetzt, Schäden, die beim Hinzukommen von Pilzen sich noch steigern. In Algerien ist diese Wanze vorwiegend an Blütenknospen schädlich und verursacht zuweilen starken Blütenabfall. Zur Bekämpfung wird dort Spritzen mit Petroleumemulsion angewandt. — Vier weitere Arten von *Oxycarenus* kommen mit beschränkter Verbreitung außerdem in Afrika vor.

Die grüne Schildwanze, *Nezara viridula,* als *cotton green bug, green shield bug* und unter manchen anderen Vulgärnamen in fast allen wärmeren Gegenden und an zahllosen Pflanzen verbreitet, ist eine grüne oder grünlichgelbe Wanze mit schwarz geflecktem Hinterleib, 12 bis 16 mm lang und 9 mm breit. An der Baumwolle zersticht sie die Blätter und jungen Triebe und besonders die jungen Kapseln; auch die Anthraknose und *Rhizopus nigricans* an Kapseln werden durch sie übertragen (Ägypten). Die Bekämpfung geschieht durch geeigneten Fruchtwechsel, Reinigen der Felder von Unkräutern und Rückständen, Bespritzen mit starken Öl- oder Seifenbrühen. Auf Madagaskar treten außer dieser noch mehrere nahverwandte Arten auf.

Eine Randwanze (Coreide), *Anoplocnemis curvipes,* schadet in ähnlicher Weise durch Abtöten der jungen Triebe. Sie kommt in Mittel- und Westafrika und in Madagaskar, dort zugleich mit einer weiteren Art, vor.

Die Helopeltiswanzen, die auch die Stengel befallen, sind schon oben erwähnt worden.

Calidea-Arten, *C. dregei* und *C. bohemani,* sind sehr große, stark gewölbte und metallisch bunt gefärbte käferähnliche Wanzen, die u. a. in Ostafrika an Blättern und Blüten schädlich werden. Erst in neuester Zeit hat man allmählich erkannt, daß diese weniger zahlreichen Wanzen doch recht umfangreiche Schäden anrichten können. Es ist nämlich für die hier erwähnten Wanzen *(Helopeltis, Nezara, Calidea)* jetzt durch Untersuchungen in Ostafrika, Nyassaland und Rhodesien erwiesen, daß sie auch die von *Nematospora* verursachte Kapselfäule übertragen.

Das Abwerfen der Kapseln, *boll shedding,* das meist bald nach der Blüte eintritt und oft großenUmfang annimmt, ist im typischen Fall die Folge irgendeiner Wachstumsstörung. So tritt es z. B. ein, wenn nach längerer Trockenzeit plötzliche Regen einsetzen, die starkes Wachstum und neue Verzweigung und Knospenbildung hervorrufen. In diesem Fall kann auch großer Kapselverlust wieder völlig durch den nachwachsenden Fruchtansatz ausgeglichen werden. Ebenso kann es aber auch durch plötzliche Trockenheit mit Stillstand des Wachstums oder durch ungünstige Bodenbeschaffenheit verursacht sein. Außerdem haben tierische Beschädigungen, z. B. durch die Kapselwürmer oder starken Blattlausbefall, oft das Abwerfen zur Folge.

e. Schäden an der Saat

In lagernder Baumwollsaat finden sich eine ganze Anzahl von allgemeinen Saatgutschädlingen, die aber keine wesentliche Bedeutung haben, da ihre Vermehrung bei der Hartschaligkeit der Samen nicht sehr rasch vor sich geht und diese daher für ihre Verwendung zur Aussaat oder zur Ölgewinnung nur wenig geschädigt werden. Beachtung verdient aber die häufige Anwesenheit des roten Kapselwurmes, die schon am Vorkommen von je zwei zusammengesponnenen Samen *(„twin seed")* zu erkennen ist, und die mögliche, äußerlich nicht auffällige Schädigung durch Stiche von Wanzen, insbesondere der kleinen grauen Baumwollwanze.

Zur Abtötung des roten Kapselwurmes wird die Saatdesinfektion, meist durch Wärme, fast überall behördlich vorgeschrieben und kontrolliert. Saatdesinfektion ist aber häufig auch zur Verhütung der Übertragung von Krankheiten notwendig.

Schrifttum

Baumwolle

Janssens, P. E. A, Le coton en Afrique tropicale. Brüssel 1932. 406 S., 59 Abb.

Vayssière, P. und Mimeur, J., Les insectes nuisibles au cotonnier en Afrique Occidentale Française. Larose, Paris 1926. 176 S., 2 farb., 20 schw. Taf.

Willcocks, F. C. und Bahgat, S., Insects and mites injurious to the cotton plant. The insect and related pests of Egypt, Vol. I, Pt. 2 Cairo 1937. 16, 791 S., 14 farb. Taf.

Wittmack, L., Botanik und Kultur der Baumwolle. Technologie der Textilfasern, IV. Bd. 1. T. Berlin 1928. 352 S., 92 Abb.

. . , The cotton growing countries, present and potential. Production, trade, consumption. London 1926.

2. Kapok

Der Kapokbaum ist bei weiter Verbreitung auch in Westafrika einheimisch; in größerem Umfang wird er in Ostafrika angebaut, außerdem in Kenya, Sansibar und im Sudan. Für die Kultur günstig sind eine Höhenlage von unter 450 m und reichliche Regen in der Wachstumszeit, dagegen eine Trockenperiode vom Fruchtansatz bis zur Ernte. Die Kultur ist in Afrika verhältnismäßig frei von ernstlichen Krankheiten und Schädlingen.

Krankheiten, wie Wurzelfäulen, Blattflecke, Zweigsterben, spielen augenscheinlich in Afrika eine so geringe Rolle, daß darüber bisher nichts Bemerkenswertes bekannt wurde.

Von den Schädlingen ist der einzige wichtigere in Ostafrika die gelegentlich auch an Baumwolle vorkommende Schmierlaus *Phenacoccus iceryoides,* die bei starker Vermehrung Blattfall und Zweigdürre hervorrufen kann. Die Helopeltiswanze, *H. bergrothi,* kann in den Saatbeeten Mißbildungen der jungen Pflanzen und erhebliche Wachstumsverzögerung verursachen. Am Laub junger Bäume werden Erdflöhe und andere Käfer zuweilen schädlich. Ein recht auffälliger, schwarz und gelbbraun gefärbter mittelgroßer Bockkäfer, *Diastocera reticulata,* der von wilden Akazien kommt, ringelt jüngere Stämme im oberen Teile, so daß sie abbrechen. Ein anderer Bockkäfer bohrt als Larve in älteren Stämmen und Ästen und verursacht starken Gummifluß, ohne sonst besonders gefährlich zu sein. Dagegen mußte die Kultur auf Mauritius wegen eines holzbohrenden Bockkäfers, *Batocera rubus,* aufgegeben werden. Auch die Raupen eines Holzbohrers (Cossiden) bohren unter der Rinde großer Bäume und können dabei einzelne Äste ringeln.

Zu beachten ist, daß am Kapokbaum zahlreiche Schädlinge der Baumwolle und des Kakaos leben. Rotwanzen sind in den Kapseln häufig, färben aber nicht die Fasern wie bei der Baumwolle. Gleichzeitiger Anbau von Kapok und Baumwolle gilt in Ostafrika nicht als nachteilig, während anderwärts der Kapokanbau wegen der Vermehrung der Rotwanzen aufgegeben wurde, wie auch in Teilen von Westafrika und dem Kongo wegen der Kakaowanze, *Sahlbergella singularis,* geschah. An der Goldküste gehört der Kapokbaum zu den wichtigeren Wirten des Kakaothripses, *Heliothrips rubrocinctus.*

An grünen Kapseln und jungen Trieben werden Fledermäuse, Eichhörnchen u. a. Nager und Affen zuweilen schädlich. Schließlich kommen auf den Kapokbäumen sehr häufig verschiedene, zur Gattung *Loranthus* gehörende Arten von Schmarotzerpflanzen (Misteln) vor, die meist an den obersten Zweigen sitzen und sie zum Absterben bringen. Die befallenen Zweige haut man einige zehn Zentimeter unterhalb der Ansatzstelle des Schmarotzers ab; ältere, stark überwucherte Bäume kann man auch dicht über dem Boden abschlagen und aus einem neuen Schößling nachziehen.

Schrifttum

Kapok

Harris, W. V., Pests and diseases of Kapok. East African Agric. Journ. Bd. 3 (1938), S. 444—445.
..., Kapok· A survey of its production within the empire, with notes on its cultivation and use. Bull. Imp. Inst. Bd. 24 (1926), S. 18—36.

3. *Sisal*

Trotz seiner besonderen Anpassung an trockenes Klima ist der Sisal mit großen Regenmengen verträglich und gedeiht daher in den tropischen Steppen, wo er die nötige Wärme vorfindet. Die schon vor 1900 in Afrika aufgenommene Großkultur hat dort, wie überall, sehr wenig unter Krankheiten und Schädlingen zu leiden. Das einzige wichtigere schädliche Insekt ist der Sisalrüsselkäfer, ein eingeschleppter und seit 1914 in Ostafrika bekannter Schädling, der sich dort bis heute nur sehr wenig verbreitet hat. Unter den Krankheiten ist keine ernstere Pilzkrankheit, während einige nicht immer scharf unterschiedene nichtparasitäre Störungen zuweilen von örtlicher Bedeutung sind.

Der Sisalrüsselkäfer, *Scyphophorus acupunctatus,* ist ein 11 bis 15 mm langer und etwa 8 mm breiter, mattglänzender schwarzer Käfer (Abb. 10).

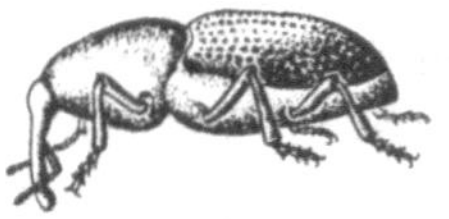

Abb. 10. Sisalrüsselkäfer *(Scyphophorus acupunctatus).* Vergr. Nach *Morstatt.*

Die Eier werden in die weichen Teile der Blätter, besonders des Herztriebes, abgelegt, und die weißlichen Larven bohren dann im Blattgewebe weiter. Dadurch entstehen später in den freistehenden Blättern schwarzumrandete Löcher von etwa 1 cm Durchmesser, wodurch die Fasern verkürzt und durch Verfärbung entwertet werden. Bulbillen und junge Pflanzen können durch den Fraß zum Absterben gebracht werden. Der Käfer ist erst 1914 in Ostafrika beobachtet worden, wo er vermutlich schon längere Zeit unbemerkt vorhanden war; er stammt aus Zentralamerika und Mexiko und ist zweifellos eingeschleppt. Glücklicherweise hat er sich seitdem nur sehr wenig weiterverbreitet und ist nur örtlich in größerem Maße schädlich geworden. Nach neueren Beobachtungen werden sowohl junge Pflanzen als auch alte, abgeblühte Stämme und Stümpfe befallen, weshalb man aufgeschlagene Stümpfe als Fallen verwenden kann; sie müssen dann alle 2 Tage auf Käfer nachgesehen und bald verbrannt werden, damit sie sich nicht zu Brutplätzen entwickeln. Eine besondere Schadform ist das Anstechen der äußeren Herzblätter am Grunde der Blattaußenseite, wodurch eine gesprenkelte Zone toter Epidermis entsteht. *Agave amaniensis* wird nur vereinzelt von dem Käfer befallen, aber dann stark geschädigt. Zur Verhütung der Ausbreitung ist der Versand von Bulbillen und Schößlingen aus der Tangaprovinz ohne besondere Erlaubnis verboten.

Von anderen tierischen Schädlingen sind Schnecken, Heuschrecken, Blattkäfer und Schildläuse früher in Ostafrika gelegentlich beobachtet worden. In Erythrea wurde eine Schildlaus, *Pseudantonina agaves,* schädlich, die sich an den noch geschlossenen und an offenen Blättern festsetzt und die Pflanzen so schwächen kann, daß sie absterben.

Eine überall verbreitete, aber nur selten stärker auftretende pilzliche Blattfleckenkrankheit wird von *Colletotrichum agaves* verursacht. Der Pilz bildet vereinzelte, braun bis schwarz werdende Flecken verschiedener Größe, die oft von der Blattspitze ausgehen; er ist ein Schwächeparasit, der sich auch auf anderen Blattflecken nachträglich einstellt.

Insbesondere in Afrika sind am Sisal mehrfach nichtparasitäre Erkrankungen der Blätter bekannt geworden, die teils als oberflächliche Schäden auftreten, teilweise aber tiefergehende Gewebezerstörungen verursachen und dadurch den Faserertrag herabsetzen. Die Krankheitserscheinungen, die wegen des unregelmäßigen und teilweise kurzfristigen Auftretens noch nicht genügend unterschieden sind, rühren einerseits von klimatischen Einflüssen, andererseits von Nährstoffmangel her.

Wohl die häufigste dieser Krankheiten ist Sonnenbrand, *sun scorch,* erst vereinzelte, dann zusammenlaufende Flecke, die braun bis schwarz werden, einsinken und recht große Flächen an der Unterseite des Blattes einnehmen können. Sonnenbrand tritt an besonders heißen Tagen auf, wenn zugleich die Verdunstung der Blattfläche gehemmt ist, wahrscheinlich morgens und abends bei hoher Luftfeuchtigkeit.

Als besonderer Fall von Sonnenbrand anzusehen ist eine in Ostafrika aufgetretene Erscheinung, bei der die noch aufrechten Blätter um das Herz herum plötzlich in ihrem oberen Teile weiß geworden waren und dieser sich später allmählich dunkel färbte und abstarb. Die Erkrankung trat bei sehr dichten Bodennebeln auf und ist wie die vorige als Hitzeschädigung zu erklären, die bei unvermitteltem Einsetzen zur Loslösung der Blattoberhaut geführt hat.

Ebenfalls besser charakterisiert scheint noch eine Krankheit zu sein, bei der die schmale Zone des Blattgrundes sich violettbraun bis dunkel verfärbt und allmählich einschrumpft, worauf das Blatt umkippt *(banding disease).* Sie kommt auf wasserstauenden und auf nährstoffarmen Böden vor und ist zweifellos eine Ernährungsstörung, die durch geeignete Kulturmaßnahmen (Drainage und Phosphatdüngung) zu behandeln ist.

Das Entstehen von großen gelben Flecken mit rotem Rande, auf denen sich die Punktflecke von *Colletotrichum agaves* einstellen, wird von *Staner* als Folge von Kalimangel erklärt. Eine andere, in größerem Umfange im Kongogebiet aufgetretene Mangelkrankheit zeigte sich im Erscheinen farbloser bis gelblicher Flecken und weiterhin größerer, braunvioletter abgestorbener und eingesunkener Stellen bis zum Schrumpfen ganzer Teile des Blattes. Nach der Untersuchung lag hauptsächlich Phosphorsäuremangel vor. Auch in Ostafrika ist eine ähnliche Krankheit umfangreich aufgetreten und durch Phosphormangel erklärt worden. Sie wurde als ein Zurückgehen der Bestände nach einigen Jahren der Gesundheit ohne nähere Angabe der Symptome beschrieben. Eine Chlorose, die als Marmorierung auftritt und besonders in durchscheinendem Licht sichtbar wird, kann in der Trockenzeit auftreten und verschwindet wieder mit Einsetzen des Regens. Sie rührt von kurzfristigem intensivem Wassermangel auf durchlässigen Sandböden her.

Allgemein kann bei diesen vielfachen Krankheitserscheinungen, deren Symptome oft nicht eindeutig sind, unterschieden werden, daß die durch Sonnenbrand verursachten Schäden plötzlich einsetzen und nur vorübergehend auftreten, während die Nährstoffmangelerscheinungen allmählich einsetzen und mit der Zeit immer mehr zunehmen.

Eine Viruskrankheit, bei der gelbe, an den Rändern rötliche Flecken entstehen und bei der die Fasern unbrauchbar werden, wird vom unteren Kongo gemeldet. Eine Bestätigung liegt nicht vor, und da zugleich Unfruchtbarkeit des Bodens als Vorbedingung angegeben wird, handelt es sich vielleicht nur um eine der oben erwähnten Mangelkrankheiten.

Schrifttum

Sisal

Tobler, F., Sisal und andere Agavefasern. Wohltmann-Bücher, Band 10. Berlin-Charlottenburg u. Leipzig 1931. 104 S., 44 Abb.

II. SCHÄDLINGE DER ÖL UND FETT LIEFERNDEN PFLANZEN

1. *Ölpalme*

Die ursprüngliche Verbreitung der Ölpalme erstreckt sich in Äquatornähe von Westafrika bis zu den großen Seen. Da sie dort im Galeriewald und am Rande der Regenwälder gedeiht, beansprucht sie ein feuchtes Tropenklima mit hoher Bodenfeuchtigkeit, viel Licht und freien Standort. Die Kultur ist erst seit Anfang des Jahrhunderts von der Wildnutzung bzw. der Halbkultur der Eingeborenen zum Plantagenbau übergegangen und hat ihre größte Ausdehnung auf Sumatra und in Malaya erlangt, ist aber auch im Ursprungsgebiet allgemein in der Ausdehnung begriffen. Daß bis vor kurzem — und mit anderen Kulturen verglichen auch heute noch — die Krankheiten und Schädlinge eine geringe Rolle spielen, hat seinen Grund darin, daß die Eingeborenenkulturen in dieser Hinsicht zu wenig beachtet wurden und daß andererseits der Großanbau offenbar in klimatisch gut geeignete Gegenden fiel. Mit der Ausdehnung und Intensivierung der Kultur sind auch die Krankheiten und Schädlinge besser bekannt geworden. Sie sind vielfach dieselben, unter denen auch die Kokospalme leidet, treten aber an der Ölpalme durchweg schwächer auf. Lehrreich ist ihr allmähliches Einsetzen bei neuen Kulturen, worüber insbesondere aus Belgisch-Kongo gute Beobachtungen vorliegen (*Ghesquière*, 1935, u. a.); es zeigt, welche Schäden in afrikanischen Neuanlagen zu erwarten sind und wie sehr von Anfang an zur Gesunderhaltung der Pflanzungen wie zur Beurteilung der Eignung des Standortes auf sie geachtet werden muß.

Dem feuchten Standort entsprechend, kommen hauptsächlich Stamm- und Wurzelfäulen vor; außerdem spielen Beschädigungen der Blätter eine große Rolle. Wichtig, aber weniger häufig als bei der Kokospalme sind die Herzfäule und die Beschädigungen der zentralen Krone und der Stammspitze durch Nashornkäfer und Palmrüßler. Vielfach treten auch Schäden durch Säugetiere, insbesondere Ratten, welche die rauhen Stämme leicht erklettern können, auf. Auch einige nichtparasitäre Krankheiten, durch ungünstige Bodenverhältnisse bedingte Chlorosen, sind beobachtet worden. Die Bedeutung der Bodenbedeckung für die Fruchtbarkeit und gleichzeitig für die Niederhaltung der Schädlinge ist dagegen durch praktische Erfahrung (in Sumatra) erwiesen.

a. Wurzel- und Stammfäulen

Als Erreger sind bisher in Afrika zwei nahe verwandte Pilze bekannt, die nicht mit den Wurzelpilzen der tropischen Laubbäume identisch sind:

Polyporus (Ganoderma, Fomes) lucidus (G. tumidum), auf der ganzen Welt verbreitet, in den Tropen häufig an Palmen, z. B. in Kamerun und in Belgisch-Kongo;

Polyporus (Ganoderma, Fomes) applanatus, ebensoweit verbreitet, von der Ölpalme z. B. aus São Thomé, Belgisch- und Portugiesisch-Kongo bekannt.

Die Pilze greifen gewöhnlich nur erwachsene Palmen an, können aber auch junge abtöten. Die Blattwedel werden gelb, biegen sich herab und vertrocknen, ebenso werden auch die noch nicht entfalteten Blätter gelb und knicken ab, worauf die Palme ziemlich rasch abstirbt. Die konsolenförmigen Fruchtkörper erscheinen dicht am Boden oder am untersten Teile des Stammes (Abb. 11).

Abb. 11. Fruchtkörper von *Polyporus applanatus* am Stammgrund einer Ölpalme. Nach *Navel.*

Die Pilze sind Wundparasiten und greifen wohl nur irgendwie geschwächte Palmen an. So wird eine neuere stärkere Zunahme der Stammfäule in Westafrika auf den Anbau an ungünstigen Standorten zurückgeführt. Man empfiehlt als Maßnahme dagegen das Anhäufeln mit Kompost, so daß alle Wurzeln bedeckt sind, das Abschneiden der Blätter erst dann, wenn sie zu vergilben beginnen, und das Entfernen altersschwacher Palmen. An leicht erkrankten Pflanzen kann man die Befallsstellen mit dem Buschmesser bis auf das gesunde Holz aushauen und die Wunden mit Holzfeuer auskohlen, worauf der Stamm um die Wunde mit Erde behäufelt wird.

b. Beschädigungen der Blätter

Die bekannte Blattfleckenkrankheit der Kokospalmen, *Pestalozzia palmarum,* deren Flecke durch dunkelbraune Färbung und gelbe Umrandung kenntlich sind, befällt auch die Ölpalme; sie wird aber für Afrika bisher nur in Belgisch-Kongo erwähnt. Verschiedene Blattflecke durch andere Pilze und die parasitische Alge *Cephaleuros virescens* sind ebenfalls aus Belgisch-Kongo beschrieben worden.

Wichtiger sind die tierischen Blattschädlinge. Neben blattfressenden Raupen sind insbesondere Käfer in verschiedener Weise schädlich, so z. B. ein Käfer von der Goldküste, *Coelaenomenodera elaeidis* (Hispide), dessen Larven hauptsächlich an jüngeren Palmen in den Blättern minieren. Abschneiden und Verbrennen der etwas älteren Blätter soll den Schaden eindämmen. In Französisch-Westafrika und Kamerun kommt ein Cetoniine vor, *Platygenia barbata,* der seine Eier an den Blattstielen ablegt, in die sich die Larven dann einbohren. Die befallenen Blätter sterben gewöhnlich ab und werden vom Winde leicht abgebrochen. Gefährlicher ist der Fraß, wenn er bis in das Herz der Palmen eindringt und sie zum Absterben bringt.

Ein weiterer Blattschädling ist die Kokospalmenschildlaus, *Aspidiotus destructor,* die auch die Früchte befällt; sie ist an der Ölpalme kaum von Bedeutung, kann aber vielleicht mit der Zeit schädlich werden. Weitere Schildläuse, *Aspidiotus lataniae, Hemichionaspis marchali* und *Pseudococcus brevipes,* befallen hauptsächlich die Fruchtstände.

c. Beschädigungen der Stammkrone

Verbreiteter und wichtiger als der vorhergehende Schädling sind die Nashornkäfer, bekannte Kokosschädlinge, von denen in Westafrika *Oryctes boas, O. monoceros, O. owariensis* und *Archon centaurus* allgemein vorkommen. Die etwa 3,5 bis 5 cm langen, dunkelbraunen Käfer fressen sich in die jungen Blattknospen ein und leben von deren Saft. Die starke Verstümmelung der Blätter hat Wachstumsstockungen und Ertragsminderung zur Folge; in seltenen Fällen geht der Fraß bei der Ölpalme bis ins Herz, so daß er zum Absterben durch Vertrocknen oder durch Herzfäule führt. Schäden durch Nashornkäfer kommen z. B. in Belgisch-Kongo vor; man kann ihnen vorbeugen, wenn man die Brutgelegenheiten der Käfer in verrottenden Palmstämmen und Pflanzenabfällen beseitigt. Über die mit erheblichen Kosten verbundene Vernichtung abgestorbener Palmen ist im „Tropenpflanzer“ (1928, S. 117) berichtet worden. Im übrigen ist die Bekämpfung in Westafrika dadurch sehr erleichtert, daß die Eingeborenen die Engerlinge der Nashornkäfer begierig sammeln und verzehren.

Als Stammschädling ist der Palmrüßler, *Rhynchophorus phoenicis,* zu nennen. Der etwa 4,5 cm lange, braunrote Rüsselkäfer legt seine Eier in Verletzungen oder selbstgenagte Vertiefungen des Stammes, in den sich die Larven einbohren. Wenn ihre Gänge sich im oberen Teile des Stammes befinden, erreichen sie oft das Herz der Palme und bringen sie dadurch zum Absterben. Der Käfer ist überall im Palmengebiet verbreitet und wird mehrfach als recht schädlich beschrieben. Man kann die Käfer absammeln lassen oder die Larven in den Gängen töten; stark befallene und abgestorbene Palmen müssen, wie bei dem Kampf gegen Nashornkäfer, rasch beseitigt werden.

Außer dem Palmrüßler sind noch mehrere verwandte Arten *(Rhina, Temnoschoita)* in ähnlicher Weise schädlich.

In jungen Pflanzungen, seltener in alten, ist in Belgisch-Kongo noch eine Bohrraupe, *Pimelephila ghesquierei,* in den Kronen sehr schädlich. Sie befällt das Herz, wodurch die ganze Palme abstirbt. Sie soll besonders bei zu starker Beschattung auftreten, dagegen in gut durchlüfteten und hellen Pflanzungen, also bei auch sonst günstigem Standort, weniger vorkommen. Zur Bekämpfung kann man Raupen und Puppen absammeln lassen.

Ähnlich tritt auch eine Fliege, *Hermetia pennicornis,* eine Stratiomyide, in Belgisch-Kongo auf. Die Fliege ist 18 mm lang, Kopf und Brust sind schwarz, Hinterleib orange, Flügel rauchfarben. Die Larven leben in den männlichen und weiblichen Blüten und können bis in das Herz eindringen, so daß Herzfäule die Folge ist.

Die H e r z f ä u l e, *bud rot.* Die schwerste Krankheit der Palmen ist ohne Zweifel die Herzfäule, die stets zum Absterben des ganzen Stammes führt, da, von Ausnahmen abgesehen, nur eine Vegetationsspitze vorhanden ist. Sie wird bei der Kokospalme näher zu schildern sein, ist aber auch an der Ölpalme verbreitet, jedoch nicht so häufig und daher nicht so gefährlich. Es gibt zwei Arten von Herzfäule, die ähnlich verlaufen, eine durch einen Pilz, *Phytophthora palmivora,* und eine durch Bakterien der *coli*-Gruppe verursachte. Man kann wohl annehmen, daß die pilzliche Herzfäule durch Insekten usw. übertragen und durch nasses Wetter besonders begünstigt wird, während die bakterielle Fäule mehr eine Folge starker und tiefgehender Verwundungen, hauptsächlich durch Nashornkäfer und Palmrüßler, ist. Die letztere ist an ihrem jauchigen Geruch kenntlich und stellt sich in allen Fällen, in denen stehende Palmen absterben, im späteren Verlauf ein. Sie kann daher auch, wo sie ganze Bestände befällt, ein Anzeichen eines ungeeigneten Standortes, insbesondere schlechten Untergrundes, sein. Das Bespritzen mit Kupferkalkbrühe kann ein gewisser Schutz gegen die Ausbreitung besonders der pilzlichen Herzfäule sein; wichtiger ist aber die sofortige Ausrottung aller erkrankten Palmen.

d. Krankheiten der Früchte

Eine Art von Steinfrüchtigkeit ist aus Kamerun bekannt geworden. Die Einzelfrüchte werden dabei hart und vertrocknen, ehe sie zur Reife kommen, so daß sie sich nur schwer ablösen lassen und sehr minderwertig sind. Es scheint sich eher um eine Wachstumsstörung als um eine Pilzkrankheit zu handeln. Nach anderwärts gemachten Beobachtungen dürfte gründliches Hacken und Entfernen des Unkrautes zur besseren Durchlüftung des Bodens zweckmäßig sein.

Tierische Schädlinge der Früchte, wie der Rüsselkäfer *Sphenophorus quadrimaculatus* und der Borkenkäfer *Coccotrypes congonus*, sind nur vereinzelt von Bedeutung.

e. Nichtparasitäre Krankheiten

Verschiedene Formen von Chlorose, die durch ungeeignete Bodenverhältnisse verursachte Ernährungsstörungen sind, treten in jüngeren Anpflanzungen auf. Bei der nekrotischen Chlorose werden die Blätter gelbgrün bis orangegelb, später kommen durch Pilze verursachte schwarze Blattflecke hinzu, und schließlich tritt Wurzelfäule ein. Die Krankheit erscheint im allgemeinen im Alter von 3 Jahren und ist primär eine Wurzelschädigung auf undurchlässigen Böden. Die runzlige Chlorose weist große gelbe Blattflecke auf, die braun werden und absterben, und führt zur Vertrocknung der Palme. Sie ist durch Nährstoffmangel herbeigeführt und durch basische Phosphate mit Borzusatz zu behandeln. Die maserige Chlorose, zitronengelbe, unregelmäßig begrenzte Flecke, die später durch Hinzukommen von Schwächeparasiten braun werden, rührt von Magnesiummangel her und kann durch Düngung mit Kalkmagnesia, Magnesiumchlorid oder -sulfat behandelt werden.

Schrifttum

Ölpalme

Fickendey, E. und Blommendael, H. N., Ölpalme. Wohltmann-Bücher, Band 7, Hamburg u. Leipzig 1929. 211 S., 20 Abb.

Ghesquière, J., Rapport préliminaire sur l'état sanitaire de quelques palmeraies de la province de Coquilhatville. Publ. Inst. Nat. Etude Agron. Congo Belge Sér. Scient. Nr. 3 (1935), 40 S.

2. *Kokospalme*

Die Kokospalme, die typische Meeresstrandpflanze der Tropen, geht doch gelegentlich weit ins Binnenland und bis in mittlere Höhenlagen. In Afrika ist sie auf den engeren Tropengürtel beschränkt, wo die Kulturgebiete an der Ostküste und den vorgelagerten Inseln, im Kongogebiet und neuerdings mehr auch in Westafrika liegen. Ihre Klimaansprüche werden am besten vom Seestrand abgeleitet; sie braucht viel Feuchtigkeit, Wärme und Licht und ist mit viel Wind verträglich; nur trockene Winde schaden ihr, besonders im Jugendstadium. Sie braucht einen durchlässigen und wohl auch sehr tiefgründigen Boden. Lehm- und Tonböden sind wenig für sie geeignet.

Von den recht zahlreichen Krankheiten und Schädlingen sind die wichtigsten auch in Afrika verbreitet, wenn auch die Kultur dort auf geeigneten Standorten im ganzen wenig gefährdet ist. Eigentliche Wurzelerkrankungen scheinen zu fehlen. An den Blättern sind die Blattfleckenkrankheit der Kokospalmen und die Kokospalmenschildlaus verbreitet, aber in der Regel von geringer Bedeutung; häufiger und gefährlicher sind die Beschädigungen durch die Nashornkäfer, die sehr großen Umfang annehmen können. Der Fraß der Nashornkäfer ist zugleich eine der Ursachen der wichtigsten und stets tödlichen Krankheit, der Herzfäule. Am oberen Teil des Stammes können Rüsselkäfer, besonders die afrikanische Art der Palmrüßler, sehr gefährlich werden. Als Schädlinge der Früchte sind Affen und Ratten zu nennen; außerdem treten lokal zwei noch wenig geklärte Erscheinungen, Nußfall und Einschnürungskrankheit der Nüsse, auf.

Beschreibungen der Krankheiten und Schädlinge finden sich in den älteren und neueren Handbüchern der Kultur, während eine bis 1914 reichende ausführliche Zusammenstellung von *Morstatt* (1920) veröffentlicht worden ist. Seitdem ist viel darüber gearbeitet worden, doch liegt im besonderen aus Afrika nur eine kleine Zahl von Arbeiten vor.

a. Beschädigungen der Blätter

Die Blattfleckenkrankheit der Kokospalme *(gray spot)* bildet auf den Blattfiedern rundliche, später längliche Flecke von 1 bis 10 oder mehr Millimeter Länge, die anfangs bräunlich mit dunkelbraunem, außen gelbem Rand gefärbt sind, später in der Mitte dunkler und nach Ausbleichen an der Sonne grau werden. Der Erreger ist ein überall verbreiteter Pilz, *Pestalozzia palmarum,* ein Schwächeparasit, der nur durch Verletzungen eindringen kann.

Die Krankheit tritt nur gelegentlich stärker auf, wenn die Palmen schlecht ernährt sind, und kann besonders auf Saatbeeten schädlich werden. Zur Bekämpfung wird empfohlen, befallene Blätter abzuschneiden und zu verbrennen und die Pflanzen alle 14 Tage mit zweiprozentiger Kupferkalkbrühe zu spritzen. Kräftige Palmen werden nicht ernstlich geschädigt; daher ist Düngung mit Kali oder besonderen Kokosdüngern und gründliche Bodenbearbeitung und Entfernung des Unterwuchses zweckmäßig.

Die Kokospalmenschildlaus, *Aspidiotus destructor,* ist die verbreitetste und schädlichste der zahlreichen an Kokos vorkommenden Schildläuse. Ihre Schilde sind ursprünglich weiß und bilden in dichter Masse bräunlichgelbe Krusten, hauptsächlich an der Unterseite der Blätter. Diese werden bei stärkerem Befall gelb und vertrocknen dann, woran schließlich die ganze Palme eingehen kann. Im allgemeinen tritt die Schildlaus, wahrscheinlich witterungsbedingt, nur für kürzere oder längere Zeit stärker auf, um dann wieder nachzulassen. Empfohlen wird, die befallenen Blätter zweimal im Jahre abzuhauen und zu verbrennen, was in Dahome früher (im März und September) behördlich vorgeschrieben wurde. Junge Palmen kann man auch mit Petroleumemulsion oder Schwefelkalkbrühe spritzen. In Fidschi ist ein großer Erfolg in der Bekämpfung der Laus durch Einführung eines Raubkäfers, *Cryptognatha nodiceps,* erzielt worden.

Auf den Seychellen sind 9 andere Schildlausarten (von über 50) so schädlich, daß sie mit der Zeit Palmen zum Absterben bringen.

Die gefährlichsten Schädlinge der Kokospalme sind die Nashornkäfer, von denen die beiden wichtigsten Arten, *Oryctes monoceros* und *O. boas* (Abb. 12), beide etwa 3,5 bis 5 cm lang und kastanienbraun, und *O. gigas*

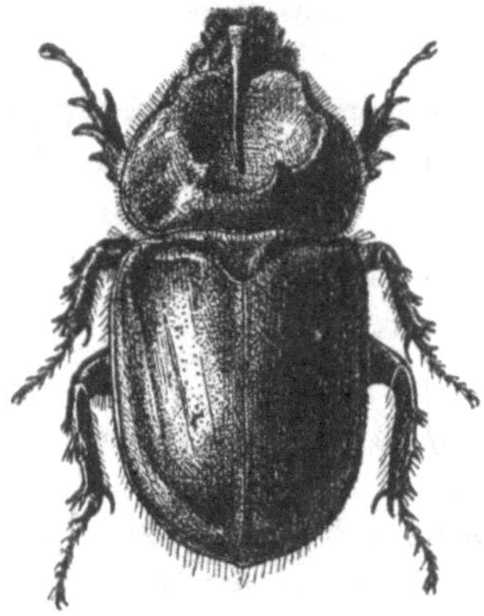

Abb. 12. Nashornkäfer *(Oryctes boas).* Natürl. Größe. Nach *Morstatt.*

in ganz Afrika verbreitet sind, während außerdem in Ostafrika der große *O. cristatus* und *Temnorhynchus sansibaricus,* in Westafrika *O. owariensis,* auf São Thomé und Principe *O. latecavatus* vorkommen.

Über die Nashornkäfer, deren Lebensweise und Schäden überall gleich sind, liegt eine umfangreiche Literatur vor, wovon die ausführliche Darstellung von *Friederichs* (1919) hier erwähnt sei. Die Käfer fressen lange Gänge in den noch zusammengefalteten Blättern nach unten und ernähren sich vom Saft der weichen Gewebe (Abb. 13). Dadurch stirbt ein Teil der Blüten ab, andere verlieren die Spitzen ihrer Fiedern, oder diese erscheinen in gleichmäßigen Reihen durchlöchert, ein auffälliger und häufiger Anblick in Palmenbeständen. Gefährlich wird der Fraß dann, wenn er bis in die Wachstumsspitze der Palme oder deren Nähe hinuntergeht, weil dann Herzfäule eintritt, der die Palme in kurzer Zeit erliegt. Die Käfer befallen meist junge, bis zu 6 oder 8jährige Palmen; in den Kronen alter Palmen sind sie weniger häufig. Nach Käferfraß absterbende Palmen sind daran kenntlich, daß sie an der kahlgewordenen Seite in ungefährer Höhe des Herzens einen auffälligen Knick zeigen.

Eine wichtige Maßnahme gegen das Überhandnehmen der Käfer ist das

Absammeln der Käfer und der Larven, wofür die Pflanzungen oder die örtliche Verwaltung Stückprämien bezahlen. Ebenso notwendig ist die Beseitigung aller Brutstellen, sowohl von vermoderndem Pflanzenmaterial am Boden

Abb. 13. Nashornkäferfraß an junger Kokospalme.
Nach *Aders.*

wie auch von abgestorbenen kronenlosen Palmstämmen. Letzteres ist bei der Härte der Stämme schwierig und kostspielig; über Einzelheiten ist im „Tropenpflanzer" 1928, S. 117 bis 118, und 1930, S. 79 bis 80, berichtet worden. Eine weitere Methode, die Anlage besonderer Fanghaufen zur Anlockung der Käfer, kommt nur in ganz seltenen Fällen in Frage. Neuerdings ist für Westafrika Auswahl geeigneter Standorte, Resistenzzüchtung und Schutz der Nutzvögel empfohlen worden.

Ein Rüsselkäfer, dessen Larven Gänge in der Innenseite der Blattrippen bohren, *Eugnoristus monachus,* wird aus Madagaskar beschrieben. Da die befallenen Blätter gelb werden und vertrocknen, richtet der Käfer erheblichen

Schaden an. Die Bekämpfung hat durch sofortiges Abhauen und Verbrennen der befallenen Blätter zu geschehen.

b. Beschädigungen des Stammes

Eine ähnliche Rolle wie der Nashornkäfer als Vernichter von Palmen und teilweise Ursache der Herzfäule spielen die Palmrüßler. Die afrikanische Art ist *Rhynchophorus phoenicis,* die auch an anderen Palmen in Ost- und Westafrika verbreitet ist, ein etwa 4,5 cm langer, oberseits matt schwarzbraun

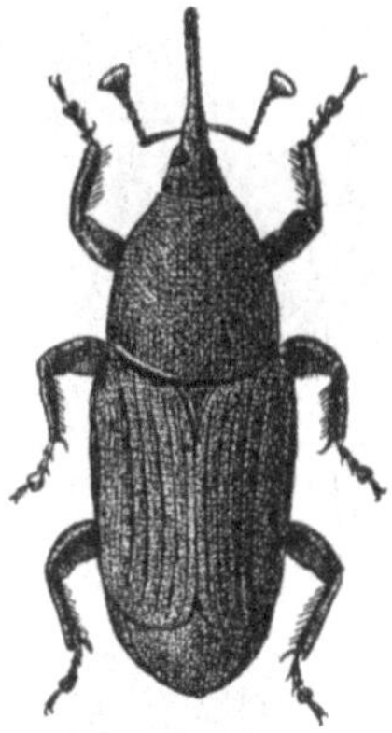

Abb. 14. Palmrüßler (*Rhynchophorus phoenicis*). Natürl. Größe. Nach *Morstatt.*

gefärbter Rüsselkäfer mit drei breiten roten Längsstreifen auf dem Rücken (Abb. 14). Der Käfer benagt den Stamm dicht unter der Krone; die Larven bohren sich ein und fressen Gänge nach oben. Unmittelbar durch diesen Fraß der zahlreichen Larven oder, wenn auch seltener, durch hinzukommende Herzfäule sterben die befallenen Palmen von innen her ab.

Die Bekämpfung geschieht auch hier durch Absammeln der Käfer, die man mit gärenden Flüssigkeiten ködern kann, und baldiges Vernichten der toten Palmen. Die Larven kann man ausschneiden oder durch Draht, auch durch Schwefelkohlenstoff, in den Gängen töten, soweit sie erreichbar sind und nicht zu tief in den Stamm gehen.

Ein verwandter Rüsselkäfer, der schlanker gebaut, schwarz gefärbt und sehr verschieden groß (10 bis 50 mm) ist, *Rhina amplicollis,* ist von Portugiesisch- und Deutsch-Ostafrika beschrieben worden. Die Larven bohren größere Gänge und dringen in der ganzen Länge des Stammes, nicht nur unter der Krone, ein. Eine zweite Art dieser sonst westindischen Gattung, *Rhina nigra,* findet sich in Madagaskar und auf den Seychellen.

Mit Nashornkäfern und Palmrüßlern zusammen kommt in Ostafrika auch ein grüner, 25 mm langer Cetoniine (Rosenkäfer) als Larve in den Gängen vor, der aber nicht selbständig schädlich zu sein scheint.

Die Herzfäule, *bud rot,* ist eine überall verbreitete und zugleich die wichtigste Krankheit der Kokospalme, weil diese durch die Zerstörung der zentralen und einzigen Wachstumsspitze unvermeidlich abstirbt (Abb. 15). Man hat hierbei eigentlich zwei verschiedene Krankheiten, die durch ein Bakterium der *coli*-Gruppe verursachte bakterielle Herzfäule und die pilzliche Herzfäule, deren Erreger *Phytophthora palmivora* ist, zu unterscheiden. Die bakterielle Herzfäule (typische Herzfäule) ist dadurch gekennzeichnet, daß zuerst die zentralen unentfalteten Blätter welken und umknicken und sich, selbst wenn sie noch grün sind, leicht herausziehen lassen, weil sie am Grunde abgefault sind. Bald sterben auch die äußeren Blätter ab, und die ganze Krone fällt ab. Durch ihren jauchigen Geruch ist diese Art der Herzfäule sofort von der anderen zu unterscheiden. Die von *Phytophthora palmivora* verursachte Herzfäule beginnt dagegen an den Fiederblättern mit orangegelben Flecken,

Abb. 15. Herzfäule an Kokospalme. (Äußere Blätter entfernt.) Nach *Nowell*

worauf die äußeren Wedel rasch gelb werden und herabhängen; die zentrale Krone vertrocknet oder fault und fällt im Winde ab. Soweit bekannt, kommt in Deutsch- und Portugiesisch-Ostafrika nur die bakterielle Fäule, primär oder sekundär nach Nashornkäferbefall, vor. In Belgisch-Kongo sind beide Arten beobachtet worden.

Die eigentlichen Ursachen der Herzfäule sind nicht klar zu übersehen und wohl auch verschieden. Die pilzliche soll besonders an feucht stehenden Palmen vorkommen; daher wird Drainage zur Bekämpfung vorgeschlagen. Die bakterielle Fäule scheint hauptsächlich auf Böden mit undurchlässigem Untergrund verbreitet zu sein, nach anderer Angabe wird Nitritvergiftung des Bodens vermutet; im übrigen sind erhebliche Schwankungen des Auftretens beider Fäulen in einzelnen Jahren und Gegenden beobachtet. Gegen die Ausbreitung der Herzfäule ist das Abschlagen und Verbrennen der Palmen, sobald die Krankheit erkannt ist, unbedingt durchzuführen. Spritzungen mit Kupferkalkbrühe (1 prozentig), besonders an jungen Palmen und gegen die pilzliche Herzfäule, sind ebenfalls empfohlen worden.

In Westafrika (und auf den Seychellen) kommt zuweilen, oft an eingeführten Sorten, die Stammblutungskrankheit, verursacht von dem Pilz *Thielaviopsis paradoxa*, vor. In etwa 1½ m Höhe erscheint am Stamm ein brauner, später schwarz werdender Ausfluß, der von einer Zersetzung der Gewebe im Innern herrührt. Die Krankheit, die in späteren Stadien den Baum zum Absterben bringt, kann zu Anfang ihres Verlaufes noch mit Erfolg behandelt werden, indem man die befallenen Stellen ausschneidet, mit einer Fackel ausbrennt und dann mit Steinkohlenteer ausstreicht.

c. Sonstige Schädlinge

Von weiteren Schädlingen sind noch in den Saatbeeten Termiten, an den Nüssen Affen, Ratten und Eichhörnchen, an den Blättern die Webervögel, die aber jeweils nur eine einzelne Palme besiedeln und ihrer Blattfiedern berauben, zu erwähnen. Über Kahlfraß durch Wanderheuschrecken liegen Berichte aus Ostafrika und Madagaskar vor.

d. Nichtparasitäre Krankheiten

Abfallen der ganz jungen oder unreifen Nüsse ist eine Erscheinung, über die mehrfach Berichte vorliegen. Die Ursache ist meist nicht leicht festzustellen; sie kann in Bodenverhältnissen, die eine ungenügende Ernährung der Palme zur Folge haben, oder in vorübergehender Trockenheit, die die Erträge stark herabsetzt, begründet sein. Schwere Erkrankungen der Krone, wie besonders die Herzfäule, sind ebenfalls vom Abfallen der Nüsse begleitet.

Das Abfallen der Nüsse, zugleich mit Gummose (Gummiausscheidung an Rissen der Fruchtschale) und mit Ausbleiben des Blüten- und Fruchtansatzes verbunden, war im letzten Jahrzehnt auf Sansibar und Pemba und an der gegenüberliegenden Küste stark aufgetreten. Da nur Ernährungsstörungen als Ursache in Frage zu kommen schienen, wurden Düngungsversuche eingeleitet, über deren Ergebnis aber kein Bericht vorliegt.

Wahrscheinlich um dieselbe Krankheit handelt es sich bei der sog. Einschnürungskrankheit (arab. *katshuru*), die an der deutsch-ostafrikanischen Küste und auf Mafia 1928 und später sehr stark auftrat (nach unveröffentlichten Berichten). Dabei kommt außer dem Nußfall eine ringförmige Einschnürung der Nüsse, die an den nahezu ausgewachsenen besonders auffällig ist, vor. Auch hierbei tritt eine geringe Gummibildung an der Einschnürung, wo die Rinde stark zerrissen ist, auf. Man kann auch hier nur ungenügende Ernährung annehmen, da z. B. eine Pilzinfektion nicht nachgewiesen werden konnte. Trockenheit in Verbindung mit Nährstoffarmut des Bodens kann die eigentliche Ursache sein, da die Palmen auf Alluvialböden mit reichlicher Untergrundfeuchtigkeit gesund bleiben.

Schrifttum

Kokospalme

Friederichs, K., Studien über Nashornkäfer als Schädlinge der Kokospalme. Monogr. z. angew. Entomol. Nr. 4, Berlin 1919. 116 S. mit 53 Abb. auf 20 Taf. u. 1 Karte.
Hunger, F. W. T., Kokospalme Wohltmann-Bücher, Band 6. Hamburg u. Leipzig 1929. 130 S., 30 Abb.
Morstatt, H., Die Schädlinge und Krankheiten der Kokospalme. Arb. Biol. Reichsanstalt Bd. 10 (1921), S. 195—242, 15 Abb.

3. *Ölbaum*

Der Ölbaum hat, wie manche alte Kulturen in ihrer Heimat, nur wenige ernstere Krankheiten und Schädlinge. Größere Bedeutung haben eigentlich nur zwei Fruchtschädlinge, die Olivenfliege und die Olivenmotte, aber auch diese treten nur in manchen Gegenden und Jahren stark auf. Die Untersuchung der Schädlinge ist vorwiegend im europäischen Teil des mediterranen Verbreitungsgebietes erfolgt und geschieht neuerdings auch in Kalifornien, wo aber vielfach abweichende Verhältnisse vorliegen. Eine recht umfangreiche Literatur liegt über die Olivenfliege vor, mit deren Bekämpfung sich schon Kongresse der beteiligten Länder befaßt haben. Die Insektenschädlinge sind von *Balachowsky* und *Mesnil* zusammenfassend beschrieben; ein kleines Buch über die Krankheiten hat *Petri* (1937) bearbeitet.

Schäden am Stamm. Als Tuberkelkrankheit oder Tuberkulose des Ölbaumes, *olive knot, gale, rogna,* sind schon lange die unregelmäßigen kugeligen Anschwellungen bekannt, die hauptsächlich an den Zweigen, aber auch am Stamm und an den Wurzeln auftreten. Sie verholzen und trocknen früh ab und verursachen ein baldiges Absterben der Zweige. Der Erreger der Krankheit ist *Bacterium (Pseudomonas) savastanoi (B. oleae),* das durch Verletzungen und vielleicht auch an den Blattnarben eindringt; sie ist überall mit dem Ölbaum, in Afrika z. B. in Algerien und Tunesien, verbreitet. Gegenmaßnahmen sind u. a. Verwendung von Reisern oder Knospen von nur gesunden Bäumen, Entfernung und Verbrennung befallener Zweige und Desinfektion der zum Beschneiden verwendeten Geräte nach jedem Gebrauch.

Ein Borkenkäfer, *Phloeotribus scarabaeoides,* der in Südfrankreich als *neiroun* bekannt ist, ist in Nordafrika, besonders in Algerien, ein ernster Schädling in jungen Pflanzungen. Er ist etwa 2 mm lang, schwarzbraun und fein grau behaart und macht ausgedehnte Fraßgänge zwischen Rinde und Holz. Da der Käfer ganz gesunde Bäume und fruchttragende Äste befällt, ist seine Schädlichkeit sehr groß und oft die einzige Ursache schlechten Ertrages der Ölbaumgärten.

Im Innern der Stämme machen die holzbohrenden Raupen des Blausiebes *Zeuzera pirina, leopard moth,* weite Gänge. Sie kommen auch in Nord- und Südafrika vor und sollen teilweise sehr gefährlich werden. Man kann die Raupen in den Gängen mit einem eingeführten weichen Draht oder durch Einschütten einiger weniger Kristalle von Paradichlorbenzol und Verschließen mit Lehm töten.

In Tunesien sind große Stammwunden, wahrscheinlich von einer Polyporee verursacht, allgemein verbreitet, aber wenig beachtet und daher in ihrer Bedeutung nicht genügend gewürdigt.

Schäden an Blättern und Zweigen. Ein gefährlicher Parasit auf den Blättern ist ein Schwärzepilz, *Cycloconium oleaginum,* der auch in Nordafrika allgemein verbreitet ist. Während der Rußtau die ganzen Blätter und Zweige gleichmäßig überzieht, bildet dieser Pilz einzelne rundliche oder zusammenfließende, schwärzliche Flecke und dringt in das Blattgewebe ein. Bei zeitigem Befall im Frühjahr können die Bäume schon im Sommer völlig entlaubt werden; auch jüngere Zweige und Früchte werden befallen. Die Krankheit verläuft teilweise ziemlich harmlos, kann aber auch den Ölertrag stark vermindern. Die Bekämpfung geschieht durch Spritzen mit einprozentiger Kupferkalkbrühe oder Bestäuben mit Caffaropulver.

In manchen Ländern ist der Ölbaumthrips, *Liothrips (Phloeothrips) oleae,* der die Blätter deformiert, ein wichtiger Schädling. Er ist auch in Nordafrika verbreitet, aber durchweg kaum schädlich, so daß dort eine Bekämpfung, die durch Blausäureräucherung oder Bespritzen mit Schwefelkalkbrühe möglich ist, nicht notwendig wird.

In ähnlicher Weise ist auch der Ölbaumfloh, *Euphyllura olivina,* ein 2 bis 2,5 mm lang werdender, grau oder hellbraun gefärbter Blattfloh, allgemein verbreitet und in Nordafrika nur ausnahmsweise schädlich. Die Larven zerstechen besonders die Blütenknospen und Blütenstiele, auch hier werden die befallenen Triebe stark mit Rußtau überzogen. Die Bekämpfung ist leicht mit Nikotinseifenlösung (500 u. 300 g auf 1 hl) durchzuführen.

Auf Nordafrika beschränkt ist ein besonders in Algerien und Marokko schädlicher Meloide, *Zonabris oleae, mylabre de l'olivier.* Der 2,5 bis 3 cm lange Käfer ist schwarz gefärbt mit schwarz und rot gebänderten Flügeldecken. Er frißt junge Triebe und Blätter und erscheint im Frühjahr in solchen Mengen, daß er ernstliche Schäden anrichtet. Man kann die Käfer bei besonders starkem Auftreten durch Spritzungen mit Arsenmitteln vergiften. — Ähnliche Schäden macht auch ein 7 bis 8 mm langer schwarzbrauner Rüsselkäfer, *Otiorrhynchus cribricollis,* in Nordafrika.

Schildläuse. Die in warmen Ländern so vielfach, z. B. an Citrusarten, schädliche schwarze Schildlaus, *Saissetia (Lecanium) oleae, black scale,* ist am Ölbaum allgemein verbreitet und zugleich die wichtigste Schildlausart. Die länglichen, stark gewölbten, dunkelbraun bis schwarz gefärbten Läuse werden 3 bis 4 mm lang und 2 bis 3 mm breit und sitzen an den Zweigen, während die Larven ihre erste Entwicklung an der Unterseite der Blätter, entlang den Nerven, durchmachen. Die Schädlichkeit der Schildläuse wird durch das Hinzukommen der Rußtaupilze, die sich auf ihren Ausscheidungen entwickeln, noch sehr verstärkt. Während sie sonst kaum merklichen Schaden anrichten, wachsen sie auf dem Ölbaum so stark, daß Triebe und Blätter gelb und braun werden und dann vertrocknen. Die Bekämpfung kann sich lediglich gegen die

Schildläuse richten. Man kann, was aber selten geschieht, im Winter wie bei den Citrusbäumen mit Blausäure räuchern, da nur dann die empfindlichen Larven vorhanden sind. Im übrigen verwendet man mit Erfolg Bespritzungen mit Emulsionen von Mineralöl oder Pflanzenölen. — Einige andere Schildläuse, die ebenfalls am Ölbaum vorkommen, sind von geringerer Bedeutung.

Schäden an den Früchten. Der wichtigste Schädling des Ölbaumes ist die Olivenfliege, *Dacus oleae, mosca della oliva,* eine nur etwa 4 bis 5 mm lange, dunkelgefärbte Fruchtfliege, die ihre Eier in junge Früchte ablegt. Infolge des Madenfraßes im Innern vertrocknen oder faulen die Früchte und fallen ab. Die Verpuppung geschieht im Sommer in der Erde, dagegen für die Überwinterung meist in den befallenen Früchten. Die Fliege ist im Mittelmeergebiet (und in Südafrika an *Olea chrysophylla)* verbreitet; in Nordafrika sind ihre Schäden anscheinend im Durchschnitt geringer als z. B. in Italien, wechseln aber sehr in den einzelnen Jahren. Von den Bekämpfungsverfahren ist eines der älteren, das Absammeln und Vernichten der befallenen Oliven, in Tunesien behördlich vorgeschrieben. Die neuere Bekämpfung, die auf der Anwendung von Arsenködermitteln beruht, ist in Italien ausgearbeitet und wird dort durch Zwangsgenossenschaften, Consorci obligatori antidachici, durchgeführt. Von verschiedenen Methoden ist die von *Berlese* die wichtigste, bei der der Köder unmittelbar in die Bäume gespritzt wird. Der Köder besteht aus 2 Teilen Natriumarsenit, 88 Teilen Zuckerrübenmelasse und 9 Teilen Wasser und wird vor Gebrauch mit der zehnfachen Menge Wasser verdünnt (Verbrauch 300 g je Baum). Die langjährigen Untersuchungen über biologische Bekämpfung durch Schlupfwespen haben bisher zu keinem praktischen Ergebnis geführt.

Die Olivenmotte, *Prays oleellus,* ist ein Kleinschmetterling von nur 11 bis 13 mm Spannweite mit fein gefransten grauen, hellbraun gefleckten Vorder- und hellgrauen Hinterflügeln. Ihr Verbreitungsgebiet schließt ganz Nordafrika ein, wo sie besonders in Algerien in einzelnen Jahren große Teile der Ernte vernichtet, sonst aber vielfach harmlos ist. Die Raupen minieren im Winter in den Blättern und machen im Frühjahr einen Schabefraß an beiden Blattseiten. Die nächste Generation spinnt dann Blütenknospen zusammen, die infolgedessen vertrocknen und abfallen oder an den Gespinstfäden hängen bleiben. Die Sommergeneration, die am meisten schädlich ist, befällt die Früchte und zerfrißt die Kerne; die Früchte fallen daher im Juli bis September in großen Mengen ab. Die Raupen der ersten Generation können zugleich mit dem Blattfloh durch Spritzen mit Nikotinseifenlösung vertilgt werden; gegen die dritte Generation spritzt man im Juni und Juli zur Zeit des Mottenfluges mit 1 prozentigem Bleiarsenat. Dieses kann einer Kupferkalkbrühe zugesetzt werden, um zugleich den Schwärzepilz zu bekämpfen.

Schrifttum

Ölbaum

Balachowsky, A. und Mesnil, L., Insectes nuisibles à l'Olivier In· Les insectes nuisibles aux plantes cultivées. Vol. 1. Paris 1935, S. 543—573.

Berlese, (A.), Grundlagen der Olivenfliegenbekämpfung (Antidacusverfahren). Internat. Anz. f. Pflanzenschutz 1. 1937, S. 68—72.

Petri, L., Le malattie dell' olivo. Bibl. dell' Olivicoltore, N. Ser. Nr. 1. Federaz. Naz. dei Consorzi per l'Olivicoltura 1937, 27 S., 12 farb. Taf.

4. Erdnuß

Die als Eingeborenenkultur, weniger im Plantagenbau in Afrika allgemein verbreitete Erdnuß braucht als einjähriges Gewächs zur Keimung und zum Wachstum hinreichende Feuchtigkeit durch Niederschläge oder Bewässerung, zur Reife heiße Monate und hat daher einen weiten Klimabereich.

Von Krankheiten hat, insbesondere für jeden größeren Anbau, die allgemein verbreitete und den Ertrag stark schädigende Kräuselkrankheit eine zu-

Abb. 16. Kräuselkrankheit der Erdnuß, links gesunde, rechts kranke Pflanze. Nach *Storey* u. *Bottomley*.

nehmende Bedeutung; außerdem ist noch eine Blattfleckenkrankheit häufig. Die tierischen Schädlinge sind in der Hauptsache Feinde der frisch ausgesäten und der lagernden Samen.

Kräuselkrankheit, *rosette disease, peanut mosaic* (Abb. 16). Diese schädlichste Krankheit der Erdnuß wurde zuerst von *A. Zimmermann* (1907) aus Ostafrika, später ausführlich von *Storey* und *Bottomley* (1928) beschrieben und ist jetzt in ganz Afrika, einschließlich Madagaskar, und auch auf Java verbreitet. Sie zeigt sich daran, daß die normal am Boden hinwachsenden Seitenzweige sehr kurz bleiben und wie der Hauptstengel nach aufwärts wachsen, wodurch dicht beblätterte kugelige Büsche entstehen. Die Blätter werden gelblich und bleiben klein; teilweise sind sie am Rande gewellt oder gekräuselt oder auch mosaikartig verfärbt. Der Ertrag geht bei den kranken Pflanzen auf ein Zehntel oder ein Zwanzigstel zurück. Die Krankheit ist eine Viruskrankheit und wird durch die Blattlaus *Aphis laburni (A. leguminosae)* übertragen. In Gambia, wo diese Blattlaus lange Zeit nicht bekannt war, wurden erst zwei Zwergzikaden, *Cicadulina arachidis* und *C. similis,* als Überträger angesehen; später ist die Blattlaus aber auch dort festgestellt worden. Dort wurden 3 verschiedene Typen der Krankheit beobachtet und dabei 2 verschiedene Viren festgestellt. Auch in Uganda treten verschiedene mehr oder weniger voneinander abweichende Typen der Krankheit auf.

Zur Bekämpfung empfiehlt man in Südafrika eine möglichst frühe Aussaat, weil dann die Infektionen noch selten sind. Im übrigen wirken Fruchtwechsel und möglichst frühzeitige Entfernung aller kranken Pflanzen gegen die Ausbreitung der Krankheit. Auch Züchtung resistenter Sorten ist im Gange; die biologische Bekämpfung der übertragenden Blattlaus durch Marienkäfer erscheint dagegen recht problematisch. Die Blattlaus kann durch Petroleumseifenemulsion (1 l und 425 g auf 50 l Wasser) vertilgt werden.

Neben der Kräuselkrankheit wird noch eine von *Cercospora personata (Septogloeum arachidis)* verursachte Blattfleckenkrankheit *(tikka-disease, maladie des taches brunes)* mehrfach in größerem Umfang schädlich. Sie beginnt an den unteren Blättern und bildet dunkle, mit einem gelben Ring umrahmte, rundliche Flecke und führt oft zu raschem und vollständigem Abfallen der Blätter. In Afrika ist die Krankheit in Ost- und Südafrika, im Kongogebiet, in Kamerun und in Französisch-Westafrika (Schaden bis zu 15 oder 20 v. H.) beobachtet worden; in Uganda gilt sie dagegen für harmlos, da dort kein Blattfall eintritt. Zur Bekämpfung wird Desinfektion der Samen mit Formalin oder Kupfervitriol nach sorgfältiger Entfernung der Schalen und anhaftenden Erde empfohlen, außerdem Auslese oder Einführung von weniger anfälligen Sorten.

Andere Blattflecke, von *Cercospora arachidicola* verursacht, kommen in Uganda vor.

Dort treten auch, aber im allgemeinen nur vereinzelt, Welkekrankheiten auf, an denen die vielfach schädlichen Pilze *Sclerotium rolfsii* (auch in Südafrika an Erdnuß), *Rhizoctonia bataticola (= Macrophomina phaseoli)* und *Fusarium oxysporum* beteiligt sind. In Südafrika sind Scrophulariaceen der Gattung *Melasma* als Wurzelparasiten festgestellt worden.

Von tierischen Schädlingen sind früher in Ostafrika noch eine rotbraune Milbe, *Tetranychus sp.* oder verwandte Art, und Thripse an Blättern, außerdem eine weiße Wurzellaus beobachtet worden.

Die Feinde der frisch ausgesäten Samen sind Ratten, Stachelschweine, Affen usw. Als Vorratsschädlinge werden *Tenebrioides mauritanicus, Tribolium castaneum, Alphitobius sp.* und *Lepisma domestica* genannt. Der Befall durch sie wird durch Termiten gefördert, die die Schalen anfressen. Die in Nord- und Westafrika verbreiteten Samenkäfer, *Pachymerus pallidus* und *P. cassiae,* können sich dagegen selbst durch die Schalen durchnagen, um die Samen zu befallen.

Schrifttum

Erdnuß

Chevalier, A., Les maladies et les ennemis de l'arachide. Rev. Bot. appl., Paris. Bd. 14 (1934), S. 709 bis 755, 4 Abb., 4 Taf.

Storey, H. H., Virus diseases of East African plants: III. Rosette disease of groundnuts. East Afric. Agric. Journ. Bd. 1 (1935), S. 206—211. 2 Abb.

5. *Sesam*

Der Sesam, dessen Anbau, fast nur als Eingeborenenkultur, im Osten Afrikas von Ägypten bis Natal geht und auch in Westafrika einige Verbreitung hat, beansprucht nur einige heiße Monate zum Ausreifen, ist aber gegen niedrige Temperaturen empfindlich und daher auf niedere Lagen beschränkt. Über Krankheiten und Schädlinge ist wenig bekannt, jedenfalls scheinen keine speziell an diese Pflanze gebundenen vorzukommen.

In Ostafrika sind wiederholt größere Schäden durch blattfressende Käfer beobachtet worden. Es sind insbesondere Coccinelliden, und zwar die vielfach schädliche *Epilachna chrysomelina* und *E. canina,* daneben Chrysomeliden, Erdflöhe und größere Blattkäfer *(Ootheca),* außerdem Rüsselkäfer. Auch die polyphage grüne Baumwollblattlaus, *Aphis gossypii,* befällt den Sesam und verursacht Kräuseln und Einrollen des Blattrandes; in Ostafrika ist die Pfirsichblattlaus, *Myzodes persicae,* ein ernster Schädling und verursacht Mißbildungen der Pflanze. Stärkere Fraßschäden durch die grünliche, schwarzgefleckte, bis etwa 15 mm lange Raupe des Zünslers *Antigastra catalaunalis* wurden in Transvaal und in Ostafrika beobachtet. Sie spinnt die Blätter zusammen, frißt die zarten Spitzen und Blätter und bohrt sich auch in die Kapseln ein. Kapselschädling ist eine Wanze, *Phricodus hystrix,* in Ostafrika; die angestochenen Kapseln vertrocknen, ohne Samen anzusetzen.

Von Krankheiten ist eine Blattfleckenkrankheit, *Cercospora sesami,* die zahlreiche kleine hellbraune Flecke mit dunkelbraunem Rand auf allen grünen Teilen bildet, in Ost- und Westafrika weitverbreitet, aber anscheinend ohne größere Bedeutung.

Aus Uganda wurden noch zwei andere Blattfleckenpilze und Welkekrankheiten von allgemeinen Erregern, *Fusarium oxysporum, Verticillium alboatrum* und *Rhizoctonia bataticola,* angegeben, außerdem eine unbestimmte bakterielle Stengelkrankheit.

Schrifttum

Sesam

. . ., A caterpillar pest of Sesame. Farming So. Africa Bd. 1 (1926), S. 223.

III. SCHÄDLINGE DER GENUSSMITTEL-PFLANZEN

1. Kaffee

Im Vergleich zur heutigen Weltproduktion an Kaffee hat der Kaffeebau in Afrika einen geringen Umfang. Da der Kaffeebaum aber in dieser seiner Heimat vielfach die Bedingungen für die Erzeugung hoher Qualität findet, sind seine Aussichten dort durchaus nicht ungünstig zu beurteilen.

Der Kaffee ist eine ursprünglich auf die engere Tropenzone beschränkte Pflanze höherer Lagen, die also bei mäßiger Wärme eine verhältnismäßig hohe und gleichmäßige Luftfeuchtigkeit braucht; deswegen spielen die Schattenbäume, neuerdings auch Deck- und Gründüngungspflanzen, bei plantagenmäßiger Kultur eine besonders wichtige Rolle. Insbesondere bei der wertvollsten Art, *Coffea arabica,* ist in heißen trockenen Lagen die Gefahr des Übertragens und der Krankheiten zu groß, wogegen in den höheren und kühlen Lagen die Fruchtbarkeit rasch abnimmt. Die zweite Hauptart, *Coffea robusta,* ist in ihren Anforderungen, besonders hinsichtlich der Temperatur, weniger eng begrenzt und wird daher oft in Lagen verwendet, wo *C. arabica* nicht mehr gut gedeiht.

Krankheiten und Schädlinge sind sehr zahlreich und, wie eine nähere Kenntnis zeigt, in ihrer Vermehrung durchweg sehr eng an bestimmte Wärme- und Feuchtigkeitsverhältnisse gebunden; teilweise sind sie auch Schwächeparasiten, die schon bei geringer Störung des Gedeihens ihrer Wirtspflanze recht schädlich werden, so daß die Eignung des Standortes und sorgfältige Pflege beim Kaffeebau eine besonders wichtige Rolle spielen. Der Kaffee verlangt daher eine intensive Kultur und ist in dieser Hinsicht schon oft mit dem Weinbau verglichen worden.

Sehr sorgfältige Prüfung des in Aussicht genommenen Landes bei Anlage oder Ausdehnung des Kaffeebaues ist so notwendig wie bei irgend einer anderen Kultur. Schädlinge als Anzeiger hierin gemachter Fehler werden sich sehr bald einstellen, während andere auch in günstiger Lage erst bei längerer Dauer der Kultur aus der umgebenden Vegetation auf den Kaffee übergehen.

Von den gefährlicheren Schädlingen, auf deren Beschreibung wir uns hier beschränken müssen, sind zuerst die Bohrkäfer des Stammes zu nennen, deren Vermehrung und Schädlichkeit bei trockenem Standort und in vernachlässigten Pflanzungen ungemein zunehmen. In regenärmeren Jahren verursachen die Blasenfüße (Kaffeethrips), Schildläuse und an Arabicakaffee der Kaffeerost *(Hemileia)* starke Schäden, der letztere am meisten an jungen Bäumen, die zu stark getragen haben. Ein weiterer ernster Schädling, die Kaffeewanze, ist, wie sich gezeigt hat, von einer eng begrenzten mittleren Höhe der Temperatur und Feuchtigkeit abhängig und dabei sehr großen Schwankungen im Massenauftreten unterworfen. Borkenkäfer als Bohrer in Bohnen und Zweigen sind in Teilen Afrikas von Bedeutung, aber glücklicherweise nicht so sehr wie in einzelnen anderen Ländern. Wurzelfäule ist weniger häufig als beim Kakao.

Bedeutende Fortschritte in der Schädlingsbekämpfung sind gerade in Afrika im letzten Jahrzehnt durch die Fortschritte der Spritztechnik erzielt worden, wie denn überhaupt die Schädlingsbekämpfung ein ganz wesentlicher Teil der regelmäßigen Pflegearbeit ist. Über die afrikanischen Schädlinge und Krankheiten liegt neben hauptsächlich englischer Originalliteratur eine neue zusammenfassende Bearbeitung von *Morstatt* (1937) vor.

a. Bohrkäfer (Stammbohrer), *stem-borer, tarière, broca*

Schon in der älteren afrikanischen Kaffeekultur waren die Kaffeebohrer wichtige Schädlinge. Es sind in der Hauptsache Bockkäfer, die ihre Eier an die Stamm- oder Zweigrinde ablegen, worauf die Larven sich in die Rinde einbohren und mehr oder weniger lange Gänge im Kambium fressen. Später geht die Larve ins Holz und frißt darin senkrechte Gänge, oft bis in die Wurzeln hinein; sie verpuppt sich dann am oberen Ende des Fraßganges, den der fertige Käfer durch ein von ihm gefressenes kreisrundes Flugloch verläßt. Außer dem Schaden durch Ringeln des Stammes, das zum Welken der Blätter und Abtrocknen von Ästen führen kann, wirkt sich stärkerer Befall im Stamm so aus, daß dieser abbrechen kann. Häufig wird aber auch die Rinde der Pfahlwurzel weitgehend abgefressen, so daß die Bäume wie bei einer Wurzelfäule welken und nach Verlust vieler Seitenwurzeln lose im Boden stehen und schon durch Wind leicht umgebrochen werden können.

Von den recht zahlreichen am Kaffee vorkommenden Bockkäfern sind zwei weitverbreitete die wichtigsten, der weiße Kaffeebohrer und der westafrikanische Kaffeebohrer.

Der weiße Kaffeebohrer, *Anthores leuconotus, white stem-borer, white coffee borer* (Abb. 17). Der Käfer, der den Kaffee als einzige Kulturpflanze befällt, ist durch ganz Ostafrika einschließlich Sansibar und das östliche Zentralafrika bis nach Natal, im Westen in Südwestafrika und Angola verbreitet. Er befällt hauptsächlich *C. arabica,* daneben *C. liberica* und in Angola auch *C. robusta.* Im letzten Jahrzehnt ist er am Kilimandjaro stärker aufgetreten, wo er erst kurz vor dem Weltkriege, etwa 2 Jahrzehnte nach Beginn des Kaffeebaues, vereinzelt beobachtet wurde.

Er ist im allgemeinen etwa 30 mm lang, hat schimmelartig weiße Flügeldecken, die am Grund braun und hinter der Mitte mit einer braunen Querbinde

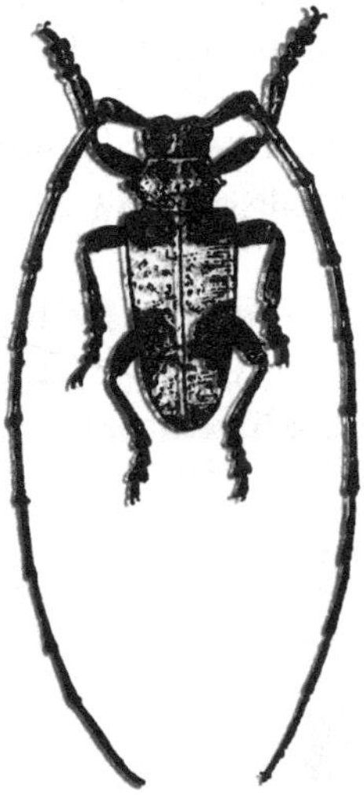

Abb. 17. Weißer Kaffeebohrer (*Anthores leuconotus*). Natürl. Größe. Nach *Morstatt*.

versehen sind. Kopf, Vorderbrust, die langen Fühler und die Beine sind ebenfalls braun. Die Larve wird bis 42 mm lang und ist weißgelb.

Am meisten befallen die Käfer zu trocken stehende und vernachlässigte Pflanzungen und sind damit bei starkem Auftreten in jungen Pflanzungen ein Anzeichen ungünstiger Lage. In günstigen Anbaugebieten scheinen sie erst mit dem Älterwerden der Pflanzungen aufzutreten und greifen auch offenbar ganz gesunde Bäume an, so daß man sie dann nicht mehr als Beweis für schlechten Stand der Kultur betrachten kann. In trockenen niederen Lagen sind sie viel schädlicher, weil der Befall dort unten am Stamm beginnt und die Larven stets in die Wurzel gehen und dann herauskommen, um die Rinde abzufressen. Die ganze Entwicklung dauert etwa 2 Jahre, wovon die Larven nach neueren Beobachtungen 4 Monate oberflächlich in der Rinde verbringen.

Zur Bekämpfung haben sich allmählich zwei Methoden herausgebildet, mit denen man den Befall fast vollständig unterdrücken kann. Man läßt die Käfer, die recht auffällig sind, absammeln, was besonders in der Hauptflugzeit, die in den einzelnen Ländern verschieden liegt, regelmäßig zu geschehen hat. Zwei Monate später reibt man die Stämme im unteren Teil bis 25 cm Höhe mit Sackleinwand ab, um die Eier und jungen Larven zu töten oder die Anfänge des Fraßes in der Rinde sichtbar zu machen. Zugleich wird die Rinde dadurch so geglättet, daß die Käfer von der Eiablage abgehalten werden. In Angola macht man das mit weichen Kautschukstreifen, die aus alten Automobilreifen herausgeschnitten werden. Sind die Larven schon ins Holz gegangen, so kann man sie mit einem weichen Draht herausziehen oder töten. Wenn die

Larven im Stamm gleich abwärts gehen, entfernt man die Erde um die Pfahlwurzel, um sie freizulegen. Wo die Larven nicht mehr mit Draht erreichbar sind, werden auch verschiedene Chemikalien, z. B. Paradichlorbenzol, durch die Eingangsöffnung oder in den angeschlagenen Gang eingeschüttet, um sie zu töten; die Öffnung wird dann mit Erde oder Lehm verschlossen. Schwer befallene Bäume, besonders die schon lose im Boden stehenden, müssen ausgehauen und verbrannt werden.

Am Kilimandjaro sind bis jetzt 5 einheimische Bäume, die den Käfer beherbergen können und deren Beseitigung in der Umgebung der Pflanzungen vorgeschrieben ist, bekannt.

Der westafrikanische Kaffeebohrer, *Bixadus sierricola*. Der Käfer ist von ähnlicher Größe wie *Anthores*, aber hellgraugelb mit schwarzbraunem Fleck auf der Mitte der Flügeldecken und an der Außenseite im letz-

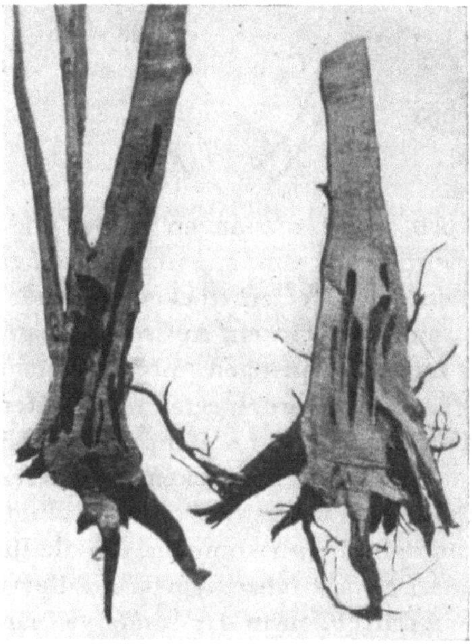

Abb. 18. Bohrgänge des westafrikanischen Kaffeebohrers. Etwa $^{1}/_{2}$ natürl. Größe. Nach *Mayné*.

ten Drittel, wo er mehr oder weniger die Naht erreicht und dort nach der Spitze verlängert ist. Er ist schon lange als Schädling aus Westafrika, von Sierra Leone bis Kamerun und Französisch-Kongo, bekannt, später auch in Belgisch-Kongo und in Uganda aufgetreten. Ob die Bestimmung der Art immer richtig ist, muß allerdings bei der Ähnlichkeit der Larven und Fraßbilder fraglich bleiben.

In der Lebensweise und Schädlichkeit bestehen nur geringe Unterschiede gegenüber dem ostafrikanischen Kaffeebohrer. Die Fraßgänge im Holz sind breiter und verlaufen unregelmäßiger (Abb. 18), die Larven nagen häufig die Wurzelrinde ab, vielfacher Befall eines Stammes scheint ebenfalls häufiger. Die

Entwicklung soll ungefähr ein Jahr dauern. Die Bekämpfung entspricht der oben geschilderten.

Von den zahlreichen, nahe verwandten und ähnlich lebenden Bockkäfern seien nur noch 3 erwähnt:

Tragocephala anselli, der auch an Kakao vorkommt, ist als ernsthaft schädlich aus Belgisch-Kongo bekannt. *Chreostes obesus* und *Cymatura bizonata,* beide in Lebensweise und Schaden dem Bixadus sehr nahestehend, sind in den letzten Jahren in Angola stark aufgetreten und sehr schädlich geworden. Genauere Beobachtungen liegen noch nicht vor.

Drei Bockkäfer mit begrenzter Verbreitung und anderer Lebensweise als die vorigen sind folgende, nach den Larven g e l b e Kaffeebohrer genannten Käfer:

Dirphya usambica, orangegelber Kaffeebohrer, yellow borer, in Teilen von Tanganyika und Kenya vorkommend.

Dirphya princeps, gelbköpfiger Kaffeebohrer, yellowheaded stem-borer, in Uganda, Bukoba und Kenya.

Dirphya nigricornis, orange stem-borer, neuerdings in Nyassaland beobachtet.

Bei diesen Käfern erfolgt die Eiablage an der Spitze des Stammes oder an dünnen Zweigen. Die Larven fressen dann im Mark nach unten und machen im Stamm kreisrunde Gänge bis in Bodenhöhe oder auch bis zur Spitze der Pfahlwurzel. Der Befall wird äußerlich leicht sichtbar durch einseitige Reihen von 2 bis 3 mm weiten Löchern im Stamm, die die Larve in kurzen Abständen nach außen frißt, um ihre Kotklümpchen herauszuschaffen.

Schädlichkeit und Bekämpfung dieser Käfer sind im übrigen ähnlich wie bei den vorigen. Das Töten der Larven mit Schwefelkohlenstoff oder ähnlichen Mitteln gestaltet sich einfacher.

Als s c h w a r z e Kaffeebohrer sind noch zu den Holzbohrkäfern (Bostrychiden) gehörende Käfer zu erwähnen, walzenförmige, schwarze, bis 3 cm lange Käfer, die sich als Imago in den Stamm einfressen und fast nur kranke und vertrocknende Bäume befallen. Bekannt als Kaffeeschädlinge sind davon 4 Arten:

Apate monacha (A. francisca), in ganz Afrika verbreitet und auch an Kakao schädlich.

A. indistincta, in ostafrikanischen Ländern.

A. producta, in Belgisch- und Französisch-Kongo und Senegal.

A. terebrans, in Südtogo.

Selten und ebenfalls von geringer Bedeutung sind Bohrraupen (Cossiden) in Kaffeebäumen:

Xyleutes (Duomites) armstrongi in Sierra Leone und an der Goldküste;

Zeuzera coffeae, der „rote" Kaffeebohrer der östlichen Tropen, auf São Thomé.

b. Kaffeeblasenfüße, Thripse, *coffee thrips*

Die Thripse sind, wie beim Kakao erwähnt, Blattschädlinge und leben auch am Kaffee hauptsächlich an der Unterseite der Blätter. Diese zeigen dann große, silberglänzende Flecke, die oft die ganze Fläche einnehmen können und mit den Kotpünktchen der Tiere besetzt sind. Bei starkem Auftreten bekommt die ganze Belaubung ein mattes, bleiernes Aussehen, die Blätter fallen allmählich ab, und die Zweige fangen an zu vertrocknen. Auch die Kirschen werden befallen und fallen ab, oder sie reifen nur narbige und runzlige Bohnen

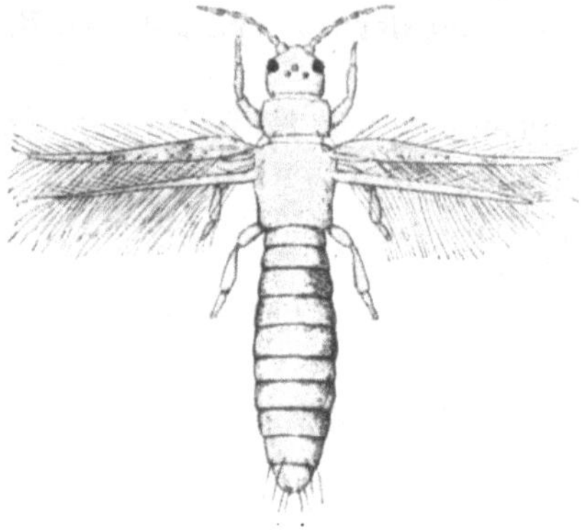

Abb. 19. Kaffeethrips
Diarthrothrips coffeae.

Stark vergr.
Nach *McDonald.*

aus, bei denen die Silberhaut beim Schälen an den Narben hängen bleibt (*„thrippy bean"*).

Die Hauptvermehrung der Blasenfüße fällt in die Trockenzeit, und größere Schäden kommen nur in ungewöhnlich trockenen Jahren, wie am Kilimandjaro zu Anfang des letzten Jahrzehnts, vor.

Die schädlichen Arten sind:

Diarthrothrips coffeae (Abb. 19), in Kenya, Uganda und Nyassaland;

Physothrips xanthoceros, in Tanganyika und Uganda;

Hoplandothrips coffeae, in Tanganyika (verursacht eine Kräuselung der Blätter);

H. marshalli, in Uganda;

Mymarothrips ritchianus, in Tanganyika;

Retithrips aegyptiacus, in Tanganyika.

Heliothrips rubrocinctus, der Kakaothrips, soll in São Thomé und Uganda nur an *C. liberica* vorkommen.

Ganz neuerdings ist auch in Angola ein unbestimmter Thrips schädlich geworden.

Die Bekämpfung der Blasenfüße läßt sich im großen durch Spritzen mit Schwefelkalkbrühe, die man 1 : 40 oder 1 : 60 mit Wasser verdünnt, sehr wirksam durchführen. Bei starkem Auftreten sind aber bis zu 3 Spritzungen in der Trockenzeit notwendig, von denen man zur letzten, bei der kurz vor der

Regenzeit auch die Hemileia zu bekämpfen ist, Kupferkalkbrühe mit Nikotinzusatz verwendet. Zur Vorbeugung gegen Überhandnehmen der Blasenfüße dienen Bodenbedeckung *(„mulching")* und Gründüngungspflanzen, außerdem Beschattung und Windschutz, Maßnahmen, durch welche die Bodenfeuchtigkeit erhalten bleibt und die Verdunstung eingeschränkt wird.

c. Schildläuse

Bei dem großen Artenreichtum tropischer Schildläuse sind allein am Kaffee in Afrika etwa 60 Arten bekannt, von denen aber nur wenige eine allgemein oder örtlich größere Bedeutung haben. Im biologischen Verhalten sind zu unterscheiden solche, die auf der Rinde von Zweigen leben und sich nur in ihrem beweglichen Jugendstadium auf Blättern aufhalten, kurzlebigere Arten, die, wie die Blattläuse, dauernd an Triebspitzen und Blättern sitzen, und die mit Wachsausscheidungen bedeckten, mehr oder weniger frei beweglichen Schmierläuse, die teils die Fruchtbüschel befallen, teils unterirdisch an den Wurzeln leben. Vielfach sind die Schildläuse typische Schwächeparasiten, die schlecht

Abb. 20.
Grüne Schildlaus an jungem Kaffee.

Aus *Morstatt.*

gedeihende Pflanzen befallen, es finden sich aber alle Übergänge bis zu Schädlingen kräftiger und gesunder Pflanzen.

Von praktischer Bedeutung ist in manchen Fällen das Zusammenleben von Schildläusen mit Ameisen und die Pflege und Verschleppung durch diese. Dies hängt mit dem von den Schildläusen ausgeschiedenen Honigtau zusammen, auf dem sich die schwarzen Überzüge der Rußtaupilze entwickeln, vereinzelt so stark, daß auch dadurch eine Schädigung der Blätter und Zweige eintritt.

C. arabica wird durchweg mehr von ihnen befallen als *C. robusta*. Die wichtigsten Arten sind die grüne Schildlaus, die Kaffeeschmierlaus und die weiße Wurzellaus.

Die grüne Kaffeeschildlaus, *Lecanium (Coccus) viride, green scale, green bug, cochenille verte* (Abb. 20). Die ovale, wenig gewölbte und weiche Laus ist gelb bis hellgrün gefärbt und wird bis 3 oder 4 mm lang. Sie ist vorzugsweise ein Schädling jüngerer Bäume und macht sich ½ bis 1 Jahr nach dem Auspflanzen bemerkbar, tritt aber auch häufig schon auf den Saatbeeten auf, wenn sie nicht genügend beschattet sind. Sie sitzt an den Triebspitzen und jungen Blättern, an letzteren hauptsächlich entlang der Blattnerven und mehr auf der Unterseite als auf der Oberseite; sie verursacht durch ihr Saugen Verkrümmung und Verkümmern der Blattflächen und Triebspitzen. Sie ist in Afrika überall, und nicht nur am Kaffee, verbreitet. Daneben kommt in einigen Ländern noch eine sehr ähnliche Art, *L. africanum*, vor.

Die Bekämpfung ist nicht schwierig. Man kann bei leichtem Anfangsbefall die weichhäutigen Tiere leicht mit den Fingern zerdrücken, die man mit etwas Erde rauh macht. Sehr stark befallene Triebe bricht man aus; sie müssen aber aus der Pflanzung weggebracht werden, weil sonst die Ameisen die Läuse wieder verschleppen. Bei größerer Ausdehnung des Befalls kann mit allen Blatt- und Schildlausmitteln (Schmierseife, Tabakbrühen, Mineralölemulsion, Schwefelkalkbrühe) gespritzt werden.

Schmierläuse, Coccinen, *mealy bugs*. Der Begriff „Schmierlaus" umfaßt eine Gruppe verwandter Arten, durch weiße Bestäubung und zähe Fäden aus Wachs geschützte, mehr oder weniger freibewegliche Tiere mit starker Ameisenabhängigkeit, von denen ein Teil nur oberirdisch an Pflanzen lebt, während andere außerdem oder auch ausschließlich die Wurzeln besiedeln.

Oberirdisch sind diese Läuse dadurch schädlich, daß sie außer jungen Zweigen und Blättern vorzugsweise die Fruchtbüschel befallen. Sie sitzen hauptsächlich an den Blütenstielen und am Grunde der Kirschen und bringen die Knospen und jungen Kirschen zum Absterben. Sie sind in den einzelnen Arten allgemein in Afrika verbreitet; eine größere praktische Rolle als Kaffeeschmierlaus, *coffee mealy bug*, spielt aber bisher nur die schwer von anderen Arten unterscheidbare Laus *Pseudococcus kenyae (Ps. lilacinus)*. Seit 1923 in Kenya bekannt, hat sie sich dort rasch zum wichtigsten Kaffeeschädling in einem Teil des Landes, in Lagen zwischen 1500 und 1700 m, entwickelt und ganz große Ernteverluste verursacht, hat aber wohl später wieder an Bedeutung nachgelassen; wenn die Bestimmungen richtig sind, kommt sie auch in Belgisch-Kongo, Uganda, Deutsch-Ostafrika (Bukoba) und Nyassaland vor.

Außer Kulturmaßnahmen, wie Beförderung der Luftzirkulation durch Regulieren von Schatten und Schnitt und Unkrautbekämpfung, hat man Spritzmittel versucht, die aber nur wenig wirken, da die Laus gut geschützt ist und sich rasch wieder vermehrt. Das Schwergewicht der Bekämpfung liegt auf der sehr schwierigen Fernhaltung oder Vertilgung der Ameisen, für die ein besonderes Verfahren des Umbindens von Schutzringen, die mit einem Steinkohlenteerpräparat (*Kreosotow*) getränkt sind, entwickelt wurde. Bei vorsichtiger Anwendung kann auch Raupenleim verwendet werden, den man unmittelbar auf den Stamm aufträgt.

Die unterirdischen Schmierläuse sitzen besonders am Wurzelhals und in dessen Nähe und schaden durch ihre Saugtätigkeit und das Auflockern des Bodens durch die pflegenden Ameisen. Die äußeren Folgen des Befalles sind dann Verkümmern, Welken und Verdorren der Pflanze wie bei anderen Wurzelkrankheiten. Gemeinhin bezeichnet man als weiße Wurzellaus, *coffee root mealy bug,* die verbreitetste dieser Arten, *Pseudococcus citri,* eine ober- und unterirdisch lebende, in den Tropen und Subtropen viele Pflanzen befallende Schmierlaus. Von den verwandten Arten sei nur noch eine wichtigere, *Lachnodius greeni,* aus Madagaskar erwähnt.

Die Wurzelläuse sind Schwächeparasiten und kommen teilweise auch mit einem Pilz, *Polyporus coffeae,* vergesellschaftet vor (besonders in Belgisch-Kongo, Kamerun, Madagaskar). Der Krankheitsverlauf kann noch komplizierter sein, wie er z. B. aus dem Kongogebiet als sog. Kettenerkrankung beschrieben wird: An den irgendwie geschwächten Bäumen befällt der Wurzelfäulepilz, *Rhizoctonia bataticola,* die Wurzeln, worauf an den erkrankten Stellen die Läuse von Ameisen angesiedelt werden, die dem Polyporus als Wundparasiten die Festsetzung ermöglichen. Dieser ist der eigentlich schädliche Faktor und bringt die Bäume schließlich zum Absterben. Es erhellt hieraus, wie schwierig die Beurteilung solcher Fälle sein kann.

Zur Bekämpfung der Wurzelläuse, die nur bei frühzeitiger Durchführung Erfolg verspricht, genügt es vielfach, wie bei manchen Wurzelfäulen, den Wurzelhals und seine Umgebung freizulegen und sauber abzukratzen. Als Mittel gegen die Läuse werden Tabakmittel oder Schwefelkalkbrühe oder auch Bodendesinfektionsmittel, wie Paradichlorbenzol, verwendet.

d. Blattkrankheiten

Hemileia, Kaffeerost, *Hemileia vastatrix, coffee leaf disease.* Die wichtigste Krankheit des Kaffees ist die Hemileia, eine Krankheit von historischer Bedeutung, der vielfach die entscheidende Rolle für den Anbau der hochwertigen *C. arabica* zukommt.

Es ist ein Rostpilz, der im Innern der Blätter lebt und dessen Anwesenheit zuerst durch runde, gelbgrün verfärbte Flecke auf der Blattunterseite sichtbar wird. Später bedecken sich die Flecke mit den orangegelben Sporen des Pilzes und werden dann auch auf der Oberseite sichtbar; schließlich vertrocknen sie, und das Blatt wird braun. Die Folge der Krankheit ist zunächst Blattfall, weiterhin Vertrocknen und Absterben der Zweige, bei wiederholtem starkem Befall schließlich des ganzen Baumes.

Die Heimat der Krankheit ist zweifellos Afrika, doch wurde sie zuerst 1869 durch den Beginn der zerstörenden Epidemie in Ceylon bekannt. Später griff sie auf Java und weiter nach Osten über. In Ostafrika kennt man sie seit 1894, bald nach den Anfängen der Plantagenkultur des Kaffees. Ihre sonstige afrikanische Verbreitung ist noch nicht genügend klar. Sie war lange Zeit in Westafrika unbekannt und wurde erst in den letzten Jahren aus Französisch-Kamerun gemeldet, wo merkwürdigerweise 1934 auch ein ganz ähnlicher Pilz, *Uredo coffeicola,* entdeckt wurde. Auf São Thomé ist sie angeblich stark verbreitet, aber nicht schädlich; in Angola soll *C. robusta* selten von ihr befallen werden. Das afrikanische Hauptgebiet sind jedenfalls die ostafrikanischen Länder bis nach Belgisch-Kongo.

Befallen wird am meisten *C. arabica,* während *robusta* und andere Arten viel weniger oder nicht darunter leiden. Die Klimabedingungen für epidemisches Auftreten sind eng begrenzt und nicht immer leicht zu übersehen. Sie sind für die günstigen Anbaulagen von *C. arabica* entscheidend, da in kühlen Berglagen keine schädliche Ausbreitung zustandekommt, wogegen dort die Erträge nachlassen, und da andererseits in niedrigeren Lagen die Schäden so

Abb. 21. Hemileiabekämpfung. Aus *Morstatt*

stark und regelmäßig eintreten, daß dort *C. robusta* gebaut werden muß. In Kenya gilt der Anbau von *arabica* unterhalb von 1200 m für unlohnend.

Bei der Behandlung der Krankheit spielen Beschattung und sorgfältige Pflege, um die Bäume nach dem Laubverlust zu kräftigen, eine wichtige Rolle. Chemische Bekämpfung durch Spritzen mit Kupferkalkbrühe (½ oder 1 v. H.)

galt früher als undurchführbar und wurde allenfalls für Saatbeete anempfohlen. Seit dem Weltkriege, insbesondere aber seit 1930, ermöglichen die verbesserten Motorspritzen die allgemeine Anwendung der Kupferkalkbrühe; das Spritzen mit Kupferkalkbrühe wird trotz hoher Kosten in vielen Pflanzungen, z. B. am Kilimandjaro, regelmäßig benutzt und hat zu ganz erheblichen Ertragssteigerungen geführt (Abb. 21). Vereinfachung und Verbesserung der Spritztechnik bieten hier noch aussichtsreiche Aufgaben; wissenschaftliche Versuchsarbeit in dieser Hinsicht ist besonders in Südindien geleistet worden.

Im Anschluß hieran mögen noch zwei pilzliche Blattkrankheiten von meist geringerer Bedeutung, die Braunfleckenkrankheit, *Colletotrichum coffeanum, brown blight,* und die Braunaugenkrankheit, *Cercospora coffeicola, brown eye spot,* erwähnt werden.

e. Kaffeemotte

Von den zahlreichen tierischen Blattschädlingen, meist blattfressenden Käfern und Raupen, ist noch die Kaffeemotte, *Leucoptera (Cemiostoma) coffeella, leaf miner* (Abb. 22), zu nennen, deren Raupen durch ihre Minier-

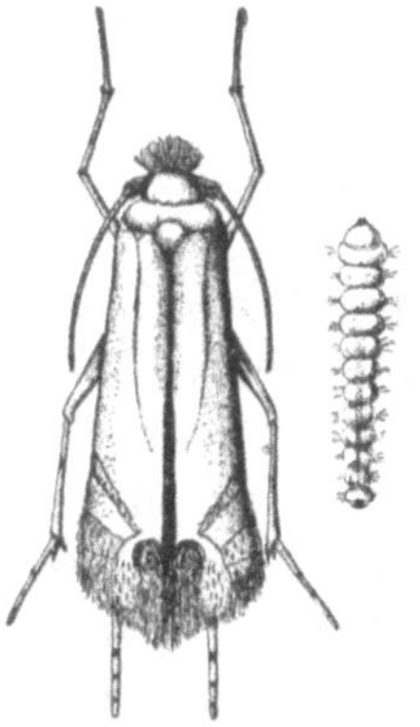

Abb. 22. Kaffeemotte und Raupe *(Leucoptera coffeella).* Stark vergr. Nach *Morstatt.*

tätigkeit auffällige Blattflecken machen. Sie galt früher in Afrika — im Gegensatz zu ihrem Vorkommen in Brasilien und Westindien — als nicht besonders gefährlich, ist aber in den letzten Jahren am Kilimandjaro durch den von ihr verursachten Laubfall zu einem ernsthaften Schädling geworden. Dabei hat sich herausgestellt, daß noch eine andere Art, *Leucoptera coffeina (= L. daricella),* an den Schäden beteiligt ist. Bespritzungen mit Nikotinsulfat sind wirksam, wenn sie zur richtigen Zeit gegen die Puppen an der Unterseite der Blätter angewandt werden.

f. Kaffeewanzen

Unter Kaffeewanzen, *coffee bug,* versteht man in Afrika allgemein eine bestimmte Art oder Artengruppe von Schildwanzen, nach der häufigsten *Antestia variegata* oder *A. lineaticollis,* bunte Kaffeewanze, *variegated coffee bug* (Abb. 23), genannt. Es sind etwa 8 mm lang und 5 mm breit werdende Tiere, oberseits schwärzlich gefärbt mit einer Zeichnung von gelblichen und weißlichen Linien und Punkten, unterseits weißlich olivgrün. Sie leben ganz auf den Kaffeebäumen und legen auch ihre Eier an den Blättern und Kirschen ab.

Der Schaden dieser Wanzen (und einiger anderer Arten) äußert sich in zwei Formen. Hauptsächlich beruht er in dem Anstechen und Aussaugen der jungen Kirschen und dem Zerstören von Triebspitzen und Knospen. Die angestochenen Kirschen bleiben entweder taub oder werden, wenn die Bohnen schon größer sind, runzlig und braunfleckig, wodurch sie sehr an Marktwert verlieren. An der Zerstörung der jungen, unentwickelten Bohnen, die beim Pulpen als Schwemmkaffee *(lights, floaters)* sehr auffällig in Erscheinung tritt, sind aber nicht allein die Wanzen beteiligt, sondern auch ein von den Wanzen übertragener Pilz, *Nematospora coryli,* ein Zusammenhang, der noch nicht lange bekannt ist und zuerst bei der durch Rotwanzen übertragenen inneren Kapselfäule der Baumwolle entdeckt wurde. Die zweite Schadform, die anscheinend nur dann eintritt, wenn sich die Wanzen in Zeiten, wo keine Kirschen vorhanden sind, sehr vermehren, ist eine Folge des Zerstechens von Knospen und jungen Trieben. Der Baum ersetzt diese durch immer neue Adventivknospen, wodurch ein hexenbesenähnliches Gewirr von verkürzten Seitentrieben ohne Blütenansatz entsteht. Im ganzen kann der Wanzenschaden in einzelnen Teilen einer Pflanzung bis zu 80 v. H. der Ernte betragen.

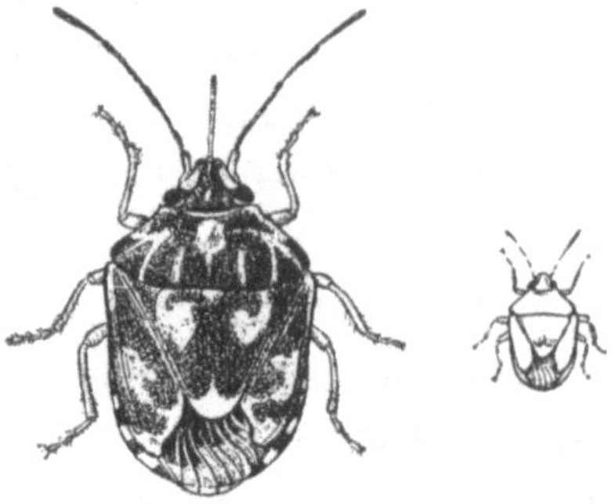

Abb. 23. Kaffeewanze *(Antestia lineaticollis).* Nach *Morstatt.*

Als schädlich ist die Kaffeewanze ursprünglich aus Deutsch-Ostafrika bekannt, später auch aus Kenya, Uganda, Belgisch-Kongo, Nyassaland, Südnigeria und neuerdings (1935) aus Angola. Befallen wird im allgemeinen nur *C. arabica,* während *C. robusta* verschont bleibt.

Die Wanzenschäden haben im letzten Jahrzehnt zu umfangreichen und bedeutenden Untersuchungen über die schwer verständliche Klimaabhängigkeit der Vermehrung Anlaß gegeben. Auch über die Bekämpfung liegen jetzt vielfache Versuche und Erfahrungen vor. Am Kilimandjaro verwendet man ein behördlich vorgeschriebenes Ködergift, dessen erste Anwendung auf deutsche Versuche *(Eichinger,* 1912*)* zurückgeht. Man spritzt in sehr feiner Verteilung

(Vernebelung, *spray*) mit einer Lösung von arsenigsaurem Natrium und Zukker in Wasser (60 g und 2,25 kg auf 18 l), das die Wanzen aufsaugen. Auch in Angola hat sich dieses Verfahren bewährt.

In neueren Versuchen wurde Pyrethrum, erst in Verbindung mit Petroleum als Spritzmittel, dann rein als Stäubemittel verwendet. Endgültige praktische Erfahrungen damit liegen aber noch nicht vor. Den Anlaß hierzu gab das Auftreten einer neuen, kleinen, blütenzerstörenden Wanze, *Lygus coffeae, Capsid bug,* die bisher nur aus Kenya bekannt ist.

g. Kirschenkäfer und Zweigbohrer

Zu den wichtigeren Kaffeeschädlingen rechnen in Afrika noch die kleinen Borkenkäfer in zwei Schadformen, als Kaffeekirschenkäfer und als Zweigbohrer.

Der Kaffeekirschenkäfer, *Stephanoderes hampei (S. coffeae), coffee berry borer, scolyte du grain,* ein 1,2 bzw. 1,7 mm langer, walzenförmiger, brauner bzw. schwarzer Käfer, bohrt sich in die schon etwas harten Bohnen ein, in denen er brütet und die er durch seine Fraßgänge zerstört (Abb. 24). Er befällt

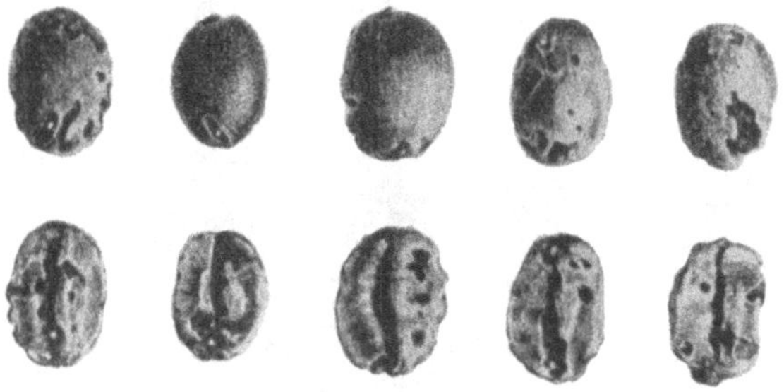

Abb. 24. Vom Kaffeekirschenkäfer beschädigte Bohnen. Aus Flugl. 7 des K. W. K.

alle Arten und Sorten von Kaffee und ist ursprünglich aus Uganda und Bukoba, vereinzelt auch dem angrenzenden Kenya bekannt. Später trat er auch im Kongogebiet, in Französisch-Guinea, an der Elfenbeinküste, auf São Thomé und Principe und in Angola auf. Wichtiger war allerdings seine Verschleppung nach Java, Brasilien und Indien.

Mit direkter Bekämpfung sind wenig Erfolge erzielt worden; in Afrika sind lichter Schnitt und Beschränkung des Schattens die wichtigsten Maßnahmen zu seiner Einschränkung. Wo er noch nicht vorkommt, ist größte Vorsicht bei der Einfuhr von Kaffeesaat geboten und auch durch behördliche Vorschriften genau geregelt. Zur biologischen Bekämpfung sind zwei parasitische Schlupfwespen aus Uganda schon mehrfach mit Erfolg in anderen Ländern ausgesetzt worden.

Als Zweigbohrer, *twig borers,* treten verschiedene Arten auf, die sich in dünnere Zweige einbohren und darin brüten und besonders durch ihre Symbiose mit sog. Ambrosiapilzen die Zweige zum Absterben bringen. Der für

Afrika wichtigste ist *Xyleborus morstatti, black coffee twig borer,* eine der kleinsten Arten, bei der die schwarzen Weibchen 2 mm, die mehr gelbbraun gefärbten Männchen nur gegen 1 mm lang sind. Er wurde ursprünglich (1912) in Usambara in Bukobakaffee u. a. Arten gefunden und ist auch neuerdings in Tanganyika wieder, auch an *C. arabica,* aufgetreten. Seit 1931 wird er von westafrikanischen Ländern, 1933 auch von Madagaskar gemeldet. Schwere Schäden sind aus Afrika noch nicht bekannt, wohl aber aus Sumatra, wo er seit 1922 auftritt, und aus Java, dort insbesondere in Verbindung mit einer zweiten ähnlichen Art. Sorgfältiger Schnitt mit Verbrennung der befallenen Zweige ist bisher das wirksamste Mittel zur Niederhaltung des Schädlings.

h. Wurzelfäulen

In bezug auf die Wurzelfäulen, die zwar allgemein vorkommen, aber doch nur lokal eine größere Rolle spielen und in günstig gelegenen und gut geleiteten Pflanzungen vereinzelt bleiben, sei auf das beim Kakao Gesagte verwiesen (Abb. 25).

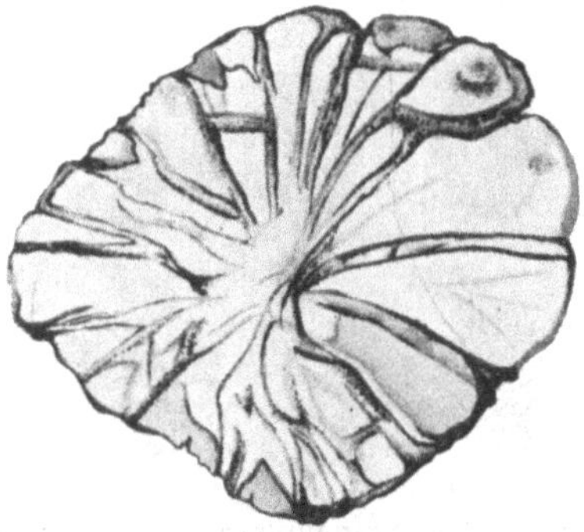

Abb. 25. Strahlige Wurzelfäule *(Armillaria)* im Querschnitt. Nach *Zimmermann.*

Schrifttum

Kaffee

Bally, W., Handboek voor de koffiecultuur. Eerste Deel De ziekten van de koffie. Amsterdam 1931. 212 S., 14 Taf., 98 Abb.

McDonald, J. H., Coffee growing (with special reference to East Africa). London 1930. 250 S., 49 Abb.

Morstatt, H., Kaffeeschädlinge und -krankheiten Afrikas. Berlin. Kol.-Wirtsch. Komitee, 1937. 119 S., 68 Abb.

2. *Kakao*

Der Kakaobaum ist, seiner Herkunft aus den Becken des Orinoco und des Amazonas entsprechend, ursprünglich eine Schattenpflanze feuchter Wälder mit großen dünnen Blättern und daher z. B. gegen Wind besonders empfindlich. Auch bei ihm fallen die für das vegetative Wachstum günstigen Bedingungen nicht mit denjenigen für hohe Erträge zusammen — so befördert z. B. eine trockene und sonnige Zeit den Fruchtansatz —, und daher müssen die Kulturmethoden einen Ausgleich zwischen den verschiedenen Ansprüchen schaffen, um die Bäume gesund zu erhalten. Als tiefwurzelnde Pflanze verlangt er tiefen und lockeren Boden, der auch in der Regenzeit durchlässig bleiben muß. Trockenzeiten können durch Bewässerung gemildert werden. Schwierig ist die richtige Regulierung der Beschattung; je feuchter und geschützter die Lage, um so weniger ist sie notwendig. Klimatische Gefahren für die Kultur liegen also einerseits in zunehmender Austrocknung, wie an der Goldküste, andererseits in allzu reichlichen Niederschlägen, wie in Kamerun.

Die wichtigsten Krankheiten in Afrika sind die Braunfäule der Früchte und der Rindenkrebs, beide vom gleichen Erreger verursacht, und daneben die Wurzelfäulen. Sie alle werden durch zu große Feuchtigkeit begünstigt. Unter den tierischen Schädlingen sind ein Blasenfuß, Rindenwanzen und Bohrkäfer die wichtigsten.

Auf Grund seiner in Kamerun durchgeführten Untersuchungen hat schon 1908 *von Faber* die Krankheiten und Schädlinge in einer Monographie beschrieben, wozu seitdem viele neue Beobachtungen, besonders aus den Nachbarländern mit ihrem ausgedehnten Kakaobau, hinzugekommen sind. Eine neuere zusammenfassende Bearbeitung der Krankheiten von *Briton-Jones,* die hauptsächlich das westafrikanische Anbaugebiet berücksichtigt, ist 1934 erschienen; außerdem wäre noch die mehr amerikanisch orientierte Darstellung der Krankheiten in *Nowell, Diseases of plants in the Lesser Antilles,* 1923, zu erwähnen.

a. Wurzelfäulen, *root rot, pourridié*

Auf ursprünglichem Waldboden kommen in den tropischen Baumkulturen häufig Wurzelkrankheiten vor, die von Pilzen verursacht sind, welche an Baumstümpfen und absterbenden Wurzeln leben. Da an diesen Wurzelfäulen verschiedene Pilze beteiligt sind, bestehen Unterschiede in der Infektiosität und im Verlauf der Fäulen; das Krankheitsbild ist aber, besonders in den oberirdischen Anzeichen, ziemlich einheitlich. Die Blätter hängen schlaff herab und werden später gelb und braun, die jungen Triebe färben sich schwarz, und der Baum vertrocknet. Bei unvermittelt einsetzender Trockenheit kann der ganze Baum auch plötzlich absterben.

Pflanzungen auf feuchten, humusreichen und beschatteten Böden, also gerade der Kakao, sind am häufigsten gefährdet. Da die Pilze nicht auf besondere Wirtspflanzen spezialisiert sind, befallen sie vielfach auch die Schattenbäume in den Kulturen. Meist tritt die Krankheit in den ersten Jahren der neuen Kultur am stärksten auf.

Im einzelnen sind die Wurzelfäulepilze, meist Polyporaceen, erst in neuerer Zeit näher bekannt und unterschieden worden, da sie in den Tropen nur ausnahmsweise Fruchtkörper bilden, welche die genaue systematische Bestimmung erst möglich machen.

Man ist heute geneigt, das parasitische Auftreten der sonst saprophytisch lebenden Pilze bei ihrer allgemeinen Verbreitung im Boden mehr dem noch unausgeglichenen Zustand der jungen Kulturen als dem Vorhandensein der Infektionsmöglichkeit zuzuschreiben. Unmittelbar vorausgehende Schädigungen sind ebenfalls oft die auslösende Ursache. Als solche wirken Zerstörung der Wurzelrinde durch Bohrkäfer, Befall durch Wurzelläuse und Wurzelälchen, häufiger aber stagnierende Nässe des Bodens in Geländesenkungen oder bei undurchlässigem Untergrund. Auch zu starke Bewässerung oder zu tiefes Pflanzen können Wurzelfäulen zur Folge haben.

Die Behandlung kann in allen diesen Fällen nur durch geeignete Kulturmaßnahmen geschehen.

Im einzelnen handelt es sich um folgende Arten:

Strahlige Wurzelfäule, Hallimasch-Wurzelfäule, *Armillaria mellea, Armillaria root rot, collar crack* (s. Abb. 25). Sie ist wohl die häufigste Art der Wurzelfäule; sie verursacht als Naßfäule im späteren Verlauf radiale Spalten in Wurzelhals *(collar crack)* und Pfahlwurzel, die als braune oder schwarze herausquellende Streifen von Pilzgeflecht erscheinen und unter der Rinde noch zahlreicher und mit weißem, blätterigem Pilzgeflecht ausgefüllt sind; sie bildet zuweilen harte oder brüchige, außen dunkel gefärbte, im Innern rein weiße Pilzstränge im Boden. Im gemäßigten Klima und den östlichen Tropen verbreitet, kommt der Pilz in Afrika an zahlreichen Kulturpflanzen und Waldbäumen vor und kann besonders an Kakao, Kaffee und Tee schädlich auftreten. An Kakao ist diese Wurzelfäule in Togo sehr schädlich, auch an der Goldküste allgemein verbreitet, ferner von Uganda und São Thomé und, nach der Beschreibung *v. Fabers* zu schließen, auch in Kamerun bekannt; an Kaffee ist sie in Tanganyika, Kenya, Uganda und Nyassaland beobachtet.

Der Pilz befällt nur Bäume, die vorher durch andere Ursachen schon geschwächt sind, und die Fäule tritt praktisch nur da auf, wo Baumstümpfe oder Wurzeln im Boden geblieben sind. Diese sollten daher, wo sie nicht gerodet werden können, möglichst tief freigelegt werden, damit sie rascher durch Insekten und Fäulnis zerstört werden.

Einzelne oder wenig befallene Bäume werden mit Wurzeln ausgegraben und nach dem Trocknen verbrannt. Um ausgerodete Baumgruppen zieht man Isoliergräben von 3 Fuß Tiefe und 1 Fuß Breite und setzt dem Boden, wenn möglich, Kalk zur Beschleunigung des Verrottens der Wurzelreste zu. Die Neubepflanzung kann dann nach einem Jahr vorgenommen werden. Bei leichtem Anfangsbefall kann auch das Freilegen und Abtrocknenlassen des Wurzelhalses und der größeren Wurzeln versucht werden.

Braune Wurzelfäule, *Fomes noxius (F. lamaensis), brown root disease, brown root rot.* Diese Wurzelfäule ist dadurch charakterisiert, daß den befallenen Wurzeln eine Kruste von Erde und kleinen Steinchen fest anhaftet, die am Wurzelhals frei sichtbar sein kann und die dunkelgefärbten Fasern des Pilzes enthält. Im allgemeinen verläuft die Fäule langsam, manchmal fallen aber die kranken Bäume plötzlich im Wind um, nachdem die Seitenwurzeln abgefault sind.

Verbreitet ist sie an vielen Bäumen in den östlichen Tropen und tritt besonders auch an Schattenbäumen und Deckpflanzen stark auf. In Afrika kommt sie an der Goldküste an Kakao und *Cola acuminata* vor, im sonstigen Westafrika an Hevea, Kakao, Funtumia, gelegentlich auch an Kaffee (Elfenbeinküste).

Die Ansteckung geschieht nur durch direkte Berührung von kranken Wurzeln aus. Man muß daher die kranken Bäume durch tiefere Gräben vollständig isolieren und sie dann mit allen Wurzelresten ausgraben. Die Fläche wird nun der Sonne und Luft ausgesetzt und Kalk oder ein Bodendesinfektionsmittel eingegraben. Nach einigen Monaten kann sie dann wieder bepflanzt werden.

Weiße Wurzelfäule, *Rigidoporus microporus (Fomes lignosus), white root rot.* An den größeren Wurzeln erscheinen abgeflachte, gelblichweiße Fäden von Pilzgeflecht (Rhizomorphen), die im äußeren Teil aus gelben, im Innern aus farblosen Pilzfäden bestehen und an denen der Pilz kenntlich ist. Die erkrankten Bäume sterben plötzlich ab, ohne daß die Blätter erst gelb werden oder abfallen.

Der Pilz, der mit demjenigen der braunen Wurzelfäule recht nahe verwandt ist, ist an vielen Pflanzen in den östlichen Tropen recht allgemein verbreitet. In Afrika ist er am Kakao an der Goldküste, in Sierra Leone und in Belgisch-Kongo, dort und an der Elfenbeinküste auf leichten Böden auch an verschiedenen Kaffeesorten, schädlich aufgetreten; in Belgisch-Kongo ist er ebenfalls auf leichten Böden an Hevea beobachtet worden.

Die abgestorbenen Bäume und ebenso andere Baumstümpfe müssen ausgerodet und verbrannt und die benachbarten Bäume durch Gräben vor der Ansteckung geschützt werden; der Boden wird mit Kalk desinfiziert.

Wurzelhalsfäule, *Ustulina zonata, collar rot, dry root rot.* Dies ist ein weiterer Wurzelpilz der östlichen Tropen von geringerer Bedeutung, an der Goldküste und in Tanganyika (Usambara) an Kakao, in Kenya an Kaffee beobachtet, sonst auch an Hevea, z. B. in Kamerun, und Tee schädlich. Die Fäule ist eine Trockenfäule, die von faulenden Baumstümpfen aus auf den Wurzelhals und dann auf Wurzeln und Stamm übergeht.

Von weiteren Wurzelfäulepilzen, die an Kakao vorkommen, ist hier noch *Macrophomina phaseoli (Rhizoctonia bataticola),* die Rhizoctonia-Wurzelfäule, zu erwähnen, die durch schwarze kleine Sklerotien und größere Sklerotialplatten gekennzeichnet ist. Sie ist ein Schwächeparasit an vielen Kulturpflanzen, besonders auch an Schattenbäumen, und wurde in Belgisch-Kongo und verschiedenen ostafrikanischen Ländern auch am Kaffee beobachtet.

b. Krankheiten am Stamm, an Früchten und Blättern

Braunfäule und Rindenkrebs (Kakaokrebs, Rindenfäule), *Phytophthora palmivora (Ph. faberi, Ph. omnivora), Phytophthora pod rot, black pod, canker, chupon wilt, pourriture noire des fruits, chancre.* Zwei der wichtigsten Kakaokrankheiten, die besonders in dem sehr feuchten Klima Kameruns seit langem eine große Rolle spielen, sind Braunfäule und Rindenkrebs. Erst in neuerer Zeit hat man erkannt, daß beide denselben Erreger haben, eine polyphage tropische *Phytophthora,* die außer an Kakao besonders an Hevea, Kokos- und Ölpalmen sehr schädlich wird. Am Kakao spielt sie in Westafrika als Braunfäule der Früchte, in Ostasien als Krebs oder Rindenfäule die größere Rolle. Weniger von Bedeutung ist eine dritte Krankheitsform, das Welken und rasche Absterben der Keimpflanzen.

Die Braunfäule erscheint auf der Frucht anfangs als unregelmäßig begrenzter brauner Fleck, der meist zuerst am Grunde oder an der Spitze be-

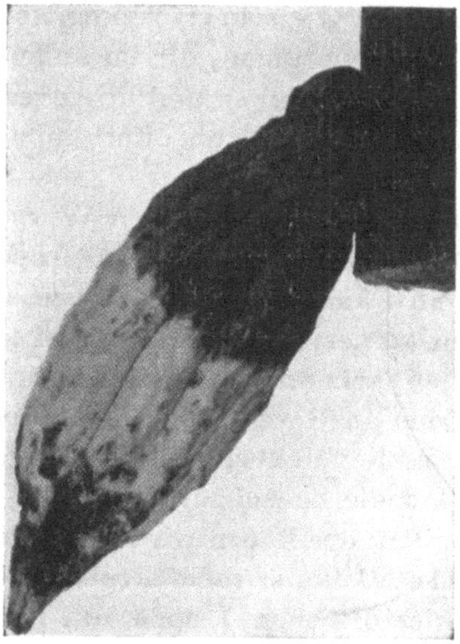

Abb. 26. Braunfäule an Kakao (nach Infektion des Stammes). Nach *Nowell.*

ginnt und sich von da aus über die ganze Frucht ausbreitet (Abb. 26). In kurzer Zeit wird die befallene Frucht hell schokoladenbraun verfärbt, und nicht lange danach treten die Sporangien des Pilzes als anfangs weiße, später gelblichweiße Rasen hervor. Der Pilz durchsetzt im Innern die Pulpa und dringt auch in die Bohnen selbst ein, die taub werden oder stark einschrumpfen oder wenigstens eine violette statt braune Farbe und glasigen Bruch zeigen.

Die Vorbedingung für das Auftreten der Braunfäule ist gleichmäßige hohe Luftfeuchtigkeit bei hoher Temperatur. Sie tritt daher in Klimaten mit großen und gleichmäßig verteilten Niederschlägen, wie in Kamerun, am stärksten auf und geht in der trockenen Zeit zurück. In den Pflanzungen wird sie dementsprechend durch dichten Stand der Bäume, feuchten Boden, eingeschlossene und stark beschattete Lage begünstigt.

Der Pilz verbreitet sich durch Infektion der Früchte mit Sporen und geht dann auf die Fruchtpolster über. Von diesen aus dringt er sowohl in neue

Früchte ein, wie er auch in ihnen den Anfang des Rindenkrebses bildet, der sich bis 15 cm weit nach unten ausbreitet. Die trockene Zeit des Harmattanwindes im Dezember und Januar überdauert der Pilz in den Fruchtpolstern. Unter so günstigen Bedingungen wie an der Goldküste heilen aber die Bäume nach einigen Jahren, die wenigen ernsthaften Fälle stehen mit ungünstigem Standort in Verbindung.

Die Bekämpfung ist äußerst schwierig. Wirksam ist Kupferkalkbrühe in einer Stärke von 1 bis 2 v. H., wovon etwa 4 l je Baum gebraucht werden. Die starken Niederschläge erfordern aber einen Zusatz von Haftmitteln, wie Kolophoniumstärke, Kaseinkalk, Alvesco. Als praktische Maßnahmen gegen die Ausbreitung der Krankheit werden außer dem Auslichten und dem Ableiten des Bodenwassers in erster Linie häufiges Durchernten der Bestände mit sofortigem Entfernen aller braunfaulen Früchte, wodurch insbesondere die Infektion der Fruchtpolster verhütet wird, und sorgfältige Vernichtung der braunfaulen Kakaoschalen empfohlen. Starker Rückschnitt der Bäume, wodurch der Stamm dem Winde und der Sonne ausgesetzt wird, bringt die Krankheit oft zum Stillstand und läßt die Wunden verheilen. Ebenso erweist sich auch größere Pflanzweite als günstig. Auf die Bedeutung der Immunitätszüchtung im Kampfe gegen die Krankheit ist noch besonders hinzuweisen.

Der Rindenkrebs beginnt mit nassen, dunkelbraunen Flecken auf der Borke des Stammes und der Äste (Abb. 27). Die Zerstörung der Rinde schreitet nach innen fort, die Rinde wird braun und sinkt ein, und später wird eine klebrige rötliche Flüssigkeit ausgeschieden. Die Blätter werden gelb und fallen ab, und schließlich geht der Baum ein. Häufig setzt in der Nähe der Krebsstellen eine reichliche Bildung von Blüten, die aber steril bleiben, ein.

Als Bekämpfung wird Ausschneiden der kranken Stellen im Anfangsstadium und Bestreichen mit Teer oder 10 v. H. Karbolineum, von anderer Seite auch mit Bordeauxpaste oder Bleifarbe empfohlen.

Diplodia-Fäule, *Botryodiplodia theobromae (Diplodia cacaoicola), Diplodia pod rot, die back disease, „mancha“*-Krankheit. Von etwas geringerer Bedeutung, aber ebenfalls allgemeiner Verbreitung in den Kakaoländern ist die Diplodia-Fäule. Der Pilz ist ein Wund- und Schwächeparasit, der sowohl Zweige, Äste und Stamm als auch die Früchte befällt; er ist früher unter verschiedenen Namen beschrieben worden und kommt an vielen Pflanzen, z. B. auch an Kola, vor.

Die befallenen Früchte zeigen braune eingesunkene Flecke *(„brown rot“)*, die sich rasch ausbreiten und oft die ganze Frucht bedecken. Beim Befall der Zweige, der an der Spitze beginnt *(„die back“*, Zweigsterben*)*, stirbt der Baum allmählich von außen ab, besonders, wenn die Krankheit auch auf die dicken Äste und den Stamm übergeht, an denen die Rinde aufplatzt und die Pykniden (Fruchtkörper) kolonieweise hervortreten.

Da der Pilz von Wunden aus eindringt, müssen die Bäume in gutem Gesundheitszustand gehalten und Schädlinge, wie Thrips, die das Laub zerstören, bekämpft werden. Kranke Früchte und befallenes Holz müssen frühzeitig abgeschnitten und, ebenso wie auch befallene Schalen, beseitigt oder verbrannt werden; die Wunden bestreicht man mit Teer.

Der Pilz kommt an Kakao wohl in allen westafrikanischen Ländern vor,

Abb. 27. Kakaobaum mit Krebswunden. Nach *v. Faber*, 1907.

ist aber bei gutstehender Kultur nicht zu fürchten. In Belgisch-Kongo wurden Fälle von „Hitzschlag", *coup de soleil,* mit ihm in Zusammenhang gebracht. Neuere Arbeiten über sein Auftreten am Kakao sind aus Afrika nicht bekannt geworden.

Falscher Mehltau, *Trachysphaera fructigena, mealy pod disease.* Eine weitere Fruchtfäule, die erst seit 1923 bekannt ist und an der Goldküste, später an der Elfenbeinküste auch an Kaffeekirschen und in Belgisch-Kongo auftrat, rührt von einem falschen Mehltaupilze her, der mit dem Pilz der Braunfäule verwandt ist. Es erscheint zuerst eine purpurrote Verfärbung, die im weiteren Verlauf zu einer weiß oder braun gefärbten mehligen Kruste wird. Man nimmt an, daß der Pilz hauptsächlich durch Insekten (Ameisen) verbreitet wird. Die Krankheit tritt nur in der Regenzeit stark auf und kann sehr schädlich werden. Wirksam ist eine Bespritzung mit gut haftender 3 v. H. Kupferkalkbrühe.

Als „Streifenkrankheit" wird von der Goldküste eine seltenere Krankheit erwähnt, die von dem *Bacillus aroideae* verursacht ist, der als Wundparasit an Insektenstichen infiziert.

Hexenbesen. Während die gefürchtete westindische Hexenbesenkrankheit, *Marasmius perniciosus,* nicht in Afrika vorkommt, sind andere Hexenbesenbildungen schon lange aus Kamerun bekannt. In einem neuerdings untersuchten Fall, der nicht auf Parasiten zurückzuführen war, sondern von physiologischen Störungen infolge klimatischer Einflüsse herrührte, wurde die Erscheinung daher einfach als Zweigsucht bezeichnet; dabei war die Fruchtbarkeit anscheinend nicht herabgemindert.

Weitere Blattkrankheiten sind noch: Drahtkrankheit. *Marasmius scandens, white thread blight, maladie du filament,* und *M. byssicola, brown thread blight.* Die Pilze treten an der Goldküste in feuchten Pflanzungen auf und überziehen in drahtähnlichen Fäden Blätter und Zweige und führen häufig zur Entlaubung.

M. equicrinis, horsehair thread, Marasmius blight, ähnlich dem vorigen, aber nur in vernachlässigten Pflanzungen.

Der „rote Rost", *Cephaleuros virescens (C. mycoidea),* eine parasitische Alge, an der Goldküste, noch häufiger an jungen Zweigen als an Blättern.

Spinnwebkrankheit, *Corticium salmonicolor, pink disease.* Befällt die Zweige, deren Blätter braun werden und absterben, ohne abzufallen. An Stamm und Ästen bildet der Pilz erst weiße fädige, dann dichtere lachsfarbene Überzüge.

Nichtparasitäre Krankheiten, die infolge allzu extensiver Kultur, bei Entwaldung der Gegend und ungünstig verändertem Boden auftreten, sind neuerdings von São Thomé und Principe beschrieben worden. Es sind Kakaostarre *(„morte subita")* auf kalkarmen Böden, Gelbfrüchtigkeit *(„mela"),*

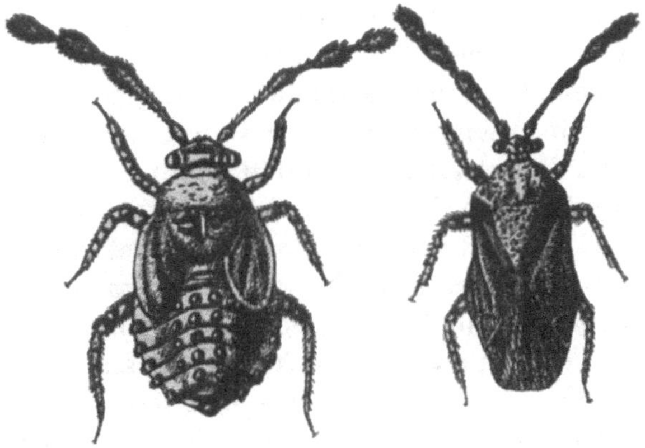

Abb. 28. Kakaorindenwanze, *Sahlbergella singularis.* Nach *Navel.*

Frühreife und Steinfrüchtigkeit (*„cacau empedrado"*), letztere auch sonst schon bekannt, durch ungünstige Witterung und Ernährungsstörungen hervorgerufen, und Zwergwuchs und Kakaowelke. Verbesserung der ganzen Kulturverhältnisse und Resistenzzüchtung werden gegen diese Krankheiten empfohlen.

c. Tierische Schädlinge

Die Rindenwanzen, *Sahlbergella singularis* und *S. theobromae* (Abb. 28). Rindenwanzen sind in Westafrika, besonders in Kamerun und im Kongogebiet, eine gefährliche Plage der Kakaopflanzungen. Es sind etwa 10 mm lange und 3 bis 4,5 mm breite, bräunliche oder rötlichbraun gefärbte Wanzen mit einem Höcker auf dem Schildchen, die hauptsächlich die Früchte anstechen, wodurch schwere nekrotische Flecke in großer Zahl entstehen. Jung befallene Früchte vertrocknen und fallen ab. An den befallenen Ästen sind die Einstiche weniger häufig und die Flecke kleiner; auch die Blatt- und Fruchtstiele werden befallen und sterben rasch ab. Die Rindenwanzen treten besonders in der Trockenzeit und der anschließenden Übergangszeit auf.

Die Bekämpfung geschieht mit Seifen-, Tabak- oder Petroleumseifenlösungen und durch Abbrennen, außerdem auch durch Absammeln der Tiere und Entfernen und Verbrennen der befallenen Triebe.

Helopeltiswanzen, *Helopeltis antonii, theivora, bergrothi, schoutedeni; mosquito blight* (s. Abb. 2). Dies sind an vielen Bäumen schädliche und weitverbreitete Wanzen, die in Westafrika allgemein an Kakao vorkommen und daran auch in Ostafrika beobachtet wurden. Es sind 6 bis 10 mm lange, schmale, lebhaft gefärbte Wanzen mit einem Stachel auf dem Schildchen. Sie stechen vorwiegend die Fruchtschalen, Knospen, jungen Zweige und Blattstiele an, wodurch dunkle, eingesunkene Flecke entstehen. Junge Früchte vertrocknen dann, während ältere aufspringen oder verkrüppeln. Außer dem Spritzen mit Seifenlösungen wird auch das Absengen mit Fackeln oder Lampen empfohlen.

Der Kakaothrips, *Heliothrips (Selenothrips) rubrocinctus, red-banded thrips, cacao thrips.* Die Blasenfüße oder Thripse sind weichhäutige, meist nur 1 oder wenige mm lange Insekten mit schnabelförmigen Mundteilen, 4 schmalen, durch lange Randfransen verbreiterten Flügeln und Haftblasen an den Füßen, die meist von Pflanzensäften leben und durch Ansaugen weicher Pflanzenteile schädlich werden. Der Kakaothrips ist durch die Rotfärbung des 1. Abdominalsegmentes gekennzeichnet. Er ist weitverbreitet und hauptsächlich in Mittelamerika schädlich, kommt in Ost- und Westafrika vor und ist besonders auf São Thomé, Principe und Fernando Po ein wichtiger Kakaoschädling; vor einigen Jahren wurde ein stärkeres Auftreten in Kamerun bekannt.

Der Thrips befällt Blätter und Früchte und lebt hauptsächlich an der Unterseite der Blätter in kleinen Gruppen von 10 bis 20 Larven. Die befallenen Früchte verfärben sich rötlich-bronzefarben und werden bei vollständigem

Befall schließlich grau; jung angegriffene Früchte vertrocknen und werden wertlos. Von den Blättern werden zumeist die vollentwickelten, aber noch jungen befallen, die oberseits erst gelbe, dann rostfarbene Flecke, „*ferrugen*" (Rost) genannt, bekommen. Bei stärkerem Befall vertrocknen die Blätter und fallen ab; in der Folge verkümmern die Früchte, vertrocknen auch Zweige und

Abb. 29. Kakaobaum, durch Thripsbefall entlaubt. Nach *Navel*.

Äste, und nach wiederholtem Befall vertrocknet der ganze Baum und stirbt ab (Abb. 29).

Die Thripse sind Tiere, die Wärme und eine verhältnismäßige Trockenheit lieben. Daher sind unbeschattete und austrocknenden Winden ausgesetzte Pflanzungen am meisten gefährdet. Ebenso treten die Schädlinge von der Mitte der Trockenzeit an stärker auf und nehmen mit Beginn der Regen wieder ab.

Gegenmittel sind Beschattung, Windschutz, Feuchthaltung des Bodens und allgemeine Kräftigung der Bäume. Als Spritzmittel sind alle gegen weichhäutige Insekten wirksamen anwendbar, z. B. Seife oder Nikotin, letzteres auch in Verbindung mit Kupferkalkbrühe. Sehr wirksam ist Schwefelkalkbrühe, die 1:20 bis 1:40 mit Wasser verdünnt wird.

Bohrkäfer und Bohrraupen. Wie an anderen tropischen Baumkulturen sind auch am Kakao Bohrkäfer häufig. Es sind hauptsächlich verschiedene Arten von Bockkäfern, deren Larven erst in der Rinde leben und sich dann in Äste und Stamm einbohren. Sie bevorzugen im allgemeinen trockener stehende Bäume und sind also in gewissem Sinn Schwächeparasiten, können aber doch, besonders bei starker Vermehrung, auch scheinbar gesund aussehende Bäume angreifen. Ihre Schädlichkeit beruht einerseits darin, daß die Larven vor dem Einbohren in den Stamm in der Rinde leben und dadurch die Saftzirkulation stören, andererseits werden stärker befallene Stämme so von Bohrgängen durchzogen, daß der ganze Baum geschwächt wird.

Die Bohrkäfer sind am Kaffee noch schädlicher als am Kakao. Daher sind dort auch die Bekämpfungsmethoden ausgearbeitet, die im Absammeln der Käfer, Ausschneiden der Larven oder Abtöten mit eingeführten Chemikalien oder Draht bestehen.

Von Arten am Kakao sind zu erwähnen: *Stenodontes downesi* (s. Abb. 34) auf São Thomé, *Tragocephala anselli,* in Belgisch-Kongo sehr schädlich, *T. maynei* und *T. buqueti,* ebenfalls in Belgisch-Kongo, *Moecha adusta,* in Kamerun und Belgisch-Kongo, *Phosphorus jansoni,* in Belgisch-Kongo, *P. gabonator,* neuerdings in Kamerun in Ästen von Kakao beobachtet und wie manche andere Bockkäfer auch an Kola.

Ganz ähnlich befallen auch Holzbohrkäfer, Bostrychiden, die Stämme und Äste, in die sich aber die fertigen Käfer selbst einbohren. Die wichtigste Art ist die weitverbreitete und an vielen Bäumen schädliche *Apate monacha.*

Wie die Bohrkäferlarven lebt auch eine Schmetterlingsraupe, *Zeuzera coffeae,* in Stamm und Ästen. Von Belgisch-Kongo ist noch eine andere Raupe, *Engyophlebus obesus,* von São Thomé *Eulophonotus myrmeleon,* mit gleicher Lebensweise beschrieben.

Engerlinge, Larven von Blatthornkäfern u. a. *Adoretus hirtellus* (Rutelide). Sie sind in Französisch-Westafrika schädlich, leben im Boden und fressen besonders in Saatbeeten und Neupflanzungen die Wurzeln an jungen Bäumchen an, was sich bald durch schlaffes Aussehen des Laubes bemerkbar macht. Man kann sie vielfach ausgraben und absammeln lassen. Durch Tetraemulsion in 1,5 bis 2prozentiger Lösung und Florium (1 l 3prozentiger Lösung je Baum) können sie im Boden abgetötet werden. Neuerdings wird auch Paradichlorbenzol in drei Löcher um jede Pflanze im Abstand von etwa 20 cm vom Stamm eingebracht.

Von tierischen Schädlingen sind noch zu erwähnen: Rüsselkäfer, *Alcides ashanticus, A. theobromae, A. erroneus,* deren Larven die jungen Zweige befallen, in Belgisch-Kongo.

Gelegentlich können auch Borkenkäfer und blattfressende Käfer und Raupen schädlich werden.

Blattläuse *(Toxoptera aurantii = Aphis coffeae)* und verschiedene Arten von Schildläusen sind zuweilen schädlich; von letzteren befallen einige Arten, wie *Stictococcus dimorphus* in Westafrika und Uganda, auch die Früchte.

Von den Fruchtfliegen, die an den großen Früchten des Kakaos eine geringere Rolle spielen als an manchen anderen, sind *Ceratitis capitata,* die sog. Mittelmeerfruchtfliege in Westafrika und Uganda, *C. punctata* in Uganda und *C. anonae* in Ostafrika beobachtet worden.

Schrifttum

Kakao

Briton-Jones, H. R., The diseases and curing of cacao. Macmillan, London 1934. 10, 161 S., 37 Abb.

Faber, F. C. von, Die Krankheiten und Parasiten des Kakaobaumes. Arb. Kais. Biol. Anstalt Bd. 7 (1910), S. 193—351, 49 Abb., 1 Doppeltafel

Zeller, T., Kakao. Wohltmann-Bücher, Band 1. Hamburg u. Leipzig 1925. 165 S., 4 Abb.

3. *Kola*

Die Kolabäume (*Cola nitida* u. a. Arten) sind im tropischen West- und Äquatorialafrika verbreitet, wo sie feuchte Wälder der Ebene bevorzugen und zum Teil mit der Ölpalme zusammen vorkommen. Ihre Kulturansprüche an Klima, Boden und Pflege stimmen weitgehend mit denen des Kakaobaumes überein, daher sind auch die Krankheiten und Schädlinge in der Hauptsache dieselben. Weil die Kolanuß aber fast nur Eingeborenenkultur ist, haben sie bisher nur wenig Beachtung gefunden.

Zu erwähnen wären von den stammbohrenden Bockkäfern *Phosphorus jansoni,* der an Kola häufig ist, und als Besonderheit ein Rüsselkäfer, *Balanogastris colae,* der die Samen zerstört (Abb. 30). Der von Guinea bis Kamerun verbreitete Käfer legt seine Eier in die jungen Nüsse ab, und die Larven fressen dann Gänge, die mit braunem Pulver erfüllt sind, im Fruchtfleisch. Das beste

Abb. 30.
Fraß von *Balanogastris colae* an Kolanuß.

Nach *Zacher.*

Mittel zur Bekämpfung ist wohl ein systematisches Entfernen aller befallenen Fruchtschoten aus der Pflanzung.

4. *Tee*

Die Teekultur hat in Afrika geringen Umfang und ist erst neuerdings in einiger Ausdehnung begriffen. Ihre klimatischen Ansprüche sind nicht eng begrenzt; insbesondere gedeiht der Teestrauch in verschiedenen Höhenlagen, wenn nur genügend Luftfeuchtigkeit vorhanden ist. Daher ist auch für die Qualität des Produktes der Boden (Waldboden) wichtiger als das Klima. Von Krankheiten und insbesondere von tierischen Schädlingen ist in den östlichen Teeländern eine sehr große Anzahl bekannt, was einesteils mit der Bedeutung der Plantagenkultur und der jahrzehntelangen Erforschung, andernteils damit zusammenhängt, daß Blatt- und Triebspitzenschädlinge überall häufig sind und beim Tee unmittelbar das Produkt treffen. Dabei sind die chemischen, an sich bequemen Bekämpfungsmittel vielfach nicht anwendbar. Zusammenfassende Beschreibungen der Krankheiten sind von *Petch* (1923), der Schädlinge von *Menzel* (1929) erschienen.

Aus Afrika liegen von Nyassaland Berichte vor. Dort spielen bisher verschiedene Wurzelkrankheiten und von Insekten nur die Teewanze, *Helopeltis,* ferner eine Spinnmilbe eine gewisse Rolle. Eine Zeitlang war eine Gelbsucht der Sträucher bedrohlich, die aber jetzt seit der Feststellung ihrer Ursache leicht behoben werden kann.

a. Wurzelfäulen

Die an den Wurzelkrankheiten beteiligten Pilze sind die allgemeinen Wurzelfäuleerreger der tropischen Baumkulturen. Im einzelnen kommen in Nyassaland vor: die *Armillaria*-Wurzelfäule, eine Naßfäule, am häufigsten; die braune Wurzelfäule, *Fomes noxius;* die Wurzelhalsfäule *(Ustulina),* stets sekundär als Folge anderer Krankheiten; die *Rhizoctonia*-Wurzelfäule an Sämlingen und eine von *Botryodiplodia theobromae,* einem sonst ein Zweigsterben verursachenden Pilz, herrührende innere Wurzelfäule, hauptsächlich an jungen Sträuchern.

Der Beschädigung durch Wurzelkrankheiten kann man in weitgehendem Maße vorbeugen, indem nur wurzelrein gerodetes Land bepflanzt wird und Bäume, welche zu diesen Krankheiten neigen, als Schattenbäume vermieden werden. So dürfen z. B. Albizzien nie länger als 8 bis 10 Jahre stehenbleiben, da ältere Bäume oft Wurzelkrankheiten haben; sie müssen sorgfältig mit der Wurzel entfernt und durch junge Bäume ersetzt werden.

b. Teewanze, *Helopeltis, mosquito blight, tea bug* (s. Abb. 2)

Die auch an Kakao und Baumwolle schädlichen Wanzen, von denen in Uganda, dem südwestlichen Hochland von Deutsch-Ostafrika und in Nyassaland *Helopeltis bergrothi* an Tee vorkommt, sind 6 bis 10 mm lang, schmal, lebhaft gefärbt und an einem Stachel auf dem Schildchen kenntlich und richten durch Zerstechen der Knospen, Blattstiele, Zweige und Stämme, wo auch die Eier abgelegt werden, erheblichen Schaden an. An den Stämmen verursachen sie eingesunkene, am Rande vernarbte Wundstellen, die man als Stammkrebs bezeichnet.

Als Bekämpfungsmethoden sind auf Java das systematische Absuchen der Wanzen, das aber direkt nach dem Schnitt und ehe die Wanzen zahlreich werden, geschehen muß, und das Spritzen mit 2prozentiger Seifenlösung nach dem Schnitt in Gebrauch. Später wurde (Tropenpflanzer 1934, S. 349), da diese Methoden nicht den gewünschten Erfolg hatten, eine Schnittmethode erprobt, bei der man einige aufrechtstehende Zweige stehen läßt und erst nach 4 bis 12 Monaten in 3 bis 4 Etappen herunterschneidet, wodurch die Sträucher weniger geschwächt und gegen Krankheiten widerstandsfähiger werden. In Ostafrika wird allgemein rechtzeitiges Absammeln der Wanzen, das am besten frühmorgens geschieht, empfohlen. Spritzungen, z. B. mit Pyrethrumextrakten, werden als schwer durchführbar angesehen. Der Teegarten muß von wilden Pflanzen, die die Wanzen beherbergen können, freigehalten werden; außerdem ist für Drainage und reichliche Luftzirkulation zu sorgen.

c. Blattschädlinge und Blattkrankheiten

Eine auch in Asien weitverbreitete Spinnmilbe, *Tetranychus bioculatus,* hat in Nyassaland einige Bedeutung erlangt und kommt auch in Ostafrika vor. Sie verursacht Blattdürre und Abfallen der Blätter und steht oft in Beziehung zu ungünstigen Bodenverhältnissen (Trockenheit). Da die Eier in Vertiefungen des Stammes abgelegt werden, wird empfohlen, den ganzen Strauch mit Schwefelmitteln zu bespritzen oder zu bestäuben, ehe die Milben selbst auf den Blättern erscheinen.

Von Schädlingen seien noch genannt: Borkenkäfer; zahlreiche blattfressende Raupen und Käfer, unter diesen in Nyassaland und Portugiesisch-Ostafrika besonders ein Rüsselkäfer, *Dicasticus mlanjensis;* Wanzen und Schildläuse; schließlich eine Termite, *Acanthotermes militaris,* die man durch Streuen von Pariser Grün um den Stamm abwehrt.

Von Blattkrankheiten kommen *gray blight, Pestalozzia theae,* und *brown blight, Glomerella cingulata,* die aber bis jetzt keine Bedeutung haben, neben anderen häufiger in Nyassaland vor.

Gefährlicher soll eine weitere Blattkrankheit, die mit Zweigsterben verbunden ist und von *Macrophoma theae* verursacht wird, sein. Man kann sie wie die vorgenannten mit Kupferkalkbrühe bekämpfen.

d. Gelbsucht, *tea yellows*

In Nyassaland war eine Krankheit stark verbreitet und schädlich, die als Gelbsucht auftritt und die Sträucher zum Absterben bringt. Die Blätter werden erst gelbfleckig, wobei die Adern noch grün bleiben, später blaßgelb und rollen sich ein. Weiterhin bleiben die Blätter klein und die Triebe kurz, schließlich fallen alle Blätter bis auf die jüngsten ab, und die Triebe sterben ab. Gewöhnlich tritt die Krankheit an den einzelnen Zweigen eines Strauches verschieden stark auf. Die Untersuchung ergab, daß es sich um eine Schwefelmangelkrankheit handelt, deren Ursachen wahrscheinlich in der Auswaschung des Bodens liegen. Das Absterben ist von dem Pilz *Macrophomina phaseoli (Rhizoctonia bataticola)* begleitet, der aber nicht die Ursache ist. Durch einfache Zufuhr von Schwefel, z. B. in Form von Düngesalzen, läßt sich die Krankheit leicht beheben.

Schrifttum

Tee

Menzel, R., De plagen van de thee in Nederlandsch-Indie (Java en Sumatra) en hare bestrijding. (Beknopt overzicht). Batavia 1929. 106 S., 8 Abb., 41 Taf.

Petch, T., The diseases of the tea bush. Macmillan, London 1923. 12, 220 S., 69 Abb., 3 Farbtaf.

5. *Tabak*

Der Tabakbau ist als einjährige Kultur in allen Ländern des warmen und gemäßigten Klimas seit mehr oder weniger langer Zeit verbreitet und hat demgemäß vielerlei Krankheiten und Schädlinge an allen Altersstadien der Pflanze. Es sind teils gemeinsame Krankheiten der Solanaceen, die am Tabak besonders wichtig werden, teils allgemeine Parasiten einjähriger Kulturen. Am verbreitetsten und zugleich als Beschädigungen der Blätter von wesentlicher Bedeutung sind einige Virus- und Bakterienkrankheiten, während Insekten als Schädlinge in den Saatbeeten und, vielfach dieselben Arten, an älteren Pflanzen durch Blattfraß gefährlich werden können. Auch der getrocknete Tabak wird stark von Insekten befallen. Bearbeitet sind die Krankheiten und Schädlinge vorwiegend in den großen Anbaugebieten von Nordamerika und Niederländisch-Indien, wobei die Veröffentlichungen aus dem Osten den afrikanischen Verhältnissen am meisten entsprechen. Auch aus Afrika, insbesondere dem südlichen und südöstlichen, liegen viele Berichte vor.

a. Viruskrankheiten

Die Tabakpflanze wird von verschiedenen Viruskrankheiten befallen. Die wichtigste und bekannteste davon ist die in allen Anbaugebieten vorkommende Mosaikkrankheit (Abb. 31). Ihre Anzeichen wechseln stark, je

Abb. 31. Tabakmosaik. Aus *K. M. Smith*, 1937.

nach Alter der Pflanze, Sorte usw. An jungen Pflanzen zeigt sich ein leichtes Kräuseln und Gelbwerden der Spitzenblätter, später tritt eine zunehmende Fleckung von Hell- und Dunkelgrün ein und durch ungleichmäßiges Wachstum Aufbeulungen und Verbiegungen der Blätter. Auch am fermentierten

Blatt sind noch kleine dunkle Punkte und Streifen sichtbar. Der Schaden der Krankheit liegt sowohl in einer Ertragsminderung als auch in der Verschlechterung der Qualität, besonders bei Deckblättern, da die kranken Blätter ungenügend ausreifen und brüchig werden.

Die Krankheit befällt alle Arten und Sorten von Tabak, auch andere Solanaceen, und ist äußerst infektiös; das Virus ist sehr lange haltbar und wird auch durch Fermentation nicht zerstört. Übertragen wird es durch Blattläuse und unmittelbar durch den Saft usw. auf kleinste Verletzungen der Blätter, auch vom Boden aus in den Saatbeeten, jedoch nicht durch die Samen. Die Bekämpfung hat daher besonders beim Umpflanzen aus den Saatbeeten einzusetzen, das mit größter Reinlichkeit geschehen muß. Ebenso müssen die Messer beim Beschneiden der Pflanzen öfter desinfiziert werden. In den Saatbeeten können die Blattläuse durch Spritzen mit Insektiziden unterdrückt werden; stark verlauste Beete werden am besten vernichtet. Das Vernichten der befallenen Pflanzen und aller Abfälle in den Pflanzungen sind auf Mauritius gesetzlich vorgeschrieben und das Kultivieren von Schößlingen verboten.

Eine Viruskrankheit ist auch die Kräuselkrankheit oder Blattrollkrankheit, die in verschiedenen Formen auftritt und als *leafcurl, crinkle, crinkly dwarf,* in Java als *kroepoek* bezeichnet wird; sie ist in Mittel- und Südafrika weitverbreitet. Die Blätter sind dabei stark deformiert und an den Rändern eingerollt. Die Krankheit tritt im Gegensatz zur Mosaikkrankheit mehr vereinzelt auf, auch bleibt der Schaden durch die Qualitäts- und Ertragsminderung meist gering. Die Übertragung geschieht durch Mottenschildläuse, wahrscheinlich *Bemisia gossypiperda.* Eine besondere Form der Kräuselkrankheit ist die „Kohlkopfkrankheit" *(frenching* oder *cabbaging)* in Nyassaland *(Nyasaland Bull.* 1932*).* Stärkeres Auftreten wird neuerdings aus Südafrika gemeldet, leichteres aus Nigeria. Zur Bekämpfung werden Beseitigung der Ernterückstände, gute Bodenbearbeitung und Düngung empfohlen.

Als *Kromneck* oder *Kat-River-disease* wird eine in Südafrika und später in Rhodesien beobachtete welkeähnliche Viruskrankheit mit sehr variablen Symptomen bezeichnet, die teilweise schwere Schäden verursacht. Bei Sämlingen wird das ganze Wachstum gehemmt, bei älteren Pflanzen hängen die Blätter tief herab, auch tritt eine Drehung auf, so daß sich die Stellung der Blattober- und Blattunterseite umkehrt; die Spitze der Stengel ist oft rechtwinklig abgebogen. Übertragen wird die Krankheit durch einen Blasenfuß, *Frankliniella sp.* Für die Bekämpfung ist die Auswahl des Zeitpunktes der Aussaat und des Auspflanzens wichtig.

Die in Südafrika auftretende Ringfleckigkeit *(ring spot)* ist eine Viruskrankheit, bei der von einem Mittelpunkt ausgehende kreisrunde Flecken, die von nekrotischen Linien oder Bändern umsäumt werden, auf den Blättern entstehen. Das übertragende Insekt ist nicht bekannt.

b. Bakterielle Blatt- und Stengelkrankheiten

Eine bakterielle Blattfleckenkrankheit ist das „Wildfeuer", Bakterienbrand, *wild fire* (Abb. 32), das von *Pseudomonas tabaci (Bacterium tabacum)* verursacht wird. Der Name bezieht sich auf die außerordentlich schnelle Ausbreitung der Krankheit auf den Feldern von einzelnen erkrankten Pflanzen aus. Auf den Blättern treten rundliche, chlorotische Flecke von ½ bis 1 cm

Abb. 32. Wildfeuerkrankheit an Tabak.

Nach *Stapp*.

Durchmesser auf, die bald in der Mitte braun werden. Sie vergrößern sich dann und sind von einem durchscheinenden, wäßrig-weichen Rand umgeben; bei weiterer Ausdehnung fließen sie zusammen und bilden größere, rasch austrocknende Stellen auf dem Blatt, das dann bei Regen und Wind zerreißt. Die seit 1917 bekannte Krankheit hat sich rasch verbreitet und ist schon nach wenigen Jahren in Rhodesien und Südafrika aufgetreten. Da die Infektionen im Feld meist von verseuchten Sämlingen ausgehen, sind nur völlig gesunde Sämlinge auszupflanzen. Frühzeitig und stark befallene Felder müssen umgepflügt und mehrere Jahre von Tabak frei gelassen werden. Die Anfälligkeit der Sorten ist sehr verschieden; man versucht daher, durch Züchtung resistenter Sorten der Krankheit Herr zu werden. Gegen die Übertragung durch Samen ist Beizung mit Formalin üblich.

In verschiedener Hinsicht dem Wildfeuer ähnlich ist eine andere bakterielle Blattfleckenkrankheit, der schwarze Bakterienbrand oder die eckige Blattfleckenkrankheit *(blackfire, angular leaf spot),* von *Bacterium angulatum (Pseudomonas angulata)* verursacht*. Die anfangs schwarzen, dann gelben oder rotbraunen, mit dunklerem Rand umgebenen Flecke sind unregelmäßig eckig und im Durchschnitt 4 mm groß, also kleiner als beim Wildfeuer, und trocknen wie bei diesem ein und können herausfallen. Die ursprünglich amerikanische Krankheit kommt in den südafrikanischen Anbaugebieten und in Nordafrika vor. Sie tritt ebenfalls schon in den Saatbeeten auf. Widerstandsfähige Sorten sind nicht bekannt. Samenbeizung mit Formalin oder Sublimat wird auch gegen diese Krankheit empfohlen.

Eine dritte Bakterienkrankheit des Tabaks ist die besonders aus Niederländisch-Indien bekannte, im afrikanischen Bereich bisher nur in Südafrika und auf Mauritius beobachtete Schleimkrankheit (oder Schwarzbeinigkeit), *slime disease, tobacco wilt, Granville wilt,* die von *Pseudomonas solanacearum* verursacht wird. Die Schleimfäule ist eine Stengelkrankheit, die auch die Kartoffel und die Tomate befällt. Die Infektion geht meist von den Blättern aus, das Laub wird früh gelb und stirbt ab, oder es welkt plötzlich, auch die Stengel welken und schrumpfen. Im Stengel sind die Gefäße erst braun gefärbt und dann mit Bakterien angefüllt, die auf frischen Querschnitten als schmutzig-weiße oder bräunliche Schleimtröpfchen hervortreten. Die Bekämpfung geschieht durch Auspflanzen nur gesunder Sämlinge, Sterilisieren der Saatbeete und Fruchtwechsel.

Als weitere Bakterienkrankheit kommt an Tabak noch eine Weichfäule, die sonst hauptsächlich an Mohrrüben auftritt und von *Bacillus carotovorus* verursacht wird, vor (Nyassaland, Mauritius). Nach dem charakteristischen Merkmal, dem Hohlwerden der Stengel, wird die Krankheit als *„hollow stalk“* bezeichnet. Wegen der leichten Übertragbarkeit müssen kranke Pflanzen sofort vernichtet werden.

c. Pilzkrankheiten

Als Froschaugenflecke, *frog eye disease, white speck,* wird eine Krankheit bezeichnet, die z. T. auch für nichtparasitär gehalten wurde, aber von *Cercospora nicotianae* verursacht wird. Es entstehen kleine, rotbraune oder einige Millimeter große blaßbraune und dunkler umrandete Flecke auf den Blättern; größere, 1 bis 3 cm messende Flecke desselben Pilzes mit feinen konzentrischen Linien werden als „roter Rost“ bezeichnet. Im allgemeinen macht der Pilz, der schon im Saatbeet auftreten und auch in den Scheunen noch

* Nach späteren Untersuchungen liegt bei beiden Krankheiten derselbe Erreger vor.

weiterwachsen kann, keinen wesentlichen Schaden. Ortswechsel für die Saatbeete, Sterilisieren der Saatbeetdecken mit Formalin oder heißem Wasser, scharfe Auslese der Sämlinge und nötigenfalls frühes Pflücken der kranken Blätter verhindern die Ausbreitung der Krankheit, die in Afrika besonders in Rhodesien und Nyassaland auftritt.

Ähnliche Flecke werden auch von *Phyllosticta-* und *Alternaria-Arten* verursacht (Rhodesien).

Der Tabakmehltau, *mildew, white mould, white rust,* der kleine weiße Flecken und größere schimmelartige Überzüge auf den Blättern bildet, wird von *Oidium tabaci (Erysiphe cichoracearum)* hervorgerufen und kommt in Ost- und Südafrika und auf Madagaskar vor und kann gelegentlich zu erheblichen Schäden führen. Rechtzeitiges Abernten der erstbefallenen Blätter wirkt der Ausbreitung der Krankheit entgegen; zur Bekämpfung ist Einbringen von Schwefel in den Boden mit Erfolg versucht worden.

In Südafrika tritt auch die Tabakwelke *(wilt),* die von *Fusarium oxysporum v. nicotianae* verursacht wird, auf. Befallene Pflanzen zeigen eine Bräunung der Blätter in Flecken und Streifen, Wachstumshemmung, Hängen des Spitzentriebes und braune Streifen am Stengel; die Krankheit tritt schon in den Saatbeeten auf. Da der Pilz im Boden lebt und die Wurzeln befällt, kann die Krankheit nur durch Verbrennen aller kranken Pflanzen, lang ausgedehnten Fruchtwechsel und Anbau widerstandsfähiger Sorten bekämpft werden.

Als Welkekrankheit äußert sich auch der falsche Mehltau des Tabaks *(Lanas-*Krankheit in Niederländisch-Indien*)*, der von *Phytophthora nicotianae* verursacht wird. Auf den Saatbeeten werden die Blätter schmutziggraugrün und zerfallen in eine schlammige dunkelgrüne Masse, die den Boden bedeckt. Bei größeren Pflanzen entstehen unregelmäßig begrenzte Blattflecken, die abwechselnd hell und dunkel gezont sind und am Rande einen braunen Saum zeigen; außerdem führt der Pilz auch eine Stengelfäule herbei. Die Krankheit, die sich sehr schnell ausbreitet, ist z. B. in Kamerun beobachtet worden; sie wird durch Spritzen mit Kupferkalkbrühe und Anbau widerstandsfähiger Sorten bekämpft.

Keimlingskrankheiten (Umfallen der Keimpflanzen) in den Saatbeeten und Stengelfäulen (Schwarzbeinigkeit) an älteren Pflanzen werden wie bei anderen Kulturen durch *Rhizoctonia solani, Pythium de Baryanum, Sclerotium rolfsii* und andere Pilze hervorgerufen. Zu ihrer Bekämpfung hat sich Kupferkalkbrühe bewährt.

Als nichtparasitären Ursprungs werden noch einige Krankheiten betrachtet, so z. B. zwei auf Mauritius vorkommende Blattfleckenkrankheiten, eine Braun- und eine Weißfleckigkeit. Weiße Flecke an hellgrünen und rote Flecke an dunkleren Blättern, letztere als Rotrost bezeichnet, werden in Südafrika als Folge von Phosphormangel angesehen. Ebenso wird auch eine der eckigen Blattfleckenkrankheit ähnliche Krankheit *(blackfire)* in Rhodesien als nichtparasitär angesehen. Als nichtparasitär gilt auch eine der Kräuselkrankheit ähnliche Krankheit in Rhodesien, die dort als *„frenching"* bezeichnet wird; in Amerika wird das *„frenching"* auf Stickstoffmangel zurückgeführt.

d. Tierische Schädlinge

Als Stengelbohrer, *stem-borer,* ist an jungem Tabak die kleine weißliche Raupe der braunen Motte von *Phthorimaea heliopa (Gnorimoschema h.)*

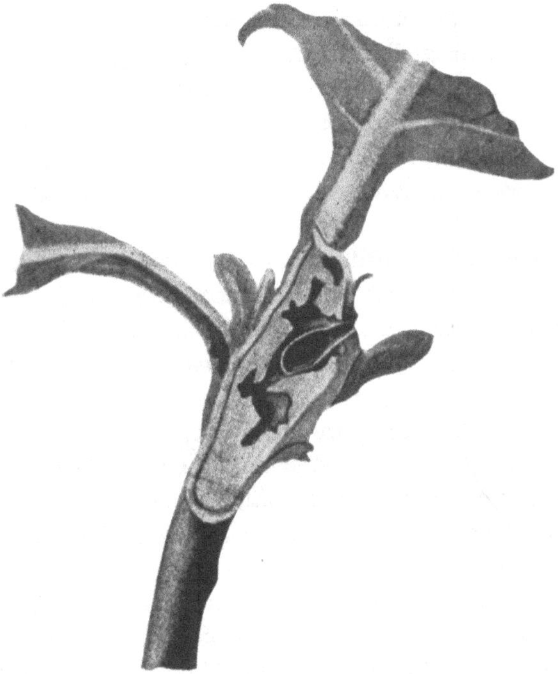

Abb. 33. Tabakstengelbohrer *(Phthorimaea heliopa).* Puppe im Stengel. $^{2}/_{3}$ natürl. Größe. Nach *Jensen.*

schädlich. Die Raupe frißt im Stengel und verursacht dadurch eine Anschwellung desselben, in der sie sich verpuppt (Abb. 33). In Indien bekämpft man sie durch Ausschneiden der Knötchen mit einem Messer.

Die als Kartoffelmotte, *potato tuber worm,* in warmen Ländern allgemein verbreitete Motte *Phthorimaea operculella* befällt vielfach auch die Blätter und Stengel des Tabaks *(slit worm, tobacco leaf miner).* Die Eier werden an die Blätter abgelegt, und die Raupen fressen Minen in diesen, besonders den unteren, die dadurch als Deckblätter unbrauchbar werden; außerdem fressen die Raupen auch Gänge in den Stengeln unter der Oberhaut. Die Bekämpfung geschieht durch gründliche Reinigung der Felder nach der Ernte oder auch durch Bespritzen mit Arsenmitteln.

Blattschädlinge sind neben Heuschrecken hauptsächlich blattfressende Raupen von Arten, die vielerlei verschiedene Pflanzen befallen. Eine der wichtigsten ist die dunkelbraune Raupe von *Prodenia litura,* eine Eulenraupe, die vielfach auch als „Baumwollwurm" ungemein schädlich ist; die Verpuppung findet wie bei den verwandten Eulenarten im Boden statt. Sie tritt an Tabak stark in Ägypten, Nyassaland und Mauritius, weniger in Rhodesien auf. Der Tabak wird in jedem Alter von ihr befallen; am stärksten ist der Schaden an jungen Blättern, weil kleine Löcher in sie gefressen werden, die sich beim Wachsen stark vergrößern.

An jungem Tabak sind außer derartigen Erdraupen noch Grillen, z. B. die afrikanische Maulwurfsgrille, *Gryllotalpa africana,* schädlich.

Ähnlich wie die Erdraupen fressen Tenebrioniden (Dunkelkäfer)-Larven die Stengel jüngerer Pflanzen ab. Es sind auch sonst schädliche Arten von *Gonocephalum* (s. u. Kaffee), *Trachynotus* und *Psammodes,* die z. T. als Drahtwürmer bezeichnet werden. Die ersteren sind durch Giftköder leicht zu vertilgen.

Unter den blattfressenden Käfern sind die dicken, buckligen Larven eines kleinen Criocerinen, *Lema bilineata, tobacco slug,* in Südafrika besonders schädlich. Den Larven stellen Ameisen nach; zur direkten Bekämpfung wird Absammeln, Spritzen mit Bleiarsenat, Stäuben mit Bleiarsenat oder Kalkstaub angewendet.

Kräuselung der Blätter und andere Vernarbungen, die das Wachstum hemmen, auch an den Stengeln, werden in Rhodesien durch das Saugen einer Wanze, *Engytatus volucer (tobacco capsid),* verursacht. Durch frühes Pflanzen wird der Schaden vermindert, weil die Pflanzen dann schon größer sind, wenn der Befall im April einsetzt.

Die krankheitsübertragenden saugenden Insekten (Blattläuse, Mottenschildläuse) und Blasenfüße rufen in Afrika meist keine unmittelbaren stärkeren Schäden hervor. Aus Madagaskar wird über eine „Braunfilzigkeit" der Blätter, die von Aleurodiden befallen waren, berichtet; durch die Saugtätigkeit von Blasenfüßen entstehen auf den Blättern kleine weiße Flecken, die sich vergrößern und zusammenfließen; bei starkem Befall werden die Blätter braun und vertrocknen. Zur Bekämpfung sind Nikotinseifenlösungen geeignet.

Die Wurzelälchen, *Heterodera radicicola (H. marioni),* sind an Tabak verhältnismäßig wenig schädlich. Stärkeres Auftreten ist z. B. aus Rhodesien und Nyassaland bekannt; in solchen Fällen muß mit dem Tabakbau ausgesetzt werden.

Im warmen Klima sind auch die Schäden durch Insekten an trockenem und verarbeitetem Tabak sehr bedeutend. Die Hauptrolle spielt hier ein Spezialschädling des Tabaks, der allgemein verbreitete Tabakskäfer *Lasioderma serricorne,* ein 2 bis 4 mm großer eiförmiger und stark gewölbter Käfer von gleichmäßiger brauner Farbe und fein behaart. Seine Larven fressen im Tabak und verpuppen sich auch darin; ihre Anwesenheit in Tabakwaren wird durch feine Löcher in der Umhüllung bemerkbar. Die Bekämpfung geschieht durch Desinfektion mit Schwefelkohlenstoff oder Blausäure.

Außer dem Tabakskäfer befällt der amerikanische Reismehlkäfer, *Tribolium confusum,* den Tabak; erhebliche Beschädigungen an frischen Ballen sind in Rhodesien beobachtet worden. Sehr große Schäden sind vor einigen Jahren im Tabakhandel auch durch Befall afrikanischen Tabaks mit der Heu- oder Kakaomotte, *Ephestia elutella,* entstanden. In Ostafrika ist außerdem die Raupe einer kleinen Motte, *Ereunetis xenica* (Tineide), an getrocknetem Tabak beobachtet worden; sie verzehrt die Blätter und verwandelt dabei die ganze Masse in ein braunes Kotmehl.

Schrifttum

Tabak

Böning, K., Die wichtigsten Krankheiten des Tabaks. Nachr. Schädlingsbek. Bd. 11 (1936), S. 53—86, 24 Abb.

Jensen, H., Ziekten van de tabac in de Vorstenlanden. Meded. Proefstation Vorstenlandsche Tabak No. 40 (1921), 12 u. 171 S., 36 Abb., 59 Taf.

IV. SCHÄDLINGE DES KAUTSCHUKS

1. Hevea

Hevea brasiliensis, der Para-Kautschukbaum, hat seine Heimat in den Wäldern des Amazonasgebietes und ist daher wie der Kakaobaum in seiner Konstitution auf ein warmes und zugleich feuchtes Klima eingestellt. Die Großkultur hat sich nach Südasien verlagert, wo in Malaya etwa die Hälfte, in Niederländisch-Indien ein Viertel der Weltproduktion an Kautschuk erzeugt wird, während Afrika bisher nur recht wenig daran beteiligt ist. Als Anbauländer wären hier zu nennen: Uganda, Belgisch-Kongo und Westafrika. Die östlichen Tropen sind dadurch begünstigt, daß die südamerikanische Blattfallkrankheit, *Melanopsammopsis ulei,* dort nicht vorkommt, die in Britisch-Guayana und Surinam den plantagenmäßigen Anbau unmöglich gemacht hat. Es ist eine Krankheit, welche Entlaubung und bei mehrfacher Wiederholung Zweigsterben zur Folge hat, wie dies von der Hemileia am arabischen Kaffee bekannt ist. In Malaya ist die Erforschung der Heveakrankheiten am weitesten fortgeschritten und hat auch ganz wesentliche Erfolge bei ihrer Bekämpfung ermöglicht. Das dort entstandene neuere zusammenfassende Werk von *A. Sharples* (1936) über die Krankheiten und Schädlinge des Kautschukbaumes muß auch für Afrika, woher noch nicht gerade viel darüber bekanntgeworden ist, die Grundlage unserer Kenntnisse abgeben. Es zeigt, was auf die Dauer an Krankheiten zu erwarten ist; es zeigt aber auch, was man unter sonst geeigneten Kulturbedingungen in deren Bekämpfung erreichen kann.

Dem Klima entsprechend tritt, wie beim Kakaobaum, und zwar noch mehr als bei diesem, die Bedeutung der tierischen Schädlinge zurück gegenüber den von Pilzen verursachten und nichtparasitären Krankheiten. Es sind insbesondere Wurzelfäulen mit ihrer engen Abhängigkeit von Feuchtigkeit, Bodenbeschaffenheit, Gesundheitszustand und Alter der Bäume, sodann Krankheiten der Zapfflächen und in geringerem Maße Stamm- und Blattkrankheiten. Von den letzteren ist der im Osten so wichtige neue Mehltau, *Oidium heveae,* seit einem Jahrzehnt auch nach Uganda vorgedrungen. Unter den tierischen Schädlingen ist in Südasien die Kautschuktermite *Coptotermes curvignathus (= Termes gestroi)* der wichtigste, außerdem kommen Bohrkäfer, blattfressende Insekten und Engerlinge in Frage. Daß aus Afrika noch nicht viel zu berichten ist, hängt wohl mehr mit dem geringeren Umfang der Kultur und daher ungenügender Erforschung als mit geringerem Auftreten von Krankheiten und Schädlingen zusammen. Weitere Untersuchungen sind daher bei der zu erwartenden Ausdehnung der Kultur dringend erwünscht.

a. Wurzelfäulen

Die bei Kakao beschriebenen Wurzelpilze kommen in gleicher Weise auch an Hevea vor. Im einzelnen ist bisher folgende Verbreitung an Hevea in Afrika bekannt:

Hallimasch-Wurzelfäule, *Armillaria mellea,* in Uganda;

Braune Wurzelfäule, *Fomes noxius (F. lamaensis),* in Belgisch-Kongo;

Weiße Wurzelfäule, *Rigidoporus microporus (Fomes lignosus),* an der Elfenbeinküste, in Belgisch-Kongo;

Wurzelhalsfäule, *Ustulina zonata (U. deusta),* in Belgisch-Kongo und in Kamerun;

Rhizoctoniawurzelfäule, *Macrophomina phaseoli,* in Uganda;

Rote Wurzelfäule, *Ganoderma pseudoferreum, red root disease,* in Belgisch-Kongo;

Sphaerostilbe repens, stinking disease, in den östlichen Tropen von Tee und Hevea bekannt, in Belgisch-Kongo. Am fauligen Geruch und schwarzen Rhizomorphen zwischen Rinde und Holz kenntlich.

Einiges Nähere über die Wurzelfäulen ist schon bei Kakao angegeben. Hier ist noch zu erwähnen, daß die weiße und die braune Wurzelfäule sich im Verlaufe sehr ähnlich verhalten und daß die rote Wurzelfäule in Malaya als eine der häufigsten bekannt ist, die Bäume jeden Alters befallen kann, aber insbesondere in alten Pflanzungen auftritt, wo sie der wichtigste Faktor beim Absterben alter Bäume ist. Sie verbreitet sich nicht durch den Boden, sondern von Wurzel zu Wurzel durch Berührung. *Sharples* hebt hervor, welche Bedeutung einer frühzeitigen Behandlung zukommt, um die Pflanzungen dauernd gesund zu erhalten, und betont, daß man, solange nur Seitenwurzeln leicht befallen sind, diese abhauen und vollständig entfernen kann. Bei Hevea ist auch zu beachten, daß kriechende Deckpflanzen die Wurzelfäulen begünstigen, weil sie die Bodenoberfläche dauernd feucht erhalten. Für die praktische Behandlung der Einzelfälle muß im übrigen auf *Sharples'* eingehende Darstellung verwiesen werden.

b. Rindenbräune, *brown bast, bruine binnenbast*

Die Rindenbräune ist eine nichtparasitäre, mit allzu starkem Zapfen in Beziehung stehende Krankheit. Sie beginnt mit leichter Verfärbung der Rinde durch bräunliche Flecke an den Zapfschnitten und führt zum Aufhören der Milchsaftproduktion und Sukkulentwerden der Rinde durch Wasseransammlung. Ein Zusammenhang mit den Niederschlägen besteht insofern, als genügend Regen fallen muß, damit ausreichend Milchsaft gebildet wird. Die in den östlichen Ländern schon lange bekannte Krankheit ist bisher einmal auch in Belgisch-Kongo beobachtet worden. Die Behandlung besteht, nachdem sich die nichtparasitäre Natur der Krankheit herausgestellt hat, im Aussetzen des Zapfens, bis in 3 bis 4 Wochen die Symptome verschwunden sind, und in der Beschränkung der Länge der Zapfschnitte.

Eine Rindenfäule, die in Uganda vor einem Jahrzehnt stärker auftrat, erscheint in Form langer eingesunkener Flecken nahe der Zapfstelle und ist von verschiedenen Pilzen begleitet, von denen sich *Fusarium merismoides (F. udum)* als stark infektiös erwies. Sie befällt Bäume, die durch unvorsichtiges Zapfen geschwächt sind, und kann bis zum Absterben mitleidender Zweige führen.

Die als *„black stripe"* in Südasien bekannte Rindenfäule, die sich durch senkrechte, schwarze, von den Zapfstellen ausgehende Streifen oberhalb der Zapfwunden bemerkbar macht und bei längerer Dauer die sich erneuernde Rinde zum Absterben bringt, ist in Afrika noch nicht aufgetreten. Sie muß aber erwähnt werden, weil sie von *Phytophthora palmivora* herrührt, demselben Pilz, der in Westafrika Braunfäule und Rindenkrebs an Kakao verursacht.

c. Heveamehltau, *Oidium heveae*

Der Pilz ist dadurch interessant, daß er erst seit 1918 bekannt ist, wo er zuerst in West-Java auftrat. Weitere Beobachtungen sind: 1925 in Ceylon und in Malaya, 1929 in Sumatra, dagegen nicht in Indien und Birma. Schon 1921 wird über das Auftreten, 1927 über weite Verbreitung in Uganda und Schädlichkeit bei feuchtem Wetter berichtet; spätere Nachrichten aus Afrika liegen aber nicht vor. Praktisch handelt es sich um eine Blattfallkrankheit an jungen Blättern, die sich infolge des Befalls kräuseln und verfärben und dann bald abfallen. In Malaya wurden auch die Blüten befallen. Zu lebhaftem Wachstum des Pilzes soll eine Temperatur nicht unter 13° und nicht über 17° C und Luftfeuchtigkeit nicht unter 75 bis 80 v. H. erforderlich sein. Der Schaden des Pilzes liegt in der Störung und dem Verlust der Blattätigkeit, wodurch die Milchsaftbildung verringert und der Baum, insbesondere bei wiederholtem Blattverlust, geschwächt wird. In den östlichen Ländern waren die Schäden bald so groß, daß man zur Bekämpfung der Krankheit schreiten mußte. Da der Schwefel ein Mittel gegen Mehltaupilze ist, wurde seine Anwendung mit Motorverstäubern, die teilweise auch aus Deutschland bezogen wurden, eingeführt und ist jetzt im einzelnen so durchgearbeitet, daß man der Krankheit mit sicherem Erfolg begegnen kann.

Als Ursache eines abnormen Blattfalles ist auch ein falscher Mehltaupilz, *Phytophthora meadii*, bekannt. Wir erwähnen ihn, weil ein Blattfall mit Spitzendürre, der diesem oder einem ähnlichen Pilz zugeschrieben wurde, in Belgisch-Kongo beobachtet worden ist.

d. Tierische Schädlinge

Von tierischen Schädlingen ist aus Afrika insbesondere der Bockkäfer, *Stenodontes downesi* (Abb. 34), ein breiter, glänzend dunkelbrauner Käfer,

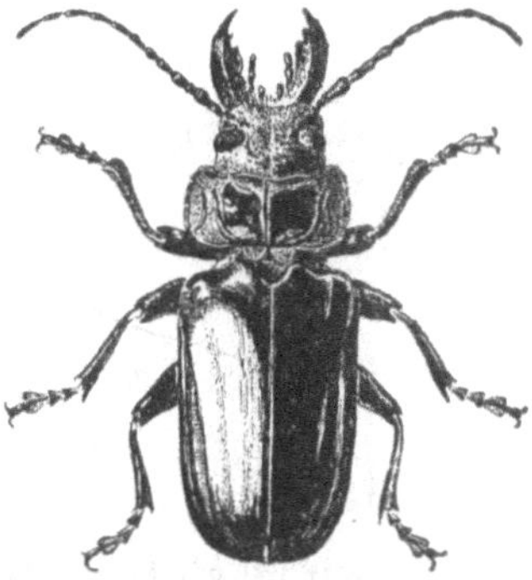

Abb. 34.
Bockkäfer (Stammbohrer), *Stenodontes downesi.*

Natürl. Größe.
Nach *Morstatt.*

bekannt, der in Belgisch-Kongo nicht unerheblich schädlich auftrat; außer direktem Schaden begünstigen seine Fraßgänge Windbruch. In Uganda wurden Borkenkäfer, aber nur an geschwächten Bäumen, beobachtet. In absterbenden und toten Bäumen sind solche Käfer überall häufig.

Schrifttum

Kautschuk

Sharples, A., Diseases and pests of the rubber tree. Macmillan, London 1936. 15, 480 S., 113 Abb., 4 Taf.

V. SCHÄDLINGE DER NAHRUNGSMITTELPFLANZEN

1. Getreide

A. Mais

Der Mais braucht reichliche Feuchtigkeit für Keimung und Wachstum und dann ein möglichst warmes Sommerklima zur Reife. Da er nur gegen Kälte empfindlich ist, hat er ein klimatisch ungemein ausgedehntes Anbaugebiet. Die Krankheiten und Schädlinge gehören mit mehr oder weniger spezialisierter Anpassung in dieselben Gruppen wie bei den übrigen Gramineen und sind auch in Afrika nur in Einzelheiten der Arten und der Schädlichkeit von denjenigen anderer Kontinente verschieden. Wichtig sind darunter Erdraupen am jungen Mais, Blatt- und Kolbenschädlinge; in der Ausdehnung begriffen ist eine noch nicht sehr lange bekannte Viruskrankheit. Die meisten Schäden lassen sich durch entsprechende Kulturmaßnahmen verhüten oder weitgehend einschränken, daher die Kultur in Afrika im ganzen, wenn die Regen nicht ausbleiben, sehr sicher ist.

a. Krankheiten

Die Streifenkrankheit (Abb. 35), deren Virus mit dem der gleichnamigen Krankheit des Zuckerrohres identisch ist, zeigt sich am Mais als ausgesprochene Chlorose der Blätter in schmalen, ½ bis 1 mm breiten unterbrochenen Streifen parallel zu den Adern, die auch seitlich zusammenfließen können. Im durchscheinenden Licht sind die kranken Stellen mattgelb gegenüber dem dunklen Grün der übrigen Blattfläche. Die Krankheit beginnt mit zerstreuten, fast farblosen kleinen Flecken an den jüngsten Blättern. Überträger sind die beim Zuckerrohr erwähnten Kleinzikaden, *Cicadula mbila, C. zeae* und *C. nicholsi.* Ursprünglich aus Natal bekannt, wo sie zu Ende des vorigen Jahrhunderts die Maiserträge stark herabsetzte, ist die Krankheit jetzt in Afrika weitverbreitet und geht nach Norden bis Ägypten. Da keine immunen Sorten bekannt sind, ist sie nicht durch Züchtung zu bekämpfen, kann aber durch Einschalten von Pausen im Maisbau und Beseitigung nachgewachsener Pflanzen eingeschränkt werden. Höhere Lagen sind verhältnismäßig frei von der Krankheit.

Eine Blattkrankheit mit starkem Blattfall *(white blight)*, die auch an anderen Körnerfrüchten vorkommt und in Afrika z. B. auf Sorghum übergehen kann, wird von *Helminthosporium turcicum* verursacht (Ost- und Westafrika). Die Blätter bekommen chlorotische Flächen mit braunem Rand, die sich ständig vergrößern. Bodenerschöpfung durch fortgesetzten Anbau ist die häufigste Ursache starken Auftretens der Krankheit.

Abb. 35. Streifenkrankheit an Mais. Aus *K. M. Smith*, 1937.

Als Rostkrankheit der Blätter kommt in Afrika *Puccinia sorghi (P. maydis)*, teilweise als roter Rost und Rost der Sorghumhirse und als brauner Maisrost unterschieden, vor, z. B. in Uganda, Madagaskar, Südafrika.

Die allgemein verbreitete Trockenfäule der Maiskolben, *ear rot, dry rot disease, anthracnose des feuilles*, die von *Diplodia zeae* herrührt, spielt in Südafrika eine größere Rolle. Die Kolben werden vom Grunde oder von der Spitze aus befallen; die Körner sind dann unter den Hüllblättern von grauem Myzel überzogen, bei leichterem Befall nur an der Basis mit Myzelbelag oder auch grau bis dunkler verfärbt und mehr oder weniger geschrumpft. Auf den Blattscheiden entstehen rötliche Flecke, von denen aus der Pilz auf die Mittelrippe und auf die Stengelknoten übergehen kann. Bei Aussaat kranker Körner können schon die Sämlinge zum Teil zugrundegehen. Der Pilz ist giftig, weshalb befallene Felder nicht beweidet werden dürfen, sondern abgebrannt werden müssen; auch das Mehl ist bei stärkerem Befall giftig. Die Bekämpfung geschieht durch Fruchtwechsel (nur alle 4 oder 5 Jahre Mais), Saatgutprüfung und Saatbeizung. Eine andere Kolbenfäule, *pink ear rot*, von *Gibberella saubinetii* verursacht, ist z. B. in Kenya schon länger bekannt. Der Pilz bringt ebenso Verluste durch Samenfäule im Boden und Keimlingskrankheit.

Der Kopfbrand der Mohrenhirse, von *Sorosporium reilianum (Ustilago r.)* hervorgebracht, befällt auch den Mais (Rispenbrand, *tassel or head smut*) und zeigt sich hauptsächlich an der Zerstörung der männlichen Rispen. Er scheint an Mais besonders in Kenya verbreitet, in Tanganyika dagegen seltener zu sein und kommt auch in Südafrika vor. Zur Verhütung des Befalls wird dreijährige Fruchtfolge empfohlen. Vom eigentlichen Maisbrand oder Beulenbrand, *Ustilago zeae (U. maydis)* (Abb. 36), der große Wucherungen an der ganzen Pflanze und besonders an den Kolben erzeugt, wurde früher angenommen, daß er nicht in Afrika vorkomme; er ist aber im Laufe der Zeit sowohl an der Goldküste als auch

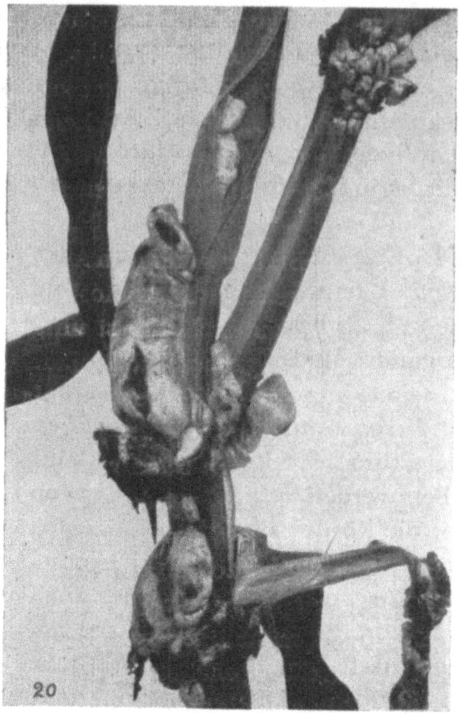

Abb. 36. Maisbrand. Nach *Doidge,* 1929.

an der Elfenbeinküste und in Südafrika beobachtet worden. Schäden werden durch frühzeitiges Ausschneiden der Brandbeulen, in schweren Fällen durch Fruchtwechsel bekämpft.

Durch Stengel- und Wurzelfäulen, u. a. durch *Fusarium moniliforme* verursacht, entstehen, besonders auf sauren und sandigen Böden in Kenya, sehr große Schäden.

b. Tierische Schädlinge

Von den Stengelbohrern, die vielfach auch auf die Kolben übergehen, ist der wichtigste der Maisstengelbohrer, *mealie stalk borer, Busseola (Calamistes) fusca,* der in Südafrika durchschnittlich 10 v. H. Schaden verursacht und auch in Rhodesien, Ruanda-Urundi, Tanganyika, Kenya und Südnigeria schädlich auftritt. Der Schmetterling hat eine Spannweite von etwa 4 cm; die Vorderflügel sind matt kupferbraun mit dunklen Flecken, die Hinterflügel gleichmäßig rauchbraun. Die Eiablage geschieht unter die Blattscheiden; die jungen Raupen fressen an der Spitze des Stengels und bohren sich dann ein, wandern auch auf Nachbarpflanzen über. Die älteren Raupen und die der späteren Generationen befressen die Kolben und überwintern als Raupe in Maisstengeln (Abb. 37). Als Maßnahmen gegen den Stengelbohrer gelten: dreimonatige Brache zum Aushungern der Raupen; Verbrennen der Stoppeln; frühe Aussaat von Fangpflanzen vor der Hauptsaat bzw. frühzeitige Aussaat

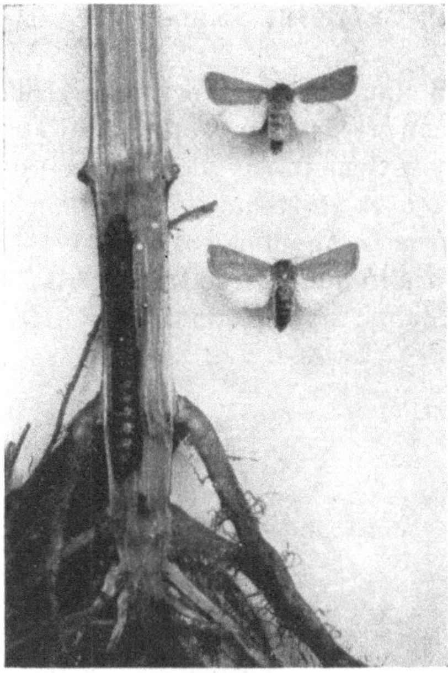

Abb. 37. Maisstengelbohrer (*Sesamia nonagrioides*). Schmetterling u. Raupe im Stengel. 1/2 natürl. Größe. Nach *Feytaud*.

für Silage als Fangpflanzen, dann späte Saat für Kornernte; vollständiges Abernten der Pflanzen für Grünfutter, Silage und Korn; Zerdrücken oder Vergiften der jungen Raupen in der Spitze; Giftköder aus Grünfutter oder Kleie mit Zucker.

Weitere, ähnlich lebende Stengelbohrer sind: in Ägypten *Chilo simplex, purple borer, rice borer, Sesamia cretica* (Abb. 38), *pink borer* (nicht häufig) und der Maiszünsler *Pyrausta nubilalis, european corn borer* (neuerdings stär-

Abb. 38. *Sesamia cretica.* Natürl. Größe. Nach *Martelli*, 1938.

ker schädlich); im Sudan *S. cretica;* in Kenya *S. calamistes;* in Deutsch-Ostafrika *S. nonagrioides* und *Diatraea orichalcociliella;* auf Sansibar *Chilo suppressalis* neben *S. calamistes* und *Cirphis loreyi;* in Südafrika *Pyrausta nubilalis* neben *Busseola fusca;* in Westafrika *S. nonagrioides (S. vuteria)* und *Eldena saccharina;* in Nordafrika *S. nonagrioides.*

Die reifenden Körner an den Kolben fressen auch die zuerst in der Spitze der Halme bohrenden Raupen des *corn ear worm* oder *cotton bollworm, Helio-*

this obsoleta; der überall verbreitete Schmetterling ist an Mais besonders in Nyassaland schädlich.

Von blattfressenden Raupen wird noch eine größere Anzahl von Arten dem Mais gefährlich, wenn sie sich gelegentlich sehr stark vermehren. Es sind meist allgemein verbreitete Schädlinge, die gleichzeitig viele andere Kulturen befallen, außer *Heliothis* z. B. *Prodenia litura, cotton worm,* und *Laphygma exigua, lesser cotton worm,* in Ägypten, ersterer auch in Nyassaland und auf Madagaskar, *Cirphis phaea* in Südnigeria. In Ostafrika können auch blattfressende Marienkäfer, *Epilachna similis* und andere Arten, ungemein schädlich

Abb. 39. Schwarzkäfer (*Gonocephalum simplex*). Vergr. 3. Nach *Hopkins.*

werden. Als Blattfresser sind außer Raupen und Käfern noch die Stinkschrekken, *Zonocerus elegans* und *Z. variegatus,* von Bedeutung.

Die Blattläuse, *Aphis maidis,* der Überträger der Mosaikkrankheit des Zuckerrohres, und *Peregrinus maidis,* sind mehr oder weniger allgemein verbreitet, vermehren sich aber nur selten in schädlicher Weise.

Gefährlich an jungem, besonders an früh gepflanztem Mais sind vielfach auch die bekannten Arten von Erdraupen, *Euxoa (Agrotis) segetum* u. a., und die in gleicher Weise den Stengelgrund abfressenden Schwarzkäfer, von denen *Gonocephalum simplex* (Abb. 39) in ganz Ostafrika verbreitet und schädlich ist. In Südafrika entsprechen ihnen Dynastinen, *Heteronychus arator* und *H. licas (black maize beetle),* ersterer auch an der Kartoffel schädlich; auf Madagaskar tritt *H. plebeius* auf.

Von Wirbeltieren stellen besonders Nager, Wildschweine und Affen dem Mais nach. Saatgutschädlingen ist er im warmen Klima stark ausgesetzt und verdirbt durch deren Fraß bei feuchter Luft sehr schnell; die beteiligten Arten sind hauptsächlich der Reiskäfer, *Calandra oryzae,* und die Getreidemotte, *Sitotroga cerealella.*

Schrifttum

Mais

Eichinger, A., Mais. Wohltmann-Bücher, Bd. 5. Hamburg 1926. 183 S., 21 Abb.

B. Sorghumhirse

Die Sorghumhirse ist in zahlreichen verschiedenen Sorten das ursprüngliche afrikanische, heute mehr und mehr durch den Mais verdrängte Getreide und verträgt im Vergleich zu diesem größere Trockenheit. Als Kultur ist sie verhältnismäßig wenigen Schädlingen unterworfen, so daß ausgedehnte Mißernten nur durch abnorme Trockenzeiten und in Heuschreckenjahren zu fürchten sind. Stark geschädigt werden die Erträge aber vielfach durch Vogelfraß und die Vorräte durch die allgemeinen Saatgutschädlinge. Die neuere Erforschung der Krankheiten liegt vorwiegend in Nordamerika, wo ein ausgedehnter Anbau von Futterhirse stattfindet, und hat für die afrikanischen Verhältnisse nur mittelbare Bedeutung. Die ostafrikanischen Schädlinge und Krankheiten sind von *Morstatt* (1920) zusammenfassend beschrieben worden.

Von Blattkrankheiten ist an der Hirse noch keine Viruskrankheit bekannt. Zu erwähnen sind zwei Rostpilze, *Puccinia purpurea,* meist auf der Blattunterseite, und *P. maydis (P. sorghi),* auf beiden Blattseiten, die bei mehr oder weniger allgemeiner Verbreitung keinen erheblichen Schaden anrichten; eine von *Colletotrichum graminicolum* verursachte Blattfleckenkrankheit, *red leaf spot of sorghum,* ist ebenfalls allgemein, z. B. in Uganda, und ungefährlich. Wichtiger sind die Blattläuse, die regelmäßig auftreten und sich in trockenen Jahren so stark vermehren, daß sie sehr schädlich werden und die Pflanzen zum Vertrocknen bringen oder die Ausbildung der Ähren hemmen. Am auffälligsten werden sie durch die starke Honigtauausscheidung und den darauf wuchernden Rußtau, woher vielfach besondere Bezeichnungen der Erscheinung als *asali* (= Honig) oder *mafuta*-Krankheit (= Öl) entstanden sind. Von den Blattlausarten ist die weiße Hirseblattlaus *Aphis sorghi, dura asal fly,* wahrscheinlich identisch mit *A. maidis,* weitverbreitet und besonders im englischen und französischen Sudan, auch in Südafrika sehr schädlich; in Ostafrika wurde eine schädliche grüne Blattlaus, *Aphis sacchari,* nahe verwandt oder identisch mit der vorigen, und, weniger häufig, eine grün und schwarz gefleckte Blattlaus, *Aphis adusta,* beobachtet.

Beschädigungen der Stengel und Rispen werden von Brandpilzen und Stengelbohrern verursacht. Der häufigste Brandpilz ist der Kopfbrand der Hirse, *Sorosporium reilianum (Ustilago r.), head smut* (Abb. 40), der eine Deformation und Verkümmerung der ganzen Sproßgipfel herbeiführt; er ist in Afrika im Norden, Osten und auf Madagaskar verbreitet Der gedeckte Hirsebrand, *Sphacelotheca sorghi (Ustilago s.), grain smut, covered kernel smut,* entwickelt sich in den einzelnen Blüten, die zu einem von einer Haut umschlossenen Brandkörper werden; er ist überall verbreitet, in Ostafrika weniger häufig als der vorige.

Der Staubbrand, *Sphacelotheca cruenta (Ustilago c.), loose kernel smut,* der die ganzen Rispen durch Ausstäuben der Brandsporen rußig schwärzt, ist nur aus Ostafrika, nicht aus Südafrika bekannt. Außerdem kommen vereinzelt noch andere Brandarten vor; so ist ein weiterer Brandpilz, *Tolyposporium filiferum,* der einen Teil der Körner einer Rispe befällt und in 6 bis 25 mm lange, gekrümmte Brandkörper umwandelt *(= long smut),* ursprünglich in Deutsch-Ostafrika entdeckt worden und u. a. in Ägypten verbreitet, während dort der gedeckte Brand weniger häufig und der Kopfbrand nur selten vorkommen.

Der falsche Mehltau von Sorghum und Mais, *Sclerospora graminicola var. andropogonis sorghi,* der außer in Indien und Java auch in Südafrika

Abb. 40. Kopfbrand der Hirse (nach Verstäuben der Brandsporen).

Nach *U. S. Departm. Agric.* Bull. 1284.

verbreitet ist, wurde vor einigen Jahren in Ägypten beobachtet; anscheinend dieselbe Art ist schon länger aus Uganda an Hirse und Mais bekannt.

Die Stengelbohrer leben wie beim Mais in den Internodien der Stengel und fressen das Mark aus, wobei sich die Umgebung der Fraßgänge — wie auch bei anderen Beschädigungen — intensiv rot färbt. In Ägypten kommt *Chilo simplex* auch an Mais und Reis vor, im Sudan *Sesamia cretica,* auch an Mais, in Ostafrika sind *S. nonagrioides, Busseola sorghicida* und *Diatraea orichalcociliella* beobachtet worden, auf Sansibar und in Südafrika der Maisstengelbohrer *Busseola fusca.*

Eine Fliegenmade, *Atherigona soccata, great millet stemmaggot fly,* befällt die Stengel recht häufig in Ägypten. Sie bohrt im Stengel und zerstört die Wachstumsspitze, worauf die Pflanze Seitenschößlinge treibt, die wieder befallen werden. Ebenso lebt dort eine verwandte Art, *A. varia, var. broom corn stem — maggot fly,* im Besenkorn, *Sorghum vulgare var. technicum.*

Eine Schildwanze, *Agonoscelis versicolor (A. puberula),* verursacht im Sudan *(Sudan millet bug)* häufig außerordentlich große Schäden und kommt weiter in Kenya und Rhodesien vor. Die Wanzen saugen an den weichen Körnern, die infolgedessen nicht ausreifen; sie gehen auch auf Luzerne über und sammeln sich im Oktober in Massen auf Bäumen und Büschen, wo sie mit Petroleumemulsion vertilgt werden können.

Ähnliche Schäden, nämlich vollständiges oder teilweises Taubbleiben der Rispen, treten oft sehr stark im Sudan auf und werden, wie erst neuerdings festgestellt ist, von einer Gallmücke, *Contarinia sorghicola, sorghum midge,* hervorgerufen.

In Ägypten befällt die am Zuckerrohr schädliche Wollaus, *Trionymus polyporus, long mealy bug,* auch die Hirse.

Als blattfressende Käfer treten wie am Mais hauptsächlich Marienkäfer, Blattkäfer und Rüsselkäfer auf; ebenso sind die an Blättern und jungen Stengeln fressenden Raupen dieselben allgemein schädlichen Arten, wie *Heliothis obsoleta* usw.

Starken Verlusten ist die Sorghumhirse durch höhere Tiere ausgesetzt. Am meisten schaden die körnerfressenden Vögel, besonders die kleinen Reisvögel, so daß die Eingeborenen den Anbau vielfach einschränken oder mehr die bitteren Sorten anbauen und nach der Saat und vor der Ernte die Felder hüten müssen, wozu sie besondere Feldhütten bauen. Die Bewachung ist auch wegen anderer Tiere, wie Wildschweine, Antilopen, Elefanten und Affen, nötig.

Saatgutschädlinge spielen dieselbe wirtschaftliche Rolle wie beim Mais; an der Hirse sind der Reis- oder Maiskäfer, *Calandra oryzae,* und die Getreidemotte, *Sitotroga cerealella,* die wichtigsten und befallen die Ernte im heißen Klima schon auf dem Felde.

Schrifttum

Sorghumhirse

Morstatt, H., Die Schädlinge und Krankheiten der Sorghumhirse (Mtama) in Ostafrika. Arb. Biolog. Reichsanstalt Bd. 10 (1921), S. 243—268.

C. Reis

Bei der ungemeinen Bedeutung der Reiskultur und ihrem weiten Bereich im tropischen und gemäßigten Klima sind sehr viele Krankheiten und Schädlinge bekanntgeworden und ist immer noch eine intensive Forschung, gegenwärtig hauptsächlich in Japan, im Gang. In Afrika ist der Anbau nicht so umfangreich, daß die Beschädigungen eine stärkere Beachtung gefunden hätten, und sie haben wohl auch keine ernsthafte wirtschaftliche Bedeutung. So enthält z. B. die zusammenfassende Darstellung von *Winkler* (1925) keine wichtigeren Angaben aus Afrika. Bekanntgeworden sind Beschädigungen besonders aus Madagaskar, wo die Kultur viel betrieben wird, auch aus Ägypten, wo aber in der Regel keine größeren Schäden vorkommen.

Eine der wichtigsten und verbreitetsten Krankheiten des Reises, die auch in Afrika (Ost- und Westafrika) vorkommt, ist die „brusone", *blast disease*

(Abb. 41). Die Krankheit wurde lange Zeit für nichtparasitär gehalten, wird aber in den typischen Fällen von einem Pilz, *Piricularia oryzae,* verursacht. Die Blätter bekommen rostfarbene Flecken, die Halme werden schwarz und schlaff, die Knoten schwellen an, oft werden die Wurzeln schwarz und sterben ab. Auch junge Saaten können von dem Pilz befallen und abgetötet werden. Die Schäden der Krankheit können recht großen Umfang annehmen, da früh-

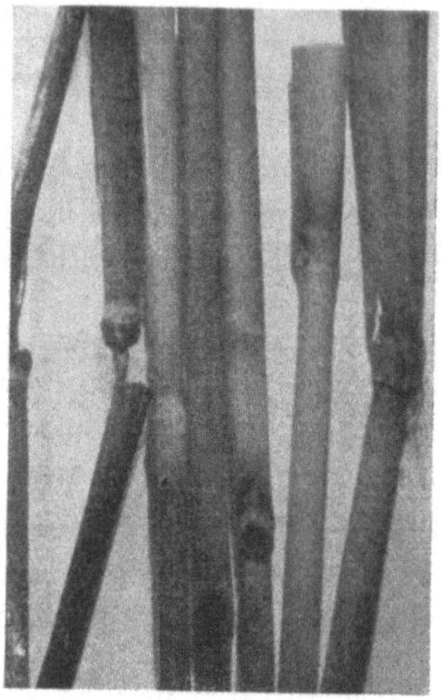

Abb. 41. Brusone-Krankheit des Reises.

Nach *von Parseval und da Costa Neto.*

zeitiger Befall zur Sterilität führt, und haben die Ausdehnung der Kultur in Uganda verhindert. Bekämpft wird sie durch Regulierung der Bewässerung, geeignete Düngung, Verbrennen der Feldrückstände, Saatbeize und Einführung resistenter Sorten.

Die verschiedenen sonstigen und anderwärts teilweise stark schädlichen Pilzkrankheiten der Blätter (Rost, Mehltau, Fleckenkrankheiten) sind in Afrika, soweit sie dort vorkommen, bisher ohne größere Bedeutung.

Der allgemein verbreitete und vielfach schädliche Welkepilz *Fusarium graminearum (Gibberella saubinetii)* ist in Uganda als Erreger einer Krankheit der Ähren und einer Fußkrankheit beobachtet worden.

Auch der Reis wird, wie die größeren Getreidearten, von Stengelbohrern befallen, die sich längs durch den Halm fressen und in seinem unteren Teile verpuppen. In Ägypten ist der gestreifte Reisbohrer, *Chilo simplex,* dort *purple lined borer* genannt, häufiger und verursacht taube Ähren, die blaß gebleicht oder durch Pilze dunkel gefärbt sind; seltener ist der gelbe Reisbohrer, *Schoenobius incertellus (Sch. bipunctifer).* Auf Madagaskar bohren die Raupen von *Cnaphalocrocis medinalis* in den Stengeln und lassen in trockenen Zeiten bis 60 v. H. Schaden entstehen; man bekämpft sie durch Vernichten der befallenen Ähren und Stengel, tiefes Abschneiden der Stoppeln und Abbrennen des stehengebliebenen Restes.

Blatt- und Halmschädlinge sind neben den besonders in Madagaskar häufigen Wanderheuschrecken verschiedene Raupen, in Ägypten die hauptsächlich an jungen Pflanzen in den Saatbeeten schädlichen *Cirphis loreyi* und *Spodoptera abyssinica latebrosa*, ferner blattfressende Käfer, in Madagaskar die Hispiden *Trichispa sericea* und *Hispa gestroi*, deren Larven in den Blättern minieren, während die Käfer die Blattoberfläche zwischen den Körnern strichförmig benagen. In Madagaskar wird eine Schildwanze, *Diploxys fallax*, schädlich, die durch Stehenlassen und dann Abbrennen der Stoppeln bekämpft wird. Die gefürchtete und weitverbreitete Reiswanze des Ostens, *Leptocorisa varicornis*, die sowohl junge Blätter und Halme als auch Ähren befällt, ist dagegen in Afrika nicht beobachtet worden.

Stärkere Schäden an den Wurzeln werden auf Madagaskar von dem ebenso an Zuckerrohr und Mais auftretenden Käfer *Heteronychus plebeius* verursacht. Seine Engerlinge fressen am Reis die Wurzeln ab und sind besonders in der Trockenzeit schädlich, wenn das Wasser in den Reisfeldern knapp ist. In der Umgebung von Dörfern sollen die Enten den Engerlingen nachstellen, so daß diese dort nur wenig schaden können.

Als pflanzlicher Wurzelschmarotzer ist eine *Scrophulariacee, Striga lutea,* wichtig, die sehr verbreitet und schädlich ist und in Südafrika auch als Maisschädling auftritt. Das Ausreißen muß vor der Samenreife erfolgen. Eine andere parasitische Scrophulariacee, *Rhamphicarpa longiflora*, ist auf Madagaskar verbreitet und kann bei starker Vermehrung die Erträge sehr herabsetzen. Auch die Wasserhyazinthe, *Eichhornia crassipes*, wird dort teilweise so schädlich, daß ihre Vernichtung angeordnet und ihre Kultur verboten wurde.

Von den Saatgutschädlingen ist der wichtigste, wie an den anderen Getreidearten, der Reiskäfer, *Calandra oryzae*, der in Madagaskar 5 bis 8 Generationen im Jahre hat; in zweiter Linie kommt der rotbraune Reismehlkäfer, *Tribolium navale;* weniger und nur in Verbindung mit diesen tritt die Getreidemotte, *Sitotroga cerealella*, auf, die auch schon den stehenden Reis, besonders bei verzögerter Ernte, befällt.

Schrifttum

Reis

Winkler, H., Die Schädlinge und Krankheiten des Reises. Tropenpflanzer Bd. 28 (1925), S. 174—189 und 242—255.

2. *Hülsenfrüchtler und Nahrungspflanzen der Eingeborenen im allgemeinen*

Krankheiten und Schädlinge der Nahrungspflanzen der Eingeborenen sind unter dem Gesichtspunkt ihrer Verhütung und Bekämpfung in der primitiven Wirtschaft der Eingeborenen für Afrika noch wenig bearbeitet worden. Material darüber liegt zerstreut in landwirtschaftlichen und fachlichen Jahresberichten und in Verzeichnissen beobachteter Krankheiten und Schädlinge vor. Die hauptsächlichsten Nahrungspflanzen sind als Stärkepflanzen neben den 5 Getreidearten, Mais, Mohrenhirse, Negerhirse, Fingerhirse und Reis, noch die Banane und 2 Knollengewächse, Maniok und Süßkartoffel, als Ölpflanzen Kokos, Erdnuß, Sesam und Erderbse, als Hülsenfrüchte die Strauchbohne, Helmbohne, Mungobohne, Gartenbohne, Mondbohne und Vignabohne und schließlich die Kürbisse. Sie sind hier, soweit sie mehr oder weniger auch als Plantagen- oder als Nebenkulturen in Frage kommen, mit Ausnahme der Hülsenfrüchte in einzelnen Abschnitten behandelt, sollen aber mit diesen im Anschluß an eine neuere Übersicht ihrer Schädlinge in Ostafrika von *Harris* (1937) noch einmal kurz zusammengefaßt werden. Über die Krankheiten fehlt eine entsprechende Übersicht, doch dürfte deren Bearbeitung in *Butlers* indischem Werk *„Fungi and disease in plants" (Calcutta* u. *Simla,* 1918*)* für die meisten Fälle ausreichen.

Bei den K r a n k h e i t e n ist mit den an krautigen Pflanzen allgemein verbreiteten Krankheitsgruppen zu rechnen. Dazu gehören die Keimpflanzenkrankheiten (Umfallen der Keimpflanzen, Fußkrankheiten), an älteren Pflanzen die Welkekrankheiten und die ebenso verbreiteten und in Einzelfällen sehr schädlichen Blattfleckenkrankheiten, z. B. der Bohnen. Rostpilze sind am Getreide und ebenfalls an Bohnen häufig, Brandpilze am Getreide, in Afrika besonders an der Hirse. Von den neuerdings zahlreicher bekanntgewordenen

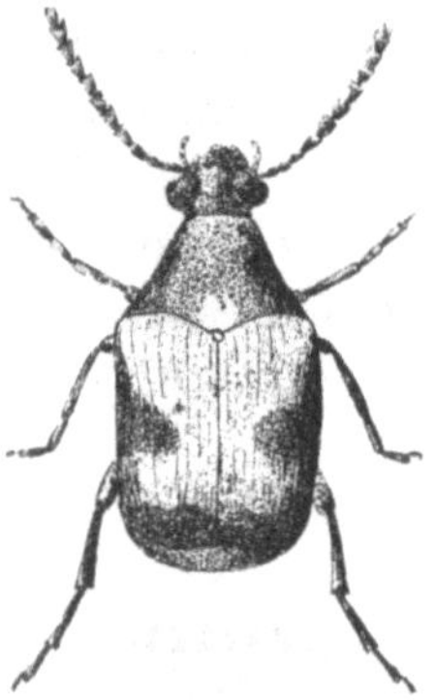

Abb. 42. Der Kundekäfer *(Callosobruchus chinensis).* Vergr. 10. Nach *Zacher.*

Viruskrankheiten spielen die Kräuselkrankheiten der Erdnuß und des Manioks die wichtigste Rolle.

Die H a u p t s c h ä d l i n g e dieser Pflanzen verteilen sich auf die wichtigsten Insektenordnungen. G r i l l e n sind als Erdbewohner hauptsächlich Schädiger junger Pflanzen, während einige stationäre H e u s c h r e c k e n als allgemeine Laubfresser schädlich werden. W a n z e n schädigen am Getreide besonders die Ähren und zerstechen auch an Bohnen die grünen Triebe und Hülsen, am Sesam die Kapseln. F l i e g e n m a d e n bohren an Kürbisgewächsen in den Früchten, so daß in manchen Gegenden nur die härtesten Sorten gebaut werden können; an Bohnen zerstören sie die Stengel, an junger Sorghumhirse die jungen Triebe. Von den R a u p e n sind neben Erdraupen einige blattfressende Arten für Getreide, Bohnen und Süßkartoffeln gefährlich und Stengelbohrer in den großen Getreidearten häufig; in Bohnenhülsen fressen sowohl Spezialschädlinge, wie z. B. Bläulinge, als auch allgemeine Vorratsschädlinge, wie die Getreidemotte. Die K ä f e r sind ebenfalls durch viele allgemeine Blattfresser (bes. Blattkäfer, Marienkäfer, Rüsselkäfer) vertreten; da-

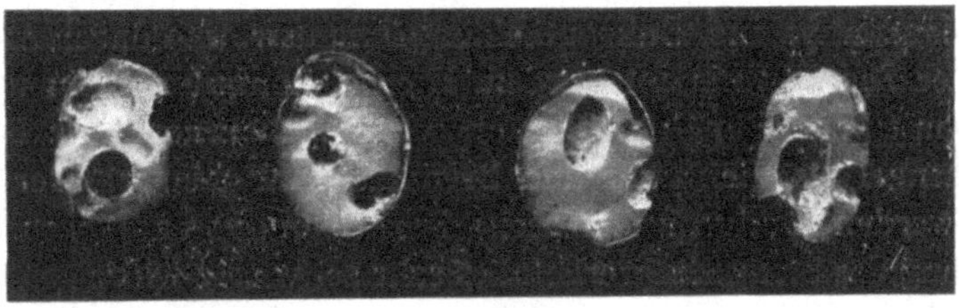

Abb. 43. Fraß des ägypt. Erbsenkäfers *(Bruchus incarnatus)* an Pferdebohnen. Nach *Zacher*.

neben verdienen Stengelbohrer an Hülsenfrüchtlern und Erdnuß, der Süßkartoffelrüsselkäfer als Zerstörer der Knollen und der Nashornkäfer als Schädling vernachlässigter Kokospflanzungen Erwähnung. In den Samen der verschiedenen Hülsenfrüchtler sind sowohl mehrere Bohnenkäfer (Bruchiden) (Abb. 42 u. 43) als auch die kleinen schwarzen Spitzmausrüßler (Apioniden) als Feldschädlinge und gleichzeitig Lagerschädlinge häufig. Zu den allgemeinen Blattschädlingen gehören noch B l a t t l ä u s e, z. B. an der Vignabohne.

Die Hauptnahrungspflanzen sind, wie *Harris* ausführt, mit Ausnahme besonderer Sorten, alle einheimisch oder alteingeführt und haben im Gebiet ihrer gegenwärtigen Verbreitung ein Gleichgewicht mit ihren Schädlingen erlangt. Der Eingeborene gibt den Anbau eines Gewächses auf, wo keine begründete Aussicht auf den Erfolg seiner Arbeit besteht. Das Gleichgewicht ist aber labil, weil die Schädlinge zeitweise infolge verschiedener Ursachen an Zahl zunehmen. So hat z. B. die Einführung des Manioks in neue Gebiete zur Vorbeugung gegen Hungersnöte bei Heuschreckeneinfällen eine Stengelbohrraupe, *Opogona chlorophanes,* zum Vorschein gebracht, so daß man in einigen Fällen Maniok nicht anbauen konnte und ihn durch Süßkartoffeln ersetzen mußte. Heuschrecken, wie *Eupropacris uniformis,* erscheinen plötzlich in großer Zahl nach langen Zwischenräumen und richten erheblichen Schaden an, worauf sie ebenso plötzlich wieder verschwinden. Andererseits machen ungünstige Witterungseinflüsse ein Gewächs anfällig gegen besondere Schädlinge, wie gegen Blattläuse in Trockenzeiten. Auch die Anbaumethoden sind an diesem Gleichgewicht beteiligt, z. B. wenn die Pflanzzeit für Hülsenfrüchte und Mais von den Angriffen verschiedener Blattkäfer, hauptsächlich *Ootheca bennigseni,* die während der ersten Regen am aktivsten sind, abhängt.

Die Bekämpfung der Schädlinge der Eingeborenennährpflanzen steht nicht nur unter dem Gesichtspunkt der Verhütung akuter Lebensmittelknappheit, sondern auch der Vermehrung des Ertrages vom Arbeitsaufwand. Sie ist dadurch erschwert, daß jeglicher finanzielle Aufwand dabei ausgeschlossen ist, selbst wenn der Eingeborene Geld zur Hand hat, und somit die Beschaffung auch der einfachsten Insektizide unmöglich ist. Insofern, als dadurch Methoden von dauernderer Wirkung in den Vordergrund rücken, ist dies von Vorteil, und die Verbesserung der Anbaumethoden, die eine eingehende Kenntnis der Lebensweise der betreffenden Schädlinge voraussetzt, muß durch Fruchtwechsel, Pflanzenhygiene, Unkrautbekämpfung usw. und durch Anbau widerstandsfähiger Sorten versucht werden. Hierbei kommt man in unmittelbare Berührung mit Wirtschaft und Brauch der Eingeborenen, so z. B., wo Mais- und Hirsestengel als Viehfutter und Brennmaterial gelagert oder zu Zäunen verwendet werden, wodurch die rasche Beseitigung von Pflanzenabfällen zur Verminderung des Stengelbohrerbefalles sehr schwierig wird.

Schrifttum

Hülsenfrüchtler usw. der Eingeborenen

Harris, W. V., Annotated list of insects injurious to native food crops in Tanganyika. Bull. entom. Research Bd. 28 (1937), S. 483—488.

3. Wurzelfrüchte

A. Maniok

Der Maniok gedeiht in tropischen und subtropischen Gebieten und braucht viel Wärme zum Ausreifen. Ebenso hat er hohe Luftfeuchtigkeit nötig, verträgt aber keine nassen Böden; küstennahe Gegenden mit durchlässigen Böden sind daher besonders für ihn geeignet. Krankheiten und Schädlingen unterliegt er sehr wenig, was ihn zu einer sehr verläßlichen Eingeborenenkultur macht. Von zunehmender Bedeutung ist aber in ganz Afrika die einzige wichtige Krankheit, die Kräuselkrankheit.

Die Kräuselkrankheit oder Mosaik *(mosaique ou lèpre du manioc)* ist eine Viruskrankheit, bei der die Blätter weißlich oder gelblich gefleckt und zugleich verkrüppelt erscheinen. Auch die ganze Pflanze verkrüppelt bei längerer Erkrankung, und die Erträge werden stark vermindert. Die Krankheit wird seit 1895 in Ostafrika beobachtet und ist 1906 von *Zimmermann* näher beschrieben worden. Seither hat sie sich, wie zahlreiche neuere Veröffentlichungen zeigen, auch in Äquatorial- und in Westafrika, besonders an der Goldküste, und auf Madagaskar ausgedehnt. Überträger sind Mottenschildläuse an den Blättern, in Südnigeria *Bemisia nigeriensis,* in Belgisch-Kongo *B. gossypiperda var. mosaicivecta;* auf Madagaskar kommt *B. manihotis* vor, von der aber die Übertragung noch nicht feststeht. Auch die Übertragbarkeit durch Pfropfung ist nachgewiesen. Die Bekämpfung liegt in der Auswahl von mehr oder weniger widerstandsfähigen Sorten und der Verwendung von Setzlingen gesunder Pflanzen oder der Vermehrung durch Samen, zugleich in der Ausrottung der kranken Pflanzen.

Eine mildere Viruskrankheit ist neuerdings in Ostafrika als Braunstreifenvirus beschrieben worden.

Nachträglich stellen sich häufig an kranken Pflanzen einige auch sonst vorkommende pilzliche Blattfleckenkrankheiten, z. B. *Cercospora cassavae*, ein, die aber keine praktische Rolle spielen. Aus Madagaskar ist eine Wurzelfäule, an der ein Löcherschwamm *(Ganoderma)* beteiligt ist, beschrieben worden.

In Ostafrika hat neuerdings die kleine Raupe von *Opogona chlorophanes* örtlich größere Bedeutung erlangt, die ihre Bohrgänge in den Stengeln und Knollen macht und sie durch eindringende Pilze und Bakterien zum Faulen bringt.

Die lagernden Knollen sind stark dem Fraß von Vorratsschädlingen, z. B. des Kaffeebohnenkäfers *Araecerus fasciculatus*, ausgesetzt.

Schrifttum

Maniok

Sprecher von Bernegg, A., Der Wurzelmaniok In Tropische und subtropische Weltwirtschaftspflanzen. I. Teil. Stuttgart 1929, S. 206—233.

B. Batate

Die Kultur der Batate oder Süßkartoffel geht weit bis ins gemäßigte Klima hinein, eignet sich aber am besten für heiße und feuchte Länder, in denen sie auch in höheren Lagen gedeiht. Sowohl das weiche Laub als auch die Knollen

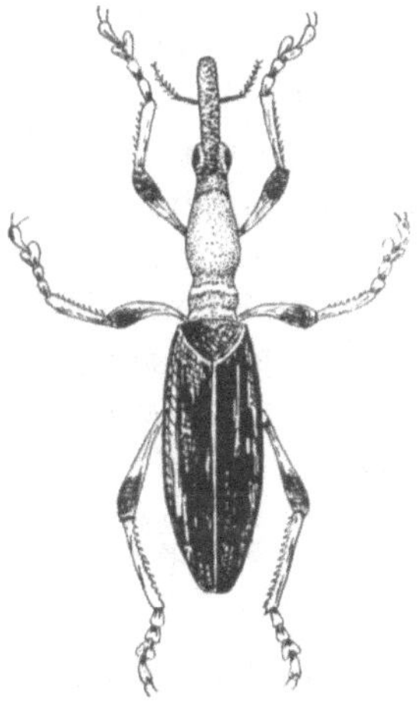

Abb. 44. Süßkartoffelkäfer *(Cylas formicarius)*. Vergr. Nach Tafel des Pusa-Institutes.

sind Krankheiten und Schädlingen ausgesetzt, doch ist darüber aus Afrika, wo die Kultur geringen Umfang hat, sehr wenig bekanntgeworden. Zahlreiche Untersuchungen liegen dagegen aus dem großen nordamerikanischen Anbaugebiet vor.

Besondere Erwähnung verdient der Süßkartoffelkäfer, *Cylas formicarius* (Abb. 44), der überall mit der Süßkartoffel verbreitet ist und in manchen Ländern sehr schädlich wird; ein neuerer Bericht liegt aus Südafrika vor. Es ist ein nur etwa 7 mm langer, schlanker Rüsselkäfer mit stahlblauen Flügeldecken, rötlichem Bruststück und Beinen und dunklerem Kopf, dessen Larven in den Knollen Gänge fressen und sich auch dort verpuppen. Er befällt die Knollen im Feld und auf dem Lager. Die Bekämpfung ist sehr schwierig; man kann die Käfer mit ausgelegten Knollenstücken ködern und absammeln; auch durch Bewässerung werden sie dezimiert. Außerdem ist Fruchtwechsel zu empfehlen. In sandigen Böden und wohl auch in feuchtem Klima ist der Käfer weniger gefährlich.

Eine nahe verwandte und ähnlich lebende Art, *Cylas brunneus,* einfarbig braun bis schwarz gefärbt, kommt in Liberia vor, weitere Arten in Ostafrika.

Als Blattschädling ist ein anderer Rüsselkäfer, *Alcides convexus,* aus Madagaskar beschrieben worden.

Einige Knollenfäulen, von denen die durch *Rhizoctonia bataticola* verursachte häufig auftritt, sind von *Hansford* in Uganda beobachtet worden.

Schrifttum

Batate

Harter, L. L. und Weimer, J. L., A monographic study of sweetpotato diseases and their control. U. S. Dept. Agric., Techn. Bull. 99, Washington 1929. 117 S., 24 Abb., 26 Taf.

Sprecher von Bernegg, A., Die Batate oder die Süßkartoffel. In Tropische und subtropische Weltwirtschaftspflanzen. I. Teil. Stuttgart 1929, S. 234—258.

C. Yam und Taro

An der Yamwurzel, *Dioscorea spec.,* tritt in Nigeria ein Käfer, *Heteroligus claudius* (Dynastide), außerordentlich schädlich auf. Seine Larven greifen auch andere Kulturen, z. B. Erdnußsämlinge, an und sind bei ihrer großen Verbreitung schwer zu bekämpfen; frühe Aussaat und frühe Ernte werden empfohlen. Sehr schädlich ist dort auch ein verwandter Käfer, *Prionoryctes caniculus,* der die Ranken abfrißt und dann die jungen Knollen im Boden zerstört; seine Larven leben im Boden. Außerdem schaden noch andere blattfressende Käfer und die Stinkschrecke *Zonocerus variegatus.*

An Coco-yams, *Xanthosoma sagittifolium* und *Colocasia antiquorum* (= Taro), kommt an der Goldküste eine von *Pythium aphanidermatum* verursachte Wurzelfäule vor.

4. Zuckerrohr

Das Zuckerrohr ist eine tropisch-subtropische Pflanze, die am besten in feuchtwarmen Niederungen gedeiht, aber in den Tropen noch in beträchtliche Höhen geht. Die Verbreitung der Kultur in allen warmen Ländern und der alte Großanbau lassen zahlreiche Schädlinge und Krankheiten erwarten, die denn auch in den einzelnen Erdteilen verschiedenartig vorhanden sind und vielfach besondere Bekämpfungsmaßnahmen notwendig machen. Eine sehr wichtige

Rolle spielt dabei in neuerer Zeit eine Virose, die Mosaikkrankheit, die auch in Afrika im plantagenmäßigen Anbau sehr verbreitet ist. Die Schädlinge treten gegenüber den Krankheiten an Bedeutung sehr zurück und sind besonders bei Bewässerungskultur zum Teil ausgeschaltet, zumal die gefährlichen Stengelbohrer nicht so stark auftreten wie in anderen Ländern. Wie überall, tragen geeignete Kulturmaßnahmen sehr viel zur Niederhaltung der Schädlinge bei: Verwendung gesunden Pflanzgutes und resistenter Sorten sind beim Zuckerrohr so wichtig wie kaum bei irgendeiner anderen Kultur. Aus der Literatur ist als Fachzeitschrift der Kultur das *South African Sugar Journal* zu erwähnen.

a. Blattkrankheiten

Die wichtigste Krankheit des Zuckerrohres ist die Mosaikkrankheit (Abb. 45), in Java ursprünglich Gelbstreifenkrankheit genannt, über die eine unübersehbare Literatur vorliegt. Das Hauptsymptom ist am Anfang das Erscheinen blasser Flecke und Flächen verschiedenster Größe im grünen Blattgewebe, die meist rund oder länglich und nicht durch Adern begrenzt, also nicht streifenähnlich sind. Sie erscheinen bei allen Sorten deutlich beim ersten Ablösen der Blätter von der Spindel. Nachträglich werden die Stengel bei vielen Sorten scheckig oder marmoriert; in den folgenden Jahren stirbt dann das Gewebe der Stengelperipherie auf weite Strecken ab, wobei es einsinkt und vertrocknet („*canker*-Stadium"). Die Stengel bleiben klein und dünn, im Innern treten oft Nekrosen auf. Fast überall, wo die Krankheit vorkam, hat sie die alten Zuckerrohrsorten zum Erliegen gebracht, so daß die Kultur nur durch Neuzüchtungen aufrechterhalten werden konnte. Das die Krankheit verursachende Virus ist auch in vielen anderen kultivierten und wilden Gräsern verbreitet, so in Mais und Hirse (Sorghum); in Südafrika ist das Wildgras *Setaria sulcata* als Nebenwirt wichtig. Überträger ist die Mais- oder Zuckerrohrblattlaus *Aphis maidis*.

Abb. 45.
Zuckerrohrmosaik.
Aus *K. M. Smith*, 1937.

Die Krankheit stammt aus dem Osten und ist jetzt überall verbreitet; in Afrika von Südafrika bis Ägypten, auf Madagaskar und Réunion. Sie tritt in verschiedener Heftigkeit auf und ist z. B. in dem hochgelegenen Uganda ohne wesentliche Bedeutung. Die Bekämpfung besteht fast ausschließlich im Anbau resistenter Sorten, sodann in der Entfernung befallener Stengel, Vermehrung gesunder Setzlinge, Ausrottung wilder Gräser in der Umgebung und Quarantänemaßnahmen, wie Einfuhr- und Anbauverbot anfälliger Sorten. Durch die resistenten Sorten kann die Mosaikkrankheit praktisch ausgeschaltet werden. Die Züchtung ging von Java aus, woher viele wichtige Sorten stammen, so z. B. das Ubarohr in Natal.

Die S t r e i f e n k r a n k h e i t , *streak disease,* rührt von dem Virus einer auch den Mais befallenden Krankheit her. Sie erscheint an Uba ähnlich wie am Mais in Form blasser, schmaler und unterbrochener ¼ bis ½ mm breiter Streifen, die in Richtung der Blattadern verlaufen. Auch diese Krankheit kommt noch an zahlreichen wilden Gräsern vor. Übertragen wird sie durch einige Kleinzikaden, *Cicadula mbila, C. zeae* und *C. nicholsi,* insbesondere durch die erstgenannte Art. Sie hat eine allgemeine Wachstumshemmung zur Folge, tritt aber an den Sorten verschieden stark auf. Die Streifenkrankheit stammt ursprünglich aus Natal und ist in Südafrika stark verbreitet, wo besonders Uba anfällig ist; später ist sie auf Mauritius und wahrscheinlich auch auf Réunion beobachtet und soll auch in Ägypten vorhanden sein. Bekämpft wird sie durch Auslese gesunder Stecklinge, Auslichten der kranken Pflanzen und besonders durch Einrichtung krankheitsfreier Vermehrungsbeete.

Von anderen Virosen, die am Zuckerrohr vorkommen, ist hier nur noch die erst neuerdings als Viruskrankheit angesehene S e r e h - K r a n k h e i t aus Java zu erwähnen, die auch auf Mauritius vorkommt. Sie äußert sich darin, daß das Wachstum der Stengel aufhört und dadurch eine büschelige Masse von Blättern erscheint; dabei sind die Gefäßbündel in den Stengeln durch eine gummiartige Masse rot gefärbt, und es entstehen zahlreiche Adventivwurzeln. Übertragung ist nur durch die Setzlinge bekannt. Durch Anbau resistenter Sorten kann die Sereh-Krankheit ausgeschaltet werden; außerdem dürfen nur gesunde Setzlinge verwendet und muß das „ratunen", das Pflanzen nachgewachsener Schosse, vermieden werden.

Die besonders aus Java bekannte „P o k k a h - b o e n g" - K r a n k h e i t, die von *Fusarium moniliforme (Gibberella m.)* erzeugt wird, ist eine Spitzendürre, an der die befallenen Pflanzen schließlich absterben; sie beginnt mit blaßroten, später dunkleren Flecken an den jungen unentfalteten Blättern und der Blattscheide. Im afrikanischen Bereich ist sie auf Réunion und Madagaskar beobachtet worden. Die Anfälligkeit der Sorten und dementsprechend die Schäden durch die Krankheit sind sehr verschieden.

Die R o t s t r e i f i g k e i t , *red stripe,* ist eine neuere Rohrkrankheit aus Hawaii, bei der rotwerdende Längsstreifen an den Blättern entstehen und die durch eine Bakterie, *Pseudomonas rubrilineans,* verursacht wird. Ihr Auftreten ist in Afrika nur in Uganda festgestellt worden. Zur Verhinderung der Ausbreitung soll infiziertes Material an Ort und Stelle verbrannt werden.

Eine der Gummose der Stengel ähnliche, aber ohne gelben Schleim in den Gefäßen des Xylems auftretende W e l k e k r a n k h e i t , *leaf scald,* wird durch *Bacterium albilineans* hervorgerufen. Sie tritt in akuter und chronischer Form auf. Die akute ist eine rasche Welke der Blätter und Vertrocknen der Stengel, bei der chronischen erscheinen schmale weißliche Längsstreifen an

Blattflächen und -scheiden, und es tritt, besonders bei trockenem Wetter, ein fortschreitendes Welken ein. Die Pflanze bildet zahlreiche Seitenschößlinge, und weiterhin erscheinen weiße, chlorotische Blätter; Stengel und Blätter bleiben klein. Die ursprünglich australische Krankheit tritt auf Madagaskar stark auf und kommt auch auf Mauritius, in Südafrika und Uganda vor, in letzterem Land nur an jungem Rohr und mit geringem Schaden. Der Krankheit wird durch resistente Sorten Einhalt geboten.

Die Augenfleckenkrankheit, *eye spot,* von *Helminthosporium sacchari* erzeugt, bildet rote Flecke, die sich verlängern und auch zusammenfließen können und später in der Mitte schmutzig strohgelb, am Rande dunkelbraun werden. Die Krankheit ist aus Indien bekannt und kommt in Ägypten, Uganda und Südafrika vor.

Die Ringfleckenkrankheit, *Leptosphaeria sacchari, ring spot, leaf spot,* bildet auf den Blättern kleine dunkelgrüne Flecke, die sehr zahlreich sein können. Später werden die Flecke strohgelb mit dunkelviolettem oder rotem Rand. In Afrika ist sie in der Union, auf Madagaskar und Mauritius verbreitet.

Braune Blattflecke, die oval und anfangs nur etwa 2 mm lang sind mit gelbem Rand, werden von *Cercospora longipes* verursacht. Die in Indien an dünnen Sorten sehr verbreitete und auch schädliche Krankheit ist in Uganda und auf Madagaskar beobachtet worden.

Eine Rotfleckigkeit auf Madagaskar wird von *Cercospora sacchari* erzeugt.

Als nichtparasitäre Krankheit ist die in Ägypten und Südafrika vorkommende Kältechlorose des Zuckerrohrs zu erwähnen. In Natal scheint ihr Auftreten an eine Minimumtemperatur von 13° gebunden zu sein; der Schaden ist gering.

b. Krankheiten der Stengel

Eine Bakteriose ist die Gummose oder Cobbsche Krankheit, *gumming disease,* die von *Bacillus (Pseudomonas) vascularum* verursacht wird. Die Spitzen der Stengel sterben ab, und darunter entstehen im Innern Höhlungen, die mit einer schleimartigen Masse gefüllt sind. Die Pflanzen bleiben meist zwerghaft, und ihr Zuckergehalt ist verringert. Die weitverbreitete Krankheit kommt seit langer Zeit auch auf Mauritius vor. Zu bekämpfen ist sie durch Anbau widerstandsfähiger Sorten und Verwendung gesunder Setzlinge.

Eine der wichtigeren Krankheiten und oft sehr schädlich ist die Rotfäule, *red rot, red smut* (Abb. 46), die von *Colletotrichum falcatum* verursacht wird. In den Stengeln befallener Pflanzen färbt sich das innere Gewebe rot, dazwischen treten auch weiße Flecke auf. Später wird der Stengel hohl, und die Blätter vertrocknen. Die Krankheit tritt besonders auf schlechten Böden und bei feuchtwarmem Wetter auf. Sie spielt eine größere Rolle auf Madagaskar und Mauritius und kommt auch in Uganda vor. Außer dem Kränkeln oder

Absterben einzelner Pflanzen wird durch sie auch der Zuckergehalt der weniger stark befallenen Pflanzen herabgesetzt. Gegenmaßnahmen sind Verwendung gesunden Steckrohres, Behandeln der Stecklinge mit Kupferkalkbrühe, Bevorzugung widerstandsfähiger Sorten und Kulturmaßnahmen.

Eine Welke- oder Dörrkrankheit *(wilt)*, die in Südafrika und Uganda vorkommt, wird durch *Cephalosporium sacchari* hervorgerufen. Sie hat eine gewisse Ähnlichkeit mit der Rotfäule, weil im Mark ebenfalls schmut-

Abb. 46. Rotfäule des Zuckerrohres. Nach *Edgerton*, aus *Nowell*.

zigrote Längsstreifen, aber ohne weiße Flecke, auftreten und die Stengel hohl werden. Sie befällt halberwachsene Pflanzen, an denen die Blätter und die Stengel welken und vertrocknen. Die Bekämpfung ist die gleiche wie bei der Rotfäule.

Die nach dem entstehenden Geruch benannte „Ananaskrankheit" *(pineapple disease)* oder Schwarzfäule wird von einem Wundparasiten, *Thielaviopsis paradoxa (Ceratostomella p.)* erzeugt, der durch Verletzungen, wie Schnittstellen der Setzlinge oder Bohrerschäden, eindringt. Durch ihn werden die Gefäßbündel rot verfärbt und später schwarz; Setzlinge können dadurch zum Absterben gebracht werden. Die sonst weitverbreitete und bisweilen stark schädliche Krankheit ist aus Mauritius bekannt und tritt vereinzelt auch in Uganda, neuerdings in Natal auf. Setzlinge können durch Eintauchen in Kupferkalkbrühe oder in Wasser von 50° (30 Minuten) und Nachtrocknen desinfiziert werden.

Der Brand des Zuckerrohres wird durch *Ustilago sacchari (U. scitaminea)* verursacht. Die Pflanzen bilden lange, dünne Internodien, und im Blütenstand werden dann die Sporen als brauner Staub gebildet. Der Schaden der allgemein verbreiteten Krankheit kann sehr groß sein; in Afrika kommt sie in Südafrika und auf Madagaskar und Mauritius vor. Die kranken Pflanzen müssen vor der Sporenbildung verbrannt werden, außerdem sind nur Setzlinge aus gesunden Beständen zu verwenden.

Eine Wurzel- und Stengelkrankheit, einfach *root disease* oder *pourridié* genannt, die aus Westindien stammt und besonders dort sehr schädlich werden kann, wo man das Rohr „ratunen" (nachwachsen) läßt, wird durch den Hutpilz *Marasmius sacchari* hervorgebracht. Das befallene Rohr bildet weniger Stengel, die schlecht bewurzelt sind, die Blätter werden gelb, und die Scheiden sind durch weißes Myzel ausgefüllt; gegen den Grund abgestorbener Stengel zu erscheinen gruppenweise die weißen Fruchtkörper des Pilzes. Die Krankheit kommt in Südafrika, seltener auch in Uganda vor. Sie wird durch Verwendung gesunder Setzlinge und durch Fruchtwechsel bekämpft.

c. Tierische Schädlinge

Die Zuckerrohrschmierlaus, *Pseudococcus sacchari, sugar cane mealy bug*, ist in Südafrika, auf Madagaskar und neuerdings auch in Ägypten

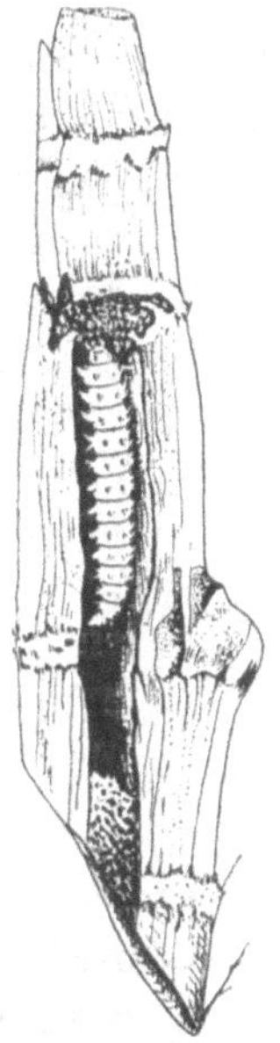

Abb. 47.
Bohrraupe in Zuckerrohr.

Nach Tafel des Pusa-Institutes.

verbreitet und verursacht große Ertragsausfälle. Sie wird 6 bis 10 mm lang, ist rosa gefärbt und nur spärlich weiß bestäubt und sondert viel Honigtau ab, der zusammen mit einer Gummiausscheidung das Abstreifen der Blätter sehr erschwert, da die Laus besonders dicht nahe den Knoten unter der Blattscheide sitzt. Der Gehalt des Rohres an kristallisierbarem Zucker wird durch das Saugen der Laus vermindert; außerdem ist der Zucker schwer zu verarbeiten. Der Schädling wird durch Verwendung sauberer Setzlinge, Reinigung der Felder nach der Ernte und Fruchtwechsel eingedämmt.

Außer dieser kommen noch verschiedene andere Arten, einschließlich *P. citri,* z. B. in Ägypten vor; in Italienisch-Somaliland ist *Trionymus sacchari* beobachtet worden.

Von den gefährlichen Stengelbohrern, die meist zugleich auch den Mais und die Sorghumhirse befallen, kommt auf Mauritius *Diatraea saccharalis* vor, dessen Raupen erst zwischen den gerollten Blättern fressen und sich später in den mittleren oder unteren Teil des Stengels einbohren, in dem sie unregelmäßige Gänge nach unten fressen (Abb. 47). Das angefressene Rohr bricht leicht, ist im Zuckergehalt vermindert und dem Eindringen parasitischer Pilze ausgesetzt. Die Bekämpfung geschieht durch Absuchen der Eigelege, Fruchtwechsel, Pflügen oder Brennen der Stoppelfelder. In manchen Ländern werden Schlupfwespen, die in den Eiern parasitieren, in großen Mengen künstlich vermehrt.

Von Mauritius und Madagaskar ist auch *D. striatalis,* der gestreifte Stengelbohrer, gemeldet worden. Andere, in ähnlicher Weise schädliche Arten sind: *Sesamia nonagrioides (S. vuteria)* in Nordafrika und auf Madagaskar; *S. inferens (S. albociliata)* auf Madagaskar, Réunion, Mauritius; *S. cretica* im Sudan; in Ägypten sind vorhanden, aber nicht besonders schädlich *S. cretica (pink borer)* und *Chilo simplex (purple borer).*

Ein 14 bis 18 mm langer, dem Junikäfer ähnlicher Käfer, *Phytalus smithi,* ist auf Mauritius seit langer Zeit ein sehr schlimmer Feind des Zuckerrohres, dessen Wurzeln von den Engerlingen befressen werden. Die Bekämpfung ist sehr schwierig; man versucht Ausgraben und Verbrennen der Stoppeln, Unterwassersetzen, Bodendesinfektion mit Schwefelkohlenstoff, Paradichlorbenzol usw. Die Einführung einer Dolchwespe, *Tiphia paralella,* scheint im Laufe der Zeit einen gewissen Erfolg gehabt zu haben.

Auf Madagaskar ist ein dem Nashornkäfer verwandter Käfer, *Heteronychus plebeius,* an Zuckerrohr, auch an Mais und Reis sehr schädlich. Käfer und Larven fressen die Sprößlinge unter dem Boden ab und bohren sich in das Rohr ein. Man kann nur versuchen, die Käfer abzusammeln. Ähnliche Arten von *Heteronychus* und *Pentodon* sind in Ägypten schädlich *(hard-back beetles).*

Termiten, in Natal besonders *Termes badius,* in Somaliland *Termes classicus,* sind oft an den Stecklingen schädlich. Häufige Bodenbearbeitung vertreibt sie; wo große Nestbauten vorhanden sind, müssen sie zerstört werden.

Die zahlreichen anderen Feinde, besonders an Stecklingen und Blättern, wie Grillen, Raupen, Läuse usw., sind meist allgemeine Schädlinge und am Zuckerrohr ohne große Bedeutung.

Schrifttum

Zuckerrohr

Prinsen-Gerligs, H. C., Zuckerrohr. Wohltmann-Bücher. Bd. 2. Berlin-Charlottenburg u. Leipzig 1925. 123 S.

Sprecher von Bernegg, A., Das Zuckerrohr. In: Tropische und subtropische Weltwirtschaftspflanzen. I. Teil. Stuttgart 1929, S. 305—411.

VI. SCHÄDLINGE DER GEWÜRZPFLANZEN

1. Gewürznelken

Die alte Gewürznelkenkultur auf Sansibar und Pemba ist nach *Aders* (1919 bis 1920) frei von wesentlichen Schädlingen. Auch ein späterer Bericht (1925) erwähnt nur eine Wurzellaus und phanerogame Parasiten wie *Loranthus*arten und eine *Cassytha.*

Schlechtes Gedeihen und Absterben einer Anzahl von Bäumen in einzelnen Pflanzungen wird von ihm auf örtliche Ursachen, wie stauende Nässe im Boden oder felsigen Untergrund, zurückgeführt. Die Rinde kranker Bäume wird von Bostrychiden (Holzbohrkäfern) und Termiten befallen; von *Termes bellicosus* wurden auf Pemba junge Bäume durch Abfressen der Wurzelrinde abgetötet. Später hat *Waterland* (1932) beobachtet, daß die Engerlinge eines Melolonthiden, *Idaecamenta eugeniae (clove chafer),* die Wurzeln von Bäumen, die an Zweigsterben litten, abfraßen. Der Käfer ist in den Pflanzungen der Inseln stark verbreitet; der Grad seiner Schädlichkeit ist noch nicht ganz geklärt. Auf Sainte-Marie (bei Madagaskar) ist eine nicht näher untersuchte Wurzelfäule beobachtet worden.

Schrifttum

Gewürznelken

Aders, W. M., Insects injurious to economic crops in the Zanzibar Protectorate. Bull. Entom. Research Bd. 10 (1919—1920), S. 145—155.

Waterland, H., The clover chafer. Eugenia caryophyllata (Idaecamenta). Ann. Rpt. Agric. Dept. Zanzibar 1931, 1932, S. 8.

VII. SCHÄDLINGE DER DROGENPFLANZEN

1. Chinarinde, Cinchona

Die Kultur der Chinarinde hat sich nach den in Usambara in Höhen von 1000 m und mehr gemachten Erfahrungen im ganzen als sehr gesund erwiesen. Beobachtet sind dort nur einige unbedeutende schädliche Pilze und Insekten. Gelegentlich kamen, örtlich und zeitlich begrenzt, in Trockenzeiten auffälligere Schäden der weitverbreiteten, sonst besonders an Kakao schädlichen Wanze *Helopeltis bergrothi* (s. Abb. 2) vor. Die etwa 6 mm langen, schmalen, lebhaft gefärbten und durch einen Stachel auf dem Schildchen ausgezeichneten Wanzen zerstören die Laubknospen; dabei werden jeweils einzelne Arten von Cinchona von ihnen bevorzugt. Durch das sonst kräftige Wachstum der Bäume werden die Schäden rasch ausgeglichen.

Aus Java liegt eine zusammenfassende Bearbeitung der Krankheiten und Schädlinge an Cinchona von *Menzel* (1925) vor, ebenso eine neuere kurze Übersicht von *v. Blücher.*

Schrifttum

Chinarinde

Blücher, G. L. A. von, Anbau der Chinarinde (Cinchona) in Niederländisch-Indien. Tropenpflanzer Bd. 41 (1938) S. 231—245.

Menzel, R., De plagen en vijanden van de Kina. Mededeel. Gouv. Kina-Proefstation Nr. 9 (1925). 67 S., 9 Taf., 14 Abb.

VIII. SCHÄDLINGE DER GERBSTOFFPFLANZEN

1. Gerberakazie

Die Kultur der Gerberakazien hat in Afrika nur in mittleren und höheren Lagen Natals einen größeren Umfang. Die Krankheiten und Schädlinge hat *Zimmermann* (1930) in seiner Monographie zusammengestellt. Erheblich schädlich ist hauptsächlich eine Sackträgerraupe (Psychide), über die zahlreiche Berichte vorliegen. Im übrigen handelt es sich um Erdraupen an jungen Pflanzen, einige blattfressende Käfer und Raupen, Engerlinge an Wurzeln und Termitenschäden; Pilzkrankheiten sind in Afrika noch nicht beobachtet.

Die Sackträgerraupe, *Acanthopsyche (Chalioides) junodi, wattle bagworm,* schadet neben gelegentlichem Benagen der Rinde durch Kahlfraß, wodurch die Bäume bei nachfolgender Trockenheit zum Absterben gebracht werden können. Bekämpfung durch Insektizide erscheint bisher nicht durchführbar; daher mildert man die Schäden durch Kulturmaßnahmen. Die Bäume sollen nicht geschält werden, ehe sie 8 Jahre alt sind; die jüngsten Schläge der Pflanzungen sollen von den ältesten umgeben sein; die Schläge sollen nicht größer als 50 acres sein; es soll so spät wie möglich gebrannt werden. Nach den jüngsten Versuchen scheint sich in der Bestäubung mit Kryolith durch Flugzeuge ein erfolgreiches Verfahren zu entwickeln.

Als wichtigere Schädlinge sind noch Zikaden, *Bythoscopus cedaranus*, und Capsiden zu erwähnen, die zusammen als *„frog hoppers"* bezeichnet werden. Sie zerstechen ganz junge Bäume und verursachen hexenbesenartige Bildungen. Außerdem ist auf Madagaskar ein Baumsterben beobachtet, aber in seiner Ursache noch nicht aufgeklärt, wobei an der Rinde, hauptsächlich am Wurzelhals, schwarzbraune Marmorierung und Risse mit Gummifluß auftreten.

Schrifttum

Gerberakazie

Guyot, Le dépérissement des acacias à tanin cultivés à Madagascar Rev. Bot. appliq. et agric. trop. 1925, S. 132—135.

Zimmermann, A, Die Gerbrinden liefernden Akazien (Wattle-Bäume). Kultur, Gewinnung, Verwendung und Handel. Jena 1930. 8. 146 S.

IX. SCHÄDLINGE DER FRUCHTBÄUME

1. Citrusarten

Als weitverbreitete und alte Großkultur der warmen Länder hat die Citruskultur an ihren zahlreichen Sorten viele Krankheiten und Schädlinge, die zum großen Teil durch den modernen Verkehr weit verbreitet worden sind. Trotzdem bestehen aber in der geographischen Verbreitung, besonders auch der Pilzkrankheiten, noch recht große Unterschiede, was die Bedeutung aller Quarantänemaßnahmen gegen Einschleppung besonders augenfällig erscheinen läßt. Als wichtigste Schäden sind neben einigen Pilz- und Bakterienkrankheiten die Schildläuse der Blätter und Zweige und die Fruchtfäulen hervorzuheben, von deren Bekämpfung die Möglichkeit der Exportkultur überhaupt abhängt; so werden zum Beispiel in Kalifornien für die Schädlingsbekämpfung gegenwärtig jährlich 3 bis 5 Millionen Dollar aufgewendet. Besonders die Bekämpfung der Schildläuse ist technisch sehr hoch entwickelt und verlangt daher zur rentablen Durchführung Großkultur in sehr umfangreichen Pflanzungen oder gemeinschaftliche Organisation. Von der gegenwärtigen Ausdehnung der Citruskultur zeugt der Umstand, daß sie eine Anzahl eigener Zeitschriften in verschiedenen Ländern besitzt. Die Krankheiten und Schädlinge sind am meisten in Kalifornien erforscht worden, wo auch ein ausgezeichnetes umfassendes Handbuch über die Krankheiten von *H. S. Fawcett* (1936) entstanden ist; es enthält u. a. auch eine Übersicht über die geographische Verbreitung der Pilzkrankheiten. Eine entsprechende Zusammenfassung der tierischen Schädlinge liegt neuestens in einem Handbuch von *H. J. Quayle* (1938) aus demselben Anbaugebiet vor. Beide Werke beschränken sich nicht auf die amerikanischen Verhältnisse, sondern behandeln mehr oder weniger eingehend auch die übrigen Länder. Außerdem gibt es noch ausführliche Anleitungen zur Schildlausbekämpfung durch Blausäureräucherung (z. B. *Peters*, 1934).

a. Wurzelfäulen

Wie bei allen tropischen Baumkulturen spielen die Wurzelfäulen eine Rolle, die in den einzelnen Ländern sehr verschieden groß ist. Der wichtigste Erreger ist wohl der an afrikanischen Kulturen weitverbreitete Hallimaschpilz, *Armillaria mellea (Armillaria root rot;* vgl. unter Kakao). An Citrus tritt er in Tunesien und Nyassaland auf und verursacht teils plötzliches Welken und Absterben der Bäume, teils allmähliches Vergilben und Abfallen der Blätter. Der Pilz ist dabei zur Unterscheidung von anderen Wurzelfäulen an Anschwellungen am Wurzelhals und der Wurzelrinde, weißem, fächerförmigem Myzel in und unter derselben, und purpurbraunen Rhizomorphen kenntlich. Die bekannten Fruchtkörper treten erst im späteren Verlauf auf. Die Bekämpfung

Abb. 48. Gummosis an Citrone. Aus Memento 35, Rabat 1935.

liegt hauptsächlich in der Verhütung weiterer Ausbreitung der Krankheit durch Isoliergräben, Schwefelkohlenstoffdesinfektion des Bodens und Ausgraben der kranken Bäume mit allen Hauptwurzeln.

Eine andere wichtigere Wurzelfäule ist die „trockene" Wurzelfäule, *dry root rot (collar rot)*, in Südafrika und Rhodesien. Auch sie fängt als weiche oder Naßfäule an, ist aber in den späteren Stadien hart und trocken. Gummiausscheidung tritt dabei gelegentlich auf. Die Symptome an Laub und Zweigen sind ganz ähnlich wie bei den anderen Wurzelfäulen. Die Ursachen sind vielfach ungeklärt und anscheinend nicht einheitlich; in den meisten Fällen liegen sie in übermäßiger Bodenfeuchtigkeit, schlechter Durchlüftung und wohl auch Beschädigungen durch Tiere. Manchmal sind Schäden infolge der Blausäurebegasung beteiligt. Als fäuleerregende Pilze kommen ein *Fusarium* und *Macrophomina phaseoli* in Frage: letztere erzeugt zugleich einen eigenen Typ von Wurzelfäule. Die Bekämpfung geschieht durch geeignete Kulturmaßnahmen, wie Wurzelschnitt, Desinfektion, Durchlüftung und verbesserte Drainage und Ausschneiden der Faulstellen.

Als Braunfäule-Gummosis und Wurzelhalsfäule (*brownrot gummosis and foot rot, gommose parasitaire,* Abb. 48) werden Fäulen am Stammgrund und Wurzelhals zusammengefaßt, die von verschiedenen Phytophthoraarten herrühren *(P. citrophthora, P. parasitica, P. palmivora* u. a.*)*. Am Stammgrund, auch an stärkeren Wurzeln, entstehen dabei abgestorbene Stellen der Rinde bis ins Holz, wobei eine starke Gummiausscheidung stattfindet und später Längsrisse auftreten. Die Krankheit ist in allen afrikanischen Ländern verbreitet und äußert sich am Laub in blaßgrüner bis gelber Verfärbung, die von den Adern ausgeht. In der Anfälligkeit der Sorten bestehen große Unterschiede; begünstigt wird das Auftreten der Krankheit durch Feuchtigkeit, Wärme, schwere Böden und durch äußere Beschädigungen. Sie wird bekämpft durch hohes Pfropfen auf widerstandsfähige Unterlagen, Vorsicht bei der Bewässerung, Freilegen des Stammes bis zum Anfang der Hauptwurzeln, Ausschneiden der abgestorbenen Stellen und Anstrich mit einer Paste aus Zink- und Kupfersulfat mit Kalk.

b. Stamm- und Zweigkrankheiten

Psorosis *(scaly bark, scaly bark gum disease)* ist eine jetzt als Viruskrankheit aufgefaßte Erscheinung an Orangen *(C. sinensis)*, bei der die Rinde am Stamm und starken Ästen sich in Schuppen ablöst und zugleich auch mosaikähnliche Flecken an den Blättern auftreten; teilweise ist Gummiausscheidung damit verbunden. Die Krankheit, die vielfach sehr langsam verläuft, führt zu einer allmählichen Abnahme der Erträge. In den Anfangsstadien können die kranken Stellen mit Erfolg ausgeschabt werden, wozu besondere Messer verwendet werden. Bäume, bei denen die Erträge schon stark nachlassen, müssen entfernt werden; in Südafrika ist die Vernichtung durch Feuer behördlich vorgeschrieben. Die Krankheit ist nicht ansteckend und wird wahrscheinlich durch das Pfropfen übertragen; sie ist in Nord- und Südafrika und in Südrhodesien beobachtet.

Eine Art von Rindenrissigkeit oder schuppenförmiger Ablösung der Rinde älterer Stämme von Limonen *(C. limonia)* ist unter dem Namen Decorticosis *(shell bark)* bekannt und kommt in Nord- und Südafrika vor. Die Krankheit hat eine gewisse Ähnlichkeit mit der Psorosis, die Blätter werden aber bei ihr bronzefarben und fallen teilweise vorzeitig ab. Sie wird durch einen Pilz, *Diaporthe citri (Phomopsis californica, Ph. citri)*, der auch eine Triebspitzenfäule und die Braunfäule der Früchte hervorruft, verursacht und durch feuchtere Lagen begünstigt. In den Anfangsstadien kann man die kranken Stellen wie bei der Psorosis ausschneiden; im übrigen sind widerstandsfähige Sorten zu verwenden.

Eine andere Krankheit der Stämme und größeren Äste ist die Diplodiagummose, von *Diplodia natalensis* hervorgebracht, in Südafrika. Sie ist wie manche anderen Krankheiten von starkem Gummifluß begleitet. In milderen Fällen bildet sie kleinere Flecke an der Rinde, die ausheilen können; es können aber auch ausgedehntere Stellen abgetötet und das Holz schwarz gefärbt werden. Weitgehendes Ausschneiden der kranken Stellen ist notwendig, da durch Spritzen, z. B. mit Kupferkalkbrühe, nicht viel zu erreichen ist.

Als Anthraknose („schwarzer Brenner", *whitertip*) bezeichnet man allgemein verbreitete Krankheiten der Blätter, Zweige, Äste und Früchte, die von dem Pilz *Colletotrichum gloeosporioides* verursacht sind. An den Blättern bilden sich braunwerdende Flecke, während die befallenen Zweige allmählich von der Spitze her absterben, wobei bei stärkerem Auftreten der Krankheit die Früchte abgeworfen werden. An den Früchten entstehen hartwerdende, braune eingesunkene Flecke *(Schwarzfleckigkeit, black spot)*. Sorgfältige Pflege und Düngung der Bäume wirken der Krankheit entgegen, die im übrigen durch gründliches Zurückschneiden der kranken Zweige und Äste behandelt wird. Auch die Bespritzung mit Kupferkalkbrühe liefert gute Ergebnisse.

Als Exanthema oder *dieback* (Spitzensterben) bezeichnet man eine verbreitete Krankheit, die zuweilen in Afrika stärker auftritt. Es ist eine Mangelkrankheit, wahrscheinlich Kupfermangel, die an den Zweigen, Blättern und Früchten sehr verschiedene Symptome aufweist. Die Spitzentriebe und Früchte verfärben sich bräunlich, in den Zweigen treten kleine Herde von Gummiausscheidungen auf, und die Zahl der Knospen an ihnen ist stark vermehrt, an der Rinde bilden sich aufplatzende Längswucherungen; weiterhin verkrümmen sich die Zweige und sterben von der Spitze her ab. Durch Bodenverbesserung und Düngung kann der Krankheit entgegengewirkt werden; in den meisten Fällen ist auch eine Behandlung mit Kupfer durch Aufstreuen auf den Boden ($^1/_4$ bis 2 kg je Baum, entsprechend der Größe) und durch Spritzen mit Kupferkalkbrühe (6prozentig) wirksam.

Ein anderes, häufig von Gummiausscheidung begleitetes Welken und Absterben von Spitzen und Zweigen, das von dem Pilz *Fusarium solani* verursacht wird *(fusarium twig disease)*, tritt in Ägypten und Südafrika auf. Charakteristisch scheint dabei zu sein, daß die Blätter plötzlich welken und abgeworfen werden. Als Behandlung wird das Abschneiden der kranken Zweige etwa bis 10 cm unterhalb des infizierten Teiles und Desinfektion der Schnittstelle empfohlen.

Eine der gefährlichsten und ansteckendsten Pflanzenkrankheiten ist der erst seit 1914 in Nordamerika bekannte bakterielle Citruskrebs, *citrus canker*, von *Pseudomonas citri* erzeugt. Er war in Südafrika in einigen Bezirken von Transvaal verbreitet, ist aber dort infolge äußerst sorgfältiger Überwachung aller Pflanzungen und Ausrottung aller entdeckten Infektionen zwischen 1918 und 1921 wieder erloschen. Die Krankheit befällt Blätter, Zweige und Früchte und bildet charakteristische krebsartige Wucherungen bis zu 5 mm Umfang. Die Bekämpfung geschieht praktisch nur durch völlige Vernichtung der befallenen Bäume; Bespritzung mit Kupferkalkbrühe gibt ebenfalls gute Erfolge.

c. Blattkrankheiten

Alternaria-Blattfleckenkrankheit. Die *„rough lemon"*, eine Sorte von *C. limonia*, die als Unterlage verwendet wird, wird in Südafrika und Rhodesien in den Baumschulen, besonders in feuchten Gebieten, von einer Blattkrankheit befallen, die braune abgestorbene Flecke, vom Rande oder der Mittelrippe ausgehend, verursacht. Die befallenen Blätter werden gelb, neigen zur Einrollung und fallen ab. Der Pilz, *Alternaria citri* oder eine ähnliche Art, gedeiht unter Bedingungen, wie sie auch für den Schorf an Blättern und Früchten günstig sind. Die Krankheit kann durch Spritzen mit Schwefelkalkbrühe (2 v. H. der konzentrierten Brühe) bekämpft werden.

Eine partielle Chlorose der Blätter, wobei diese unregelmäßige gelbliche Flecke zwischen den größeren Seitennerven aufweisen, ist überall verbreitet und wird als *„mottle-leaf"*, nach *Fawcett* als *foliocellosis* bezeichnet. Bei starkem Auftreten der Krankheit bleiben die Blätter kleiner und die Triebe kurz, und die Ausbildung der Früchte leidet entsprechend. Die Krankheit hängt, wie sich herausgestellt hat, mit einem Mangel an Zink zusammen und kann durch Spritzen mit Zinklösungen (Zinksulfat und Kalk usw.) bekämpft werden.

Ringflecke, *concentric ring blotch,* sind eine Fleckenkrankheit in Südafrika, Nyassaland, Rhodesien und Kenya an den Blättern und gelegentlich an den Früchten, die in kleinen gelben Ringen um einen dunkelgrünen Mittelpunkt besteht; in den erkrankten Geweben tritt dabei Gummibildung auf. Folge der Krankheit, deren Ursache nicht bekannt ist und die wahrscheinlich mit ungünstigen Bodenverhältnissen zusammenhängt, ist bei starkem Auftreten an jungen Bäumen ein mehr oder weniger starker Blattfall. In Anzuchtbeeten kann der Krankheit durch Unterpflügen von Gründüngung vorgebeugt werden.

d. Krankheiten der Früchte

Schäden an den Früchten spielen bei einer vorwiegend für die Ausfuhr arbeitenden Kultur eine große Rolle für die Marktfähigkeit des Produktes. Man unterscheidet eigentliche Fruchtfäulen, innere Störungen und äußere Schäden an der Schale, wie Flecke, Schorf usw. Die Gefahr der Fruchtfäulen ist bei der langsamen Reife, andererseits der oft langen Lagerung und dem weiten Transport besonders groß. Von den Fäulen, die schon am Baum oder auf dem Lager eintreten, sind die bekanntesten und allgemein verbreiteten der gemeine grüne Pinselschimmel, *common green mold, Penicillium digitatum,* und der blaue Schimmel, *blue contact mold, Penicillium italicum.* Beide gehen meist von irgendwelchen Verletzungen der Schale aus und zersetzen allmählich die ganze Frucht; der blaue Schimmel greift besonders leicht auf benachbarte Früchte über.

Zur Verhütung der Fäulen dienen zahlreiche Vorsichtsmaßregeln, die genau zu beachten sind, bei der Ernte und Verpackung, wie Pflücken in trockenem Zustand, Vermeiden aller Verletzungen der Fruchtschale, Waschen der Früchte, sorgfältige Packung usw.

Eine weitere allgemein verbreitete Krankheit, die auch in Nordafrika, Ägypten und Südafrika vorkommt, ist eine von der Ansatzstelle der Früchte ausgehende Schwarzfäule oder Braunfäule, *Phomopsis stem end rot,* die von *Diaporthe (Phomopsis) citri,* demselben Pilz, der auch die Decorticosis des Stammes hervorruft, verursacht wird. Die kranken Stellen werden lederig und außen rötlichbraun bis braun verfärbt. Die Fäule befällt meistens die reifen Früchte und tritt besonders in feuchten und schattigen Gärten auf. Zur Vorbeugung dienen u. a. sorgfältiges Ausschneiden des toten Holzes, Spritzen mit Kupferkalkbrühe-Ölemulsion, Waschen der Früchte mit Boraxlösung und kühle Lagerung.

Von anderen Fäulen sind zu nennen: Trichodermafäule, rötlichbraun bis dunkelbraun, von *Trichoderma lignorum* verursacht, in Rhodesien und Südafrika; Braunfäule, *brown rot,* von den Phytophthoraarten der Gummose herrührend, in Südafrika; Botrytisfäule, *gray mold,* Grauschimmel, von *Botrytis cinerea* erzeugt, in Rhodesien und Südafrika; Alternariafäule, *Alternaria rot (A. stem end rot),* besonders die zentrale Achse der Frucht befallend und schwärzend, von *A. citri* und verwandten Arten hervorgerufen, in Südafrika; Schwarzfleckigkeit *(black spot, Anthracnose)* von *Colletotrichum gloeosporioides* verursacht, das sonst Blätter und Zweige befällt, in Transvaal verbreitet.

Innere Störungen, wie Endoxerosis *(internal decline)* u. a., sind in Afrika nicht von Bedeutung. Häufiger sind Schäden der Schale, von denen in Südafrika eine bakterielle Fleckenkrankheit verbreitet ist. Sie wird durch *Bacillus citrimaculans* verursacht und bildet dunkle, eingesunkene, harte oder lederige Flecke an allen Citrusarten mit Ausnahme der Sevillaorange. „Rußflecke" an allen Citrusarten *(sooty blotch)* werden in Südafrika auch von dem Pilz *Gloeodes pomigena* hervorgebracht. Seltener treten dort die sogenannten Fliegenschmutzflecke (von *Leptothyrium pomi)* auf.

Schorf, *citrus scab,* besteht in korkigen, warzenähnlichen Verletzungen an Früchten und Blättern und ist eine der ältest bekannten und wichtigsten Krankheiten, die in Afrika, anscheinend mit Ausnahme der nördlichen Länder, verbreitet ist. Die Krankheit wird durch einen Pilz, *Sphaceloma fawcetti*

(Cladosporium citri, Sporotrichum c., Sporodochium c.) verursacht. Stärkeres Auftreten ist von verschiedenen Bedingungen abhängig, wozu anfällige Sorten, junges, unausgereiftes Gewebe, hinreichende Feuchtigkeit und mäßige Wärme (15 bis 23° C) gehören. Durch Spritzen mit Kupferkalkbrühe oder auch mit Schwefelkalkbrühe kann sie verhältnismäßig leicht bekämpft werden.

e. Schildläuse

Die wichtigsten Schädlinge an Citrus, welche eine dauernde, sehr kostspielige Bekämpfung notwendig machen, sind die Schildläuse *(scale insects)*. In der Mehrzahl sind es sehr kleine, flache, mit einem schuppenförmigen Schild versehene und nach dem ersten Larvenstadium dauernd festsitzende Arten (Diaspinen); daneben kommen ähnlich festsitzende ohne besonderen Schild, aber durch verhärtete Rückenhaut geschützte Arten (Lecaniinen) und außerdem noch mehr oder weniger freibewegliche, mit weißen Wachsmassen bedeckte Arten (Wolläuse, *mealy bugs*) vor. Die Schildläuse befallen Früchte, Zweige und Blätter und bilden dort durch starke Vermehrung häufig schorf-

Abb. 49. Eine Orangenschildlaus *(Chrysomphalus aonidum)*. Nach *Peters*.

ähnliche Krusten. Der Schaden dieser saugenden Insekten besteht in Saftentzug, bei dichtem Befall auch in der Verhinderung der Atmung und führt zur Verkümmerung der Früchte, zu mangelhaftem Fruchtansatz und in schweren Fällen zum Absterben von Zweigen und ganzen Bäumen.

Die für Afrika wichtigsten Arten sind:

Chrysomphalus (Aonidiella) aurantii, red scale, cochenille rouge. Schild flach, rund, mit glänzendem orangegelbem oder dunklem Fleck in der Mitte, Tier gelblich-orange. Auf der Oberseite der Blätter, auch an Zweigen und

Früchten; in Südafrika und in Nyassaland die schädlichste Art in warmen und feuchten Lagen.

Chrysomphalus aonidum, black scale (in Ägypten), *circular purple scale* (in Südafrika). Schild rund, in der Mitte dunkel, rötlich bis dunkelbraun oder schwarz; Tier dunkel. An Blättern und Früchten, hauptsächlich von Orangen (Abb. 49).

Chrysomphalus pinnulifer, pinnule scale. Ähnlich der vorigen; Südafrika (Transvaal und Natal).

Aspidiotus hederae, Oleander scale, white scale. Schild weiß bis hellgrau. Besonders auf Blättern von Limonen und Orangen; Nord- und Südafrika.

Ischnaspis longirostris, black thread scale. In Südafrika an Früchten von Orangen und anderen Citrusarten.

Lepidosaphes pinniformis (Mytilaspis citricola), mussel scale. Schild komma- oder muschelförmig, bis 3,5 mm lang, hellgrau bis rötlich- oder hellbraun; Tier weißlich. In Südafrika und Ägypten; zuweilen sehr schädlich an Orangen und Grapefruit.

Lecanium hesperidum (Coccus h.), soft brown scale. 2,5 bis 5 mm lang, flach, unsymmetrisch oval, dunkelorange, manchmal mehr oder weniger gelblich mit grünlichem Rand, häufig infolge von Parasitierung durch Schlupfwespen glänzend schwarz. Starke Ausscheidung von Honigtau und entsprechende Rußtaubildung. In Süd- und Nordafrika an Citrus und vielen anderen Pflanzen, besonders an Zweigen und Blattnerven, wird aber in der Regel durch Parasiten in Schach gehalten und ist leicht durch Räucherung zu vertilgen.

Saissetia (Lecanium) oleae, black scale. Ähnlich der vorigen, aber stark gewölbt, breit eiförmig, dunkelbraun bis schwarzbraun mit H-förmigen Kielen. Im Mittelmeergebiet und Südafrika, gewöhnlich auf den Ölbaum beschränkt.

Ceroplastes oder Wachsschildläuse sind weiche Schildläuse, deren Weibchen eine dicke, weiche, wachsähnliche Schicht ausscheiden. An Citrusarten kommen verschiedene Wachsschildläuse vor, sind aber meist sehr wenig schädlich.

Parlatoria zizyphi, black scale (Nordafrika). Schild oval oder rechteckig, glänzend schwarz mit weißen Wachsschichten am Ende; Körper eiförmig, blaßviolett. In Nordafrika (außer Ägypten).

Icerya purchasi, cottony cushion scale. Ohne Schild, dicht mit weißem Wachs bedeckt, dauernd frei beweglich. An Blättern und Zweigen, bringt die Bäume rasch zum Absterben; in ganz Afrika. Räucherung nicht erfolgreich, biologische Bekämpfung durch *Rodolia (Novius) cardinalis.*

Icerya aegyptiaca, ähnlich der vorigen, in Ägypten.

Pseudococcus citri, citrophilous mealy bug, common mealy bug, weiße Schmierlaus. Ohne Schild, in der Jugend frei beweglich, dicht mit weißem Wachs bestäubt, 3,5 bis 4 mm lang. In Ägypten und Südafrika in der Ausbreitung begriffen; besonders an den Früchten schädlich. Bekämpfung biologisch durch *Cryptolaemus montrouzieri;* auch durch Vertilgung der mit der Laus vergesellschafteten Ameisen.

Die Bekämpfung der Citrusschildläuse geschieht teils chemisch durch Räucherung mit Blausäuregas, teils biologisch mit Hilfe von Coccinelliden. Die Blausäure wird in Form des schon seit langer Zeit in Amerika üblichen sogenannten Zeltverfahrens (Abb. 50) angewandt, das immer mehr vervollkommnet wurde, so daß es jetzt rasch, bequem und sicher durchgeführt werden kann. Dabei wird das Gas entweder erst unter dem Zelt erzeugt oder von außen durch Röhren eingepumpt. Die Zelte, die etwa 5 Mann zur Bedienung

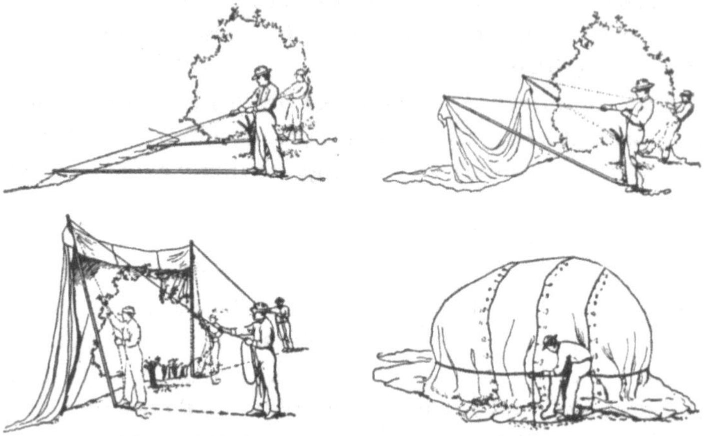

Abb. 50. Aufstellen des Zeltes für die Blausäurebegasung.
Nach *Woglum* aus *Quayle.*

brauchen, werden so über die — bis 4 m hohen — Bäume gespannt, daß der Rauminhalt an einer außen angebrachten Skala abgelesen und die Menge der Blausäure entsprechend bemessen werden kann. Der für das Zeltverfahren notwendige Abstand der Bäume muß schon bei der Anlage der Pflanzung berücksichtigt werden. Zur Erzeugung des Blausäuregases gibt es verschiedene Verfahren. Ursprünglich wurde die Blausäure unter dem Zelt in einem irdenen Topf aus Cyannatrium und Schwefelsäure entwickelt. Später wurden dann Räucherapparate gebaut, die das Gas außerhalb der Zelte erzeugen und durch einen Schlauch in sie einleiten. Die neuere Anwendungsform ist entweder als flüssige Blausäure, die in Stahlzylindern aufbewahrt und für den Gebrauch in besonderen Apparaten mit Luft gemischt wird, oder als Calciumcyanid (Cyanogas oder Calcid), das sich mit dem Wasserdampf der Luft zu Calciumoxyd und Blausäure umsetzt. Dabei wird das Cyanid in einem Apparat gemahlen und als feiner Staub unter die Zelte eingeblasen. Wegen der Giftigkeit der Blausäure müssen die Vorsichtsmaßnahmen sorgfältig eingehalten werden, um die Räucherungen ohne Unfälle durchzuführen. In Ägypten wird diese Räucherung durch besondere von der Regierung eingesetzte Trupps in regelmäßigem Turnus durchgeführt.

Die Räucherung geschieht einmal jährlich oder auch alle 2 Jahre und kann im Sommer oder im Winter ausgeführt werden; am besten eignet sich die Zeit, wenn die Früchte etwa die halbe Größe erreicht haben. Die Einwirkungsdauer beträgt nur 30 bis 45 Minuten. Vertilgt werden dadurch hauptsächlich die durch besonderen Schild geschützten Läuse *(Chrysomphalus, Aspidiotus, Lepidosaphes)*, während die durch Wachsausscheidungen geschützten weniger empfindlich gegen Blausäure sind. Diese werden daher durch ihre natürlichen Feinde bekämpft. So wird *Icerya purchasi* durch den australischen Marienkäfer *Rodolia (Novius) cardinalis* unterdrückt, der u. a. in Süd- und Nordafrika eingeführt worden ist.

Die Schmierlaus *Pseudococcus citri* wird ebenso durch den australischen Marienkäfer *Cryptolaemus montrouzieri* in Schach gehalten, der, soweit er sich in einer Gegend nicht dauernd hält, durch künstliche Zucht vermehrt werden kann.

Spritzmittel haben sich an Citrus wenig bewährt, da die Bäume auf die Dauer geschädigt werden, und auch die Eier meist nicht abgetötet werden; teilweise wird der Geschmack der Früchte durch die Spritzungen verändert. Man spritzt daher mit Mineralölen nur ausnahmsweise bei besonders schwerem Befall und läßt darauf nach etwa 14 Tagen eine Räucherung folgen.

f. Blattschädlinge

Von verschiedenen blattfressenden Schmetterlingsraupen und Käfern hat eine Raupe größere Bedeutung *(orange dog caterpillar)*, die zu dem in Südafrika allgemein verbreiteten Tagfalter *Papilio demodocus* gehört. Die Raupen werden besonders an ganz jungen Bäumen in der Pflanzschule der Pflanzung schädlich; sie können aber an diesen leicht mit der Hand abgesammelt werden.

Ein anderer Blattschädling, unter dem besonders die Baumschulen leiden, ist der Blattfloh *Spanioza erythreae (Trioza mervei, citrus psylla)* in Ost- und Südafrika. Durch sein Saugen entstehen Gallen an der Unterseite der Blätter, die sich verkräuseln. Zur Bekämpfung sind die anderen Wirtspflanzen des Schädlings zu entfernen. Außerdem kann man am Anfang des Auftretens die befallenen Früchte ausbrechen; das Spritzen lohnt nur gegen die jungen Nymphen, ehe die Blätter verkräuselt sind.

Ähnlich schädlich tritt in Südafrika, Rhodesien und Nyassaland auch eine Blattlaus, *Aphis tavaresi, black citrus aphis,* an verschiedenen Citrusarten auf. Die befallenen Blätter werden eingerollt, und die ganzen Zweige verkümmern. Am schädlichsten wird die Laus im Frühjahr zur Blütezeit. Zur Bekämpfung wird mit Nikotinseifenbrühe gespritzt.

Thripsschäden nehmen in Südafrika, besonders in Transvaal und in Rhodesien, in manchen Jahren einen größeren Umfang an. Es handelt sich um *Scirtothrips aurantii, South African citrus thrips,* der außer dem Laub auch die jungen Früchte angreift. Die Bekämpfung geschieht durch Spritzen mit verschiedenen Schwefelmitteln oder auch durch Bestäuben mit Schwefel.

g. Fruchtschädlinge

Von den Fruchtfliegen ist die in fast allen citrusbauenden Ländern verbreitete Mittelmeerfruchtfliege, *Ceratitis capitata, mediterranean fruit fly, orange fly* (Abb. 51), die wahrscheinlich aus dem tropischen Afrika stammt und sehr viel Obst und andere Früchte befällt, der wichtigste Schädling. Die auffällig bunt gefärbte Fliege, die fast die Größe einer Stubenfliege hat, sticht die Früchte vor der Reife an und legt ihre Eier in sie ab; die weißen oder gelblichen Maden, die bis 8 mm lang werden, durchsetzen regellos das Frucht-

Abb. 51. Mittelmeerfruchtfliege (*Ceratitis capitata*). Vergr. 6. Nach *Graham*.

fleisch, das rasch weich und faulig wird; die Verpuppung findet im Boden statt. Von jeder Fliege werden im Durchschnitt 300 Eier abgelegt; in warmen Ländern verläuft die Entwicklung so rasch, daß bis zu 16 Generationen im Jahr aufeinanderfolgen können. Daher kann der Schaden an Citrusfrüchten, obgleich in diesen ein hoher Prozentsatz der abgelegten Eier nicht zur Entwicklung gelangt, sehr groß sein.

In Südafrika kommt außerdem noch eine andere Art, die Natalfruchtfliege, *Pterandrus (Ceratitis) rosae,* vor. Die Bekämpfung der Fruchtfliegen geschieht außer dem Einsammeln und Vernichten des Fallobstes durch Giftköder. Der ursprünglich von *Mally* in Südafrika erprobte Köder besteht aus 500 g Bleiarsenat, etwa 8 kg Zucker und 100 l Wasser und wird in die Bäume verspritzt; später wurden die Köder auch mit anderen Arsenverbindungen oder mit Fluor hergestellt und mit Kleie zur Anlockung der Fliegen versetzt. Dabei werden sie jetzt vielfach statt des Spritzens in Glasbehältern in die Bäume aufgehängt.

Südafrika hat als besonderen, sehr wichtigen Fruchtschädling noch eine Wicklermotte, die dort wegen ihrer großen Ähnlichkeit mit dem bekannten Obstwickler *Carpocapsa pomonella false codling moth* genannt wird. Darunter werden zwei ganz wenig verschiedene Arten verstanden, *Argyroploce leucotreta* und *A. batrachopa*; beide kommen außer in Citrus in verschiedenen einheimischen Obstfrüchten vor. Die in Citrus häufigste Art ist die erstgenannte, die in Afrika weitverbreitet und jetzt auch an Baumwolle schädlich ist. Die Motten selbst sind dunkler und kräftiger als der Obstwickler, die fleischfarbenen Raupen sind nicht ohne weiteres von ihm zu unterscheiden. Die Eier werden in die Früchte abgelegt, in deren Fleisch die Raupen ihre Gänge bohren; die Verpuppung erfolgt in einem seidigen Kokon im Boden. Jährlich treten zwei Generationen auf. Zur Bekämpfung werden folgende Maßnahmen empfohlen: die Umgebung der Pflanzungen ist so weit als möglich von einheimischen Wirtspflanzen freizuhalten; wenn nicht im Winter stark bewässert werden kann, um die Puppen im Boden zu töten, muß zu ihrer Vernichtung so gründlich als möglich gepflügt werden; womöglich soll mit einem eierabtötenden Mittel, wie Tabakseife, gespritzt werden (in Transvaal zwischen 15. September und 15. Oktober); alle befallenen Früchte müssen regelmäßig gepflückt und vernichtet werden.

An jungen Früchten wird kurz nach dem Ansetzen in Rhodesien und Südafrika auch der amerikanische Baumwollkapselwurm, *Heliothis (Chloridea) obsoleta,* neben weniger wichtigen Raupen ernstlich schädlich. Man vernichtet die abgelegten Eier durch Spritzungen mit Leichtöl oder Harzlösungen; gegen die Raupen wird Absammeln mit der Hand angeraten. Ein Spritzmittel, das bei Anwendung von der Blütezeit an, bis die Früchte haselnußgroß sind, den Befall durch *Heliothis* und zugleich durch Thrips und Läuse verhindert, besteht nach *Perrot* (1925) aus 4,4 l Schwefelkalkbrühe, 225 g 40prozentigem Nikotinsulfat, 200 g Universalhaftmittel oder 700—900 g gesiebtem Maismehl und 440 l Wasser.

Schrifttum

Citrusarten

Fawcett, H. S., Citrus diseases and their control. 2. Edit. New York und London 1936. 15, 656 S., 187 Abb., 15 Farbtaf., 1 Karte.

Peters, G., Citrus tree fumigation. A short guide. 2. Edit. Deutsche Gesellschaft für Schädlingsbekämpfung, Frankfurt a. M. 1934. 191 S., 90 Abb.

Quayle, H. J., Insects of Citrus and other subtropical fruits. Ithaca, New York, 1938. 583 S., 375 Abb.

2. *Dattelpalme*

Trotz des großen Umfanges der Kultur, die klimatisch eng an bestimmte Verhältnisse gebunden ist, ist bisher recht wenig über Krankheiten und Schädlinge bekannt geworden. Erst neuerdings sind einige Krankheiten aus Nordafrika näher untersucht worden; die wenigen schädlichen Insekten sind von *Balachowsky* und *Mesnil* zusammenfassend beschrieben.

a. Pilzkrankheiten

Die schwerste Krankheit der Dattelpalmen in Marokko und Algerien ist das Absterben oder die Bleichsucht, *bayoud,* die von einem Welkepilz, *Fusarium (Cylindrophora) albedinis,* verursacht wird. Die Infektion beginnt am Grunde der Blätter, die erst einzeln fahl werden und verdorren. Bei der Ausdehnung der Krankheit werden schließlich alle Wedel befallen, und der ganze Baum stirbt ab. Jüngere Palmen können so in wenigen Wochen absterben, ältere halten länger, bisweilen Jahre stand. Durch Wundbehandlung mit Teer kann die Infektion vermieden werden; auch einige hochgradig resistente Sorten sind gefunden worden.

Eine ähnliche Krankheit ist die erst neuerdings bekanntgewordene Herzfäule, *belâat,* die von *Phytophthora palmivora,* dem Pilz der Herzfäule der Kokospalme, in Südalgerien hervorgerufen wird. Sie beginnt im Herzen der Palme und erzeugt eine Weichfäule, die sich rasch in der Krone entwickelt. Das härtere Gewebe unmittelbar darunter färbt sich violettrot und wird schließlich in eine gelbgrüne wässerige Masse mit starkem Geruch nach Essigsäure verwandelt. Die von der Krankheit befallenen Bäume werden selten ganz abgetötet, sondern regenerieren sich meist vom Grunde her.

Eine auffällige Krankheit der Blätter ist die Schwarzfleckigkeit, *smut,* die von dem Pilz *Graphiola phoenicis* verursacht wird. Sie ist in Nordafrika weitverbreitet, aber von einer gewissen Feuchtigkeit abhängig und im ganzen wenig schädlich. — Blattfleckenkrankheiten von geringer Bedeutung werden auch noch von einer Anzahl anderer Pilze hervorgerufen.

Die Blütenstandsfäule der Dattelpalme, *khamedj,* die jetzt in ganz Nordafrika verbreitet, aber nur lokal ernsthaft schädlich ist, bildet im Frühjahr auf den noch geschlossenen Scheiden rote Flecke, die sich allmählich ausdehnen und faulen, bis nur noch die Basis des Blütenstandes am Leben bleibt. Erreger ist ein Pilz, *Mauginiella scaettae,* der als weißes Myzel an den Faulstellen sichtbar wird. Zur Bekämpfung wird die vollständige Entfernung und Verbrennung der kranken Blütenstände an den weiblichen und auch an den benachbarten männlichen Palmen empfohlen, außerdem das Ausstreuen von pulverisiertem Kupfersulfat um das Herz, also in der Zone, wo die neuen Blätter gebildet werden.

b. Tierische Schädlinge

Als Dattelpalmenschildlaus oder weiße Schildlaus bezeichnet man die in ganz Nordafrika verbreitete, kleine, ganz mit weißem Wachs bedeckte Schildlaus *Parlatoria blanchardi,* die in großen Mengen die Blätter besiedelt. Sie wird besonders den jung ausgepflanzten Schößlingen gefährlich und wird auch mit diesen verschleppt, während ältere Palmen weniger darunter leiden. Das einfachste Verfahren dagegen ist die Auswahl von gesunden Schößlingen beim Auspflanzen oder Desinfektion der befallenen. Bei etwas älteren Palmen kann man, wenn nur die äußeren Blätter stark befallen sind, diese abhauen und verbrennen, oder man schlägt, wenn alle Blätter dicht mit Schildläusen besetzt sind, die Palme vollständig ab und läßt sie aus der Spitze neu austreiben. Als Winterbehandlung kann mit einer 2prozentigen Emulsion eines fetten Öles gespritzt werden. Sehr wirksam ist eine Blausäurebegasung nach dem Zeltverfahren (s. Citrus), nach der die Palmen mehrere Jahre lang frei von Schildläusen bleiben.

Eine rosafarbene Schildlaus, *Phoenicococcus marlatti,* die ebenfalls in Nordafrika weitverbreitet ist, sitzt nur am Grunde der Blattstiele und ist ein ziemlich harmloser Parasit.

Ein sehr ernster Schädling der Früchte ist eine nur etwa ½ mm große, grünlich-gelbe Spinnmilbe, *Paratetranychus simplex (P. heteronychus?), boufaroua,* in Südalgerien und Tunesien. Sie tritt zu Beginn der Sommertrockenheit auf und wird am meisten in heißen Sommern schädlich, während ihre Vermehrung im Herbst durch die einsetzende größere Luftfeuchtigkeit wieder nachläßt. Auf den Blättern hat die Milbe keine wesentliche Bedeutung; bei frühem Auftreten kann sie aber die Blütenstände völlig zerstören. Sie lebt auch auf den grünen Datteln, die sie vollständig umspinnt und die dadurch verkümmern oder wenigstens für die Ausfuhr unbrauchbar werden. Zur Bekämpfung ist man hauptsächlich auf Kulturmaßnahmen, wie ausreichende Pflanzweite, Düngung usw., angewiesen. Eine direkte Unterdrückung der Milbe ist durch Bestäuben mit Schwefel, der mit der dreifachen Menge Gips vermischt wird, möglich.

Ein Blattsauger, *Ommatissus binotatus var. libycus, date palm sucker,* hat zeitweise in der Oase Siwa schwere Schäden verursacht. Die Eier werden an der Mittelrippe der Blätter abgelegt. Bald nach der Bildung der Früchte im Mai befallen die bis September saugenden Larven die Blätter und scheiden ein Sekret aus, das die ganze Unterseite bedeckt und dann zu starkem Rußtauwachstum Anlaß gibt. Dadurch werden die Blätter erstickt und nur kümmerliche Früchte ausgebildet. Palmen auf warmem Boden werden am schwersten befallen. Durch Spritzen mit Nikotin im Mai, wenn die Larven noch jung sind, wird man wahrscheinlich der Plage begegnen können.

Die Dattelmotte, *Ephestia cautella,* die auch an anderem Obst vorkommt, ist in Ägypten verbreitet und kann dort an Datteln sehr stark schädlich werden. Sie ist 7 mm lang bei 19 mm Spannweite, Körper und Vorderflügel sind dunkelrotbraun, die Hinterflügel hell mit schmalem braunem Rand. Die kleinen Raupen fressen in den halbreifen Datteln und verlassen sie zur Verpuppung. Der Befall kann so stark werden, daß die Eingeborenen ihre Datteln halbreif ernten und rösten, um die Raupen abzutöten.

Schrifttum

Dattelpalme

Balachowsky, A. und Mesnil, L., Insectes nuisibles au Palmier-Dattier. In Les insectes nuisibles aux plantes cultivées. Bd. 1 Paris 1935, S. 601—613.

3. *Mandelbaum*

Außer Nordafrika hat die Mandelkultur auch in Süd- und im kleinen in Ostafrika Eingang gefunden. *Zimmermann* (1931) stellt in seiner Monographie alle bekannten Krankheiten und Schädlinge zusammen; daraus geht hervor, daß in Afrika keine besonderen Schädlinge vorhanden sind. Bei der mediterranen Verbreitung der meisten derselben und dem gleichzeitigen Vorkommen am Pfirsich ist ihr Auftreten, z. B. der Mehltaupilze, Wurzelpilze usw., auch insbesondere in Nordafrika anzunehmen. Besonders erwähnt finden sich außer dem in den Zweigen bohrenden Borkenkäfer, *Eccoptogaster (Scolytus) amygdali,* die die Blattkräuselung verursachende schwarze Pfirsichblattlaus, *Anuraphis persicae (Aphis amygdali),* und die grüne Pfirsichblattlaus, *Myzodes persicae,* die beide in Nordafrika recht schädlich sind; man bekämpft sie durch Winterspritzung mit Ölemulsionen oder Frühjahrsspritzung mit Nikotinseifenlösungen. Außerdem wird in Algerien das große Abendpfauenauge, *Saturnia pyri,* regelmäßig sehr schädlich und kann die Bäume im Mai völlig entlauben und dadurch die Ernte vernichten. Man kann die großen Raupen leicht absammeln lassen, ebenso die Puppen beim Schnitt im Winter; im Frühjahr können die Raupen durch Arsenspritzmittel vertilgt werden.

Wurzelkropf *(crown gall),* von *Bacterium tumefaciens* verursacht, ist in Kenya beobachtet. Von neueren Beobachtungen liegt ein Bericht von *Dippenaar* (1931) vor, wonach in Südafrika die von *Gloeosporium amygdalinum* verursachte Anthraknose schädlich ist. Der Pilz greift neben Zweigen, Trieben und Blättern hauptsächlich die Früchte an, an denen gelblichbraune, eingesunkene Flecken entstehen und schließlich Kernfäule, Gummifluß und Mumienbildung eintreten. Zur Bekämpfung sind Kupferkalk- und Schwefelkalkbrühen geeignet (1 Winterspritzung und 2 Sommerspritzungen).

Schrifttum

Mandelbaum

Dippenaar, B. J., Anthracnose disease of almonds. Farming So. Africa Bd. 6 (1931), S. 133—134, 3 Abb.
Zimmermann, A., Der Mandelbaum und seine Kultur. Beiheft 1 zum Tropenpflanzer Bd. 34 (1931), 116 S.

4. Feige

Die Feige ist in der Hauptsache eine Kultur des Mittelmeergebietes, aber klimatisch weniger eng begrenzt als z. B. der Ölbaum, und daher vielfach nach Norden und Süden, z. B. Südafrika, ausgreifend. Krankheiten und Schädlinge spielen eine geringe Rolle, insbesondere liegen nur wenige Beobachtungen aus Nordafrika vor. Die dortigen Schädlinge haben *Balachowski* und *Mesnil* zusammengestellt.

Krankheiten. An den Blättern scheint nur der Feigenrost, *Kuehneola (Cerotelium) fici, fig rust,* der z. B. an der ganzen marokkanischen Küste sehr häufig ist und auch aus Erythrea und Sansibar gemeldet wird, einige Bedeutung zu haben. Als Bekämpfungsmittel werden zwei Handelspräparate, Bonisol und Sulsol, empfohlen, die besser als Bordeauxbrühe oder Schwefel wirken sollen.

Krustenförmige schwarze Wucherungen an der Blattoberseite werden ebenfalls in Erythrea, anscheinend auch in Sansibar, von einem Pilz, *Trabutia sp.,* verursacht.

In Südafrika ist neuerdings ein Krebs der Zweige beobachtet, der von dem Pilz *Phoma fici caricae* hervorgerufen wird.

S c h ä d l i n g e. Ein kleiner Borkenkäfer, *Hypoborus ficus, scolyte du figuier,* nur 1 bis 1,5 mm lang, dunkelbraun und lichtgrau behaart, der unter der Rinde besonders der dünneren fruchttragenden Zweige seine Brutgänge gräbt, ist in Nordafrika stark verbreitet. Wie andere Borkenkäfer befällt er kranke Bäume mit gestörter Saftzirkulation; er wird aber dadurch unmittelbar schädlich, daß er sich in Bäume, die unter Trockenheit, Frost, Schildläusen usw. gelitten haben, einnistet und ihre Gesundung verhindert. Bekämpfungsmaßnahmen sind nicht bekannt.

Zwei nahe verwandte Bockkäfer, *Hesperophanes fasciculatus* und *H. griseus,* etwa 10 bis 20 mm lang, grau behaart, sind in Nordafrika verbreitet, wo aber nur der erstere wesentlich schädlich wird. Er bevorzugt jüngere und ältere Zweige, in denen seine Larve Gänge von 25 bis 30 cm Länge bohrt. Die Zweige vertrocknen infolgedessen und brechen dann ab, so daß der Baum bei allgemeinem Befall, wie er oft vorkommt, unfruchtbar bleibt und nicht mehr weiterwächst. Das Ausschneiden und Verbrennen der befallenen Zweige ist nur beschränkt durchführbar, da sie meist das Fruchtholz bilden und man dadurch den Fruchtansatz unmöglich macht.

Auf den Zweigen und Ästen leben verschiedene Schildläuse, von denen eine Kommaschildlaus, *Lepidosaphes conchiformis,* und eine Wachsschildlaus, *Ceroplastes rusci,* in Nordafrika schädlich werden, und zwar hauptsächlich dadurch, daß sie die Äste zum Vertrocknen bringen und für den Befall durch den Borkenkäfer anfällig machen. Erfolgreich zur Bekämpfung sind Winterspritzungen mit 2prozentigen Emulsionen fetter Öle gegen die jungen und nicht festsitzenden Larven.

Hauptsächlich Blattschädling ist die Feigenmotte, *Simaethis nemorana,* deren schmutziggrüne Raupen die Blätter durch Schabefraß an der Oberseite zum Vertrocknen und Abfallen bringen und später auch die Früchte angreifen. Sie sind leicht durch Arsenspritzungen zu vertilgen, verursachen aber in Nordafrika nur geringen Schaden.

Eine Fliegenmade, *Lonchaea aristella,* die in den Früchten lebt und sie zum Faulen bringt, wird besonders in Tripolitanien schädlich und kommt auch in Algerien vor. Sie befällt nur einen Teil der Sorten und zieht auch die wilden Feigen den kultivierten vor. Man kann die madigen Feigen absammeln und tief vergraben.

Schrifttum

Feige

B a l a c h o w s k y, A. und M e s n i l, L., Insectes nuisibles au Figuier, au Murier, au Caroubier et au Grenadier In: Les insectes nuisibles aux plantes cultivées. Bd. 1. Paris 1935, S. 574—600.

5. *Banane*

Die Banane gedeiht am besten in humusreichen und windgeschützten Lichtungen des tropischen Regenwaldes zwischen den Jahresisothermen von 20° C bei hohen und gleichmäßig verteilten Niederschlägen. Bei der Kultur der einzelnen Arten besteht noch ein beträchtlicher Spielraum nach weniger warmen und weniger feuchten Lagen hin, wenn tiefgründige, lehmigsandige, nicht tonige Böden, wie Flußtäler und Meeresküsten, vorliegen. Demzufolge wird das Auftreten von Pilzkrankheiten durch zuviel Nässe oder zu dichten Stand begünstigt sein, während Insektenschädlinge hauptsächlich bei Trockenheit zu erwarten sind.

Über die Krankheiten und Schädlinge gibt es eine umfangreiche Literatur, die in den Handbüchern der Kultur mehr oder weniger kurz zusammengefaßt

Abb. 52. Panamakrankheit der Banane. Aus *Nowell.*

ist (z. B. *Kervégant,* 1935); die Krankheiten behandelt ausführlich ein neues Spezialwerk von *Wardlaw* (1935). Aus Afrika liegen verhältnismäßig sehr wenige Angaben vor; insbesondere sind dort einige wichtige Krankheiten und Schädlinge nicht verbreitet, während von den beiden allgemeinsten die höchst gefährliche Bananenwelke (Panamakrankheit) nur in Sierra Leone beobachtet worden ist, und der Bohrkäfer bei weiterer, aber offenbar nicht allgemeiner Verbreitung keine so großen Schäden anrichtet wie in anderen Ländern. Über Krankheiten und Schädlinge der Mehlbanane, die im ganzen dieselben wie an der Obstbanane sind, fehlen Berichte fast vollständig, ein Zeichen für den durchweg sehr gesunden Stand der Kultur.

a. Beschädigungen des Rhizoms und Stammes

Die Bananenwelke oder Panamakrankheit ist die weitaus gefährlichste Krankheit der Bananen (Abb. 52). Daher ist sie hier ausführlich zu erwähnen, obwohl sie bisher in Afrika nur auf den Kanarischen Inseln und in

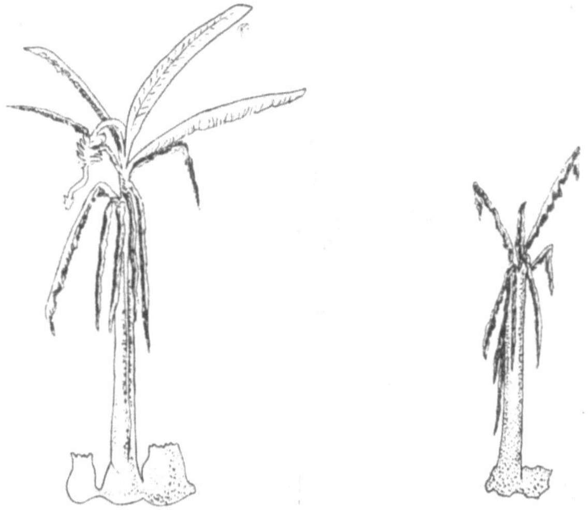

Abb. 53. Panamakrankheit, etwa 3 Monate nach der Infektion.
a) Infektion vom alten Rhizom aus; b) vom Boden aus.
Nach *Wellmann* aus *Wardlaw*.

Sierra Leone aufgetreten ist und dort nicht die verderbliche Rolle spielt wie z. B. in Westindien. Der Erreger ist ein Welkepilz, *Fusarium oxysporum var. cubense (F. cubense),* der das Rhizom befällt und später auch in den Stamm eindringt (Abb. 53). Infolge von Verstopfung der Leitungsbahnen werden dann die Blätter, zuerst die äußeren, von außen her nach dem Grunde zu plötzlich gelb und knicken um, so daß sie verwelkt herabhängen. Schließlich fällt der ganze Stamm und strömt einen unangenehmen Geruch aus.

Die Krankheit ist äußerst infektiös und wird durch die Sporen des Pilzes durch Wind, Wasser, Erde, Pflanzenmaterial usw. übertragen. Daher suchen noch nicht befallene Gebiete sich durch scharfe Kontrolle der Pflanzguteinfuhr vor der Einschleppung zu schützen. In der Anfälligkeit der Sorten bestehen große, aber anscheinend nicht immer konstante Unterschiede. Gros Michel ist sehr anfällig; auch Cavendishii oder kanarische Banane, die früher für immun gehalten wurde, ist anfällig. Ebenso wurde Lacatan und in Sierra Leone Guinea Negro befallen. Zu den resistenten gehört Congo. Die Mehlbananen werden gewöhnlich nicht befallen (dagegen angeblich auf Ceylon).

Geschützt gegen die Krankheit sind Gegenden, in denen eine ausgeprägte Trockenzeit eintritt. Beim Auftreten von Einzelfällen müssen die befallenen Pflanzen und die benachbarten verbrannt und die Pflanzstellen abgesperrt werden. Ebenso sind alle Vorsichtsmaßnahmen gegen Übertragung der Krankheit durch Werkzeuge usw. und gegen Verschleppung durch Wasser einzuhalten. Der Pilz bleibt sehr lange im Boden erhalten, weshalb nicht nachgepflanzt werden kann. Die Wurzeln der kranken Bananen kann man, um sie nicht ausgraben zu müssen, durch Leicht- oder Schweröle abtöten, wodurch anscheinend auch eine gewisse Bodendesinfektion erreicht wird. Da die Krankheit nur

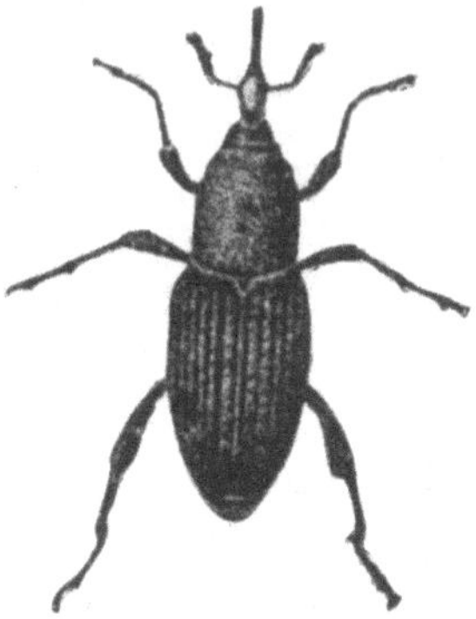

Abb. 54. Bananenbohrkäfer (*Cosmopolites sordidus*). Vergr. 2. Aus *Ruschmann*.

auf leichten Böden heftig auftritt, wird der Anbau von Bananen neuerdings auf schwerere Böden beschränkt.

Ebenfalls weitverbreitet, aber von geringerer Bedeutung ist eine Wurzel- und Rhizomfäule, die von einem kleinen Hutpilz, *Marasmius semiustus*, verursacht wird. Die Blätter vertrocknen dabei von außen her, später auch die äußeren Schichten des Scheinstammes, die hart und brüchig werden. Die Krankheit ist in Guinea, an der Elfenbeinküste und in Uganda beobachtet worden, tritt aber nur bei schlechtem Stand der Pflanzen auf zu nassen, nährstoffarmen und verunkrauteten Böden auf.

Die weitverbreitete Älchenkrankheit (Nematodenkrankheit) kommt in Afrika bisher nur in Ägypten (an Zwergbananen) und Italienisch-Somaliland vor, wo sie durch das Wurzelälchen *Heterodera radicicola* hervorgebracht wird. Infolge des Befalls bleiben die Blätter klein und eng beisammenstehend, und die Pflanze geht durch Fäulnis zugrunde. Gegen die Ausbreitung der Krankheit sind die befallenen Pflanzen auszugraben und durch Feuer zu vernichten, worauf man die Pflanzstellen durch Gräben isoliert, die mit Schwefelkohlenstoff oder Sublimatlösung desinfiziert werden.

Der Bohrkäfer, *Cosmopolites sordidus, banana weevil borer* (Abb. 54), ist ein kleiner, schwarzer, etwa 12 mm langer Rüsselkäfer, der überall mit der Banane verbreitet ist. In Afrika ist er im Kongostaat, Uganda, Tanganyika, Natal, Sierra Leone und auf Fernando Po, São Thomé und Principe, außerdem auf den östlichen Inseln festgestellt worden. Der Käfer legt seine Eier meist in Bodenhöhe in den Stamm ab; die Larven zerfressen mit ihren zahlreichen Gängen das Rhizom nach allen Richtungen. Infolgedessen vertrocknen bei starkem Befall die Blätter vorzeitig und hängen am Stamm herab, die Fruchtstände bleiben klein und kommen meist nicht zum Reifen, da die Banane vorher entwurzelt umbricht.

Auf fruchtbaren Böden und bei kräftigem Wachstum ist der Schaden geringer, besonders bemerkbar macht er sich dagegen in Trockenzeiten. Dementsprechend bestehen auch in Auftreten und Schädlichkeit des Käfers in den einzelnen Ländern sehr große Unterschiede. Zur Bekämpfung legt man scheibenförmige Rhizomstücke aus, die mit einer Mischung aus 1 Teil Schweinfurtergrün und 6 Teilen Weizenmehl vergiftet sind. Abgeerntete Stämme müssen zerschnitten und ausgelegt werden, damit sie rasch vertrocknen und nicht als Brutplätze dienen.

In Begleitung des vorigen kommt in Belgisch-Kongo ein zweiter Rüsselkäfer, *Temnoschoita quadrimaculata,* vor, dessen Larven im oberirdischen Scheinstamm Gänge bohren. Dieser bricht infolgedessen in der Mitte auseinander.

b. Beschädigungen der Blätter

Die Schwarzfleckenkrankheit der Banane (Sigatoka-Krankheit), verursacht durch *Cercospora musae* und ursprünglich aus den östlichen Tropen bekannt, neuerdings in Westindien sehr schädlich, kommt auch in Westafrika und Uganda vor. Sie bildet rundliche, schwarze, häufig gelb umrandete Flecke, die sich später vergrößern und zu breiten abgestorbenen Bändern werden. Nötigenfalls wird die Krankheit durch Kupferkalkbrühe bekämpft. Ein ähnlicher Pilz, *Cercospora musarum,* erzeugt anderwärts, z. B. in Uganda und in Französisch-Guinea, eine Spitzenkrankheit *(black tip disease)* der Früchte.

In Uganda ist eine durch *Helminthosporium musae-sapientum* hervorgerufene Blattfleckenkrankheit beobachtet; der Pilz ist wahrscheinlich mit *H. gibberosporum* aus Somaliland identisch, das an Stamm und Blütenschaft tief eingesunkene Nekrosen, an den Blättern dunkel umrandete Flecken macht.

Eine ebenfalls weitverbreitete Krankheit, die von *Cordona musae (Scolecotrichum musae)* verursacht wird und bei der die Flecke anfangs dunkelbraun oder schwärzlich sind, kommt in Afrika an der Goldküste vor.

Die Kohlkopfkrankheit, *bunchy top disease,* ist dadurch charakterisiert, daß die Blätter klein und fächerförmig aufrecht bleiben, ohne sich normal auszubreiten; als Frühsymptom erscheinen auf der Blattfläche lange dunkelgrüne Streifen. Es handelt sich um eine Viruskrankheit, die durch die Blattlaus *Pentalonia nigronervosa* übertragen wird. Sie kommt an Bananen und Planten, auch am Manilahanf vor, ist aber in Afrika nur in Ägypten beobachtet. Als Gegenmaßnahmen sind nur strenge Einfuhrkontrolle und rechtzeitige Vernichtung aller kranken Pflanzen zu nennen.

Die Bananenblattlaus, *Pentalonia nigronervosa, banana aphid,* ist wahrscheinlich so weit wie die Banane verbreitet, aber in Afrika nur in Ägypten und auf Réunion festgestellt worden. Ihre Bedeutung liegt hauptsächlich darin, daß sie die Kohlkopfkrankheit *(bunchy top)* überträgt. Die Laus lebt in dichten Kolonien am Grunde des Stammes, teilweise unterhalb der Bodenoberfläche, außerdem auch in der Krone am Blattgrund und auf den jungen Schößlingen. Der unmittelbare Schaden ist aber unbedeutend.

Von Schildläusen ist eine weiße Schmierlaus, *Pseudococcus comstocki,* auf den Kanaren in vernachlässigten Pflanzungen sehr schädlich aufgetreten. Nach energischer Bekämpfung mit Schwerölseifenemulsionen, durch Vertilgung der die Laus pflegenden Ameisen usw. sind die Schäden jedoch wieder zurückgegangen.

Die allgemein verbreitete Schmierlaus *Pseudococcus citri,* die die Stämme dicht unter der Bodenoberfläche besiedelt, ist in Französisch-Guinea als wenig schädlich beobachtet worden.

Die Kokospalmenschildlaus, *Aspidiotus destructor,* gilt in Italienisch-Somaliland als der größte Bananenschädling. Sie setzt sich an den inneren, unbelichteten Teilen der Krone fest und vermehrt sich besonders in der Regenzeit stark. Bekämpft wird sie durch Spritzen mit 2prozentiger Petroleumseifenemulsion.

c. Beschädigungen der Früchte

Als Fruchtschädlinge spielen die Blasenfüße (Thripse) die wichtigste Rolle. In Afrika ist ihr schädliches Auftreten aus Kamerun und von den Kanaren bekannt; die kanarische Art ist der weitverbreitete *Scirtothrips signipennis,* ein 1 mm langer, gelb mit schwarzem Grund der Flügel gefärbter Blasenfuß. Er verursacht auf der Fruchtschale harte, rauhe, rötlichbraune Stellen, die vielfach als Rost bezeichnet werden, wodurch die Qualität der Früchte bei stärkerem Befall so beeinträchtigt wird, daß sie unverkäuflich sind. Ähnliche Flecke entstehen auch auf den Blättern. Die Blasenfüße, deren Vermehrung durch Wärme und Trockenheit begünstigt wird, sind durch Kontaktmittel, wie Pyrethrum, Zyanamid, Nikotin, leicht zu bekämpfen. Die Pflanzstellen sind zu hacken, um die im Boden befindlichen Puppen der Sonne auszusetzen, wodurch sie getötet werden.

In den Früchten selbst bohren die 1 bis 1,5 cm langen, gelblichweiß mit dunkelbraunen Ringen gefärbten Raupen eines kleinen grauen, goldglänzenden Schmetterlings, *Hieroxestis subcervinella.* Sie kommen u. a. auf St. Helena, den Seychellen und Mauritius vor und sind auf den Kanaren besonders schädlich.

Schäden an der Fruchtschale, die die Früchte unbrauchbar machen, werden in Französisch-Guinea von der Stinkschrecke *Zonocerus variegatus* verursacht.

Die häufigste von verschiedenen Fruchtfäulen der Banane ist die in allen Erzeugungs- und Verbrauchsländern bekannte Anthraknose, die von *Gloeosporium musarum* hervorgerufen wird. Sie kann die Früchte schon vor der Reife befallen, tritt aber meist erst auf dem Transport oder beim Lagern ein, wenn die Früchte gelb werden. Es entstehen zuerst schwarze rundliche Punktflecke auf der Schale, die sich ausdehnen und zusammenfließen. Auf den Flecken erscheinen charakteristische lachsfarbene Sporenhäufchen. Später dringt der Pilz in das Innere ein, wobei das Fruchtfleisch weich und bitter wird und schließlich fault. Vermeiden von Quetschungen, rasche Kühllagerung nach der Ernte und Ventilation der Räume verhindern bzw. verzögern das Eintreten dieser Fäule.

Eine Trockenfäule ist die als Fingerspitzenfäule, *cigar end disease,* bezeichnete, von *Stachylidium theobromae* verursachte Krankheit der Früchte, die auf den Kanaren sehr schädlich ist und außerdem bei sonst sehr weiter Verbreitung an der Goldküste, wahrscheinlich auch in Kamerun, vorkommt. Die Infektion geht von den Blütenresten aus und dann auf die Frucht über, deren Schale im befallenen Teil schwarz wird.

In Uganda ist das Vorkommen einer weiteren Fruchtfäule, die von dem Wundparasiten *Thielaviopsis paradoxa* erzeugt wird und sonst an Jamaikabananen stärker auftritt, beobachtet. Zugleich mit verschiedenen anderen Fäulen kommt diese Art auch in Französisch-Guinea vor.

Schrifttum

Banane

Kervégant, D., Le bananier et son exploitation. Soc. d'Édit. Géogr., Marit. et Coloniales. Paris 1935. 8, 578 S., 68 Abb.

Ruschmann, W., Banane. Wohltmann-Bücher, Bd. 8. Berlin-Charlottenburg u. Leipzig 1929. 146 S., 35 Abb.

Wardlaw, C. W., Diseases of the Banana and the Manila hemp plant. Macmillan, London 1935. 12, 615 S., 295 Abb., 2 Taf.

X. SCHÄDEN DURCH WANDERHEUSCHRECKEN

Als schädlichstes Insekt, das alle Kulturen ohne Unterschied befällt, sind noch die Wanderheuschrecken besonders zu besprechen, von denen der afrikanische Kontinent mehr als die anderen heimgesucht wird (Abb. 55). Die älte-

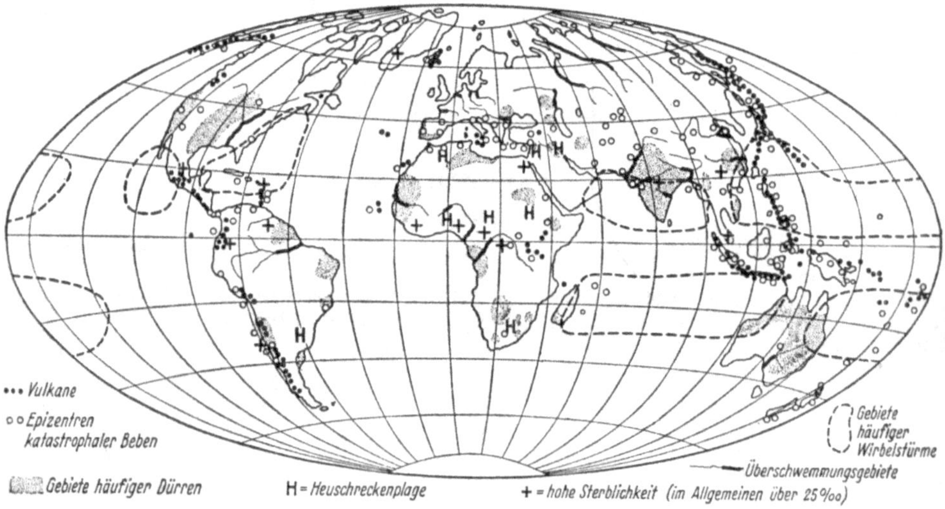

Abb. 55. Karte der Wirtschaftsunsicherheit nach *K. Hassinger*, Wien.
(Klischee von Dr. *P. Krische* Deutsches Kalisyndikat.)

sten geschichtlichen Berichte darüber betreffen ein afrikanisches Land, Ägypten, und die jüngste große Plage im letzten Jahrzehnt in Afrika zeigt, daß in historischer Zeit keine Abnahme der Gefahr eingetreten ist und im Gegenteil die Schäden mit der zunehmenden Erschließung Afrikas immer größer geworden sind. Dabei hat sich herausgestellt, daß auf die Dauer nur das große Waldgebiet des Kongobeckens mit seinem Ausläufer an der westafrikanischen Küste von Heuschreckenplagen verschont bleibt. Über die Bedeutung dieser Plagen für die Wirtschaft sind aus Anlaß der letzten Epidemie mehrfach Zahlen bekanntgeworden, von denen nur die summarische Angabe hier erwähnt sei, daß ihr Schaden in Afrika bis zum Jahre 1934 schon auf mehr als 7 Mill. £ geschätzt wurde.

Als Wanderheuschrecken *(locusts)* treten immer nur einzelne bestimmte Arten auf, die die Fähigkeit zur Schwarmbildung haben, während es bei allen übrigen, den stationären Heuschrecken *(grashoppers)*, auch bei starker Vermehrung nicht zur Schwarmbildung und zu Wanderzügen kommt. Hier ist nach dem Weltkriege eine an die Namen *Uvarov* (1928) und *Faure* geknüpfte biologische Beobachtung gemacht worden, der die allergrößte praktische Bedeutung zukommt, weil sie zugleich den Weg zu einer zukünftigen erfolgreichen Bekämpfung der Heuschreckenplagen eröffnet hat. Es war nämlich bisher nicht bekannt, in welchen Gegenden die Plagen ihren Anfang nehmen, da man keine ursprünglichen Wohngebiete der in die Kulturländer einfallenden Arten kannte. *Uvarov* und *Faure* haben nun ungefähr gleichzeitig beobachtet, daß die Wanderarten in biologisch ganz verschiedenen Zustän-

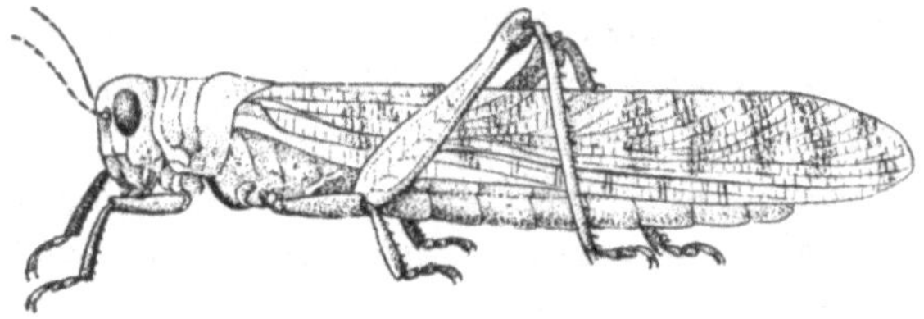

Abb. 56. Wüstenheuschrecke *(Schistocerca gregaria)*. Natürl. Größe. Nach *Morstatt*.

den, einer solitären Phase und einer Schwarmphase, vorkommen. Die solitäre Phase ist anders gefärbt als die Schwarmphase und lebt zerstreut wie andere Heuschrecken; erst wenn starke Vermehrung einsetzt und die Tiere dicht gedrängt leben müssen, bilden sie sich zur Schwarmphase um, die in Form und Farbe anders aussieht und den Wandertrieb entfaltet. So erklärt es sich, daß die sogenannten Dauerbrutplätze der Wanderheuschrecken früher nicht gefunden wurden.

Im afrikanischen Kontinent kommen mehr Arten von Wanderheuschrekken als in den anderen vor. Die drei wichtigsten davon sind:

die Wüstenheuschrecke (gelbe, ägyptische Wanderheuschrecke), *Schistocerca gregaria, desert locust, criquet pélerin* (Abb. 56), in Nord-, Ost- und Äquatorialafrika bis Südafrika,

die afrikanische Wanderheuschrecke, *Locusta migratoria migratorioides, african migratory locust, criquet migrateur africain,* in Mittelafrika, Ost- und Südwestafrika.

die rote Wanderheuschrecke, *Nomadacris septemfasciata, red locust, sauterelle rouge, criquet nomade,* in Südafrika.

Weitere afrikanische Arten sind noch:

die marokkanische Wanderheuschrecke, *Dociostaurus maroccanus, Morroccan locust, criquet marocain,* in Nordwestafrika,

die braune Wanderheuschrecke, *Locustana pardalina, brown locust, sauterelle brune,* in Südafrika,
die italienische Wanderheuschrecke, *Calliptamus italicus,* in Nordafrika.

Von diesen Arten ist die rote Wanderheuschrecke fast dauernd in starker Vermehrung begriffen und dadurch eine chronische Plage in Südafrika, während es bei den anderen Arten nur in mehr oder weniger großen Zeitabständen zur Entstehung von Wanderzügen kommt. Die Wüstenheuschrecke und die afrikanische Wanderheuschrecke können dann, wie sich in den Jahren von 1925 bis 1935 gezeigt hat, fast den ganzen Kontinent überschwemmen, wenn die Schwärme auch weiterhin in den Invasionsgebieten günstige Witterungsverhältnisse für ihre Vermehrung vorfinden.

Die Frage der Unregelmäßigkeit des Eintritts großer Heuschreckenplagen und damit der Grund für ihr Zustandekommen ist erst mit dem weiteren Ausbau der „Phasentheorie" geklärt worden. Lange Zeit hatte man irgendwelche bestimmten Zeitperioden der Massenvermehrung vermutet, während man jetzt deutlich die Abhängigkeit von den örtlichen klimatischen Einflüssen sieht und sie in ihren Einzelheiten weiter erforscht. Die dringendste Aufgabe der Gegenwart ist, die Dauerbrutplätze der einzelnen Arten zu ermitteln, und man unterscheidet dabei noch die eigentlichen Ausbruchsherde, *outbreak centres, foyers grégarigènes,* Örtlichkeiten, welche die Umweltsbedingungen für die Umwandlung einer Art in die Schwarmphase bieten, und größere Ausbruchsgebiete, *outbreak areas, aires grégarigènes,* die sich aus einer Anzahl solcher Herde zusammensetzen. Entstehungszentren der Heuschreckenplagen sind bisher im Sudan für die Wüstenheuschrecke, in der weiteren Umgebung des Tschadsees und im Gebiete des mittleren Niger für die afrikanische Wanderheuschrecke und in Rhodesien sowie am Rukwasee für die rote Wanderheuschrecke nachgewiesen worden.

Hier können nun die Klimabedingungen der Schwarmbildung genau studiert werden. Die dauernde Überwachung der einmal bekannten, verhältnismäßig wenig zahlreichen und kleinen Ausbruchsgebiete — eine der wichtigsten Aufgaben — soll in Zukunft „die einzig durchgreifende und rationelle Heuschreckenbekämpfung" möglich machen, die schon bei Beginn der Phasenumwandlung einzusetzen hat und so die Plagen im ersten Entstehen unterdrücken kann, ehe weite Kulturflächen von ihnen überschwemmt sind.

Bis dahin haben aber die einzelnen Länder die einfallenden Schwärme zu bekämpfen und ihre Weitervermehrung zu unterdrücken, um ihre Kulturen so gut als möglich zu schützen. Es gibt recht zahlreiche Verfahren, die gegen die Eier, die wandernden „Hüpfer" und die fliegenden Schwärme gerichtet sind und deren Auswahl im Einzelfall von den örtlichen Verhältnissen der Arbeitskräfte, der Verkehrsmöglichkeiten, der Wasserbeschaffung usw. abhängig ist.

Die Bekämpfungsmethoden sind so zahlreich, daß sie hier nur nach einer Zusammenstellung der in Ägypten angenommenen Methoden kurz erwähnt werden können. Geflügelte Schwärme kann man von einzelnen Kulturflächen durch Schreckmittel (Lärm, lebhaft gefärbte Flaggen, am besten Rauchfeuer) fernhalten und dann, nach dem Niedergehen auf unkultivierte Flächen, vertilgen. Dies geschieht mit Flammenwerfern oder durch Verbrennen des Grases, in dem sie sitzen, aber nur solange sie ruhig sind, um die Schwärme nicht zu zerstreuen. Frühmorgens können Schwärme auch mit der Hand in Säcke gesammelt werden, die man dann erst in Wasser legt, um die Heuschrecken zu lähmen, worauf der Inhalt verbrannt oder vergraben wird. Wo nicht genügend Wasser vorhanden ist, werden die Insekten in den Säcken mit Stöcken erschlagen. Die ruhenden Schwärme können am Morgen durch reichliches Ausstreuen von Giftködern vernichtet werden. Auch die Vegetation von Gras und Buschwerk auf den Befallsflächen kann mit Spritz- oder Stäubemitteln vergiftet werden, und schließlich kann man Schwärme mit ätzenden Ölspritzmitteln vertilgen. Gegen legereife Schwärme geht man in gleicher Weise vor, nur sollen sie nicht gestört werden, wenn sie sich zur Eiablage niederlassen. In diesem Falle markiert man die Fläche, um später die Eier zu vernichten.

Zur Vernichtung der Eipakete im Boden werden die Eiablageplätze erst mit einem Graben umgeben, um schließlich die etwa auskommenden Hüpfer zu fangen. Die Plätze werden dann in kurzen Abständen kreuzweise gepflügt oder, wo dies nicht angängig ist, gehackt. Außerdem läßt man die Eier mit der Hand absammeln und vernichten.

Der Schwerpunkt der Heuschreckenbekämpfung liegt aber meist in der Vernichtung der wandernden Schwärme von ungeflügelten Heuschrecken, den „Hüpfern". Sie werden durch Giftköder oder ätzende Spritz- oder Stäubemittel (z. B. arsenigsaures Natrium)* vergiftet, ferner in Gräben, die man vor dem wandernden Schwarme aushebt, gefangen oder auch durch aufgerichtete Blechbarrieren mit dazwischen angelegten Gruben gefangen. Schließlich können sie auch durch schwere Walzen zerdrückt oder durch Flammenwerfer verbrannt oder mit Fangmaschinen gesammelt werden.

Für den Erfolg der Bekämpfungsaktionen entscheidend ist stets die sorgfältige Planung, Vorbereitung und Überwachung, da es sich durchweg um einen sehr großen Einsatz von Menschen, Apparaten und Chemikalien handelt. So können z. B. in Ländern, wo reichlich Arbeitskräfte zur Verfügung stehen, auch mit den primitivsten Methoden sehr gute Erfolge erreicht werden. Ganz allgemein gilt aber gegenwärtig die Verwendung von Giftködern als das aussichtsreichste Verfahren, das überall und unter allen Verhältnissen anwendbar ist und außerdem die Gefahr der Vergiftung der Vegetation und des Weideviehes ausschließt. Die Köder bestehen aus einem Grundstoff, wie Kleie, tierischem Dung, Maisspindeln usw., selbst Sägemehl oder toten Heuschrecken und arsenigsaurem Natrium (1 bis 1,4 v. H.), weißem Arsenik (3 v. H.) oder Schweinfurtergrün (1 v. H.). Man mischt die Köder trocken und befeuchtet

* Das in Südafrika von der Regierung verteilte *„Government locust poison"* besteht aus 50,73 kg arsenigsaurem Natrium, 45,4 l Wasser und 109 l Zuckerrohrmelasse. Zum Gebrauch wird es mit der 50fachen Menge Wasser (= etwa 0,6 v. H. Natriumarsenit) verdünnt.

sie soweit, daß sie sich bequem mit der Hand oder mit Maschinen ausstreuen lassen. Da man für 1 ha bei gleichmäßiger Verteilung 5 bis 10 kg Köder braucht, kommen bei umfangreichen Schwärmen sehr große Mengen in Frage.

Bei der letzten mehr als 10 Jahre andauernden Heuschreckenplage in Afrika hat sich gezeigt, daß man bei rechtzeitiger Organisation und großem Aufwand aller Hilfsmittel wohl die Kulturen vielfach in sehr rentabler Weise vor der Vernichtung durch die Heuschreckenschwärme schützen kann, daß aber die allgemeine Ausrottung einer einmal vorhandenen Epidemie nicht mehr möglich ist und dem natürlichen Erlöschen überlassen werden muß. Die Gesamtkosten der Heuschreckenbekämpfung können sehr hoch werden; so betrugen die Ausgaben in der Südafrikanischen Union, die dauernd mehr oder weniger stark unter Heuschrecken zu leiden hat, in den Jahren 1920 bis 1933 1 213 303 £ und vom November 1933 bis Juni 1934 allein 580 872 £; dabei waren 1933/1934 etwa 35 000 Spritzen und 800 Verstäuber im Gebrauch und wurden annähernd 3000 t arsenigsaures Natrium und mehr als 200 000 l Petroleum verwendet.

Das Übergreifen der Plagen von Land zu Land und sogar über den größten Teil des Kontinents mußte auch zu gemeinsamem Vorgehen in der Erforschung und Bekämpfung führen. Diesem Zwecke diente schon zu Anfang des Jahrhunderts ein *„Central Locust Bureau“* in Südafrika. 1929 wurde ein Komitee für Heuschreckenbekämpfung für die britischen Besitzungen in Afrika und im westlichen Asien mit dem Sitze in London ins Leben gerufen, das sehr wertvolle Arbeit geleistet hat, und bald darauf haben sich alle beteiligten Länder zur Abhaltung von internationalen Heuschreckenkonferenzen zusammengeschlossen, die 1931 in Rom, 1932 in Paris, 1934 in London, 1936 in Kairo und 1938 in Brüssel stattgefunden haben. Auf der letzten Konferenz wurde dann beschlossen, ein ständiges Internationales Heuschrecken-Komitee in London zu begründen und außerdem für die Bekämpfung der drei wichtigsten afrikanischen Arten von Wanderheuschrecken besondere örtliche Organisationen zu schaffen.

Schrifttum

Wanderheuschrecken

Uvarov, B. P., Locusts and grashoppers. A handbook for their study and control. Imp. Bur. Ent. London 1928. XIII, 352 S., 9 Taf., 1 Karte, 118 Abb.

Uvarov, B. P., The locust outbreak in Africa and Western Asia. (Übersichten für 1925—1931, 1932, 1933, 1934 und 1935). Committee on locust control, London 1933—1937.

. . ., Proceedings of the fourth international locust conference. Cairo, April 22, 1936. Cairo 1937. 97 S. mit 50 Beilagen.

Morstatt, H., Die Bekämpfung der Heuschreckenplagen. Tropenpflanzer Bd. 37 (1934), S. 413—419.

STICHWORTVERZEICHNIS

AFRIKA

HANDBUCH DER PRAKTISCHEN KOLONIALWISSENSCHAFTEN

Verzeichnis der Bände

Band I: **Vermessungswesen und Kartographie in Afrika**
Von Prof. Dr. Richard Finsterwalder, Technische Hochschule Hannover und Dr. Ernst Hueber, Berlin

Band II: **Geomorphologie Afrikas**
Von Prof. Dr. Erich Obst, Universität Breslau, Dr. Kurt Kayser, Berlin und Dr. Johannes F. Gellert, Universität Leipzig

Band III: **Geologischer Bau, nutzbare Lagerstätten und Bergwirtschaft Afrikas**
Von Dr. Werner Beetz, Berlin, Prof. Dr. Fritz Behrend, Berlin, Dr. Fritz-Erdmann Klingner, Berlin und Dozent Dr. Georg Knetsch, Universität Bonn. Unter der Schriftleitung von Prof. Dr. Fritz Behrend, Berlin. Teil 1: Nordafrika / Teil 2: Westafrika / Teil 3: Ostafrika / Teil 4: Mittel- und Südafrika

Band IV: **Die Böden Afrikas.** Von Dr. Johann Heinrich Hellmers, Berlin / **Bodenverwüstung in Afrika.** Von Prof. Dr. Erich Obst, Universität Breslau

Band V: **Meteorologie und Klimatologie von Afrika**
Von Oberregierungsrat Dr. Wilhelm Semmelhack, Deutsche Seewarte, Hamburg, Dr. Erich Höller, Hamburg, Dr. Werner Koops, Berlin und Dr. Wolfgang Niemeyer, Hamburg

Band VI: **Die Vegetation Afrikas**
Von Prof. Dr. Johannes Mildbraed, Botanischer Garten und Museum, Berlin-Dahlem, Prof. Dr. Ludwig Diels, Generaldirektor des Botanischen Gartens und Museums, Berlin-Dahlem und Dr. Georg K. Schulze-Menz, Botanischer Garten und Museum, Berlin-Dahlem

Band VII/1: **Die Wälder Afrikas, ihre Nutzung und Bewirtschaftung**
Von Prof. Dr. Franz Heske, Direktor des Reichsinstitutes für ausländische und koloniale Forstwirtschaft, Schloß Reinbek bei Hamburg

Band VII/2: **Jagd und Naturschutz in Afrika**
Von Dr. Graf Christoph Dönhoff, Referent im Reichsforstamt, Berlin und Forstmeister Karl Johannssen, Reichsinstitut für ausländische und koloniale Forstwirtschaft, Schloß Reinbek bei Hamburg

Band VIII: **Die landwirtschaftlichen Nutzpflanzen Afrikas.** Von Geheimem Regierungsrat Geo A. Schmidt, Kolonial-Wirtschaftliches Komitee, Berlin, Dr. August Marcus, Kolonial-Wirtschaftliches Komitee, Berlin, Dr. Waldemar Böckler, Berlin, Dr. Ulrich Berger-Landefeldt, Berlin und Dr. Walter Unteutsch, Berlin. **Krankheiten und tierische Schädlinge der Nutzpflanzen Afrikas.** Von Prof. Dr. Hermann Morstatt, Biologische Reichsanstalt für Land- und Forstwirtschaft, Berlin-Dahlem und Dr. Horst Klaus, Berlin-Dahlem

Band IX: **Tierseuchen und Herdenkrankheiten in Afrika**
Von Ministerialdirektor a. D., Geheimem Regierungsrat Prof. Dr. Dr. h. c. Robert v. Ostertag † und Dr. Gerhard Kulenkampff, Berlin

Band X/1: **Die Haustiere Afrikas, ihre Zucht und Haltung**
Von Prof. Dr. Adolf Staffe, Hochschule für Bodenkultur, Wien, unter Verwendung der Vorarbeiten von Prof. Dr. Arthur Golf †, Institut für Tierzucht und Milchwirtschaft an der Universität Leipzig, Dr. Hartwig Golf, Leipzig und Diplom-Landwirt Lothar Feinermann, Leipzig

Band X/2: **Biologie der afrikanischen Schelf-See**
Von Prof. Dr. Thilo Krumbach, Institut für Meereskunde, Berlin, Prof. Dr. Hermann Wattenberg, Institut für Meereskunde, Kiel, Prof. Dr. Otto Christian Schmidt, Botanischer Garten und Museum, Berlin-Dahlem, Dr. Felix Roch, Institut für Marine-Biologie, Rovigno, Prof. Dr. Helmut Hertling †, Institut für Meereskunde, Berlin und Dr. Erich Fischer, Reichsamt für Fischerei, Berlin-Zehlendorf

Band XI/1: **Afrikanische Anthropologie**
Von Prof. Dr. Egon Freiherr von Eickstedt, Universität Breslau

Band XI/2: **Krankheitsgeschehen und Gesundheitswesen in Afrika.** Von Prof. Dr. Peter Mühlens, Direktor des Instituts für Schiffs- und Tropenkrankheiten in Hamburg, unter Mitarbeit von Dr. Karl Gert Lueken, Prof. Dr. Ernst Georg Nauck, Prof. Dr. Curt Sonnenschein, Dr. Wilhelm Weise, sämtlich in Hamburg / **Die Akklimatisation der Europäer in Afrika.** Von Prof. Dr. Julius Grober, Universität Jena

Band XII: **Die Verteilung der Europäer und Eingeborenen in Afrika**
Von Dozent Dr. Walter Iwan, Universität Berlin

Band XIII/1: **Völker, Sprachen und Kulturen Afrikas**
Von Prof. Dr. Diedrich Westermann, Universität Berlin, Dr. Ursula Feyer Berlin, Dr. Erich Keller, Berlin und Dr. Heinz Sölken, Berlin

Band XIII/2: **Das Erziehungs- und Schulwesen in Afrika**
Von Prof. Dr. Herbert Theodor Becker, Hansische Universität, Hamburg

Band XIV: **Die Wasserwirtschaft in Afrika**
Von Prof. Dr. h. c. Adolf Ludin, Technische Hochschule, Berlin und Dr. Eugen Thoma, Berlin

Band XV/1: **Die Eisenbahnen im Rahmen des afrikanischen Gesamtverkehrs.** Von Reichsbahndirektionspräsident Dr. Karl Remy, Köln / **Das Straßenwesen in Afrika.** Von Prof. Dr. Karl Krüger, Technische Hochschule, Berlin / **Der Luftverkehr in Afrika.** Von Ministerialdirigent Albert Mühlig-Hofmann, Reichsluftfahrtministerium, Berlin

Band XV/2: **Die Häfen West- und Südafrikas.** Von Otto Martens †, Abteilungsdirektor bei den Deutschen Afrika-Linien, Hamburg / **Die Häfen Ost- und Nordafrikas.** Von Dr. Günther Jantzen, Afrika-Verein, Hamburg

Band XVI: **Post- und Fernmeldewesen in Afrika.** Unter Leitung von Staatssekretär Dipl.-Ing. Jacob Nagel und Ministerialdirektor Hans Rackow bearbeitet von Präsident a. D. Paul Peglow †, Vizepräsident Karl Dau, Oberpostrat Dr. Emil Hundertmark und Amtsrat Hans Werner, sämtlich Reichspostministerium, Berlin / **Das Rundfunkwesen in Afrika.** Von Eduard Roderich Dietze, Berlin und Dr. Kurt Wagenführ, Berlin / **Das Zeitungswesen in Afrika.** Von Prof. Dr. Emil Dovifat, Institut für Zeitungswissenschaft an der Universität Berlin

Band XVII: **Wirtschaft und Wirtschaftspolitik in Afrika**
Von Dr. Kurt Weigelt, Direktor der Deutschen Bank, Berlin

Band XVIII: **Die afrikanische Arbeiterfrage.** Von Ministerialrat Dr. Oskar Karstedt, Reichsarbeitsministerium, Berlin und Dr. Peter v. Werder, Berlin / **Die Inderfrage in Afrika.** Von Ministerialrat Dr. Oskar Karstedt, Reichsarbeitsministerium Berlin

Band XIX: **Landeskunde von Afrika.** Eine Synthese
Von Prof. Dr. Erich Obst, Universität Breslau

Bis Ende 1942 erschienene Bände aus den

Mitteilungen der Gruppe deutscher kolonialwirtschaftlicher Unternehmungen

Band 1

VI, 229 Seiten. Mit 66 Abbildungen und 25 Tafeln. Kart. RM 4.—
H. Fink und W. Kleber, Zur Frage der Bananen-Verwertung — Walter Domke, Botanische Untersuchungen in Kamerun 1938 — H. Buhr, Pflanzenpathologische Untersuchungen in Kamerun 1938 — Kurt Utescher, Chemische Untersuchungen von Kamernböden.

Band 2

V, 295 Seiten. Mit 26 Abbildungen im Text, 7 Tafeln und 4 Karten. 1940. Kart. RM 8.—
Ernst Fickendey, Über die zweckmäßige Betriebsintensität bei tropischen Plantagen — Paul Vageler, Die sachgemäße Entnahme von Bodenproben, ihre Untersuchung und die praktische Auswertung der Untersuchungsergebnisse — Paul Vageler, Die Böden Westafrikas vom Standpunkt der Catenamethode, I. — W. Semmelhack, Die Verteilung der Niederschläge im Gebiet um das Kamerungebirge — Fritz Behrend, Der geologische Bau von Kamerun — Walter Domke, Botanische Untersuchungen in Kamerun 1938, Teil 2.

Band 4

VIII, 123 Seiten. Mit 2 Kartenskizzen. 1941. Kart. RM 2.50
Ernst Fickendey, Eingeborenenkultur und Plantage.

Band 5

III, 207 Seiten. Mit 45 Abbildungen im Text und auf 14 Tafeln, nebst 8 Karten. 1942. Kart. RM 12.—
W. Semmelhack, Physiologische Klimakarte von Kamerun und den Nachbargebieten — Halenke, Viehwirtschaft in Deutsch-Südwestafrika (Probleme der Akklimation und Tierzucht) — Schlieben, Farmwirtschaft und Viehzucht im ostafrikanischen Raum.

Band 7

XI, 305 Seiten. Mit 66 Abbildungen im Text und auf 10 Tafeln in einer Mappe. 1942. Kart. RM 20 —
Georg Bürg, Die nutzbaren Minerallagerstätten von Deutsch-Südwestafrika. (Mitteilungen der Forschungsstelle für Kolonialen Bergbau an der Bergakademie Freiberg Nr. 2)

Band 6

IX, 142 Seiten. Mit 16 Abbildungen im Text und 12 Tafeln. 1941 Kart. RM 12.—
Friedrich Schumacher und Nik. Thamm, Die nutzbaren Minerallagerstätten von Deutsch-Ostafrika — (Mitteilungen der Forschungsstelle für Kolonialen Bergbau an der Bergakademie Freiberg Nr. 1).

Band 9

IX, 138 Seiten. 1942. Kart. RM 6.—
Joh. Freidr. Müller, Gesichtspunkte für den Aufbau einer kolonialen Holzwirtschaft.

In Vorbereitung befinden sich

Band 10

Nikolai Thamm, Die Zinnerzvorkommen und der Zinnbergbau Afrikas — (Mitteilungen der Forschungsstelle für Kolonialen Bergbau an der Bergakademie Freiberg Nr. 3).

Band 11

Georg Bürg, Die nutzbaren Minerallagerstätten von Kamerun und Togo — (Mitteilungen der Forschungsstelle für Kolonialen Bergbau an der Bergakademie Freiberg Nr. 4)

VERLAG WALTER DE GRUYTER & CO., BERLIN W 35

Afrikanische Sprachen

Lehrbücher der Ausland-Hochschule an der Universität Berlin

Lehrbuch der Ephe-Sprache (Ewe). Anlo-, Anecho- und Dahome-Mundart. Mit Glossar und einer Karte der Sklavenküste. Von Ernst Henrici. Oktav. XXI, 270 Seiten. 1891. Leinen RM 17.50

Erzählungen in Fulfulde. Niedergeschrieben von Abdallah Adam. Transkribiert, übersetzt und mit einem Nachtrag: Erzählungen im Dialekt von Sokoto von D. Westermann. Oktav. X, 52 und 58 Seiten. 1913. Leinen RM 7.50

Lehrbuch der Hausa-Sprache. Von Adam Mischlich. Oktav. VII, 250 Seiten. 1911. Leinen RM 9.50

Wörterbuch der Hausasprache. Von Adam Mischlich. I. Teil: Hausa-Deutsch. Oktav. XXXIII, 692 Seiten. 1906. Leinen RM 20.50

Lehrbuch der Jaunde-Sprache. Von Hermann Nekes. Mit einem Anhang: Übungs- und Wörterbuch mit genauer Tontranskription von H. Nekes und W. Planert. Oktav. XII 303 Seiten. 1911. Leinen RM 11.50

Lehrbuch der Nama-Sprache. Von Karl Meinhof. Mit Beiträgen von Hermann Hegner. Diedrich Westermann und Carl Wandres. Oktav. XIV, 177 Seiten. 1909. Leinen RM 10.50

Lehrbuch der Oshikuánjama (Bantu-Sprache in Deutsch-Südwestafrika). Von P. H. Brinker. I. Teil: Grammatik des Oshikuánjama in Verbindung mit Bhindonga und mit gelegentlicher Vergleichung des Otjihérero. Oktav. IX, 118 Seiten. II. Teil: Wörterbuch Oshikuánjama mit Vergleichung des Oshindónga und Otjihérero. Oktav. 136 Seiten. 1891. Leinen RM 17.50.

Grammatik des Otjihérero nebst Wörterbuch. Von G. Viehe. Oktav. XII, 140 Seiten. 1897. Leinen RM 13.50

Lehrbuch der Ovambo-Sprache. Osikuánjama. Von Hermann Tönjes. Oktav. XII, 235 Seiten. 1910. Leinen RM 11.50

Wörterbuch der Ovambo-Sprache. Osikuánjama-Deutsch. Von Hermann Tönjes. Oktav. X, 271 Seiten. 1910. Leinen RM 13.50

Suaheli-Handbuch. Von W. von Saint Paul Illaire. Einleitung von E. Sachau. Oktav. XXVI, 202 Seiten. 1890. Leinen RM 12.—

Märchen und Erzählungen der Suaheli. Von C. Velten. XXIII, 168 Seiten. 1898 Leinen RM 9.50

Suaheli-Schriftstücke in arabischer Schrift. Mit lateinischer umschrieben, übersetzt und erklärt. Von C. G. Büttner. 11 Faksimiletafeln. Oktav. XI, 206 Seiten und 73 Seiten arabischer Text. 1892. Leinen RM 23.50

Wörterbuch der Suaheli-Sprache. Suaheli-Deutsch und Deutsch-Suaheli. Nach den vorhandenen Quellen bearbeitet von C. G. Büttner. Oktav. IX, 269 Seiten. 1890. Leinen RM 14.50

Die zentralkarolinische Sprache. Grammatik. Übungen und Wörterbuch der Mundart der westlich von Truk liegenden Atolle, insbesondere der Saipan-Karolinen. Von Georg Fritz. Oktav. 134 Seiten. 1911. Leinen RM 10.50

VERLAG WALTER DE GRUYTER & CO., BERLIN W 35

Schriften
des Kolonial-Instituts der Hansischen Universität

Bei der zunehmenden Bedeutung, welche der kolonialwissenschaftlichen Tätigkeit in der Vorbereitung einer neuen deutschen Kolonialpolitik zukommt, vollzieht sich eine Erweiterung und Besonderung der kolonialwissenschaftlichen Forschung. Das Kolonial-Institut hat sich deshalb entschlossen, neben den „Forschungen des Kolonial-Instituts" eine besondere Schriftenfolge unter dem Namen „Schriften des Kolonial-Instituts der Hansischen Universität" herauszubringen. Diese Schriftenfolge wird nach dem inneren Zusammenhang in mehrere Sonderreihen gruppiert werden; es ist beabsichtigt, mit folgenden Reihen zu beginnen: Kolonialwirtschaftliche Reihe / Landeskundliche Reihe / Völkerkundliche Reihe / Erziehungswissenschaftliche Reihe / Kolonialrechtliche Reihe / Kolonialgeschichtliche Reihe. Je nach Bedarf werden andere Reihen angeschlossen werden. Es ist der Wunsch aller Mitglieder und Mitarbeiter des Kolonial-Instituts, daß mit diesen neuen „Schriften des Kolonial-Instituts" nützliche Arbeit geleistet werde für die neue deutsche Kolonialpolitik, der wir entgegengehen. Der große europäische Auftrag, der vom Schicksal den Deutschen erteilt worden ist, fordert in den neuen Weltverhältnissen den Einsatz auch der deutschen Wissenschaft.

Es sind bisher erschienen:

Band 1. Kolonialwirtschaftliche Reihe Nr. 1

Dr. Heinz-Dietrich Ortlieb

Eingeborenenernährung und Ernährungspolitik. Gr.-8°. 209 Seiten. 1940. RM 8.—

Band 2. Kolonialrechtliche Reihe Nr. 2

Dr. jur. Alexander W. Braune

Die Rechtspflege in den britischen Gebieten Afrikas. Gr.-8°. 141 S. 1940. RM 6.—

Band 3. Völkerkundliche Reihe Nr. 1

Dr. Paul Lenert Breutz

Die politischen und gesellschaftlichen Verhältnisse der Sotho-Tswana in Transvaal und Betschuanaland. Gr.-8°. 121 Seiten. 1941. RM 4,50

Band 4. Erziehungswissenschaftliche Reihe Nr. 1

Professor Dr. Herbert Theodor Becker

20 Jahre englische Erziehungs- und Schulpolitik in Deutsch-Ostafrika. Eine kritische Studie zur Kolonialpädagogik Englands. Gr.-8°. 96 Seiten. 1941. RM 3,60

Band 5. Kolonialwirtschaftliche Reihe Nr. 2

Dr. Ewald Baatz

Die Bananenwirtschaft außerhalb der United Fruit Company. Gr.-8°. VI u. 116 Seiten. 1941. RM 4,50

Band 6. Kolonialwirtschaftliche Reihe Nr. 3

Dr. Hildegard Mühlhoff

Grundlagen und Problematik der deutsch-südafrikanischen Handelsbeziehungen. Gr.-8°. XII u. 142 Seiten. 1941. RM 6.—

Zu beziehen durch alle Buchhandlungen

VERLAG FRIEDERICHSEN, DE GRUYTER & CO., HAMBURG 1

Irans Aufstieg zum Nationalstaat im fünfzehnten Jahrhundert

Von Walther Hinz

Mit 8 Tafeln und 4 Karten. Groß-Oktav. 175 Seiten. 1936. Ganzleinen RM 8.60

INHALTSVERZEICHNIS:

Abriß der safavidischen Ordensgeschichte — Die Anfänge des safavidischen Priesterstaates — Uzun Hasan und Scheich Dschoneid — Der machtpolitische Aufstieg der Weißen Horde unter Uzun Hasan — Der safavidische Priesterstaat unter Scheich Haidar — Die letzten Jahre des dabiler Priesterstaates — Kultur- und Verfassungsgeschichte der Weißen Horde — Rückblick.

Persisch

I: Leitfaden der Umgangssprache

Von Walther Hinz

Ord. Professor an der Universität Göttingen

Umfang ca. 20 Bogen. Kart. RM 8.—

VERLAG WALTER DE GRUYTER & CO., BERLIN W 35

Abhandlungen aus dem Gebiet der Auslandskunde

Forschungen (früher Schriften) des Kolonial-Instituts der Hansischen Universität

Band 1 (Band 49 [Reihe A, Band 6] der Abhandlungen)

Herbert Theodor Becker

Die Kolonialpädagogik der großen Mächte. 4°. 365 S. 1939. RM 18.—

Band 2 (Band 50 [Reihe B, Band 27] der Abhandlungen)

Otto Dempwolff

Grammatik der Jabem-Sprache auf Neuguinea. 4°. VII u. 92 S. 1939. RM 6,—

Band 3 (Band 51 [Reihe B, Band 28] der Abhandlungen)

Ernst Dammann

Dichtungen in der Lamu-Mundart des Suaheli. 4°. X u. 364 S. 1940. RM 14,—

Band 4 (Band 53 [Reihe B, Band 28] der Abhandlungen)

Paul Berger

Die Sprache der Herero in Deutsch-Südwestafrika. Im Druck.

Zu beziehen durch alle Buchhandlungen

VERLAG FRIEDERICHSEN, DE GRUYTER & CO., HAMBURG

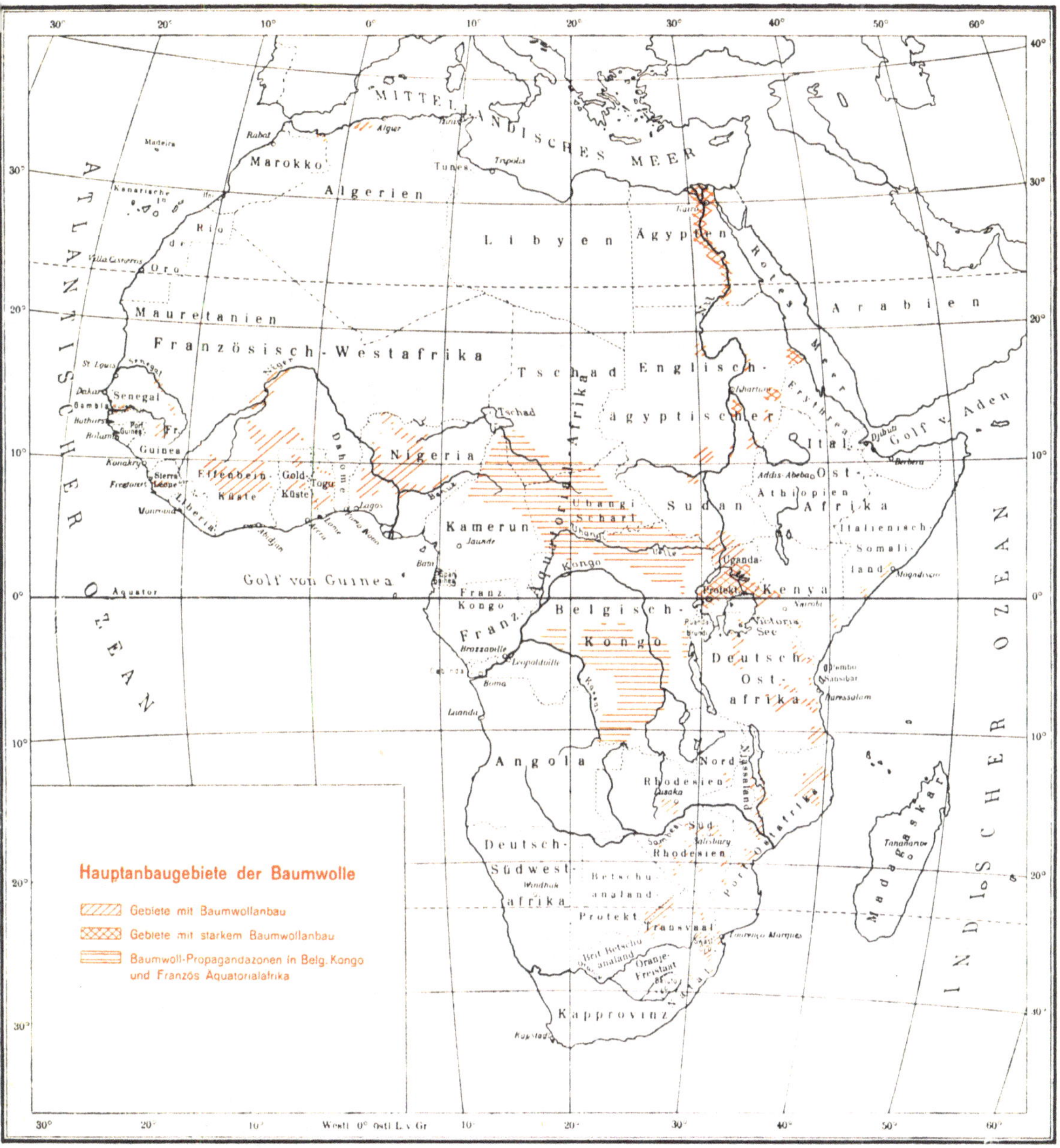

Maßstab: 1:60000000

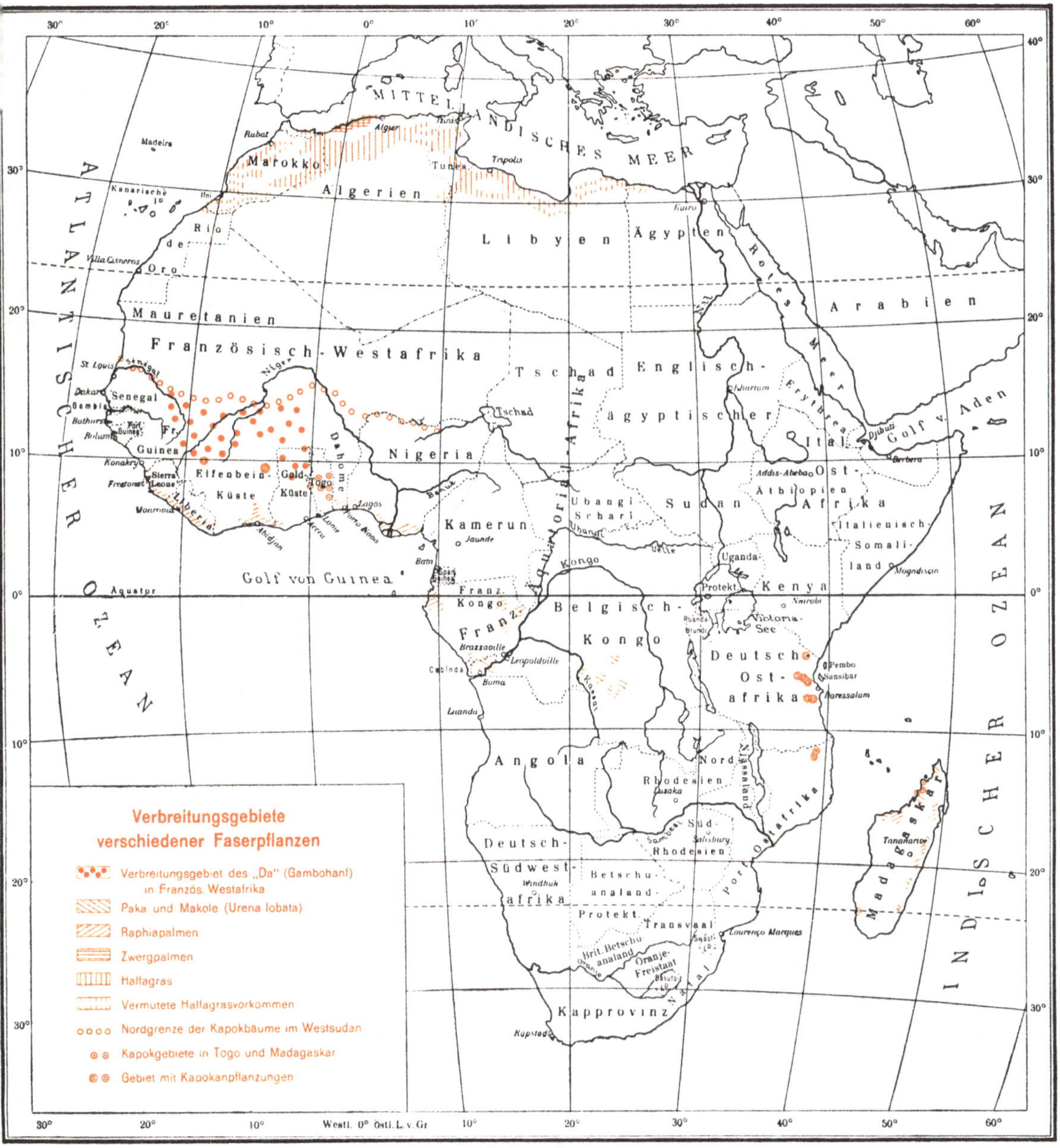

Maßstab: 1:60000000

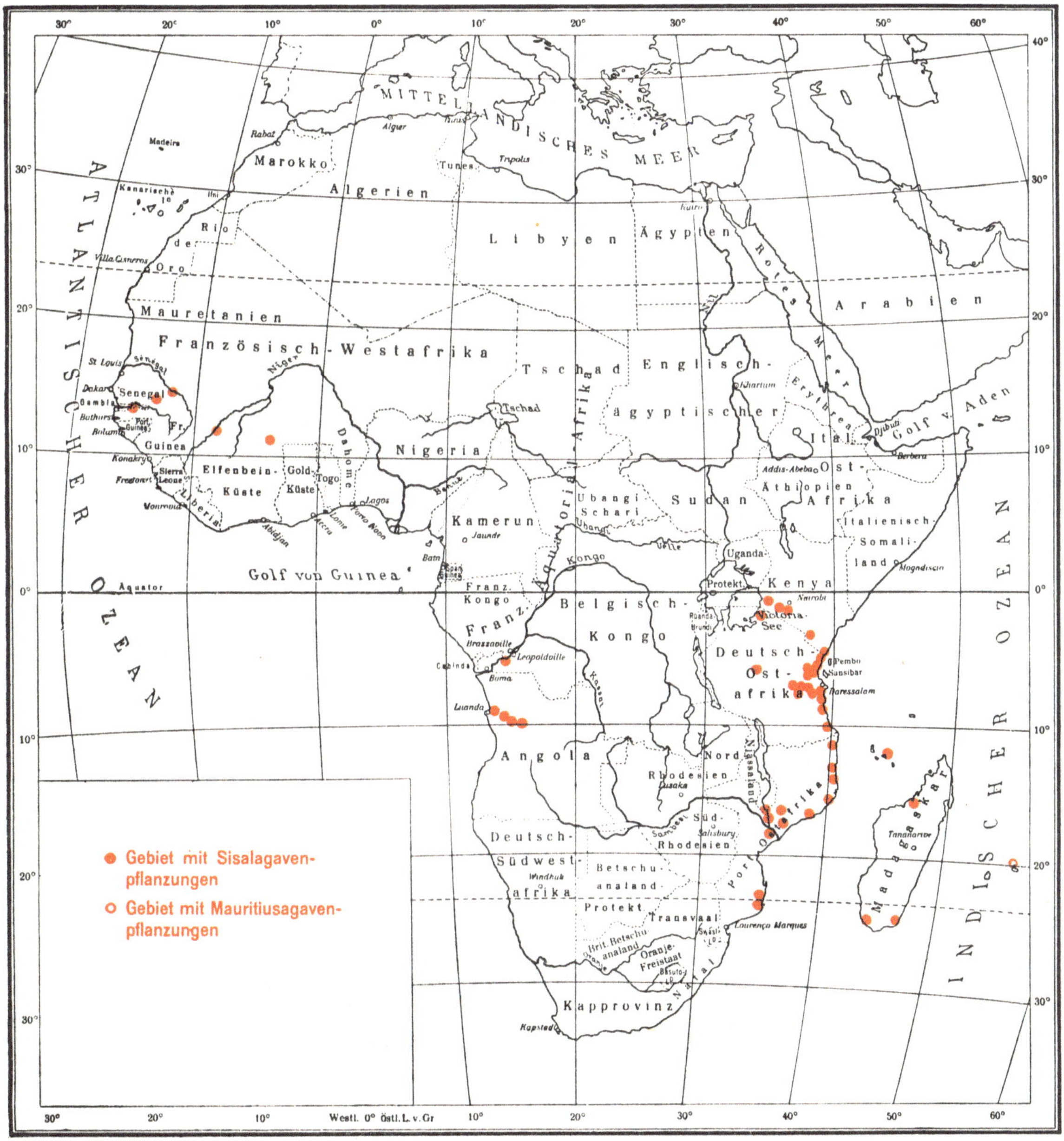

Maßstab: 1:60000000

0 500 1000 1500 2000 km

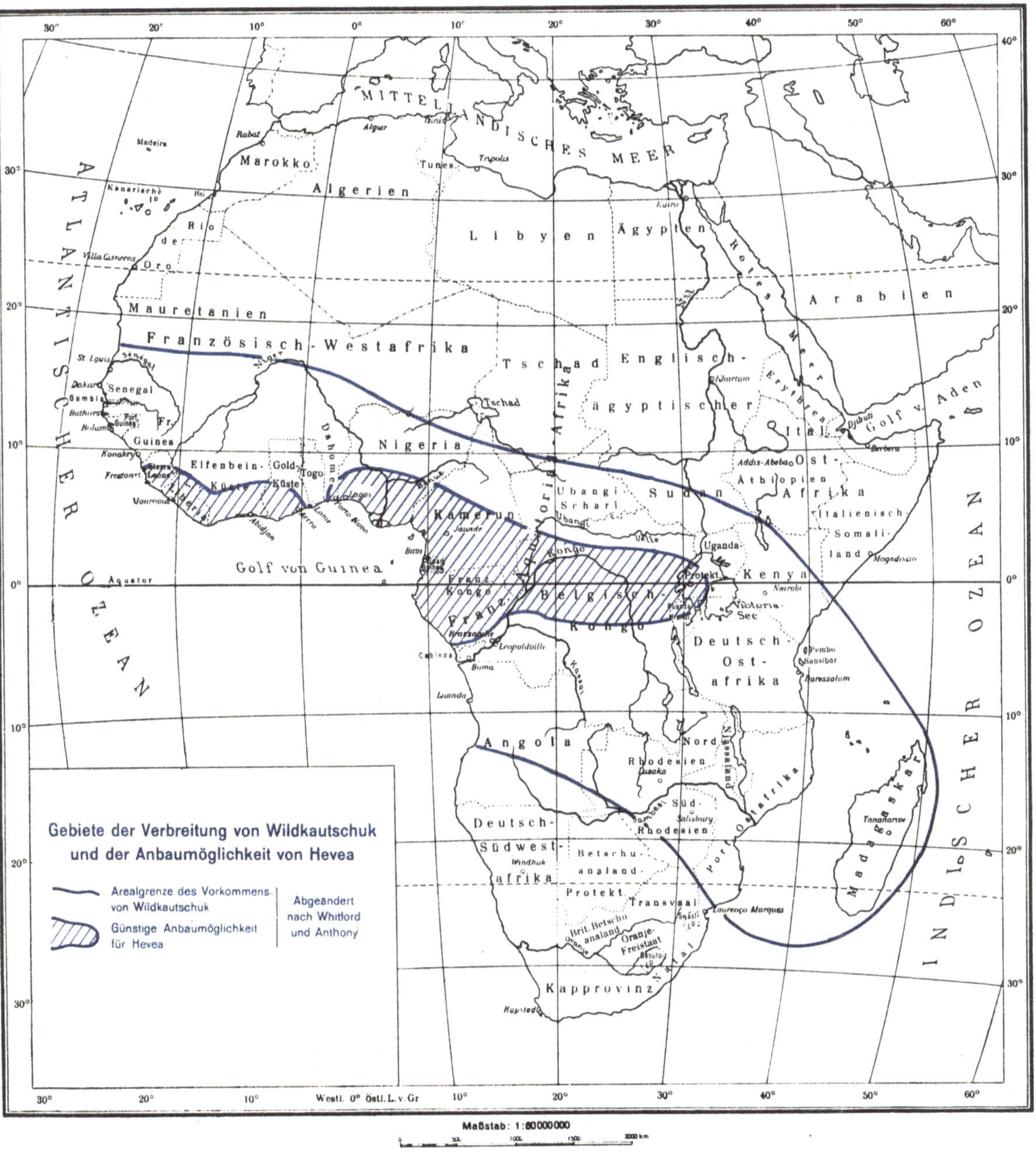

Gebiete der Verbreitung von Wildkautschuk und der Anbaumöglichkeit von Hevea
Arealgrenze des Vorkommens von Wildkautschuk
Günstige Anbaumöglichkeit für Hevea
Abgeändert nach Whitford und Anthony
MITTELLÄNDISCHES MEER
ATLANTISCHER OZEAN
INDISCHER OZEAN
Marokko
Algerien
Tunes
Libyen
Ägypten
Rio de Oro
Mauretanien
Französisch-Westafrika
Tschad
Englisch-ägyptischer Sudan
Arabien
Rotes Meer
Golf v. Aden
Senegal
Fr. Guinea
Elfenbein-Küste
Gold-Küste
Togo
Dahome
Nigeria
Kamerun
Ubangi Schari
Äquatorial-Afrika
Ital. Ost-Afrika
Äthiopien
Italienisch-Somaliland
Uganda
Kenya
Victoria-See
Golf von Guinea
Äquator
Franz. Kongo
Belgisch-Kongo
Deutsch-Ostafrika
Angola
Nord-Rhodesien
Süd-Rhodesien
Deutsch-Südwestafrika
Betschuanaland-Protekt.
Transvaal
Oranje-Freistaat
Natal
Kapprovinz
Madagaskar
Maßstab: 1:60000000
Westl. 0° Östl. L. v. Gr

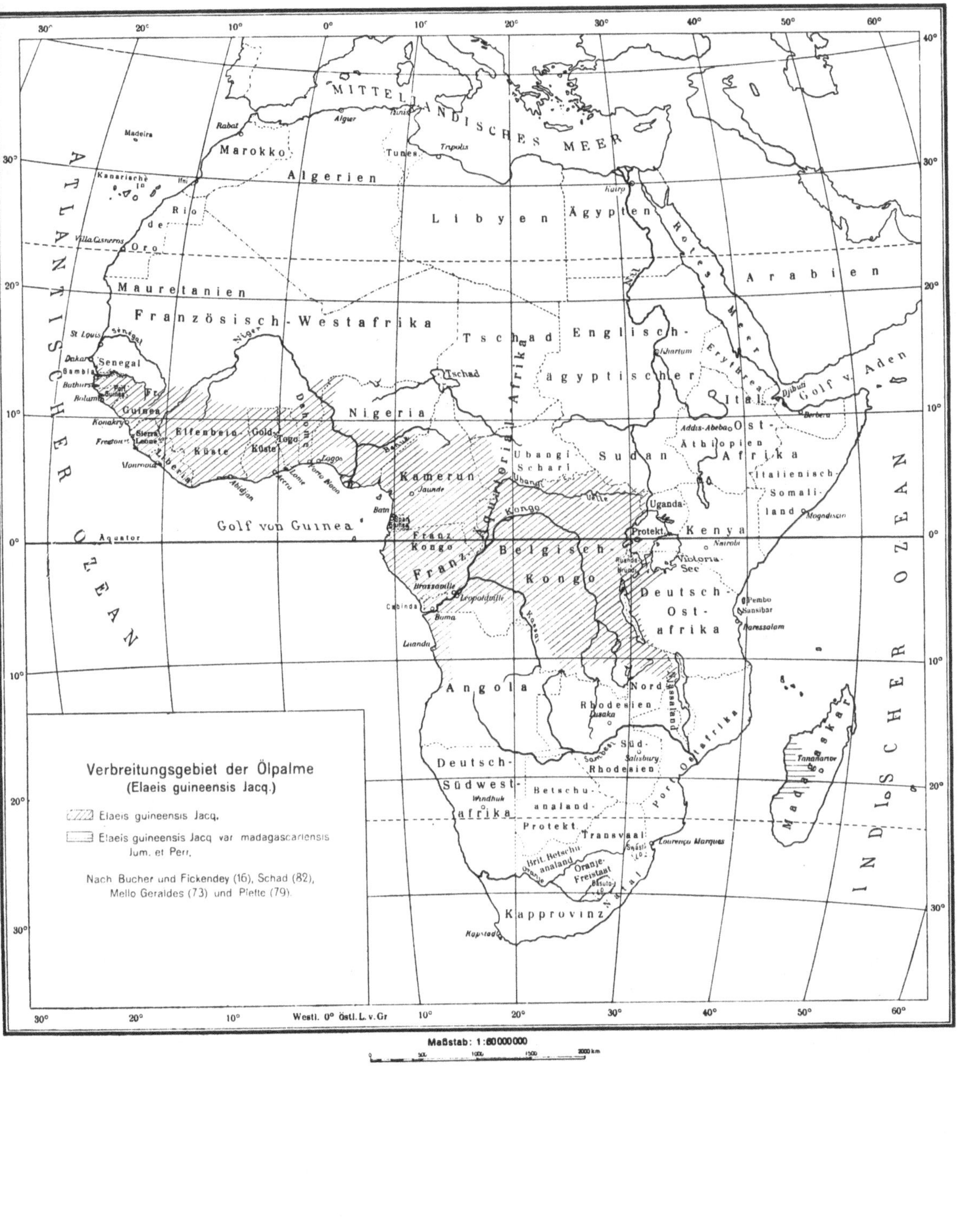

Maßstab: 1:60000000

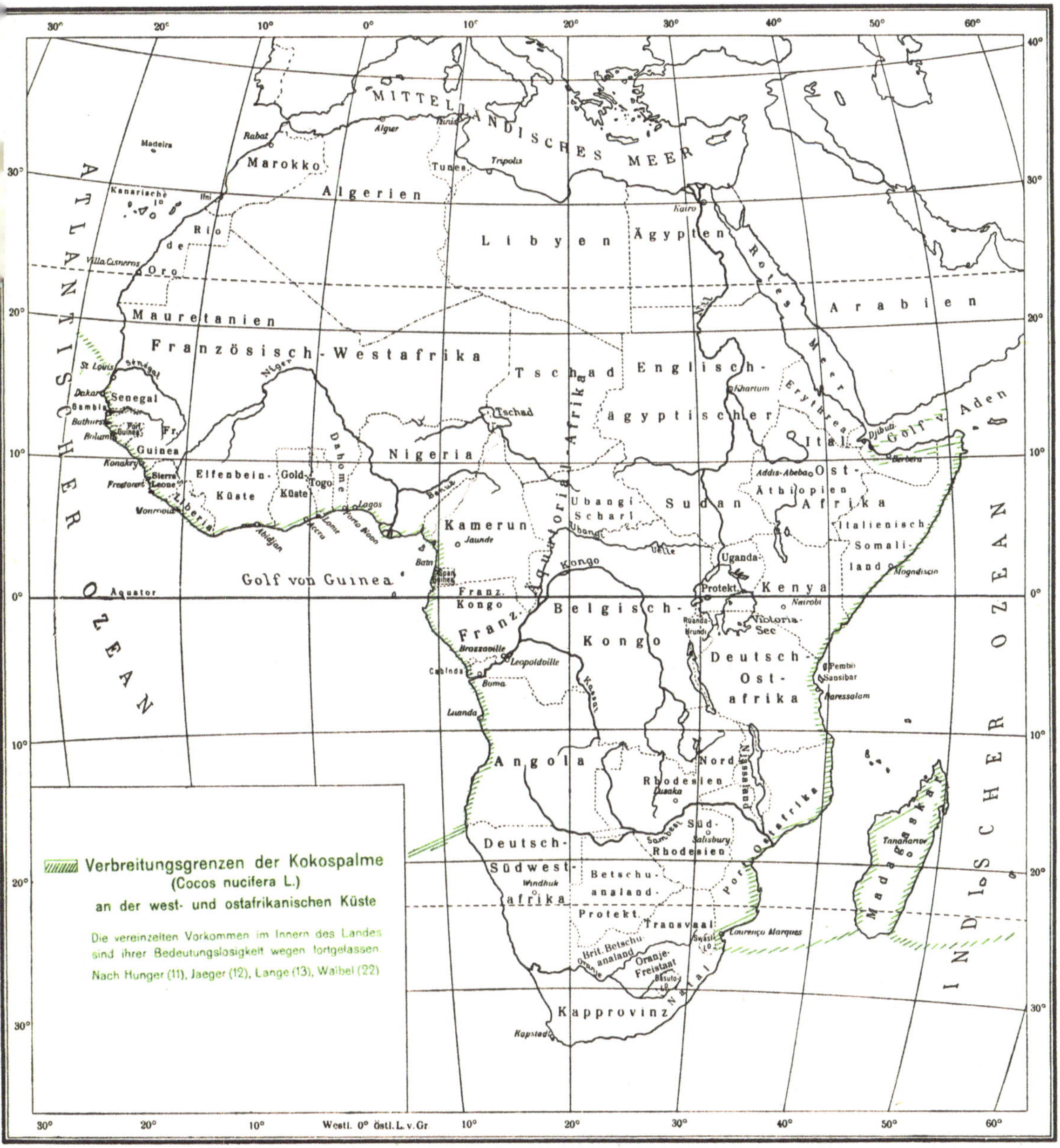

Maßstab: 1:60000000

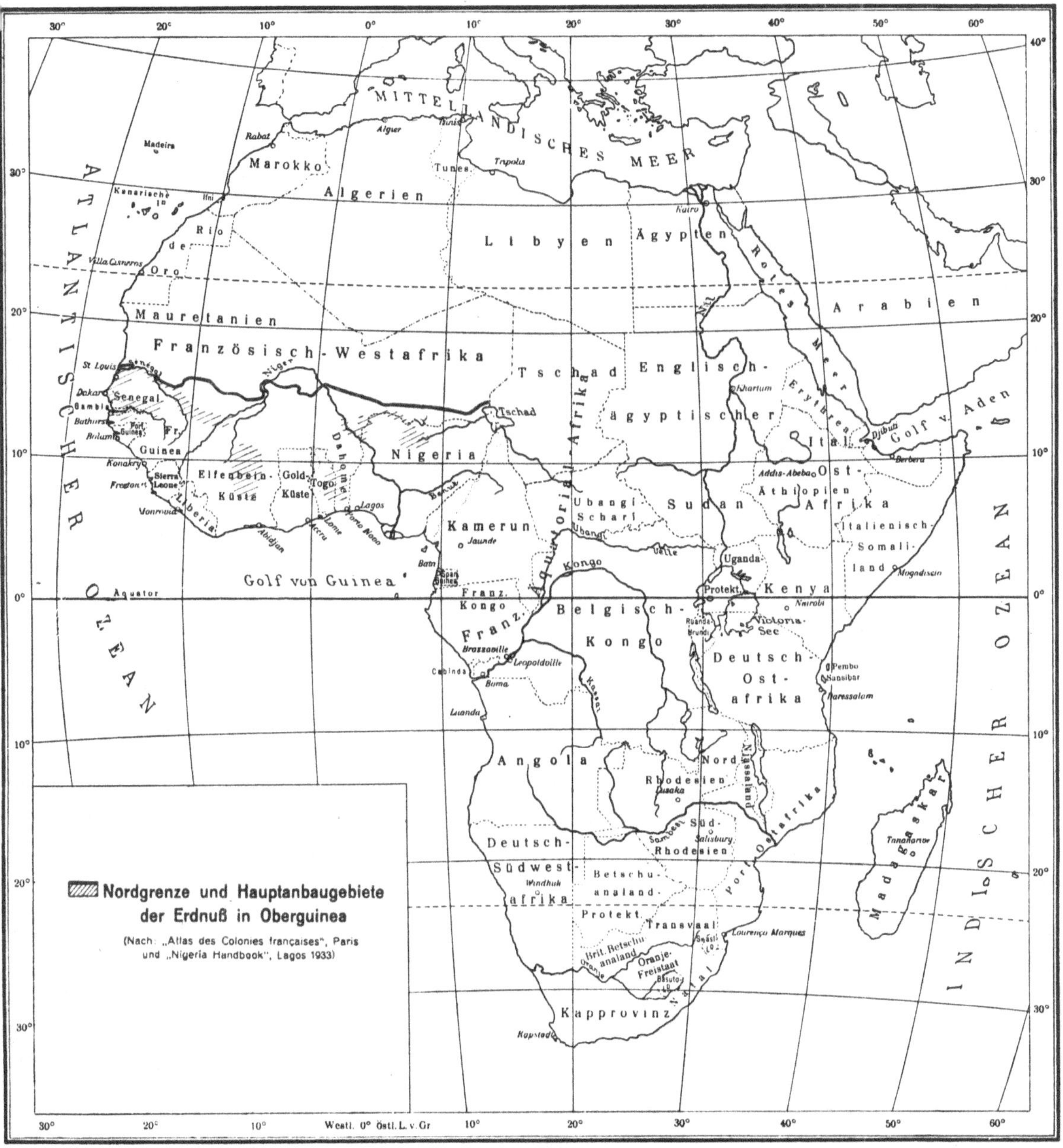

Maßstab: 1:60000000

0 500 1000 1500 2000 km

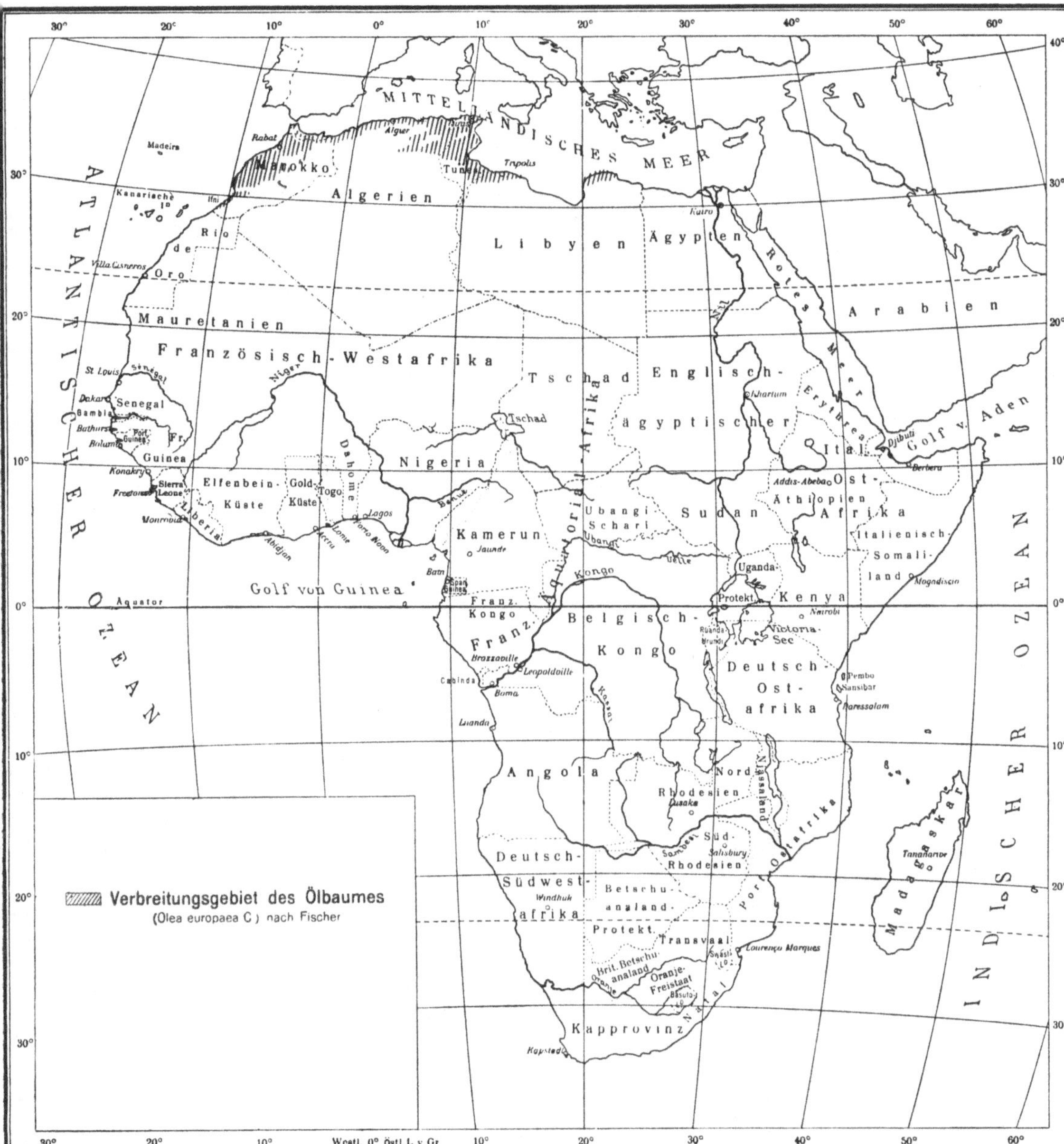

Maßstab: 1:60000000

0 500 1000 1500 2000 km

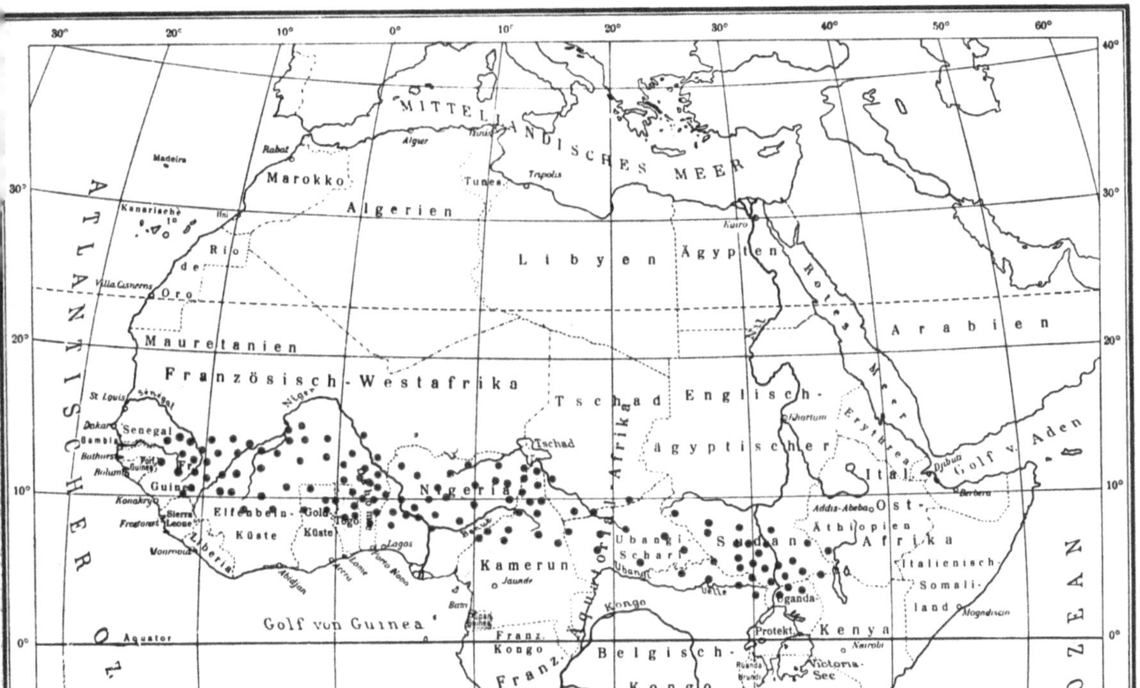

Maßstab: 1:60000000

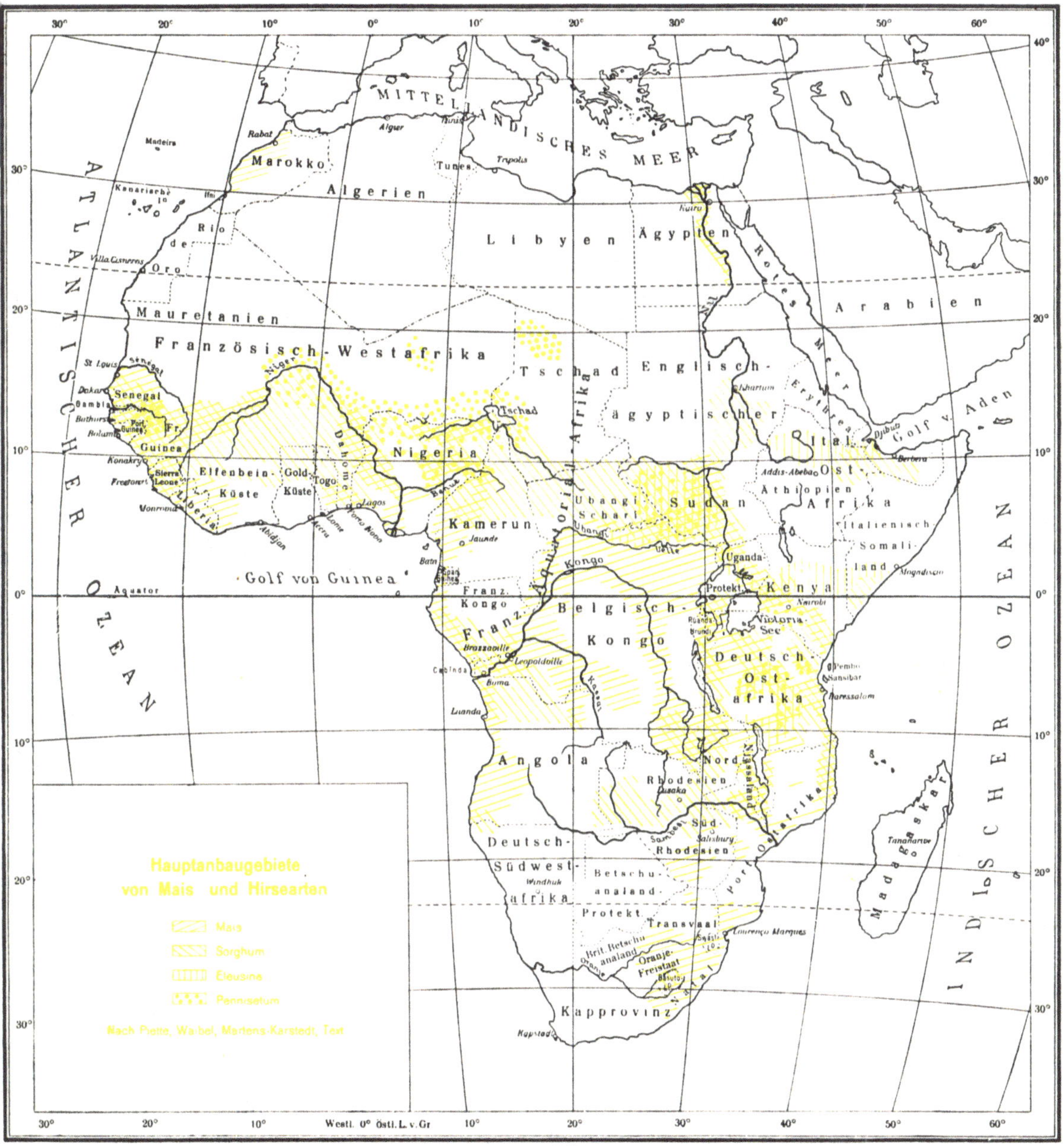

Maßstab: 1:60000000

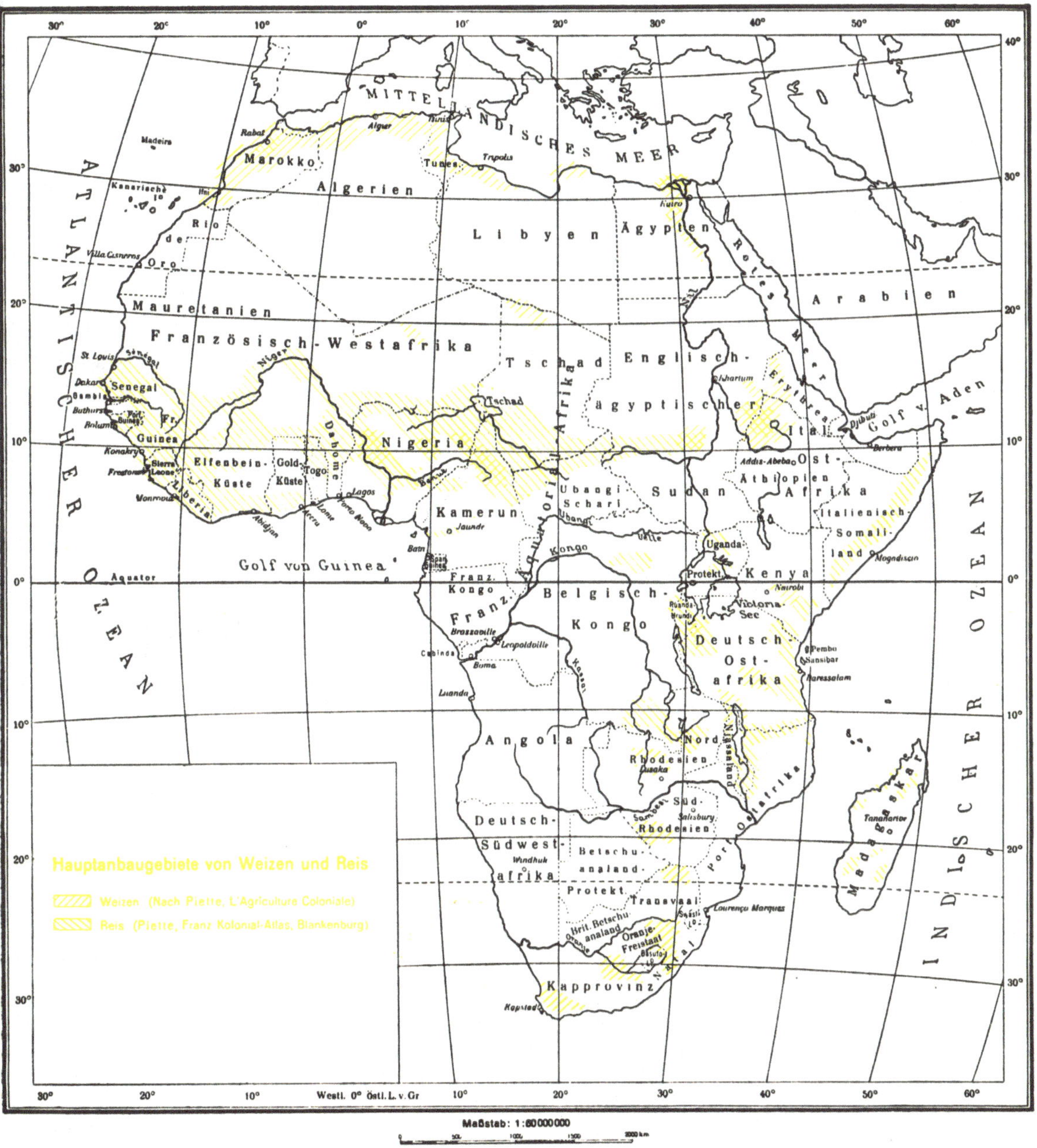

Maßstab: 1:60000000

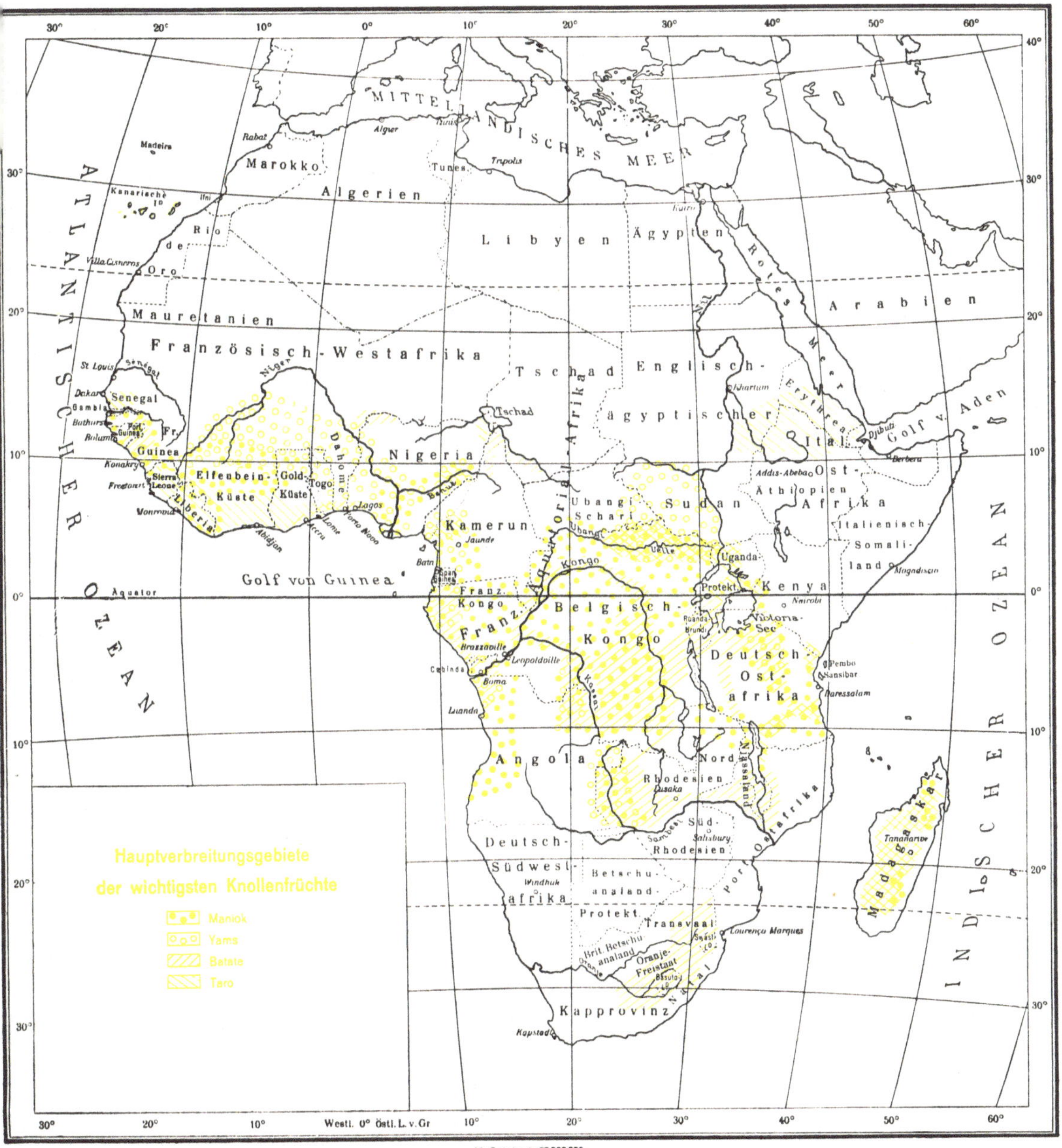

Maßstab: 1:60000000

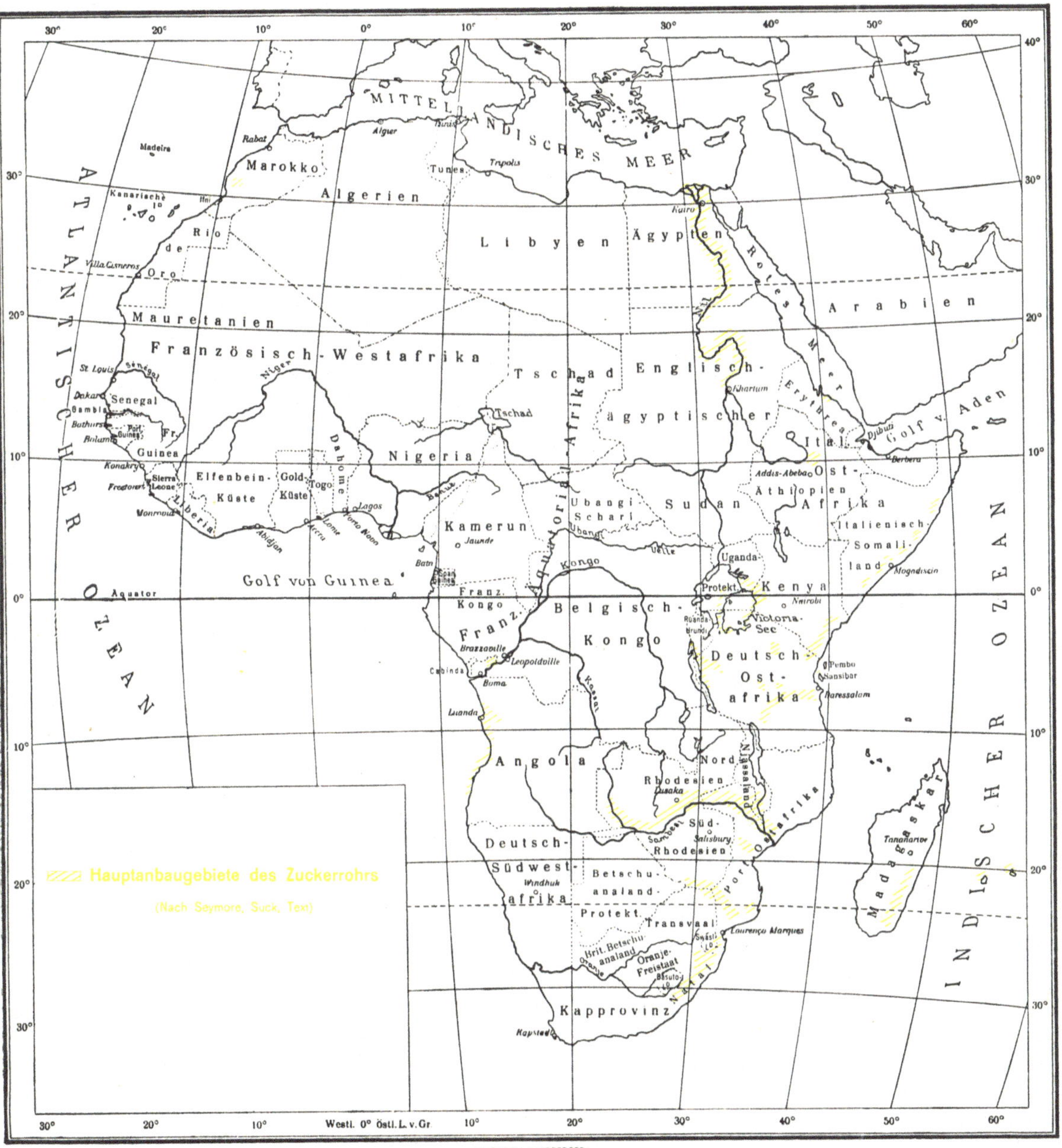

Maßstab: 1:60000000

0 500 1000 1500 2000 km

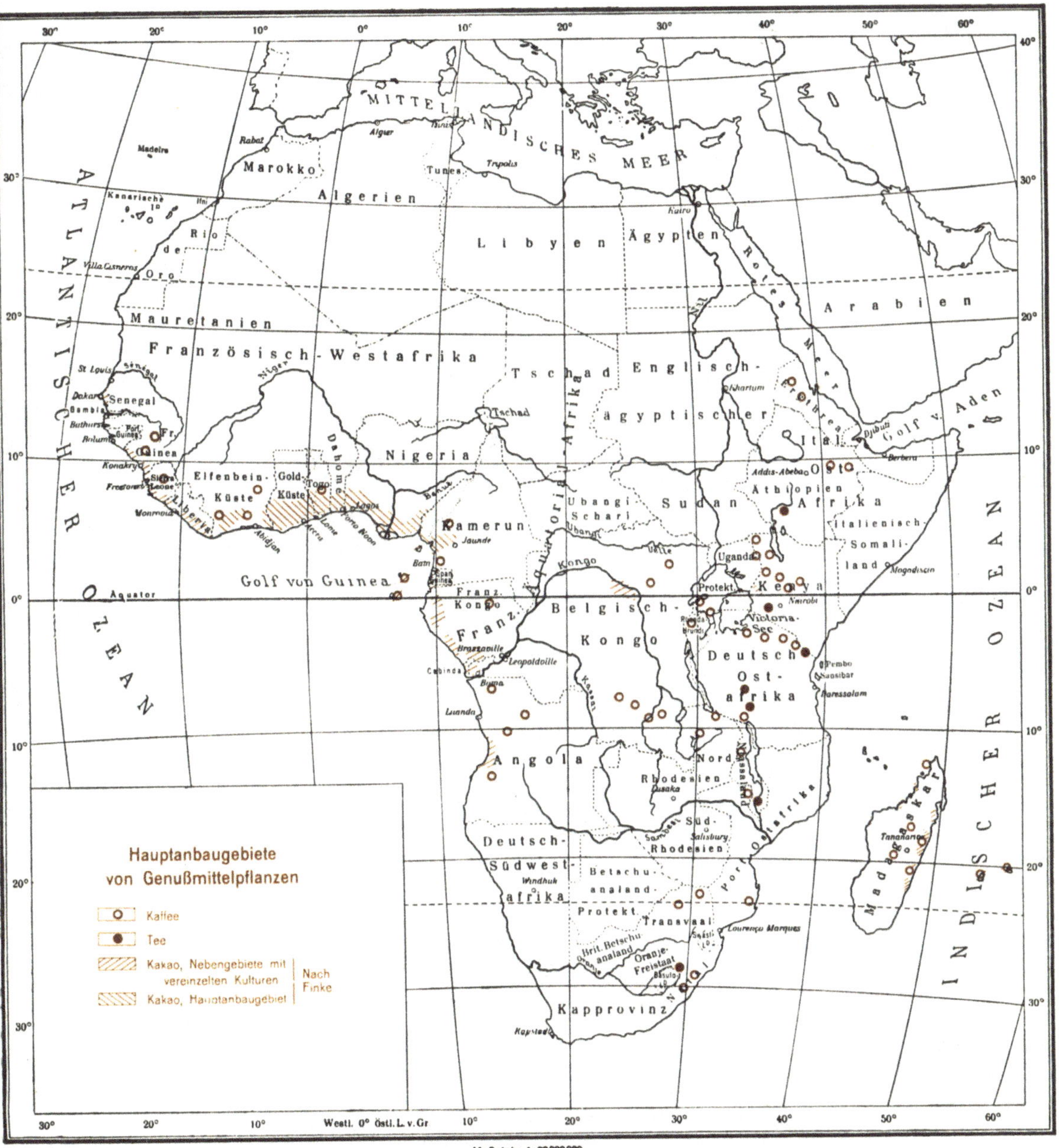

Maßstab: 1:60000000

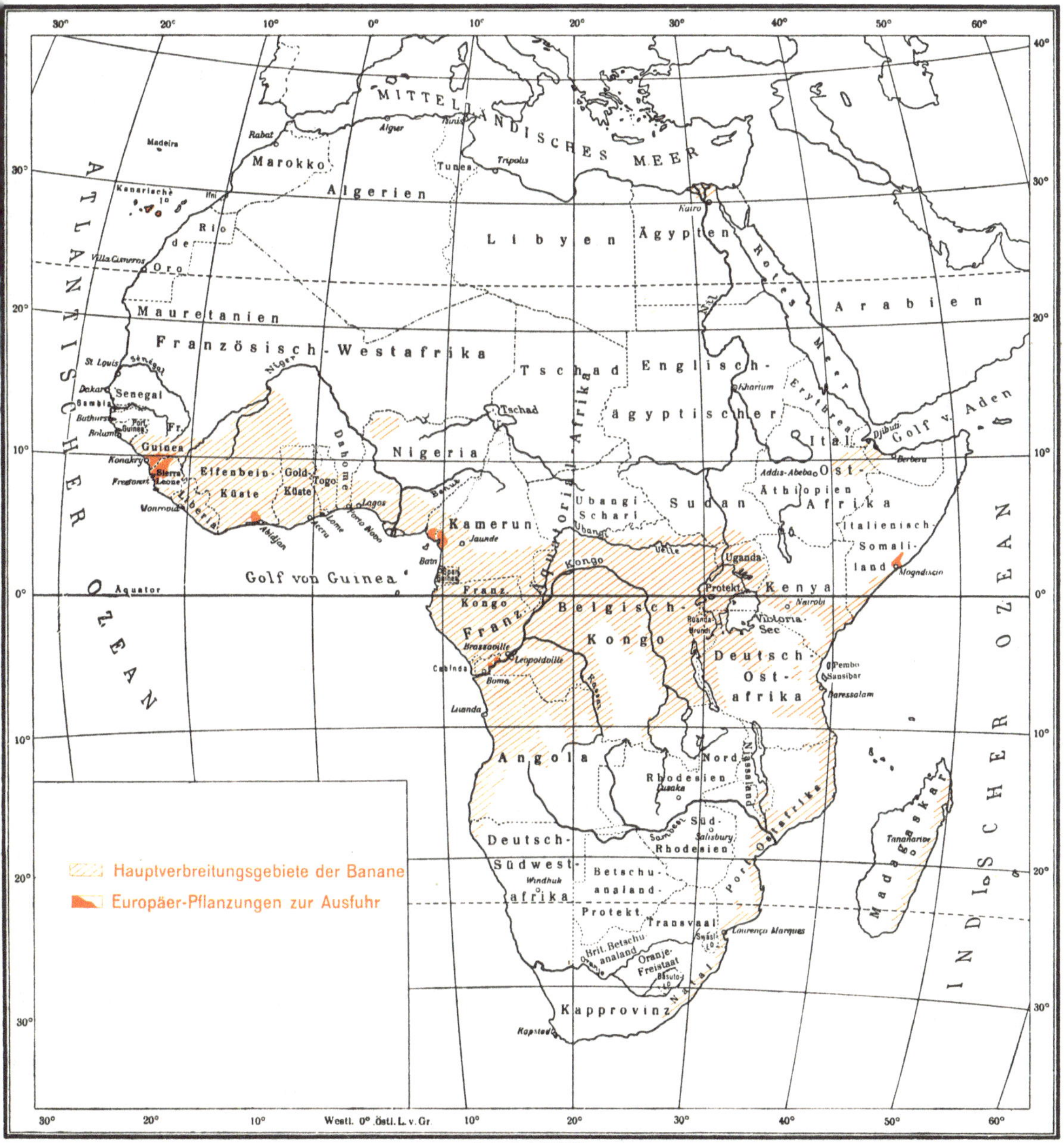

Maßstab: 1:60000000

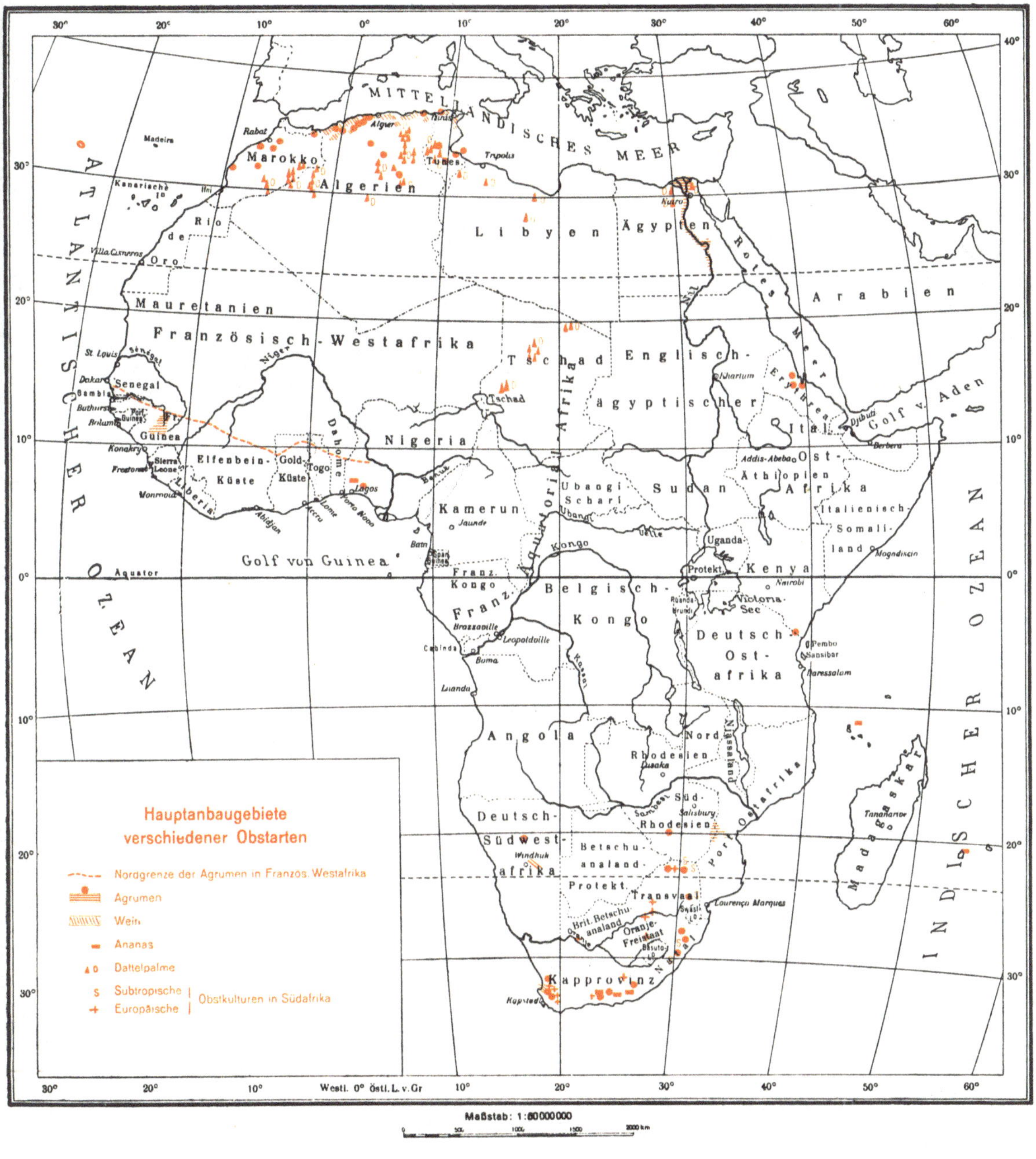
Hauptanbaugebiete
verschiedener Obstarten
Nordgrenze der Agrumen in Französ. Westafrika
Agrumen
Wein
Ananas
Dattelpalme
Subtropische
Europäische
Obstkulturen in Südafrika
MITTELLÄNDISCHES MEER
ATLANTISCHER OZEAN
INDISCHER OZEAN
Marokko
Algerien
Tunes
Libyen
Ägypten
Rio de Oro
Mauretanien
Französisch-Westafrika
Tschad
Englisch-ägyptischer Sudan
Arabien
Rotes Meer
Golf v. Aden
Eryträa
Ital. Ost-Afrika
Äthiopien
Italienisch-Somaliland
Senegal
Gambia
Port. Guinea
Fr. Guinea
Sierra Leone
Liberia
Elfenbein-Küste
Gold-Küste
Togo
Dahome
Nigeria
Kamerun
Golf von Guinea
Franz. Kongo
Franz. Äquatorial-Afrika
Ubangi-Schari
Belgisch-Kongo
Uganda
Kenya
Victoria-See
Deutsch-Ostafrika
Angola
Nord-Rhodesien
Süd-Rhodesien
Njassaland
Port. Ostafrika
Deutsch-Südwest-afrika
Betschuanaland Protekt.
Transvaal
Oranje-Freistaat
Brit. Betschuanaland
Natal
Kapprovinz
Madagaskar
Madeira
Kanarische In.
Rabat
Algier
Tunis
Tripolis
Kairo
Nil
Niger
Kongo
Khartum
Addis-Abeba
Djibuti
Berbera
Mogadiscio
Nairobi
Pemba
Sansibar
Daressalam
St. Louis
Dakar
Bathurst
Konakry
Freetown
Monrovia
Abidjan
Accra
Lome
Porto Novo
Lagos
Jaunde
Brazzaville
Leopoldville
Boma
Cabinda
Luanda
Windhuk
Lusaka
Salisbury
Lourenço Marques
Kapstadt
Tananarive
Äquator
Westl. 0° östl. L. v. Gr.
Maßstab: 1:80000000
0 500 1000 1500 2000 km

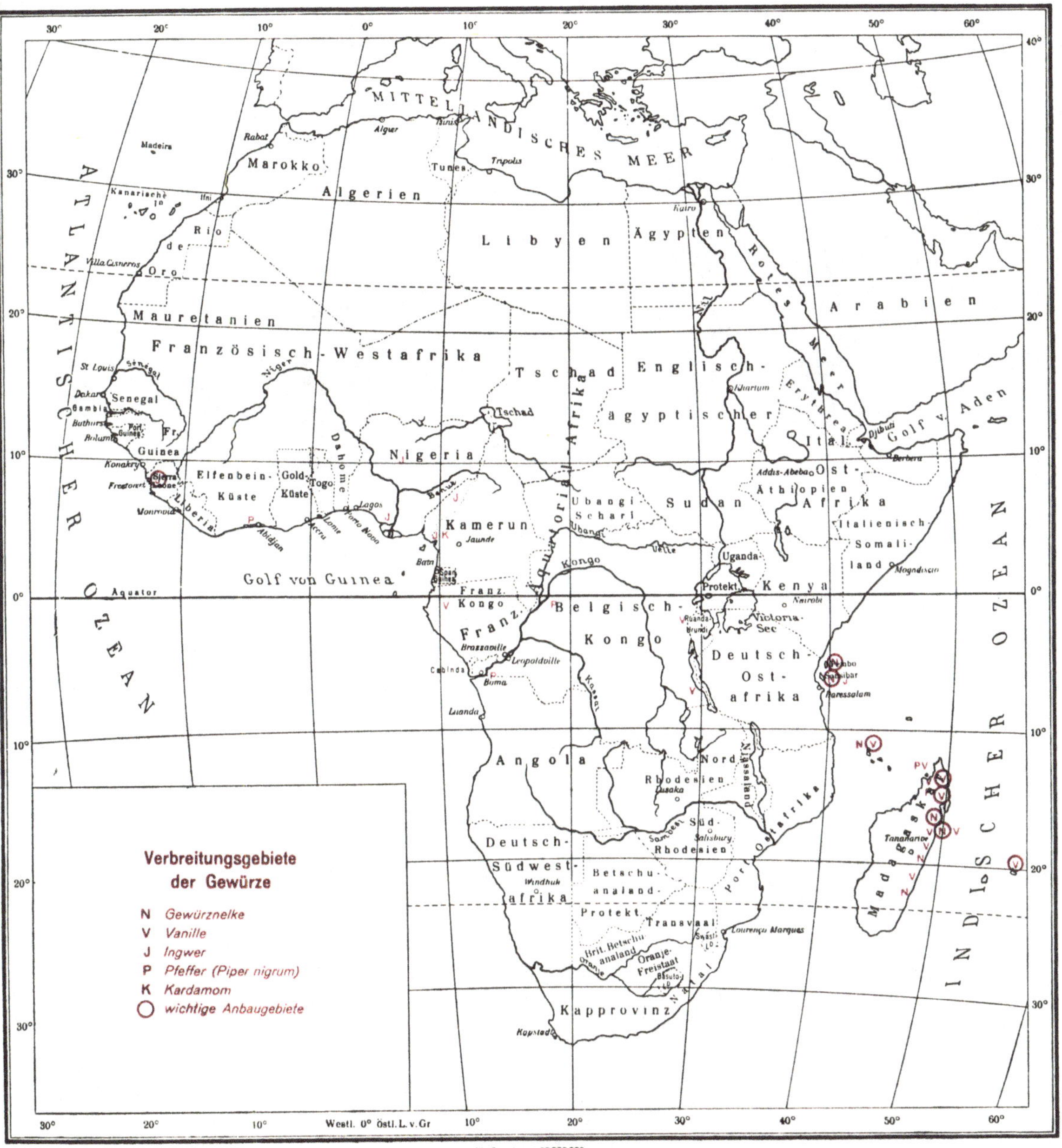

Maßstab: 1:60000000

FSC
www.fsc.org
MIX
Papier | Fördert
gute Waldnutzung
FSC® C083411

Kolibri 360 GmbH
Ferdinand-Jühlke-Straße 7
99095 Erfurt, Deutschland
produktsicherheit@kolibri360.de